최신판 전기기능사 필기

2024

CRAFTSMAN ELECTRICITY

KEC 법규 적용

2024 전기분야 완벽대비 수험서

기본 원리부터 정답에 이르기까지 명확하고 풍부한 해설을 통해
자신감은 물론 모든 문제에 탄력적으로 대응할 수 있는 능력을 키워줍니다.

한국산업인력공단 필기시험 집중대비서

저자 원규식, 정원택, 이대우

엔플북스

머·리·말

최근 산업사회의 트렌드는 빌딩의 고층화, 전기자동차의 대중화, 사회 전반의 로봇화, 공장자동화의 융합기술화, AI 인공지능화의 눈부신 발전은 날이 갈수록 상당수의 전기기술인력을 요구하게 되었다. 따라서 장차 미래의 불확실한 직업군의 변화 속에도 확실하게 보장 받게 된 전기기술 지망생들에게는 기본적으로 전기분야 국가기술자격시험은 필수가 되었으며, 이를 취득한다는 것은 사회적으로 미래가 보장받는 것과 다름없는 시대가 되었다.

이 책은 이런 분들을 위해 출간하게 되었다.

① 전기공부를 처음 접하시는 분 또는 기본 관련이론을 기초부터 공부하고자 하는 분에게 이 책을 권합니다.
② 전기기능사, 승강기기능사 그리고 전기분야기사, 소방관련기사, 전기안전분야 기사 등등 전기관련 국가기술 자격증을 취득하고자 하는 분에게 자신있게 이 책을 권합니다.
③ 다양한 산업현장에서 전기분야의 업무에 종사하고 계신 기술자들 중 이론적 지식이 필요하신 분 또는 단기에 관련지식을 습득하고자 하는 분들에게 이 책을 권하는 바입니다.

본 책의 저자들은 전기공학박사와 전기기술사가 공동으로 집필한 책으로서 교육현장과 산업현장의 기술자를 대상으로 다년간 교육한 경험을 토대로 이해하기 쉽게 기초부터 다루었으며, 본 내용은 이미 100%의 합격을 달성한 내용을 중심으로 집필하였다.

그리고 내용에 충실을 기하기 위해 한국산업인력공단의 출제기준과 각 단원의 출제비율과 경향을 철저히 분석하여 체계적으로 구성하였을 뿐 아니라 NCS(국가직무능력표준) 기반 출제기준을 반영하였다.

최근 개정된 전기설비기술기준 및 판단기준에 맞추어 전기설비 과목의 내용을 전면 수정하여 최신 내용으로 수록했을 뿐만 아니라 2013년부터 2016년, 그리고 2023년 과년도 문제를 수록하여 문제의 유형과 난이도를 파악하기 쉽게 구성하였다.

 다소 어렵고 힘들어도 중도에 포기하지 말고 승리하는 독자분들이 되기를 저자들은 뒤에서 응원하고 기도하고 있겠습니다.

 끝으로 이 책이 출판될 수 있도록 원고를 정리해주신 선생님들과 엔플북스 출판사 대표님께 감사함을 전합니다.

저자 일동

출·제·기·준(필기)

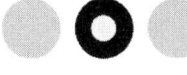

직무분야	전기	자격종목	전기기능사	적용기간	2024. 1. 1~2026. 12. 31
○직무내용 : 전기에 필요한 장비 및 공구를 사용하여 회전기, 정지기, 제어장치 또는 빌딩, 공장, 주택 및 전력시설물의 전선, 케이블, 전기기계 및 기구를 설치, 보수, 검사, 시험 및 관리하는 일					
필기검정방법(문제수)		객관식(60문제)		시험시간	1시간

필기 과목명	문제 수	주요항목	세부항목	세세항목
전기이론 전기기기 전기설비	60	1. 정전기와 콘덴서	1. 전기의 본질	1. 원자와 분자 2. 도체와 부도체 3. 단위계 등
			2. 정전기의 성질 및 특수현상	1. 정전기현상 2. 정전기의 특성 3. 정전기의 특수현상 등
			3. 콘덴서	1. 콘덴서의 구조와 원리 2. 콘덴서의 종류 3. 콘덴서의 연결방법과 용량계산법 4. 정전에너지 등
			4. 전기장과 전위	1. 전기장 2. 전기장의 방향과 세기 3. 전위와 등전위면 4. 평행극판 사이의 전기장 등
		2. 자기의 성질과 전류에 의한 자기장	1. 자석에 의한 자기현상	1. 영구자석과 전자석 2. 자석의 성질 3. 자석의 용도와 기능 4. 자기에 관한 쿨롱의 법칙 5. 자기장의 성질 등
			2. 전류에 의한 자기현상	1. 전류에 의한 자기장 2. 자기력선의 방향 3. 도체가 자기장에서 받는 힘 등
			3. 자기회로	1. 자기저항 2. 자속밀도 등

필기 과목명	문제 수	주요항목	세부항목	세세항목
		3. 전자력과 전자 유도	1. 전자력	1. 전자력의 방향과 크기 등
			2. 전자유도	1. 전자유도작용 2. 자기유도 3. 상호유도작용 4. 코일의 접속 5. 전자에너지 등
		4. 직류회로	1. 전압과 전류	1. 전기회로의 전류 2. 전기회로의 전압 등
			2. 전기저항	1. 고유저항 2. 옴의 법칙과 전압강하 3. 저항의 접속 4. 전위의 평형 등
		5. 교류회로	1. 정현파 교류회로	1. 교류 발생원의 특성 2. RLC 직병렬 접속 3. 교류전력 등
			2. 3상 교류회로	1. 3상교류의 발생과 표시법 2. 3상교류의 결선법 3. 평형3상회로 4. 3상전력 등
			3. 비정현파 교류회로	1. 비정현파의 의미 2. 비정현파의 구성 3. 비선형 회로 4. 비정현파 교류의 성분 등
		6. 전류의 열작용과 화학작용	1. 전류의 열작용	1. 전류의 발열 작용 2. 전력량과 전력 등
			2. 전류의 화학작용	1. 전류의 화학작용 2. 전지 등

필기 과목명	문제 수	주요항목	세부항목	세세항목
		7. 변압기	1. 변압기의 구조와 원리	1. 변압기의 원리 2. 변압기의 전압과 전류와의 관계 3. 변압기의 등가회로 4. 변압기의 종류, 극성, 구조 등
			2. 변압기 이론 및 특성	1. 변압기의 정격, 손실, 효율 등
			3. 변압기 결선	1. 3상 결선 등
			4. 변압기 병렬운전	1. 병렬운전 등
			5. 변압기 시험 및 보수	1. 변압기의 시험 2. 변압기의 점검 및 보수 등
		8. 직류기	1. 직류기의 원리와 구조	1. 직류기의 개요 2. 직류발전기의 동작 원리 등
			2. 직류발전기의 종류 및 특성	1. 직류발전기의 종류 및 특성
			3. 직류전동기의 종류 및 특성	1. 직류전동기의 종류 및 특성
			4. 직류전동기의 이론 및 용도	1. 직류전동기의 유도기전력 2. 속도 및 토크 특성 3. 속도 변동률 등
			5. 직류기의 시험법	1. 접지시험 2. 단선 여부에 대한 시험 3. 권선저항과 절연 저항값 등
		9. 유도전동기	1. 유도전동기의 원리와 구조	1. 회전 원리 2. 회전자기장 3. 단상 유도전동기의 원리 및 구조 등
			2. 유도전동기의 속도제어 및 용도	1. 3상유도전동기 속도제어 원리와 특성 2. 유도전동기의 출력과 토크 특성 등

필기 과목명	문제 수	주요항목	세부항목	세세항목
		10. 동기기	1. 동기기의 원리와 구조	1. 동기발전기의 원리 및 구조 2. 동기전동기의 원리 등
			2. 동기발전기의 이론 및 특성	1. 동기발전기 이론 및 특성에 관한 사항 등
			3. 동기발전기의 병렬운전	1. 병렬운전에 필요한 조건 2. 동기발전기의 병렬운전법 등
			4. 동기발전기의 운전	1. 동기전동기의 운전에 관한 사항 2. 특수전동기에 관한 사항 등
		11. 정류기 및 제어기기	1. 정류용 반도체 소자	1. 정류용 반도체 소자의 종류
			2. 정류회로의 특성	1. 다이오드를 이용한 정류회로와 특성
			3. 제어 정류기	1. 제어정류기에 대한 원리 및 특성 등
			4. 사이리스터의 응용회로	1. 사이리스터의 원리 및 특성
			5. 제어기 및 제어장치	1. 제어기 및 제어장치의 종류와 특성 등
		12. 보호계전기	1. 보호계전기의 종류 및 특성	1. 보호계전기의 종류 2. 보호계전기의 구조 및 원리 3. 보호계전기 특성 등
		13. 배선재료 및 공구	1. 전선 및 케이블	1. 나선 2. 절연전선 3. 기타 절연전선 4. 코드 5. 케이블 등
			2. 배선재료	1. 개폐기의 종류 2. 점멸스위치 3. 콘센트 및 플러그 4. 소켓류

필기 과목명	문제 수	주요항목	세부항목	세세항목
		13. 배선재료 및 공구	2. 배선재료	5. 과전류차단기 6. 누전차단기 등
			3. 전기설비에 관련된 공구	1. 게이지의 종류 2. 공구 및 기구
		14. 전선접속	1. 전선의 피복 벗기기	1. 전선 피복 벗기는 방법 등
			2. 전선의 각종 접속방법	1. 단선접속 2. 연선접속 3. 와이어 커넥터를 이용한 접속 4. 슬리브를 이용한 접속 등
			3. 전선과 기구단자와의 접속	1. 직선단자와 기구접속 2. 고리형 단자와 기구접속 등
		15. 배선설비공사 및 전선허용전류 계산	1. 전선관 시스템	1. 합성수지관공사 방법 등 2. 금속관공사 방법 등 3. 금속제 가용전전관공사 방법 등
			2. 케이블트렁킹 시스템	1. 합성수지몰드공사 방법 등 2. 금속몰드공사 방법 등 3. 금속트렁킹공사 방법 등 4. 케이블트렌치공사 방법 등
			3. 케이블턱팅 시스템	1. 금속덕트공사 방법 등 2. 플로어덕트공사 방법 등 3. 셀룰러덕트공사 방법 등
			4. 케이블트레이 시스템	1. 케이블트레이공사 방법 등
			5. 케이블 공사	1. 케이블공사 방법 등
			6. 저압 옥내배선 공사	1. 전등배선 및 배선기구 2. 접지 및 누전차단기 시설 등

필기 과목명	문제 수	주요항목	세부항목	세세항목
			7. 특고압 옥내배선 공사	1. 고압 및 특고압 옥내배선 등
			8. 전선 허용전류	1. 전선 허용전류 및 단면관 산정 2. 복수회로 등 전선 허용전류 및 단면적 산정
		16. 전선 및 기계기구의 보안공사	1. 전선 및 전선로의 보안	1. 전선 및 전선로의 보안공사 등
			2. 과전류 차단기 설치공사	1. 과전류 차단기 설치공사 등
			3. 각종 전기기기 설치 및 보안공사	1. 각종 전기기기 설치 및 보안공사 등
			4. 접지공사	1. 접지공사의 규정 등
			5. 피뢰기 설치공사	1. 피뢰기 설치공사 등
		17. 가공인입선 및 배전선 공사	1. 가공인입선 공사	1. 가공인입선의 굵기 및 높이 등
			2. 배전선로용 재료와 기구	1. 지지물, 완금, 완목, 애자 및 배선용 기구 등
			3. 장주, 건주 및 가선	1. 배전선로의 시설 2. 장주 및 건주 3. 가선공사 등
			4. 주상기기의 설치	1. 주상기기 설치공사 등
		18. 고압 및 저압 배전반 공사	1. 배전반 공사	1. 배전반의 종류 2. 배전반 설치 및 접지공사 3. 수·변전설비 등
			2. 분전반 공사	1. 분전반의 종류와 공사 등

필기 과목명	문제 수	주요항목	세부항목	세세항목
		19. 특수장소 공사	1. 먼지가 많은 장소의 공사	1. 폭연성 분진 또는 화약류 분말이 존재하는 곳의 공사 2. 가연성 분진이 존재하는 곳의 공사 3. 기타공사 등
			2. 위험물이 있는 곳의 공사	1. 위험물이 있는 곳의 공사 등
			3. 가연성 가스가 있는 곳의 공사	1. 가연성 가스가 있는 곳의 공사 등
			4. 부식성 가스가 있는 곳의 공사	1. 부식성 가스가 있는 곳의 공사 등
			5. 흥행장, 광산, 기타 위험 장소의 공사	1. 흥행장, 광산, 기타 위험 장소의 공사 등
		20. 전기응용시설 공사	1. 조명배선	1. 조명공사 등
			2. 동력배선	1. 동력배선공사 등
			3. 제어배선	1. 제어배선공사 등
			4. 신호배선	1. 신호배선공사 등
			5. 전기응용기기 설치공사	1. 전기응용기기 설치공사 등

CONTENTS

목·차

PART 1 전기일반

제1장 직류회로 ... 2

1 전기의 본질 ... 2
(1) 물질의 구성 ... 2
(2) 물질의 양 ... 2

2 전기의 발생 ... 3
(1) 자유전자 ... 3
(2) 대전현상 ... 3
(3) 전하(전기)와 전화(전기)량 ... 3

3 전류 ... 4
(1) 전류 ... 4

4 전압 ... 5
(1) 전압 ... 5
(2) 전위차 ... 5
(3) 기전력 ... 5
(4) 전압의 크기 ... 5

5 저항과 컨덕턴스 ... 6
(1) 저항 ... 6

(2) 저항의 기호 ·· 6
(3) 여러 가지 저항 ·· 6
(4) 전도율(컨덕턴스) 기호 : 시그마(σ) ································ 7
(5) 저항과 전도율 관계식 ··· 7
(6) 저항과 온도와의 관계 ··· 7
● 예상기출문제 ·· 8

제2장 전기회로의 회로 해석   12

1 옴의 법칙(Ohm's Law)   12

2 저항의 접속   13
(1) 직렬접속 ·· 13
(2) 병렬접속 ·· 13
(3) 직·병렬접속 ·· 15

3 컨덕턴스   15

4 키르히호프 법칙(Kirchhoff's Law)   16
(1) 키르히호프 제1법칙(전류법칙 : KCL) ···························· 16
(2) 키르히호프 제2법칙(전압법칙 : KVL) ···························· 16
● 예상기출문제 ·· 18

제3장 전력과 전기회로 측정   24

1 전력   24
(1) 전력(P) ·· 24
(2) 전력량(W) ·· 24
(3) 줄(Joule)의 법칙 ··· 24

　　　　　(4) 열전기 현상 ………………………………………………… 25

　　2 **전류와 전압 및 저항의 측정**　　　　　　　　　　　**26**
　　　　　(1) 전압계, 전류계 ……………………………………………… 26
　　　　　(2) 배율기 ………………………………………………………… 26
　　　　　(3) 분류기 ………………………………………………………… 27
　　　　　(4) 전위의 평형 ………………………………………………… 28
　　　　　● 예상기출문제 ………………………………………………… 30

제4장　전류의 화학 작용과 전지　　　　　　　　　　　38

　　1 **전기분해**　　　　　　　　　　　　　　　　　　　　　**38**

　　2 **패러데이의 법칙**　　　　　　　　　　　　　　　　　**39**

　　3 **전지**　　　　　　　　　　　　　　　　　　　　　　　**39**
　　　　　(1) 1차 전지 원리 ………………………………………………… 39
　　　　　(2) 전지의 종류 ………………………………………………… 40
　　　　　(3) 전지에서 발생하는 현상 …………………………………… 40
　　　　　(4) 납축전지 ……………………………………………………… 40
　　　　　(5) 축전지의 용량 ……………………………………………… 41
　　　　　(6) 전지의 접속 ………………………………………………… 41
　　　　　● 예상기출문제 ………………………………………………… 44

제5장　정전기 현상　　　　　　　　　　　　　　　　48

　　1 **정전기의 성질**　　　　　　　　　　　　　　　　　　**48**
　　　　　(1) 정전기의 발생 ……………………………………………… 48
　　　　　(2) 정전 유도와 정전 차폐 …………………………………… 49

2 정전기력(Electrostatic Force)   49
    (1) 정전기력 ·· 49
    (2) 쿨롱의 법칙(Coulomb's Law) ················ 50

3 전기장 세기   51

4 전기장 세기(E)와 전속밀도(D)와 관계   52
    (1) 전속 ·· 52
    (2) 전속밀도(Dielectric Flux Density) ········ 52

5 가우스 정리   53

6 전기장   53

7 전위와 전위차   54
    (1) 전위 ·· 54
    (2) 전위차 ·· 54

8 콘덴서의 원리와 종류   55
    (1) 콘덴서의 구조와 원리 ···························· 55
    (2) 콘덴서의 종류 ·· 56

9 콘덴서의 정전용량   56
    (1) 콘덴서의 정전용량 ·································· 56
    (2) 평행판 도체의 콘덴서의 용량 : C ·········· 56

10 정전에너지(기호 : Q, 단위 : [F])   57

	콘덴서 연결 방법과 용량 계산	58
	(1) 직렬접속(콘덴서의 직렬은 저항의 병렬과 같이 계산) …… 58	
	(2) 병렬접속(콘덴서의 병렬은 저항의 직렬과 같이 계산) …… 58	
	● 예상기출문제 …………………………………………………… 60	

제6장 자기회로 70

1 자기력선의 성질 70
  (1) 자기현상 ………………………………………………… 70
  (2) 자기유도 ………………………………………………… 70

2 자성체 71
  (1) 자성체 …………………………………………………… 71
  (2) 자성체의 성질 ………………………………………… 71

3 자기에 관한 쿨롱의 힘(자석 사이에 작용하는 쿨롱의 힘) 72
  (1) 쿨롱의 법칙(F) ………………………………………… 72
  (2) 진공·공기 중에서의 힘의 세기 ……………………… 72
  (3) 투자율 기호(μ) ………………………………………… 72

4 자기장의 성질 73
  (1) 자기장(자계) …………………………………………… 73
  (2) 자기장(자계)의 세기 ………………………………… 73

5 자속밀도(B) 74
  (1) 자속(ϕ[Wb]) …………………………………………… 74
  (2) 자속밀도(B) …………………………………………… 74
  (3) 자속밀도와 자기장의 세기 관계 …………………… 74

| **6** 자기력선의 수 | **74** |

| **7** 자기력선(Lind of Magnetic Force) 또는 자력선 | **75** |
  - 예상기출문제 ·· 78

| **8** 전류에 의한 자기장과 자기력선의 방향 | **83** |
  (1) 직선 저류에 의한 자계의 발생 ···················· 83
  (2) 앙페르(=암페어)의 오른나사법칙 ·················· 83
  (3) 앙페의 주회적분법칙 ································ 84
  (4) 무한장 직선상 전류에 의한 자기장 세기 ········ 84
  (5) 환상 솔레노이드 내부의 자기장 세기(H) ········ 84
  (6) 비오-사바르의 법칙 ································· 85
  (7) 원형코일의 자기장(전선 주위 자계)의 세기 ····· 86

| **9** 자기회로와 자화곡선 | **87** |
  (1) 자기회로 ··· 87
  (2) 기자력 기호(F) ······································· 87
  (3) 자기저항 기호 : R_m ······························· 87
  (4) 옴의 법칙 ·· 88
  (5) 자기에너지와 자화곡선 ···························· 88
  - 예상기출문제 ·· 91

| **10** 전자력과 전자유도 | **97** |
  (1) 전자력 ·· 97
  (2) 직선 도체에 작용하는 전자력(힘) : F ············ 97
  (3) 평행 전류 사이에 작용하는 힘 ···················· 98
  - 예상기출문제 ·· 99

전자유도작용 ... 102
(1) 자속 변화에 의한 유도기전력 ... 102
(2) 발전기에서의 기전력 발생 ... 103
(3) 교류발전기 유도기전력의 크기 ... 104

자기유도작용과 인덕턴스 ... 104
(1) 자기유도 ... 104
(2) 자기 인덕턴스(코일)(기호 : L, 단위 : [H]) ... 105
(3) 환상 코일의 자기 인덕턴스 ... 106
(4) 상호 인덕턴스(Mutual Inductance) ... 106
(5) 유도결합회로의 상호 인덕턴스 ... 107
(6) 코일의 직렬접속 시 합성 인덕턴스 ... 108
● 예상기출문제 ... 110

제7장 교류회로 ... 115

정현파 교류와 그 표시 방법 ... 115
(1) 교류의 정의(AC) ... 115
(2) 교류의 발생 원리 ... 115
(3) 각도의 표시 ... 116
(4) 각속도 ... 116

교류의 기초 ... 116
(1) 주기와 주파수 ... 116
(2) 정현파 교류 전압 및 전류 ... 117
(3) 위상과 위상차 ... 117

정현파 교류의 크기

- (1) 순시값 ··· 118
- (2) 최댓값 ··· 118
- (3) 평균값 ··· 119
- (4) 실효값 ··· 119
- (5) 실효값 V와 최댓값 V_m의 관계 ·············· 120
- (6) 실효값 V와 평균값 V_{ab}의 관계 ············· 120
- (7) 파고율 ··· 120
- (8) 파형율 ··· 120

4 정현파 교류의 벡터 표시법　　　120
- (1) 벡터(정지 벡터)의 표시법 ······················ 120
- (2) 복소수법 ·· 121
- (3) 삼각함수법 ·· 121
- ● 예상기출문제 ·· 123

5 기본 교류회로　　　128
- (1) 저항(R)만의 회로 ···································· 128
- (2) 인덕턴스(L)만의 회로 ····························· 128
- (3) 정전용량(C)만의 회로 ···························· 130

6 R-L-C 직렬회로　　　131
- (1) R-L 직렬회로 ·· 132
- (2) R-C 직렬회로 ·· 133
- (3) R-L-C 직렬회로 ···································· 134

7 R-L-C 병렬회로　　　135
- (1) 어드미턴스 ··· 135
- (2) 임피던스의 어드미턴스 변환 ·················· 135

(3) 어드미턴스의 접속 ·· 136
(4) R-L 병렬회로 ·· 136
(5) R-C 병렬회로 ·· 138
(6) R-L-C 병렬회로 ··· 139

8 공진회로   141
(1) 직렬 공진 ·· 141
(2) 병렬 공진 ·· 142
● 예상기출문제 ·· 144

9 교류전력(단상 전력)   153
(1) 저항 부하의 전력 ·· 153
(2) 인덕턴스(L) 부하의 전력 ······································ 153
(3) 정전용량(C) 부하의 전력 ······································ 154
(4) 임피던스 부하의 전력 ·· 154
(5) 역률(Power Factor) ·· 155
(6) 무효율(Reactive Factor) ······································ 155
● 예상기출문제 ·· 156

10 대칭 3상 교류   159
(1) 대칭 3상 교류 ·· 159
(2) 대칭 3상 교류의 조건 ·· 159
(3) Y(성형) 결선 방식 ·· 160
(4) Δ(환형) 결선 ·· 160
(5) 임피던스의 변환 ··· 161
(6) V결선 ··· 162

11 3상 전력   163

(1) 피상전력(P_a) ··· 163
(2) 유효전력(P) ··· 163
(3) 무효전력(P_r) ··· 163

2 2전력계법에 의한 3상 전력의 측정　　163
● 예상기출문제 ··· 165

3 비사인파 교류　　172
(1) 비사인파 교류 ··· 172
(2) 비정현파 발생 요인 ·· 172
(3) 비사인파 계산 ··· 172
(4) 왜형률[ε](일그러짐) ··· 173
(5) 정현파의 왜형률 ·· 173

4 과도현상　　173
(1) R-L 직렬회로 과도현상 ·· 173
(2) R-C 직렬회로 과도현상 ·· 174
● 예상기출문제 ··· 175

PART 2 전기기기

제1장 직류기(직류발전기)　　180

1 직류발전기　　181
1. 직류기 구조 ··· 181
2. 전기자 권선법 ·· 182

3. 유도기전력 · 184
4. 여자방식에 따른 종류 · · · · · · · · · · · · · · · · 185
5. 발전기의 특성 · 185
6. 발전기의 특성곡선 및 전압 변동율 · · · · · · · · · · · · · · · 190
7. 전기자 반작용 · 192
8. 정류 · 193
9. 직류발전기의 병렬 운전 · · · · · · · · · · · · · · · 196
10. 효율 · 198
● 예상기출문제 · 199

2 직류기(직류전동기)   211

1. 직류전동기의 종류 및 특성 · · · · · · · · · · · · · 211
2. 속도 변동률 · 216
3. 속도제어 및 제동, 가동 · · · · · · · · · · · · · · · 216
4. 효율 · 218
5. 특성 곡선 · 220
● 예상기출문제 · 221

제2장 변압기   238

1. 변압기의 원리 · 238
2. 변압기의 등가회로의 환산 · · · · · · · · · · · · · 242
3. 강하율 · 245
4. 전압 변동률 · 246
5. 변압기 기름 · 247
6. 변압기 결선 · 248
7. 고장 시 운전(V 결선) · · · · · · · · · · · · · · · · · 252
8. 변압기의 병렬운전 · · · · · · · · · · · · · · · · · · · 252

- 9. 극성 ··· 253
- 10. 특수변압기 ··· 255
- 11. 효율 ··· 256
- 12. 변압기 보호장치 ·· 257
- 13. 시험 ··· 258
  - ● 예상기출문제 ··· 260

제3장 동기기　　　　　　　　　　　　　　　　275

- 1. 동기발전기 ·· 275
- 2. 동기전동기 ·· 285
  - ● 예상기출문제 ··· 288

제4장 유도기(유도전동기)　　　　　　　　　　　299

- 1. 유도기의 원리 ··· 299
- 2. 유도기의 종류 ··· 301
- 3. 슬립 ··· 302
- 4. 슬립의 영역 ··· 302
- 5. 정지 시 유도기전력 ·· 303
- 6. 유도전동기의 회전 시 특성 ······································ 304
- 7. 등가회로 ·· 305
- 8. 출력 ··· 306
- 9. 2차 효율 ·· 306
- 10. 토크(T) 특성 ··· 306
- 11. 비례추이(Proportional shift) ································ 308

12. 속도 제어 ··················· 310
13. 기동법 ···················· 311
14. 제동법 ···················· 312
15. 단상 유도전동기 ············· 313
16. 원선도 ···················· 315
　● 예상기출문제 ············· 316

제5장 정류기 및 제어기　　　329

1. 전력용 반도체 ··············· 329
2. 정류회로의 종류 및 특성 ······ 331
3. 사이리스터의 위상제어 정류회로 ···· 333
4. 맥동률 ····················· 334
5. 사이리스터의 응용회로 ········ 335
　● 예상기출문제 ············· 336

PART 3 전기설비

제1장 전기설비　　　345

전선 및 케이블　　　345
1. 전선의 조건 및 규격 ·········· 345
2. 전선의 종류 ················ 347
3. 전선의 허용전류 ············· 358
4. 전류 감소 계수 ·············· 360
5. 배선에 사용하는 전선의 굵기 ··· 361
6. 전선의 선정 조건 ············ 361

7. 전압의 종류	361
● 예상기출문제	362

2 배선기구 및 측정 계기　　　　　　　　　　370

1. 개폐기 및 점멸기	370
2. 소켓과 접속기	372
3. 공구 및 측정 계기	373
● 예상기출문제	376

3 전선의 접속　　　　　　　　　　382

1. 전선 벗기기	382
2. 전선의 접속 조건	382
3. 전선의 접속	382
4. 테이프	385
● 예상기출문제	387

4 옥내 배선공사　　　　　　　　　　392

1. 공사의 분류	392
2. 애자 사용 공사	392
3. 합성 수지관 공사	394
4. 금속관 공사	397
5. 금속제 가요전선관 공사	403
6. 덕트 공사	404
7. 몰드 공사	407
8. 케이블 공사	408
9. 케이블 트레이(cable tray) 배선공사	411
10. 옥내의 전기 시설	412
● 예상기출문제	415

5 특수한 장소, 특수 시설의 공사 　　　　　　　　432
1. 특수한 장소의 옥내 공사 ·································· 432
2. 특수시설공사 ·· 434
● 예상기출문제 ·· 438

6 접지와 절연, 전로의 보호 　　　　　　　　442
1. 접지공사 ·· 442
2. 저압 전로의 절연저항 및 절연내력 ················· 459
3. 과전류 보호 ·· 462
4. 과전류에 대한 보호 ·· 466
5. 부하용량 및 분기회로 수 산정 ······················ 478
● 예상기출문제 ·· 482

7 배전 선로 및 배전반공사 　　　　　　　　492
1. 가공 인입선 공사 ·· 492
2. 가공 배전선로 공사 ·· 493
3. 배전반 공사 ·· 497
4. 분전반 공사 ·· 498
● 예상기출문제 ·· 499

8 옥내배선도 　　　　　　　　510
1. 배선도 ·· 510
2. 옥내 배선용 심벌 ·· 512
● 예상기출문제 ·· 520

부록 과년도출제문제

과년도출제문제(2013년도~2016년도) ·· 1

부록 CBT 기출 복원문제

CBT 기출 복원문제(2023) ·· 147

memo

전기일반 01

Chapter 01 직류회로

1. 전기의 본질

전기의 발생은 본질적으로 전자의 이동에 의해서 발생한다.

(1) 물질의 구성

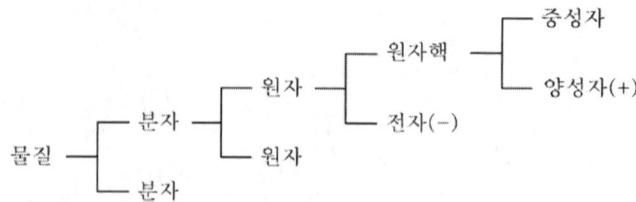

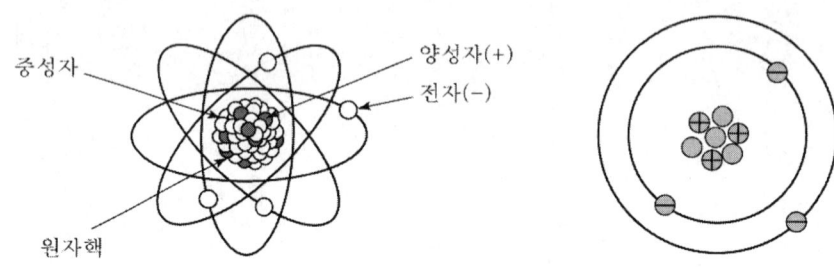

[원자의 모형과 구조]

(2) 물질의 양

① 양성자(양자) 질량 : 1.662×10^{-27} [kg]

② 중성자의 질량 : 1.675×10^{-27} [kg]

③ 전자의 질량 : 9.109×10^{-31} [kg]

2. 전기의 발생

(1) 자유전자

원자핵에서 가장 멀리 떨어져 있는 궤도에 있는 전자는 원자핵과 서로 끌어당기는 흡인력이 약하기 때문에 외부의 작은 자극에 의해서도 쉽게 원자핵의 구속력을 벗어날 수 있는 전자를 자유전자(가전자)라 한다.

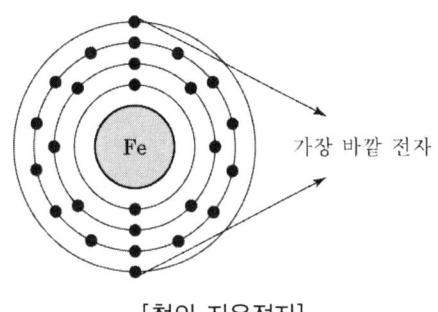

[철의 자유전자]

(2) 대전현상

전기적으로 중성 상태 양(+)과 음(-)의 전자수가 같은 원자가 외부로부터 어떠한 영향으로 자유전자를 잃게 되면 양의 전기를 띠고, 외부로부터 자유전자를 얻으면 음의 전기를 띠는 현상이다.

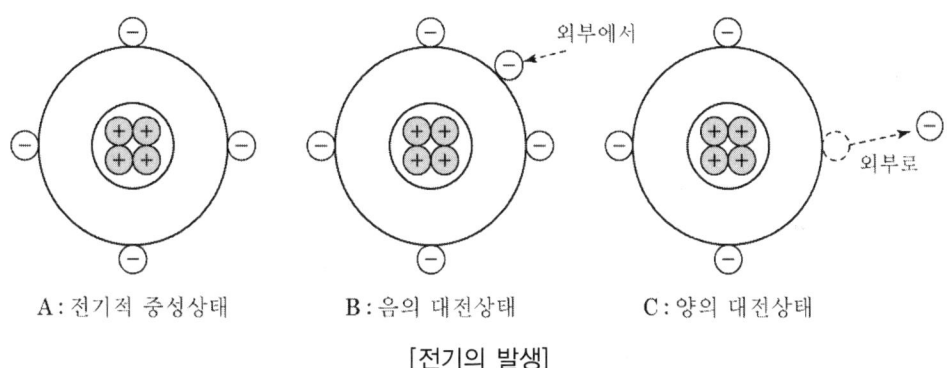

A : 전기적 중성상태   B : 음의 대전상태   C : 양의 대전상태

[전기의 발생]

(3) 전하(전기)와 전하(전기)량

① 전하 : 어떤 물체가 대전 상태에 있을 때 이 물체가 가지고 있는 전기를 말한다.
② 전기량 : 전하가 가지고 있는 전기의 양

㉠ 전기량의 기호 : Q

㉡ 전기량의 단위 : 쿨롱[C]

㉢ 전자 1개의 전기량 : 1.602×10^{-19}[C/개]

㉣ 1[C]은 $\dfrac{1}{(1.602 \times 10^{-19})} = 6.24 \times 10^{18}$ 개의 전자의 과·부족으로 생기는 전하의 전기량이다.

3. 전류

(1) 전류

① 전기회로에서 에너지가 전송되려면 전하의 이동이 있어야 한다. 이러한 전하의 이동을 전류라고 한다.

② 전류의 기호 : I

③ 전류의 단위 : 암페어[A]

④ 전류의 크기 : 어떤 도체의 단면을 t[sec] 동안 Q[C]의 전하가 이동할 때 통과하는 전하의 양으로 정의한다.

$$I = \dfrac{Q}{t}[A] \qquad Q = I \times t[C]$$

여기서, I : 전류[A], Q : 전하량[C], t : 시간[s]

⑤ 전류의 방향

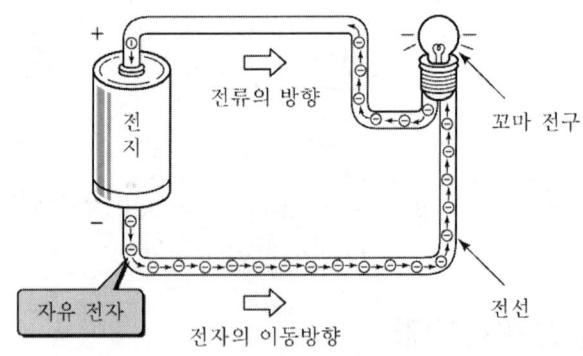

[전류의 방향]

㉠ 전자의 흐름 : 음(-)극에서 양(+)극으로 이동
㉡ 전류의 흐름 : 양(+)극에서 음(-)극으로 이동

4. 전압

(1) 전압
① 전류가 흐를 수 있는 힘의 원천으로 일종의 전기적인 압력의 크기이다.
② 전기회로에 있어서 임의의 한 점의 전기적인 높이를 그 점의 전위라 한다.

(2) 전위차
전하를 흐르게 하는 전기적인 에너지의 차이, 즉 전류는 전위가 높은 쪽에서 낮은 쪽으로 흐르는데 이것을 전위차라 한다.

(3) 기전력
지속적으로 전하를 이동시켜 연속적으로 전위차를 발생시켜 주는 힘의 원천을 기전력이라 하며, 단위는 볼트[V]를 그대로 사용한다. 이때 힘은 화학작용, 전자유도작용 등이 있다.

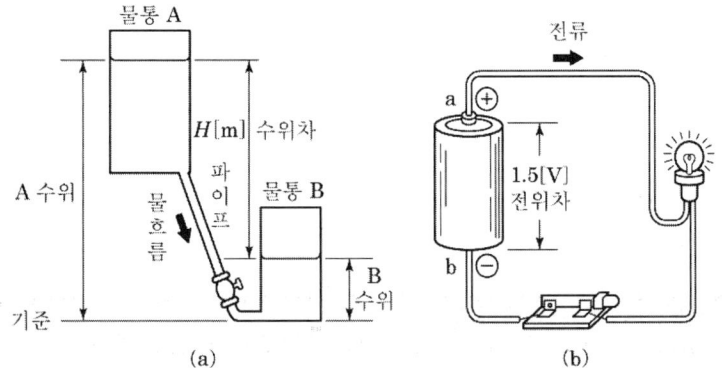

[전위와 전위차]

(4) 전압의 크기
① 전압의 기호 : V
② 전압의 단위 : 볼트[V]
③ 어떤 도체에 $Q[C]$의 전기량이 이동하여 $W[J]$의 일을 하였다면 이때의 전압 $V[V]$는

다음과 같이 나타낸다.
$$V = \frac{W}{Q}[J/C=V]$$

여기서, V : 전압[V], Q : 전하량[C], W : 일의 양[J]

5. 저항과 컨덕턴스

(1) 저항 : R, 단위 : Ω

① 전류의 흐름을 방해하는 성질을 나타내는 상수이다.

$$R = \rho \frac{\ell}{A}[\Omega]$$

여기서, ρ : 고유저항, $\ell[m]$: 도체의 길이
A : 단면적

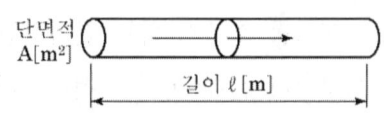

$$\rho = \frac{R \times A}{\ell}[\frac{\Omega \times m^2}{m}][\Omega \cdot m]$$

② $1[\Omega \cdot m^2/m] = 1[\Omega \cdot 10^6 mm^2/m] = 10^6[\Omega \cdot mm^2/m]$

(2) 저항의 기호

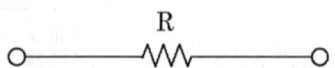

(3) 여러 가지 저항

① 여러 물질의 고유저항

구 분	내 용	종 류
도체	전기가 잘 흐르는 물체	은, 구리, 백금, 알루미늄
부도체	전기가 잘 흐르지 않는 물체	종이, 물, 공기
반도체	어떤 특별한 조건하에서만 전기가 통하는 물체	실리콘, 게르마늄, 산화동

② 절연저항 : 절연물 자체가 가지고 있는 저항이며, 절연저항값은 클수록 좋다.

$$R = \frac{V}{I}[\Omega]$$

③ 접지저항 : 접지(구리판)와 대지 사이의 저항이며, 접지저항은 낮으면 낮을수록 좋다.

(4) 전도율(컨덕턴스) 기호 : 시그마[σ]
저항과 반대로 전류가 흐르기 쉬운 정도를 나타내는 상수이다.
$$\sigma = \frac{1}{\rho}[\mho/m]$$

(5) 저항과 전도율 관계식
$$G = \frac{1}{R}[\mho] \rightarrow R = \frac{1}{G}[\Omega]$$

(6) 저항과 온도와의 관계
① 도체는 온도가 증가하면 저항이 증가한다. 정(+) 특성(비례 곡선)이다.
② 반도체나 절연체는 온도가 증가하면 저항이 감소한다. 부(-) 특성(반비례 곡선)이다.

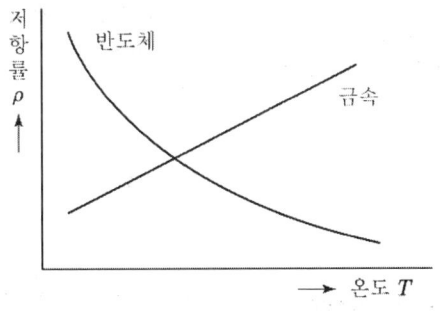

[저항률의 온도특성]

예·상·기·출·문·제

01 전자 1개의 전기량은 몇 [C]인가?
① 1.602×10^{-12} ② 1.602×10^{-19}
③ 9.11×10^{-31} ④ 9.11

🔑 전자 1개 = 1.602×10^{-19}[C/개]

02 원자핵의 구속력을 벗어나서 물질 내에서 자유로이 이동할 수 있는 것은?
① 자유전자 ② 양자
③ 중성자 ④ 분자

🔑 자유전자
자유로이 이동하는 전하로서 전기를 발생시키는 입자이다.

03 어떤 물질이 정상 상태보다 전자의 수가 많거나, 적어져서 전기를 띠는 현상을 무엇이라 하는가?
① 방전 ② 전기량
③ 대전 ④ 하전

🔑 대전
물질이 전자를 잃거나 얻어서 전기를 가지는 현상
㉠ (+) 대전 : 양전기, 물질이 전자를 잃어 자유전자가 양성자보다 적은 상태(전자의 부족)
㉡ (−) 대전 : 음전기, 물질이 전자를 얻어 자유전자가 양성자보다 많은 상태(전자의 과잉)

04 물질 중 자유전자가 과잉된 상태란?

① (−) 대전 상태 ② 발열 상태
③ (+) 대전 상태 ④ 중성 상태

🔑 자유전자가 과잉된 상태란 (−) 대전 상태를 의미한다.

05 어떤 도체에 t초 동안 Q[C]의 전기량이 이동하면 이때 흐르는 전류 [A]는?
① $I = A \times t$[A] ② $I = Q \times t$[A]
③ $I = \dfrac{t}{Q}$[A] ④ $I = \dfrac{Q}{t}$[A]

🔑 전류의 크기 : $I = \dfrac{Q}{t}$[C/sec] = $\dfrac{Q}{t}$[A]

06 어떤 도체의 단면적을 2시간에 7,200[C]의 전기량이 이동했다고 하면 전류 I[A]의 크기는 얼마인가?
① 1 ② 2
③ 3 ④ 4

🔑 전류의 크기 : $I = \dfrac{Q}{t} = \dfrac{7200}{2 \times 60 \times 60} = 1$[A]

07 어떤 전지에서 5[A]의 전류가 10분간 흘렀다면, 이 전지에서 나온 전기량[C]은 얼마인가?
① 500 ② 5,000
③ 300 ④ 3,000

🔑 전하량 $Q = I \times t = 5 \times 10 \times 60 = 3,000$[C]

08 1[Ah]는 몇 [C]인가?

🔓 Answer 1. ② 2. ① 3. ③ 4. ① 5. ④ 6. ① 7. ④ 8. ②

① 7,200　　② 3,600
③ 1,200　　④ 60

🔑 전하량
$Q = I \times t = 1[A] \times 1[h]$
$\quad\quad = 1[A] \times 60 \times 60 = 3,600[C]$

09 전류를 계속 흐르게 하려면 전압을 연속적으로 만들어 주는 어떤 힘이 필요하게 되는데, 이 힘을 무엇이라 하는가?
① 자기력　　② 전자력
③ 기전력　　④ 전기장

🔑 ㉠ 기전력 : 전압을 일정하게 유지시켜 전류를 계속 흐르게 하는 힘의 원천이다.
㉡ 기자력 : 자속을 발생하는 힘의 원천이다.

10 $Q[C]$의 전기량이 도체를 이동하면서 한 일을 $W[J]$라 했을 때 전위차 $V[V]$를 나타내는 관계식으로 옳은 것은?
① $V = QW$　　② $V = \dfrac{W}{Q}$
③ $V = \dfrac{Q}{W}$　　④ $V = \dfrac{1}{QW}$

🔑 전기량이 한 일 $W = QV[J]$에서 $V = \dfrac{W}{Q}$이다.

11 2[C]의 전기량이 두 점 사이를 이동하여 48[J]의 일을 하였다면 이 두 점 사이의 전위차는 몇 [V]인가?
① 12[V]　　② 24[V]
③ 48[V]　　④ 96[V]

🔑 $V = \dfrac{W}{Q} = \dfrac{48}{2} = 24[V]$

12 100[V]의 전위차로 가속된 전자의 운동에너지는 몇 [J]인가?
① 1.6×10^{-20}　　② 1.6×10^{-19}
③ 1.6×10^{-18}　　④ 1.6×10^{-17}

🔑 1[V]는 1.6×10^{-19}[J]이므로 100[V]는
$1.6 \times 10^{-19} \times 100 = 1.6 \times 10^{-17}[J]$

13 24[C]의 전기량이 이동해서 144[J]의 일을 했을 때 기전력은?
① 2[V]　　② 4[V]
③ 6[V]　　④ 8[V]

🔑 $W = QV$이므로 $V = \dfrac{W}{Q} = \dfrac{144}{24} = 6[V]$

14 1[eV]는 몇 [J]인가?
① 1.602×10^{-19}　　② 1×10^{-19}
③ 1　　④ 1.16×10^{4}

🔑 전자 1개의 전기량 $e = 1.602 \times 10^{-19}[C]$이므로
$W = QV[J]$에서
$1[eV] = 1.602 \times 10^{-19} \times 1[V]$
$\quad\quad = 1.602 \times 10^{-19}[J]$이 된다.

15 다음 중 1[V]와 같은 값을 갖는 것은?
① 1[J/C]　　② 1[Wb/m]
③ 1[Ω/m]　　④ 1[A·sec]

🔑 전위 정의식 $V = \dfrac{W}{Q}\left(V = \dfrac{J}{C}\right)$

16 도체의 전기 저항에 대한 것으로 옳은 것은?
① 길이와 단면적에 비례한다.
② 길이와 단면적에 반비례한다.

🔓 Answer　9. ③　10. ②　11. ②　12. ④　13. ③　14. ①　15. ①　16. ③

③ 길이에 비례하고 단면적에 반비례한다.
④ 길이에 반비례하고 단면적에 비례한다.

🔑 전기저항(도선 자체의 저항) $R = \rho \dfrac{\ell}{A} [\Omega]$

17 도체를 전기 전도도가 좋은 순서대로 나열한 것은?

① 은 → 구리 → 금 → 알루미늄
② 금 → 구리 → 은 → 알루미늄
③ 은 → 구리 → 알루미늄 → 금
④ 알루미늄 → 구리 → 금 → 은

🔑

도체	고유저항[$\Omega \cdot m$]	도전율[$\mho/m$]
은	1.62×10^{-8}	6.2×10^{7}
구리	1.67×10^{-8}	5.8×10^{7}
금	2.4×10^{-8}	4.2×10^{7}
알루미늄	2.62×10^{-8}	3.5×10^{7}

18 다음 중 도전율(전도율)을 나타내는 단위는?

① [Ω] ② [$\Omega \cdot m$]
③ [$\mho \cdot m$] ④ [$\mho/m$]

🔑 고유저항 $\rho [\Omega \cdot m]$
전도율 $\sigma = \dfrac{1}{\rho} [\mho/m]$

19 일반적인 연동선의 고유저항은 몇 [$\Omega \cdot mm^2/m$]인가?

① $\dfrac{1}{55}$ ② $\dfrac{1}{58}$
③ $\dfrac{1}{35}$ ④ $\dfrac{1}{28}$

🔑 ㉠ 연동선 고유저항 $\rho = \dfrac{1}{58} [\Omega \cdot mm^2/m]$

㉡ 경동선 고유저항 $\rho = \dfrac{1}{55} [\Omega \cdot mm^2/m]$

20 어떤 도체의 길이를 n배로 하고, 단면적을 $\dfrac{1}{n}$로 하였을 때의 저항은 원래 저항보다 어떻게 되는가?

① n배로 된다. ② n^2배로 된다.
③ $\sqrt{n}$ 배로 된다. ④ $\dfrac{1}{n}$ 배로 된다.

🔑 전기 저항 $R = \rho \dfrac{\ell}{A} [\Omega]$에서 길이를 n배로 하고, 단면적을 $\dfrac{1}{n}$로 하면

$R' = \rho \dfrac{n \times 1}{\dfrac{1}{n} \times A} = n^2 \times \rho \dfrac{\ell}{A} = n^2 R [\Omega]$이 되므로 도체의 저항은 n^2배가 된다.

21 어떤 도체의 길이를 2배로 하고, 단면적을 $\dfrac{1}{3}$로 하였을 때의 저항은 원래 저항보다 어떻게 되는가?

① 3배로 된다. ② 4배로 된다.
③ 6배로 된다. ④ 9배로 된다.

🔑 ㉠ 전기 저항 $R = \rho \dfrac{\ell}{A} [\Omega]$에서 길이를 2배로 증가하면 2ℓ이 된다.

㉡ 단면적을 $\dfrac{1}{3}$로 감소하면 $\dfrac{1}{3}A$이므로

$R' = \rho \dfrac{n \times 1}{\dfrac{1}{n} \times A} = \rho \dfrac{2\ell}{\dfrac{1}{3}A} = 6 \times \rho \dfrac{\ell}{A} [\Omega]$이 되므로, 도체의 저항은 6배가 된다.

22 다음 중 저항값이 큰 것이 좋은 것은?

🔓 Answer 17. ① 18. ④ 19. ② 20. ② 21. ③ 22. ①

① 절연저항   ② 접지저항
③ 권선저항   ④ 누설저항

🔑 절연저항값은 크면 클수록 이상 전류에 도선 및 각종 기기를 잘 보호해준다.

23 충전된 대전체를 대지(大地)에 연결하면 대전체는 어떻게 되는가?

① 방전한다.
② 반발한다.
③ 충전이 계속된다.
④ 반발과 흡인을 반복한다.

🔑 지구의 대지는 표면적이 넓어서 대전체의 전하는 대지로 방전된다. 대전체를 지구에 도선으로 연결하는 것을 접지라 하고 접지하여 대전체에 들어 있는 전하를 없애는 것을 방전이라고 한다.

24 권선저항과 온도와의 관계는?

① 온도와 무관하다.
② 온도가 상승함에 따라 권선저항은 감소한다.
③ 온도가 상승함에 따라 권선저항은 증가한다.
④ 온도가 상승함에 따라 권선저항은 증가와 감소를 반복한다.

🔑 저항과 온도와의 관계
㉠ 도체 : 온도가 올라가면 저항도 올라간다.(정(+) 온도 계수)
㉡ 반도체 : 온도가 올라가면 저항은 감소한다.(부(-) 온도 계수)

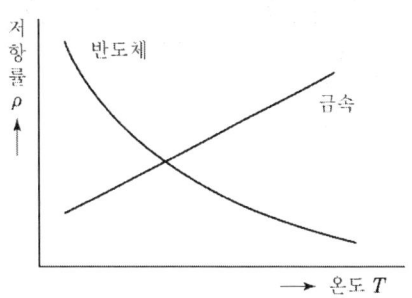

[저항률의 온도특성]

25 일반적으로 온도가 높아지게 되면 전도율이 커져서 온도계수가 부(-)의 값을 가지는 것이 아닌 것은?

① 구리   ② 반도체
③ 탄소   ④ 전해액

🔑 ㉠ 부(-) 특성 온도계수 : 반도체, 서미스터, 전해질, 방전관, 탄소
㉡ 정(+) 특성 온도계수 : 도체, 즉 금속

Answer 23. ① 24. ③ 25. ①

Chapter 02 전기회로의 회로 해석

1. 옴의 법칙[Ohm's Law]

저항에 흐르는 전류는 크기는 저항에 인가한 전압에 비례하고, 전기저항에 반비례한다.

$$V = IR[\text{V}] \qquad I = \frac{V}{R}[\text{A}] \qquad R = \frac{V}{I}[\Omega]$$

여기서, V : 전압[V], I : 전류[A], R : 저항[Ω]

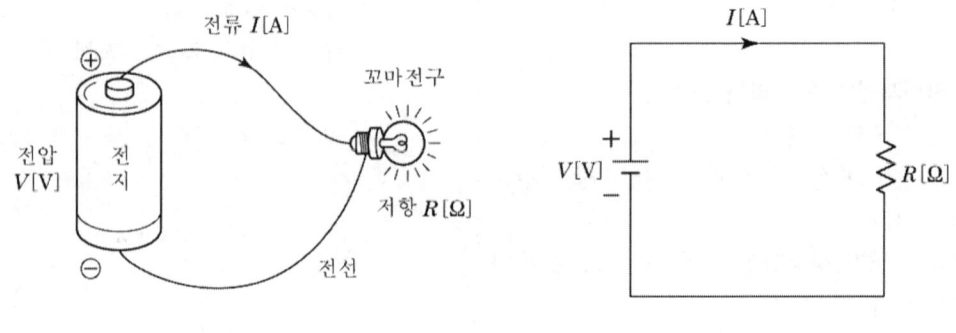

(a) 실제도 　　　　　　　　　　(b) 회로도

[전기회로도]

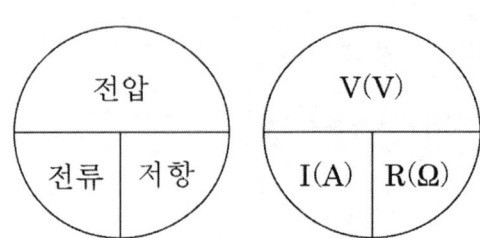

2. 저항의 접속

전기회로에서 2개 이상의 저항을 전원에 접속하는 방법에는 직렬접속과 병렬접속이 있으며, 직렬접속과 병렬접속을 혼합한 직·병렬접속이 있다.

(1) 직렬접속

모든 저항에 일정한 전류가 흐르도록 접속한 회로이다.

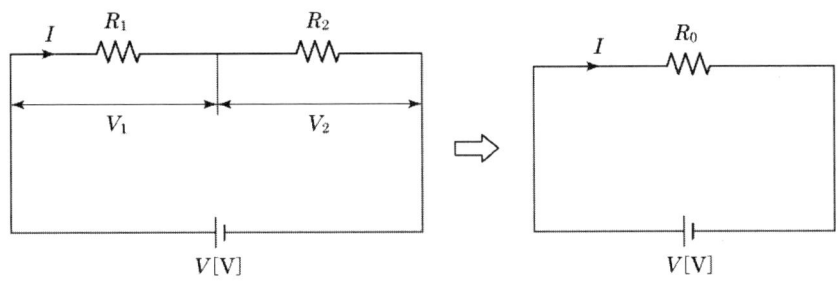

[저항의 직렬접속회로]

$$V_1 = IR_1, \quad V_2 = IR_2$$
$$V = V_1 + V_2 = I(R_1 + R_2) = IR_0 [V]$$

① 합성저항 : $R_0 = R_1 + R_2 [\Omega]$

저항은 전류의 흐름을 방해하는 성질이므로, 직렬접속 시에는 전류가 흐르면서 모든 저항을 통해 방해를 받으므로, 합성저항은 각 저항값을 합한 값이 된다.

② 전류 : $I = \dfrac{V}{R_0} = \dfrac{V}{R_1 + R_2} [A]$

③ 전압 분배 : 각각의 저항에 분배되는 전압은 전류가 일정하므로 저항에 비례 분배된다.

㉠ $V_1 = \dfrac{R_1}{R_1 + R_2} \times V [V]$

㉡ $V_2 = \dfrac{R_2}{R_1 + R_2} \times V [V]$

(2) 병렬접속

각각의 저항에 인가되는 전압이 일정하게 작용하는 회로이다.

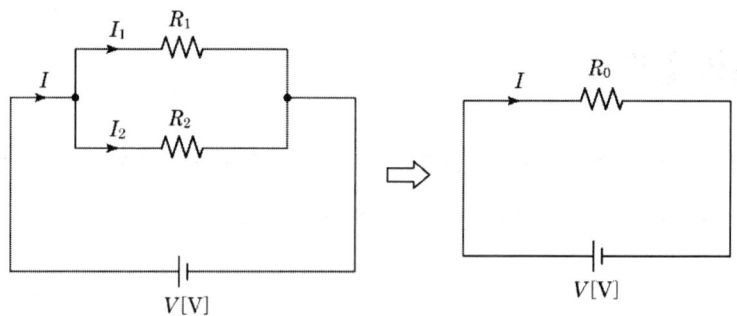

[저항의 병렬접속회로]

$$I = \frac{V}{R_1}[A] \qquad I = \frac{V}{R_2}[A]$$

$$I = I_1 + I_2[A] = \frac{V}{R_1} + \frac{V}{R_2} = \left(\frac{1}{R_1} + \frac{1}{R_2}\right)V = \frac{V}{R_0}[A]$$

① 합성저항 : $R_0 = \dfrac{1}{\dfrac{1}{R_1} + \dfrac{1}{R_2}} = \dfrac{R_1 R_2}{R_1 + R_2}[\Omega] = \dfrac{곱}{합}$

저항의 병렬접속 시에는 병렬로 연결된 저항이 많을수록 전류가 흐를 수 있는 경로가 늘어나므로 전류의 흐름에 도움이 된다. 따라서, 병렬회로수의 증가는 컨덕턴스(저항의 역수)값의 증가를 의미한다.

② 전류 분배 : 각각의 저항에 분배되는 전류는 반비례 분배되어 흐른다.

$$I_1 = \frac{R_2}{R_1 + R_2}I[A] \qquad I_2 = \frac{R_1}{R_1 + R_2}I[A]$$

③ 기타 합성저항

  ㉠ 3개 저항이 병렬접속의 합성저항

$$R_0 = \dfrac{1}{\dfrac{1}{R_1} + \dfrac{1}{R_2} + \dfrac{1}{R_3}} = \dfrac{R_1 R_2 R_3}{R_1 R_2 + R_2 R_3 + R_3 R_1}[\Omega] = \dfrac{곱}{곱합}$$

  ㉡ 동일한 N개의 저항이 병렬접속된 경우의 합성저항

$$R_p = \frac{R}{N}[\Omega] = \frac{크기}{갯수}$$

(3) 직·병렬접속

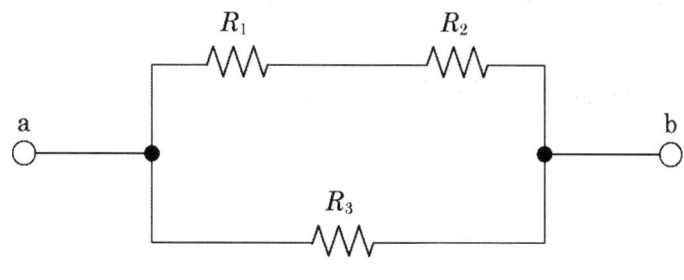

[저항의 직·병렬 접속회로]

직·병렬접속 시 합성저항 R_0는 R_1과 R_2는 직렬이므로 그 합성저항은 $R_1 + R_2$가 되고, 다시 합성저항 R_3가 병렬이므로 다음과 같이 구할 수 있다.

$$\text{합성저항 } R_0 = \frac{(R_1 + R_2)R_3}{R_1 + R_2 + R_3}[\Omega]$$

3. 컨덕턴스

컨덕턴스는 전기가 얼마나 흐르기 쉬운가를 나타낸다.

① 하나의 전선 양끝에 전압을 가하면 도선 속을 흐르는 전류(I)는 도선의 양끝에 가해진 전압(V)에 비례한다. 이때의 비례상수 G를 컨덕턴스라 한다.

$$I = \frac{V}{R} = GV[A]$$

② 컨덕턴스와의 관계

$$V = IR = \frac{I}{G}[V]$$

여기서, V : 전압[V], I : 전류[A], G : 컨덕턴스[℧]

4. 키르히호프 법칙(Kirchhoff's Law)

(1) 키르히호프 제1법칙(전류법칙 : KCL)
회로망 중의 임의의 접속점에서 유입하는 전류의 합은 유출하는 전류의 합과 같다.

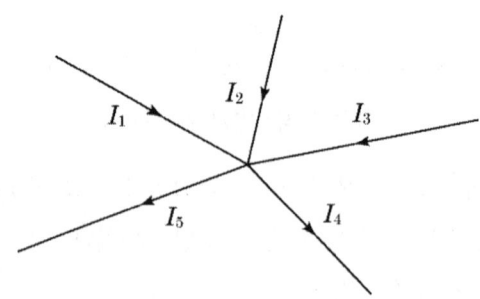

[키르히호프 제1법칙]

$\Sigma(유입전류) = \Sigma(유출전류)$

$I_1 + I_2 + I_3 = I_4 + I_5 \qquad I_1 + I_2 + I_3 - I_4 - I_5 = 0$

$\therefore \Sigma I = 0$

(2) 키르히호프의 제2법칙(전압법칙 : KVL)
① 루프(LOOP)를 형성하는 임의의 회로망에서 모든 기전력의 대수합은 전압 강하의 대수합과 같다.
② ΣE(기전력의 대수합)=ΣIR(전압강하의 대수합)

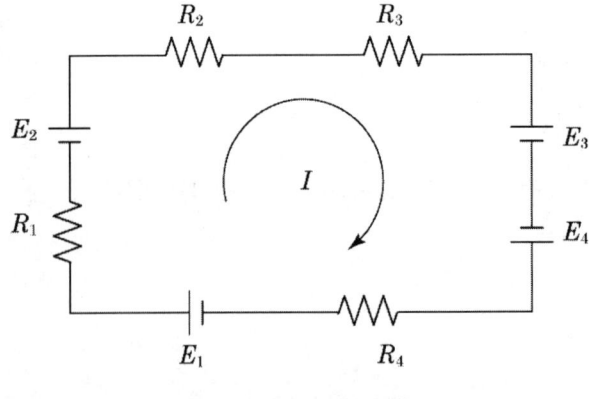

[키르히호프 제2법칙]

$$E_1 + E_2 - E_3 + E_4 = IR_1 + IR_2 - IR_3 + IR_4$$

$$\therefore \sum E = \sum IR$$

③ 계산 결과
  ㉠ (+)값이 나오면 처음 정한 방향과 같은 방향
  ㉡ (−)값이 나오면 처음 정한 방향과 반대 방향

예·상·기·출·문·제

01 다음 ( ) 안의 알맞은 내용으로 옳은 것은?

> 회로에 흐르는 전류의 크기는 저항에 (㉠) 하고, 가해진 전압에 (㉡)한다.

① ㉠ 비례,   ㉡ 비례
② ㉠ 비례,   ㉡ 반비례
③ ㉠ 반비례, ㉡ 비례
④ ㉠ 반비례, ㉡ 반비례

🔑 **옴의 법칙**
회로에 흐르는 전류의 크기는 저항에 반비례하고, 가해진 전압에 비례한다.

02 어떤 저항 R에 전압 V를 가하니 전류 I가 흘렀다. 이 회로의 저항 R을 20[%] 줄이면 전류 I는 처음의 몇 배가 되는가?

① 0.8   ② 0.88
③ 1.25   ④ 2.04

🔑 옴의 법칙에서 $I_1 = \dfrac{V}{R}$이므로 $I_2 = \dfrac{V}{0.8R}$에서  $I = \dfrac{V}{0.8} = 1.25$배가 된다.

03 $R_1[\Omega]$, $R_2[\Omega]$, $R_3[\Omega]$의 저항 3개를 직렬접속했을 때의 합성저항[Ω]은?

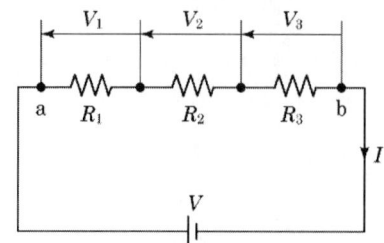

① $R = \dfrac{R_1 R_2 R_3}{R_1 + R_2 + R_3}$

② $R = \dfrac{R_1 + R_2 + R_3}{R_1 R_2 R_3}$

③ $R = R_1 R_2 R_3$

④ $R = R_1 + R_2 + R_3$

🔑 직렬 합성저항 $R = R_1 + R_2 + R_3 [\Omega]$

04 3[Ω]의 저항이 5개, 7[Ω]의 저항이 3개, 114[Ω]의 저항이 1개가 있다. 이들을 모두 직렬로 접속할 때 합성저항[Ω]은?

① 120   ② 130
③ 150   ④ 160

🔑 직렬의 합성저항
$R_0 = 3 \times 5 + 7 \times 3 + 114 \times 1 = 150[\Omega]$

05 5[Ω], 10[Ω], 15[Ω]의 저항을 직렬로 접속하고 전압을 가하였더니 10[Ω]의 저항 양단에 30[V]의 전압이 측정되었다. 이 회로에 공급되는 전 전압은 몇 [V]인가?

① 30   ② 60
③ 90   ④ 120

🔑 ㉠ 직렬접속 시 합성저항
$R_0 = 5 + 10 + 15 = 30[\Omega]$

㉡ 저항의 직렬접속회로에서는 전류가 일정하므로 각 저항에 흐르는 전류는 같다. 따라서, 10[Ω] 저항 양단에 인가되는 30[V] 전압으로부터 전류를 구하면

🔓 Answer 1. ③ 2. ③ 3. ④ 4. ③ 5. ③

$$I = \frac{30}{10} = 3[A]$$
∴ 전 전압 $V = I \times R_0 = 3 \times 30 = 90[V]$

06 2개의 저항 R_1, R_2가 병렬로 접속하면 합성저항[Ω]은?

① $R_1 + R_2$ ② $\frac{1}{R_1 + R_2}$

③ $\frac{R_1 R_2}{R_1 + R_2}$ ④ $\frac{R_1 + R_2}{R_1 R_2}$

🗝 저항값의 역수에 대한 합을 구하고 다시 그 역수를 구하면 된다.

합성저항 $R_0 = \dfrac{1}{\dfrac{1}{R_1} + \dfrac{1}{R_2}} = \dfrac{1}{\dfrac{R_1 + R_2}{R_1 R_2}}$

$= \dfrac{R_1 R_2}{R_1 + R_2}[\Omega]$

07 그림과 같은 회로에서 저항 R_1에 흐르는 전류는?

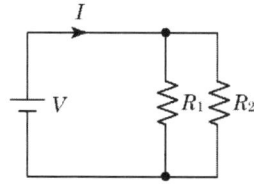

① $(R_1 + R_2)I$ ② $\dfrac{R_2}{R_1 + R_2}I$

③ $\dfrac{R_1}{R_1 + R_2}I$ ④ $\dfrac{R_1 R_2}{R_1 + R_2}I$

🗝 전류는 저항에 반비례 분배되므로 저항 R_1에 흐르는 전류 $I_1 = \dfrac{R_2}{R_1 + R_2}I[A]$이다.

08 전위차계로 전위를 측정하였다. B점의 전위가 100[V]이고 D점의 전위가 60[V]일 때 4[Ω]에 흐르는 전류는?

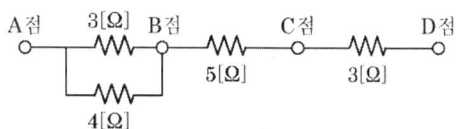

① 5[A] ② $\dfrac{15}{7}$[A]

③ $\dfrac{20}{7}$[A] ④ 20[A]

🗝 ㉠ $V_{BD} = V_B - V_D = 100 - 60 = 40[V]$

㉡ $I' = \dfrac{V_{BD}}{R_{BD}} = \dfrac{40}{5+3} = 5[A]$

저항 4[Ω]에 흐르는 전류는 5[A]를 저항에 반비례하게 분배되어 흐르므로

∴ $I_4 = \dfrac{3}{3+4} \times 5 = \dfrac{15}{7}[A]$

09 10[Ω] 저항 5개를 가지고 얻을 수 있는 가장 작은 합성저항값[Ω]은?

① 1 ② 2
③ 4 ④ 5

🗝 저항값을 작게 하려면 모두 병렬로 접속하면 된다.

∴ 가장 작은 합성저항값
$R_0 = \dfrac{R}{n} = \dfrac{저항크기}{갯수} = \dfrac{10}{5} = 2[\Omega]$

10 그림과 같은 회로에서 합성저항은 약 몇 [Ω]인가?

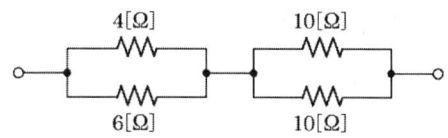

Answer 6. ③ 7. ② 8. ② 9. ② 10. ②

① 6.6 ② 7.4
③ 8.7 ④ 9.4

2개 병렬접속된 저항이 다시 직렬접속된 것과 같다.

∴ $R_0 = \dfrac{4 \times 6}{4+6} + \dfrac{10 \times 10}{10+10}$
$= 2.4 + 5 = 7.4 [\Omega]$

11 20[Ω], 30[Ω], 60[Ω]의 저항 3개를 그림과 같이 병렬로 접속한 회로에 30[V]의 전압을 가하였다면 이때 저항 R_2에 흐르는 전류[A]는 얼마인가?

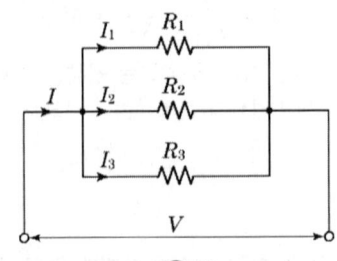

① 3 ② 6
③ 30 ④ 60

병렬회로에서 전체 전류는 전압이 일정하므로 각 저항에 흐르는 전류의 총합이다.

$I = I_{20} + I_{30} + I_{60} = \dfrac{V}{R_1} + \dfrac{V}{R_2} + \dfrac{V}{R_3}$

$= \dfrac{60}{20} + \dfrac{60}{30} + \dfrac{60}{60} = 3 + 2 + 1 = 6 [A]$

12 2[Ω], 4[Ω], 6[Ω]의 저항 3개가 있다. 이 저항들을 병렬 연결했을 때 회로의 전전류가 10[A]였다면 2[Ω]에 흐르는 전류값은 몇 [A]인가?

① $\dfrac{60}{11}$ ② $\dfrac{70}{11}$

③ $\dfrac{80}{11}$ ④ $\dfrac{90}{11}$

㉠ 저항의 병렬 연결

$R_0 = \dfrac{1}{\dfrac{1}{2} + \dfrac{1}{4} + \dfrac{1}{6}} = \dfrac{12}{11} [\Omega]$

㉡ 이때 전류가 10[A]이므로

$V = IR = 10 \times \dfrac{12}{11} = \dfrac{120}{11} [V]$

∴ $I = \dfrac{V}{R} = \dfrac{\dfrac{120}{11}}{2} = \dfrac{120}{22} = \dfrac{60}{11} [A]$

13 그림과 같이 R_1, R_2, R_3의 저항 3개가 직·병렬접속되었을 때 합성저항은?

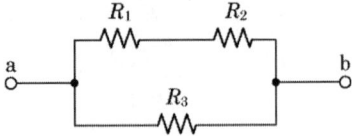

① $R = \dfrac{(R_1 + R_2)R_3}{R_1 + R_2 + R_3}$

② $R = \dfrac{(R_2 + R_3)R_1}{R_1 + R_2 + R_3}$

③ $R = \dfrac{(R_1 + R_3)R_2}{R_1 + R_2 + R_3}$

④ $R = \dfrac{R_1 R_2 R_3}{R_1 + R_2 + R_3}$

R_1과 R_2는 직렬이므로 그 합성저항은 $R_1 + R_2$가 되고, 다시 합성저항 R_3가 병렬이므로 다음과 같이 구할 수 있다.

∴ $R = \dfrac{(R_1 + R_2)R_3}{R_1 + R_2 + R_3}$

14 다음 회로에서 a, b 간의 합성저항[Ω]은?

Answer 11. ② 12. ① 13. ① 14. ③

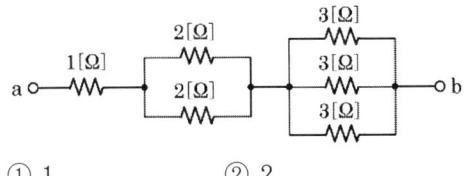

① 1 ② 2
③ 3 ④ 4

🔑 같은 크기의 저항 n개 병렬접속 시 합성저항은 1개 저항을 갯수로 나누어 구할 수 있다.
$$\therefore R_0 = 1 + \frac{2}{n} + \frac{3}{n} = 1 + \frac{2}{2} + \frac{3}{3} = 3[\Omega]$$

15 다음 그림과 같은 회로의 저항값이 $R_1 > R_2 > R_3 > R_4$일 때, 전류가 최소로 흐르는 저항은?

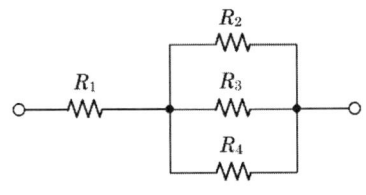

① R_1 ② R_2
③ R_3 ④ R_4

🔑 전류는 저항에 반비례하므로 저항값이 클수록 작게 흐른다. 그러나 R_1은 전체 전류가 흐르므로 병렬접속된 저항 중 가장 큰 R_2에 전류가 최소로 흐른다.

16 1[Ω], 2[Ω], 3[Ω]의 저항 3개를 이용하여 합성저항을 2.2[Ω]으로 만들고자 할 때 접속 방법을 옳게 설명한 것은?

① 저항 3개를 직렬로 접속한다.
② 저항 3개를 병렬로 접속한다.
③ 2[Ω]과 3[Ω]의 저항을 병렬로 연결한 다음 1[Ω]의 저항을 직렬로 접속한다.
④ 1[Ω]과 2[Ω]의 저항을 병렬로 연결한 다음 3[Ω]의 저항을 직렬로 접속한다.

🔑 2[Ω]과 3[Ω]의 저항을 병렬접속 시 합성저항 $R_0 = \frac{R_1 R_2}{R_1 + R_2}[\Omega]$이므로
$R_0 = \frac{곱한 것}{더한 것} = \frac{2 \times 3}{2+3} = 1.2[\Omega]$이 된다.
여기에 1[Ω]을 직렬로 접속하면 된다.
$$\therefore R_0 = 1 + \frac{2 \times 3}{2+3} = 2.2[\Omega]$$

17 동일한 저항 4개를 접속하여 얻을 수 있는 최대 저항값은 최소 저항값의 몇 배인가?

① 2 ② 4
③ 8 ④ 16

🔑 ㉠ 최대 저항값(직렬 연결) : $4R[\Omega]$
㉡ 최소 저항값(병렬 연결) : $\frac{R}{4}[\Omega]$
$$\therefore \frac{R_{직렬}}{R_{병렬}} = \frac{4R}{\frac{R}{4}} = 4^2 = 16배$$

18 10[Ω]의 저항과 R[Ω]의 저항이 병렬로 접속되고, 10[Ω]의 전류가 5[A], R[Ω]의 저항의 전류가 2[A]라면 저항 R[Ω]은?

① 10 ② 30
③ 25 ④ 30

🔑 병렬은 전압이 일정하므로 전체 전압은 10[Ω]과 R[Ω]에 걸리는 전압이 같다.
$V_1 = I_1 R_1 = 5 \times 10 = 50[V]$
$$\therefore R = \frac{V}{I_2} = \frac{50}{2} = 25[\Omega]$$

19 그림과 같은 회로에서 a, b간에 E[V]의 전

🔓 Answer 15. ② 16. ③ 17. ④ 18. ③ 19. ③

압을 가하여 일정하게 하고, 스위치 S를 닫았을 때의 전전류 I[A]가 닫기 전 전류의 3배가 되었다면 저항 R_x의 값은 약 몇 [Ω]인가?

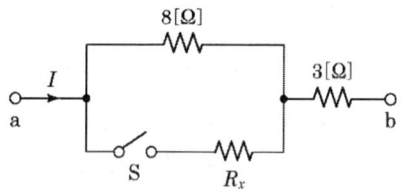

① 727 　　　　② 27
③ 0.73 　　　　④ 0.27

🔑 직·병렬 저항회로에서 스위치를 닫지 않았을 때 $R_{TH} = 8+3 = 11[Ω]$,
옴의 법칙에서 전압이 일정하므로 저항이 3배가 차이가 난다는 것이므로 스위치를 닫았을 때의 저항값은 $\frac{11}{3}[Ω]$이다.

$$\frac{11}{3} = \frac{8 \times R_x}{8+R_x} + 3 \rightarrow \frac{2}{3} = \frac{8 \times R_x}{8+R_x}$$
$$16 + 2R_x = 24R_x \rightarrow 22R_x = 16$$
$$\therefore R_x = \frac{16}{22} = 0.73[Ω]$$

20 그림과 같은 회로 A, B에서 본 합성저항은 몇 [Ω]인가?

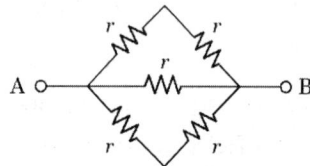

① $\frac{r}{2}$ 　　　　② r
③ $\frac{3}{2}r$ 　　　　④ $2r$

🔑 $r+r=2r$, r, $r+r=2r$의 병렬회로이므로,

먼저 $2r$, $2r$ 병렬접속 합성저항을 구하면, 저항이 같은 크기이므로 합성저항은 $\frac{2r}{2개} = r$이 된다.
그 다음 r과 r이 다시 병렬이므로 $\frac{r}{2개} = \frac{r}{2}$이 된다.

21 그림과 같은 회로에서 4[Ω]에 흐르는 전류값은?

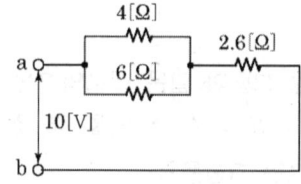

① 0.6 　　　　② 0.8
③ 1.0 　　　　④ 1.2

🔑 합성저항 $R_0 = \frac{4 \times 6}{4+6} + 2.6 = 5[Ω]$이므로
전 전류 $I = \frac{V}{R} = \frac{10}{5} = 2[A]$이고
4[Ω]에 흐르는 전류는 반비례 분배되므로
$I_4 = \frac{6}{4+6} \times 2 = 1.2[A]$

22 2[Ω]과 3[Ω]을 직렬로 접속했을 때 합성 컨덕턴스[℧]는?

① 0.2 　　　　② 1.5
③ 5 　　　　　④ 6

🔑 합성저항 $R_0 = R_1 + R_2 = 2+3 = 5[Ω]$
∴ 컨덕턴스 $G = \frac{1}{R_0} = \frac{1}{5} = 0.2[℧]$

23 회로망 임의의 접속점에 유입되는 전류는 $\sum I = 0$이라는 법칙은?

Answer　20. ①　21. ④　22. ①　23. ①

① 키르히호프의 제1법칙
② 키르히호프의 제2법칙
③ 플레밍의 오른손법칙
④ 앙페르의 오른나사 법칙

🔑 **키르히호프의 제1법칙**
유입 전류의 총합은 유출 전류의 총합과 같다.

24 '회로망에서 임의의 한 폐회로의 접속점에 흐르는 전류와 저항과의 곱의 대수합은 그 폐회로 중에 있는 모든 기전력의 대수합과 같다.'는 다음의 무슨 법칙에 해당하는가?

① 키르히호프의 제1법칙
② 키르히호프의 제2법칙
③ 줄의 법칙
④ 앙페르의 오른나사법칙

🔑 **키르히호프의 제2법칙**
전압 법칙으로 임의의 폐회로에서 기전력의 총합은 전압강하의 총합과 같다.
∴ $\sum E = \sum IR$

25 키르히호프의 법칙을 이용하여 방정식을 세우는 방법으로 잘못된 것은?

① 키르히호프의 제1법칙을 회로망의 임의의 한 점에 적용한다.
② 각 폐회로에서 키르히호프의 제2법칙을 적용한다.
③ 각 회로의 전류를 문자로 나타내고 방향을 가정한다.
④ 계산 결과 전류가 '+'로 표시된 것은 처음에 정한 방향과 반대 방향임을 나타낸다.

🔑 계산 결과가 처음에 가정한 전류 방향과 일치하면 (+), 반대 방향이면 (−)로 나타낸다.

26 그림에서 A, B 단자 사이의 전압은 몇 [V]인가?

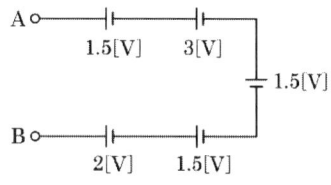

① 1.5
② 2.5
③ 6.5
④ 9.5

🔑 A단자 쪽으로 향한 기전력의 합이 B단자 쪽으로 향한 기전력의 합보다 크므로 A단자 쪽으로 향한 기전력의 합에서 B단자 쪽으로 향한 기전력의 합을 빼서 구하면 된다.
합성 기전력 $V_{AB} = 1.5 + 3 + 1.5 - 1.5 - 2$
$= 2.5 [V]$

27 그림에서 폐회로에 흐르는 전류는 몇 [A]인가?

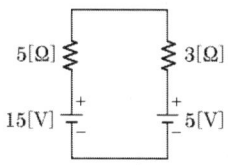

① 1
② 1.25
③ 2
④ 2.5

🔑 전류 방향을 시계 방향으로 정하여 키르히호프 제2법칙을 적용한다.
$E_{15} - E_5 = I(R_5 + R_3)$ 이므로
$15 - 5 = I \times (5 + 3)$
∴ 전류 $I = \dfrac{V}{R} = \dfrac{10}{8} = 1.25 [A]$

🔓 Answer 24. ② 25. ④ 26. ② 27. ②

Chapter 03 전력과 전기회로 측정

1. 전력

(1) 전력(P)
① 정의 : 1초[sec] 동안에 전기장치에 공급되는 전기에너지이다.
② 전력의 크기

$$P = \frac{W}{t} = \frac{QV}{t} = VI = I^2R = \frac{V^2}{R} \text{[W=J/s]}$$

여기서, P : 전력, I : 전류, W : 전력량, R : 저항
t : 시간, Q : 전하량, V : 전압

※ 1마력=1[HP]=746[W]=0.746[kW]

(2) 전력량[W]
① 정의 : 어느 일정 시간 동안의 전기에너지 총량을 나타내는 것이다.
② 전력량의 크기 : W

$$W = Pt = VIt = I^2Rt = \frac{V^2}{R}t \text{[J]}$$

여기서, W : 전력량[J], P : 전력[W], I : 전류[A]
t : 시간[sec], V : 전압[V], R : 저항[Ω]

③ 단위 환산
  1[W·sec]=1[J]
  1[kW·h]=1000[W·h]=$10^3 \times 3600$[J]=3.6×10^6[J]

(3) 줄(Joule)의 법칙
① 정의 : 저항 R[Ω]의 도체에 전류 I[A]를 흘릴 때 전류에 의해서 단위 시간당 발생하

는 열량은 도체의 저항과 전류의 제곱에 비례한다.

② 줄열의 크기

$$W = Pt = VIt = I^2Rt = \frac{V^2}{R}t[J] = 0.24Pt = 0.24VIt = 0.24I^2Rt[cal]$$

③ 물의 열용량 : H

$$H = C \times m \times \theta [cal]$$

여기서, C : 비열, m : 질량, θ : 온도상승량

④ 단위 환산

1[J]=0.2389[cal]=0.24[cal]

1[cal]=4.2[J]

1[kW·h]=3.6×10⁶[J]=0.24×3600[kcal]=860[kcal]

(4) 열전기 현상

두 개의 서로 다른 금속도선 양끝을 접합하여 폐회로를 구성하고 양끝 접합 부위에 서로 다른 온도를 가하여 온도차를 주면 전위차가 발생하는 현상을 열전 현상이라고 하며, 이때 발생한 전위차를 열기전력이라 한다.

구 분	그 림	내 용
제어백 효과 (Seebeck effect)		서로 다른 금속을 접합하여 접속점에 온도차를 주면 기전력이 발생되는 현상이다. 용도 : 열전 온도계, 열전쌍형 계기
펠티어 효과 (Peltier effect)		서로 다른 금속에 전류를 인가하면 열을 흡열 또는 발열되는 현상이다. 흡열 : 전기온풍기 발열 : 냉각(냉장고)
톰슨 효과 (Thomson effect)		동종의 금속에 온도차를 주면 열전류가 흐르는 현상이다.
제3금속법칙		서로 다른 2종류의 금속으로 만들어 임의의 금속의 양끝의 접점 온도를 똑같이 유지하면 회로의 열기전력은 변화하지 않는 현상이다.

2. 전류와 전압 및 저항의 측정

(1) 전압계, 전류계
① 전압계 : 전기회로에서 두 점 사이의 전위차를 측정하기 위한 계기로, 전원에 병렬로 접속하여 측정한다.
② 전류계 : 전기회로에서 전류를 측정하기 위한 계기로, 전원에 직렬로 접속하여 측정한다.

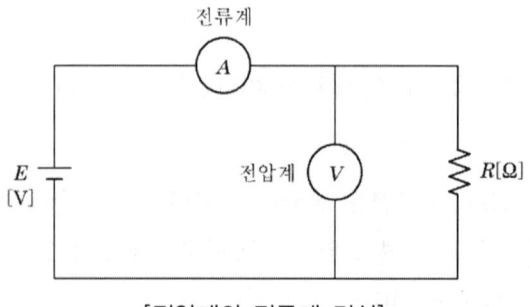

[전압계와 전류계 결선]

(2) 배율기
전압계의 측정범위를 넓히기 위하여, 전압계와 직렬로 접속한 직렬저항을 말한다.

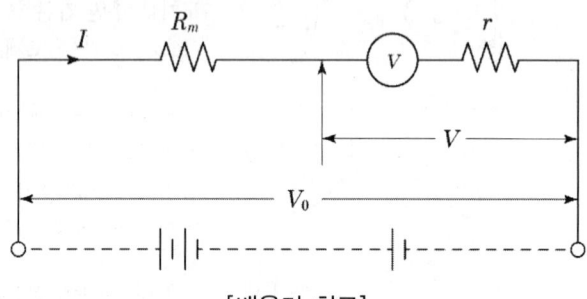

[배율기 회로]

① 측정하는 전압 $V = \dfrac{r}{R_m + r} \times V_0$

② 측정 배율 $n = \dfrac{V_0}{V} = \dfrac{R_m + r}{r} = (\dfrac{R_m}{r} + 1)$

③ 배율기 저항 $R_m = (\dfrac{V_0}{V} - 1) \times r = (n-1) \times r$

여기서, V_0 : 최대로 측정할 수 있는 전압, V : 전압계의 지시전압
R_m : 배율기 저항, r : 전압계의 내부저항
n : 배수($\frac{V_0}{V}$)

④ 측정 배율 : 전압계의 측정범위를 10배로 하려면 외부에 9배로 큰 저항을 직렬로 연결하여야 측정범위를 넓힐 수 있다. 이것을 측정 배율이라 한다.
㉠ 10배일 경우 전압비 $V_{R_m} : V_{r_v}$=9 : 1이면 저항비 $R_m : r_v$=9 : 1
㉡ n배일 경우 전압비 $V_{R_m} : V_{r_v}$=$n-1$: 1이면 저항비 $R_m : r_v$=$n-1$: 1

(3) 분류기

전류계 측정 범위를 넓히기 위해, 전류계와 병렬로 접속한 병렬 저항을 말한다.

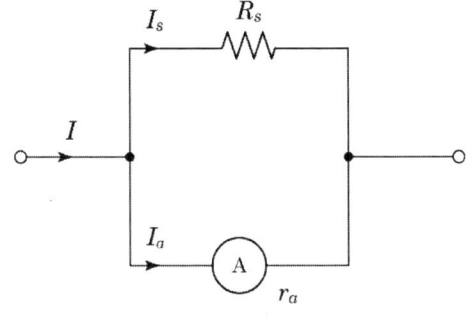

[분류기 회로]

① 측정하는 전류 $I_a = \dfrac{R_s}{R_s + r_a} I$

② 측정 배율 $n = \dfrac{I}{I_a} = \dfrac{R_s + r_a}{R_s} = 1 + \dfrac{r_a}{R_s}$

③ 분류기 저항 $R_s = \dfrac{r_a}{n-1} [\Omega]$

여기서, I_a : 최대로 측정할 수 있는 전류, I : 전류계의 지시전류
R_s : 분류기 저항, r_a : 전류계의 내부저항
n : 배수($\frac{I_0}{I}$)

④ 측정 배율 : 전류계의 측정범위를 10배로 하려면 외부에 $\dfrac{1}{9}$배로 작은 저항을 병렬로 연결하여야 측정범위를 넓힐 수 있다. 이것을 측정 배율이라 한다.

㉠ 10배일 경우 전압비 $I_s : I_a = 9 : 1$이면 저항비 $R_s : r_v = 1 : 9$

㉡ n배일 경우 전압비 $I_s : I_a = n-1 : 1$이면 저항비 $R_s : r_v = 1 : n-1$

(4) 전위의 평형

① 휘트스톤 브리지

㉠ 평형의 조건

ⓐ 저항과 코일은 서로 마주보는 곱

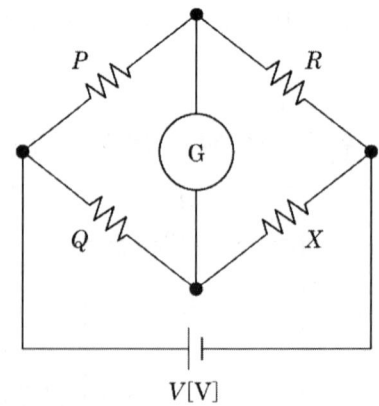

[휘트스톤 브리지 회로]

$$PX = QR \qquad X = \frac{QR}{P}$$

ⓑ 콘덴서는 직선으로 곱함

$$C_1 R_1 = C_2 R_2$$

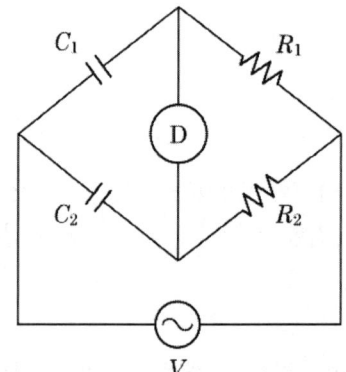

ⓒ 적용 : 미지의 저항값을 측정하거나 전력계통의 고장점 검출 등에 사용된다.
② 저항 측정

구 분	내 용
저저항 측정	켈빈더블 브리지
중저항 측정	휘트스톤 브리지
고저항 측정(옥내전등·전열절연저항)	메거(절연저항기)
콜라우시 브리지	전해액 저항, 접지저항
전압 전류계법	간접 전력 측정

예·상·기·출·문·제

01 전력과 전력량에 관한 설명으로 틀린 것은?
① 전력은 전력량과 다르다.
② 전력량은 와트로 환산된다.
③ 전력량은 칼로리 단위로 환산된다.
④ 전력은 칼로리 단위로 환산할 수 없다.

⊙ 전력 : 1초 동안에 전기가 하는 일의 양
(전기에너지가 빛이나 열에너지로 변화되는 일)
$$P = VI = I^2 R = \frac{V^2}{R} = \frac{W}{t} [\text{W}]$$
⊙ 전력량 : 일정한 시간 동안 전기가 하는 일의 양
$$W = Pt = VIt = I^2 Rt = \frac{V^2}{R}[t]$$

02 100[V]에서 5[A]가 흐르는 전열기에 120[V]를 가하면 흐르는 전류[A]는?
① 4.1   ② 6.0
③ 7.2   ④ 8.4

전열기는 저항만의 회로로 취급하므로
$V = IR$[V]에서
㉠ $R = \frac{V}{I} = \frac{100}{5} = 20[\Omega]$
㉡ $I = \frac{V}{R} = \frac{120}{20} = 6[\text{A}]$

03 3분 동안에 18,000[J]의 일을 하였다. 이때 소비한 전력[W]은 얼마인가?
① 10   ② 100
③ 20   ④ 200

전력 $P = \frac{W}{t} = \frac{18000}{3 \times 60} = 100[\text{W}]$

04 200[V], 500[W]의 전열기를 220[V] 전원에 사용하였다면 이때의 전력[W]은?
① 400[W]   ② 500[W]
③ 550[W]   ④ 605[W]

전열기의 저항은 일정하므로 $P = I^2 R = \frac{V^2}{R}$이다.
$R = \frac{V^2}{P} = \frac{200^2}{500} = 80[\Omega]$
전열기의 내부저항은 80[Ω]이다.
$P' = \frac{220^2}{80} = \frac{48400}{80} = 605[\text{W}]$

05 100[V], 300[W]의 전열선의 저항값[Ω]은?
① 약 0.33   ② 약 3.33
③ 약 33.3   ④ 약 333

$P = \frac{V^2}{R}$[W]이므로
$R = \frac{V^2}{P} = \frac{100^2}{300} = 33.3[\Omega]$

06 20[A]의 전류를 흘렸을 때 전력이 60[W]인 저항에 30[A]를 흘리면 전력은 몇 [W]가 되는가?
① 80   ② 90
③ 120   ④ 135

전력 $P = I^2 R$[W]에서
저항 $R = \frac{P}{I_{20}^2} = \frac{60}{20^2} = 0.15[\Omega]$
$P' = I_{30}^2 R = 30^2 \times 0.15 = 135[\text{W}]$

🔓 Answer   1.② 2.② 3.② 4.④ 5.③ 6.④

07 200[V]에서 1[kW]의 전력을 소비하는 전열기를 100[V]에서 사용하면 소비전력은 몇 [W]인가?

① 150
② 250
③ 400
④ 1000

백열전구나 전열기는 저항 R만의 회로로 취급하므로 $P = \dfrac{V^2}{R}$[W]에서

저항 $R = \dfrac{V^2}{P} = \dfrac{200^2}{1000} = 40[\Omega]$이므로

$P' = \dfrac{V^2}{R} = \dfrac{100^2}{40} = 250$[W]

08 같은 저항 4개를 그림과 같이 연결하여 a-b 간에 일정 전압을 가했을 때 소비전력이 가장 큰 것은?

① a o—R—R—R—R—o b

②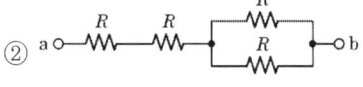

③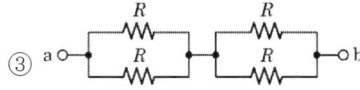

④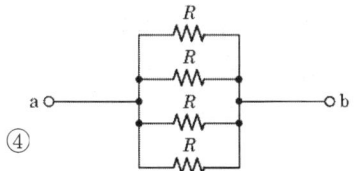

각 회로에 소비되는 전력

① 합성저항이 $4R[\Omega]$이므로 $P_1 = \dfrac{V^2}{4R}$[W]

② 합성저항 $R_0 = 2R + \dfrac{R}{2} = 2.5R[\Omega]$이므로

$P_2 = \dfrac{V^2}{2.5R} = \dfrac{0.4V^2}{R}$[W]

③ 합성저항 $R_0 = \dfrac{R}{2} + 2 = R[\Omega]$이므로

$P_3 = \dfrac{V^2}{R}$[W]

④ 합성저항 $R_0 = \dfrac{R}{4} = 0.25R[\Omega]$이므로

$P_4 = \dfrac{V^2}{0.25R} = \dfrac{4V^2}{R}$[W]

∴ 전압이 같고 R만 다르다면 $P = \dfrac{V^2}{R}$[W]에 적용해야 하므로 합성저항이 작을수록 전력은 커진다.

09 전구를 점등하기 전의 저항과 점등한 후의 저항을 비교하면 어떻게 되는가?

① 점등 후의 저항이 크다.
② 점등 전의 저항이 크다.
③ 변동 없다.
④ 경우에 따라 다르다

전구의 필라멘트는 텅스텐이 사용되는데, 이 텅스텐의 온도계수는 정(+) 온도계수를 가진다. 그러므로 전구 점등 시 전구의 온도가 높아지면 전구의 저항도 증가한다.

10 220[V], 100[W] 백열전구 1개와 220[V], 200[W] 백열전구 1개를 직렬로, 220[V] 전원에 연결할 때 어느 전구가 더 밝은가?

① 220[V], 100[W] 백열전구가 더 밝다.
② 220[V], 200[W] 백열전구가 더 밝다.
③ 똑같다.
④ 수시로 변동한다.

백열전구나 전열기는 저항 R만의 회로로 취급하므로 $P = \dfrac{V^2}{R}$[W]에서 $R = \dfrac{V^2}{P}[\Omega]$이므로,

Answer 7.② 8.④ 9.① 10.①

㉠ 100[W] 전구 저항 $R_1 = \dfrac{220^2}{100} = 484[\Omega]$

㉡ 200[W] 전구 저항 $R_2 = \dfrac{220^2}{200} = 242[\Omega]$

∴ 전구 2개를 직렬로 접속하면 각각의 전구에 흐르는 전류는 일정하므로 소비전력 $P=I^2R$[W]에서 저항이 클수록 소비전력이 크므로 더 밝다.

11 220[V], 1.5[kW], 전구를 20시간 점등했다면 전력량[kWh]은?

① 15 ② 20
③ 30 ④ 60

🔑 전력량 $W = Pt = 1.5 \times 20 = 30$[kWh]

12 다음 중 전력량 1[J]과 같은 것은?

① 1[cal] ② 1[W·sec]
③ 1[kg·m] ④ 1[N·m]

🔑 전력량 $W=Pt$[J]이므로 1[J]=1[W·sec]

13 5[W·h]는 몇 [J]인가?

① 3,600 ② 18,000
③ 12,000 ④ 6,000

🔑 5[W·h]=5[W]×1[h]=5[W]×60×60[sec]
　　　　=18,000[J]
여기서, 1[h]=3,600[sec]

14 1[kWh]는 몇 [J]인가?

① 3.6×10^6 ② 860
③ 10^3 ④ 10^6

🔑 1[kWh]=1[kW]×1[h]
　　　　=10^3[W]×60×60[sec]
　　　　=3.6×10^6[J]

15 1.5[V]의 전위차로 3[A]의 전류가 3분 동안 흘렀을 때 한 일[J]은?

① 1.5 ② 13.5
③ 810 ④ 2430

🔑 전력량
$W = Pt = VIt = I^2Rt = \dfrac{V^2}{R}t$[J=W·sec]
$W = VIt = 1.5 \times 3 \times 3 \times 60 = 810$[J]

16 저항이 있는 도선에 전류가 흐르면 열이 발생한다. 이와 같이 전류의 열작용과 가장 관계가 있는 법칙은?

① 옴의 법칙
② 키르히호프의 법칙
③ 줄의 법칙
④ 플레밍의 법칙

🔑 줄의 법칙
㉠ 전류의 발열 작용
㉡ 열량=0.24×전력[cal]
㉢ 1[J]≒0.24[cal]
㉣ 발열량 $H = 0.24I^2Rt$[cal]

17 줄(Joule)의 법칙에서 발열량의 계산식을 옳게 표시한 식은? (단, 단위는 [cal]이다.)

① $H = 0.24I^2Rt$[cal]
② $H = 0.024I^2Rt$[cal]
③ $H = 0.24I^2R$[cal]
④ $H = 0.024I^2R$[cal]

🔑 발열량
$H = 0.24Pt = 0.24VIt = 0.24I^2Rt$[cal]

18 1[cal]는 몇 [J]인가?

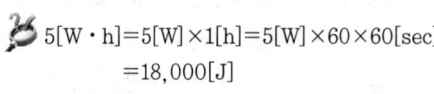
Answer　11. ③　12. ②　13. ②　14. ①　15. ③　16. ③　17. ①　18. ④

① 0.24　　② 0.4186
③ 2.4　　④ 4.186

🔑 1[cal]=4.186[J]≒4.2[J]

19 1[kW·h]는 몇 [kcal]인가?
① 860　　② 2,400
③ 4,800　　④ 8,600

🔑 1[kWh]=1[kW]×1[h]
　　=10^3[W]×60×60[sec]
　　=$3.6×10^6$[J]
　　=$0.2389×3.6×10^6$[cal]
　　≒860[kcal]

20 500[Ω]의 저항에 1[A]의 전류가 1분 동안 흐를 때 발생하는 열량은 몇 [cal]인가?
① 3,600　　② 5,000
③ 6,200　　④ 7,200

🔑 $H=0.24I^2Rt$
　　=$0.24×1^2×500×60$
　　=7,200[cal]

21 3[kW]의 전열기를 1시간 동안 사용할 때 발생하는 열량[kcal]은?
① 3　　② 180
③ 860　　④ 2,580

🔑 열량 H=1[kWh]=860[kcal]
　　3[kW]=3×860=2,580[kcal]

22 4[℃]의 물 1[g]을 1[℃]만큼 올리는 데 필요한 열량을 무엇이라 하는가?
① 1[cal]　　② 1[J]
③ 1[J/sec]　　④ 1[cal/sec]

🔑 1[cal] : 4[℃]의 물 1[g]을 1[℃]만큼 올리는 데 필요한 열량

23 열의 전달 방법이 아닌 것은?
① 복사　　② 대류
③ 확산　　④ 전도

🔑 열이 전달되는 방식
㉠ 복사 : 열이 빛의 형태로 전달되는 현상
㉡ 대류 : 물질이 이동하여 열을 전달하는 현상
㉢ 전도 : 고체를 통하여 열이 전달되는 현상

24 물체의 온도 상승 및 열 전달 방법에 대한 설명으로 옳은 것은?
① 비열이 작은 물체에 열을 주면 쉽게 온도를 올릴 수 있다.
② 열 전달 방법 중 유체가 열을 받아 분자와 같이 이동하는 것이 복사이다.
③ 일반적으로 물체는 열을 방출하면 온도가 증가한다.
④ 질량이 큰 물체에 열을 주면 쉽게 온도를 올릴 수 있다.

🔑 물의 열용량
　　$H=C×m×θ$[cal]
　　(C : 비열, m : 질량, $θ$: 온도상승량)
　　∴ $θ=\dfrac{H}{C·m}$ 이므로 비열이 작은 물체에 열을 주면 쉽게 온도가 상승한다.

25 10[℃], 5,000[g] 물을 40[℃]로 올리기 위하여 1[kW]의 전열기를 쓰면 몇 분이 걸리는가? (단, 여기서 효율은 80[%]라고 한다.)
① 약 13분　　② 약 15분
③ 약 25분　　④ 약 50분

Answer 19.① 20.④ 21.④ 22.① 23.③ 24.① 25.①

📝 물의 열용량 $H = C \times m \times \theta$[cal]이므로
$H = 0.24Pt\eta = C \cdot m \cdot \theta$[cal]
(C : 비열, m : 질량, θ : 온도상승량)
$$t = \frac{C \times m \times \theta}{0.24 \times P \times \eta} = \frac{1 \times 5,000 \times (40-10)}{0.24 \times 1,000 \times 0.8}$$
$= 781.25$[sec] ≒ 13[분]

26 종류가 다른 두 금속을 접합하여 폐회로를 만들고 두 접합점의 온도를 다르게 하면 이 폐회로에 기전력이 발생하여 전류가 흐르게 되는 현상을 지칭하는 것은?
① 줄의 법칙 ② 톰슨 효과
③ 펠티에 효과 ④ 제베크 효과

📝 ㉠ 제베크 효과 : 온도차 → 전류
㉡ 펠티에 효과 : 전류 → 온도차
㉢ 톰슨 효과(동종 금속) : 온도차 → 열전류

27 제베크 효과에 대한 설명으로 틀린 것은?
① 두 종류의 금속을 접속하여 폐회로를 만들고, 두 접속점에 온도의 차이를 주면 기전력이 발생하여 전류가 흐른다.
② 열기전력의 크기와 방향은 두 금속점의 온도차에 따라서 정해진다.
③ 열전쌍(열전대)은 두 종류의 금속을 조합한 장치이다.
④ 전자냉동기, 전자온풍기에 응용된다.

📝 전자냉동기나 전자온풍기는 서로 다른 두 금속을 접합한 후 여기에 전류를 흘리면, 그 접합점에서 열의 발생 및 흡수가 일어나는 현상인 펠티에 효과를 이용한다.

28 두 금속을 접합하여 여기에 전류를 흘리면, 줄열 외에 그 접합점에서의 열의 발생 및 흡수가 일어나는 현상은?

① 제3금속의 법칙 ② 제베크 효과
③ 홀 효과 ④ 펠티에 효과

📝 서로 다른 두 금속을 접합한 후 여기에 전류를 흘리면, 그 접합점에서 열의 발생 및 흡수가 일어나는 현상을 펠티에 효과라 한다.

29 부하의 전압과 전류를 측정하기 위한 전압계와 전류계의 접속 방법으로 옳은 것은?
① 전압계 : 직렬, 전류계 : 병렬
② 전압계 : 직렬, 전류계 : 직렬
③ 전압계 : 병렬, 전류계 : 직렬
④ 전압계 : 병렬, 전류계 : 병렬

📝 부하의 전압과 전류를 측정 시 전압은 부하 양 단자 간에 걸리므로 전압계는 병렬접속하고, 전류는 선에 흐르므로 전류계는 부하에 대해 직렬로 접속한다.

30 전압계의 측정 범위를 넓히는 데 사용되는 기기는?
① 배율기 ② 분류기
③ 정압기 ④ 정류기

📝 ㉠ 배율기 : 전압계의 측정 범위를 확대하기 위한 저항
㉡ 분류기 : 전류계의 측정 범위를 확대하기 위한 저항

31 다음 ㉠과 ㉡에 들어갈 내용으로 알맞은 것은?

> 배율기는 (㉠)의 측정 범위를 넓히기 위한 목적으로 사용하는 것으로써 (㉡)로 접속하는 저항기를 말한다.

① ㉠ 전압계, ㉡ 병렬

🔓 Answer 26. ④ 27. ④ 28. ④ 29. ③ 30. ① 31. ③

② ㉠ 전류계, ㉡ 병렬
③ ㉠ 전압계, ㉡ 직렬
④ ㉠ 전류계, ㉡ 직렬

🔑 **배율기**
전압계의 측정 범위를 확대시키는 저항으로 전압계에 직렬로 접속하는 전압계의 내부저항보다 큰 저항기를 말한다.

32 전류계의 측정범위를 확대시키기 위하여 전류계와 병렬로 접속하는 것은?
① 분류기 ② 배율기
③ 검류계 ④ 전위차계

🔑 **분류기**
전류계의 측정 범위를 확대하기 위하여 전류계와 병렬로 접속하는 전류계의 내부저항보다 작은 저항기를 말한다.

33 어떤 전압계의 측정 범위를 10배로 하자면 배율기의 저항을 전압계 내부저항의 몇 배로 하여야 하는가?
① 10 ② $\dfrac{1}{10}$
③ 9 ④ $\dfrac{1}{9}$

🔑 **배율기의 저항**
$R_m = (m-1)r_v = (10-1)r_v = 9r_v$

34 100[V]의 전압계가 있다. 이 전압계를 써서 200[V]의 전압을 측정하려면 몇 [Ω]의 저항을 외부에 접속해야 하겠는가? (단, 전압계의 내부저항은 5,000[Ω]이라고 한다.)
① 1,000 ② 5,000
③ 10,000 ④ 15,000

🔑 배율 $m = \dfrac{V}{V_v} = \dfrac{200}{100} = 2$ 배이므로
배율기 저항
$R = (m-1)r_v = (2-1) \times 5,000$
$\quad = 5,000[\Omega]$

35 최대 눈금 1[A], 내부저항 10[Ω]인 전류계로 최대 101[A]까지 측정하려면 몇 [Ω]의 분류기가 필요한가?
① 0.1 ② $\dfrac{1}{10}$
③ 1 ④ $\dfrac{1}{0.1}$

🔑 **분류기 저항**
$R_s = \dfrac{R_a}{m-1} = \dfrac{10}{101-1} = \dfrac{10}{100} = 0.1[\Omega]$

36 그림의 휘트스톤 브리지의 평형 조건은?

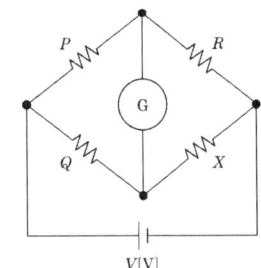

① $X = \dfrac{Q}{P}R$ ② $X = \dfrac{P}{Q}R$
③ $X = \dfrac{Q}{R}P$ ④ $X = \dfrac{P^2}{R}Q$

🔑 **휘트스톤 브리지 회로의 평형 조건**
$P \cdot X = Q \cdot R$
$\therefore X = \dfrac{Q}{P}R$

Answer 32. ① 33. ③ 34. ② 35. ① 36. ①

37 회로에서 검류계의 지시가 0일 때 저항 X는 몇 [Ω]인가?

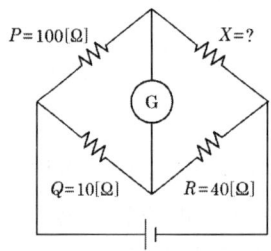

① 10
② 40
③ 100
④ 400

🔑 휘스톤 브리지 회로의 평형 조건
$P \cdot R = Q \cdot X$
$\therefore X = \dfrac{P}{Q}R = \dfrac{100 \times 40}{10} = 400[\Omega]$

38 그림에서 평형 조건이 맞는 식은?

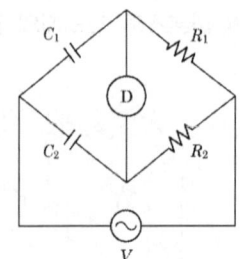

① $C_1 R_1 = C_2 R_2$
② $C_1 R_2 = C_2 R_1$
③ $C_1 C_2 = R_1 R_2$
④ $\dfrac{1}{C_1 C_2} = R_1 R_2$

🔑 휘스톤 브리지 평형 조건
콘덴서 회로는 대각선으로 곱한 임피던스의 곱일 경우 평형 조건이 성립한다.
$\dfrac{1}{j\omega C_1} \cdot R_1 = \dfrac{1}{j\omega C_2} \cdot R_2$ 이므로
$C_2 R_1 = C_1 R_2$ 가 된다.

39 그림의 휘스톤 브리지 회로에서 평형이 되었을 때의 $C_x[\mu F]$는?

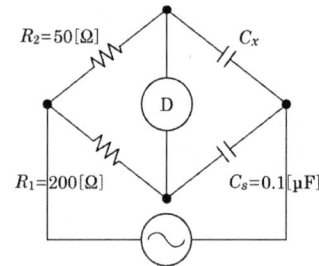

① 0.1
② 0.2
③ 0.3
④ 0.4

🔑 휘스톤 브리지 평형 조건
$\dfrac{1}{j\omega C_1} \cdot R_1 = \dfrac{1}{j\omega C_2} \cdot R_2$ 에서
$C_s R_1 = C_x R_2 = \dfrac{200 \times 0.1}{50} = 0.4$
$\therefore C_x = 0.4[\mu F]$

40 브리지 회로에서 미지의 인덕턴스 L_x를 구하면?

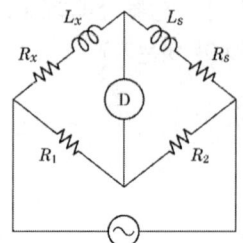

① $L_x = \dfrac{R_2}{R_1}L_s$
② $L_x = \dfrac{R_1}{R_2}L_s$
③ $L_x = \dfrac{R_s}{R_1}L_s$
④ $L_x = \dfrac{R_1}{R_s}L_s$

🔑 휘스톤 브리지 평형 조건
$R_1(R_s + j\omega L_s) = R_2(R_x + j\omega L_x)$ 이므로
$R_1 R_s + j\omega L_s R_1 = R_2 R_x + j\omega L_x R_2$
$R_1 R_s = R_2 R_x, \quad j\omega L_s R_1 = j\omega L_x R_2$

🔓 answer 37. ④ 38. ① 39. ④ 40. ②

$$\therefore R_1(R_s + j\omega L_s) = R_2(R_x + j\omega L_x) \text{에서}$$
$$L_x = \frac{R_1}{R_2} L_s \text{이다.}$$

41 접지저항 측정 방법은?

① 휘트스톤 브리지
② 캘빈 더블 브리지
③ 콜라우시 브리지
④ 테스터법

구 분	내 용
저저항 측정	켈빈더블 브리지
중저항 측정	휘트스톤 브리지
고저항 측정 (옥내전등·전열절연저항)	메거 (절연저항기)
콜라우시 브리지	전해액저항, 접지저항
전압 전류계법	간접 전력 측정

42 다음 중 저저항 측정에 사용되는 방법은?

① 메거
② 전압 전류계법
③ 켈빈더블 브리지법
④ 휘트스톤 브리지법

 켈빈더블 브리지법
저저항 측정에 사용한다.

Answer 41. ③ 42. ③

Chapter 04 전류의 화학 작용과 전지

1. 전기분해

① 정의 : 전해액에 전류를 흘려 화학적으로 금속을 석출하는 현상을 말한다.
② 전해액 : 전류를 통할 때 전기분해를 일으키는 수용액을 말한다.
③ 전해질 : 전해액으로 될 수 있는 물질을 말한다.
④ 이온 : 전해질이 녹아 전해액으로 될 때 그 분자가 전리되어 양 또는 음의 전하를 띠는 원자를 말한다.
⑤ 전리(이온화) : 전해질이 용액 속에서 양이온이나 음이온으로 분리되는 현상을 말한다.
⑥ 전기 분해 시 전압 : 직류를 사용한다.

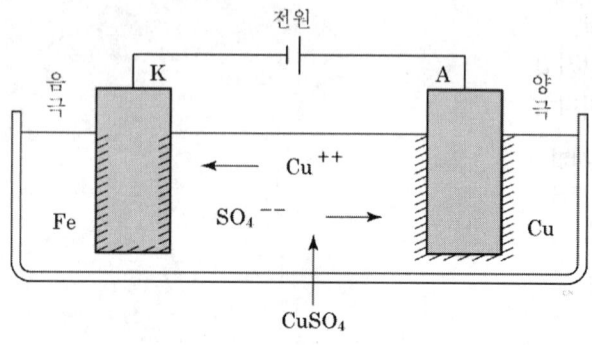

[$CuSO_4$ 용액의 전기 분해]

2. 패러데이의 법칙

① 전기 분해 시 양극과 음극에서 석출되는 물질의 양 W[g]는 전해액 속을 통과한 전기량 Q[C]에 비례한다.
② 같은 전기량에 의해 여러 가지 화합물이 전기 분해될 때 석출되는 물질의 양 W[g]는 각 물질의 화학당량($=\dfrac{원자량}{원자가}$)에 비례한다.
③ 전해질이나 전극이 어떤 것이라도 같은 전기량이면 항상 같은 화학당량의 물질을 석출한다.
④ 전극에서 석출되는 물질의 양
   $W = kQ = kIt$ [g]
   여기서, W : 석출되는 물질의 양[g] k : 전기화학당량[g/C]
   Q : 전하량[C] I : 전류[A]
   t : 시간[sec]
⑤ 전기화학당량 $k = 1$[C]의 전기량에 의해 분해되는 물질의 양을 말한다.
⑥ 패러데이의 상수 F[C]
   ㉠ 1[g] 당량을 석출하는 데 필요한 전기량으로 물질에 관계없이 항상 일정한 특성을 갖는다.
   ㉡ 패러데이의 상수 F[C] : $\dfrac{1[\text{g}]\ 당량}{k} = 일정$

3. 전지

전지는 보통 건전지(dry cell) 혹은 배터리(battery)를 말하며, 자발적인 산화-환원 반응을 이용하여 화학에너지를 전기에너지로 변화시키는 화학장치이다.

(1) 1차 전지 원리

아연과 구리를 설치한 용기 내에 묽은 황산(H_2SO_4) 용액을 넣으면, 이온화 경향이 강한 아연과 묽은 황산용액이 전리되면서 발생한 아연이온(Z_n^{++})과 수소이온(H^+)의 이동으로 인하여 각각의 아연판과 구리판이 음극과 양극으로 대전되면서 기전력이 발생한다.

(2) 전지의 종류

종 류	특 성	종 류
1차 전지	재생 불가함	망간건전지, 수은건전지
2차 전지	재생 가능함	납축전지, 알칼리축전지

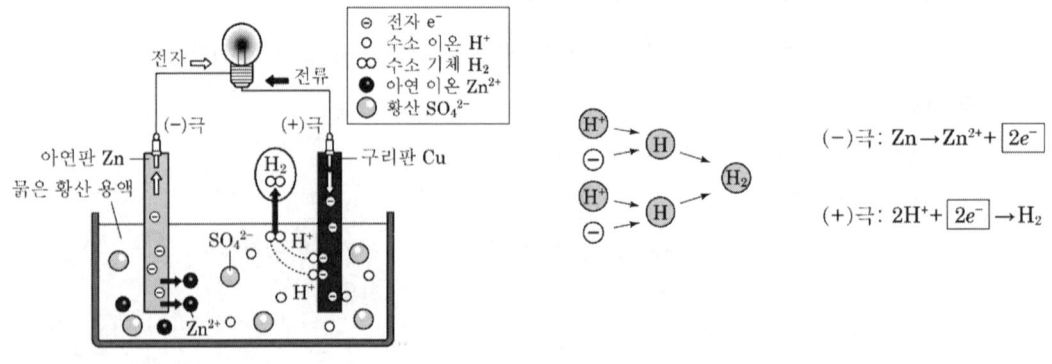

[전기분해]

(3) 전지에서 발생하는 현상

① 분극(성극) 작용
  ㉠ 정의 : 일정한 전압을 가진 전지에 부하를 걸어 전류를 흘릴 경우 양극 표면에서 발생한 수소 기포로 인하여 기전력이 감소하는 현상이다.
  ㉡ 방지 대책 : 감극제를 사용한다.

② 국부작용
  ㉠ 정의 : 전극이나 전해액 중에 포함된 불순물 등으로 인하여 전극이 부분적으로 용해되면서 국부적인 자체 방전이 일어나는 현상이다.
  ㉡ 방지 대책 : 불순물 등이 포함되지 않은 순수 금속이나 수은 도금 금속을 사용한다.

(4) 납축전지

① 원리
  묽은 황산(비중 약 1.2~1.3) 용액에 납(음극 : Pb)판과 이산화납(양극 : PbO_2)판을 넣으면 이산화납에 (+), 납에 (−)의 약 2[V]의 전압이 나타난다. 이와 같은 전지를 납축전지(lead storage battery)라 한다.

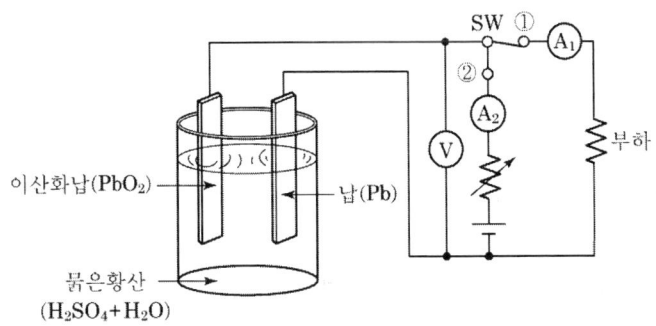

[납축전지의 원리]

② 납축전지의 방전 시 전기분해식

　　양극　　전해액　　음극　　방전　　양극　　전해액　　음극
　　PbO_2 + $2H_2SO_4$ + Pb $\underset{충전}{\overset{방전}{\Leftrightarrow}}$ $PbSO_4$ + $2H_2O$ + $PbSO_4$

③ 전해질 : H_2SO_4(황산)

④ 전해질의 비중 : 1.2~1.3

⑤ 납축전지의 특성

구 분	충전의 경우	방전의 경우
1셀당 기전력의 크기	2.05~2.08[V]	1.8[V](방전 한계 전압)
공칭 전압	2.0[V]	-
전해액의 비중	1.2~1.3	1.1 이하

(5) 축전지의 용량[A·h]

축전지의 용량[A·h]=방전전류[A]×시간[h]

(6) 전지의 접속

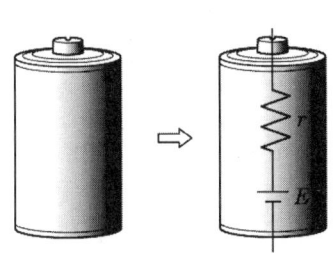

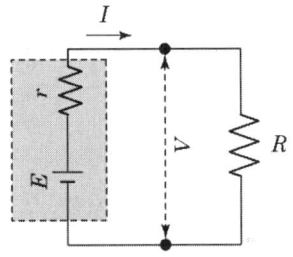

여기서, E : 기전력, r : 내부저항, I : 전류
V : 부하전압, R : 부하저항

① 직렬접속

기전력이 E_1, E_2[V]이며 내부저항이 r_1, r_2[Ω]인 전지 2개를 그림과 같이 직렬로 접속하고, 이것에 부하저항 R[Ω]을 연결하였을 때 부하에 흐르는 전류 I[A]를 구한다면 다음과 같다.

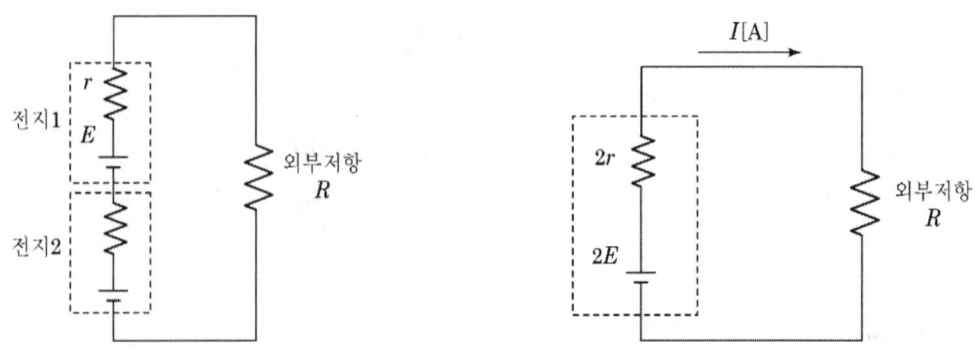

[전지의 직렬접속]

이 식을 키르히호프의 전압법칙에 따라 적용하게 되면 다음과 같이 된다.

$$E_1 + E_2 = r_1 I + r_2 I + RI [\text{V}]$$

이 식을 정리하면 $I = \dfrac{E_1 + E_2}{r_1 + r_2 + R}$[A]가 된다.

㉠ 합성기전력 $E_0 = nE$[V]
㉡ 합성저항 $R_0 = nr + R$[Ω]
㉢ 부하전류 $I = \dfrac{E_0}{R_0} = \dfrac{nE}{nr + R}$[A]

여기서, n : 전지의 직렬 개수, E : 전지의 기전력
R : 부하저항, r : 내부저항

㉣ 직렬 연결 시 기전력, 내부저항은 n배가 되지만 용량은 불변이다.

② 병렬접속

기전력이 E[V]이고 내부저항이 r[Ω]인 같은 전지 m개를 그림과 같이 병렬접속하고, 이것에 부하저항 R[Ω]을 연결하였을 경우 여기에 흐르는 전류 I[A]는 다음과 같다.

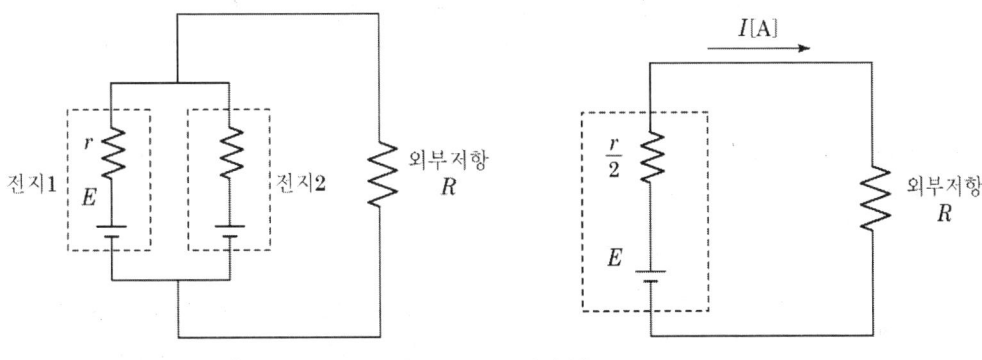

[전지의 병렬접속]

이 식에 키르히호프의 전압 법칙을 적용하면 $\frac{r}{m}I + RI = E$가 된다.

이 식을 다시 정리하면 $I = \dfrac{E}{\frac{r}{m} + R}$ [A]가 된다.

㉠ 합성기전력 $E_0 = E$[V] (병렬연결 시 전압 일정)

㉡ 합성저항 $R_0 = \dfrac{r}{n} + R$[Ω]

㉢ 부하전류 $I = \dfrac{E_0}{R_0} = \dfrac{E}{\frac{r}{n} + R}$ [A]

여기서, n : 전지의 병렬 개수, E : 전지의 기전력
R : 부하저항, r : 내부저항

㉣ 병렬연결 시 기전력은 불변하며, 내부저항은 $\frac{1}{n}$배가 된다. 용량은 n배가 된다.

예·상·기·출·문·제

01 전기분해에 가장 적합한 전기는?
① 교류 100[V] ② 직류 전압
③ 60[Hz]의 교류 ④ 고압의 교류

🔑 전기분해는 일정한 전압과 일정한 방향의 전류가 필요하므로 직류를 사용한다.

02 황산구리($CuSO_4$) 전해액에 2개의 구리판을 넣고 전원을 연결하였을 때 음극에서 나타나는 현상으로 옳은 것은?
① 변화가 없다.
② 구리판이 두꺼워진다.
③ 구리판이 얇아진다.
④ 수소가스가 발생한다.

🔑 ㉠ 음극 : 환원반응 → 구리판이 두꺼워진다.
㉡ 양극 : 산화반응 → 구리판이 얇아진다.
이와 같이 전해액에 전류가 흘러 화학변화를 일으키는 현상을 전기분해라 한다.

03 전기분해에 의해서 석출되는 물질의 양은 전해액을 통과한 총 전기량과 같으며, 그 물질의 화학당량에 비례한다. 이것을 무슨 법칙이라 하는가?
① 줄의 법칙
② 플레밍의 법칙
③ 키르히호프의 법칙
④ 패러데이의 법칙

🔑 **패러데이의 법칙**
$W = kQ = kIt$ [g]
여기서, k : 전기화학당량[g/C]

Q : 총 전기량
I : 전류[A]
t : 시간[sec]

04 패러데이의 법칙에서 전기분해에 의해서 석출되는 물질의 양은 전해액을 통과한 전기량과 화학당량은 어떤 관계가 있는가?
① 전기량과 화학당량에 비례한다.
② 전기량과 화학당량에 반비례한다.
③ 전기량에 비례하고 화학당량에 반비례한다.
④ 전기량에 반비례하고 화학당량에 비례한다.

🔑 **패러데이의 법칙**
$W = kQ = kIt$ [g]
전극에서 석출되는 물질의 양은 전기량과 화학당량에 비례한다.

05 다음 중 전기화학당량에 대한 설명 중 옳지 않은 것은?
① 전기화학당량의 단위는 [g/C]이다.
② 화학당량은 원자량을 원자가로 나눈 값이다.
③ 전기화학당량은 화학당량에 비례한다.
④ 1[g] 당량을 석출하는 데 필요한 전기량은 물질에 따라 다르다.

🔑 패러데이의 상수 F[C] : 1[g] 당량을 석출하는 데 필요한 전기량으로 물질에 관계없이 항상 일정한 특성을 가진다.

패러데이의 상수 F[C] : $\dfrac{1[g] \text{ 당량}}{k}$ = 일정

Answer 1.② 2.② 3.④ 4.① 5.④

06 은 전량계에 1시간 동안 전류를 통과시켜 8.054[g]의 은이 석출되면 이때 흐른 전류의 세기는 약 몇 [A]인가? (단, 은의 전기화학당량 $k = 0.001118$[g/c]이다.)
① 2   ② 4
③ 6   ④ 8

🔑 패러데이의 법칙
$W = kQ = kIt$ [g]
$I = \dfrac{W}{kIt} = \dfrac{8.054}{0.001118 \times 60 \times 60} = 2$[A]

07 다음 중 화학당량을 구하는 계산식은?
① $\dfrac{원자량}{원자가}$ ② $\dfrac{원자량}{분자가}$
③ $\dfrac{원자가}{원자량}$ ④ $\dfrac{분자가}{분자량}$

🔑 화학당량 = $\dfrac{원자량}{원자가}$

08 니켈의 원자가는 2.0이고 원자량은 58.70이다. 이때 화학당량의 값은?
① 117.4   ② 60.70
③ 56.70   ④ 29.35

🔑 화학당량 = $\dfrac{원자량}{원자가} = \dfrac{58.70}{2} = 29.35$

09 묽은 황산(H_2SO_4) 용액에 구리(Cu)와 아연(Zn)판을 넣으면 전지가 된다. 이때 양극(+)에 대한 설명으로 옳은 것은?
① 구리판이며 수소 기체를 발생한다.
② 구리판이며 산소 기체를 발생한다.
③ 아연판이며 수소 기체를 발생한다.
④ 아연판이며 산소 기체를 발생한다.

🔑 볼타 전지의 원리는 묽은 황산 용액에 이온화 경향이 다른 구리판과 아연판을 넣어서 도선으로 연결하였을 때 두 금속 사이에 전류가 흐르는 것을 이용한다.
(-)극인 아연판은 아연 이온으로 되어 황산 속으로 녹아 들어간다. 또 (+)극인 구리판에서는 수소 이온이 이동한 전자를 받아서 수소를 발생한다.

10 전지(Battery)에 관한 사항이다. 감극제(Depolarizer)는 어떤 작용을 막기 위해 사용하는가?
① 분극작용   ② 방전
③ 순환전류   ④ 전기분해

🔑 전지에 전류가 흘러 수소 가스가 생김으로 기전력이 감소하는 현상(분극작용)을 방지하기 위해 감극제를 사용한다.

11 1차 전지로 가장 많이 사용되는 것은?
① 니켈·카드뮴 전지
② 연료 전지
③ 망간 전지
④ 납축전지

🔑 전지 종류

구분	특징	전지 종류
1차 전지	㉠ 화학에너지를 전기에너지로 변환시킬 수는 있으나, 역으로 전기에너지를 화학에너지로 변환시키지는 못한다. ㉡ 재충전시킬 수 없다.	수은 전지, 망간 전지, 알카라인 전지 등
2차 전지	㉠ 충전과 방전을 교대로 반복할 수 있는 전지를 말한다. ㉡ 재충전이 가능하다.	납축전지, 니켈-카드뮴, 리튬폴리머 등

🔓 Answer   6. ①   7. ①   8. ④   9. ①   10. ①   11. ③

12 다음 중 망간 전지의 양극으로 무엇을 사용하는가?
① 아연판 ② 구리판
③ 탄소 막대 ④ 묽은 황산

> 망간 건전지는 대표적인 1차 전지로서 음극은 아연, 양극은 탄소 막대를 사용한다.

13 전지의 전압강하 원인으로 틀린 것은?
① 국부작용 ② 산화작용
③ 성극작용 ④ 자기 방전

> 전지의 전압강하 원인으로는 성극(분극) 작용, 국부작용, 자기 방전 등이 있다. 산화작용은 화학작용으로 전압강하와 무관하다.

14 (㉠), (㉡)에 들어갈 내용으로 알맞은 것은?

> 2차 전지의 대표적인 것으로 납축전지가 있다. 전해액으로 비중 약 (㉠) 정도의 (㉡)을 사용한다.

① ㉠ 1.15~1.21, ㉡ 묽은 황산
② ㉠ 1.25~1.36, ㉡ 질산
③ ㉠ 1.01~1.15, ㉡ 질산
④ ㉠ 1.23~1.26, ㉡ 묽은 황산

> 납축전지의 방전 시 전기분해식
> 양극 전해액 음극 (방전) 양극 전해액 음극
> ⇔
> $PbO_2 + 2H_2SO_4 + Pb$ (충전) $PbSO_4 + 2H_2O + PbSO_4$
> ∴ 납축전지의 전해액은 묽은 황산($2H_2SO_4$)이며, 비중은 1.2~1.3 정도로 한다.

15 납축전지가 완전히 방전되면 음극과 양극은 무엇으로 변하는가?
① $PbSO_4$ ② PbO_2
③ H_2SO_4 ④ Pb

16 30[Ah]의 축전지를 3[A]로 사용하면 몇 시간 사용 가능한가?
① 1시간 ② 3시간
③ 10시간 ④ 20시간

> 축전지의 용량 $Q = It$ [Ah]이므로
> 시간 $t = \dfrac{Q}{I} = \dfrac{30}{3} = 10$ [h]

17 1.2[V], 20[Ah]의 축전지 5개를 직렬로 접속하면 전체 기전력은 6[V]이다. 전지의 용량은 몇 [Ah]이겠는가?
① 100 ② 200
③ 50 ④ 20

> 전지가 직렬로 접속된 경우 기전력은 전지의 개수만큼 증가하지만 전지의 용량은 일정하므로 20[Ah]이다.

18 전류 50[A]로 2시간 동안 흘렀다면 전기량 [Ah]은?
① 25 ② 50
③ 100 ④ 200

> 전기량 = 50[A] × 2[h] = 100[Ah]

19 기전력이 V_v [V], 내부저항이 r [Ω]인 n개의 전지를 직렬 연결하였다. 전체 내부 저항은 얼마인가?
① $\dfrac{r}{n}$ ② nr
③ $\dfrac{r}{n^2}$ ④ nr^2

Answer 12. ③ 13. ② 14. ④ 15. ① 16. ③ 17. ③ 18. ③ 19. ②

제1편 전기일반

전지 n개 직렬접속 시 기전력과 내부저항은 n배로 증가한다.

20 기전력 E, 내부저항 r인 전기 n개를 직렬로 연결하여 이것에 외부 저항 R을 직렬로 연결하였을 때, 흐르는 전류 I[A]는?

① $I = \dfrac{E}{nr+R}$ ② $I = \dfrac{nE}{r+R}$

③ $I = \dfrac{nE}{r+nR}$ ④ $I = \dfrac{nE}{nr+R}$

전지에 흐르는 전류
$I = \dfrac{기전력}{전체\ 합성저항}$
$= \dfrac{nE}{내부저항+부하저항} = \dfrac{nE}{nr+R}$ [A]

21 전압 1.5[V], 내부저항 0.2[Ω]의 전지 5개를 직렬로 접속하면 전 전압은 몇 [V]인가?

① 5.7 ② 0.2
③ 1.0 ④ 7.5

전지 n개 직렬접속 시 기전력과 내부저항은 n배로 증가한다.
∴ $1.5 \times 5 = 7.5$[V]

22 동일 전압의 전지 3개를 접속하여 각각 다른 전압을 얻고자 한다. 접속 방법에 따라 몇 가지의 전압을 얻을 수 있는가? (단, 극성은 같은 방향으로 설정한다.)

① 1가지 전압 ② 2가지 전압
③ 3가지 전압 ④ 4가지 전압

전지 1개의 전압이 1.5[V]라 하면
㉠ 3개를 직렬로 접속하는 경우 : 4.5[V]
㉡ 2개를 병렬로 접속하고 나머지 1개를 직렬로 접속하는 경우 : 3.0[V]
㉢ 3개를 병렬로 접속하는 경우 : 1.5[V]

23 같은 규격의 축전지 2개를 병렬로 연결하면 어떻게 되는가?

① 전압과 용량이 같이 2배가 된다.
② 전압과 용량이 같이 $\dfrac{1}{2}$배가 된다.
③ 전압은 2배, 용량은 불변이다.
④ 전압은 불변, 용량이 같이 2배가 된다.

전지 n개 병렬접속 시 기전력은 불변이지만, 용량은 n배로 증가하고, 내부저항은 $\dfrac{r}{n}$배로 감소한다.(기전력(전압)은 불변, 용량은 2배로 증가한다.)

Answer 20. ④ 21. ④ 22. ③ 23. ④

제4장 전류의 화학 작용과 전지

Chapter 05 정전기 현상

1. 정전기의 성질

(1) 정전기 발생

① 대전(Electrification)과 마찰전기(Frictional Electricity)

플라스틱 책받침을 옷에 문지른 다음 머리에 대면 머리카락이 달라붙는다. 이것은 책받침이 마찰에 의하여 전기를 띠기 때문인데 이를 대전현상이라 하고, 이때 마찰에 의해 생긴 전기를 마찰전기라고 한다.

[마찰전기의 발생]

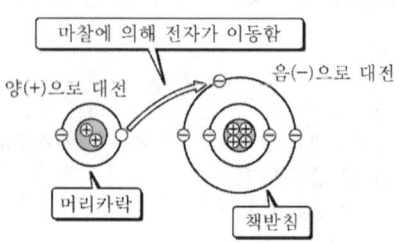

[대전현상]

② 전하(Electric Charge) : 대전체가 가지는 전기량
③ 정전기(Static Electricity) : 대전체 내의 정지되어 있는 전하
④ 마찰전기계열 순서 : 재질에 따라 양(+), 음(-)으로 대전하기 쉬운 순번

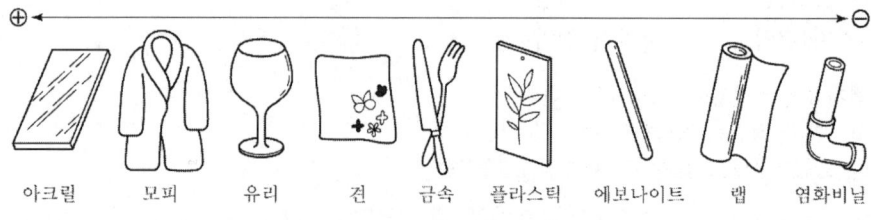

[마찰전기계열]

(2) 정전 유도와 정전 차폐

① 정전 유도 : 다음 그림과 같이 대전체 근처에 대전되지 않은 도체를 가져오면 대전체 가까운 쪽에는 다른 종류의 전하가, 먼 쪽에는 같은 종류의 전하가 나타나는 현상을 말한다.

② 정전 차폐(Electrostatic Shielding) : 다음 그림과 같이 박 검전기의 원판 위에 금속 철망을 씌우고 대전체를 가까이 했을 경우에는 정전유도현상이 생기지 않는데, 이와 같은 작용을 정전 차폐라고 한다.

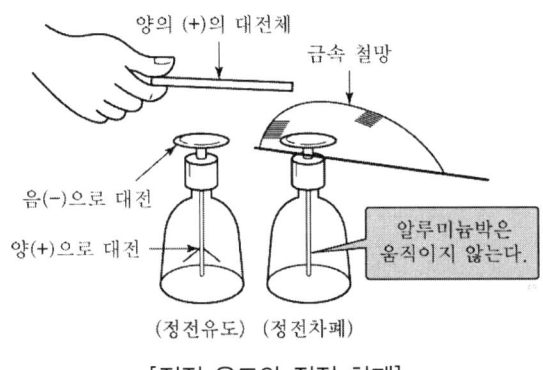

[정전 유도와 정전 차폐]

2. 정전기력(Electrostatic Force)

(1) 정전기력

음, 양의 전하가 대전되어 생기는 현상으로 정전기에 의하여 작용하는 힘을 말한다.

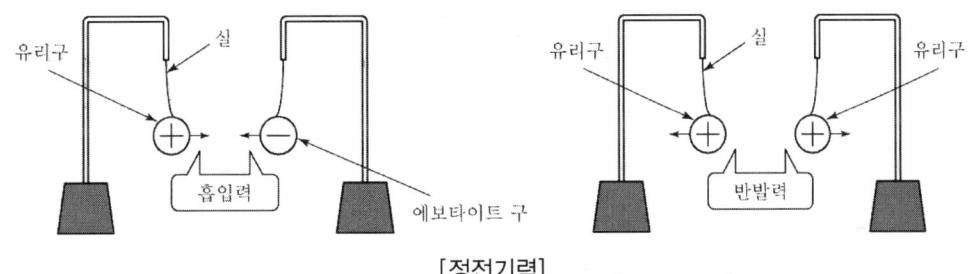

[정전기력]

① 흡인력 : 다른 종류의 전하 사이에 작용하는 힘
② 반발력 : 같은 종류의 전하 사이에 작용하는 힘

(2) 쿨롱의 법칙(Coulomb's Law)

① 정의 : 대전된 도체(점전하) 간에 작용하는 힘의 세기를 정의한 것이다.

② 쿨롱의 제1법칙

$$F = \frac{1}{4\pi\varepsilon} \times \frac{Q_1 \times Q_2}{r^2} [N]$$

여기서, F : 정전력 또는 전기력[N] ε : 유전율[F/m]
ε_0 : 공기의 유전율[F/m] ε_S : 비유전율
r : 두 전하 사이의 거리[m] Q_1, Q_2 : 전하량[C]

㉠ 같은 종류의 두 전하 사이에는 반발력이 작용하고, 서로 다른 종류의 전하 사이에는 흡인력이 작용한다.

㉡ 두 전하 사이에 작용하는 힘의 크기는 두 전하량의 곱에 비례하고, 거리의 제곱에 반비례한다.

③ 진공·공기 중에서의 힘의 세기 : F

㉠ 정의 : 전기장 내 +1[C]의 단위 정전하를 놓았을 때 이 단위 정전하에 작용하는 힘의 세기를 말한다.

㉡ $F = \frac{1}{4\pi\varepsilon_0} \times \frac{1}{r^2} = 9 \times 10^9 \times \frac{Q_1 \times Q_2}{r^2} [N]$

④ 유전율 단위 : [F/m]

㉠ 정의 : 콘덴서 양극 간에 전위차를 가하면 콘덴서에 채워진 절연체의 종류에 따라 전하를 축적하는 정도(정전용량)가 달라지는데 이와 같이 절연체에 따른 전하를 유도하는 정도(상수)를 말한다. 같은 양의 물질이라도 유전율이 더 높으면 더 많은 전하를 저장할 수 있기 때문에 유전율이 높을수록 전기장의 세기가 감소된다. (유전율이 크다는 것은 전기가 안 통한다는 뜻임)

㉡ $\varepsilon = \varepsilon_0 \varepsilon_S$

㉢ 진공 유전율 $\varepsilon_0 = 8.855 \times 10^{-12} [F/m]$

⑤ 진공·공기 중 비유전율 $\varepsilon_S = 1$

㉠ 진공 중의 유전율에 대해 매질의 유전율이 가지는 상대적인 비율

㉡ 진공이나 공기 중에서의 비유전율 $\varepsilon_S = 1$(진공이나 공기가 기준이라는 뜻)

㉢ 티탄산바륨은 비유전율이 3,000이므로 진공이나 공기보다 3,000배 정도 전기를

안 통한다는 뜻이다. 또는 진공이나 공기보다 3,000배의 전하를 저장할 수 있다는 뜻이다.

⑥ 여러 가지 유전체의 비유전율

유전체	비유전율	유전체	비유전율
공기·진공	1	물	80.7
산화티탄 자기	30~80	티탄산바륨	1,500~2,000

전기장 세기

① 전기장 : 전기력이 작용하는 공간(전계 또는 전장이라고 한다.)
② 전기장 세기(E)는 전기장 중에 단위 전하인 +1[C]의 전하를 놓았을 때 여기에 작용하는 전기력의 크기(F)로 나타낸다.
③ 비유전율(ε) 매질 내에서 Q[C]의 전하로부터 r[m] 거리에 있는 점 P에서의 전기장 세기(E)

$$E = \frac{1}{4\pi\varepsilon_0\varepsilon_S} \times \frac{Q_1}{r^2} = \frac{1}{4\pi\varepsilon} \times \frac{Q}{r^2} \left[\frac{\text{V}}{\text{m}}\right]$$

+Q[C]   +1[C] E →
       ε [F/m]

← r [m] →

[전기장의 세기]

④ 전기장의 세기 $E\left[\frac{\text{V}}{\text{m}}\right]$의 장소에 Q[C]의 전하를 놓으면 이 전하가 받는 정전기력 F[N]은 다음과 같다.

$F = EQ$[N]

⑤ Q_1[C]과 +1[C] 사이에 작용하는 전기력(정전력) 힘 F[N]과의 관계

$$E = \frac{F}{Q}[\frac{V}{m}] = [\frac{N}{C}] = [\frac{N \cdot m}{C \cdot m}] = [\frac{J \cdot 1}{C \cdot m}] = [\frac{V}{m}]$$

⑥ 1[V/m]는 전기장 중에 놓인 +1[C] 전하에 작용하는 힘이 1[N]인 경우의 전기장 세기를 의미한다.

4. 전기장 세기(E)와 전속밀도(D)와 관계

(1) 전속
① 전속(Dielectric Flux) : 전기력선속의 줄임말로서 전기력선의 묶음이다.
② 매질에 상관없이 Q[C]의 전하에서 Q[C]의 전속이 나온다.
③ 전속은 전하와 같다.

(2) 전속밀도(Dielectric Flux Density)
① 단위 면적(가로 1[m], 세로 1[m])을 지나가는 전속수
② 기호 및 단위 : $D[C/m^2]$
③ Q[C]의 점 전하를 중심으로 반지름 r[m]의 구 표면의 전속밀도

$$D = \frac{Q}{A} = \frac{Q}{4\pi r^2}[C/m^2] \quad (\text{구의 표면적} : 4\pi r^2)$$

④ 전속밀도와 전기장의 세기와의 관계

$$E = \frac{1}{4\pi\varepsilon} \times \frac{Q}{r^2}[\frac{V}{m}]$$

$$D = \frac{Q}{A} = \frac{Q}{4\pi r^2}[\frac{C}{m^2}]$$

$$D = \frac{Q}{4\pi r^2} = \frac{Q}{4\pi r^2} \times \frac{\varepsilon}{\varepsilon} = \frac{1}{4\pi\varepsilon} \times \frac{Q}{r^2} \times \varepsilon = E \times \varepsilon$$

5. 가우스 정리

① 임의의 폐곡면 내에 전체 전하량 $Q[C]$이 있을 때 이 폐곡면을 통해서 나오는 전기력선의 수는 $\dfrac{Q}{\varepsilon}$개다. ($\dfrac{Q}{\varepsilon} = \dfrac{Q}{\varepsilon_0 \varepsilon_S}$)

② 공기나 진공 중에서 비유전율 $\varepsilon_S = 1$이므로 공기나 진공 중에서 전기력선의 수는 $\dfrac{Q}{\varepsilon_0}$개이다.

③ 공기나 진공 중 1[C]에서 나오는 전기력선의 총수는 $\dfrac{1}{\varepsilon_0} = \dfrac{1}{8.855 \times 10^{-12}} ≒ 1,000$억 개 정도이다.

④ 이것으로 전기력선 밀도(=전기장의 세기)를 알 수 있다.

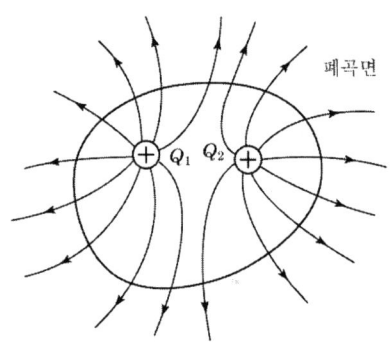

[가우스의 정리]

6. 전기장

전기력이 작용하는 공간(=전계・전기력선)의 성질

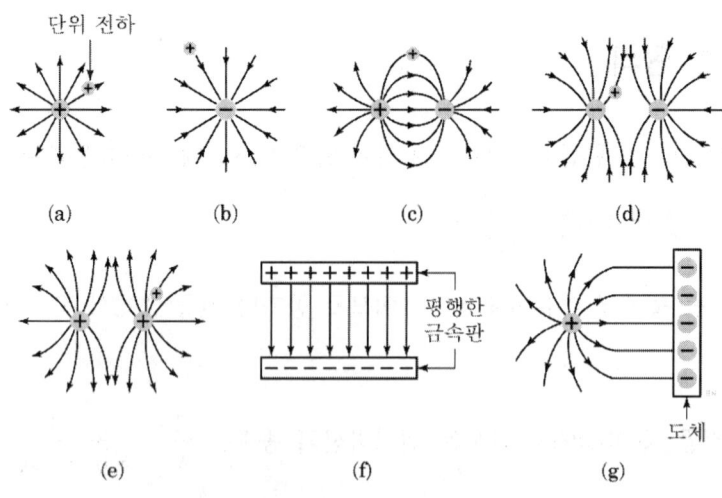

[전기력선의 다양한 모양]

① 전기력선은 양(+) 전하에서 나와 음(-) 전하 표면에서 끝난다.
② 전기력선은 같은 극끼리는 반발한다.
③ 전기력선은 서로 교차하지 않는다.
④ 전기력선은 도체표면(등전위면)과 직각 교차한다.
⑤ 전기력선은 도체 내부에 존재하지 않는다.
⑥ 전기력선은 당기고 있는 고무줄같이 언제나 수축하려 한다.

7. 전위와 전위차

(1) 전위

한 점에 단위 전하가 가지는 전기적인 위치에너지

$$V = Er = \frac{Q}{4\pi\varepsilon r} \text{[V]}$$

여기서, E : 전계의 세기, r : 거리

(2) 전위차

① 임의의 두 점간 에너지 차
② 전위차(전압) : $V_A - V_B$

$$V = \frac{Q}{4\pi\varepsilon_a} - \frac{Q}{4\pi\varepsilon_b}(\frac{1}{a} - \frac{1}{b}) = 9 \times 10^9 \times Q(\frac{1}{r_1} - \frac{1}{r_2})[\text{J/C}] = [\text{V}]$$

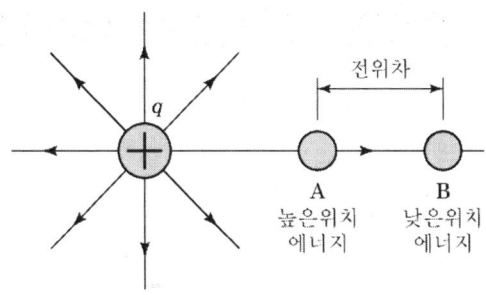

[전위차]

8. 콘덴서의 원리와 종류

(1) 콘덴서의 구조와 원리

두 도체 사이에 유전체를 넣어 절연하여 전하를 축적할 수 있게 한 장치로 커패시터(Capacitor)라고도 하며 축전기나 핸드폰 배터리도 콘덴서의 일종이다.

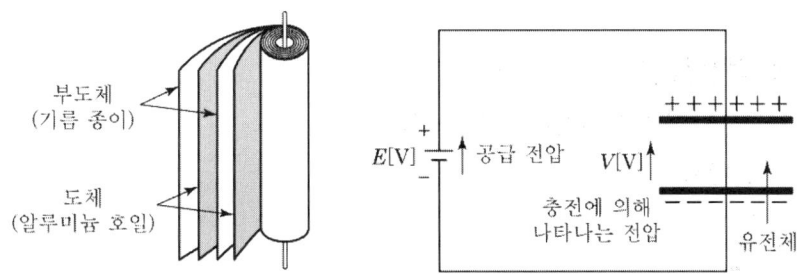

[콘덴서의 구조와 원리]

① 직류 전압이 가해지면 순간적으로 전류가 흐르지만 잠시 후에는 흐르지 않는 특성을 이용하여 직류 차단용으로도 사용된다.
② 교류는 전류가 계속 흐른다.

(2) 콘덴서의 종류

구 분	내 용	비 고
전해콘덴서	극성이 있어 교류회로 사용이 불가하다.	
마이카(운모) 콘덴서	표준 콘덴서. 온도 변화. 절연저항 우수하다. 고주파 회로에 사용한다.	
바리콘콘덴서	용량 가변이 가능하다.	
세라믹콘덴서	비유전율이 큰 (산화티탄) 유전체 사용. 극성 없음. 탄소피막(세라믹봉에 탄소계 저항체 붙여 만든 저항기)	

9. 콘덴서의 정전용량

(1) 콘덴서 정전용량
① 콘덴서 전극이 전하를 담을 수 있는 그릇의 크기
② 기호 : C, 단위 : [F]

$$C = \frac{Q}{V} [F]$$

여기서, Q : 전하, V : 전압

③ $1[F] = 10^3 m[F] = 10^6 u[F] = 10^9 n[F] = 10^{12} p[F]$
④ 1[F] : 1[V]의 전위차에 의해서 1[C]의 전기량을 축적할 수 있는 용량을 말한다.

(2) 평행판 도체의 콘덴서 용량 : C

① 절연물 내의 전기장의 세기 $E = \dfrac{V}{\ell} [V/m]$

② 절연물 내의 전속밀도 $D = \dfrac{Q}{A} [C/m^2]$

③ 평행판 도체의 정전용량 $C = \dfrac{Q}{V} = \dfrac{D \cdot A}{E \cdot \ell} = \dfrac{D}{E} \cdot \dfrac{A}{\ell}$ [F]

④ $\dfrac{D}{E}$ 의 값을 비례상수 ε 로 나타내고, 콘덴서의 평행판 면적이 A[m²]이고, 극판 간의 간격이 l일 때 평행판 콘덴서의 정전용량 C[F]는 $C = \varepsilon \dfrac{A}{l}$ [F]

⑤ 용량이 큰 콘덴서를 만들기 위한 방법
  ㉠ 유전체의 유전율 ε을 큰 것으로 사용
  ㉡ 극판의 면적 A[m²]을 넓은 것으로 사용
  ㉢ 극판 간의 거리(l)을 좁게 함

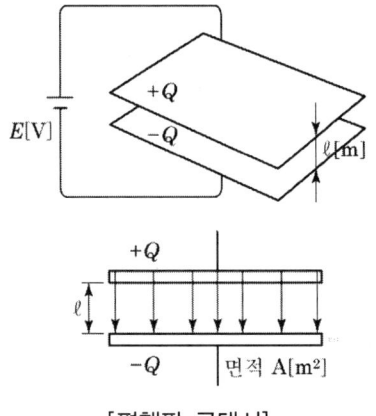

[평행판 콘덴서]

10. 정전에너지(기호 : Q, 단위 : [F])

① 콘덴서에 축적되는 정전에너지 : 콘덴서에 직류전원을 가하면 충전할 때 에너지가 주입된다.
② 콘덴서에 전압 V[V]가 가해져서 Q[C]의 전하가 축적되어 있을 때 축적되는 에너지를 말한다.

$$W = \dfrac{1}{2} V \times Q = \dfrac{1}{2} V \times C \times V = \dfrac{1}{2} C \times V^2 \text{[J]} \quad (\because Q = CV)$$

11. 콘덴서 연결 방법과 용량 계산

(1) 직렬접속(콘덴서의 직렬은 저항의 병렬과 같이 계산)

① 각 콘덴서에 가해지는 전압을 각각 V_1, $V_2[V]$라 하면 다음과 같은 관계가 성립한다.

$$V_1 = \frac{Q}{C_1}[V], \quad V_2 = \frac{Q}{C_2}[V]$$

$$V = V_1 + V_2 = \left(\frac{Q}{C_1} + \frac{Q}{C_2}\right) = Q\left(\frac{1}{C_1} + \frac{1}{C_2}\right)[V]$$

② 각 콘덴서에 가해지는 전압

$$V_1 = \frac{C_2}{C_1 + C_2}V[V], \quad V_2 = \frac{C_1}{C_1 + C_2}V[V]$$

③ 합성 정전용량 $C_\text{합}$

$$C_\text{합} = \frac{C_1 \times C_2}{C_1 + C_2} = \frac{곱}{합}$$

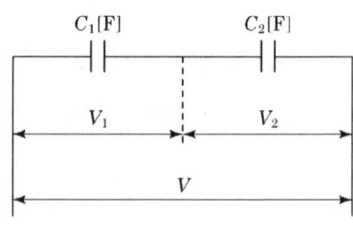

[콘덴서의 직렬접속]

(2) 병렬접속(콘덴서의 병렬은 저항의 직렬과 같이 계산)

① 각각의 콘덴서 C_1, C_2에 축적되는 전하 $Q[C]$

$$Q_1 = C_1 V[C], \quad Q_2 = C_2 V[C]$$

$$Q = Q_1 + Q_2 = C_1 V + C_2 V = V(C_1 + C_2)[C]$$

② 합성 정전용량[F]

$$C_0 = C_1 + C_2 [F]$$

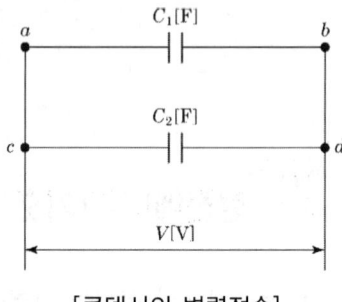

[콘덴서의 병렬접속]

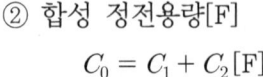

[콘덴서 접속]

접속	회로	합성 정전용량(C)	전압(V)	전하(Q)
직렬	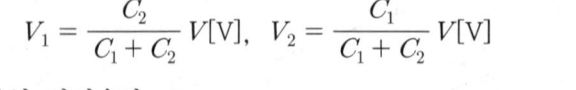	$C_\text{합} = \dfrac{C_1 \times C_2}{C_1 + C_2} = \dfrac{곱}{합}$	분배	일정

[콘덴서 접속]

접 속	회 로	합성 정전용량(C)	전압(V)	전하(Q)
병렬	a ─┤C_1[F]├─ b c ─┤C_2[F]├─ d V[V]	$C_0 = C_1 + C_2$ [F]	일정	분배

> ✱ **참고** 콘덴서 계산법
> 콘덴서의 직렬은 저항의 병렬과 같이 계산하고, 콘덴서의 병렬은 저항의 직렬과 같이 계산한다.

예·상·기·출·문·제

01 일반적으로 절연체를 서로 마찰시키면, 이들 물체는 전기를 띠게 된다. 이와 같은 현상은?
① 분극 ② 대전
③ 정전 ④ 코로나

🔑 ㉠ 대전 : 서로 다른 두 물체를 마찰시키면 하나는 음(-) 전하, 다른 하나는 양(+) 전하를 띠게 하는 현상
㉡ 분극 : 도체 사이에 절연체인 유전체를 넣고 도체에 전기를 가하면 전기장이 발생하여 유전체의 원자들이 (+), (-)로 나누어지는 현상
㉢ 코로나 : 전압이 가해진 도체 간에 절연이 파괴되어 발생하는 방전 현상

02 중성 상태의 도체에 (-)로 대전된 물체를 가까이 갖다 대면 그림과 같이 음과 양으로 전하가 분리되는 현상을 무엇이라 하는가?

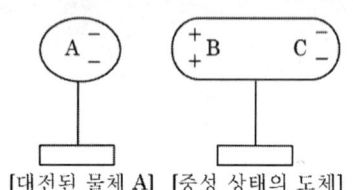

[대전된 물체 A] [중성 상태의 도체]

① 자기 차폐 ② 정전 유도
③ 홀효과 ④ 분극현상

🔑 정전 유도 현상
전기적으로 중성 상태인 도체에 음(-)으로 대전된 물체 A를 가까이 대면 A에 가까운 부분에는 양(+)의 전하가 나타나고, 그 반대쪽 C 부분에는 음(-)의 전하가 나타나는 현상을 말한다.

03 전하의 성질에 대한 설명 중 옳지 않은 것은?
① 전하는 가장 안정한 상태를 유지하려는 성질이 있다.
② 같은 종류의 전하끼리는 흡인하고, 다른 종류의 전하끼리는 반발한다.
③ 낙뢰는 구름과 지면 사이에 모인 전기가 한 번에 방전되는 현상이다.
④ 대전체의 영향으로 비대전체에 전기가 유도된다.

🔑 전하는 같은 종류의 전하끼리는 반발하고, 다른 종류의 전하끼리는 흡인한다.

04 다음 설명 중 틀린 것은?
① 같은 부호의 전하끼리는 반발력이 생긴다.
② 정전유도에 의하여 작용하는 힘은 반발력이다.
③ 정전용량이란 콘덴서가 전하를 축적하는 능력을 말한다.
④ 콘덴서에 전압을 가하는 순간은 콘덴서는 단락상태가 된다.

🔑 정전유도
도체 또는 유전체에 전하를 접근시킬 때, 전하가 만드는 정전기장의 영향으로 도체 또는 유전체 표면에 전하가 나타나는 현상으로 같은 종류의 전하는 반발하고 다른 종류의 전하끼리는 흡인한다.

05 정전기 발생 방지책으로 틀린 것은?
① 대전 방지제의 사용

Answer 1. ② 2. ② 3. ② 4. ② 5. ④

② 접지 및 보호구의 착용
③ 배관 내 액체의 흐름 속도 제한
④ 대기의 습도를 30[%] 이하로 하여 건조함을 유지

🔑 대기의 습도가 60[%] 이상일 때 정전기가 발생하지 않는다.

06 진공 중의 두 점전하 Q_1[C], Q_2[C]가 거리 r[m] 사이에서 작용하는 정전력 [N]의 크기를 옳게 나타낸 것은?

① $9 \times 10^9 \times \dfrac{Q_1 Q_2}{r^2}$

② $6.33 \times 10^4 \times \dfrac{Q_1 Q_2}{r^2}$

③ $9 \times 10^9 \times \dfrac{Q_1 Q_2}{r}$

④ $6.33 \times 10^4 \times \dfrac{Q_1 Q_2}{r}$

🔑 정전력

$$F = \dfrac{1}{4\pi\varepsilon_0} \times \dfrac{Q_1 Q_2}{r^2} = 9 \times 10^9 \times \dfrac{Q_1 Q_2}{r^2} \text{[N]}$$

07 진공 중에서 10^{-4}[C]과 10^{-8}[C]의 두 전하가 10[m]의 거리에 놓여 있을 때, 두 전하 사이에 작용하는 힘은?

① 9×10^2 ② 1×10^4
③ 9×10^{-5} ④ 1×10^{-8}

🔑 정전력 F

$$F = \dfrac{1}{4\pi\varepsilon_0} \times \dfrac{Q_1 Q_2}{r^2} = 9 \times 10^9 \times \dfrac{Q_1 Q_2}{r^2}$$
$$= 9 \times 10^9 \times \dfrac{10^{-4} \times 10^{-8}}{10^2} = 9 \times 10^{-5} \text{[N]}$$

08 공기 중에 10[μC]과 20[μC]를 1[m] 간격으로 놓을 때 발생되는 정전력[N]은?

① 1.8 ② 2.2
③ 4.4 ④ 6.3

🔑 쿨롱의 법칙(Coulomb's Law)
대전된 두 전하 사이에 작용하는 힘

$$F = \dfrac{Q_1 Q_2}{4\pi\varepsilon_0 r^2} = 9 \times 10^9 \times \dfrac{Q_1 Q_2}{r^2}$$
$$= 9 \times 10^9 \times \dfrac{10 \times 10^{-6} \times 20 \times 10^{-6}}{1^2}$$
$$= 1.8 \text{[N]}$$

09 4×10^{-5}[C]과 6×10^{-5}[C]의 두 전하가 자유공간에 2[m]의 거리에 있을 때 그 사이에 작용하는 힘은?

① 5.4[N], 흡인력이 작용한다.
② 5.4[N], 반발력이 작용한다.
③ $\dfrac{7}{9}$[N], 흡인력이 작용한다.
④ $\dfrac{7}{9}$[N], 반발력이 작용한다.

🔑 $F = \dfrac{1}{4\pi\varepsilon} \times \dfrac{Q_1 Q_2}{r^2} = 9 \times 10^9 \times \dfrac{Q_1 Q_2}{r^2}$

$$= 9 \times 10^9 \dfrac{(4 \times 10^{-5} \times 6 \times 10^{-5})}{2^2} = 5.4$$

∴ Q_1, Q_2가 같은 극성이므로 서로 반발력이 작용한다.

10 전하 및 전기력에 대한 설명으로 틀린 것은?
① 전하에는 양(+) 전하와 음(-) 전하가 있다.
② 비유전율이 큰 물질일수록 전기력은 커진다.
③ 대전체의 전하를 없애려면 대전체와 대지를 도선으로 연결하면 된다.

Answer 6. ① 7. ③ 8. ① 9. ② 10. ②

④ 두 전하 사이에 작용하는 전기력은 전하의 크기에 비례하고 두 전하 사이의 거리의 제곱에 반비례한다.

🔑 $F = \dfrac{Q_1 Q_2}{4\pi\varepsilon r^2} = \dfrac{Q_1 Q_2}{4\pi\varepsilon_0 \varepsilon_s r^2}$ [N]에서 전기력은 비유전율에 반비례하므로 비유전율이 큰 물질일수록 전기력은 작아진다.

11 다음 설명 중 잘못된 것은?
① 정전용량이란 콘덴서가 전하를 축적하는 능력을 말한다.
② 콘덴서에 전압을 가하는 순간 콘덴서는 단락 상태가 된다.
③ 정전유도에 의하여 작용하는 힘은 반발력이다.
④ 같은 부호의 전하끼리는 반발력이 생긴다.

🔑 정전유도에서는 항상 한쪽은 (+), 다른 한쪽은 (-)로 대전된다. 따라서 정전유도에 의해 발생하는 힘은 항상 흡인력이다.

12 비유전율 ε_S에 대한 설명으로 옳은 것은?
① 비유전율 ε_S의 단위는 [C/m]이다.
② 비유전율 ε_S는 항상 1보다 작은 값이다.
③ 비유전율 ε_S는 유전체의 종류에 따라 다르다.
④ 진공의 비유전율은 0이고, 공기의 비유전율은 1이다.

🔑 비유전율의 특징
㉠ 진공=1, 공기=1.00058
㉡ 유전체의 비유전율 ε_S는 물질의 종류에 따라 달라지고 1보다 항상 크다.
㉢ 유전율의 단위 : [F/m]

13 진공 중에서 비유전율 ε_S의 값은?
① 1   ② 6.33×10^4
③ 8.855×10^{-12} ④ 9×10^9

🔑 진공·공기 중 비유전율 $\varepsilon_S = 1$

14 유전율의 단위는?
① [F/m]   ② [V/m]
③ [C/m²]   ④ [H/m]

🔑 유전율의 단위는 [F/m]이다.

15 비유전율이 9인 물질의 유전율은 약 얼마인가?
① 80×10^{-12} [F/m]
② 80×10^{-6} [F/m]
③ 1×10^{-12} [F/m]
④ 1×10^{-6} [F/m]

🔑 유전율
$\varepsilon = \varepsilon_0 \varepsilon_S$
$= 8.855 \times 10^{-12} \times 9 = 80 \times 10^{-12}$ [F/m]

16 다음 중 비유전율이 가장 큰 것은?
① 종이   ② 염화비닐
③ 운모   ④ 산화티탄 자기

🔑

유전체	비유전율	유전체	비유전율
종이	1.2~3	운모	6.7
염화비닐	2.0~3.5	산화티탄 자기	30~80

17 전기장 중에 단위 전하를 놓았을 때, 그것에 작용하는 힘은 어느 값과 같은가?
① 전장의 세기   ② 전하

Answer 11. ③ 12. ③ 13. ① 14. ① 15. ① 16. ④ 17. ①

③ 전위　　　　④ 전위차

🔥 **진공·공기 중 전기장 세기**
$$E = \frac{1}{4\pi\varepsilon_0} \times \frac{Q}{r^2} = 9\times 10^9 \times \frac{Q}{r^2} [\text{V/m}]$$

18 전기장의 세기에 대한 단위로 맞는 것은?
① [m/V]　　　　② [V/m^2]
③ [V/m]　　　　④ [m^2/V]

🔥 전기장 세기의 단위는 [V/m]이다.

19 비유전율 5의 유전체 내부의 전속밀도가 2×10^{-6} [C/m^2]가 되는 점의 전기장의 세기는 약 몇 [V/m]인가?
① 0.79×10^5　　② 1.11×10^5
③ 1.13×10^5　　④ 1.43×10^5

🔥 전속밀도 $D = \varepsilon E$[C/m^2]이므로 전기장의 세기는 다음과 같다.
$$E = \frac{D}{\varepsilon} = \frac{D}{\varepsilon_0 \varepsilon_S}$$
$$= \frac{5\times 10^{-6}}{8.855\times 10^{-12} \times 5} \fallingdotseq 1.13\times 10^5 [\text{V/m}]$$
여기서, 진공의 유전율
$$\varepsilon_0 = 8.855 \times 10^{-12} [\text{F/m}]$$

20 표면전하밀도 σ[C/m^2]로 대전된 도체 내부의 전속밀도는 몇 [C/m^2]인가?
① $\varepsilon_0 E$　　　　② 0
③ σ　　　　④ $\frac{E}{\varepsilon_0}$

🔥 도체 내부에서는 전기력선이 존재하지 않으므로 도체 내부의 전속밀도는 0이다.

21 가우스의 정리는 다음 무엇을 구하는 데 사용하는가?
① 자장의 세기　　② 자위
③ 전장의 세기　　④ 전위

🔥 **가우스의 정리**
전장 안의 임의의 점에서의 전기력선 밀도는 그 점에서의 전기장의 세기와 같다.

22 유전율 ε[F/m]의 유전체 내에 있는 전하 Q [C]에서 나오는 전기력선의 수는 얼마인가?
① εQ　　　　② $\frac{Q}{\varepsilon_0}$
③ $\frac{Q}{\varepsilon_S}$　　　　④ $\frac{Q}{\varepsilon}$

🔥 유전체 내의 전하 Q[C]으로부터 나오는 전기력선의 수는 $\frac{Q}{\varepsilon}$개이다.

23 다음 중 전속의 성질 중 맞지 않는 것은?
① 전속은 양전하에서 나와서 음전하로 끝난다.
② 전속이 나오는 곳 또는 끝나는 곳에서는 전속과 같은 전하가 있다.
③ $+Q$[C]의 전하로부터 $-Q$개의 전속이 나온다.
④ 전속은 금속판에 출입하는 경우 그 표면에 수직이 된다.

🔥 전속의 양은 항상 전하량과 같은 양이다.

24 전기장에 대한 설명으로 옳지 않은 것은?
① 대전된 무한장 원통의 내부 전기장은 0이다.

🔒 **Answer**　18. ③　19. ③　20. ②　21. ③　22. ④　23. ③　24. ④

② 대전된 구의 내부 전기장은 0이다.
③ 대전된 도체 내부의 전하 및 전기장은 모두 0이다.
④ 도체 표면의 전기장은 그 표면에 평행이다.

🔑 전기장은 도체 표면에 수직으로 작용한다.

25 다음 중 전기력선의 성질로 틀린 것은?
① 전기력선은 양전하에서 나와 음전하로 끝난다.
② 전기력선의 접선 방향이 그 점의 전장의 방향이다.
③ 전기력선의 밀도는 전기장의 크기를 나타낸다.
④ 전기력선은 서로 교차한다.

🔑 전기력선은 서로 교차하지 않는다.

26 다음 중 전기력선의 성질로 옳지 않은 것은?
① 전기력선의 방향은 전기장의 방향과 같으며, 전기력선의 밀도는 전기장의 크기와 같다.
② 전기력선은 도체 내부에 존재한다.
③ 전기력선은 등전위면에 수직으로 출입한다.
④ 전기력선은 양전하에서 음전하로 이동한다.

🔑 전기력선은 도체 내부를 통과할 수 없으므로 내부에 존재하지 않는다.

27 등전위면은 전기력선과의 교차 관계는?
① 평행하다.
② 주기적으로 교차한다.
③ 직각으로 교차한다.
④ sin30°의 각으로 교차한다.

🔑 등전위면에서 전기력선은 수직(교차・직각)으로 교차한다.

28 공기 중에서 5×10^{-7}[C] 전하로부터 10[cm] 떨어진 점의 전위는 몇 [V]인가?
① 4.5×10^4 ② 4.5×10^3
③ 5×10^{-8} ④ 5×10^{-7}

🔑 전위의 세기 V
$$V = \frac{1}{4\pi\varepsilon_0} \times \frac{Q}{r} = 9 \times 10^9 \times \frac{Q}{r}$$
$$= 9 \times 10^9 \times \frac{5 \times 10^{-7}}{0.1}$$
$$= 45 \times 10^3 = 4.5 \times 10^4 [V]$$

29 전위의 단위로 맞지 않는 것은?
① [V] ② [J/C]
③ [N・m/C] ④ [V/m]

🔑 ㉠ 전위의 단위 : $V = \frac{W}{Q}$ [V=J/C=N・m/C]
㉡ 전계의 단위 : $E = \frac{V}{\ell}$ [V/m]

30 $0.02[\mu F]$의 콘덴서에 $12[\mu C]$의 전하를 공급하면 몇 [V]의 전위차를 나타내는가?
① 600 ② 900
③ 1,200 ④ 2,400

🔑 $Q = CV$[C]에서
전위차 $V = \frac{Q}{C} = \frac{12 \times 10^{-6}}{0.02 \times 10^{-6}} = 600$[V]

31 도면과 같이 공기 중에 놓인 2×10^{-8}[C]의 전하에서 2[m] 떨어진 점 P와 1[m] 떨어진 점 Q와의 전위차는 몇 [V]인가?

Answer 25. ④ 26. ② 27. ③ 28. ① 29. ④ 30. ① 31. ②

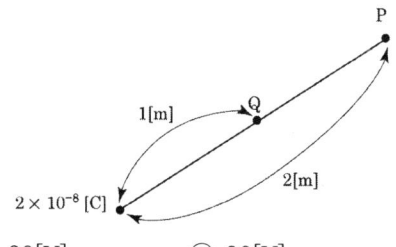

① 80[V]   ② 90[V]
③ 100[V] ④ 110[V]

🔑 전위의 세기

$$V = \frac{Q}{4\pi\varepsilon_0 r} = 9 \times 10^9 \times \frac{Q}{r}$$

$$V_P = \frac{Q}{4\pi\varepsilon_0 r} = 9 \times 10^9 \times \frac{2 \times 10^{-8}}{2} = 90[V]$$

$$V_Q = \frac{Q}{4\pi\varepsilon_0 r} = 9 \times 10^9 \times \frac{2 \times 10^{-8}}{1} = 180[V]$$

∴ 두 점 사이의 전위차
$V = 180 - 90 = 90[V]$

32 비유전율이 큰 산화티탄 등을 유전체로 사용한 것으로 극성이 없으며 가격에 비해 성능이 우수하여 널리 사용되고 있는 콘덴서의 종류는?

① 마일러 콘덴서   ② 마이카 콘덴서
③ 세라믹 콘덴서   ④ 전해 콘덴서

🔑 콘덴서의 종류별 특성

구분	내용
전해콘덴서	극성이 있어 교류회로 사용이 불가
마이카(운모) 콘덴서	㉠ 표준 콘덴서로 온도변화, 절연저항이 우수 ㉡ 고주파 회로에 사용
바리콘덴서	용량 가변이 가능
세라믹 콘덴서	㉠ 비유전율이 큰(산화티탄) 유전체 사용 ㉡ 극성 없음 ㉢ 탄소피막(세라믹봉에 탄소계 저항체를 붙여 만든 저항기)

33 콘덴서 중 극성을 가지고 있는 콘덴서로서 교류회로에 사용할 수 없는 것은?

① 마일러 콘덴서   ② 마이카 콘덴서
③ 세라믹 콘덴서   ④ 전해 콘덴서

🔑 전해 콘덴서는 극성을 가지고 있어 교류회로에서는 사용할 수 없다.

34 정전용량(electrostatic capacity)의 단위를 나타낸 것으로 틀린 것은?

① $1[pF] = 10^{-12}[F]$
② $1[nF] = 10^{-7}[F]$
③ $1[\mu F] = 10^{-6}[F]$
④ $1[mF] = 10^{-3}[F]$

🔑 정전용량의 단위

㉠ [pF] : 피코 패럿, $1[pF] = 10^{-12}[F]$
㉡ [nF] : 나노 패럿, $1[nF] = 10^{-9}[F]$
㉢ [μF] : 마이크로 패럿, $1[\mu F] = 10^{-6}[F]$
㉣ [mF] : 메가 패럿, $1[mF] = 10^{-3}[F]$

35 콘덴서 용량 0.001[F]과 같은 것은?

① $10[\mu F]$ ② $1,000[\mu F]$
③ $10,000[\mu F]$ ④ $100,000[\mu F]$

🔑 μ의 단위는 10^{-6}이기 때문에
$0.001[F] = 1,000[\mu F]$

36 어떤 도체에 10[V]의 전위를 주었을 때 1[C]의 전하가 축적되었다면 이 도체의 정전용량[F]은?

① 1   ② 0.1
③ 10   ④ 0.01

🔑 정전용량 $C = \frac{Q}{V} = \frac{1}{10} = 0.1[F]$

🔓 Answer 32. ③ 33. ④ 34. ② 35. ② 36. ②

37 어떤 콘덴서에 1,000[V]의 전압을 가하여 5×10^{-3}[C]의 전하가 축적되었다. 이 콘덴서의 정전용량은?

① 2.5[μF]　　② 5[μF]
③ 250[μF]　　④ 5,000[μF]

$Q=CV$[C]에서 정전용량은
$$C = \frac{Q}{V} = \frac{5 \times 10^{-3}}{1,000} = 5 \times 10^{-6}[F] = 5[\mu F]$$

38 1[μF]의 콘덴서에 100[V]의 전압을 가할 때 충전 전하량은 몇 [C]인가?

① 1×10^{-4}　　② 1×10^{-5}
③ 1×10^{-8}　　④ 1×10^{-10}

$Q = CV$[C] $= 1 \times 10^{-6} \times 100$
$\qquad = 1 \times 10^{-4}$[C]

39 30[μF]과 40[μF]의 콘덴서를 병렬로 접속한 후 100[V]의 전압을 가했을 때 전전하량은 몇 [C]인가?

① 17×10^{-4}　　② 34×10^{-4}
③ 56×10^{-4}　　④ 70×10^{-4}

콘덴서의 합성용량은 병렬이므로
$C_1 + C_2 = 30 + 40 = 70 \times 10^{-6}$[F]이다.
$Q = CV = (70 \times 10^{-6}) \times 100$
$\qquad = 70 \times 10^{-4}$[C]

40 콘덴서의 정전용량에 대한 설명으로 틀린 것은?

① 전압에 반비례한다.
② 이동 전하량에 비례한다.
③ 극판의 넓이에 비례한다.
④ 극판의 간격에 비례한다.

콘덴서의 정전용량 $C = \varepsilon \frac{A}{d}$[F]이므로 극판의 넓이 A[m^2]에 비례하고 극판의 간격 d[m]에 반비례한다.

41 어떤 콘덴서에 V[V]의 전압을 가해서 Q[C]의 전하를 충전할 때 저장되는 에너지[J]는?

① $2QV$　　② $2QV^2$
③ $\frac{1}{2}QV$　　④ $\frac{1}{2}QV^2$

도체에 축적되는 에너지
$$W = \frac{1}{2}CV^2 = \frac{1}{2}QV = \frac{Q^2}{2C}[J]$$
$(Q = CV)$

42 5[μF]의 콘덴서를 1,000[V]로 충전하면 축적되는 에너지는 몇 [J]인가?

① 2.5　　② 4
③ 5　　④ 10

$W = \frac{1}{2}CV^2$
$\quad = \frac{1}{2} \times 5 \times 10^{-6} \times 1,000^2 = 2.5$[J]

43 10[μF]의 콘덴서에 45[J]의 에너지를 축적하기 위하여 필요한 충전전압[V]은?

① 3×10^2　　② 3×10^3
③ 3×10^4　　④ 3×10^5

$W = \frac{1}{2}CV^2$에서
$$V = \sqrt{\frac{2W}{C}} = \sqrt{\frac{2 \times 45}{10 \times 10^{-6}}} = 3 \times 10^3[V]$$

Answer 37. ②　38. ①　39. ④　40. ④　41. ③　42. ①　43. ②

44 2[kV]의 전압으로 충전하여 2[J]의 에너지를 축적하는 정전용량[μF]은?

① 0.5   ② 1
③ 9   ④ 4

$W = \frac{1}{2}CV^2$ 에서

$C = \frac{2W}{V^2} = \frac{2 \times 2}{(2 \times 10^3)^2} = 10^{-6} = 1[\mu F]$

45 정전흡인력은 인가한 전압의 몇 제곱에 비례하는가?

① 2   ② +
③ $\frac{1}{2}$ ④ 3

정전흡인력 $Q = \frac{1}{2}CV^2$[N]

46 두 콘덴서 C_1, C_2가 병렬로 접속되어 있을 때의 합성 정전용량은?

① $C_1 + C_2$ ② $\frac{1}{C_1} + \frac{1}{C_2}$
③ $\frac{C_1 C_2}{C_1 + C_2}$ ④ $\frac{C_1 + C_2}{C_1 C_2}$

콘덴서의 합성 정전용량
㉠ 직렬 = $\frac{C_1 C_2}{C_1 + C_2}$ ($\frac{곱}{합}$)
㉡ 병렬 = $C_1 + C_2$ (합)
∴ 병렬접속에서의 합성 정전용량은
$C_0 = C_1 + C_2$[F]

47 3[F], 6[F]의 콘덴서를 병렬로 접속했을 때의 합성 정전용량은 몇 [F]인가?

① 2   ② 4
③ 6   ④ 9

병렬접속에서의 합성 정전용량은
$C_0 = C_1 + C_2 = 3 + 6 = 9$[F]

48 2[μF], 3[μF], 5[μF]인 3개의 콘덴서가 병렬로 접속되었을 때의 합성 정전용량은 몇 [μF]인가?

① 0.97   ② 3
③ 5   ④ 10

병렬접속 합성 정전용량
$C_0 = C_1 + C_2 + C_3 = 2 + 3 + 5 = 10[\mu F]$

49 정전용량 $C_1 = 120[\mu F]$, $C_2 = 30[\mu F]$이 직렬로 접속되었을 때의 합성 정전용량은 몇 [μF]인가?

① 14   ② 24
③ 50   ④ 150

직렬접속 합성 정전용량
$C_0 = \frac{C_1 C_2}{C_1 + C_2} = \frac{120 \times 30}{120 + 30} = 24[\mu F]$

50 그림에서 $C_1 = 1[\mu F]$, $C_2 = 2[\mu F]$, $C_3 = 2[\mu F]$일 때 합성 정전용량은 몇 [μF]인가?

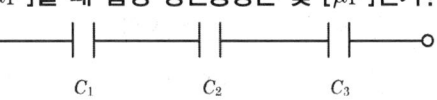

① $\frac{1}{2}$ ② $\frac{1}{5}$
③ 2   ④ 5

콘덴서 3개가 직렬접속이므로
직렬 합성정전용량
$C_0 = \frac{1}{\frac{1}{C_1} + \frac{1}{C_2} + \frac{1}{C_3}} = \frac{1}{\frac{1}{1} + \frac{1}{2} + \frac{1}{2}}$

Answer 44. ② 45. ① 46. ① 47. ④ 48. ④ 49. ② 50. ①

$$= \frac{1}{1+1} = \frac{1}{2}[\mu F]$$

51 정전용량이 같은 콘덴서 10개가 있다. 이것을 병렬접속할 때의 값은 직렬접속할 때의 값보다 어떻게 되는가?

① $\frac{1}{10}$로 감소한다.

② $\frac{1}{100}$로 감소한다.

③ 10배로 증가한다.

④ 100배로 증가한다.

정전용량을 1[F]이라고 가정을 하면
㉠ 병렬접속 합성 정전용량 $C_{병} = 10[F]$
㉡ 직렬접속 합성 정전용량 $C_{직} = \frac{1}{10}[F]$
∴ 병렬접속 시 정전용량값은 직렬접속 시보다 $10^2 = 100$배가 된다.

52 다음 중 콘덴서 접속법에 대한 설명으로 알맞은 것은?

① 직렬로 접속하면 용량이 많아진다.
② 병렬로 접속하면 용량이 적어진다.
③ 콘덴서는 직렬로 접속만 가능하다.
④ 직렬로 접속하면 용량이 적어진다.

콘덴서의 접속은 저항의 접속과 반대로 계산한다.

53 두 콘덴서 C_1, C_2를 직렬접속하고 양단에 V[V]의 전압을 가할 때 C_1에 걸리는 전압[V]은?

① $\frac{C_1}{C_1 + C_2}V$ ② $\frac{C_2}{C_1 + C_2}V$

③ $\frac{C_1 + C_2}{C_1}V$ ④ $\frac{C_1 + C_2}{C_2}V$

전압은 정전용량에 반비례 분배되므로
$$V_1 = \frac{C_2}{C_1 + C_2}V[V]$$

54 $C_1 = 5[\mu F]$, $C_2 = 10[\mu F]$의 콘덴서를 직렬로 접속하고 직류 30[V]를 가했을 때 C_1의 양단의 전압[V]은?

① 5   ② 10
③ 20 ④ 30

콘덴서에 걸리는 전압은 $V = \frac{Q}{C}[V]$로서 정전용량 C에 반비례하므로
$$V_1 = \frac{C_2}{C_1 + C_2} \times V = \frac{10}{5+10} \times 30 = 20[V]$$

55 그림에서 a-b 간의 합성 정전용량은?

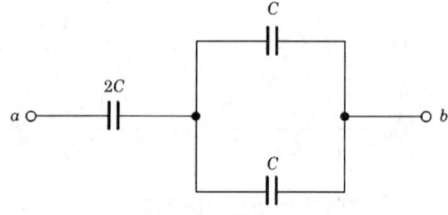

① C   ② 2C
③ 3C   ④ 4C

㉠ 병렬접속 : $C + C = 2C$
㉡ 합성 정전용량 $C_0 = \cfrac{1}{\cfrac{1}{2C} + \cfrac{1}{2C}} = C$

56 다음 회로의 합성 정전용량[μF]은?

Answer 51. ④ 52. ④ 53. ② 54. ③ 55. ① 56. ②

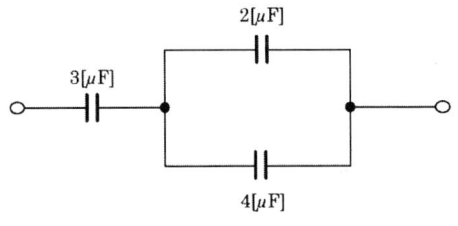

① 1 ② 2
③ 3 ④ 4

2[μF]과 4[μF]은 병렬이므로 6[μF]이고 다시 3[μF]과 직렬접속이므로 합성 정전용량은 다음과 같다.

$C_0 = \dfrac{C_1 C_2}{C_1 + C_2} = \dfrac{3 \times 6}{3 + 6} = 2[\mu F]$

57 그림에서 a-b 간의 합성 정전용량은 10[μF]이다. C_x의 정전용량[μF]은?

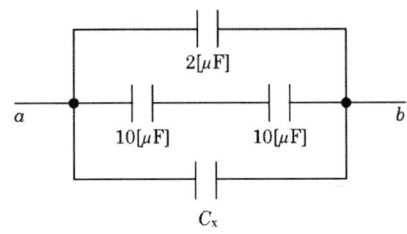

① 3 ② 4
③ 5 ④ 6

$10 = 2 + \dfrac{10}{2} + C_x$ 이므로

$C_x = 10 - (2 + 5) = 10 - 7 = 3$

∴ $C_x = 3[\mu F]$

Answer 57. ①

Chapter 06 자기회로

1. 자기력선의 성질

(1) 자기현상

① 자기 : 자석이 쇠붙이를 끌어당기는 흡인 작용이나 쇠붙이를 밀어내는 반발력같은 작용의 원인이다.

② 자하 : 자석이 가지는 자기량(기호 : m, 단위 : 웨버(weber, [Wb]))

③ 자기현상 : 자석의 중심을 실로 매달면 자석의 양끝이 남극과 북극을 가리키는 현상을 말한다.

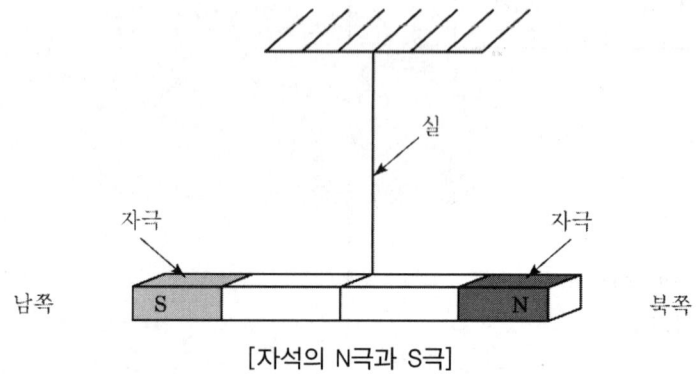

[자석의 N극과 S극]

(2) 자기유도

① 자화 : 자석에 쇳조각을 가까이하면 쇳조각이 자석이 되는 현상이다.

② 자석 : 자기를 띠는 물체를 말한다.

③ 자기유도 : 쇳조각이 자석에 의하여 자화되는 현상을 말한다.

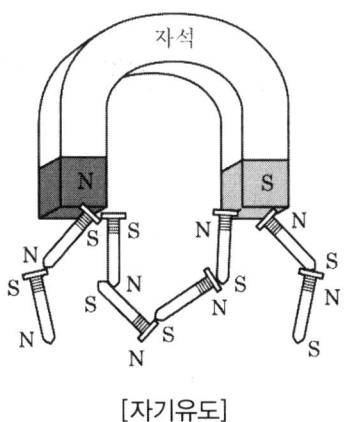

[자기유도]

 자성체

(1) 자성체
자화(자석)되는 물체를 말한다.

(2) 자성체의 성질
강자성체는 자석에 붙는 성질이 있는 금속이고, 약자성체(상자성체 또는 반자성체)는 자석에 안 붙는 금속으로 생각하면 이해가 쉽다.

구 분	자화 방향	자화 세기	비투자율(μ_s)	종 류
상(약)자성체	N [s n] S	약함	$\mu_s > 1$	백금, Al, 텅스텐
강자성체		강함	$\mu_s \gg 1$	철(쇠), 니켈, 발트(망간)
반자성체	N [n s] S	반대로 자화	$\mu_s < 1$	은, 구리, 금, Al, 안티몬, 비스무트

제6장 자기회로

3. 자기에 관한 쿨롱의 힘(자석 사이에 작용하는 쿨롱의 힘)

(1) 쿨롱의 법칙(F)

① 정의 : 공기 중에 두 자극 사이에 작용하는 힘(자기력)

$$F = \frac{1}{4\pi\mu} \times \frac{m_1 m_2}{r^2} = \frac{1}{4\pi\mu_0 \mu_S} \times \frac{m_1 m_2}{r^2} \text{[N]}$$

여기서, μ_0 : 공기의 투자율[H/m]

m_1, m_2 : 자극의 세기[Wb]

r : 두 자극 간의 거리[m]

② 같은 극끼리는 서로 반발력이 작용하고, 다른 극과는 서로 흡인력이 작용한다.

③ 두 자극 사이에 작용하는 힘의 크기는 두 자극 세기의 곱에 비례하고, 거리의 제곱에 반비례한다.

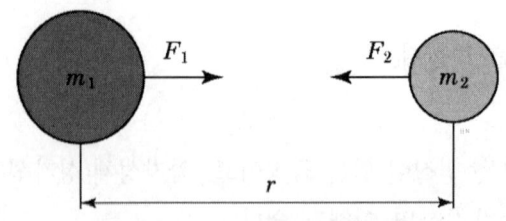

[자석 사이에 작용하는 쿨롱의 힘]

(2) 진공 · 공기 중에서의 힘의 세기

$$F = \frac{1}{4\pi\mu_0} \times \frac{m_1 \times m_2}{r^2} = 6.33 \times 10^4 \times \frac{m_1 \times m_2}{r^2} \text{[N]}$$

(3) 투자율 기호(μ)

① 정의 : 자성체가 자성을 띠는 정도로 자성체에서 자속이 잘 통과하는 정도를 나타내는 매질 상수이며 투자율이 클수록 자속이 잘 통과한다.

② 표현식 : $\mu = \mu_0 \mu_S$[H/m]

③ 진공 또는 공기 투자율 : $\mu_0 = 4 \times 10^{-7}$

④ 비투자율 : μ_S

  ㉠ 공기의 투자율 μ_0를 기준값 1로 취하여 다른 매질의 투자율을 나타낸 것이다.

ⓒ 상자성체 : $\mu_S > 1$, 강자성체 : $\mu_S \gg 1$, 반자성체 : $\mu_S < 1$
⑤ 물질에 따른 비투자율

자성체	비투자율(μ_S)	자성체	비투자율(μ_S)
구리	0.9999	코발트	250
진공	1	철	6,000~200,000

4. 자기장의 성질

(1) 자기장(자계)

자기적인 힘이 미치는 공간을 말한다.

(2) 자기장(자계)의 세기

① 정의 : 임의의 자기장 내 +1[Wb]의 단위 점 자극을 놓았을 때 작용하는 힘의 세기를 말한다.
② m_1[wb]의 자극으로부터 r[m] 거리에 있는 점에서의 자기장 세기 H[AT/m]

$$H = \frac{1}{4\pi\mu_0\mu_S} \times \frac{m_1}{r^2} = 6.33 \times 10^4 \times \frac{m_1}{r^2} \left[\frac{\text{AT}}{\text{m}}\right]$$

여기서, m : 자극의 세기[Wb], r : 자극 간의 거리[m]

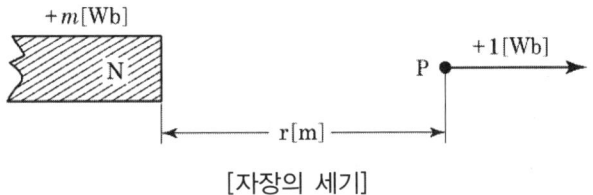

[자장의 세기]

③ 자기장 세기 H[AT/m]가 되는 자기장 안에 m[Wb]의 자극을 두었을 때 이것에 작용하는 힘 $F = mH$[N]이 된다.

5. 자속밀도(B)

(1) 자속(ϕ[Wb])
① 정의 : 자극의 존재를 공간을 통하여 흐르는 선으로 표시한 것이다.
② 자속의 크기 : 매질의 종류에 관계없이 1[Wb]의 자극에서는 1[Wb]의 자속이 나온다.
③ 자속의 성질
　㉠ 자속은 N극에서 시작하여 S극으로 끝난다.
　㉡ m[Wb]의 자하로부터 m[Wb]의 자속이 나온다.

(2) 자속밀도(B)
① 정의 : 투자율이 μ인 매질 중의 한 점에서 단위 면적당 통과하는 자속 ϕ의 크기이다.
② m[Wb]에 의한 자속밀도(B)

$$B = \frac{\phi}{S}\left[\frac{Wb}{m^2}\right] = \frac{자속}{면적} = \frac{\phi}{4\pi r^2}$$

(3) 자속밀도와 자기장의 세기 관계

$$H = \frac{1}{4\pi\mu} \times \frac{m_1}{r^2}\left[\frac{AT}{m}\right]$$

$$B = \frac{\phi}{A} = \frac{\phi}{4\pi r^2}\left[\frac{Wb}{m^2}\right]$$

$$B = \frac{\phi}{4\pi r^2} = \frac{\phi}{4\pi r^2} \times \frac{\mu}{\mu} = \frac{1}{4\pi\varepsilon} \times \frac{Q}{r^2} \times \mu = H \times \mu$$

① 매질이 공기인 경우 : $B = \mu_0 H [Wb/m^2]$
② 임의의 매질인 경우 : $B = \mu H = \mu_0 \mu_S H [Wb/m^2]$
③ 비투자율이 큰 물질일수록 자속이 잘 통한다.

6. 자기력선의 수

① 가우스의 정리 : 자기장 안에서 임의 점에서의 자기력선 밀도는 그 점에서의 자장의 세기를 나타낸다.

② m[Wb]에서 발생하는 자기력선의 총수는 $\frac{m}{\mu}$개와 같다.

③ 진공 중 +m[wb]의 자극으로부터 나오는 총자기력선의 수

$$N = H \times 4\pi r^2 = \frac{1}{4\pi u_0} \times \frac{m}{r^2} \times 4\pi r^2 = \frac{m}{u_0} = \frac{m}{4\pi \times 10^{-7}} = 7.958 \times 10^5 [개]$$

자극의 세기	매질의 종류	자기력선의 수
m[Wb]	진공(공기)	$N = \frac{m}{\mu_0}$
	투자율 μ인 매질	$N = \frac{m}{\mu} = \frac{m}{\mu_0 \mu_S}$

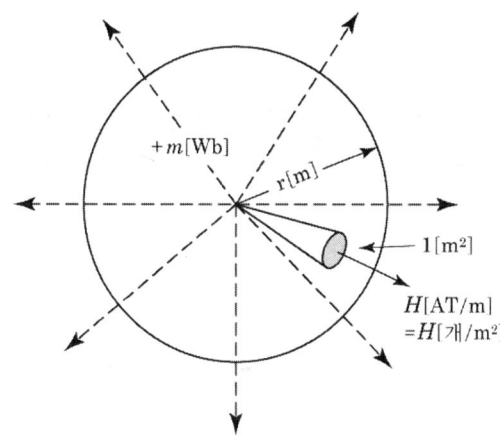

[점 자극에서 나오는 자력선의 수]

7. 자기력선(Line of Magnetic Force) 또는 자력선

자기력선은 자기장의 세기와 방향을 선으로 나타낸 것이다.
① 자석에는 N극과 S극이 있다.
② 자력선은 N극에서 나와 S극으로 향한다.
③ 자석은 같은 극끼리는 서로 반발하고 다른 극끼리는 끌어당긴다.
④ 자석은 고온이 되면 자력이 감소되고, 저온이 되면 자력이 증가된다.
⑤ 자력이 강할수록 자기력선의 수가 많다.
⑥ 발생되는 자기력선은 아무리 사용해도 기본적으로 감소하지 않는다.

⑦ 자기력선은 비자성체를 투과한다.
⑧ 자기력선에는 고무줄과 같은 장력이 존재한다.

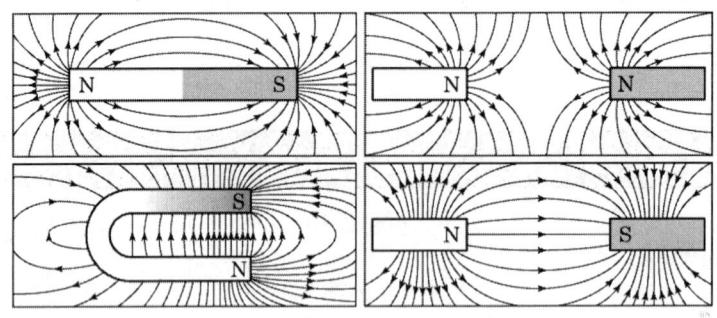

[자석에 의한 자력선]

[정전계와 전자계 비교]

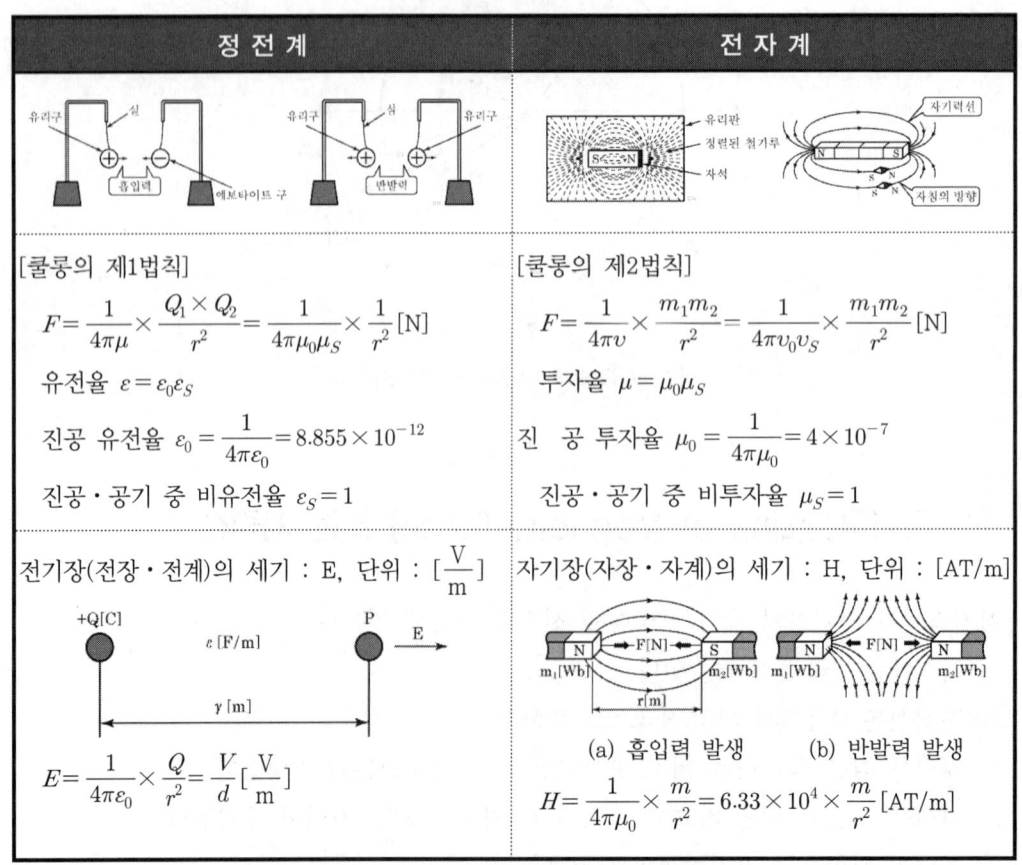

[정전계와 전자계 비교]

정 전 계	전 자 계
전기력선의 힘 $F = Q \times E$	자기력선의 힘 $F = m \times H$
전기력선의 수 $N = \dfrac{Q}{\varepsilon} = \dfrac{Q}{\varepsilon_0 \varepsilon_S}$ [개]	자기력선의 수 $N = \dfrac{m}{\mu} = \dfrac{m}{\mu_0 \mu_S}$ [개]
진공·공기 중 전기력선의 수 $N = \dfrac{Q}{\varepsilon_0}$	진공·공기 중 자기력선의 수 $N = \dfrac{m}{\mu_0}$
전(기력선)속 수 : $N = Q$	자(기력선)속 수 : $N = m$
전속밀도 : $D = \dfrac{Q}{S} = \dfrac{Q}{4\pi r^2}$ [C/m^2]	자속밀도 : $B = \dfrac{\phi}{S} = \dfrac{\phi}{4\pi r^2}$ [Wb/m^2]
전속밀도와 전계의 세기와의 관계 $D = \varepsilon \times E = \varepsilon_0 \varepsilon_S \times E$ [C/m^2] $D = \dfrac{Q}{S} = \dfrac{Q}{4\pi r^2} \times \dfrac{\varepsilon_0}{\varepsilon_0} = \varepsilon_0 \times E$	자속밀도와 자계의 세기와의 관계 $B = \mu \times H = \mu_0 \mu_S \times H$ [Wb/m^2] $B = \dfrac{\phi}{S} = \dfrac{\phi}{4\pi r^2} \times \dfrac{\mu_0}{\mu_0} = \mu_0 \times H$
[전기력선의 성질] ① 전기력선은 양(+) 전하에서 나와 음(-) 전하 표면에서 끝난다. ② 전기력선은 같은 극끼리는 반발한다. ③ 전기력선은 서로 교차하지 않는다. ④ 전기력선은 도체 표면(등전위면)과 직각 교차한다. ⑤ 전기력선은 수직한 단면적 밀도는 전기장 세기를 나타낸다. ⑥ 전기력선은 도체 내부에 존재하지 않는다. ⑦ 전기력선은 당기고 있는 고무줄 같이 언제나 수축하려 한다.	[자기력선의 성질] ① 자기력선은 N극에서 나와 S극에서 끝난다. ② 같은 자기력선끼리 반발한다. ③ 자석이 강할수록 자력선수는 많다. 　(강자성체>상자성체) ④ 자기력선은 서로 만나거나 교차하지 않는다. ⑤ 늘어난 고무줄처럼 항상 수축하려 한다. ⑥ 자석은 고온이 되면 자력이 감소되고, 저온이 되면 자력이 증가된다.

예·상·기·출·문·제

01 자석의 성질로 옳은 것은?
① 자석은 고온이 되면 자력이 증가한다.
② 자기력선에는 고무줄과 같은 장력이 존재한다.
③ 자력선은 자석 내부에서도 N극에서 S극으로 이동한다.
④ 자력선은 자성체는 투과하고, 비자성체는 투과하지 못한다.

🔑 **자석의 성질**
① 자석에는 N극과 S극이 있다.
② 자력선은 N극에서 나와 S극으로 향한다.
③ 자석은 같은 극끼리는 서로 반발하고 다른 극끼리는 끌어당긴다.
④ 자석은 고온이 되면 자력이 감소되고, 저온이 되면 자력이 증가된다.
⑤ 자력이 강할수록 자기력선의 수가 많다.
⑥ 발생되는 자기력선은 아무리 사용해도 기본적으로 감소하지 않는다.
⑦ 자기력선은 비자성체를 투과한다.
⑧ 자기력선에는 고무줄과 같은 장력이 존재한다.

02 다음 중 자석의 일반적인 성질에 대한 설명으로 틀린 것은?
① N극과 S극이 있다.
② 자력선은 N극에서 나와 S극으로 향한다.
③ 자력이 강할수록 자기력선의 수가 많다.
④ 자석은 고온이 되면 자력이 증가한다.

🔑 자석은 고온이 되면 자력이 감소한다.

03 다음 중 강자성체가 아닌 것은?
① 니켈   ② 철
③ 백금   ④ 망간

🔑 강자성체($\mu_s \gg 1$) : 철, 니켈, 코발트, 망간

04 자극 가까이에 물체를 두었을 때 자화되는 물체와 자석이 그림과 같은 방향으로 자화되는 자성체는?

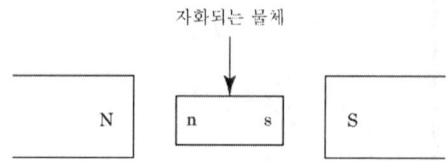

① 상자성체   ② 반자성체
③ 강자성체   ④ 비자성체

🔑 자성체의 극성이 외부 자계와 같은 극으로 유도되는 자성체는 반자성체이다.
㉠ 반자성체 : 물질에 따라 자석에 반발한다.
㉡ 상자성체 : 물질에 따라 자석에 약하게 자화된다.
㉢ 강자성체 : 물질에 따라 자석에 강하게 자화된다.

05 다음 중 반자성체는?
① 안티몬   ② 알루미늄
③ 코발트   ④ 니켈

🔑 **반자성체($\mu_s < 1$)**
아연, 납, 구리, 안티몬, 비스무트

06 자기회로에 강자성체를 사용하는 이유는?

🔓 Answer 1.② 2.④ 3.③ 4.② 5.① 6.①

① 자기저항을 감소시키기 위하여
② 자기저항을 증가시키기 위하여
③ 공극을 크게 하기 위하여
④ 주자속을 감소시키기 위하여

🔑 강자성체는 비투자율(μ_s)이 크므로 자기저항 $R = \dfrac{l}{\mu A} = \dfrac{l}{\mu_0 \mu_S A}$이 현저히 감소한다.

07 투자율 μ의 단위는?

① [AT/m] ② [Wb/m^2]
③ [AT/Wb] ④ [H/m]

🔑 투자율 : μ[H/m]

08 진공의 투자율은?

① 6.33×10^4 ② 8.55×10^{-12}
③ $4\pi \times 10^{-7}$ ④ 9×10^9

🔑 진공의 투자율 : $\mu_0 = 4\pi \times 10^{-7}$[H/m]

09 다음 중 투자율이 가장 작은 것은?

① 공기 ② 강철
③ 주철 ④ 페라이트

🔑 ㉠ 강자성체($\mu_s \gg 1$) : 철, 니켈, 코발트, 망간 등
㉡ 상자성체($\mu_s > 1$) : 주석, 백금, 공기
㉢ 반자성체($\mu_s < 1$) : 구리, 물, 수소, 질소

10 두 자극 사이에 작용하는 힘을 나타내는 데 맞는 식은?

① $F = \dfrac{1}{4\pi\mu_0} \times \dfrac{m_1 m_2}{r}$[N]

② $F = \dfrac{1}{4\pi\mu_0} \times \dfrac{m_1 m_2}{r^2}$[N]

③ $F = 4\pi\mu_0 \times \dfrac{m_1 m_2}{r}$[N]

④ $F = 4\pi\mu_0 \times \dfrac{m_1 m_2}{r^2}$[N]

🔑 두 자극 사이에 작용하는 힘
$F = \dfrac{1}{4\pi\mu_0} \times \dfrac{m_1 m_2}{r^2}$[N]
$= 6.33 \times 10^4 \times \dfrac{m_1 m_2}{r^2}$[N]

11 진공 중 같은 크기의 두 자극을 1[m]의 거리에 놓았을 때 그 작용하는 힘이 6.33×10^4[N]이 되는 자극 세기의 단위는?

① 1[Wb] ② 1[C]
③ 1[A] ④ 1[W]

🔑 $F = \dfrac{1}{4\pi\mu_0} \times \dfrac{m_1 m_2}{r^2}$[N]
$= 6.33 \times 10^4 \times \dfrac{m_1 m_2}{r^2}$[N]
$= 6.33 \times 10^4 \times \dfrac{m^2}{1^2} = 6.33 \times 10^4$[N]
$\therefore m = 1$[Wb]

12 진공 속에서 1[m]의 거리를 두고 10^{-3}[Wb]와 10^{-5}[Wb]의 자극이 놓여 있다면 그 사이에 작용하는 힘 [N]은?

① $4\pi \times 10^{-5}$ ② $4\pi \times 10^{-4}$
③ 6.33×10^{-5} ④ 6.33×10^{-4}

🔑 $F = 6.33 \times 10^4 \times \dfrac{m_1 m_2}{r^2}$[N]

Answer 7.④ 8.③ 9.① 10.② 11.① 12.④

$$= 6.33 \times 10^4 \times \frac{10^{-3} \times 10^{-5}}{1^2}$$
$$= 6.33 \times 10^{-4} [\text{N}]$$

13 자장 중의 한 점에 1[Wb]의 자극을 놓았을 때 이에 작용하는 힘의 크기와 방향을 그 점에 대한 무엇이라 하는가?
① 자장의 세기   ② 자위
③ 자속밀도   ④ 자위차

 자장의 세기
자장 안에 단위 점 자극(+1[wb])을 놓았을 때 작용하는 힘의 세기와 같다.
$$H = \frac{1}{4\pi\mu} \times \frac{m}{r^2} [\text{AT/m}]$$

14 m[Wb]의 점 자극에서 r[m] 떨어진 점의 자장의 세기는 공기 중에서 몇 [AT/m]인가?
① $\frac{m}{4\pi r}$ ② $\frac{m}{4\pi\mu r}$
③ $\frac{m}{4\pi r^2}$ ④ $\frac{1}{4\pi\mu} \times \frac{m}{r^2}$

 $H = \frac{1}{4\pi\mu} \times \frac{m}{r^2} [\text{AT/m}]$

15 다음 중 자기장 내에서 같은 크기 m[Wb]의 자극이 존재할 때 자기장의 세기가 가장 큰 물질은?
① 초합금   ② 페라이트
③ 구리   ④ 니켈

 자장의 세기
$H = \frac{1}{4\pi\mu} \times \frac{m}{r^2}$ [AT/m]에서 자기장은 투자율에 반비례하므로 비투자율이 작을수록 자기장의 세기가 크다.

㉠ 강자성체($\mu_s \gg 1$) : 철, 니켈, 코발트, 망간 등
㉡ 상자성체($\mu_s > 1$) : 주석, 백금, 공기 등
㉢ 반자성체($\mu_s < 1$) : 구리, 물, 수소, 질소

16 자기장에 의하여 생기는 자기장의 세기를 $\frac{1}{2}$로 하려면 자극으로부터의 거리를 몇 배로 하여야 하는가?
① $\sqrt{2}$ 배   ② $\sqrt{3}$ 배
③ 2배   ④ 3배

 자기장의 세기는 거리에 제곱에 반비례하므로 자기장이 $\frac{1}{2}$배 $= \frac{1}{r^2}$배이므로 r이 $\sqrt{2}$배가 되어야 한다.

17 공기 중 자기장의 세기 20[AT/m]인 곳에 8×10^{-3}[Wb]의 자극을 놓으면 작용하는 힘[N]은?
① 0.16   ② 0.32
③ 0.43   ④ 0.56

 힘(F)과 자계(H)의 관계식
$F = mH[\text{N}] = 8 \times 10^{-3} \times 20 = 0.16 [\text{N}]$

18 자장의 세기 10[AT/m]인 점에 자극을 놓았을 때 50[N]의 힘이 작용하였다. 이 자극의 세기는 몇 [Wb]인가?
① 5   ② 10
③ 15   ④ 25

 $F = mH[\text{N}]$이므로 $m = \frac{F}{H} = \frac{50}{10} = 5[\text{Wb}]$

Answer 13. ① 14. ④ 15. ③ 16. ① 17. ① 18. ①

19 자속밀도 단위는?

① [Wb] ② [Wb/m²]
③ [AT/Wb] ④ [Wb·m²]

🔑 $B = \dfrac{\phi}{S}$ [Wb/m²]

20 자속이 통과하는 면적이 3[cm²]인 도체에 3.6×10^{-4}[Wb]의 자속이 통과한다면 자속밀도는 몇 [Wb/m²]인가?

① 1.2 ② 10
③ 20 ④ 0.8

🔑 자속밀도
$B = \dfrac{\phi}{S} = \dfrac{3.6 \times 10^{-4}}{3 \times 10^{-4}} = 1.2$ [Wb/m²]

21 공심 솔레노이드 내부의 자기장의 세기가 100[AT/m]일 때 자속밀도 세기[Wb/m²]는?

① $2\pi \times 10^{-5}$ ② $4\pi \times 10^{-5}$
③ $2\pi \times 10^{-3}$ ④ $4\pi \times 10^{-1}$

🔑 자속밀도
$B = \mu_0 H$
$= 4\pi \times 10^{-7} \times 100 = 4\pi \times 10^{-5}$ [Wb/m²]

22 강성체의 투자율에 대한 설명이다. 옳은 것은?

① 투자율은 매질의 두께에 비례한다.
② 투자율은 자화력에 따라서 크기가 달라진다.
③ 투자율이 큰 것은 자속이 통하기 어렵다.
④ 투자율은 자속 밀도에 반비례한다.

🔑 투자율 $\mu = \dfrac{B}{H}$ 이므로 자속밀도에 비례하고 자화력에 반비례한다.

23 자기장의 세기에 대한 설명이 잘못된 것은?

① 단위 자극에 작용하는 힘과 같다.
② 자속밀도에 투자율을 곱한 것과 같다.
③ 수직 단면의 자력선 밀도와 같다.
④ 단위길이당 기자력과 같다.

🔑 $B = \mu H$에서 $H = \dfrac{B}{\mu}$이므로 자속밀도를 투자율로 나눈 것과 같다.

24 비투자율이 1인 환상철심 중 자장의 세기가 H[AT/m]이었다. 이때 비투자율이 10인 물질로 바꾸면 철심의 자속밀도[Wb/m²]는?

① $\dfrac{1}{10}$로 줄어든다. ② 10배 커진다.
③ 50배 커진다. ④ 100배 커진다.

🔑 $B = \mu H = \mu_0 \mu_s H$에서 자속밀도는 투자율에 비례하므로 10배 커진다.

25 자속밀도 1[Wb/m²]은 몇 [gauss]인가?

① $4\pi \times 10^{-7}$ ② 10^{-6}
③ 10^4 ④ $\dfrac{4\pi}{10}$

🔑 자속밀도의 환산
1[gauss] = 10^{-4}[Wb/m²]이므로
1[Wb/m²] = $\dfrac{10^8 [\text{Max}]}{10^4 [\text{cm}^2]}$
$= 10^4 \left[\dfrac{\text{Max}}{\text{cm}^2}\right] = 10^4$ [gauss]

26 공기 중에서 m[Wb]의 자극으로부터 나오는 자속수는?

Answer 19. ② 20. ① 21. ② 22. ② 23. ② 24. ② 25. ③ 26. ①

① m ② $\mu_0 m$
③ $\dfrac{1}{m}$ ④ $\dfrac{m}{\mu_0}$

🔑 ㉠ 자속의 총수 $\phi = m$ [Wb]
　　㉡ 자기력선수의 총수 $= \dfrac{m}{\mu_0}$

27 공기 중에서 $+m$[Wb]로부터 나오는 자기력선의 총수는?

① $\dfrac{\mu_0}{m}$ ② $\dfrac{m}{\mu}$
③ $\dfrac{m}{\mu_0}$ ④ $\mu \cdot m$

🔑 자기력선의 총수는 가우스의 정리에 의하여 $N = \dfrac{m}{\mu_0}$ [개]이다.

28 공기 중에서 +1[Wb] 자극에서 나오는 자력선의 수는 몇 개인가?

① 6.33×10^4 ② 7.958×10^5
③ 8.855×10^3 ④ 1.256×10^6

🔑 $N = \dfrac{m}{\mu_0} = \dfrac{1}{4\pi \times 10^{-7}} ≒ 7.958 \times 10^5$

29 다음 중 자기력선(line of magnetic force)에 대한 설명으로 옳지 않은 것은?

① 자석의 N극에서 시작하여 S극으로 끝난다.
② 자기장의 방향은 그 점을 통과하는 자기력선의 방향으로 표시한다.
③ 자기력선은 상호 간에 교차한다.
④ 자기장의 크기는 그 점에 있어서 자기력선의 밀도를 나타낸다.

🔑 자기력선은 서로 반발하며 교차하지 않는다.

30 자기력선의 설명 중 맞는 것은?

① 자기력선은 자석의 N극에서 시작하여 S극으로 끝난다.
② 자기력선은 상호 간에 교차한다.
③ 자기력선은 자석의 S극에서 시작하여 N극으로 끝난다.
④ 자기력선은 가시적으로 보인다.

🔑 자기력선은 상호 간에 교차하지 않는다.

31 자기력선에 대한 설명으로 옳지 않은 것은?

① 자기장의 모양을 나타낸 선이다.
② 자기력선이 조밀할수록 자기력이 세다.
③ 자석의 N극에서 나와 S극으로 들어간다.
④ 자기력선이 교차된 곳에서 자기력이 세다.

🔑 ㉠ 자기력선은 상호 간에 교차하지 않는다.
　　㉡ 같은 방향의 자기력선은 상호 반발력이 작용한다.
　　㉢ 자기장의 방향은 그 점을 통과하는 자기력선의 방향으로 표시한다.
　　㉣ 자기장의 크기는 그 점에 있어서 자기력선의 밀도를 나타낸다.

🔓 Answer   27. ③   28. ②   29. ③   30. ①   31. ④

8. 전류에 의한 자기장과 자기력선의 방향

(1) 직선 전류에 의한 자계의 발생

종이 위에 철가루를 뿌리고 도선에 전류를 흘리면서 종이를 가볍게 두드리면 종이 위의 철가루는 서서히 도선을 중심으로 하는 원형을 그리는 실험으로부터 도선에 전류를 흘려주면 도선 주위에는 도선을 중심으로 하는 원형의 자기장이 발생한다는 것을 알 수 있다.

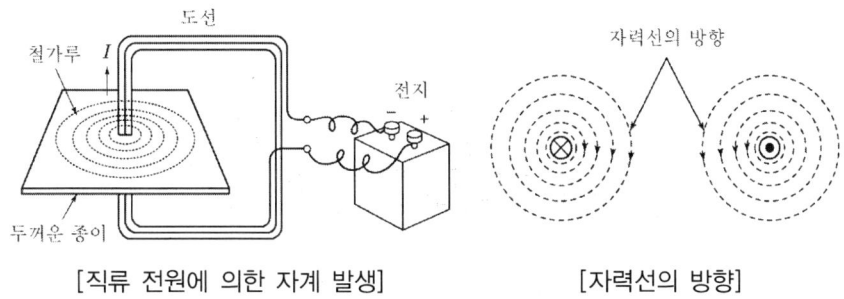

[직류 전원에 의한 자계 발생]   [자력선의 방향]

(2) 앙페르(=암페어)의 오른나사법칙

① 전류에 의한 자계의 방향을 정의한 법칙으로서, 직선 도선에 전류가 흐를 때 도선 주위에 자속이 발생하여 회전하는 자계가 형성되는데 그 자계의 발생 방향이 오른나사가 회전하는 방향으로 발생한다는 법칙이다. 전류가 흐르는 직선 도선에 전류 방향으로 엄지손가락을 대고 네 손가락을 감아쥐면 감아쥔 네 손가락의 방향이 회전하는 자계의 방향이 되어 오른나사법칙이라고 표현한다.

② 전류 : 나사 진행 방향
③ 자장 : 나사 회전 방향

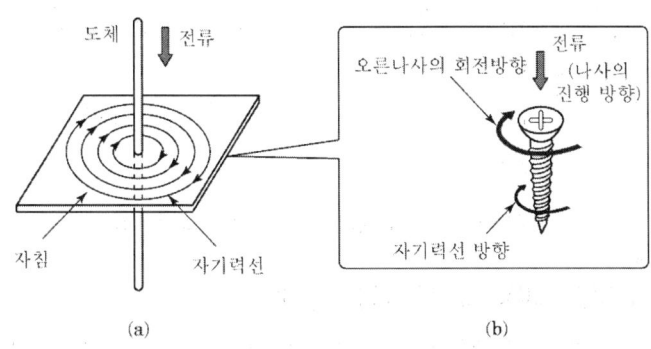

[직선 전류에 의한 자력선의 방향]

(3) 앙페르의 주회적분법칙

① 전류에 의한 자계의 세기를 정의한 법칙으로, 자계의 세기 H[AT/m]는 도체로부터의 거리 r[m]에 반비례하고, 전류 I[A]에는 비례한다는 관계로부터 자계의 세기 H[AT/m]가 폐경로 $l = 2\pi r$[m]을 일주했을 때 자계의 세기 H[AT/m]와 일주하는 거리 l[m]의 곱의 합은 전류의 세기 I[A]와 코일 권수 N[T]을 곱한 것과 같다.

② 자계의 세기 : $H = \dfrac{NI}{l} = \dfrac{NI}{2\pi r}$ [AT/m]

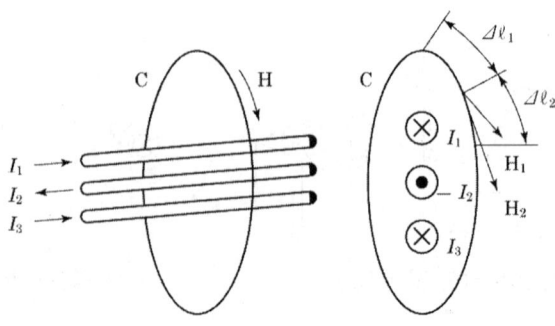

[앙페르의 주회적분법칙]

(4) 무한장 직선상 전류에 의한 자기장 세기

① 무한장 직선 도체에 전류가 흐를 때 도체 주위를 회전하는 자계의 세기이다.
② 자계의 세기

$H = \dfrac{I}{2\pi r}$ [AT/m]   여기서, I : 전류, r : 반지름

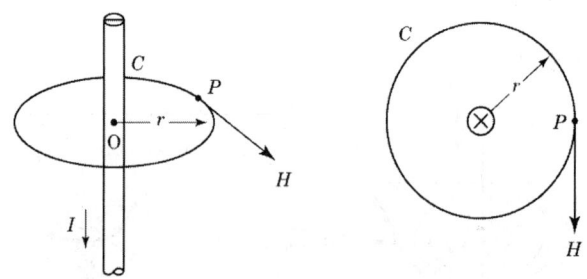

[무한장 직선 도체에 의한 자기장의 세기]

(5) 환상 솔레노이드 내부의 자기장 세기(H)

① 도체를 환상으로 감은 후 전류를 흘릴 때 솔레노이드 내부에서 회전하는 자계의 세기

이다.

② 환상 솔레노이드 내부 자계는 평등 자계이며 외부 자계는 0이다.

③ 자계의 세기(H)

$$H = \frac{NI}{\ell} = \frac{NI}{2\pi r} [\text{AT/m}]$$

여기서, ℓ : 자로의 평균길이[m]

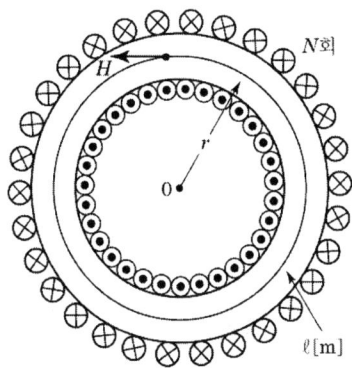

[환상 솔레노이드에 의한 자기장의 세기]

(6) 비오-사바르의 법칙

① 도선의 미소 길이 Δl[m]의 전류 I[A]에 의한 r[m] 떨어진 점 P에 발생하는 자계의 세기를 정의한 법칙이다.

② 자계의 세기 $\Delta H = \dfrac{I \Delta l}{4\pi r^2} \times \sin\theta [\text{AT/m}]$

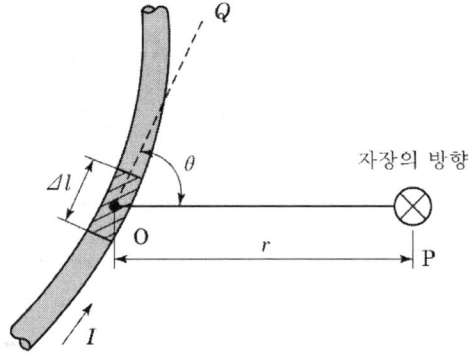

[비오-사바르 법칙]

(7) 원형 코일의 자기장(전선 주위 자계)의 세기

① 반지름 r[m]로 N회 감은 원형 코일에 전류 I[A]를 흘릴 때 원형 코일의 중심 0점에 발생하는 자계의 세기이다.

② 원형 코일 1개인 경우 H_0

$$H_0 = \frac{I}{2r} \text{[AT/m]}$$

여기서, I : 전류, r : 반지름

③ 도체가 N회 감겨 있는 경우 H

$$H = N \times \frac{I}{2r} = N \times \frac{I}{l} \text{[AT/m]}$$

여기서, I : 전류, r : 반지름, l : 지름

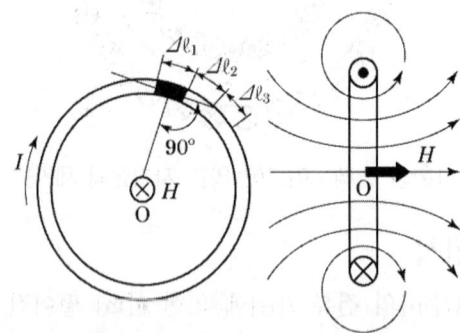

[원형 코일 중심의 자기장의 세기]

곡선	직선	환상 솔레노이드	원형 코일
$H = \dfrac{Il\sin\theta}{4\pi r^2}$	$H = \dfrac{I}{2\pi r}$	$H = \dfrac{NI}{2\pi r}$	$H = \dfrac{NI}{2r}$

9. 자기회로와 자화곡선

(1) 자기회로
원형 철심에 코일을 N회 감은 후 전류 I[A]를 흘리면 철심 내에서 자속 ϕ[Wb]가 발생하여 철심이 구성하는 폐회로를 통해 자속이 통과하는 통로이다.

(2) 기자력 기호(F)
① 정의 : 자속 ϕ를 발생하게 하는 원천
② 기자력의 크기

$F = NI$ [AT]

여기서, N : 코일의 감은 횟수[T], I : 인가된 전류[A]

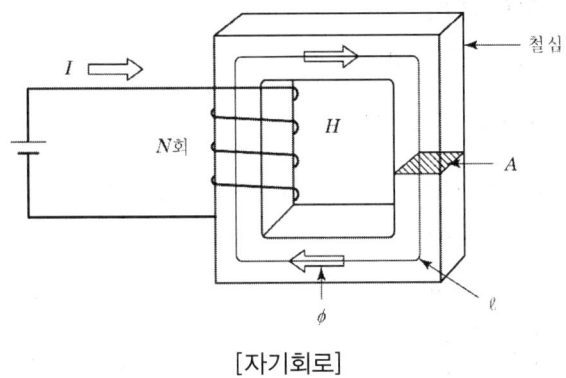

[자기회로]

(3) 자기저항 기호 : R_m
① 정의 : 자기회로에서 기자력, $F = NI$[AT]에 의하여 발생된 자속 ϕ가 폐회로를 따라 통하기 어려운 정도를 나타내는 상수이다.
② 자기저항 : $R_m = \dfrac{l}{\mu A}$ [AT/Wb]

여기서, R_m : 자기저항[AT/Wb] l : 자로의 길이[m]
μ : 투자율[H/m] A : 자로의 단면적[m^2]

③ 자기저항 특성 : 자기저항은 자로의 길이 l[m]는 비례하고 자로의 단면적 A[m^2]와 투자율 μ[H/m]에는 반비례한다.

(4) 옴의 법칙

① 정의 : 자기회로에서의 기자력 F와 자속 ϕ, 자기저항 R_m 사이의 관계를 나타내는 식이다.

② 옴의 법칙

    ㉠ 기자력 $F = NI = R_m \phi$ [AT]

    ㉡ 자기저항 $R_m = \dfrac{F}{\phi} = \dfrac{NI}{\phi}$ [AT/Wb]

    여기서, F : 기자력[AT] N : 코일의 감은 횟수[T]
              I : 인가 전류[A] R_m : 자기저항[AT/Wb]
              ϕ : 자속[Wb]

(5) 자기에너지와 자화곡선

① 자기 인덕턴스에 축적되는 에너지

$$W = L\dfrac{I}{T} \times \dfrac{I}{2} \times T = \dfrac{1}{2}LI^2 \text{[J]}$$

    여기서, W : 코일 축적 에너지[J] L : 자체 인덕턴스[H]
              I : 인가 전류[A]

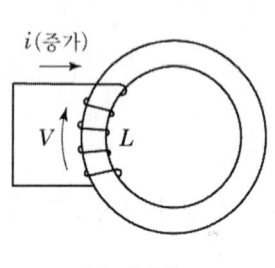
(a) 자기회로

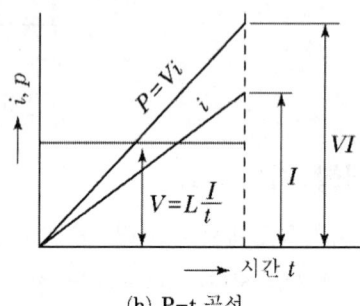
(b) P-t 곡선

[코일에 축적되는 에너지]

② 자화곡선($B-H$ 곡선)

환상 철심에서 전류 I[A]를 점점 증가시켜 자화력 H[AT/m]를 증가시킬 때 철심 안의 자속밀도 B[Wb/m^2]는 H에 비례하여 서서히 증가하지만, 어느 일정값 이상이 되면 자화력 H를 계속적으로 증가시켜도 자속밀도 B는 더 이상 증가하지 않는 현상을 자기포화라 하며 그래프로 나타낸 곡선을 자화곡선이라 한다.

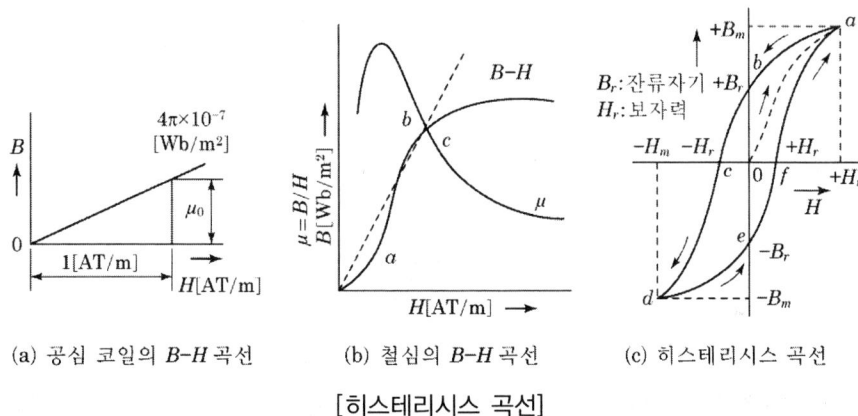

(a) 공심 코일의 B-H 곡선   (b) 철심의 B-H 곡선   (c) 히스테리시스 곡선

[히스테리시스 곡선]

③ 히스테리시스 현상
  ㉠ 정의 : 자화되지 않는 철심에 자화력 H[AT/m]를 $0 \to +H_m \to 0 \to -H_m \to 0$ 으로 변화시키면서 가할 때 철심 내 자속밀도 B[Wb/m²]의 변화가 $0 \to a \to b \to c \to d \to e \to f$를 따라 변화하는데 이때 자화력 H[AT/m]의 변화보다 자속밀도 B[Wb/m²]의 변화가 자기적으로 늦는 현상이다.
  ㉡ 히스테리시스 루프 : 히스테리시스 현상 때 형성되는 폐곡선(loop)이다.

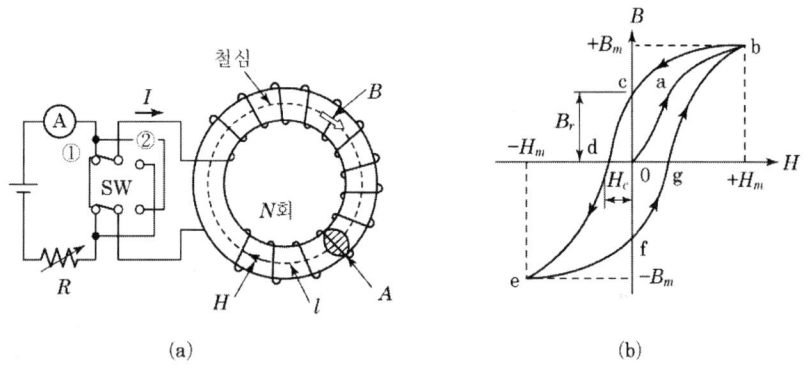

[철심 코일의 자기 히스테리시스의 곡선]

  ㉢ B_r(잔류 자기) : 외부 자계 H가 0이 되었을 때 남아 있는 잔류 자속밀도로, 히스테리시스 곡선이 종축(세로축)과 만나는 점이다.
  ㉣ H_C(보자력) : 잔류 자기 B_r이 0일 때 외부 자계의 세기로서 처음 자속밀도 0인 상태를 보존하려는 자계로, 히스테리시스 곡선이 횡축(가로축)과 만나는 점이다.

④ 히스테리시스 손실
  ㉠ 정의 : 자성체를 자화시킬 때 히스테리시스 루프 면적에 비례하여 열로 소비되는 에너지 손실이다.
  ㉡ 히스테리시스손 $P_h = \eta \cdot f \cdot B_m^{1.6}[\text{W/m}^3]$ 대책 : 규소강판
      여기서, η : 히스테리시스 상수, f : 주파수, B_m : 최대자속밀도
  ㉢ 와류(맴돌이)손 $Pe = f^2 \cdot B^2 \cdot t^2[\text{kW}]$ 대책 : 성층철심
      여기서, f : 주파수, B : 최대자속밀도, t : 두께

[전기회로와 자기회로의 비교]

구분	전기회로	자기회로
회로도	$E = I \cdot R$	$F = R_M \phi$
특징	기전력 $V[\text{V}]$ 전류 $I[\text{A}]$ 전기저항 $R = \rho \dfrac{l}{A} = \dfrac{l}{KA}[\Omega]$ 도전율 K 옴법칙 $I = \dfrac{V}{R}[\text{A}]$ 전계(콘덴서)에 축적되는 에너지 $W = \dfrac{1}{2}C \times V^2[\text{J}]$	기전력 $F = NI[\text{AT}]$ 전류 $\phi[\text{Wb}]$ 전기저항 $R_m = \dfrac{l}{\mu A}[\Omega]$ $R_m = \dfrac{F}{\phi} = \dfrac{NI}{\phi}[\text{AT/Wb}]$ 도전율 $\mu[\text{H/m}]$ 옴법칙 $\phi = \dfrac{F}{R_m}[\text{A}]$ 자계(코일)에 축적되는 에너지 $W = \dfrac{1}{2}LI^2[\text{J}]$

예·상·기·출·문·제

01 전류에 의해 만들어지는 자기장의 자기력선 방향을 간단하게 알아내는 방법은?
① 앙페르의 오른나사법칙
② 플레밍의 오른손법칙
③ 플레밍의 왼손법칙
④ 렌츠의 법칙

　㉠ 앙페르의 오른나사법칙 : 전류에 의한 자계의 방향 결정
　㉡ 플레밍의 오른손법칙(발전기) : 도체 운동에 의한 기전력 방향 결정
　㉢ 플레밍의 왼손법칙(전동기) : 전류에 의한 힘의 방향 결정
　㉣ 렌츠의 법칙 : 전자유도에 의한 기전력 방향 결정

02 코일에 그림과 같은 방향으로 유도전류가 흘렀을 때 자석의 이동 방향은?

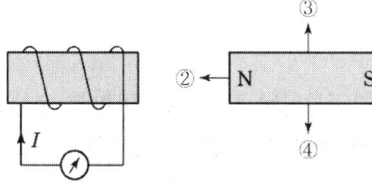

① ①의 방향　② ②의 방향
③ ③의 방향　④ ④의 방향

　앙페르의 오른나사법칙에 의해 왼쪽 그림의 코일은 왼쪽에서 오른쪽으로 진행하는 자속(렌츠의 자속)에 의해서 전류가 흐르고 있다. 그러므로 자석의 이동 방향은 ①의 방향이 된다.

03 코일에 그림과 같은 방향으로 전류가 흘렀을 때 A부분의 자극 극성은?

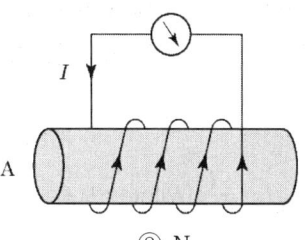

① S　② N
③ P　④ +

　그림에서 오른손을 솔레노이드 코일의 전류 방향에 따라 네 손가락을 감아쥐면 엄지손가락이 A부분을 가리키며 따라서 N극이 된다.

04 자화력(자기장의 세기)을 표시하는 식과 관계가 되는 것은?
① NI　② μNI
③ $\dfrac{NI}{\mu}$　④ $\dfrac{NI}{l}$

　앙페르의 주회 적분의 법칙에 의한 자계의 세기 H[AT/m]
　$H = \dfrac{NI}{l}$ [AT/m]
　여기서, N : 권선수
　　　　　I : 인가된 전류[A]
　　　　　l : 자계의 경로[m]

05 길이 2[m]의 균일한 자로에 8,000회의 도선을 감고 10[mA]의 전류를 흘릴 때 자로의 자장의 세기[AT/m]는?
① 4　② 16
③ 40　④ 160

Answer　1. ①　2. ①　3. ②　4. ④　5. ③

☆ $H = \dfrac{NI}{l} = \dfrac{8,000 \times 10 \times 10^{-3}}{2} = 40[\text{AT/m}]$

06 무한장 직선 도체에 전류를 통했을 때 10[cm] 떨어진 점의 자계의 세기가 2[AT/m]라면 전류의 크기는 약 몇 [A]인가?
① 1.26 ② 2.16
③ 2.84 ④ 3.14

☆ $H = \dfrac{I}{2\pi r}[\text{AT/m}]$이므로
$I = 2\pi r H = 2 \times 3.14 \times 0.1 \times 2 = 1.26[\text{A}]$

07 긴 직선 도선에 I의 전류가 흐를 때 이 도선으로부터 r만큼 떨어진 곳의 자장의 세기는?
① 전류 I에 반비례하고 r에 비례한다.
② 전류 I에 비례하고 r에 반비례한다.
③ 전류 I의 제곱에 반비례하고 r에 반비례한다.
④ 전류 I에 반비례하고 r의 제곱에 반비례한다.

☆ 직선 도체 주위의 자계 $H = \dfrac{I}{2\pi r}[\text{AT/m}]$

08 환상 솔레노이드 내부의 자기장의 세기에 관한 설명으로 옳은 것은?
① 자장의 세기는 권수에 반비례한다.
② 자장의 세기는 권수, 전류, 평균 반지름과는 관계가 없다.
③ 자장의 세기는 평균 반지름에 비례한다.
④ 자장의 세기는 전류에 비례한다.

☆ 환상 솔레노이드 내부의 자기장의 세기
$H = \dfrac{NI}{2\pi r}[\text{AT/m}]$
∴ 자기장의 세기는 권수·전류에 비례하고,
자로의 길이에 반비례한다.

09 평균 반지름이 $r[\text{m}]$이고, 감은 횟수가 N인 환상 솔레노이드에 전류 $I[\text{A}]$가 흐를 때 내부의 자기장의 세기 $H[\text{AT/m}]$는?
① $H = \dfrac{NI}{2\pi r}$ ② $H = \dfrac{NI}{2r}$
③ $H = \dfrac{2\pi r}{NI}$ ④ $H = \dfrac{2r}{NI}$

☆ 환상 솔레노이드 내부의 자기장의 세기
$H = \dfrac{NI}{2\pi r} = \dfrac{NI}{l}[\text{AT/m}]$

10 단위 길이당 권수 100회인 무한장 솔레노이드에 10[A]의 전류가 흐를 때 솔레노이드 내부의 자장[AT/m]은?
① 10 ② 100
③ 1,000 ④ 10,000

☆ 무한장 솔레노이드의 내부 자장의 세기
$H = \dfrac{NI}{l} = n_0 I = 100 \times 10 = 1,000[\text{AT/m}]$

11 길이 l[cm]당 5회 감은 무한장 솔레노이드가 있다. 이것에 전류를 흘렸을 때 솔레노이드 내부 자장의 세기가 100[AT/m]이었다. 이때 솔레노이드에 흐르는 전류[A]는?
① 0.25 ② 0.5
③ 0.2 ④ 0.3

☆ 1[cm]당 5회이면 1[m]당 권수 $n_0 = 500$회이므로
$I = \dfrac{H}{n_0} = \dfrac{100}{500} = 0.2[\text{A}]$

Answer 6. ① 7. ② 8. ④ 9. ① 10. ③ 11. ③

12 1[cm]당 권선수가 10인 무한 길이 솔레노이드에 1[A]의 전류가 흐르고 있을 때 솔레노이드 외부 자계의 세기[AT/m]?

① 0   ② 10
③ 100 ④ 1000

외부 자계의 세기는 0이다.

13 그림과 같이 I[A]의 전류가 흐르고 있는 도체의 미소 부분 Δl의 전류에 의해 이 부분이 r[m] 떨어진 점 P의 자기장 ΔH[AT/m]는?

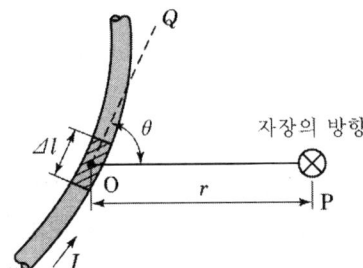

① $\Delta H = \dfrac{I^2 \Delta l \sin\theta}{4\pi r^2}$

② $\Delta H = \dfrac{I \Delta l^2 \sin\theta}{4\pi r}$

③ $\Delta H = \dfrac{I^2 \Delta l \sin\theta}{4\pi r}$

④ $\Delta H = \dfrac{I \Delta l \sin\theta}{4\pi r^2}$

비오-사바르의 법칙에 의한 미소 자기장의 세기

$\Delta H = \dfrac{I \Delta l \sin\theta}{4\pi r^2}$

14 다음 중 전류와 자장의 세기 관계는 어떤 법칙과 관계가 있는가?

① 패러데이 법칙
② 플레밍의 왼손법칙
③ 비오-사바르의 법칙
④ 앙페르의 오른나사법칙

㉠ 비오-사바르의 법칙 : 전류에 의한 자기장의 세기
㉡ 앙페르의 주회 적분의 법칙 : 자계의 세기

15 반지름 r, 권수 N인 원형코일에 전류 I[A]가 흐를 때 그 중심의 자장 세기의 식은?

① $\dfrac{NI}{2r}$ ② NI

③ $\dfrac{NI}{4\pi r}$ ④ $\dfrac{NI}{2\pi r}$

원형 코일에서의 중심점 자계

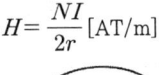

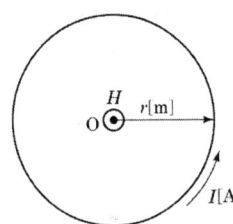

16 평균 반지름이 10[cm]이고 감은 횟수 10회의 원형 코일에 5[A]의 전류를 흐르게 하면 코일 중심의 자장의 세기[AT/m]는?

① 250   ② 500
③ 750   ④ 1,000

원형 코일 중심의 자계

$H = \dfrac{NI}{2r} = \dfrac{10 \times 5}{2 \times 0.1} = 250$[AT/m]

17 반지름 5[cm], 권수 100회인 원형 코일에 15[A]의 전류가 흐르면 코일 중심의 자장의

Answer 12. ① 13. ④ 14. ③ 15. ① 16. ① 17. ③

세기는 몇 [AT/m]인가?

① 750　　　② 3,000
③ 15,000　　④ 22,500

$H = \dfrac{NI}{2r} = \dfrac{100 \times 15}{2 \times 0.05} = 15,000 [AT/m]$

18 다음 중 자기작용에 관한 설명으로 올바른 것은?

① 기자력의 단위는 [AT]를 사용한다.
② 자기회로에서 자속을 발생시키기 위한 힘을 기전력이라고 한다.
③ 자기회로의 자기저항이 작은 경우는 누설 자속이 매우 크다.
④ 평행한 두 도체 사이에 전류가 반대 방향으로 흐르면 흡인력이 작용한다.

기자력(magnetomotive force)
자속 ϕ를 발생하게 하는 근원을 말하며 자기회로에서 권수 N회인 코일에 전류 I[A]를 흘릴 때 발생하는 자속 ϕ는 NI에 비례하여 발생하므로 다음과 같이 나타낼 수 있다.
$F = NI = R_m \phi [AT]$

19 단면적 $5 [cm^2]$, 길이 $\ell [m]$, 비투자율 10^3인 환상철심에 600회의 권선을 감고 이것에 0.5[A]의 전류를 흐르게 한 경우의 기자력[AT]은?

① 100　　② 200
③ 300　　④ 400

$F = NI = 600 \times 0.5 = 300 [AT]$

20 자기저항의 단위는?

① [H/m]　　② [AT/Wb]
③ [AT/m]　　④ [Wb/m²]

자기저항 $R_m = \dfrac{F}{\phi} = \dfrac{NI}{\phi} [AT/Wb]$

21 자기저항은 자기회로의 길이에 (㉠)하고, 자로의 단면적과 투자율의 곱에 (㉡)한다. ( ) 안에 들어갈 말은?

① ㉠ 비례,　　㉡ 반비례
② ㉠ 반비례,　㉡ 비례
③ ㉠ 비례,　　㉡ 비례
④ ㉠ 반비례,　㉡ 반비례

자기저항 $R_m = \dfrac{\ell}{\mu A} [AT/Wb]$이므로 자로의 길이에 비례하고, 자로의 투자율과 단면적에 반비례한다.

22 자로의 단면적 S, 길이 ℓ, 비투자율 μ_S, 진공의 투자율 μ_0일 때 자기저항은?

① $\mu_0 \mu_S \dfrac{\ell}{S}$　　② $\dfrac{\ell}{\mu_0 \mu_S S}$
③ $\dfrac{S}{\mu_0 \mu_S \ell}$　　④ $\dfrac{\mu_0 \mu_S S}{\ell}$

자기저항 $R_m = \dfrac{\ell}{\mu S} = \dfrac{\ell}{\mu_0 \mu_S S} [AT/Wb]$

23 다음 중 1,000[AT]의 기자력에서 5[Wb]의 자속이 생기는 자기회로의 저항 [AT/Wb]은 얼마인가?

① 50　　② 100
③ 150　　④ 200

자기저항 $R_m = \dfrac{F}{\phi} = \dfrac{1,000}{5} = 200 [AT/Wb]$

24 전기와 자기의 요소를 서로 대칭되게 나타내지 않은 것은?

Answer 18. ①　19. ③　20. ②　21. ①　22. ②　23. ④　24. ④

① 전계-자계
② 전속-자속
③ 유전율-투자율
④ 전속밀도-자기량

전속밀도=자속밀도

25 자기회로와 전기회로의 대응 관계가 잘못된 것은?
① 기자력 - 기전력
② 자기저항 - 전기저항
③ 자속 - 전계
④ 투자율 - 도전율

자속은 전류와 대응된다.

26 자기회로에 기자력을 주면 자로에 자속이 흐른다. 그러나 기자력에 의해 발생되는 자속 전부가 자기회로 내를 통과하는 것이 아니라, 자로 이외의 부분을 통과하는 자속도 있다. 이와 같이 자기회로 이외 부분을 통과하는 자속을 무엇이라 하는가?
① 종속자속 ② 누설자속
③ 주자속   ④ 반사자속

누설자속
자성체의 표면에서 누설되어 자로 이외의 곳을 통과하는 자속

27 L[H]의 코일에 I[A]의 전류가 흐를 때 축적되는 에너지는 몇 [J]인가?
① LI ② $\frac{1}{2}LI$
③ LI^2 ④ $\frac{1}{2}LI^2$

코일에 축적되는 자기에너지 $W=\frac{1}{2}LI^2$[J]

28 자기 인덕턴스에 축적되는 에너지에 대한 설명으로 가장 옳은 것은?
① 자기 인덕턴스 및 전류에 비례한다.
② 자기 인덕턴스 및 전류에 반비례한다.
③ 자기 인덕턴스에 비례하고 전류의 제곱에 비례한다.
④ 자기 인덕턴스에 반비례하고 전류의 제곱에 반비례한다.

코일에 축적되는 자기에너지는 $W=\frac{1}{2}LI^2$ [J]이므로 자기 인덕턴스와 전류의 제곱에 비례한다.

29 자체 인덕턴스 40[mH]의 코일에 10[A]의 전류를 흘릴 때 축적되는 에너지[J]는?
① 2 ② 3
③ 4 ④ 5

$W=\frac{1}{2}LI^2$[J]
$=\frac{1}{2}\times 40\times 10^{-3}\times 10^2 = 2$ [J]

30 자기 인덕턴스 2[H]의 코일에 25[J]의 에너지가 저장되어 있다. 이때 코일에 흐르는 전류는 몇 [A]인가?
① 2 ② 3
③ 4 ④ 5

$W=\frac{1}{2}LI^2$[J]에서
전류 $I=\sqrt{\frac{2W}{L}}=\sqrt{\frac{2\times 25}{2}}=5$[A]

Answer 25. ③ 26. ② 27. ④ 28. ③ 29. ① 30. ④

31 자기 히스테리시스 곡선의 횡축과 종축은 어느 것을 나타내는가?
① 자기장의 세기와 자속밀도
② 투자율과 자속밀도
③ 투자율과 잔류자기
④ 자기장의 크기와 보자력

 히스테리시스 곡선에서 횡축은 자기장의 세기(H), 종축은 자속밀도(B)를 나타낸다.

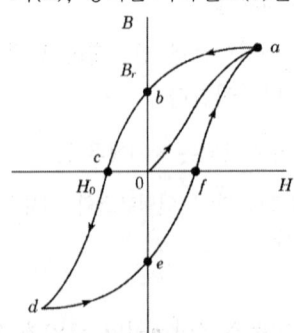

[히스테리시스 곡선]

32 히스테리시스 곡선이 가로축과 만나는 점의 값은 무엇을 나타내는가?
① 보자력　② 잔류 자기
③ 자속밀도　④ 자장의 세기

 보자력
히스테리시스 곡선에서 가로축(횡축)과 만나는 점

33 히스테리시스손은 최대 자속밀도 및 주파수의 각각 몇 승에 비례하는가?
① 최대 자속밀도 : 1.6, 주파수 : 1.0
② 최대 자속밀도 : 1.0, 주파수 : 1.0
③ 최대 자속밀도 : 1.0, 주파수 : 1.6
④ 최대 자속밀도 : 1.6, 주파수 : 1.6

 히스테리시스손 $P_h = \eta \cdot f \cdot B_m^{1.6} [\text{W/m}^3]$

34 금속 내부를 지나는 자속의 변화로 금속 내부에 생기는 맴돌이 전류를 작게 하려면 어떻게 하여야 하는가?
① 두꺼운 철판을 사용한다.
② 높은 전류를 가한다.
③ 얇은 철판을 성층하여 사용한다.
④ 철판 양면에 절연지를 부착한다.

 와류(맴돌이)손 $P_e = B^2 f^2 t^2 [\text{kW}]$,
대책 : 성층철심
여기서, f : 주파수
B : 최대자속밀도
t : 두께

Answer　31. ①　32. ①　33. ①　34. ③

10. 전자력과 전자유도

(1) 전자력

① 정의 : 자장 내 도체를 놓고 전류 $I[A]$를 흘릴 때 도체에 흐르는 전류에 의해 발생된 자속에 의해 자장 내 자속밀도의 변화가 일어나면서 자속밀도가 큰 쪽에서 작은 쪽으로 도체에 작용하여 도체가 움직일 수 있는 힘이다.

② 플레밍의 왼손법칙 : 전동기에서 전자력의 방향을 알 수 있는 법칙이다.
  ㉠ 엄지손가락 : 힘($F[N]$)의 방향
  ㉡ 검지손가락 : 자속밀도($B[Wb/m^2]$)의 방향
  ㉢ 중지손가락 : 전류($I[A]$)의 방향

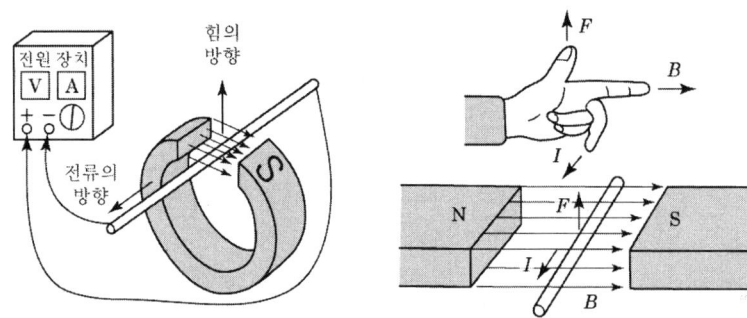

[플레밍의 왼손법칙]

(2) 직선 도체에 작용하는 전자력(힘) F

① 자속밀도 $B[Wb/m^2]$인 평등 자장 내 자장의 방향과 각도 θ만큼 경사진 길이 $l[m]$ 도체에 전류 $I[A]$를 흘릴 때 도선이 받는 힘(전자력)의 세기이다.

② 전자력의 크기 : F

$$F = B \times I \times l \times \sin\theta [N]$$

여기서, B : 자속밀도,
  I : 도체에 흐르는 전류
  l : 도체 길이,
  θ : 자장의 도체가 이루는 각

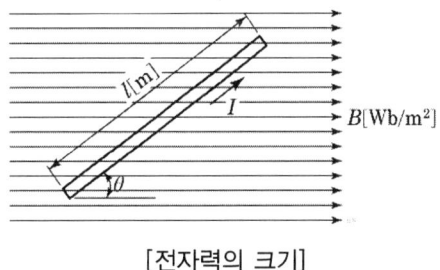

[전자력의 크기]

(3) 평행 전류 사이에 작용하는 힘

① 전류의 방향이 같은 방향인 경우 : 흡인력이 작용한다.
② 전류의 방향이 반대 방향인 경우 : 반발력이 작용한다.
③ 전자력의 크기

$$F = \frac{2I_1I_2}{r} \times 10^{-7} [\text{N/m}]$$

여기서, F : 단위 길이당 전자력[N/m]
I_1, I_2 : 두 도체에 인가된 전류[A]
r : 두 도체 간의 거리[m]

④ 전자력의 작용 : 평행한 두 도체에 전류를 흘렸을 때 작용하는 힘은 두 도체 간의 거리에 반비례하고, 흐르는 전류의 곱에 비례한다.

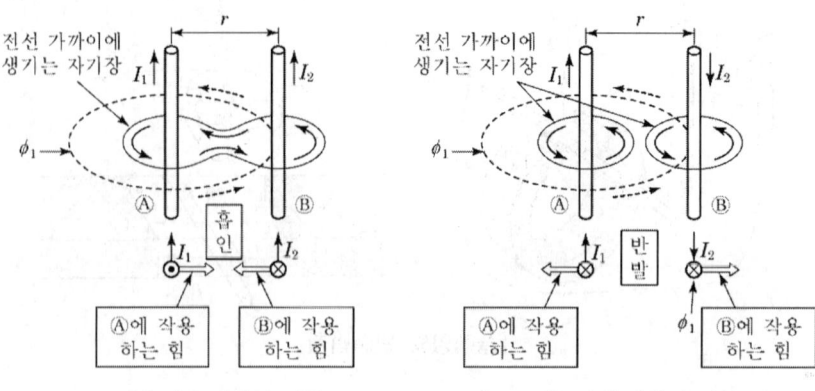

(a) 같은 방향의 전류 (b) 반대 방향의 전류

[평행 도체 간에 작용하는 힘]

예·상·기·출·문·제

01 전자력의 방향과 관계가 있는 법칙은?
① 렌츠의 법칙
② 패러데이의 법칙
③ 플레밍의 오른손법칙
④ 플레밍의 왼손법칙

㉠ 렌츠의 법칙 : 전자유도에 의한 유도기전력의 방향
㉡ 패러데이의 법칙 : 전자유도에 의한 유도기전력의 크기
㉢ 플레밍의 오른손법칙 : 도체 운동에 의한 기전력의 방향 결정
㉣ 플레밍의 왼손법칙 : 전류에 의한 전자력의 방향 결정

02 도체가 운동하여 자속을 끊었을 때 기전력의 방향을 알아내는데 편리한 법칙은?
① 렌츠의 법칙
② 패러데이의 법칙
③ 플레밍의 왼손법칙
④ 플레밍의 오른손법칙

플레밍의 오른손법칙(발전기)
㉠ 엄지 : 운동의 방향
㉡ 검지 : 자계의 방향
㉢ 중지 : 유도기전력의 방향

03 다음 중 전자력 작용을 응용한 대표적인 것은?
① 전동기   ② 전열기
③ 축전기   ④ 전등

㉠ 발전기 : 기전력 $e = Blv \times \sin\theta$ [V]
㉡ 전동기 : 전자력 $F = BlI \times \sin\theta$ [N]

04 다음 중 전동기의 원리에 적용되는 법칙은?
① 렌츠의 법칙
② 패러데이의 법칙
③ 플레밍의 오른손법칙
④ 플레밍의 왼손법칙

전동기는 전자력에 의해 회전이 발생하는 기기이며 전자력의 방향을 알기 쉽게 정의한 법칙은 플레밍의 왼손법칙이다.

05 플레밍의 왼손법칙에서 엄지손가락이 가리키는 것은?
① 자기력선속의 방향
② 힘의 방향
③ 기전력의 방향
④ 전류의 방향

플레밍의 왼손법칙(전동기)
도체가 자기장에서 받고 있는 힘의 방향을 알 수 있으며 전동기 회전의 원리가 된다.
㉠ 엄지 : 힘의 방향(F)
㉡ 검지 : 자속밀도의 방향(B)
㉢ 중지 : 전류의 방향(I)

06 그림과 같이 자극 사이에 있는 도체에 전류(I)가 흐를 때 힘은 어느 방향으로 작용하는가?

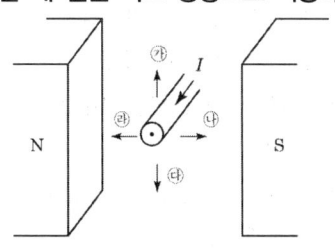

Answer 1.④ 2.④ 3.① 4.④ 5.② 6.①

① 가 ② 나
③ 다 ④ 라

07 전류에 의한 자기장과 직접적으로 관련이 없는 것은?
① 줄의 법칙
② 플레밍의 왼손법칙
③ 비오-사바르의 법칙
④ 앙페르의 오른나사법칙

🔑 **줄의 법칙**
전열기에서 발생하는 열량을 계산한 법칙

08 다음 중 자기작용에 관한 설명으로 틀린 것은?
① 기자력의 단위는 [AT]를 사용한다.
② 자기회로의 자기저항이 작은 경우는 누설자속이 거의 발생하지 않는다.
③ 자기장 내에 있는 도체에 전류를 흘리면 힘이 작용하는데, 이 힘을 기전력이라 한다.
④ 평행한 두 도체 사이에 전류가 동일한 방향으로 흐르면 흡인력이 작용한다.

🔑 자기장 내에 있는 도체에 전류를 흘릴 때 작용하는 힘을 전자력이라고 한다.

09 도체가 자기장 내에서 받는 힘의 관계 중 틀린 것은?
① 자기력선속 밀도에 비례
② 도체의 길이에 반비례
③ 흐르는 전류에 비례
④ 도체가 자기장과 이루는 각도에 비례 (0~90°)

🔑 전자력 $F = BIl \times \sin\theta [N]$
여기서, B : 자속밀도

I : 도체에 흐르는 전류
l : 도체 길이
θ : 자장의 도체가 이루는 각

10 공기 중에서 자속밀도 2[Wb/m²]의 평등 자계 내에 5[A]의 전류가 흐르고 있는 길이 60[cm]의 직선 도체를 자계의 방향에 대하여 60°의 각을 이루도록 놓았을 때 이 도체에 작용하는 힘[N]은?
① 약 1.7 ② 약 3.2
③ 약 5.2 ④ 약 8.6

🔑 $F = BlI \times \sin\theta [N] = 5 \times 2 \times 0.6 \times \sin 60°$
$= 5.196 ≒ 5.2[N]$

11 공기 중 자속밀도 3[Wb/m²]의 평등 자장 속에 길이 10[cm]의 직선 도선을 자장의 방향과 직각으로 놓고 여기에 4[A]의 전류가 흐르면 이 도선에 작용하는 힘[N]은?
① 0.5 ② 1.2
③ 2.8 ④ 4.2

🔑 $F = BlI \times \sin\theta [N]$
$= 4 \times 3 \times 0.1 \times \sin 90° = 1.2[N]$

12 자속밀도 0.5[Wb/m²]의 자장 안에 자장과 직각으로 20[cm]의 도체를 놓고 이것에 10[A]의 전류를 흘릴 때 도체가 50[cm] 운동한 경우의 한 일은 몇 [J]인가?
① 0.5 ② 1
③ 1.5 ④ 5

🔑 **전자력**
$F = BlI \times \sin\theta [N]$
$= 10 \times 0.5 \times 0.2 \times \sin 90° = 1[N]$

🔓 Answer 7. ① 8. ③ 9. ② 10. ③ 11. ② 12. ①

1[J]은 1[N]의 힘이 1[m]의 거리 동안 작용할 때 하는 일이므로
$W = F \cdot r = 1 \times 0.5 = 0.5[\text{N} \cdot \text{s}] = 0.5[\text{J}]$

13 평행한 두 도선 간의 전자력은? (단, 도선 간의 거리는 $r[\text{m}]$라 한다.)

① 거리 r에 비례한다.
② 거리 r에 반비례한다.
③ 거리 r^2에 비례한다.
④ 거리 r^2에 반비례한다.

🔑 평행 도선 간에 작용하는 힘
$$F = \frac{2I_1 I_2}{r} \times 10^{-7} [\text{N/m}]$$

14 공기 중에서 5[cm] 간격을 유지하고 있는 2개의 평행도선에 각각 10[A]의 전류가 동일한 방향으로 흐를 때, 도선 1[m]당 발생하는 힘의 크기[N]는?

① 4×10^{-4}
② 2×10^{-5}
③ 4×10^{-5}
④ 2×10^{-5}

🔑 평행 도선 간에 작용하는 힘
$F = \frac{2I_1 I_2}{r} \times 10^{-7}$
$= \frac{2 \times 10 \times 10}{5 \times 10^{-2}} \times 10^{-7} = 4 \times 10^{-4} [\text{N/m}]$

㉠ 전류의 방향이 같은 경우 : 흡인력이 작용한다.
㉡ 전류의 방향이 반대인 경우 : 반발력이 작용한다.

15 무한히 긴 평행 2직선이 있다. 이들 도선에 같은 방향으로 일정한 전류가 흐를 때 상호 간에 작용하는 힘은? (단, r은 두 도선 간의 거리이다.)

① 흡인력이며 r이 클수록 작아진다.
② 반발력이며 r이 클수록 작아진다.
③ 흡인력이며 r이 클수록 커진다.
④ 반발력이며 r이 클수록 커진다.

🔑 같은 방향의 전류가 흐르는 경우 흡인력이 작용하며, 전자력 $F = \frac{2I_1 I_2}{r} \times 10^{-7} [\text{N/m}]$에서 r에 반비례한다.

16 서로 가까이 나란히 있는 두 도체에 전류가 반대 방향으로 흐를 때 각 도체 간에 작용하는 힘은?

① 흡인한다.
② 반발한다.
③ 흡인과 반발을 반복한다.
④ 처음에는 흡인하다가 나중에는 반발한다.

🔑 전류 방향이 서로 반대이므로 반발력이 작용한다.

17 두 평행도선 사이의 거리가 1[m]인 왕복 도선 사이에 단위 길이당 작용하는 힘(흡인력 또는 반발력)의 세기가 2×10^{-7}[N]일 경우 전류의 세기[A]는?

① 1
② 2
③ 3
④ 4

🔑 평행도선 사이에 작용하는 힘의 세기
$F = \frac{2I_1 I_2}{r} \times 10^{-7}$
$= \frac{2I^2}{1} \times 10^{-7} = 2 \times 10^{-7} [\text{N/m}]$
∴ $I^2 = 1$이므로 $I = 1[\text{A}]$

Answer 13. ② 14. ① 15. ① 16. ② 17. ①

11. 전자유도작용

(1) 자속 변화에 의한 유도기전력

① 패러데이의 전자유도현상

코일과 자속이 쇄교할 경우 자속이 변하거나 자장 중에 놓인 코일이 움직이게 되면 코일에 새로운 기전력(유도기전력)이 유도되어 전류가 흐르는 현상을 전자유도현상이라 한다.

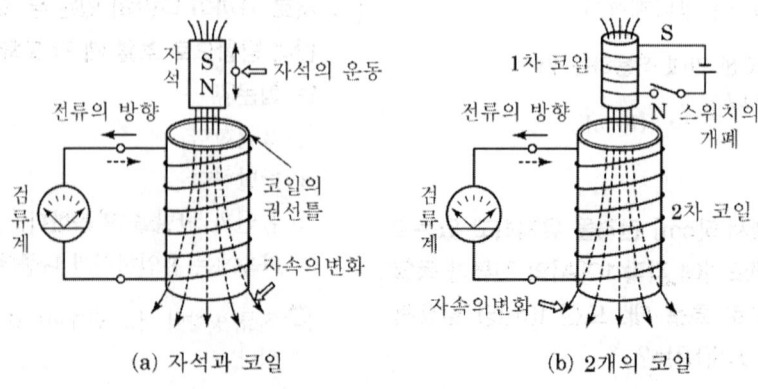

(a) 자석과 코일   (b) 2개의 코일

[전자유도현상]

② 패러데이 법칙(기전력의 크기)

㉠ 전자유도현상에 의하여 어느 코일에 발생하는 유도기전력의 크기는 코일과 쇄교하는 자속 ϕ의 시간적인 변화율에 비례한다.

㉡ 기전력의 크기

$$e = -N\frac{d\phi}{dt}\,[\text{V}] \qquad e = -L\frac{di}{dt}\,[\text{V}]$$

여기서, $N[\text{T}]$: 코일 권수 L : 코일
dt : 시간의 변화량 $d\phi$: 자속의 변화량
di : 전류의 변화량

③ 렌츠의 법칙(기전력의 방향)

㉠ 전자유도에 의해 생긴 기전력 방향은 그 유도 전류가 만드는 자속이 항상 원래의 자속의 증가 또는 감소를 방해하는 방향이다.

ⓒ 기전력의 방향(-) : $e = -N\dfrac{d\phi}{dt}$ [V]

여기서, 음(-)의 부호 : 자속 ϕ의 증가 또는 감소를 방해하는 방향

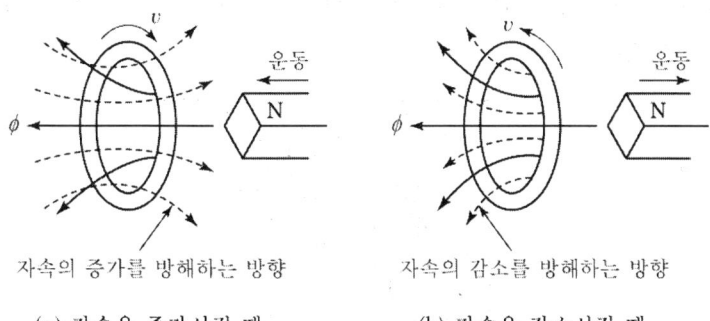

(a) 자속을 증가시킬 때   (b) 자속을 감소시킬 때

[유도기전력의 방향]

(2) 발전기에서의 기전력 발생

① 원리 : 자장 내에 도체를 놓고 운동시킬 때 도체가 자속을 끊으면서 기전력이 발생한다.
② 플레밍의 오른손법칙 : 발전기에서 기전력의 방향을 알 수 있는 법칙이다.
   ⓐ 엄지손가락 : 도체 운동(v)의 방향
   ⓑ 집게손가락 : 자장(B[Wb/m^2])의 방향
   ⓒ 가운데손가락 : 유도기전력(e)의 방향

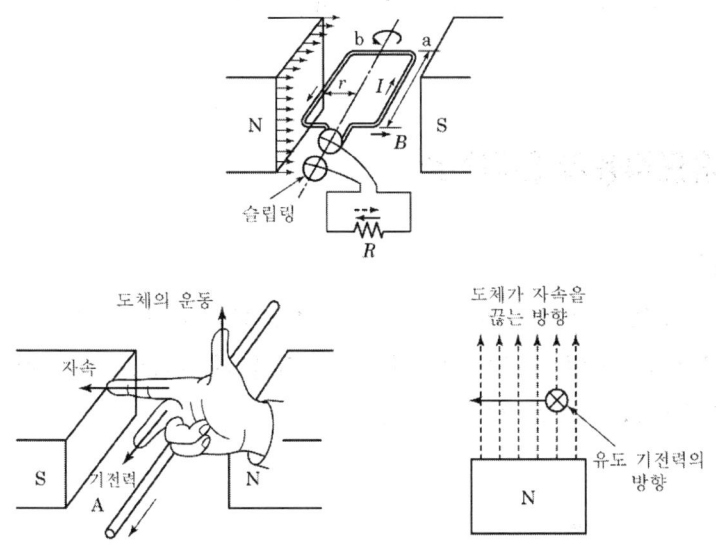

[플레밍의 오른손법칙]

(3) 교류발전기 유도기전력의 크기

① 기전력 발생 : 자속밀도 $B[\text{Wb/m}^2]$인 자장 내에 길이 $\ell[\text{m}]$의 도체를 자장의 방향에 대해 각도 θ를 갖도록 주변 속도 $\nu[\text{m/sec}]$로 회전시킬 때 도체가 자속을 끊으면서 기전력이 발생한다.

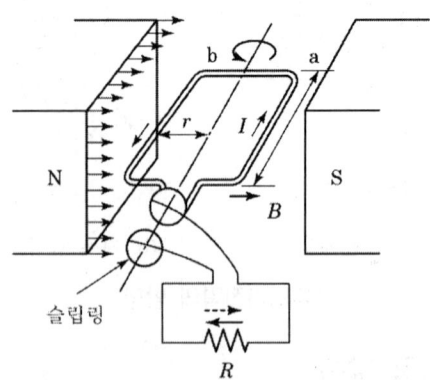

[유도기전력의 발생]

② 기전력의 크기

$$e = B \times \ell \times \nu \times \sin\theta [\text{V}]$$

여기서, e : 유도기전력[V] ν : 도체의 주변속도[m/sec]
B : 자속밀도[Wb/m²] ℓ : 도체의 길이[m]
θ : 도체와 자기장의 방향이 이루는 각

12. 자기유도작용과 인덕턴스

(1) 자기유도

① 자기유도 : 코일에 흐르는 전류 $I[\text{A}]$의 크기를 변화시키면 전류의 크기에 비례하여 발생한 자속 $\phi[\text{Wb}]$의 크기가 변화하면서 코일을 쇄교하므로 코일 자체에 새로운 역기전력이 유도되는 현상이다.

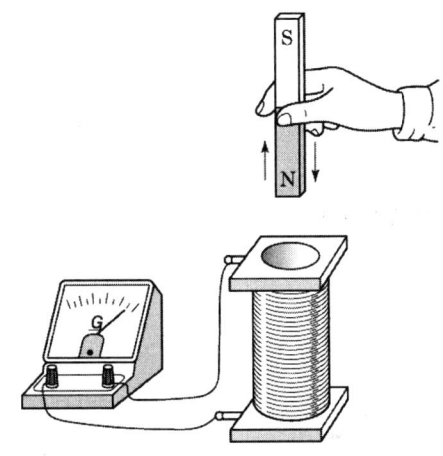

[전자기 유도와 유도기전력]

② 자기 유도기전력의 크기

㉠ 자속 변화율 $e = -N\dfrac{d\phi}{dt}$ [V]

㉡ 전류 변화율 $e = -L\dfrac{di}{dt}$ [V]

(2) 자기 인덕턴스(코일) (기호 : L, 단위 : [H])

도선이나 코일에 전류 I[A]가 흘러 자속 ϕ[Wb]가 발생할 때 도선이나 코일의 재질, 굵기, 권수, 형태, 주위 매질의 투자율 등에 의해 자속의 발생 정도를 결정하는 비례 상수이다.

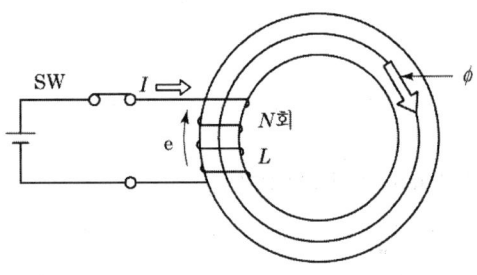

[자체 유도]

① 권수 1회인 경우 : $\phi = LI$[Wb], $L = \dfrac{\phi}{I}$[H]

② 권수 n회인 경우 : $N\phi = LI$[Wb], $L = \dfrac{N\phi}{I}$[H]

여기서, L : 코일 N[T] : 코일 권수
ϕ : 자속 I : 전류

> **참고** 1[H]란?
> 1초 동안에 1[A]의 전류가 변화하여 1[V]의 역기전력이 유도될 때의 인덕턴스 값을 말한다.

(3) 환상 코일의 자기 인덕턴스

① 자기 인덕턴스(L)

$$L = \frac{N\phi}{I} = \frac{\mu A N^2}{\ell} [\text{H}]$$

여기서, μ : 투자율[H/m]　　　　　A : 철심 단면적[m²]
　　　　N : 코일의 감은 횟수[T]　　I : 인가된 전류[A]
　　　　ℓ : 자로의 길이[m]　　　　R : 자기저항[AT/Wb]
　　　　ϕ : 자속[Wb]

② 자기 인덕턴스(L)는 코일의 권수 N^2에 비례한다.

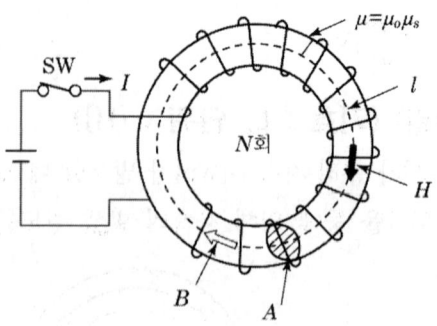

[환상 솔레노이드의 자체 인덕턴스]

(4) 상호 인덕턴스(Mutual Inductance)

① 상호 유도 : 자기적으로 결합되어 있는 서로 다른 2개의 코일에서 ①번 코일에 흐르는 전류 I[A]의 크기를 변화시키면 전류의 크기에 비례하여 발생한 자속 ϕ[Wb]의 크기가 변화하면서 ②번 코일을 통과·쇄교하므로 ②번 코일에 새로운 기전력이 유도되는 현상이다.

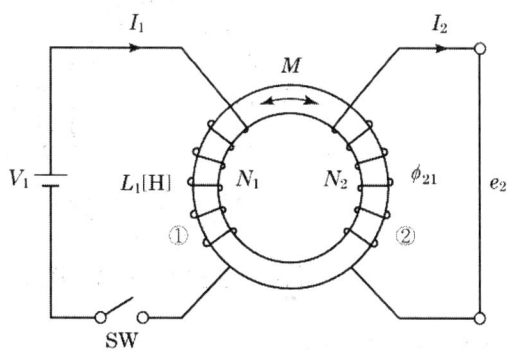

[상호 유도]

② 상호 인덕턴스 : 자기적으로 결합되어 있는 서로 다른 2개의 코일에서 ①번 코일에 흐르는 전류에 의해 발생된 자속 ϕ이 또다른 ②번 코일을 통과·쇄교하는 정도를 나타내는 상호유도 계수이다.

㉠ 상호 인덕턴스 크기

$$M = \frac{N_2 \phi_{21}}{I_1} [H]$$

여기서, N_2 : 2차 코일 권수

ϕ_{21} : 전류 I_1[A]에 의해 발생된 자속 중 N_2와 쇄교하는 자속수

㉡ 상호 유도기전력의 크기

$$e_2 = -N_2 \frac{\Delta \phi_{21}}{\Delta t} = -M \frac{\Delta I_1}{\Delta t} [V]$$

여기서, N_2 : 2차 코일 권수[T] ΔI_1 : 전류 I_1의 변화량

M : 상호 인덕턴스[H] Δt : 시간의 변화량

$\Delta \phi_{21}$: 전류 I_1에 의해 발생된 자속 중 N_2와 쇄교하는 자속변화량

(5) 유도결합회로의 상호 인덕턴스

① 완전 결합 시 상호 인덕턴스의 크기

$$M = \frac{N_1 N_2}{R_m} = \frac{\mu A N_1 N_2}{\ell} [H]$$

여기서, $N_1 N_2$: 1·2차 코일 권수[T] R_m : 자기저항[AT/Wb]

μ : 투자율[H/m] A : 철심 단면적[m^2]

ℓ : 자로의 길이[m]

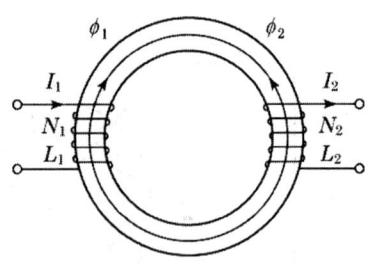

[유도 결합의 상호 인덕턴스]

② 자기 인덕턴스와 상호 인덕턴스와의 관계식

$$L_1 = \frac{\mu A N_1^2}{\ell} [\text{H}] \qquad L_2 = \frac{\mu A N_2^2}{\ell} [\text{H}]$$

$$M = \frac{\mu A N_1 N_2}{\ell} [\text{H}] \qquad M = k\sqrt{L_1 L_2} [\text{H}]$$

③ 결합계수(k)

$$k = \frac{M}{\sqrt{L_1 L_2}}$$

여기서, k : 1차 코일과 2차 코일의 자속에 의한 결합의 정도($0 \leq k \leq 1$)

㉠ 완전결합 : $k = 1$(변압기)
㉡ 누설 자속 20[%] : $k = 0.8$
㉢ 미결합 : $k = 0$

(6) 코일의 직렬접속 시 합성 인덕턴스

① 상호 인덕턴스를 가지는 2개의 코일을 직렬로 접속했을 때 발생하는 합성 인덕턴스의 크기이다.

② 가동 접속 : 2개의 코일에 흐르는 전류에 의하여 발생한 자속이 서로 합해지는 방향이 되도록 접속한 경우

$$L_{가} = L_1 + L_2 + 2M [\text{H}]$$

③ 차동 접속 : 2개의 코일에 흐르는 전류에 의하여 발생한 자속이 서로 상쇄되는 방향이 되도록 접속한 경우

$$L_{차} = L_1 + L_2 - 2M [\text{H}]$$

④ 자체 인덕턴스가 L_1, L_2인 두 코일을 직렬접속 시 합성 인덕턴스(L)

$$L = L_1 + L_2 \pm 2M$$

⑤ 가동·차동 합성값을 이용한 상호 인덕턴스 계산

$$M = \frac{L_{가} - L_{차}}{4} [\text{H}]$$

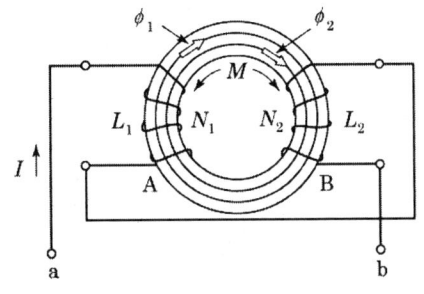
[가동 접속]

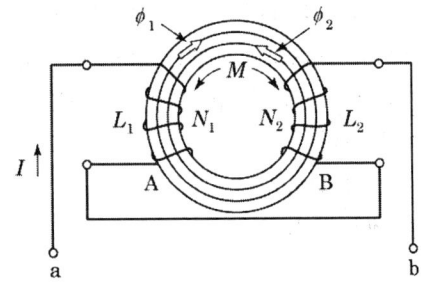
[차동 접속]

예·상·기·출·문·제

01 "전자유도에 의하여 어떤 회로에 생긴 기전력은 이 회로와 쇄교하는 자속의 증가 또는 감소하는 정도에 비례한다."라는 것은 무슨 법칙인가?
① 옴의 법칙
② 줄의 법칙
③ 렌츠의 법칙
④ 전자유도에 관한 패러데이의 법칙

🐰 **패러데이의 법칙**
전자유도 현상에 의한 유도기전력의 크기를 정의한 법칙으로 유도기전력의 크기는 자속의 시간적인 감쇠율(증가 또는 감소)에 비례한다.
$$e = -N\frac{\Delta\phi}{\Delta t}[V]$$
㉠ 크기 : 패러데이의 법칙
㉡ 방향 : 렌츠의 법칙

02 다음에서 나타내는 법칙은?

> 유도기전력은 자신이 발생 원인이 되는 자속의 변화를 방해하려는 방향으로 발생한다.

① 줄의 법칙   ② 렌츠의 법칙
③ 플레밍의 법칙 ④ 패러데이의 법칙

🐰 **렌츠의 법칙(유도기전력의 방향)**
코일에서 유도되는 유도기전력의 방향은 자속의 증감을 방해하는 방향으로 발생한다.

03 코일의 성질에 대한 설명으로 틀린 것은?
① 공진하는 성질이 있다.
② 상호유도작용이 있다.
③ 전원 노이즈 차단기능이 있다.
④ 전류의 변화를 확대시키려는 성질이 있다.

🐰 코일은 전류의 변화를 안정시키려고 하는 성질이 있다. 전류가 흐르려고 하면 코일은 전류를 흘리지 않으려고 하며, 전류가 감소하면 계속 흘리려고 하는 성질이 있다. 이것을 "렌츠의 법칙"이라 한다.
$$e = -L\frac{di}{dt} = -N\frac{d\phi}{dt}$$

04 1회 감은 코일에 지나가는 자속이 1/100[sec] 동안에 0.3[Wb]에서 0.5[Wb]로 증가하였다면 유도기전력[V]은?
① 5   ② 10
③ 20   ④ 40

🐰 **유도기전력**
$$e = -N\frac{\Delta\phi}{\Delta t} = 1 \times \frac{0.5-0.3}{0.01} = 20[V]$$

05 자기 인덕턴스 L=0.05[H]의 코일에서 0.05[s] 동안에 2[A]의 전류가 변화하였다. 코일에 유도되는 기전력[V]은?
① 0.5   ② 2
③ 10   ④ 15

🐰 **유도기전력**
$$e = -L\frac{\Delta I}{\Delta t} = 0.05 \times \frac{2}{0.05} = 2[V]$$

06 발전기 유도전압의 방향을 나타내는 법칙은?
① 플레밍의 오른손법칙

Answer 1.④ 2.② 3.④ 4.③ 5.② 6.①

② 플레밍의 왼손법칙

③ 렌츠의 법칙

④ 앙페르의 오른나사법칙

🔑 **플레밍의 오른손법칙**
발전기에서 유도되는 기전력의 방향을 알기 쉽게 정의한 법칙

07 플레밍의 오른손법칙에서 셋째 손가락의 방향은?

① 운동 방향

② 자속밀도의 방향

③ 유도기전력의 방향

④ 자력선의 방향

🔑 **플레밍의 오른손법칙**
㉠ 엄지 : 도체의 운동 방향
㉡ 검지 : 자속밀도 방향
㉢ 중지 : 유도기전력의 방향

08 자속밀도 B[Wb/m²]가 되는 균등한 자계 내에 길이 l[m]의 도선을 자계에 수직인 방향으로 운동시킬 때 도선에 e[V]의 기전력이 발생한다면 이 도선의 속도[m/s]는?

① $Bl\nu \sin\theta$ ② $Bl\nu \cos\theta$

③ $\dfrac{Bl\sin\theta}{e}$ ④ $\dfrac{e}{Bl\sin\theta}$

🔑 유도기전력 $e = Bl\nu \times \sin\theta$[V]이므로

속도 $\nu = \dfrac{e}{Bl\sin\theta}$ [m/sec]

09 매초 1[A]의 비율로 전류가 변하여 10[V]를 유도하는 코일의 인덕턴스는 몇 [H]인가?

① 0.01 ② 0.1

③ 1.0 ④ 10

🔑 $e = -L\dfrac{\Delta I}{\Delta t}$ 이므로

$L = \dfrac{e \times \Delta t}{\Delta I} = \dfrac{10 \times 1}{1} = 10$[H]

10 자체 인덕턴스의 단위 [H]와 같은 단위를 나타낸 것은?

① [H]=[Ω/s] ② [H]=[Wb/V]

③ [H]=[A/Wb] ④ [H]=[$\dfrac{Vs}{A}$]

🔑 $e = -L\dfrac{\Delta I}{\Delta t}$ 에서 $L = \dfrac{e \times \Delta t}{\Delta I}$ [H]이므로,

단위를 보면 [H]=[$\dfrac{Vs}{A}$]이다.

11 권수 N[T]인 코일에 I[A]의 전류가 흘러 자속 ϕ[Wb]가 발생할 때의 인덕턴스는 몇 [H]인가?

① $\dfrac{N\phi}{I}$ ② $\dfrac{I\phi}{N}$

③ $\dfrac{NI}{\phi}$ ④ $\dfrac{\phi}{NI}$

🔑 $N\phi = LI$에서 $L = \dfrac{N\phi}{I}$[H]

12 권수 200회의 코일에 5[A]의 전류가 흘러서 0.025[Wb]의 자속이 코일을 지난다고 하면, 이 코일의 자체 인덕턴스는 몇 [H]인가?

① 1 ② 2

③ 0.5 ④ 0.1

🔑 $L = \dfrac{N\phi}{I} = \dfrac{200 \times 0.025}{5} = 1$[H]

13 권수 50인 코일에 5[A]의 전류가 흘렀을 때 10^{-3}[Wb]의 자속이 코일 전체를 쇄교하였

Answer 7. ③ 8. ④ 9. ④ 10. ④ 11. ① 12. ① 13. ①

다면 이 코일의 자체 인덕턴스[mH]는?

① 10 ② 20
③ 30 ④ 40

🔑 $L = \dfrac{N\phi}{I} = \dfrac{50 \times 10^{-3}}{5} = 10[\text{mH}]$

14 단면적 $A[\text{m}^2]$, 자로의 길이 $l[\text{m}]$, 투자율 μ, 권수 N회인 환상 철심의 자체 인덕턴스의 식은 다음 중 어느 것인가?

① $\dfrac{\mu A N^2}{l}$ ② $\dfrac{A l N^2}{4\pi \mu}$

③ $\dfrac{4\pi \mu_S A N^2}{l}$ ④ $\dfrac{\mu l N^2}{A}$

🔑 $L = \dfrac{\mu A N^2}{l}[\text{H}]$

15 다음 중 자체(코일)의 인덕턴스 크기를 변화시킬 수 있는 것은?

① 투자율 ② 유전율
③ 전도율 ④ 파고율

🔑 자체 인덕턴스 $L = \dfrac{\mu S N^2}{l}$
여기서, l : 길이, S : 단면적
μ : 투자율, N : 감은 횟수

16 환상 솔레노이드에서 코일의 권수를 N이라 하면 자체 인덕턴스(L)는?

① N에 비례한다.
② $\dfrac{1}{N}$에 비례한다.
③ N^2에 비례한다.
④ $\dfrac{1}{N^2}$에 비례한다.

🔑 $L = \dfrac{\mu A N^2}{l}[\text{H}]$이므로 권수 N^2에 비례한다.

17 2개의 코일을 서로 근접시켰을 때 한쪽 코일의 전류가 변화하면 다른 쪽 코일에 유도기전력이 발생하는 현상을 무엇이라고 하는가?

① 상호 결합 ② 자체 유도
③ 상호 유도 ④ 자체 결합

🔑 ㉠ 자기(자체) 유도 : 한 코일에서 발생한 자속이 자신의 코일과 쇄교
㉡ 상호 유도 : 한 코일에서 발생한 자속이 다른 코일과 쇄교

18 환상 철심의 평균 자로 길이 $l[\text{m}]$, 단면적 $A[\text{m}^2]$, 비투자율 μ_S, 권수 N_1, N_2인 두 코일의 상호 인덕턴스는?

① $\dfrac{2\pi \mu_S l N_1 N_2}{A} \times 10^{-7}[\text{H}]$

② $\dfrac{A N_1 N_2}{2\pi \mu_S l} \times 10^{-7}[\text{H}]$

③ $\dfrac{4\pi \mu_S A N_1 N_2}{l} \times 10^{-7}[\text{H}]$

④ $\dfrac{4\pi^2 \mu_S N_1 N_2}{A l} \times 10^{-7}[\text{H}]$

🔑 $M = L = \dfrac{\mu A N_1 N_2}{l} = \dfrac{\mu_0 \mu_S A N_1 N_2}{l}[\text{H}]$
자로의 길이 l만 반비례하므로 분모에 있는 것을 찾으면 된다.

19 감은 횟수 200회의 코일과 300회의 코일을 가까이 놓고 200회의 코일에 1[A]의 전류를 흘릴 때 300회의 코일과 쇄교하는 자속이 $4 \times 10^{-4}[\text{Wb}]$이었다면 이들 코일 사이

🔓 Answer 14. ① 15. ① 16. ③ 17. ③ 18. ③ 19. ①

의 상호 인덕턴스는?

① 0.12[H] ② 0.12[mH]
③ 1.2×10^{-4}[H] ④ 1.2×10^{-4}[mH]

🔑 $M = \dfrac{N_2 \phi_{21}}{I_1} = \dfrac{300 \times 4 \times 10^{-4}}{1} = 0.12$[H]

20 L_1, L_2 두 코일이 접속되어 있을 때 누설 자속이 없는 이상적인 코일 간의 상호 인덕턴스는?

① $M = \sqrt{L_1 + L_2}$ ② $M = \sqrt{L_1 - L_2}$
③ $M = \sqrt{L_1 L_2}$ ④ $M = \sqrt{\dfrac{L_1}{L_2}}$

🔑 $M = \sqrt{L_1 L_2}$ 에서 누설 자속이 없으면 $k = 1$ 이므로 $M = \sqrt{L_1 L_2}$ 가 된다.

21 자기 인덕턴스가 각각 L_1, L_2[H]의 두 원통 코일이 서로 직교하고 있다. 두 코일 간의 상호 인덕턴스는?

① $L_1 + L_2$ ② $L_1 L_2$
③ 0 ④ $\sqrt{L_1 L_2}$

🔑 코일끼리 서로 직교하면 자속이 다른 코일과 쇄교하지 못한다. 두 코일이 서로 직교하면 자속의 결합 계수가 0이다. 그러므로 상호 인덕턴스도 0이 된다.

22 자체 인덕턴스가 40[mH]와 90[mH]인 2개의 코일이 있다. 두 코일 사이에 누설 자속이 없다고 하면 상호 인덕턴스[mH]는?

① 50 ② 60
③ 65 ④ 130

🔑 $M = \sqrt{L_1 L_2}$ 에서 누설 자속이 없으면 $k = 1$

이므로
$M = \sqrt{L_1 L_2} = \sqrt{40 \times 90} = 60$[mH]

23 자체 인덕턴스 L_1, L_2 상호 인덕턴스 M인 두 코일의 결합 계수가 1이면 어떤 관계가 되는가?

① $M = L_1 \times L_2$ ② $M = \sqrt{L_1 L_2}$
③ $M = L_1 \sqrt{L_2}$ ④ $M > \sqrt{L_1 L_2}$

🔑 $M = k\sqrt{L_1 L_2}$ 에서 $k = 1$ 이므로
$M = \sqrt{L_1 L_2}$ [H]

24 상호 유도회로에서 결합 계수 k는? (단, M은 상호 인덕턴스, L_1, L_2는 자기 인덕턴스이다.)

① $k = M\sqrt{L_1 L_2}$ ② $k = \sqrt{ML_1 L_2}$
③ $k = \dfrac{M}{\sqrt{L_1 L_2}}$ ④ $k = \sqrt{\dfrac{L_1 L_2}{M}}$

🔑 $M = k\sqrt{L_1 L_2}$ 에서 결합 계수 $k = \dfrac{M}{\sqrt{L_1 L_2}}$

25 자체 인덕턴스가 각각 160[mH], 250[mH]의 두 코일이 있다. 두 코일 사이의 상호 인덕턴스가 150[mH]이면 결합 계수는 얼마인가?

① 0.5 ② 0.62
③ 0.75 ④ 0.86

🔑 $M = k\sqrt{L_1 L_2}$ 에서 결합 계수 k는
$k = \dfrac{M}{\sqrt{L_1 L_2}} = \dfrac{150}{\sqrt{160 \times 250}} = \dfrac{150}{200} = 0.75$

26 자체 인덕턴스가 L_1, L_2인 두 코일을 직렬로 접속하였을 때 합성 인덕턴스를 나타내

Answer 20. ③ 21. ③ 22. ② 23. ② 24. ③ 25. ③ 26. ③

는 식은? (단, 두 코일 간의 상호 인덕턴스는 M이라고 한다.)

① $L_1 + L_2 + M$ ② $L_1 - L_2 + M$
③ $L_1 + L_2 \pm 2M$ ④ $L_1 - L_2 \pm 2M$

🔑 두 코일 간의 합성 인덕턴스는
$L_0 = L_1 + L_2 \pm 2M$이다.

27 자체 인덕턴스 L_1, L_2, 상호 인덕턴스 M의 코일을 같은 방향으로 직렬 연결한 경우 합성 인덕턴스는?

① $L_1 + L_2 + M$ ② $L_1 - L_2 - M$
③ $L_1 + L_2 - 2M$ ④ $L_1 + L_2 + 2M$

🔑 같은 방향의 직렬 연결(가동 접속)
$L_0 = L_1 + L_2 + 2M$이다.

28 두 코일의 자체 인덕턴스를 L_1, L_2라 하고 상호 인덕턴스를 M이라 할 때, 두 코일을 자속이 동일한 방향과 역방향이 되도록 하여 직렬로 각각 연결하였을 경우, 합성 인덕턴스의 큰 쪽과 작은 쪽의 차는?

① M ② $2M$
③ $4M$ ④ $8M$

🔑 $L_{가동} = L_1 + L_2 + 2M$[H]
$L_{차동} = L_1 + L_2 - 2M$[H]
두 식을 빼면 $L_{가동} - L_{차동} = 4M$[H]

29 두 코일의 자체 인덕턴스를 직렬로 접속하여 합성 인덕턴스를 측정하였더니 95[mH]이었다. 한쪽 인덕턴스를 반대로 접속하여 측정하였더니 합성 인덕턴스가 15[mH]로 되었다. 두 코일의 상호 인덕턴스는?

① 20[mH] ② 40[mH]
③ 80[mH] ④ 160[mH]

🔑 상호 인덕턴스를 M이라 놓으면
$L_1 + L_2 + 2M = 95$[mH]
$L_1 + L_2 - 2M = 15$[mH]
가동 코일 : $2M$, 차동 코일 : $-2M$
$2M - (-2M) = 4M$
$4M = 80$[mH]
$\therefore M = \dfrac{80}{4} = 20$[mH]

30 그림에서 1차 코일의 자기 인덕턴스 L_1, 2차 코일의 자기 인덕턴스 L_2, 상호 인덕턴스를 M이라 할 때 L_A의 값으로 옳은 것은? (단, L_1, L_2 코일은 같은 방향으로 감겨있다.)

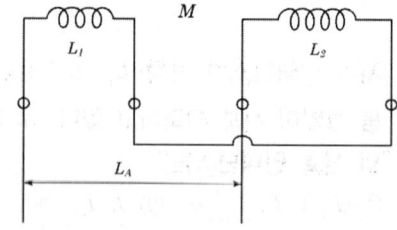

① $L_1 + L_2 + 2M$ ② $L_1 - L_2 + 2M$
③ $L_1 + L_2 - 2M$ ④ $L_1 - L_2 - 2M$

🔑 합성 인덕턴스
$L = L_1 + L_2 \pm 2M$
㉠ 가동 접속(같은 방향) $L = L_1 + L_2 + 2M$
㉡ 차동 접속(다른 방향) $L = L_1 + L_2 - 2M$
∴ 자속 ϕ_1과 ϕ_2이 반대 방향으로 발생하므로 차동 접속이다.

Answer 27. ④ 28. ③ 29. ① 30. ③

Chapter 07 교류회로

1. 정현파 교류와 그 표시 방법

(1) 교류의 정의(AC)

교류란 그 크기와 방향이 사인파의 형태를 가지면서 주기적으로 변화하는 전압 또는 전류를 말한다.

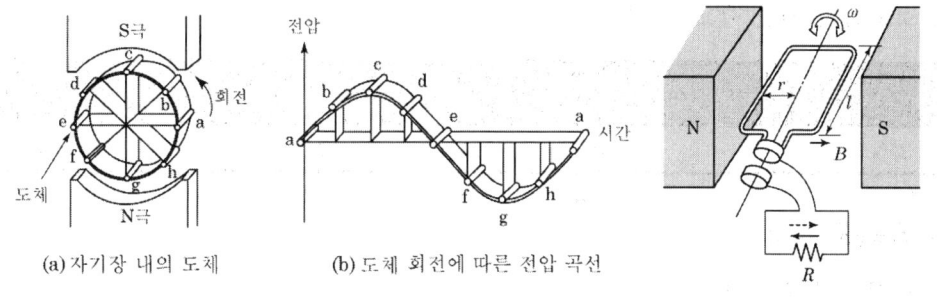

(a) 자기장 내의 도체   (b) 도체 회전에 따른 전압 곡선

[정현파 교류의 발생]

(2) 교류의 발생 원리

그림 (a)와 같이 자기장 내에서 도체가 회전운동을 하면 플레밍의 오른손법칙에 의해 유도기전력이 도체의 위치각(각 θ)에 따라서 그림 (b)와 같은 파형이 발생한다. 길이 ℓ[m], 반지름 r[m]인 4각형 도체를 자속밀도 B[Wb/m^2]인 평등 자기장 속에서 ν[m/sec]로 회전시킬 때 도체에 발생하는 기전력 e[V]는

유도기전력 $e = B l \nu \times \sin\theta$ [V]

여기서, θ는 자장에 직각인 방향측과 코일의 방향이 이루는 각

(3) 각도의 표시

① 전기회로의 1회전한 각도를 2π 라디안(Radian, 단위 [rad]로 표기)으로 하는 호도법을 사용한다.

② 호도법은 원의 중심각의 크기를 원의 반지름(r)에 대한 호(길이 : l)의 비율로 표현하는 방법이다.

$$\theta = \frac{l}{r}[\text{rad}]$$

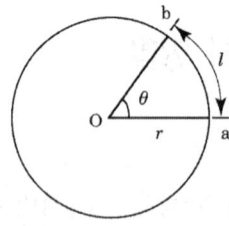

[호도법의 표시]

③ 호도법에 의한 각도 표시

$\frac{\pi}{6}$	$\frac{\pi}{4}$	$\frac{\pi}{3}$	$\frac{\pi}{2}$	π	$\frac{3}{2}\pi$	2π
30°	45°	60°	90°	180°	270°	360°

(4) 각속도 : ω

① 각속도 기호 : ω
② 각속도 단위 : 라디안 퍼 세크[rad/sec]
③ 회전체가 1초 동안에 회전한 각도

$$\omega = \frac{\theta}{t}[\text{rad/sec}]$$

2. 교류의 기초

(1) 주기와 주파수

① 주기
  ㉠ 주기(T) : 1 사이클(cycle)을 이루는데 필요한 시간

ⓒ 단위 : [sec]
② 주파수
  ㉠ 주파수(f) : 1[sec] 동안에 발생하는 사이클의 수
  ㉡ 단위 : [Hz]
③ 주기와 주파수 관계
$$T = \frac{1}{f}[\text{sec}] \qquad f = \frac{1}{T}[\text{Hz}]$$
④ 사인파 교류의 각 주파수 ω
  ㉠ 단위 시간당 주파수를 표현한 것
  ㉡ 1[sec] 동안에 n회전을 하면 n사이클의 교류가 발생
  $$\omega = 2\pi n = 2\pi f = \frac{2\pi}{T}[\text{rad/sec}]$$
  ㉢ 코일이 1초 동안에 θ[rad]만큼 운동했다면
  $$\theta = \omega t[\text{rad}]$$

(2) 정현파 교류 전압 및 전류

$$e(t) = V_m \sin\theta = V_m \sin\omega t = V_m \sin 2\pi f t = V_m \sin\frac{2\pi}{T}t[\text{V}]$$

$$i(t) = I_m \sin\theta = I_m \sin\omega t = I_m \sin 2\pi f t = I_m \sin\frac{2\pi}{T}t[\text{A}]$$

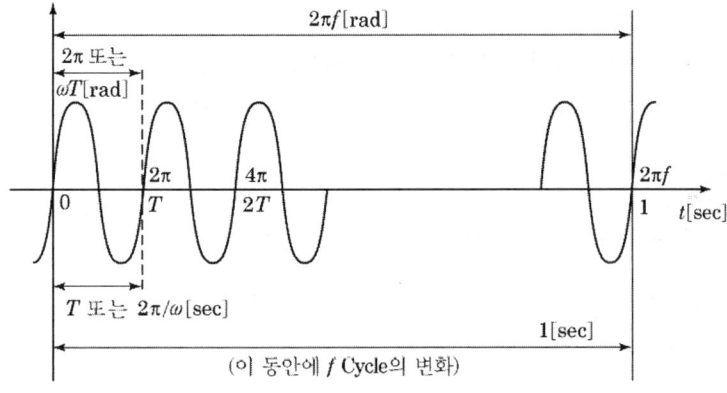

[주기와 주파수]

(3) 위상과 위상차

① 위상 : 발전기 등에서 자속을 끊어 기전력을 발생시키는 전기자 도체의 위치를 나타

내는 것이다.
② 위상차 : 교류를 전원으로 한 회로에 코일이나 콘덴서가 들어가면 전압과 전류에는 시간적인 엇갈림이 발생하는데 이 엇갈림이 위상차이다.

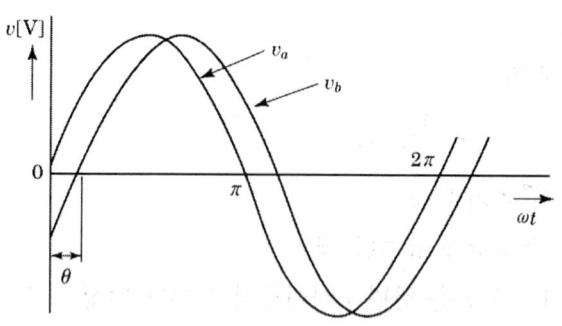

[교류전압의 위상차(v_a 기준)]

$$v_a = V_m \sin \omega t [\text{V}] \qquad v_b = V_m \sin(\omega t - \theta)[\text{V}]$$

㉠ v_a는 v_b보다 위상이 θ만큼 앞서 있다.(Lead)
㉡ v_b는 v_a보다 위상이 θ만큼 뒤져 있다.(Lag)

3. 정현파 교류의 크기

(1) 순시값 ($v(t)$, $i(t)$)

전압 및 전류 파형에서 어떤 임의의 순간 t에서의 전압, 전류 크기

$$v(t) = V_m \sin \omega t [\text{V}] \qquad i(t) = I_m \sin \omega t [\text{A}]$$

(2) 최댓값(V_m, I_m)

전압 및 전류의 교류 파형의 순시값 중 가장 큰 값

$$V_m = \sqrt{2}\, V = \frac{\pi}{2} V_{av}[\text{V}] \qquad I_m = \sqrt{2}\, I = \frac{\pi}{2} I_{av}[\text{A}]$$

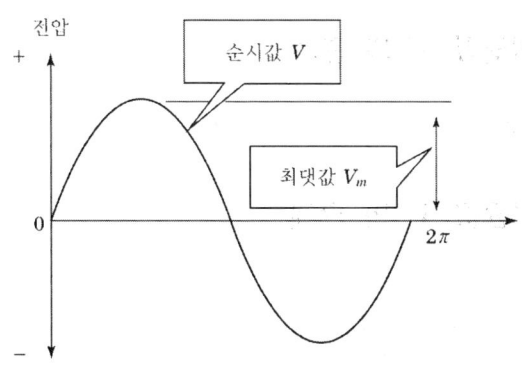

[순시값과 최댓값]

(3) 평균값(V_{ab}, I_{ab})

한 주기 동안의 면적(크기)을 주기로 나누어 구한 산술적인 평균값

$$V_{ab} = \frac{2}{\pi} V_m = 0.637 V_m [\text{V}] \qquad I_{ab} = \frac{2}{\pi} I_m = 0.637 I_m [\text{A}]$$

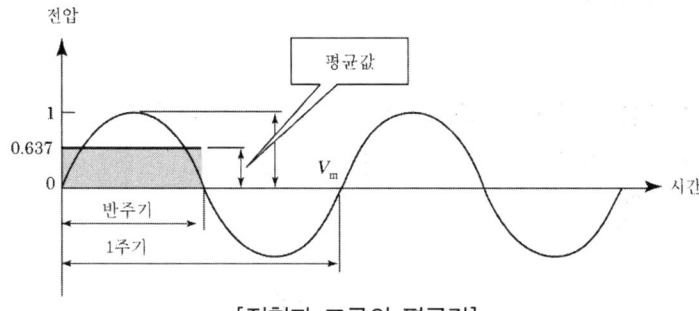

[정현파 교류의 평균값]

(4) 실효값(V, I)

교류를 직류로 환산한 값(교류의 대표값)

$$V = \frac{1}{\sqrt{2}} V_m = 0.707 V_m [\text{V}] \qquad I = \frac{1}{\sqrt{2}} I_m = 0.707 I_m [\text{A}]$$

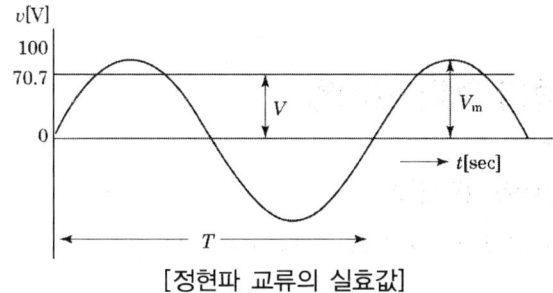

[정현파 교류의 실효값]

(5) 실효값 V와 최댓값 V_m의 관계

$$V = \frac{V_m}{\sqrt{2}} = 0.707 V_m \qquad V_m = \sqrt{2} \times V = 1.414 \times V$$

(6) 실효값 V와 평균값 V_{ab}의 관계

$$\frac{V}{V_{ab}} = \frac{\frac{1}{\sqrt{2}} V_m}{\frac{2}{\pi} V_m} = \frac{\pi}{\sqrt{2} \times 2} = 1.11$$

(7) 파고율

① 파형의 높고 낮음의 정도를 나타낸다.
② 파형의 날카로움을 나타낸다.

$$파고율 = \frac{최댓값}{실효값}$$

(8) 파형률

① 파형의 평활도를 나타낸다. 즉, 파형의 평평함을 나타낸다.
② 파형률이 클수록 직류 파형에 가까움을 나타낸다.

$$파형률 = \frac{실효값}{평균값}$$

[파고율과 파형률]

구 분	구형파	정현파	삼각파
파고율	1	$\sqrt{2}$	$\sqrt{3}$
파형률	1	1.11	1.15

4. 정현파 교류의 벡터 표시법

(1) 벡터(정지 벡터)의 표시법

정현파 교류 크기와 위상각을 벡터로 나타내는 방법이다.

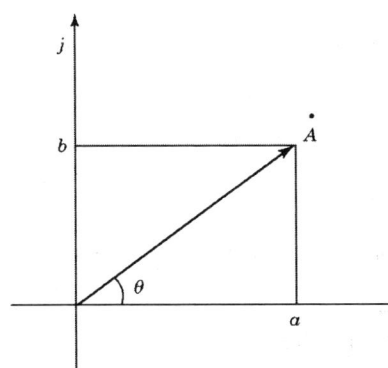

① 크기(실효값) : 화살표 크기
② 편각(위상 θ) : 기준선과 이루는 각
③ 표기법 : $\dot{A} = \sqrt{a^2 + b^2}$

(2) 복소수법
정현파 교류의 크기와 위상을 복소수로 표시하는 방법이다.
$$\dot{A} = a + jb \quad (단, \ a = A\cos\theta, \ b = A\sin\theta)$$
① 크기(실효값) : $|\dot{A}| = \sqrt{(실수부)^2 + (허수부)^2} = \sqrt{a^2 + b^2}$
② 편각(위상 θ) : $\tan^{-1}\dfrac{b}{a}$
③ 순시값 $i(t) = 10\sqrt{2}\sin(\omega t + \dfrac{\pi}{3})$일 때 $|A|$의 벡터 표시법

　㉠ 실효값 = 10[A]

　㉡ 위상 = $\dfrac{\pi}{3}$[rad] = 60°

$$\dot{I} = 10(\cos\dfrac{\pi}{3} + j\sin\dfrac{\pi}{3}) = 5 + j5\sqrt{3} \ [A]$$

(3) 삼각함수법
정현파 교류의 크기와 위상을 cos, sin으로 표시하는 방법이다.
$$\dot{A} = 크기(실효값)(\cos\theta + j\sin\theta) = A(\cos\theta + j\sin\theta)$$
　여기서, 편각(위상 θ) : 실수부는 cos, 허수부는 sin으로 표시

> **참고** 여러 형식의 계산법
>
> ① 극형식법에 의한 곱셈과 나눗셈의 계산법
>   ㉠ 곱셈 : $A \angle \theta_1 \cdot B \angle \theta_2 = A \cdot B \angle \theta_1 + \theta_2$
>   ㉡ 나눗셈 : $\dfrac{A \angle \theta_1}{B \angle \theta_2} = \dfrac{A}{B} \angle \theta_1 + \theta_2$
> ② 허수의 단위 j의 의미 : 위상이 90° 앞서는 것을 의미한다.
> $j = \sqrt{-1}$, $j^2 = -1$
> ③ 복소수법에 의한 덧셈과 뺄셈의 계산법
>   ㉠ 덧셈 : $\dot{A} = \dot{A}_1 + \dot{A}_2 = (a_1 + jb_1) + (a_2 + jb_2) = (a_1 + a_2) + j(b_1 + b_2)$
>   ㉡ 뺄셈 : $\dot{A} = \dot{A}_1 - \dot{A}_2 = (a_1 + jb_1) - (a_2 + jb_2) = (a_1 - a_2) + j(b_1 - b_2)$

예·상·기·출·문·제

01 $\frac{\pi}{6}$[rad]는 몇 도인가?

① 30° ② 45°
③ 60° ④ 90°

호도법(라디안각)
위상을 원주율 π로 나타내는 방법
2π[rad]=360°이므로 π[rad]=180°이다.
∴ $\frac{\pi}{6}$[rad]=$\frac{180°}{6}$=30°

02 회전자가 1초에 30회전을 하면 각속도 [rad/sec]는?

① 30π ② 60π
③ 90π ④ 120π

각속도 $\omega = 2\pi n = 2\pi \times 30 = 60\pi$
주파수는 단위 시간당 사이클의 수이므로 1초당 회전수와 같은 60이다.

03 주파수 100[Hz]의 주기는 몇 초인가?

① 0.05 ② 0.02
③ 0.01 ④ 0.1

주기 T[sec]=$\frac{1}{f[Hz]}$=$\frac{1}{100}$=0.01[sec]
[참고] 주기 T와 주파수 f는 서로 역수 관계식이 성립한다.
$T=\frac{1}{f}$[sec]이므로 $f=\frac{1}{T}$[Hz]

04 $e = 100\sqrt{2}\sin(100\pi t - \frac{\pi}{3})$[V]인 정현파의 주파수[Hz]는 얼마인가?

① 50 ② 60
③ 100 ④ 314

각 주파수 $\omega = 2\pi f = 100\pi$이므로
$f = \frac{1}{T} = \frac{100\pi}{2\pi} = 50$[Hz]

05 $e = 100\sin(314t - \frac{\pi}{6})$[V]인 파형의 주파수는 약 몇 [Hz]인가?

① 40 ② 50
③ 60 ④ 80

각 주파수 $\omega = 2\pi f = 314$이므로
$f = \frac{1}{T} = \frac{314}{2\pi} = \frac{314}{2 \times 3.14} ≒ 50$[Hz]

06 각 주파수 $\omega = 377$[rad/sec]인 사인파 교류의 주파수는 약 몇 [Hz]인가?

① 30 ② 60
③ 90 ④ 120

각 주파수 $\omega = 2\pi f = 377$이므로
$f = \frac{1}{T} = \frac{377}{2\pi} = \frac{377}{2 \times 3.14} ≒ 60$[Hz]

07 $e = 141\sin(120\pi t - \frac{\pi}{3})$ 파형의 주파수는 몇 [Hz]인가?

① 120 ② 60
③ 30 ④ 15

각 주파수 $\omega = 2\pi f = 120\pi$이므로

Answer 1. ① 2. ② 3. ③ 4. ① 5. ② 6. ② 7. ②

$$f = \frac{377}{2\pi} = \frac{377}{2 \times 3.14} ≒ 60[\text{Hz}]$$

08 다음 전압과 전류의 위상차는 어떻게 되는가?

$$v = \sqrt{2}\,V\sin(\omega t - \frac{\pi}{3})[\text{V}]$$
$$i = \sqrt{2}\,I\sin(\omega t - \frac{\pi}{6})[\text{A}]$$

① 전류가 $\frac{\pi}{3}$ 만큼 앞선다.
② 전압이 $\frac{\pi}{3}$ 만큼 앞선다.
③ 전압이 $\frac{\pi}{6}$ 만큼 앞선다.
④ 전류가 $\frac{\pi}{6}$ 만큼 앞선다.

🔑 위상차
$\theta = \theta_1 - \theta_2 = -60° - 30° = -30°$

위상 0°를 기준으로 할 때 전압은 $\frac{\pi}{3} = 60°$ 뒤져 있고, 전류는 $\frac{\pi}{6} = 30°$만큼 뒤져 있으므로 전류가 전압보다 위상차 30°만큼 앞서 있다.

09 $e = 200\sin(100\pi t)[\text{V}]$의 교류 전압에서 $t = \frac{1}{600}$초일 때, 순시값은?

① 100[V] ② 173[V]
③ 200[V] ④ 346[V]

🔑 $e = 200\sin(100\pi t)[\text{V}]$에서 $t = \frac{1}{600}$을 대입하여 정리하면 된다.
$$e(\frac{1}{600}) = 200\sin(100\pi \times \frac{1}{600})$$
$$= 200\sin\frac{\pi}{6}$$
$$= 200 \times \frac{1}{2} = 100[\text{V}]$$

10 저항 50[Ω]인 전구에 $e(t) = 100\sqrt{2}\sin\omega t$ [V]의 전압을 가할 때 순시 전류[A]의 값은?

① $\sqrt{2}\sin\omega t$ ② $2\sqrt{2}\sin\omega t$
③ $5\sqrt{2}\sin\omega t$ ④ $10\sqrt{2}\sin\omega t$

🔑 $R = 50[Ω]$, $e(t) = 10\sqrt{2}\sin\omega t[\text{V}]$
$$i = \frac{e}{R} = \frac{100\sqrt{2}\sin\omega t}{50} = 2\sqrt{2}\sin\omega t[\text{A}]$$

11 전기저항 25[Ω]에 50[V]의 사인파 전압을 가할 때 전류의 순시값은? (단, 각속도 $\omega = 377$[rad/sec]이다.)

① $2\sin 377t[\text{A}]$ ② $2\sqrt{2}\sin 377t[\text{A}]$
③ $4\sin 377t[\text{A}]$ ④ $4\sqrt{2}\sin 377t[\text{A}]$

🔑 순시값 $i = I_m\sin\omega t$
최댓값 $I_m = I \times \sqrt{2} = \frac{50}{25}\sqrt{2} = 2\sqrt{2}$
∴ $i = 2\sqrt{2}\sin 377t$

12 실효값 20[A], 주파수 $f = 60$[Hz], 0°인 전류의 순시값 i[A]를 수식으로 옳게 표현한 것은?

① $i = 20\sin(60\pi t)$
② $i = 20\sqrt{2}\sin(120\pi t)$
③ $i = 20\sin(120\pi t)$
④ $i = 20\sqrt{2}\sin(60\pi t)$

🔑 순시값 전류 : i[A]
$i(t) = $ 실효값 $\times \sqrt{2}\sin(2\pi ft + \theta)$
$= \sqrt{2}\,I\sin(\omega t + \theta)$
$= 20\sqrt{2}\sin(120\pi t)$

🔓 Answer 8. ④ 9. ① 10. ② 11. ② 12. ②

13 10[Ω]의 저항회로에 $e = 100\sin(377t + \frac{\pi}{3})$ [V]의 전압을 인가했을 때 $t=0$에서의 순시 전류는 몇 [A]인가?

① $50\sqrt{3}$ ② 5
③ $50\sqrt{2}$ ④ 10

🐰 순시값

$e = 100\sin(377t + \frac{\pi}{3})$ 에서 $t=0$에서의 크기이므로

$e = 100\sin\frac{\pi}{3} = 100\sin 60°$
$= 100 \times \frac{\sqrt{3}}{2} = 50\sqrt{3}$ [V]

14 교류 100[V]의 최댓값은 약 몇 [V]인가?

① 90 ② 100
③ 111 ④ 141

🐰 100[V]가 실효값이므로
$V_m = \sqrt{2} V = \sqrt{2} \times 100 = 141$ [V]

15 가정용 전등 전압이 200[V]이다. 이 교류의 최댓값은 몇 [V]인가?

① 70.7 ② 86.7
③ 141.4 ④ 282.8

🐰 전등 전압 200[V]는 실효값이므로
최댓값 $V_m = \sqrt{2} \times V$
$= \sqrt{2} \times 200 = 282.8$[V]

16 평균값이 220[V]인 교류 전압의 최댓값은 약 몇 [V]인가?

① 110 ② 346
③ 381 ④ 691

🐰 ㉠ 평균값 $V_{av} = \frac{2}{\pi}V_m = 0.637 V_m$[V]
㉡ 최댓값 $V_m = \frac{V_{av}}{0.637} = \frac{220}{0.637} = 346$[V]

17 일반적으로 교류 전압계의 지시값은?

① 최댓값 ② 순시값
③ 평균값 ④ 실효값

🐰 교류의 크기에서 실효값은 회로 중에서 실제로 발열하는 에너지를 기초로 하여 정한 값이므로 실용상 가장 적합하다. 따라서 일반적으로 교류의 크기는 실효값을 통하여 나타낸다.

18 $i = I_m \sin \omega t$[A]인 교류의 실효값은?

① $\frac{I_m}{\sqrt{2}}$ ② $\frac{2}{\pi}I_m$
③ I_m ④ $\sqrt{2} I_m$

🐰 $I_m = \sqrt{2} I$에서 $I = \frac{I_m}{\sqrt{2}}$

19 $e = 141\sin(377t + \frac{\pi}{3})$[V]의 교류 전압이 있다. 이 교류의 실효값은 몇 [V]인가?

① 100 ② 110
③ 141 ④ 282

🐰 순시값 표현에서 sin 앞에 있는 숫자는 최댓값을 의미한다. 실효값은 최댓값의 $\frac{1}{\sqrt{2}}$ (0.707배) 이므로 $141 \times 0.707 = 100$[V]가 된다.

20 어느 교류 전압의 순시값이 $v = 311\sin(120\pi t)$[V]라고 하면 이 전압의 실효값은 약 몇 [V]인가?

Answer 13. ① 14. ④ 15. ④ 16. ② 17. ④ 18. ① 19. ① 20. ②

① 180   ② 220
③ 440   ④ 622

🔑 **실효값**

$$V = \frac{V_m}{\sqrt{2}} = \frac{311}{\sqrt{2}} = 220[V]$$

21 $i(t) = I_m \sin\omega t$[A]인 사인파 교류에서 ωt가 몇 도일 때 순시값과 실효값이 같게 되는가?

① 30°   ② 45°
③ 60°   ④ 90°

🔑 **순시값**

$i(t) = I_m \sin\omega t$과 실효값 I가 같을 조건이므로
$i(t) = I_m \sin\omega t = \sqrt{2} I \sin\omega t = I$[A]

$\therefore \sin\omega t = \frac{1}{\sqrt{2}} \rightarrow \omega t = \sin^{-1}\frac{1}{\sqrt{2}} = 45°$

22 최댓값이 200[V]인 사인파 교류의 평균값 [V]은?

① 약 70.7   ② 약 100
③ 약 127.3   ④ 약 141.4

🔑 **평균값**

$$V_{av} = \frac{2}{\pi} V_m = 0.637 V_m [V]$$
$$= 0.637 \times 200 ≒ 127.3[V]$$

23 30[W] 전열기에 220[V] 주파수, 60[Hz]인 전압을 인가한 경우 부하에 나타나는 전압의 평균 전압은 몇 [V]인가?

① 99   ② 198
③ 257.4   ④ 297

🔑 전압의 최댓값 $V_m = 220\sqrt{2}$[V]

평균값 $V_{av} = \frac{2}{\pi} V_m$
$= \frac{2}{\pi} \times 220\sqrt{2} = 198[V]$

또는 $V_{av} = 0.9E = 0.9 \times 220 = 198[V]$

24 어떤 정현파 교류의 최댓값이 $V_m = 220$[V]이면 평균값 V_{av}[V]는?

① 약 120.4   ② 약 126.4
③ 약 127.3   ④ 약 140.1

🔑 **평균값**

$$V_{av} = \frac{2}{\pi} V_m = \frac{2}{\pi} \times 220 ≒ 140.1[V]$$

25 최댓값 10[A]인 교류 전류의 평균값은 약 몇 [A]인가?

① 0.2   ② 0.5
③ 3.14   ④ 6.37

🔑 **평균값**

$$I_{av} = \frac{2}{\pi} I_m = 0.637 I_m$$
$$= 0.637 \times 10 = 6.37[A]$$

26 교류의 파형률이란?

① $\dfrac{최대값}{실효값}$ ② $\dfrac{평균값}{실효값}$

③ $\dfrac{실효값}{평균값}$ ④ $\dfrac{실효값}{최대값}$

🔑 ㉠ 파고율 = $\dfrac{최대값}{실효값}$

㉡ 파형률 = $\dfrac{실효값}{평균값}$

27 파형률과 파고율이 모두 1인 파형은?

① 삼각파   ② 정현파
③ 구형파   ④ 반원파

🔒 **Answer**   21. ②   22. ③   23. ②   24. ④   25. ④   26. ③   27. ③

파고율과 파형률이 모두 1인 파형은 최댓값, 실효값, 평균값의 크기가 모두 같다는 것을 의미하므로 반주기마다 방향은 변화하지만 크기만큼은 불변인 구형파가 모두 1인 파형이다.

[참고] 파고율·파형률 비교

구분	정현파	구형파	삼각파
파고율	$\sqrt{2}$	1	$\sqrt{3}$
파형률	1.11	1	1.15

28 삼각파 전압의 최댓값이 V_m[V]일 때 실효값은?

① V_m
② $\dfrac{V_m}{\sqrt{2}}$
③ $\dfrac{2V_m}{\pi}$
④ $\dfrac{V_m}{\sqrt{3}}$

삼각파(톱니파)의 실효값 $V=\dfrac{V_m}{\sqrt{3}}$ [V]

29 복소수 $3+j4$의 절댓값은 얼마인가?

① 2 ② 4
③ 5 ④ 7

복소수 $\dot{A}=a+jb$의 크기는 $A=\sqrt{a^2+b^2}$ 이므로

복소수 $3+j4$의 크기는 $\sqrt{3^2+4^2}=5$

실수	허수	절댓값
3(4)	4(3)	5
6(8)	8(6)	10

30 $\dot{I}=8+j6$[A]로 표시되는 전류의 크기 I는 몇 [A]인가?

① 6 ② 8
③ 10 ④ 14

복소수 계산법
$Z=\sqrt{R^2+X^2}=\sqrt{6^2+8^2}=10$

Answer 28. ④ 29. ③ 30. ③

5. 기본 교류회로

(1) 저항(R)만의 회로

① R만의 회로에 교류전압 $v = \sqrt{2}\,V_m \sin\omega t[V]$를 인가했을 때 흐르는 전류 i는

$$i = \frac{v}{R} = \frac{V_m}{R}\sin\omega t = \sqrt{2}\,\frac{V}{R}\sin\omega t = \sqrt{2}\,I\sin\omega t = I_m\sin\omega t[A]$$

② 전압·전류 실효값

$$I = \frac{V}{R}[A]$$

③ 전압과 전류의 위상

전압(V)과 전류(I)는 같다.(동상=동위상)

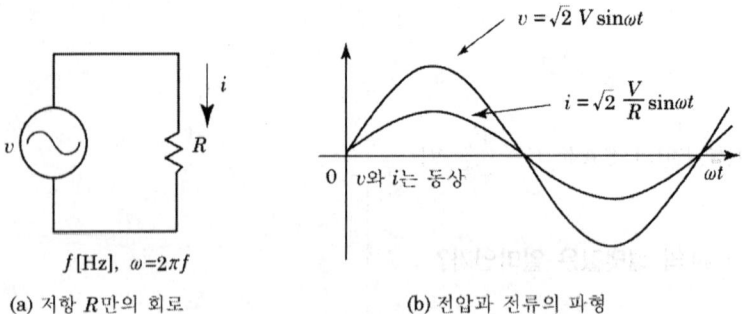

(a) 저항 R만의 회로   (b) 전압과 전류의 파형

[저항만의 회로]

(2) 인덕턴스(L)만의 회로

① 전원 전압(v)

L만의 회로에 전류 $i = \sqrt{2}\,I\sin\omega t[A]$가 흐르기 위해 인가한 전압

$$v = L\frac{di}{dt} = L\frac{d}{dt}(\sqrt{2}\,I\sin\omega t) = \sqrt{2}\,\omega LI\cos\omega t$$

$$= \sqrt{2}\,\omega LI\sin(\omega t + \frac{\pi}{2}) = V_m\sin(\omega t + \frac{\pi}{2})[V]$$

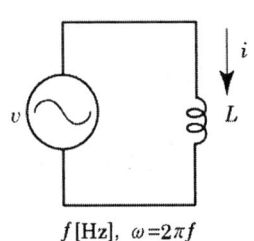 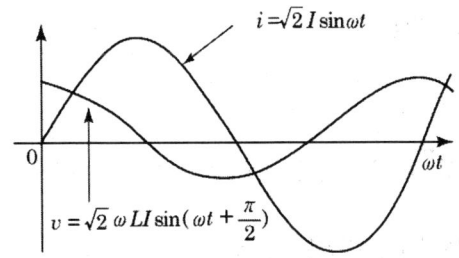

(a) 인덕턴스 L만의 회로 (b) 전압과 전류의 파형

[L만의 회로]

② 전압·전류 실효값

$$I = \frac{V}{X_L} = \frac{V}{\omega L}[\text{A}]$$

③ 벡터법에 의한 옴의 법칙

$$V = X_L I = \omega L I [\text{V}]$$

④ 유도성 리액턴스(X_L)

L만의 회로에서 전류가 쉽게 흐를 수 없는 정도를 나타내는 임피던스(교류에서 저항 역할이라고 생각하면 된다.)

$$X_L = \omega L = 2\pi f L [\Omega]$$

코일은 전류가 흐르는 것을 방해하고 있으므로 주파수에 비례한다.

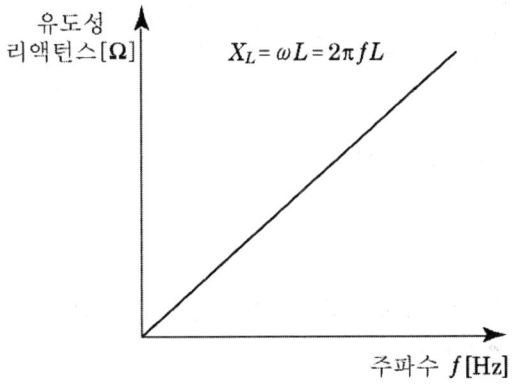

[유도성 리액턴스와 주파수 관계]

⑤ 전압과 전류의 위상

　㉠ 전압은 전류보다 $\frac{\pi}{2}(=90°)$[rad]만큼 앞선 유도성 지상 전류가 흐른다.

　㉡ 전류가 전압보다 $\frac{\pi}{2}(=90°)$[rad]만큼 뒤진 유도성 지상 전류가 흐른다.

(3) 정전용량(C)만의 회로

① C[F]만의 회로에 교류전압 $v=\sqrt{2}\,V_m\sin\omega t$[V] 인가를 하면

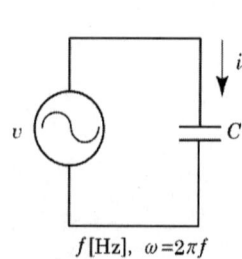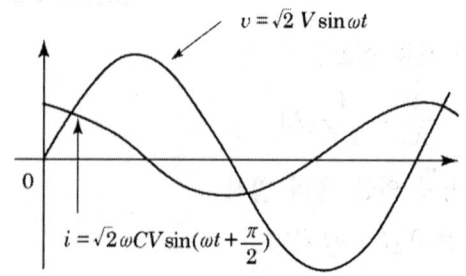

(a) 콘덴서 C만의 회로　　　(b) 전압과 전류의 파형

[C만의 회로]

② 콘덴서에 축적되는 전하
$$q=CV=\sqrt{2}\,CV\sin\omega t\,[\text{C}]$$

③ 콘덴서에 유입되는 전류
$$v=\frac{dq}{dt}=\frac{d}{dt}(\sqrt{2}\,CV\sin\omega t)=\sqrt{2}\,\omega\,CV\cos\omega t$$
$$=\sqrt{2}\,\omega\,CV\sin(\omega t+\frac{\pi}{2})=\sqrt{2}\,I\sin(\omega t+\frac{\pi}{2})\,[\text{V}]$$

④ 전압·전류 실효값
$$I=\frac{V}{X_C}=\frac{V}{\frac{1}{\omega C}}=\omega\,CV\,[\text{A}]$$

⑤ 용량성 리액턴스(X_C)

C만의 회로에서 전류가 쉽게 흐를 수 없는 정도를 나타내는 임피던스(교류에서 저항 역할이라고 생각하면 된다.)
$$X_C=\frac{1}{\omega C}=\frac{1}{2\pi f C}\,[\Omega]$$

콘덴서는 전류가 흐르는 것을 방해하고 있으므로 주파수에 반비례한다.

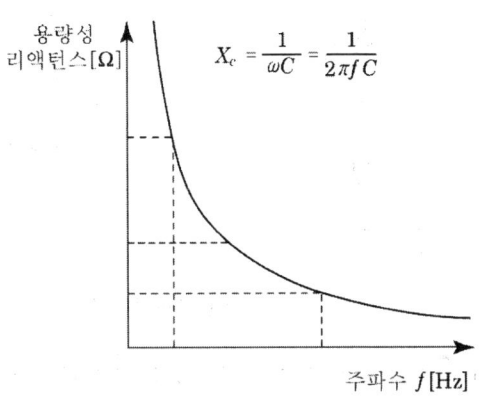

[용량성 리액턴스와 주파수 관계]

⑥ 전압과 전류의 위상

㉠ 전압은 전류보다 $\frac{\pi}{2}(=90°)$[rad]만큼 뒤진 용량성(진상) 전류가 흐른다.

㉡ 전류가 전압보다 $\frac{\pi}{2}(=90°)$[rad]만큼 앞선 용량성(진상) 전류가 흐른다.

[기본 회로 요약 정리]

구분	기본 회로			
	임피던스	위상각	역률	위상
R	R	0	1	전압과 전류가 동상(동위상)이다.
L	$X_L = \omega L = 2\pi f L$	90°	0	전류는 전압보다 위상이 $\frac{\pi}{2}(=90°)$ 뒤진다.
C	$X_C = \frac{1}{\omega C} = \frac{1}{2\pi f C}$	90°	0	전류는 전압보다 위상이 $\frac{\pi}{2}(=90°)$ 앞선다.

6. R-L-C 직렬회로

R-L-C 직렬회로에서는 각 회로 소자에 걸리는 전류가 동일하기 때문에 임피던스를 이용하여 연산하는 것이 편리하다.

(1) R-L 직렬회로

R, L에 흐르는 일정한 전류를 기준으로 전압 관계를 해석한다.

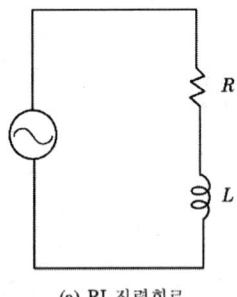 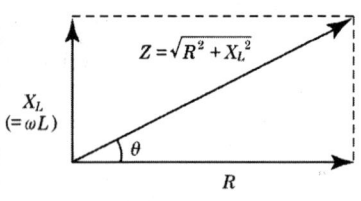

　　　(a) RL직렬회로　　　　　　　　(b) 임피던스 평면

[RL 직렬회로]

$$\dot{V} = \dot{V}_R + \dot{V}_L = R\dot{I} + jX_L\dot{I} = (R+jX_L)\dot{I} = \dot{Z}\dot{I} \,[\text{V}]$$

① 임피던스

$$\dot{Z} = R + jX_L = R + j\omega L \,[\Omega]$$

② 절댓값(크기)

$$\dot{Z} = \sqrt{R^2 + X_L^2} = \frac{V}{\sqrt{R^2 + (\omega L)^2}} \,[\Omega]$$

③ 전류[A] 전압[V]의 위상차

$$\theta = \tan^{-1}\frac{X_L}{R} \,[\text{rad}]$$

④ 전류 I[A]

$$I = \frac{V}{Z} = \frac{V}{\sqrt{R^2 + X_L^2}} \,[\text{A}]$$

⑤ 전압과 전류의 위상 관계

전류 $\dot{I}$ 가 전압 $\dot{V}$ 보다 위상 θ만큼 뒤진다.(유도성 지상 전류)

⑥ 역률 $\cos\theta$

$$\cos\theta = \frac{R}{Z} = \frac{R}{\sqrt{R^2 + X_L^2}}$$

(2) R-C 직렬회로

R, C에 흐르는 일정한 전류를 기준으로 전압 관계를 해석한다.

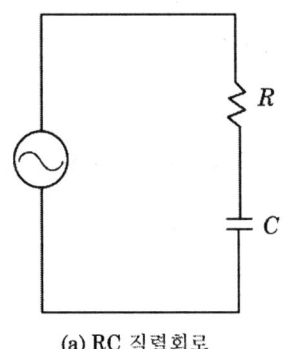 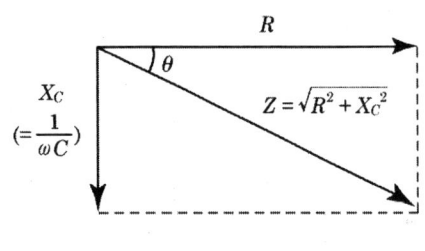

(a) RC 직렬회로 (b) 임피던스 평면

[RC 직렬회로]

$$\dot{V} = \dot{V}_R + \dot{V}_C = R\dot{I} - jX_C\dot{I} = (R - jX_C)\dot{I} = \dot{Z}\dot{I} \text{ [V]}$$

① 임피던스

$$\dot{Z} = R + j\frac{1}{\omega C} = R - jX_C [\Omega]$$

② 절댓값(크기)

$$\dot{Z} = \sqrt{R^2 + X_C^2} = \sqrt{R^2 + (\frac{1}{\omega C})^2} \text{ [}\Omega\text{]}$$

③ 전류[A] 전압[V]의 위상차

$$\theta = \tan^{-1}\frac{X_C}{R} = \tan^{-1}\frac{1}{\omega CR} \text{ [rad]}$$

④ 전류 I[A]

$$I = \frac{V}{Z} = \frac{V}{\sqrt{R^2 + X_C^2}} \text{ [A]}$$

⑤ 전압과 전류의 위상 관계

전류 $\dot{I}$가 전압 $\dot{V}$보다 위상 θ만큼 앞선다. (용량성 진상 전류)

⑥ 역률 $\cos\theta$

$$\cos\theta = \frac{R}{Z} = \frac{R}{\sqrt{R^2 + X_C^2}}$$

(3) R-L-C 직렬회로

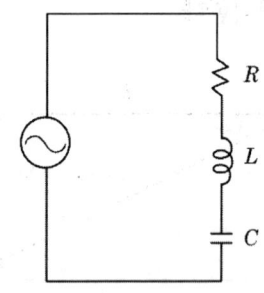
(a) RLC 직렬회로

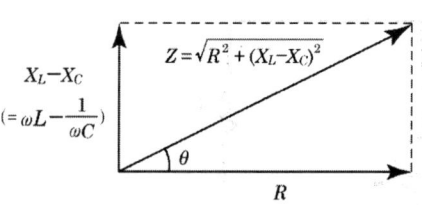
(b) 임피던스 평면

[RLC 직렬회로]

① 임피던스

$$\dot{Z} = R + j(X_L - X_C) = R + j(\omega L - \frac{1}{\omega C})[\Omega]$$

② 절댓값(크기)

$$\dot{Z} = \sqrt{R^2 + (X_L - X_C)^2} = \sqrt{R^2 + (\omega L - \frac{1}{\omega C})^2}[\Omega]$$

③ 전류[A] 전압[V]의 위상차

$$\theta = \tan^{-1}\frac{X}{R} = \tan^{-1}\frac{\omega L - \frac{1}{\omega C}}{R}[rad]$$

㉠ $\omega L > \frac{1}{\omega C}$: 유도성 회로

㉡ $\omega L < \frac{1}{\omega C}$: 용량성 회로

㉢ $\omega L = \frac{1}{\omega C}$: 전압과 전류의 위상이 동상(동위상) 회로

④ 전전류의 크기 I[A]

$$I = \frac{V}{Z} = \frac{V}{\sqrt{R^2 + (X_L - X_C)^2}} = \frac{V}{\sqrt{R^2 + (\omega L - \frac{1}{\omega C})^2}}[A]$$

⑤ 역률 $\cos\theta$

$$\cos\theta = \frac{R}{Z} = \frac{R}{\sqrt{R^2 + (\omega L - \frac{1}{\omega C})^2}}[A]$$

[RLC 직렬회로 요약 정리]

구분	RLC 기본 회로			
	임피던스	위상각	역률	위상
R-L	$\sqrt{R^2+X_L^2}$	$\tan^{-1}\dfrac{X_L}{R}$	$\dfrac{R}{\sqrt{R^2+X_L^2}}$	전류가 뒤진다.
R-C	$\sqrt{R^2+(\dfrac{1}{\omega C})^2}$	$\tan^{-1}\dfrac{1}{\omega CR}$	$\dfrac{R}{\sqrt{R^2+X_C^2}}$	전류가 앞선다.
R-L-C	$\sqrt{R^2+(\omega L-\dfrac{1}{\omega C})^2}$	$\tan^{-1}\dfrac{\omega L-\dfrac{1}{\omega C}}{R}$	$\dfrac{R}{\sqrt{R^2+(X_L-X_C)^2}}$	L이 크면 전류는 뒤진다. C이 크면 전류는 앞선다.

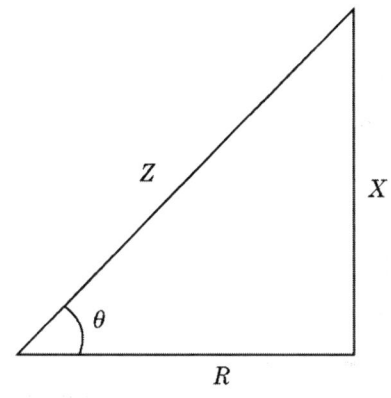

[RLC 직렬회로 암기내용]

7. R-L-C 병렬회로

R-L-C 병렬회로에서는 각 회로 소자에 걸리는 전압이 동일하기 때문에 어드미턴스를 이용하여 연산하는 것이 편리하다.

(1) 어드미턴스

① 어드미턴스 : 임피던스 $\dot{Z}$ 의 역수
② 단위 : [℧]

(2) 임피던스의 어드미턴스 변환

① 어드미턴스 $\dot{Y}$

$\dot{Z}=R\pm jX[\Omega]$이라면, 어드미턴스 $\dot{Y}$는

$$\dot{Y}=\frac{1}{\dot{Z}}=\frac{1}{R\pm jX}=\frac{R}{R^2+X^2}\mp j\frac{X}{R^2+X^2}=G+jB[\mho]$$

여기서, G(실수부) : 컨덕턴스, B(허수부) : 서셉턴스

② 실수부 : 컨덕턴스(Conductance) G

$$G=\frac{R}{R^2+X^2}[\mho]$$

③ 허수부 : 서셉턴스(Susceptance) B

$$B=\frac{X}{R^2+X^2}[\mho]$$

(3) 어드미턴스의 접속

① 직렬접속 합성 어드미턴스

$$Y_0=\frac{Y_1Y_2}{Y_1+Y_2}[\mho]$$

② 병렬접속 합성 어드미턴스

$$Y_0=Y_1+Y_2[\mho]$$

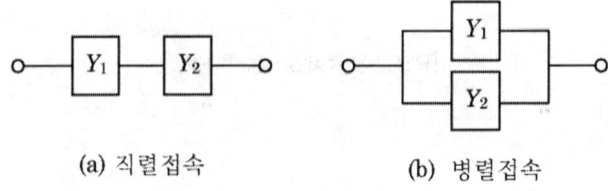

(a) 직렬접속   (b) 병렬접속

[임피던스와 어드미턴스 비교]

회로	임피던스 Z	어드미턴스 Y
저항회로	저항 $R[\Omega]$	컨덕턴스 $a=\frac{1}{R}[\Omega]$
유도성 회로	양의 리액턴스 $j\omega L[\Omega]$	음의 서셉턴스 $jb=-j\frac{1}{\omega L}[\Omega]$
용량성 회로	음의 리액턴스 $-j\frac{1}{\omega C}[\Omega]$	양의 서셉턴스 $jb=j\omega C[\Omega]$

(4) R-L 병렬회로

R, L에 인가된 일정한 전압을 기준으로 전류 관계를 해석한다.

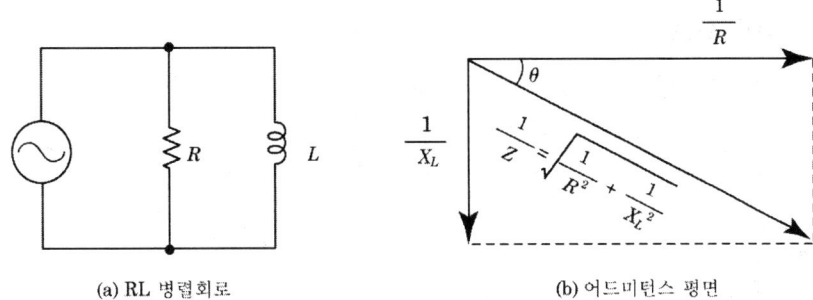

(a) RL 병렬회로　　　　(b) 어드미턴스 평면

[RL 병렬회로]

$$\dot{I} = \dot{I_R} + \dot{I_L} = \frac{\dot{V}}{R} - j\frac{\dot{V}}{X_L} = (\frac{1}{R} - j\frac{1}{\omega L})\dot{V} = \dot{Y}\ \dot{V}\ [A]$$

① 어드미턴스

$$\dot{Y} = \frac{1}{R} + j\frac{1}{X_L}\ [\mho]$$

② 어드미턴스 크기

$$Y = \sqrt{(\frac{1}{R})^2 + (\frac{1}{X_L})^2}\ [\mho]$$

③ 전류[A] 전압[V]의 위상차

$$\theta = \tan^{-1}\frac{\frac{1}{\omega L}}{\frac{1}{R}} = \tan^{-1}\frac{R}{\omega L}\ [rad]$$

④ 전압과 전류의 위상 관계

전류 $\dot{I}$ 가 전압 $\dot{V}$ 보다 위상 θ 만큼 뒤진다(유도성 지상 전류).

⑤ 전전류 I의 크기

$$I = V \cdot \sqrt{(\frac{1}{R})^2 + (\frac{1}{X_L})^2} = V \cdot \sqrt{(\frac{1}{R})^2 + (\frac{1}{\omega L})^2}\ [A]$$

⑥ 역률 $\cos\theta$

$$\cos\theta = \frac{G}{Y} = \frac{\frac{1}{R}}{\sqrt{(\frac{1}{R})^2 + (\frac{1}{X_L})^2}} = \frac{X_L}{\sqrt{R^2 + X_L^2}}$$

(5) R-C 병렬회로

R, C에 인가된 일정한 전압을 기준으로 전류 관계를 해석한다.

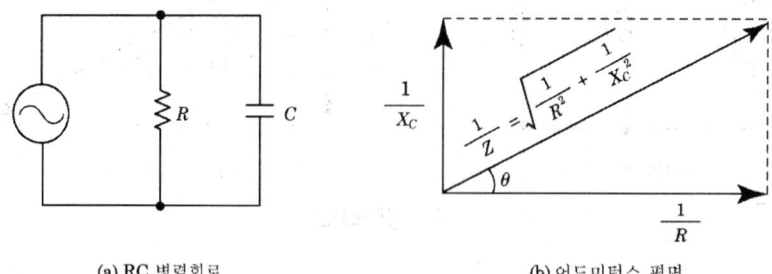

(a) RC 병렬회로   (b) 어드미턴스 평면

[RC 병렬회로]

$$\dot{I} = \dot{I}_R + \dot{I}_C = \frac{\dot{V}}{R} + j\frac{\dot{V}}{X_C} = \left(\frac{1}{R} + j\omega C\right)\dot{V} = \dot{Y}\dot{V} \text{ [A]}$$

① 어드미턴스

$$\dot{Y} = R + j\omega C = R + j\frac{1}{X_C} \text{ [℧]}$$

② 어드미턴스 크기

$$Y = \sqrt{\left(\frac{1}{R}\right)^2 + \left(\frac{1}{X_C}\right)^2} \text{ [℧]}$$

③ 전류[A] 전압[V]의 위상차

$$\theta = \tan^{-1}\frac{\frac{1}{X_C}}{\frac{1}{R}} = \frac{R}{X_C} = \frac{R}{\frac{1}{\omega C}} = \tan^{-1}\omega CR \text{ [rad]}$$

④ 전압과 전류의 위상 관계

전류 $\dot{I}$ 가 전압 $\dot{V}$ 보다 위상 θ만큼 앞선다(용량성 진상 전류)

⑤ 전전류 I의 크기

$$I = V \cdot \sqrt{\left(\frac{1}{R}\right)^2 + \left(\frac{1}{X_C}\right)^2} = V \cdot \sqrt{\left(\frac{1}{R}\right)^2 + (\omega C)^2} \text{ [A]}$$

⑥ 역률 $\cos\theta$

$$\cos\theta = \frac{\frac{1}{R}}{Y} = \frac{\frac{1}{R}}{\sqrt{\left(\frac{1}{R}\right)^2 + (\omega CR)^2}} = \frac{1}{\sqrt{1 + (\omega CR)^2}}$$

(6) R-L-C 병렬회로

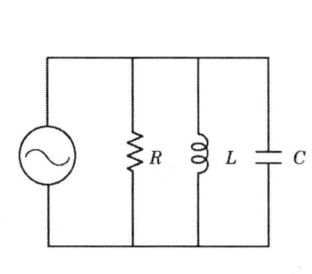
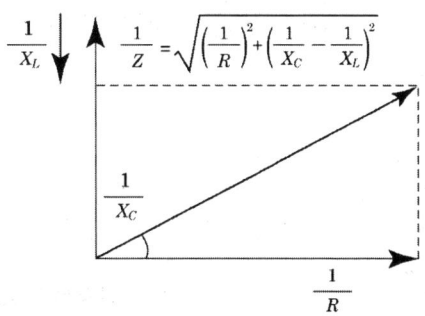

(a) RLC 직렬회로   (b) 어드미턴스 평면

[RLC 병렬회로]

$$\dot{I} = I_R + \dot{I}_L + \dot{I}_C = \frac{\dot{V}}{R} - j\frac{\dot{V}}{X_L} + j\frac{\dot{V}}{X_C} = \frac{\dot{V}}{R} + j(\frac{1}{X_C} - \frac{1}{X_L})\dot{V}$$

$$= \frac{\dot{V}}{R} + j(\omega C - \frac{1}{\omega L})\dot{V} = \dot{Y} \cdot \dot{V} \text{ [A]}$$

① 어드미턴스

$$\dot{Y} = \frac{1}{R} + j(X_C - \frac{1}{X_L}) = \frac{1}{R} + j(\omega C - \frac{1}{\omega L})[\mho]$$

② 어드미턴스 크기

$$\dot{Y} = \sqrt{(\frac{1}{R})^2 + (\omega C - \frac{1}{\omega L})^2} \text{ [}\mho\text{]}$$

③ 전류[A] 전압[V]의 위상차

$$\theta = \tan^{-1} R \cdot (\omega C - \frac{1}{\omega L}) \text{[rad]}$$

㉠ $\omega L < \frac{1}{\omega C}$: 유도성 회로

㉡ $\omega L > \frac{1}{\omega C}$: 용량성 회로

㉢ $\omega L = \frac{1}{\omega C}$: 전압과 전류의 위상이 동상(동위상) 회로

④ 전압과 전류의 위상 관계

전류 $\dot{I}$ 가 전압 $\dot{V}$ 보다 위상 θ 만큼 앞선다(용량성 진상 전류).

⑤ 전전류 I의 크기

$$I = V \cdot \sqrt{(\frac{1}{R})^2 + (\frac{1}{X_C} - \frac{1}{X_L})^2} = V \cdot \sqrt{(\frac{1}{R})^2 + (\omega C - \frac{1}{\omega L})^2} \, [A]$$

⑥ 역률 $\cos\theta$

$$\cos\theta = \frac{G}{Y} = \frac{\frac{1}{R}}{\sqrt{(\frac{1}{R})^2 + (\omega C - \frac{1}{\omega L})^2}} = \frac{1}{\sqrt{1 + (\omega CR - \frac{R}{\omega L})^2}}$$

[RLC 병렬회로 요약 정리]

구 분	RLC 병렬회로			
	어드미턴스	위상각	역률	위상
R–L	$\sqrt{(\frac{1}{R})^2 + (\frac{1}{\omega L})^2}$	$\tan^{-1}\frac{R}{\omega L}$	$\dfrac{1}{\sqrt{1 + (\frac{R}{\omega L})^2}}$	전류가 뒤진다.
R–C	$\sqrt{(\frac{1}{R})^2 + (\omega C)^2}$	$\tan^{-1}\omega CR$	$\dfrac{1}{\sqrt{1 + (\omega CR)^2}}$	전류가 앞선다.
R–L–C	$\sqrt{(\frac{1}{R})^2 + (\omega C - \frac{1}{\omega L})^2}$	$\tan^{-1} R \cdot (\omega C - \frac{1}{\omega L})$	$\dfrac{1}{\sqrt{1 + (\omega CR - \frac{R}{\omega L})^2}}$	L이 크면 전류는 뒤진다. C가 크면 전류는 앞선다.

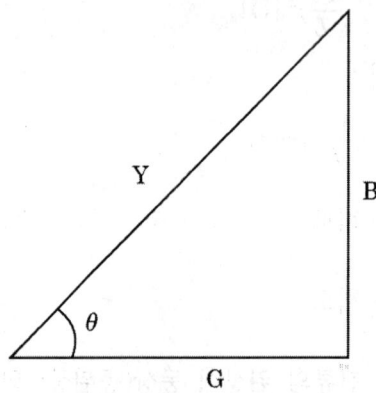

[RLC 병렬회로 암기내용]

공진회로

(1) 직렬 공진 : $X_L = X_C\,(V_L = V_C)$

공진이란 유도 리액턴스와 용량 리액턴스가 포함된 교류회로에서 전원의 주파수가 변할 때 특정 주파수에서 유도 리액턴스와 용량 리액턴스가 같아질 때가 발생하는데, 이때 유도 리액턴스와 용량 리액턴스가 회로에서 없어진 것처럼 동작하기 때문에 공진이라 한다.

① 직렬 공진 : 임피던스의 허수부인 리액턴스 성분이 0이 되는 것을 말한다.

$$\dot{Z} = R + (\omega L - \frac{1}{\omega C})\,[\Omega]\text{에서}$$

$$\omega L - \frac{1}{\omega C} = 0\ (\omega L = \frac{1}{\omega C})\ \text{(공진 조건)}$$

$$\omega L = \frac{1}{\omega C} \rightarrow \omega^2 LC = 1$$

② 공진 시 임피던스 $Z = R\,[\Omega]$ (임피던스 최소)

③ 공진 시 전류

$$I = \frac{V}{R}\,[\text{A}]\ \text{(최대)}$$

④ 전압과 전류의 위상 : R만의 회로이므로 동위상(동상)의 전류가 흐른다.

⑤ 공진주파수

$$\omega L = \frac{1}{\omega C} \rightarrow \omega^2 LC = 1 \rightarrow \omega = \frac{1}{\sqrt{LC}} \rightarrow 2\pi f = \frac{1}{\sqrt{LC}}$$

$$f_r = \frac{1}{2\pi\sqrt{LC}}\,[\text{Hz}]$$

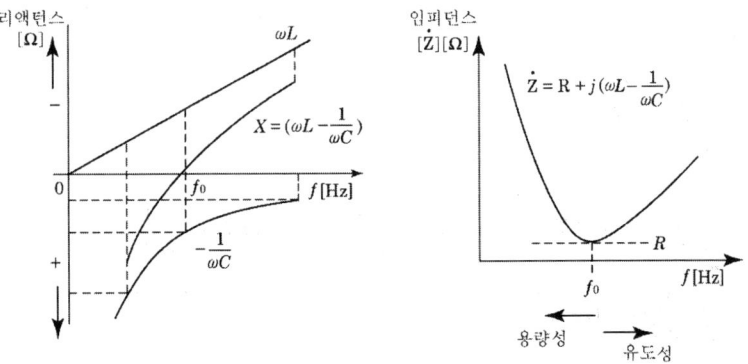

[직렬공진 주파수 특성]

(2) 병렬 공진 : $X_L = X_C$

① 병렬 공진 : 어드미턴스의 허수부인 서셉턴스 성분이 0이 되는 것이다.

$$\dot{Y} = \frac{1}{R} + j(\omega C - \frac{1}{\omega L})[\mho] \text{에서}$$

$$\omega C - \frac{1}{\omega L} = 0 \, (\omega C = \frac{1}{\omega L}) \, (\text{공진 조건})$$

$$\omega C = \frac{1}{\omega L} \rightarrow \omega^2 CL = 1$$

② 공진 시 어드미턴스(Y)

$$Y = \frac{1}{R}[\mho] \, (\text{최소})$$

$$Z = \frac{1}{Y}[\Omega] \text{이므로 (임피던스 최대)}$$

③ 공진 전류(I_0)

$$I_0 = VY = \frac{V}{R}[A] \, (\text{전류 최소})$$

④ 전압과 전류의 위상 : R만의 회로이므로 동위상(동상)이 된다.

$$\omega L = \frac{1}{\omega C} \, (\text{동상})$$

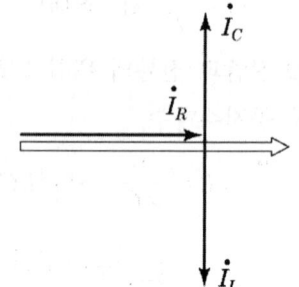

⑤ 역률 $\cos\theta$

$$\cos\theta = \frac{R}{Z} = \frac{R}{R} = 1$$

⑥ 공진주파수

$$\omega C = \frac{1}{\omega L} \rightarrow \omega^2 CL = 1 \rightarrow \omega = \frac{1}{\sqrt{LC}} \rightarrow 2\pi f = \frac{1}{\sqrt{LC}}$$

$$f_r = \frac{1}{2\pi\sqrt{LC}}[Hz]$$

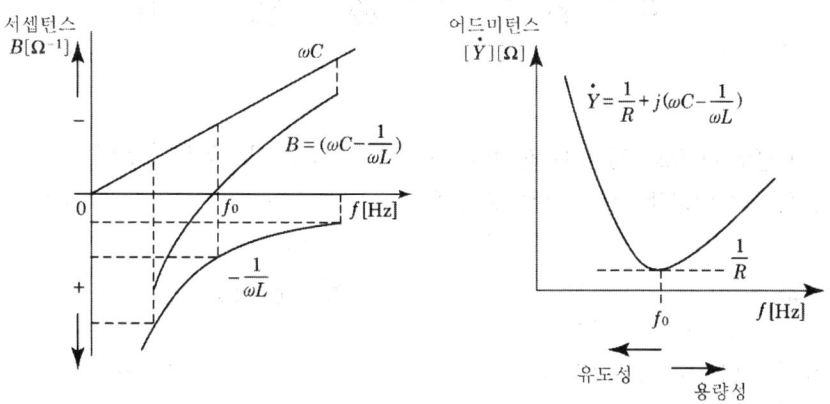

[병렬공진 주파수 특성]

[직렬 공진과 병렬 공진의 특징]

구 분	직렬 공진	병렬 공진
임피던스	최소	최대
전류	최대	최소
공진주파수	$\omega L = \dfrac{1}{\omega C} \to \omega^2 LC = 1 \to \omega = \dfrac{1}{\sqrt{LC}} \to 2\pi f = \dfrac{1}{\sqrt{LC}}$ $f_r = \dfrac{1}{2\pi \sqrt{LC}}$ [Hz]	

예·상·기·출·문·제

01 일반적인 경우 교류를 사용하는 전기난로의 전압과 전류의 위상에 대한 설명으로 옳은 것은?
① 전압과 전류는 동위상이다.
② 전압이 전류보다 90° 앞선다.
③ 전류가 전압보다 90° 앞선다.
④ 전류가 전압보다 60° 앞선다.

🖋 백열전구나 전기난로는 저항만의 회로이므로 전압과 전류는 동위상이다.

02 자체 인덕턴스가 1[H]인 코일에 200[V], 60[Hz]의 사인파 교류 전압을 가했을 때 전류와 전압의 위상차는? (단, 저항 성분은 무시한다.)
① 전류는 전압보다 위상이 $\frac{\pi}{2}$[rad] 만큼 뒤진다.
② 전류는 전압보다 위상이 π[rad] 만큼 뒤진다.
③ 전류는 전압보다 위상이 $\frac{\pi}{2}$[rad] 만큼 앞선다.
④ 전류는 전압보다 위상이 π[rad] 만큼 앞선다.

🖋 저항이 없는 L만의 회로이므로 전류는 전압보다 위상이 90°($\frac{\pi}{2}$[rad])만큼 뒤진다.

03 자체 인덕턴스가 0.01[H]인 코일에 100[V], 60[Hz]의 사인파 전압을 가할 때 유도 리액턴스는 약 몇 [Ω]인가?
① 3.77
② 6.28
③ 12.28
④ 37.68

🖋 유도 리액턴스
$X_L = \omega L = 2\pi f L$
$= 2 \times \pi \times 60 \times 0.01 ≒ 3.77[\Omega]$

04 어떤 회로의 소자에 일정한 크기의 전압으로 주파수를 2배로 증가시켰더니 흐르는 전류의 크기가 $\frac{1}{2}$로 되었다. 이 소자의 종류는?
① 저항
② 코일
③ 콘덴서
④ 다이오드

🖋 RLC의 주파수 특성
㉠ 저항 : $R[\Omega]$이므로 주파수와 무관하다.
㉡ 유도성 리액턴스 $X_L = \omega L = 2\pi f L[\Omega]$이므로 주파수에 비례한다.
㉢ 용량성 리액턴스 $X_C = \frac{1}{\omega C} = \frac{1}{2\pi f C}[\Omega]$이므로 주파수에 반비례한다.
∴ 주파수를 2배로 할 때 임피던스가 2배로 증가하여 전압 일정 시 전류가 $\frac{1}{2}$이 되는 소자는 코일이다.

05 인덕턴스 0.5[H]에 주파수가 60[Hz]이고 전압이 220[V]인 교류 전압이 가해질 때 흐르는 전류는 약 몇 [A]인가?
① 0.59
② 0.87
③ 0.97
④ 1.17

🔓 Answer   1. ①   2. ①   3. ①   4. ②   5. ④

㉠ 인덕턴스의 저항값
$X_L = \omega L = 2\pi f L$

㉡ 옴의 법칙에 따라 대입하면
$I = \dfrac{V}{Z} = \dfrac{V}{X_L} = \dfrac{V}{2\pi f L}$
$= \dfrac{220}{2\times\pi\times 60\times 0.5} \fallingdotseq 1.17[A]$

06 $R=10[\Omega]$, $L=50[mH]$의 RL 직렬회로에 $V=220[V]$, $f=60[Hz]$의 교류 전압을 가할 때 전류의 크기는 약 몇 [A]인가?
① 9.67　② 10.31
③ 12.17　④ 14.78

㉠ $X_L = \omega L = 2\pi f L [\Omega]$
$= 2\pi \times 60 \times 0.05 \fallingdotseq 18.84[\Omega]$

㉡ $i = \dfrac{v}{Z} = \dfrac{220}{10+j18.84}$
$= \dfrac{220}{\sqrt{10^2+18.84^2}} = 10.31[A]$

07 $\dot{Z}_1 = 5+j3[\Omega]$, $\dot{Z}_2 = 7-j3[\Omega]$이 직렬로 연결된 회로에 $V=36[V]$를 가한 경우의 전류 [A]는?
① 1　② 3
③ 6　④ 10

㉠ 합성 임피던스
$\dot{Z}_0 = \dot{Z}_1 + \dot{Z}_2$
$= (5+j3)+(7-j3)=12[\Omega]$

㉡ 전류 $I = \dfrac{V}{Z} = \dfrac{36}{12} = 3[A]$

08 $R=8[\Omega]$, $L=19.1[mH]$의 직렬회로에 5[A]가 흐르고 있을 때 인덕턴스(L)에 걸리는 단자 전압의 크기는 약 몇 [V]인가?
① 12　② 25
③ 29　④ 36

$V_L = \omega L I = 2\pi f L I$
$= 2\times\pi\times 60 \times 19.1\times 10^{-3}\times 5 = 36[V]$

09 정전용량 $C[\mu F]$의 콘덴서에 충전된 전하가 $q=\sqrt{2}\,Q\sin\omega t[C]$와 같이 변화하도록 하였다면 이때 콘덴서에 흘러 들어가는 전류의 값은?
① $i=\sqrt{2}\,\omega Q\sin\omega t$
② $i=\sqrt{2}\,\omega Q\cos\omega t$
③ $i=\sqrt{2}\,\omega Q\sin(\omega t-60°)$
④ $i=\sqrt{2}\,\omega Q\cos(\omega t-60°)$

C만의 회로에서는 전류가 전압보다 90° 앞서는 진상 전류가 흐른다.
$i = \dfrac{d\sqrt{2}\,Q\sin\omega t}{dt} = \sqrt{2}\,\omega Q\cos\omega t$

10 어떤 회로에 $v=200\sin\omega t[V]$의 전압을 가했더니 $i=50\sin(\omega t+\dfrac{\pi}{2})[A]$의 전류가 흘렀다. 이 회로는 어떤 회로인가?
① 저항 회로　② 유도성 회로
③ 용량성 회로　④ 임피던스 회로

용량성 회로의 전압·전류 순시값 표시
㉠ 전압 $v=200\sin\omega t[V]$
㉡ 전류 $i=50\sin(\omega t+\dfrac{\pi}{2})[A]$

∴ 전류가 전압보다 위상이 $\dfrac{\pi}{2}(=90°)[rad]$ 만큼 앞선다.

Answer　6. ②　7. ②　8. ④　9. ②　10. ③

11 다음 중 용량 리액턴스 X_C와 반비례하는 것은?

① 전류   ② 전압
③ 저항   ④ 주파수

🔑 용량성 리액턴스 $X_C = \dfrac{1}{\omega C} = \dfrac{1}{2\pi f C}[\Omega]$ 이므로 주파수에 반비례한다.

12 콘덴서의 정전용량이 커질수록 용량 리액턴스의 값은 어떻게 되는가?

① 무한대로 접근한다.
② 커진다.
③ 작아진다.
④ 변화하지 않는다.

🔑 용량성 리액턴스 $X_C = \dfrac{1}{\omega C} = \dfrac{1}{2\pi f C}[\Omega]$ 이므로 콘덴서 용량에 반비례한다. 따라서, 정전용량이 커질수록 용량성 리액턴스 값은 작아진다.

13 교류회로에서 코일과 콘덴서를 병렬로 연결한 상태에서 주파수가 증가하면 어느 쪽의 전류가 잘 흐르는가?

① 콘덴서
② 코일
③ 코일과 콘덴서에 같이 흐른다.
④ 모두 흐르지 않는다.

🔑 용량 리액턴스 $X_C = \dfrac{1}{2\pi f C}$ 이므로 정전용량 C값이 커지면 용량 리액턴스의 값은 작아진다.

14 R-L 직렬회로의 임피던스 $\dot{Z}$의 크기를 나타내는 식은?

① $R^2 + X_L^2$ ② $R^2 + X_L^2$
③ $\sqrt{R^2 + X_L^2}$ ④ $\sqrt{R^2 - X_L^2}$

🔑 복소수 $\dot{A} = a + jb$일 때
㉠ 절댓값 $A = \sqrt{a^2 + b^2}$
㉡ R-L 직렬회로의 임피던스
$\dot{Z} = R + jX_L = R + j\omega L[\Omega]$
$\therefore Z = \sqrt{R^2 + X_L^2}[\Omega]$

15 저항 9[Ω], 용량 리액턴스 12[Ω] 직렬회로의 임피던스는 몇 [Ω]인가?

① 3   ② 15
③ 21   ④ 32

🔑 임피던스
$Z = \sqrt{R^2 + X_C^2} = \sqrt{9^2 + 12^2} = 15[\Omega]$

16 $Z_1 = 2 + j11[\Omega]$, $Z_2 = 4 - j3[\Omega]$의 직렬회로에 교류 전압 100[V]를 가할 때 합성 임피던스[Ω]는?

① 6   ② 8
③ 10   ④ 14

🔑 R-L 직렬회로에서 합성 임피던스
$Z = \sqrt{R^2 + X_L^2}$
$= \sqrt{(2+4)^2 + (11-3)^2} = 10[\Omega]$

17 저항 3[Ω], 유도 리액턴스 4[Ω]의 직렬회로에 교류 100[V]를 가할 때 흐르는 전류와 위상각은?

① 14.3[A], 37°   ② 14.3[A], 53°
③ 20[A], 37°   ④ 20[A], 53°

🔑 R-L 직렬회로의 임피던스

🔓 **Answer** 11. ④ 12. ③ 13. ① 14. ③ 15. ② 16. ③ 17. ④

$\dot{Z} = R + jX_L = R + j\omega L [\Omega]$ 이므로

㉠ 임피던스 크기
$Z = \sqrt{R^2 + X_L^2} = \sqrt{3^2 + 4^2} = 5[\Omega]$

㉡ 전류의 크기 $I = \dfrac{V}{Z} = \dfrac{100}{5} = 20[A]$

㉢ 위상차 $\theta = \tan^{-1}\dfrac{\omega L}{R} = \tan^{-1}\dfrac{4}{3} = 53°$

18 저항 $R = 5[\Omega]$, 자체 인덕턴스 $L = 30[mH]$이 R-L 직렬로 연결된 회로에 주파수 60[Hz], 200[V]의 교류 전압을 인가한 경우의 전류의 크기는 약 몇 [A]인가?

① 8.67　　② 11.42
③ 16.17　　④ 21.25

🔑 유도성 리액턴스
㉠ $X_L = 2\pi fL = 2 \times 3.14 \times 60 \times 30 \times 10^{-3}$
　　 $≒ 11.31[\Omega]$
㉡ $Z = \sqrt{R^2 + X_L^2}$
　　$= \sqrt{5^2 + 11.31^2} = 12.37[\Omega]$
∴ $I = \dfrac{V}{Z} = \dfrac{200}{12.37} ≒ 16.17[A]$

19 저항과 코일이 직렬 연결된 회로에서 직류 220[V]를 인가하면 20[A]의 전류가 흐르고, 교류 220[V]를 인가하면 10[A]의 전류가 흐른다. 이 코일의 리액턴스[Ω]는 얼마인가?

① 약 19.05　　② 약 16.06
③ 약 13.06　　④ 약 11.04

🔑 유도성 리액턴스 $X_L = \omega L = 2\pi fL[\Omega]$에서 직류 $f = 0$이므로 $X_L = 0[\Omega]$인 단락 상태가 된다. 따라서, 직류 전압 인가 시 코일은 없는 것이나 마찬가지이므로 R만의 회로가 된다.

㉠ 직류 전압 인가 시 저항
$R = \dfrac{V}{I} = \dfrac{220}{20} = 11[\Omega]$

㉡ 교류 전압 인가 시 임피던스
$Z = \dfrac{V}{I} = \dfrac{220}{10} = 22[\Omega]$

㉢ R-L 직렬회로 임피던스 $\dot{Z} = R + jX_L[\Omega]$
에서 $Z = \sqrt{R^2 + X_L^2}$
∴ $X_L = \sqrt{Z^2 - R^2} = \sqrt{22^2 - 11^2} ≒ 19.05$

20 저항 8[Ω]과 코일이 직렬로 연결된 회로에 200[V]의 교류 전압을 가하면 20[A]의 전류가 흐른다. 이 코일의 리액턴스[Ω]는 얼마인가?

① 2　　② 4
③ 6　　④ 8

🔑 ㉠ 교류 전압 인가 시 임피던스
$Z = \dfrac{V}{I} = \dfrac{200}{10} = 10[\Omega]$

㉡ R-L 직렬회로 임피던스 $\dot{Z} = R + jX_L[\Omega]$
에서 $Z = \sqrt{R^2 + X_L^2}$
∴ $X_L = \sqrt{Z^2 - R^2} = \sqrt{10^2 - 8^2} = 6[\Omega]$

21 $R = 6[\Omega]$, $X_C = 8[\Omega]$일 때 임피던스 $\dot{Z} = 6 - j8[\Omega]$으로 표시되는 것은 일반적으로 어떤 회로인가?

① RC 직렬회로　　② RL 직렬회로
③ RC 병렬회로　　④ RL 병렬회로

🔑 임피던스가 실수와 허수의 조합으로 구성되어 있으면 직렬회로이고 $\dot{Z} = 6 - j8[\Omega]$일 경우 허수부가 (-)이므로 진상회로인 RC 직렬회로이다.
임피던스 식에서 리액턴스 성분이 유도성

🔓 Answer　18. ③　19. ①　20. ③　21. ①

면 $+j$, 용량성이면 $-j$이다.

22 $R=6[\Omega]$, $X_C=8[\Omega]$이 직렬로 접속된 회로에 $I=10[A]$의 전류가 흐른다면 전압[V]은?

① $60+j80$ ② $60-j80$
③ $100+j150$ ④ $100-j150$

🎯 RC 직렬회로
㉠ $\dot{Z}=R-jX_C=6-j8[\Omega]$
㉡ $\dot{V}=\dot{Z}\cdot\dot{I}$
$=(6-j8)\times10=60-j80[V]$

23 그림과 같은 회로에 흐르는 유효분 전류[A]는?

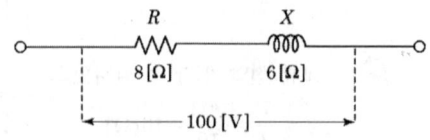

① 4 ② 6
③ 8 ④ 10

🎯 유효분 전류와 무효분 전류
㉠ 유효분 전류 : R 성분으로 인해 흐르는 전압과 동위상인 전류
㉡ 무효분 전류 : L 성분으로 인해 흐르는 전압보다 $90°$ 뒤진 전류
$I=\dfrac{V}{Z}=\dfrac{100}{8+j6}=\dfrac{100(8-j6)}{(8+j6)(8-j6)}$
$=\dfrac{800-j600}{100}=8-j6[A]$
∴ 유효분 전류 : 8[A], 무효분 전류 : 6[A]

24 RC 직렬회로에 50[V]의 전압을 가하니 $8+j6[A]$의 전류가 흘렀다면 이 회로의 임피던스[Ω]는?

① $3-j4$ ② $3+j4$
③ $4-j3$ ④ $4+j3$

🎯 RC 직렬회로
$\dot{Z}=\dfrac{\dot{V}}{\dot{I}}=\dfrac{50}{8+j6}=\dfrac{50(8-j6)}{(8+j6)(8-j6)}$
$=\dfrac{50(8-j6)}{64+36}=\dfrac{400-j300}{100}$
$=4-j3[\Omega]$

25 8[Ω]의 용량 리액턴스에 어떤 교류 전압을 가하면 10[A]의 전류가 흐른다. 여기에 어떤 저항을 직렬로 접속하여 같은 전압을 가하면 8[A]로 감소되었다. 저항은 몇 [Ω]인가?

① 6 ② 8
③ 10 ④ 12

🎯 C만의 회로이므로 $V=X_C\cdot I=8\times10=80$[V]이다. 저항을 직렬로 접속하면 RC 직렬회로가 된다. 따라서, RC 직렬회로 임피던스의 크기 $\dot{Z}=\dfrac{\dot{V}}{I}=\dfrac{80}{8}=10[\Omega]$이다.
RC 직렬회로의 임피던스 $\dot{Z}=\sqrt{R^2+X_C^2}[\Omega]$이므로 $10=\sqrt{R^2+8^2}[\Omega]$에서
∴ $R=\sqrt{Z^2-X_C^2}=\sqrt{10^2-8^2}=6[\Omega]$

26 $\omega L=5$, $\dfrac{1}{\omega C}=25[\Omega]$의 LC 직렬회로에 100[V] 교류를 가할 때 전류[A]는 얼마인가?

① 3.3[A], 유도성 ② 5[A], 유도성
③ 3.3[A], 용량성 ④ 5[A], 용량성

🎯 LC 직렬회로
㉠ $I=\dfrac{V}{Z}=\dfrac{V}{(X_L-X_C)}=\dfrac{100}{25-5}=5[A]$
㉡ $X_L<X_C$이므로 용량성 회로이다.

Answer 22. ② 23. ③ 24. ③ 25. ① 26. ④

27 $R=3[\Omega]$, $\omega L=8[\Omega]$, $\dfrac{1}{\omega C}=4[\Omega]$인 R-L-C 직렬회로의 임피던스는 몇 [Ω]인가?

① 5 ② 8.5
③ 12.4 ④ 15

$Z=\sqrt{R^2+(\omega L-\dfrac{1}{\omega C})^2}$
$=\sqrt{3^2+(8-4)^2}=5[\Omega]$

28 그림과 같은 RL 병렬회로에서 $R=3[\Omega]$, $\omega L=\dfrac{100}{3}[\Omega]$일 때, 200[V] 전압을 가하면 코일에 흐르는 전류 I_L[A]은?

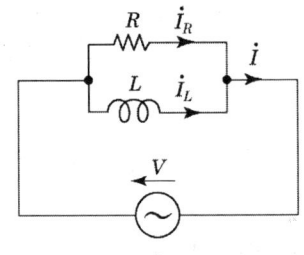

① 3.0 ② 4.8
③ 6.0 ④ 8.2

유도성 리액턴스 $\omega L=\dfrac{100}{3}[\Omega]$이므로, 코일에 흐르는 전류
$I_L=\dfrac{V}{X_L}=\dfrac{200}{\dfrac{100}{3}}[A]$

29 6[Ω]의 저항과 8[Ω]의 용량성 리액턴스의 병렬회로가 있다. 이 병렬회로의 임피던스는 몇 [Ω]인가?

① 1.5 ② 2.6
③ 3.8 ④ 4.8

병렬회로의 합성 임피던스
$Z=\dfrac{R\cdot X}{\sqrt{R^2+X^2}}$
$=\dfrac{6\times 8}{\sqrt{6^2+8^2}}=\dfrac{48}{10}=4.8[\Omega]$

30 R-L-C 직렬회로에서 임피던스 $\dot{Z}$ 의 크기를 나타내는 식은?

① $R^2+X_L^2$
② $R^2-X_C^2$
③ $\sqrt{R^2+(X_L-X_C)^2}$
④ 0

R-L-C 직렬회로의 임피던스
$\dot{Z}=R+j(X_L-X_C)$
$=R+j(\omega L-\dfrac{1}{\omega C})[\Omega]$
$Z=\sqrt{R^2+(X_L-X_C)^2}[\Omega]$

31 저항 5[Ω], 유도 리액턴스 30[Ω], 용량 리액턴스 18[Ω]인 RLC 직렬회로에 130[V]의 교류를 가할 때 흐르는 전류[A]는?

① 10[A], 유도성 ② 10[A], 용량성
③ 5.9[A], 유도성 ④ 5.9[A], 용량성

㉠ 전체 임피던스
$Z=\sqrt{R^2+(X_L-X_C)^2}$
$=\sqrt{5^2+(30-18)^2}=13[\Omega]$
㉡ 전류 $I=\dfrac{V}{Z}=\dfrac{130}{13}=10[A]$
㉢ 유도 리액턴스가 용량 리액턴스보다 크므로 유도성이다.

32 $R=6[\Omega]$, $X_L=8[\Omega]$, $X_C=16[\Omega]$가 직렬로 연결된 회로에 100[V]의 교류를 가했

Answer 27. ① 28. ③ 29. ④ 30. ③ 31. ① 32. ③

을 때 흐르는 전류와 임피던스는?

① 7.14[A], 용량성
② 7.14[A], 유도성
③ 10[A], 용량성
④ 10[A], 유도성

🔑 ㉠ RLC 직렬회로
$$I = \frac{V}{Z} = \frac{V}{\sqrt{R^2+(X_L-X_C)^2}}$$
$$= \frac{100}{\sqrt{6^2+(8-16)^2}} = 10[A]$$
㉡ 용량성 리액턴스 X_C값이 유도성 리액턴스 X_L값보다 크므로 용량성 임피던스 특성을 나타낸다.

33 그림과 같은 RC 병렬회로의 위상각 θ는?

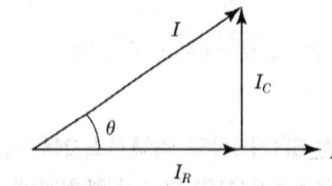

① $\tan^{-1}\frac{\omega C}{R}$ ② $\tan^{-1}\omega CR$

③ $\tan^{-1}\frac{R}{\omega C}$ ④ $\tan^{-1}\frac{1}{\omega CR}$

🔑 RC 병렬회로의 위상각
$$\theta = \tan^{-1}\frac{R}{X_C} = \tan^{-1}\frac{R}{\frac{1}{\omega C}}$$
$$= \tan^{-1}\omega CR [\text{rad}]$$

34 어드미턴스 $\dot{Y}=4+j3[\mho]$를 임피던스[Ω]으로 고치면?

① 0.16 ② 0.2
③ 0.31 ④ 0.5

🔑 $\dot{Y}=\sqrt{4^2+3^2}=5[\mho]$이므로
$Z=\frac{1}{Y}=\frac{1}{5}=0.2[\Omega]$

35 다음 중 어드미턴스에 대한 설명으로 옳은 것은?

① 교류에서 저항 이외의 전류를 방해하는 저항 성분
② 전기회로에서 회로 저항의 역수
③ 전기회로에서 임피던스의 역수의 허수부
④ 교류회로에서 전류의 흐르기 쉬운 정도를 나타낸 것으로써 임피던스의 역수

🔑 어드미턴스(admittance)
㉠ 교류회로에서 전류의 흐르기 쉬운 정도를 나타낸 것
㉡ 임피던스의 역수
㉢ 기호 : Y, 단위 : $\mho$ 사용

36 어드미턴스의 실수부는 무엇을 나타내는가?

① 임피던스 ② 리액턴스
③ 컨덕턴스 ④ 서셉턴스

🔑 어드미턴스 $\dot{Y}=\frac{1}{Z}=G+jB[\mho]$
실수부(G)는 컨덕턴스, 허수부(B)는 서셉턴스라 한다.

37 저항 $\frac{1}{3}[\Omega]$, 유도성 리액턴스 $\frac{1}{4}[\Omega]$인 RL 병렬회로가 있다. 이 병렬회로의 합성 어드미턴스는 몇 [$\mho$]인가?

① $\dot{Y}=\frac{1}{3}+j\frac{1}{4}$ ② $\dot{Y}=\frac{1}{3}-j\frac{1}{4}$
③ $\dot{Y}=3+j4$ ④ $\dot{Y}=3-j4$

🔓 Answer 33. ② 34. ② 35. ④ 36. ③ 37. ④

$R = \frac{1}{3}[\Omega]$, $X_L = \frac{1}{4}[\Omega]$이므로

$Y_1 = \frac{1}{R} = 3[\mho]$, $Y_2 = -j\frac{1}{X_L} = -j4[\mho]$라 하면

$\therefore \dot{Y} = \dot{Y_1} + \dot{Y_2} = 3 - j4[\mho]$

38 RL 직렬회로에서 서셉턴스는?

① $\frac{R}{R^2 + X_L^2}$ ② $\frac{X_L}{R^2 + X_L^2}$

③ $\frac{-R}{R^2 + X_L^2}$ ④ $\frac{-X_L}{R^2 + X_L^2}$

㉠ RL 직렬회로의 임피던스 $Z = R + jX_L[\Omega]$

㉡ 어드미턴스 $Y = \frac{1}{Z}[\mho]$이므로

$Y = \frac{1}{Z} = \frac{1}{(R + jX_L)}$

$= \frac{R - jX_L}{(R + jX_L)(R - jX_C)}$

$= \frac{R}{R^2 + X_L^2} + j\frac{-X_L}{R^2 + X_L^2}[\mho]$

$\therefore$ 컨덕턴스 $G = \frac{R}{R^2 + X_L^2}$ (Y의 실수부)

서셉턴스 $jb = \frac{-X_L}{R^2 + X_L^2}$ (Y의 허수부)

39 임피던스 $\dot{Z} = 6 + j8[\Omega]$에서 서셉턴스 $[\mho]$는?

① 0.06 ② 0.08
③ 0.6 ④ 0.8

어드미턴스 : 임피던스의 역수

$Y = \frac{1}{Z} = \frac{1}{6 + j8} = \frac{6 - j8}{(6 + j8)(6 - j8)}$

$= \frac{6 - j8}{6^2 + 8^2} = \frac{6 - j8}{100} = 0.06 - j0.08$

따라서, 서셉턴스는 어드미턴스의 허수 0.08이 된다.

40 RLC 직렬회로에서 전압과 전류가 동상이 되기 위한 조건은?

① $L = C$ ② $\omega LC = 1$
③ $\omega^2 LC = 1$ ④ $(\omega^2 LC) = 1$

동상 전류가 흐른다는 것은 R만의 회로이므로 직렬 공진이 되어야 한다.

$\therefore$ 직렬 공진 조건 $\omega L = \frac{1}{\omega C}$에서 $\omega^2 LC = 1$이 된다.

41 RLC 직렬회로에서 직렬 공진인 경우 전압과 전류의 위상 관계가 어떻게 되는가?

① 전류가 전압보다 $\frac{\pi}{2}$[rad] 앞선다.

② 전류가 전압보다 $\frac{\pi}{2}$[rad] 뒤진다.

③ 전류가 전압보다 π[rad] 앞선다.

④ 전류와 전압은 동상이다.

RLC 직렬 공진 시 리액턴스 성분은 0이고, 임피던스 성분은 저항만 존재하는 R만의 회로가 되므로 전류와 전압은 동상이다.

42 RLC 직렬 공진회로에서 최소가 되는 것은?

① 저항값 ② 임피던스값
③ 전류값 ④ 전압값

직렬 공진

$\dot{Z} = R + j(X_L - X_C)[\Omega]$에서

$X_L = X_C$이므로

Answer 38. ④ 39. ② 40. ③ 41. ④ 42. ②

㉠ $Z = R$ (최소)

㉡ $I = \dfrac{V}{Z}$ (전류 최대)

RLC 직렬 공진 시 리액턴스 성분은 0이고, 임피던스 성분은 저항만 존재하는 R만의 회로가 되기 때문에 임피던스 $Z = R[\Omega]$으로 최소가 되어 회로에 흐르는 전류 $I = \dfrac{V}{R}[A]$는 최대가 된다.

43 RLC 직렬회로에서 직렬 공진인 경우 공진주파수 f_r[Hz]는 얼마인가?

① $f_r = \dfrac{1}{2\pi\sqrt{LC}}$ ② $f_r = \dfrac{1}{2\pi\sqrt{RC}}$

③ $f_r = \dfrac{1}{\pi\sqrt{LC}}$ ④ $f_r = \dfrac{1}{2\pi\sqrt{RC}}$

직렬 공진 조건 $\omega L = \dfrac{1}{\omega C}$에서 $\omega^2 LC = 1$이므로 $\omega = \dfrac{1}{\sqrt{LC}}$ [rad/sec]이다.

$\therefore f_r = \dfrac{1}{2\pi\sqrt{LC}}$

44 그림의 병렬 공진회로에서 공진주파수 f_r[Hz]는?

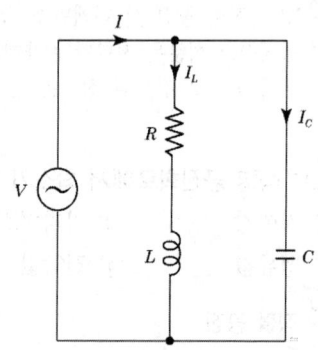

① $f_r = \dfrac{1}{2\pi}\sqrt{\dfrac{R}{L} - \dfrac{1}{LC}}$

② $f_r = \dfrac{1}{2\pi}\sqrt{\dfrac{L^2}{R^2} - \dfrac{1}{LC}}$

③ $f_r = \dfrac{1}{2\pi}\sqrt{\dfrac{1}{LC} - \dfrac{L}{R}}$

④ $f_r = \dfrac{1}{2\pi}\sqrt{\dfrac{1}{LC} - \dfrac{R^2}{L^2}}$

공진 조건 $\omega C = \dfrac{\omega L}{R^2 + (\omega L)^2}$이므로

$R^2 + (\omega L)^2 = \dfrac{\omega L}{\omega C} = \dfrac{L}{C} = (\omega L)^2 = \dfrac{L}{C} - R^2$

$= \dfrac{L}{L^2 C} - \left(\dfrac{R}{L}\right)^2 = \dfrac{1}{LC} - \left(\dfrac{R}{L}\right)^2$

$\omega^2 = \dfrac{1}{LC} - \left(\dfrac{R}{L}\right)^2 \rightarrow \omega = \sqrt{\dfrac{1}{LC} - \left(\dfrac{R}{L}\right)^2}$

$2\pi f = \sqrt{\dfrac{1}{LC} - \left(\dfrac{R}{L}\right)^2} \rightarrow f = \dfrac{1}{2\pi}\sqrt{\dfrac{1}{LC} - \left(\dfrac{R}{L}\right)^2}$

45 인덕턴스와 콘덴서가 병렬 공진되었을 때 임피던스값은?

① 무한값이다.

② 0이다.

③ 유한값이다.

④ 공진주파수에 따라 변한다.

LC 병렬 공진회로는 어드미턴스 $Y[\mho]$가 0이 되기 때문에 임피던스 $Z = \dfrac{1}{0} = \infty$가 된다.

Answer 43. ① 44. ④ 45. ①

9. 교류전력(단상 전력)

(1) 저항 부하의 전력

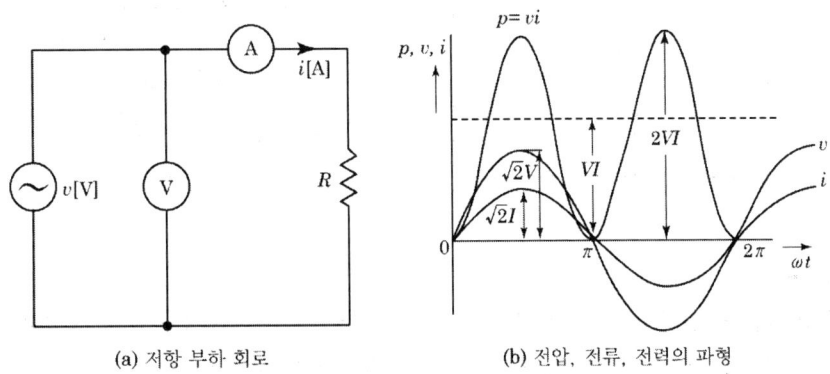

(a) 저항 부하 회로　　(b) 전압, 전류, 전력의 파형

[저항부하의 전력]

① 저항 R만인 부하회로에서의 교류전력 P는 순시전력을 평균한 값이다.
② 교류전력 $P = V \cdot I$ [W]

(2) 인덕턴스(L) 부하의 전력

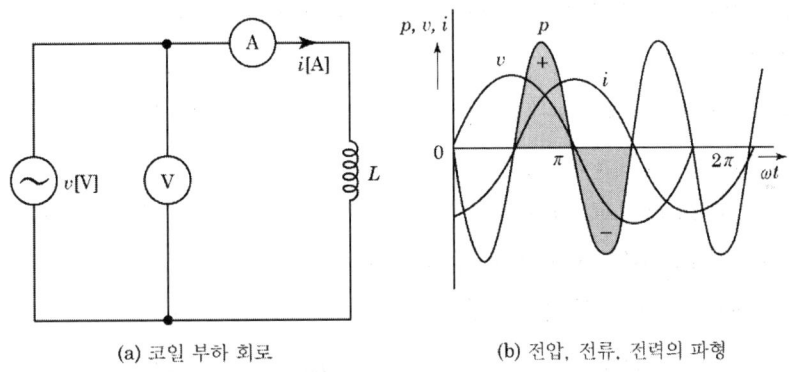

(a) 코일 부하 회로　　(b) 전압, 전류, 전력의 파형

[인덕턴스 부하의 전력]

① 그림 (b)의 순시 전력 곡선에서 (+)반주기 동안에는 전원에너지가 인덕턴스 L로 이동하여 충전되고, (-)반주기 동안에는 인덕턴스 L에 저장된 에너지가 전원쪽으로 이동하면서 방전된다.
② 인덕턴스 L에서는 에너지의 충전과 방전만을 되풀이하며 전력 소비는 없다.

(3) 정전용량(C) 부하의 전력

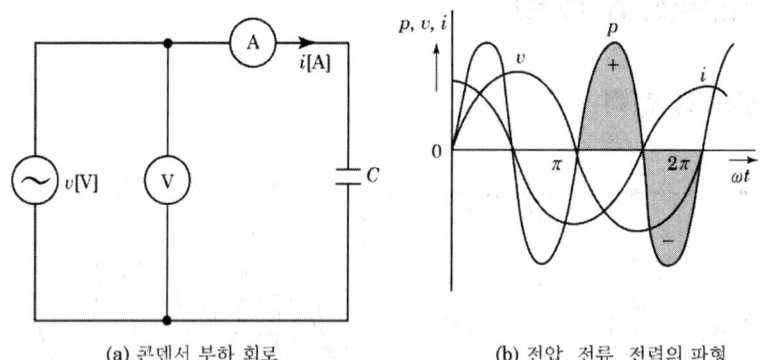

(a) 콘덴서 부하 회로 (b) 전압, 전류, 전력의 파형

[정전용량 부하의 전력]

① 그림 (b)의 순시 전력 곡선에서 (+)반주기 동안에는 전원에너지가 정전용량 C로 이동하여 충전되고 (-)반주기 동안에는 정전용량 C에 저장된 에너지가 전원쪽으로 이동하면서 방전된다.
② 정전용량 C에서는 에너지의 충전과 방전만을 되풀이하며 전력 소비는 없다.

(4) 임피던스 부하의 전력

저항과 유도성 리액턴스가 직렬로 접속된 유도성 부하에 순시 전압 v를 인가했을 때 흐르는 전류 i는 유도성 리액턴스로 인하여 위상차 θ만큼 뒤진 지상 전류가 흐르는데, 이것을 수식으로 정리하면

$v = \sqrt{2}\,V\sin\omega t[\text{V}]$, $i = \sqrt{2}\,I\sin(\omega t - \theta)[\text{A}]$가 흐르면 순시 전력 P는

$$P = VI = \sqrt{2}\,V\sin\omega t \cdot \sqrt{2}\sin(\omega t - \theta)$$
$$= 2VI\sin\omega t \cdot \sin(\omega t - \theta)$$
$$= VI\cos\theta - VI\cos(2\omega t - \theta)[\text{W}]$$

∴ $VI\cos(2\omega t - \theta)$의 평균값은 0이다. $P = VI\cos\theta[\text{W}]$

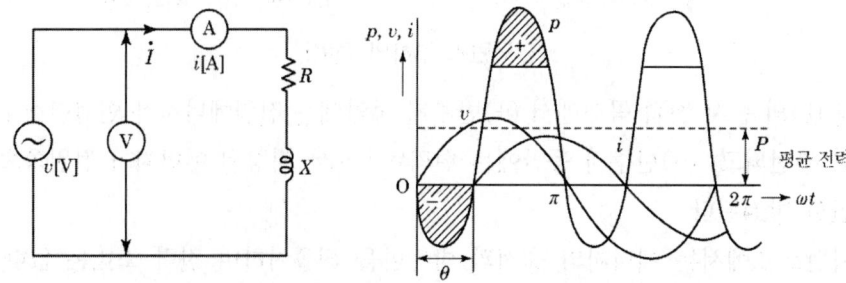

① 피상전력(P_a)
  ㉠ 회로에 가해지는 전압과 전류의 곱으로 표시한다.
  ㉡ 전체 임피던스 $\dot{Z} = R + jX$에서 발생하는 전력으로 전압과 전류의 각각의 실효값을 곱한 것이다.
  ㉢ 피상전력(겉보기 전력)의 크기
  $$P_a = VI = I^2 Z = \frac{V^2}{Z} = \frac{P}{\cos\theta} = \sqrt{P^2 + P_r^2} \ [\text{VA}]$$

② 유효전력(P)
  ㉠ 시간에 관계없이 일정하며 회로에서 소모되는 전력을 말한다.
  ㉡ 전체 임피던스 $\dot{Z} = R + jX$에서 저항 성분 R로 인해 발생하는 전력이다.
  ㉢ 유효전력의 크기
  $$P = I^2 R = VI\cos\theta = P_a \cos\theta \ [\text{W}]$$

③ 무효전력(P_r)
  ㉠ 전체 임피던스 $\dot{Z} = R + jX$에서 리액턴스 성분 jX로 인해 발생하는 전력이다.
  ㉡ 무효전력의 크기
  $$P_r = I^2 X = VI\sin\theta = P_a \sin\theta \ [\text{Var}]$$

(5) 역률(Power Factor) $\cos\theta$

① 피상전력에 대한 유효전력의 비이다.

② 역률 $\cos\theta = \dfrac{\text{유효전력}(P)}{\text{피상전력}(P_a)}$ (단, θ는 전압과 전류의 위상차)

(6) 무효율(Reactive Factor)

① 피상전력과 무효전력과의 비이다.

② 무효율 $= \sin\theta = \dfrac{\text{무효전력}}{\text{피상전력}} = \dfrac{P_r}{P_a} = \sqrt{1 - \cos^2\theta}$

예·상·기·출·문·제

01 교류전력에서 일반적으로 전기기기의 용량을 표시하는데 쓰이는 전력은?
① 피상전력　② 유효전력
③ 무효전력　④ 기전력

　㉠ 피상전력 : 이론상의 전력(전기기기의 용량 표시 전력)
　㉡ 유효전력 : 실제 사용되는 전력(전기기기에 사용된 전력)
　㉢ 무효전력 : 실제 사용되지 않은 전력(전기기기 사용 시 손실된 전력)

02 [VA]는 무엇의 단위인가?
① 피상전력　② 무효전력
③ 유효전력　④ 역률

　피상전력
　$P_a = V \times I$ [VA]

03 유효전력의 식으로 맞는 것은? (단, 전압 E, 전류 I, 역률은 $\cos\theta$ 이다.)
① $EI\cos\theta$　② $EI\sin\theta$
③ $EI\tan\theta$　④ EI

　교류전력의 종류
　㉠ 피상전력 $P_a = V \times I$ [VA]
　㉡ 유효전력 $P = V \times I \times \cos\theta$ [W]
　㉢ 무효전력 $P_r = V \times I \times \sin\theta$ [Var]

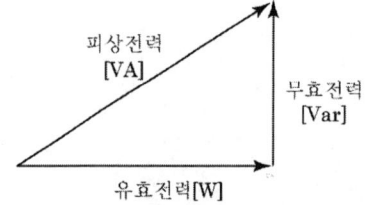

04 무효전력에 대한 설명으로 틀린 것은?
① $P = VI\cos\theta$ 로 계산된다.
② 부하에서 소모되지 않는다.
③ 단위로는 [Var]를 사용한다.
④ 전원과 부하 사이를 왕복하기만 하고 부하에 유효하게 사용되지 않는다.

　무효전력
　$P_r = V \times I \times \sin\theta$ [Var]

05 교류에서 무효전력 P_r [Var]은?
① VI　② $VI\cos\theta$
③ $VI\sin\theta$　④ $VI\tan\theta$

　무효전력
　$P_r = V \times I \times \sin\theta$ [Var]

06 다음 중 무효전력의 단위는 어느 것인가?
① [W]　② [Var]
③ [kW]　④ [VA]

　피상전력 : [VA], 유효전력 : [W], 무효전력 : [Var]

07 220[V] 단상의 부하에 전류가 전압보다 45° 뒤진 15[A]의 전류가 흘렀다. 소비전력[W]은?
① 2,857　② 3,300
③ 1,650　④ 2,333

　$P = VI\cos\theta$
　　$= 220 \times 15 \times \cos 45° = 2,333$ [W]

Answer 1. ① 2. ① 3. ① 4. ① 5. ③ 6. ② 7. ④

08 단상 전압 220[V]에 소형 전동기를 접속하였더니 2.5[A]가 흘렀다. 이때의 역률이 75[%]이었다. 이 전동기의 소비전력[W]은?
① 187.5 ② 412.5
③ 545.5 ④ 714.5

소비전력
$P = VI\cos\theta$ [W]
$= 220 \times 2.5 \times 0.75 = 412.5$ [W]

09 리액턴스가 10[Ω]인 코일에 직류 전압 100[V]를 가하였더니 전력 500[W]를 소비하였다. 이 코일의 저항[Ω]은 얼마인가?
① 5 ② 10
③ 20 ④ 25

유도성 리액턴스의 직류 특성
$X_L = \omega L = 2\pi f L$[Ω]에서 직류 $f=0$이므로 $X_L = 0$[Ω]인 단락 상태가 되므로, 직류 전압 인가 시 코일은 없는 것이나 마찬가지이므로 R만의 회로가 된다.
전력 $P = \dfrac{V^2}{R}$[W]에서
$R = \dfrac{V^2}{P} = \dfrac{100^2}{500} = 20$[Ω]

10 교류회로에서 전압과 전류의 위상차를 θ[rad]라 할 때 $\cos\theta$를 회로의 무엇이라 하는가?
① 전압 변동률 ② 파형률
③ 효율 ④ 역률

역률
$\cos\theta = \dfrac{P}{P_a} = \dfrac{R}{\sqrt{R^2+X^2}}$

11 피상전력이 400[kVA], 유효전력이 300[kW]일 때, 역률은 얼마인가?
① 0.5 ② 0.75
③ 0.85 ④ 1.43

역률
$\cos\theta = \dfrac{\text{유효전력}(P)}{\text{피상전력}(P_a)} = \dfrac{300}{400} = 0.75$

12 200[V], 40[W]의 형광등에 정격전압이 가해졌을 때 형광등 회로에 흐르는 전류는 0.42[A]이다. 이 형광등의 역률[%]은?
① 37.5 ② 47.6
③ 57.5 ④ 67.5

유효전력
$P = VI\cos\theta = P_a\cos\theta$[W]에서
역률 $\cos\theta = \dfrac{\text{유효전력}(P)}{\text{피상전력}(P_a)} = \dfrac{P}{VI}$
$= \dfrac{40}{200 \times 0.42} \times 100 = 47.6$[%]

13 저항 4[Ω], 유도 리액턴스 8[Ω], 용량 리액턴스 5[Ω]이 직렬로 된 회로에서의 역률은 얼마인가?
① 0.8 ② 0.7
③ 0.6 ④ 0.5

$\cos\theta = \dfrac{R}{Z} = \dfrac{R}{\sqrt{R^2+(X_L-X_C)^2}}$
$= \dfrac{4}{\sqrt{4^2+(8-5)^2}} = \dfrac{4}{5} = 0.8$

14 역률 80[%], 유효전력 80[kW]일 때 무효전력[kVar]은 얼마인가?
① 20 ② 40

Answer 8. ② 9. ③ 10. ④ 11. ② 12. ② 13. ① 14. ③

③ 60   ④ 80

역률 $\cos\theta = \dfrac{\text{유효전력}(P)}{\text{피상전력}(P_a)}$ 에서

피상전력 $P_a = \dfrac{P}{\cos\theta} = \dfrac{80}{0.8} = 100 [\text{kVA}]$

$\cos\theta = 0.8$ 이면

$\sin\theta = \sqrt{1-\cos\theta^2} = \sqrt{1-0.8^2} = 0.6$ 이므로

무효전력 $P_r = I^2 X = VI\sin\theta [\text{Var}]$
$= 100 \times 0.6 = 60 [\text{kVar}]$

10. 대칭 3상 교류

(1) 대칭 3상 교류

① 대칭 3상 교류의 발생 원리 : 기하학적으로 $\frac{2}{3}\pi$[rad]만큼의 간격을 두고 배치한 코일 A, B, C를 평등 자기장 내에서 일정한 속도로 반시계 방향으로 회전시킬 때 서로 $\frac{2}{3}\pi$[rad]만큼의 위상차를 가지면서 크기가 같은 3개의 사인파 전압이 발생한다. 이때 발생한 3개의 파형을 대칭 3상 교류라 한다.

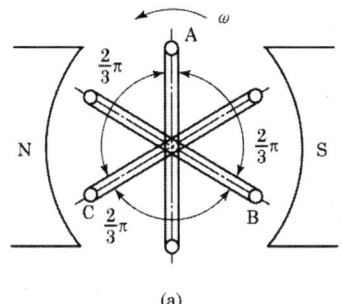 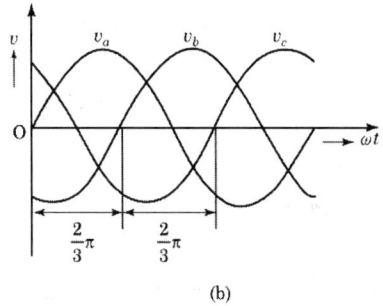

[3상 교류의 발생]

② 대칭 3상 교류의 순시값 및 벡터 표시
  ㉠ 순시값 표시
  $$v_a = \sqrt{2}\,V\sin\omega t\,[\mathrm{V}]$$
  $$v_b = \sqrt{2}\,V\sin(\omega t - \frac{2}{3}\pi)\,[\mathrm{V}]$$
  $$v_c = \sqrt{2}\,V\sin(\omega t + \frac{2}{3}\pi)\,[\mathrm{V}]$$
  ㉡ 벡터 합
  $$\dot{V_a} + \dot{V_b} + \dot{V_c} = 0$$

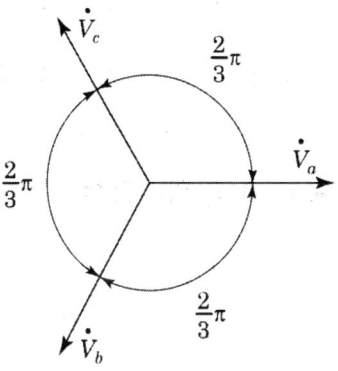

[3상 교류 전압의 벡터 표시]

(2) 대칭 3상 교류의 조건

① 벡터 합=0이 될 것
② 각 상의 기전력의 크기가 같을 것

③ 각 상의 주파수의 크기가 같을 것

④ 각 상의 위상차가 각각 $\frac{2}{3}\pi[\text{rad}]$일 것

(3) Y(성형) 결선 방식

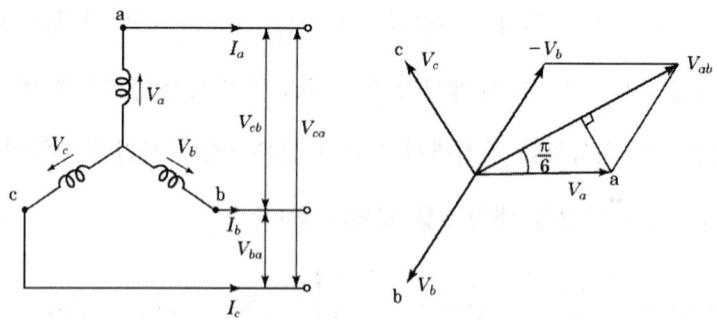

[Y 결선의 상전압과 선간전압]

상전압(V_P) = $V_a = V_b = V_c$[V]   선간전압(V_l) = $\sqrt{3}\,V_P$[V]

상전류(I_P) = $I_a = I_b = I_c$[A]   선전류(I_l) = I_P[A]

① 전압의 크기 및 위상 관계 : 선간전압 크기가 상전압의 $\sqrt{3}$ 배이고, 위상은 선간전압이 상전압보다 $\frac{\pi}{6}$[rad](30°)만큼 앞선다.

$$\dot{V}_L = \sqrt{3}\,V_P \angle \frac{\pi}{6}[\text{V}]$$

② 전류의 크기 및 위상 관계 : 선전류는 상전류와 크기 및 위상이 같다.

$$\dot{I}_l = \dot{I}_P \angle 0[\text{A}]$$

(4) Δ(환형) 결선

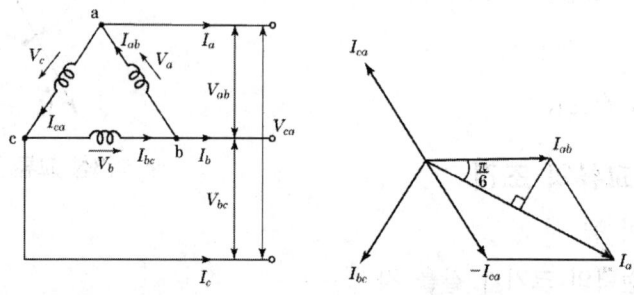

[Δ결선의 상전압과 선간전압]

상전압(V_P) = $V_a = V_b = V_c$[V]　　　선간전압(V_l) = V_P[V]

상전류(I_P) = $I_a = I_b = I_c$[A]　　　선전류(I_l) = $\sqrt{3}\,I_P$[A]

① 전압의 크기 및 위상 관계 : 선간전압과 상전압은 크기 및 위상이 같다.

$$\dot{V} = V_P \angle 0 [V]$$

② 전류의 크기 및 위상 관계 : 선전류의 크기가 상전류의 $\sqrt{3}$ 배이고, 위상은 선전류가 상전류보다 $\frac{\pi}{6}$[rad](30°)만큼 뒤진다.

$$\dot{I} = \sqrt{3}\,I_P \angle -\frac{\pi}{6} [A]$$

(5) 임피던스의 변환

각각의 임피던스 크기가 모두 같을 경우 Y결선이나 Δ결선된 임피던스를 환산한 경우이다.

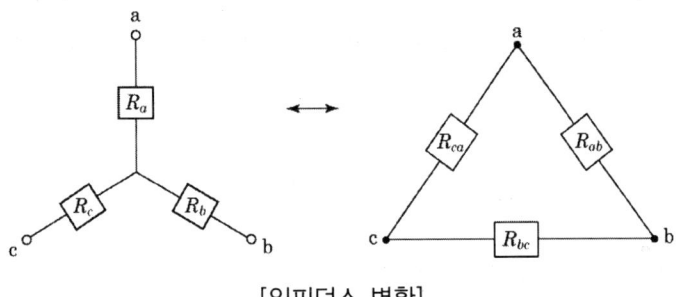

[임피던스 변환]

① Y → Δ 변환 : Y결선에 비하여 임피던스값이 3배로 증가한다.

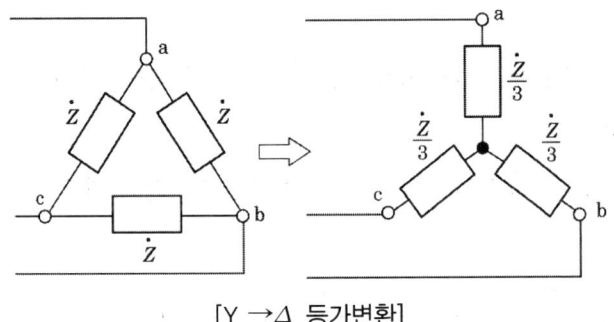

[Y → Δ 등가변환]

∴ $R_\Delta = 3R_Y$[Ω]

② Δ → Y 변환 : Δ결선에 비하여 저항값이 $\frac{1}{3}$ 배로 감소한다.

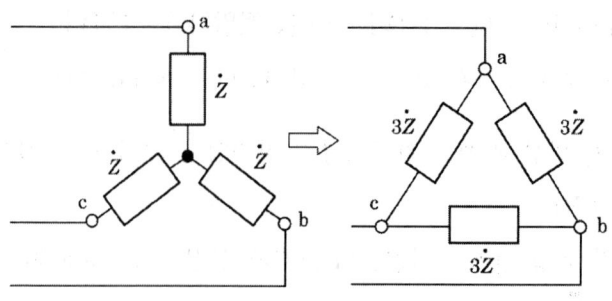

[Δ → Y 등가변환]

$$\therefore R_Y = \frac{1}{3}R_\Delta [\Omega]$$

(6) V결선

① 개념 : Δ결선된 3상 전원 중에서 1상을 제거한 상태, 즉 2개의 전원으로 평형 3상 전원을 공급하여 운전하는 결선법으로, 변압기 3대를 이용한 Δ결선 운전 중 변압기 1대 고장 시 나머지 2대를 이용하여 계속적으로 3상 전력을 공급할 수 있는 결선법이다.

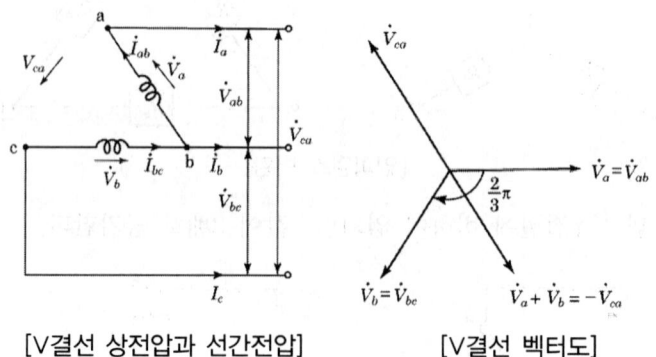

[V결선 상전압과 선간전압]   [V결선 벡터도]

② 2대 변압기 용량

$$P_V = \sqrt{3}\,P_1 = \sqrt{3}\,V_P I_P [\text{W}] \quad (P_1 : \text{변압기 1대의 용량})$$

③ 이용률

$$\text{이용률} = \frac{\text{V결선 용량}}{\text{변압기 2대 용량}} = \frac{\sqrt{3}\,P_1}{2P_1} \times 100 = 86.6[\%]$$

④ 출력비

$$\text{출력비} = \frac{\text{V결선 출력}}{\Delta\text{결선 출력}} = \frac{\sqrt{3}\,P_1}{3P_1} \times 100 = 57.7[\%]$$

11. 3상 전력

(1) 피상전력(P_a)
① 전체 임피던스 Z에서 소비하는 전력이다.
② $P_a = 3V_P I_P = \sqrt{3}\, V_l I_l$

(2) 유효전력(P)
① 저항 부하 R에서 소비하는 전력이다.
② $P = 3V_P I_P \cos\theta = \sqrt{3}\, V_l I_l \cos\theta$

(3) 무효 전력(P_r)
① 리액턴스 X에서 발생하는 전력이다.
② $P_r = 3V_P I_P \sin\theta = \sqrt{3}\, V_l I_l \sin\theta$

여기서, 선간전압 $V_l = V$[V], 선전류 $I_l = I$[A]로 표기한다.

12. 2전력계법에 의한 3상 전력의 측정

단상 전력계 W_1, W_2의 지시를 각각 P_1, P_2[W]라 할 때 각각의 3상 부하에 걸린 선간전압을 V[V], 선전류를 I[A], 역률을 $\cos\theta$라 하면 각각의 전력은 다음과 같이 나타낼 수 있다.

① 유효전력 $\quad P = P_1 + P_2 = \sqrt{3}\, VI\cos\theta$ [W]

② 무효전력 $\quad P_r = \sqrt{3}(P_1 - P_2) = \sqrt{3}\, VI\sin\theta$ [Var]

여기서, $P_1 - P_2$: 각각의 전력계 지시값 중 큰 값과 작은 값과의 차

③ 피상전력 $\quad P_a = 2\sqrt{P_a^2 + P_2^2 - P_1 P_2} = \sqrt{3}\, VI$ [VA]

④ 역률 $\quad \cos\theta = \dfrac{P}{P_a} = \dfrac{P_1 + P_2}{2\sqrt{P_1^2 + P_2^2 - P_1 P_2}} 1$

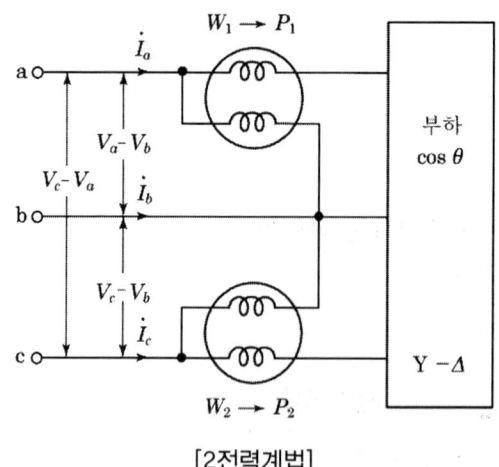

[2전력계법]

예·상·기·출·문·제

01 대칭 3상 교류를 올바르게 설명한 것은?
① 3상의 크기 및 주파수가 같고 위상차가 60°의 간격을 가진 교류
② 3상의 크기 및 주파수가 각각 다르고 위상차가 60°의 간격을 가진 교류
③ 3상의 크기 및 주파수가 같고 위상차가 120°의 간격을 가진 교류
④ 동시에 존재하는 3상의 크기 및 주파수가 같고 위상차가 90°의 간격을 가진 교류

🔑 대칭 3상 교류
㉠ 3상의 크기가 같을 것
㉡ 3상의 위상차가 각각 $\frac{2\pi}{3}$[rad]=120° 일 것
㉢ 3상의 주파수가 같을 것
㉣ 3상의 벡터 합이 0이 될 것

02 대칭 3상 교류의 순시값의 합[V]은?
① 0   ② 50
③ 115   ④ 220

🔑 평형(대칭) 3상 $V_a + V_b + V_c = 0$

03 대칭 3상 교류에서 기전력 및 주파수가 같을 경우 각 상간의 위상차는 얼마인가?
① π ② $\frac{\pi}{2}$
③ $\frac{2\pi}{3}$ ④ 2π

🔑 대칭 3상 교류는 각 파형이 120°의 위상차를 갖는다. 따라서 호도법에서 $\pi = 180°$이므로 $\frac{2\pi}{3} = 120°$이다.

04 평형 3φ 회로에서 1φ의 소비전력이 P[W]라면 3φ 회로의 전체 소비전력[W]은?
① P   ② 2P
③ 3P   ④ $\sqrt{3}$ P

🔑 평형 3φ 회로에서 1상 기준 소비전력이 P이므로 3상 전체 전력은 3배가 된다.
$P_3 = \sqrt{3} \, V_l I_l \cos\theta$
$\quad = 3 \times V_P \times I_P \times \cos\theta = 3P[W]$

05 평형 3상 Y(성형) 결선에 있어서 선간전압(V_l)과 상전압(V_P)의 관계는?
① $V_l = V_P$ ② $V_l = \frac{1}{\sqrt{3}} V_P$
③ $V_l = \sqrt{2} V_P$ ④ $V_l = \sqrt{3} V_P$

🔑 Y결선 시 전압 특성
㉠ $V_l = \sqrt{3} \, V_P \angle \frac{\pi}{6}$
㉡ 선간전압이 상전압의 $\sqrt{3}$ 배이고, 위상은 30° 앞선다.

06 Y결선의 전원에서 각 상전압이 100[V]일 때 선간전압은 약 몇 [V]인가?
① 100   ② 150
③ 173   ④ 195

🔑 Y결선 선간전압(V_l)과 상전압(V_P)의 관계
$V_l = \sqrt{3} \, V_P$이므로 $V_l = \sqrt{3} \times 100 = 173[V]$

Answer   1. ③ 2. ① 3. ③ 4. ③ 5. ④ 6. ③

07 Y결선에서 상전압이 220[V]이면 선간전압은 약 몇 [V]인가?

① 110   ② 220
③ 380   ④ 440

🗝 Y결선 시 선간전압
$V_l = \sqrt{3}\, V_P[V] = \sqrt{3} \times 220 = 380[V]$

08 Y-Y결선 회로에서 선간전압이 380[V]일 때 상전압은 약 몇 [V]인가?

① 190   ② 219
③ 269   ④ 380

🗝 $V_l = \sqrt{3}\, V_P$ 이므로
$V_P = \dfrac{V_l}{\sqrt{3}} = \dfrac{380}{\sqrt{3}} = 219[V]$

09 선간전압 210[V], 선전류 10[A]의 Y-Y결선 회로가 있다. 상전압과 상전류는 각각 얼마인가?

① 121[V], 5.77[A]
② 121[V], 10[A]
③ 210[V], 5.77[A]
④ 210[V], 10[A]

🗝 ㉠ Y결선 시 선간전압 $V_l = \sqrt{3}\, V_P[V]$이므로
상전압 $V_P = \dfrac{V_l}{\sqrt{3}} = \dfrac{210}{\sqrt{3}} = 121[V]$

㉡ Y결선 시 선전류 $I_l = I_P[A]$이므로 상전류
$I_P = 10[A]$

10 평형 3상 교류회로에서 △결선을 할 때 선전류 I_l과 상전류 I_P와의 관계 중 옳은 것은?

① $I_l = 3I_P$ ② $I_l = 2I_P$
③ $I_l = \sqrt{3}\, I_P$ ④ $I_l = I_P$

🗝 △결선 시 전류 특성

㉠ $I_l = \sqrt{3}\, I_P \angle -\dfrac{\pi}{6}$

㉡ 선전류가 상전류의 $\sqrt{3}$ 배이고, 위상은 선전류가 상전류보다 30° 뒤진 전류가 흐르므로 상전류가 선전류보다 $\dfrac{\pi}{6}$[rad] 앞선다.

11 평형 3상 △결선에서 선간전압 V_l과 상전압 V_P의 관계가 옳은 것은?

① $V_l = \dfrac{1}{\sqrt{3}} V_P$, $I_l = 3I_P$
② $V_l = \dfrac{1}{3} V_P$, $I_l = 2I_P$
③ $V_l = V_P$, $I_l = \sqrt{3}\, I_P$
④ $V_l = \sqrt{3}\, V_P$, $I_l = I_P$

🗝 △결선 시 전압, 전류 특성

㉠ $V_l = V_P \angle 0$, $I_l = \sqrt{3}\, I_P \angle -\dfrac{\pi}{6}$

㉡ 선간전압과 상전압의 크기가 같고, 동위상의 특성을 갖는다.

㉢ 선전류가 상전류의 $\sqrt{3}$ 배이고, 위상은 30° 뒤진 전류가 흐른다.

12 선간전압 200[V]인 대칭 3상 Y결선 부하의 저항 $R = 4[\Omega]$, 리액턴스 $X_L = 3[\Omega]$인 경우 부하에 흐르는 전류는 몇 [A]인가?

① 5   ② 20
③ 23.1   ④ 115.5

🗝 부하에 걸리는 전압은 상전압이므로
$V_P = \dfrac{선간전압}{\sqrt{3}} = \dfrac{200}{\sqrt{3}}[V]$

Answer 7. ③ 8. ② 9. ② 10. ③ 11. ③ 12. ③

부하에 흐르는 전류

$$I = \frac{V_P}{Z_P} = \frac{\frac{200}{\sqrt{3}}}{\sqrt{4^2+3^2}} = \frac{40}{\sqrt{3}} = 23.1[\text{A}]$$

13 △결선에서 선전류가 $10\sqrt{3}$[A]이면 상전류는?

① 5[A]　　　② 10[A]
③ 10[A]　　　④ 30[A]

🔑 △결선에서는 선전류가 상전류보다 $\sqrt{3}$ 배 크므로 $10\sqrt{3} = \sqrt{3} I_P$이다. 상전류로 치환하면 상전류 $I_P = 10$[A]가 된다.

14 △-△ 평형회로에서 $E = 200$[V], 임피던스 $\dot{Z} = 3 + j4$[Ω]일 때, 상전류 I_P[A]는 얼마인가?

① 30　　　② 40
③ 50　　　④ 66.7

🔑 상전류 $I_P = \frac{V_P}{Z} = \frac{200}{\sqrt{3^2+4^2}} = 40$[A]

15 전압 200[V] 1상 부하 $\dot{Z} = 8 + j6$[Ω]인 △회로의 선전류는 몇 [A]인가?

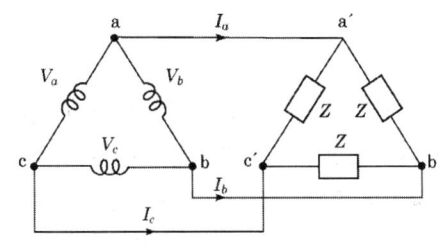

① 22　　　② $20\sqrt{3}$
③ 11　　　④ $\frac{22}{\sqrt{3}}$

🔑 상전류 $I_P = \frac{V_P}{Z} = \frac{200}{\sqrt{8^2+6^2}} = 20$[A]

∴ $I_l = \sqrt{3} I_P = 20\sqrt{3}$[A]

16 △결선의 전원에서 선전류가 40[A]이고 선간전압이 220[V]일 때의 상전류[A]는?

① 13　　　② 23
③ 69　　　④ 120

🔑 $I_l = \sqrt{3} I_P$에서

$I_P = \frac{1}{\sqrt{3}} I_l = \frac{40}{\sqrt{3}} = 23$[A]

17 △결선인 3상 유도전동기의 상전압(V_P)과 상전류(I_P)를 측정하였더니 각각 200[V], 30[A]이었다. 이 3상 유도전동기의 선간전압(V_l)과 선전류(I_l)의 크기는 각각 얼마인가?

① $V_l = 200$[V],　　　$I_l = 30$[A]
② $V_l = 200\sqrt{3}$[V],　　$I_l = 30$[A]
③ $V_l = 200\sqrt{3}$[V],　　$I_l = 30\sqrt{3}$[A]
④ $V_l = 200$[V],　　　$I_l = 30\sqrt{3}$[A]

🔑 △결선 시 전압, 전류 특성
  ㉠ $V_l = V_P = 200$[V]
  ㉡ $I_l = \sqrt{3} I_P = 30\sqrt{3}$[A]

18 3상 220[V], △결선에서 1상의 부하가 $\dot{Z} = 8 + j6$[Ω]이면 선전류[A]는?

① 11　　　② $22\sqrt{3}$
③ 22　　　④ $\frac{22}{\sqrt{3}}$

🔑 △결선 $V_l = V_P$, $I_l = \sqrt{3} I_P$

Answer 13. ② 14. ② 15. ② 16. ② 17. ④ 18. ②

㉠ 상전류 $I_P = \dfrac{V_P}{Z} = \dfrac{220}{\sqrt{8^2+6^2}} = 22[A]$

㉡ 선전류 $I_l = \sqrt{3}\, I_P = 22\sqrt{3}\,[A]$

㉢ $\cos\theta = \dfrac{R}{Z} = \dfrac{4}{5}$

㉣ 1상의 소비전력은

$P_1 = I^2 Z \cos\theta = 10^2 \times 5 \times \dfrac{4}{5} = 400[W]$

∴ $\Delta P = 3P_1 = 3 \times 400 = 1,200[W]$

19 선간전압이 13,200[V], 선전류가 800[A], 역률 80[%] 부하의 소비전력[kW]은?

① 약 4,878[kW]
② 약 8,448[kW]
③ 약 14,632[kW]
④ 약 25,344[kW]

🔑 소비전력
$P = \sqrt{3}\, VI\cos\theta$
$= \sqrt{3} \times 13.2 \times 800 \times 0.8 ≒ 14,632[kW]$

20 선간전압이 24,000[V], 선전류가 900[A], 역률 90[%] 부하의 소비전력은?

① 약 13,746[kW]
② 약 19,440[kW]
③ 약 27,492[kW]
④ 약 33,671[kW]

🔑 소비전력 $P = \sqrt{3}\, VI\cos\theta$ 이므로
$P = \sqrt{3} \times 24,000 \times 900 \times 0.9$
$= 33,671,067[W] = 33,671[kW]$

21 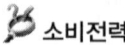 결선으로 된 부하에 각 상의 전류가 10[A]이고, 각 상의 저항이 4[Ω], 리액턴스가 3[Ω]이라 하면 전체 소비전력은 몇 [W]인가?

① 2,000
② 1,800
③ 1,500
④ 1,200

🔑 $\Delta P = 3P_1$ 이므로
㉠ $Z = \sqrt{R^2 + X_L^2} = \sqrt{4^2 + 3^2} = 5[\Omega]$

22 전압 220[V], 전류 10[A], 역률 0.8인 3상 전동기 사용 시 소비전력[kW]은?

① 약 1.5
② 약 3.0
③ 약 5.2
④ 약 7.1

🔑 소비전력
$P = \sqrt{3}\, VI\cos\theta$
$= \sqrt{3} \times 220 \times 10 \times 0.8 ≒ 3,000 = 3[kW]$

23 어떤 3상 회로에서 선간전압이 200[V], 선전류 25[A], 3상 전력이 7[kW]이었다. 이때의 역률은 약 얼마인가?

① 0.65
② 0.73
③ 0.81
④ 0.97

🔑 3상 소비전력 $P = \sqrt{3}\, VI\cos\theta[W]$이므로

역률 $\cos\theta = \dfrac{P}{\sqrt{3}\, VI}$

$= \dfrac{7 \times 10^3}{\sqrt{3} \times 200 \times 25} = 0.81$

24 1상의 저항 $R = 12[\Omega]$, $X_L = 16[\Omega]$을 직렬로 접속하여 선간전압 200[V]의 대칭 3상 교류 전압을 가할 때의 역률[%]은?

① 약 60
② 약 70
③ 약 80
④ 약 90

🔑 $\dot{Z} = R + jX_L = 12 + j16[\Omega]$

Answer 19. ③ 20. ④ 21. ④ 22. ② 23. ③ 24. ①

역률 $\cos\theta = \dfrac{R}{Z}$

$= \dfrac{R}{\sqrt{R^2+X_L^2}} = \dfrac{12}{\sqrt{12^2+16^2}}$

$= 0.6 \times 100 = 60[\%]$

25 $R[\Omega]$인 저항 3개가 Δ결선으로 되어 있는 것을 Y결선으로 환산하면 1상의 저항$[\Omega]$은?

① $\dfrac{1}{3}R$ ② $\dfrac{1}{3R}$

③ $3R$ ④ R

🔑 Δ결선된 같은 크기의 임피던스 3개를 Y결선으로 환산하면 $\dfrac{1}{3}$배가 되므로

$R_Y = \dfrac{1}{3}R[\Omega]$

26 그림과 같은 평형 3상 Δ 회로를 등가 Y결선으로 환산하면 각 상의 임피던스는 몇 $[\Omega]$이 되는가? (단, $Z = 12[\Omega]$이다.)

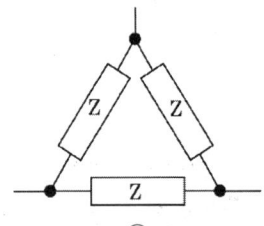

① 48   ② 36
③ 4   ④ 3

🔑 Δ결선과 Y결선 시 등가 저항
 ㉠ Y→Δ 변환 시 : $Z_\Delta = 3Z_Y$
 ㉡ Δ→Y 변환 시 : $Z_Y = \dfrac{1}{3}Z_\Delta = \dfrac{12}{3} = 4[\Omega]$

27 평형 3상 교류회로의 Y회로로부터 Δ회로 등가 변환하기 위해서는 어떻게 하여야 하는가?

① 각 상의 임피던스를 3배로 한다.
② 각 상의 임피던스를 $\sqrt{3}$ 배로 한다.
③ 각 상의 임피던스를 $\dfrac{1}{\sqrt{3}}$ 배로 한다.
④ 각 상의 임피던스를 $\dfrac{1}{3}$ 배로 한다.

🔑 임피던스의 변환 $R_\Delta = 3R_Y$

28 평형 3상 회로에서 임피던스를 Δ결선에서 Y결선으로 변환하면 소비전력은?

① $\dfrac{1}{3}$ 배   ② $\dfrac{1}{\sqrt{3}}$ 배
③ 3배   ④ $\sqrt{3}$ 배

🔑 선간전압 일정의 경우 Δ결선된 동일한 크기의 저항을 Y결선으로 하면 각 저항에 걸리는 전압은 상전압이 되므로 $\dfrac{1}{\sqrt{3}}$ 배만큼 감소한다.

 ㉠ Δ결선 시 발생 전력 $P_\Delta = 3 \cdot \dfrac{V^2}{R}[W]$

 ㉡ Y결선 시 발생 전력
 $P_Y = 3 \cdot \dfrac{(\dfrac{V}{\sqrt{3}})^2}{R} = \dfrac{V^2}{R}[W]$이므로 소비전력도 $\dfrac{1}{3}$ 배로 감소한다. 또한 선전류도 $\dfrac{1}{3}$ 배로 감소한다.

29 세 변의 저항 $R_a = R_b = R_c = 15[\Omega]$인 Y결선 회로가 있다. 이것과 등가인 Δ결선회로의 각 변의 저항은 몇 $[\Omega]$인가?

① 5   ② 10

Answer 25. ① 26. ③ 27. ① 28. ① 29. ④

③ 25　　　　　④ 45

▶ Y결선된 같은 크기의 저항 3개를 △결선으로 환산하면 3배가 되므로
$R_\Delta = 3R_Y = 3 \times 15 = 45[\Omega]$

30 3상 전원에서 한 상에 고장이 발생하였다. 이때 3상 부하에 3상 전력을 공급할 수 있는 결선 방법은?
① Y결선　　　② △결선
③ 단상 결선　④ V결선

▶ V결선
△결선된 3상 전원 중에서 1상 고장 발생 시 나머지 2개의 전원으로 3상 전력을 공급할 수 있는 결선법이다.

31 출력 P[kVA]의 단상 변압기 전원 2대를 V결선할 때의 3상 출력[kVA]은?
① P　　　　② $\sqrt{3}\,P$
③ $2P$　　　④ $2P$

▶ $P_V = \sqrt{3} \times V_P \times I_P \times \cos\theta = \sqrt{3} \times P$[kW]

32 출력 100[kVA]의 단상 변압기 2대를 V결선할 때의 3상 전력을 공급할 때의 출력 [kVA]은?
① 17.3　　　② 86.6
③ 173.2　　④ 346.2

▶ V결선의 3상 출력
$P_V = P \times \sqrt{3} = \sqrt{3} \times 100 = 173.2$[kVA]

33 용량이 250[kVA]인 단상 변압기 3대를 △결선으로 운전 중 1대가 고장이 나서 V결선으로 운전하는 경우 출력은 약 몇 [kVA]인가?
① 144　　　② 353
③ 433　　　④ 525

▶ $P_V = \sqrt{3}\,P = \sqrt{3} \times 250 = 433$[kVA]

34 V결선 시 변압기의 이용률은 몇 [%]인가?
① 57.7　　　② 70.7
③ 86.6　　　④ 100

▶ V결선 시 이용률
$= \dfrac{\sqrt{3}\,P_1}{2P_1} = 0.866 \times 100 = 86.6[\%]$

35 △결선된 3대의 변압기로 공급되는 전력에서 1대를 없애고 V결선으로 바꾸어 전력을 공급하면 출력은 몇 [%]로 감소되는가?
① 40.7　　　② 57.7
③ 66.7　　　④ 86.7

▶ V결선 출력비
$= \dfrac{\sqrt{3}\,P_1}{3P_1} = 0.577 \times 100 = 57.7[\%]$

36 대칭 3상 전압에 △결선으로 부하가 구성되어 있다. 3상 중 한 선이 단선되는 경우, 소비되는 전력은 끊어지기 전과 비교하여 어떻게 되는가?
① $\dfrac{2}{3}$로 증가한다.
② $\dfrac{2}{3}$로 줄어든다.
③ $\dfrac{1}{2}$로 증가한다.

Answer　30. ④　31. ②　32. ③　33. ③　34. ③　35. ②　36. ④

④ $\frac{1}{2}$로 줄어든다.

🔑 ㉠ 단선되기 전 소비전력
$$P = 3I^2R = 3(\frac{V}{R})^2R = \frac{3V^2}{R}$$
㉡ 한 선 단선 후 소비전력($\dot{P}$)
$$P_1 = I^2R = (\frac{V}{R})^2R = \frac{V^2}{R}$$
$$P_2 = I^2 \cdot 2R = (\frac{V}{2R})^2 \cdot 2R = \frac{V^2}{2R}$$
$$\dot{P} = P_1 + P_2 = \frac{3V^2}{2R}$$
$$\therefore \frac{\dot{P}}{P} = \frac{\frac{3V^2}{2R}}{\frac{3V^2}{R}} = \frac{1}{2}$$

37 단상 전력계 2대를 사용하여 3상 전력을 측정하고자 한다. 두 전력계의 지시값이 각각 P_1, P_2[W]이었다. 3상 전력 P[W]를 구하는 옳은 식은?

① $P = 3 \times P_1 \times P_2$
② $P = P_1 - P_2$
③ $P = P_1 \times P_2$
④ $P = P_1 + P_2$

🔑 2전력계법에 의한 3상 전력
$P = P_1 + P_2$[W]

38 2전력계법으로 3상 전력을 측정하였더니 지시값 $P_1 = 450$[W], $P_2 = 450$[W]일 때 부하전력[W]은?

① 400
② $400\sqrt{3}$
③ 900
④ $900\sqrt{3}$

🔑 2전력계법에 의한 3상 전력
$P = P_1 + P_2 = 450 + 450 = 900$[W]

39 2전력계법으로 3상 전력을 측정하였더니 지시값 $P_1 = 200$[W], $P_2 = 200$[W]일 때 부하전력[W]은?

① 400
② $400\sqrt{3}$
③ 900
④ $900\sqrt{3}$

🔑 2전력계법에 의한 3상 전력
$P = P_1 + P_2 = 200 + 200 = 400$[W]

Answer 37. ④ 38. ③ 39. ①

13. 비사인파 교류

(1) 비사인파 교류
① 푸리에 급수 : 비정현파를 여러 개의 정현파의 합으로 표시하는 식을 푸리에 급수라 한다.
② 성분= 직류분+기본파+고조파

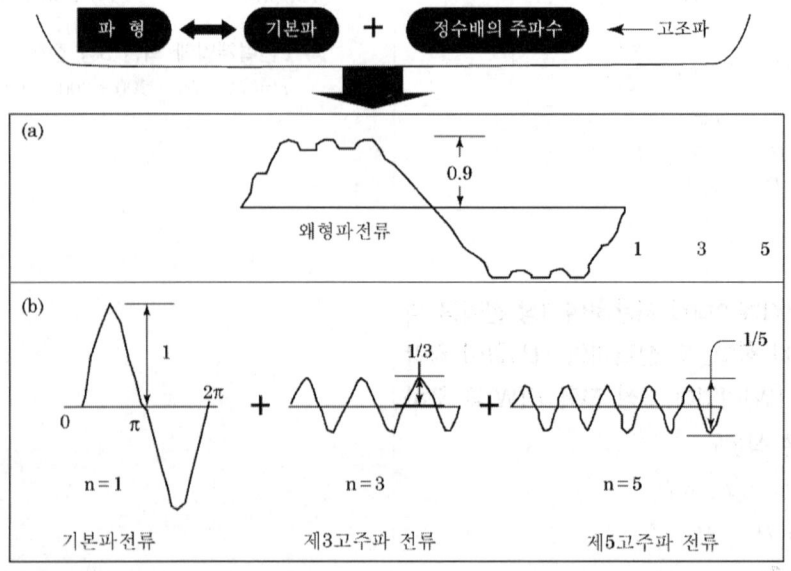

(2) 비정현파 발생 요인
① 철심의 자기 포화
② 히스테리시스 현상
③ 전기자 반작용 현상

> **참고**
> 옴의 법칙은 비정현파가 발생되지 않는다.

(3) 비사인파 계산
$$v(t) = V_0 + \sqrt{2}\,V_1 \sin\omega t + \sqrt{2}\,V_2 \sin 2\omega t + \sqrt{2}\,V_3 \sin 3\omega t + \cdots + \sqrt{2}\,V_n \sin n\omega t$$
[V]

$$i(t) = I_0 + \sqrt{2}\,I_1 \sin(\omega t - \theta_1) + \sqrt{2}\,I_2 \sin(2\omega t - \theta_2) + \sqrt{2}\,I_3 (3\sin\omega t - \theta_3)$$
$$+ \cdots + \sqrt{2}\,I_n \sin(n\omega t - \theta_n)[V]\text{가 된다.}$$

이를 실효값으로 정리하면

전압 : $V = \sqrt{V_0^2 + V_1^2 + V_2^2 + \cdots + V_n^2}$ [A]

전류 : $I = \sqrt{I_0^2 + I_1^2 + I_2^2 + \cdots + I_n^2}$ [A]

순시값 제곱의 평균값의 제곱근이 된다.

비사인파에서 기본파에 비해 고조파 성분이 어느 정도 포함되어 있는가 하는 것은 다음 식으로 정의되는 왜형률로서 평가된다.

(4) 왜형률 (일그러짐률)

기본파 실효값에 대한 나머지 전체 고조파 실효값의 비율

$$\varepsilon = \frac{\text{전 고조파의 실효값}}{\text{기본파의 실효값}}$$

$$V = \frac{\sqrt{V_2^2 + V_3^2 + \cdots + V_n^2}}{V_1}$$

(5) 정현파의 왜형률 : 없음

14. 과도현상

(1) R-L 직렬회로 과도현상

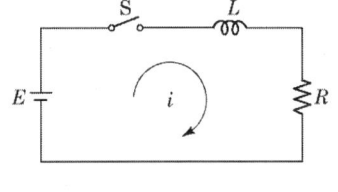 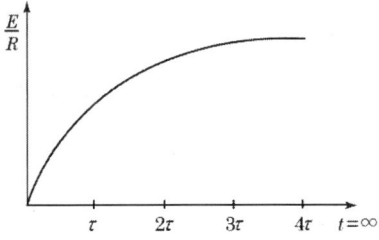

[R-L 직렬회로 과도현상]

① 전체 전류
　㉠ 스위치를 ON하여 전압을 인가한 후부터 정상 상태에 이를 때까지 회로에 흐르는

전류로, 과도 전류와 정상 전류의 합이다.

ⓒ 전체 전류 $i = \dfrac{E}{R}(1 - e^{-\frac{R}{L}t})$[A]

② 정상 전류

㉠ 정상 상태에 도달하여 더 이상 크기가 변화하지 않는 전류로, 직류 전압 인가 시 인덕턴스 L[H]인 코일이 일정한 시간이 지나 완전한 단락 상태로 변화한 후 회로에 흐르기 시작하는 전류이다.

ⓒ 정상 전류 $i_s = \dfrac{E}{R}$[A]

③ 시정수(τ)

㉠ 스위치를 ON한 후 정상 전류의 63.2[%]까지 상승하는 데 걸리는 시간으로, 시정수가 커지면 정상 상태에 이르는 시간이 길어지므로 과도 기간이 길어진다.

ⓒ $\tau = \dfrac{L}{R}$[sec]

(2) R-C 직렬회로 과도현상

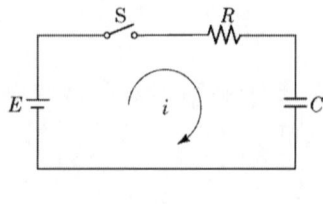 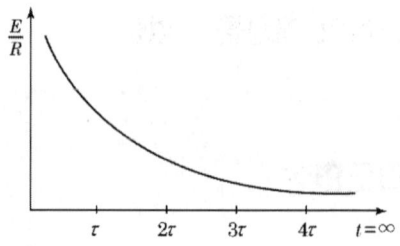

[R-C 직렬회로 과도현상]

① 초기 전류

㉠ 스위치 S를 ON하여 전압을 인가하는 순간 흐르는 전류로, 콘덴서 C는 전압 인가 순간 단락 특성을 가지므로 저항 R에 의해서만 그 크기가 제한된다.

ⓒ 초기 전류 $i = \dfrac{E}{R}$[A]

② 시정수(τ)

㉠ 스위치를 ON한 후 초기 전류가 36.8[%]로 감소하는 데 걸리는 시간이다.

ⓒ 시정수 : $\tau = RC$[sec]

예·상·기·출·문·제

01 비정현파가 발생하는 원인과 거리가 먼 것은?
① 자기 포화   ② 옴의 법칙
③ 히스테리시스 ④ 전기자 반작용

🔑 **비정현파(왜형파)의 발생 원인**
발전기나 변압기에서의 철심의 자기 포화나 히스테리시스 현상 또는 발전기에서의 전기자 반작용 등에 의하여 발생한다.

02 비사인파의 일반적인 구성이 아닌 것은?
① 삼각파   ② 고조파
③ 기본파   ④ 직류분

🔑 비사인파 교류=직류분+기본파+고조파

03 다음 파형 중 비정현파가 아닌 것은?
① 펄스파   ② 사각파
③ 삼각파   ④ 사인 주기파

🔑 주기적인 사인파는 기본 정현파이므로 비정현파에 해당되지 않는다.

04 비정현파를 여러 개의 정현파의 합으로 표시하는 방법은?
① 키르히호프의 법칙
② 노튼의 정리
③ 푸리에 분석
④ 테일러의 분석

🔑 **푸리에 분석**
㉠ 비사인파 교류=직류분+기본파+고조파
㉡ $f(t) = a_0 + \sum_{n=1}^{\infty} a_n \cos n\omega t + \sum_{n=1}^{\infty} b_n \sin n\omega t$

05 주기적인 구형파 신호의 성분은 어떻게 되는가?
① 성분 분석이 불가능하다.
② 직류분만으로 합성된다.
③ 무수히 많은 주파수의 합성이다.
④ 교류 합성을 갖지 않는다.

🔑 비정현파 파형은 무수히 많은 주파수의 합성으로 해석할 수 있다.

06 그림과 같은 비사인파의 제3고조파 주파수[Hz]는? (단, $V = 20$[V], $T = 10$[ms]이다.)

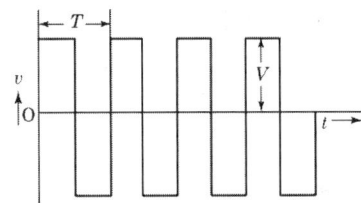

① 100[Hz]   ② 200[Hz]
③ 300[Hz]   ④ 400[Hz]

🔑 ㉠ 기본파의 주파수
$f = \dfrac{1}{T} = \dfrac{1}{10 \times 10^{-3}} = 100$[Hz]
㉡ 제3고조파이므로 기본파의 3배가 되어 300[Hz]이다.

07 비정현파의 실효값을 나타낸 것은?
① 최대파의 실효값
② 각 고조파의 실효값의 합
③ 각 고조파의 실효값의 합의 제곱근
④ 각 고조파의 실효값의 제곱의 합의 제곱근

🔓 Answer   1.② 2.① 3.④ 4.③ 5.③ 6.③ 7.④

🐢 비정현파의 실효값은 "순시값의 제곱의 평균값의 제곱근"으로 구할 수 있는데 그 결과는 항상 "각 고조파 실효값의 제곱의 합에 대한 제곱근"으로 나타난다.
$$I = \sqrt{I_0^2 + I_1^2 + I_2^2 + \cdots + I_n^2}\ [A]$$

08 어느 회로의 전류가 다음과 같을 때 이 회로에 대한 전류의 실효값은?

$$i = 3 + 10\sqrt{2}\sin\left(\omega t - \frac{\pi}{6}\right)$$
$$+ 5\sqrt{2}\sin\left(3\omega t - \frac{\pi}{3}\right)[A]$$

① 11.6[A] ② 23.2[A]
③ 32.2[A] ④ 48.3[A]

🐢 비정현파의 실효값
$$I = \sqrt{I_0^2 + I_1^2 + I_2^2 + \cdots + I_n^2}$$
$$= \sqrt{3^2 + 10^2 + 5^2} = 11.6[A]$$

09 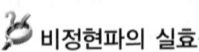로 표시되는 전류의 등가 사인파 최댓값은?

① 2[A]   ② 3[A]
③ 4[A]   ④ 5[A]

🐢 비정현파의 최댓값
$$I_m = \sqrt{I_{1m}^2 + I_{3m}^2} = \sqrt{3^2 + 4^2} = 5[A]$$

10 정현파 교류의 왜형률(distortion factor)은?

① 0   ② 0.1212
③ 0.2273 ④ 0.4834

🐢 ㉠ 왜형률 : 파형의 일그러진 정도로서, 기본파에 대한 고조파의 비율
㉡ 기본파 교류인 정현파 교류만 존재하는 경우에는 고조파가 전혀 포함되지 않으므로 왜형률은 0이 된다.

11 기본파의 3[%]인 제3고조파와 4[%]인 제5고조파, 1[%]인 제7고조파를 포함하는 전압파의 왜형률[%]은?

① 약 2.7   ② 약 5.1
③ 약 7.7   ④ 약 14.1

🐢 ㉠ 왜형률
$$\varepsilon = \frac{\text{전 고조파 실효값}}{\text{기본파의 실효값}} \times 100[\%]$$
$$= \frac{\sqrt{V_3^2 + V_5^2 + V_7^2}}{V_1} \times 100[\%]$$
㉡ 기본파의 실효값을 1이라 하면
$$\varepsilon = \frac{\sqrt{0.03^2 + 0.04^2 + 0.01^2}}{1} \times 100$$
$$\fallingdotseq 5.1[\%]$$

12 비사인파 교류회로의 전력에 대한 설명으로 옳은 것은?

① 전압의 제3고조파와 전류의 제3고조파 성분 사이에서 소비전력이 발생한다.
② 전압의 제2고조파와 전류의 제3고조파 성분 사이에서 소비전력이 발생한다.
③ 전압의 제3고조파와 전류의 제5고조파 성분 사이에서 소비전력이 발생한다.
④ 전압의 제5고조파와 전류의 제7고조파 성분 사이에서 소비전력이 발생한다.

🐢 비사인파(비정현파)의 전력은 같은 성분끼리만 소비전력이 발생한다.
소비전력
$$P = V_0 I_0 (\text{직류분}) + V_1 I_1 \cos\theta_1 (\text{기본파})$$
$$+ V_2 I_2 \cos\theta_2 (\text{제2고조파}) + \cdots$$

🔓 Answer 8. ① 9. ④ 10. ① 11. ② 12. ①

13 비사인파 교류회로의 전력 성분과 거리가 먼 것은?

① 맥류 성분과 사인파와의 곱
② 기본 사인파 성분의 곱
③ 직류 성분의 곱
④ 주파수가 같은 두 사인파의 곱

🔑 전력은 성분이 다르면 발생하지 않으므로 "직류 성분×사인파=0"이다.

14 R-L 직렬회로의 $R=5[\Omega]$, $L=2[H]$인 시정수 $\tau[\sec]$는?

① 0.1 ② 0.2
③ 0.3 ④ 0.4

🔑 R-L 직렬회로의 시정수

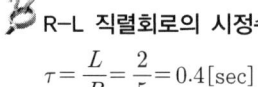
$\tau = \dfrac{L}{R} = \dfrac{2}{5} = 0.4[\sec]$

15 $R=20[\Omega]$, $C=5[\mu F]$의 직렬회로에 110[V]의 직류 전압을 인가했을 때 시정수(τ)는?

① 5[ms] ② 50[ms]
③ 1[sec] ④ 2[sec]

🔑 R-C 직렬회로의 시정수

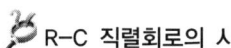
$\tau = RC = 10 \times 10^3 \times 5 \times 10^{-6} = 0.05[\sec]$
　　　$= 50[ms]$

16 직렬회로에서의 시정수 RC와 과도현상과의 관계로 옳은 것은?

① 시정수 RC의 값이 클수록 과도현상은 빨리 사라진다.
② 시정수 RC의 값이 클수록 과도현상은 오랫동안 지속된다.
③ 시정수 RC의 값이 작을수록 과도현상은 천천히 사라진다.
④ 시정수 RC의 값은 과도현상의 지속시간과 관계가 없다.

🔑 시정수
과도상태에서 정상상태로 되는데 걸리는 시간으로, 시정수가 크면 과도현상이 오래 지속되고, 작으면 짧아진다.

Answer　13. ①　14. ④　15. ②　16. ②

memo

전기기기 02

Chapter 01 직류기(직류발전기)

> **참고**
>
> 1. 앙페르의 오른손(오른나사)법칙 : 자극의 방향을 결정하는 법칙으로 전류에 의한 자기장의 발생을 설명하는 법칙으로 자기장 회전 방향 또는 자극의 방향을 결정한다.
>
>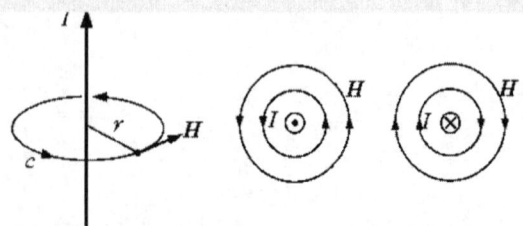
>
> 2. 플레밍의 오른손법칙(발전기) : 유도기전력의 발생 원리를 설명하는 법칙으로 자기장 내에서 도체가 운동을 하면 전기가 발생(유도기전력)한다.
> $$e = Blv[\text{V}]$$
>
>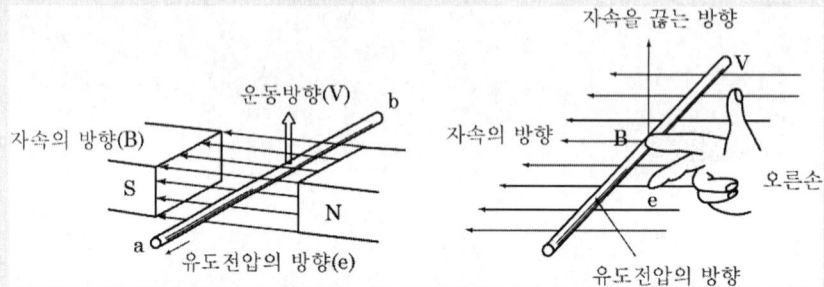
>
> 3. 플레밍의 왼손법칙(전동기) : 직류전동기의 회전 원리의 법칙으로 자기장 내의 도체에 전류를 흘리면 도체가 힘을 받게 되는데 그 도체에 회전축을 만들어 놓게 되면 회전되어 전동기가 된다.
> $$F = BlI[\text{N}]$$
>
>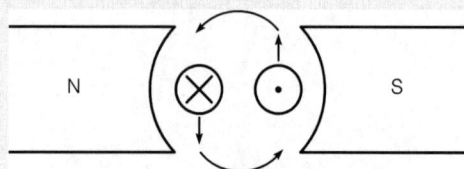

1. 직류발전기

1. 직류기 구조

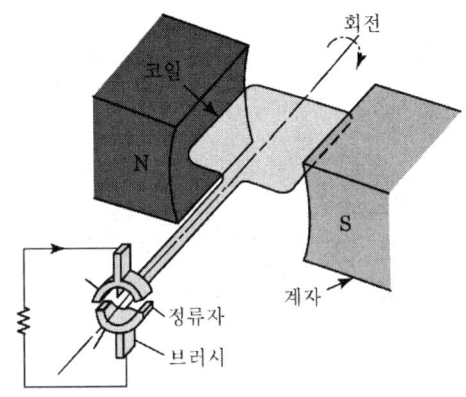

(1) 전기자

기전력을 유도하는 부분으로 전기자철심, 전기자권선으로 구성되어 있고 직류기에서는 회전자에 해당된다.

(2) 계자

자속(자기장)을 발생시키는 곳으로 계자철심, 계자권선으로 구성되어 있고 발전전압(유도기전력)의 크기를 결정한다.

(3) 정류자

교류를 직류로 바꾸어주는 부분으로 직류기에서만 필요한 요소로써 전기자 회전축에 연결되어 브러시와 마찰이 이루어지면서 정류작용을 하게 된다.

(4) 브러시

2. 전기자 권선법

(1) 환상권

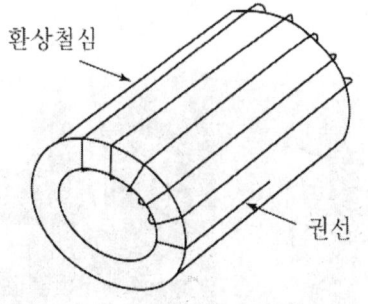

① 환상 철심에 도선을 환상으로 감은 것
② 전기적 중심점에 브러시를 놓으면 내부 병렬 회로수는 극수와 같게 되는 이점이 된다. → 특수소형기에 사용

(2) 고상권

① 원통형 철심의 표면에만 전권선을 감아서 자속을 끊어 기전력 유기
② 절연 양호, 공작이 양호, 리액턴스 작다. 정류작용이 좋다. 모든 직류기에 사용

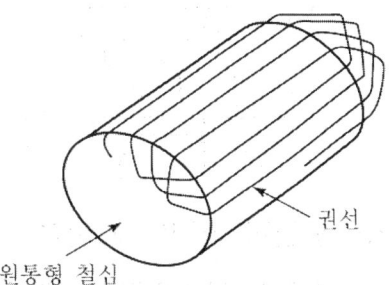

(3) 개로권(open winding)

개방된 권선이 각각 독립하여 철심에 감겨져서 브러시 사이에 부하를 접속했을 때만 폐회로가 되는 권선. 교류기 전용

(4) 폐로권(closed winding)

① 전기자 철심에 감겨진 코일로 한 개가 폐회로 구성된다. 직류기에 사용
② 정류 양호, 브러시로부터 들어오는 전류가 끊기지 않는다.

(5) 단층권

1개의 슬롯 내에 1개의 코일변을 삽입하는 권선법

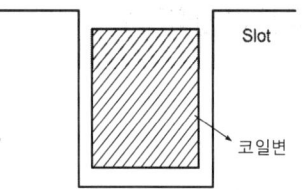

(6) 2층권

1개의 슬롯 내에 2개의 코일변을 삽입하는 권선법

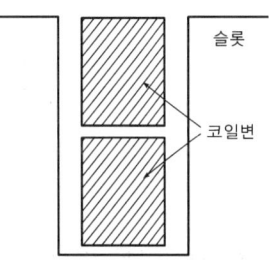

(7) 중권(병렬권)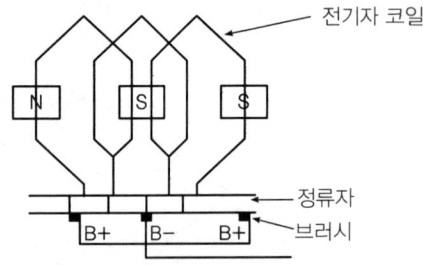

(8) 파권(직렬권)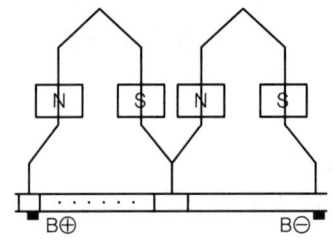

(9) 중권과 파권의 차이점

	용도	a와 p의 관계
중권(병렬권)	저전압 대전류	a = p
파권(직렬권)	고전압 소전류	a = 2
		여기서, a : 병렬회로수, P : 극수

3. 유도기전력(E)

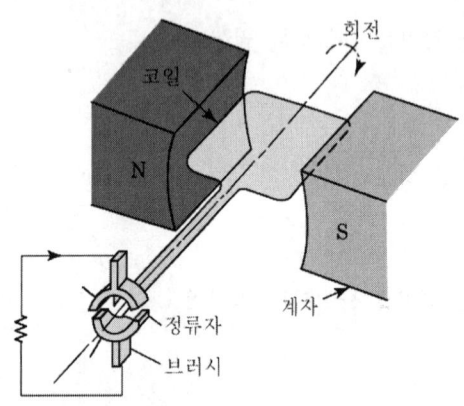

전기자 권선에서 발생된 전압

$$E = P\phi \frac{N}{60} \frac{Z}{a} [\text{V}] = K\phi N$$

즉, 유도기전력(E)의 크기는 자속(ϕ)과 회전수(N)에 비례한다.

여기서, P : 극수 ϕ : 한 극당 자속[Wb] $K = \dfrac{PZ}{60a}$
N : 회전수[rpm] a : 병렬회로수 Z : 총도체수

4. 여자방식에 따른 종류

(1) 타여자 발전기
외부 독립된 전원에서 계자전류를 공급한다.

(2) 자여자 발전기
자기 스스로 유기된 기전력으로 계자전류를 공급하는 방식의 직류발전기를 자여자 발전기라고 하며 전기자와 계자권선의 연결 구조에 따라 다음과 같은 방식으로 분류가 된다.
① 직류 직권 발전기 : 계자와 전기자권선이 직렬로 접속되어 있는 구조
② 직류 분권 발전기 : 계자와 전기자권선이 병렬로 접속되어 있는 구조
③ 직류 복권 발전기 : 계자와 전기자권선이 직·병렬로 연결되어 있는 구조

5. 발전기의 특성

(1) 타여자 발전기

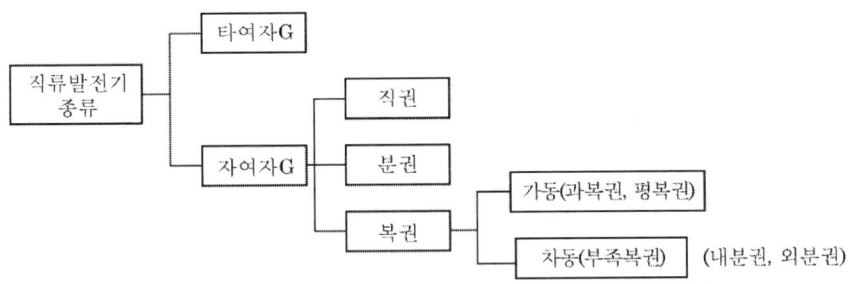

다른 독립된 직류 전원으로부터 계자전류를 받아서 자속을 만드는 방식이다. 용도로는 워드-레오나드(Ward Leonard) 전압제어방식의 전원, 교류발전기 여자기 전원으로 사용된다.

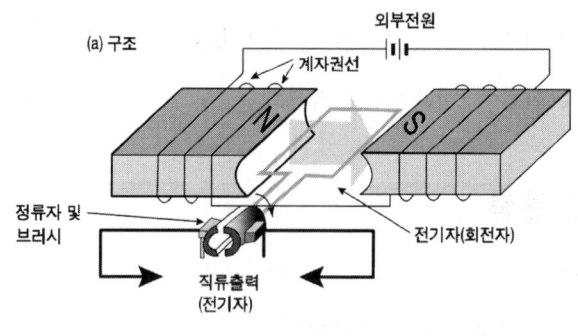

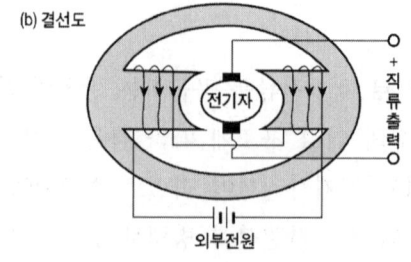

① 전류 관계식 $I_a = I = \dfrac{P}{V}$

여기서, I_a : 전기자 전류 I : 부하전류
　　　　V : 출력전압 P : 전력

② 전압 관계식 $E = V + I_a R_a [\text{V}]$

$\therefore V = E - I_a R_a [\text{V}]$

여기서, E : 유기기전력 V : 단자전압
　　　　R_a : 전기자 저항

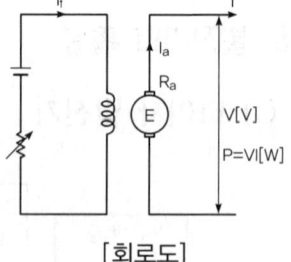

[회로도]

※ $I_a R_a$의 의미 : 전기자 저항(R_a)에 의한 전압강하($I_a R_a$) 성분으로써 출력전압이 유도기전력보다 작게 나타난다.

(2) 자여자 발전기

자체에서 발생한 유기전력으로부터 계자전류를 받아서 자속을 만드는 방식이다.

① 직권발전기 : 계자와 전기자가 직렬로 접속되어 있고 용도로는 승압기 외에는 잘 사용하지 않는다.

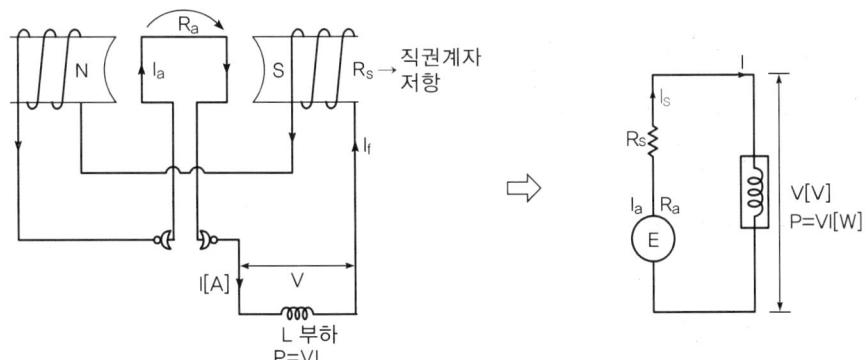

㉠ 전류 관계식

$$I_a = I = I_s = \frac{P}{V}[A]$$

여기서, I : 부하전류[A] I_s : 직권계자전류[A]
P : 전력[W] V : 단자전압[V]

직권타입은 전기자권선과 계자권선이 직렬 구조이기 때문에 전기자전류, 계자전류, 부하전류가 동일하다.

㉡ 전압 관계식

$$E = V + I_a(R_a + R_s)$$

여기서, R_a : 전기자 저항 R_s : 직권계자 저항

직권발전기는 전기자 저항(R_a)과 직권계자 저항(R_s)의 합에 의한 전압강하($I_aR_a + I_aR_s$)가 발생하여 다른 타입의 직류발전기보다 출력의 전압강하 특성이 많이 나타난다.

② 분권발전기 : 계자와 전기자가 병렬접속되어 있고 타여자 발전기와 같이 전압변동률이 적어 정전압 발전기라고 하고 전기화학용, 전지의 충전용, 동기기의 여자용 전원 등으로 사용된다.

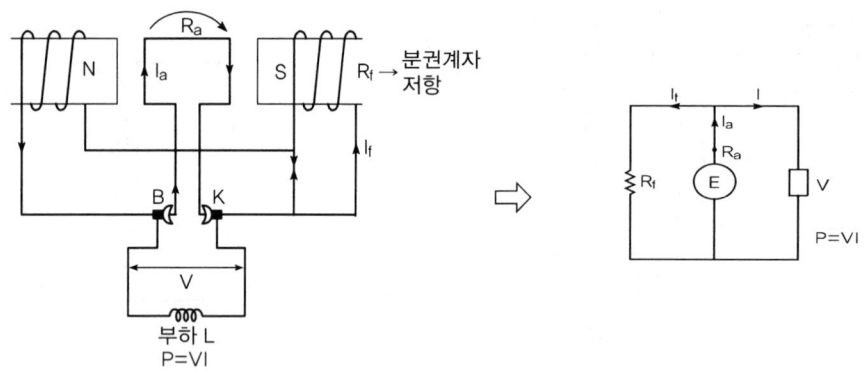

㉠ 전류 관계식

$$I_a = I + I_f = \frac{P}{V} + \frac{V}{R_f} [\text{A}]$$

여기서, V : 출력전압 P : 출력[W]
R_f : 계자저항

전기자 권선과 계자권선의 병렬구조로 유도기전력에 의한 전기자 전류(I_a)가 계자 전류(I_f)로 일부 사용되고 대부분 부하전류(I)로 사용된다.

㉡ 전압 관계식

$$E = V + I_a R_a$$

여기서, R_a : 전기자 저항

타여자 발전기와 비슷한 전기자 저항(R_a)에 의한 전압강하($I_a R_a$)가 발생한다.

③ 복권 발전기 : 계자권선이 2개이고 전기자와 직·병렬로 연결

㉠ 외분권 : 분권 계자권선이 직권 계자권선의
바깥(부하)쪽에 연결되어 있는 구조이다.

ⓐ 전류 관계식

$$I_a = I + I_f = \frac{P}{V} + \frac{V}{R_f}$$

ⓑ 전압 관계식

$$E = V + I_a (R_a + R_s)$$

$$\therefore I_a = \frac{E - V}{R_a + R_s}$$

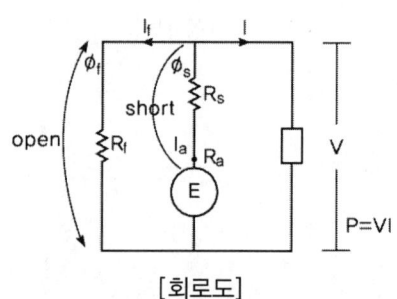

[회로도]

>
> 복권 발전기를 분권 발전기로 사용 시 → 직권계자권선 short(단락)
> 복권 발전기를 직권 발전기로 사용 시 → 분권계자권선 개방(open)

　ⓒ 내분권 : 분권계자권선이 직권계자권선 안쪽(전기자 방향)에 연결된 구조이다.
　　ⓐ 전류 관계식
$$I_a = I + I_f = \frac{P}{V} + \frac{E - I_a R_a}{R_f}$$
　　ⓑ 전류 관계식
$$E = V + I_a R_a + I R_s \, [\text{V}]$$

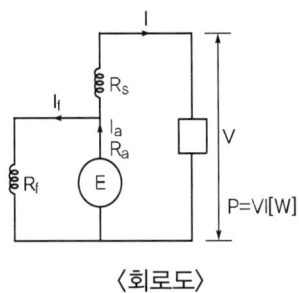

〈회로도〉

　ⓒ 가동복권 : 직권계자와 분권계자의 자속이 합쳐지도록 접속한 구조이고 평복권과 과복권이 있다.
　　ⓐ 평복권 : 무부하 전압(V_o)과 전부하 전압(V_n)이 같도록 설계
　　ⓑ 과복권 : 무부하 전압(V_o)보다 전부하 전압(V_n)이 크도록 설계

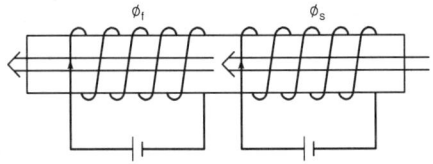

　ⓔ 차동복권 : 직권계자와 분권계자의 자속이 서로 상쇄되도록 접속한 구조이다.

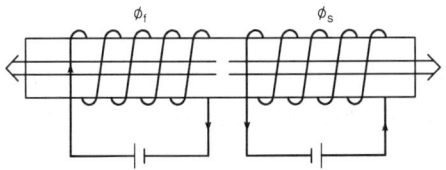

> **참고** 발전기를 전동기로 사용했을 경우
>
>   Generator   Motor
> 가동 복권 발전기 ⇔ 차동 복권 전동기
> 차동 복권 발전기 ⇔ 가동 복권 전동기

6. 발전기의 특성곡선 및 전압 변동률

(1) 무부하 특성곡선(무부하 포화곡선)

유도기전력 E(무부하 전압)와 계자전류 I_f와의 관계곡선을 말하며 무부하상태, 정격속도에서 계자전류 I_f의 변화에 따른 유도기전력 E의 변화곡선으로 유도기전력을 결정하는 일반적인 특성이다.

① 분권 발전기
 ㉠ 전류관계식 $I_a = I + I_f$[A]에서 무부하 상태이므로 $I_a = I_f$가 되어 $E = V_o = I_f R_f$ [V]이므로 계자저항(R_f)을 상수로 하는 유도기전력(E)과 계자전류(I_f)와의 계자저항선이 만들어진다.
 ㉡ 그 계자저항선과 전압포화곡선과의 교차점이 유도기전력(E)이 되고
 ㉢ R_f값이 증가하여 전압포화곡선과 겹치게 되면 유도기전력이 불안정하게 되는데 그때의 계자저항을 임계저항이라고 한다.

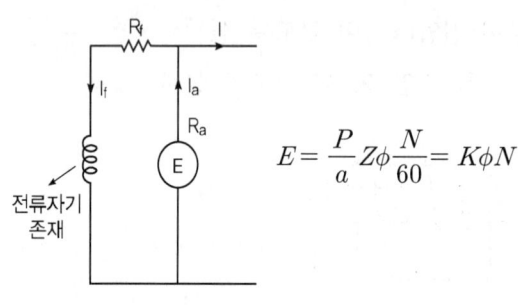

[회로도]

$$E = \frac{P}{a} Z\phi \frac{N}{60} = K\phi N$$

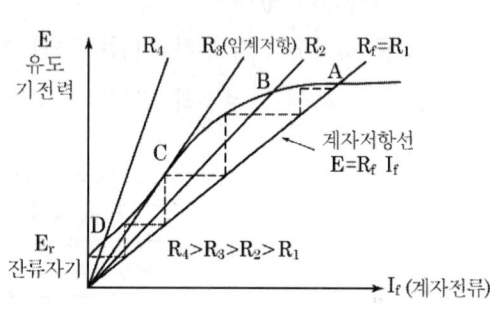

> **참고** 전압확립조건
> ㉠ 잔류 자속이 있어야 한다. ㉡ 회전 방향이 적절해야 한다.
> ㉢ 계자저항(R_f) < 임계저항, 즉 계자저항이 임계저항(R_3)보다 작아야 된다.(R_2, R_1에서 운전)

참고 임계저항이란?

> 위 그래프에서 계자저항(R_f)를 증가시키면 θ가 커져 직선과 곡선이 겹치게 된다. 전압이 매우 불안정한 상태가 되는데 그때의 계자저항을 말한다.

② 직권 발전기

전기자 권선과 계자권선이 직렬로 연결되어 있으므로 무부하 특성곡선을 얻지 못한다. 즉, 무부하 상태에서의 직권발전기는 전기자권선과 계자권선의 직렬연결로 $I_a = I = I_s = 0$인 관계로 계자전류(I_s)가 없으므로 잔류자속 이상으로 자속이 증가되지 않으므로 유도기전력이 상승되지 않는다.

(2) 외부 특성곡선

단자전압 V와 부하 전류 I와 관계 곡선이다. 직권을 제외한 다른 발전기는 I_f가 일정하고 부하전류 I의 증가에 따라 전압강하가 발생하지만, 직권 발전기는 구조상 부하전류 I가 증가하면, 계자전류 I_s도 증가하기 때문에 유도기전력과 단자전압이 상승하게 된다.

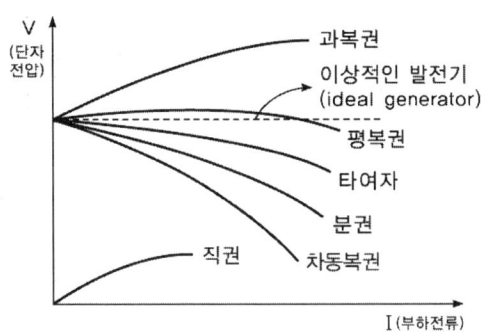

(3) 부하특성곡선

단자전압 V와 계자전류 I_f와의 관계

(4) 전압 변동률

$$\epsilon = \frac{무부하전압 - 정격전압}{정격전압} \times 100 = \frac{V_0 - V_n}{V_n} \times 100 (\%)$$

조건 : 자기포화 현상 무시 또는 일어나기 전까지

	무부하 전압 V_0	정격 전압 V_n	전압 변동률
직권발전기	$V_0 < V_n$		⊖
분권발전기	$V_0 > V_n$		⊕
평복권발전기	$V_0 = V_n$		o
과복권발전기	$V_0 < V_n$		⊖
차동복권발전기	$V_0 > V_n$		⊕ (용접기, 수하특성)
타여자발전기	$V_0 > V_n$		⊕

> **참고** 수하특성
> 정전류 특성. 일정한 출력이 요구되는 용접기에 사용

7. 전기자 반작용

전기자 코일에 유기된 전기자 전류가 흘러 주자속(ϕ)에 영향을 미치는 현상(감자 기자력과 교차 기자력 발생)

(1) 전기자 반작용의 현상

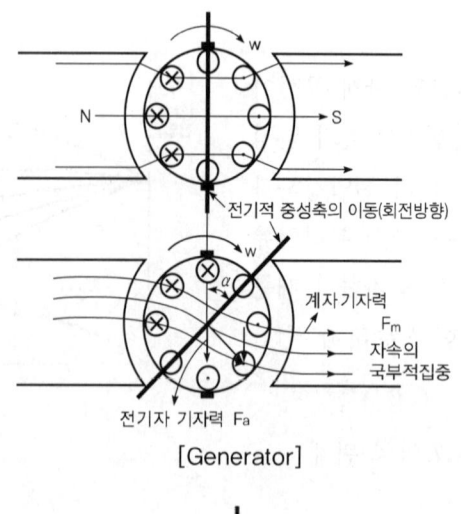

[Generator]

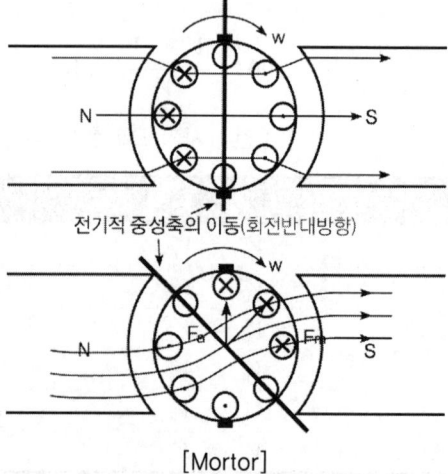

[Mortor]

① 전기적 중성축의 이동(편자 작용)
　㉠ 발전기 : 회전 방향으로 이동된다.
　㉡ 전동기 : 회전 반대방향으로 이동된다.
② 브러시를 새로운 전기적 중성축으로 이동시 감자 작용에 의하여
　㉠ 발전기 : 기전력 감소
　㉡ 전동기 : 토크 감소, 속도 상승
③ 브러시를 전기적 중성축으로 이동시키지 않으면 불꽃이 생기는 등 직류기에 나쁜 영향을 끼친다.

(2) 전기자 반작용의 방지법

① 중성축 이동 : 브러시 위치를 전기적 중성점으로 이동(보극이 없는 경우)
② 보극 설치
　㉠ 주자극과 별도의 자극 설치
　㉡ 중성축 근처의 전기자 반작용을 상쇄시킨다.
　㉢ 정류 개선
③ 보상권선 설치(가장 효과적인 방법)
주자극에 홈을 파고 별도의 권선을 설치하여 전기자에 흐르는 전류와 반대 방향의 전류를 흘려주어서 전기자 기자력을 상쇄한다.

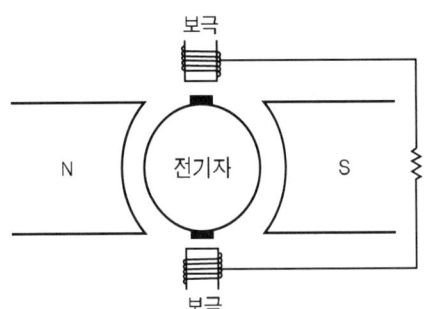

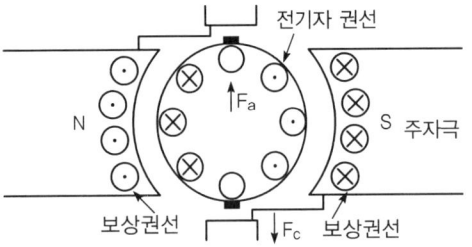

8. 정류

전기자에 유도되는 교류 전압이 정류자와 브러시의 작용으로 직류전압으로 변환된다.

(1) 리액턴스 전압

① 회전하고 있는 각각의 정류자 편과 연결되어 있는 전기자권선의 유도기전력 전류(전기자 전류)가 정류자편과 접촉되어 있는 고정 브러시를 통해서 출력이 이루어지며 회전하는 정류자편들과 고정 브러시와 접촉이 바뀌면서 출력이 되는 정류된 전류의 크기가 $2I_c$[A] 이다.

② 전기자 및 정류자가 회전할 때 브러시와 접촉된 정류자편이 바뀔 때 전기자 코일의 전류방향도 바뀌게 되는데, 코일이 유도성 소자이므로 전류의 급격한 변화를 막기 위하여 코일 자기 인덕턱스 L에 의해 $e = -L\dfrac{di}{dt}$[V]의 리액턴스 전압이 유도된다. 즉, 정류 주기 내 전류의 변화량은 $+I_c$에서 $-I_c$로 변하기 때문에

$\Delta I_c = I_c - (-I_c) = 2 \cdot I_c$

$$e = -L\dfrac{di}{dt} = -L\dfrac{I_c - (-I_c)}{T_c} = -L\dfrac{2I_c}{T_c}$$

여기서, I_c : 전기자 도체의 전류, T_c : 정류주기

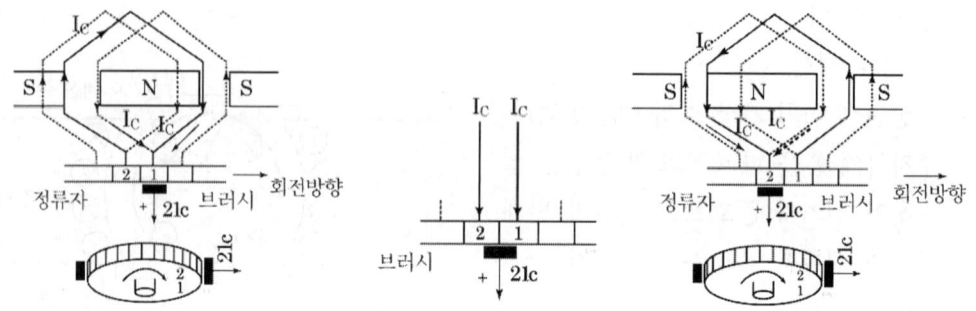

③ 리액턴스 전압의 영향

전기자 코일에 리액턴스 전압이 높게 되면 정류과정에서 브러시로 단락된 정류자에 큰 불꽃을 발생하여 정류자 표면과 브러시를 손상시킨다.

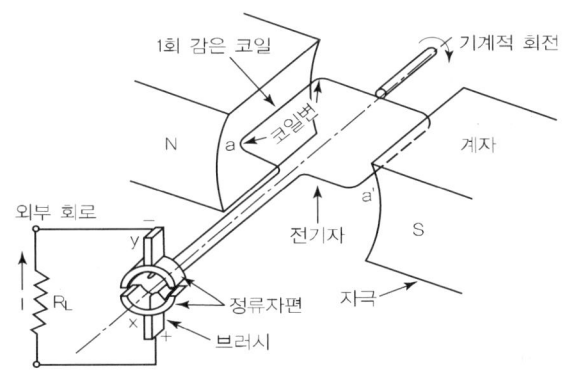
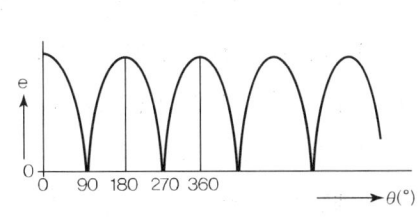

　　　(a) 직류발전기의 정류　　　　　　　(b) 직류 전압의 파형

(2) 정류작용을 저해하는 요인

① 전기자 반작용

② 전기자 코일에 의한 리액턴스 전압($L\dfrac{di}{dt}$)

(3) 정류 곡선

① 정현파 정류·직선 정류 : 이상적인 정류 곡선으로 브러시에서 불꽃이 발생하지 않는다.

② 과정류는 정류 초기에 전류의 변화가 크므로 브러시 앞쪽에서 불꽃이 발생한다.

③ 부족정류는 정류 말기에 전류의 변화가 크므로 브러시 뒤쪽에서 불꽃이 발생한다.

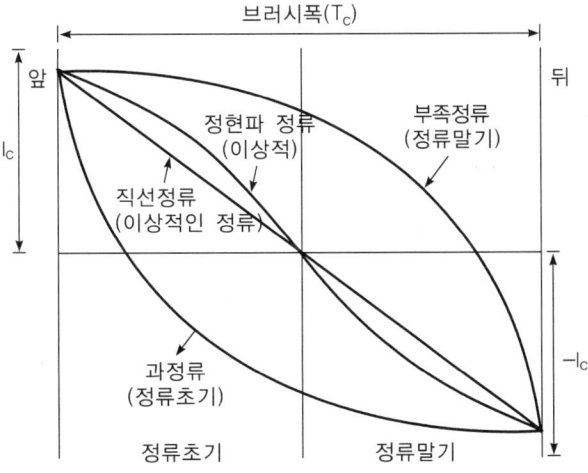

(4) 양호한 정류를 얻으려면
① 리액턴스(인덕턴스) 전압이 적을 것(전압정류)
　보극을 설치하여 리액턴스 전압을 상쇄한다.
② 리액턴스(인덕턴스) 값이 적을 것
③ 정류주기를 크게(길게) 할 것
④ 회전자 속도를 적게 할 것
⑤ 리액턴스 전압 < 브러시 접촉면 전압강하
⑥ 브러시의 접촉저항을 크게 한다.(저항정류)

9. 직류발전기의 병렬 운전

(1) 목적
① 수용가의 전력 증가 시 병렬운전으로서 전력 보충 가능
② 직접 설비한 수용가의 예비설비용량보다 적은 설비용량이 소요되어 경제적이다.

(2) 조건
① 극성이 일치할 것
② 단자전압이 같을 것
③ 외부특성 곡선이 거의 같을 것

(3) 식

$I = I_a + I_b$ ……………………………… ①
$V = E_a - I_a R_a$ ……………………………… ②
$V = E_b - I_b R_b$ ……………………………… ③
$V = E_a - I_a R = E_b - I_b R_b$ ……… ④
　　　①식과 ④식이 문제에 적용

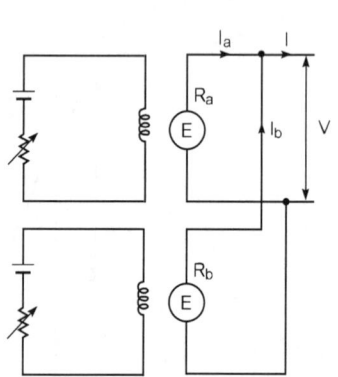

 예제

$E_a = 110$, $R_a = 0.06$, 부하전류 $= 100[A]$, $E_b = 112$, $R_b = 0.04$일 때 I_a, $I_b = ?$

[SOL] $I_a + I_b = I = 100$, $I_a = 100 - I_b$ ⋯ ①

$$V = E_a - I_a R_a = E_b - I_b R_b$$
$$= 110 - 0.06 \times (100 - I_b) = 112 - I_b \times 0.04$$
$$= -0.06 \times (100 - I_b) = 2 - I_b \times 0.04$$
$$\Rightarrow I_b = 80[A], \quad I_a = 20[A]$$

(4) 부하 분담비

① $E_a = E_b$, $R_a < R_b$

유도기전력이 같으면 전기자 저항이 적은 A발전기가 B발전기보다 부하분담이 더 크다.

② $R_a = R_b$, $E_a > E_b$

전기자 저항이 같으면 유도기전력이 큰 A발전기가 부하분담이 크다.

> **참고** 균압선
>
> 병렬운전을 안정하게 하기 위하여 직권과 복권에만 설치한 선
>
> $E = K\phi N$
>
> ⇒ E_b의 N이 감소하면 E_a가 E_b보다 커진다. ⇒ $I_a > I_b$ ⇒ ϕ의 증가 ⇒ E_a가 더욱더 증가 ⇒ 결국 E_a가 부하분담을 혼자 하는 경우가 된다. 이것을 방지하기 위해서 균압선을 설치한다.
>
>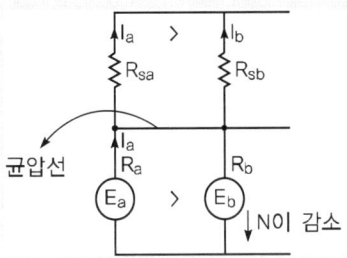

> **참고** 균압환
>
> 전기자의 중권 권선에서 같은 전위점을 연결한 선으로서 불평형 기전력에 의한 순환전류가 흘러서 정류가 나빠지는 것을 방지한다.

10. 효율

$$\eta = \frac{출력}{입력} \times 100 [\%]$$

$$= \frac{출력}{출력 + 손실} \times 100 [\%]$$

예·상·기·출·문·제

01. 직류발전기의 무부하 포화 곡선과 관계되는 것은 어느 것인가?
① 단자전압과 여자 전류
② 단자 전압과 부하 전류
③ 유도기전력과 계자 전류
④ 부하전류와 회전 속도

🔑 무부하 특성 곡선은 유도기전력과 계자전류와의 관계이다.

02. 정격 전압 280[V], 정격 전류 68[A]의 직류발전기가 있다. 전기자 저항이 0.2[Ω]일 때, 전부하시의 유도기전력은?
① 248.6[V]   ② 285.6[V]
③ 290.6[V]   ④ 293.6[V]

🔑 $E = V + I_a R_a = 280 + 68 \times 0.2 = 293.6[V]$

03. 타여자식 발전기가 있다. 전기자 저항 0.05[Ω]으로 부하전류 100[A]를 공급하였더니 단자전압이 210[V]였다. 발전기의 유도기전력은?
① 190[V]   ② 215[V]
③ 220[V]   ④ 230[V]

🔑 $E = V + I_a R_a = 210 + 100 \times 0.05 = 215[V]$

04. 2대의 직류발전기를 병렬 운전할 때 부하분담을 많이 받는 발전기는?
① 저항이 같으면 유도전압이 작은 쪽
② 유도전압이 같으면 전기가 저항이 작은 쪽
③ 유도전압이 같으면 전기자 저항이 큰 쪽
④ 저항이나 유도전압의 대소에 관계없이 항상 같다.

🔑 부하 분담은 저항이 같으면 유도 전압이 큰 쪽 발전기가, 유도 전압이 같으면 전기자 저항이 작은 쪽의 발전기가 부하를 많이 분담한다.

05. 다음 중 직류기의 3요소가 아닌 것은?
① 전기자   ② 계자
③ 브러시   ④ 정류자

06. 극수 P, 총 도체수 Z, 매극의 자속 ϕ[Wb]인 다음의 중권발전기가 있다. 회전수 N[rpm]일 때 유기 전압을 표시하는 식은 어떤 것인가?
① $E = a \cdot \phi \cdot N/60$
② $E = Z \cdot \phi \cdot N/60$
③ $E = Z \cdot \phi \cdot P \cdot N$
④ $E = Z \cdot \phi \cdot P \cdot N/60$

🔑 중권(병렬권)은 $a = p$이다.

07. 6극의 직류발전기가 있다. 전기자 도체수가 100, 매극의 자속수가 0.01[Wb]이고 회전수 1800 [rpm]일 때의 유도기전력은 몇 [V]인가? (파권이다)
① 75   ② 85
③ 90   ④ 95

🔑 $E = P\phi \dfrac{N}{60} \dfrac{Z}{a}$에서,

Answer 1.③ 2.④ 3.② 4.② 5.③ 6.② 7.③

$$E = 6 \times 0.01 \times \frac{1800}{60} \times \frac{100}{2} = 90[V]$$

08. 극수 10극, 파권에서 권선수 500, 자속 밀도 0.01[Wb], 회전수는 600[rpm]이다. 유도 기전력은?

① 180 ② 220
③ 250 ④ 270

파권(직렬권)이므로 $a = 2$
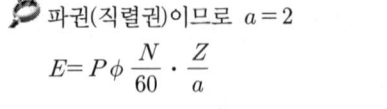
$$E = P\phi \frac{N}{60} \cdot \frac{Z}{a}$$
$$= 10 \times 0.01 \times \frac{600}{60} \times \frac{500}{2} = 250[V]$$

09. 분권 계자회로의 저항 $R_f = 200[\Omega]$의 외분 권 가동 복권 발전기가 있다. 부하 전류 50[A], 단자 전압 200[V]일 때에 전기자 전류는 몇 [A]인가?

① 51[A] ② 53[A]
③ 55[A] ④ 57[A]

$I_f = \frac{V}{R_f} = \frac{200}{200} = 1[A]$
$I_a = I + I_f = 50 + 1 = 51[A]$

10. 다극 직류 중권기의 전기자에 균압환을 설치하는 가장 큰 이유는?

① 전압 강하 방지
② 전기자권선 과열 방지
③ 전기자 반작용 방지
④ 정류 기전력을 높이기 위하여

전기자 권선이 국부적으로 과열하는 것을 방지하기 위하여 균압환을 설치

11. 직류발전기의 단자 전압을 조정하려면 다음을 조정한다. 어느 것인가?

① 전기자 저항기
② 기동 저항기
③ 계자 발전 저항기
④ 계자 저항기

$E = K\phi N$이므로 $\phi(I_f)$를 조정하면 전압을 조정할 수 있다.

12. 직류기의 여자 방식에서 자기 여자란 무엇인가?

① 여자 전류를 다른 직류 전원에서 얻는다.
② 여자 전류를 다른 발전기에서 얻는다.
③ 여자 전류를 자체의 유도기전력으로 흘려준다.
④ 여자 전류를 다른 전동기에서 얻는다.

전기자에 발생한 기전력으로 계자권선에 전류를 흘리는 것

13. 전기자 반작용을 방지하기 위한 보상 권선의 전류방향은 어느 것이 가장 좋은가?

① 전기자 권선의 전류 방향과 반대
② 전기자 권선의 전류방향과 같다.
③ 계자 권선의 전류방향과 같다.
④ 계자 권선의 전류방향과 반대

전기자 반작용은 전기자 전류로 인한 자속 때문에 일어나므로 보상권선에는 이와 반대 방향의 전류를 흘려서 전기자 전류에 의한 기자력을 상쇄하도록 한다.

14. 전기자 철심을 규소 강판으로 성층하여 만드는 이유는 무엇인가?

Answer 8. ③ 9. ① 10. ② 11. ④ 12. ③ 13. ① 14. ③

① 가공이 용이   ② 값이 싸기 때문에
③ 철손이 감소   ④ 기계손이 감소

🔑 고유 저항이 큰 규소 강판을 사용하면 히스테리시스손, 성층하면 와류손 즉 철손(맴돌이 전류손+히스테리시스손)이 감소한다.

15. 200[V], 20[kW], 분권 직류발전기의 전부하 효율(%)은? (손실은 1[kW]이다.)
① 92.5[%]   ② 94.5[%]
③ 95.2[%]   ④ 99.5[%]

🔑 $\eta = \dfrac{출력}{입력} \times 100 = \dfrac{출력}{출력+손실} \times 100$
$= \dfrac{20}{20+1} \times 100 = 95.2[\%]$

16. 전기자 반작용의 영향으로서 옳지 않은 것은?
① 중성축의 이동
② 전동기 속도의 저하
③ 발전기는 기전력 감소
④ 국부적 섬락

🔑 전동기는 속도가 상승하고 발전기는 기전력이 감소한다.

17. 직류발전기의 외부 특성 곡선은?
① 단자 전압-부하 전류 곡선
② 부하 전류-계자 전류 곡선
③ 단자 전압-계자 전류 곡선
④ 유도기전력-전기자 전류 곡선

🔑 외부특성(부하특성)곡선은 V-I와의 관계곡선이다.

18. 직류기에서 중권의 병렬회로수는 극수의 몇 배인가?

① 0.5   ② 1
③ 2   ④ 3

🔑 중권에서는 $a = p$이다.

19. 직류발전기에 탄소 브러시를 사용하는 이유는?
① 접촉 저항이 크다.
② 접촉 저항이 작다.
③ 고유 저항이 동보다 작다.
④ 고유 저항이 동보다 크다.

🔑 흑연 브러시, 탄소 브러시는 접촉저항이 크다.

20. 무부하 때 자여자로 전압을 갖지 못하는 직류발전기는?
① 차동 복권 발전기
② 분권 발전기
③ 직권 발전기
④ 가동 복권 발전기

🔑 직권 발전기는 $I = I_f$ 관계이므로 무부하시는 부하 전류가 없으므로 $I_f(\phi) = 0$이 되기 때문에 전압이 확립하지 않는다.

21. 정격 출력 50[kW], 정격 전압 250[V]의 외분권 복권 발전기가 있다. 분권계자저항이 25[Ω]일 때 전기자 전류 [A]는?
① 210   ② 110
③ 120   ④ 140

🔑 $I = \dfrac{P}{V} = \dfrac{5 \times 10^3}{250} = 200$
$I_f = \dfrac{V}{R_f} = \dfrac{250}{25} = 10$
∴ $I_a = I + I_f = 210[A]$

Answer 15. ③ 16. ② 17. ① 18. ② 19. ① 20. ③ 21. ①

22. 직류기에서 파권의 특징이 중권에 비하여 이점인 것은?
① 효율이 높다.
② 출력이 크다.
③ 전압이 높게 된다.
④ 전류가 크다.

▶ 파권은 고전압용이고, 중권은 대전류용이다.

23. 직류기의 전기자 반작용의 영향을 보상하는 데 효과가 큰 것은?
① 탄소 브러시   ② 보극
③ 균압 고리   ④ 보상 권선

▶ 보극은 정류작용을 개선하는데 효과가 크고, 보상권선은 전기가 반작용의 영향을 보상하는데 효과가 크다.

24. 직류발전기의 전기자 반작용의 원인이 되는 것은?
① 전기자 권선의 전류
② 계자 권선의 전류
③ 히스테리시스손의 전류
④ 맴돌이 전류손을 공급하는 전류

▶ 전기자 반작용은 전기자 전류에 의한 자속이 주 자속에 나쁜 영향을 주는 것이다.

25. 직류 분권 발전기의 전기자 전류 104[A], 계자 저항 27.5[Ω], 전기자 저항이 0.1[Ω], 유도기전력 120.4 [V]이다. 이때 단자 전압 [V]과 출력을 구하여라.
① $V=100[V],\ P=10[kW]$
② $V=110[V],\ P=11[kW]$
③ $V=120[V],\ P=11[kW]$
④ $V=125[V],\ P=12[kW]$

▶ $V = E - I_a R_a = 120.4 - 104 \times 0.1 = 110[V]$
$I = I_a - I_f = 104 - \frac{110}{27.5} = 100[A]$
$P = VI = 110 \times 100 = 11[kW]$

26. 극수 6, 전기자 도체 총수 300, 매극 자속수 0.03[Wb], 회전수 1200[rpm]인 직류발전기의 유도기전력[V]은? (단, 전기자 권선은 직렬권이다.)
① 510   ② 520
③ 530   ④ 540

▶ 직렬권=파권, 병렬 회로수 $a=2$
$E = P\phi \cdot \frac{N}{60} \cdot \frac{Z}{a}$
$= 6 \times 0.03 \times \frac{1200}{60} \times \frac{300}{2} = 540[V]$

27. 유도기전력 210[V], 단자 전압 200[V], 5 [kW]의 분권발전기의 계자 저항이 500[Ω]이면 그 전기자 저항[Ω]은 약 얼마인가?
① 0.3   ② 0.4
③ 0.5   ④ 0.6

▶ $I_f = \frac{200}{500} = 0.4[A]$
$I = \frac{P}{V} = \frac{5000}{200} = 25[A]$
$I_a = I + I_f = 25.4[A]$
∴ $R_a = \frac{E-V}{I_a}$
$= \frac{210-200}{25.4} = 0.394[\Omega] ≒ 0.4[\Omega]$

28. 직류발전기의 유도기전력 E, 자속 ϕ, 회전속

Answer 22. ③ 23. ④ 24. ① 25. ② 26. ④ 27. ② 28. ②

도 n과의 관계는? (단, $n=\frac{N}{60}$[rps]이다.)

① $E \propto \phi n^2$ ② $E \propto \phi n$
③ $E \propto \frac{n}{\phi}$ ④ $E \propto \frac{\phi}{n}$

🔑 $E=\frac{Z}{a}P\phi n$에서 $K=\frac{PZ}{a}$이면 $E \propto \phi n$

29. 8극 중권발전기의 전기자 도체수 500, 매극의 자속수 0.02[Wb], 회전수 600[rpm]일 때 유도기전력[V]는?

① 50   ② 100
③ 200   ④ 250

🔑 중권(병렬권)이므로 $a=P$
∴ $E = P\phi \cdot \frac{N}{60} \cdot \frac{Z}{a}$
$= 500 \times 0.02 \times \frac{600}{60} = 100 = 100$[V]

30. 포화되지 않는 직류발전기의 회전수가 1/2로 되었을 때 기전력을 전과 같은 값으로 하자면 여자를 전 것에 비하여 몇 배로 해야 하는가?

① 1/2배   ② 1배
③ 2배   ④ 4배

🔑 $E=K\phi N$에서 N이 $\frac{1}{2}$로 되기 때문에 ϕ는 2배로 하여야 하므로 여자전류는 2배가 되어야 한다.

31. 저항정류의 역할을 하는 것은?

① 보상 권선   ② 보극
③ 리액턴스 코일   ④ 탄소 브러시

🔑 접촉저항이 큰 탄소브러시나 흑연 브러시를 써서 정류시키는 것을 저항정류라 한다.

32. 직류기의 무부하 포화 곡선은? (단, V : 단자전압, I_f : 계자 전류, I : 부하 전류, P : 전력, E : 유도기전력)

① $V-I_f$ 관계곡선
② $E-I_f$ 관계곡선
③ $P-I$ 관계곡선
④ $V-I$ 관계곡선

🔑 정격 속도에서 유도기전력과 여자 전류의 관계 곡선을 무부하 포화곡선이라 한다.

33. 직류발전기의 부하 특성 곡선이란?

① 속도를 일정하게 하고, 부하 전류와 단자 전압과의 관계
② 부하 전류가 일정하고, 여자 전류와 단자 전압과의 관계
③ 여자 전류를 일정하게 하고, 속도와 단자 전압과의 관계
④ 속도를 일정하게 하고, 여자 전류와 단자 전압과의 관계

🔑 $V-I_f$ 곡선

34. 직류발전기의 계자 철심에 잔류 자기가 없어도 발전할 수 있는 발전기는?

① 타여자기   ② 복권기
③ 직권기   ④ 분권기

🔑 타여발전기는 외부 전원으로부터 계자 권선에 전류를 공급받으므로 잔류 자기가 없어도 발전이 된다.

35. 직류 분권발전기의 전기자 저항 0.1[Ω], 전기자 전류 104[A], 계자 저항 27.5[Ω], 유

Answer 29. ② 30. ③ 31. ④ 32. ② 33. ④ 34. ① 35. ②

도기전력 120.4[V]일 때 출력 [kW]는?

① 10   ② 11
③ 12   ④ 13

$V = E - I_a R_a = 120.4 - 104 \times 0.1 = 110[A]$
$I_a = I + I_f$
$\therefore I = I_a - I_f = 104 - 4 = 100[A]$
$V = I_f R_f$
$I_f = \dfrac{V}{R_f} = \dfrac{110}{27.5} = 4[A]$
$\therefore P = VI = 110 \times 100 = 11,000[W]$
$= 11[kW]$

36. 직류 직권 발전기에서 전기자 전류가 100[A]일 때, 단자 전압[V]은? (단, 전기자 저항 0.02[Ω], 계자저항 0.05[Ω], 유도기전력은 110[V]이다.)

① 101   ② 103
③ 107   ④ 109

$E = V + I_a(R_a + R_s)$,
$V = E - I_a(R_a + R_s)$
$= 110 - 100(0.02 + 0.05) = 103[V]$

37. 전기자 권선의 저항 $R_a = 0.09[\Omega]$, 직권 계자 권선의 저항 $R_s = 0.03[\Omega]$, 분권 계자권선의 저항 200[Ω]의 외분권 가동 복권 발전기가 있다. 부하 전류 50[A], 단자 전압 400[V]일 때의 유도기전력 $E[V]$를 구하여라.

① 406.24   ② 404.64
③ 429.24   ④ 401.56

$V = I_f R_f$에서 $I_f = \dfrac{V}{R_f} = \dfrac{400}{200} = 2[A]$
$I_a = I + I_f = 2 + 50 = 52[A]$
$E = V + I_a(R_a + R_s)$
$= 400 + 52(0.09 + 0.03) = 406.24[V]$

38. 분권 발전기의 정격 전압 200[V], 전압 변동률 3[%]일 때 무부하 단자 전압[V]은?

① 200   ② 204
③ 206   ④ 210

$\varepsilon = \dfrac{V_o - V_n}{V_n} \times 100[\%]$, $V_o - V_n = \dfrac{\varepsilon V_n}{100}$
$V_o = \dfrac{\varepsilon V_n}{100} + V_n$
$= \dfrac{3 \times 200}{100} + 200 = 206[V]$

39. 단자 전압 220[V], 부하 전류 48[A], 계자 전류 2[A], 전기자 저항 0.2[Ω]인 분권 발전기의 유도기전력[V]은? (단, 전기자 반작용은 무시한다.)

① 210   ② 220.4
③ 229.6   ④ 230

$I_f = 2[A]$, $I = 48[A]$
$I_a = I + I_f = 50[A]$
$\therefore E = V + I_a R_a$
$= 220 + 50 \times 0.2 = 230[V]$

40. 유도기전력 220[V], 단자 전압 200[V]인 6[kW]의 분권 발전기가 있다. 계자 저항이 40[Ω]이면 전기자 저항은 약 몇 [Ω]인가?

① 0.25   ② 0.40
③ 0.52   ④ 0.57

$I = \dfrac{P}{V} = \dfrac{6000}{200} = 30[A]$
$I_f = \dfrac{V}{R_f} = \dfrac{200}{40} = 5[A]$
$I_a = I + I_f$

Answer 36. ②　37. ①　38. ③　39. ④　40. ④

$$\therefore I_a = 35[A]$$
$$E - V = I_a R_a \text{이므로}$$
$$\therefore R_a = \frac{E-V}{I_a} = \frac{220-200}{35} \fallingdotseq 0.57[\Omega]$$

41. 자극수 8, 전기자 도체수 300, 매극 자속수 0.01[Wb], 회전수 1000[rpm]일 때 이 직류 발전기의 유도기전력[V]은? (단, 전기자 권선은 직렬권이다.)
① 200 ② 210
③ 220 ④ 230

파권(직렬권)이므로 $a = 2$
$$E = P\phi \frac{NZ}{60a}$$
$$= \frac{8 \times 0.01 \times 1000 \times 300}{60 \times 2} = 200[V]$$

42. 직류 분권 발전기의 계자 권선이 끊어져도 약간의 전압이 유기된다. 그 이유는?
① 계자 전류가 반대로 흐르기 때문에
② 계자 전류가 약간만 흐르기 때문에
③ 자극에 잔류 자속이 있기 때문에
④ 자극이 영구 자석이므로

계자권선이 끊어져도 잔류 자속은 남아 있다.

43. 직류 분권 발전기를 역회전시키면?
① 발전하지 않는다.
② 정회전 때와 같다.
③ 섬락이 일어난다.
④ 과대 전압이 일어난다.

역회전을 하면 잔류자기(ϕ)가 소멸되어 발전하지 않는다.

44. 직류발전기 중 무부하 전압과 전부하 전압이 같도록 설계된 발전기는?
① 분권 ② 직권
③ 차동 복권 ④ 평복권

평복권발전기의 전압변동률은 0이다.

45. 전부하 부근에서 단자 전압 강하율이 가장 심한 직류발전기는?
① 분권 ② 직권
③ 타여자 ④ 차동복권

차동복권은 수하특성이 있다.

46. 정격 전압 200[V], 무부하 전압 220[V]인 발전기의 전압 변동률[%]은?
① 5 ② 6
③ 9 ④ 10

$$\varepsilon = \frac{E_0 - E}{E} \times 100$$
$$= \frac{220 - 200}{200} \times 100 = 10[\%]$$

47. 무부하 전압 E_0, 정격 전압 E일 때 직류발전기의 전압 변동률[%]은?
① $\dfrac{E_0 - E}{E_0} \times 100$
② $\dfrac{E - E_0}{E_0} \times 100$
③ $\dfrac{E - E_0}{E} \times 100$
④ $\dfrac{E_0 - E}{E} \times 100$

Answer 41. ① 42. ③ 43. ① 44. ④ 45. ④ 46. ④ 47. ④

48. 정격 200[V], 10[kW] 직류 분권 발전기에서 전기자 및 분권 계자 저항이 각각 0.1[Ω], 100[Ω]일 때 전압 변동률[%]은?
① 2　　② 2.6
③ 3　　④ 3.6

$I = \dfrac{P}{E} = \dfrac{10 \times 10^3}{200} = 50[A]$,

$I_f = \dfrac{200}{100} = 2[A]$

분권 : $I_a = I + I_f = 50 + 2 = 52[A]$

$\therefore \varepsilon = \dfrac{E_0 - E}{E} \times 100 = \dfrac{I_a R_a}{E} \times 100$

$= \dfrac{52 \times 0.1}{200} \times 100 = 2.6[\%]$

49. 직류발전기의 병렬 운전 조건 중 필요한 것이 아닌 것은?
① 극성을 같게 할 것
② 외부 특성이 같을 것
③ 단자전압이 같을 것
④ 유도기전력이 같을 것

50. 균압선을 설치하고 병렬 운전을 하는 발전기는?
① 직류 복권발전기
② 직류 분권발전기
③ 유도발전기
④ 동기발전기

직권계자권선이 있는 발전기는 병렬 운전 시 반드시 균압선을 설치한다.(직권과 복권에 설치)

51. 직류발전기의 병렬 운전 시 균압선을 설치하는 목적은?
① 병렬 운전을 안전하게 한다.
② 고조파의 발생을 방지한다.
③ 전압의 이상 상승을 방지한다.
④ 손실을 경감한다.

병렬운전을 안전하게 하기 위하여 직권과 복권에만 설치

52. 직류 분권발전기의 용도 중 가장 적당한 것은?
① 엘리베이터　② 전철
③ 전지 충전용　④ 직류 승압기

53. 전기용접용 발전기로 적당한 것은?
① 분권기
② 타여자기
③ 차동 복권기
④ 가동 복권기

수하 특성이 큰 것(부하 전류 증가 시 전압 감소)

54. 직류발전기 중 부하 변동에 의하여 단자 전압의 변화가 가장 작은 발전기는?
① 직권　　② 평복권
③ 분권　　④ 차동 복권

55. 수하 특성을 가진 직류기는?
① 평복권 발전기　② 차동 복권발전기
③ 분권 발전기　④ 과복권 발전기

부하전류(I) 증가에 따라 단자 전압이 심하게 떨어지는 현상을 수하 특성이라 한다.

56. 운전 중 직류발전기의 단자 전압의 조정 방법은?

Answer　48. ②　49. ④　50. ①　51. ①　52. ③　53. ③　54. ②　55. ②　56. ②

① 원동기 속도   ② 계자 저항
③ 계자 스위치   ④ 전기자 전류

🔑 $E = K\phi N$이므로 계자저항으로 $I_f(\phi)$를 조정한다.

57. 병렬 운전 중 직류발전기의 부하 분담 시 큰 부하를 접속하는 발전기는?

① 전기자 저항이 큰 쪽
② 유도기전력이 큰 쪽
③ 유도기전력이 작은 쪽
④ 용량과 단자 전압이 큰 쪽

🔑 유도기전력이 크거나 전기자 저항이 작은 쪽이 많은 부하를 분담한다.

58. 가동 복권 발전기의 내부 결선을 바꾸어 분권 발전기로 하려면?

① 분권 계자를 단락시킨다.
② 내분권 복권형으로 한다.
③ 외분권 복권형으로 한다.
④ 직권 계자를 단락시킨다.

🔑 직권 계자만 없으면 분권이 된다.

59. 2대의 직류발전기를 병렬 운전하여 부하에 100[A]를 공급하고 있다. 각 발전기의 유도기전력 및 내부 저항이 각각 110[V], 0.04[Ω] 및 112[V], 0.06[Ω]이다. 각 발전기의 분담 전류는?

① $I_1 = 30$, $I_2 = 70$
② $I_1 = 40$, $I_2 = 60$
③ $I_1 = 60$, $I_2 = 40$
④ $I_1 = 80$, $I_2 = 20$

🔑 $V = E - I_a R_a$에서 $V_1 = V_2$이므로
$V = 110 - 0.04 I_1 = 112 - 0.06 I_2$ ········ ①
$I_1 + I_2 = 100$[A] ∴ $I_1 = 100 - I_2$ ····· ②
$110 - 0.04(100 - I_2) = 112 - 0.06 I_2$
∴ $I_2 = 60$[A],
$I_1 = 100 - I_2 = 100 - 60 = 40$[A]

60. 매분 1200회전하는 직류기의 주변속도[m/s]는? (단, 전기자 지름은 3[m]이다.)

① 20π ② 50π
③ 60π ④ 70π

🔑 $v = \pi D n$
$v = \pi \times 3 \times \dfrac{1200}{60} = 60\pi$ [m/s]

61. 타여자 발전기가 있다. 계자를 일정하게 유지하고 회전수를 500[rpm]으로 할 때 400[V]를 유기하였다면 600[rpm]으로 할 때 몇 [V]를 유기하는가?

① 400   ② 460
③ 480   ④ 500

🔑 $E = P\phi \dfrac{N}{60} \dfrac{Z}{a} = K\phi N$이므로
$E_1 : N_1 = E_2 : N_2$
$400 : 500 = E_2 : 600$
∴ $E_2 = \dfrac{400 \times 600}{500} = 480$[V]

62. 직류기 손실 중 기계손에 속하는 것은?

① 풍손   ② 와류손
③ 표류 부하손   ④ 철손

🔑 회전 전기 기계의 회전자가 주위의 공기와 마찰하기 때문에 생기는 손실이 풍손이며 회

전수에 따라 결정되는 값이다.

63. 직류 분권 발전기의 병렬 운전을 하기 위한 발전기의 용량 P와 정격 전압 V의 관계는?
① P는 같고 V는 임의
② P도 V도 같다.
③ P는 임의, V는 같다.
④ P도 V도 임의
🔑 병렬 운전조건은 정격전압이 같아야 한다.

64. 직류발전기의 브러시로서 필요한 성질 중 틀린 것은?
① 적당한 접촉 저항을 가질 것
② 전기 저항이 작을 것
③ 정류자에 닿아서 잘 미끄러질 것
④ 내열성이 작을 것
🔑 내열성이 있어야 한다.(커야 한다.)

65. 다른 독립된 직류 전압으로 계자 권선에 전류를 흘려 자속을 발생하는 발전기는?
① 직권 발전기   ② 분권 발전기
③ 타여자 발전기 ④ 복권 발전기
🔑 타여자 발전기는 독립된 직류 전원이 있어야 한다.

66. 용접기에 쓰는 직류발전기에 필요한 조건 중에서 가장 중요한 것은?
① 전압 변동률이 작을 것
② 과부하에 견딜 것
③ 전류 대 전압 특성이 수하 특성일 것
④ 경부하일 때 효율이 좋을 것
🔑 정전류 특성을 가져야 한다. 즉 전류가 증가하면 전압이 저하하는 수하 특성이 있어야 한다.

67. 직류 분권 발전기의 병렬 운전 조건은?
① 단자 전압이 같을 것
② 균압선 설치
③ 출력이 같을 것
④ 전기자 저항 및 유도기전력이 같을 것

68. 무부하 전압이 105[V]인 분권 발전기가 5[%]의 전압 변동률을 가질 때 전부하 단자 전압[V]는?
① 98   ② 100
③ 102   ④ 104

🔑 전압변동률 $\varepsilon = \dfrac{V_o - V_n}{V_n} \times 100[\%]$

∴ $V_n = \dfrac{V_o}{1 + \dfrac{\varepsilon}{100}} = \dfrac{105}{1.05} = 100[V]$

69. 부하 변동이 심할 때 전기자 반작용 방지에 가장 유효한 것은?
① 공극 증가
② 보극 설치
③ 보상 권선 설치
④ 리액턴스 전압 증가

70. 직류기의 3대 요소 중 기전력을 발생하는 부분은?
① 정류자   ② 전기자
③ 브러시   ④ 계자

Answer 63. ③ 64. ④ 65. ③ 66. ③ 67. ① 68. ② 69. ③ 70. ②

- 계자 : 자속(ϕ)을 발생
- 정류자 : 교류를 직류로 변환
- 브러시 : 외부회로와 내부회로를 연결

71. 정격 전압 200[V], 출력 40[kW]인 외분권 복권 발전기가 있다. 분권 계자 저항이 50[Ω]일 때 전기자 전류는 몇 [A]인가?

① 190 ② 200
③ 203 ④ 204

$I = \dfrac{P}{V} = \dfrac{40 \times 10^3}{200} = 200[A]$

$I_f = \dfrac{V}{R_f} = \dfrac{200}{50} = 4[A]$

$\therefore I_a = I + I_f = 200 + 4 = 204[A]$

72. 단자 전압 220[V], 부하 전류 48[A], 계자 전류 2[A], 전기자 저항 0.2[Ω]인 분권 발전기의 유도기전력[V]은? (단, 전기자 반작용은 무시한다.)

① 215 ② 225
③ 230 ④ 235

분권 : $I_a = I + I_f = 50[A]$
$E = V + I_a R_a$
$= 220 + 50 \times 0.2 = 230[V]$

73. 정격 속도로 회전하고 있는 무부하 분권 발전기의 유도기전력[V]은?(단, 계자저항 50[Ω], 계자 전류 2[A], 전기자 저항 1.5[Ω]이다.)

① 100 ② 103
③ 105 ④ 110

$V = I_f R_f = 50 \times 2 = 100[V]$
무부하이면 $I = 0$ $\therefore I_a = I_f + I = I_f$
$E = V + I_a R_a = 100 + 2 \times 1.5 = 103[V]$

74. 직류 직권발전기가 있다. 전기자 전류 100[A]일 때 유도기전력은 210[V]이다. 출력[kW]은? (단, 전기자 저항 및 직권 계자 저항은 각각 0.05[Ω]이다.)

① 10 ② 20
③ 30 ④ 40

$E = V + I_a (R_a + R_s)$,
$I_a = I = I_f = 100(A)$ (직권발전기)
$V = E - I_a(R_a + R_s)$
$= 210 - 100(0.05 + 0.05) = 200[V]$
$P = VI = VI_a = 200 \times 100 = 20[kW]$

75. 전기자 반작용을 보상하는 데 효과가 큰 것은?

① 보극 ② 균압환
③ 보상권선 ④ 탄소 브러시

보상권선은 전기자 회로와 직렬로 접속하여 전기자 전류와 반대 방향으로 전류를 흘려줌으로써 전기자 반작용을 보상한다.

76. 직류기에 있어서 불꽃이 없는 정류를 얻는 데 가장 유효한 방법은?

① 탄소 브러시와 보상 권선
② 자극 포화와 브러시의 이동
③ 보극과 보상 권선
④ 보극과 탄소 브러시

정류를 좋게 하는 방법으로 접촉저항이 큰 흑연이나 탄소브러시를 사용하고, 주자극 중간에 보극을 설치한다.

77. 유도기전력 120[V], 600[rpm]의 타여자 발전기가 있다. 여자 전류는 2[A]로서 불변이고 회전수를 500[rpm]로 할 때 유도기전력

Answer 71. ④ 72. ③ 73. ② 74. ② 75. ③ 76. ④ 77. ①

[V]은?

① 100 ② 105
③ 110 ④ 115

$E = K\phi N$, $E \propto N$ 이므로
∴ $E_1 : N_1 = E_2 : N_2$

$E_2 = \dfrac{N_2}{N_1} E_1 = \dfrac{500}{600} \times 120 = 100 [\text{V}]$

2. 직류기(직류전동기)

1. 직류전동기의 종류 및 특성

(1) 타여자 전동기

속도를 광범위하게 조정할 수 있어 압연기, 크레인, 대형 권상기, 엘리베이터 등에 사용된다.

$$I_a = I[A]$$

(I : 입력전류, I_a : 전기자 전류(=부하 전류))

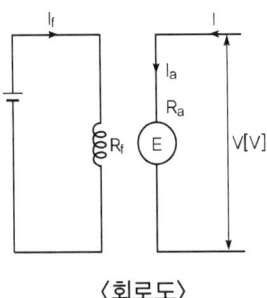

〈회로도〉

① 역기전력(E) : 발전기의 유도기전력 E가 전동기에서 역기전력으로 표현되고 입력전압(정격전압)을 V로 표현한다.

역기전력 $E = P\phi \dfrac{N}{60} \times \dfrac{Z}{a}[V] = V - I_a R_a[V] = K\phi N \left(\because K = \dfrac{PZ}{60a}\right)$

V(입력전압) $> E$(역기전력)

② 부하전류(I_a) $\quad I_a = \dfrac{V-E}{R_a}[A]$

③ 회전수(N)

$E = K\phi N$ 관계식을 회전수 N으로 정리하면

$N = \dfrac{E}{k\phi} = \acute{k}\dfrac{V - I_a R_a}{\phi}[\text{rpm}]$ 이므로

$\therefore N \propto \dfrac{V - I_a R_a}{\phi}$

즉, 계자저항(R_f) 증가 → 계자전류(I_f) 감소 → 자속(ϕ) 감소 → 회전수(N) 증가

④ 토크 $T[\text{N}\cdot\text{m}][\text{kg}\cdot\text{m}]$

㉠ 토크는 회전력이라고도 하며 물체를 회전시키는데 효력이 있는 물리량

$T = \vec{r} \times \vec{F}[\text{N}\cdot\text{m}]$

$T = \vec{r} \times \vec{F} = rF = r(BIl) = r\left(\dfrac{P\phi}{2\pi rl}\right)\left(\dfrac{I_a}{a}\right)l \quad (F = BIl\sin\theta = BIl[\text{N}])$

도체의 개수가 z개인 경우

$$T = \vec{r} \times \vec{F} = rF = r(BIl) = r(\frac{P\phi}{2\pi rl})(\frac{I_a}{a})l \times z$$

위 식을 정리하면

$$T = r(\frac{P\phi}{2\pi rl}\frac{n}{n})(\frac{I_a}{a})l \times z = \frac{p\phi n \frac{z}{a} \times I_a}{2\pi n} = \frac{EI_a}{\omega}[\text{N} \cdot \text{m}]$$

ⓒ 각속도 ω[rad/sec]와 $\omega = 2\pi n$의 표현

원 운동에서 1초 동안 1 라디안의 각만큼 회전하는 속도(거리)

1초에 1회전하면 회전각(거리)은 360°, 즉 2π[rad]

1초에 2회전하면 회전각(거리)은 360°×2, 즉 $2\pi \times 2$[rad]

1초에 n회전하면 회전각(거리)은 360°×n, 즉 $2\pi \times n$[rad]

∴ $\omega = 2\pi n$

ⓒ $T = \dfrac{P}{\omega} = \dfrac{P}{2\pi n} = \dfrac{P}{2\pi \dfrac{N}{60}} = \dfrac{E \cdot I_a}{2\pi \dfrac{N}{60}}[\text{N} \cdot \text{m}]$

여기서, P : 출력[W], ω : 각속도[rad/sec], n : 회전수[rps], N[rpm]

ⓔ 토크의 비례식

$$T = \frac{E \times I_a}{2\pi \times \dfrac{N}{60}} = \frac{(P\phi \dfrac{N}{60} \times \dfrac{Z}{a})I_a}{2\pi \times \dfrac{N}{60}} = \left(\frac{PZ}{2\pi a}\right) \times \phi \times I_a$$

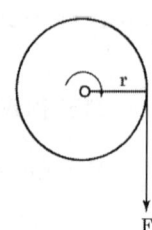

∴ $T = K\phi I_a$ 여기서, $K = \dfrac{PZ}{2\pi a}$

※ 토크의 단위

[kg · m]=9.8[N · m]

(2) 자여자 전동기

① 직권전동기 : 기동 토크가 크고 가변속도 전동기로서 부하변동이 심하고 큰 기동 토크가 필요한 전동차, 크레인, 전기철도용 전동기로 적합하다.

㉠ 부하전류(=전기자전류) $I_a = I = I_f$

ⓛ 역기전력　　$E = P\phi \dfrac{N}{60} \times \dfrac{Z}{a} = K\phi N = V - I_a(R_a + R_s)$

ⓒ 부하전류(I_a)　　$I_a = \dfrac{V - E}{(R_a + R_s)}$ [A]

ⓔ 회전수(N)　　$N \propto \dfrac{V - I_a(R_a + R_s)}{\phi}$

ⓜ 토크

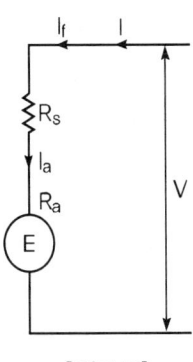

[회로도]

　ⓐ $T = \dfrac{P}{\omega} = \dfrac{P}{2\pi n} = \dfrac{E \times I_a}{2\pi \dfrac{N}{60}} = K\phi I_a$ [N·m] 식에서

직권의 계자권선과 전기자권선의 직렬 연결구조이기 때문에 전기자 전류와 계자전류가 같게 되어 다음과 같은 특성이 나타난다.

$T = K\phi I_a \propto I_a^2$　($\because I_a = I_f$)

　ⓑ 직류 직권전동기의 토크 특성은 토크(T)가 전기자 전류(I_a)의 제곱에 비례하여 나타나고 특성이 좋아 보다 큰 기동 토크가 요구되는 것에 사용된다.

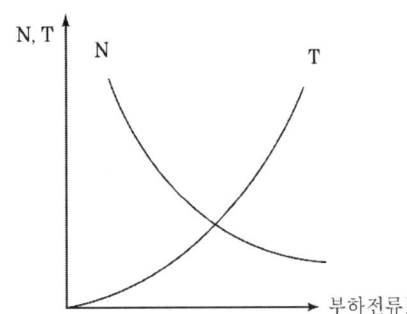

ⓗ 무여자 상태(위험상태)

　ⓐ 전동기 회전식 $N \propto \dfrac{V - I_a(R_a + R_s)}{\phi} \propto \dfrac{1}{\phi}$ 에서

전동기 회전수가 자속(ϕ)에 반비례하기 때문에 자속과 비례하는 계자전류 또는 전기자 전류(부하전류)가 0이 되면 회전속도가 무한히 증가되는 상황이 발생한다. 이러한 상황을 위험상태 또는 무여자 상태라 한다.

　ⓑ 방지책

직권 전동기는 벨트를 걸고 운전하다가 벨트가 벗겨지면 속도가 가속되어 위험상태에 이르게 된다.(정격전압 무여자 상태)

방지책으로 부하가 전동기 회전축으로부터 이탈되지 않도록 벨트운전보다 기어나 체인으로 운전을 해야 한다.

② 분권전동기 : 정속도 전동기로서 공작기계나 압연기 보조용, 선박의 펌프용, 환기용 선풍기 등으로 사용된다.

㉠ 부하전류(전기자 전류) $I_a = I - I_f = I - \dfrac{V}{R_f}$

㉡ 역기전력(E)

$$E = \dfrac{P}{a} Z\phi \dfrac{N}{60} = V - I_a R_a = K\phi N \quad \therefore I_a = \dfrac{V-E}{R_a}$$

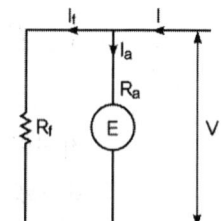

㉢ 회전수(N) $N = K \dfrac{V - I_a R_a}{\phi} \propto \dfrac{V - I_a R_a}{\phi}$

㉣ 토크

$$T = \dfrac{P}{\omega} = \dfrac{P}{2\pi n} = \dfrac{60P}{2\pi N} = \dfrac{60 E \times I_a}{2\pi N} [\text{N} \cdot \text{m}]$$

비례식 $T = \dfrac{PZ\phi}{2\pi a} I_a = K\phi I_a [\text{N} \cdot \text{m}]$

㉤ 무여자 상태(위험상태)

회전속도식 $N \propto \dfrac{V - I_a R_a}{\phi} \propto \dfrac{1}{\phi}$ 에서 직권과 같이 운전 중 무여자 상황이 발생하면 위험상태가 되지만 전기자권선과 계자권선의 연결 구조의 차이로 부하의 이탈로는 발생하지 않는다. 다만, 정격전압 무부하 상태에서 운전 중에 계자회로가 끊어지면 회전속도가 무한히 커진다.

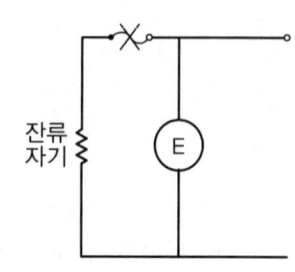

ⓐ 계자회로에 퓨즈를 삽입해서는 안 된다.
ⓑ 개폐기는 설치해서는 안 된다.
ⓒ 속도감지기를 설치한다.

> **참고** 입력 전원의 극성을 바꾸어도 회전 방향은 그대로
> 전기자에 흐르는 전류나 계자에 흐르는 전류가 똑같이 바뀌기 때문이다.

③ 복권전동기 : 복권전동기는 계자권선이 2개가 있고 그 중 분권계자 권선의 결선 위치에 따라서 내분권 복권전동기와 외분권 복권전동기로 나뉜다.

㉠ 외분권 전동기 : 분권계자권선이 전기자 권선 바깥쪽 방향의 직권계자 권선과 병렬 연결된 구조

ⓐ 전기자 전류=부하전류 $I_a = I - I_f = I - \dfrac{V}{R_f}$ [A]

ⓑ 역기전력 E

$$E = P\phi \dfrac{N}{60} \times \dfrac{Z}{a} = K\phi N = V - I_a(R_a + R_s)$$

$$\therefore I_a = \dfrac{V - E}{(R_a + R_s)} \text{[A]}$$

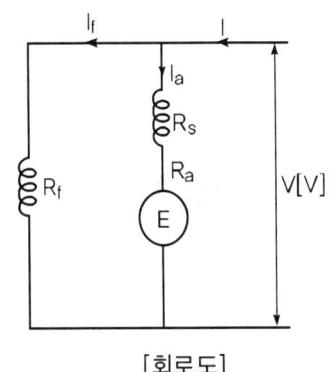

[회로도]

ⓒ 회전속도 N

$K\phi N = V - I_a(R_a + R_s)$ 관계식에서

$$\therefore N \propto \dfrac{V - I_a(R_a + R_s)}{\phi}$$

ⓓ 토크 관계

$$T = \dfrac{P}{\omega} = \dfrac{P}{2\pi n} = \dfrac{P}{2\pi \dfrac{N}{60}} = \dfrac{60P}{2\pi N} \text{[N·m]}$$

비례식

$$= \dfrac{60 I_a \times E}{2\pi N} \left(= \dfrac{60 I_a \times (V - I_a(R_a + R_s))}{2\pi N} \text{[N·m]} \right)$$

$$= \dfrac{60 \times I_a \times \dfrac{P}{a} Z\phi \dfrac{N}{60}}{2\pi N} = \dfrac{PZ\phi}{2\pi a} I_a = K\phi I_a \text{[N·m]} \quad \left(\because K = \dfrac{PZ}{2\pi a} \right)$$

㉡ 내분권 전동기 : 분권계자권선이 전기자권선 방향쪽의 직권계자권선과 병렬 연결된 구조

ⓐ 부하전류 $I_a = I - I_f = I - \dfrac{E + I_a R_a}{R_f}$

ⓑ 역기전력 E

$E = K\phi N = V - I_a R_a - I R_s$

ⓒ 회전수 $N \propto \dfrac{V - I_a R_a - I R_s}{\phi}$

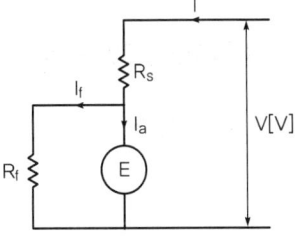

> **참고** 토크 大 → 小 관계
> 직권 → 가동복권 → 분권 → 차동복권
> ① 직권 : $T = K\phi I_a = KI_a^2 [N \cdot m]$
>   (ϕ가 직권에서는 I_a에 비례하므로 토크가 I_a^2에 비례한다.)
> ② 분권 : $T = K\phi I_a [N \cdot m]$
> ③ 가동복권 : $T = K(\phi_f + \phi_s)I_a [N \cdot m]$
> ④ 차동복권 : $T = K(\phi_f - \phi_s)I_a [N \cdot m]$

2. 속도 변동률

(1) 식

$$\varepsilon = \frac{\text{무부하 속도} - \text{정격속도}}{\text{정격속도}} \times 100 = \frac{N_0 - N}{N} \times 100 [\%]$$

(2) 속도 변동률 大 → 小 관계

직권 > 가동복권 > 분권 > 차동 복권전동기 순으로 전기자 전류 I_a 변화에 따른 변동률은 직권이 제일 크다.

① 직권 : $N \propto \dfrac{V - I_a(R_a + R_s)}{\phi(\propto I_a)}$

② 분권 : $N \propto \dfrac{V - I_a(R_a + R_s)}{\phi(\text{일정})}$

③ 가동복권 : $N \propto \dfrac{V - I_a(R_a + R_s)}{\phi_f + \phi_s}$

④ 차동복권 : $N \propto \dfrac{V - I_a(R_a + R_s)}{\phi_f - \phi_s}$

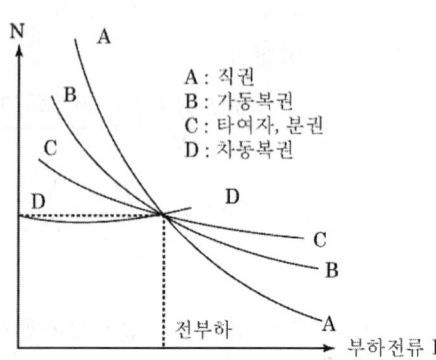

A : 직권
B : 가동복권
C : 타여자, 분권
D : 차동복권

3. 속도제어 및 제동, 기동

(1) 속도제어

속도(회전수) 비례식 $N \propto \dfrac{V - I_a R_a}{\phi} [rpm]$

① 계자 제어법 : 외부계자저항으로 계자전류(자속 ϕ)를 조정하여 속도제어하는 방법. 정출력제어법이라고도 하고 비교적 광범위하게 속도제어가 가능
② 전압 제어법 : 입력전압 V(정격전압)를 조정하여 속도를 제어하는 방법. 정토크 제어법이라고도 하며 가장 광범위하게 속도를 제어하는 방식이다. 종류로는 워드레오나드 방식(소형 부하)과 일그너 방식(대형 부하, 부하변동)이 있다.
③ 저항 제어법 : 전기자 회로(R_a)에 기동저항(R)을 삽입하여 저항값으로 속도를 제어하는 방법으로 손실이 크기 때문에 거의 사용하지 않는다.

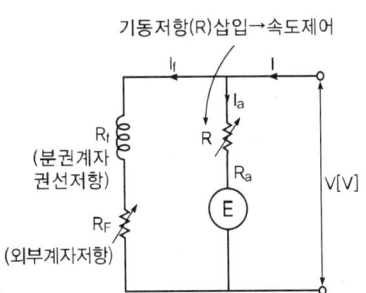

(2) 제동법

발전될 때 발생하는 저항력을 이용한 전기적 동력으로 회전자를 정지시키는 방식으로 마찰제동과 다른 브레이크 방식의 일종이다. 철도 차량이나 전기자동차 등 여러 산업 기기 등에 널리 이용되고 있다.

① 발전 제동
  ㉠ 전동기가 회전하고 있을 때 자속을 유지한 상태에서 입력 전원을 끊으면 전동기가 발전기로 작용하면서 전기발생에 따른 회전자에 저항력이 생기는데 이 저항력을 제동력으로 이용하는 방식
  ㉡ 이 발전된 전기를 전열부하로 연결해서 열로 소비하면서 제동하는 방법이다. 그 때문에 발전 제동 시 저항기에서 열이 많이 발생한다.

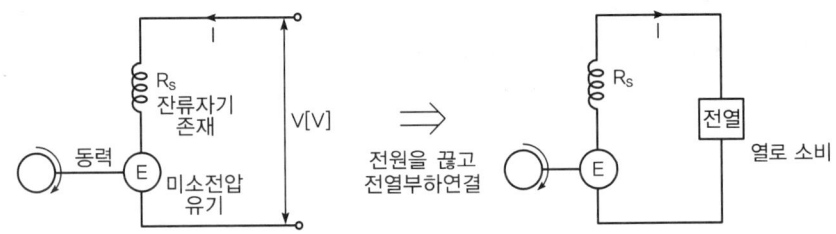

② 회생 제동
  ㉠ 발전 제동과 같은 원리이나 발전된 전기를 열로 소비하지 않고 배터리에 저장하거나 전원으로 되돌려보내 재사용한다는 차이점이 있다.
  ㉡ 전동기가 회전하고 있을 때 계자저항을 줄여 계자전류를 크게 하여 자속을 강하게

하면 역기전력이 전원전압보다 높아져서 발전기로 작용되어 전류가 역류하게 된다.

ⓛ 전동기 단자전압 < 전동기 역기전력

ⓒ 제동력의 크기는 최대 토크와 같다.

ⓔ 에너지 소모가 적어 효율이 높으나 발전된 전기를 전원과 같게 만들어야 하기 때문에 장치가 복잡하다.

③ 역상(역전)제동 : 회전 중에 계자 또는 전기자 전류의 방향을 전환시켜 반대방향의 토크를 발생시켜 급속히 제동하는 방법이다. 순간적으로 과도한 전류가 흐르는 결점이 있다. 플러깅 제동이라고도 한다.

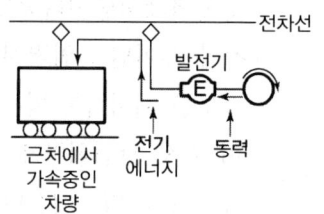

(3) 기동

① 기동 시

㉠ 기동전류를 작게 한다. ⇒ 기동저항 R은 최대 상태로

$$I_a = \frac{V-E}{R_a + R}$$

㉡ 기동토크를 크게 한다. ⇒ 외부계자저항 R_F는 최소 상태로

$$T = K\phi I_a$$

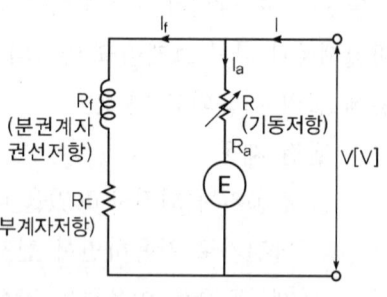

② 운전 시

㉠ 기동저항 R은 최소 상태

㉡ 외부계자저항 R_F는 부하에 따라 적당히 조절한다.

4. 효율

$$\eta = \frac{출력}{입력} \times 100[\%]$$

(1) 손실

① 고정손(무부하손) : 부하의 변화(부하 감소 또는 증가)에 상관없이 일정. 철손, 기계손 등

② 가변손(부하손) : 부하의 변화에 따라 변화. 동손(P_c), 전기자손, 브러시손, 계자손, 표유부하손(누설자속)

(2) 규약 효율

① $\eta = \dfrac{출력}{입력} \times 100[\%]$

② $\eta = \dfrac{출력}{출력+손실} \times 100[\%]$: 발전기, 변압기 규약효율

③ $\eta = \dfrac{입력-손실}{입력} \times 100[\%]$: 전동기 규약효율

(3) 철손(무부하손)의 방지법

① 와류손(P_e)
  ㉠ 자속(ϕ)이 철심을 통과하면 철심표면에 소용돌이 모양의 전류가 발생되는데 이 전류를 와전류(맴돌이 전류)라 하고 손실로 나타나 열로 소비가 되는 손실이 발생한다.
  ㉡ 철손의 20% 정도를 차지하는데, 이 손실을 방지하려면 철심을 성층하여 사용한다.
  ㉢ 와류손 $P_e \propto t^2 \cdot f^2 \cdot B_m^2$ (t : 두께, f : 주파수, B_m : 자속밀도)

② 히스테리시스손(P_h)
  ㉠ 히스테리시스 곡선(B-H 곡선)에서 자계의 세기가 0이 되어도(H=0) 자속밀도가 남게 되는데 이 잔류자속($\overline{Ob}$)을 없애주기 위해서 반대방향의 자계를 가해주게 되는데 이를 보자력($\overline{Oc}$)이라 한다. 이렇게 자화시키는 방향을 역방향으로 바꿀 때마다 히스테리시스 곡선의 면적에 비례하는 손실이 발생한다.
  ㉡ 철손의 80% 정도를 차지하며 이 손실 방지책으로는 규소를 4% 정도 함유시킨 규소강판을 사용한다.

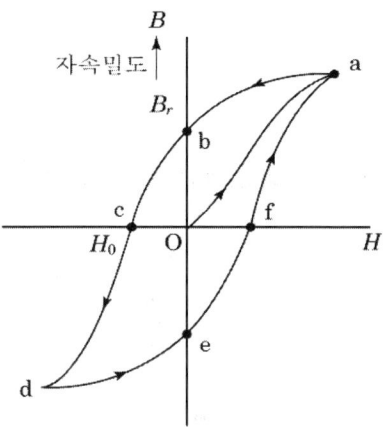

> **참고**
> - $P_e = K_e(tK_f f B_m)^2 [\text{w/kg}] \Rightarrow P_e \propto (t \cdot f \cdot B_m)^2$
>   (t : 두께, f : 주파수, B_m : 최대 자속밀도, K_e : 재료에 의한 정수, K_f : 파형율)
> - $P_h = K_h f B_m^n [\text{w/kg}]$
>   ($n = 1.6$: 열간 압연 규소강판, $n = 2.0$: 방향성 규소강판, K_h : 히스테리시스 정수)

(4) 최대 효율 조건

고정손과 가변손이 같을 때 최대 효율이 된다.

5. 특성 곡선

(1) 토크(T)와 속도(N) 특성 곡선

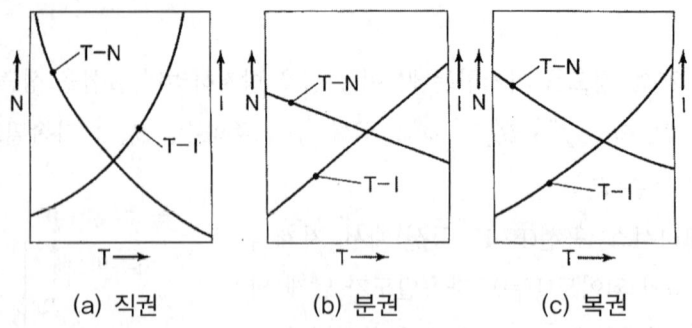

(a) 직권   (b) 분권   (c) 복권

(2) 부하전류(I)와 속도(N) 특성 곡선

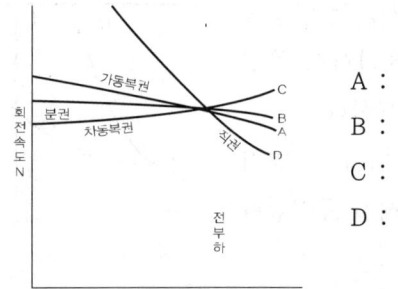

A : 가동복권 전동기
B : 분권 전동기
C : 차동복권 전동기
D : 직권 전동기

예·상·기·출·문·제

01 전동기 운전에 있어서 급정지 또는 속도 제한의 목적으로 사용되는 제동법이 아닌 것은 어느 것인가?
① 발전 제동 ② 회생 제동
③ 3상 제동 ④ 역상 제동

🔑 본문 정리 참조

02 분권 직류전동기의 기동 시 계자저항의 위치는 어디인가?
① 최소 위치 ② 최대 위치
③ 중간 위치 ④ 열어 놓는다.

🔑 기동 토크를 증대시키기 위하여 계자저항의 위치를 0(최소)에 둔다.

03 직류 분권전동기의 공급 전압의 극성을 반대로 하면 회전 방향은 어떻게 되는가?
① 불변이다.
② 역회전한다.
③ 정지한다.
④ 발전기로 된다.

🔑 자속의 방향이나 전기자전류의 방향이 동시에 바뀌기 때문에 회전 방향에 변화가 없다.

04 직류전동기의 속도 제어법에 속하지 않는 것은 어느 것인가?
① 계자 제어법 ② 전력 제어법
③ 저항 제어법 ④ 전압 제어법

🔑 본문 정리 참조

05 전기자 총 도체수가 360, 극수 6인 중권 직류전동기가 있다. 전기자 전류가 60[A]일 때 발생하는 토크[kg·m]는 얼마인가? (단, 1극당의 자속은 0.06[Wb]이다.)
① 21[kg·m] ② 22[kg·m]
③ 23[kg·m] ④ 24[kg·m]

🔑 중권에서 $a=P$이므로 $T=\dfrac{P}{\omega}=\dfrac{E\cdot I_a}{2\pi n}$에서
$T=\dfrac{PZ}{2\pi a}\phi I_a[\text{N}\cdot\text{m}]=\dfrac{Z}{2\pi}\cdot\phi\cdot I_a[\text{N}\cdot\text{m}]$
$=\dfrac{1}{9.8}\times\dfrac{360}{2\pi}\times 0.06\times 60=21[\text{kg}\cdot\text{m}]$

06 부하 변동에 비하여 속도 변동이 가장 적은 직류전동기는 다음 중 어느 것인가?
① 차동 복권 ② 가동 복권
③ 직권 ④ 분권

🔑 속도변동률이 적은 순서는 차동 복권 < 분권 < 가동 복권 < 직권

07 단자 전압 200[V], 전기자 전류 100[A], 회전 속도 1200[rpm]으로 운전하고 있을 때 이 전동기의 토크는 몇 [N·m]인가? (단, 전기자 회로 저항은 0.2[Ω]이다.)
① 약 143 ② 약 145
③ 약 150 ④ 약 165

🔑 $T=\dfrac{P}{\omega}=\dfrac{E\cdot I_a}{2\pi n}=\dfrac{(V-I_a R_a)I_a}{2\pi n}$
$=\dfrac{V\cdot I_a-I_a^2 R_a}{2\pi n}$

Answer 1. ③ 2. ① 3. ① 4. ② 5. ① 6. ① 7. ①

$$= \frac{(200 \times 100) - 100^2 \times 0.2}{2 \times 3.14 \times \frac{1200}{60}}$$

$$= 143[\text{N} \cdot \text{m}]$$

08 전기자 전류가 15[A]일 때 150[N·m]의 토크를 내는 직류 직권전동기가 있다. 이때 전기자 전류를 30[A]로 하면 토크는 약 몇 배로 증가하나? (단, 자속은 계자 전류에 비례한다.)

① 2배　　　　② 4배
③ 16배　　　④ 8배

🔑 $T = K\phi I_a$ 에서 $T = K I_a^2 \ (\phi \propto I_a)$ (직권전동기)
토크는 전기자 전류의 2승에 비례하기 때문에 전기자 전류가 $\frac{30}{15} = 2$배 증가하면 토크는 4배

09 그림과 같은 접속은 어떤 종류의 직류전동기의 접속인가?

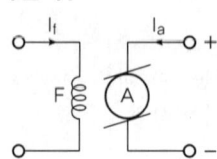

① 타여자 전동기　② 분권 전동기
③ 직권 전동기　　④ 복권 전동기

🔑 I_f의 전원은 독립된 전원을 사용한다.

10 직류전동기에 보극을 사용하는 목적은 무엇인가?

① 기동 토크를 크게 한다.
② 운전을 안전하게 한다.
③ 정류를 좋게 한다.
④ 전기자의 기전력을 크게 한다.

🔑 정류를 좋게 하기 위하여 주자극 중간에 보극을 설치한다.

11 다음에 나타난 전동기는?

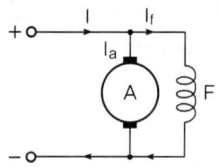

① 직권전동기　　② 타여자전동기
③ 분권전동기　　④ 복권전동기

🔑 I_f 전원을 I_a의 전원과 같이 사용한다.

12 출력 10[HP], 600[rpm]인 직류 전동기의 토크는?

① 121[kg·m]　　② 12.1[kg·m]
③ 1.21[kg·m]　　④ 19[kg·m]

🔑 $T = \frac{P}{\omega} = \frac{P}{2\pi n}[\text{N} \cdot \text{m}]$

$= \frac{P}{2\pi n} \times \frac{1}{9.8}[\text{kg} \cdot \text{m}]$

$= \frac{746 \times 10}{2 \times 3.14 \times 600/60} \times \frac{1}{9.8}$

$= 12.1[\text{kg} \cdot \text{m}]$

13 직류전동기의 회전수를 2배로 하자면 계자 자속을 몇 배로 해야 하나?

① 1　　　　② $\frac{1}{2}$
③ 2　　　　④ 3

🔑 $N = K\frac{V - I_a R_a}{\phi} \propto \frac{1}{\phi}$ 에서 속도 N은 ϕ에 반비례하므로 $N = \frac{1}{2}$

🔓 Answer　8. ②　9. ①　10. ③　11. ③　12. ②　13. ②

14 다음 그림은 여러 직류전동기의 속도 특성 곡선을 나타낸 것이다. ①부터 ④까지 차례로 맞는 것은?

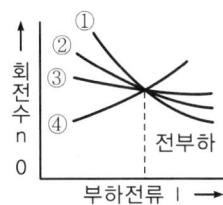

① 차동 복권, 분권, 가동 복권, 직권
② 가동 복권, 차동 복권, 직권, 분권
③ 분권, 직권, 가동 복권, 차동 복권
④ 직권, 가동 복권, 분권, 차동 복권

15 전동기가 회전하고 있을 때 회전 방향과 반대 방향의 토크를 발생시켜 갑자기 정지시키는 제동법은?
① 역상 제동　② 회생 제동
③ 발전 제동　④ 단상 제동

🐛 본문 정리 참조

16 직권전동기의 회전수가 1/3로 감소하면 토크는 몇 배가 되는가?
① 1　② 1/3
③ 6　④ 3

🐛 토크는 속도에 반비례한다. $N \propto \dfrac{1}{T}$

17 직류전동기의 역기전력[V]은? (단, K는 정수)
① $K\dfrac{N}{\phi}$　② $K\phi N$
③ $K\phi I$　④ $K\phi V$

🐛 $E = \dfrac{P}{a}Z\phi\dfrac{N}{60} = K\phi N$

18 정격전압 120[V], 전류 100[A], 전기자 회로 저항 0.05[Ω], 회전수 1800[rpm]의 직류발전기에서 전동기로 운전하여 전부하에서 발전기와 같은 속도로 회전시킬 때 전동기의 역기전력[V]은?
① 123　② 125
③ 127　④ 132

🐛 발전기의 유도기전력=전동기의 역기전력
∴ $E = V + I_a R_a$
$= 120 + 100 \times 0.05 = 125[V]$

19 직류전동기의 공급 전압 V, 자속 ϕ, 전기자 전류 I_a, 전기자 저항 R_a일 때 회전 속도 N은 무엇에 비례하는가?
① $\phi(V - I_a R_a)$　② $\dfrac{\phi}{V - I_a R_a}$
③ $\dfrac{V + I_a R_a}{\phi}$　④ $\dfrac{V - I_a R_a}{\phi}$

🐛 $N = K \cdot \dfrac{V - I_a R_a}{\phi}$

20 직류전동기의 운전 중 계자 저항을 증가하면?
① 전기자 전류 증가
② 역기전력 감소
③ 회전 속도 증가
④ 여자 전류 증가

🐛 계자 저항이 증가하므로 여자 전류는 감소한다.
$N = K\dfrac{V - I_a R_a}{\phi}$ 에서 여자전류가 감소하면 자속 ϕ도 감소하고 속도는 증가한다.

Answer　14. ④　15. ①　16. ④　17. ②　18. ②　19. ④　20. ③

21 직류 분권전동기가 있다. 전도체수 100, 단중 파권 자극수 4, 자속 3.14[Wb], 전기자 전류 5[A]일 때 토크[kg·m]를 구하여라. (단, 상수 $K = \dfrac{PZ}{2\pi a}$ 이다.)

① 45   ② 48
③ 51   ④ 52

$T = \dfrac{P}{\omega} = \dfrac{E \cdot I_a}{2\pi n} \times \dfrac{1}{9.8}$

$T = \dfrac{PZ\phi I_a}{2\pi a \times 9.8} = \dfrac{4 \times 100 \times 3.14}{9.8 \times 2\pi \times 2} \times 5$

$\left(E = P\phi n \dfrac{Z}{a} \right)$

$\fallingdotseq 51 [\text{kg} \cdot \text{m}]$

22 직류발전기에서 동일 극성의 전압을 외부에서 공급하여 직류전동기로 사용할 경우 회전 방향이 발전기 때와 반대로 되는 것은?

① 분권발전기
② 직권발전기
③ 가동 복권발전기
④ 평복권발전기

직권발전기를 전동기로 사용하면 동일 극성의 입력 전류에 의해 계자와 전기자 권선의 전류방향이 동시에 바뀌어 회전 방향은 반대로 된다.

23 직류전동기에서 전기자 전류가 감소하면 회전 속도는?

① 감소한다.   ② 증가한다.
③ 불변이다.   ④ 항상 일정

$N \propto \dfrac{E}{\phi} = \dfrac{V - I_a R_a}{\phi}$

24 직류전동기는 무슨 법칙에 의해서 토크가 발생하는가?

① 플레밍의 왼손법칙
② 플레밍의 오른손법칙
③ 오른나사의 법칙
④ 렌츠의 법칙

직류 전동기의 회전력은 플레밍의 왼손법칙이다.

25 단자 전압 215[V], 전기자 전류 50[A], 전기자 저항 0.1[Ω], 회전수 1500[rpm]인 직류 분권전동기의 발생 토크[kg·m]는?

① 5.85   ② 6.72
③ 5.62   ④ 6.82

$T = \dfrac{P}{\omega} = \dfrac{E \cdot I_a}{2\pi n}$

$\left(n = \dfrac{N}{60} = \dfrac{1500}{60}, \right.$
$E = V - I_a R_a = 215 - 50 \times 0.1 = 210 \left. \right)$

$\therefore T = \dfrac{210 \times 50}{2\pi \times \dfrac{1500}{60}} = 66.85 [\text{N} \cdot \text{m}]$

$= \dfrac{66.85}{9.8} = 6.82 [\text{kg} \cdot \text{m}]$

26 직류전동기의 출력이 10[kW], 회전수가 600[rpm]일 때 토크[kg·m]는?

① 12   ② 13
③ 16   ④ 18

$T = \dfrac{P}{\omega} = \dfrac{P}{2\pi n} \left(n = \dfrac{N}{60} \right)$

$= \dfrac{10 \times 10^3}{2\pi \times \dfrac{600}{60}} = 159 [\text{N} \cdot \text{m}]$

$= \dfrac{1}{9.8} \times 159 = 16.2 [\text{kg} \cdot \text{m}]$

Answer 21. ③   22. ②   23. ②   24. ①   25. ④   26. ③

27 직류 분권전동기의 토크 T와 회전수 N의 관계는?

① $T' \propto N$ ② $T' \propto \dfrac{1}{N^2}$
③ $T' \propto \dfrac{1}{N}$ ④ $T' \propto N^2$

🔑 $N = \dfrac{V - I_a R_a}{K\phi}$ 에서

$\phi \propto \dfrac{1}{N}$, $T = K\phi I_a = K' \dfrac{I}{N}$

그러므로 토크는 속도에 반비례한다.

28 직류 분권전동기의 회전 방향을 반대로 하려면?

① 전원의 극성을 바꾼다.
② 계자권선의 접속을 바꾼다.
③ 브러시를 이동시킨다.
④ 보극의 접속을 바꾼다.

🔑 계자권선의 접속이나 전기자 권선의 접속을 바꾼다.

29 상수 K, 자속 ϕ, 전류 I_a라 할 때 직류전동기의 토크 T는?

① $K\phi I_a$ ② $K\phi I$
③ KIN ④ $K\phi I_f$

🔑 $T = K\phi I_a$

30 직류기 회전수 n[rps], 토크 T[N·m]일 때 기계동력 P[W]와의 관계는?

① $2\pi n T$ ② $\dfrac{T}{2\pi n}$
③ $\dfrac{nT}{2\pi}$ ④ $\dfrac{2\pi n}{T}$

🔑 $T = \dfrac{P}{\omega} = \dfrac{P}{2\pi n}$ ∴ $P = 2\pi n T$

31 직류전동기에 있어서 자속이 감소할 때 회전수는?

① 상승한다. ② 정지한다.
③ 일정하다. ④ 감소한다.

🔑 $N = K' \dfrac{V - I_a R_a}{\phi}$

∴ $N \propto \dfrac{1}{\phi}$

자속과 속도는 반비례하므로 상승한다.

32 직류 직권전동기에서 단자 전압이 일정할 때 부하 전류가 $\dfrac{1}{4}$이 되면 부하 토크는?

① 불변이다. ② $\dfrac{1}{4}$배
③ $\dfrac{1}{2}$배 ④ $\dfrac{1}{16}$배

🔑 직권전동기는 $T \propto I_a^2$ 관계이므로

$\left(\dfrac{1}{4}\right)^2 = \dfrac{1}{16}$이 된다.

33 직류 직권전동기의 대표적인 특징은?

① 토크는 회전 속도에 비례
② 토크는 회전 속도는 항상 일정
③ 회전 속도의 제어가 용이
④ 토크는 회전 속도에 반비례

34 직류 직권전동기의 회전속도, 토크 특성 곡선은?

Answer 27. ③ 28. ② 29. ① 30. ① 31. ① 32. ④ 33. ④ 34. ②

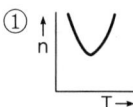
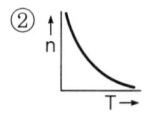
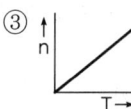
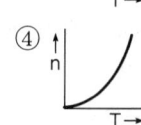

$n \propto \dfrac{1}{T}$ 이다.

35 직류 분권전동기가 있다. 전기자 총 도체수 84, 4극 파권으로 1극당 자속은 0.06[Wb]이다. 공급 전압 220[V]이며 매분 1200회 전한다. 이때의 전기자 전류[A]는? (단, 전기자 저항은 0.2[Ω]이다.)

① 90　　② 92
③ 96　　④ 99

$E = P\phi \dfrac{N}{60} \cdot \dfrac{Z}{a} = \dfrac{4 \times 0.06 \times 1200 \times 84}{60 \times 2}$
$\qquad = 201.6 \ [\because 파권 \ a = 2]$
$I_a = \dfrac{V - E}{R_a} = \dfrac{220 - 201.6}{0.2} = 92[A]$

36 110[V] 분권전동기의 전기자 저항이 0.1[Ω]이다. 전기자 전류 60[A]일 때 전기자가 발생하는 기계적 동력[kW]은?

① 6.24　　② 7.32
③ 9.23　　④ 11.32

$P_m = EI_a = (V - I_a R_a)I_a$
$\qquad = (110 - 60 \times 0.1) \times 60 = 6240[W]$
$\qquad = 6.24[kW]$

37 직류 분권전동기의 속도 특성 곡선은? (단, N은 속도, I는 부하 전류이다.)

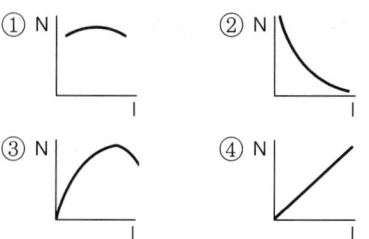

$N = K\dfrac{V - I_a R_a}{\phi}$ 에서 분권은 ϕ가 일정해서 속도변동이 거의 없다.

38 공급 전압이 일정할 때 분권전동기의 토크 T와 전기자 전류 I_a와의 관계는?

① $T \propto I_a^2$　　② $T \propto I_a$
③ $T \propto \dfrac{1}{I_a^2}$　　④ $T \propto \dfrac{1}{I_a}$

$T = K\phi I_a$에서 분권은 $I_f(\phi)$가 일정해서 $T \propto I_a$ 관계이다.

39 직류 분권전동기를 기동할 때 계자 전류는 어떤 상태가 좋은가?

① 큰 것이 좋다.
② 작은 것이 좋다.
③ 0에 가까운 것이 좋다.
④ 정격 출력 시에 계자 전류와 같게 한다.

$T = K_1 \phi I_a$에서 $I_f(\phi)$가 큰 것이 좋다.

40 벨트 운전이나 무부하 운전을 해서는 안 되는 직류전동기는?

① 직권　　② 평 복권
③ 분권　　④ 차동 복권

$N = K\dfrac{E}{\phi}$ 에서 직권은 $I = I_a = I_f$이므로 무부

Answer 35. ②　36. ①　37. ①　38. ②　39. ①　40. ①

하가 되면 $I_f(0) ≒ 0$이 되어 속도가 위험속도가 된다.

41 어느 분권전동기의 정격 회전수가 1200[rpm]이다. 속도 변동률이 6[%]이면 공급 전압 및 계자 저항값은 변화시키지 않고 무부하로 하였을 때 회전수는?

① 1272　　② 1274
③ 1275　　④ 1276

🔑 $\eta = \dfrac{N_o - N_n}{N_n} \times 100[\%]$

$N_o = \left(1 + \dfrac{\varepsilon}{100}\right) N_n$
$= \left(1 + \dfrac{6}{100}\right) \times 1200 = 1272[\text{rpm}]$

42 직류 직권전동기의 전차에 사용되는 이유는?

① 손실이 적다.
② 기동 시 토크가 크고 속도가 느리다.
③ 속도 조정이 자유롭고 기동 토크가 작다.
④ 정류가 양호하고 회전이 안전하다.

🔑 토크 $T \propto I_a^2$ 이기 때문에 기동 토크가 커서 전차, 권상기, 크레인 등에 사용된다.

43 직권전동기의 용도가 아닌 것은?

① 전차　　② 권상기
③ 크레인　④ 세탁기

44 직류 분권전동기의 계자 저항을 운전 중에 증가시키면?

① 계자 일정　② 속도 증가
③ 속도 불변　④ 속도 일정

🔑 $N = K\dfrac{E}{\phi}$에서 계자저항 $R_F\phi$가 감소하여 속도 증가

45 정격 속도 N[rpm], 무부하 속도 N_0[rpm]일 때 속도 변동률은?

① $\dfrac{N_0 - N}{N} \times 100[\%]$

② $\dfrac{N - N_0}{N} \times 100[\%]$

③ $\dfrac{N_0 - N}{N_0} \times 100[\%]$

④ $\dfrac{N - N_0}{N_0} \times 100[\%]$

46 정속도 전동기는?

① 분권　　② 직권
③ 차동 복권　④ 가동 복권

🔑 부하에 의한 속도 변화가 적은 전동기

47 전동기의 출력 토크와 회전 속도와의 관계는? (단, P: 출력[W], τ: 토크[N·m], n: 회전속도[rps], ω: 각속도 $2\pi n$[rad/sec])

① $P = \omega^2 \tau$　② $P = \tau/\omega$
③ $P = \omega\tau$　　④ $P = \omega/\tau$

48 직류전동기 중 가장 기동 토크가 큰 것은?

① 타여자　② 분권
③ 직권　　④ 평 복권

49 직류 직권전동기의 용도 중 가장 적당한 것은?

① 펌프　　② 전동차

Answer 41. ① 42. ② 43. ④ 44. ② 45. ① 46. ① 47. ③ 48. ③ 49. ②

③ 세탁기   ④ 에어컨

④ 계자의 유효 도체수를 변화시킨다.

50 부하의 변화에 대하여 속도 변동률이 가장 심한 전동기는?
① 직권   ② 분권
③ 차동 복권   ④ 가동 복권

55 전부하 속도 1500[rpm], 속도 변동률 5[%]인 전동기의 무부하 속도[rpm]는?
① 1560   ② 1570
③ 1575   ④ 1580

🖉 $\varepsilon = \dfrac{N_o - N}{N}$, $\varepsilon N = N_o - N$, $N_o = \varepsilon N + N$

$N_o = \varepsilon N + N$
$= 0.05 \times 1500 + 1500 = 1575 [\text{rpm}]$

51 직류 분권전동기를 기동할 때 계자 전류는?
① 큰 것이 좋다.
② 일정한 것이 좋다.
③ 0에 가까운 것이 좋다.
④ 작은 것이 좋다.

🖉 $T = K\phi I$이므로 $\phi(I_f)$는 클수록 좋다.

56 직류 분권전동기에서 위험한 상태에 놓인 것은?
① 전기자에 저저항 접속
② 고전압 과여자
③ 정격 전압 무여자
④ 계자에 저저항 접속

🖉 무여자가 되면 $I_f = 0$이기 때문에 $N = K\dfrac{E}{\phi}$에서 N이 크기가 무한대가 된다.

52 전기자 저항의 전압 강하를 이용한 속도 제어법은?
① 계자 제어   ② 전압 제어
③ 전류 제어   ④ 저항 제어

🖉 직류기 속도제어 방법에는 전압, 계자, 저항제어 3가지가 있다.

57 타여자 또는 분권전동기에서는 어떠한 회로에 퓨즈를 넣으면 위험한가?
① 전기자 권선   ② 계자회로
③ 직권 계자권선   ④ 없다.

🖉 $N = K\dfrac{E}{\phi}$이므로 ϕ가 0이 되면 안 된다.

53 워드 레어너드 방식의 목적은?
① 계자 자속 조정   ② 토크 조정
③ 속도 제어   ④ 병렬 운전

🖉 속도제어 방법 중 전압제어의 일종이다.

58 타여자 전동기의 속도 특성 곡선은 어느 것과의 관계곡선인가?
① 유도기전력(E)과 회전속도 (N)
② 유도기전력(E)과 부하 전류 (I)
③ 회전 속도(N)와 부하 전류(I)

54 워드 레오나드 방식에 의한 분권전동기의 속도 제어는?
① 전기자에 가하는 전압을 조정한다.
② 계자저항을 가감한다.
③ 전기자 회로에 저항을 삽입한다.

🔓 Answer   50. ①   51. ①   52. ④   53. ③   54. ①   55. ③   56. ③   57. ②   58. ③

④ 계자 자속(ϕ)와 부하 전류(I)

59 전동기의 급정지 또는 역전에 적합한 제동 방식은?
① 발전 제동   ② 일그너
③ 플러깅   ④ 회생 제동

🔑 역전제동= 플러깅

60 직류 직권전동기의 속도 제어법 중 가장 효율이 좋지 못한 것은?
① 전압 제어   ② 계자 제어
③ 저항 제어   ④ 직·병렬 제어

🔑 저항 제어법은 손실이 커서 거의 사용하지 않는다.

61 직류 분권전동기의 특성이라 할 수 없는 것은?
① 무여자에서는 위험 속도로 된다.
② 속도 제어 범위는 비교적 넓다.
③ 정속도 전동기에 속한다.
④ 속도 변동률이 크다.

🔑 정속도 특징이 있기 때문에 속도 변동률이 작다.

62 직류전동기의 속도 제어법 중 정출력 제어에 속하는 것은?
① 계자 제어법   ② 일그너 방식
③ 저항 제어법   ④ 전압 제어법

63 직류발전기의 규약 효율은?
① $\dfrac{출력}{입력} \times 100\,[\%]$

② $\dfrac{입력 - 손실}{입력} \times 100\,[\%]$

③ $\dfrac{출력}{출력 + 손실} \times 100\,[\%]$

④ $\dfrac{입력}{입력 + 손실} \times 100\,[\%]$

64 직류기의 효율이 최대가 되는 조건은?
① 와류손= 풍손
② 고정손= 철손
③ 기계손= 철손
④ 부하손= 고정손

🔑 효율 최대 조건은 부하손(가변손)= 고정손

65 속도 제어가 제일 원활한 방식은?
① 전압 제어   ② 계자 제어
③ 저항 제어   ④ 발전 제어

66 분권전동기가 기동할 때의 방법은?
① 기동 저항기는 최소, 계자 저항기는 최대
② 기동 저항기, 계자 저항기 모두 최대
③ 기동 저항기는 최대, 계자 저항기는 최소
④ 기동 저항기, 계자 저항기 모두 최소

67 분권전동기의 기동 전류를 작게 하기 위하여 저항을 넣는 방법은?
① 계자에 직렬
② 전기자에 병렬
③ 계자에 병렬
④ 전기자에 직렬

🔑 기동 저항기 삽입 방법

Answer 59. ③ 60. ③ 61. ④ 62. ① 63. ③ 64. ④ 65. ① 66. ③ 67. ④

68 직류 직권전동기의 전원의 극성을 반대로 하면 회전 방향은 어떻게 되는가?
① 불변   ② 반대
③ 과속도 ④ 정지

69 타여자 전원 극성을 바꾸면 회전 방향은 어떻게 되는가?
① 불변   ② 반대로 회전
③ 과속이 된다. ④ 정지한다.

70 직류 직권발전기를 전동기로 사용하면 회전 방향은 어떻게 되는가?
① 불변이다. ② 역회전
③ 운전 불능 ④ 정지

71 직류 분권발전기를 전동기로 사용하면 회전 방향은?
① 불변   ② 반대 방향
③ 운전 불능 ④ 정지

72 5마력은 몇 [W]인가?
① 4050 ② 3730
③ 3000 ④ 1500

🔑 1[HP]=746[W]

73 직류기의 전기자 반작용에 가장 유효한 보상 방법은?
① 보극 설치
② 보상권선의 설치
③ 브러시 이동
④ 균압 고리의 설치

74 정격 속도에 비하여 기동 회전력이 가장 큰 전동기는?
① 타여자기 ② 직권기
③ 분권기   ④ 복권기

🔑 직권기는 $T \propto I_a^2$인 특성이 있다.

75 브러시에 접촉되어 전기자 권선에서 유기된 기전력을 외부회로와 연결시켜주는 역할을 하는 것은?
① 계자   ② 전기자
③ 정류자   ④ 공극

76 M-G-M 제어장치로서 레오나드 속도 제어 방식은?
① 계자 제어
② 저항 제어
③ 전압 제어
④ 직·병렬 제어

🔑 워드 레오나드, 일그너 방식은 전압제어방식이다.

77 직류 분권전동기의 계자 전류를 약하게 하면 회전수는 어떻게 변화하는가?
① 감소한다. ② 정지한다.
③ 증가한다. ④ 변화없다.

🔑 $N = K \dfrac{V - I_a R_a}{\phi}$ 이므로 ϕ가 작아지면 회전수는 증가

78 무부하일 때의 108[V]인 분권발전기가 8[%]의 전압 변동율을 가지고 있다. 전부하 단자전압[V]은 얼마인가?

Answer 68.① 69.② 70.② 71.② 72.② 73.② 74.② 75.③ 76.③ 77.③ 78.③

① 94　　　　　② 98
③ 100　　　　④ 105

$\varepsilon = \dfrac{V_0 - V_n}{V_n} \times 100 \Rightarrow 8 = \dfrac{108 - V}{V} \times 100$
를 정리하면 $V = 100$

79 정격전압 200[V], 정격전류 10[A]에서 직류전동기의 속도가 1,800[rpm]이다. 무부하에서 속도가 1854[rpm]이면 속도 변동률[%]은?
① 2　　　　　② 2.6
③ 3　　　　　④ 3.5

$\varepsilon = \dfrac{N_0 - N}{N} \times 100$ 에서
$\varepsilon = \dfrac{1854 - 1800}{1800} \times 100 = 3[\%]$

80 직류전동기의 규약효율을 나타내는 식은?
① 전동기 효율 = $\dfrac{입력 + 손실}{입력} \times 100[\%]$
② 전동기 효율 = $\dfrac{입력 - 손실}{입력} \times 100[\%]$
③ 전동기 효율 = $\dfrac{출력}{출력 + 손실} \times 100[\%]$
④ 전동기 효율 = $\dfrac{출력}{출력 - 손실} \times 100[\%]$

81 다음은 직권발전기의 특징이다. 틀린 것은?
① 계자권선과 전기자권선이 직렬로 접속되어 있다.
② 승압기로 사용되며 수전 전압을 일정하게 유지하고자 할 때 사용된다.
③ 단자전압을 V, 유도기전력을 E, 부하전류를 I, 전기자 저항 및 직권 계자저항을 각각 r_a, r_s라 할 때 $V = E + I(r_a + r_s)[V]$ 이다.
④ 부하전류에 의해 여자되므로 무부하시 자기여자에 의한 전압 확립은 일어나지 않는다.

발전기에는 $E = V + I(r_a + r_s)$

82 전동기의 회전 방향을 바꾸어 주는 방식을 설명한 것이다. 틀린 것은?
① 직류 분권전동기의 역회전 운전 : 전기자 회로를 반대로 접속한다.
② 3상 농형 유도전동기의 역회전 운전 : 3상 전원 중 2상의 결선을 바꾸어 결선한다.
③ 직류 직권 전동기의 역회전 운전 : 전원의 극성을 반대로 한다.
④ 콘덴서형 단상 유도전동기의 역회전 운전 : 운전권선과 기동권선을 바꾸어 결선(콘덴서는 어느 한 권선과 직렬 연결)

83 급정지하는 데 좋은 제동법은?
① 발전제동　　② 회생제동
③ 역전제동　　④ 단상제동

84 다극대형 중권 직류발전기의 전기자 권선에 균압 고리를 설치하는 이유는?
① 브러시에서 불꽃을 방지하기 위하여
② 전기자 반작용을 방지하기 위하여
③ 정류 기전력을 높이기 위하여
④ 전압 강하를 방지하기 위하여

불평형 기전력에 의한 순환전류가 흐르면 정류가 나빠져서 불꽃이 발생한다.

Answer　79. ③　80. ②　81. ③　82. ③　83. ③　84. ①

85 전기자 반작용에 의한 중성점의 이동각 θ의 2θ 범위 내의 반작용은?
① 감자 작용 ② 증자 작용
③ 편자 작용 ④ 교차 자화 작용

🔑 전기자 반작용에 의해 브러시를 새로운 중성축으로 이동시키면 감자작용이 발생된다.

86 권상기의 짐을 내릴 때나 전동차용 전동기의 제동에 사용되는 제동방식은?
① 맴돌이 전류제동
② 회생제동
③ 역전제동
④ 발전제동

87 출력 1[kW], 효율 80[%]인 어떤 발전기의 손실은 몇 [kW]인가?
① 0.2 ② 0.25
③ 0.35 ④ 0.4

🔑 효율 $\eta = \dfrac{출력}{출력+손실} \times 100[\%]$을 적용

88 직류 직권전동기의 특성으로 옳은 것은?
① 벨트 연결 운전이 이상적이다.
② 기동 토크가 작다.
③ 토크가 클 때 회전 속도는 매우 낮다.
④ 기동 횟수가 많고 토크의 변동이 심한 부하에는 부적당하다.

🔑 토크 T와 회전수 N은 반비례한다.

89 출력 10[kW], 효율 90[%]인 기기의 손실 [kW]은?
① 0.9 ② 1.1

③ 2 ④ 2.5

🔑 효율
$n = \dfrac{출력}{출력+손실} \times 100 = 90$

$\dfrac{10}{10+손실} = 0.9$

∴ 손실 = 1.1

90 수하 특성을 가지므로 용접기용 전원으로 이용되는 것은?
① 분권발전기
② 직권발전기
③ 가동 복권발전기
④ 차동 복권발전기

91 전동기의 제동에서 역기전력이 높아서 전원쪽으로 전기를 되돌려 주면서 제동하는 방법은?
① 발전제동 ② 역전제동
③ 마찰제동 ④ 회생제동

92 직류발전기의 병렬 운전 중 한쪽 발전기의 여자를 늘리면 그 발전기는?
① 부하 전류는 불변, 전압은 증가
② 부하 전류는 줄고, 전압은 증가
③ 부하 전류는 늘고, 전압도 오른다.
④ 부하 전류는 늘고, 전압은 불변

🔑 자속이 증가하면 유도기전력이 상승하여 부하분담이 커진다.

93 다음은 분권전동기의 특징이다. 틀린 것은?
① 토크는 전기자 전류의 자승에 비례한다.

🔓 Answer 85. ① 86. ② 87. ② 88. ③ 89. ② 90. ④ 91. ④ 92. ③ 93. ①

② 부하전류에 따른 속도 변화가 거의 없다.
③ 전동기 운전 중 계자 회로에 퓨즈를 넣어서는 안 된다.
④ 계자권선과 전기자 권선이 병렬로 접속되어 있다.

🔑 ①는 직권전동기의 특징이다.

94 다음 중 정속도 전동기에 속하는 것은?
① 가동전동기　② 차동 복권전동기
③ 직권전동기　④ 분권전동기

95 극수 P, 전기자 전도체수 Z, 각 자극의 자속 ϕ[Wb]인 단중 중권발전기가 있다. 회전수 n[rpm]일 때의 유기 전압을 표시하는 식은?
① $E = \dfrac{Z}{2} \cdot \phi \cdot \dfrac{n}{60}$ [V]
② $E = Z \cdot \phi \cdot \dfrac{n}{60}$ [V]
③ $E = Z \cdot n \cdot 60$ [V]
④ $E = Z \cdot P \cdot \dfrac{n}{60}$ [V]

96 정격 전압 250[V], 전기자 저항 0.04[Ω]인 분권전동기의 전기자 전류가 50[A]일 때 속도가 1200[rpm]이라면 토크는 약 몇 [kg·m]인가?
① 10　② 15
③ 20　④ 25

🔑 $T = \dfrac{P}{2\pi n} = \dfrac{248 \times 50}{2\pi \times \dfrac{1200}{60}} = 98.7 [\text{N} \cdot \text{m}]$
$(E = v - I_a R_a = 250 - 50 \times 0.04 = 248)$
∴ $T = \dfrac{1}{9.8} \times 98.7 = 10 [\text{kg} \cdot \text{m}]$

97 직류전동기에서 자속이 감소하면 회전수는?
① 감소　② 상승
③ 정지　④ 불변

98 전기자 반작용에 있어서 전기자 자속의 많은 부분을 상쇄시키는 데 효과가 큰 것은?
① 균압환　② 보상권선
③ 탄소 브러시　④ 보극

99 대형 전동기의 토크를 측정하는 데 가장 적당한 방법은?
① 반환 부하법　② 전기 동력계
③ 와전류 제동기　④ 실부하법

🔑 전기동력계는 전동기의 토크를 측정하는데 사용하는 특수 직류기이다.

100 정격전압 250[V], 정격출력 50[kW]의 외분권 복권발전기가 있다. 분권계자 저항이 25[Ω]일 때 전기자 전류는 몇 [A]인가?
① 210　② 110
③ 120　④ 140

🔑 $I_a = I + I_f = \dfrac{P}{V} + \dfrac{V}{R_f}$
$= \dfrac{50 \times 10^3}{250} + \dfrac{250}{25} = 210$

101 직류 분권발전기가 있다. 전기자 총도체수 220, 매극의 자속수 0.01[Wb], 극수 6, 회전수 1500[rpm]인 때 유도기전력은 몇 [V]인가? (단, 전기자 권선은 파권이다.)
① 60　② 120
③ 165　④ 240

🔓 Answer　94. ④　95. ②　96. ①　97. ②　98. ②　99. ②　100. ①　101. ③

102 직류발전기의 단자 전압을 조정하려면 다음 어느 저항을 가변시키는가?
① 계자 저항　② 방전 저항
③ 전기자 저항　④ 기동 저항

103 직류전동기를 워드-레오나드 방식으로 속도제어를 할 경우 특징이 아닌 것은?
① 속도 제어 범위가 넓다.
② 설치비가 싸다.
③ 속도를 정밀하게 조정할 수 있다.
④ 기동 저항기가 필요 없다.

104 직류전동기의 부하에 따라 손실이 변하는 것은?
① 마찰손　② 풍손
③ 철손　④ 구리손
☞ 동손(구리손)이 부하손의 대부분을 차지한다.

105 직류전동기의 속도 제어에서 자속을 2배로 하면 회전수는 몇 배가 되는가?
① 0.5　② 1
③ 2　④ 4

106 기중기, 전기자동차, 전기철도와 같은 곳에는 어느 전동기가 사용되는가?
① 가동 분권 전동기
② 차동 복권 전동기
③ 분권 전동기
④ 직권 전동기

107 직류전동기의 전기적인 제동방법이 아닌 것은?
① 발전 제동　② 회생 제동
③ 저항 제동　④ 플러깅

108 직류 직권발전기의 병렬 운전에 필요한 것은?
① 균압선　② 집전환
③ 안정저항　④ 브러시의 이동

109 부하 변화에 대하여 속도 변동이 작은 전동기는 어느 것인가?
① 직류 직권전동기
② 직류 분권전동기
③ 가동 복권전동기
④ 차동 복권전동기

110 무부하에서 119[V]되는 분권발전기의 전압 변동률이 6[%]이다. 정격 전부하 전압[V]은?
① 108.4[V]　② 112.3[V]
③ 121.9[V]　④ 131.0[V]

111 그림은 4극 직류발전기의 자기회로를 보인 것이다. 자기 저항이 가장 큰 부분은?

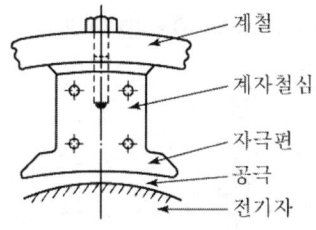

① 계철　② 계자 철심
③ 자극편　④ 공극

Answer　102. ①　103. ②　104. ④　105. ①　106. ④　107. ③　108. ①　109. ②　110. ②　111. ④

112 직류발전기의 정격전압 100[V], 무부하 전압 109[V]이다. 전압 변동률 ε[%]는 얼마인가?
① 1.09　　② 109
③ 0.9　　　④ 9

113 파권에서 극수에 관계없이 병렬 회로수 a는 얼마인가?
① 6　　② 4
③ 2　　④ 1

114 200[V]의 직류 직권전동기가 있다. 전기자 저항이 0.1[Ω], 계자저항은 0.05[Ω]이다. 부하전류 40[A]일 때의 역기전력[V]은?
① 194　　② 196
③ 198　　④ 200

$$E = V - I_a(R_a + R_s)$$
$$= 200 - 40 \times (0.1 + 0.05) = 194$$

115 출력 7.5[HP], 1750[rpm]인 직류전동기의 토크는 약 얼마인가? (단, 1HP=746[W]이다)
① 7.5[N·m]　　② 10.8[N·m]
③ 30.5[N·m]　　④ 175[N·m]

$$T = \frac{P}{2\pi n} = \frac{P}{2\pi \cdot \frac{N}{60}}$$
$$= \frac{7.5 \times 746}{2\pi \times \frac{1750}{60}} \fallingdotseq 30.5$$

116 정격속도로 운전하는 무부하 분권발전기의 계자 저항이 60[Ω], 계자 전류가 1[A], 전기자 저항이 0.5[Ω]라 하면 유도기전력은 몇 [V]인가?
① 30.5　　② 50.5
③ 60.5　　④ 80.5

$$E = V + I_a R_a = I_f R_f + I_a R_a$$
$$= 1 \times 60 + 1 \times 0.5$$
$$= 60.5 (무부하\ I_a = I_f)$$

117 직류전동기 중에서 무부하 운전이나 벨트를 연결한 운전을 하면 절대로 안 되는 것은?
① 직권전동기
② 분권전동기
③ 가동 복권전동기
④ 차동 복권전동기

118 전압변동률 ε의 식은? (단, 정격 전압 V_n[V], 무부하 전압 V_o[V]이다.)
① $\varepsilon = \dfrac{V_o - V_n}{V_n} \times 100 [\%]$

② $\varepsilon = \dfrac{V_n - V_o}{V_n} \times 100 [\%]$

③ $\varepsilon = \dfrac{V_n - V_o}{V_o} \times 100 [\%]$

④ $\varepsilon = \dfrac{V_o - V_n}{V_o} \times 100 [\%]$

119 직류발전기에 있어서 전기자 반작용이 생기는 요인이 되는 전류는?
① 동손에 의한 전류
② 전기자 권선에 의한 전류
③ 계자 권선의 전류
④ 규소 강판에 의한 전류

Answer 112. ④　113. ③　114. ①　115. ③　116. ③　117. ①　118. ①　119. ②

120 보극이 없는 직류발전기는 부하의 증가에 따라 브러시의 위치를 어떻게 하여야 하는가?
① 그대로 둔다.
② 회전 방향과 반대로 이동시킨다.
③ 회전 방향으로 이동시킨다.
④ 극의 중간에 놓는다.

121 직류기에서 보극을 두는 목적은?
① 기동 특성을 좋게 한다.
② 전기자 반작용을 크게 한다.
③ 정류 작용을 돕고 전기자 반작용을 약화시킨다.
④ 전기자 자속을 증가시킨다.

122 직류발전기에서 자극을 만드는 부분은?
① 계자철심   ② 정류자
③ 브러시   ④ 공극

123 직류 분권전동기나 타여자식 전동기의 기동 시 계자저항의 적절한 값은?
① 최솟값   ② 중간값
③ 최댓값   ④ 저항을 떼어낸다.

124 직류 분권 발전기를 역회전하면?
① 정회전 때와 마찬가지이다.
② 발전되지 않는다.
③ 과전압이 유기된다.
④ 섬락이 일어난다.
  잔류자기가 소멸되어 발전되지 않는다.

125 그림에서와 같이 ①, ②의 양자극 사이에 정류자를 가진 코일을 두고 ③, ④에 직류를 공급하여 x, x'를 축으로 하여 코일을 시계 방향으로 회전시키고자 한다. ①, ②의 자극 극성과 ③, ④의 전원 극성을 어떻게 해야 되는가?

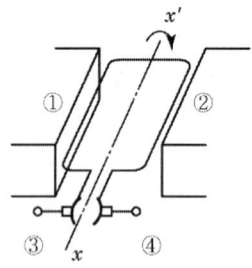

① ① N, ② S, ③ +, ④ −
② ① N, ② S, ③ −, ④ +
③ ① S, ② N, ③ +, ④ +
④ ① S, ② N, ③과 ④는 극성에 무관

126 직류전동기에 있어 무부하일 때의 회전수 N_o은 1200[rpm], 정격부하일 때의 회전수 N은 1150[rpm]이라 한다. 속도 변동률[%]은?
① 3.45   ② 4.35
③ 6.1   ④ 6.53
  $\varepsilon = \dfrac{N_0 - N}{N} \times 100[\%]$ 식을 적용

127 직류 분권전동기의 공급 전압의 극성을 반대로 하면 회전 방향은?
① 변하지 않는다.
② 반대로 된다.
③ 회전하지 않는다.
④ 발전기로 된다.

128 직류 직권전동기의 전원 극성을 반대로 하

Answer 120. ③ 121. ③ 122. ① 123. ① 124. ② 125. ② 126. ② 127. ①

면 회전 방향은 어떻게 되는가?
① 반대로 된다.
② 발전기로 된다.
③ 변하지 않는다.
④ 회전하지 않는다.

129 분권발전기는 잔류자속에 의해서 잔류 전압을 만들고 이때 여자 전류가 잔류자속을 증가시키는 방향으로 흐르면 여자 전류가 점차 증가하면서 단자 전압이 상승하게 된다. 이 현상을 무엇이라 하는가?
① 자기 포화   ② 여자 조절
③ 보상 전압   ④ 전압 확립

130 6극 전기자도체 400, 매극 자속수 0.01[Wb], 회전수 600[rpm]인 파권 직류기의 유도기전력[V]은?
① 120   ② 140
③ 160   ④ 180

파권은 $a=2$, $E=P\phi \cdot \dfrac{N}{60} \cdot \dfrac{Z}{a}$를 적용

131 직류 분권전동기의 계자저항을 운전 중에 증가하면?
① 자속 증가   ② 속도 감소
③ 부하 증가   ④ 속도 증가

132 전기 기계의 철심을 성층하는 가장 적절한 이유는?
① 기계손을 적게 하기 위하여
② 표유 부하손을 적게 하기 위하여
③ 히스테리시스손을 적게 하기 위하여
④ 와류손을 적게 하기 위하여

133 정류자 편수가 많을 경우의 특징이 아닌 것은?
① 자극수가 증가
② 전압 평균값이 증가
③ 전압 맥동률이 작다.
④ 좋은 직류를 얻을 수 있다.

자극수는 발전전압과 관련

134 플레밍(Fleming)의 오른손법칙에 따르는 기전력이 발생하는 기기는?
① 교류발전기   ② 교류전동기
③ 교류정류기   ④ 교류용접기

135 전동기의 부하가 증가할 때 다음 설명 중 틀린 것은?
① 전동기의 속도가 떨어진다.
② 역기전력이 감소한다.
③ 전동기의 전류가 증가한다.
④ 전동기의 단자전압이 증가한다.

136 직권전동기에서 위험 속도가 되는 경우는?
① 정격전압, 무여자
② 저전압, 과여자
③ 전기자에 저저항 접속
④ 정격 전압, 과부하

Answer   128. ③   129. ④   130. ①   131. ④   132. ④   133. ①   134. ①   135. ④   136. ①

변압기

변압기는 발전소에서 발전된 전기의 전압을 변환하는 장치이다.

1. 변압기의 원리

(1) 원리

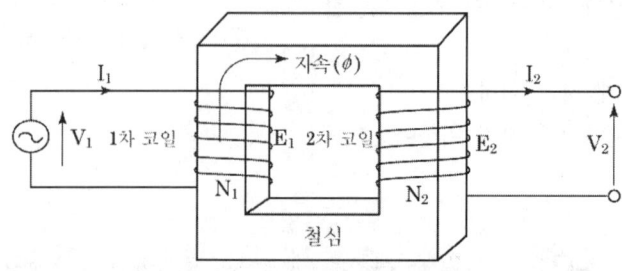

① 패러데이 전자유도작용과 렌츠의 법칙에 의해 1차 입력 전압 V_1에 의해 1차 권선 N_1에 교번 자속 ϕ가 생겨 이 자속으로 1, 2차 권선 N_1, N_2에 전자유도 작용과 렌츠의 법칙에 의해 유도기전력 E_1, E_2가 나타난다.

$$E_1 = -N_1 \frac{d\phi}{dt} [V]$$

$$E_2 = -N_2 \frac{d\phi}{dt} [V]$$

② 이 유도기전력은 입력과 출력전압에 위상이 180° 뒤진다.

$$V_1 = -E_1, \quad V_2 = -E_2$$

(2) 이상적인 변압기

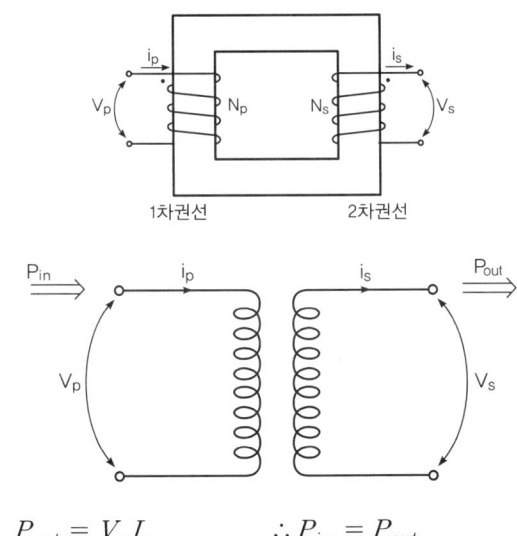

$$P_{in} = V_p I_p, \quad P_{out} = V_s I_s \qquad \therefore P_{in} = P_{out}$$

이상적인 변압기에서는 입력 전력과 출력 전력은 같다. 즉, 손실이 없다.

(3) 실제변압기

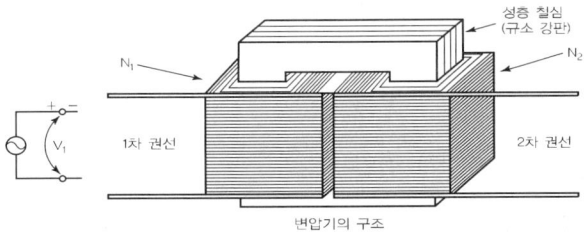

변압기의 구조

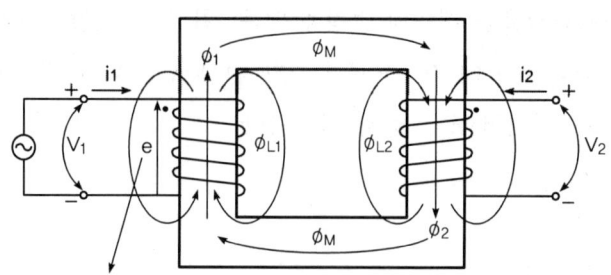

e(역기전력) : 전류의 흐름을 방해하는 방향.
즉 자속의 반대방향

여기서, ϕ_1 : 1차측에 흐르는 자속 ϕ_2 : 2차측에 흐르는 자속
ϕ_{L1} : 1차측의 누설자속 ϕ_{L2} : 2차측의 누설자속
ϕ_M : 공동자속(상호자속)

① 권선의 저항 : 실제 변압기 권선에는 저항이 존재하므로 동손과 전압강하가 발생한다.
② 누설 리액턴스 : 누설자속에 의한 누설 리액턴스에서 전압강하가 발생한다.

(4) 유도기전력

① $E_1 = -N_1\dfrac{d\phi}{dt}[\text{V}]$ ($\phi = \phi_m \sin\omega t$)

$E_1 = -N\phi_m\omega\cos\omega t = \omega N\phi_m \sin(\omega t - \dfrac{\pi}{2})[\text{V}]$

최대값 $E_m = \omega N_1 \phi_m = 2\pi f N_1 \phi_m [\text{V}]$

∴ 실효값 $E_1 = \dfrac{2\pi f N_1 \phi_m}{\sqrt{2}} = \dfrac{2\pi}{\sqrt{2}} f \phi_m N_1 = 4.44 f \phi_m N_1 [\text{V}]$

② $E_1 = 4.44 f \phi_m N_1 \fallingdotseq V_1$

$E_2 = 4.44 f \phi_m N_2 \fallingdotseq V_2$

(ϕ_m : 1차 및 2차 권선과 쇄교하는 최대 교번 자속, N_1, N_2 : 1차 및 2차 권수)

(5) 권수비(turn ratio) a

① 변압비라고도 하며, 전압은 권수에 비례한다.

$a = \dfrac{V_1}{V_2} = \dfrac{E_1}{E_2} = \dfrac{N_1}{N_2} = \dfrac{I_2}{I_1} = \sqrt{\dfrac{Z_1}{Z_2}}$

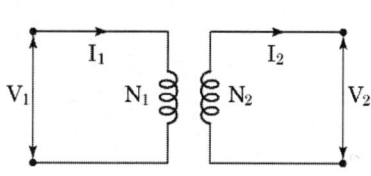

- V_1 : 1차 전압, V_2 : 2차 전압
- I_1 : 1차 전류, I_2 : 2차 전류
- N_1 : 1차 권수, N_2 : 2차 권수

② 전류는 권수에 반비례하기 때문에 전압이 높아지면 전류는 작아진다.
예) 고압측 배선보다 저압측 배선이 더 굵게 된다.

(6) 이상적인 변압기와 실제 변압기의 차이
① 이상적인 변압기 : 손실이 없다.(1차 입력 = 2차 출력)
$$P_1 = V_1 I_1, \ P_2 = V_2 I_2, \ P_1 = P_2$$
② 실제 변압기의 차이
㉠ 누설자속 : 권선 일부만 통과하는 자속으로서 누설리액턴스에 의한 전압강하를 일으킨다.
㉡ 자화전류 I_ϕ : 자속을 발생하는데 소비되는 전류로 무효전류 성분이다.
㉢ 철손전류 I_i : 철손을 발생시키는데 소비되는 전류로 유효전류 성분이다.
㉣ 여자전류 I_0 : 자화전류나 철손전류의 벡터합. $\dot{I}_o = \dot{I}_i + \dot{I}_\phi$
㉤ 권선저항 : 권선 내부저항에 의한 전압 강하와 손실을 야기시킨다.

(7) 여자전류(I_o)의 표현

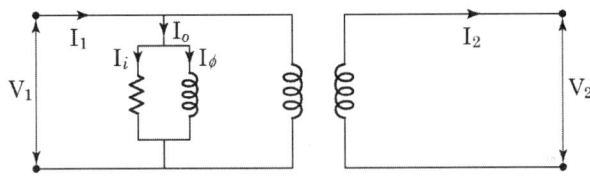

① 철손 전류 $I_i = \dfrac{E_1}{R} = G_0 E_1 [A]$
② 자화 전류 : 자화전류는 유효분 철손 전류보다 뒤진 무효성분이다.
③ 여자전류 : 부하와는 관계가 없고 자속을 만드는 전류로써 자화전류나 철손전류의 벡터합의 크기이다.
$$\dot{I}_o = \dot{I}_i + \dot{I}_\phi = I_i - jI_\phi = \frac{E_1}{R} - j\frac{E_1}{X_L} [A]$$
④ 크기 $I_o = \sqrt{I_i^2 + I_\phi^2} = \sqrt{\left(\dfrac{E_1}{R}\right)^2 + \left(\dfrac{E_1}{X_L}\right)^2} = \dfrac{E_1}{Z_o} = Y_o E_1 [A]$

2. 변압기의 등가회로의 환산

변압기 회로는 1차측과 2차측 회로가 분리되어 있지만 실제로는 전자유도 작용에 의해서 전력이 전달되고 있어서 하나의 단일회로(등가회로)로 취급하는 것이 변압기의 전기적 특성을 알아보는 데 편리하다.

(1) 등가회로의 특징

1, 2차의 권선 내부 임피던스를 저항 r과 리액턴스 x로 표시되고 병렬회로인 여자회로의 철손 전류회로는 콘덕턴스 G, 자화 전류회로는 서셉턴스 B로 표시된다.

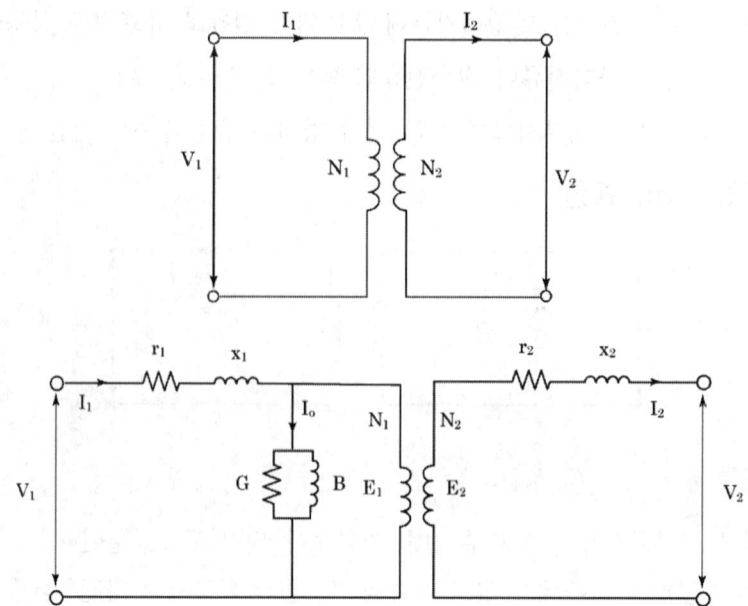

(2) 2차측을 1차측으로 환산(Z_{21})

1차측 전압, 전류, 임피던스 요소들을 그대로 두고 2차측 요소들을 변환시켜서 등가회로를 만드는 방식이다.

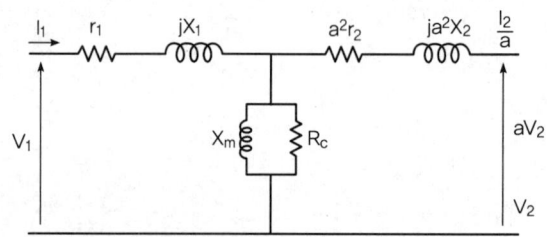

① 환산 임피던스(Z_{21})

$$a = \frac{V_1}{V_2} = \frac{E_1}{E_2} = \frac{N_1}{N_2} = \frac{I_2}{I_1} = \sqrt{\frac{Z_1}{Z_2}}$$

$Z_2 = \frac{E_2}{I_2} = \frac{E_1}{a^2 I_1} = \frac{1}{a^2} Z_1$ 에서 $Z_1 = a^2 Z_2$ 이기 때문에 2차측 임피던스가 1차측 임피던스와 등가관계가 되려면 a^2배 되어야 한다. 그러므로

$r_{21} = a^2 r_2$

$X_{21} = a^2 X_2$

$Z_{21} = a^2 Z_2 = a^2 (r_2 + jX_2)$

② 1차에서 본 총 임피던스

$$Z_1' = Z_1 + Z_{12} = Z_1 + a^2 Z_2 = (r_1 + jx_1) + a^2(r_2 + jx_2)$$
$$= (r_1 + a^2 r_2) + j(x_1 + a^2 x_2)$$

③ 2차 전압 $V_{21} = aV_2$

④ 2차 전류 $I_{21} = \frac{1}{a} I_2$

(3) 1차를 2차로 환산(Z_{12})

2차측 전압, 전류, 임피던스 요소들을 그대로 두고 1차측 요소들을 변환시켜서 등가회로를 만드는 방식이다.

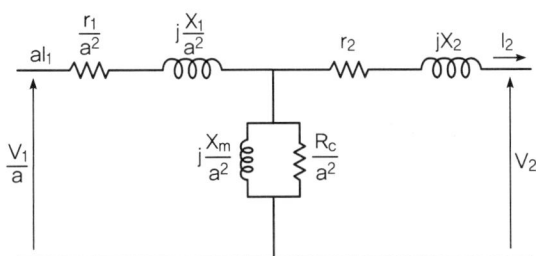

① 환산 임피던스(Z_{12})

$$r_{12} = \frac{r_1}{a^2} \qquad X_{12} = \frac{X_1}{a^2} \qquad Z_{12} = \frac{Z_1}{a^2}$$

② 2차에서 본 총 임피던스

$$Z_2' = Z_{12} + Z_2 = \frac{Z_1}{a^2} + Z_2 = \frac{1}{a^2}(r_1 + jx_1) + (r_2 + jx_2)$$

$$= (\frac{r_1}{a^2} + r_2) + j(\frac{x_1}{a^2} + x_2)$$

③ 1차 전압 $V_{12} = \dfrac{1}{a} V_1$

④ 1차 전류 $I_{12} = aI_1$

예제

1차 $Z_1 = 100 + j100$, a=10=1000/100, 2차 $Z_2 = 10 + j10$일 때 1차, 2차 환산 임피던스는?

① 1차로 환산

$$Z_1' = Z_1 + a^2 Z_2 = (r_1 + a^2 r_2) + j(x_1 + a^2 x_2)$$
$$= (100 + 10^2 \times 10) + j(100 + 10^2 \times 10)$$
$$= 1100 + j1100$$

② 2차로 환산

$$Z_2' = \frac{1}{a^2} Z_1 + Z_2 = \left(\frac{r_1}{a^2} + r_2\right) + j\left(\frac{x_1}{a^2} + x_2\right) = \left(\frac{100}{10^2} + 10\right) + j\left(\frac{100}{10^2} + 10\right)$$
$$= 11 + j11$$

참고

① Y 결선

  ㉠ $V_l = \sqrt{3} V_P \angle \dfrac{\pi}{6}$ (V_c : 선간전압, V_P : 상전압)

  ㉡ $I_l = I_P$ (I_l : 선간전류, I_P : 상전류)

  ㉢ 1ϕ : $P_1 = V_P I_P$

  ㉣ 3ϕ : $P_3 = 3V_P I_P = 3 \cdot \dfrac{1}{\sqrt{3}} V_l \cdot I_l$
  $= \sqrt{3} V_l \cdot I_l$

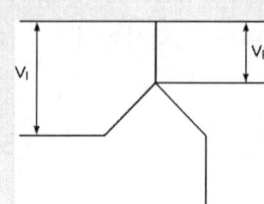

② △ 결선 (그림)

  ㉠ $V_l = V_P$

  ㉡ $I_l = \sqrt{3} I_P \angle -\dfrac{\pi}{6}$

  ㉢ 1ϕ : $P_1 = V_P I_P$

  ㉣ 3ϕ : $P_3 = 3V_P I_P = 3 V_P \cdot \dfrac{1}{\sqrt{3}} I_l$
  $= \sqrt{3} V_l \cdot I_l$

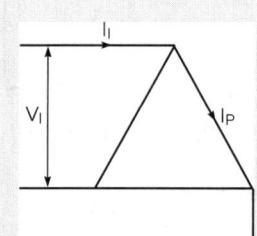

3. 강하율

(1) 임피던스 강하율(%임피던스 강하, %Z)

내부 임피던스 Z에 의한 전압 강하율로서 %Z가 크면 전압변동률이 커지고 송전 안정도가 떨어진다.

① %$Z = \dfrac{정격전류 \times 임피던스}{정격전압(상전압)} \times 100[\%] = \dfrac{I_n \cdot Z}{V_P} \times 100[\%] = \dfrac{V_s}{V_P} \times 100[\%]$

※ V_s(임피던스 전압) : 변압기 내에 정격전류가 흐를 때의 내부전압 강하

> **참고**
>
> ① 단상 : $P = VI_n$ 이므로 $\%Z = \dfrac{I_n \cdot Z}{V} \times 100 = \dfrac{\frac{P}{V} \cdot Z}{V} \times 100 = \dfrac{PZ}{V^2} \times 100[\%]$
>
> ② 3상 : $P = \sqrt{3} V_l I_l$ 이므로 $\%Z = \dfrac{I_n \cdot Z}{V} \times 100 = \dfrac{\frac{P}{\sqrt{3} V_l} \cdot Z}{\frac{V_l}{\sqrt{3}}} \times 100[\% = \dfrac{PZ}{V_l^2} \times 100[\%]]$

② %$Z = \sqrt{p^2 + q^2}$

(2) 저항 강하율 p(%저항 강하, %R)

$p = \%R[\%] = \dfrac{정격전류 \times 저항}{정격전압(상전압)} \times 100 = \dfrac{I_n \cdot r}{V_P} \times 100$

$= \dfrac{I_n^2 \cdot r}{V \cdot I_n} \times 100 = \dfrac{동손[W]}{변압기용량} \times 100[\%]$

> **참고**
>
> ① 단상 : $P = VI_n$ 이므로 $\%R = \dfrac{I_n \cdot r}{V} = \dfrac{\frac{P}{V} \cdot r}{V} \times 100 = \dfrac{P \cdot r}{V^2} \times 100[\%]$
>
> ② 3상 : $P = \sqrt{3} V_\ell I_\ell$ 이므로 $\%R = \dfrac{I_n \cdot r}{V} = \dfrac{\frac{P}{\sqrt{3} V_\ell} \cdot r}{\frac{V_\ell}{\sqrt{3}}} = \dfrac{P \cdot r}{V_\ell^2} \times 100[\%]$

(3) 리액턴스 강하율 q (%리액턴스 강하, %X)

$$q = \%X = \frac{정격전류 \times 리액턴스}{정격전압(상전압)} \times 100[\%] = \frac{I_n x}{V_P} \times 100[\%]$$

참고

① 단상 : $P = VI$ 이므로 $\%X = \frac{I_n \cdot x}{V} \times 100[\%] = \frac{P \cdot x}{V^2} \times 100[\%]$

② 3상 : $P = \sqrt{3} V_\ell I_\ell$ 이므로 $\%X = \frac{I_n \cdot x}{V_\ell / \sqrt{3}} \times 100[\%] = \frac{P \cdot x}{V_\ell^2} \times 100[\%]$

4. 전압 변동률(ε)

$$\varepsilon = \frac{무부하\ 전압 - 정격전압}{정격전압} \times 100[\%]$$

$$= \frac{V_0 - V}{V} \times 100$$

$$\varepsilon = \frac{V_{20} - V_{2n}}{V_{2n}} \times 100[\%] = p\cos\theta \pm q\sin\theta$$

$$\therefore \varepsilon = p\cos\theta \pm q\sin\theta$$

여기서, + : 유도성(지상) 부하,   − : 용량성(진상) 부하
p : 저항 강하율, q : 리액턴스 강하율

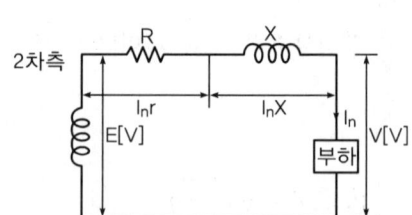

예제

1차 전압 $V_1 = 1000[V]$, $P = 10[kVA]$, $Z_1 = 6 + j8[\Omega]$, $\cos\theta = 0.6$(진상)일 때 $\varepsilon = ?$

① 저항 강하율

$$p = \frac{I_n r}{V} \times 100 = \frac{\frac{P}{V} \cdot r}{V} \times 100 = \frac{P \cdot r}{V^2} \times 100 = \frac{10 \times 10^3 \times 6}{(10^3)^2} \times 100 = 6[\%]$$

② 리액턴스 강하율

$$q = \frac{I_n X}{V} \times 100 = \frac{PX}{V^2} 100 = \frac{10 \times 10^3 \times 8}{(10^3)^2} \times 100 = 8[\%]$$

$$\therefore \varepsilon = \frac{V_o - V}{V} \times 100 = P\cos\theta + g\sin\theta(지상) = P\cos\theta - g\sin\theta(진상)$$

$$= 6\cos\theta - 8\sin\theta = 6 \times 0.6 - 8 \times 0.8 = 3.6 - 6.4 = -2.8[\%]$$

③ 최대 전압 변동률

$$\varepsilon_{max} = \%Z = \sqrt{p^2 + q^2}$$

역률 $\cos\theta_m = \dfrac{p}{\%Z} = \dfrac{p}{\sqrt{p^2 + q^2}}$

5. 변압기 기름

변압기 기름은 절연과 냉각용으로 광유 또는 불연성 합성 절연유를 사용한다.

(1) 구비 조건

① 점도가 작아 유동성이 크고 절연내력이 커야 한다.
② 비열이 커서 냉각효과가 커야 한다.
③ 화학작용 및 산화작용이 없어야 한다.
④ 인화점이 높고 응고점이 낮아야 한다.

(2) 기름의 열화 방지

변압기 기름은 광유 또는 합성유로서 온도가 상승함에 따라 외부 공기의 습기, 산소와 접촉함으로서 기름이 산화하고 침전물이 발생하는 현상을 열화라 한다.

① 컨서베이터 : 기름과 공기의 접촉을 차단하기 위하여 변압기 상부에 설치한 기름통이다. 기름통에는 변압기유가 50[%], 질소가스 50[%]가 봉입되어 있다.
② 브리더 : 변압기 내부와 외부 사이의 기압 차이로 공기가 출입하는 호흡작용이 발생 시 습기를 탈수하기 위하여 실리카겔(탈수제)이 봉입되어 있는 장치이다.

> **참고** 단락전류와 %Z의 관계
> 변압기 제작에 있어서 %Z를 적게 하면 전압 변동률이나 송전 안정도에서 유리하나 단락 사고 시 고장전류 I_s가 증가하여 불리하게 된다. 제작 비용에도 영향이 있다.

> **참고** %Z의 표준값
> • 22.9[kV]급 T_r : 6%
> • 154[kV]급 T_r : 15%

6. 변압기 결선

(1) Y $-\Delta$ 결선

① 단상변압기 3대의 Y $-\Delta$ 결선도

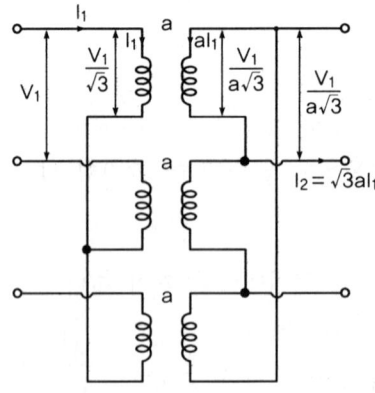

② Y $-\Delta$ 회로

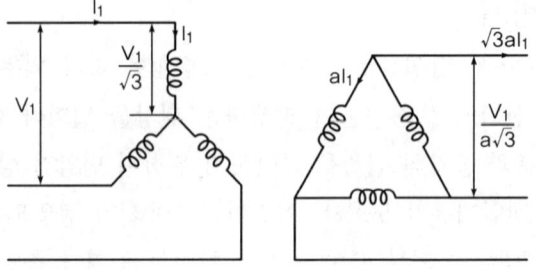

③ 실제 변압기의 결선 예

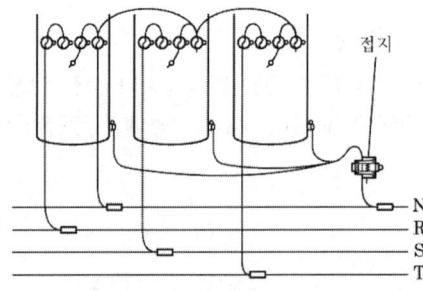

(2) 병렬 운전 시 변압기 결선방법

A변압기 1차 : B변압기 1차 = A변압기 2차 : B 변압기 2차

① Y : Y = Y : Y

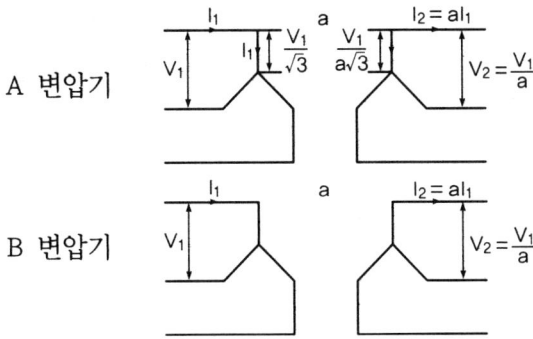

② Y : Δ = Y : Δ

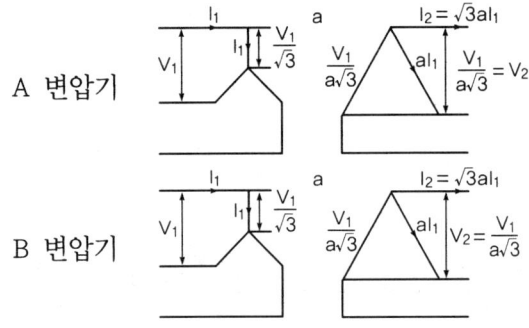

③ Δ : Δ = Δ : Δ

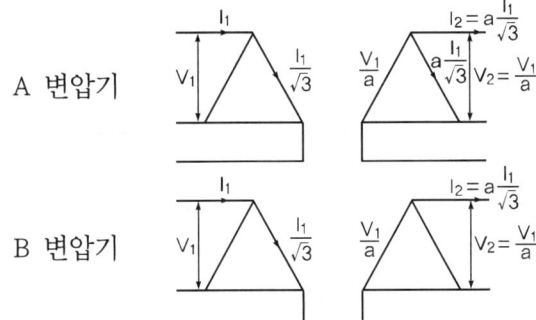

④ Y : Δ = Δ : Y

A와 B가 같으려면 B의 권수비가 3배 증가해야 한다.

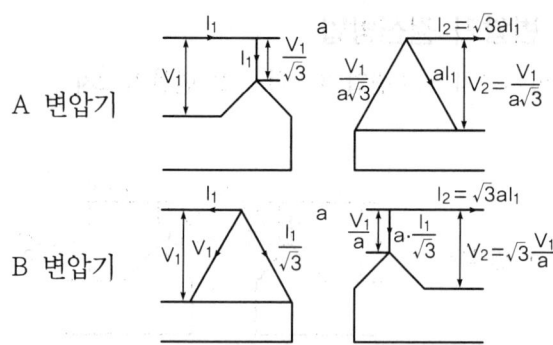

⑤ Y : Y = Δ : Y

($\frac{\pi}{6}$ 만큼 위상차 발생 ⇒ 운전 불가능)

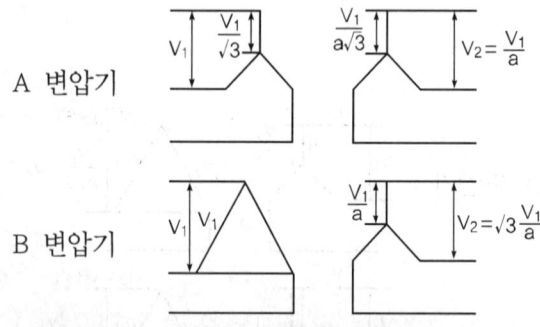

병렬운전 가능	병렬운전 불가능
Y·Y=Y·Y	Y·Δ=Y·Y
Y·Y=Δ·Δ	Y·Y=Y·Δ
Δ·Δ=Δ·Δ	Δ·Δ=Δ·Y(홀수 불가능)
Y·Δ=Δ·Y	
Y·Δ=Y·Δ(짝수 가능)	

(3) 변압기 결선과 특성

① Δ-Δ 결선

㉠ 제3고조파가 발생하지 않아 통신장애가 없다.

㉡ 중성점 접지를 할 수 없어 지락 사고 시 보호가 어렵다.

㉢ 선간전압과 권선전압이 같아서 절연상의 문제로 60[kV] 이하에서 사용된다.

㉣ V 결선 운전이 가능하다.

② Y-Y 결선
   ㉠ 중성점 접지로 제3고조파 전류가 흘러 통신선에 유도장해를 일으킨다.
   ㉡ 중성점 접지가 가능하여 지락 사고 시 보호가 용이하다.
   ㉢ 권선전압이 선간전압의 $\frac{1}{\sqrt{3}}$ 배이므로 절연이 용이하다.
   ㉣ 중성선이 단선되면 전압의 불평형이 발생하므로 실제 잘 사용하지 않는다.

> **참고** 고조파(Harmornics)
> ㉠ 기본파(60[Hz])의 정수배(3, 5, 7,..)의 주파수 성분을 가진 파형을 말한다.
> ㉡ 발생원
>   ⓐ 인버터, 컨버터, UPS, VVVF 등 사이리스터를 이용한 전력변환장치
>   ⓑ 용접기, 전기로 등
>   ⓒ 변압기, 전동기 등 자기포화특성이 있는 부하
> ㉢ 중성선에 끼치는 영향
>   ⓐ 중성선에 고조파가 흘러 주변 통신선에 전자유도장애 야기
>   ⓑ 중성선의 케이블이 과열(상선보다 두꺼운 케이블 사용)
>   ⓒ 유도성 리액턴스의 증가로 중성선과 대지 간에 전위가 상승

③ Y-Δ 결선
   ㉠ 전압을 낮추는 강압용으로 사용된다. 즉, 2차 선간전압이 낮아서 2차 변전소 강압용으로 사용된다.
   ㉡ 1, 2차 입력과 출력 전압간의 30° 위상차가 발생한다. 1차 전압은 선간전압이고, 2차 전압은 상전압이기 때문이다.
   ㉢ 1차측이 Y 결선이기 때문에 지락 사고 및 이상전압에 대한 보호가 용이하다.
   ㉣ 2차측은 Δ 결선이기 때문에 제3고조파에 의한 장애가 적다.

④ Δ-Y 결선
   ㉠ 낮은 전압을 높은 전압으로 올리는 승압용으로 사용된다. 즉, 2차 선간전압이 높고 중성점 접지가 되므로 발전소의 1차 변전소에서 승압용으로 사용된다.
   ㉡ 1, 2차 입력과 출력 전압의 위상차는 30°이다.

7. 고장 시 운전(V 결선)

(1) 용량
① 단상변압기 1대 $P = V_P I_P = K [kVA]$
② 단상변압기 3대(Δ 결선) $P_\Delta = 3 V_P I_P = 3K [kVA]$

(2) 단상 변압기 2대 V결선
V-V 결선방법은 $\Delta-\Delta$ 결선으로 3상 변압을 하던 중 변압기 1대가 고장이 나면 남은 2대의 변압기로 3상 변압을 하는 방법이다.

① 용량 $P_V = \sqrt{3} V_P I_P = \sqrt{3} K [kVA]$

② 이용률 $= \dfrac{\sqrt{3} V_P I_P}{2 V_P I_P} \times 100 = 86.6 [\%]$

③ 출력비 $= \dfrac{\sqrt{3} V_P I_P}{3 V_P I_P} \times 100 = 57.7 [\%]$

8. 변압기의 병렬운전

(1) 조건
① 극성이 같을 것
② 1차, 2차 정격 전압과 권수비가 같을 것
③ 임피던스 강하율(%Z)이 같을 것
④ 3ϕ의 상회전 방향과 위상변위가 같을 것

(2) 부하 분담 전류
① A기 분담 전류 : $I_a = \dfrac{Z_b}{Z_a + Z_b} \cdot I$

② B기 분담 전류 : $I_b = \dfrac{Z_a}{Z_a + Z_b} \cdot I$

 (부하 전류 : $I = I_a + I_b$)

③ $V = I_a Z_a = I_b Z_b$

$$\therefore \frac{I_b}{I_a} = \frac{Z_a}{Z_b}$$

부하 분담 전류는 내부 임피던스와 반비례한다.

9. 극성

변압기의 극성이란 한 순간에 1, 2차 단자에 발생하는 유도기전력의 방향을 나타나는 것이다.

(1) 감극성(subtractive polarity)

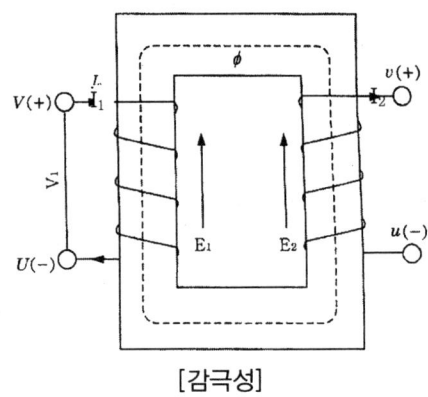

[감극성]

① 감극성 전압

$V = V_1 - V_2 \quad (V_1 > V_2$ 일 때$)$

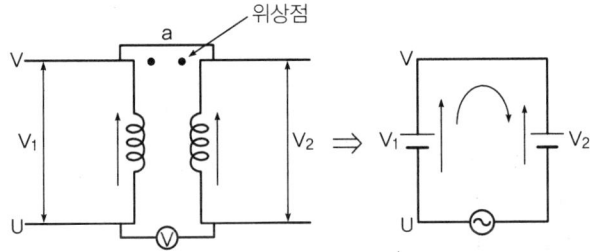

② 문자 표시
  ㉠ 고압측(1차측) : U, V
  ㉡ 저압측(2차측) : u, v
③ 감극성은 문자기호를 나란히 배치한다. 우리나라에서는 감극성을 표준으로 하고 있다.

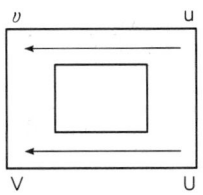

예제

1차 100[V], a=20일 때, 감극성 전압 V = ?

$V_2 = \dfrac{V_1}{a} = \dfrac{100}{20} = 5[\text{V}] \qquad V = V_1 - V_2 = 100 - 5 = 95[\text{V}]$

(2) 가극성

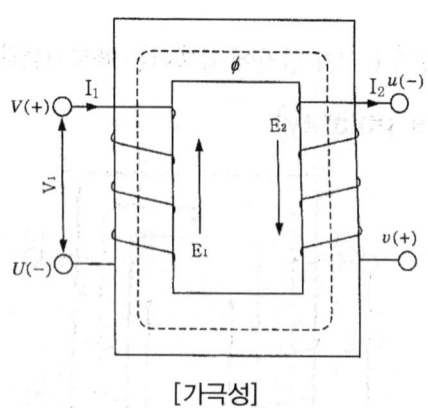

[가극성]

① 가극성 전압

$V = V_1 + V_2$

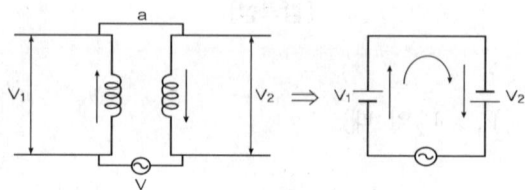

② 문자 표시
   ㉠ 고압측(1차측) : U, V
   ㉡ 저압측(2차측) : u, v

③ 가극성은 문자기호를 엇갈리게 배치한다.

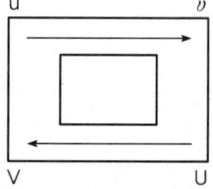

예제

1차 100[V], a = 20, 가극성 전압 V = ?

$V_2 = \dfrac{V_1}{a} = \dfrac{100}{20} = 5[\text{V}], \qquad V = V_1 + V_2 = 100 + 5 = 105[\text{V}]$

10. 특수변압기

(1) 단권변압기

단권변압기는 1차, 2차 권선이 독립되어 있지 않고 권선의 일부를 공통회로로 하는 변압기이다. 보통 고압 배전선의 전압을 10% 정도 올리는 승압기 등에 많이 사용된다.

① 특징
 ㉠ 권선을 가늘게 할 수 있고, 자로가 단축되어 재료가 절약된다.
 ㉡ 저압측 절연을 고압측과 같이 해야 하며 전압이 높아지면 위험하다.
 ㉢ 누설 리액턴스가 적어서 전압변동률이 작다.
 ㉣ 철손과 동손의 감소로 효율이 향상된다.
 ㉤ 1, 2차측이 분리되어 있지 않아 전기적 사고 시 파급이 크다.

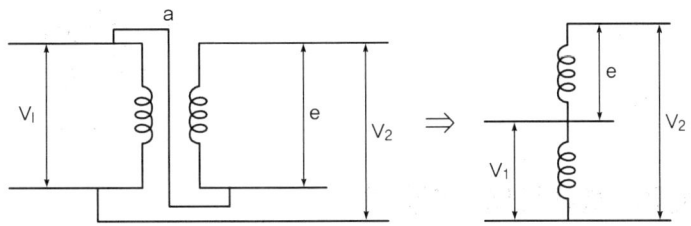

② 승압용 단권변압기 : $V_1 < V_2$
 ㉠ 자기용량 $P_s = eI_2 = I_2(V_2 - V_1)$: 직렬권선설계용량
 ㉡ 부하용량 $P_1 = P_2 = V_1 I_1 = V_2 I_2$

  권선분비 $r = \dfrac{자기용량}{부하용량} = \dfrac{I_2(V_2 - V_1)}{V_2 I_2} = \dfrac{V_2 - V_1}{V_2} = \dfrac{V_h - V_L}{V_h}$

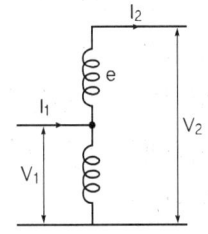

> **참고** 자기용량
> 자기용량=권선설계용량(직렬권선설계용량, 분로권선설계용량)

예제

100V/110V일 때 자기용량이 1[kVA]이다. 부하용량은?

$\dfrac{자기용량}{부하용량} = \dfrac{V_h - V_L}{V_h} = \dfrac{110 - 100}{110} = \dfrac{10}{110} = \dfrac{1}{11}$

부하용량=자기용량×11=1×11=11[kVA]

③ 강압용 단권변압기 : $V_1 > V_2(= V_L)$

　㉠ 자기용량 $P_s = eI_1 = eI_1 = (V_1 - V_2)I_1$

　㉡ 부하용량 $P_1 = P_2 = V_1I_1 = V_2I_2$

$$권선분비\, r = \frac{자기용량}{부하용량} = \frac{(V_1-V_2)I_1}{V_1I_1} = \frac{V_1-V_2}{V_1} = \frac{V_h-V_L}{V_h}$$

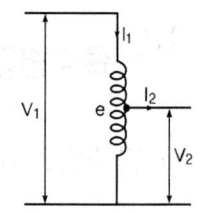

(2) 제3권선 변압기

① 1대의 변압기에 3회로의 권선이 감겨진 변압기이다.

② 1차, 2차 권선으로 전력을 공급하고, 3차 권선으로는 특수한 목적으로 사용된다.

③ 3차 권선으로 변전소 구내의 전력 공급

④ 3차 권선에 무효전력 보상설비 접속

- $a_1 = \dfrac{N_1}{N_2} = \dfrac{V_1}{V_2} = \dfrac{I_2}{I_1}$

- $a_2 = \dfrac{N_1}{N_3} = \dfrac{V_1}{V_3} = \dfrac{I_3}{I_1}$

- $I_1 = \dfrac{I_2}{a_1} + \dfrac{I_3}{a_2}$

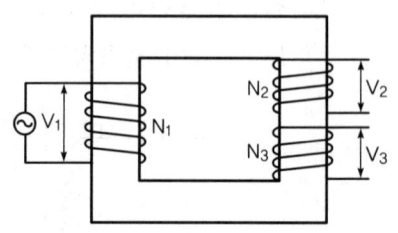

(3) 누설 변압기(고임피던스 변압기)

누설 리액턴스를 매우 크게 한 변압기. 누설 자속을 조정하여 2차 전압을 조정하고 2차 전압을 조정하여 2차 전류를 일정하게 유지시킨다. 즉, 1차측 전원 전압이 일정하고 부하 임피던스가 변동해도 거의 일정한 2차 전류가 흐르도록 한 변압기이고, 네온관등, 방전등, 아크용접기 전원으로 사용된다. 그러나 누설 리액턴스가 커서 전압 변동률이 크고 역률도 낮다.

11 효율

(1) 실측 효율

실제의 부하상태에서 실측하여 구한 효율

$$\eta = \frac{출력}{입력} \times 100\,[\%]$$

(2) 규약 효율

① $\eta = \dfrac{입력 - 손실}{입력} \times 100[\%]$: 전동기에 적용

② $\eta = \dfrac{출력}{출력 + 손실} \times 100[\%]$: 발전기, 변압기에 적용

③ 최대 효율 $\eta = \dfrac{P}{P + P_i + P_c} \times 100[\%]$ 에서

P_i(철손) = P_c(동손)

즉, 동손과 철손이 같은 부하일 때 효율이 최대가 된다.

(3) $\dfrac{1}{m}$ 부하 운전 시 최대 효율

① 최대 효율 조건 $P_i = (\dfrac{1}{m})^2 P_c$

② 최대 효율 $\eta_{\frac{1}{m}} = \dfrac{P \cdot \cos\theta}{P \cdot \cos\theta + P_i + (\dfrac{1}{m})^2 P_c} \times 100[\%]$

12. 변압기 보호장치

(1) 권선 보호장치

① 과전류 계전기 : 과전류 계전기(OCR)를 설치하여 보호
② 차동 계전기 : 비율 차동 계전기와 유사한 원리
③ 비율 차동 계전기 : 보호구간에 유입되는 전류와 유출되는 전류의 차를 검출하여 동작하는 계전기

(2) 기계적 보호장치

① 부흐홀츠 계전기 : 일종의 Float 계전기를 조합한 것으로 과열 등으로 절연유가 분해되어 가스가 되어 유면이 내려가면 그 유면의 수위차를 감지하는 계전기
② 충격압력 계전기 : 변압기 내부 사고 시 가스가 발생하면 충격성 이상 압력이 발생하는데 이를 감지하여 동작하는 계전기

13. 시험

(1) 단락시험(부하시험)

① 변압기 2차측을 단락하고 전압을 서서히 증가시켜 1차 정격전류가 흐르게 하여 측정하는 시험

② 그때의 전압계에 나타나는 인가전압을 임피던스 전압 V_s라 하고
(V_s : 권선 내부의 임피던스에 의한 전압강하)

③ 동시에 전력계에 나타나는 입력을 임피던스 와트(P_s)라 한다.
(임피던스 와트=부하손=동손)

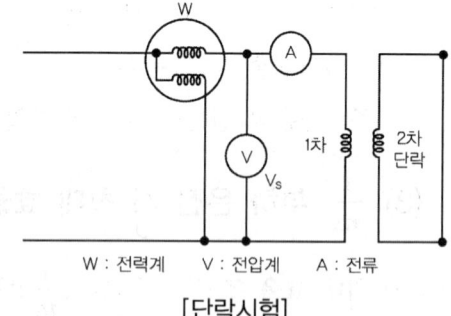

[단락시험]

④ 단락전류

단락시험에서는 임피던스 전압 V_s을 가할 때 정격전류 I_n 흐르고, 정격전압 V_n을 가하면 단락전류 I_s가 흐르는 관계로 $V_s : I_n = V_{1n} : I_s$

∴ 단락전류 $I_s = \dfrac{V_{1n}}{V_s} I_n [A]$

⑤ 동손, 내부 임피던스, 단락전류, 전압변동률 등을 측정한다.

(2) 개방시험(무부하시험)

① 2차측(고압)을 개방하고 1차측에 전력계를 직·병렬 연결하고, 전류계, 전압계를 직·병렬 연결한다.

② 1차측에 정격전압 V_n, 정격 주파수를 가했을 때 전력계와 전류계를 측정하는 시험이다.

③ 전력계 값 : 무부하 손
전류계 값 : 여자 전류 I_0

④ 여자 어드미턴스

$Y_0 = \dfrac{I_0}{V_n} [\mho]$

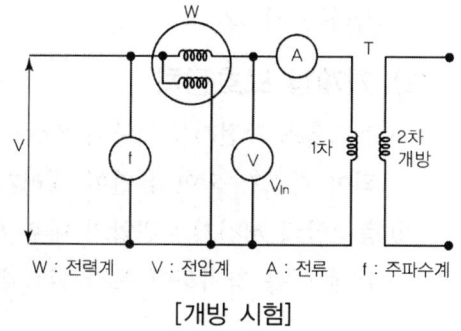

[개방 시험]

⑤ 측정 요소

무부하손(철손), 무부하 전류(여자전류), 여자 어드미턴스 등을 측정

(3) 온도시험

① 변압기에 전부하를 연속적으로 가해서 권선이나 오일 등의 온도상승을 측정한다. 일반적으로 실부하법은 비경제적이므로 반환부하법을 사용한다. 또한 등가부하법(단락부하법)도 많이 사용된다.

② 반환부하법 : 실제 부하를 걸지 않고 단상 변압기는 2대, 삼상 변압기는 3대를 연결하여 온도 상승시험을 하는 방법이다.

(4) 절연내력시험

① 가압시험(상용주파 내전압 시험)

㉠ 충전부분과 대지 또는 충전부분 상호간의 절연강도를 측정한다.

㉡ 상용주파수의 시험전압을 60초간 인가한다.

② 유도시험(유도 내전압 시험)

㉠ 권선 자체의 절연을 측정하는 층간 절연내력시험이다.

㉡ 전압 및 주파수 가변장치로 저압측 권선에 정격전압의 2배, 상용주파수의 2배의 전원을 60초간 인가한다.

③ 충격 전압시험(뇌임펄스 내전압 시험)

㉠ 낙뢰와 같은 충격전압에 대한 절연 내력시험이다.

㉡ 피뢰기를 통해서 제한 전압이 유입되었을 때 권선이 견디는 능력을 측정

㉢ 시험전압(크기, 상승속도, 지속시간)을 권선과 대지 사이에 인가(나머지 단자는 접지 처리함)

예·상·기·출·문·제

01 변압기의 무부하손의 대부분을 차하는 것은 무엇인가?
① 유전체손   ② 철손
③ 동손   ④ 부하손

> 무부하손에는 철손, 유전체손 등이 있다.

02 변압기의 병렬 운전에서 필요치 않은 것은 무엇인가?
① 1차, 2차의 정격전압이 같을 것
② 3상의 경우 상회전 방향이 같을 것
③ 정격 출력이 같을 것
④ 극성이 같을 것

> 병렬 운전 조건
> ① 극성이 같을 것
> ② 1, 2차 전압과 권수비가 같을 것
> ③ 임피던스 강하율이 같을 것
> ④ 상회전 방향이 같을 것

03 변압기의 철심을 성층하는 이유는 무엇인가?
① 히스테리시스의 감소
② 맴돌이 전류손의 감소
③ 부하손의 감소
④ 온도의 감소

> 와류손(맴돌이 전류손)의 감소

04 변압기의 1차 및 2차의 전압, 권선수, 전류를 각각 V_1, N_1, I_1 및 V_2, N_2, I_2라 할 때 다음의 어느 식이 성립하는가?

① $\dfrac{V_1}{V_2} \fallingdotseq \dfrac{N_2}{N_1} \fallingdotseq \dfrac{I_1}{I_2}$

② $\dfrac{V_1}{V_2} \fallingdotseq \dfrac{N_2}{N_1} \fallingdotseq \dfrac{I_2}{I_1}$

③ $\dfrac{V_1}{V_2} \fallingdotseq \dfrac{N_2}{N_1} \fallingdotseq \dfrac{I_1}{I_2}$

④ $\dfrac{V_1}{V_2} \fallingdotseq \dfrac{N_1}{N_2} \fallingdotseq \dfrac{I_2}{I_1}$

> 권수비(전압비) $a = \dfrac{V_1}{V_2} = \dfrac{N_1}{N_2} = \dfrac{I_2}{I_1}$,
> 즉 전압은 권수에 비례하고 전류는 권수에 반비례한다.

05 변압기의 1차 정격전압이란 무엇인가?
① 정격 2차 전압에 권수비를 나눈 것
② 부하를 걸었을 때 1차 전압
③ 무부하일 때의 1차 전압
④ 정격 2차 전압에 권수비를 곱한 것

> $V_1 = V_2 \times a$

06 변압기의 권선비가 60일 때 2차측 저항이 0.1[Ω]이며 이것을 1차로 환산하면 몇 [Ω]이 되는가?
① 60[Ω]   ② 860[Ω]
③ 360[Ω]   ④ 600[Ω]

> $r_1 = a^2 \cdot r_2$
> ∴ $r_1 = 3600 \times 0.1 = 360[\Omega]$

Answer 1.② 2.③ 3.② 4.④ 5.④ 6.③

07 10[kVA], 2000/100[V] 변압기의 1차 환산 등가 임피던스가 6.2+j7[Ω]일 때 %리액턴스 강하는?

① 1.75[%]   ② 0.75[%]
③ 0.175[%] ④ 7[%]

$q = \dfrac{I_{1n} x}{V_{1n}} \times 100 = \dfrac{5 \times 7}{2000} \times 100 = 1.75[\%]$

$\left(\because I_{1n} = \dfrac{10 \times 10^3}{2000} = 5[A]\right)$

08 변압기의 임피던스 전압을 구하는 시험은?

① 단락 시험   ② 유도 시험
③ 무부하 시험 ④ 극성 시험

09 변압기 여자회로에서 서셉턴스 b_0에 흐르는 전류는 무슨 전류인가?

① 철손 전류   ② 자화 전류
③ 부하 전류   ④ 여자 전류

자화전류 $I_\phi = I_0 - I_i$

10 변압기의 1차 권수 200, 2차 권수 250일 때 1차측 전압이 100[V]이면 2차측 전압 [V]은?

① 약 110   ② 약 114
③ 약 119   ④ 약 125

$\dfrac{N_1}{N_2} = \dfrac{V_1}{V_2}$ 에서

$V_2 = \dfrac{N_2}{N_1} \cdot V_1 = \dfrac{250}{200} \times 100 = 125[V]$

11 변압기의 고압측에 몇 개의 탭을 놓는데 그 역할은?

① 역률 개선   ② 선로 전압 안정
③ 효율 증가   ④ 단자 전압 고정

12 단상 변압기를 V결선했을 때와 Δ결선했을 때의 용량은?

① 57.7[%]   ② 66.6[%]
③ 86.6[%]   ④ 96.6[%]

$\dfrac{V}{\Delta} = \dfrac{\sqrt{3}P}{3P} = \dfrac{\sqrt{3}P}{3P} = \dfrac{1}{\sqrt{3}} \fallingdotseq 0.577$

∴ 약 57.7[%]

13 변압기 2차에 유기되는 기전력은?

① $4.44 N_1 f \phi_m$ ② $4.25 N_1 f \phi_w$
③ $4.44 N_2 f \phi_m$ ④ $4.25 N_2 f \phi_w$

$V = \sqrt{2}\pi f N_2 \phi_m \fallingdotseq 4.44 N_2 f \phi_m [V]$

14 3300/110[V]인 단상 변압기의 1차에 6[A]의 전류가 흐를 때 2차의 출력[kVA]은?

① 9.9   ② 10.8
③ 19.8 ④ 25.5

$I_2 = a I_1 = \dfrac{V_1}{V_2} I_1 = \dfrac{3300}{110} \times 6 = 180[A]$

2차 출력 $P_2 = V_2 I_2 = 110 \times 180$
$= 19800 = 19.8[kVA]$

15 V결선 시 변압기의 이용률은 몇 [%]인가?

① 57.7   ② 70.7
③ 86.6   ④ 96.6

이용률 $= \dfrac{\sqrt{3}P}{2P} = \dfrac{\sqrt{3}}{2} \fallingdotseq 0.866$

즉, 86.6[%]

Answer 7. ① 8. ① 9. ② 10. ④ 11. ② 12. ① 13. ③ 14. ③ 15. ③

16 변압기에 콘서베이터를 설치하는 목적은?
① 일정한 유압의 유지
② 과부하 방지
③ 냉각 효과를 높임
④ 변압기유의 열화 방지

🔑 열화란 변압기유가 대기 중 습기로 인해 변질되는 현상을 말한다.

17 변압기의 단락 시험 결과로부터 알 수 없는 것은?
① 전압 변동률 ② 철손
③ 동손 ④ 퍼센트 저항 강하

🔑 임피던스 전압 및 임피던스 와트(동손) 등을 구할 수 있다. 철손은 무부하 시험에서 구한다.

18 6600/110[V] 변압기의 1차에 30[A]를 흘리면 2차 전류[A]는?
① 50 ② 100
③ 900 ④ 1800

🔑 $I_2 = \dfrac{V_1}{V_2} \cdot I_1 = \dfrac{6600}{110} \times 30 = 1800[A]$

19 1차 권수 3000, 2차 권수 100인 변압기의 1차측에 1500[V]를 가하면 2차에는 몇 [V]가 유기되는가?
① 50 ② 95
③ 100 ④ 105

🔑 $V_2 = \dfrac{N_2}{N_1} \cdot V_1 = \dfrac{100}{3000} \cdot 1500 = 50[V]$

20 변압기의 1차 권수 50회, 2차 권수 300회인 경우 2차측 전압이 120[V]이면 1차 전압은?
① 20 ② 60
③ 80 ④ 120

🔑 $\dfrac{E_1}{E_2} = \dfrac{N_1}{N_2} = a$ 에서
$E_1 = \dfrac{N_1}{N_2} \times E_2 = \dfrac{50}{300} \times 120 = 20[V]$

21 변압기의 자속을 만드는 전류?
① 여자 전류 ② 부하 전류
③ 자화 전류 ④ 철손 전류

🔑 여자전류=철손전류+자화전류

22 변압기는 다음의 어떤 원리를 이용한 것인가?
① 정전 작용
② 전자 유도 작용
③ 전류의 줄 작용
④ 전류의 발열 작용

🔑 패러데이 전자유도 작용이다.

23 무부하시 변압기에 흐르는 전류는?
① 자화 전류와 철손 전류이다.
② 자화 전류와 동기화 전류이다.
③ 여자 전류와 손실전류이다.
④ 계자 전류와 철손 전류이다.

🔑 $\dot{I}_0$(여자전류)$= \dot{I}_i$(철손전류)$+ \dot{I}_\phi$(자화전류)

24 변압기의 여자 전류에 많이 포함된 고조파는?
① 제5고조파 ② 제4고조파
③ 제3고조파 ④ 제2고조파

🔑 제3고조파 : 60[Hz]×3=180[Hz]의 성분

🔓 Answer 16. ④ 17. ② 18. ④ 19. ① 20. ① 21. ③ 22. ② 23. ① 24. ③

고조파는 용접기, 전력변화장치 등의 사용으로 발생

25 변압기 2차 저항을 r_2, 권수비를 a라 할 때 2차 저항을 1차로 환산한 값은?

① ar_2 ② $a^2 r_2$
③ $\dfrac{r_2}{a}$ ④ $\dfrac{r_2}{a^2}$

🔑 $r_1 = a^2 r_2$

26 변압기의 용량 3[kVA], 4,200/210[V]의 1차 저항은 40[Ω], 2차 저항은 0.2[Ω]이라 하면 1차로 환산한 저항[Ω]은 약 얼마인가?

① 80 ② 100
③ 120 ④ 140

🔑 권수비 $a = \dfrac{4,200}{210} = 20$
∴ $r_1' = r_1 + a^2 r_2$
$= 40 + (20^2 \times 0.2) = 120$

27 무부하 2차 전압 V_{20}, 정격 2차 전압 V_{2n}일 때 변압기의 전압 변동률을 구하는 식은?

① $\dfrac{V_{2n} - V_{20}}{V_{2n}} \times 100\,[\%]$

② $\dfrac{V_{2n}}{V_{20}} \times 100\,[\%]$

③ $\dfrac{V_{20} - V_{2n}}{V_{2n}} \times 100\,[\%]$

④ $\dfrac{V_{20} - V_{2n}}{V_{20}} \times 100\,[\%]$

28 변압기의 저항 강하율 p, 리액턴스 강하율은 q, 역률을 $\cos\theta$라 하면 전압 변동률은?

① $p\sin\theta + q\cos\theta$
② $q\cos\theta - p\sin\theta$
③ $p\sin\theta - q\sin\theta$
④ $p\cos\theta + q\sin\theta$

29 p를 퍼센트 저항 강하, q를 리액턴스 강하라 하면 역률이 1인 경우의 전압 변동률은?

① $p\cos\theta + q\sin\theta$
② q
③ p
④ $p\cos\theta - q\sin\theta$

🔑 $\varepsilon = p\cos\theta + q\sin\theta = p\times 1 + q\times 0 = p$
(역률 = 1이면 $\cos\theta = 1$)

30 변압기의 자속은 무엇에 반비례하는가?

① 전류 ② 리액턴스
③ 주파수 ④ 전압

🔑 $E = 4.44 N f \phi_m$[V]에서
$\phi_m = \dfrac{E}{4.44 f N}$[Wb]가 된다.

31 변압기를 V결선했을 때의 전용량은 변압기 1대의 용량의 몇 배인가?

① $\sqrt{3}$ ② 0.866
③ 0.577 ④ 2

🔑 ① 변압기 1대 용량 $K = V_p I_p$[kVA]
② V-V 결선 시 출력 $P_v = \sqrt{3}\, V_p I_p$[kVA]
$= 3K$

🔓 Answer 25. ② 26. ③ 27. ③ 28. ④ 29. ③ 30. ③ 31. ①

32 변압기의 임피던스 전압이란?
① 무부하 전압
② 임피던스에 걸리는 전압
③ 부하전압
④ 단락시험 시 1차 정격전류가 흐를 때의 전압 또는 변압기 내에 정격전류가 흐를 때 내부전압강하

33 임피던스 전압(V_s)일 때의 1차 입력은?
① 임피던스 와트 ② 정격 용량
③ 1차 정격전류   ④ 단락전류

🐢 단락시험 시 1차 정격전류가 흐를 때의 인가 전압이 임피던스 전압(V_s)이다.

34 퍼센트 저항 강하 3[%], 리액턴스 강하 2[%]인 변압기의 전부하 역률 90[%]에 있어서의 전압 변동률은?
① 1.28   ② 2.64
③ 3.58   ④ 4.24

🐢 $\varepsilon ≒ p\cos\theta + q\sin\theta$
$= 3 \times 0.9 + 2\sqrt{1-0.9^2} = 3.58[\%]$
($\because \sin\theta = \sqrt{1-\cos^2\theta}$)

35 $\Delta-\Delta$ 결선의 변압기군 중에서 1대에 고장이 생겼을 때 운전이 가능한 방법은?
① Δ 결선
② Y 결선
③ V 결선
④ $\Delta-Y$ 결선

36 변압기의 무부하시험으로 구하지 못하는 것은?
① 맴돌이 전류손   ② 히스테리시스손
③ 무부하 전류   ④ 동손

🐢 히스테리시스손과 맴돌이 전류손이 무부하손이다. 동손은 부하손이다.

37 권수비 25인 단상 변압기가 있다. 전부하에 있어서의 2차 전압은 120[V], 전압 변동률이 3[%]라 한다. 1차 단자 전압[V]은?
① 2346   ② 123.6
③ 3600   ④ 3090

🐢 $\varepsilon = \dfrac{V_{20} - V_{2n}}{V_{2n}}$ 에서
$V_{20} = \varepsilon V_{2n} + V_{2n}$
$= 0.03 \times 120 + 120 = 123.6$
$\therefore V_1 = aV_2 = 25 \times 123.6 = 3,090$

38 변압기의 저항 강하율 5[%], 리액턴스 강하율 3[%]라 하면 역률 0인 경우 전압 변동률[%]은?
① 2   ② 3
③ 5   ④ 8

🐢 $\varepsilon = p\cos\theta + q\sin\theta$ 에서 $\cos\theta = 0$
$\therefore \sin\theta = 1, \varepsilon = q = 3$

39 변압기 무부하시험을 할 때 1차에 흐르는 전류는?
① 자화 전류   ② 동손 전류
③ 철손 전류   ④ 여자 전류

🐢 무부하시험(2차 개방)을 하면 철손전력과 무부하 여자전류를 측정할 수 있다.

Answer 32. ④ 33. ③ 34. ③ 35. ③ 36. ③ 37. ④ 38. ② 39. ④

40 단상 변압기를 병렬 운전할 경우, 분담전류는?

① 누설 임피던스의 제곱에 비례
② 누설 임피던스에 제곱에 반비례
③ 누설 임피던스에 비례
④ 누설 임피던스에 반비례

41 변압기의 규약 효율은?

① $\dfrac{출력}{출력+손실}$ ② $\dfrac{입력-손실}{입력}$
③ $\dfrac{출력}{입력}$ ④ $\dfrac{출력+손실}{출력}$

🔑 ②는 실측 효율이며 변압기에서는 규약 효율

42 변압기의 전부하 효율은?

① $\dfrac{입력}{입력+동손+철손}\times 100[\%]$
② $\dfrac{출력}{입력+동손+철손}\times 100[\%]$
③ $\dfrac{출력}{출력+동손+철손}\times 100[\%]$
④ $\dfrac{입력}{출력+동손+철손}\times 100[\%]$

43 공급 전압이 일정하면 변압기의 히스테리시스손은?

① 주파수에 비례
② 주파수에 반비례
③ 주파수는 무관 일정
④ 주파수 제곱에 비례

🔑 공급전압이 일정하면 주파수에 대해서 와류손(맴돌이 전류손)은 일정하지만 히스테리시스손은 반비례한다.

44 철손 P_i, 동손 P_c, 히스테리시스손 P_h, 출력 P일 때 변압기의 최대효율은?

① $P_i = P_c$ ② $P_i = P_h$
③ $P_i > P_c^2$ ④ $P > P_c$

45 변압기의 여자 전류 및 철손을 측정하는 시험은?

① 단락 시험 ② 온도 상승 시험
③ 무부하 시험 ④ 유도 시험

🔑 철손은 무부하손이다.

46 단상 변압기가 감극성일 때 단자 기호는?

① v u / V U
② u v / V U
③ v u / U V
④ u v / U V

🔑 U단자를 고압측에서 보아 오른쪽에 붙이며 U와 u, V와 v가 외함의 같은 쪽에 있다.

47 감극성 변압기에서 변압기의 권수비가 2일 때 1차 전압을 V_1, 2차 전압을 V_2라면 감극성을 나타내는 것은?

① $V_1 - V_2 > 0$ ② $V_1 - V_2 = 0$
③ $V_1 - V_2 < 0$ ④ $V_1 - V_2 = 2$

🔑 감극성은 $V_1 > V_2$이다.

48 100[kVA] 단상 변압기 2대를 V결선하여 3상 전력을 공급할 때의 출력[kVA]은?

Answer 40.④ 41.① 42.③ 43.② 44.① 45.③ 46.① 47.① 48.③

① 100   ② 300
③ $100\sqrt{3}$ ④ $100/\sqrt{3}$

$P_r = \sqrt{3} E_p I_p$
$= \sqrt{3} \times 100 = 100\sqrt{3}$ [kVA]

49 200[V]의 배전선 전압을 220[V]로 승압하여 40[kVA]의 부하에 전력을 공급하고 있는 단권 변압기의 자기용량[kVA]은?
① 5.5   ② 4.2
③ 3.6   ④ 2.7

자기용량 = 부하용량 × $\dfrac{V_h - V_L}{V_h}$
$= 40 \times \dfrac{220 - 200}{220} = 3.6$ [kVA]

50 누설 변압기의 특성이 아닌 것은?
① 정전류 변압기라 할 수 있다.
② 리액턴스를 증가시킨다.
③ 전압 변동률이 크고 역률이 나쁘다.
④ 누설자속이 있기 때문에 전압 강하는 항상 같다.

51 아크 용접기 또는 방전 등에 사용하는 변압기는?
① 단권 변압기
② 누설 변압기
③ 계기용 변성기
④ 전압 조정용 변압기

네온관 점등용, 아크 용접기

52 변압기의 정격출력의 단위가 아닌 것은?
① VA   ② kVA
③ MVA   ④ kW

53 변압기는 권수비 a = $\dfrac{N_1}{N_2} = \dfrac{E_1}{E_2}$에 따라 여러 전압을 얻을 수 있다. N_2를 N_1보다 크게 취한 것을 어떤 변압기라 하는가?
① 누설 변압기   ② 소형 변압기
③ 승압 변압기   ④ 강압 변압기

54 1차 권수 3300, 2차 권수 110인 변압기의 전압비는?
① 70   ② 60
③ 30   ④ 10

55 변압기의 권수비가 60일 때 2차측 저항이 0.1 [Ω]이다. 이것을 1차로 환산하면 몇 [Ω]인가?
① 310   ② 360
③ 390   ④ 410

$Z_{21} = a^2 Z_2 = 60^2 \times 0.1 = 360$

56 변압기의 온도시험을 하는데 가장 좋은 방법은?
① 실부하법   ② 반환부하법
③ 단락시험법   ④ 내전압법

온도시험에는 실부하법, 반환부하법, 등가부하법(단락부하법) 등이 있다.

57 대형 변압기에서 콘서베이터의 유면상에 공기와 기름의 접촉을 막기 위하여 일반적으로 봉입하는 가스는?

Answer 49. ③ 50. ④ 51. ② 52. ④ 53. ③ 54. ③ 55. ② 56. ② 57. ③

① 아르곤 가스　② 탄산 가스
③ 질소 가스　④ 오존 가스

🔑 기름의 열화방지를 위해서 콘서베이터를 설치하고 불활성 가스인 질소를 봉입한다.

58 1차 권수 6000, 2차 권수 200인 변압기의 전압비는?
① 30　　② 1/30
③ 900　　④ 1/900

59 퍼센트 저항 강하 3[%], 리액턴스 강하 4[%], 역률 80[%]인 경우 변압기의 전압변동률[%]은? (단, 지상이다.)
① 3　　② 4
③ 4.8　④ 6

🔑 $\varepsilon = P\cos\theta + q\sin\theta = 3 \times 0.8 + 4 \times 0.6 = 4.8$

60 변압기의 철심에는 철손을 적게 하기 위하여 철이 몇 [%]인 강판을 사용하는가?
① 약 50~55[%]　② 약 76~86[%]
③ 약 96~97[%]　④ 약 100~105[%]

61 변압기 내부고장에 대한 보호용으로 가장 많이 사용되는 것은?
① 과전류 계전기　② 차동 임피던스
③ 차동 계전기　　④ 임피던스 계전기

🔑 그 외 부흐홀츠 계전기, 압력계전기, 온도계전기 등이 있다.

62 철심에 1차, 2차 권선을 직렬로 감아 전압을 같은 권선으로부터 얻도록 구성한 변압기는?

① 내철형 변압기
② 외철형 변압기
③ 단권 변압기
④ 누설 변압기

63 다음은 변압기 V결선의 특징이다. 틀린 것은?
① 고장 시 응급처치 방법으로도 쓰인다.
② 단상변압기 2대로 3상전력을 공급한다.
③ 장래 부하증가가 예상되는 지역에 시설한다.
④ V결선 시 출력은 △결선 시 출력과 그 크기가 같다.

64 권수비 30의 변압기의 1차에 6600[V]를 가할 때 2차 전압[V]은?
① 220　② 420
③ 380　④ 120

65 변압기 절연내력시험과 관계 없는 것은?
① 가압시험　② 유도시험
③ 충격시험　④ 극성시험

🔑 ①은 절연 저항 측정시험, ②는 층간 절연 측정시험, ③은 충격 전압시험

66 변압기 절연물 종류에서 Y종의 최고허용온도[℃]는?
① 50　② 70
③ 80　④ 90

🔑 Y(90) → A(105℃) → E(120℃) → B(130℃) → F(155) → H(180) → C(180℃ 초과)

Answer 58.① 59.③ 60.③ 61.③ 62.③ 63.④ 64.① 65.④ 66.④

67 3조파 전류가 흐르고 통신선의 유도 장해를 일으키는 결선 방식은?
① Y – Δ
② Y – Y
③ Δ – Y
④ Δ – Δ

🔑 중성점 접지방식인 Y-Y 결선방식에 고조파 충전전류가 흐른다.

68 대부분의 대용량 발전기는 폐쇄 풍도 순환형으로 냉각 매체로서 수소 가스를 사용하면 다음과 같은 장점을 가지고 있다. 장점이 아닌 것은?
① 풍손이 공기냉각의 약 1/10 정도이다.
② 비열은 공기의 약 14배이다.
③ Arc(아크) 발생 시 연소하지 않는다.
④ 공기가 30~90[%] 혼합되면 폭발할 우려가 있다.

69 부흐홀츠 계전기의 설치 위치는?
① 변압기 주 탱크 내부
② 콘서베이터 내부
③ 변압기 고압측 부싱
④ 변압기 주 탱크와 콘서베이터 사이

70 단상 변압기 2대를 이용하여 3상 변압을 할 경우 결선 방식이 맞는 것은?
① Y – Y 결선
② V – V 결선
③ Δ–Δ 결선
④ Y-Δ, Δ-Y 결선

71 변압기의 무부하손의 대부분을 차지하는 것은?
① 유전체손
② 동손
③ 철손
④ 표유부하손

72 효율 80[%], 출력 10[kW]일 때 입력[kW]은?
① 7.5
② 10
③ 12.5
④ 20

🔑 $\eta = \dfrac{출력}{입력} \times 100$

$80 = \dfrac{10}{입력} \times 100$

∴ 입력=12.5

73 동기전동기나 유도전동기의 기동 시 기동보상기로 많이 사용하는 변압기로서 1차, 2차 전압을 같은 권선으로부터 얻는 변압기의 명칭은?
① 단권 변압기
② 계기용 변압기
③ 누설 변압기
④ 계기용 변류기

74 변압기의 규약 효율은?
① $\dfrac{출력}{입력}$
② $\dfrac{출력}{입력-손실}$
③ $\dfrac{출력}{출력+손실}$
④ $\dfrac{입력-손실}{입력}$

75 변압기의 본체와 변압기 오일 콘서베이터와의 사이에 설치되어 변압기 내부 고장 때 발생하는 가스 또는 기름의 흐름의 변화를 검출하는 계전기는?
① 과전류 계전기
② 차동 전류 계전기
③ 부흐홀츠 계전기
④ 비율 차동 계전기

🔒 Answer   67. ②   68. ④   69. ④   70. ②   71. ③   72. ③   73. ①   74. ③   75. ③

76 주상 변압기 고압측에 여러 개의 탭(tap)을 설치하는 이유는 어느 것인가?
① 역률 개선용 ② 주파수 조정용
③ 위상 조정용 ④ 전압 조정용

77 변압기 2차 정격전압 100[V], 무부하 전압 104[V]이면 전압변동률[%]은?
① 1 ② 2
③ 4 ④ 6

$\varepsilon = \dfrac{V_0 - V_n}{V_n} \times 100[\%]$를 적용

78 자기용량 1[kVA], 3000/200[V]의 단상 변압기를 단권변압기로 결선해서 3000/3200[V]의 승압기로 사용할 때 그 부하용량[kVA]은?
① 16 ② 15
③ 10 ④ 1

$\dfrac{\text{자기용량}}{\text{부하용량}} = \dfrac{V_h - V_L}{V_h} = \dfrac{3200 - 3000}{3200}$

∴ 부하용량 $= 1 \times \dfrac{3200}{200} = 16[\text{kVA}]$

79 정격전압이 일정하고 일정한 파형에서 주파수가 상승하면 변압기 철손은 어떻게 변하는가?
① 불변이다.
② 감소한다.
③ 증가한다.
④ 어떤 기간 동안 증가한다.

80 변압기 결선방식에서 Δ-Δ 결선 방식의 특성이 아닌 것은?

① 단상 변압기 3대 중 1대의 고장이 생겼을 때 2대로 V결선하여 송전할 수 있다.
② 외부에 고조파 전압이 나오지 않으므로 통신 장애의 염려가 없다.
③ 중성점 접지를 할 수 없다.
④ 100[kV] 이상 되는 계통에서 사용되고 있다.

절연에 문제점이 있어 60[kV] 이하의 계통에서 사용된다.

81 어떤 변압기의 1차 환산 임피던스 Z_{21}=225[Ω]이고, 이것을 2차로 환산하면 Z_{12}=1[Ω]이다. 2차 전압이 400[V]이면 1차 전압[V]은?
① 1500 ② 3000
③ 4500 ④ 6000

$Z_1 = Z_{21} = 225$,
$Z_{12} = \dfrac{1}{a^2} Z_1 = \dfrac{1}{a^2} \times 225 = 1$, $a = 15$
∴ $V_1 = a \cdot V_2 = 15 \times 400 = 6000$

82 변압기 온도시험법의 반환부하법에서 저압측에는 정격전압의 (A)배를 가하여 철손을 공급하고 고압측에는 임피던스 전압의 (B)배의 전압을 가하여 동손을 공급한다. 괄호 속에 알맞는 것은? (단, 단상 결선이다.)
① A=1, B=2 ② A=0.5, B=1
③ A=1, B=0.5 ④ A=2, B=2

83 원선도 작성에 필요한 시험은?
① 전력시험 ② 부하시험
③ 전압측정 ④ 무부하시험

Answer 76. ④ 78. ① 79. ② 80. ④ 81. ④ 82. ① 83. ④

👉 원선도란 유도기특성을 작도에 의해서 구하기 위한 반원형 선도, 무부하시험, 구속시험, 고정자권선저항측정이 필요하다.

84 근래에 많이 사용되는 B종 절연물의 온도 상승 한도는 약 몇 [℃]인가?
① 65 ② 75
③ 90 ④ 120

👉 B종의 절연계급은 130℃이나 온도상승 한도는 90℃이다. B종은 마이카, 석면, 글라스섬유 등의 접착재료를 이용한 것이다.
온도상승한도=최고허용온도−주위온도

85 두께 0.35[m]의 규소 강판을 사용한 보통 변압기로 60[Hz], 1[Wb/m²]에서의 철손 [W/kg]은 얼마 정도인가?
① 0.5 ② 100
③ 501 ④ 3.5

👉 $P_w = P_h + P_e = K_h f B_m^2 + K_e (t \cdot f \cdot B_m)^2$
$= 60 \times 1^2 + (0.35 \times 60 \times 1)^2$
$= 501 [W/kg]$

86 어느 변압기의 백분율 저항 강하가 2[%], 백분율 리액턴스 강하가 3[%]일 때 역률(지역률) 80[%]인 경우의 전압변동률[%]은?
① −0.2 ② 3.4
③ 0.2 ④ −3.4

👉 $\varepsilon = P\cos\theta + q\sin\theta$
$= 2 \times 0.8 + 3 \times 0.6 = 3.4$

87 5[kVA]의 주상 변압기에서 공장 내에 공급되는 100[V]의 전등 배선의 누설 전류는 얼마가 되는가? (단, 누설전류는 최대공급 전류의 1/2000 이다)
① 0.025[A] ② 0.041[A]
③ 0.063[A] ④ 0.087[A]

👉 $I = \dfrac{P}{V} = \dfrac{5 \times 10^3}{100} \times \dfrac{1}{2000} = 0.025$

88 변압기 권선의 층간 절연시험은?
① 단락시험 ② 무부하시험
③ 가압시험 ④ 유도시험

89 변압기의 규약 효율은?
① $\dfrac{출력}{입력} \times 100$
② $\dfrac{출력}{출력 + 철손 + 동손} \times 100$
③ $\dfrac{출력}{입력 − 철손 − 동손} \times 100$
④ $\dfrac{출력 − 철손 − 동손}{입력} \times 100$

90 변압기유를 사용하는 가장 큰 목적은?
① 절연 내력을 낮게 하기 위해서
② 녹이 슬지 않게 하기 위해서
③ 절연과 냉각을 좋게 하기 위해서
④ 철심의 온도 상승을 좋게 하기 위해서

91 발전소용 변압기와 같이 낮은 전압을 높은 전압으로 승압하는데 적당한 결선 방법은?
① Δ − Y ② Y − Y
③ Δ − Δ ④ V − V

👉 강압용 결선은 Y−Δ 결선을 사용한다.

Answer 84. ③ 85. ③ 86. ② 87. ① 88. ④ 89. ② 90. ③ 91. ①

92 변압기의 1차 및 2차의 전압, 권선수, 전류를 각각 V_1, N_1, I_1 및 V_2, N_2, I_2라 할 때 어느 식이 성립되는가?

① $\dfrac{V_1}{V_2} \fallingdotseq \dfrac{N_1}{N_2} \fallingdotseq \dfrac{I_1}{I_2}$

② $\dfrac{V_1}{V_2} \fallingdotseq \dfrac{N_2}{N_1} \fallingdotseq \dfrac{I_1}{I_2}$

③ $\dfrac{V_2}{V_1} \fallingdotseq \dfrac{N_1}{N_2} \fallingdotseq \dfrac{I_1}{I_2}$

④ $\dfrac{V_1}{V_2} \fallingdotseq \dfrac{N_1}{N_2} \fallingdotseq \dfrac{I_2}{I_1}$

93 단권 변압기의 용도이다. 이 중 잘못된 것은?
① 권수비가 10에 가까운 강압용에 사용
② 승압변압기로 사용
③ 전압조정기로 사용
④ 기동보상기로 사용

94 변압기 기름의 열화를 방지하기 위하여 실행되는 방법 중의 하나는?
① 질소 봉입   ② 산소 봉입
③ 수소 봉입   ④ 이산화탄소 봉입

🔑 콘서베이터를 설치하고 질소를 봉입한다.

95 출력 1[kW], 효율 80[%]의 기계의 손실 [kW]은?
① 0.25   ② 0.35
③ 0.2   ④ 0.1

🔑 $\eta = \dfrac{출력}{출력+손실}$ 을 적용

96 변압기의 단락보호용 계전기는?

① 비율 차동 계전기
② 평형 계전기
③ 역전류 계전기
④ 온도 계전기

🔑 변압기 내부고장 보호에 사용

97 절연내력이 낮은 주상변압기, 계기용 변압기 등에 주로 설치하며 중심도체에 절연물을 감고 자기애관으로 절연한 후 절연물질로 채워 절연내력을 향상시킨 변압기 부싱은?
① 콤파운드 부싱   ② 콘덴서 부싱
③ 단일형 부싱   ④ 유입 부싱

🔑 자기애관 사이에 콤파운드를 넣은 것이다.

98 Y-Δ 변압기결선의 특징으로 옳은 사항은?
① 1, 2차간 전류, 전압의 위상 변위가 없다.
② 1상에 고장이 일어나도 송전을 계속할 수 있다.
③ 저압에서 고압으로 송전하는 전력용 변압기에 주로 사용된다.
④ 3상과 단상부하를 공급하는 강압용 배전용 변압기에 주로 사용된다.

99 50[Hz]의 변압기에 60[Hz]의 같은 전압을 가했을 때의 자속 밀도는 50[Hz] 때의 몇 배인가?

① $\dfrac{6}{5}$ ② $\dfrac{5}{6}$

③ $\left(\dfrac{6}{5}\right)^2$ ④ $\left(\dfrac{5}{6}\right)^{1.6}$

🔑 $E = 4.44 f \phi N$ 이므로 같은 전압에서 주파수

🔓 Answer 92. ④ 93. ① 94. ① 95. ① 96. ① 97. ① 98. ④ 99. ②

f와 자속 ϕ는 반비례

100 변압기의 권선저항을 무시할 수 있다면 1차 유도기전력과 1차 전압과의 위상차는 몇 [rad]만큼 뒤지는가?
① $\frac{\pi}{2}$
② π
③ $\frac{3}{2}\pi$
④ 2π

101 다음 중 누설변압기의 특징이 아닌 것은?
① 전압변동률이 작고 역률이 높다.
② 아크등, 방전등, 아크 용접기의 전원용 변압기로 쓰인다.
③ 부하에 일정한 전류를 공급하는 정전류 전원용으로 쓰인다.
④ 기동 시에는 고전압, 운전 중에는 낮은 전압이 요구되는 곳에 쓰인다.

102 3권선 변압기의 3차 권선의 용도가 아닌 것은?
① 소내용 전원 공급
② 조상 설비 접속
③ 제3고조파 제거 역할
④ 승압용에 이용

103 1차 권선에 전압이 주어졌을 때 2차 권선을 개방하면 안 되는 것은?
① 변류기(C.T)
② 계기용 변압기(P.T)
③ 주상 변압기
④ 단권 변압기

변류기(CT)는 개방하면 2차측에 고압이 발생하여 기기손상이나 감전사고 발생

104 변압기의 최대 전압변동률[%]은? (단, 퍼센트 저항 강하 5[%], 리액턴스 강하 4[%]이고, 역률 80[%] 진상이다.)
① 1.6
② 10
③ 4
④ 5

$\varepsilon = P\cos\theta - q\sin\theta$
$= 5 \times 0.8 - 4 \times 0.6 = 1.6$

105 일반적으로 전철이나 화학용과 같이 비교적 용량이 큰 수은정류기용 변압기의 2차측 결선 방식으로 쓰이는 것은?
① 3상 반파
② 6상 2중 성형
③ 3상 크로즈파
④ 3상 전파

6상 2중 성형 결선방식은 6상 전파 전류이다.

106 회전 변류기의 직류측 전압의 조정법이 아닌 것은?
① 직렬 리액턴스에 의한 방법
② 여자 전류를 조정하는 방법
③ 부하 시 전압 조정 변압기를 사용하는 방법
④ 동기 승압기를 사용하는 방법

회전변류기란 동기전동기와 직류발전기를 조합한 것

107 3상 변압기의 병렬 운전이 불가능한 결선은?
① Y-Y와 Y-Y

Answer 100.② 101.① 102.④ 103.① 104.① 105.② 106.② 107.④

② Y-Δ와 Y-Δ
③ Δ-Δ와 Y-Y
④ Δ-Δ와 Δ-Y

결선이 홀수이면 순환전류 발생으로 운전이 불가능하다.

108 변압기의 1차와 2차의 전압, 전류, 권회수를 각각 V_1, V_2, I_1, I_2, N_1, N_2라 하면 권수비 a의 표현은?

① $a = V_1/V_2$
② $a = I_1/I_2$
③ $a = N_2/N_1$
④ $a = N_1 I_1/N_2 I_2$

109 권수비 30인 변압기의 저압측 전압이 8[V]인 경우 극성시험에서 합성전압의 읽음의 차이는 감극성의 경우 가극성의 경우보다 몇 [V] 적은가?

① 24
② 16
③ 8
④ 4

$V_1 = a \cdot V_2 = 30 \times 8 = 240$
감극성 전압 $V = V_1 - V_2 = 240 - 8 = 232$
가극성 전압 $V = V_1 + V_2 = 240 + 8 = 248$
∴ $248 - 232 = 16$

110 100[kVA]의 단상 변압기 3대를 Δ-Δ 결선하여 300[kVA]의 3상 평형 부하에 전력을 공급하던 중 1대가 고장이 나서 이것을 빼버리고 2대로 송전을 계속하려면 몇 [kVA]까지 송전할 수 있는가?

① 173.2
② 86.6
③ 57.7
④ 200

$P_V = \sqrt{3} K = \sqrt{3} \times 100 = 173.2 [kVA]$

111 부흐홀츠 계전기로 보호되는 것은?

① 변압기
② 발전기
③ 전동기
④ 회전 변류기

112 변압기의 온도 상승 시험법은?

① 반환 부하법
② 유도 시험법
③ 단락 시험법
④ 무부하 시험법

실부하법, 반환부하법, 등가부하법(단락시험법) 등이 있다.

113 유입 변압기에 기름을 사용하는 목적이 아닌 것은?

① 열 방산을 좋게 하기 위하여
② 냉각을 좋게 하기 위하여
③ 절연을 좋게 하기 위하여
④ 효율을 좋게 하기 위하여

114 변압기유로 쓰이는 절연유에 요구되는 특성이 아닌 것은?

① 점도가 클 것
② 비열이 커 냉각효과가 클 것
③ 절연재료 및 금속재료에 화학작용을 일으키지 않을 것
④ 인화점이 높고 응고점이 낮을 것

점도가 낮아야 한다.

115 변압기의 여자 전류가 일그러지는 이유는?

① 와류(맴돌이 전류)
② 자기 포화와 히스테리시스 현상
③ 누설 리액턴스의 원인
④ 선간의 정전용량의 원인

Answer 108. ① 109. ② 110. ① 111. ① 112. ① 113. ④ 114. ① 115. ②

116 변압기 여자 전류의 파형은?

① 첨두파   ② 사인파
③ 구형파   ④ 비대칭파

변압기 철심의 자기포화 현상과 히스테리시스 현상 때문에 여자전류 I_0는 정현파가 될 수 없으며 고조파를 포함한 비정현파가 된다.

Answer 116. ①

Chapter 03 동기기

동기기는 동기속도로 회전하는 교류기이며 동기발전기와 동기전동기가 있다.

1. 동기발전기

우리나라의 수차나 증기터빈, 원자력으로 운전되는 교류발전기는 모두 동기발전기이다.

(1) 원리

① 단상의 예

회전자가 회전을 하면 계자극에 의해 패러데이 법칙과 렌츠의 전자유도법칙 $(e = -N\dfrac{d\phi}{dt}[\text{V}])$에 의해서 기전력이 발생하여 발전을 하게 된다.

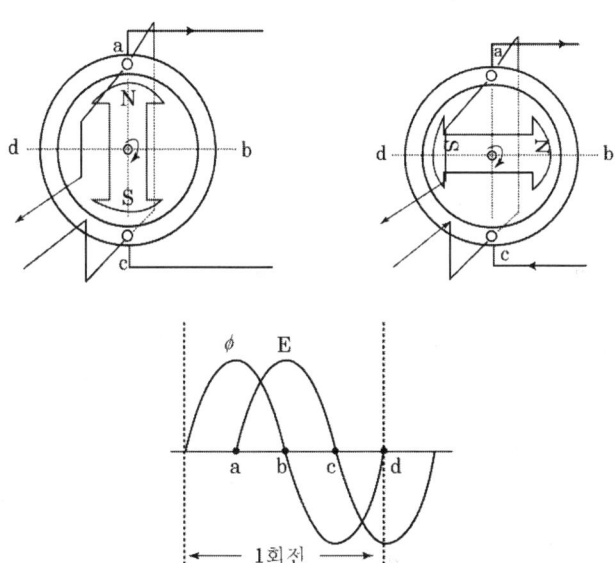

② 3상 발전기

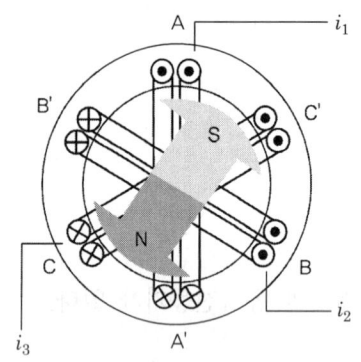 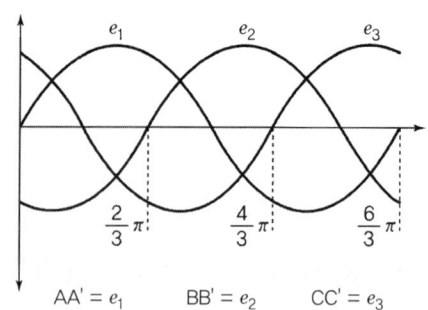

⊗ 전류가 들어가는 방향
⊙ 전류가 나오는 방향

(2) 종류

① 회전 계자형 : 계자극이 회전하고 고정자에서 발전기전력을 인출. 일반적으로 많이 사용함
② 회전 전기자형 : 계자극이 고정되고 회전자에서 발전기전력 인출(소용량, 특수용)

(3) 구조(회전계자형)

① 전기자(고정자) : 유도기전력이 발생되는 곳으로 철심과 권선으로 구성
② 계자(회전자) : 계자극이 형성되는 곳으로 자극 철심과 권선으로 구성되어 있고, 형태에 따라 돌극형 자극과 비돌극형(원통형) 자극으로 나뉜다.
　㉠ 돌극형 : 수차 발전기 등 저속기에 사용(=철기계)
　㉡ 비돌극형(원통형) : 터빈 발전기 등 고속기에 사용(=동기계)
③ 여자기(Exciter) : 계자권선에 공급하는 직류 전원공급장치로 외부 직류 전원으로부터 슬립링을 통해 회전자인 계자에 전원공급
④ 특성
　㉠ 3상 전기자 권선이 고정되어 있어 코일 권선의 배치와 결선이 용이하다.
　㉡ 회전자인 계자권선은 수백 [V]의 저전압 권선이고 고정된 전기자가 고전압이기 때문에 전기적으로 안전하다.
　㉢ 슬립링과 브러시의 갯수도 축소되어 구조가 복잡하지 않다.
　㉣ 기계적으로 견고하다.

(4) 동기속도(N_s)

동기속도(N_s)는 회전자장의 속도라고도 한다(동기전동기).

$$N_s = \frac{120}{p}f [\text{rpm}] \qquad 여기서, \; p : 극수, \; f : 주파수$$

(5) 전기자 권선법

① 단절권과 전절권

㉠ 전절권 : 극 간격(피치)과 코일 간격(피치)가 동일한 권선법이다.

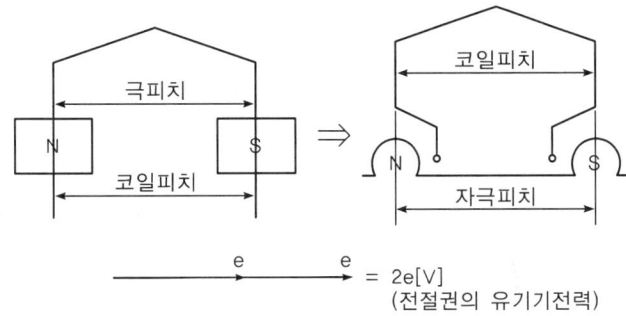

㉡ 단절권 : 코일 간격(피치)이 자극 간격(피치)보다 작게 설계한 권선법으로 일반적으로 동기기에 채택하고 있다.

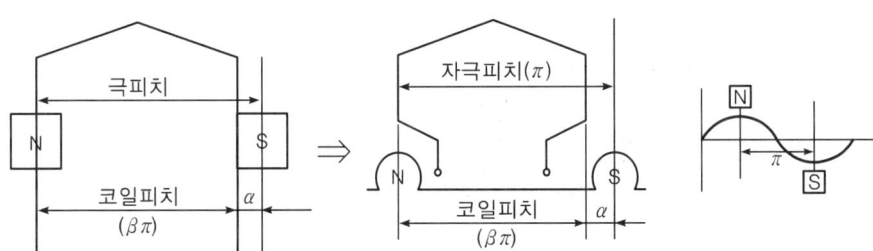

㉢ 단절권의 특징

ⓐ 고조파를 제거하여 기전력의 파형 개선

ⓑ 코일 끝부분이 단축되어 기계적으로 축소되고 코일 양이 적게 든다.

ⓒ 단, 전절권에 비하여 합성 유도기전력은 감소

ⓓ 단절권 계수(K_P)

$$K_P = \frac{단절권의\ 유기기전력}{전절권의\ 유기기전력} = \sin\frac{n\beta\pi}{2} = \sin\frac{\beta\pi}{2}$$

$$\beta = \frac{코일피치(권선피치)}{극피치(자극피치)} = \frac{코일피치}{\frac{전슬롯수}{극수}}, \ n = 고조파$$

 **예제**

전슬롯수 54, 극수 6, 권수를 제1에서 8슬롯에 삽입, K_P=?

$$K_P = \sin\frac{\beta\pi}{2} \quad \beta = \frac{코일피치}{\frac{전슬롯수}{자극수}} = \frac{8-1}{\frac{54}{6}} = \frac{7}{9}$$

$$\therefore K_P = \sin\frac{\frac{7}{9}\pi}{2} = \sin\frac{7}{18}\pi \doteq 0.94$$

② 분포권과 집중권

㉠ 집중권 : 1극 1상의 코일이 차지하는 슬롯 수가 1개가 되는 권선법

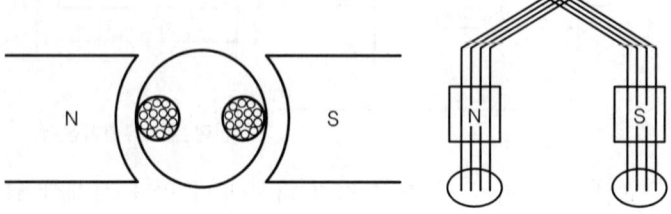

㉡ 분포권 : 1극 1상의 코일이 차지하는 슬롯 수가 2개 이상이 되는 권선법

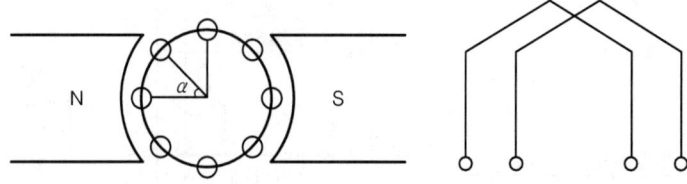

㉢ 분포권의 특징

ⓐ 기전력의 파형 개선되는 효과

ⓑ 권선의 열을 고르게 분산시키기 때문에 과열 방지가 됨

ⓒ 권선의 누설 리액턴스 감소
ⓓ 단, 집중권에 비하여 합성 유도기전력이 감소된다.
ⓔ 분포권 계수(K_d)

$$K_d = \frac{분포권의\ 유도기전력}{집중권의\ 유도기전력} = \frac{\sin\dfrac{n\pi}{2m}}{q\sin\dfrac{n\pi}{2mq}}$$

여기서, m : 상수, n : 고조파수, q : 매극 매상의 슬롯 수

$$q = \frac{전\ 슬롯\ 수}{상수\cdot 극수} = \frac{S}{m\cdot p}$$

③ 권선계수(K_w) $K_w = K_p \times K_d < 1$

유도기전력의 파형 개선을 위하여 전기자 권선법을 분포권, 단절권을 채택하는데 합성 유도기전력은 집중권과 전절권에 비해 다소 감소한다. 그 비율을 분포권계수(K_d), 단절권계수(K_p)라 하고, $K_w = K_d \times K_p$는 권선계수라 하고 일반적으로 0.96 전후가 된다.

예제

전슬롯수 54, 극수 6, 권수 제1~8, 3ϕ, K_d=?

$$K_d = \frac{\sin\dfrac{\pi}{2m}}{q\sin\dfrac{\pi}{2mq}} = \sin\frac{\dfrac{\pi}{2\times 3}}{3\sin\dfrac{\pi}{2\times 3\times 3}} = \frac{\dfrac{1}{2}}{3\sin\dfrac{\pi}{18}} \fallingdotseq 0.96 \quad \left(q = \frac{54}{3\times 6} = 3\right)$$

(6) 유도기전력

유도기전력 $E = 4.44 K_w w f \phi\,[\text{V}]$

여기서, f : 주파수 K_w : 권선계수 = $K_P \times K_d$
  ϕ : 매극 자속 w : 1상의 코일권수

(7) 전기자 반작용

3상 부하 전류에 의한 자속이 주자속에 영향을 주어 전기자의 유도기전력을 변화시키는 작용을 말한다. 부하의 종류에 따라 교차 자화작용, 감자작용, 증자작용(자화작용)으로 나타난다.

① 교차 자화작용(횡축 반작용)
  ㉠ R만의 부하일 때 나타난다.
  ㉡ 교차작용 또는 반작용 자속이 가로축으로 작용하여 횡축 반작용이라고도 한다.
  ㉢ 영향 : 유도기전력이 일정하지 않게 된다.
② 감자작용
  ㉠ L만의 부하(유도성)일 때 나타난다.(전동기에서는 용량성 부하일 때 감자작용)
  ㉡ 반작용 자속이 주자속과 같은 축으로 작용하는 직축 반작용으로서 주자속이 감소되는 감자작용이 나타난다.
  ㉢ 영향 : 수전단 전압이 강하된다.
③ 증자작용(자화작용)
  ㉠ C만의 부하(용량성)일 때 나타난다.(전동기에는 유도성 부하일 때 증자작용)
  ㉡ 반작용 자속이 주자속과 같은 축으로 작용하는 직축 반작용으로서 주자속이 증가하는 증자작용이 나타난다.
  ㉢ 영향 : 수전단 전압이 상승된다.

(8) 특성

① 무부하 시험(개방시험) : 3상 동기발전기가 무부하(개방) 시 정격 전압이 될 때의 계자전류 $I_f{'}$와 철손을 구한다.

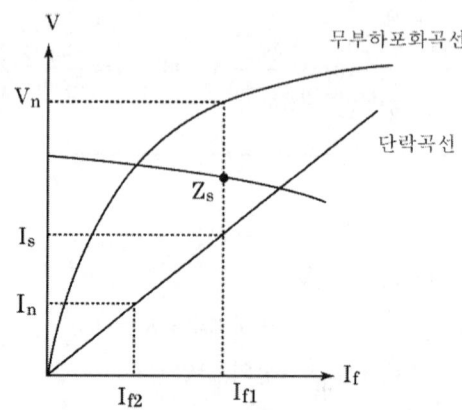

② 단락 시험
  ㉠ 회전속도가 일정한 3상 동기발전기를 단락하고 정격전류가 흐를 때의 계자전류 I_{f2}와 단락전류, 동기 임피던스의 동손을 구한다.

ⓛ 단락전류 : 단락 곡선에서의 계자전류와 정격전류, 단락전류와의 비례관계로

$$\frac{I_{f1}}{I_{f2}} = \frac{I_s}{I_n} (=단락비 \ K) \qquad \therefore \ I_s = \frac{I_{f1}}{I_{f2}} I_n$$

③ 단락비 : $K = \frac{I_{f1}}{I_{f2}} = \frac{I_s}{I_n}$

일반적으로 수차 발전기는 0.9~1.2 정도이고, 터빈 발전기는 0.6~1.0 정도이다.

④ 동기 임피던스 Z_s

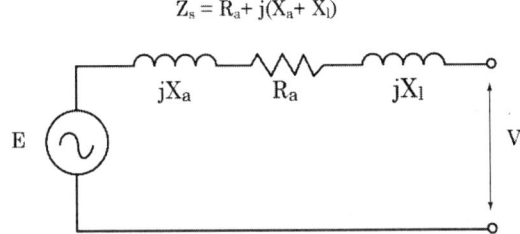

㉠ 전기자 반작용 리액턴스 X_a : 지속적인 단락 시 전류를 제한한다.

㉡ 누설 리액턴스 X_l : 순간적인 단락 시 전류를 제한한다.

㉢ 동기 리액턴스 $X_s = X_a + X_l [\Omega]$

㉣ 동기 임피던스 $Z_s = R_a + jX_s [\Omega]$ (여기서, R_a : 전기자 저항)

지속적인 단락을 시켰을 때 처음에는 큰 전류가 흐르나 나중에는 전류가 작아진다.

⑤ 퍼센트 동기 임피던스 %Z

㉠ 동기 임피던스 Z_s와 정격전류 I_n에 의한 전압강하($Z_s I_n$)와 정격 유도기전력 E_n과의 비를 백분율로 나타낸 것이다.

㉡ %$Z = \frac{I_n Z_s}{E_n} = \frac{I_n}{I_s} \times 100 [\%] = \frac{100}{K}$ (여기서, $K = \frac{I_{f1}}{I_{f2}} = \frac{I_s}{I_n}$)

⑥ 단락전류 $I_s = \frac{I_{f1}}{I_{f2}} I_n = \frac{100}{\%Z} I_n$

⑦ 단락비(K)가 큰 기계(철기계)

㉠ 권선의(구리) 양보다는 철심의 크기를 증대시켜 제작해서 철기계라고 한다.

㉡ 동기 임피던스(Z_s)가 작고 전기자 반작용이 작다.

㉢ 큰 철심을 사용하기 때문에 공극이 크고 무겁고 비싸다.

㉣ 철손의 증가로 손실이 크다.

ⓜ 전압 변동률이 작아 안정도는 향상된다.
　　ⓗ 수차발전기(돌극기)에 사용한다.
⑧ 단락비(K)가 작은 기계(동기계)
　　㉠ 철심의 크기보다는 권선(구리)의 권선수를 증대시켜 제작해서 동기계라고 한다.
　　㉡ 상대적으로 작게 설계되기 때문에 경제적이고 손실이 작아 많이 선호하는 방식이다.
　　㉢ 권선수의 증가로 동기 임피던스(Z_s)가 크고 전기자 반작용이 크다.
　　㉣ 전압변동률이 크다.
　　㉤ 내부 임피던스의 증가로 단락전류는 작다.
　　㉥ 비돌극기 원통형 발전기인 터빈발전기에 적용된다.

(9) 동기발전기의 출력

① 역률각과 부하각

　㉠ 역률각 : 단자전압과 부하전류의 상차각으로 일반적으로 지상부하이기 때문에 단자전압보다 부하전류가 위상이 뒤진다.

　㉡ 부하각 : 동기발전기에 부하가 걸렸을 때 자극이 밀리게 되는데 이 밀린 각을 부하각이라고 한다. 유도기전력 E와 단자전압 V와의 상차각으로 유도기전력이 단자전압보다 위상이 앞선다.

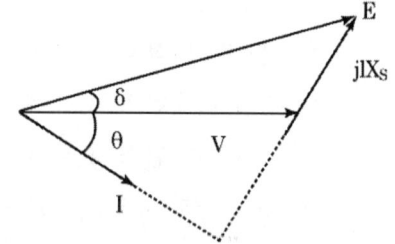

② 상당 출력(P_s)　　$P_s = \dfrac{VE}{x_s} \sin \delta [\text{W}]$

여기서, V : 단자전압　　E : 유도기전력
　　　　δ : 부하각　　　x_s : 동기 리액턴스

비철극기(비돌극형)는 부하각 δ가 90°에서 최대 출력이 나오고, 철극기(돌극형)는 60° 정도에서 최대 출력이 나온다. 실제로 운전은 20°~45° 범위에서 이루어진다.

③ 3상 출력　$P = 3 \cdot \dfrac{VE}{x_s} \sin \delta [\text{W}]$

(10) 동기발전기의 병렬운전

부하가 증가하면 효율적인 운전을 위하여 여러 대의 발전기를 병렬 연결하여 운전하게 되는 데, 안정적인 병렬운전을 위해서는 다음과 같은 조건이 일치하여야 한다.

① 기전력의 크기가 같아야 한다.
   ㉠ 기전력의 크기가 다르면 큰 쪽에서 작은 쪽으로 무효 순환전류인 동기화 전류가 흐른다. 즉, 기전력이 큰 발전기는 전압이 저하되고, 기전력이 낮은 발전기는 전압이 증가되어 일정 시간이 지나면 전압이 같아지게 된다.
   ㉡ 무효 순환 전류 크기 $I_c = \dfrac{E_1 - E_2}{2 \cdot Z_s}$ [A]

② 기전력의 주파수가 같아야 한다.
   ㉠ 주파수가 일치되지 않으면 두 발전기 간 전위차로 시간적으로 심하게 진동하여 난조가 발생한다. 이 진동하는 전압의 최대값은 발전기 전압의 거의 2배까지 이르게 된다.
   ㉡ 발전기의 출력이 주기적으로 진동하고 권선은 비정상적으로 가열된다.

③ 기전력의 위상이 같아야 한다.
   ㉠ 위상이 다르면 위상이 빠른 쪽에서 늦은 쪽으로 유효순환전류가 흐른다.
   ㉡ 유효순환전류를 동기화 전류라고 하는데, 이 전류에 의한 위상차를 없애는 힘을 동기화력이라 한다.
   ㉢ 위상이 앞서면 발전기 속도가 느려지고, 위상이 뒤지면 발전기 속도는 빨라진다. 일정 시간이 지나면 위상이 동기화된다.

④ 기전력의 파형이 같아야 한다. 같지 않으면 고조파 무효순환전류가 흐른다.
⑤ 상회전 방향이 같아야 한다. 상회전 방향이 다르면 큰 단락전류가 발생한다.

(11) 동기발전기의 자기 여자 방지법

① 원인
   발전기는 무부하 또는 경부하로 운전하면 수전단에 충전전류가 흘러 단자전압이 상승하는 현상을 자기 여자라 한다.
   ㉠ 송전선로에서 대지의 정전용량으로 인하여 증자 자화 작용의 선로 충전 특성이 나타난다.
   ㉡ 발전기의 장거리 무부하 또는 경부하 운전 시 송전선로에서 선로 충전 특성이(진상) 나타나는데, 발전기의 단자전압이 정격전압보다 순간적으로 상승하는 현상을 말한다.
   ㉢ 발전기의 단자전압이 순간적으로 급상승하면 절연에 큰 문제를 야기시키기 때문에 운전 시 매우 주의하여야 한다.

② 방지법
　㉠ 동기조상기 설치(지상 전류를 흘려보낸다.)
　㉡ 수전단 부분에 변압기를 병렬로 접속
　㉢ 수전단 부분에 리액터를 병렬로 접속
　㉣ 발전기를 2대 또는 3대로 병렬 운전
　㉤ 발전기의 단락비를 크게 한다.

(12) 난조의 발생

부하 변동이 심하면 회전자 속도가 변하여 부하각 δ가 변하게 되고, 이때 회전자의 관성으로 인하여 부하각이 진동하고 속도도 진동하는 현상이다. 심해지면 동기 운전을 이탈하게 되는데 이를 동기 탈조 또는 동기 이탈이라 한다.

① 원인
　㉠ 부하 변동이 심할 때(부하가 맥동하는 경우)
　㉡ 계통에 고조파가 발생할 때
　㉢ 조속기가 예민한 경우
　㉣ 전기자 저항과 계통의 저항이 큰 경우

> **참고** 조속기(Governor)
> 부하의 증감에 따라 변동하는 회전수를 조절하기 위하여 터빈에서 회전수를 검출하여 물, 증기의 입력을 조절함으로써 터빈의 회전속도를 일정하게 유지시키기 위한 장치
> 종류로는 전기식과 기계식 조속기가 있다.

② 난조 방지법
　계자극면에 제동권선을 설치한다.

> **참고** 제동권선(Damper winding)
> 계자극면에 매설한 일종의 단락도체 권선으로 기동 토크 발생 및 난조 방지 등 동기기 이상 운전 시 안정도를 높이는 효과가 있다.

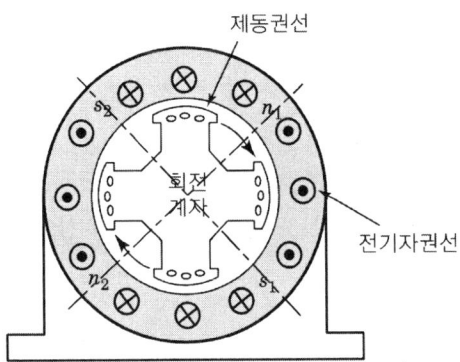

2. 동기전동기

동기전동기는 고정자에 3상 교류가 입력되면 회전자계(자장)가 발생되고 그 회전자계와 계자극 사이에 흡인력이 작용하여 회전자(계자극)가 회전자계 속도로 회전하는 전동기이다.

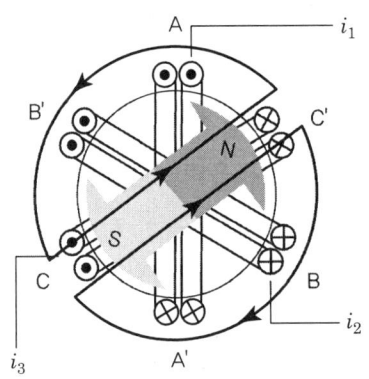
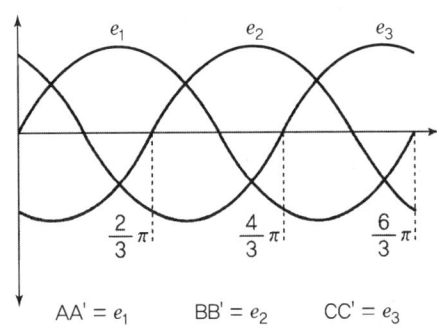

[회전계자형]

(1) 동기속도 N_s

동기전동기 회전속도는 회전자계와 동일하게 회전한다.

$N_s = \dfrac{120f}{P}$ [rpm] (여기서, P : 극수, f : 주파수)

(2) 동기전동기의 특징

① 장점
  ㉠ 정속도 전동기로 낮은 속도에서 효율이 좋다.
  ㉡ 부하의 크기에 관계없이 항상 동기속도로 회전하기 때문에 속도변동률이 0이다.
  ㉢ 역률조정이 가능하며, 역률 1 또는 진상, 지상운전이 가능하다.
  ㉣ 유도기에 비해 효율이 좋다.

② 단점
  ㉠ 기동 토크가 없어서 별도의 기동장치나 기동기가 필요하다.
  ㉡ 여자 전원이 필요하므로 설비비가 크다.
  ㉢ 난조가 발생하기 때문에 속도 조정이 어렵다.
  ㉣ 난조 발생이 쉽고 동기 이탈이 발생할 수 있다.

> **참고** 자기 기동(self starting)
> ㉠ 동기전동기는 기동 토크가 없어서 기동장치의 일환으로 계자극면에 설치한 제동권선을 유도전동기의 농형회전자 역할을 하게 하여 그 권선에 유도전류가 흘러 기동 토크를 얻을 수 있다.
> ㉡ 기동 시 제동권선에 자기 기동을 하고 동기속도 근처로 속도가 상승하게 되면 계자를 여자시켜 동기속도로 운전하게 한다.

(3) 위상 특성곡선(V곡선)

공급전압과 부하가 일정한 상태에서 계자전류(I_f)를 조정할 때 전기자 전류(I_a)의 변화곡선이다.

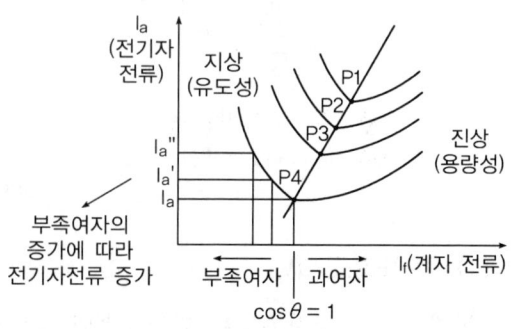

① 그래프에서 중앙의 최저점이 $\cos\theta = 1$인 상태이고 전기자 전류(부하전류)가 최소인 상태를 말한다.
② 최저점에서 오른쪽은 과여자(진상) 상태로 전기자 전류(I_a)는 증가하게 되며 콘덴서로 작용한다.
③ 최저점에서 왼쪽은 부족여자(지상) 상태로 전기자 전류는 증가하게 되며 리액터와 같은 역할을 한다.

④ 출력(부하) 관계 (大 > 小) $\Rightarrow P_1 > P_2 > P_3 > P_4$

(4) 동기조상기

V곡선에 의해 동기전동기는 계자전류를 가감하여 역률을 조정할 수 있기 때문에 무부하의 동기전동기를 송전선의 전압조정 및 역률개선용으로 사용하는 것을 동기조상기라 한다.

① 동기전동기를 V곡선 특성을 이용하여 송전계통의 전압조정 및 역률 개선용 기기로 사용하는 것을 동기조상기라 한다.

② 동기전동기를 부하와 병렬 연결하여 계자전류를 조정하여 진상 및 진상 운전을 통해서 계통의 역률을 조정한다.

예·상·기·출·문·제

01 회전자의 바깥지름이 1[m]인 50[Hz], 12극 동기발전기에 있어서 주변 속도는 얼마인가?
① 10[m/s] ② 20[m/s]
③ 22[m/s] ④ 26[m/s]

$N_s = \dfrac{120f}{P} = \dfrac{120 \times 50}{12} = 500 \text{[rpm]}$

주변속도 $v = \pi D n$
$= 3.14 \times 1 \times \dfrac{500}{60} ≒ 26 \text{[m/sec]}$

02 동기 속도 3600[rpm], 주파수 60[Hz]의 동기발전기의 극수는 얼마인가?
① 2극 ② 4극
③ 6극 ④ 8극

$N_s = \dfrac{120f}{P}$

$\therefore P = \dfrac{120f}{N_s} = \dfrac{120 \times 60}{3600} = 2$

03 동기전동기의 특징 중 잘못된 것은 어느 것인가?
① 역률 조정이 불가능하다.
② 난조가 일어나기 쉽다.
③ 회전수가 일정하다.
④ 직류 여자가 필요하다.

필요에 따라 역률을 조정할 수 있다.

04 동기 임피던스를 알 수 있는 시험은?
① 무부하 시험 ② 단락 시험
③ 유도 시험   ④ 개방 시험

동기임피던스 : $Z_s = \dfrac{E_n}{I_s}$ 이므로 단락시험으로 단락전류 I_s를 구하면 된다.

05 동기발전기의 제동 권선의 목적은?
① 출력이 증가된다.
② 난조가 방지된다.
③ 역률이 개선된다.
④ 효율이 증가된다.

06 동기전동기의 장점이 아닌 것은?
① 정속도 운전을 할 수 있다.
② 역률 1로 운전할 수 있다.
③ 기계적으로 튼튼하다.
④ 난조가 일어나기 쉽다.

07 4극에서 60[Hz]의 주파수를 얻으려면 동기발전기의 회전수를 얼마로 하여야 하겠는가?
① 1800[rpm] ② 1600[rpm]
③ 1400[rpm] ④ 1200[rpm]

$N_s = \dfrac{120f}{P}$ 에서 $= \dfrac{120 \times 60}{4} = 1800 \text{[rpm]}$

08 회전계자형을 쓰는 발전기는?
① 유도발전기 ② 직류발전기
③ 동기발전기 ④ 교류발전기

동기발전기에서 회전계자형을 가장 많이 사용한다.

Answer 1.④ 2.① 3.① 4.② 5.② 6.④ 7.① 8.③

09 동기발전기의 전기자 반작용의 원인은 무엇인가?
① 전기자 전류 ② 동기 리액턴스
③ 여자전류 ④ 히스테리시스손

10 동기발전기의 전기자 반작용에 관한 설명 중 틀린 것은?
① 전기자 전류의 크기에 따라 다르다.
② 전류가 $\frac{\pi}{2}$ 뒤질 때 직축반작용을 한다.
③ 전류가 $\frac{\pi}{2}$ 앞설 때는 증자작용을 한다.
④ 유도기전력과 전기자전류 위상과는 관계가 없다.

11 동기발전기에서 역률 1인 경우에 일어나는 전기자 반작용 현상은?
① 증자 작용 ② 감자 작용
③ 교차 자화작용 ④ 편자 작용

횡축반작용=교차자화작용=교차작용

12 동기발전기에 진상전류가 흐를 때는?
① 효율이 좋아진다.
② 자화작용을 한다.
③ 속도가 상승한다.
④ 교차작용을 한다.

진상전류가 흐르는 용량성 부하에서는 직축반작용(증자작용) = 자화작용이 발생한다.

13 동기발전기의 동기 리액턴스를 나타내고 있는 것은?
① 전기자 누설 리액턴스+전기자 저항
② 전기자 누설 리액턴스+전기자 반작용 리액턴스
③ 전기자 누설 리액턴스+전기자 저항
④ 전기자 누설 리액턴스+동기 임피던스

14 동기발전기에서 전절권보다 단절권을 채용하는 목적은?
① 고조파를 제거
② 절연 양호
③ 기전력을 높게 한다.
④ 역률 개선

전기자를 단절권으로 하면 기전력의 값은 줄지만 기전력의 파형이 좋아지고 구리선이 절약된다.

15 동기발전기의 권선을 집중권보다 분포권으로 하면?
① 권선의 리액턴스가 증가
② 집중권에 비해 합성 유도기전력이 상승
③ 파형 개선
④ 난조를 방지

고조파를 감소시켜 파형 개선

16 동기발전기의 전기자 반작용에서 뒤진 역률에서 일어나는 현상은?
① 감자 작용 ② 증자 작용
③ 횡축 반작용 ④ 편자 작용

유도성 부하에서는 직축반작용(감자작용)이 나타난다.

17 동기발전기의 전기자 반작용에서 $\cos\theta = 1$인 역률일 때의 나타나는 현상은?

Answer 9. ① 10. ④ 11. ③ 12. ② 13. ② 14. ① 15. ③ 16. ① 17. ①

① 교차 작용　　② 감자 작용
③ 직축 자화작용　④ 자화작용

18 전기자 저항을 r_a, 누설 리액턴스 x_e, 전기자 반작용 리액턴스를 x_a라 하면 동기 임피던스는?

① $\sqrt{r_a^2 + (x_a + x_e)^2}$
② $\sqrt{r_a^2 + x_e^2}$
③ $\sqrt{r_a^2 + \left(\dfrac{x_a}{x_e}\right)^2}$
④ $\sqrt{x_a^2 + x_e^2}$

🐢 $Z_s = r_a + jx_s = r_a + j(x_a + x_e)$
　$= \sqrt{r_a^2 + (x_a^2 + x_e^2)}$
여기서, x_s : 동기 리액턴스

19 동기기의 무부하 포화 곡선은 어느 것의 관계 곡선인가?

① 계자 전류와 단자 전압
② 계자 전류와 정격 전압
③ 정격 전류와 단자 전압
④ 정격 전류와 정격 전압

🐢 발전기를 개방하고 단자전압이 될 때까지의 계자전류

20 3상 단락 곡선은 무엇의 관계 곡선인가?

① 정격전압과 계자 전류
② 계자 전류와 단락 전류
③ 정격 전류와 단락 전류
④ 여자 전류와 정격전압

🐢 모든 단자를 단락하고, 정격속도에서 I_f(계자전류)를 증가하면 I_s(단락전류)가 선형적으로 증가한다.

21 동기발전기는 무엇에 의하여 회전수가 결정되는가?

① 역률과 극수
② 주파수와 역률
③ 주파수와 극수
④ 정격전압과 극수

🐢 $N_s = 120f/P[\text{rpm}]$

22 단절비율이 β일 때의 단절계수(K_p)는?

① $\sin\dfrac{\beta\pi}{4}$　　② $\sin 2\beta\pi$
③ $\sin\dfrac{\beta\pi}{2}$　　④ $\cos\dfrac{\beta\pi}{2}$

23 4극 Y 결선인 3상 교류발전기의 1극당 자속이 0.1[Wb], 1상의 권선수 180, 권선계수 0.96, 회전수 1200[rpm]일 때 선간 유도기전력[V]은 얼마인가?

① 5316　　② 5423
③ 5512　　④ 5600

🐢 $E = 4.44 kfn\phi$
　$= 4.44 \times 0.96 \times 40 \times 180 \times 0.1$
　$= 3069[\text{V}]$
　$(f = \dfrac{N_s \cdot P}{120} = \dfrac{1200 \times 4}{120} = 40[\text{Hz}])$
선간전압 $E_l = \sqrt{3} \times$상전압$[E_s]$
　$= \sqrt{3} \times 3069 ≒ 5316[\text{V}]$

24 동기전동기의 위상 특성 곡선에서 종축이 표시하는 것은?

① 전기자전류　　② 계자전류

Answer 18. ① 19. ① 20. ② 21. ③ 22. ③ 23. ① 24. ①

③ 입력 전압   ④ 출력

📝 종축(세로축)은 전기자 전류, 횡축(가로축)은 계자전류

25. 정격 전압을 $V[V]$, 전류를 $I_a[A]$, 동기 임피던스 $Z_s[\Omega]$이라 하면 %Z는?

① $\dfrac{I_a Z_s}{V} \times 100$ ② $\dfrac{I_a Z_s}{\sqrt{3}\,V} \times 100$

③ $\dfrac{I_a Z_s}{V/\sqrt{3}} \times 100$ ④ $\dfrac{I_a Z_s}{3V^2} \times 100$

📝 $\%Z = \dfrac{100}{K} = \dfrac{I_a \cdot Z_s}{V} \times 100$

26. 발전기의 단락비(K)를 구하는 데 필요한 시험은?
① 무부하 시험과 부하 시험
② 무부하 시험과 부하 시험
③ 무부하 시험과 단락 시험
④ 개방 시험과 부하 시험

27. 동기발전기의 단락비를 나타내는 것은?
① 누설 리액턴스
② 퍼센트 동기 임피던스의 역수
③ 동기 리액턴스
④ 퍼센트 동기 리액턴스의 역수

📝 단락비 $K = \dfrac{100}{\%Z_s}$

28. 동기발전기의 단락 시험과 무부하 시험(개방시험)에서 구할 수 없는 것은?
① 단락비   ② 철손
③ 동기 임피던스   ④ 효율

29. 동기발전기를 병렬 운전할 때 동기화 전류가 흐르는 경우는?
① 기전력의 크기가 다를 때
② 기전력의 파형이 다를 때
③ 기전력의 주파수가 다를 때
④ 기전력의 위상차가 다를 때

30. 단락비가 큰 동기발전기는?
① 동기 임피던스가 크다.
② 동기계
③ 전기자 반작용이 작다.
④ 전압 변동률이 크다.

31. 장거리 고압 송전 선로에 자기 여자현상이 일어나는 원인은?
① 수전단이 무부하인 경우
② 송전단의 역률이 1인 경우
③ 수전단이 저항부하인 경우
④ 수전단이 유도 부하인 경우

32. 동기전동기의 용도 중 장점이 아닌 것은?
① 앞선 전류를 흘릴 수 있다.
② 속도가 일정하다.
③ 직류 전원이 필요하다.
④ 역률을 조정할 수 있다.

33. 동기발전기를 병렬 운전할 때 기전력의 크기가 다르면?
① 무효순환전류 발생
② 난조 발생
③ 고주파전류 발생
④ 동기검전기 점등

Answer 25. ① 26. ③ 27. ② 28. ④ 29. ④ 30. ③ 31. ① 32. ③ 33. ①

34 24극 93000[kVA], 역률 0.8, 60[Hz]의 수차발전기의 전부하 손실이 2010[kW]이면 전부하 효율은?

① 94[%]   ② 95[%]
③ 97[%]   ④ 98[%]

$\eta = \dfrac{\text{출력}}{\text{출력}+\text{손실}} \times 100[\%]$

$= \dfrac{93000 \times 0.8}{93000 \times 0.8 + 2010} \times 100[\%]$

$= \dfrac{74400}{76410} = 97.3[\%]$

35 두 대의 동기발전기 사이에 무효 횡류가 흐르면?

① 상차각이 변동한다.
② 전기자 권선이 과열된다.
③ 양기의 부하 분담이 변한다.
④ 기전력의 파형이 변한다.

무효순환전류(무효 횡류)가 흐르면 전기자 권선에 저항손이 생겨 과열된다.

36 동기발전기의 병렬 운전 중 기전력의 위상차가 생기면?

① 부하의 분담이 변한다.
② 무효 순환 전류가 흘러 전기자 권선에 저항손이 생긴다.
③ 동기 화력이 생겨 주 기전력의 위상이 동상이 되도록 한다.
④ 위상이 일치한 경우보다 출력이 감소한다.

동기화 전류에 의해 위상차를 없애려고 하는 힘이 발생한다. 이 힘을 동기화력이라 한다.

37 동기발전기에 회전 계자형을 사용하는 경우가 많다. 그 이유에 적합하지 않은 것은?

① 전기자가 고정자이므로 고압 대전류용에 좋고 절연이 쉽다.
② 계자가 회전자이지만 저압소용량의 직류이므로 구조가 간단하다.
③ 전기자보다 계자극을 회전자로 하는 것이 기계적으로 튼튼하다.
④ 기전력의 파형을 개선한다.

38 동기발전기를 운전하는 데 필요한 계기는?

① 주파수계, 역률계, 전력계
② 역률계, 메거, 전류계
③ 동기 검정등, 상순계, 전압계
④ 상순계, 역률계, 전력계

39 동기기의 난조 방지에 적당하지 않은 것은?

① 플라이 휠 효과를 충분히 한다.
② 제동권선을 설치
③ 전기가 권선의 저항을 크게 한다.
④ 조속기 감도를 둔감하게 한다.

40 동기전동기의 장점이 아닌 것은?

① 효율이 좋다.
② 속도가 일정한 정속도이다.
③ 기동 토크가 크다.
④ 역률을 조정할 수 있다.

41 운전 중 역률이 좋은 전동기는?

① 유도전동기   ② 단상전동기
③ 동기전동기   ④ 반발전동기

Answer 34. ③ 35. ② 36. ③ 37. ④ 38. ③ 39. ③ 40. ③ 41. ③

42. 동기전동기의 위상 특성 곡선에서 횡축과 종축이 나타내는 것은?
① 계자 전류 - 부하 전류
② 계자 전류 - 전기자 전류
③ 출력 - 전기자 전류
④ 전기자 전류 - 계자 전류

43. 동기전동기의 전기자 반작용에서 앞선 전류가 흐를 경우 일어나는 현상은?
① 감자 작용
② 증자 작용
③ 교차 작용
④ 교차자화 작용

44. 동기조상기를 부족 여자로 운전할 경우는?
① 일반 부하의 늦은 전류를 보상한다.
② 콘덴서로 작용한다.
③ 리액터로 작용한다.
④ 단자 전압이 이상하게 상승한다.

45. 정격 부하 역률 1에서 동기전동기의 여자 전류를 증가시키면?
① 앞선 역률의 전류가 증가한다.
② 뒤진 역률의 전류가 증가한다.
③ 앞선 역률의 전류가 감소한다.
④ 뒤진 역률의 전류가 감소한다.

46. 터빈 발전기의 구조가 아닌 것은?
① 고속 운전을 한다.
② 회전 계자형의 철극형으로 되어 있다.
③ 축방향으로 긴 회전자로 되어 있다.
④ 일반적으로 극수는 2극 또는 4극으로 사용한다.

🔑 철극형보다는 원통형 회전자를 사용

47. 동기발전기에서 단락비가 작은 기계는?
① 동기 임피던스가 크므로 전압 변동률이 작다.
② 동기 임피던스가 크므로 전기자 반작용이 크다.
③ 공극이 넓다.
④ 계자 기자력이 크다.

🔑 단락비가 작으면 동기 임피던스가 크고 전기자 반작용도 크다.

48. 24극의 발전기가 주파수 60[Hz]인 전압을 발생하려면 동기속도[rpm]는?
① 300
② 400
③ 500
④ 600

49. 동기전동기를 부족여자로 운전할 경우?
① 리액터로 작용
② 콘덴서로 작용
③ 여자 전압의 이상 상승
④ 일부부하의 뒤진 역률을 보상

50. 3상 교류발전기의 기전력에 대해 $\frac{\pi}{2}$[rad] 뒤진 전기자 전류가 흐르면 전기자 반작용은?
① 횡축 반작용으로 기전력을 증가시킨다.
② 교차 자화작용으로 기전력을 감소시킨다.
③ 감자 작용을 하여 기전력을 감소시킨다.
④ 증자 작용을 하여 기전력을 증가시킨다.

Answer 42. ② 43. ① 44. ③ 45. ① 46. ② 47. ② 48. ① 49. ① 50. ③

51 동기발전기의 병렬운전에서 같지 않아도 되는 것은?
① 위상 ② 주파수
③ 용량 ④ 전압

52 직류발전기의 병렬 운전 중 한쪽 발전기의 여자를 늘리면 그 발전기는?
① 부하 전류는 불변, 전압은 증가
② 부하 전류는 줄고, 전압은 증가
③ 부하 전류는 늘고, 전압도 오른다.
④ 부하 전류는 늘고, 전압은 불변

53 동기발전기의 병렬운전에 필요한 조건이 아닌 것은?
① 유도기전력의 주파수가 같을 것
② 유도기전력의 크기가 같을 것
③ 유도기전력의 용량이 같을 것
④ 유도기전력의 위상이 같을 것

54 2극 3600[rpm]인 동기발전기와 병렬 운전 하려는 12극 발전기의 회전수[rpm]는?
① 600 ② 1200
③ 1800 ④ 3600

주파수가 같아야 하므로
$f = \dfrac{N_s \times P}{120} = \dfrac{3600 \times 2}{120} = 60$
$\therefore N_s' = \dfrac{120 \times 60}{12} = 600$

55 동기발전기의 역률 및 계자 전류가 일정할 때 단자전압과 부하전류와의 관계를 나타낸 곡선은?

① 단락 특성 곡선
② 외부 특성 곡선
③ 토크 특성 곡선
④ 전압 특성 곡선

V-I 곡선

56 역률이 90° 늦을 때 나타나는 전기자 반작용은?
① 증자작용 ② 감자작용
③ 횡축반작용 ④ 교차자화작용

유도성 부하에서는 감자작용(직축반작용) 발생

57 동기속도가 1800[rpm]으로 회전하는 유도전동기의 극수는? (단, 유도전동기의 주파수는 60[Hz]이다.)
① 2극 ② 4극
③ 6극 ④ 8극

58 무부하 포화 곡선과 공극선을 써서 산출할 수 있는 것은?
① 포화율
② 단락비
③ 동기 임피던스
④ 전기자 반작용

59 동기 임피던스 5[Ω]인 2대의 3상 동기발전기의 유도기전력에 200[V]의 전압 차이가 있다면 무효순환전류[A]는?
① 5 ② 10
③ 20 ④ 40

Answer 51. ③ 52. ③ 53. ③ 54. ① 55. ② 56. ② 57. ② 58. ① 59. ③

🔑 무효순환전류

$$I_c = \frac{E_A - E_B}{2 \cdot Z_s} = \frac{200}{2 \times 5} = 20[A]$$

60 단락비가 큰 동기기는?
① 안정도가 높다.
② 기계가 소형이다.
③ 전압 변동률이 크다.
④ 반작용이 크다.

61 대부분의 대용량 발전기는 폐쇄 풍도 순환형으로 냉각 매체로서 수소 가스를 사용하면 다음과 같은 장점을 가지고 있다. 장점이 아닌 것은?
① 풍손이 공기냉각의 약 1/10 정도이다.
② 비열은 공기의 약 14배이다.
③ Arc(아크) 발생 시 연소하지 않는다.
④ 공기가 30~90% 혼합되면 폭발할 우려가 있다.

62 동기발전기의 공극이 넓어지면 어느 것이 작아지는가?
① 여자 전류   ② 전압변동률
③ 단락비   ④ 안정도

63 동기발전기의 단락비가 크다는 것은?
① 기계가 작아진다.
② 효율이 좋아진다.
③ 전압 변동률이 나빠진다.
④ 전기자 반작용이 작아진다.

64 6극의 동기발전기에서 60[Hz]의 교류 전압을 얻으려면 매분 몇 회전하여야 하는가?
① 900   ② 1200
③ 1800   ④ 3600

🔑 $N_s = \dfrac{120 \cdot f}{P} = \dfrac{120 \times 60}{6} = 1200$

65 동기전동기 중 전 부하를 걸어 둔 상태로 가동할 수 있는 것은?
① 사인파전동기
② 초동기전동기
③ 유도 동기전동기
④ 반동전동기

🔑 큰 기동력을 필요로 하는 경우에는 클러치 부착 동기전동기나 초동기전동기 사용

66 3상 동기발전기에 3상 전류(평형)가 흐를 때 전기자 반작용은 이 전류가 기전력에 대하여 A때 감자작용이 되고 B일 때 자화작용이 된다. A, B의 적당한 것은?
① A : 90° 뒤질 때, B : 90° 앞설 때
② A : 90° 앞설 때, B : 90° 뒤질 때
③ A : 90° 뒤질 때, B : 동상일 때
④ A : 동상일 때, B : 90° 앞설 때

67 단락비가 1.25인 동기발전기의 %동기 임피던스는?
① 70[%]   ② 80[%]
③ 90[%]   ④ 125[%]

🔑 $K = \dfrac{100}{\%Z}$

∴ $\%Z = \dfrac{100}{K} = \dfrac{100}{1.25} = 80$

Answer 60.① 61.④ 62.② 63.④ 64.② 65.② 66.① 67.②

68 동기발전기의 병렬 운전에 필요한 조건이 아닌 것은?
① 기전력의 크기가 같을 것
② 기전력의 위상차가 최대가 될 것
③ 기전력의 주파수가 같을 것
④ 기전력의 파형이 같을 것

69 동기전동기의 난조방지 및 기동작용을 목적으로 설치하는 것은?
① 제동권선   ② 계자권선
③ 전기자권선 ④ 단락권선
댐퍼 또는 제동권선 설치

70 동기전동기의 전기자 전류가 최소일 때 역률[%]은?
① 0   ② 50
③ 86.6   ④ 100

71 동기전동기의 V곡선(위상특성곡선)의 설명 중 맞는 것은? (단, I는 전기자전류, I_f는 계자전류이다.)
① 과여자시 I_f를 증가하면 뒤진 역률이 되며 I는 증가
② 과여자시 I_f를 증가하면 앞선 역률이 되며 I_f는 증가
③ 부족여자시 I_f를 감소하면 앞선 역률이 되며 I_f는 감소
④ 부족여자시 I_f를 감소하면 앞선 역률이 되며 I_f는 증가

72 교류발전기의 동기 임피던스는 철심이 포화하면 어떻게 되는가?
① 증가한다.
② 증감이 불분명하다.
③ 관계없다.
④ 감소한다.

73 동기속도 1800[rpm], 주파수 60[Hz]인 동기발전기의 극수는?
① 2극   ② 4극
③ 6극   ④ 8극

74 동기전동기의 장점이 아닌 것은?
① 전부하 효율이 양호하다.
② 역률 1로 운전할 수 있다.
③ 직류 여자가 필요하다.
④ 동기 속도를 얻을 수 있다.

75 발전기의 부하가 불평형이 되어 발전기의 회전자가 과열 소손되는 것을 방지하기 위하여 설치하는 계전기는?
① 역상 과전류 계전기
② 과전압 계전기
③ 계자 상실 계전기
④ 비율 차동 계전기

76 3상 동기기에 제동권선을 설치하는 목적은?
① 출력 증가   ② 효율 증가
③ 역률 개선   ④ 난조 방지

77 동기발전기의 병렬 운전에서 같지 않아도 되는 것은?

Answer 68.② 69.① 70.④ 71.② 72.④ 73.② 74.③ 75.① 76.④ 77.④

① 기전력　　② 위상
③ 주파수　　④ 용량

78 동기발전기를 병렬 운전하는데 필요하지 않은 조건은?
① 용량이 같을 것
② 기전력의 위상이 같을 것
③ 주파수가 같을 것
④ 기전력의 크기가 같을 것

79 3상 동기발전기의 상간 접속을 Y결선으로 하는 이유 중 잘못된 것은?
① 중성점을 이용할 수 있다.
② 같은 선간전압의 결선에 비하여 절연이 어렵다.
③ 선간전압이 상전압의 $\sqrt{3}$ 배가 된다.
④ 선간전압에 제3고조파가 나타나지 않는다.

※ 권선전압(상전압)이 선간전압의 $\frac{1}{\sqrt{3}}$ 만큼 작기 때문에 절연이 용이하다.

80 동기발전기의 3상 단락 곡선은 무엇과 무엇의 관계 곡선인가?
① 계자 전류와 단락 전류
② 정격 전류와 계자 전류
③ 여자 전류와 계자 전류
④ 정격 전류와 단락 전류

81 극수가 10, 주파수 50[Hz]인 동기기의 매분 회전수[rpm]는 얼마인가?
① 300　　② 400
③ 500　　④ 600

82 동기전동기의 공급전압과 부하가 일정할 때 여자 전류를 변화시켜도 변하지 않는 것은?
① 전기자 전류　　② 역률
③ 전동기 속도　　④ 역기전력

83 동기기의 전기자 권선법이 아닌 것은?
① 분포권　　② 2층권
③ 전절권　　④ 중권

※ 전절권보다는 단절권을 채용한다.

84 동기조상기(synchronous phase modifier)의 특징 중 맞는 것은?
① 유도 부하와 직렬로 접속한다.
② 선로에 유도 전류를 흘린다.
③ 송전계의 전압 조정 및 역률을 개선시킨다.
④ 전압 강하를 증가시킨다.

85 동기전동기의 특징으로 잘못된 것은?
① 일정한 속도로 운전이 가능하다.
② 난조가 발생하기 쉽다.
③ 역률을 조정하기 힘들다.
④ 공극이 넓어 기계적으로 견고하다.

86 우산형 발전기가 보통형 발전기에 비하여 장점이라고 생각되지 않는 것은?
① 구조가 간단하다.
② 조립과 설치가 쉽다.
③ 건물의 건축비가 절약된다.

Answer 78. ① 79. ② 80. ① 81. ④ 82. ③ 83. ③ 84. ③ 85. ③ 86. ④

④ 가로 축형으로 보수가 용이하다.

🔑 우산형 발전기는 축의 조립방향에 의한 분류로 가로축형이 아니고 수직축형이다. 저속 대용량기에 사용된다.

87 3상 교류발전기의 기전력에 대하여 90° 늦은 전류가 통할 때의 반작용 기자력은?
① 자극축보다 90° 빠른 증자작용
② 자극축과 일치하고 감자작용
③ 자극축보다 90° 늦은 감자작용
④ 자극축과 직교하는 교차자화작용

88 동기발전기의 돌발 단락전류를 주로 제한하는 것은?
① 누설 리액턴스   ② 역상 리액턴스
③ 동기 리액턴스   ④ 권선저항

🔑 동기 리액턴스
   =전기자 반작용 리액턴스+누설 리액턴스

89 동기기의 자기여자 현상의 방지법이 아닌 것은?
① 단락비 증대
② 리액턴스 접속
③ 발전기 직렬연결
④ 변압기 접속

🔑 발전기 여러 대를 병렬 연결한다.

90 유도기전력 E, 단자전압 V, 부하각 δ, 부하 역률각 θ, 동기 리액턴스 X_s인 동기발전기의 출력식은? (단, 1상 값이다.)
① $\dfrac{EV}{X_s}\cos\theta$ ② $\dfrac{EV}{X_s}\sin\delta$
③ $\dfrac{EV}{X_s}\sin\theta$ ④ $\dfrac{EV}{X_s}\cos\delta$

91 6극 3상 60[Hz]의 동기발전기에 90개의 홈이 있을 때 분포계수는 대략 얼마인가?
① 0.96   ② 0.85
③ 0.68   ④ 0.47

🔑 $q = \dfrac{슬롯수}{상수 \cdot 극수} = \dfrac{90}{3 \times 6} = 5$

∴ $k_d = \dfrac{\sin\dfrac{\pi}{2m}}{q \cdot \sin\dfrac{\pi}{2 \times q \cdot m}}$

$= \dfrac{\sin\left(\dfrac{180}{6}\right)}{5 \times \sin\left(\dfrac{180}{5 \times 2 \times 3}\right)} \fallingdotseq 0.96$

92 8극 900[rpm]의 교류발전기와 병렬 운전하는 극수 6의 동기발전기의 회전수[rpm]는?
① 750   ② 900
③ 1000   ④ 1200

🔑 주파수 f가 같아야 한다.
$N_s = \dfrac{120 \cdot f}{p}$ 에서 $f = \dfrac{N_s \cdot p}{120}$ 이므로

$f = \dfrac{900 \times 8}{120} = \dfrac{N_s \times 6}{120}$

∴ $N_s = 1200[\text{rpm}]$

🔓 Answer 87. ② 88. ① 89. ③ 90. ② 91. ① 92. ④

Chapter 04 유도기(유도전동기)

유도전동기는 교류전원을 이용하고 구조가 튼튼하고 값이 싸며 운전이 쉬워서 여러 가지 전동기 중에서 가장 많이 사용되고 있다.

1. 유도기의 원리

(1) 아라고(arago)의 원판 실험

그림과 같이 영구자석의 자극 사이에 알루미늄 원판을 넣고 영구자석을 움직이면 영구자석을 따라서 원판이 되는데 이 원판의 회전속도는 영구자석보다 조금 느리게 회전하게 된다.

영구자석의 움직임으로 자속의 변화하게 되어 알루미늄 원판에 맴돌이 전류(와전류) 형태의 유도전류가 유도되어 이 유도전류와 자속에 의해서 회전력이 발생하여 자석을 따라 돌게 되는 것이다.

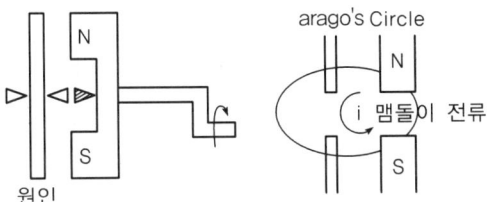

(2) 회전자계(자장)

3상 교류

$$E_a = E_m \sin \omega t$$
$$E_b = E_m \sin\left(\omega t - \frac{2\pi}{3}\right)$$

$$E_c = E_m \sin\left(\omega t - \frac{4\pi}{3}\right)$$

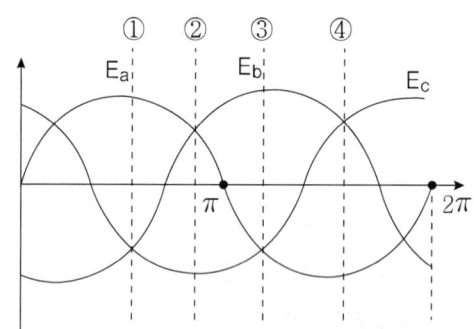

ⓐ $E_a(+) E_b,\ E_c(-)$

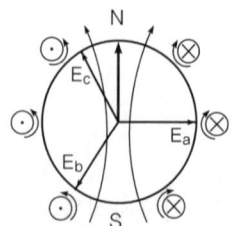

ⓑ $E_a,\ E_b(+),\ E_c(-)$

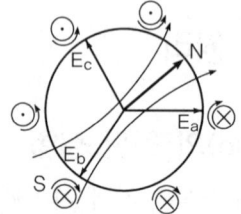

ⓒ $E_b(+),\ E_a E_c(-)$

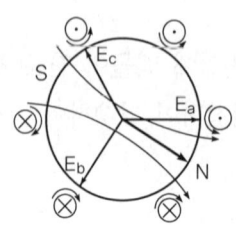

ⓓ $E_b,\ E_c(+),\ E_a(-)$

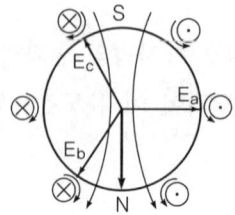

① 위 그림에서 보듯 3상 전원 E_a, E_b, E_c에 의해서 형성된 자극(N, S극)이 ⓐ에서 ⓓ로 위상이 변화함에 따라서 시계방향으로 회전하고 있다. 이것이 회전자계의 원리이다.
② 유도전동기는 고정자권선에 인가된 3상 전원에 의하여 회전자계가 만들어져서 영구자석과 같은 역할을 하고 그 회전자계에 의해서 회전자에 전압이 유도되어 유도전류가 흐르게 되어, 유도전류와 회전자계 자극 사이에서 전자력에 의한 회전 토크가 발생하여 회전하게 된다.
③ 회전자계의 속도(동기속도)

$$N_s = \frac{120f}{p}\,[\text{rpm}] \qquad 여기서,\ f: 주파수,\ p: 극수$$

2. 유도기의 종류

회전자의 구조에 따라 크게 농형과 권선형으로 나뉜다.

(1) 농형

① 회전자 구조

농형은 회전자 구조가 회전자 철심에 구리막대를 넣고 단락(단락환)시킨 것이고 일반적으로 구리막대를 넣은 철심과 단락환(고리)을 알루미늄 주물을 부어서 만든다.

② 회전자의 경사진 홈(사구 : skewed slot)
   ㉠ 회전자의 홈을 축과 평행하게 하는 것보다는 약간씩 기울어지게 하면 회전 시 소음을 억제하는 효과가 있다.
   ㉡ 크로링 현상 방지, 즉 기동 특성 개선
   ㉢ 파형 개선

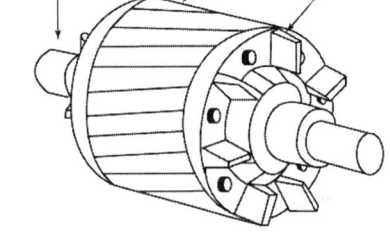

[농형 회전자]

③ 장·단점
   ㉠ 장점 : 회전자의 구조가 간단하고 튼튼하다.
   ㉡ 단점 : 부하 기동 시 기동전류가 정격전류의 6배가 되는 큰 전류가 흘러 전동기가 소손될 수 있기 때문에 별도의 기동장치가 필요하다.

(2) 권선형

① 회전자 구조

권선형은 회전자 표면에 홈(slot)을 만들어서 3상 권선을 감아 Y결선을 하고, 각 상의 슬립 링과 브러시를 통해서 권선을 인출하여 외부저항(기동저항기)와 연결하게 된다.

② 장·단점
   ㉠ 장점 : 기동저항기를 이용하여 기동전류를 정격전류의 1~1.5배 정도로 줄일 수 있고 속도 조정이 용이하여 기동 특성과 속도제어 특성이 좋다.
   ㉡ 단점 : 농형 유도전동기보다 구조가 복잡하여 보수 비용이 많이 들고 효율이 떨어진다.

> **참고** 크롤링 현상
> 유도기가 기동할 때 낮은 속도에서 가속되지 않고 전류만 커지는 현상

3. 슬립(slip)

유도기는 동기기와 달리 회전자의 속도가 동기속도보다 느리게 회전하는 특성이 있다. 즉, 동기 속도 N_s와 회전자 속도 N과의 차이를 비율로 나타낸 것을 슬립이라 한다.

(1) 슬립

① 동기전동기와 다르게 유도전동기는 회전자의 속도가 동기 속도보다 느리게 회전하는 특성이 있다.

② 동기 속도 N_s와 회전자 속도 N과의 속도 차이를 슬립이라고 한다.

$$s = \frac{동기\ 속도 - 회전자\ 속도}{동기\ 속도} \times 100 = \frac{N_s - N}{N_s} \times 100\,[\%]$$

> **참고**
> 중·대형은 s=2.5~5%, 소형은 s=5~10%이다.

(2) 회전속도

$$N = N_s - sN_s = N_s(1-s) = \frac{120f}{p}(1-s)\,[\mathrm{rpm}]$$

4. 슬립의 영역

(1) 유도전동기

① 기동 시 슬립

정지상태인 N=0이기 때문에 $s = \dfrac{N_s - N}{N_s} = \dfrac{N_s - 0}{N_s}$에서 $s=1$

② 동기속도로 회전 시 슬립

회전자 속도 $N = N_s$이기 때문에 $s = \dfrac{N_s - N}{N_s} = \dfrac{N_s - N_s}{N_s}$에서 $s=0$

③ 유도전동기 슬립 $0 < s < 1$

(2) 유도발전기

유도발전기는 회전자 속도가 회전자계 속도보다 더 빠른 상태($N_s < N$)이기 때문에 $s = \dfrac{N_s - N}{N_s} < 0$이다.

슬립 범위는 $-1 < s < 0$이다.

(3) 제동기

유도전동기가 역상제동을 하게 되면 회전자가 반대로 회전하기 때문에($N = -N$)
$s = \dfrac{N_s - (-N)}{N_s} = \dfrac{N_s + N}{N_s} > 1$이다.

슬립 범위는 $1 < s < 2$ 또는 $0 < s < 1$에서 제동기 슬립을 $s' = 2-s$로 표현할 수 있다.

5. 정지 시 유도기전력

1차 권선(고정자)에 여자전류가 흐르면 2차 권선(회전자)에 기전력이 유도되는 현상이 변압기 특성과 동일하다.

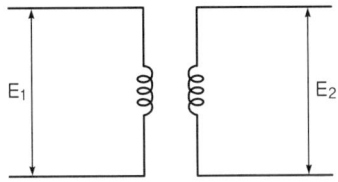

(1) 정지 시 1차 유도기전력

$$E_1 = 4.44 K_{w1} w_1 f \phi [\text{V}]$$

(2) 정지 시 2차 유도기전력

$$E_2 = 4.44 K_{w2} w_2 f \phi [\text{V}]$$

f : 주파수 K_{w1}, K_{w2} : 1, 2차 권선계수
ϕ : 극당 평균자속[Wb] w_1, w_2 : 1, 2차 1상 권수

(3) 정지 시 전압비(권수비)

$$a = \frac{E_1}{E_2} = \frac{N_1 K_{w1}}{N_2 K_{w2}}$$

6. 유도전동기의 회전 시 특성

유도전동기는 정지 시($N=0, s=1$)에는 특성이 변압기와 같지만 전동기가 회전하게 되면 여러 가지 특성이 슬립 s에 의해서 변하게 된다.

(1) 회전 시 유도기 전력(2차 전압=회전자 전압)

$$E_2' = sE_2$$

(2) 회전 시 주파수(Slip 주파수)

$$f_2' = sf_1 = \frac{N_s - N}{N_s} f_1$$

(3) 회전 시 리액턴스

$$X_{L2}' = sX_{L2}$$

(4) 회전 시 2차 전류

① $I_2 = \dfrac{sE_2}{R_2 + jsX_2} = \dfrac{E_2}{\dfrac{R_2}{s} + jX_2}$ [A]

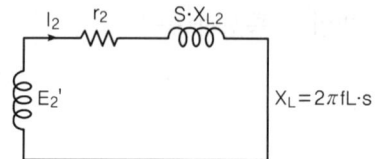

② 2차 전류의 특징
  ㉠ 전류 특성은 회전속도가 점점 증가하면 감소하고, 동기속도에 도달하면 0이 된다.
  ㉡ 동기속도에 가까워지면 등가 임피던스는 무한대로 증가하고, 기동 시($s=1$)에는 등가 임피던스가 가장 작아 큰 기동전류의 원인이 된다. 즉, 기동 시 작은 임피던스와 단락된 회로구조 때문에 큰 기동 전류가 흐른다.

7. 등가회로

유도전동기는 변압기와 같이 1, 2차 권선 구조에서 2차 권선에 유도되는 특성이 같기 때문에 전류, 전력 및 효율 등을 쉽게 계산할 수 있도록 변압기와 같은 등가회로로 나타낼 수 있다.

(1) 등가회로

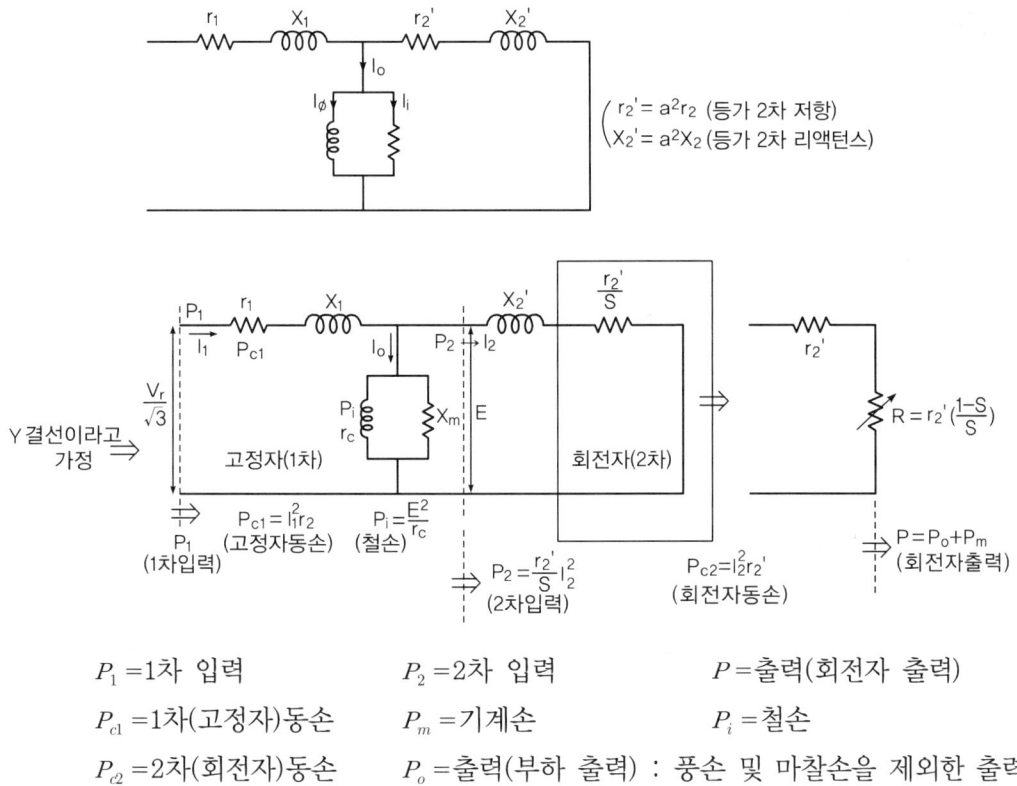

P_1 = 1차 입력　　　　　P_2 = 2차 입력　　　　　P = 출력(회전자 출력)
P_{c1} = 1차(고정자)동손　P_m = 기계손　　　　　P_i = 철손
P_{c2} = 2차(회전자)동손　P_o = 출력(부하 출력) : 풍손 및 마찰손을 제외한 출력

(2) 변압기와 차이

① 유도전동기는 기동에 필요한 2차측 유도전류가 필요해서 2차측이 단락되어 있어야만 한다.
② 변압기는 2차 회로가 고정되어 있지만 유도전동기는 2차 회로(회전자)가 회전한다.
③ 회전 시 2차 회로(회전자)의 유도기전력과 주파수는 회전속도가 증가할수록 감소한다.
④ 2차 회로(회전자)의 누설 리액턴스는 회전속도가 증가할수록 감소한다.

8. 출력

① 2차 출력 $P = $ 2차 입력 $-$ 2차 동손 $= P_2 - P_{c2} = P_2 - sP_2 = P_2(1-s)$

② 2차 입력 $P_2 = P_{c2} + P$

③ 2차 동손 $P_{c2} = sP_2$

④ 2차 입력 : 출력 : 손실 = 1 : (1−s) : s

예제

$f_2' = 3$[Hz], $P_{c2} = 500$[W], 2차 출력, 2차 입력? (단, 1차 주파수 60[Hz])

회전자 주파수 : $f_2' = sf_1 \Rightarrow s = \dfrac{f_2'}{f_1} = \dfrac{3}{60} = 0.05$

$P_{c2} = sP_2$

2차 입력 $P_2 = \dfrac{P_{c2}}{s} = \dfrac{500}{0.05} = 10$[kW]

2차 출력 $P = P_2 - P_{c2} = 10 \times 10^3 - 500 = 9.5$[kW]

또는 $P = P_2(1-s) = 10(1-0.05) = 9.5$[kW]

9. 2차 효율 η_2

$$\eta_2 = \dfrac{2차\ 출력}{2차\ 입력} \times 100 = \dfrac{P}{P_2} \times 100[\%] = \dfrac{P_2(1-s)}{P_2} \times 100 = (1-s) \times 100$$

$$= \dfrac{N}{N_s} \times 100 = \dfrac{\omega}{\omega_s} \times 100[\%]$$

(ω_s : 동기속도에서의 각속도[rad/s])

10. 토크(T) 특성

(1) 전류와 토크 곡선

① 역률은 동기 속도에 가까워지면 증가되어 동기속도가 1이 된다.
② 토크 곡선은 $T \propto I \times \cos\theta$ 관계로 곡선이 형성된다.
③ 전류곡선은 동기 속도에 가까워질수록 작아지고, 동기 속도에 이르면 전류가 0이 되면서 토크도 사라진다.

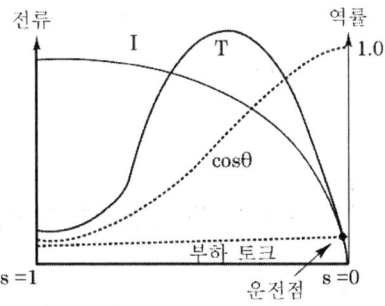

(2) 토크 식

① $T = \dfrac{P}{\omega} = \dfrac{P}{2\pi \cdot \dfrac{N}{60}}$ (여기서, P : 2차 출력)

② 동기 와트 P_2 : 2차 입력 P_2와 비례 관계에 있는 토크 T를 P_2로 나타낼 때 2차 입력 P_2를 동기 와트라 한다.

$$T = \dfrac{P}{\omega} = \dfrac{P}{2\pi \cdot \dfrac{N}{60}} = \dfrac{60P}{2\pi N} = \dfrac{60P_2(1-s)}{2\pi N_s(1-s)} = \dfrac{30}{\pi}\dfrac{P_2}{N_s} [\text{N} \cdot \text{m}]$$

(여기서, P_2 : 2차 입력=동기 와트)

③ [kg·m]로의 단위 변환
1[kg·m] = 9.8[N·m]이므로

$$T = \dfrac{P}{9.8\omega} = \dfrac{60}{9.8 \times 2\pi} \times \dfrac{P}{N} = 0.975 \times \dfrac{P}{N} [\text{kg} \cdot \text{m}]$$

$$= 0.975 \times \dfrac{P_2}{N_s} [\text{kg} \cdot \text{m}]$$

(여기서, P_2 : 2차 입력=동기 와트, N_s : 동기속도)

(3) 토크-속도 특성

① 최대 토크가 나오기 위한 슬립 범위는 $0 < s_t < 1$이다.
② 10[kW] 이하 소용량 전동기는 동기속도 (N_s)의 80[%] 정도에서 최대 토크를 발생시키고 대용량일수록 동기속도 근처에

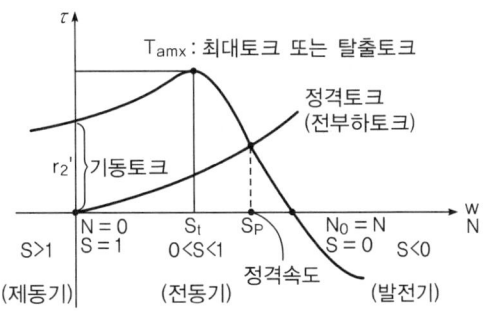

서 최대 토크를 발생시킨다.

1000[kW] 이상의 전동기는 동기속도의 98[%] 정도에서 최대 토크를 발생시킨다.

11. 비례 추이(Proportional shift)

2차 회로의 저항 r_2'를 조절할 수 있는 권선형 유도전동기에서 기동 토크를 크게 하는 방법이다. 2차 회로에 외부저항 R을 삽입하여 2차 저항을 조절함으로써 기동 토크를 조정한다. 단, 최대 토크는 변하지 않는다.

만일 $R_2 \rightarrow 2R_2$로 하면, $s_t \rightarrow 2s_t$가 되어 토크-속도 특성곡선이 이동하게 된다. 이런 현상을 비례 추이 현상이라고 하고 식으로 정리하면 다음과 같다.

$$\frac{r_2'}{s_1} = \frac{R + r_2'}{s_2}$$

만약에 $3R > 2R > R$이면 $s_3 > s_2 > s_1$이다.

즉, $\dfrac{R + r_2'}{s_1} = \dfrac{2R + r_2'}{s_2} = \dfrac{3R + r_2'}{s_3}$

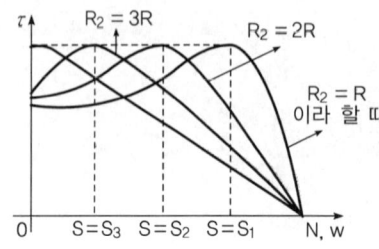 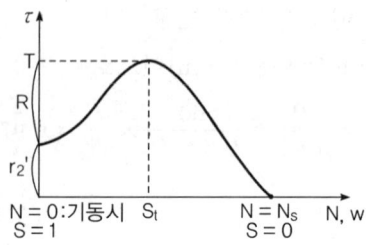

(1) 최대 토크 기동 시($s_2 = 1$) 외부 저항값(R)

$$\frac{r_2'}{s_1} = \frac{r_2' + R}{1}$$ (여기서, r_2' : 2차 등가저항, R : 외부 2차 삽입저항)

$$\therefore R = r_2'\left(\frac{1 - s_1}{s_1}\right)[\Omega]$$

 **예제**

P=4극기, f=60[Hz], N=1700[rpm]일 때 최대 토크를 갖는 슬립이 있다. 최대 토크 기동 시 발생하는 외부 저항값은? (단, 2차 내부저항 r_2')

$N_s = \dfrac{120f}{P} = \dfrac{120 \times 60}{4} = 1800[\text{rpm}]$

$S = \dfrac{N_s - N}{N_s} = \dfrac{1800 - 1700}{1800} = 0.05$

$\dfrac{r_2'}{S} = \dfrac{r_2' + R}{1}$

$\therefore R = r_2'\left(\dfrac{1-S}{S}\right) = r_2'\left(\dfrac{1-0.05}{0.05}\right) = 19r_2'$

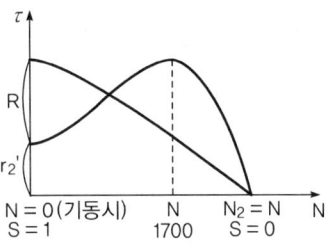

(2) N_1에서 최대 토크 발생하던 유도기를 N_2에서 최대 토크가 발생할 수 있도록 변환 시 외부 저항값(R)

$\dfrac{r_2'}{s_1} = \dfrac{R + r_2'}{s_2} \Rightarrow R = r_2' \cdot \left(\dfrac{s_2 - s_1}{s_1}\right)$

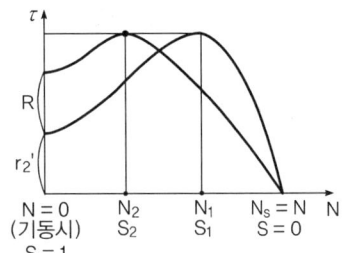

예제

N=1700[rpm]에서 최대 토크 발생되는 유도전동기를 1000[rpm]에서 최대 토크를 발생시키도록 하려면 외부 저항값은?

$N_2 = \dfrac{120f}{P} = \dfrac{120 \times 60}{4} = 1800[\text{rpm}]$

$s_1 = \dfrac{1800 - 1700}{1800} = 0.05 = \dfrac{1}{18}$

$s_2 = \dfrac{1800 - 1000}{1800} = \dfrac{10}{18}$ (외부 저항값을 삽입시켰을 때 슬립)

$\therefore \dfrac{r_2'}{s_1} = \dfrac{r_2' + R}{s_2} \Rightarrow R = r_2'\left(\dfrac{s_2 - s_1}{s_1}\right) = r_2'\left(\dfrac{8-1}{1}\right) = 7r_2'$

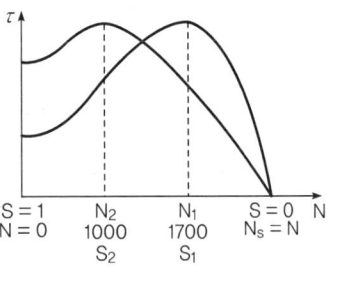

(3) 비례 추이 원리 정리

① 권선형 유도전동기에서 사용
② 최대 토크는 항상 일정하다.

③ 기동 토크의 증가
④ 기동전류의 제한
⑤ 속도제어

(4) 입력과 토크 관계

① 토크와 입력 전압은 $T \propto V_1^2$ 관계로써 입력 전압의 변화로 기동 토크 및 최대 토크를 바꿀 수 있다.
② 토크 특성 곡선의 변화로 운전점이 변화하여 속도 제어가 가능하지만 속도제어 범위는 매우 작다.

12. 속도(N) 제어

(1) 농형

$$N = (1-s)N_s = (1-s)\frac{120f}{p}\,[\text{rpm}]$$

① 극수(p) 변환법 : 1차 회로인 고정자 권선의 접속을 바꾸어 극수 p(2극, 4극)를 변경하여 속도제어를 하는 방법으로 단계적으로 속도제어가 가능하나 세밀한 제어는 어렵다.
② 주파수(f) 변환법
  ㉠ 주파수 f를 조절하는 방법으로 연속적인 속도제어가 가능하고, 역률도 양호하나, 별도의 주파수 변환장치가 필요하다.
  ㉡ 최근에는 주파수 변환기 대신에 인버터(VVVF장치)를 이용하여 속도제어를 자유로이 할 수 있게 되었다.
  ㉢ 속도제어 범위가 넓고 효율이 좋은 방식이다.
③ 전압제어법
  ㉠ 전압과 슬립이 $s \propto \dfrac{1}{V^2}$이므로 입력전압을 올리면 슬립 s가 작아져 속도가 상승하게 된다.
  ㉡ 속도제어 범위가 좁고 효율이 낮아서 소형 부하에 적합하다.
  ㉢ 토크는 전압의 제곱에 비례한다($T \propto V^2$).

(2) 권선형

① 2차 저항 제어법
  - ㉠ 외부에서 슬립링을 통해서 회전자에 외부 저항을 연결해서 속도제어하는 방법이다.
  - ㉡ 외부 저항값을 조절하여 비례 추이 원리에 의한 슬립 s를 바꾸어 속도제어하는 방법으로 간단한 방법이지만 효율이 나빠지고 속도조정범위가 적다.
  - ㉢ 중·소형에서 사용하고 속도 조정범위는 4[%] 정도이다.

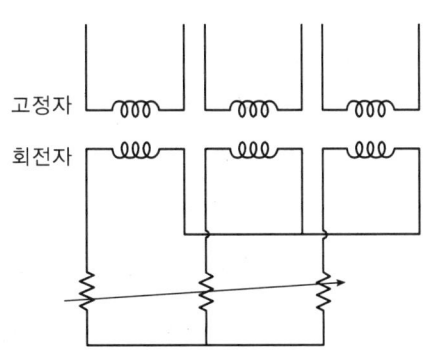

② 2차 여자법
  - ㉠ 외부에서 슬립링을 이용하여 회전자에 슬립 주파수(sf_2)와 같은 전압을 인가하여 슬립 s를 변화시켜 속도를 제어한다.
  - ㉡ 효율이 우수하고 광범위한 속도제어가 가능하다.

③ 종속법
  - ㉠ 2대 이상의 유도전동기 축을 직·병렬로 연결하여 속도 제어하는 방법
  - ㉡ 극수 제어법과 같이 극수가 바뀌면서 속도제어하는 방법으로 단계적으로 속도가 변경된다.

13. 기동법

(1) 기동 시 문제
① 유도전동기는 회전자(2차 회로)가 단락되어 있고 내부 임피던스가 작기 때문에 기동 시 정격전류의 4~6배 이상의 과다한 기동전류가 흐른다.
② 과다한 기동전류가 모터 권선을 가열시켜 소손시키기도 하고 전압강하를 일으켜 다른 부하에도 큰 문제를 일으킨다.

(2) 기동법
① 전전압 기동법(직입 기동)

정격전압을 그대로 인가하는 방법으로 보통 5[kW] 이하의 작은 용량 전동기에서만 사용한다.

② Y - Δ 기동법

　㉠ MC(전자접촉기)를 이용해 유도전동기의 전기자 권선(고정자)의 결선을 바꿔서 기동하는 방식이다.

　㉡ 기동 시 Y결선으로 변환하고 운전 시 Δ결선으로 변환한다.

　㉢ 기동 전류가 $\frac{1}{3}$로 저감되는 대신에 기동 토크도 $\frac{1}{3}$로 줄어든다.

　㉣ 5[kW]~15[kW] 이하의 전동기에 사용한다.

③ 기동보상기법

　㉠ 별도의 단권 변압기를 사용하여 입력전압을 낮추는 방법으로 콘돌퍼 기동이라고도 한다.

　㉡ 변압기 탭을 이용하여 기동 전류와 기동 토크를 조정할 수 있다.

　㉢ 리액터 기동보다 기동 전류를 낮출 수 있는 장점이 있고 15[kW] 이상 전동기에 사용한다.

④ 리액터 기동법

전기자 권선에 직렬로 리액터를 연결해서 기동시키면 리액터의 전압강하로 전원 전압이 낮아져 기동 전류가 저감되는 방식이다. 주로 고압 전동기에 적용

⑤ 기동 저항기법(2차 저항법)

　㉠ 권선형 유도전동기 기동법으로 기동 전류가 정격 전류의 1~1.5배로 저감된다.

　㉡ 슬립링을 통하여 회전자 권선에 외부 저항(2차 저항)을 연결하여 비례 추이를 이용하여 기동하는 방식이다. 기동 후에는 외부 저항을 슬립링으로 단락시킨다.

$$\frac{r_2}{s_1} = \frac{R + r_2}{s_2}$$

14. 제동법

(1) 발전 제동

전동기를 전원에서 분리시키고 직류전원을 인가하면 고정자극이 생겨 회전 전기자형 발

전기가 된다. 이때 발생된 교류전력을 2차 회로(회전자)에서 소비하며 제동하는 방법이다.

(2) 회생 제동
전원을 연결시킨 상태에서 동기속도 이상으로 운전하여 유도발전기로 동작시켜 발생된 전력을 전원으로 반환하면서 제동하는 방법이다.

(3) 역전 제동
3상에서 2상을 바꾸어 전동기 회전을 급속하게 정지하는 방법이다. 큰 전류가 흐르기 때문에 리액터가 필요하다.

15. 단상 유도전동기(Single phase induction motor)

단상 유도전동기는 회전자는 농형이고 1차 권선에 단상교류가 입력되기 때문에 회전자계가 발생하지 않고 교번자계가 발생하여 스스로 회전하지 못한다. 즉, 기동 토크가 없기 때문에 별도의 기동장치(기동권선)가 필요하다.

(1) 기동장치에 따른 종류
① 콘덴서 기동형
  ㉠ 전력용 콘덴서를 보조권선(기동권선)과 직렬로 접속해서 분상하여 기동하고, 기동 후에는 원심력 스위치에 의해 보조권선(기동권선)이 분리된다.
  ㉡ 역률과 기동 특성이 좋다.
  ㉢ 소음이나 진동이 적다.

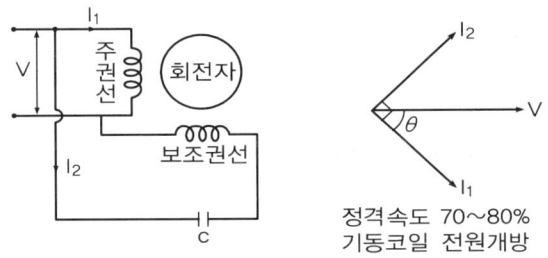

정격속도 70~80%
기동코일 전원개방

② 콘덴서 전동기
  ㉠ 보조권선(기동권선)에 운전용 콘덴서를 직렬로 삽입
  ㉡ 원심력 스위치가 없다.

③ 분상 기동전동기
　㉠ 주권선과 보조권선이 직각을 이루게 병렬 연결되어 있다.
　㉡ 기동 후 원심력 스위치에 의해서 보조권선이 분리되어 주권선만으로 회전한다.
　㉢ 기동 시 진동 토크가 발생하고, 기동 토크도 상대적으로 작다.

> **참고** 분상
> 단상교류에서 위상이 다른 전원을 얻는 것을 분상이라 한다.

④ 반발기동형 전동기
　㉠ 고정자에는 주권선만 있고 회전자 구조가 직류전동기와 같이 전기자와 정류자로 되어 있다.
　㉡ 고정자 권선의 자계와 회전자 권선의 자계 사이에 반발력이 발생하여 회전한다.
　㉢ 기동 토크가 가장 크고 전부하 토크의 400~500[%] 정도가 된다.

⑤ 반발유도형 전동기
　고정자 권선이 전기자 권선과 농형 권선으로 구성되어 있고 반발 기동 시 전기자 권선이 동작을 한다.

⑥ 셰이딩 코일형 전동기
　㉠ 고정자 철심이 몇 개의 돌극 형태로 되어 있고 그 돌극이 자극을 발생하고 자극 일부에 셰이딩 코일이 감겨져 있다. 자극과 셰이딩 코일 사이에 이동자계가 발생하여 회전한다.
　㉡ 기동 토크가 매우 작고 운전 중에 셰이딩 코일에 전류가 흐르기 때문에 역률과 효율이 낮다.
　㉢ 구조가 간단하고 견고하다.

(2) 토크의 大 > 小 관계

반발기동형 > 반발유도형 > 콘덴서 기동형 > 분상형 > 셰이딩 코일형 순이다.

16. 원선도

원선도란 유도전동기의 특성을 작도에 의해서 구하기 위한 반원형 선도이다. 갑종과 을종 2종이 있으며, 보통 갑종이 사용된다.

갑종은 하일랜드 원선도로 이 선도를 작성하기 위하여 필요한 시험은 무부하시험, 구속시험, 고정자권선의 저항측정이다.

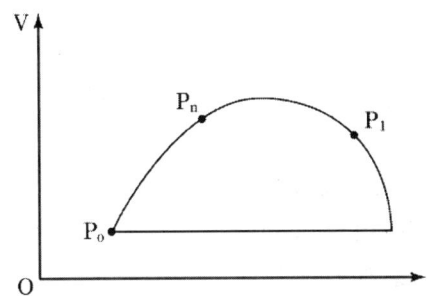

무부하 전류 $I_o = \overline{OP_o}$ 기동 전류 $I_s = \overline{OP_1}$

전부하 전류 $I_n = \overline{OP_n}$ 역률 $\cos\theta = \dfrac{OV}{OP_n}$

예·상·기·출·문·제

01 유도전동기의 속도 n을 변환시키는 방법이 아닌 것은?
① S를 조정　② E를 변화
③ P를 조정　④ f를 조정

🔑 $s = \dfrac{N_s - N}{N_s}$ 에서

$N = N_s(1-s) = (1-s)\dfrac{120f}{p}$

02 정격 출력 15[kW]인 3상 유도전동기로 전부하 운전하였을 때 2차 동손이 500[W]였다면 이때의 슬립은 어느 값에 가까운가?
① 3.2[%]　② 5[%]
③ 5.16[%]　④ 4.76[%]

🔑 $P_{c2} = sP_2$ 에서

$s = \dfrac{P_{c2}}{P_2} = \dfrac{P_{c2}}{P + P_{c2}} = \dfrac{0.5}{15.5} = 0.032$

∴ $s = 3.2[\%]$

03 권선형 유도전동기의 2차 저항을 2배로 하면 그 최대 토크는 몇 배로 되는가?
① 1/2배　② 변하지 않는다.
③ 2배　④ $\sqrt{3}$ 배

🔑 기동 토크는 증가해도 최대 토크는 변하지 않는다.

04 유도전동기의 slip의 범위는 다음 중 어느 것인가?
① $0 \leq s \leq 1$　② $1 < s \leq 0$
③ $s > 1$　④ $0 < s < 1$

🔑 전동기 $0 < s < 1$
　제동기 $1 < s_2 < 2$
　발전기 $-1 < s_1 < 0$

05 농형 유도기의 기동법이 아닌 것은 어느 것인가?
① $Y - \Delta$ 결선　② 전압 강하법
③ 리액터 기동법　④ 기동보상기법

🔑 농형 유도전동기 기동법
① $Y - \Delta$ 기동법　② 리액턴스 기동법
③ 전전압 기동법　④ 기동 보상기법

06 유도전동기의 기동 토크 T와 전압 V의 관계는?
① $T \propto \dfrac{1}{V}$　② $T \propto \dfrac{1}{V^2}$
③ $T \propto V$　④ $T \propto V^2$

🔑 $T \propto V^2$

07 60[Hz], 4극 유도전동기의 슬립(slip)이 5%일 때의 매분 회전수는 몇 [rpm]인가?
① 1710[rpm]　② 1440[rpm]
③ 1400[rpm]　④ 1500[rpm]

🔑 $N = (1-s)N_s = (1-s)\dfrac{120f}{P}$

$= (1-0.05)\dfrac{120 \times 60}{4} = 1,710[\text{rpm}]$

Answer　1. ②　2. ①　3. ②　4. ④　5. ②　6. ④　7. ①

08 3상 유도전동기의 기계적 출력은 얼마인가? (단, s는 슬립, P_2는 회전자 입력이다.)

① $\dfrac{P_2}{s-1}$ ② $(s-1)P_2$

③ $(1-s)P_2$ ④ $\dfrac{P_2}{1-s}$

🔑 $P_{c2} = sP_2$, $P = (1-s)P_2$

09 50[Hz]용 3상 유도전동기를 60[Hz]의 전원에 접속하면 그 회전수는 어떻게 변화하는가?

① 변화하지 않는다.
② 느리게 된다.
③ 빨라진다.
④ 회전하지 않는다.

🔑 $N_s = \dfrac{120 \cdot f}{P}$에서 $N_s \propto f$이므로 빨라진다.

10 유도전동기의 2차 입력이 P_2일 때 슬립이 s라면 2차 동손은 얼마인가?

① P_2/s ② sP_2

③ $(1-s)/P_2$ ④ $P_2/(1-s)$

🔑 $P_{c2} = sP_2$

11 일정 주파수의 전원에서 운전 중의 3상 유도전동기의 전원전압이 90[%] 떨어지게 되면 부하의 토크는 몇 % 감소되는가?

① 36[%] ② 64[%]
③ 81[%] ④ 90[%]

🔑 $T \propto V^2$, $T_2 = \left(\dfrac{V}{V}\right)^2 T_1 = 0.9^2 T_1 = 0.81 T_1$

12 3[kW], 1500[rpm]의 3상 교류전동기의 전부하 토크는 대략 몇 [kg·m]인가?

① 1[kg·m] ② 1.94[kg·m]
③ 3[kg·m] ④ 4.94[kg·m]

🔑 $T = \dfrac{P}{2\pi N/60} = \dfrac{3000 \times 60}{2\pi \times 1500} \fallingdotseq 19[\text{N}\cdot\text{m}]$

∴ $T = \dfrac{1}{9.8} \times 19 \fallingdotseq 1.94[\text{kg}\cdot\text{m}]$

13 다음 단상전동기 중 기동 토크가 큰 전동기는?

① 세이딩 코일형 ② 콘덴서 전동기
③ 콘덴서 기동형 ④ 반발 기동형

🔑 기동 토크가 큰 순서는 반발 기동형 → 콘덴서 기동형 순이다.

14 200[V] 3상 유도전동기의 슬립 0.07로 운전할 때 2차 효율 η[%]는? (단, 용량 15[kW]임)

① 91 ② 92
③ 93 ④ 96

🔑 $\eta_2 = \dfrac{P}{P_2} \times 100 = (1-s) \times 100$
$= (1 - 0.07) \times 100 = 93[\%]$

15 유도전동기의 동기속도 N_s, 회전속도 N이라 하면 슬립(slip)은?

① $\dfrac{N_s - N}{N}$ ② $\dfrac{N - N_s}{N_s}$

③ $\dfrac{N - N_s}{N}$ ④ $\dfrac{N_s - N}{N_s}$

Answer 8. ③ 9. ③ 10. ② 11. ③ 12. ② 13. ④ 14. ③ 15. ④

16 유도전동기의 회전자와 같은 슬립 주파수 전압을 가하여 속도를 제어하는 법은?
① 2차 저항법 ② 극수 변환법
③ 주파수 변환법 ④ 2차 여자법

🔑 권선형 유도전동기 속도제어 방법이다.

17 권선형 유도전동기의 기동방법으로 적당한 것은?
① $Y-\Delta$ 기동법 ② 리액터 기동법
③ 기동 보상기법 ④ 2차 저항법

18 3상 유도전동기의 플러깅(plugging)이란?
① 플러그를 사용하여 전원에 연결하는 방법
② 운전 중 2선의 접속을 바꾸어 상회전을 바꾸어 제동하는 법
③ 단상 상태로 기동할 때 일어나는 현상
④ 고정자와 회전자의 상수가 일치하지 않을 때 일어나는 현상

19 3상 유도전동기 회전 자계의 회전 속도 n [rps]는?
① $\dfrac{f}{2P}$ ② $\dfrac{120f}{P}$
③ $\dfrac{f}{P}$ ④ $\dfrac{2f}{P}$

🔑 $n = \dfrac{N_s}{60} = \dfrac{120 \cdot f}{60 \cdot P} = \dfrac{2f}{P}$ [rps]

20 소형 3상 유도전동기의 전부하 슬립은 동기 속도의 약 몇 [%]인가?
① 1~5 ② 5~10
③ 10~16 ④ 16~20

🔑 소형은 5~10[%], 중·대형은 2.5~5[%] 정도

21 3상 유도전동기의 권선형 회전자를 쓰는 이유는?
① 기동전류 감소 ② 기동 토크 증대
③ 역률 개선 ④ 효율 증대

🔑 권선형은 비례 추이를 이용하면 기동 토크가 개선된다.

22 기동 토크가 큰 순서대로 된 것은?

| ㉠ 분상 기동형 | ㉡ 반발 기동형 |
| ㉢ 콘덴서 기동형 | ㉣ 셰이딩 코일형 |

① ㉠-㉢-㉡-㉣ ② ㉡-㉠-㉢-㉣
③ ㉡-㉢-㉠-㉣ ④ ㉢-㉡-㉠-㉣

🔑 반발 기동형 → 반발 유도형 → 콘덴서 기동형 → 분상형 → 셰이딩 코일형 순이다.

23 전부하인 때의 슬립 4[%], 회전수 1152[rpm]인 60[Hz] 3상 유도전동기의 극수는?
① 4 ② 6
③ 8 ④ 10

🔑 $N_s = \dfrac{N}{1-s} = \dfrac{1152}{1-0.04} = 1200$ [rpm]
∴ $P = \dfrac{120f}{N_s} = \dfrac{120 \times 60}{1200} = 6$

24 3상 유도전동기의 $Y-\Delta$ 기동법을 사용하는 전동기의 용량[kW]은?
① 5~7.5 ② 7.5~10
③ 10~15 ④ 15~20

🔒 Answer 16. ④ 17. ④ 18. ② 19. ④ 20. ② 21. ② 22. ③ 23. ② 24. ③

☞ 15[kW] 이상은 기동 보상기를 사용한다.

25 슬립 s인 유도전동기가 유도발전기로 동작하려면?
① $s < 0$ ② $s > 0$
③ $s > 1$ ④ $0 < s < 1$

☞ $s = \dfrac{N_s - N}{N_s}$ 에서 회전자가 동기속도보다 높아져야 한다.
∴ $N_s < N$이므로 $s < 0$이다.

26 60[Hz]의 전원에 접속되어 5[%]의 슬립으로 운전되고 있는 유도전동기의 2차 권선에 유기되는 전압의 주파수[Hz]는?
① 2   ② 3
③ 4   ④ 5

☞ $f_2 = sf = 0.05 \times 60 = 3$[Hz]

27 4극 60[Hz], 10[kW]의 3상 유도전동기가 1710[rpm]으로 회전하고 있을 때, 2차 유도기전력의 주파수[Hz]는?
① 2   ② 1
③ 3   ④ 4

☞ $N_s = \dfrac{120f}{P} = \dfrac{120 \times 60}{4} = 1800$[rpm]
$s = \dfrac{N_s - N}{N_s} = \dfrac{1800 - 1710}{1800} = 0.05$
∴ $f_2 = sf = 0.05 \times 60 = 3$[Hz]

28 4극 7.6[kW], 220[V]의 3상 유도전동기가 있다. 이 전동기의 전부하가 2차 입력이 7.8 [kW]라면 이때의 2차 동손[W]은? (단, 전동 시 기계손은 무시한다.)

① 200   ② 300
③ 360   ④ 400

☞ $P_{c2} = P_2 - P = 7800 - 7600 = 200$[W]

29 2차 여자법을 이용하여 속도제어를 하는 전동기는?
① 직권형   ② 권선형
③ 반발형   ④ 2중 농형

☞ 권선형은 1차와 2차가 떨어진 전동기이므로 2차 여자법으로 속도제어를 할 수 있다.

30 3상 유도전동기의 슬립을 s, 회전자 입력을 P_2라 할 때 기계적 출력은?
① $P_2(1+s)$ ② $P_2(1-s)$
③ $P_2(s-1)$ ④ $(1-s)/P_2$

☞ 기계적 출력(2차 출력) $P = P_2(1-s)$

31 3상 유동전동기의 2차 동손 P_{c2}, 슬립 s와 2차 입력 P_2 사이의 관계는?
① $P_{c2} = \dfrac{P_2}{s}$ ② $P_{c2} = (1-s)P_2$
③ $P_{c2} = \dfrac{P_2}{s+1}$ ④ $P_{c2} = sP_2$

32 슬립 4[%]로 운전되고 있는 2차 입력 1600 [W]인 3상 유도전동기의 회전자 동손[W]은?
① 45   ② 64
③ 70   ④ 100

☞ $P_{c2} = sP_2 = 0.04 \times 1,600 = 64$[W]

Answer 25. ① 26. ② 27. ③ 28. ① 29. ② 30. ② 31. ④ 32. ②

제4장 유도기(유도전동기) ••• **319**

33. 동기 와트란 무엇인가?
① 유도전동기 출력을 슬립으로 표시한 것
② 유도전동기이 전부하 속도와 동기 속도의 비
③ 유도전동기 토크를 2차 입력으로 표시한 것
④ 유도전동기의 토크를 1차 입력으로 표시한 것

$T = \dfrac{P}{w} = \dfrac{P_2}{w_s}$

34. 동기 와트로 표시되는 것은?
① 1차 입력   ② 2차 출력
③ 동기 속도   ④ 2차 입력

2차 입력으로 토크를 표시한 것

35. 60[Hz], 4극의 3상 유도전동기가 1000[rpm]의 속도로 355[N·m]의 토크를 낼 때 기계적 출력[kW]은?
① 18   ② 22.6
③ 34.2   ④ 37.2

기계적 출력

$P = \omega\tau = 2\pi \times \dfrac{N}{60} \times \tau$

$= 2\pi \times \dfrac{1000}{60} \times 355 \times 10^{-3}$

$= 37.2 [kW]$

36. 3상 유도전동기의 토크 속도 곡선은?

① 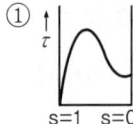   ②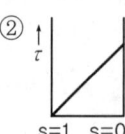

③ 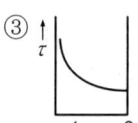   ④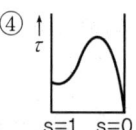

37. 60[Hz]에 설계된 유도전동기를 70[Hz]의 같은 전압으로 사용할 때의 현상으로 옳지 않은 것은?
① 기동전류가 증가함
② 속도가 증가함
③ 속도가 감소함
④ 토크가 상승함

$N = (1-s)N_s$이고 $N_s \propto f$이기 때문에 속도 상승

38. 전동기의 출력, 토크와 각속도와의 관계 중 옳은 것은? (단, P : 출력[W], τ : 토크[N·m], $\omega = 2\pi n$ [rad/sec]이다.)
① $P = \omega/\tau$ ② $P = \tau/\omega$
③ $P = \omega^2/\tau$ ④ $P = \omega\tau$

39. 3상 유도전동기의 전압이 10[%] 저하하면 기동 토크는 몇 [%] 감소하는가?
① 12   ② 14
③ 16   ④ 20

$T \propto V^2$이므로 $T' \propto (0.9V)^2 = 0.81V^2$
∴ 20[%] 감소

40. 농형 유도전동기의 속도 제어법이 아닌 것은?
① 극수 변환   ② 전원 주파수 변환
③ 1차 전압 변환 ④ 1차 저항 변환

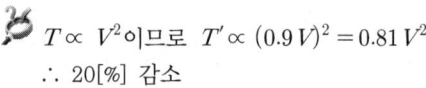

Answer 33. ③ 34. ④ 35. ④ 36. ④ 37. ③ 38. ④ 39. ④ 40. ④

41 권선형 유도전동기의 기동 시에 2차측에 저항을 접속하는 이유는?
① 역률을 개선한다.
② 효율을 증대한다.
③ 기동전류를 억제한다.
④ 속도를 증가한다.

42 정격 출력 12[kW]인 3상 유도전동기를 전부하로 운전하고 있을 때, 2차 동손이 300[W]이면 이때의 슬립[%]은 대략 얼마인가?
① 2.4 ② 3
③ 4   ④ 5

$s = \dfrac{P_{c2}}{P_2} = \dfrac{300}{12000+300} ≒ 0.024$

∴ 2.4[%]

43 권선형 유도전동기의 2차측의 외부 저항 R을 접속하였을 때의 토크 속도 곡선에서 R의 값이 가장 큰 것은?

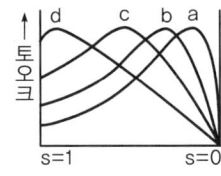

① a ② b
③ c ④ d

비례 추이에 의하여 같은 토크를 내는 슬립은 저항이 클수록 점점 왼쪽으로 옮겨진다.

44 권선형 3상 유도전동기의 기동법은?
① 2차 저항법   ② 기동 보상법
③ 리액터 기동법 ④ Y−Δ 기동법

권선형은 비례 추이를 이용해서 2차 회로에 저항을 입히는 방법

45 3상 유도전동기의 회전 방향을 바꾸려면?
① 전동기의 극수를 변경한다.
② 전원의 주파수를 변환한다.
③ 전원선 3단자(3상)를 모두 바꾼다.
④ 전원선 3개의 단자 중 임의의 2개를 바꾸어 접속한다.

46 유도전동기의 회전자가 동기 속도로 회전하면 회전자에는 어떤 주파수가 유기되는가?
① 전원 주파수와 같은 주파수
② 전원 주파수에 권수비를 나눈 주파수
③ 전원 주파수에 슬립을 나눈 주파수
④ 주파수가 나타나지 않는다.

회전자 주파수 : $f_2 = sf = 0 \cdot f = 0$

47 농형 회전자에 비뚤어진 홈을 쓰는 이유로 잘못된 것은?
① 기동특성 개선 ② 파형 개선
③ 소음 경감   ④ 미관상 좋다.

48 출력 10[kW], 슬립 4[%]로 운전되고 있는 3상 유도전동기의 2차 동손[W]은?
① 약 250 ② 약 315
③ 약 417 ④ 약 620

$P_{c2} = sP_2 = s \cdot \dfrac{P}{(1-s)}$

∴ $P_{c2} = \dfrac{s \cdot P}{1-s} = \dfrac{0.04 \times 10 \times 10^3}{1-0.04} ≒ 417$

49 유도전동기의 공극을 작게 하는 이유는?

Answer 41. ③ 42. ① 43. ④ 44. ① 45. ④ 46. ④ 47. ④ 48. ③ 49. ③

① 효율 증대 ② 기동 전류 감소
③ 역률 증대 ④ 토크 증대

50. 유도전동기를 회전자에 2차 주파수와 같은 주파수 전압을 공급하여 속도를 제어하는 방법은?
① 전 전압제어 ② 2차 저항법
③ 주파수 제어법 ④ 2차 여자법

51. 3상 유도전동기의 회전 방향을 바꾸기 위한 방법으로 맞는 것은?
① Δ - Y 결선
② 전원의 주파수를 바꾼다.
③ 3상 전원 중 2상의 접속을 바꾼다.
④ 기동보상기를 사용한다.

52. 슬립이 10[%], 주파수가 60[Hz]인 2극 유도전동기의 회전수[rpm]은?
① 3240 ② 3520
③ 3610 ④ 3800

$N_s = \dfrac{120 \cdot f}{P} = \dfrac{120 \times 60}{2} = 3600$

∴ $N = N_s(1-s) = 3600(1-0.1) = 3240$

53. 권선형에서 비례 추이를 이용한 기동법은?
① 리액터 기동법 ② 기동 보상기법
③ 2차 저항법 ④ Y-Δ 기동법

54. 15[kW] 이상의 농형 유도전동기의 기동법으로 적당한 것은?
① 리액터 기동법 ② 기동 보상기법
③ 쿠사 기동법 ④ 전전압 기동법

55. 4극 24홈 표준 농형 3상 유도전동기의 매극 매상당의 홈 수는?
① 6 ② 3
③ 2 ④ 1

매극 매상의 슬롯수
$q = \dfrac{\text{전슬롯수}}{\text{상수} \cdot \text{극수}} = \dfrac{24}{3 \times 4} = 2$

56. 3상 유도전동기의 고정자 권선법으로 많이 사용하는 권선법은?
① 3층권 ② 2층권
③ 4층권 ④ 6층권

57. 다음은 3상 유도전동기 고정자 권선의 결선도를 나타낸 것이다. 맞는 사항을 고르시오.

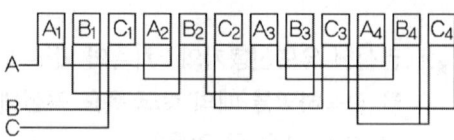

① 3상 2극, Y 결선
② 3상 4극, Y 결선
③ 3상 2극, Δ 결선
④ 3상 4극, Δ 결선

58. 3상 유도전동기의 운전 중 급속 정지가 필요할 때 사용하는 제동 방식은?
① 단상 제동 ② 회생 제동
③ 발전 제동 ④ 역상 제동

59. 스트로보스코프법은 유도전동기의 무엇을 측정하는 방법인가?
① 슬립 ② 주파수

Answer 50. ④ 51. ③ 52. ① 53. ② 54. ② 55. ③ 56. ② 57. ② 58. ④ 59. ①

③ 속도   ④ 토크

60 농형 유도전동기의 기동법이 아닌 것은?
① Y-Δ 기동법   ② 리액터 기동법
③ 2차 저항법   ④ 기동 보상기법

   2차 저항법은 권선형이다.

61 Deep slot형 농형 전동기는 다음 중 어느 것을 개선하기 위하여 만들어졌는가?
① 부하 전류 및 토크
② 회전수 및 기동 전류
③ 슬립 및 기동 전류
④ 기동 전류 및 기동 토크

62 유도전동기에서 슬립이 가장 큰 상태는?
① 무부하 운전 시
② 경부하 운전 시
③ 정격부하 운전 시
④ 기동 시

63 3상 유도전동기의 2차 입력 100[kW], 슬립 5[%]일 때 기계적 출력[kW]은?
① 50   ② 75
③ 95   ④ 100

   $P = P_2(1-s) = 100 \times (1-0.05) = 95$

64 회전수 1728[rpm]인 유도전동기의 슬립[%]은? (단, 동기 속도는 1800[rpm]이다.)
① 2   ② 3
③ 4   ④ 5

65 유도전동기의 보호방식에 따른 분류가 아닌 것은?
① 방폭형   ② 방진형
③ 방수형   ④ 반밀폐형

66 승강기용으로 보통 사용되는 전동기의 종류는?
① 동기전동기
② 셀신 전동기
③ 단상 유도전동기
④ 3상 유도전동기

67 1차 100[V], 2차 최대 30[V], 2차 정격 50[A]인 삼상 유도 전압 조정기의 정격출력[kVA]은?
① 1.5   ② 2.6
③ 3.5   ④ 4

   $P = \sqrt{3} E_2 I_2 = \sqrt{3} \times 30 \times 50 ≒ 2.6[kVA]$

68 유도전동기의 손실 중 측정하거나 계산으로 구할 수 없는 손실은?
① 기계손   ② 철손
③ 구리손   ④ 표류 부하손

   표류부하손은 부하가 걸리면 발생하는 작은 손실로 측정하기 어렵다.

69 220[V], 60[Hz], 6극의 3상 유도전동기가 있다. 출력 12[kW]를 낼 때의 슬립은 5[%]라 한다. 이때의 회전수[rpm]는?
① 1140   ② 1200
③ 1260   ④ 2200

Answer 60.③ 61.④ 62.④ 63.③ 64.③ 65.④ 66.④ 67.② 68.④ 69.①

$$N_s = \frac{120 \cdot 60}{P} = \frac{120 \cdot 60}{6} = 1200$$
$$\therefore N = N_s(1-S)$$
$$= 1200(1-0.05) = 1140$$

70 무부하시 유도전동기는 역률이 낮지만, 부하가 증가하면 역률이 높아지는 이유는?
① 전압이 떨어지므로
② 효율이 좋아지므로
③ 부하 전류가 증가하므로
④ 2차측의 저항이 증가하므로

전전류에 대한 유효 전류가 증가하기 때문이다.

71 유도전동기의 회전자에 슬립 주파수의 전압을 가하는 속도 제어는?
① 자극수 변환법
② 2차 여자법
③ 2차 저항법
④ 인버터 주파수 변환법

72 60[Hz]의 교류전원에서 사용 가능한 3상 유도전동기의 최대 동기속도[rpm]는? (단, 자극수는 2극이 최소이다.)
① 1200 ② 1800
③ 3600 ④ 7200

73 3상 60[Hz] 6극인 유도전동기가 전부하시에 회전수가 1140[rpm]이다. 이때의 슬립은?
① 2.5[%] ② 3.5[%]
③ 5.0[%] ④ 7.0[%]

74 유도전동기의 공급 전압이 1/2로 감소하면 토크는 처음의 몇 배로 되는가?
① $\frac{1}{2}$ ② $\frac{1}{4}$
③ $\frac{1}{8}$ ④ $\frac{1}{\sqrt{2}}$

$T \propto P \propto V^2 \propto I^2$ 관계이므로
$\left(\frac{1}{2}\right)^2 = \frac{1}{4}$ 배

75 3상 유도전동기의 회전원리를 설명한 것 중 틀린 사항은?
① 슬립이 발생할 때만 회전력이 발생된다.
② 회전자의 회전속도가 증가할수록 슬립은 증가한다.
③ 부하를 회전시키기 위해서는 회전자의 속도는 동기속도 이하로 운전되어야 한다.
④ 3상 교류전압을 고정자에 공급하면 고정자 내부에서 회전 자기장이 발생된다.

$s \propto (N_s - N)$이므로 N이 커지면 s는 감소

76 단상 유도전동기의 반발 기동형(A), 콘덴서 기동형(B), 분상 기동형(C), 셰이딩 코일형(D)일 때 기동 토크가 큰 순서는?
① ABCD ② ADBC
③ ACDB ④ ABDC

77 정격 2차 전류 I_2, 조정전압 E_2일 때 3상 유도 전압 조정기의 정격출력[kVA]은?
① $\sqrt{3} E_2 I_2 \times 10^3$ ② $\sqrt{3} E_2 I_2 \times 10^{-3}$
③ $3 E_2 I_2 \times 10^3$ ④ $3 E_2 I_2 \times 10^{-3}$

Answer 70. ③ 71. ② 72. ③ 73. ③ 74. ② 75. ② 76. ① 77. ②

78 3상 유도전동기의 2차 저항을 2배하면 2배로 되는 것은?
① 슬립 ② 토크
③ 전류 ④ 역률

79 유도전동기의 원리와 직접 관계가 되는 것은?
① 옴의 법칙
② 키르히호프의 법칙
③ 정전 유도작용
④ 회전자기장

80 3상 농형 유도전동기의 기동방법 중 전전압 기동방식은?
① 리액터 기동
② Y-Δ 기동
③ 직입 기동
④ 단권변압기 기동

81 슬립 4[%]인 유도전동기의 등가 부하 저항은 2차 저항의 몇 배인가?
① 20 ② 19
③ 5   ④ 24

🔑 $R = r_2'\left(\dfrac{1-s}{s}\right) = r_2'\left(\dfrac{1-0.04}{0.04}\right) = 24 \cdot r_2'$

82 비례 추이가 되지 않는 것은?
① 토크 ② 전류
③ 저항 ④ 역률

83 비례 추이의 성질을 이용할 수 있는 전동기는?
① 직권전동기
② 3상 동기전동기
③ 권선형 유도전동기
④ 농형 유도전동기

84 농형 유도전동기의 기동법이 아닌 것은?
① 기동보상기법
② 2차 저항법
③ 리액터 기동법
④ Y-Δ 기동법

85 크로링 현상은 어느 것에서 일어나는가?
① 직류 직권전동기
② 유도전동기
③ 수은정류기
④ 3상 변압기

🔑 **크로링 현상(차동기 운전)**
유도전동기가 기동할 때 낮은 속도에서 가속되지 않고 전류만 커지는 현상으로 전동기가 소손된다.

86 60[Hz], 슬립 3[%]인 유도전동기의 회전자 주파수[Hz]는?
① 1.2 ② 1.8
③ 58   ④ 4

🔑 $f_2' = s \cdot f = 0.03 \times 60 = 1.8$

87 3상 유도전동기의 기계적 출력은? (단, s는 슬립, P_2는 회전자 입력이다.)
① sP_2 ② P_2/s

🔓 Answer 78. ① 79. ④ 80. ③ 81. ④ 82. ③ 83. ③ 84. ② 85. ② 86. ② 87. ④

③ $(s-1)P_2$ ④ $(1-s)P_2$

88 가정에서 사용하는 선풍기나 세탁기에 사용하는 단상 유도전동기는 어느 것인가?
① 분상 기동형
② 콘덴서 기동형
③ 영구 콘덴서형
④ 셰이딩 코일형

역률이 좋고 구조가 간단한 영구 콘덴서형이 많이 사용된다.

89 4극 60[Hz], 슬립 5[%]인 유도전동기의 회전수[rpm]는?
① 1836   ② 1710
③ 1540   ④ 1200

90 슬립 5%인 유도전동기를 전부하 토크로 기동시킬 때 2차 저항의 몇 배를 넣으면 되는가?
① 5   ② 9
③ 15   ④ 19

$R = r_2'\left(\dfrac{1-s}{s}\right) = r_2'\left(\dfrac{1-0.05}{0.05}\right)$
$= 19 \cdot r_2'$

91 3상 유도전동기의 속도 제어와 관계없는 것은?
① 극수의 변환
② 전원 주파수의 변환
③ 2차 회로의 저항의 변환
④ 여자 전류의 변화

$N = (1-s)N_s = (1-s) \cdot \dfrac{120 \cdot f}{P}$

92 3상 유도전동기를 Y-Δ 기동법으로 기동할 때의 기동전류는 전전압 기동할 때와 어떻게 되는가?
① $1/\sqrt{3}$로 감소
② $\sqrt{3}$ 배로 증가
③ 1/3로 감소
④ 3배로 증가

93 역률이 좋아서 가정용 선풍기, 세탁기 등에 주로 사용되는 것은?
① 분상 기동형   ② 영구 콘덴서형
③ 반발 기동형   ④ 셰이딩 코일형

영구 콘덴서형 또는 콘덴서 기동형이 사용되는데 영구 콘덴서형이 구조가 간단하다.

94 Y-Δ 기동의 기동전류는 전부하 전류의 대략 몇 배 정도인가?
① 5   ② 4
③ 2   ④ 1

감소된 기동전류와 정격전류와의 관계

95 유도전동기의 슬립을 측정하기 위하여 스트로보스코프 법으로 원판의 겉보기 회전수를 측정하니 1분 동안 90회였다. 4극 60[Hz]용 전동기라면 슬립은?
① 3[%]   ② 4[%]
③ 5[%]   ④ 6[%]

$N_s = \dfrac{120 \cdot f}{P} = \dfrac{120 \cdot 60}{4} = 1800$

Answer 88. ③ 89. ② 90. ④ 91. ④ 92. ③ 93. ② 94. ③ 95. ③

$$s = \frac{90}{N_s} = \frac{90}{1800} = 0.05 \, (\because N_s - N = 90)$$

96 유도전동기를 이용한 권상기 등에서 일정한 속도 이상으로 되는 것을 방지하는 동시에 전력도 회수할 수 있는 제동법은?
① 단상 제동 ② 발전 제동
③ 플러깅 ④ 회생 제동

97 유도전동기에서 슬립이 0이란 것은 어느 것과 같은가?
① 유도전동기가 동기 속도로 회전한다.
② 유도전동기가 정지 상태이다.
③ 유도전동기가 전부하 운전 상태이다.
④ 유도 제동기의 역할을 한다.

98 권선형 유도전동기에서 회전자 도체와 외부저항을 연결시켜주는 도체의 명칭은?
① 정류자 ② 슬립링
③ 라이저 ④ 로커

99 유도전동기의 동기속도가 1200이고, 회전수가 1176일 때 슬립은?
① 0.06 ② 0.04
③ 0.02 ④ 0.01

100 슬립 5[%]인 유도전동기의 2차 효율은 얼마인가?
① 90[%] ② 95[%]
③ 97.5[%] ④ 99.5[%]

$\eta_2 = \frac{N}{N_2} \times 100 = (1-s) \times 100 = 95$

101 3상 유도전동기의 운전회로에서 과부하 등의 경우에 경보 회로를 구성하는데 MC(PR)와 조합하여 EOCR, OL, ( )의 릴레이를 주로 사용한다. ( )에 적당한 것은?
① FCR ② THR
③ TMR ④ GTO

102 유도전동기의 보호 방식에 따른 분류가 아닌 것은?
① 방진형 ② 방폭형
③ 밀폐형 ④ 방수형

103 1차 쪽에 철심형 리액터를 접속하여 전압 강하를 이용해서 저전압 기동하고 기동 후 단락한다. 구조가 간단하여 15[kW] 이하에서 자동운전, 원격 제어용에 사용되는 것은?
① 리액터 기동
② 기동 보상기법
③ Y-Δ 기동
④ 전전압 기동

104 유도전동기의 비례 추이를 적용할 수 없는 것은?
① 토크 ② 1차 전류
③ 부하 ④ 역률

토크, 1차 전류, 역률, 1차 입력 등에 적용

105 유도전동기의 원선도를 구하는 데 필요하지 않은 것은?
① 슬립(slip) 측정 ② 저항 측정
③ 단락 시험 ④ 무부하 시험

Answer 96. ④ 97. ① 98. ② 99. ③ 100. ② 101. ② 102. ③ 103. ① 104. ③ 105. ①

106 3상 유도전동기에서 비례 추이를 하지 않는 것은?
① 효율　　② 역률
③ 1차 전류　　④ 동기 와트

효율은 관계 없다. 동기 와트는 토크와 비례

107 3상 농형 유도전동기 기동법 중 옳은 것은?
① Y-Δ 기동을 한다.
② 콘덴서를 이용하여 기동한다.
③ 2차 회로에서 저항을 넣어 기동한다.
④ 기동저항기법을 사용한다.

108 그림에서 표시한 회로는 3상 유도전동기의 기동회로이다. 어떤 기동 방법을 나타낸 것인가?

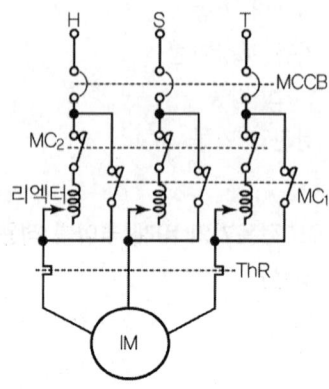

① 콘돌프 기동법
② 기동 보상기법
③ 리액터 기동법
④ 스타-델타 기동법

Answer　106. ①　107. ①　108. ③

Chapter 05 정류기 및 제어기

정류기란 다이오드, 사이리스터 등 전력용 반도체 소자를 적절히 조합해서 교류전원을 직류전원으로 변환시켜주는 장치를 말한다. 또한 사이리스터를 이용하면 정류작용뿐만 아니라 출력 전압을 제어할 수 있다.

1. 전력용 반도체

(1) 전력용 반도체 소자의 종류 및 특성

명 칭	기 호	특 성	용 도
다이오드(정류소자)	(애노드) A ─▷▏─ k (캐소드)		교류를 직류로 변환에 사용
제너 다이오드	A ─▶▏─ k		정전압에 사용
SCR (역저지 3단자 사이리스터)	A ─▷▏─ k, G		• 직류 및 교류제어용 소자 • 자기소호 능력없음(반능동 소자)
TRIAC (쌍방향성 3단자 사이리스터)	T₂ ─◀▶─ T₁, G		• 교류전력 제어용 • 기능상으로는 2개의 SCR을 역병렬 접속한 것과 같음 • 자기소호 능력없음(반능동 소자)
SSS(사이닥) (양방향성 대칭형 스위치)	A ─(N)─ k		교류 제어용

명 칭	기 호	특 성	용 도
SUS (단방향성 3단자 스위치)			타이머 및 트리거 회로 등에 사용
SBS (양방향 3단자 스위치)			트리거 회로 및 과전압보호 회로 등에 사용
GTO (게이트 턴오프 스위치)			• 직류 및 교류 제어용 소자 (SCR 특성) • 자기소호 능력
MOSFET (모스펫)			트랜지스터보다 스위칭속도 는 빠르나 용량이 작다.
IGBT			• 트랜지스터와 MOSFET의 장점을 조합 • 고속 고전압 대전류 제어 • 자기소호 능력
UJT (유닛 정선)			트리거 발생 소자
SCS (역저지 4단자 사이리스터)			광에 의한 스위치 제어
DIAC (대칭형 3층 다이오드)			트리거 펄스 발생 소자

(2) 전력 변환장치의 종류

① 정류기(rectifier) : 교류 → 직류로의 전력 변환기

② 초퍼(chopper) : 직류 → 직류로의 전력 변환기

③ 인버터(Inverter) : 직류 → 교류로의 전력 변환기

④ 컨버터(converter) : 교류 → 교류로의 전력 변환기

2. 정류회로의 종류 및 특성

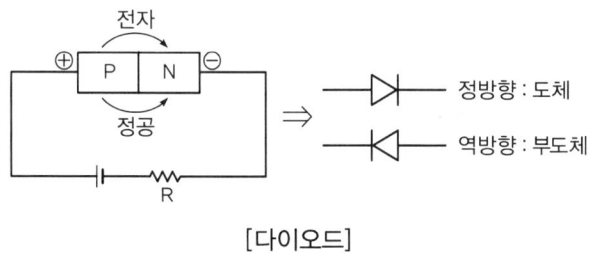

[다이오드]

(1) 단상 반파정류 ⇒ 다이오드 1개

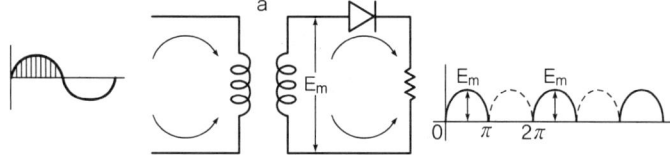

① 직류전압

$$E_d = \frac{1}{2\pi}\int_0^\pi E_m \sin\theta\, d\theta = \frac{\sqrt{2}\,V}{2\pi}[-\cos\theta]\,\begin{matrix}\pi\\0\end{matrix} = \frac{\sqrt{2}\,V}{2\pi}(-\cos\pi + \cos 0)$$

$$\therefore\ E_d = \frac{\sqrt{2}}{\pi}V = 0.45\,V\,[\text{V}] \qquad \text{(여기서, } V\text{ : 2차 실효전압)}$$

② 직류전류

$$I_d = \frac{E_d}{R} = \frac{\frac{\sqrt{2}}{\pi}V}{R} = 0.45\frac{V}{R}[\text{A}] \qquad \therefore\ I_d = 0.45\frac{V}{R}[\text{A}]$$

(2) 단상 전파정류

① 브리지 정류회로

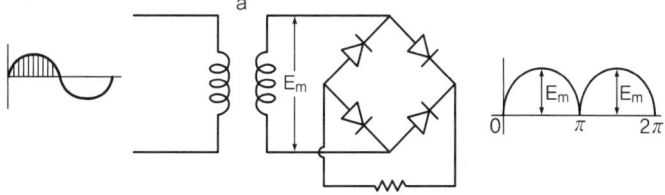

㉠ 직류전압

$$E_d = \frac{1}{\pi}\int_0^\pi E_m \sin\theta\, d\theta = \frac{\sqrt{2}}{\pi}V(1-\cos\theta)\Big|_0^\pi$$

$$= \frac{\sqrt{2}\,V}{\pi}(-\cos\pi + \cos 0) = \frac{2\sqrt{2}}{\pi}V = 0.9V$$

$$\therefore E_d = \frac{2\sqrt{2}}{\pi}V = 0.9V[\text{V}]$$

㉡ 직류전류 $\quad I_d = \dfrac{E_d}{R} = \dfrac{\dfrac{2\sqrt{2}}{\pi}V}{R}[\text{A}]$

㉢ 최대 첨두 전압(PIV) $\quad \text{PIV} = E_m = \sqrt{2}\,V[\text{V}]$

② 중간 탭형 정류회로

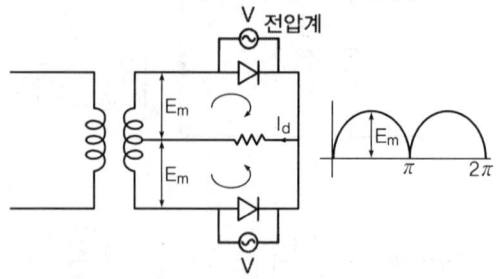

㉠ 직류전압 $\quad E_d = \dfrac{1}{\pi}\int_0^\pi E_m \sin\theta\, d\theta = \dfrac{2\sqrt{2}}{\pi}V = 0.9V[\text{V}]$

㉡ 직류전류 $\quad I_d = \dfrac{E_d}{R} = \dfrac{2\sqrt{2}}{\pi}\cdot V/R[\text{A}]$

(3) 삼상(3ϕ) 반파 : 다이오드 3개

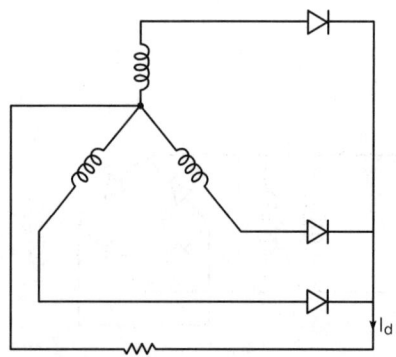

① 직류전압

$$E_d = \frac{1}{\frac{2\pi}{3}} \int_{-\frac{\pi}{3}}^{\frac{\pi}{3}} E_m \cos\theta \, d\theta = \frac{3\sqrt{2}}{2\pi} V [\sin\theta]_{-\frac{\pi}{3}}^{\frac{\pi}{3}}$$

$$= \frac{3\sqrt{2}}{2\pi} V \left[\sin\frac{\pi}{3} + \sin\frac{\pi}{3} \right] = \frac{3\sqrt{2} \cdot \sqrt{3} \, V}{2\pi} = 1.17 \, V [\text{V}]$$

② 직류전류 $\quad I_d = \dfrac{E_d}{R} = \dfrac{1.17\,V}{R}$

(4) 삼상(3ϕ) 전파정류 : 다이오드 6개

① 직류전압 $\quad E_d = \dfrac{3\sqrt{2}}{2\pi} \cdot \sqrt{3}\,V \times \dfrac{2}{\sqrt{3}} = \dfrac{6\sqrt{2}}{2\pi} = 1.35\,V[\text{V}]$

② 직류전류 $\quad I_d = E_d/R$

> 수은 정류기
> 대전류 정류용으로 방송국 등에 사용한다. (6상 2중 성형 결선방식)
>
> 전압비 : $\dfrac{E_a}{E_d} = \dfrac{\frac{\pi}{m}}{\sqrt{2}\sin\frac{\pi}{m}}$ 전류비 : $\dfrac{I_a}{I_d} = \dfrac{1}{\sqrt{m}}$

3. 사이리스터의 위상제어 정류회로

(1) 사이리스터란

PNPN의 4층 구조로 된 반도체 소자를 총칭해서 사이리스터라 하는데 전력변환기기의 제어용 소자로 이용되며 스위치, 정류, 위상제어, 초퍼, 인버터 기능 등 다양한 변환작용에 사용된다.

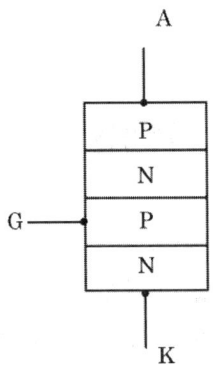

(2) 단상 반파 정류제어

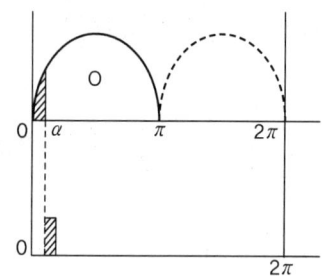

$$E_d = \frac{1}{2\pi}\int_\alpha^\pi E_m \sin\theta\, d\theta = \frac{\sqrt{2}\,V}{2\pi}[-\cos\theta]_\alpha^\pi = \frac{\sqrt{2}\,V}{2\pi}[-\cos\pi+\cos\alpha]$$

$$\therefore\ E_d = \frac{\sqrt{2}\,V}{2\pi}[1+\cos\alpha][V]$$

(3) 단상 전파 정류제어

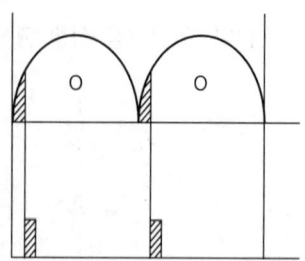

$$E_d = \frac{1}{\pi}\int_\alpha^\pi E_m \sin\theta\, d\theta = \frac{\sqrt{2}\,V}{\pi}[-\cos\theta]_\pi^\alpha = \frac{\sqrt{2}\,V}{\pi}[-\cos\pi+\cos\alpha]$$

$$\therefore\ E_d = \frac{\sqrt{2}\,V}{\pi}[1+\cos\alpha]$$

4. 맥동률

(1) 의미

① 리플 전압과 직류 평균전압과의 비에 대한 백분율이다.
② 리플 전압은 교류전원을 직류로 정류하는 과정에 남아 있는 교류 성분 전압을 말하는데 직류 출력의 잡음 요소이다.

(2) 정류회로의 맥동률
① 단상 반파 정류회로 : 121[%]
② 단상 전파 정류회로 : 48[%]
③ 3상 반파 정류회로 : 17[%]
④ 3상 전파 정류회로 : 4[%]

5. 사이리스터의 응용회로

(1) 컨버터 회로
교류-교류 전력제어장치로서 주파수의 변화는 없고 전압의 크기만을 바꾸어 주는 교류 전력제어장치와 주파수 및 전압의 크기까지 바꾸는 사이클로 컨버터가 있다.

(2) 초퍼 회로
직류-직류 전력제어장치로서 강압형 초퍼와 승압형 초퍼가 있다. 주로 직류전동기 제어에 널리 사용된다.

① 강압형 초퍼 $\quad E_2 = \dfrac{T_{on}}{T} \times E_1 [\text{V}] \quad$ (여기서, $T = T_{on} + T_{off}$로 스위칭 주기이다.)

② 승압형 초퍼 $\quad E_2 = \dfrac{T}{T_{off}} \times E_1 [\text{V}]$

(3) 인버터 회로
직류를 교류로 변환하는 장치를 인버터 또는 역변환 장치라고 한다.

(4) 펄스 폭 변조(PWM) 기법
① 초퍼 회로나 인버터 회로 등에서 스위칭 구동 펄스로 사용되는 기법이다.
② 이 스위칭 구동 펄스의 폭을 변조함으로써 출력전압이나 주파수를 자유로이 제어할 수 있다.
③ 펄스폭이 얇아지면 낮은 전압이 출력되고 펄스폭이 두꺼워지면 높은 출력을 얻을 수 있다.

예·상·기·출·문·제

01 SCR(실리콘 정류 소자)의 특징이 아닌 것은?
① 아크가 생기지 않으므로 열의 발생이 적다.
② 과전압에 약하다.
③ 게이트에 신호를 인가할 때부터 도통할 때까지의 시간이 짧다.
④ 전류가 흐르고 있을 때 양극 전압 강하가 크다.

🔖 SCR의 순방향 전압 강하는 보통 1.5[V] 이하로 작다.

02 사이리스터 명칭에 관한 설명 중 틀린 것은?
① SCR은 역저지 3극 사이리스터이다.
② SSS은 2극 쌍방향 사이리스터이다.
③ TRIAC은 2극 쌍방향 사이리스터이다.
④ SCS는 역저지 4극 사이리스터이다.

🔖 TRIAC은 3극 쌍방향성 사이리스터이다.

03 다음 중 쌍방향성 3단자 사이리스터는 어느 것인가?
① SCR   ② SSS
③ SCS   ④ TRIAC

🔖 ① SCR : 1방향성 3단자
② SSS : 2방향성 2단자
③ SCS : 1방향성 4단자
④ TRIAC : 2방향성 3단자

04 교류 전력을 교류로 변환하는 것은?
① 정류기   ② 초퍼
③ 인버터   ④ 사이클로 컨버터

🔖 사이클로 컨버터는 다른 주파수의 전력으로 변환시키는 장치이다.

05 반도체 사이리스터에 의한 제어는 어느 것을 변화시키는가?
① 주파수   ② 위상각
③ 최댓값   ④ 토크

🔖 정류 전압의 위상각을 제어한다.

06 그림의 단상 반파 정류회로에서 R에 흐르는 직류 전류[A]는? (단, V=100[V], R=$10\sqrt{2}$ [Ω]이다.)
① 3.0
② 3.2
③ 4.5
④ 7.0

$V=\sqrt{2}V\sin\omega t$ R

🔖 $E_d = \dfrac{\sqrt{2}}{\pi}E = 0.45E[V]$ (반파)

∴ $I_d = \dfrac{E_d}{R} = \dfrac{0.45E}{R}$

$= \dfrac{0.45 \times 100}{10\sqrt{2}} = 3.18 ≒ 3.2[A]$

07 단상 반파 정류회로에서 입력에 교류 실효값 100[V]를 정류하면 직류 평균 전압은 몇 [V]인가? (단, 정류기 전압 강하는 무시한다.)
① 45   ② 90

🔓 Answer   1.④ 2.③ 3.④ 4.④ 5.② 6.② 7.①

③ 144　　　　　④ 282

$E_d = \dfrac{\sqrt{2}}{\pi}E = 0.45 \times 100 = 45$

08. 단상 브리지 전파 정류회로의 저항 부하의 전압이 100[V]이면 전원 전압[V]은?

① 111　　　　　② 120
③ 100　　　　　④ 95

$E_d = \dfrac{2\sqrt{2}}{\pi}E = 0.90E$ 에서

$E = \dfrac{E_d}{0.9} = \dfrac{100}{0.9} = 111[V]$

09. 사이리스터(thyristor) 단상 전파정류 파형에서의 저항 부하의 맥동률[%]은?

① 17　　　　　② 48
③ 52　　　　　④ 65

단상전파회로 맥동률은 48[%]이다.

10. 단상 전파 정류회로에서 교류 전압 v = $\sqrt{2}$ V sinθ[V]인 정현파 전압에 대하여 직류 전압 e_d의 평균값 E_{do}[V]는 얼마인가?

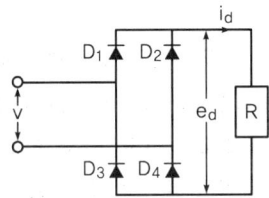

① $E_{do} = 0.45\,V$　② $E_{do} = 0.90\,V$
③ $E_{do} = 1.17\,V$　④ $E_{do} = 1.35\,V$

$E_{do} = \dfrac{2\sqrt{2}}{\pi}E \fallingdotseq 0.9E[V]$

11. 그림과 같은 정류회로는 다음 중 어느 것에 해당되는가?

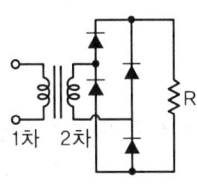

① 삼상 전파회로
② 단상 전파회로
③ 삼상 반파회로
④ 단상 반파회로

전원은 단상이고 2차측이 브리지회로이다.

12. 그림의 회로에서 저항 부하에 전류를 흘릴 때 부하측의 파형은?

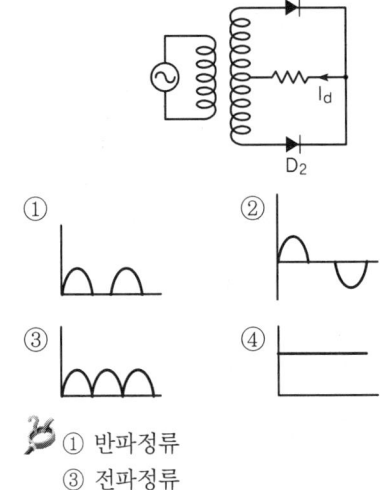

① 반파정류
③ 전파정류

13. 단상 브리지 정류회로에서 저항 부하에 인가되는 전압이 200[V]이면 전원 전압[V]은?

① 75　　　　　② 100
③ 222　　　　　④ 320

Answer　8. ①　9. ②　10. ②　11. ②　12. ③　13. ③

$E_d = \dfrac{2\sqrt{2}}{\pi}E = 0.9E$에서

$\therefore E = \dfrac{E_d}{0.9} = \dfrac{200}{0.9} ≒ 222[V]$

14 반파 정류회로의 직류 전압이 200[V]일 때 정류기의 역방향 첨두 전압[V]은?

① 330   ② 527
③ 628   ④ 716

$E_d = 0.45E$

$E = \dfrac{E_d}{0.45} = \dfrac{200}{0.45} = 444.44$

$\therefore PIV = \sqrt{2}E = \sqrt{2} \times 444.44 ≒ 628[V]$

15 그림과 같은 단상 전파 제어회로에서 점호각이 α일 때 출력 전압의 전파 평균값을 나타내는 식은?

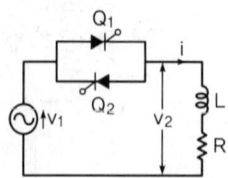

① $\dfrac{\sqrt{2}\,V_1}{\pi}(1-\cos\alpha)$

② $\dfrac{\sqrt{2}\,V_1}{\pi}(1+\cos\alpha)$

③ $\dfrac{\pi}{\sqrt{2}\,V_1}(1-\cos\alpha)$

④ $\dfrac{\pi}{\sqrt{2}\,V_1}(1+\cos\alpha)$

사이리스터 전파 정류회로이다.
$E_d = \dfrac{\sqrt{2}E}{\pi}(1+\cos\alpha)$ (전파)

16 그림과 같이 SCR을 이용하여 교류 전력을 제어할 때 전압 제어가 가능한 범위는? (단, α : 부하 시의 제어각, r : 부하 임피던스각이다.)

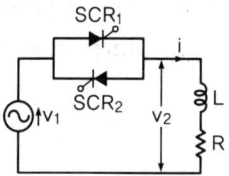

① $\alpha > r$
② $\alpha = r$
③ $\alpha < r$
④ α, r에 관계없이 가능하다.

제어각 α > 부하 역률각 r에서 전압제어가 가능하다.

17 다음 사이리스터 중 3단자 사이리스터가 아닌 것은?

① SCR   ② GTO
③ TRIAC ④ SCS

SCR, GTO, TRIAC은 3단자 사이리스터이며 SCS는 1방향성 4단자 사이리스터이다.

18 그림과 같은 단상 전파 제어회로에서 부하의 역률각 ϕ가 60°의 유도 부하할 때 제어각 α를 0°에서 180°까지 제어하는 경우에 전압 제어가 불가능한 범위는?

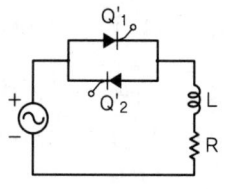

① $\alpha \leq 30°$ ② $\alpha \leq 60°$

Answer 14. ③ 15. ② 16. ① 17. ④ 18. ②

③ $\alpha \leq 90°$ ④ $\alpha \leq 120°$

제어각 $\alpha >$ 부하 역률각 $r(60°)$에서 전압제어가 가능하다.

[2001년 이후 최근 기출문제]

19. 사이리스터가 기계적인 스위치보다 유효한 특성이 될 수 없는 것은?
① 내충격성 ② 소형 경량
③ 무소음 ④ 고온에 강하다.

열용량이 적으므로 온도 상승에 약하다.

20. 다음 중 SCR의 기호가 맞는 것은 어느 것인가?(단, A는 anode의 약자, K는 cathode의 약자이며 G는 gate의 약자이다.)

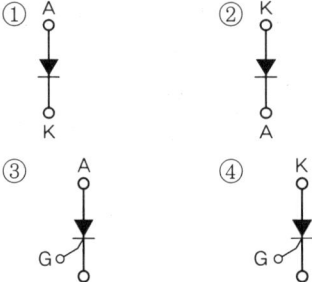

① 다이오드(Diode)
③ SCR(Silicon Controlled Rectifier)

21. SCR의 점호에 사용되는 단자는?
① 베이스 ② 캐소드(음극)
③ 애노드(양극) ④ 게이트

22. DIAC의 기호는?

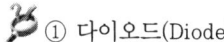

③ ④

23. 트라이액(TRIAC)의 기호는?

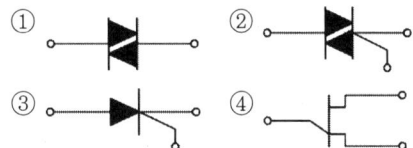

24. 근래 전차용 속도 제어에 많이 채용되고 있는 것은?
① 계자 제어 ② 일그너 제어
③ 레오나드 제어 ④ 초퍼 제어

직류전압제어용이다.

25. 어떤 직류 전압을 입력으로 하여 크기가 다른 직류를 얻기 위한 회로는 무엇인가?
① 초퍼 ② 인버터
③ 컨버터 ④ 정류기

26. 다음 중 맥동률이 가장 작은 정류 방식은?
① 3상 반파 정류 ② 3상 전파 정류
③ 단상 반파 정류 ④ 단상 전파 정류

27. 실리콘 제어 정류기(SCR)에 대한 설명으로서 적합하지 않은 것은?
① 정류 작용을 할 수 있다.
② P-N-P-N 구조로 되어 있다.
③ 정방향 및 역방향의 제어 특성이 있다.
④ 인버터 회로에 이용될 수 있다.

SCR은 단방향 특성이다.

Answer 19. ④ 20. ③ 21. ④ 22. ③ 23. ② 24. ④ 25. ① 26. ② 27. ③

28. SCR에 대한 설명이다. 틀린 사항은?
① SCR은 전력용 반도체 소자이다.
② SCR은 사이리스터(Thyristor)의 일종이다.
③ SCR은 PNPN의 4층 구조로 된 정류소자이며 스위칭 소자로 교류 위상제어용으로 쓰인다.
④ SCR은 게이트 정격전압 및 전류에 의해 트리거되어 도통상태가 되나 게이트 트리거 전류를 차단시키면 SCR은 즉시 턴 오프된다.

　게이트 전류를 차단해도 턴오프되지 않는다.

29. 다음의 그림과 같이 반도체로 전력 변환을 하는 경우 ㉠의 다이오드가 하는 일은 스위치 개방 시 큰 전압이 유도되는 것을 방지하는 역할을 한다. 이 다이오드를 무엇이라 하는가?

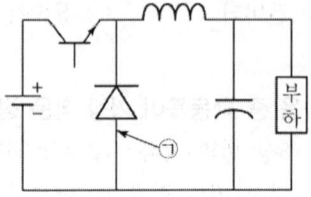

① 턴 온(turn on) 다이오드
② 턴 오프(turn off) 다이오드
③ 환류(freewheeling) 다이오드
④ 필터(filter) 다이오드

30. 위치결정 기구에 사용되는 전동기는?
① 스테핑 모터　② 셰이딩 모터
③ 전기 동력계　④ 반동 전동기

31. 입력으로 펄스신호를 가해주고 속도를 입력 펄스의 주파수에 의해 조절하는 전동기는?
① 전기 동력계
② 서보전동기
③ 스테핑 전동기
④ 권선형 유도전동기

32. 초퍼에 사용되는 소자로 가장 좋은 것은?
① GTO　　　② TRIAC
③ SCR　　　④ LASCR

　초퍼는 고속도로 스위칭하는 소자, 직류전동기제어, 직류전력제어에 사용한다.
　SCR은 별도의 정류회로 부착 및 신뢰도 문제로 잘 사용되지 않는다.

33. 전파정류회로의 원도면이 맞는 것은?

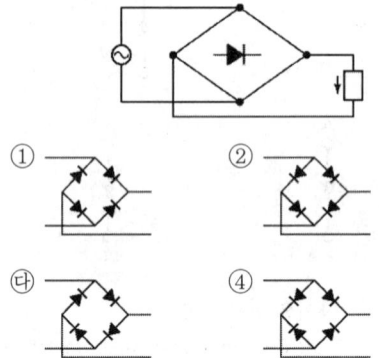

34. 반파 정류회로에서 변압기 2차 전압의 실효치를 E[V]라 하면 직류전류 평균치는? (단, 정류기의 전압강하는 무시한다.)

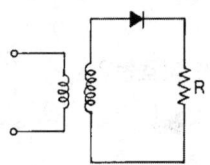

Answer　28. ④　29. ③　30. ①　31. ③　32. ①　33. ①　34. ④

① E/R ② $\dfrac{1}{2} \cdot \dfrac{E}{R}$
③ $\dfrac{2\sqrt{2}}{\pi} \cdot \dfrac{E}{R}$ ④ $\dfrac{\sqrt{2}}{\pi} \cdot \dfrac{E}{R}$

$I_d = \dfrac{\sqrt{2}}{\pi} \cdot \dfrac{E}{R} = 0.45 \dfrac{E}{R}$

35. PN 접합 정류소자의 설명들 중 잘못된 것은?
① 온도가 높아지면 순방향 및 역방향 전류가 모두 감소한다.
② 순방향 전압은 P형에 (+), N형에 (−) 전압을 가함을 말한다.
③ 정류비가 클수록 정류특성은 좋다.
④ 역방향 전압에서는 극히 작은 전류만이 흐른다.

36. 직류를 교류로 변환하는 장치로 초고속 전동기의 전원 형광등의 고주파 점등에 이용되는 것은?
① 인버터 ② 컨버터
③ 변성기 ④ 변류기

역변환 장치라고도 한다. 교류를 직류로 변환하는 것은 정류회로, 순변환장치

37. 3상 교류 100[V]를 전파 정류시킬 때 평균값[V]은?
① 45 ② 90
③ 135 ④ 300

3φ 전파 시 평균전압
$E_d = 1.35 V$

38. 스위칭 주기 10[μs], 오프 시간 2[μs]인 승압형 초퍼의 입력전압이 100[V]이면 출력전압[V]은?
① 800 ② 500
③ 200 ④ 80

$E_2 = \dfrac{T}{T_{off}} \times E_1 = \dfrac{10 \times 10^{-6}}{2 \times 10^{-6}} \times 100 = 500$

39. 반도체 사이리스터에 의한 전동기의 속도 제어 중 주파수 제어는?
① 초퍼 제어 ② 인버터 제어
③ 컨버터 제어 ④ 브리지 정류 제어

40. SCR를 역병렬로 접속한 것과 같은 특성의 소자는?
① 다이오드 ② 사이리스터
③ GTO ④ TRIAC

41. 직류 전압을 직접 제어하는 것은?
① 단상 인버터
② 3상 인버터
③ 초퍼형 인버터
④ 브리지형 인버터

42. 교류 동기 서보 모터에 비하여 효율이 훨씬 좋고 큰 토크를 발생하여 입력되는 각 전기 신호에 따라 규정된 각 만큼씩 회전하며 회전자는 축 방향으로 자화된 50개 정도의 톱니가 영구자석으로 만들어져 있는 전동기는?
① 전기동력계
② 유도전동기
③ 직류 스테핑모터

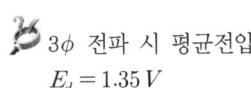
Answer 35. ① 36. ① 37. ③ 38. ② 39. ② 40. ④ 41. ③ 42. ③

④ 동기전동기

43 상전압 300[V]의 3상 반파 정류회로의 직류 전압[V]은?
① 351　　② 283
③ 200　　④ 171

🔑 3φ 반파 : $E_d = 1.17 V = 1.17 \times 300 = 351$

44 그림의 정류회로에서 다이오드 D의 전압강하를 무시할 때 콘덴서 C 양단의 최대전압[V]은?

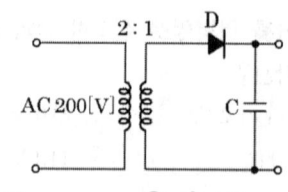

① 약 70　　② 약 141
③ 약 280　　④ 약 352

🔑 $V_p = \sqrt{2} V = \sqrt{2} \times 100 = 141$

45 사이리스트를 이용하여 단상 전파제어 정류를 하고자 한다. 전원 전압이 100[V]에서 점호각이 60°일 때 직류 전압평균값은 몇 [V]인가?
① 86.6　　② 70.7
③ 67.5　　④ 57.7

🔑 $E_d = 0.45 V(1 + \cos\alpha)$
　　$= 0.45 \times 100 \times (1 + 0.5) = 67.5[V]$

46 인버터(inverter)의 전력 변환은?
① 교류 → 직류로 변환
② 교류 → 교류로 변환
③ 직류 → 교류로 변환
④ 직류 → 직류로 변환

47 수은 정류기 이상 현상 또는 전기적 고장이 아닌 것은?
① 역호　　② 이상전압
③ 점호　　④ 통호

48 다음 중 자기 소호 제어용 소자는?
① SCR　　② TRIAC
③ DIAC　　④ GTO

🔑 자기소호
게이트 신호에 의해 스스로 off 상태로 되는 능력

49 SCR에 대한 설명으로 적당한 것은?
① 제어기능을 갖는 쌍방향성의 3단자 소자이다.
② 정류기능을 갖는 단일방향성의 3단자 소자이다.
③ 증폭기능을 갖는 단일향성의 3단자 소자이다.
④ 스위칭기능을 갖는 쌍방향성의 3단자 소자이다.

50 초퍼회로에서 스위칭 주파수를 일정하게 유지하고 도통 시간만 변화시키는 출력전압 제어방식은?
① PWM　　② PAM
③ PCM　　④ PFM

🔓 Answer　43. ①　44. ②　45. ③　46. ③　47. ③　48. ④　49. ②　50. ①

51 SCR을 트랜지스터 등가회로로 나타낼 때 바르게 나타낸 것은?

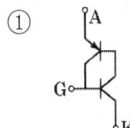   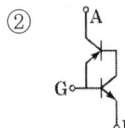

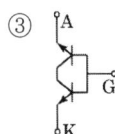   ④

52 전력변환기에 사용되는 반도체 다이리스터에 의한 전동기 속도제어에서 제어되지 않는 것은?
① 주파수   ② 토크
③ 위상   ④ 전압

53 위상제어회로에서 점호각과 교류 전원측의 역률과의 관계는?
① 점호각이 커질수록 역률이 높아진다.
② 점호각이 커질수록 역률은 낮아진다.
③ 점호각이 변화되어도 역률은 항상 1이다.
④ 점호각이 변화되어도 역률은 항상 0.9이다.

54 사이리스터의 트리거 소자로 사용되지 않은 것은?
① UJT   ② PUT
③ RCT   ④ SUS

55 SCR의 설명 중 옳지 않은 것은?
① 스위칭 소자이다.
② P-N-P-N 소자이다.
③ 쌍방향성 사이리스터이다.
④ 직류, 교류, 전력 제어용으로 사용한다.

56 제너 다이오드는 다음 중 어느 회로에 쓰이는가?
① 일정한 전압을 얻는 회로
② 일정한 전류를 흘리는 회로
③ 검파회로
④ 발진회로

57 유도전동기의 속도제어를 위한 계통이 잘못된 것은?
① 직류전원 – 초퍼 – 필터 – 인버터 – 유도전동기
② 직류전원 – PWM 인버터 – 유도전동기
③ 교류전원 – 제어정류회로 – 필터 – 인버터 – 유도전동기
④ 교류전원 – PWM 인버터 – 유도전동기

인버터는 직류를 교류로 변환하는 장치이다.

58 가장 낮은 맥동률을 가지며, 맥동이 거의 없는 정류회로는?
① 3상 반파 정류회로
② 단상 반파 정류회로
③ 3상 브리지 정류회로
④ 단상 전파 정류회로

59 반도체 물질에 해당되는 것은?
① Si   ② Au
③ Sb   ④ Ga

Answer 51. ① 52. ② 53. ② 54. ③ 55. ③ 56. ① 57. ④ 58. ③ 59. ①

60 트라이액(TRIAC)에 대한 설명이다. 옳지 않은 것은?
① 교류전력 제어용이다.
② 직류전력 제어용이다.
③ 양방향성 3단자 다이리스터이다.
④ SCR 2개를 역병렬로 접속한 특성을 갖고 있다.

61 교류전력 제어에 사용되며 사이리스터 2개를 역병렬로 연결한 것과 같은 특성을 가진 소자는?
① SCS   ② GTO
③ TRIAC ④ DOAC

62 인버터의 출력전압 파형의 제어에 주로 사용되는 방식은?
① 펄스폭 변조(PWM) 방식
② 펄스진폭 변조(PAM) 방식
③ 펄스주파수 변조(PFM) 방식
④ 혼합 변조 방식(PWM+PAM)

63 그림과 같은 회로는 어떤 회로인가?

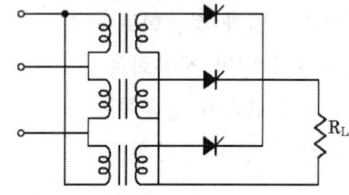

① 단상 전파정류회로
② 단상 브리지정류회로
③ 단상 3배압 제어정류회로
④ 3상 반파제어정류회로

64 SCR의 pn 접합 구조를 옳게 나타낸 것은?

① K―P N P N―A   ② A―P N P N―K
        G   G
③ A―N P N P―K   ④ A―N P N P―G
        G   K

SCR은 P형 접합 게이트 구조이다.

Answer 60. ② 61. ③ 62. ① 63. ④ 64. ②

전기설비 03

Chapter 01 전기설비

1. 전선 및 케이블

1. 전선의 조건 및 규격

(1) 전선의 구비 조건
① 가요성이 좋아야 한다.
② 도전율이 높아야 한다.
③ 내구성이 뛰어나고, 기계적 강도(인장 강도)가 커야 한다.
④ 비중이 낮아야 한다.

> **참고** 전선의 재료
> - 구리 : 인장강도가 크다.
> - 알루미늄 : 구리, 은 다음으로 도전율이 좋다. 인장 강도가 적으나 고압 송전에서 코로나 발생 방지

(2) 전선의 구분
① 단선과 연선
   ㉠ 단선(solid wire) : 전선의 단면이 1개의 도체로 된 전선
   ㉡ 연선(stranded wire) : 여러 단선을 필요한 굵기에 따라 합쳐 꼬은 전선
② 전선의 굵기를 나타내는 방법
   ㉠ 단선 : 옥내 배선(연동선)에서는 도체의 단면적 크기인 [mm^2] 단위를 사용하고 경동선은 도체의 지름의 크기인 [mm] 단위를 사용한다.
   ㉡ 연선 : 도체의 단면적인 [mm^2] 단위를 사용한다.

③ 경동선과 연동선
   ㉠ 경동선 : 인장 강도가 커서 송·배전용 가공전선로에 사용한다.
   ㉡ 연동선 : 전기 저항이 작고 부드러운 성질이 있어서 주로 옥내배선에 사용한다.
④ 고유저항
   ㉠ 연동선 : $1/58[\Omega \text{mm}^2/\text{m}]$
   ㉡ 경동선 : $1/55[\Omega \text{mm}^2/\text{m}]$
⑤ 연선의 구성 : 중심 소선 1가닥을 중심으로 총수에 6의 배수만큼 층마다 증가
   ㉠ 총 소선수 $N = 3n(n+1) + 1$[개] (여기서, n : 전선의 층수)
   ㉡ 연선의 바깥지름 $D = (1 + 2n)d$[mm] (여기서, d : 전선 한 가닥의 직경[mm])
   ㉢ 연선의 총 단면적 $A = aN[\text{mm}^2]$ (여기서, a : 전선 한 가닥의 단면적[mm^2])

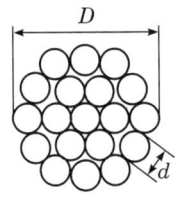

2. 전선의 종류

(1) 나전선

나전선(버스 덕트의 도체, 기타의 구부리기 어려운 전선, 라이팅 덕트의 도체 및 절연 트롤리선의 도체는 제외한다.) 등의 금속선은 다음의 것 또는 이들을 소선으로 하여 구성된 연선을 사용하여야 한다.

① 경동선(지름 12[mm] 이하의 것)
② 연동선
③ 동합금선(단면적 25[mm^2] 이하의 것)
④ 경알루미늄선(단면적 35[mm^2] 이하의 것)
⑤ 알루미늄 합금선(단면적 35[mm^2] 이하의 것)
⑥ 아연도강선
⑦ 아연도철선(기타 방청도금을 한 철선을 포함한다.)

(2) 평각 구리선

피복이 없는 나선의 일종으로 전기기계기구의 전선에 사용하는 평각 구리선은 4가지 종류가 있다.

① 1호 평각 구리선 …… 경질인 것
② 2호 평각 구리선 …… 반경질인 것
③ 3호 평각 구리선 …… 연질인 것
④ 4호 평각 구리선 …… 연질인 것으로서 에지 와이어(edge wire) 구부려 쓰는 것

(3) 강심 알루미늄 연선(aluminium cable steel reinforecd : ACSR)

강심을 심선으로 하고, 그 바깥 둘레에 알루미늄선을 꼬아 만든 복합전선이다. 기계적 강도와 도전성을 두 재료에 의해 구현한 것이다. 경동선에 대하여 중량이 작고, 인장강도가 크므로 장경간의 송전선에 적합하며 또 외경이 크므로 코로나 방전이 잘 발생하지 않는다.

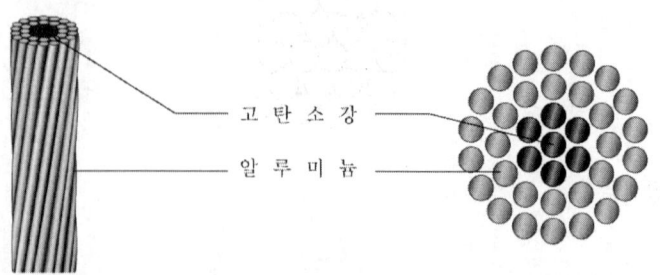

(4) 절연전선(코드)

절연전선(코드)은 다음의 것을 사용하여야 한다.

① 옥외용 비닐절연전선(이하 "OW전선"이라 한다.)
② 인입용 비닐절연전선(이하 "DV전선"이라 한다.)
③ 450/750[V] 이하 염화비닐절연전선
④ 450/750[V] 이하 고무절연전선
⑤ 450/750[V] 저독성 난연 폴리올레핀 절연전선
⑥ 450/750[V] 저독성 난연 가교폴리올레핀 절연전선
⑦ 1000[V] 형광 방전등용 전선
⑧ 네온관용 전선
⑨ 6/10[kV] 고압인하용 가교 폴리에틸렌 절연전선
⑩ 6/10[kV] 고압인하용 가교 EP 고무절연전선

⑪ 고압 절연전선
⑫ 특고압 절연전선(공칭전압이 22,900[V] 이하)

(5) 고무 절연전선

① 고무 절연전선(RB)의 종류

기 호	명 칭	절연체	약호
60245 KS IEC 04	750[V] 내열성 고무 절연전선(110℃)	IE3	HR(0.75)
60245 KS IEC 05	750[V] 내열성 유연성 고무 절연전선(110℃)	IE3	HRF(0.75)
60245 KS IEC 06	500[V] 내열성 고무 절연전선(110℃)	IE3	HR(0.5)
60245 KS IEC 07	500[V] 내열성 유연성 고무 절연전선(110℃)	IE3	HRF(0.5)

(적용 규격 : KS C IEC 60245-7 내열성 에틸렌아세테이트 고무 절연전선)

기 호	명 칭	절연체	약호
60245 KS IEC 03	300/500[V] 내열성 실리콘 고무 절연전선(180℃)	IE2	HRS

(적용 규격 : KS C IEC 60245-3 내열 실리콘 고무 절연전선)

② 비닐 절연전선(NR, NF)
  ㉠ 비닐 절연전선(NR, NF의 기호)의 종류

기 호	명 칭	절연체	약호
60227 KS IEC 01	450/750[V] 일반용 단심 비닐 절연전선	PVC/C	NR
60227 KS IEC 02	450/750[V] 일반용 유연성 단심 비닐 절연전선	PVC/C	NF

(적용 규격 : KS C IEC 60227-3 배선용 비닐 절연전선)

  ㉡ 450/750[V] 일반용 단심 비닐 절연전선의 특징

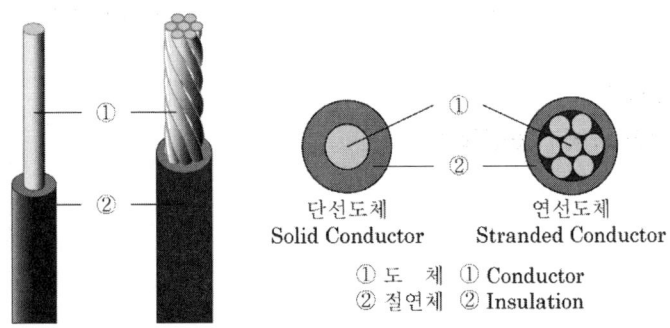

[450/750[V] 단심 비닐 절연전선의 규격(참고 자료)]

도체(conductor)			절연두께 [mm]	완성외경	
공칭단면적 [mm²]	소선수, 소선경 No/Di of wire No/[mm]	외경 [mm]		하한값 Min[mm]	상한값 Max[mm]
1.5	1/0.38	1.38	0.7	2.6	3.2
1.5	7/0.53	1.59	0.7	2.7	3.3
2.5	1/1.78	1.78	0.8	3.2	3.9
2.5	7/0.67	2.01	0.8	3.3	4
4	1/2.25	2.25	0.8	3.5	4.4
4	7/0.85	2.55	0.8	3.8	4.6
6	1/2.76	2.76	0.8	4.1	5
6	7/1.04	3.12	0.8	4.3	5.2
10	1/3.57	3.57	1.0	5.3	6.4
10	7/1.35	4.05	1.0	5.6	6.7
16	C.C	4.7	1.0	6.4	7.8
25	C.C	5.9	1.2	8.1	9.7
35	C.C	7.0	1.2	9.0	10.9
50	C.C	8.5	1.4	10.6	12.8
70	C.C	9.8	1.4	12.5	14.6
95	C.C	11.5	1.6	14.1	17.1
120	C.C	13.0	1.6	15.6	18.8
150	C.C	14.6	1.8	17.3	20.9
185	C.C	16.1	2.0	19.3	23.3
240	C.C	18.5	2.0	22.0	26.6
300	C.C	20.5	2.4	24.5	29.6
400	C.C	24.1	2.6	27.5	33.2

※ C.C : Circular Compact Stranded(원형 압축 연선)

참고 단선도체
1등급(1 class), 연선도체 : 2등급(2 class)

ⓒ 450/750[V] 일반용 유연성 단심 비닐 절연전선의 특징

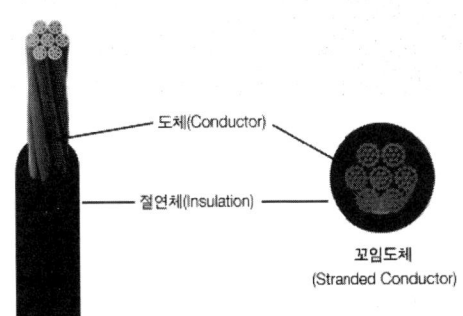

③ 옥외용 비닐 절연전선(OW, outdoor polyvinyl chloride insulated wire)

옥외용 비닐 절연전선은 옥외가공선로에 사용한다. 피복의 두께가 제일 얇고, 옥내에서는 사용할 수가 없다.

④ 인입용 비닐 절연전선(DV, polyvinyl chloride insulated drop wire)

인입용 비닐 절연전선은 저압 가공인입선, 옥외조명용 가공선 등에 사용한다.

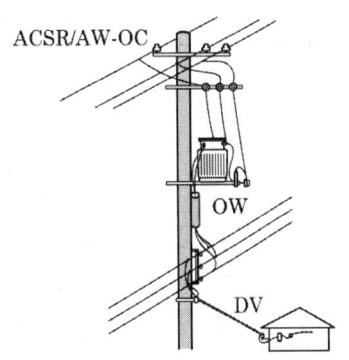

⑤ 형광등 전선(FL)

㉠ 형광 방전등의 관등회로 전압 1000[V] 이하에 사용하는 것으로, 주로 슬립 라인 형광등, 냉음극 형광등용 변압기의 고압측에 사용된다.

㉡ 전선표면에 1000[V] 형광 방전등 전선을 1000[VFL]로 표시한다.

⑥ 네온 전선(neon cord)

네온 전선은 네온관등 회로의 고압측 배선에 쓰이는 것이며, 7500[V]용과 15,000[V] 용의 2종류가 있다.

> 참고
> - 네온등 : 광고물에 사용. 네온가스를 사용하는 방전등(고압 방전)
> - 나트륨등 : 효율과 투과성이 높아 터널 내에서 많이 사용함. 노란빛이 난다.
> - 수은등 : 효율, 연색성이 낮아 잘 사용하지 않는다.
> - 메탈 할라이드등 : 연색성이 우수하며 경기장에서 많이 사용한다.

[네온 전선의 규격(KSC 3308-1988)]

명 칭	기 호	내부피복 절연체	외부피복 절연체
15[kV] 고무, 비닐, 네온전선	15[kV] N-RV	고무	염화비닐
15[kV] 고무, 클로로프렌, 네온전선	15[kV] N-RC	고무	클로로프렌
15[kV] 폴리에틸렌, 비닐, 네온전선	15[kV] N-EV	폴리에틸렌	염화비닐
7.5[kV] 고무, 비닐, 네온전선	7.5[kV] N-RV	고무	염화비닐
7.5[kV] 고무, 클로로프렌, 네온전선	7.5[kV] N-RC	고무	클로로프렌
7.5[kV] 폴리에틸렌, 비닐, 네온전선	7.5[kV] N-EV	폴리에틸렌	염화비닐

[비고] N : 네온전선, R : 고무, V : 비닐, C : 클로로프렌, E : 폴리에틸렌

(6) 코드

- 유연성에 중점을 두고 만들어진 절연전선을 코드라 한다. 0.18~0.32[mm] 정도의 극히 가는 연동선으로 된 연선에 고무, 비닐 등을 피복하여 절연한 것이다. 유연성이 풍부하기 때문에 전동기구, 전기기구 등에 사용하여 이동시키면서 편리하게 이용되고 있다.
- 종류에는 주로 대편 코드, 원편 코드(전등, 일반기구용), 방습 코드(습기 있는 장소의 전등용), 캡타이어 코드(소형 전기기기용), 전열용 코드, 비닐 코드 등이 있다.
- 코드는「전기용품안전관리법」에 의한 안전 인증을 받은 것을 사용하여야 한다.

① 고무 코드의 종류

기호	명 칭	절연체	시스	약호
60245 KS IEC 51	300/300[V] 편조 고무 코드	IE1	-	BRC
60245 KS IEC 53	300/500[V] 범용 고무시스 코드	IE1	SE3	ORSC
60245 KS IEC 57	300/500[V] 범용 클로로프렌, 합성 고무 시스 코드	IE1	SE4	OPSC

(적용 규격 : KS C IEC 60245-4 고무 코드, 유연성 케이블)

기호	명 칭	절연체	시스	약호
60245 KS IEC 86	300/300V 유연성 고무 절연 고무 시스 코드	IE1	SE3	RIF
60245 KS IEC 87	300/300V 유연성 고무 절연 가교 폴리에틸렌 비닐 시스 코드	IE1	SX1 XLPVC	RICLF
60245 KS IEC 88	300/300 V 유연성 가교 비닐 절연 가교 비닐 시스 코드	IE1	SX1 XLPV	CLF

(적용 규격 : KS C IEC 60245-8 전기기기용 고 유연성 고무코드)

② 비닐 코드의 종류

기호	명 칭	절연체	시스	약호
60227 KS IEC 41	300/300[V] 평형 금사 코드	PVC/D		FTC
60227 KS IEC 42	300/300[V] 평형 비닐 코드	PVC/D		FSC
60227 KS IEC 43	300/300[V] 실내 장식 전등 기구용 코드	PVC/D		CIC
60227 KS IEC 52	300/300[V] 연질 비닐 시스 코드	PVC/D	PVC/ST5	LPC
60227 KS IEC 53	300/500[V] 범용 비닐 시스 코드	PVC/D	PVC/ST5	OPC
60227 KS IEC 56	300/300[V] 내열성 연질 비닐 시스 코드(90℃)	PVC/E	PVC/ST10	HLPC
60227 KS IEC 57	300/500[V] 내열성 범용 비닐 시스 코드(90℃)	PVC/E	PVC/ST10	HOPC

(적용 규격 : KS C IEC 60227-5 유연성 비닐 케이블(코드))

③ 금실 코드

㉠ 전기이발기, 전기면도기, 헤어 드라이어 등 소기구용에 사용된다.

㉡ 가요성이 좋아서 부드럽다. 그러나 도체가 가늘어서 허용전류는 보통 0.5[A] 이하로 길이는 2.5[m] 이하로 제한된다.

㉢ 두께 약 0.02[mm], 나비 약 0.35[mm]의 도금하지 않은 연동박을 2줄의 질긴 무명실에 감은 것을 18가닥 모아, 다시 그 위에 두께 약 0.2[mm], 나비 약 10[mm]의 순고무 테이프를 감고, 밑 편조를 한 2조를 꼬아 종이테이프를 감은 다음, 무명실로 대편형의 표면 편조를 한 것이다.

> **참고** 표면 편조
> 헝겊을 짜듯이 망으로 전선 표면을 둘러싸는 것

④ 극장용 코드

방습코드의 일종으로 표면 편조에 방습성 절연 컴파운드를 침입시킨 코드이다.

⑤ 전열용 코드

연동연선에 종이테이프나 면사로 감아 고무혼합물로 피복하고, 석면사로 편조하여 무명실로 표면 편조한 전선이다.

⑥ 캡타이어 코드

㉠ 옥내에서 사용하는 교류 300[V] 이하의 소형 전기기구에 사용한다.

㉡ 캡타이어 케이블을 가늘게 만들어 옥내용 전기기구에 사용한다. 캡타이어 케이블

과의 명확한 기준은 없다.(보통 5.3[mm] 이하를 코드로 한다)

[캡타이어 코드 종류]

종 류		기 호	비 고
고무 절연 캡타이어 코드	원 형	CTF	천연 고무 절연
	장원형	CTFK	천연 고무 피복
고무 절연 클로로프렌 캡타이어 코드	원 형	RNCTF	천연 고무 절연
	장원형	RNCTFK	클로로프렌 피복
고무 절연 비닐 캡타이어 코드	원 형	RVCTF	천연 고무 절연
	장원형	RVCTFK	비닐 피복
비닐 절연 비닐 캡타이어 코드	원 형	VCTF	비닐 절연
	장원형	VCTFK	비닐 피복

⑦ 코드의 선심 색 구별
　㉠ 2심 : 갈, 백
　㉡ 3심 : 갈, 백, 흑 또는 갈, 백, 녹-노란색
　㉢ 4심 : 갈, 백, 흑, 녹-노란색

(7) 케이블

케이블은 소선을 꼬아서 단일 도체로 정리하여 만든 것을 한 개 또는 여러 겹으로 서로 절연시키고 이것을 하나로 합친 것으로 도체는 서로 절연되어 보통 공통의 외피로 덮여 있다. 케이블이라고 하면 보통 큰 치수의 것을 의미하고, 작은 것은 꼬임선 또는 코드라고 한다.

① 캡타이어 케이블

캡타이어 케이블은 고무 절연한 심선 또는 케이블 위에 질긴 캡타이어 고무로 피복한 전선이다.

특성으로는 내수성, 내산성, 내알칼리성, 내유성을 가지고 있어 마모, 충격, 굴곡, 습기에 대한 저항력이 강하여 광산, 공장, 농장, 기타 이동용의 배선에 사용한다.

　㉠ 저압용 케이블의 종류

기호	명 칭	절연체	시스	약호
VCT	0.6/1[kV] 비닐 절연 비닐 캡타이어 케이블	PVC/A	PVC/ST1	VCT
PNCT	0.6/1[kV] 고무 절연 클로로프렌 캡타이어 케이블	EPR	SE1	PNCT

(적용규격 : KS C IEC 60502-1 케이블(1[kV] 및 3[kV]})

ⓒ 고압용 케이블의 종류
    ⓐ 2종 클로로프렌 캡타이어 케이블
    ⓑ 3종 클로로프렌 캡타이어 케이블
    ⓒ 2종 클로로설폰화 폴리에틸렌 캡타이어 케이블
    ⓓ 3종 클로로설폰화 폴리에틸렌 캡타이어 케이블

② 저압용 케이블

사용 전압이 저압인 전로(전기기계기구 안의 전로를 제외한다.)의 전선으로 사용하는 케이블은 「전기용품안전관리법」의 적용을 받는 것

기호	명 칭	절연체	시스	약호
VV	0.6/1[kV] 비닐 절연 비닐 시스 케이블	PVC/A	PVC/ST1	VV
CVV	0.6/1[kV] 비닐 절연 비닐 시스 제어 케이블	PVC/A	PVC/ST1	CVV
CV	0.6/1[kV] 가교 폴리에틸렌 절연 비닐 시스 케이블	XLPE	PVC/ST2	CV1
CE	0.6/1[kV] 가교 폴리에틸렌 절연 폴리에틸렌시스 케이블	XLPE	PE/ST7	CE1
HFCO	0.6/1[kV] 가교 폴리에틸렌 절연 저독성 난연 폴리올레핀 시스 전력 케이블	XLPE	ST8	HFCO
HFCCO	0.6/1[kV] 가교 폴리에틸렌 절연 저독성 난연 폴리올레핀 시스 제어 케이블	XLPE	ST8	HFCCO
CCV	0.6/1[kV] 제어용 가교 폴리에틸렌 절연 비닐시스 케이블	XLPE	PVC/ST2	CCV
CCE	0.6/1[kV] 제어용 가교 폴리에틸렌 절연 폴리에틸렌시스 케이블	XLPE	PE/ST7	CCE
PV	0.6/1[kV] EP 고무 절연 비닐 시스 케이블	EPR	PVC/ST2	PV
PN	0.6/1[kV] EP 고무 절연 클로로프렌시스 케이블	EPR	SE1	PN

(적용 규격 : KS C IEC 60502-1 케이블(1[kV] 및 3[kV]))

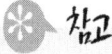
참고

EP(에틸렌 프로필렌 : ETHYLENE-PROPYLENE) → 합성고무

③ 가교 폴리에틸렌 절연 비닐 시스 케이블(CV 케이블)

연동 연선도체에 가교 폴리에틸렌(XLPE)로 절연하고 비닐(PVC/PE)로 압축 시스한 전력 케이블이다.

참고

① 시스 (Sheath) : 절연전선이나 케이블의 외장 피복
② 가교 폴리에틸렌(Cross Linked Polyethlene : XLPE) 절연 재료

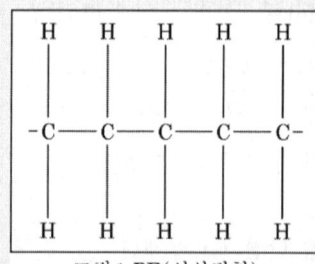
그림 1 PE(선상결합)

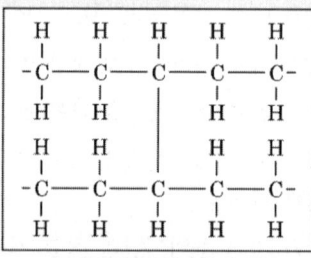
그림 2 XLPE(망상결합)

그림 1과 같이 폴리에틸렌(Polyethlene : PE)의 분자 구조를 가교하여 그림 2와 같은 XLPE의 망상 구조로 변화시킴으로서 분자 간의 결합을 단단히 하여 녹는점(Melting Point)을 상승시켜 절연체의 허용온도와 도체의 허용온도를 높인다.

- 장점 :
  - 중량이 가볍다.
  - 열경화 온도가 높고 가열 변형이 적다.
  - 내열성, 내수성, 내약품성이 강하다.

③ 에틸렌 프로필렌 고무(Ethylene Propylene Rubber : EPR)
- 에틸렌과 프로필렌을 혼성 중합시켜 얻은 비결정성 고분자 물질로서 부틸(Butyl) 고무 절연체를 개선한 것이다.
- XLPE 절연체에 비하여 내방사성과 가요성이 뛰어나서 원자력 발전소 등에 주로 사용한다.

④ 미네럴 인슈레이션 케이블(MI 케이블)
   ㉠ 동관 속에 동선을 넣고 절연물로 분말로 된 산화마그네슘을 충전하고 압연한 케이블이다.

ⓛ 이 케이블은 연소되는 일이 없는 내염성, 내열성이 매우 우수하다.
ⓒ 또한, 기계적인 강도도 크고 충격과 변형에 대해서 강하다.
⑤ 용접(welding)용 케이블
  ㉠ 종류와 기호

종 류	기 호	비 고
리드용 제1종 케이블	WCT	천연고무 캡타이어로 피복한 것
리드용 제2종 케이블	WNCT	클로로프렌 캡타이어로 피복한 것
홀더용 제1종 케이블	WRCT	천연 고무 캡타이어로 피복한 것
홀더용 제2종 케이블	WRNCT	클로로프렌 캡타이어로 피복한 것

⑥ 고압 및 특고압 케이블
  ㉠ 사용 전압이 고압인 전로(전기기계기구 안의 전로를 제외한다.)의 전선으로 사용하는 케이블은 KS C IEC 60502에 적합한 0.6/1[kV] 또는 6/10[kV] 연피 케이블, 알루미늄피 케이블, 클로로프렌 외장 케이블, 비닐 외장 케이블, 폴리에틸렌 외장 케이블, 콤바인 덕트(CD) 케이블 또는 이들에 보호 피복을 한 것을 사용하여야 한다.
  ㉡ 사용 전압이 특고압인 전로(전기기계기구 안의 전로를 제외한다)에 전선으로 사용하는 케이블은 절연체가 부틸 고무혼합물, 에틸렌 프로필렌 고무혼합물 또는 폴리에틸렌 혼합물인 케이블로서 선심 위에 금속제의 전기적 차폐층을 설치한 것이거나 파이프형 압력 케이블, 연피 케이블, 알루미늄피 케이블 그 밖의 금속피복을 한 케이블을 사용하여야 한다.
  ㉢ 종류
    ⓐ CD 케이블(combined duct cable)
      - 각 심선들을 종합한 직경의 1.3배 이상으로 내경을 갖는 폴리에틸렌 덕트에 심선을 수용한 케이블이고 절연은 고무나 폴리에틸렌으로 한다.
      - 지중으로 매설한 경우 직접 매설이 가능한 케이블이다.

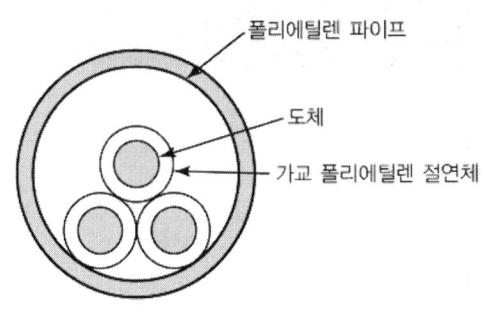

ⓑ 연피 케이블(lead-covered cable)

케이블의 심선이 외부의 습기 영향을 받지 않도록, 심선의 주위에 연피만을 씌운 케이블이다.

ⓒ 알미늄피 케이블[null]

내부 강선재 등에 알루미늄으로 피복되어 있는 케이블이다.

ⓓ 강대외장 케이블(tape-armored cable)

외상 보호를 위해 케이블 외층에 강대를 씌운 케이블로써 직접 매설용 케이블로 사용된다. 일반적으로 방수, 방식을 위해 강대 위에 주트류를 감고, 방수성의 혼합물이 칠해져 있다.

3. 전선의 허용전류

KS C IEC 60364-5-52 배선설비의 허용전류와 공사방법에 의한 전선 절연체 종류에 따른 전선의 종류별 허용전류는 다음과 같다.

(1) PVC 절연전선, 동 또는 알루미늄

구리 도체의 공칭 단면적 (mm^2)	공사 방법					
	A1 단열벽 내 전선관에 공사한 절연전선/단심 케이블	A2 단열벽 내 전선관에 공사한 다심 케이블	B1 목재벽면의 전선관에 공사한 절연전선/단심 케이블	B2 목재벽면의 전선관에 공사한 다심 케이블	C 목재벽면에 공사한 단심/다심 케이블	D 지중 덕트 안의 단심/다심케이블
	단상	3상	단상	3상	단상	3상
1.5	14.5	13.5	14	13	17.5	15.5
2.5	19.2	18	18.5	17.5	24	21
4	26	24	25	23	32	28
6	34	31	32	29	41	36
10	46	42	43	39	57	50
16	61	56	57	52	76	68

구리 도체의 공칭 단면적 (mm^2)	공사 방법					
	A1 단열벽 내 전선관에 공사한 절연전선/단심 케이블	A2 단열벽 내 전선관에 공사한 다심 케이블	B1 목재벽면의 전선관에 공사한 절연전선/단심 케이블	B2 목재벽면의 전선관에 공사한 다심 케이블	C 목재벽면에 공사한 단심/다심 케이블	D 지중 덕트 안의 단심/다심케이블
	단상	3상	단상	3상	단상	3상
25	80	73	75	68	101	89
35	99	89	92	83	125	110
50	119	108	110	99	151	134
70	151	136	139	125	192	171
95	182	164	167	150	232	207
120	210	188	192	172	269	239
150	240	216	219	196		
185	273	245	248	223		
240	321	286	291	261		
300	367	328	334	298		

(도체 허용온도 : 90℃, 주위 온도(기중 : 30℃, 지중 : 20℃), 단위 : A)

(2) XPLE 또는 EPR 절연전선, 동 또는 알루미늄

구리 도체의 공칭 단면적 (mm²)	공사 방법											
	A1 단열벽 내 전선관에 공사한 절연전선/단심 케이블		A2 단열벽 내 전선관에 공사한 다심 케이블		B1 목재벽면의 전선관에 공사한 절연전선/단심 케이블		B2 목재벽면의 전선관에 공사한 다심 케이블		C 목재벽면에 공사한 단심/다심 케이블		D 지중 덕트 안의 단심/다심 케이블	
	단상	3상	단상	3상	단상	3상	단상	3상	단상	3상	단상	3상
1.5	19	17	18.5	16.5	23	20	22	19.5	24	22	26	22
2.5	26	23	25	22	31	28	30	26	33	30	34	29
4	35	31	33	30	42	37	40	35	45	40	44	37
6	45	40	42	38	54	48	51	44	58	52	56	46
10	61	54	57	51	75	66	69	60	80	71	73	61
16	81	73	76	68	100	88	91	80	107	96	95	79
25	106	95	99	89	133	117	119	105	138	119	121	101
35	131	117	121	109	164	144	146	128	171	147	146	122
50	158	141	145	130	198	175	175	154	209	179	173	144
70	200	179	183	164	253	222	221	194	269	229	213	178
95	241	216	220	197	306	269	265	233	328	278	252	211
120	278	249	253	227	354	312	305	268	382	322	287	240
150	318	285	290	259	-	-	-	-	441	371	324	271
185	362	324	329	295	-	-	-	-	506	424	363	304
240	424	380	386	346	-	-	-	-	599	500	419	351
300	486	435	442	396	-	-	-	-	693	576	474	396

(도체 허용온도 : 90℃, 주위온도(기중 : 30℃, 지중 : 20 ℃), 단위 : A)

4. 전류 감소 계수

KS C IEC 60364-5-52 배선설비의 허용전류와 공사방법에 대한 전류 감소 계수는 다음 표와 같다.

[복수 회로 또는 다심 케이블 복수의 집합에 대한 감소계수]

항	배치 (케이블 밀착)	회로 또는 다심 케이블의 수												허용전류를 이용
		1	2	3	4	5	6	7	8	9	12	16	20	
1	기둥이나 벽면에 묶거나 매설 또는 수납	1.00	0.80	0.70	0.65	0.60	0.57	0.54	0.52	0.40	0.45	0.41	0.38	공사방법 A~F
2	벽 또는 막힘형 트레이의 단일층	1.00	0.85	0.79	0.75	0.73	0.72	0.72	0.71	0.70	9개 이상의 회로나 다심 케이블인 경우 이 이상의 감소계수는 없음			공사방법 C
3	목재 천정면 아래에 직접 고정한 단일층	0.95	0.81	0.72	0.68	0.66	0.64	0.63	0.62	0.61				
4	환기형 수평 또는 수직 트레이의 단일층	1.00	0.88	0.82	0.77	0.75	0.73	0.73	0.72	0.72	9개 이상의 회로나 다심 케이블인 경우 이 이상의 감소계수는 없음			공사방법 E와 F
5	사다리 지지대 또는 클리트의 단일층	1.00	0.87	0.82	0.80	0.80	0.79	0.79	0.78	0.78				

5. 배선에 사용하는 전선의 굵기

배선에 사용하는 전선은 단면적 2.5[mm^2] 이상의 연동선 또는 동등 이상의 강도 및 굵기의 것이거나 도체의 단면적이 1[mm^2] 이상의 미네럴 인슈레이션(MI) 케이블이어야 한다.

6. 전선의 선정 조건

① 허용전류
② 기계적 강도
③ 전압 강하

7. 전압의 종별

① 저압 : 1000[V] 이하 (DC 1.5[kV] 이하)
② 고압 : 7000[V] 이하
③ 특별고압 : 7000[V] 초과

예·상·기·출·문·제

01 높은 열에 의해 전선의 피복이 타는 것을 막기 위해 사용되는 것은?
① 비닐 ② 면
③ 석면 ④ 고무

🔑 석면(asbestos)은 내열성이 높아 내열성의 전선이나 전열용 코드 등의 피복에 사용된다.

02 전기 저항이 적으며 부드러운 성질이 있으며 구부리기가 용이하여 주로 옥내 배선에 사용하는 구리선의 명칭은?
① 경동선 ② 연동선
③ 합성연선 ④ 중공전선

03 전기기계기구의 전선에 사용하는 평각 구리선에서 반경질인 것은?
① 1호 평각 ② 2호 평각
③ 3호 평각 ④ 4호 평각

04 OW, RB 전선은 각각 무슨 전선을 말하는가?
① 600[V] 비닐 절연전선, 고무 절연전선
② 옥외용 비닐 절연전선, 600[V] 비닐 절연전선
③ 옥외용 비닐 절연전선, 고무 절연전선
④ 인입용 비닐 절연전선, 옥외용 비닐 절연전선

05 옥외용 비닐 절연전선의 약호는?
① OW 전선 ② IV 전선
③ DV 전선 ④ RB 전선

🔑 ① : 옥외용
② : 비닐 절연전선
③ : 인입용
④ : 고무절연전선

06 인입용 비닐 절연전선의 약호는?
① VV ② CV
③ DV ④ MI

07 DV 전선이란?
① 인입용 비닐 절연전선
② 형광등 전선
③ 옥내용 비닐 절연전선
④ 600[V] 비닐 절연전선

08 절연전선의 피복전선에 15[kV] N-RV의 기호가 있다면 무엇을 의미하는가?
① 15[kV] 고무, 폴리에틸렌, 네온전선
② 15[kV] 고무, 비닐, 네온전선
③ 15[kV] 형광등 전선
④ 15[kV] 폴리에틸렌, 비닐, 네온 전선

09 단면적이 0.75[mm^2]인 연동 연선에 염화비닐수지로 피복한 위에 1000VFL의 기호가 표시된 것은?
① 네온 전선
② 비닐 코드
③ 형광방전등 전선
④ 비닐절연전선

🔓 **Answer** 1.③ 2.② 3.② 4.③ 5.① 6.③ 7.① 8.② 9.③

10 고무 절연전선 및 비닐 절연전선에서 몇 ℃를 넘으면 절연물이 변질하게 되고, 전선을 손상할 뿐만 아니라 화재의 원인도 되는가?

① 100℃　　② 90℃
③ 75℃　　　④ 60℃

🔑 고무절연전선 및 비닐절연전선에서 60℃를 넘으면 변질, 손상되고 화재의 원인이 된다.

11 네온전선 중 7.5[kV] N-RV 전선의 명칭은 다음 중 어느 것인가?

① 7.5[kV], 고무, 비닐, 네온전선
② 7.5[kV], 고무, 클로로프렌, 네온전선
③ 7.5[kV], 폴리에틸렌, 비닐, 네온전선
④ 7.5[kV], 비닐, 네온전선

🔑 N : 네온전선　　R : 고무
　V : 비닐　　　　C : 클로로프렌
　E : 폴리에틸렌

12 플루오르 수지 절연전선은 테플론이라 부르는 합성수지 절연체로 피복한 것이며, 사용 전압이 몇 [V] 이하에서 사용되는가?

① 100　　② 200
③ 300　　④ 600

13 내열성이 우수하고 기계적 강도가 크며 화학적으로 안정한 절연전선은?

① 플루오르 수지 절연전선
② 폴리에틸렌 절연전선
③ 비닐 절연전선
④ 인입용 비닐 절연전선

14 저압 인입선(DV선)의 색별에서 사용하지 않는 색은?

① 흑색　　② 청색
③ 녹색　　④ 적색

15 전선의 종류에서 옥외용 비닐 절연전선(OW)의 규격품이 아닌 것은?

① 22　　② 38
③ 58　　④ 60

16 한 가닥의 지름이 2.6[mm]인 19가닥 연선의 공칭단면적[mm²]은?

① 95　　② 185
③ 240　④ 300

17 나경동선 2.0[mm] 19본 연선의 공칭단면적[mm²]은?

① 35　② 50
③ 70　④ 95

18 연선 결정에 있어서 중심 소선을 뺀 층수가 3층일 때 전체 소선수는?

① 7　　② 19
③ 37　④ 61

🔑 $N=3n(1+n)+1=3\times3(1+3)+1=37$가닥

19 37/3.2[mm]인 경동 연선의 바깥지름은 몇 [mm]인가?

① 12.4　② 14.4
③ 22.4　④ 20.4

🔑 $D=(1+2n)d$
　　$=(1+2\times3)\times3.2=22.4$[mm]

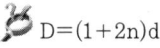
10. ④　11. ①　12. ④　13. ①　14. ④　15. ③　16. ①　17. ②　18. ③　19. ③

※ 소선수가 37가닥일 때 층수 n=3

20 소선수 19가닥, 소선의 지름 2.6[mm]인 전선의 공칭단면적은 얼마인가?
① 35 ② 50
③ 70 ④ 95

21 연선 결정에 있어서 중심소선을 뺀 층수가 4층이다. 전체 소선수는 얼마인가?
① 37 ② 61
③ 19 ④ 7

🔑 $N = 3n(1+n) + 1$
$= 3 \times 4(1+4) + 1 = 61$(가닥)

22 소선수가 37가닥인 동심연선의 층수는?
① 3 ② 5
③ 7 ④ 9

🔑 전체 소선수
1층 : 7가닥, 2층 : 19가닥, 3층 : 37가닥

23 19/2.0[mm]인 연선의 바깥지름은 몇 [mm]인가?
① 13.0 ② 11.5
③ 10.0 ④ 9.0

🔑 $D = (1+2n)d$
$= (1+2 \times 2) \times 2.0 = 10.0$[mm]
(단, 소선수 19가닥일 때 n=2)

24 소선수 7, 소선의 지름이 1.2[mm]인 연선의 공칭단면적[mm^2]은?
① 5.5 ② 8
③ 14 ④ 22

25 지름 1[mm], 소선 7본인 연선의 공칭단면적[mm^2]은 약 얼마인가?
① 5.5 ② 8
③ 14 ④ 22

26 공칭단면적을 설명한 것 중 관계가 없는 것은?
① 전선의 실제 단면적과 반드시 같다.
② 단위를 [mm^2]로 나타낸다.
③ 전선의 굵기를 표시하는 호칭이다.
④ 계산상의 단면적은 따로 있다.

27 전선 굵기의 결정에서 다음과 같은 요소를 만족하는 굵기를 사용해야 한다. 가장 잘 표현된 것은?
① 기계적 강도, 전선의 허용전류를 만족하는 굵기
② 기계적 강도, 수용률, 전압강하를 만족하는 굵기
③ 인장강도, 수용률, 최대사용 전압을 만족하는 굵기
④ 기계적 강도, 전선의 허용전류, 전압강하를 만족하는 굵기

28 다음의 보기 중 명칭과 약칭이 맞게 짝지어지지 않은 것은?
① 600V 고무 절연전선 : RN전선
② 인입용 비닐 절연전선 : DV전선
③ 옥외용 비닐 절연전선 : OW전선
④ 비닐 절연 비닐 외장 케이블 : VV케이블

🔓 Answer 20. ④ 21. ② 22. ① 23. ③ 24. ② 25. ① 26. ① 27. ④ 28. ①

29 코드의 공칭단면적[mm²]이 아닌 것은?
① 6.6 ② 0.75
③ 2.5 ④ 1.5

🔑 코드 공칭단면적은 마지막 끝자리 숫자가 (소숫점 이하) 5로 표시된다.
예) 2.0, 1.25, 0.75, 0.5

30 두께 약 0.02[mm], 나비 약 0.35[mm]의 도금하지 않은 연동박을 2줄의 질긴 무명실에 감은 것을 18가닥을 모아 다시 그 위에 순고무 테이프를 감고 편조를 한 2조를 꼬아 종이테이프를 감고 무명실로 대편형의 표면 편조한 것은?
① 극장용 코드
② 비닐 코드
③ 금실 코드
④ 캡타이어 코드

31 금실 코드를 사용할 수 없는 전기기기는?
① 전기 모포   ② 헤어 드라이어
③ 전기 이발기 ④ 전기 면도기

🔑 0.5[A] 이하의 경부하에 사용

32 소기구용으로 전류는 보통 0.5[A]이고 전기이발기, 전기면도기, 헤어 드라이어 등에 사용되는 코드는?
① 고무 코드   ② 금실 코드
③ 극장용 코드 ④ 3심 원형 코드

33 전기이발기, 전기면도기, 헤어 드라이어 등에 사용되는 코드는?
① 캡타이어 코드 ② 전열기용 코드
③ 금실 코드   ④ 극장용 코드

34 옥내의 이동전선으로 사용하는 코드의 최소 단면적은 몇 [mm²]인가?
① 0.6   ② 0.75
③ 0.9   ④ 1.25

35 접속기 또는 접속함을 사용하지 않고 접속해도 좋은 것은 다음 중 어느 것인가?
① 코드 상호
② 비닐 외장 케이블과 코드
③ 캡타이어 케이블과 비닐 외장 케이블
④ 절연전선과 코드

🔑 코드나 케이블은 접속기 또는 접속함에서 접속하며, 절연전선과 코드는 절연전선의 상호 접속이므로 직접 접속이 가능하다.

36 4심 코드에는 다음과 같은 색이 있는데 그 중 접지선에 사용되는 색은?
① 녹색   ② 백색
③ 흑색   ④ 적색

🔑 ① 2심 : 흑, 백
② 3심 : 흑, 백, 적 또는 흑, 백, 녹
③ 4심 : 흑, 백, 적, 녹
※ 녹색은 접지선에 사용

37 주석으로 도금한 연동 연선에 종이테이프 또는 무명실을 감고, 규정된 고무 혼합물을 입힌 후 질긴 고무로 외장한 것으로서 이동용 배선에 쓰이는 것은?
① 권선류   ② 캡타이어 케이블
③ 에나멜선   ④ 면절연전선

Answer 29. ① 30. ③ 31. ① 32. ② 33. ③ 34. ② 35. ④ 36. ① 37. ②

38 연피가 없는 케이블은?

① 강대 외장 연피 케이블
② 연피 케이블
③ 주트권 연피 케이블
④ 캡타이어 케이블

🔑 연피가 없는 케이블
캡타이어 케이블, 고무 외장 케이블, 비닐 외장 케이블, 클로로프렌 케이블 등

39 캡타이어 케이블에서 캡타이어의 고무 피복 중간에 면포를 넣어서 강도를 보강한 것은?

① 제1종 ② 제2종
③ 제3종 ④ 제4종

🔑 캡타이어 케이블
순고무 30[%] 이상을 함유한 고무혼합물로 피복하고, 내수성, 내산성, 내알칼리성, 내유성을 가짐

40 옥내 전압 이동전선으로 사용하는 캡타이어 케이블의 단면적의 최솟값은 얼마인가?

① 0.75[mm²] ② 2[mm²]
③ 2.2[mm²]   ④ 8[mm²]

🔑 연피가 없는 케이블의 접속은 분전반에서 하거나 접속함 내부에서 습기나 물기가 많은 곳은 애자를 써서 분지 접속한다.
캡타이어 케이블 공칭단면적 :
최대 1[mm²], 최소 0.75[mm²]

41 캡타이어 케이블 3심의 고무 절연체의 색깔은?

① 검정, 빨강, 노랑
② 검정, 흰색, 녹색
③ 흰색, 빨강, 노랑

④ 검정, 회색, 갈색

42 4심 캡타이어 케이블 심선의 색은?

① 흑, 청, 백, 적
② 흑, 백, 적, 황
③ 청, 갈, 흑, 회
④ 흑, 백, 청, 황

🔑 ㉠ 3심 : 갈, 흑, 회 또는 녹색-노랑, 청색, 갈색
㉡ 4심 : 녹색-노랑, 갈, 흑, 회 또는 흑색, 갈, 흑, 회

43 캡타이어 케이블은 단심에서 몇 심까지 있는가?

① 2 ② 3
③ 4 ④ 5

44 600[V] 이하인 저압회로에 사용하고 비닐 절연 비닐 외장 케이블의 약호는?

① VV 케이블   ② BN 케이블
③ RN 케이블   ④ RV 케이블

🔑 600[V] 비닐 절연 비닐 외장 케이블(VV Cable)은 저압 옥내 배선용으로 가장 많이 쓰인다.

45 변압기 1차측 인하선으로 사용하는 전선은?

① 클로로프렌 외장 케이블
② 옥외용 비닐 절연전선
③ 비닐 외장 케이블
④ 고무 절연전선

46 플렉시블 외장 케이블에서 습기, 물기 또는

🔓 Answer 38. ④ 39. ③ 40. ① 41. ④ 42. ③ 43. ④ 44. ① 45. ① 46. ④

기름이 있는 곳에서는 어떤 형식을 쓰는가?
① AC ② ACT
③ ACV ④ ACL

🗝 ①와 ②는 건조한 곳에 사용

47 건조한 곳의 노출 및 은폐 배선용에 사용되는 플렉시블 외장 케이블의 형식은? (단, 심선이 고무절연전선인 경우)
① ACL ② ACV
③ ACT ④ AC

🗝 건조한 곳에는 AC(고무절연), ACT(비닐절연)

48 특고압 지중전선로에서 직접 매설식에 사용하는 것은?
① 연피 케이블
② 고무 외장 케이블
③ 클로로프렌 외장 케이블
④ 비닐 외장 케이블

🗝 연피 케이블은 타동적 손상을 받을 우려가 없는 곳, 부식의 우려가 없는 관로식 지중 선로 등에 사용된다.

49 홀더용 제1종 용접용 케이블의 기호는?
① WCT ② WNCT
③ WRCT ④ WRNCT

🗝 홀더용 2종은 ④번

50 다음 중 주로 케이블을 보호하는 외장에 쓰이는 것은?
① 마닐라삼 ② 목재
③ 절연종이 ④ 황마

🗝 케이블의 외장이나 코어 사이의 충전물로 황마(jute)가 쓰인다.

51 다음 중 고압 옥내 배선에 거의 사용되지 않는 케이블은?
① 비금속 외장 케이블
② 강대 외장 연피 케이블
③ 주트권 연피 케이블
④ 클로로프렌 외장 케이블

🗝 고압용 - 비닐 외장 케이블, 클로로프렌 외장 케이블, 주트권 연피 케이블, 강대 외장 케이블

52 저압 옥내 배선에 사용할 수 없는 케이블은?
① OF ② VV
③ CV ④ MI

🗝 OF 케이블은 66[kV] 이상에 주로 사용되며 지중전선로에 사용된다.

53 자동차 타이어와 같은 질긴 고무 외피로서 전기적 성질보다 기계적 성질에 중점을 두고 만든 전선의 피복 재료는?
① 면 ② 캡타이어
③ 석면 ④ 주트

54 평형 비닐 외장 케이블 서로간을 노출한 곳에서 접속할 때에는 어떤 방법이 좋은가?
① 슬리브 ② 조인트 박스
③ 와이어 커넥터 ④ 박스용 커넥터

55 ACSR은 다음 어느 것인가?
① 경동연선 ② 중공연선

🔓 **Answer** 47. ④ 48. ① 49. ③ 50. ④ 51. ① 52. ① 53. ② 54. ② 55. ④

③ 알루미늄선 ④ 강심알루미늄선

 ACSR(Aluminum Cable Steel Reinforced)

56 절연전선의 표면에 1000[VFL]의 기호가 있는 것은?
① 고무 클로로프렌 전선
② 형광등 전선
③ 평형 비닐 외장 케이블
④ 형광 방전등 전선

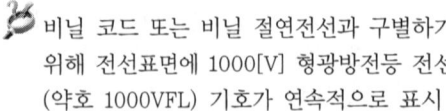 비닐 코드 또는 비닐 절연전선과 구별하기 위해 전선표면에 1000[V] 형광방전등 전선(약호 1000VFL) 기호가 연속적으로 표시

57 전선이 구비해야 될 조건으로 틀리는 것은?
① 도전율이 클 것
② 기계적인 강도가 강할 것
③ 비중이 클 것
④ 내구성이 있을 것

　　전선이 갖추어야 할 조건
　　　① 비중이 작을 것
　　　② 가선공사가 쉬울 것
　　　③ 값이 쌀 것

58 가공전선에서 요구되는 사항이 아닌 것은?
① 도전율이 높을 것
② 기계적 강도가 클 것
③ 가격이 쌀 것
④ 비중이 클 것

 ① 도전율이 클 것
　② 기계적 강도가 클 것
　③ 내구성 있을 것
　④ 비중이 작을 것
　⑤ 가선공사가 쉬울 것

⑥ 값이 쌀 것

59 옥내 배선의 전선의 굵기를 결정하는 요소는?
① 허용전류, 전압강하, 절연저항
② 절연저항, 통전시간, 전압강하
③ 통전시간, 건축구조, 전압강하
④ 허용전류, 전압강하, 기계적 강도

60 부틸 고무 절연 클로로프렌 외장 케이블로서 절연체는 내열성이 우수하며 안정된 성능을 구비하고 있어 광범위한 용도에 사용되는 케이블의 약칭은?
① CV 케이블　② EV 케이블
③ RN 케이블　④ BN 케이블

61 배선에 사용하는 전선의 굵기가 아닌 것은?
① 배선에 사용하는 전선은 단면적 2.5[mm²] 이상의 연동선
② 배선에 사용하는 전선은 단면적 2.5[mm²] 이상의 강도 및 굵기의 전선
③ 도체의 단면적이 1[mm²] 이상의 미네럴 인슈레이션(MI) 케이블
④ 도체의 단면적이 1[mm²] 이상의 CV 케이블

62 절연전선(코드)에 사용하지 않는 것은?
① 300/500[V] 기기 배선용 단심 비닐 절연전선
② 옥외용 비닐절연전선
③ 인입용 비닐절연전선
④ 450/750[V] 이하 염화비닐절연전선

Answer 56. ④　57. ③　58. ④　59. ④　60. ④　61. ④　62. ①

절연전선(코드)은 다음의 것을 사용하여야 한다.
① 옥외용 비닐절연전선
② 인입용 비닐절연전선
③ 450/750[V] 이하 염화비닐절연전선
④ 450/750[V] 이하 고무절연전선
⑤ 450/750[V] 저독성 난연 폴리올레핀 절연전선
⑥ 450/750[V] 저독성 난연 가교폴리올레핀 절연전선
⑦ 1000[V] 형광 방전등용 전선
⑧ 네온관용 전선
⑨ 6/10[kV] 고압인하용 가교 폴리에틸렌 절연전선
⑩ 6/10[kV] 고압인하용 가교 EP 고무절연전선
⑪ 고압 절연전선
⑫ 특고압 절연전선(공칭전압이 22900[V] 이하)

63. 절연전선(코드)에 사용하는 것은?
① 300/500[V] 기기 배선용 단심 비닐 절연전선
② 300/500[V] 기기 배선용 유연성 단심 비닐 절연전선
③ 특고압 절연전선(공칭전압이 22,900[V] 이하)
④ 450/750[V] 기기 배선용 유연성 단심 비닐 절연전선

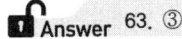 Answer 63. ③

2. 배선기구 및 측정 계기

1. 개폐기 및 점멸기

(1) 나이프 스위치

일반용에는 사용할 수 없고, 전기실과 같이 취급자만 출입하는 장소의 배전반이나 분전반에 사용된다.

(2) 커버 나이프 스위치

전등, 전열 및 동력용의 인입 개폐기 또는 분기 개폐기로 사용되며, 2P, 3P를 각각 단투형과 쌍투형으로 만들고 있다.

① 단극 단투형(SPST), 2극 단투형(DPST), 3극 단투형(TPST)

② 단극 쌍투형(SPDT), 2극 쌍투형(DPDT), 3극 쌍투형(TPDT)

[커버 나이트 스위치]

(3) 텀블러 스위치

텀블러 스위치(tumbler switch)는 노브(knob)를 위·아래로 또는 좌·우로 움직여 점멸하는 것으로, 현재 가장 많이 사용하고 있으며, 노출형과 매입형이 있다.

(4) 누름단추 스위치

누름단추 스위치(push-button switch)는 단추 스위치라고도 한다. 이것은 전등용에 쓰일 경우, 스위치의 종류 그림과 같이 2개의 단추가 있어서 위의 것을 누르면 점등과 동시에 밑에 있는 빨간 단추가 튀어 나오는 연동 장치(interlocking device)로 되어 있다.

(5) 3로 스위치와 4로 스위치

3로 스위치(3-way switch)와 4로 스위치(4-way switch)는 전환 스위치의 한 종류로, 둘 이상의 곳에서 전등을 자유롭게 점멸할 수 있는 스위치이다.

[3로 및 4로 스위치]

(6) 펜던트 스위치

펜던트 스위치(pendant switch)는 전등을 하나씩 따로 점멸하는 곳에 사용하고, 코드의 끝에 붙여 버튼식으로 점멸하게 되어 있다. 이 스위치는 그림과 같이 빨간 단추를 누르면 개로가 되고, 하얀 단추가 반대쪽에 튀어나와서 점멸의 표시가 되도록 만들어져 있다.

> 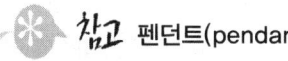 펜던트(pendant)
> 매달려 있는 것, 늘어뜨린 장식(다등식 펜던트=샹들리에)

(7) 캐너피 스위치

캐너피 스위치(canopy switch)는 풀 스위치의 한 종류이다. 그림과 같이 조명 기구의 캐너피(플랜지라고도 함) 안에 스위치가 시설되어 있는 것으로, 벽 또는 기둥에 붙이면 편리하다.

(8) 플로트 스위치

수조나 물탱크의 수위 조절하는 스위치이다.

(9) 마그네트 스위치(전자 개폐기)

전동기의 자동 조작 및 원방조작용 등에 사용된다.

(10) 코드 스위치

코드 스위치(cord switch)는 전기 기구의 코드 도중에 넣어 회로를 개폐하는 것으로, 중간 스위치(throughout switch)라고 한다.

(11) 히터 스위치

히터 스위치(heater switch)는 로터리 스위치의 일종이며, 2개의 열선을 직렬이나 병렬로 접속 변경을 하는 것으로, 3단 스위치라고 한다.

(12) 도어 스위치(door switch)

문의 개폐로 전등을 점멸하는 스위치인데 화장실, 냉장고 등에 사용된다. 문에 달거나 문기둥에 매입하여 문을 열고 닫음에 따라 자동적으로 회로를 개폐하는 것이다.

(13) 로터리 스위치

로터리 스위치(rotary switch)는 회전 스위치라고 하며, 벽이나 기둥에 붙여 전등의 점멸용에 주로 사용되나, 때로는 전기기계기구에 부속되어 조작 개폐기로 이용된다. 즉, 저항선, 전구 등을 직렬이나 병렬로 접속 변경하여 발열량을 조절하거나, 또는 광도를 강하게 하고 약하게 하는 것이다.

[스위치의 종류]

2. 소켓과 접속기

(1) 콘센트

벽 또는 기둥의 표면에 붙여 시설하는 노출형 콘센트와 벽이나 기둥에 매입하여 시설하는 매입형 콘센트가 있다. 용도에 따라서는 다음과 같은 종류들이 있다.

① 방수용 콘센트

  가옥의 외부 등에 시설하는 것으로, 사용하지 않을 때에는 물이 들어가지 않도록 마개로 덮어 둘 수 있는 구조로 되어 있다.

② 시계용 콘센트(clock outlet)

  콘센트 위에 시계를 거는 갈고리가 달려 있다.

③ 선풍기용 콘센트(fan outlet)

  무거운 선풍기를 지지할 수 있는 볼트가 달려 있어서 이것에 선풍기를 고정시킨다.

④ 플로어 콘센트

  플로어 덕트 공사 등에 사용한다.

⑤ 턴 로크 콘센트

  트위스트 콘센트라고 하며, 콘센트가 끼운 플러그가 빠지는 것을 방지하기 위하여, 플러그를 끼우고 약 90°쯤 돌려 두면 빠지지 않도록 되어 있다.

(2) 코드 접속기(코드 커넥터)

코드와 코드의 접속 또는 사용기구의 이동접속에 사용하는 것으로 삽입 플러그와 커넥터 보디로 구성되어 있다.

(3) 멀티 탭(multi tap)

하나의 콘센트에 둘 또는 세 가지의 기구를 사용할 때 끼우는 것

(4) 테이블 탭(table tap)

코드의 길이가 짧을 때 연장하여 사용하는 것으로 익스텐션 코드(extension cord)라 하고, 동시에 많은 소용량의 전기 기구를 사용할 경우에 사용되는 것이다.

(5) 아이언 플러그

아이언 플러그(iron plug)는 전기다리미, 온탕기 등에 사용하는 것으로, 코드의 한쪽은 꽂임 플러그로 되어 있어서 전원 콘센트에 연결하고, 한쪽은 아이언 플러그가 달려서 전기기구용 콘센트에 끼운다.

(6) 로젯(rosette)

천장에서 코드를 달아 내리기 위해 사용하는 기구이다.

(7) 리셉터클

조영재에 직접 고정시켜서 사용하는 전등용 수구이다. 보통 노출형이고 베이스는 나사식이 일반적이다.

 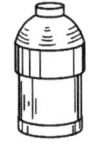 

키 소켓　　키리스 소켓　　리셉터클

[소켓의 종류]

3. 공구 및 측정 계기

(1) 게이지

① 마이크로미터(micrometer)

전선의 굵기, 철판, 구리판 등의 두께를 측정하는 것으로, 그림과 같이 원형 눈금(circular scale)과 축 눈금(shaft scale)을 합하여 읽는다.

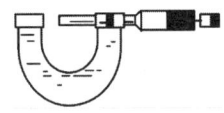

[마이크로미터]

② 와이어 게이지(wire gauge)

전선의 굵기를 측정하는 공구이다. 측정할 전선을 홈에 끼워 맞는 곳의 홈의 숫자가 전선의 굵기를 나타낸다.

③ 캘리퍼스

전선관 등의 관 안지름, 바깥지름, 두께를 측정하는 공구이다.

(2) 공구

① 펜치(cutting plier)

펜치는 전선의 절단, 전선 접속, 전선 바인드 등에 사용하는 것으로, 전기공사에는 절대적으로 필요한 것이다. 펜치의 크기는 150, 175, 200[mm]의 세 가지가 있는데, 150[mm]는 소기구의 전선 접속, 175[mm]는 옥내 일반공사, 200[mm]는 옥외 공사에 적합하다.

② 나이프(jack knife)

나이프는 전선의 피복을 벗길 때에 사용한다.

③ 와이어 스트리퍼(wire striper)

와이어 스트리퍼는 절연전선의 피복 절연물을 벗기는 자동 공구로서, 도체의 손상없이 정확한 길이의 피복 절연물을 쉽게 처리할 수 있다.

④ 토치 램프(torch lamp)

토치 램프는 전선 접속의 납땜과 합성수지관의 가공에 열을 가할 때 사용하는 것이다.

⑤ 드라이브이트 툴(driveit tool)

드라이브이트 툴은 드라이브 핀을 콘크리트에 경제적으로 박는 공구인데, 이것은 화약의 폭발력을 이용한 것이므로 취급자는 보안상 훈련을 받아야 한다.

⑥ 클리퍼(cliper 또는 cable cutter)

클리퍼는 굵은 전선을 절단할 때 사용하는 가위이다.

⑦ 스패너(spanner)

스패너는 너트를 죄는 데 사용하는 것으로, 너트의 크기에 적용되는 여러 가지 치수가 있다.

⑧ 프레셔 툴(pressure tool)

프레셔 툴은 솔더리스(solderless) 커넥터 또는 솔더리스 터미널을 압착하는 것이다.

⑨ 파이프 바이스(pipe vise)

파이프 바이스는 금속관을 절단할 때에나 금속관에 나사를 낼 때 파이프를 고정시키는 것이다.

⑩ 오스터(oster)

오스터는 금속관 끝에 나사를 내는 파이프 나사절삭기로서, 손잡이가 달린 래칫(ratchet)과 나사 날의 다이스(dies)로 구성된다.

⑪ 녹 아웃 펀치(knock out punch)

녹 아웃 펀치는 배전반, 분전반 등의 배관을 변경하거나, 이미 설치되어 있는 캐비닛에 구멍을 뚫을 때 필요한 공구이다.

⑫ 파이프 렌치(pipe wrench)

파이프 렌치는 금속관을 커플링으로 접속할 때 금속관과 커플링을 물고 죄는 것이다.

⑬ 리머(reamer)

리머는 금속관을 쇠톱이나 커터로 끊은 다음, 관 안에 날카로운 것을 다듬는 것

⑭ 벤더

금속관을 구부리는 공구이다. 히키라고도 한다.

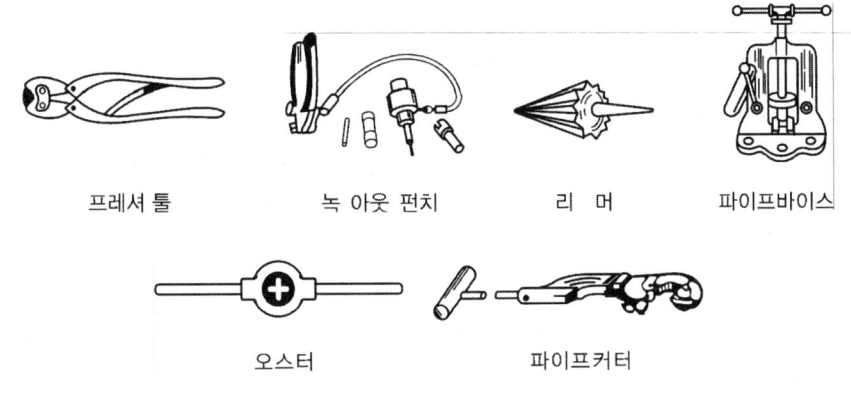

[공사용 공구]

(3) 측정계기

① 전압 및 회로 점검 : 테스터

② 절연저항 측정 : 메거(megger), 저압은 500[V]급 메거를 사용한다.

③ 접지저항 측정 : 어스 테스터(earth tester)나 콜라우슈 브리지(Kohlrausch bridge)를 사용한다.

④ 충전 유무 조사 : 네온 검전기를 사용한다. 전압이나 전류의 크기는 측정할 수 없다.

⑤ 도통시험이 가능한 계기 : 테스터, 마그넷벨, 메거

예·상·기·출·문·제

01 다음 개폐기 중 DPST는?
① 단극 쌍투형   ② 2극 쌍투형
③ 단극 단투형   ④ 2극 단투형

02 매입형 점멸기로 사용되는 배선 기구는?
① 펜던트 스위치   ② 텀블러 스위치
③ 플로트 스위치   ④ 풀 스위치

03 저항선 또는 전구를 직렬이나 병렬로 접속 변경하여 발열량 또는 광도를 조절할 수 있는 스위치는?
① 로터리 스위치   ② 텀블러 스위치
③ 나이프 스위치   ④ 풀 스위치

04 전동기의 자동제어장치에 사용되지 않는 자동 스위치는?
① 타임 스위치   ② 펜던트 스위치
③ 수은 스위치   ④ 부동 스위치

05 캐너피 스위치는?
① 코드 끝에 붙이는 점멸기
② 코드 중간에 붙이는 점멸기
③ 전등기구의 플랜지에 붙이는 점멸기
④ 벽에 매입시킨 스위치
🔑 풀 스위치의 일종

06 소형 전기기구의 코드 중간에 쓰는 개폐기는?
① 플로트 스위치   ② 캐너피 스위치
③ 컷아웃 스위치   ④ 코드 스위치

07 일반 주택의 현관등을 설치할 때에는 타임 스위치를 시설하여야 한다. 몇 분 이내에 소등되는 것이어야 하는가?
① 10   ② 7
③ 5   ④ 3
🔑 3분. 호텔, 여관은 1분 안에 점멸되어야 한다.

08 계단의 전등을 계단의 아래와 위의 두 곳에서 자유로이 점멸하도록 하기 위해 사용하는 스위치는?
① 단극 스위치   ② 코드 스위치
③ 3로 스위치   ④ 점멸 스위치
🔑 3로 스위치는 전환 스위치의 한 종류로 둘 이상의 곳에서 자유롭게 점멸

09 계단의 전등을 계단의 아래와 위의 두 곳에서 자유로이 점멸하도록 하기 위하여 사용하는 스위치는?
① 단로 스위치   ② 차단기
③ 타임 스위치   ④ 3로 스위치

10 4개소에서 전등을 자유롭게 점등, 점멸할 수 있도록 하기 위해 배선하고자 할 때 필요한 스위치의 수는? (단, SW_3는 3로 스위치, SW_4는 4로 스위치이다)
① SW_3 4개

🔓 Answer 1. ④ 2. ② 3. ① 4. ② 5. ③ 6. ④ 7. ④ 8. ③ 9. ④ 10. ③

② SW₃ 1개, SW₄ 3개
③ SW₃ 2개, SW₄ 2개
④ SW₄ 4개

🔑 n개소 점멸을 위한 3, 4로 스위치의 소요/n =3로 스위치 2개+(n-2)개의 4로 스위치

11 소형 스위치의 정격에서 펜던트 스위치 정격전류가 아닌 것은?
① 1[A]　　② 2[A]
③ 3[A]　　④ 6[A]

🔑 펜던트 스위치의 정격전류 : 1, 3, 6[A] 3종이 있다.

12 전기세탁기에 사용하는 콘센트로서 적당한 것은?
① 2극 15[A]
② 2극 20[A]
③ 접지극부 2극 15[A]
④ 2극 20[A] 걸이형

🔑 세탁기는 접지극이 있는 콘센트를 사용해야 한다.

13 하나의 콘센트에 둘 또는 세 가지의 기구를 사용할 때 끼우는 플러그는?
① 코드 접속기　　② 멀티탭
③ 테이블 탭　　④ 아이언 플러그

14 코드 길이가 짧을 때 연장하여 사용하는 것으로 익스텐션 코드(extension cord)라고도 부르는 것은?
① 아이언 플러그(iron plug)
② 작업등(extension light)
③ 테이블 탭(table tap)
④ 멀티 탭(multi tap)

15 천장에 코드를 매기 위하여 사용하는 소켓은?
① 리셉터클　　② 로젯
③ 키 소켓　　④ 키리스 소켓

16 배선기구의 설명으로 잘못된 것은?
① 배선용 차단기는 전로의 개폐 및 과전류에 대해 전로를 자동 차단한다.
② 누전차단기는 지락전류를 영상 변류기에서 검출하여 개폐부를 자동 차단한다.
③ 전자접촉기는 과부하 보호를 위해 열동형 계전기를 조합한 개폐기이다.
④ 푸시 버튼 스위치는 수동 조작 자동복귀형 스위치이다.

🔑 ③은 전자 개폐기이다.

17 심야전력기기의 전원 공급과 차단은 어떤 장치에 의하여 조정되는가?
① 타임 스위치　　② 근접 스위치
③ 셀렉터 스위치　　④ 누름버튼 스위치

18 피시 테이프(fish tape)의 용도는?
① 전선을 태핑하기 위해서
② 전선관의 끝마무리를 위해서
③ 배관에 전선을 넣을 때
④ 합성수지관을 구부릴 때

🔑 피시 테이프
평각의 강철선으로 배관에 전선을 넣을 때 편리하게 사용된다.

Answer　11. ②　12. ③　13. ②　14. ③　15. ②　16. ③　17. ①　18. ③

19 금속관에 여러 가닥의 전선을 넣을 때 매우 편리하게 넣을 수 있는 방법으로 쓰이는 것은?
① 철선 ② 철망 그립
③ 피시 테이프 ④ 터미널 부싱

🔑 철망 그립(pulling grip)

20 진동이 있는 기계기구의 단자에 전선을 접속할 때 사용하는 것은?
① 압착 단자 ② 스프링 와셔
③ 코드 피스너 ④ +자 머리 볼트

🔑 단선에서 3.2[mm], 연선에서 5.5[mm²] 이하의 것은 기구의 단자에 전선을 직접 접속·진동이 있는 기계기구의 접속 ⇒ 2중 너트, 스프링 와셔 ⇒ 자동차에서 많이 사용

21 전선의 굵기, 철판, 구리판 등의 두께를 측정하는 것은?
① 마이크로미터 ② 파이어 포트
③ 스패너 ④ 프레셔 툴

22 두께, 깊이, 안지름 및 바깥지름 측정용에 사용하는 공사용 공구는?
① 캘리퍼스 및 버니어 캘리퍼스
② 마이크로미터
③ 와이어 게이지
④ 잉글리시 스패너

🔑 캘리퍼스는 전선의 두께, 깊이, 지름 등을 측정하는 게이지이다.

23 절연전선의 피복 절연물을 벗기는 자동 공구의 명칭은?

① 와이어 스트리퍼(wire stripper)
② 나이프(jack knife)
③ 파이어 포트(fire pot)
④ 클리퍼(cliper)

24 합성수지관을 구부리는 공구는?
① 토치 램프 ② 파이프 렌치
③ 파이프 벤더 ④ 파이프 바이스

25 굵은 전선이나 철선 등을 절단할 때 사용하는 공구는?
① 플라이어 ② 하키
③ 클리퍼 ④ 프레셔 툴

26 금속관의 나사를 내기 위한 사용 공구는?
① 토치 램프 ② 파이프 커터
③ 리머 ④ 오스터

27 금속관 배관 공사를 할 때 필요치 않은 것은?
① 히키 ② 파이프 바이스
③ 파이프 렌치 ④ 프레셔 툴

28 솔더리스 커넥터 또는 솔더리스 터미널을 접착하는 공구는?
① 스패너 ② 플라이어
③ 프레셔 툴 ④ 비트

29 배전반, 분전반 등의 배관을 변경하거나 이미 설치되어 있는 캐비넷에 구멍을 뚫을 때 필요한 공구는 녹아웃 펀치인데 그 크기가 아닌 것은?

🔓 Answer 19. ② 20. ② 21. ① 22. ① 23. ① 24. ① 25. ③ 26. ④ 27. ④ 28. ③ 29. ①

① 10[mm]　② 15[mm]
③ 19[mm]　④ 25[mm]

30 배전반, 분전반 등의 배관을 변경하거나 이미 설치되어 있는 캐비닛에 구멍을 뚫을 때 필요한 공구는?
① 오스터　② 클리퍼
③ 파이어 포트　④ 녹아웃 펀치

31 녹아웃 펀치와 같은 용도의 것은 다음 중 어느 것인가?
① 리머　② 홀서
③ 클리퍼　④ 클릭볼

32 와이어 스트리퍼(wire stripper)는 무엇인가?
① 송전선 가선공사용 공구
② 배전선로 시험장비
③ 변전소 배전반 시험장치
④ 비닐절연전선 작업공구

✍ 와이어 스트리퍼
절연전선의 피복절연물을 벗기는 자동 공구

33 전선관과 박스를 잘 죄기 위하여 사용하는 것은?
① 부싱　② 노말밴드
③ 로크너트　④ 리머

✍ 부싱과 로크너트(lock nut)를 써서 전기적, 기계적으로 완전히 접속한다.

34 쇠톱처럼 금속관의 절단이나 프레임 파이프의 절단에 사용하는 공구의 명칭은?
① 리머　② 파이프 커터
③ 파이프 렌치　④ 파이프 바이스

35 금속관 끝부분의 내면 다듬질에 쓰이는 공구는?
① 오스터　② 다이스
③ 리머　④ 커터

36 절단한 전선관을 매끄럽게 하는데 사용하는 것은?
① 터미 캡　② 리머
③ 로크너트　④ 엔트런스 캡

✍ 리머(reamer)는 금속관을 쇠톱이나 커터로 끊은 다음, 관 안에 날카로운 것을 다듬는 것이다.

37 옥내에 시설하는 저압전로와 대지 사이의 절연저항 측정에 쓰이는 계기는?
① 콜라우슈 브리지
② 어스 테스터
③ 메거
④ 검전기

38 소형 분전반이나 배전반을 콘크리트에 고정시키기 위하여 사용하는 공구는?
① 드라이브이트　② 익스팬션
③ 스크루 앵커　④ 코킹 앵커

39 쇠톱(hack saw)날의 크기가 아닌 것은? (전선관 및 굵은 전선을 끊을 때 사용하는 쇠톱)

🔓 Answer　30. ④　31. ②　32. ④　33. ③　34. ②　35. ③　36. ②　37. ③　38. ①　39. ④

① 200[mm]　② 250[mm]
③ 300[mm]　④ 450[mm]

🔑 쇠톱날의 종류 : 20, 25, 30[cm]

40 콘크리트 조영재에 볼트를 시설할 때 필요한 공구는?
① 파이프 렌치　② 드라이브이트
③ 녹아웃 펀치　④ 볼트 클리퍼

41 화약의 폭발력을 이용하여 콘크리트에 구멍을 뚫는 공구는?
① 햄머 드릴
② 드라이브이트
③ 카바이드 드릴
④ 익스팬션 볼트

42 드라이브이트 툴(driveit tool)은 어느 곳에 필요한 공구인가?
① 콘크리트에 구멍을 뚫는다.
② 금속관의 나사 내기를 한다.
③ 분전반에 구멍을 뚫는다.
④ 금속관의 절단 부분을 다듬는다.

43 소형 분전반이나 배전반을 콘크리트에 고정시키기 위하여 사용하는 공구는?
① 드라이브이트　② 익스팬션 볼트
③ 스크루 앵커　④ 코킹 앵커

44 전기공사에 있어서 어느 종류의 작업에 있어서도 꼭 필요한 보호 장구는 무엇인가?
① 안전 허리띠　② 핫스틱

③ 고무장갑　④ 안전모자

45 전기공사의 작업과 사용 공구와의 조합이 부적당한 것은?
① 금속관 절단 : 쇠톱
② 콘크리트 벽에 못을 박는다 : 드라이브이트
③ 금속관의 단구 : 리머
④ 금속관의 나사 내기 : 파이프 벤더

46 저압 옥내 배선 검사에서 순서에 맞게 보기에서 골라 바르게 나열한 것은?

[보기]
1. 점검　　　　2. 절연저항 측정
3. 접지저항 측정　4. 통전 시험

① 2-1-4-3　② 1-2-3-4
③ 1-4-3-4　④ 4-1-3-2

🔑 점검, 절연저항, 접지저항, 통전

47 옥내에 시설하는 전압 전로와 대지 사이의 절연저항 측정에 사용되는 계기는?
① 메거　② 어스 테스터
③ 회로 시험기　④ 콜라우슈 브리지

48 400[V] 이하의 저압 옥내 배선의 절연저항 측정에 적당한 절연저항계는?
① 100[V] 메거　② 250[V] 메거
③ 500[V] 메거　④ 1000[V] 메거

49 접지저항의 측정에 쓰이는 측정기는?
① 회로 시험기　② 어스 테스터

🔓 Answer　40. ②　41. ②　42. ①　43. ①　44. ④　45. ④　46. ②　47. ①　48. ③　49. ②

③ 검류기   ④ 변류기

50 접지저항 측정 방법으로서 적당하지 못한 것은?
① 콜라우슈 브리지를 사용한다.
② 교류의 전압계와 전류계를 사용한다.
③ 어스 테스터를 사용한다.
④ 테스터를 사용한다.

51 충전 중의 저압 옥내 배선의 접지측과 비접지측을 간단히 알아볼 수 있는 기구는?
① 전압계   ② 메거
③ 어스 테스터   ④ 네온 검전기

🔑 전압측(비접지측)에서는 네온 검전기가 동작되고 접지측에서는 부동작

52 저압 옥내 배선의 회로 점검을 하는 경우 필요로 하지 않는 것은?
① 어스 테스터   ② 슬라이닥스
③ 서키트 테스터   ④ 메거

🔑 슬라이닥스는 일종의 변압기

53 배선의 도통 시험용으로 사용될 수 없는 것은?
① 콜라우슈 브리지
② 메거
③ 테스터
④ 마그넷 벨

🔑 콜라우슈 브리지는 접지저항측정

54 시험용 기기 중 검사 방법으로서 바르지 못한 것은?
① 마그넷 벨과 테스터에 의한 조정 시험
② 메거에 의한 접지저항 시험
③ 테스터에 의한 회로 저항의 측정
④ 전류계, 전압계, 전력계에 의한 역률 측정

🔑 ②의 메거는 절연저항 측정용 계기이다.

55 절연전선으로 가선된 배전선로에서 활선 상태인 전선에 피복을 벗기는 공구는?
① 전선 피박기   ② 애자 커버
③ 와이어 통   ④ 데드엔드 커버

56 자동 점멸기 등을 비롯한 각종 자동제어회로나 광통신 회로에 이용되는 반도체 소자는?
① 트랜지스터   ② 다이악
③ 사이리스터   ④ CdS

57 전선의 스리이브 접속에 있어서 펜치와 같이 사용되고 금속관 공사에서 로크 너트를 쥘 때 사용하는 공구의 이름은?
① 펌프 플라이어(pump plier)
② 히키(hickey)
③ 비트 익스텐션(bit extension)
④ 클리퍼(clipper)

🔒 **Answer**   50. ④   51. ④   52. ②   53. ①   54. ②   55. ①   56. ④   57. ①

3. 전선의 접속

1. 전선 벗기기

절연전선의 피복을 벗길 때는 칼 또는 와이어 스트리퍼를 사용하여야 하고, 피복 벗기기는 연필 모양으로 벗겨야 하고 심선에 상처가 나지 않아야 한다.

2. 전선의 접속 조건

① 전선 접속점의 인장강도(전선의 세기)는 80% 이상 유지되어야 한다(20% 이상 감소시키지 말 것).
② 전선의 전기저항을 증가시키지 말아야 한다(특수 접속 방법 외에는 접속부에 필히 납땜할 것).
③ 접속부는 절연 테이프를 감아서 원래 전선 그대로와 같게 절연이 되도록 해야 한다.

3. 전선의 접속

전선 접속의 종류에는 ① 납땜 접속, ② 슬리브 접속(sleeve joint), ③ 커넥터 접속(connector joint)의 세 가지가 있다.

(1) 직선 접속

① 단선의 직선 접속
  ㉠ 트위스트 접속 : 6[mm^2] 이하의 가는 단선 직선 접속하는 방법이다.
  ㉡ 브리타니아 접속 : 10[mm^2] 초과 굵은 단선 직선 접속하는 방법으로서 접속선(joint wire)을 사용한다. 접속은 1.0[mm] 또는 1.2[mm] 연동 나선이다.

[트위스트 접속]

[브리타니아 접속]

② 연선의 직선 접속
  ㉠ 브리타니어 접속 : 연선의 소선을 엇갈리게 하고, 접속선을 이용하여 접속하는 방

법이다.
  ㄴ. 단권 접속 : 우산형 접속이라고도 한다. 접속선을 사용하지 않고 소선을 엇갈리게 하고 소선 자체를 하나씩 차례로 감아서 접속하는 방법이다.
  ㄷ. 복권 접속 : 단권접속과 비슷하지만 소선을 하나씩 감지 않고 한꺼번에 감아서 접속을 한다.

[연선의 직선 복권접속]

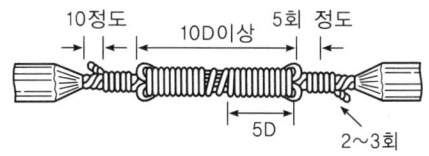

[굵은 연선의 직선 접속]

(2) 분기 접속

① 단선의 분기 접속
  ㄱ. 트위스트 접속 : 단선의 분기 접속에 있어서 분기선의 굵기가 6[mm^2] 이하의 가는 전선을 접속하는 방법이다.

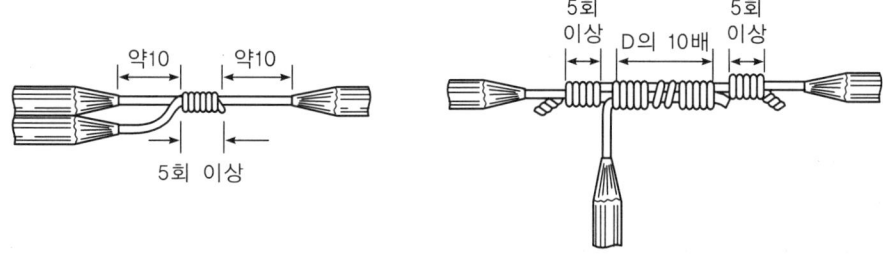

[가는 단선의 분기접속]   [굵은 단선의 분기접속]

  ㄴ. 브리타니어 분기 접속 : 접속선을 이용하여 10[mm^2] 이상의 굵은 단선의 분기 접속하는 방법이다.

② 연선의 분기 접속
  ㄱ. 브리타니어 접속 : 연선 분기선의 소선을 둘로 나누어 붙이고, 접속선을 감아서 접속하는 방법이다.

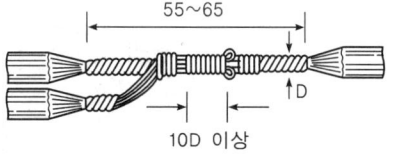

[굵은 연선의 분기 접속]

  ㄴ. 단권 분기 접속 : 분기선의 소선 자체를 이용하여 소선을 절반씩 양쪽으로 나누어 붙이고, 소선 하나씩을 감아 잇는 것이다.

ⓒ 복권 분기 접속 : 소선 자체를 이용하는 것으로, 분기선의 소선을 둘로 나누어 여러 소선을 한꺼번에 감아서 잇는 방법이다.

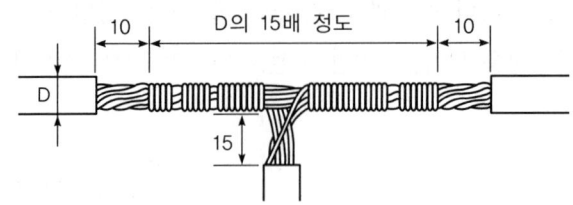

(3) 쥐꼬리 접속

① 박스 안에서 가는 전선을 접속하는 방법이다.

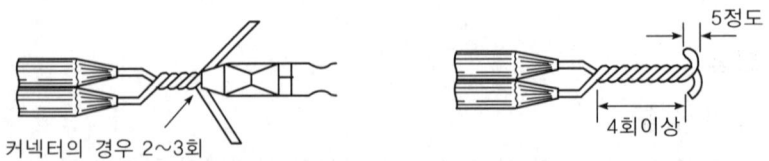

[a. 커넥터를 사용하는 경우]   [b. 테이프로 감는 경우]

② 박스 또는 플랜지 안에서 배선과 조명 기구의 심선(리드선)을 접속할 때에는 배선에 심선을 5회 이상 감고, 굵은 선의 끝을 접어 붙이고 그 위에 심선을 다시 감는다.

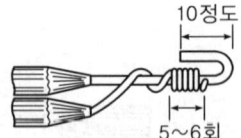

(4) 와이어 커넥터 접속

① 심선을 꼬아서 절연 커넥터를 끼우는 방법이다.
② 이 접속 방법은 납땜과 테이프가 필요 없이 접속할 수 있기 때문에 공사가 간편하다.

(5) 슬리브 접속

전선 접속용 슬리브에는 S형과 관형이 있으며, 분기 접속은 S형 슬리브를 사용한다.

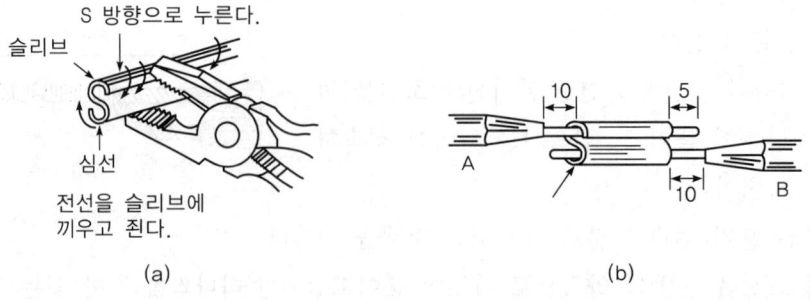

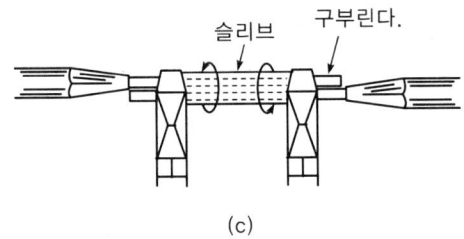

(c)

(6) 전선과 기구 단자의 접속

① 전선의 굵기가 단선에서 10[mm²], 연선에서 6[mm²] 이하의 것은 기구의 단자에 전선을 직접 접속하고 그 이상의 것은 압착단자를 이용해서 접속한다.
② 진동이 있는 기계 기구에 접속할 때에는 2중 너트 또는 스프링 와셔를 사용한다.

4. 테이프

전선의 접속부를 절연하여 접촉사고나 누전사고를 방지하기 위하여 절연테이프를 감아야 한다. 감는 방법은 테이프 폭을 1/2씩 겹쳐서 탄탄하고 매끈하게 감아야 한다.

(1) 고무테이프

고무테이프(rubber tape)는 절연성 혼합물을 압연하여 이를 가황한 다음, 그 표면에 고무풀을 칠한 것으로 규격은 두께 0.9[mm], 나비 19[mm], 한 타래의 길이는 8[m] 이상으로 되어 있다.

(2) 비닐 테이프

① 염화 비닐 컴파운드로 만든 것
② 규격
  ㉠ 두께 0.15, 0.20, 0.25[mm]의 세 가지
  ㉡ 나비 19[mm]
  ㉢ 한 타래 길이 10[m], 20[m]
③ 테이프의 색 : 검은색, 흰색, 회색, 파랑, 녹색, 노랑, 갈색, 주황 및 빨강의 9종류

(3) 리노 테이프

① 리노 테이프는 점착성은 없으나 절연성, 내온성 및 내유성이 있으므로 연피 케이블의 접속에 사용된다.

② 엇갈리게 짠 건조한 목면, 즉 바이어스 테이프(bias tape)에 절연성 니스를 몇 차례 바르고 다시 건조시킨 것으로 노란색 반투명의 것과 검은색의 것이 있다. 규격은 두께 0.18 또는 0.25[mm], 나비는 13, 19 및 25[mm]이고, 한 타래의 길이는 6[m] 이상으로 되어 있다.

③ 노란색의 리노 테이프는 배전반, 분전반, 변압기, 전동기 단자 부근에서 절연선, 또는 나선에 감아서 절연의 강화, 또는 피복의 보호용으로 사용한다.

(4) 자기 융착 테이프

① 자기 융착 테이프는 약 2배로 늘이고 감으면 서로 융착되어 벗겨지는 일이 없다.

② 규격은 두께 0.5~1.0[mm], 나비 19[mm], 길이 5~10[m] 이상으로 되어 있다.

③ 자기 융착 테이프는 내오존성, 내수성, 내약품성, 내온성이 우수해서 오래도록 열화되지 않기 때문에 비닐 외장 케이블 및 클로로프렌 외장 케이블의 접속에 사용된다.

예·상·기·출·문·제

01 단선의 분기 접속에서 10[mm²] 이상의 굵은 단선의 접속은 어느 접속 방법으로 하는 것이 좋은가?
① 트위스트 접속
② 우산형 접속
③ 브리타니어 접속
④ 슬리브 접속

02 전선 피복을 벗기는 방법으로서 틀린 것은?
① 600[V] 고무 절연선의 경우는 절연물의 단락법이 좋다.
② 600[V] 비닐 절연선은 연필 깎듯이 벗기는 것이 좋다.
③ 동관 터미널을 쓸 때는 도체에 직각으로 벗기는 것이 좋다.
④ 600[V] 고무 및 비닐 절연선도 도체에 직각으로 벗기는 것이 좋다.

03 전선의 접속 부분은 그 전선의 세기가 몇 [%] 이하 감소되지 않도록 하여야 하는가?
① 20　　② 30
③ 15　　④ 80

　전선의 세기를 20[%] 이상 감소시키지 말 것. 즉 80[%] 이하가 되지 않도록 할 것

04 전선 접속 시 접속점의 인장 강도는 몇 [%] 이상 되어야 하는가?
① 50[%]　　② 60[%]
③ 70[%]　　④ 80[%]

05 전선 6[mm²] 이하의 가는 단선을 직선 접속할 때 어느 접속 방법으로 하여야 하는가?
① 브리타니어 접속
② 트위스트 접속
③ 슬리브 접속
④ 우산형 접속

06 단선의 접속에서 브리타니아 접속은 몇 [mm²] 이상의 전선을 접속할 때 하는가?
① 2.5　　② 4
③ 6　　　④ 10

07 꼬임 접속 방법(트위스트 조인트)에 대하여 바른 것은?
① 10[mm²] 이상 단선의 직선 접속
② 6[mm²] 이하 단선의 직선 접속
③ 첨가선을 넣어서 조인트 선으로 감는 방법
④ 연선의 직선 접속

08 10[mm²] 이상 굵은 단선의 접속 방법은?
① 직선접속　　② 트위스트 접속
③ 복권 접속　　④ 브리타니어 접속

09 브리타니어 분기 접속은 10[mm²] 이상의 굵은 단선인 경우에 이용하는데 권선 분기 접속이 첨선은 보통 몇 [mm]선을 이용하는가?
① 1.0　　② 1.6
③ 2.0　　④ 2.6

Answer 1.③ 2.④ 3.④ 4.④ 5.② 6.④ 7.② 8.④ 9.①

10 옥내에서 1.2[mm] 7본 연동선 직선부의 접속 방법은?
① 연한 접속   ② T 접속
③ 우산 접속   ④ 슬리브 접속

🔑 연선의 직선 단권 접속=우산 접속

11 연선의 직선 접속법이 아닌 것은?
① 권선 접속   ② 단권 접속
③ 복권 접속   ④ 트위스트 접속

🔑 트위스트 접속은 단선 접속법

12 연선 분기 접속은 접속선을 브리타니어 접속과 소선 자체를 이용하여 접속하는 방법이 있는 데, 다음 중 소선 자체를 이용하는 방법이 아닌 것은?
① 단권 분기 접속
② 복권 분기 접속
③ 직권 분기 접속
④ 분할 분기 접속

🔑 소선 자체를 이용하는 방법
단권 분기 접속법, 복권 분기 접속법, 분할 분기 접속법

13 다음 중 전선의 접속에 대해서 바른 것은?
① 박스 내에서 전선과 기구의 코드를 접속하는데 코드의 심선을 6회 전선에 감아 그 위에 테이프를 감았다.
② 저압 가공 전선 상호를 규정의 방법으로 접속하였으나 납땜을 하지 않고 테이프를 감았다.
③ 나전선과 600[V] 절연전선을 접속해서 전선의 인장하중을 조사했더니 70[%] 감소했다.
④ 코드와 코드를 서로 꼬아서 납땜하고 정규의 테이프를 감았다.

🔑 ②는 납땜을 해야 하고, ③은 80[%] 이상 유지되어야 하고, ④는 접속기를 이용하여야 한다.

14 배선에 심선 5회 이상 감고 굵은 선의 끝을 접어 붙이고 그 위에다 다시 심선을 감고 테이핑하는 방법은?
① 배선과 기구 심선의 복권 분기 접속
② 배선과 기구 심선의 분권 분기 접속
③ 배선과 기구 심선의 트위스트 접속
④ 배선과 기구 심선의 접속

15 다음 전선의 접속 종류 중 해당되지 않는 것은?
① 납땜 접속   ② 슬리브 접속
③ 커넥터 접속   ④ 직접 접속

16 절연전선 상호의 접속에서 잘못되어 있는 것은?
① 굵기 10[mm^2]의 전선을 트위스트 접속한 것
② 슬리브를 사용하여 접속한 것
③ 와이어 커넥터를 사용하여 접속한 것
④ 압축 슬리브를 사용하여 접속한 것

🔑 6[mm^2] 이하의 가는 전선은 트위스트 접속, 10[mm^2] 이상의 굵은 단선의 직선 접속은 브리타니어 접속

🔓 **Answer** 10. ③ 11. ④ 12. ③ 13. ① 14. ④ 15. ④ 16. ①

17 옥내 배선의 박스 내에서 접속하는 전선 접속은 다음 중 어느 것인가?
① 트위스트 접속
② 브리타니어 접속
③ 쥐꼬리 접속
④ 슬리브 접속

18 일반적으로 정크션 박스 내에서 사용되는 전선 접속방식은?
① 슬리브 ② 코드 노트
③ 코드 파스너 ④ 와이어커넥터

19 박스 내에서 절연전선을 쥐꼬리 접속하면 다음은 어느 처리 방법이 옳은가?
① 납땜만 하면 된다.
② 납땜하고 테이프를 감아야 한다.
③ 테이프만 감으면 된다.
④ 납땜과 테이프 감기가 필요 없다.

20 다음은 알루미늄 전선을 박스 안에서 접속할 때 사용되는 접속 방법이다. 여기서 박스 안의 접속방법이 아닌 것은?
① 링 슬리브 접속
② 터미널 러그에 의한 접속
③ C형 전선 접속기 등에 의한 접속
④ S형 슬리브에 의한 접속

21 분기 접속용으로 사용되는 슬리브는?
① B형 ② O형
③ K형 ④ S형

22 전선을 서로 접속할 때 비닐제 캡이 필요한 것은?
① 관형 슬리브
② S형 슬리브
③ 압축 터미널 단자
④ 동관 단자

23 전선을 접속하는 재료로서 납땜을 하는 것은?
① 동관 단자 ② S형 슬리브
③ 와이어 커넥터 ④ 박스형 커넥터

🔍 동관 단자는 구리로 만든 것으로 홈에 납물과 전선을 동시에 넣어 냉각시키면 된다.

24 750[V] 내열성 고무 절연전선을 서로 접속할 때 심선에 직접 감아서는 안 될 테이프는?
① 블랙 테이프 ② 고무테이프
③ 비닐 테이프 ④ 자기 융착 테이프

25 점착성은 없으나 절연성, 내온성 및 내유성이 있으므로 연피 케이블의 접속에는 반드시 사용해야 하는 테이프는 어떤 것인가?
① 면 테이프 ② 고무 테이프
③ 비닐 테이프 ④ 리노 테이프

26 리노 테이프의 규격은 두께가 0.18 또는 0.25[mm], 나비는 13, 19 및 25[mm]인데, 한 타래의 길이는 몇 [m] 이상으로 되어 있는가?
① 6 ② 10
③ 18 ④ 20

🔓 Answer 17. ③ 18. ④ 19. ② 20. ④ 21. ④ 22. ③ 23. ① 24. ① 25. ④ 26. ①

27 높은 온도 및 기름에 잘 견디는 전기용 절연 테이프는?
① 리노 테이프   ② 고무 테이프
③ 비닐 테이프   ④ 블랙 테이프

28 가제 테이프(gauze tape)에 점착성의 고무 혼합물을 양면에 함침시킨 전기용 절연 테이프는?
① 면 테이프
② 고무 테이프
③ 자기 융착 테이프
④ 리노 테이프

29 자기 융착 테이프의 규격은 두께가 약 몇 [mm]인가?
① 0.2~0.45[mm]   ② 0.5~1.0[mm]
③ 1.1~1.4[mm]   ④ 1.5~1.8[mm]

30 전선 접속의 경우 적당치 않은 것은?
① 슬리브를 썼으므로 납땜은 안했다.
② 테이프를 감을 때 편조를 감지 않도록 주의했다.
③ 테이프를 감는 두께는 전선 그 자체 피복의 두께보다 얇게 했다.
④ 납땜 후 남은 페이스트는 닦는다.

🔑 테이프를 감는 두께는 전선 자체 피복의 두께보다 얇게 해서는 안 된다.

31 연피 케이블 접속법은?
① 단자 접속함 접속
② 주철 직선 접속함 접속
③ 무단자 접속함 접속
④ 애자 사용 접속

32 연피 케이블의 접속에 반드시 사용되는 테이프는?
① 고무 테이프   ② 비닐 테이프
③ 리노 테이프   ④ 자기융착 테이프

🔑 리노 테이프
연피 케이블의 접속에는 반드시 사용된다.

33 연피 케이블의 접속함에 의한 접속 방법 시 반드시 필요치 않은 품목은?
① 리노 테이프   ② 가제 테이프
③ 비닐 테이프   ④ 컴파운드

🔑 비닐 테이프는 절연전선 접속 시 사용

34 합성수지와 합성고무를 주성분으로 만든 판상의 것을 압연하여 적당한 격리물과 함께 감아서 만든 테이프로 테플론 테이프라고도 불리우는 것은?
① 비닐 테이프   ② 고무 테이프
③ 리노 테이프   ④ 자기융착 테이프

🔑 자기융착 테이프
비닐 외장 케이블 및 클로로프렌 외장 케이블의 접속에 사용된다.

35 비닐 외장 케이블 및 클로로프렌 외장 케이블의 접속에 사용되고 내수성, 내약품성, 내온성이 우수한 테이프는 어느 것인가?
① 비닐 테이프   ② 고무 테이프
③ 리노 테이프   ④ 자기융착 테이프

🔑 자기융착 테이프
약 2배로 늘이고 감으면 서로 융착되어 벗

Answer 27. ① 28. ① 29. ② 30. ③ 31. ② 32. ③ 33. ③ 34. ④ 35. ④

겨지는 일이 없다.

36. 테이프를 감을 때 약 2배 정도 늘여 감을 필요가 있는 것은?
① 비닐 테이프   ② 면 테이프
③ 리노 테이프   ④ 자기융착 테이프

37. 굵기가 같은 두 단선의 쥐꼬리 접속에서 와이어 커넥터를 사용하는 경우에는 심선을 몇 회 정도 꼰 다음 끝을 잘라내야 하는가?
① 2~3회   ② 4~회
③ 6~7회   ④ 8~9회

38. 전선 접속법에 관한 설명이 잘못된 것은?
① 접속부분의 전기저항을 증가시켜서는 안 된다.
② 접속 슬리브나 전선 접속기구를 사용하여 접속하거나 또는 납땜을 할 것
③ 전선의 강도를 20[%] 이상 감소시키지 아니할 것
④ 전선 접속 후 절연 테이프에 의한 절연 방법은 비닐 테이프를 반폭 이상 겹쳐서 3번 이상 감는다.

39. 전선 접속에 관한 설명을 하였다. 틀린 것은?
① 접속 부분의 전기 저항을 증가시켜서는 안 된다.
② 전선의 세기를 20[%] 이상 유지해야 한다.
③ 접속 부분은 납땜을 한다.
④ 절연을 원래의 절연 효력이 있는 테이프로 충분히 한다.

80[%] 이상 유지

40. 전선 접속에 대한 설명 중 틀린 것은?
① 접속 부분의 전기 저항을 증가시킨다.
② 접속 부분에는 납땜을 한다.
③ 전선의 강도를 80[%] 이상 유지시킨다.
④ 접속 부분에는 전선 접속기류를 사용한다.

41. 전선 접속 방법이 잘못된 것은?
① 트위스트 접속은 6[mm²] 이하의 가는 단선을 직접 접속할 때 적합하다.
② 브리타니어 접속은 6[mm²] 이상의 굵은 단선의 접속에 적합하다.
③ 쥐꼬리 접속은 박스 내에서 가는 전선을 접속할 때 적합하다.
④ 와이어 커넥터 접속은 납땜과 테이프가 필요 없이 접속할 수 있고 누전의 염려가 없다.

브리타니어 접속은 10[mm²] 이상 굵은 단선 접속

42. 다음 중 연선과 단선에 공용으로 적용되는 접속 방법은?
① 전선 맞대기용 슬리브에 의한 압착접속
② 가는 단선(2.6[mm] 이하)의 분기 접속
③ S형 슬리브에 의한 직선접속
④ 터미널 러그에 의한 접속

43. 다음은 굵은 AI선을 박스 안에서 접속하는 방법으로 적합한 것은?
① 링 슬리브에 의한 접속
② 비틀어 꽂는 형의 전선 접속기에 의한 방법
③ C형 접속기에 의한 접속
④ 맞대기용 슬리브에 의한 압착 접속

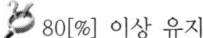 36. ④ 37. ① 38. ④ 39. ② 40. ① 41. ② 42. ① 43. ③

4. 옥내 배선공사

1. 공사의 분류

(1) 저압 옥내 배선은 합성수지관 공사, 금속관 공사, 가요전선관 공사 및 케이블 공사에 의하여 시설하거나, 시설 장소 및 사용 전압의 구분에 따른 공사의 어느 것에 의하여 시설하여야 한다.

(2) 사용 전압과 시설 장소에 의한 옥내 배선 공사의 종류는 다음과 같다.

시설장소	사용 전압	400[V] 미만인 것	400[V] 이상인 것
전개된 장소	건조한 곳	애자 사용 공사, 합성 수지 몰드 공사, 금속 몰드 공사, 금속 덕트 공사, 버스 덕트 공사, 합성수지관 공사, 금속관 공사, 가요전선관 공사, 케이블 공사	애자 사용 공사, 금속 덕트 공사, 버스 덕트 공사, 합성수지관 공사, 금속관 공사, 가요전선관 공사, 케이블 공사
	기타의 곳	애자 사용 공사, 합성수지관 공사, 금속관 공사, 가요전선관 공사, 케이블 공사	애자 사용 공사, 합성수지관 공사, 금속관 공사, 가요전선관 공사, 케이블 공사
점검할 수 있는 은폐 장소	건조한 곳	애자 사용 공사, 합성 수지 몰드 공사, 금속 몰드 공사, 금속 덕트 공사, 버스 덕트 공사, 합성수지관 공사, 금속관 공사, 가요전선관 공사, 케이블 공사, 셀룰러 덕트 또는 라이팅 덕트	애자 사용 공사, 금속 덕트 공사, 버스 덕트 공사, 합성수지관 공사, 금속관 공사, 가요전선관 공사, 케이블 공사
	기타의 곳	애자 사용 공사, 합성수지관 공사, 금속관 공사, 가요전선관 공사, 케이블 공사	애자 사용 공사, 합성수지관 공사, 금속관 공사, 가요전선관 공사, 케이블 공사
점검할 수 없는 은폐 장소	건조한 곳	플로어 덕트 공사, 합성수지관 공사, 금속관 공사, 가요전선관 공사, 케이블 공사	합성수지관 공사(CD관 제외), 금속관 공사, 가요전선관 공사(2종), 케이블 공사, 케이블 트레이 배선

2. 애자 사용 공사

(1) 애자 사용 공사는 일반적인 장소에 시설이 가능하나 점검할 수 없는 은폐 장소에는 시설이 불가능하다. 시설하는 방법은 애자에 전선을 지지하여 전선이 조영재에 접촉할 우려가 없도록 배선해야 한다. 재질은 절연성, 난연성, 내수성이 있어야 한다.

(2) 사용 전선

옥내용 절연전선, 즉 450/750[V] 배선용 비닐 절연전선, 폴리에틸렌 절연전선, 플루오르 수지 절연전선, 고무 절연전선 또는 고압 절연전선을 사용한다.(OW선, DV선 사용 불가)

(3) 전선 상호 및 전선과 조영재와의 이격 거리

사용 전압	전선상호	조영재와의 거리
400[V] 미만	6[cm] 이상	2.5[cm] 이상
400[V] 이상	6[cm] 이상	4.5[cm] 이상 (건조한 장소 : 2.5[cm] 이상)

 참고

저압 옥내 배선이 약전류 전선, 수관, 가스관 및 다른 옥내 배선 등과의 이격거리는 10[cm]이며, 나선일 경우에는 30[cm] 이상이다.

(4) 전선 지지점 간의 거리

① 조영재 위, 옆면에 따라 붙이는 경우 지지점은 2[m] 이하로 한다.
② 400[V] 초과하는 경우 위 조항 이외에는 지지점간의 거리를 6[m] 이하로 한다.

(5) 전선을 묶는 방법

① 노브 애자에 전선을 묶는 방법은 10[mm^2] 이하의 전선은 일자 바인드법으로 하고, 16[mm^2] 이상의 전선은 십자 바인드법으로 묶는다. 또, 전선의 인류점에 있어서는 인류 바인드법으로 묶는다.

② 전선의 굵기와 바인드선

사용 전선의 굵기	바인드선의 굵기
16[mm^2] 이하	0.9[mm]
50[mm^2] 이하	1.2[mm] (또는 0.9[mm]×2)
50[mm^2]를 넘은 것	1.6[mm] (또는 1.2[mm]×2)

3. 합성수지관 공사

(1) 특징

합성수지관은 염화비닐 수지로 만든 것으로, 금속관에 비하여 가볍고 부식이 되지 않는 장점이 있고, 절연성 또한 우수하다. 그러나 기계적 충격이나 압력, 열에 약하다는 단점을 가지고 있다. 전선관은 콘덧(conduit, 관로)이라고 하며, 합성수지관, 금속관, 가요전선관 등의 총칭이다.

(2) 관의 규격

합성수지관은 안지름의 크기에 가까운 짝수의 [mm]로써 호칭하고, 길이는 4[m]로 만들며, 규격은 표와 같다.

① 경질 비닐관 규격

관의 호칭[mm]	바깥지름[mm]	두께[mm]	안지름[mm]
14	18.0	2.0	14.0
16	22.0	2.0	18.0
22	26.0	2.0	22.0
28	34.0	3.0	28.0
36	42.0	3.5	35.0
42	48.0	4.0	40.0
54	60.0	4.5	51.0
70	76.0	4.5	67.0
82	89.0	5.9	77.2

② PF(Plastic Flexible) 및 CD(Combine Duct)관의 규격

관의 호칭[mm]	바깥지름[mm]		안지름[mm]	
	PF관	CD관	PF관	CD관
14	21.5	19.0	14.0	14.0
16	23.0	21.0	16.0	16.0
22	30.5	27.5	22.0	22.0
28	36.5	34.0	28.0	28.0
36	45.5	42.0	36.0	36.0
42	52.0	48.0	42.0	42.0

(3) 관과 관의 접속

합성수지관을 가공해서 관과 관을 접속할 때에는 커플링에 들어가는 관의 깊이는 관 바깥지름의 1.2배 이상으로 하고, 접착제를 사용하는 경우에는 0.8배 이상으로 할 수 있다.

(4) 전선관의 굵기 선정 [내선규정 2220-4]

① 동일 굵기의 절연전선을 동일관 내에 넣는 경우 다음 표에 따른다.

㉠ 경질비닐관의 굵기 선정

도체단면적 [mm²]	전선 본수									
	1	2	3	4	5	6	7	8	9	10
	경질 비닐 전선관의 최소 굵기, [mm]									
2.5	14	14	16	16	16	22	28	28	28	36
4	14	16	16	22	22	28	28	28	36	36
6	14	16	22	28	28	36	36	36	36	42
10	14	22	28	28	36	36	42	42	54	54
16	16	28	28	36	42	42	54	54	54	54
25	16	28	42	42	54	54	54	54	70	70
35	16	36	42	54	54	54	70	70	70	70
50	22	42	54	54	70	70	70	82	82	
70	28	54	54	70	70	70	82	82		
95	28	54	70	70	82	82				
120	36	54	70	82	82					
150	36	70	70	82						
185	42	70	82							
240	54	82	82							

(이 표는 KS C IEC 60227-3의 450/750[V] 일반용 단심 비닐전선을 기준한 것)

㉡ 합성수지제 가요관(PF, CD)의 굵기 선정

도체단면적 [mm²]	전선 본수									
	1	2	3	4	5	6	7	8	9	10
	합성수지제제 가요관의 최소 굵기, [mm]									
2.5	14	14	14	14	16	16	22	22	22	22
4	14	14	14	16	22	22	22	22	22	28
6	14	16	16	22	22	22	28	28	28	36
10	14	22	22	28	28	28	28	36	36	36

도체단면적 [mm²]	전선 본수									
	1	2	3	4	5	6	7	8	9	10
	합성수지제제 가요관의 최소 굵기, [mm]									
16	16	22	28	28	36	36	42	42		
25	16	28	36	36	42	42				
35	22	36	42							
50	22	42								
70	28	42								
95	28									

(이 표는 KS C IEC 60227-3의 450/750[V] 일반용 단심 비닐전선을 기준)

② 관의 굴곡이 적어 쉽게 전선을 인입 및 교체할 수 있는 경우는 전선의 피복절연물을 포함한 단면적의 총합계가 관의 내 단면적의 48[%] 이하로 할 수 있다.

③ 서로 다른 굵기의 절연전선을 동일 관내에 넣는 경우는 합성수지관의 굵기는 전선의 피복절연물을 포함한 단면적의 총합계가 관의 내 단면적의 32[%] 이하가 되도록 선정한다.

(5) 사용 전선

합성수지관 공사에는 절연전선을 사용하고, 관 안에는 전선의 접속점이 없어야 한다. 단, 관이 짧은 것과 절연선이 10[mm²](알루미늄선은 16[mm²]) 이하의 것을 제외하고는 연선을 사용해야 한다.

(6) 지지점의 간격

① 합성수지관의 지지점 간의 거리는 새들로서 지지하는 경우에는 1.5[m] 이하로 하고, 또한 그 지지점은 관의 끝, 관과 박스의 접속점 및 관 상호간의 접속점 등에 가까운 곳(0.3[m] 정도)에 시설할 것

② 합성수지제 가요관인 경우는 1.0[m] 이하로 한다.

(7) 관의 구부리기

합성수지관을 90° 구부리기를 할 때는 토치 램프를 사용하고, 구부리는 곡률 반경은 관 안지름의 6배 이상으로 구부려야 한다.

(8) 시설 장소의 제한

중량물의 압력 또는 현저한 기계적 충격을 받을 우려가 없도록 시설하여야 한다.

4. 금속관(steel conduit) 공사

강철재 전선관으로는 일반적으로 후강 전선관과 박강 전선관이 사용되고, 시설 장소에 따라 아주 두꺼운 특수 후강 전선과 아주 얇은 E.M.T(Electrical Metallic Tube) 전선관이 사용되기도 한다.

(1) 특징

① 금속관 공사는 전개된 장소, 은폐 장소 어느 곳에서나 시설할 수 있고, 또 습기, 물기 있는 곳, 먼지 있는 곳 등에 시설한다.

② 금속관 공사의 특징
  ㉠ 전선이 기계적으로 완전히 보호된다.
  ㉡ 단락, 접지 사고에 화재의 우려가 적다.
  ㉢ 접지공사를 완전히 하면 감전의 우려가 없다.
  ㉣ 방습장치를 할 수 있으므로, 전선을 내수적으로 시설할 수 있다.
  ㉤ 건축 도중에 전선피복이 손상받을 우려가 적다.
  ㉥ 배선방법을 변경할 경우에 전선의 교환이 쉽다.

(2) 금속관의 규격

종류	관의 호칭	바깥지름[mm]	두께[mm]	안지름[mm]
후강 전선관	16	21.0	2.3	16.4
	22	26.5	2.3	21.9
	28	33.3	2.5	28.3
	36	41.9	2.5	36.9
	42	47.8	2.5	42.8
	54	59.6	2.8	54.0
	70	75.2	2.8	69.6
	82	87.9	2.8	82.3
	92	100.7	3.5	93.7
	104	113.4	3.5	106.4
박강 전선관	19	19.1	1.6	15.9
	25	25.4	1.6	22.2
	31	31.8	1.6	28.6
	39	38.1	1.6	34.9
	51	50.8	1.6	47.6
	63	63.5	2.0	59.5
	75	76.2	2.0	72.2

① 후강 전선관
　㉠ 호칭 : 안지름의 크기에 가까운 짝수
　㉡ 구분 : 16[mm]에서 104[mm]까지의 10종(16, 22, 28, 36, 42, 54, 70, 82, 92, 104[mm])
　㉢ 두께 : 2.3[mm] 이상
　㉣ 길이 : 3.6[m]
　㉤ 양끝은 나사로 되어 있다.
　㉥ 산화 방지 처리로 아연 도금 또는 에나멜이 입혀져 있다.
② 박강 전선관
　㉠ 호칭 : 바깥지름의 크기에 가까운 홀수
　㉡ 구분 : 19[mm]에서 75[mm]까지 7종류
　㉢ 두께 : 1.6[mm] 이상
　㉣ 길이 : 3.6[m]

(3) 전선관의 굵기 선정[내선규정 2225-5]

① 동일 굵기의 절연전선을 동일관 내에 넣는 경우 다음 표에 따른다.
　㉠ 후강 전선관 굵기의 선정

도체단면적 [mm²]	전선 본수									
	1	2	3	4	5	6	7	8	9	10
	전선관의 최소 굵기, [mm]									
2.5	16	16	16	16	22	22	22	28	28	28
4	16	16	16	22	22	22	28	28	28	28
6	16	16	22	22	22	28	28	28	36	36
10	16	22	22	28	28	36	36	36	36	36
16	16	22	28	28	36	36	36	42	42	42
25	22	28	28	36	36	42	54	54	54	54
35	22	28	36	42	54	54	54	70	70	70
50	22	36	54	54	70	70	70	82	82	82
70	28	42	54	54	70	70	70	82	82	82
95	28	54	54	70	70	82	82	92	92	104
120	36	54	54	70	70	82	82	92		
150	36	70	70	82	92	92	104	104		
185	36	70	70	82	92	104				
240	42	82	82	92	104					

(KS C IEC 60227-3의 450/750[V] 일반용 단심 비닐전선)

ⓒ 박강 전선관 굵기의 선정

도체단면적 [mm²]	전선 본수									
	1	2	3	4	5	6	7	8	9	10
	전선관의 최소 굵기, [mm]									
2.5	19	19	19	25	25	25	25	31	31	31
4	19	19	19	25	25	25	31	31	31	31
6	19	19	25	25	31	31	31	31	39	39
10	19	25	25	31	31	31	39	39	39	51
16	19	25	31	31	39	39	51	51	51	51
25	25	31	31	39	51	51	51	51	63	63
35	25	31	39	51	51	63	63	63	75	75
50	25	39	51	51	51	63	63	75	75	
70	31	51	51	63	63	75	75	75		
95	31	51	63	75	75	75				
120	39	63	75	75	75					
150	39	63	75	75						
185	51	75	75							
240	51	75	75							

(KS C IEC 60227-3의 450/750[V] 일반용 단심 비닐전선)

② 관의 굴곡이 적어 쉽게 전선을 인입 및 교체할 수 있는 경우는 전선의 피복절연물을 포함한 단면적의 총합계가 관의 내 단면적의 48[%] 이하로 할 수 있다.

③ 서로 다른 굵기의 절연전선을 동일 관내에 넣는 경우는 금속관의 굵기는 전선의 피복 절연물을 포함한 단면적의 총합계가 관의 내 단면적의 32[%] 이하가 되도록 선정한다.

(4) 전선관 사용 전선

전선은 절연전선(OW선 제외)을 사용하고, 짧고 가는 금속관에 넣을 경우 또는 단면적 10[mm²](알루미늄선은 16[mm²]) 이하인 경우를 제외하고는 연선을 사용해야 한다.

(5) 전자적 평형

① 전선을 2가닥 이상 병렬로 시설할 경우에는 전자적 평형이 되도록 왕복선을 같은 관 안에 넣어야 한다. 즉, 자력선을 상쇄시켜 와전류에 의한 금속

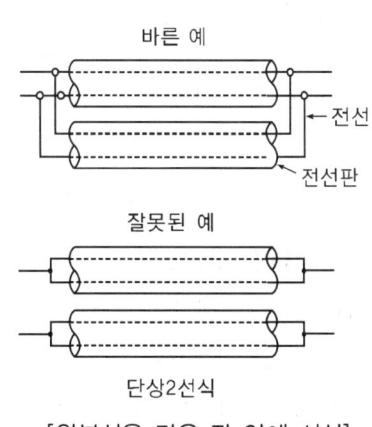

[왕복선을 같은 관 안에 시설]

관 가열을 방지해야 한다. 금속제가 아닌 전선관은 영향이 없다.

(6) 금속관의 굽힘 작업[내선규정 222-8 관의 굴곡]

① 금속관을 구부릴 때 단면이 심하게 변형되지 않도록 구부려야 하고 구부러지는 관의 안쪽 반지름은 관 내경의 6배 이상으로 하여야 한다. 단, 전선관의 안지름이 25[mm] 이하이고 건조물의 구조상 부득이한 경우는 관의 내 단면이 현저하게 변형되지 않고 관에 금이 생기지 않을 정도까지 구부릴 수 있다.
② 아웃렛 박스 사이 또는 전선 인입구가 있는 기구 사이의 금속관은 3개소를 초과하는 직각 또는 직각에 가까운 굴곡개소를 만들어서는 안된다. 즉, 3개소가 초과하는 굴곡개소 발생 시 또는 관의 길이가 30[m]을 초과하면 풀박스를 설치하는 것이 바람직하다.
③ 유니버셜 엘보우(Universal Elbow), 티, 크로스 등은 조영재에 은폐시켜서는 안 된다.
④ 금속관의 굽힘 작업은 벤더로 하고, 나사내기는 다이스나 오스터로 하고 와이어 브러시로 청소를 하여 준다(전선관 나사산의 각도는 80°). 절단된 관 안쪽은 전선의 손상 방지를 위하여 리머로 다듬어주어야 한다.

(7) 금속관 접속

① 금속관을 박스 또는 이와 유사한 것에 접속하려면 로크 너트(lock nut) 2개를 박스나 캐비닛 양쪽에 대고 부싱을 관에 끼움으로써 전기적, 기계적으로 완전히 접속한다. 박스 또는 캐비닛의 녹아웃의 구멍이 로크 너트보다 클 때에는 링 리듀서(ring reducer)를 써서 접속한다.
② 금속관 상호의 접속은 커플링을 사용하고 견고하게 조여야 한다.

(8) 금속관 전선 넣기

① 관로가 짧고 구부러진 곳이 적을 때에는 전선을 직접 밀어 넣지만, 일반적으로는 피시 테이프(fish tape)를 넣어 그 끝에 전선을 매달고 반대편에서 끌어당긴다.
② 피시 테이프는 나비 3.2~6.4[mm], 두께 0.8~1.5[mm]의 평각 강철선이다.
③ 피시 테이프가 없으면 2.0~2.6[mm]의 철선을 사용한다.

(9) 매입 배관공사

① 관의 두께가 1.2[mm] 이상 되어야 콘크리트에 매입할 수 있다. 기타의 장소에는 1.0[mm] 이상으로 한다.
② 이음매가 없고 4[m] 이하인 것을 건조하고 전개된 곳에 시설하는 경우에는 관의 두께

가 0.5[mm]까지 가능하다. 직각으로 매입 배관할 때에는 노멀 벤드를 사용한다.
③ 금속관은 직접 매입해서 배관해서는 안된다. 단, 공사상 부득이한 경우 후강 전선관에 방수 및 방부 조치로 주트(황마)를 감거나 콘크리트로 감싸는 등의 방호 장치를 한 경우에는 직접 매입 배관을 할 수 있다.

(10) 노출 배관공사
① 굵은 금속관을 다수 배관할 때, 구부러지는 곳에는 풀 박스(pull box)를 사용하면 배관도 편하고 전선 넣기도 간편하다. 조영재에 따라 거리 2[m] 이하마다 새들을 써서 고정시킨다.
② 여러 개의 굵은 금속관을 천장에 매달 때에는 그 지지점 간의 간격을 2~3[m]로 하는 것이 적당하다.

(11) 전선 접속
① 금속관 공사에 있어서 전선 접속은 반드시 박스 안에서나 캐비닛 안에서 하여야 하고, 금속관 속에 전선의 접속이 있어서는 안된다.
② 박스 안의 전선 접속은 커넥터를 써서 접속하면 접지사고의 우려가 감소된다. 금속관에 전선을 넣을 때 박스 안의 부싱 있는 곳에서부터 전선을 15[cm] 이상 여유를 두어서 전선 접속 시에 편리하도록 한다.

(12) 습기, 물기 있는 장소의 배관
금속관을 지중 또는 건물의 최하층 바닥 등에 매설하는 것은 가급적 피해야 한다. 습기가 많은 곳, 물기 있는 곳, 또는 비에 젖는 곳에 시설하는 금속관은 다음과 같이 한다.
① 박스, 기타 부속품의 접속은 나사식이나 방수형으로 하고, 베실, 가죽 등으로 패킹(packing)을 하거나, 나사 박은 곳에 페인트를 칠할 것
② 물이 빠질 길이 없는 U자형 배관은 가급적 하지 말고, U자형 배관이 꼭 필요하면 최저부에 배수구를 만들 것
③ 수평 배관은 배수되는 쪽으로 기울여 둘 것
④ 배수구는 수증기가 발생하는 곳에 시설하지 말 것
⑤ 배수구는 뚜껑 있는 엘보 또는 박스를 사용하고, 이것을 적당히 열어 두어 그곳에서 배수되도록 하는 방법 등을 사용할 것
⑥ 건물 밖의 브래킷, 욕실, 부엌의 전등 기구의 플랜지 또는 이와 접하는 박스 안에서 전선을 접속하지 말 것

⑦ 물기, 습기가 없는 곳에서부터 전선의 접속점이 없이 이것들의 소켓 단자까지 끌고 갈 수 있도록 배선할 것

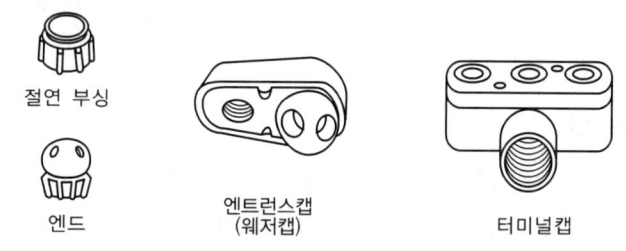

[금속관의 단구에 사용하는 재료]

[금속관 굴곡부에 사용하는 재료]

(13) 금속관 접지

개정 접지규정 적용(2020.1.1. 종별접지방식에서 계통접지방식으로 변경됨)

① 금속관은 철제이기 때문에 금속관 및 그 부속품은 한국전기설비규정 211. 감전에 대한 보호 및 140. 접지시스템 규정에 준하여 접지공사를 하여야 한다.

② 그러나 금속관의 길이 4[m] 이하의 것을 건조한 장소에 시설할 때와 사용전압이 교류 대지전압 150[V] 또는 직류 300[V] 이하로서 그 전선을 넣는 관의 길이가 8[m] 이하인 것을 사람이 쉽게 접촉할 우려가 없는 경우 또는 건조한 장소에 시설하는 경우는 접지공사를 생략한다.

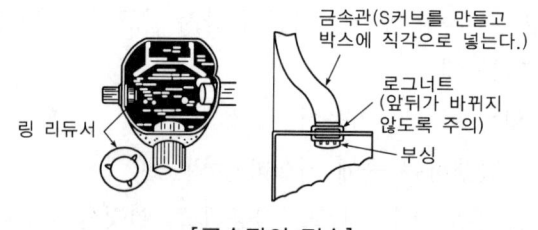

[금속관의 접속]

5. 1종 금속제 가요전선관 공사(flexible conduit)

(1) 특징

① 가요전선관(1종)은 두께 0.8[mm] 이상의 아연 도금한 연강대를 약 반폭씩 겹쳐서 나선 모양으로 만들어 자유로이 구부리게 된 전선관이다.

② 가요전선관의 크기는 안지름에 가까운 홀수로 말하는데, 13, 15, 19, 25, 31[mm] 등 9종이 있으며, 길이는 10, 15, 30[m]로 만들고 있다.

> **참고** 2종 금속제 가요전선관(플리커 튜브) 규격
> 10, 12, 15, 17, 24, 30, 38, 50, 63, 76, 83, 101 등이 있다. 2종은 케이블이나 금속관과 같이 모든 장소에 시설이 가능하다.

③ 1종 가요전선관은 조영재에 1[m] 이하마다, 박스와의 지지간격은 30[cm] 이하로 새들을 써서 고정시킨다. 굽힘 작업을 할 때는 구부러지는 쪽의 안쪽 반지름은 가요전선관 안지름의 6배 이상으로 하고 굴곡 시작점과 끝나는 점 10[mm] 이내 양쪽에 새들로 고정시켜야 한다.(2종 가요전선관의 굽힘 작업은 노출 장소 또는 점검이 가능한 은폐장소에서 관을 시설하고 제거하는 것이 자유로운 경우는 안지름의 3배 이상, 관을 시설하고 제거하는 것이 부자유하거나 점검이 불가능한 경우는 안지름의 6배 이상)

④ 1종 가요전선관 공사는 굴곡이 많은 공사나 작은 증설 공사, 안전함과 전동기 사이의 공사, 엘리베이터의 공사, 기차, 전차 안의 배선 등의 시설에 적당하다.

⑤ 박스와 가요전선관의 접속은 스틀렛 박스 커넥터 또는 앵글 박스 커넥터를 사용하고, 가요전선관 상호의 접속은 플렉시블 커플링, 스플릿 커플링을 사용하며, 가요전선관과 금속관의 접속은 컴비네이션 커플링을 사용한다.

⑥ 전선 굵기 선정은 합성수지관·금속관 공사와 동일하다.

⑦ 접지공사는 금속관 공사와 동일하다.

(2) 전선관의 굵기 선정 [내선규정 2235-4]

① 동일 굵기의 절연전선을 동일관 내에 넣는 경우 다음 표에 따른다.

도체단면적 [mm²]	전선 본수									
	1	2	3	4	5	6	7	8	9	10
	2종 가요전선관의 최소 굵기, [mm]									
2.5	10	15	15	17	24	24	24	24	30	30
4	10	17	17	24	24	24	24	30	30	30
6	10	17	24	24	24	30	30	30	38	38
10	12	24	24	24	30	30	38	38	38	38
16	15	24	24	30	38	38	38	50	50	50
25	17	30	30	38	38	50	50	50	50	63
35	24	38	38	50	50	63	63	63	63	76
50	24	50	38	63	63	63	76	76	76	76
70	24	50	50	63	63	63	76	76	76	83
95	30	50	63	63	76	76	83	101	101	101
120	38	63	63	63	75	76	83	101		
150	38	63	76	76	101	101	101			
185	38	76	76	101	101	101				
240	50	76	83	101						

② 관의 굴곡이 적어 쉽게 전선을 인입 및 교체할 수 있는 경우는 전선의 피복절연물을 포함한 단면적의 총합계가 관내 단면적의 48[%] 이하로 할 수 있다.

③ 서로 다른 굵기의 절연전선을 동일 관내에 넣는 경우는 가요전선관의 굵기는 전선의 피복절연물을 포함한 단면적의 총합계가 관내 단면적의 32[%] 이하가 되도록 선정한다.

6. 덕트 공사

덕트(duct) 공사의 종류에는 금속 덕트 공사, 버스 덕트 공사, 플로어 덕트 공사 및 라이팅 덕트 공사가 있다.

(1) 금속 덕트 공사

① 금속 덕트 공사는 주로 공장, 빌딩 등에서 간선 등 다수의 전선을 수용하는 부분에 시설한다. 또한 조명기구를 다수 배열 취부하고 전선의 보호와 부하기기의 지지물을 겸하도록 시설하는 라인 덕트(line duct)나 레이스웨이(raceway)도 금속 덕트의 일종이다.

② 금속 덕트는 폭 5[cm]가 넘고, 두께 1.2[mm] 이상의 철판으로 직사각형 형태로 견고하게 제작해서 사용한다.

③ 금속 덕트는 천장 또는 벽에 3[m] 이하마다 견고하게 지지한다. 단, 취급자 이외의 자가 출입할 수 없고 수직으로 설치하는 경우 6[m] 이하로 지지한다.
④ 금속 덕트 안에 넣은 전선은 DV선 또는 IV선 이상의 절연 효력이 있는 전선을 사용하여야 하며, 수용할 수 있는 전선의 양은 그 피복을 포함한 총 단면적이 덕트 내 단면적의 20[%] 이내로 하여야 한다(부하전류가 적은 제어회로용 배선만 넣는 경우에는 50[%]까지 가능하다).
⑤ 금속 덕트는 한국전기설비규정 211. 감전에 대한 보호 및 140. 접지시스템 규정에 준하여 접지공사를 하여야 한다.
⑥ 덕트 내부에 먼지가 침입하지 않도록 하고, 종단부는 폐쇄해야 한다.
⑦ 덕트 내부에서는 접속점이 없도록 해야 하지만 부득이한 경우에는 가능하다.
⑧ 금속 덕트 공사는 건조하고 전개된 장소, 점검할 수 있는 은폐장소에서만 시설할 수 있다.

(2) 버스 덕트 공사

① 버스 덕트(bus duct)는 빌딩, 공장 등의 저압 대용량의 배선설비로서 또는 이동부하에 전원을 공급하는 수단으로서 사용된다. 전류 용량이 800[A] 이상이면 금속관 또는 케이블 공사보다 경제적이다.
② 철판제의 덕트 안에 단면적 20[mm^2] 이상의 구리 또는 단면적 30[mm^2] 이상의 알루미늄으로 된 띠 모양의 나도체를 자기제 절연물로 간격 50[cm] 이내로 지지하여 만든 것이다. 덕트의 지지점 간격은 3[m] 이하이다.
③ 버스 덕트는 3[m] 이하마다 견고하게 지지한다(단, 취급자 이외의 자가 출입할 수 없고, 수직으로 설치하는 경우 6[m] 이하로 지지한다).
④ 일반적인 시설 규정은 금속 덕트와 같다.

(3) 플로어 덕트 공사

① 플로어 덕트 공사는 사무용 빌딩에서 전화 등 통신선의 아우트렛 박스 시설이나 사무용 기계 아우트렛 박스 시설을 위해 사용되는데, 강철제 덕트를 콘크리트 바닥에 매입해서 부설하고 필요에 따라 하이텐션 아웃렛(high-tension outlet)이나 로텐션 아웃렛(low-tension outlet)을 취부한다.
② 사용 전압은 400[V] 미만이고 사용 전선은 절연전선(옥외용 비닐 전선은 제외)을 사용하여야 한다.

③ 전선은 연선을 사용한다. 다만, 단면적 10[mm²] 이하인 것은 예외로 한다.
④ 플로어 덕트 안에서 전선 접속점이 없도록 해야 한다. 단, 전선을 분기하는 경우에 접속점을 쉽게 점검할 수 있을 경우는 전선 접속을 시행할 수 있다.
⑤ 시설 장소는 건조한 콘크리트 또는 신더(Cinder) 콘크리트 플로어 내에 매입할 경우에 한하여 시설할 수 있다.
⑥ 종단부는 폐쇄하여 둔다.
⑦ 접지공사는 금속관 공사에 준하여 시설한다.
⑧ 금속제 플로어 덕트 및 박스 기타 부속품의 두께는 2.0[mm] 이상이고 아연도금이나 에나멜 등으로 피복한 것이어야 한다.
⑨ 절연전선을 동일 플로어 덕트 내에 넣는 경우 플로어 덕트의 크기는 전선의 피복절연물을 포함한 단면적의 총합계가 플로어 덕트 내 단면적의 32[%] 이하가 되도록 선정한다.

> **참고**
> - 아웃렛(outlet) : 배전 계통에서 부하장치에 전력을 공급하기 위한 취출구. 플러그 삽입구
> - 아웃렛 박스(outlet box) : 금속제 상자. 아웃렛 설치함

(4) 셀룰러 덕트

① 대형 빌딩 철골조 건축물의 바닥 콘크리트 틀(파형강판)로서 시설한다.
② 사용 전압은 400[V] 미만이어야 한다.
③ 덕트 안에서 접속점이 없도록 해야 하지만 부득이한 경우에는 가능하다.
④ 덕트의 부속품의 두께는 1.6[mm] 이상이다.
⑤ 덕트의 판 두께는 덕트 폭 150[mm] 이하이면 1.2[mm], 200[mm] 이하이면 1.4[mm], 200[mm] 초과하면 1.6[mm] 이상이다.
⑥ 시설 장소는 건조한 장소로 점검할 수 있는 은폐 장소 또는 점검할 수 없는 은폐 장소의 콘크리트 또는 신더(Cinder) 콘크리트 바닥 내 매설하는 곳에 시설할 수 있다.
⑦ 덕트 종단부는 폐쇄한다.
⑧ 덕트는 한국전기설비규정 211. 감전에 대한 보호 및 140. 접지시스템 규정에 의한 접지공사를 하여야 한다.
⑨ 사용 전선은 절연전선을 사용하고 전선 단면적이 10[mm²](알루미늄 전선은 단면적

16[mm²] 이상)을 초과하는 경우는 연선이어야 한다.
⑩ 셀룰러 덕트의 크기는 전선의 피복절연물을 포함한 단면적의 총합계가 셀룰러 덕트 단면적의 20[%] 이하가 되도록 선정한다. (단, 전광표시장치, 출퇴표시등 및 이와 유사한 장치 또는 제어회로 등의 배선만을 넣는 경우는 50[%] 이하로 선정한다.)

> **참고**
> • 신더(Cinder) 콘크리트 : 석탄재를 골재로 한 경량 콘크리트

(5) 라이팅 덕트 공사
① 조명기구 또는 소형 전기기계 기구의 급전용으로 시설한다.
② 사용 전압은 400[V] 미만이고, 종단부는 폐쇄한다.
③ 덕트 지지점 간격은 2[m] 이하이다.
④ 시설 장소는 건조하고 노출 장소 또는 점검할 수 있는 은폐 장소에 한하여 시설할 수 있다.
⑤ 사람이 쉽게 접촉할 우려가 있는 장소에 시설할 경우, 전원측에 누전차단기(정격 감도전류 30[mA] 이하, 동작시간 0.03초 이내)를 시설한다.
⑥ 금속제 덕트는 한국전기설비규정 211. 감전에 대한 보호 및 140. 접지시스템 규정에 준하여 접지공사를 하여야 한다. 단, 교류 대지전압 150[V] 이하이고 덕트의 길이가 4[m] 이하인 때는 생략한다.

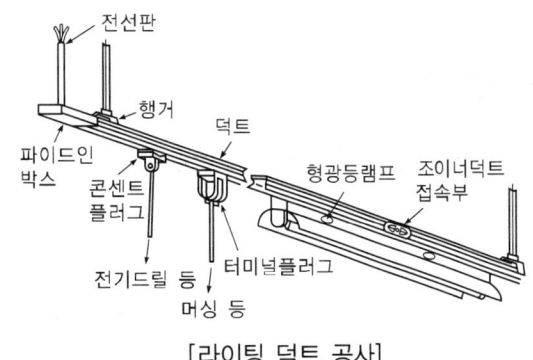

[라이팅 덕트 공사]

7. 몰드 공사

(1) 종류
몰드 공사는 건조하고 전개된 장소나 점검할 수 있는 은폐장소에서 사용 전압은 400[V] 미만에서 시설 가능하다. 종류로는 합성수지 몰드 공사, 금속 몰드 공사가 있다.

(2) 합성수지 몰드 공사

① 합성수지 몰드는 염화비닐 수지로 만든 베이스와 뚜껑으로 구성된다. 베이스의 홈의 폭과 깊이는 3.5[cm] 이하이고 두께는 2[mm] 이상을 사용해야 한다. 단, 사람이 쉽게 접촉될 우려가 없도록 시설하는 경우에는 폭 5[cm] 이하, 두께 1[mm] 이상의 것을 사용할 수 있다.

② 사용 전선은 절연전선을 사용하고(옥외용 전선 제외), 몰드 안에는 전선의 접속점을 만들지 않아야 한다.

(3) 금속몰드 공사

① 금속몰드는 황동이나 동으로 만든 연강판으로서 베이스와 뚜껑으로 구성된다. 몰드의 폭은 5[cm] 이하이고, 두께는 0.5[mm] 이상이어야 한다.

② 교류회로의 왕복선은 반드시 같은 몰드 안에 넣어 전자적 평형이 이루어지도록 해야 하며, 접지공사는 박스 베이스의 접지 단자를 이용해서 한국전기설비규정 211. 감전에 대한 보호 및 140. 접지시스템 규정에 의한 접지공사를 하여야 한다.

8. 케이블 공사

(1) 비닐 외장 케이블, 클로로프렌 외장 케이블, 폴리에틸렌 외장 케이블 배선공사

① 시설 방법
  ㉠ 중량물의 압력 또는 심한 기계적 충격을 받을 우려가 있는 장소 또는 마루바닥·벽·천장·기둥 등에 직접 매입하는 곳에 케이블을 시설하여서는 안된다. 다만, 금속관·가스철관·합성수지관 등 적당한 방호 방법을 강구하여 시설하는 경우는 시설 가능하다.
  ㉡ 방호에 사용하는 금속관·가스철관·합성수지관 등의 단구는 케이블의 인입이나 교체 시 피복이 손상되지 않도록 매끈하게 한다.
  ㉢ 케이블을 수용 장소의 구내에 매설하는 경우에는 지중전선로의 시설 방식 규정에 따라 직접 매설식 또는 관로식으로 시설한다.

② 케이블의 지지
  ㉠ 케이블의 지지는 클리트·새들·스테이플 등으로 케이블이 손상되지 않도록 견고하게 지지한다.

ⓒ 케이블을 조영재의 옆면 또는 아랫면에 따라 시설하는 경우의 지지점간의 거리는 2[m] 이하로 하여야 한다. 사람이 접촉할 우려가 없고 수직으로 시설할 경우에는 지지점 간의 거리를 6[m] 이하로 할 수 있다.
　　ⓒ 단, 10[mm²] 이하의 케이블을 노출장소에서 조영재 옆면 또는 수평방향으로 시설하는 경우는 지지점 간의 거리는 1[m] 이하이다.
　③ 케이블의 굴곡
　　케이블 굴곡부의 곡률 반경은 케이블 외경의 6배(단심 : 8배) 이상으로 하여야 한다.
　④ 케이블의 접속
　　㉠ 케이블 상호 접속은 캐비닛, 아웃렛 박스 또는 접속함 내부에서 케이블을 기구단자에 접속하는 경우는 캐비닛, 아웃렛 박스 내부에서 접속을 한다.
　　ⓒ 케이블과 절연전선의 접속은 절연전선 상호 접속법에 따라서 접속을 한다.
　⑤ 접지(한국전기기술규정 232.14.1 시설 조건)
　　관 기타의 전선을 넣는 방호장치의 금속제 부분·금속제의 전선 접속함 및 전선의 피복에 사용하는 금속체에는 211. 감전에 대한 보호와 140. 접지시스템에 준하여 접지 공사를 할 것. 다만, 사용전압이 400[V] 미만으로서 다음 중 하나에 해당할 경우에는 관 기타의 전선을 넣는 방호장치의 금속제 부분에 대하여는 그러하지 아니하다.
　　㉠ 방호장치의 금속제 부분의 길이가 4[m] 이하인 것을 건조한 곳에 시설하는 경우
　　ⓒ 옥내배선의 사용전압이 직류 300[V] 또는 교류 대지 전압이 150[V] 이하로서 방호장치의 금속제 부분의 길이가 8[m] 이하인 것을 사람이 쉽게 접촉할 우려가 없도록 시설하는 경우 또는 건조한 것에 시설하는 경우

(2) 알루미늄피 케이블 배선 공사

　① 시설 방법
　　㉠ 알루미늄 케이블 배선은 비닐 외장 케이블, 클로로프렌 외장 케이블, 폴리에틸렌 외장 케이블 배선 시설 방법에 따라 시설하여야 한다.
　　ⓒ 단, 가요성 알루미늄피 케이블을 시설하는 경우에는 외상에 대한 방호장치를 생략할 수 있다.
　　ⓒ 알루미늄피 케이블은 방식피복이 없는 것은 부식의 우려가 있는 부분에 대하여 적당한 방식 조치를 하여야 한다.

② 케이블의 굴곡

알루미늄피 케이블을 구부리는 경우 피복의 손상이 없도록 하여야 하며, 케이블 굴곡부의 곡률 반경은 케이블 외경의 12배 이상으로 하여야 한다. 단, 가요성 알루미늄피 케이블은 케이블 바깥지름의 7배 이상으로 한다.

③ 절연전선과 접속

케이블과 절연전선의 접속점은 케이블 헤드를 사용하여야 한다. 단, 건조한 장소 또는 우선 내에 시설하는 케이블은 테이핑을 하고 케이블 헤드를 생략할 수 있다.

④ 접지

케이블의 금속 피복, 케이블의 금속제 부속품 및 케이블을 넣는 관, 기타 방호장치의 금속제 부분은 케이블 공사 접지 규정에 따라 접지를 하여야 한다.

(3) 캡타이어 케이블 배선공사

① 시설 방법

㉠ 비닐 절연 비닐 캡타이어 케이블 배선은 사용 전압이 400[V] 미만이고 노출 장소 또는 점검할 수 있는 은폐 장소에서만 사용할 수 있고, 사용 전압이 400[V] 이상이고 점검할 수 없는 은폐 장소에는 고무 절연 클로로프렌 캡타이어 케이블을 사용한다.

㉡ 중량물의 압력이나 심한 기계적 충격을 받을 우려가 있는 경우에는 시설하여서는 안된다. 다만, 금속관·가스철관·합성수지관 등 적당한 방호 방법을 강구하여 시설하는 경우는 시설 가능하다.

㉢ 방호에 사용하는 금속관·가스철관·합성수지관 등의 단구는 케이블의 인입이나 교체 시 피복이 손상되지 않도록 매끈하게 한다.

② 케이블의 지지

㉠ 캡타이어 케이블을 조영재에 따라 시설하는 경우 그 지지점 간의 거리는 1[m] 이하로 하여야 한다.

㉡ 단, 공사상 부득이한 경우는 은폐 배선에 있어서 지지하지 않아도 된다.

③ 케이블의 굴곡

케이블을 구부리는 경우에는 피복이 손상되지 않도록 한다.

9. 케이블 트레이(cable tray) 배선 공사 [내선규정 제2289]

케이블 트레이(cable tray)는 케이블을 수납 지지하기 위한 금속제 또는 불연성 재질로 제작된 유닛 집합체, 그 부속 자재 등으로 구성된 구조물로서 통풍 채널형, 사다리형, 바닥 밀폐형, 바닥 통풍형 등이 있다.

(1) 금속제 케이블 트레이의 종류

① 통풍 채널형 케이블 트레이
   바닥 통풍형, 바닥 밀폐형 또는 두 가지 복합 채널형 구간으로 구성된 조립금속 구조로 폭이 150[mm] 이하인 케이블 트레이를 말한다.
② 사다리형 케이블 트레이
   길이 방향의 양 옆면 레일을 각각의 가로 방향 부재로 연결한 조립금속 구조
③ 바닥 밀폐형 케이블 트레이
   일체식 또는 분리식 직선 방향 옆면 레일에서 바닥에 통풍구가 없는 조립금속 구조
④ 바닥 통풍형 케이블 트레이(펀칭형)
   일체식 또는 분리식 직선 방향 옆면 레일에서 바닥에 통풍구가 있는 것으로 폭이 100[mm]를 초과하는 조립금속 구조

(2) 사용 전선

연피 케이블, 알루미늄피 케이블 등 난연성 케이블이나 금속관 또는 합성수지관 등에 넣은 절연전선을 사용한다.

(3) 시설 방법

① 저압 케이블과 고압 또는 특고압 케이블은 동일 케이블 트레이 내에 시설하여서는 안된다. 단, 견고한 불연성 격벽을 시설하거나 금속 외장 케이블을 사용하는 경우는 가능하다.
② 내부 깊이 150[mm] 이하의 사다리형 또는 펀칭형 케이블 트레이 안에 다심 제어용 케이블 또는 다심 신호용 케이블만을 넣는 경우 혹은 이들 케이블을 함께 넣는 경우에는 모든 케이블의 단면적의 합계는 케이블 트레이의 내부 단면적의 50[%] 이하로 하여야 한다.
③ 내부 깊이 150[mm] 이하의 바닥 밀폐형 케이블 트레이에 제어용 또는 신호용 다심 케이블만을 시설하는 경우 혹은 제어용 및 신호용 다심 케이블을 함께 시설하는 경우

에는 이들 케이블의 단면적의 합계는 그 케이블 트레이의 내부 단면적의 40[%] 이하로 할 것
④ 수용된 모든 전선을 지지할 수 있는 적합한 강도의 것이어야 한다. 이 경우 케이블 트레이의 안전율은 1.5 이상으로 하여야 한다.
⑤ 전선의 피복 등을 손상시킬 돌기 등이 없이 매끈하여야 한다.
⑥ 금속재의 것은 적절한 방식처리를 한 것이거나 내식성 재료의 것이어야 한다.
⑦ 비금속제 케이블 트레이는 난연성 재료의 것이어야 한다.
⑧ 케이블이 케이블 트레이 계통에서 금속관, 합성수지관 등 또는 함으로 옮겨가는 개소에는 케이블에 압력이 가하여지지 않도록 지지하여야 한다.
⑨ 별도로 방호를 필요로 하는 배선부분에는 필요한 방호력이 있는 불연성의 커버 등을 사용하여야 한다.
⑩ 케이블 트레이가 방화구획의 벽, 마루, 천장 등을 관통하는 경우에는 개구부에 연소방지시설이나 조치를 하여야 한다.

(4) 접지

금속제 케이블 트레이 계통은 기계적 및 전기적으로 완전하게 접속하여야 하고 한국전기설비규정 211. 감전에 대한 보호 및 140. 접지시스템 규정에 준하여 접지공사를 하여야 한다.

10. 옥내의 전기 시설

(1) 옥내 전로의 대지전압의 제한

주택의 옥내 전로의 대지전압은 300[V] 이하이어야 하고 아래와 같이 시설한다.(단, 대지전압 150[V] 이하의 전로인 경우에는 아래 규정을 적용하지 않는다.)
① 사용 전압은 400[V] 미만
② 전기기계기구 및 옥내 배선은 사람이 쉽게 접촉할 수 없도록 시설한다.
③ 주택의 전로 인입구에는 인체감전보호용 누전차단기(ELB)를 시설한다. 단, 전로의 인입구쪽에 1차 전압이 저압이고, 2차 전압이 300[V]로서 정격용량 3[kVA] 절연변압기를 사람이 접촉할 우려가 없도록 시설하거나 절연변압기의 2차측 전로를 접지하지 않은 경우에는 누전차단기를 생략할 수 있다.
④ 백열전등의 전구 수구는 키(key)와 같은 점멸기구가 없는 것을 사용한다.
⑤ 전용개폐기 및 과전류 차단기를 시설한다.

정격소비전력 3[kW] 이상의 전기기계기구에 전기를 공급하기 위한 전로에 적용한다.

(2) 저압 옥내배선의 사용 전선

저압 옥내배선은 공칭단면적 2.5[mm²] 이상의 연동선이거나 1.0[mm²] 이상의 MI 케이블(미네랄 인슐레이션)이어야 한다.

(3) 옥내배선의 중성선 및 접지측 배선

① 소켓이나 리셉터클 등에 전선을 접속할 때에는 전압측 전선을 중심 접촉면에, 접지측 전선은 베이스 단자에 연결하여야 한다.
② 다선식(단상 2선식 포함) 옥내배선의 중성선 및 접지측 전선은 백색 또는 회색을 사용한다.(전압측 전선은 백색 또는 회색 사용 불가)
③ 접지선의 색깔은 녹색을 사용한다.

(4) 전압 강하

저압 배선 중의 전압 강하는 간선 및 분기회로에서 표준전압의 2[%] 이하로 한다. 단, 전기사용장소 안에 시설한 변압기에 의하여 공급되는 경우에는 간선의 전압 강하를 3[%] 이하로 할 수 있다.

(5) 옥내 저압용의 전구선의 시설

① 옥내에 시설하는 사용 전압이 400[V] 미만인 전구선은 고무 코드 또는 0.6/1[kV] EP 고무 절연 클로로프렌 캡타이어 케이블로서 단면적이 0.75[mm²] 이상인 것이어야 한다. 다만, 사람이 쉽게 접촉할 우려가 없도록 시설하는 전구선에는 단면적이 0.75[mm²] 이상인 450/750[V] 내열성 에틸렌 아세테이트 고무 절연전선을 사용할 수 있다.
② 옥내에 시설하는 사용 전압이 400[V] 미만인 저압 전구선과 옥내배선의 접속은 그 접속점에 전구 또는 기구의 중량을 옥내배선에 지지시키지 아니하도록 하여야 한다.
③ 사용 전압이 400[V] 이상인 전구선은 옥내에 시설하여서는 아니 된다.

(6) 옥내 저압용 이동전선의 시설

① 옥내에 시설하는 사용 전압이 400[V] 미만인 이동전선은 고무 코드 또는 0.6/1[kV] EP 고무 절연 클로로프렌 캡타이어 케이블로서 단면적이 0.75[mm²] 이상인 것일 것. 다만, 전기면도기·전기이발기 기타 이와 유사한 가정용 전기기계기구에 부속하는 이동전선에 길이 2.5[m] 이하인 금사 코드를 사용하고 또한 이를 건조한 장소에서 사용하는 경우에는 그러하지 아니하다.

② 옥내에 시설하는 사용 전압이 400[V] 이상인 저압의 이동전선은 0.6/1[kV] EP 고무 절연 클로로프렌 캡타이어 케이블로서 단면적이 0.75[mm^2] 이상인 것일 것. 다만, 전기를 열로 이용하지 아니하는 전기기계기구에 부속된 이동전선은 단면적이 0.75[mm^2] 이상인 0.6/1[kV] 비닐 절연 비닐 캡타이어 케이블을 사용하는 경우에는 그러하지 아니하다.

③ 방전등·라디오 수신기·선풍기·전기이발기·전기스탠드 기타 전기를 열로 이용하지 아니하는 전기사용 기계기구·전기이불·전기온수기 기타 고온부가 노출하지 아니하고 또한 이에 전선이 접촉할 우려가 없는 구조의 전열기(전열기와 이동전선의 접속부의 온도가 80[℃] 이하이고 또한 전열기의 외면의 온도가 100[℃]를 초과할 우려가 없는 것에 한 한다.) 또는 이동 점멸기에 부속된 이동전선에는 제1항의 규정에 불구하고 단면적이 0.75[mm^2] 이상인 유연성 비닐 절연전선(코드) 또는 0.6/1[kV] 비닐 절연 비닐 캡타이어 케이블을 사용할 수 있다.

예·상·기·출·문·제

01 애자 사용 공사에서 전개된 장소로 전선을 조영재의 상면에 따라 붙일 경우 전선의 지지점 간의 최대 거리는?
① 4[m]   ② 3[m]
③ 2[m]   ④ 1[m]

02 점검할 수 있는 은폐 장소에서 440[V]의 애자 사용 공사의 전선과 조영재와의 최소 이격거리는 몇 [cm]인가?
① 2.5   ② 3.5
③ 4.5   ④ 5.0

03 400[V] 미만의 애자 사용 공사에 있어서 전선 상호간의 최소거리는?
① 2.5[cm]   ② 4[cm]
③ 6[cm]   ④ 10[cm]

04 저압 전선이 조영재를 관통하는 경우 사용하는 애관 등의 양단은 조영재에서 몇 [cm] 이상 돌출되어야 하는가?
① 1.5   ② 3.0
③ 4.5   ④ 6.0

05 애자 사용 공사에 있어서 사용 전압이 400[V]를 넘은 경우 전선 상호간의 이격거리는 몇 [cm] 이상인가?
① 3   ② 6
③ 12   ④ 18

06 애자 사용 노출 공사에 의하여 시설한 저압 옥내 배선과 가스관과의 이격거리[cm]의 최솟값은?
① 10   ② 15
③ 20   ④ 30

07 노브 애자를 사용한 옥내 배선에서 전선의 굵기가 원칙적으로 얼마 이상이면 십자 바인드법으로 묶는가?
① 6[mm^2]   ② 4[mm^2]
③ 10[mm^2]   ④ 16[mm^2]

🔑 4.0[mm] 또는 16[mm^2] 이상은 십자 바인드법

08 노브 애자에 전선을 묶는 방법에 있어서 일자 바인드법과 십자 바인드법이 맞는 것은?
① 일자 바인드는 전선이 10[mm^2] 이하, 십자 바인드는 전선이 16[mm^2] 이상
② 일자 바인드는 전선이 16[mm^2] 이하, 십자 바인드는 전선이 35[mm^2] 이상
③ 일자 바인드는 전선이 6[mm^2] 이하, 십자 바인드는 전선이 10[mm^2] 이상
④ 일자 바인드는 전선이 6[mm^2] 이하, 십자 바인드는 전선이 16[mm^2] 이상

09 네온전선을 조영재에 지지하는 애자는?
① 특캡 애자   ② 고압 핀 애자
③ 코드 서포트   ④ 노브 서포트

Answer 1.③ 2.③ 3.③ 4.① 5.② 6.① 7.④ 8.① 9.③

10 10[mm²] 이하의 절연저항에 알맞은 애자는?
① 중 노브 애자 ② 소 노브 애자
③ 대 노브 애자 ④ 2선용 클리트

🔑 애자의 종류에 따른 최대사용전선의 굵기
① 소 노브 애자 : 16[mm²]
② 중 노브 애자 : 50[mm²]
③ 대 노브 애자 : 95[mm²]

11 그림은 노브 애자의 바인드법에 대한 것이다. 해당하는 바인드법은?
① 인류 바인드법
② 분기선 바인드법
③ 일자(-) 바인드법
④ 십자(+) 바인드법

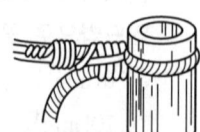

12 애자 사용 공사에 사용하는 애자가 갖추어야 할 성질이 아닌 것은?
① 절연성 ② 난연성
③ 내수성 ④ 내유성

13 저압 옥내 배선에서 애자 사용 공사를 할 경우 전선 상호간의 간격은 몇 [cm] 이상인가?
① 6 ② 4
③ 3 ④ 2

14 목재 몰드 공사는 고무 절연선 이상의 절연 효력이 있는 것을 쓰고 몰드 안에서는 절대로 전선의 접속점을 만들어서는 안 된다. 또 전선 상호간의 간격은 몇 [mm] 이상으로 하여야 하는가?
① 10 ② 11
③ 12 ④ 9

15 합성수지관 상호 및 관과 박스는 접속 시에 삽입하는 깊이를 관 바깥지름의 몇 배 이상으로 하여야 하는가? (단, 접착제를 사용하지 않은 경우이다.)
① 0.2 ② 0.5
③ 1 ④ 1.2

🔑 합성수지관 상호 및 관과 박스 접속 시 삽입하는 깊이를 관 바깥지름의 1.2배 이상으로 한다. 단, 접착제를 사용하는 경우 관 바깥지름의 0.8배 이상으로 한다.

16 다음에 열거한 것은 금속 몰드 공사를 할 수 있는 방법이다. 여기서 금속 몰드 공사로 적합치 않은 것은?
① 금속 몰드 안에는 전선의 접속점이 없도록 할 것
② 몰드 안의 전선을 외부로 인출하는 부분은 몰드의 관통 부분에서 전선이 손상될 우려가 없도록 시설할 것
③ 전선은 절연전선
④ 몰드에는 접지공사를 할 것

🔑 금속 몰드 공사에서 접지공사는 박스 베이스의 접지단자를 이용해서 접지공사를 하여야 한다.

17 금속 몰드 공사 요령 설명 중 틀리는 것은?
① 분기점에는 엑스터널 엘보 사용
② 연강판제 베이스와 뚜껑으로 구성
③ 기계적 전기적으로 완전 접속할 것

Answer 10. ② 11. ① 12. ④ 13. ① 14. ③ 15. ④ 16. ④ 17. ①

④ 쇠톱과 줄로 홈을 파서 절단함

🔑 분기점에는 T커넥터 사용
금속 몰드 공사 : 접지공사는 박스 베이스의 접지단자를 이용해서 제3종 접지공사를 해야 한다.

18 합성 수지 몰드 공사의 방법 중 틀린 것은?
① 절연전선일 것(옥외용 비닐 절연전선은 제외)
② 합성수지제의 박스 안에서 접속할 것
③ 몰드 상호 및 몰드와 박스 등과는 전선이 노출되지 않도록 접속할 것
④ 몰드 내에서 접속할 것

19 합성수지 몰드 공사의 설명 중 틀린 것은?
① 사용 전선은 옥내용 절연전선을 사용한다.
② 몰드 안에는 전선의 접속점을 만들지 않아야 한다.
③ 전개된 장소와 점검할 수 있는 은폐 장소의 건조한 장소에 한하여 시설할 수 있다.
④ 베이스의 홈의 나비와 깊이는 10[cm] 이하이어야 한다.

🔑 베이스의 홈의 폭 및 깊이는 3.5[cm] 이하. 단, 사람이 쉽게 접촉될 우려가 없는 곳은 5[cm] 이하 사용 가능

20 가요전선관의 크기는 안지름에 가까운 홀수로 최고 얼마까지인가?
① 15[mm] ② 19[mm]
③ 25[mm] ④ 75[mm]

21 가요전선관으로 구부러지는 쪽의 안쪽 반지름은 가요전선관 안지름의 몇 배 이상으로 하여야 하는가?
① 3배 ② 4배
③ 5배 ④ 6배

22 다음은 가요전선관을 설명한 것이다. 옳은 것은?
① 가요전선관의 크기는 바깥지름에 가까운 홀수로 만든다.
② 가요전선관은 건조하고 점검할 수 없는 은폐장소에 한하여 시설한다.
③ 작은 증설 공사, 안전함과 전동기 사이의 공사 등에 적합하다.
④ 가요전선관을 고정할 때에는 조영재에 2[m] 이하마다 새들로 고정한다.

23 가요전선관 공사에 사용하는 가요전선관의 최소 두께는?
① 0.6[mm] ② 0.8[mm]
③ 1.0[mm] ④ 1.2[mm]

24 합성수지제 가요관(CD관)의 치수에서 굵기(관의 호칭)가 아닌 것은?
① 14 ② 22
③ 36 ④ 43

🔑 14, 16, 22, 28, 36, 42

25 가요전선관과 금속관을 접속하는 데 사용하는 것은?
① 컴비네이션 커플링

🔓 Answer 18. ④ 19. ④ 20. ④ 21. ④ 22. ③ 23. ② 24. ④ 25. ①

② 앵글 박스 커넥터
③ 플렉시블 커플링
④ 스트렛 박스 커넥터

26 가요전선관 공사에 관하여 잘못된 것은?
① 크기는 안지름에 가까운 홀수로 15, 19, 25[mm] 등이 있다.
② 길이는 5종류로 15, 25, 35, 40, 100[m]가 있다.
③ 부속품은 스트렛 박스 커넥터, 앵글 박스 커넥터, 플랙시블 커플링, 컴비네이션 커플링이 있다.
④ 공사는 작은 증설공사, 엘리베이터의 공사, 전차 안의 배선 등의 시설에 적당하다.
🔑 10, 15, 30[m]이다.

27 가요전선관의 상호접속은 무엇을 사용하는가?
① 컴비네이션 커플링
② 스플릿 커플링
③ 더블 커넥터
④ 앵글 커넥터
🔑 플렉시블 커플링

28 경질 비닐 전선관의 1본의 길이[m]는?
① 3.6   ② 2
③ 3   ④ 4

29 합성수지관의 굵기를 부르는 호칭은?
① 반경   ② 단면적
③ 근사 내경 ④ 근사 외경

🔑 근사 내경
안지름의 크기에 가까운

30 경질비닐관의 규격(굵기)이 아닌 것은?
① 14[mm]   ② 16[mm]
③ 18[mm]   ④ 22[mm]

31 합성수지관 공사를 할 때 필요하지 않은 공구는?
① 토치 램프   ② 쇠톱
③ 오스터   ④ 리머
🔑 오스터
파이프에 나사를 절삭하는 다이스 돌리개의 일종

32 경질 비닐관의 가공 작업으로 볼 수 없는 것은?
① 90도 구부리기
② 2호 박스 커넥터 만들기
③ S형 및 반오프셋 만들기
④ 커플링과 부싱 만들기
🔑 2호 박스 커넥터는 기성품이다.

33 저압, 옥내 배선을 합성수지관 공사에 의하여 실시하는 경우 연동선을 사용할 때, 그 단선의 최대 굵기는 몇 [mm²]인가?
① 2.5   ② 6
③ 10   ④ 4.0
🔑 옥내 배선에서 연동선
최소 2.5[mm²], 최대 10[mm²]

Answer 26. ② 27. ② 28. ④ 29. ③ 30. ③ 31. ③ 32. ② 33. ③

34 합성수지관 굵기가 22[mm]인 경우 6[mm²] 전선을 몇 가닥까지 배선할 수 있는가?
① 3   ② 5
③ 7   ④ 9

16mm관은 2가닥임

35 합성수지관 공사 시공 시 새들과 새들 사이의 최장 지지간격은?
① 1.0[m]   ② 1.2[m]
③ 1.5[m]   ④ 2.0[m]

36 합성수지관 공사에서 접착제를 사용하여 관과 관의 커플링 접속 시 비닐 커플링에 들어가는 관의 최소 길이는?
① 관 안지름의 1.2배 이상
② 관 바깥지름의 1.2배 이상
③ 관 바깥지름의 0.8배 이상
④ 관 안지름의 0.8배 이상

37 합성수지관 공사에 의한 옥내 배선의 사용전압[V]의 한도(최고의 값)는?
① 400   ② 600
③ 800   ④ 1000

38 합성수지관 공사에 의한 저압 옥내 배선공사에서 잘못된 것은?
① 단구 및 내면은 전선의 피복을 손상하지 아니 하도록 매끈할 것
② 합성수지관 안에서는 전선에 접속점이 없도록 할 것
③ 관의 지지점간의 거리를 2[m]로 함
④ 관 상호를 접속할 때 삽입 깊이를 관 외경의 1.2배로 함

39 합성수지관은 금속관 공사에 비하면 다음과 같은 장점이 있다. 이 중 장점이 아닌 것은?
① 무게가 가볍고 시공이 쉽다.
② 피뢰기, 피뢰침의 접지선 보호에 적당하다.
③ 관 자체가 절연물이므로 누전의 우려가 없다
④ 온도변화에 따른 신축작용이 커서 파열될 우려가 있다.

④는 단점

40 합성수지 전선관의 특징으로 틀리는 것은?
① 누전의 우려가 없다.
② 무게가 가볍고 시공이 쉽다.
③ 관 자체를 접지할 필요가 없다.
④ 비자성체이므로 교류의 왕복선을 반드시 같이 넣어야 한다.

41 합성수지관 공사에 대한 설명 중 옳지 않은 것은?
① 전선은 인입용 비닐 절연전선을 사용한다.
② 관 상호 접속에 접착제를 사용하였기 때문에 관의 삽입하는 길이는 관 바깥지름의 0.6배로 한다.
③ 관의 지지점간의 거리는 1.5[m] 이하로 한다.
④ 단구를 원활하게 한다.

접착제 사용 시 : 0.8배 이상

Answer 34. ① 35. ③ 36. ③ 37. ② 38. ③ 39. ④ 40. ④ 41. ②

42 관의 굵기[mm]를 부르는 것으로 옳은 것은?
① 후강관으로서는 외경에 가까운 홀수
② 후강관으로서는 내경에 가까운 짝수
③ 박강관으로서는 외경에 가까운 짝수
④ 박강관으로서는 내경에 가까운 홀수

🔑 후강관은 안지름 크기에 가까운 짝수

43 안지름의 크기가 28.3[mm], 바깥지름의 크기가 33.3[mm]인 후강 전선관의 호칭은?
① 28[mm] 후강 전선관
② 29[mm] 후강 전선관
③ 33[mm] 후강 전선관
④ 34[mm] 후강 전선관

🔑 후강 전선관은 짝수임

44 후강 안지름의 굵기 가운데 공칭값[mm]이 아닌 것은?
① 31   ② 36
③ 42   ④ 54

🔑 후강이므로 짝수이어야 한다.

45 금속관 공사에서 관을 박스에 고정시킬 때에 사용하는 것은?
① 로크너트   ② 새들
③ 커플링   ④ 노멀 벤드

46 후강 전선관의 최소 굵기[mm]는?
① 12   ② 15
③ 16   ④ 18

🔑 16[mm]~104[mm]까지 10종

47 금속관 공사에서 연선을 사용하지 않아도 되는 전선의 공칭단면적은 몇 [mm²]인가?
① 35   ② 25
③ 16   ④ 10

🔑 10[mm²] 이하까지는 단선 사용

48 저압 옥내 배선을 금속관 공사로서 시설할 경우 적당한 것은?
① 두께 1[mm]의 관을 콘크리트에 매입
② 관의 내부에 접속점을 둔다.
③ 전선에 직경 6[mm²]의 단선을 사용한다.
④ 옥외용 비닐 절연전선을 사용한다.

🔑 ① : 1.2[mm] 이상 매입
② : 관 내부에는 접속점을 두면 안 됨
④ : 옥외용 비닐 절연전선 사용 불가

49 금속관 공사에 의한 저압 옥내 배선의 설비 기준으로 옳지 않은 것은?
① 전선은 옥외용 비닐 절연전선을 사용할 것
② 전선은 연선일 것
③ 금속관 안에는 전선에 접속점이 없도록 할 것
④ 단소한 금속관에 넣은 것은 단선을 사용하여도 된다.

50 금속관에서는 후강 전선관과 박강 전선관이 있다. 박강 전선관의 근사 두께는 몇 [mm] 이상인가?
① 1[mm]   ② 1.6[mm]
③ 2.3[mm]   ④ 2.5[mm]

Answer 42. ② 43. ① 44. ① 45. ① 46. ③ 47. ④ 48. ③ 49. ① 50. ②

🐸 근사 두께의 최솟값
① 박강 전선관 : 1.6[mm]
② 후강 전선관 : 2.3[mm]

51. 후강 전선관에서 굵기가 16[mm]보다는 크고 28[mm]보다는 작은 것은 어느 크기로 선정하여야 하는가?
① 18   ② 22
③ 24   ④ 26

🐸 후강 전선관의 호칭[mm]
16, 22, 28, 36, 42, 54, 70, 82, 92, 104(10종)

52. 박강 전선관에서 관의 호칭이 잘못 표현된 것은?
① 75[mm]   ② 19[mm]
③ 22[mm]   ④ 25[mm]

🐸 ① 박강 전선관의 호칭 : 바깥지름의 크기에 가까운 홀수
② 구분 : 19[mm]에서 75[mm]까지 8종류

53. 후강 전선관의 호칭은 안지름의 크기에 가까운 짝수로 정의하며 16[mm]에서 104[mm]까지의 몇 종으로 구분되어 있는가?
① 4   ② 6
③ 8   ④ 10

🐸 ① 후강 전선관 호칭 : 안지름에 가까운 짝수
② 구분 : 16[mm]에서 104[mm]까지의 10종

54. 전선관(박강) 굵기 가운데 공칭값[mm]이 아닌 것은?
① 19   ② 16
③ 25   ④ 39

🐸 박강 전선관(thin-wall conduit) 호칭
바깥지름의 크기에 가까운 홀수

55. 22[mm] 후강 전선관에 넣을 수 있는 전선의 내부 단면적은 약 몇 [mm²]인가? (단, 내부 단면적의 32[%]로 한다)
① 81   ② 120
③ 239   ④ 400

56. 굵기가 다른 절연전선을 동일 금속관 내에 넣어 시설하는 경우에 전선의 절연 피복물을 포함한 단면적이 관내 단면적의 몇 [%] 이하가 되어야 하는가?
① 25   ② 32
③ 45   ④ 70

🐸 굵기가 다른 절연전선을 동일 금속관 내에 넣어 시설하는 경우 32[%]가 적용되나, 굴곡이 심하지 않고 8[mm²] 이하에서는 최대 48[%]까지 가능하다.

57. 금속관에 전선을 넣어 공사를 할 경우 전선 총 단면적은 금속관 안의 단면적의 최대 몇 [%]가 되도록 선정하는가?
① 20[%]   ② 38[%]
③ 48[%]   ④ 60[%]

🐸 전선관(가요, 금속, 합성수지)은 굴곡이 심하지 않는 관에서는 최대 48[%]까지 가능하다.

58. 보통 금속관 구부리기에 있어서 안쪽 반지름은 금속관 안지름의 몇 배 이상으로 구부려야 하는가?

🔓 Answer 51. ② 52. ③ 53. ④ 54. ② 55. ② 56. ② 57. ③ 58. ②

① 4배　　② 6배
③ 8배　　④ 10배

59 금속관을 구부릴 때 금속관의 단면이 심하게 변형되지 아니하도록 구부려야 하며, 그 안측의 반지름은 관 안지름의 몇 배 이상이 되어야 하는가?
① 6　　② 8
③ 10　　④ 12

60 박스에 금속관을 고정할 때 사용하는 것은?
① 로크너트　　② 절연 부싱
③ 터미널 캡　　④ 노멀 벤드

61 로크너트 사용은 무엇과 박스를 접속할 때 사용하는가?
① 금속관　　② 케이블관
③ 노멀 벤드　　④ 와셔

62 링 리듀서의 용도는?
① 박스 내의 전선 접속에 사용
② 노크아웃 직경이 접속하는 금속관보다 큰 경우 사용
③ 노크아웃 구멍을 막는 데 사용
④ 로크너트를 고정하는 데 사용

63 노크아웃 구멍이 로크너트보다 클 때에는 무엇을 사용하여 접속하는가?
① 링 리듀서
② 드릴
③ 잉글리쉬 스패너
④ 풀링 그립

64 금속관 공사에서 금속관의 굵기보다 아우트렛 박스의 노크아웃이 클 때 상호 접속하기 위하여 쓰이는 것은?
① 엔드　　② 부싱
③ 링 리듀서　　④ 엘보

65 아우트렛 박스 등의 녹아웃의 지름이 관의 지름보다 클 때에 관을 박스에 고정시키기 위해 쓰는 재료의 명칭은?
① 터미널 캡　　② 링 리듀서
③ 엔트런스 캡　　④ 유니버설

🔑 녹아웃의 구멍이 로크너트보다 클 때에는 링 리듀서를 써서 접속한다.

66 금속관 공사에 필요한 재료가 아닌 것은?
① 부싱　　② 유니언 커플링
③ 박스 커넥터　　④ 로크너트

67 다음 공구 중 금속관 공사에 쓰이지 않는 것은?
① 오스터　　② 프레셔 툴
③ 파이프 커터　　④ 벤더

68 배관의 직각 굴곡 부분에 사용하는 것은?
① 로크너트　　② 절연 부싱
③ 플로어박스　　④ 노멀 벤드

69 커플링에 들어가는 관의 길이는 관 바깥지름의 몇 배 이상으로 하는가?
① 1.2배　　② 1.6배
③ 3.2배　　④ 4배

🔓 Answer　59. ①　60. ①　61. ①　62. ②　63. ①　64. ③　65. ②　66. ③　67. ②　68. ④　69. ①

70 콘크리트에 매입하는 금속관 공사에서 직각으로 배관할 때에 사용하는 것은?
① 노멀 벤드   ② 뚜껑이 있는 엘보
③ 서비스 엘보   ④ 유니버셜

🔑 엘보는 노출 공사에 사용

71 콘크리트 벽이나 기구에 구멍을 뚫어 전선관이나 기타 배선기구를 고정하기 위한 배선 재료가 아닌 것은?
① 스크루 앵커   ② 익스팬션 볼트
③ 토글 볼트   ④ 비트 익스팬션

🔑 앵커나 볼트를 사용한다.

72 금속관 공사의 접속함 내에서 전선 선로의 접속에 쓰이는 것은?
① 동관 단자   ② S형 슬리브
③ 코드 패스터   ④ 와이어 커넥터

73 유니온 커플링의 사용 목적은?
① 내경이 틀린 금속관 상호의 접속
② 돌려 끼울 수 없는 금속관 상호의 접속
③ 금속관의 박스와의 접속
④ 금속관 상호를 나사로 연결하는 접속

74 금속관 공사에서 애자 사용 공사로 옮기는 경우에는 금속의 끝에 절연부싱을 쓰거나 엔드 터미널 캡을 사용하여 몇 [mm] 이내의 곳에 애자로 전선을 고정시키는가?
① 70[mm]   ② 80[mm]
③ 90[mm]   ④ 100[mm]

75 가정용 집을 건축할 때 콘크리트벽 내에 금속관 공사에 대해서 스위치 배선을 하려 할 때 관의 두께의 최소는 몇 [mm]인가?
① 1.3   ② 1.2
③ 1.1   ④ 1.0

🔑 콘그리트 매입 : 1.2, 기타의 경우 1.0

76 금속관 공사에서 다음 중 옳지 않은 것은?
① 22[mm] 금속관의 나사 유효길이는 19~22[mm]가 적당하다.
② 콘크리트에 매설하는 관의 두께는 1.0[mm] 이상일 것
③ 16[mm] 금속관에 2.5[mm^2] 비닐 전선을 최대 4가닥 넣을 수 있다.
④ 관의 굵기 선정은 절연전선의 피복을 포함한 총 단면적이 관내의 단면적의 최대 48[%] 이하가 되어야 한다.

77 금속관 공사에 의한 저압 옥내배선을 점검하였더니 다음과 같은 개소가 있었다. 올바르지 못한 것은?
① 관의 길이가 4[m]인 것을 접지공사를 생략했다.
② 지름 길이 10[mm^2]인 옥외용 비닐 절연선을 사용
③ 지름이 6[mm^2]인 450/750[V] 비닐 절연선을 사용
④ 애자 사용 공사로 전환하는 곳에 강재 부싱을 사용

🔑 옥외용 비닐 전선은 옥외 가공전선로에 사용하고, 옥내에는 사용할 수 없다.

Answer 70. ① 71. ④ 72. ④ 73. ② 74. ④ 75. ② 76. ② 77. ②

78 금속관 구부리기 설명 중 틀린 것은?
① 한 관로 중 구부러진 곳은 360도 이하일 것
② 90도 굴곡 반지름은 금속관 안지름의 5배 이상일 것
③ 하나의 오프셋은 90도로 계산한다.
④ 히키로 굴곡 시는 10도 이하로 구부려 나갈 것

🔓 90도 굴곡 반지름은 금속관 안지름의 6배 이상 되어야 한다.

79 사용 전압이 380[V]인 저압 옥내 배선을 금속관 공사에 의하여 시공할 때 다음 중 옳은 것은?
① 옥외용 비닐절연전선을 사용하였다.
② 지름 5.0[mm]의 단선을 사용하였다.
③ 관에는 접지공사를 하였다.
④ 금속관 안에 전선의 접속점이 1개소 있었다.

🔓 ① : 옥내 비닐절연전선
② : 10[mm²] 이상은 연선 사용
④ : 관 안에 접속개소가 있으면 안 됨

80 콘크리트 건물의 노출 공사용으로 금속관과 병용하여 사용하며 전자적 평형을 유지하기 위하여 1회로의 전선을 동일 몰드 내에 10가닥 이하로 넣는 공사방법은?
① 합성수지 몰드 ② 금속 몰드
③ 목재 몰드   ④ 와이어 몰드

81 금속전선관을 설명한 것이다. 옳지 않은 것은?
① 후강 전선관은 16[mm]에서 104[mm]까지 10종이 있다.
② 후강 전선관의 두께는 1.2[mm]고, 길이는 5.6[m]이다.
③ 박강 전선관은 19[mm]에서 75[mm]까지 7종류가 있다.
④ 박강 전선관의 호칭은 바깥지름의 크기에 가까운 홀수로 호칭한다.

🔓 두께는 2.3[mm]이고, 길이는 3.6[m]이다.

82 금속관 공사 시 관을 접지하는 데 사용하는 것은?
① 노출 배관용 박스
② 엘보
③ 접지 클램프
④ 터미널 캡

83 금속관 공사에 의한 저압 옥내배선의 방법으로 틀린 것은?
① 전선은 연선을 사용하였다.
② 옥외용 비닐절연전선으로 사용하였다.
③ 콘크리트에 매설하는 금속관의 두께는 1.2[mm]를 사용하였다.
④ 관과 박스 기타의 부속품 등에는 접지공사를 하였다.

🔓 옥내용 비닐절연전선을 사용해야 한다.

84 버스 덕트 공사에서 덕트를 조영재에 붙이는 경우에는 덕트의 지지점간의 거리를 몇 [m] 이하로 하여야 하는가?
① 3   ② 4.5
③ 6   ④ 9

🔓 Answer 78. ② 79. ③ 80. ② 81. ② 82. ③ 83. ② 84. ①

85 덕트 공사 방법이 아닌 것은?
① 금속 덕트 공사
② 비닐 덕트 공사
③ 버스 덕트 공사
④ 플로어 덕트 공사

86 빌딩, 공장 전기실에서 많은 간선을 입출하는 곳에 사용하며, 건조하고 전개된 장소에서만 시설할 수 있는 공사는?
① 경질 비닐관 공사
② 금속관 공사
③ 금속 덕트 공사
④ 케이블 공사

87 2종 금속 몰드의 구성품 중 조인트 금속 유형의 종류와 거리가 먼 것은?
① L형　　② T형
③ D형　　④ 크로스형

88 절연전선을 동일 금속 덕트 내에 넣을 경우 금속 덕트의 크기는 전선의 피복절연물을 포함한 단면적의 총합계가 금속 덕트 내 단면적의 몇 [%] 이하로 하여야 하는가?
① 10　　② 20
③ 32　　④ 48

89 금속 덕트 공사의 설명 중 부적당한 것은 무엇인가?
① 금속 덕트 공사는 건조하고 전개된 장소에만 사용한다.
② 금속 덕트는 두께 1.2[mm] 이상의 철판을 사용하여 만든다.
③ 금속 덕트는 2[m] 이하마다 견고하게 지지하여야 한다.
④ 금속 덕트 내에는 전선 피복을 포함한 덕트 면적의 20[%] 이내의 전선을 설치하여야 한다.

🔑 3[m] 이하마다 지지

90 금속 덕트 공사에 의한 옥내 배선을 검사하였더니 다음과 같았다. 가장 옳은 공사를 한 것은 어느 것인가?
① 덕트 내의 전선의 단면적(절연피복포함)의 합이 덕트 내부 단면적의 25[%]였다.
② 덕트를 조영재에 3.5[m]마다 지지하였다.
③ 덕트는 두께가 1[mm]의 철판으로 만들어져 있었다.
④ 덕트의 끝부분이 폐쇄되어 있었다.

🔑 덕트의 끝은 뚜껑을 덮어 먼지가 들어가지 않게 하여야 한다.

91 다음 중 금속 덕트 공사의 시설 방법 중 틀린 것은?
① 덕트 상호 간은 견고하고 또한 전기적으로 완전하게 접속할 것
② 덕트 지지점 간 거리는 3[m] 이하로 할 것
③ 덕트 종단부는 열어 둘 것
④ 덕트 내부에 먼지가 들어가지 않도록 할 것

🔑 폐쇄시켜야 한다.

92. 철판제의 덕트 안에 평각 구리선 또는 평각 알루미늄선을 자기제 절연물로 간격 50[cm] 이내로 지지하여 만든 것을 다음 중 무엇이라고 하는가?

🔑 Answer　85. ②　86. ③　87. ③　88. ②　89. ③　90. ④　91. ③　92. ③

① 금속 덕트　② 플로어 덕트
③ 버스 덕트　④ 덕트 서포트

① 애관　② 부목
③ 동관　④ 테이프

93 플로어 덕트의 전선 접속은 어디서 하는가?
① 전선 인출구에서 한다.
② 접속함 내에서 한다.
③ 플로어 덕트 내에서 한다.
④ 덕트 끝 단부 내에서 한다.

94 금속 덕트 공사에 있어서 전광표시장치, 출퇴표시장치 등 제어회로용 배전반을 공사할 때는 절연전선의 단면적은 금속 덕트 내 단면적의 몇 [%]까지 차지할 수 있는가?
① 80[%]　② 70[%]
③ 60[%]　④ 50[%]

95 금속 덕트 안에 넣는 전선은 고무 절연전선, 비닐 절연전선 또는 케이블로서 그 피복을 포함한 총 단면적은 덕트 내 단면적의 몇 [%] 이내로 하여야 하는가?
① 10　② 20
③ 30　④ 40

96 연피 케이블이 구부러지는 곳은 케이블 바깥지름의 최소 몇 배 이상의 반지름으로 구부려야 하는가?
① 8　② 12
③ 15　④ 20
　🔑 12배 이상

97 다음 중 노브 애자 사용 공사에서 전선 교차 시 사용하는 것은?

98 연피 케이블을 금속관에 넣어 시설하는 경우 직각으로 구부러지는 곳은 케이블 바깥지름의 몇 배 이상의 반지름으로 구부려야 하는가?
① 6배　② 10배
③ 15배　④ 20배

99 저압 케이블을 조영재의 측면에 따라 시설하는 경우 지지점 간의 최대 이격거리는 몇 [m]인가?
① 1.0　② 1.2
③ 2.0　④ 2.5

100 캡타이어 케이블, 고무 외장 케이블, 비닐 외장 케이블, 클로로프렌 외장 케이블 공사에서 틀린 사항은?
① 케이블의 지지점간의 거리는 규정상 2[m] 이하
② 단면적 8[mm²] 이상의 케이블은 심선접속 부분이 서로 겹치도록 접속하고, 납땜을 할 필요가 없다.
③ 습기나 물기가 많은 곳과 접속 박스가 없는 경우에는 애자를 써서 분기 접속한다.
④ 케이블 바깥지름의 6배 이상의 반지름으로 구부린다.

101 연피가 없는 케이블은 습기나 접속 박스가 없는 경우, 케이블의 상호 접속은 어떻게 하는가?

🔓 Answer　93. ②　94. ④　95. ②　96. ②　97. ①　98. ③　99. ③　100. ②　101. ③

① 클리트를 써서 접속
② 납땜 접속
③ 애자를 써서 접속
④ 접속함에서 접속

102 케이블을 고층 건물에 수직으로 배선하는 경우에는 다음 중 어떤 방법으로 지지하는 것이 적당한가?
① 매층마다
② 2층마다
③ 1층마다 2개소 지지
④ 3층마다

103 다음 중 8각 박스의 한 면을 금속관과 접속할 때 소요되는 로크 너트의 개수는?
① 1개　　② 2개
③ 3개　　④ 4개

104 연피 케이블의 접속법이 아닌 것은?
① 단자 접속함 접속
② 주철 직선 접속함 접속
③ 무단자 접속함 접속
④ 애자 사용 접속

　④는 연피가 없는 케이블에 해당됨

105 케이블의 연피손의 원인은?
① 맴돌이 전류
② 히스테리시스 현상
③ 유전체손
④ 표피 작용

　연피손은 맴돌이 전류가 연피에 흐르므로 발생하는 손실

106 전선(단선)색별에 있어서 3선식일 경우 포함되지 않는 색깔은?
① 갈색　　② 회색
③ 노랑　　④ 검정

107 석유류를 저장하는 장소에 시설해서는 안 될 저압 옥내 배선은?
① 애자 사용 공사
② 케이블 공사
③ 합성수지관 공사
④ 금속관 공사

　애자 사용 공사는 위험물 저장소에 할 수 없다.

108 저압 옥내 배선에서 점검할 수 있는 은폐 장소의 배선에 사용 전압이 400[V]를 넘는 경우 어떤 공사를 할 수 없는가?
① 금속관 공사
② 애자 사용 공사
③ 합성수지관 공사
④ 금속 몰드 공사

　몰드는 400[V] 미만에서 건조한 장소만 시설

109 건조하고 전개된 장소에서 440[V] 옥내 배선을 할 때 채용할 수 없는 공사 종류는 어느 것인가?
① 합성수지관 공사
② 케이블 공사
③ 금속관 공사
④ 금속 몰드 공사

Answer　102.①　103.②　104.④　105.①　106.③　107.①　108.④　109.④

110 물기가 많고 전개된 장소에서 440[V] 옥내 배선을 할 때 채용할 수 없는 공사 종류는?
① 금속관 공사 ② 가요전선관 공사
③ 케이블 공사 ④ 금속 덕트 공사

111 일반 가정용 옥내 배선의 전로에 사용되는 전선의 최소 공칭단면적은 몇 [mm^2] 이상인가?
① 0.75[mm^2] ② 1.5[mm^2]
③ 2.5[mm^2] ④ 4.0[mm^2]

112 16[mm] 후강 전선관에 2.5[mm^2] 비닐 전선을 몇 가닥까지 넣을 수 있는가? (단, 단면적은 20[mm^2]이다.)
① 4 ② 5
③ 6 ④ 7

🔑 16[mm] 전선관과 전선가닥수(단선)
① 10[mm^2] : 1가닥
② 6[mm^2] : 2가닥
③ 4[mm^2] : 3가닥
④ 2.5[mm^2] : 4가닥

113 사용 전압이 400[V]를 넘는 애자 사용 공사에 의한 저압 옥내 배선을 점검하였더니 다음과 같은 개소가 있었다. 올바르지 못한 것은?
① 450/750[V] 비닐 절연전선을 사용하였다.
② 애자공사에는 절연성, 난연성 및 내구성의 것이어야 한다.
③ 전개된 장소에 전선 상호 간의 거리가 8[cm]이었다.
④ 점검할 수 없는 은폐장소에 전선과 조영재와의 이격거리가 2.5[cm]이었다.

🔑 은폐 장소는 시설 불가능, 400[V] 이상 조영재와의 이격거리는 4.5[cm]

114 다음의 재료를 필요로 하는 공사방법은 어느 것인가?

① 엔트런스 캡 ② 링 리듀서
③ 유니언 커플링 ④ 새들
⑤ 방출원형 노출박스

① 플렉시블 전선관 공사
② 합성수지관 공사
③ 금속관 공사
④ 버스 덕트 공사

115 작업대로부터 높이가 2.4[m]인 조명기구를 배치할 때 S≤1.5H를 이용하여 기구 간의 최대 거리[m]는?
① 3.6 ② 2.4
③ 1.5 ④ 1.2

🔑 L ≤ 1.5H=1.5×2.4=3.6

116 주택의 옥내 배선을 한 결과 검사를 하여 보니 다음과 같았다. 잘못된 공사는?
① 노브 애자 공사에서 전선 상호간의 이격거리가 6[cm] 이상이 되었다.
② 분기선은 모두 2.5[mm^2]를 사용하였다.
③ 합성수지관 지지점간의 거리가 2[m] 이상이 되었다.
④ 콘센트는 전원과 병렬로 개선되었다.

🔒 Answer 110. ④ 111. ③ 112. ① 113. ④ 114. ③ 115. ① 116. ③

117 옥내 노출 공사 시 전선의 접속이 불가피할 경우의 설명 중 틀린 것은 어느 것인가?
① 노출형 스위치 박스 내에서 접속하였다.
② 덮개가 있는 C형 엘보 속에서 접속하였다.
③ 형광등용 플랜지 커버 속에서 접속하였다.
④ 팔각 정크션 박스 내에서 접속하였다.

🔑 엘보는 접속 불가능

118 물기, 습기가 있는 장소의 배관 방법 중 옳지 못한 방법은?
① 배수구는 뚜껑이 없는 엘보를 사용할 것
② 박스, 기타 부속들의 접속은 나사식으로 하고 패킹을 한다.
③ 배수구는 수증기가 발생하는 곳에 설치하지 말 것
④ 수평배관은 배수되는 쪽으로 기울여 둔다.

🔑 배수구는 뚜껑이 있는 엘보를 사용하여 배수

119 저압 옥내 배선공사에서 부득이한 경우 전선 접속을 해도 되는 곳은?
① 가요전선관 내
② 금속관 내
③ 금속 덕트 내
④ 경질 비닐관 내

🔑 부득이한 경우만 가능, 전선관 내에서는 절대 전선을 접속해서는 안 된다.

120 코드 팬던트로서 매달 수 있는 코드에 걸리는 중량의 총계가 최대 몇 [kg] 이하라야 하는가?
① 1   ② 3
③ 4   ④ 5

121 특정한 장소만을 고조도로 하기 위한 조명기구의 배치방식은?
① 국부 조명방식
② 전반 조명방식
③ 간접 조명방식
④ 직접 조명방식

122 풀박스에 대한 설명 중 옳지 않은 것은?
① 박스 내에 물기가 스며들 우려가 없도록 해야 한다.
② 전선의 교체나 접속을 쉽게 할 수 있도록 충분한 여유가 있는 장소에 있어야 한다.
③ 공사상 부득이한 경우에는 방수형의 박스를 사용할 수 있다.
④ 박스는 조영재에 은폐시켜 시공한다.

123 절연전선을 넣어 마루 밑에 매입하는 배선용의 홈통으로서 마루 위의 전선 인출을 목적으로 하는 것은?
① 플로어 덕트   ② 셀룰러 덕트
③ 금속 덕트   ④ 리이팅 덕트

124 전선관 가공 작업 시 작업 내용에 따른 사용공구가 아닌 것은?
① PVC 전선관의 굽힘 작업은 토치 램프를 사용한다.
② 전선관을 절단 후에는 단구에 리머 작업을 실시한다.
③ 금속관 굽힘 작업은 파이프 벤더를 사용한다.
④ 금속관 나사 내는 공구는 노크아웃 펀치를 사용한다.

Answer 117. ② 118. ① 119. ③ 120. ② 121. ① 122. ④ 123. ① 124. ④

🔑 오스터 사용

125 전기공사 시공에 필요한 공구 사용법 설명 중 잘못된 것은?
① 콘크리트의 구멍을 뚫기 위한 공구로 타격용 임팩트 전기드릴을 사용한다.
② 스위치박스에 전선관용 구멍을 뚫기 위해 노크아웃 펀치를 사용한다.
③ 파상형 합성수지 가요전선관의 굽힘 작업을 위해 토치 램프를 사용한다.
④ 금속 전선관의 굽힘 작업을 위해 파이프 벤더를 사용한다.

126 도면과 같은 단상 3선식의 옥외 배선에서 중성선과 양외선 간의 각각 20[A], 30[A]의 전등 부하가 걸렸을 때 인입 개폐기의 X점에서 단자가 빠졌을 경우 발생하는 현상은?

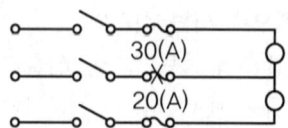

① 별 이상이 일어나지 않는다.
② 20[A] 부하의 단자전압이 상승
③ 30[A] 부하의 단자전압이 상승
④ 양쪽 부하에 전류가 흐르지 않는다.

🔑 중성선의 단선으로 회로는 두 부하가 직렬 접속된 경우가 되므로 각 부하에 흐르는 전류는 같게 되며 부하의 저항이 큰 20[A] 부하의 단자전압이 상승하게 된다.

127 옥내 배선의 지름을 결정하는 가장 중요한 요소는?
① 허용전류 ② 전압 강하
③ 기계적 강도 ④ 공사방법

128 옥내 전로의 대지전압의 제한에서 잘못된 설명은?
① 백열전등 또는 방전등 및 이에 부속하는 전선은 사람이 접촉할 우려가 없도록 한다.
② 백열전등 및 방전등용 안정기는 옥내 배선에 직접 접속하여 시설한다.
③ 백열전등의 전구소켓은 키나 그 밖의 점멸기구가 있는 것으로 한다.
④ 사용 전압은 400[V] 미만일 것

129 저압 옥내 배선용으로만 사용되는 케이블은?
① 클로로프렌 외장 케이블
② 플렉시블 외장 케이블
③ 연피 케이블
④ 강대외장 연피 케이블

🔑 저압용으로 비닐 외장 케이블, MI 케이블 등

130 소켓, 리셉터클 등에 전선을 접속할 때 어떤 측 전선을 중심 접촉면에 접속해야 하는가?
① 접지측 ② 중성측
③ 단자측 ④ 전압측

131 옥내에 전등 및 콘센트를 시설할 때 옳지 못한 회로는?

🔓 Answer 125. ③ 126. ② 127. ① 128. ③ 129. ② 130. ④ 131. ④

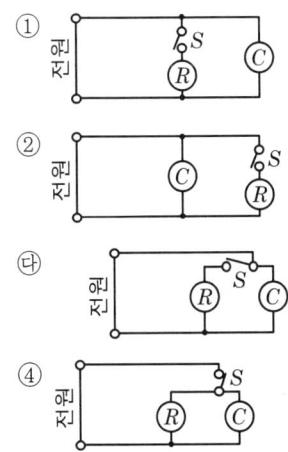

132 저압 옥내 배선에서 맨 먼저 시험해야 될 사항은?
① 절연 저항 시험
② 절연 내력 시험
③ 접지 저항 시험
④ 용량 시험

133 공장 내 등에서 대지전압이 150[V]를 초과하고 300[V] 이하의 전로에 백열전등을 시설할 경우에 잘못된 설치 방법은?
① 백열전등은 사람이 접촉될 우려가 없도록 시설할 것
② 백열전등은 옥내 배선과 직접 접속을 하지 말아야 한다.
③ 백열전등의 소켓은 키 및 점멸기구가 없는 것을 사용 할 것
④ 백열전등 회로에는 규정에 따라 누전차단기를 설치하여야 한다.

134 고압에서 직류는 1500[V]를 넘고 7000 [V] 이하, 교류는 1000[V]를 넘고 몇 [V] 이하인가?
① 6000[V] 이하 ② 7000[V] 이하
③ 8000[V] 이하 ④ 9000[V] 이하

Answer 132. ① 133. ② 134. ②

5. 특수한 장소, 특수 시설의 공사

1. 특수한 장소의 옥내 공사

(1) 먼지가 많은 장소
먼지가 많은 장소는 그 폭발 위험 정도에 따라 3종류로 분류한다.
① 폭연성 분진 또는 화약류의 분말이 존재하는 곳
　㉠ 폭연성 분진(마그네슘, 알루미늄, 티탄 등이 쌓인 상태) 또는 화약류 분말로 인하여 점화원이 되어 폭발할 우려가 있는 장소이다.
　㉡ 저압 옥내 배선공사 방법은 금속관 공사, 또는 케이블(캡타이어 케이블은 제외) 공사에 의하여 시설하여야 한다.

> **참고** CD 케이블
> 폴리에틸렌 덕트로 덮혀 있는 케이블

　㉢ 패킹 등을 사용하여 먼지의 침입을 방지하고, 금속관 공사 시 관 상호 및 관과 박스 등은 5턱 이상의 죔 나사로 접속하여야 한다.
　㉣ 이동 전선은 접속점이 없는 0.6/1[kV] EP 고무절연 클로로플랜 캡타이어 케이블을 사용하여야 한다.
　㉤ 전동기에 접속하는 부분에는 방폭형 플렉시블 피팅을 사용한다.
② 가연성 분진이 존재하는 곳
　㉠ 가연성 분진(소맥분, 전분, 유황 등 가연성 먼지)이 발화원이 되어 폭발할 우려가 있는 장소이다.
　㉡ 저압 옥내 배선공사 방법은 합성수지관 공사(CD관, 두께 2[mm] 미만의 합성수지관 제외), 금속관 공사, 케이블 공사

> **참고** CD관
> 컴바인 덕트관

　㉢ 이동용 전선은 접속점이 없는 0.6/1[kV] EP 고무 절연 클로로플랜 캡타이어 케이블 또는 0.6/1[kV] EP 비닐 절연 캡타이어 케이블을 사용한다.

③ 폭연성 분진, 가연성 분진 이외의 장소

저압 옥내 배선공사 방법은 애자 사용 공사, 합성수지관 공사, 금속관 공사, 가요관 공사, 케이블 공사, 금속 덕트 공사, 버스 덕트 공사에 의하여 시설한다.

(2) 가연성 가스가 존재하는 곳

① 가연성 가스나 인화성 물질의 증기가 새거나 체류하여 폭발할 우려가 있는 곳을 말한다.

② 저압 옥내 배선공사 방법은 폭연성 분진 또는 화약류의 분말이 존재하는 곳의 시설 방법과 같다.

(3) 위험물이 있는 공사

① 셀룰로이드, 성냥, 석유 등 기타 타기 쉬운 위험물질을 제조하거나 저장하는 곳을 말한다.

② 저압 옥내 배선공사 방법은 합성수지관 공사, 금속관 공사, 케이블 공사로 시설한다. 단, 케이블 공사 시 개장된 케이블 또는 MI 케이블(미네랄 인슐레이션 케이블)을 사용한다.

③ 이동용 전선은 접속점이 없는 0.6/1[kV] EP 고무 절연 클로로플랜 캡타이어 케이블 또는 0.6/1[kV] 비닐 절연 비닐 캡타이어 케이블을 사용한다.

(4) 화약류 저장소의 전기설비

① 원칙상 화약류 저장소 안에는 전기시설을 하지 않으나, 백열전등, 형광등을 위한 전기설비는 가능하다.

② 저압 옥내 배선공사 방법은 폭연성 분진 또는 화약류의 분말이 존재하는 곳의 시설방법과 같다.

③ 전로의 대지전압 300[V] 이하이고, 전기기계기구는 전폐형으로 시설해야 한다. 또한 전폐형 개폐기에서 화약류 저장소의 인입구까지는 케이블을 사용하여 지중선로로 해야 한다.

(5) 흥행장의 저압 배선 공사

① 극장, 영화관 등의 시설을 말한다.

② 사용 전압은 400[V] 미만이고, 무대, 무대 마루 밑, 오케스트라 박스, 영사실 등에는 각각의 전용 개폐기 및 과전류 차단기를 시설해야 한다.

③ 이동용 전선은 0.6/1[kV] EP 고무 절연 클로로플랜 캡타이어 케이블 또는 0.6/1[kV] 비닐 절연 비닐 캡타이어 케이블을 사용한다.

2. 특수시설 공사

(1) 유희용 전차의 시설
① 유원지 등의 구내에서 유희용으로 시설한 소형 전차를 말한다.
② 사용 전압은 2차측 단자의 최대 사용 전압은 직류 60[V] 이하, 교류 40[V] 이하이어야 한다.
③ 전원장치의 변압기는 절연 변압기일 것
④ 전기를 공급하는 접촉전선은 사람이 쉽게 출입할 수 없는 곳에 제3레일 방식에 의해 시설한다.
⑤ 전기를 공급하는 전로에 전용개폐기를 시설한다.

(2) 전기울타리의 시설
① 목장 등에서 짐승의 침입이나 가축의 탈출을 방지하기 위하여 옥외에서 나전선으로 시설한 울타리를 말한다.
② 사용 전압은 250[V] 이하이고 사람이 보기 쉬운 곳에 위험표시를 해야 한다.
③ 사용 전선은 인장강도 1.38[kN] 이상의 것 또는 지름 2.0[mm] 이상의 경동선을 사용한다.
④ 전선과 지지하는 지주와의 이격거리는 2.5[cm] 이상, 기타 시설물 또는 수목과의 이격거리는 30[cm] 이상으로 한다.
⑤ 전기울타리용 전원장치 1차측에 전용개폐기를 설치하고, 사람이 보기 쉬운 곳에 위험표시를 하여야 한다.
⑥ 접지
  ㉠ 전기울타리 전원장치의 외함 및 변압기 철심은 140의 규정에 준하여 접지공사를 하여야 한다.
  ㉡ 전기울타리 접지전극과 다른 계통과의 접지전극의 거리는 2[m] 이상이어야 한다.
  ㉢ 가공전선로 아래는 통과하는 울타리의 금속제 부분은 교차지점의 양쪽으로부터 5[m] 이상의 간격을 두고 접지하여야 한다.

(3) 전격살충기

노출된 도체에 높은 전압을 가하여 전격으로 해충을 살충하는 기기이다.
① 전격살충기는 지표상 3.5[m] 이상의 높이에 시설해야 한다.(단, 자동차단장치 시설 시 1.8[m] 이상)
② 다른 시설물과의 이격거리는 30[cm] 이상이어야 한다.
③ 전격살충기를 시설하는 곳은 위험표시를 해야 한다.
④ 전용개폐기를 설치한다.

(4) 교통신호등

① 교통신호등 제어장치의 2차측 배선의 최대사용 전압은 300[V] 이하이어야 한다.
② 제어장치의 2차측 배선을 조가용선으로 조가하여 시설하는 부분은 다음과 같이 한다.
　㉠ 조가용선은 인장강도 3.7[kN]의 금속선 또는 지름 4[mm] 이상의 아연도 철선을 2가닥 이상 꼰 선 금속선을 사용한다.
　㉡ 전선은 케이블 이외에는 2.5[mm^2] 이상의 450/750[V] 일반용 단심 비닐 절연전선 또는 450/750[V] 내열성 에틸렌 아세테이트 고무 절연전선을 사용한다.
③ 2차측 배선 가공 전선의 높이(저압 가공전선로의 높이와 동일)
　㉠ 도로 횡단 시 : 6[m] 이상
　㉡ 철도 및 궤도 횡단 시 : 레일면상 6.5[m] 이상
　㉢ 횡단 보도교 위에 시설 시 : 3.5[m] 이상(450/750[V] 일반용 단심 비닐 절연전선 또는 케이블인 경우 : 3[m] 이상)
　㉣ 횡단(도로나 철도)이 아닌 경우에는 5[m] 이상, 도로 이외의 장소는 4[m] 이상
④ 인하선
　㉠ 교통신호등의 전구에 접속하는 인하선을 지지물에 따라 시설하는 경우에는 지표상 2.5[m] 이상의 높이로 시설한다. 단, 금속관 배선 또는 케이블 배선일 경우는 적용하지 않는다.
　㉡ 케이블 배선에 의하여 시설하는 경우에는 외상을 방지하기 위하여 지표상 2[m] 이하의 부분을 전선관 또는 가스철관에 넣어 방호를 하여야 한다.
⑤ 교통신호등 제어장치 전원측에 전용개폐기 및 과전류차단기를 각 극에 시설하여야 한다.
⑥ 교통신호등 회로의 사용 전압이 150[V]를 넘는 경우는 전로에 지락이 생겼을 경우 자

동적으로 차단하는 누전차단기를 시설하여야 한다.
⑦ 교통신호등 제어장치의 금속제 외함 및 신호등을 지지하는 철주에는 211과 140 규정에 준하여 접지공사를 하여야 한다.

(5) 전기 집진장치
사용 전압이 특별고압인 전기 집진·정전도장장치, 전기 탈수장치 등의 시설을 말한다.
① 변압기 1차측에 전로에는 전용 개폐기를 시설해야 한다.
② 2차측 배선은 케이블을 사용하고 전기집진 응용장치의 금속제 외함 또는 케이블을 넣는 방호장치의 금속제 부분 및 방식 케이블 이외의 케이블의 피복에 사용하는 금속체에는 한국전기기술규정 140. 접지시스템 규정에 준하여 접지공사를 하여야 한다. 또한 손상을 받을 우려가 있는 곳에 시설하는 경우에는 적당한 방호장치를 하여야 한다.

(6) 소세력회로
① 전자개폐기 조작회로, 초인벨·경보벨 등의 회로를 말한다.
② 사용 전압 : 1차 300[V] 이하, 2차 60[V] 이하인 절연변압기를 사용한다.
③ 전선은 코드, 캡타이어 케이블, 케이블을 사용한다.
④ 조영재에 직접 취부하는 경우에는 사용 전선은 케이블 이외에는 1.0[mm^2] 이상의 연동선 이상의 세기나 굵기를 사용한다.
⑤ 가공으로 시설하는 경우는 인장강도 508[N] 이상의 것이나 1.2[mm] 이상의 경동선 이상을 사용한다. 단, 케이블인 경우에는 인장강도 2.36[kN] 이상의 금속선 또는 3.2[mm]의 아연도금 철선 이상의 굵기와 세기를 가진 금속선으로 매달아야 한다.
⑥ 지중으로 시설하는 경우는
　㉠ 전선은 450/750[V] 일반용 단심 비닐 절연전선, 캡타이어 케이블(외장이 천연고무 혼합물의 것은 제외) 또는 케이블을 사용한다.
　㉡ 전선을 차량 기타 중량물의 압력에 견디는 견고한 관·트라프 기타의 방호장치에 넣어 시설하거나,
　㉢ 전선의 상부를 견고한 판 또는 홈통으로 덮어서 매설 깊이는 30[cm](차량 기타의 중량물이 압력을 받을 우려가 있는 곳에 시설하는 경우에는 1.2[m]) 이상으로 매설하여야 한다.

(7) 출퇴표시등 회로
소세력 회로와 달리 장시간에 걸쳐 전기가 사용되고 표시 등수가 많아서 사용 전류가 커

지는 회로로서, 출퇴표시등 기타 이와 유사한 장치에 접속하는 전로로 최대 사용 전압이 60[V] 이하이고 정격전류 5[A] 이하인 과전류 차단기로 보호되는 경우를 말한다.

① 사용 전압은 1차 300[V] 이하, 2차 60[V] 이하인 절연변압기를 사용한다.
② 전선은 단면적 1[mm^2] 연동선과 동등 이상의 세기 및 굵기의 코드, 캡타이어 케이블, 케이블이나 또는 지름 0.65[mm]의 연동선과 동등 이상의 세기 및 굵기의 통신용 케이블일 것
③ 전선은(캡타이어 케이블, 케이블 제외) 금속관, 합성수지관, 금속제 가요전선관, 금속 몰드, 합성수지 몰드, 플로어 덕트, 금속제 덕트에 넣어서 설치한다.
④ 가공으로 설치하는 경우에는 소세력 회로 규정에 따라 시설한다.

예·상·기·출·문·제

01 가연성 분진이 존재하는 곳에 저압 옥내 배선을 할 때 다음 중 배선 방법이 옳지 못한 것은?
① 합성수지관 공사
② 금속관 공사
③ 3종 캡타이어 케이블 공사
④ CD 케이블 공사

02 소맥분, 전분, 기타 가연성의 분진이 존재하는 곳의 저압 옥내 배선의 공사 방법에 해당되지 않는 것은?
① 금속관 공사 ② 애자 사용 공사
③ 케이블 공사 ④ 합성수지관 공사

03 폭연성 분진이 존재하는 곳의 금속관 공사에 있어서 관 상호 및 관과 박스의 접속은 몇 턱 이상의 죔나사로 시공하여야 하는가?
① 3턱   ② 4턱
③ 5턱   ④ 6턱

04 화약류 저장소의 배선공사에서 전로의 대지전압은 몇 [V] 이하로 하도록 되어 있는가?
① 400   ② 300
③ 150   ④ 100

05 화약류 저장소의 배선공사에서 전용 개폐기 또는 과전류 차단기에서 화약류 저장소의 인입구까지는 어떤 배선 공사에 의하여 시설하여야 하는가?

① 금속관 공사로 지중선로
② 케이블 공사로 옥측 전선로
③ 케이블 사용 지중선로
④ 합성수지관 공사로 지중선로

06 광산이나 갱도 내 가스 또는 먼지의 발생에 의해서 폭발 우려가 있는 장소의 전기공사 방법 중 바르지 못한 것은?
① 고정 전선은 강대 외장 연피 케이블 공사가 가장 안전함
② 스파크나 과열 전기 기구는 기밀한 기름 속에 넣을 것
③ 이동 전선은 1종 캡타이어 케이블을 사용할 것
④ 백열등은 진동없게 고정된 소켓에 키 없는 소켓에 끼워 외장 글로브를 끼울 것

🔑 1, 2종 사용 불가

07 화약류 저장소 안에서의 전기 공작물 시설에 대한 설명이다. 옳지 못한 것은? (단, 금속관 공사 또는 케이블 공사에 의한 시설이다.)
① 전로의 대지전압은 600[V] 이하로 한다.
② 기계기구에 끌어넣는 인입구에서 케이블의 손상이 없도록 한다.
③ 전기기계기구는 전폐형으로 한다.
④ 화약류 저장소 이외의 곳에 전용 개폐기 및 과전류 차단기를 시설한다.

🔒 Answer 1. ④ 2. ② 3. ③ 4. ② 5. ③ 6. ③ 7. ①

🔑 300[V] 이하

08 폭연성 분진 또는 화약류의 분말이 존재하는 곳의 저압옥내 배선공사시 할 수 없는 것은?
① 금속관 공사
② 캡타이어 케이블 공사
③ MI 케이블 공사
④ 개장된 케이블 공사

🔑 폭연성 분진 또는 화약류의 분말이 있는 곳에 시설하는 저압 옥내 전기설비는 금속관 공사 또는 케이블 공사에 의하며, 단 캡타이어 케이블 공사는 제외된다.

09 셀룰로이드, 성냥, 석유 등 위험한 물질을 제조하거나 저장하는 곳의 전기배선 방법이 옳지 못한 것은?
① 후강 전선관 공사
② MI 케이블 공사
③ 박강 전선관 공사
④ 제1종 캡타이어 케이블 공사

🔑 접속점이 없는 0.6/1[kV] EP 고무 절연 클로로플랜 캡타이어 케이블이어야 한다.

10 특수한 장소에 가장 널리 사용되는 공사로 짝지어진 것은? (단, 폭연성 분진 또는 화약류의 분말이 존재하는 곳이고 저압 옥내 배선이다.)
① 애자 공사, 금속관 공사
② 합성수지관 공사, 케이블 공사
③ 금속관 공사, 가요전선관 공사
④ 케이블 공사, 금속관 공사

11 먼지가 많은 장소에 사용되는 전구 소켓으로 적합한 것은?
① 키 소켓
② 분기 소켓
③ 키리스 소켓
④ 모걸 소켓

12 가연성 분진이 존재하거나 발생하는 곳의 저압 옥내 배선 중 이동전선은 어느 것을 사용하여 시설하여야 하는가?
① 제1종 캡타이어 케이블
② 유입 케이블
③ 0.6/1[kV] EP 고무 절연 캡타이어 케이블
④ CD 케이블

🔑 0.6/1[kV] EP 고무 절연 캡타이어 케이블

13 전기 울타리에 시설하는 전선과 이를 지지하는 기둥간의 최소 이격거리는?
① 4.0[cm]
② 3.0[cm]
③ 2.5[cm]
④ 2.0[cm]

14 유희용 전차에 전기를 공급하는 전로의 사용 전압은 직류인 경우 최대 몇 [V]인가?
① 60
② 40
③ 30
④ 10

15 극장의 무대 영사실 등에 공급하는 전로의 최고 사용 전압은?
① 100[V]
② 200[V]
③ 400[V]
④ 1000[V]

Answer 8. ② 9. ④ 10. ④ 11. ③ 12. ③ 13. ③ 14. ① 15. ③

16. 교통신호등 회로의 사용 전압은 최대 몇 [V]인가?
① 100　② 200
③ 300　④ 400

17. 사용 전압이 60[V] 이하의 소세력 회로의 전선을 가공으로 시설할 경우 경동선의 최소 굵기[mm]는?
① 0.8　② 1.0
③ 1.2　④ 1.6

18. 출퇴표시등 회로에 전기를 공급하기 위한 변압기의 2차측 전로의 사용 전압은 몇 [V] 이하이어야 하는가?
① 30　② 60
③ 100　④ 150

19. 출퇴표시등 회로에 사용되는 최대 사용 전압은?
① 60[V]　② 110[V]
③ 220[V]　④ 300[V]

20. 화재 경보 장치의 구성 요소는 탐지기, 경보벨, 수동 발신기, 수신반으로 되어 있는데, 탐지기는 보통 1.2[mm] 전선으로 15개 이하를 한 회로로 하여 회로의 길이가 몇 [m]를 넘지 않도록 하고 있는가?
① 20[m]　② 30[m]
③ 40[m]　④ 50[m]

21. 화재 탐지기 회로의 전선은 최소 몇 [mm²]를 사용하는가?
① 1.0　② 1.5
③ 2.5　④ 4

22. 소세력 회로의 시설에서 소세력 회로의 전선을 조영재에 붙여 시설할 경우 잘못된 것은?
① 전선은 케이블인 경우 이외에는 지름 1.0[mm] 이상의 연동선 또는 이와 동등 이상의 세기 및 굵기의 것일 것
② 전선이 손상을 받을 우려가 있는 곳에 시설하는 경우 방호장치를 할 것
③ 전선은 코드, 캡타이어 케이블 또는 케이블일 것
④ 전선은 금속제의 수관, 가스관 또는 이와 유사한 것과 접촉하지 아니하도록 시설할 것

🔑 전선은 케이블인 경우 이외에는 공칭단면적 1[mm²] 이상이어야 한다.

23. 백열전등을 사용하는 전광사인에 전기를 공급하는 전로의 사용 전압은 대지전압을 몇 [V] 이하로 하는가?
① 200[V] 이하　② 300[V] 이하
③ 400[V] 이하　④ 600[V] 이하

24. 무대, 무대 밑, 오케스트라 박스, 영사실, 기타 사람이나 무대도구가 접촉될 우려가 있는 장소에 시설하는 저압 옥내 배선, 전구선 또는 이동전선은 사용 전압이 몇 [V] 미만이어야 하는가?
① 400　② 500
③ 600　④ 700

🔒 Answer　16. ③　17. ③　18. ②　19. ①　20. ④　21. ②　22. ①　23. ②　24. ①

25 아크용접기는 절연 변압기를 사용하고 그 1차측 전로의 대지전압은 최대 몇 [V] 이하이어야 하는가?
① 100 ② 200
③ 300 ④ 400

26 화재 경보 장치의 구성 요소가 아닌 것은?
① 탐지기 ② 수동발신기
③ 경보벨 ④ 소화반

Answer 25. ③ 26. ④

6. 접지와 절연, 전로의 보호

1. 접지공사

(1) 접지공사의 목적
① 기기 절연물 손상으로 생긴 누설전류로 인한 감전 방지
② 고저압 혼촉 시 고압전류에 의한 감전 방지
③ 뇌해 방지
④ 지락사고 발생 시 보호계전기를 신속하게 동작
⑤ 전로에 이상 고전압 발생 시 대지전압 상승 억제

(2) 접지공사 규정
기존의 전기설비기술기준이 한국전기설비규정으로 통합 및 개정되면서 접지 규정 변경됨 (2021. 1. 1.부터 적용)

203 계통접지방식

2-1 계통접지 구성
① 저압전로의 보호도체 및 중성선의 접속 방식에 따라 접지계통은 다음과 같이 분류한다.
  ㉠ TN 계통
  ㉡ TT 계통
  ㉢ IT 계통
② 계통접지에서 사용되는 문자의 정의는 다음과 같다.
  ㉠ 제1문자 : 전원계통과 대지의 관계
    ⓐ T : 한 점을 대지에 직접 접속(Terra)
    ⓑ I : 모든 충전부를 대지와 절연시키거나 높은 임피던스를 통하여 한 점을 대지에 직접 접속(Insulation)
  ㉡ 제2문자 : 전기설비의 노출도전부와 대지의 관계
    ⓐ T : 노출 도전부를 대지로 직접 접속. 전원계통의 접지와는 무관
    ⓑ N : 노출 도전부를 전원계통의 접지점(교류 계통에서는 통상적으로 중성점. 중성점이 없을 경우에는 선도체)에 직접 접속(Neutral)

ⓒ 그 다음 문자(문자가 있을 경우) : 중성선과 보호도체의 배치

　　ⓐ S : 중성선 또는 접지된 선도체 외에 별도의 도체에 의해 제공되는 보호 기능(Separated)

　　ⓑ C : 중성선과 보호 기능을 한 개의 도체로 겸용(PEN 도체)(Combined)

③ 각 계통에서 나타내는 그림의 기호는 다음과 같다.

[기호 설명]

기호 설명	
	중성선(N), 중간도체(M)
	보호도체(PE)
	중성선과 보호도체 겸용(PEN)

203.2 TN 계통

전원측의 한 점을 직접 접지하고, 설비의 노출도전부를 보호도체로 접속시키는 방식으로 중성선 및 보호도체(PE 도체)의 배치 및 접속방식에 따라 다음과 같이 분류한다.

① TN-S 계통은 계통 전체에 대해 별도의 중성선 또는 PE 도체를 사용한다. 배전계통에서 PE 도체를 추가로 접지할 수 있다.

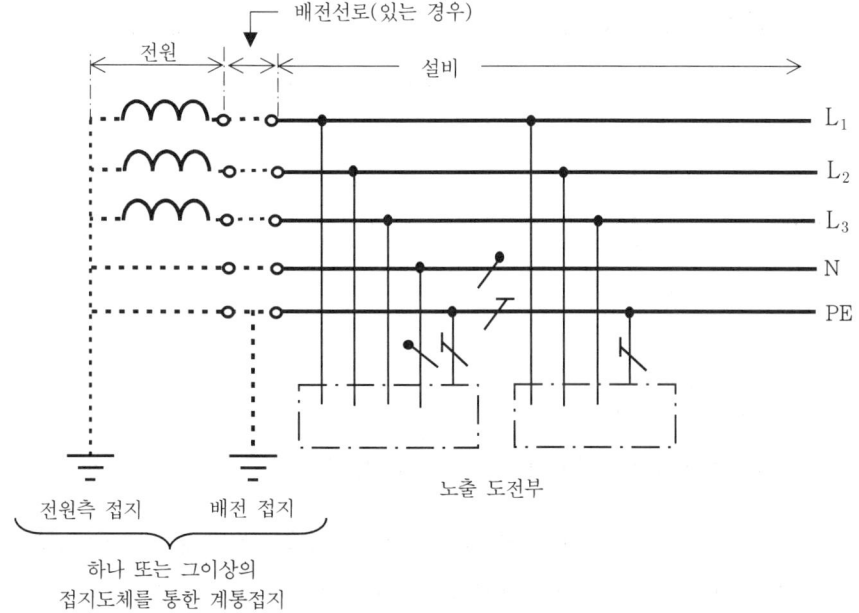

[계통 내에서 별도의 중성선과 보호도체가 있는 TN-S 계통]

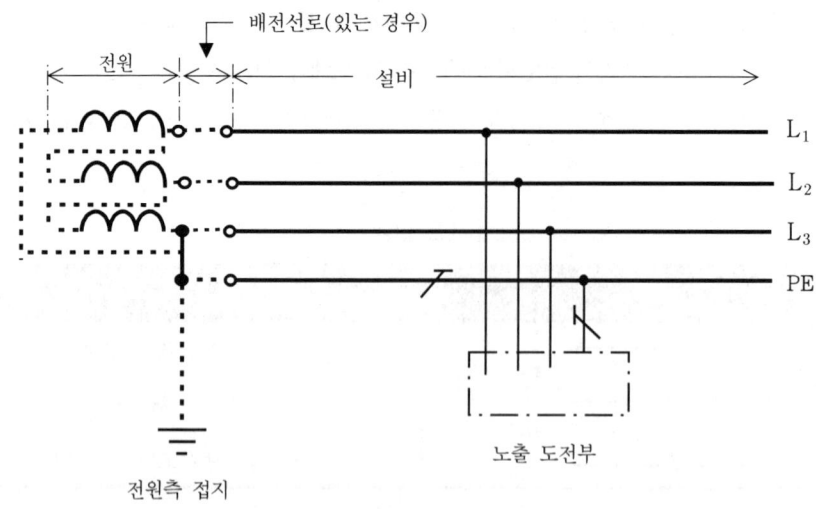

[계통 내에서 별도의 접지된 선도체와 보호도체가 있는 TN-S 계통]

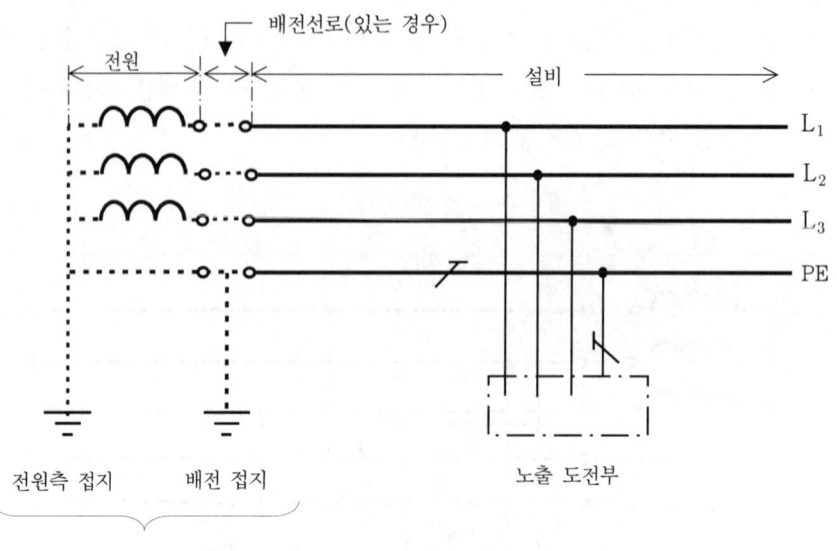

[계통 내에서 접지된 보호도체는 있으나 중성선의 배선이 없는 TN-S 계통]

② TN-C 계통은 그 계통 전체에 대해 중성선과 보호도체의 기능을 동일도체로 겸용한 PEN 도체를 사용한다. 배전계통에서 PEN 도체를 추가로 접지할 수 있다.

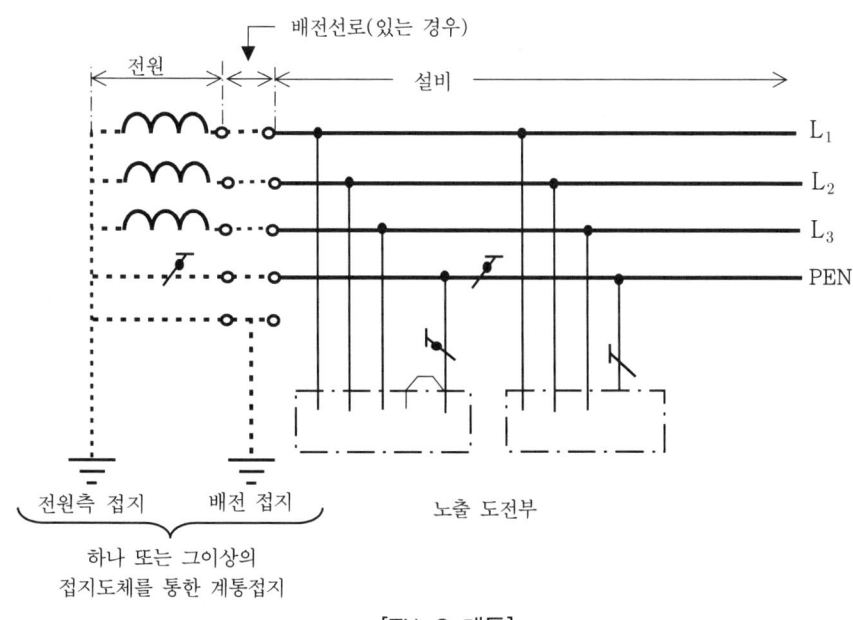

[TN-C 계통]

③ TN-C-S계통은 계통의 일부분에서 PEN 도체를 사용하거나, 중성선과 별도의 PE 도체를 사용하는 방식이 있다. 배전계통에서 PEN 도체와 PE 도체를 추가로 접지할 수 있다.

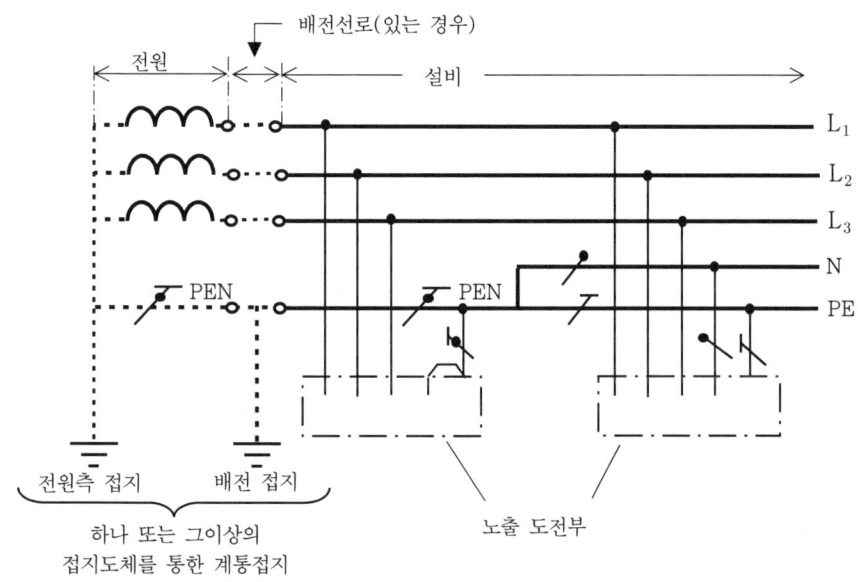

[설비의 어느 곳에서 PEN이 PE와 N으로 분리된 3상 4선식 TN-C-S 계통]

203.3 TT 계통

전원의 한 점을 직접 접지하고 설비의 노출도전부는 전원의 접지전극과 전기적으로 독립적인 접지극에 접속시킨다. 배전계통에서 PE 도체를 추가로 접지할 수 있다.

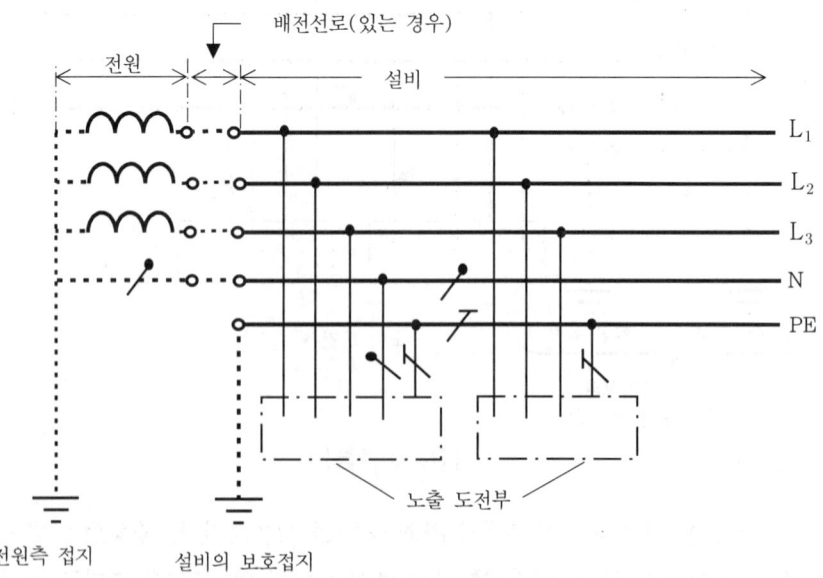

[설비 전체에서 별도의 중성선과 보호도체가 있는 TT 계통]

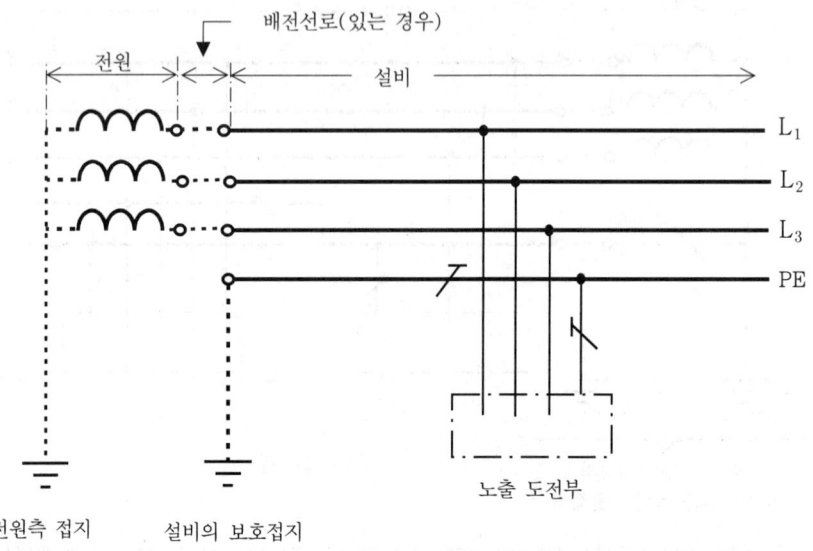

[설비 전체에서 접지된 보호도체가 있으나 배전용 중성선이 없는 TT 계통]

203.4 IT 계통

① 충전부 전체를 대지로부터 절연시키거나, 한 점을 임피던스를 통해 대지에 접속시킨다. 전기설비의 노출도전부를 단독 또는 일괄적으로 계통의 PE 도체에 접속시킨다. 배전계통에서 추가접지가 가능하다.

② 계통은 충분히 높은 임피던스를 통하여 접지할 수 있다. 이 접속은 중성점, 인위적 중성점, 선도체 등에서 할 수 있다. 중성선은 배선할 수도 있고, 배선하지 않을 수도 있다.

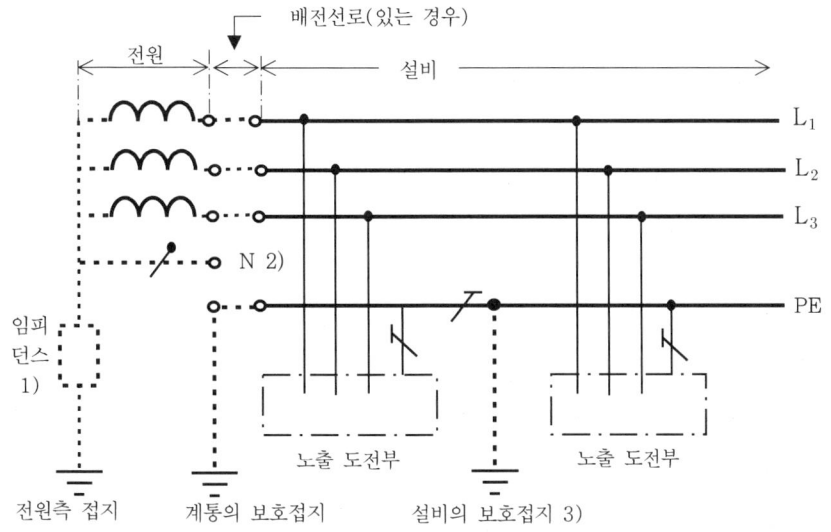

[계통 내의 모든 노출도전부가 보호도체에 의해 접속되어 일괄 접지된 IT 계통]

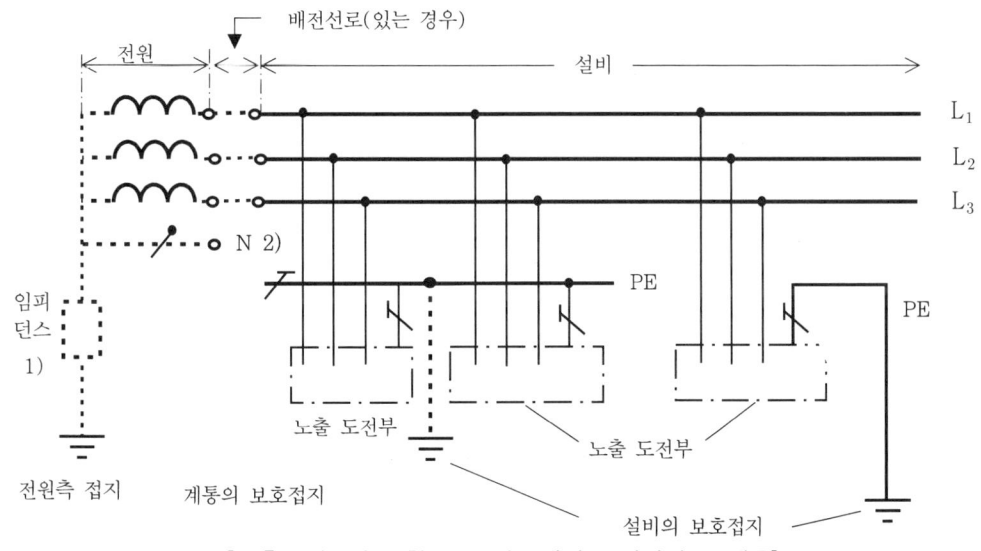

[노출도전부가 조합으로 또는 개별로 접지된 IT 계통]

(3) 접지공사 규정 해설

접지 규정이 종전의 종별 단독·독립 접지(TT) 방식에서 계통 접지(TN) 방식으로 개정됨
① 단독·독립 접지(TT) 방식 : 수용가에서 변압기 저압측 중성점을 직접 접지(계통접지)하고 전기기계기구 외함을 직접 접지(보호접지)하는 방식으로 현행 우리나라와 일본에서 시행하고 있는 접지방식으로서 접지극과 장비(부하)가 일대일 개별로 연결되어 있는 방식이다.

　㉠ 장점

　　다른 전력기기들과 서로 영향이 적어 고장이 발생하면 쉽게 제거할 수 있다.

　㉡ 단점

　　ⓐ 적절한 접지저항값을 얻기가 쉽지 않다.

　　ⓑ 현행 1종(10Ω), 2종, 3종(100Ω), 특3종(10Ω)의 종별 접지 규정에서의 절대적 저항값에 대한 합리적 근거가 미약하다.

　　ⓒ 접지된 전력기기들이 매설된 접지극과 거리가 가까울수록 고장 전류 유입시 전위차 높게 발생하여 직·간접적으로 기기손상이 발생할 우려가 크다.

　　ⓓ 한국전력공사의 전력계통은 TN-C 접지 방식인데 수용가는 종별접지규정이 적용되는 TT 접지방식이어서 접지 시스템의 호환이 이루어지지 않았다.

　　ⓔ 누전 시 외함의 전위가 커져서 인체가 위험할 수 있다(접촉전압 $= \dfrac{R_3}{R_2+R_3} \times E$).

　　즉, 누전차단기를 설치해야 한다.

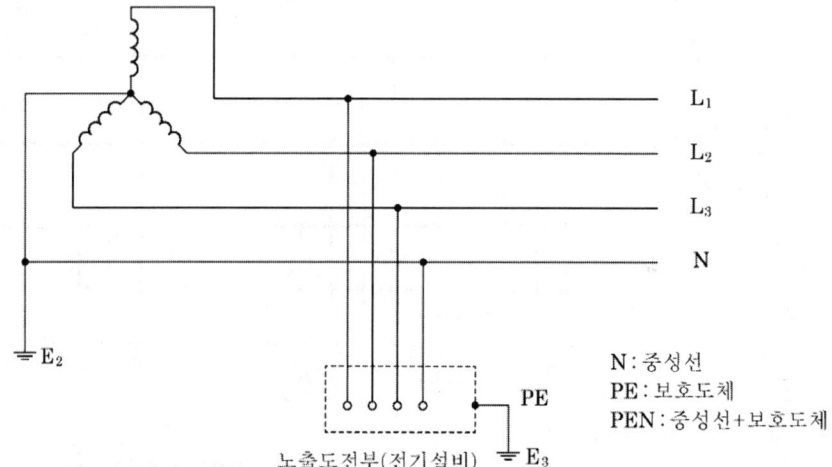

N : 중성선
PE : 보호도체
PEN : 중성선+보호도체

② TN 계통접지
- ㉠ 변압기 저압측 중성점을 직접 접지하고 수용가의 전기기계 기구 외함을 전원측 접지극으로 보호접지하는 방식으로 미국 및 유럽 등 서양에서 주로 채택하고 있고 전기설비의 계통, 기능용(정보통신설비 등), 뇌 보호용 접지를 등전위 본딩 처리하여 공용으로 하나의 시스템으로 접지를 이용하는 방식이다. 종류로는 TN-C, TN-C-S, TN-S 방식이 있다.
- ㉡ 장·단점
    - ⓐ 장점
        - 합성 접지저항값이 저감되는 효과가 있어 접지계통 신뢰도가 향상된다.
        - 합성 저항 저감 효과로 접지공사가 경제적이다.
        - 전력기기 사이에 전위차 발생 방지가 가능하다.
        - 접지계통이 단순하여 보수 점검이 용이하다.
        - 접지 시 인체접촉전압이 감소한다.(대지 전위와 기기 외함과 등전위)
        - 접지 시 대전류가 흘러 과전류차단기(배선용 차단기)를 동작하게 함으로서 누전차단기를 생략할 수 있다.
    - ⓑ 단점
        - 정보통신기기의 뇌격으로 인한 노이즈가 발생할 우려가 있다.
        - 계통접지에 이상전압 발생 시 주변기기의 유기전압이 발생할 우려가 있다.

③ TN-C 계통접지 : 전원측 접지극(계통접지)을 중성선(N)과 전기기계기구 외함의 보호도체(PE)가 공용으로 사용하는 방식이다.

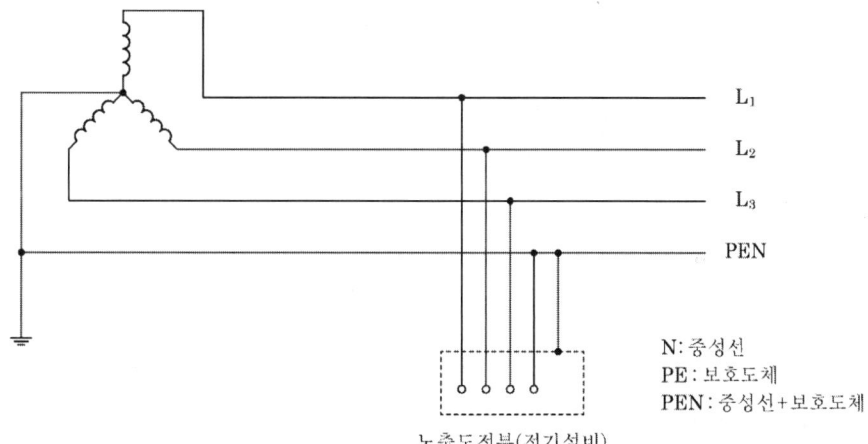

④ TN-C-S 계통접지

일부는 전원측 접지극(계통접지)을 중성선(N)과 전기기계기구 외함의 보호도체(PE)가 공용으로 사용하고 일부는 중성선(N)과 보호도체(PE)를 별도로 분리해서 접지하는 방식이다.

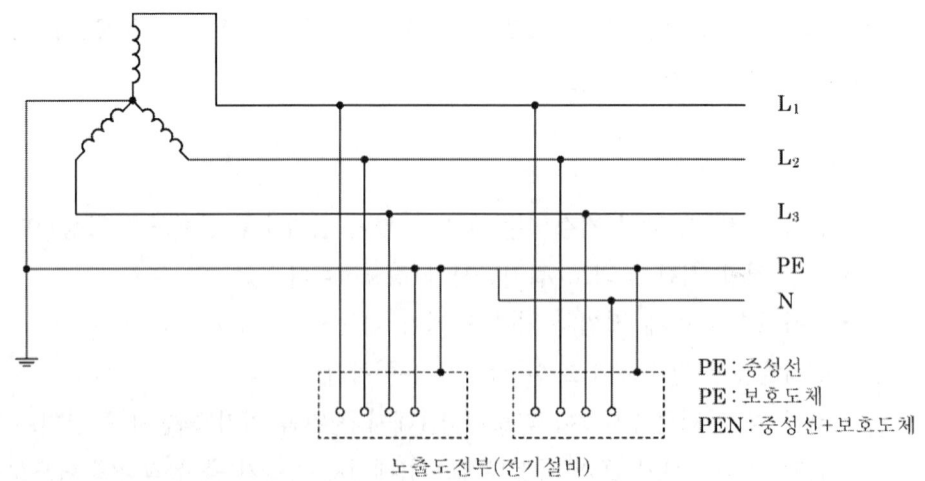

⑤ TN-S 방식

모든 전기설비를 중성선(N)과 보호도체(PE)의 접지선을 별도 구성하는 방식

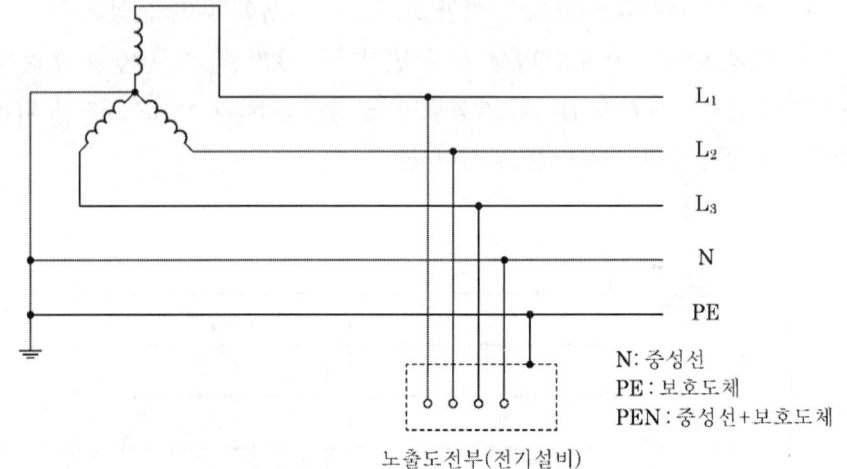

⑥ IT 계통접지

변압기 저압측을 절연하든지 임피던스 접지를 하고 전기기계기구 외함은 직접 접지(보호접지)하는 방식이다.

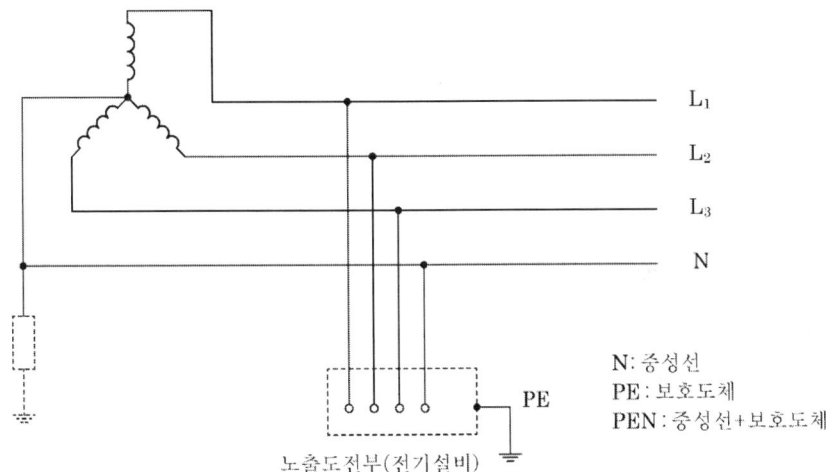

(4) 등전위 본딩

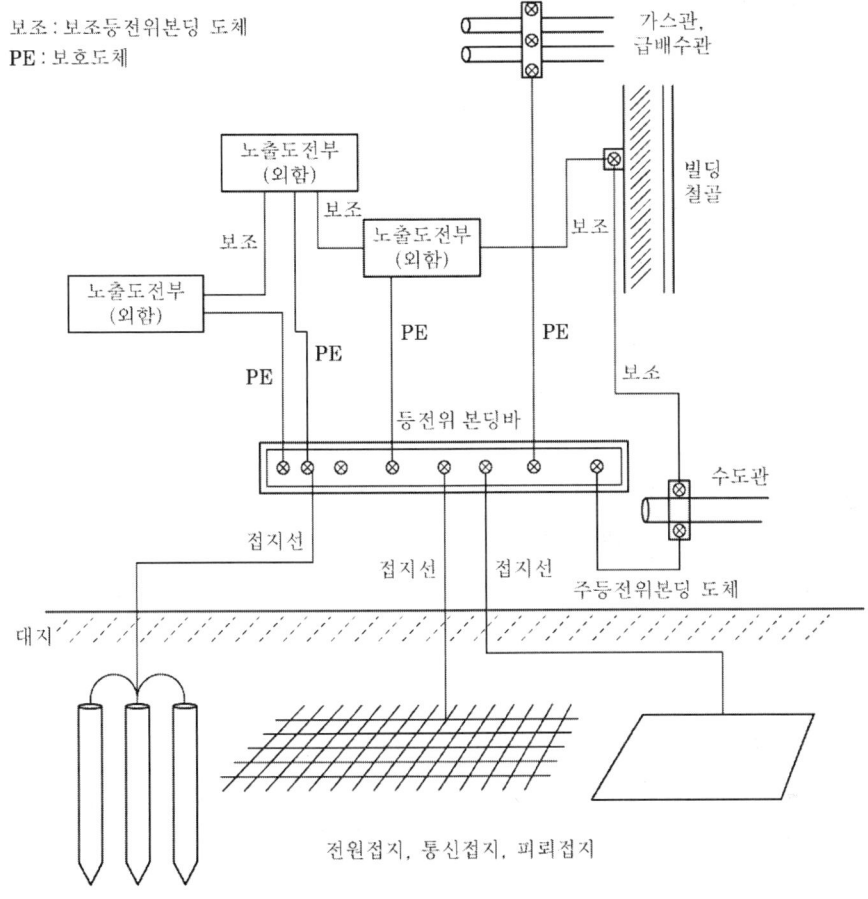

① 본딩(Bonding)

전기적 접속인데 도체 간의 전위차를 최소화하기 위하여 낮은 저항의 도체로 접속하는 것을 말한다. 즉, 전기설비들의 외함을 낮은 저항의 도체(본딩바)로 접속하는 것이다.

② 등전위 본딩(Bonding)의 목적

전기 시스템 간에 본딩바로 연결하여 등전위를 만듬으로서 누설전류 발생 시 접촉전압을 저감하여 감전방지와 낙뢰와 같은 서지전류를 대지로 신속하게 흘려보내 과전압 발생을 억제한다.

(5) 접지시스템(140)

① 접지시스템의 구분 및 종류(141)

㉠ 기능적 구분은 계통접지, 보호접지, 피뢰시스템 접지 등으로 구분한다.

㉡ 시설 종류에는 단독접지, 공통접지, 통합접지가 있다.

② 접지시스템의 시설(142)

㉠ 구성 요소(142.1.1)

ⓐ 접지시스템은 접지극, 접지도체, 보호도체 및 기타 설비로 구성된다.

ⓑ 접지극은 접지도체를 사용하여 주 접지단자에 연결하여야 한다.

㉡ 접지극의 시설(142.2)

접지극은 다음의 방법 중 하나 또는 복합하여 시설하여야 한다.

ⓐ 콘크리트에 매입된 기초 접지극

ⓑ 토양에 매설된 기초 접지극

ⓒ 토양에 수직 또는 수평으로 직접 매설된 금속전극(봉, 전선, 테이프, 배관, 판 등)

ⓓ 케이블의 금속외장 및 그 밖에 금속피복

ⓔ 지중 금속구조물(배관 등)

ⓕ 대지에 매설된 철근콘크리트의 용접된 금속 보강재. 다만, 강화콘크리트는 제외한다.

㉢ 접지극의 매설(142.2.3)

ⓐ 접지극은 지표면으로부터 지하 0.75[m] 이상 매설한다.

ⓑ 접지도체를 철주 기타의 금속체를 따라서 시설하는 경우에는 접지극을 철주의 밑면으로부터 0.3[m] 이상의 깊이에 매설한다.

ⓒ 접지극을 지중에서 철주 등의 금속체로부터 1[m] 이상 떼어 매설하여야 한다.
ⓔ 접지시스템 부식에 대한 고려사항(142.2.4)
ⓐ 접지극에 부식을 일으킬 수 있는 폐기물 집하장 및 번화한 장소에 접지극 설치는 피해야 한다.
ⓑ 서로 다른 재질의 접지극을 연결할 경우 전식을 고려하여야 한다.
ⓒ 콘크리트 기초 접지극에 접속하는 접지도체가 용융 아연도금강제인 경우 접속부를 토양에 직접 매설해서는 안된다.
ⓜ 가연성 액체나 가스를 운반하는 금속제 배관은 접지설비의 접지극으로 사용할 수 없다. 다만, 보호 등전위 본딩은 예외로 한다.
ⓗ 수도관 등의 접지극 사용
ⓐ 지중에 매설되어 있고 대지와의 전기저항값이 3[Ω] 이하의 값을 유지하고 있는 금속제 수도관로가 다음에 따르는 경우 접지극으로 사용이 가능하다.
- 접지도체와 금속제 수도관로의 접속은 안지름 75[mm] 이상인 부분 또는 여기에서 분기한 안지름 75[mm] 미만인 분기점으로부터 5[m] 이내의 부분에서 하여야 한다. 다만, 금속제 수도관로와 대지 사이의 전기저항값이 2[Ω] 이하인 경우에는 분기점으로부터의 거리는 5[m]을 넘을 수 있다.
- 접지도체와 금속제 수도관로의 접속부를 수도계량기로부터 수도 수용가 측에 설치하는 경우에는 수도계량기를 사이에 두고 양측 수도관로를 등전위 본딩하여야 한다.
- 접지도체와 금속제 수도관로의 접속부를 사람이 접촉할 우려가 있는 곳에 설치하는 경우에는 손상을 방지하도록 방호장치를 설치하여야 한다.
- 접지도체와 금속제 수도관로의 접속에 사용하는 금속제는 접속부에 전기적 부식이 생기지 않아야 한다.
ⓑ 건축물・구조물의 철골 기타의 금속제의 접지극 사용
이를 비접지식 고압전로에 시설하는 기계기구의 철대 또는 금속제 외함의 접지공사 또는 비접지식 고압전로와 저압전로를 결합하는 변압기의 저압전로의 접지공사의 접지극으로 사용할 수 있다. 다만, 대지와의 사이에 전기저항값이 2[Ω] 이하인 값을 유지하는 경우에 한한다.
③ 접지도체・보호도체
㉠ 접지도체(142.3.1)

ⓐ 접지도체의 선정
  가. 접지도체의 단면적은 접지도체의 최소 단면적은 다음과 같다.(단, 큰 고장전류가 접지도체를 통하여 흐르지 않을 경우)
    • 구리는 6[mm^2] 이상
    • 철제는 50[mm^2] 이상
  나. 접지도체에 피뢰시스템이 접속되는 경우, 접지도체의 단면적은 구리 16[mm^2] 또는 철 50[mm^2] 이상으로 하여야 한다.
ⓑ 접지도체와 접지극의 접속은 다음에 의한다.
  가. 접속은 견고하고 전기적인 연속성이 보장되도록, 접속부는 발열성 용접, 압착접속, 클램프 또는 그 밖에 적절한 기계적 접속장치에 의해야 한다.
  나. 클램프를 사용하는 경우, 접지극 또는 접지도체를 손상시키지 않아야 한다. 납땜에만 의존하는 접속은 사용해서는 안된다.
ⓒ 접지도체는 지하 0.75[m]부터 지표상 2[m]까지 부분은 합성수지관(두께 2[mm] 미만의 합성수지제 전선관 및 가연성 콤바인 덕트관은 제외한다) 또는 이와 동등 이상의 절연효과와 강도를 가지는 몰드로 덮어야 한다.
ⓓ 특고압·고압 전기설비 및 변압기 중성점 접지시스템의 경우 접지도체가 사람이 접촉할 우려가 있는 곳에 시설되는 고정설비인 경우에는 다음에 따라야 한다. 다만, 발전소·변전소·개폐소 또는 이에 준하는 곳에서는 개별 요구사항에 의한다.
  가. 접지도체는 절연전선(옥외용 비닐절연전선은 제외) 또는 케이블(통신용 케이블은 제외)을 사용하여야 한다. 다만, 접지도체를 철주 기타의 금속체를 따라서 시설하는 경우 이외의 경우에는 접지도체의 지표상 0.6[m]를 초과하는 부분에 대하여는 절연전선을 사용하지 않을 수 있다.
  나. 접지극 매설은 142.2.1의 3(접지극 매설)기준에 따른다.
ⓔ 접지도체의 굵기(단, 고장전류가 접지도체를 통하여 흐르지 경우)
  가. 특고압·고압 전기설비용 접지도체는 단면적 6[mm^2] 이상의 연동선 또는 동등 이상의 단면적 및 강도를 가져야 한다.
  나. 중성점 접지용 접지도체는 공칭단면적 16[mm^2] 이상의 연동선 또는 동등 이상의 단면적 및 세기를 가져야 한다. 다만, 다음의 경우에는 공칭단면적 6[mm^2] 이상의 연동선 또는 동등 이상의 단면적 및 강도를 가져야 한다.

- 7[kV] 이하의 전로
- 사용전압이 25[kV] 이하인 특고압 가공전선로. 다만, 중성선 다중접지식의 것으로서 전로에 지락이 생겼을 때 2초 이내에 자동적으로 이를 전로로부터 차단하는 장치가 되어 있는 것

다. 이동하여 사용하는 전기기계기구의 금속제 외함 등의 접지시스템의 경우는 다음의 것을 사용하여야 한다.
- 특고압·고압 전기설비용 접지도체 및 중성점 접지용 접지도체는 클로로프렌 캡타이어 케이블(3종 및 4종) 또는 클로로설포네이트 폴리에틸렌 캡타이어 케이블(3종 및 4종)의 1개 도체 또는 다심 캡타이어 케이블의 차폐 또는 기타의 금속체로 단면적이 10[mm^2] 이상인 것을 사용한다.
- 저압 전기설비용 접지도체는 다심 코드 또는 다심 캡타이어 케이블의 1개 도체의 단면적이 0.75[mm^2] 이상인 것을 사용한다. 다만, 기타 유연성이 있는 연동연선은 1개 도체의 단면적이 1.5[mm^2] 이상인 것을 사용한다.

ⓛ 보호도체(142.3.2)
ⓐ 보호도체의 최소 단면적은 다음에 의한다.
가. 보호도체의 최소 단면적은 다음 표에 따라 선정해야 하며, 보호도체용 단자도 이 도체의 크기에 적합하여야 한다.

상도체의 단면적 S(mm^2, 구리)	보호도체의 최소 단면적(mm^2, 구리)
	보호도체의 재질
	상도체와 같은 경우
S ≤ 16	S
16 < S ≤ 35	16(a)
S > 35	S(a)/2

주) 상도체가 다른 경우 별도의 식 계산

나. 보호도체의 단면적은 다음의 계산 값 이상이어야 한다.
차단시간이 5초 이하인 경우에만 다음 계산식을 적용한다.

$$S = \frac{\sqrt{I^2 t}}{k}$$

여기서, S : 단면적[mm^2]
I : 보호장치를 통해 흐를 수 있는 예상 고장전류 실효값[A]

t : 자동차단을 위한 보호장치의 동작시간(s)

k : 보호도체, 절연, 기타 부위의 재질 및 초기 온도와 최종 온도에 따라 정해지는 계수로 KS C IEC 60364-4-41(저압전기설비-제4-41부 : 안전을 위한 보호-감전에 대한 보호)의 부속서 A(기본보호에 관한 규정)에 의한다.

다. 보호도체가 케이블의 일부가 아니거나 상도체와 동일 외함에 설치되지 않으면 단면적은 다음의 굵기 이상으로 하여야 한다.
- 기계적 손상에 대해 보호가 되는 경우는 구리 2.5[mm²], 알루미늄 16[mm²] 이상
- 기계적 손상에 대해 보호가 되지 않는 경우는 구리 4[mm²], 알루미늄 16[mm²] 이상
- 케이블의 일부가 아니라도 전선관 및 트렁킹 내부에 설치되거나, 이와 유사한 방법으로 보호되는 경우 기계적으로 보호되는 것으로 간주한다.

라. 보호도체가 두 개 이상의 회로에 공통으로 사용되면 단면적은 다음과 같이 선정하여야 한다.
- 회로 중 가장 부담이 큰 것으로 예상되는 고장전류 및 동작시간을 고려하여 "가" 또는 "나"에 따라 선정한다.
- 회로 중 가장 큰 상도체의 단면적을 기준으로 "가"에 따라 선정한다.

ⓑ 보호도체의 종류는 다음에 의한다.

가. 보호도체는 다음 중 하나 또는 복수로 구성하여야 한다.
- 다심 케이블의 도체
- 충전도체와 같은 트렁킹에 수납된 절연도체 또는 나도체
- 고정된 절연도체 또는 나도체
- 아래 "나"의 조건을 만족하는 금속케이블 외장, 케이블 차폐, 케이블 외장, 전선묶음(편조전선), 동심도체, 금속관

나. 전기설비에 저압개폐기, 제어반 또는 버스덕트와 같은 금속제 외함을 가진 기기가 포함된 경우, 금속함이나 프레임이 다음과 같은 조건을 모두 충족하면 보호도체로 사용이 가능하다.
- 구조·접속이 기계적, 화학적 또는 전기화학적 열화에 대해 보호할 수 있으며 전기적 연속성을 유지하는 경우

- 도전성이 제1의 "가" 또는 "나"의 조건을 충족하는 경우
- 연결하고자 하는 모든 분기 접속점에서 다른 보호도체의 연결을 허용하는 경우

다. 다음과 같은 금속부분은 보호도체 또는 보호 본딩 도체로 사용해서는 안 된다.
- 금속 수도관
- 가스·액체·분말과 같은 잠재적인 인화성 물질을 포함하는 금속관
- 상시 기계적 응력을 받는 지지 구조물 일부
- 가요성 금속배관. 다만, 보호도체의 목적으로 설계된 경우는 예외로 한다.
- 가요성 금속전선관
- 지지선, 케이블 트레이 및 이와 비슷한 것

ⓒ 보호도체의 전기적 연속성은 다음에 의한다.
가. 보호도체의 보호는 다음에 의한다.
- 기계적인 손상, 화학적·전기화학적 열화, 전기역학적·열역학적 힘에 대해 보호되어야 한다.
- 나사 접속·클램프 접속 등 보호도체 사이 또는 보호도체와 타 기기 사이의 접속은 전기적 연속성 보장 및 충분한 기계적 강도와 보호를 구비하여야 한다.
- 보호도체를 접속하는 나사는 다른 목적으로 겸용해서는 안 된다.
- 접속부는 납땜(soldering)으로 접속해서는 안 된다.

나. 보호도체의 접속부는 검사와 시험이 가능하여야 한다.

ⓓ 보호도체에는 어떠한 개폐장치를 연결해서는 안 된다. 다만, 시험목적으로 공구를 이용하여 보호도체를 분리할 수 있는 접속점을 만들 수 있다.

ⓔ 접지에 대한 전기적 감시를 위한 전용장치(동작센서, 코일, 변류기 등)를 설치하는 경우, 보호도체 경로에 직렬로 접속하면 안 된다.

ⓕ 기기·장비의 노출도전부는 다른 기기를 위한 보호도체의 부분을 구성하는데 사용할 수 없다.

ⓒ 보호도체의 단면적 보강(142.3.3)
ⓐ 보호도체는 정상 운전상태에서 전류의 전도성 경로(전기자기간섭 보호용 필터의 접속 등으로 인한)로 사용되지 않아야 한다.
ⓑ 전기설비의 정상 운전상태에서 보호도체에 10[mA]를 초과하는 전류가 흐르는

경우, 다음에 의해 보호도체를 증강하여 사용하여야 한다.

　　가. 보호도체가 하나인 경우 보호도체의 단면적은 전 구간에 구리 10[mm²] 이상 또는 알루미늄 16[mm²] 이상으로 하여야 한다.

　　나. 추가로 보호도체를 위한 별도의 단자가 구비된 경우, 최소한 고장 보호에 요구되는 보호도체의 단면적은 구리 10[mm²], 알루미늄 16[mm²] 이상으로 한다.

ⓔ 보호도체와 계통도체 겸용(142.3.4)

　ⓐ 보호도체와 계통도체를 겸용하는 겸용도체(중성선과 겸용, 상도체와 겸용, 중간도체와 겸용 등)는 해당하는 계통의 기능에 대한 조건을 만족하여야 한다.

　ⓑ 겸용도체는 고정된 전기설비에서만 사용할 수 있으며 다음에 의한다.

　　가. 단면적은 구리 10[mm²] 또는 알루미늄 16[mm²] 이상이어야 한다.

　　나. 중성선과 보호도체의 겸용도체는 전기설비의 부하측으로 시설하여서는 안된다.

　　다. 폭발성 분위기 장소는 보호도체를 전용으로 하여야 한다.

　ⓒ 겸용도체의 성능은 다음에 의한다.

　　가. 공칭전압과 같거나 높은 절연성능을 가져야 한다.

　　나. 배선설비의 금속 외함은 겸용도체로 사용해서는 안된다.

　ⓓ 겸용도체는 다음 사항을 준수하여야 한다.

　　가. 전기설비의 일부에서 중성선·중간도체·상 도체 및 보호도체가 별도로 배선되는 경우, 중성선·중간도체·상 도체를 전기설비의 다른 접지된 부분에 접속해서는 안된다. 다만, 겸용도체에서 각각의 중성선·중간도체·상 도체와 보호도체를 구성하는 것은 허용한다.

　　나. 겸용도체는 보호도체용 단자 또는 바에 접속되어야 한다.

　　다. 계통외도전부는 겸용도체로 사용해서는 안된다.

ⓜ 보호접지 및 기능접지의 겸용도체(142.3.5)

　ⓐ 보호접지와 기능접지 도체를 겸용하여 사용할 경우 142.3.2(보호도체)에 대한 조건과 143 및 153.2(피뢰시스템 등전위 본딩)의 조건에도 적합하여야 한다.

　ⓑ 전자통신기기에 전원공급을 위한 직류귀환 도체는 겸용도체(PEL 또는 PEM)로 사용 가능하고, 기능접지도체와 보호도체를 겸용할 수 있다.

ⓑ 감전보호에 따른 보호도체(142.3.6)

과전류보호장치를 감전에 대한 보호용으로 사용하는 경우, 보호도체는 충전도체와 같은 배선설비에 병합시키거나 근접한 경로로 설치하여야 한다.

ⓢ 주 접지단자(142.3.7)

ⓐ 접지시스템은 주 접지단자를 설치하고, 다음의 도체들을 접속하여야 한다.

가. 등전위 본딩도체

나. 접지도체

다. 보호도체

라. 기능성 접지도체

ⓑ 여러 개의 접지단자가 있는 장소는 접지단자를 상호 접속하여야 한다.

ⓒ 주 접지단자에 접속하는 각 접지도체는 개별적으로 분리할 수 있어야 하며, 접지저항을 편리하게 측정할 수 있어야 한다. 다만, 접속은 견고해야 하며 공구에 의해서만 분리되는 방법으로 하여야 한다.

2. 저압전로의 절연저항 및 절연내력

(1) 절연저항(2021. 1. 1. 개정)

현 행	개 정 안
제52조(저압전로의 절연성능) 전기사용 장소의 사용전압이 저압인 전로의 전선 상호간 및 전로와 대지 사이의 절연저항은 개폐기 또는 과전류차단기로 구분할 수 있는 전로마다 다음 표에서 정한 값 이상이어야 한다. 다만, 전동기 등 기계기구를 쉽게 분리하기 곤란한 분기회로의 경우 전로의 전선 상호 간의 절연저항에 대해서는 기기 접속 전에 측정한다.	제52조(저압전로의 절연성능) ---------------------------------- ---------------------------------- ---------------------------------- ------------------다만, 전선 상호간의 절연저항은 기계기구를 쉽게 분리가 곤란한 분기회로의 경우 기기 접속 전에 측정할 수 있다. 또한, 측정 시 영향을 주거나 손상을 받을 수 있는 SPD 또는 기타 기기 등은 측정 전에 분리시켜야 하고, 부득이하게 분리가 어려운 경우에는 시험전압을 250[V] DC로 낮추어 측정할 수 있지만 절연저항 값은 1[MΩ] 이상이어야 한다.

현 행			개 정 안		
전로의 사용전압 구분		절연 저항	전로의 사용전압[V]	DC 시험전압[V]	절연 저항 [MΩ]
400[V] 미만	대지전압(접지식 전로는 전선과 대지 사이의 전압, 비접지식 전로는 전선 간의 전압을 말한다. 이하 같다)이 150[V] 이하인 경우	0.1 [MΩ]	SELV 및 PELV	250	0.5
			FELV, 500[V] 이하	500	1.0
	대지전압이 150[V] 초과 300[V] 이하인 경우	0.2 [MΩ]	500[V] 초과	1,000	1.0
	사용전압이 300[V] 초과 400[V] 미만인 경우	0.3 [MΩ]			
	400[V] 이상	0.4 [MΩ]			

[주] 특별저압(extra low voltage : 2차 전압이 AC 50[V], DC 120[V] 이하)으로 SELV(비접지회로 구성) 및 PELV(접지회로 구성)은 1차와 2차가 전기적으로 절연된 회로. FELV는 1차와 2차가 전기적으로 절연되지 않은 회로

(해설)

① ELV(Extra Low Voltage, 특별 저압) : 2차 전압이 AC 50[V], DC 120[V] 이하

② SELV(Safety Extra Low Voltage, 특별 안전 저압) : 비접지회로에서 안전절연변압기에 의해 변압기 1차와 2차가 기능적으로 절연된 ELV(특별 저압)

③ PELV(Protective Extra Low Voltage, 특별 보호 저압) : 접지회로에서 안전절연변압기에 의해 변압기 1차와 2차가 기능적으로 절연된 ELV(특별 저압)

④ FELV(Functional Extra Low Voltage, 기능적 특별 저압) : 접지회로에서 변압기 1차와 2차가 기능적으로 절연되어 있지 않은 ELV(특별 저압)

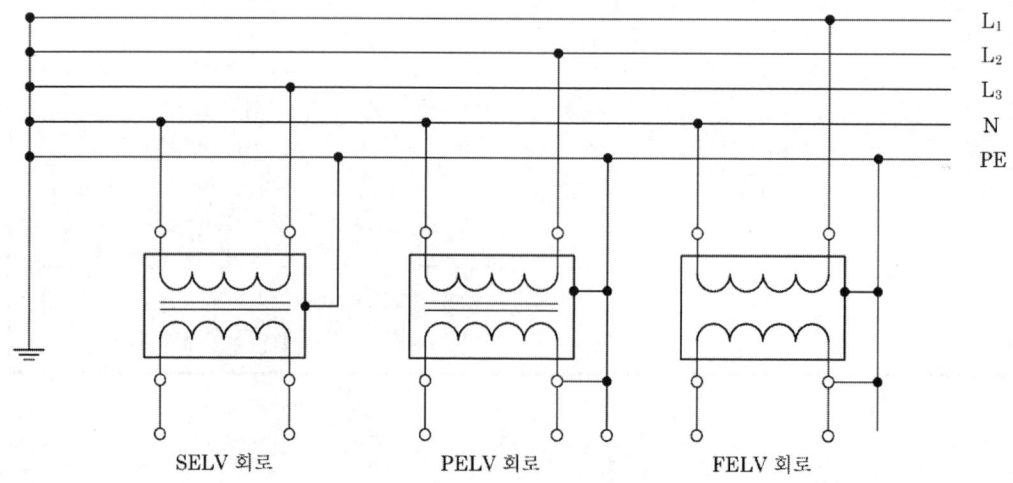

(2) 절연내력 시험

① 전선로 절연내력 시험

고압 및 특별고압의 전로는 다음 표에서 정한 시험 전압을 전로와 대지 간에 연속하여 10분간 가하여 절연내력을 시험하였을 때 이에 견디어야 한다.

최대 사용 전압	시험전압	최저 시험전압
~7000[V] 이하	1.5배	500[V]
7,001~25,000[V] 이하	0.92배	-
7,000[V] 초과(비접지)	1.25배	10,500[V]

② 회전기(전동기, 발전기 등) 및 정류기 절연내력 시험

회전기 및 정류기는 아래 시험방법에 의해 연속하여 10분간 시험전압을 가였을 때에 이에 견디어야 한다.

종 류		시험전압	최저 시험전압	시험방법
발전기, 전동기(회전기)	7000[V] 이하	1.5배	500[V]	전선과 대지 간
	7000[V] 초과	1.25배	10,500[V]	
수은 정류기		2(직류)배	500[V]	주양극과 외함
		1(직류)배	500[V]	음극 및 외함과 대지 간
회전 변류기		1배	500[V]	권선과 대지 간
기타 정류기		1배	500[V]	충전부분과 외함

③ 변압기의 전로절연내력 시험

최대 사용 전압	시험전압	최저 시험전압	시험방법
7000[V] 이하	1.5배	500[V]	권선과 권선, 철심과 외함
7000[V]~25000[V]	0.92배		〃
7000[V] 초과(비접지)	1.25배	10,500[V]	〃

3. 과전류 보호장치

과전류로부터 전선 및 전기기계기구를 보호하는 것으로 일반적으로 퓨즈와 배선용 차단기가 있다. 그 외에 열동계전기(thermal relay)라 하는 전동기 보호용이 있고, 전기의 정액 수용가가 계약 용량을 초과하여 사용하면 자동적으로 회로가 차단되어 경보를 하는 전류 제한기(current limiter)가 있다.

(1) 퓨즈의 종류
- 비포장 퓨즈 : 실 퓨즈, 훅(판형) 퓨즈
- 포장 퓨즈 : 통형 퓨즈, 플러그 퓨즈
- 특수 퓨즈 : 텅스텐 퓨즈, 관형 퓨즈, 온도 퓨즈, 전동기용 퓨즈

① 실 퓨즈

실 퓨즈(wire fuse)는 납 또는 납과 주석의 합금으로 되어 있는 퓨즈로서, 5[A] 이하의 것은 로젯, 리셉터클, 점멸용 스위치 내에 사용할 수 있다.

② 훅 퓨즈

훅 퓨즈(hook fuse 또는 link fuse)는 납 또는 주석의 합금선인 판상의 가용체를 구리제의 단자편에 납땜한 것으로서, 고리 퓨즈라고 한다.

③ 통형 퓨즈

통형 퓨즈(cartridge fuse)는 내부에 가용체를 넣은 통의 양 끝에 통형 단자, 또는 나이프 단자를 퓨즈 홀더에 꽂아서 사용하는 것을 말한다.

④ 플러그 퓨즈

플러그 퓨즈(plug fuse)는 에디슨 베이스(Edison base)의 내부에 가용체를 넣고 퓨즈 홀더에 끼워서 사용하는 구조의 것이다. 정격은 125[V]용에 15, 20, 30[A]의 3종류가 있다.

⑤ 관형 퓨즈

관형 퓨즈는 유리통 내부에 퓨즈를 봉입한 것으로서, 정격 전압은 125[V] 또는 250[V], 정격전류는 0.1~10[A]까지 있다. 관형 퓨즈의 용도는 전자기판회로 등 소용량의 회로에 사용된다.

⑥ 텅스텐 퓨즈

텅스텐 퓨즈는 유리관 내에 가용체 텅스텐을 봉입한 것으로, 정격전류는 0.2~2[A]의 것이 있다. 텅스텐 퓨즈는 작은 전류에 민감하게 용단되므로, 전압계, 전류계 등의 소

손 방지용으로 계기 내에 장치하고 봉입하는 것이다.

⑦ 온도 퓨즈
  ㉠ 온도 퓨즈는 퓨즈에 흐르는 과전류에 의하여 용단되는 것이 아니고, 주위 온도에 의하여 용단되는 것이다. 전기담요와 같은 보온용의 전열기에는 자동적으로 온도를 조절하는 서머스탯(thermostat)을 시설하고, 이것이 고장으로 인해 동작하지 않을 때를 생각하여 온도 퓨즈를 시설한다.
  ㉡ 온도 퓨즈에는 100, 110, 120[℃]의 각 용단 온도의 것이 있다.

⑧ 방출형 퓨즈
  ㉠ 방출형 퓨즈(expulsion fuse)는 고압회로에 쓰이는 퓨즈로서, 퓨즈가 용단될 때 아크 열에 의하여 공기가 팽창하고 용단된 퓨즈는 통 밖으로 추출되며, 동시에 아크를 소멸시키는 것이다.
  ㉡ 방출형 퓨즈의 종류는 최대 100[A] 정도이고, 현재 주상 변압기의 1차측 컷아웃의 퓨즈가 동작하면 파이버제 빨간 통이 밑으로 약 2[cm] 정도 나오게 되어 있어서 동작된 것을 바로 알 수 있게 만들어져 있다.

⑨ 전동기용 퓨즈
  기동전류와 같이 단시간의 과전류에 동작하지 않고 사용 중 과전류에 의하여 회로를 차단하는 특성을 가진 퓨즈이다.

(2) 퓨즈의 특성

① 고압용 퓨즈
  고압 전로에 사용하는 비포장 퓨즈는 1.25배에 견디고 2배의 전류에 2분 안에 용단되어야 하고, 포장 퓨즈는 정격전류의 1.3배의 전류에 견디고, 또한 2배 전류로 120분 이내에 용단되는 것이어야 한다.

② 저압용 퓨즈(212.6.3)
  과전류 차단기로 저압전로에 사용하는 퓨즈(「전기용품 및 생활용품 안전관리법」에서 규정하는 것을 제외한다)는 다음 표에 적합한 것이어야 한다.

[저압용 퓨즈(gG)의 용단 특성]

정격전류의 구분	시간	정격전류의 배수	
		불용단 전류	용단 전류
4[A] 이하	60분	1.5배	2.1배
4[A] 초과 16[A] 미만	60분	1.5배	1.9배
16[A] 초과 63[A] 미만	60분	1.25배	1.6배
63[A] 초과 160[A] 미만	120분	1.25배	1.6배
160[A] 초과 400[A] 미만	180분	1.25배	1.6배
400[A] 초과	240분	1.25배	1.6배

(3) 배선용 차단기

① 노퓨즈 브레이커(no-fuse breaker, NFB)라고 하며, 분기회로용으로 사용하면 개폐기 및 자동 차단기의 두 가지 역할을 겸하게 된다.(NFB=MCB=MCCB)

② 배선용 차단기(circuit breaker)는 평상 시에는 수동으로 개폐하고, 단락이나 과부하가 되었을 때에는 자동적으로 과전류를 차단할 수 있는 것으로, 바이메탈의 만곡을 이용한 열동형이다.

③ 동작 특성(212.6.3)

[과전류 트립 동작시간 및 특성(산업용 배선용 차단기)]

정격전류의 구분	시간	정격전류의 배수(모든 극에 통전)	
		부동작 전류	동작 전류
63[A] 이하	60분	1.05배	1.3배
63[A] 초과	120분	1.05배	1.3배

[순시 트립에 따른 구분(주택용 배선용 차단기)]

형	순시 트립 범위
B	$3I_n$ 초과 ~ $5I_n$ 이하
C	$5I_n$ 초과 ~ $10I_n$ 이하
D	$10I_n$ 초과 ~ $20I_n$ 이하

비고 1. B, C, D형 : 순시 트립 전류에 따른 차단기 분류
2. I_n : 차단기 정격전류

[과전류 트립 동작시간 및 특성(주택용 배선용 차단기)]

정격전류의 구분	시간	정격전류의 배수(모든 극에 통전)	
		부동작 전류	동작 전류
63[A] 이하	60분	1.13배	1.45배
63[A] 초과	120분	1.13배	1.45배

④ 일반적으로 쓰이고 있는 배선용 차단기의 정격전류의 표준은 15, 20, 30, 50, 70, 100, 125, 175, 200[A] 등이며, 원칙적으로 보호하려는 회로 중 가장 가는 전선의 허용전류치 이하의 것을 사용한다.

(a) 비포장퓨즈

(b) 포장퓨즈

(c) 특수퓨즈

4. 과전류에 대한 보호(212)

(1) 적용범위(212.2.1)
　과전류의 영향으로부터 회로도체를 보호하기 위한 요구사항으로서 과부하 및 단락고장이 발생할 때 전원을 자동으로 차단하는 하나 이상의 장치에 의해서 회로도체를 보호하기 위한 방법을 규정한다. 다만, 플러그 및 소켓으로 고정 설비에 기기를 연결하는 가요성 케이블(또는 가요성 전선)은 이 기준의 적용 범위가 아니므로 과전류에 대한 보호가 반드시 이루어지지는 않는다.

(2) 일반 요구사항(212.1.2)
　과전류로 인하여 회로의 도체, 절연체, 접속부, 단자부 또는 도체를 감싸는 물체 등에 유해한 열적 및 기계적인 위험이 발생되지 않도록 그 회로의 과전류를 차단하는 보호장치를 설치해야 한다.

(3) 회로의 특성에 따른 요구사항(212.2)
① 선도체의 보호(212.2.1)
　㉠ 과전류 검출기의 설치
　　　가. 과전류의 검출은 ㉡항을 적용하는 경우를 제외하고 모든 선도체에 대하여 과전류 검출기를 설치하여 과전류가 발생할 때 전원을 안전하게 차단해야 한다. 다만, 과전류가 검출된 도체 이외의 다른 선도체는 차단하지 않아도 된다.
　　　나. 3상 전동기 등과 같이 단상 차단이 위험을 일으킬 수 있는 경우 적절한 보호조치를 해야 한다.
　㉡ 과전류 검출기 설치 예외
　　　TT 계통 또는 TN 계통에서 선도체만을 이용하여 전원을 공급하는 회로의 경우, 다음 조건들을 충족하면 선도체 중 어느 하나에는 과전류 검출기를 설치하지 않아도 된다.
　　　가. 동일 회로 또는 전원측에서 부하 불평형을 감지하고 모든 선도체를 차단하기 위한 보호장치를 갖춘 경우
　　　나. "가"에서 규정한 보호장치의 부하 측에 위치한 회로의 인위적 중성점으로부터 중성선을 배선하지 않는 경우

② 중성선의 보호(212.2.2)
  ㉠ TT 계통 또는 TN 계통
    가. 중성선의 단면적이 선도체의 단면적과 동등 이상의 크기이고, 그 중성선의 전류가 선도체의 전류보다 크지 않을 것으로 예상될 경우, 중성선에는 과전류 검출기 또는 차단장치를 설치하지 않아도 된다. 중성선의 단면적이 선도체의 단면적보다 작은 경우 과전류 검출기를 설치할 필요가 있다. 검출된 과전류가 설계전류를 초과하면 선도체를 차단해야 하지만, 중성선을 차단할 필요까지는 없다.
    나. "가"의 2가지 경우 모두 단락전류로부터 중성선을 보호해야 한다.
    다. 중성선에 관한 요구사항은 차단에 관한 것을 제외하고 중성선과 보호도체 겸용(PEN) 도체에도 적용한다.
  ㉡ IT 계통
    중성선을 배선하는 경우 중성선에 과전류 검출기를 설치해야 하며, 과전류가 검출되면 중성선을 포함한 해당 회로의 모든 충전도체를 차단해야 한다. 다음의 경우에는 과전류 검출기를 설치하지 않아도 된다.
    가. 설비의 전력 공급점과 같은 전원 측에 설치된 보호장치에 의해 그 중성선이 과전류에 대해 효과적으로 보호되는 경우
    나. 정격감도전류가 해당 중성선 허용전류의 0.2배 이하인 누전차단기로 그 회로를 보호하는 경우
③ 중성선의 차단 및 재폐로(212.2.3)
  중성선을 차단 및 재폐로하는 회로의 경우에 설치하는 개폐기 및 차단기는 차단 시에는 중성선이 선도체보다 늦게 차단되어야 하며, 재폐로 시에는 선도체와 동시 또는 그 이전에 재폐로 되는 것을 설치하여야 한다.
④ 보호장치의 종류 및 특성(212.3)
  ㉠ 과부하전류 및 단락전류 겸용 보호장치(212.3.1)
    과부하전류 및 단락전류 모두를 보호하는 장치는 그 보호장치 설치 점에서 예상되는 단락전류를 포함한 모든 과전류를 차단 및 투입할 수 있는 능력이 있어야 한다.
  ㉡ 과부하전류 전용 보호장치(212.3.2)
    과부하전류 전용 보호장치는 212.4의 요구사항을 충족하여야 하며, 차단용량은 그 설치 점에서의 예상 단락전류값 미만으로 할 수 있다.

ⓒ 단락전류 전용 보호장치(212.3.3)

단락전류 전용 보호장치는 과부하 보호를 별도의 보호장치에 의하거나, 212.4(과부하전류에 대한 보호)에서 과부하 보호장치의 생략이 허용되는 경우에 설치할 수 있다. 이 보호장치는 예상 단락전류를 차단할 수 있어야 하며, 차단기인 경우에는 이 단락전류를 투입할 수 있는 능력이 있어야 한다.

ⓔ 보호장치의 특성(212.3.4)

과전류 보호장치는 KS C 또는 KS C IEC 관련 표준(배선차단기, 누전차단기, 퓨즈 등의 표준)의 동작 특성에 적합하여야 한다.

⑤ 과부하전류에 대한 보호(212.4)

㉠ 도체와 과부하 보호장치 사이의 협조(212.4.1)

과부하에 대해 케이블(전선)을 보호하는 장치의 동작 특성은 다음의 조건을 충족해야 한다.

$I_B \leq I_n \leq I_Z$ ·················· (식 212.4-1)

$I_2 \leq 1.45 \times I_Z$ ·················· (식 212.4-2)

I_B : 회로의 설계전류

I_Z : 케이블의 허용전류

I_n : 보호장치의 정격전류

I_2 : 보호장치가 규약시간 이내에 유효하게 동작하는 것을 보장하는 전류

1. 조정할 수 있게 설계 및 제작된 보호장치의 경우, 정격전류 I_n은 사용현장에 적합하게 조정된 전류의 설정값이다.
2. 보호장치의 유효한 동작을 보장하는 전류 I_2는 제조자로부터 제공되거나 제품 표준에 제시되어야 한다.
3. 식 212.4-2에 따른 보호는 조건에 따라서는 보호가 불확실한 경우가 발생할 수 있다. 이러한 경우에는 식 212.4-2에 따라 선정된 케이블 보다 단면적이 큰 케이블을 선정하여야 한다.
4. I_B는 선도체를 흐르는 설계전류이거나, 함유율이 높은 영상분 고조파(특히 제3고조파)가 지속적으로 흐르는 경우 중성선에 흐르는 전류이다.

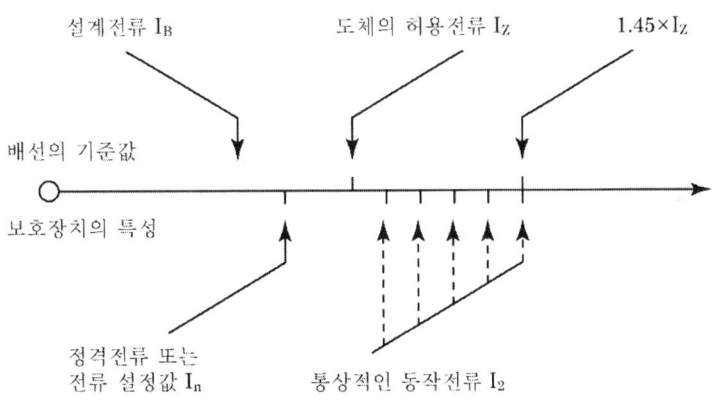

[과부하 보호 설계 조건도]

ⓛ 과부하 보호장치의 설치 위치(212.4.2)
ⓐ 설치 위치
과부하 보호장치는 전로 중 도체의 단면적, 특성, 설치방법, 구성의 변경으로 도체의 허용전류값이 줄어드는 곳(이하 분기점이라 함)에 설치해야 한다.
ⓑ 설치 위치의 예외
과부하 보호장치는 분기점(O)에 설치해야 하나, 분기점(O)점과 분기회로의 과부하 보호장치의 설치점 사이의 배선 부분에 다른 분기회로나 콘센트 회로가 접속되어 있지 않고, 다음 중 하나를 충족하는 경우에는 변경이 있는 배선에 설치할 수 있다.
가. 아래 그림과 같이 분기회로(S_2)의 과부하 보호장치(P_2)의 전원측에 다른 분기회로 또는 콘센트의 접속이 없고 212.5(단락전류에 대한 보호)의 요구사항에 따라 분기회로에 대한 단락보호가 이루어지고 있는 경우, P_2는 분기회로의 분기점(O)으로부터 부하측으로 거리에 구애받지 않고 이동하여 설치할 수 있다.

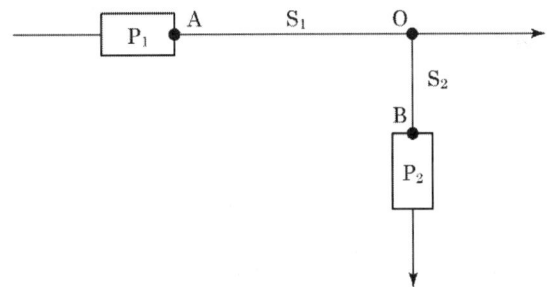

[분기회로(S_2)의 분기점(O)에 설치되지 않은 분기회로 과부하 보호장치(P_2)]

나. 아래 그림과 같이 분기회로(S_2)의 보호장치(P_2)는 (P_2)의 전원측에서 분기점(O) 사이에 다른 분기회로 또는 콘센트의 접속이 없고, 단락의 위험과 화재 및 인체에 대한 위험성이 최소화되도록 시설된 경우, 분기회로의 보호장치(P_2)는 분기회로의 분기점(O)으로부터 3[m]까지 이동하여 설치할 수 있다.

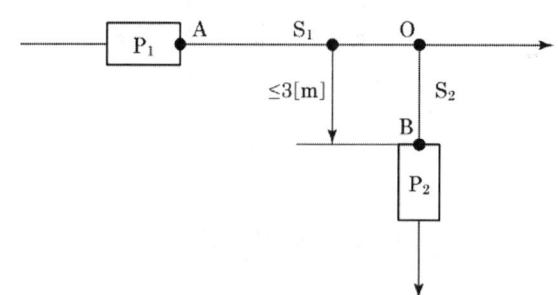

[분기회로(S_2)의 분기점(O)에서 3[m] 이내에 설치된 과부하 보호장치(P_2)]

ⓒ 과부하 보호장치의 생략(212.4.3)

다음과 같은 경우에는 과부하 보호장치를 생략할 수 있다. 다만, 화재 또는 폭발 위험성이 있는 장소에 설치되는 설비 또는 특수설비 및 특수 장소의 요구사항들을 별도로 규정하는 경우에는 과부하 보호장치를 생략할 수 없다.

ⓐ 일반사항

다음의 어느 하나에 해당되는 경우에는 과부하 보호장치 생략이 가능하다.

가. 분기회로의 전원측에 설치된 보호장치에 의하여 분기회로에서 발생하는 과부하에 대해 유효하게 보호되고 있는 분기회로

나. 부하에 설치된 과부하 보호장치가 유효하게 동작하여 과부하전류가 분기회로에 전달되지 않도록 조치를 하는 경우. 단, 212.5(단락전류에 대한 보호)의 요구사항에 따라 단락보호가 되고 있으며, 분기점 이후의 분기회로에 다른 분기회로 및 콘센트가 접속되지 않는 분기회로

다. 통신회로용, 제어회로용, 신호회로용 및 이와 유사한 설비

ⓑ IT 계통에서 과부하 보호장치 설치 위치 변경 또는 생략

(1) 과부하에 대해 보호가 되지 않은 각 회로가 다음과 같은 방법 중 어느 하나에 의해 보호될 경우, 설치 위치 변경 또는 생략이 가능하다.

가. 211.3(이중절연 또는 강화절연에 의한 보호)에 의한 보호수단 적용

나. 2차 고장이 발생할 때 즉시 작동하는 누전차단기로 각 회로를 보호

다. 지속적으로 감시되는 시스템의 경우 다음 중 어느 하나의 기능을 구비한 절연 감시 장치의 사용

　다.-1 최초 고장이 발생한 경우 회로를 차단하는 기능

　다.-2 고장을 나타내는 신호를 제공하는 기능. 이 고장은 운전 요구사항 또는 2차 고장에 의한 위험을 인식하고 조치가 취해져야 한다.

(2) 중성선이 없는 IT 계통에서 각 회로에 누전차단기가 설치된 경우에는 선도체 중의 어느 1개에는 과부하 보호장치를 생략할 수 있다.

ⓒ 안전을 위해 과부하 보호장치를 생략할 수 있는 경우

사용 중 예상치 못한 회로의 개방이 위험 또는 큰 손상을 초래할 수 있는 다음과 같은 부하에 전원을 공급하는 회로에 대해서는 과부하 보호장치를 생략할 수 있다.

(1) 회전기의 여자회로
(2) 전자석 크레인의 전원회로
(3) 전류변성기의 2차회로
(4) 소방설비의 전원회로
(5) 안전설비(주거침입경보, 가스누출경보 등)의 전원회로

ⓔ 병렬 도체의 과부하 보호(212.4.4)

하나의 보호장치가 여러 개의 병렬 도체를 보호할 경우, 병렬 도체는 분기회로, 분리, 개폐장치를 사용할 수 없다.

⑥ 단락전류에 대한 보호(212.5)

이 기준은 동일회로에 속하는 도체 사이의 단락인 경우에만 적용하여야 한다.

㉠ 예상 단락전류의 결정(212.5-1)

설비의 모든 관련 지점에서의 예상 단락전류를 결정해야 한다. 이는 계산 또는 측정에 의하여 수행할 수 있다.

㉡ 단락보호장치의 설치 위치(212.5.2)

ⓐ 단락전류 보호장치는 분기점(O)에 설치해야 한다. 다만, 아래 그림과 같이 분기회로의 단락보호장치 설치점(B)과 분기점(O) 사이에 다른 분기회로 또는 콘센트의 접속이 없고 단락, 화재 및 인체에 대한 위험이 최소화될 경우, 분기회로의 단락보호장치 P_2는 분기점(O)으로부터 3[m]까지 이동하여 설치할 수 있다.

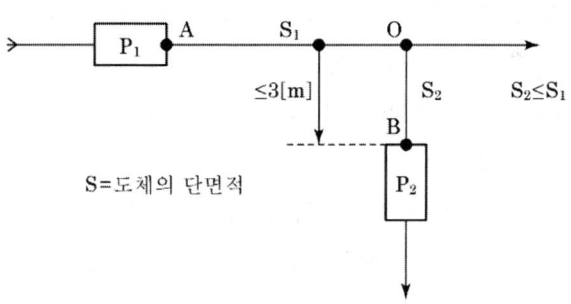

[분기회로 단락보호장치(P_2)의 제한된 위치 변경]

ⓑ 도체의 단면적이 줄어들거나 다른 변경이 이루어진 분기회로의 시작점(O)과 이 분기회로의 단락보호장치(P_2) 사이에 있는 도체가 전원측에 설치되는 보호장치(P_1)에 의해 단락보호가 되는 경우에, P_2의 설치 위치는 분기점(O)로부터 거리 제한 없이 설치할 수 있다. 단, 전원측 단락보호장치(P_1)은 부하측 배선(S_2)에 대하여 212.5.5(단락보호장치의 특성)에 따라 단락보호를 할 수 있는 특성을 가져야 한다.

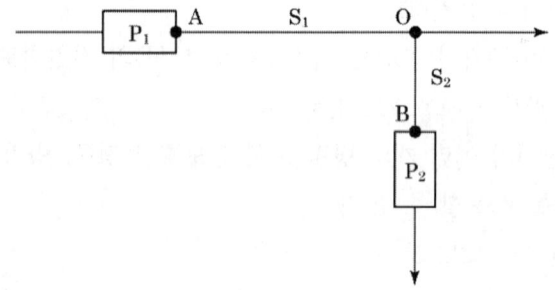

[분기회로 단락보호장치(P_2)의 설치 위치]

ⓒ 단락보호장치의 생략

배선을 단락위험이 최소화할 수 있는 방법과 가연성 물질 근처에 설치하지 않는 조건이 모두 충족되면 다음과 같은 경우 단락보호장치를 생략할 수 있다.

ⓐ 발전기, 변압기, 정류기, 축전지와 보호장치가 설치된 제어반을 연결하는 도체
ⓑ 212.4.3(과부하 보호장치의 생략)의 "다"와 같이 전원차단이 설비의 운전에 위험을 가져올 수 있는 회로
ⓒ 특정 측정회로

ⓔ 병렬도체의 단락보호
　ⓐ 여러 개의 병렬도체를 사용하는 회로의 전원측에 1개의 단락보호장치가 설치되어 있는 조건에서, 어느 하나의 도체에서 발생한 단락고장이라도 효과적인 동작이 보증되는 경우, 해당 보호장치 1개를 이용하여 그 병렬도체 전체의 단락보호장치로 사용할 수 있다.
　ⓑ 1개의 보호장치에 의한 단락보호가 효과적이지 못하면, 다음 중 1가지 이상의 조치를 취해야 한다.
　　가. 배선은 기계적인 손상 보호와 같은 방법으로 병렬도체에서의 단락위험을 최소화할 수 있는 방법으로 설치하고, 화재 또는 인체에 대한 위험을 최소화할 수 있는 방법으로 설치하여야 한다.
　　나. 병렬도체가 2가닥인 경우 단락보호장치를 각 병렬도체의 전원측에 설치해야 한다.
　　다. 병렬도체가 3가닥 이상인 경우 단락보호장치는 각 병렬도체의 전원 측과 부하 측에 설치해야 한다.

ⓜ 단락보호장치의 특성(212.5.5)
　ⓐ 차단용량
　　정격차단용량은 단락전류보호장치 설치 점에서 예상되는 최대 크기의 단락전류보다 커야한다. 다만, 전원측 전로에 단락고장전류 이상의 차단능력이 있는 과전류 차단기가 설치되는 경우에는 그러하지 아니하다. 이 경우에 두 장치를 통과하는 에너지가 부하측 장치와 이 보호장치로 보호를 받는 도체가 손상을 입지 않고 견뎌낼 수 있는 에너지를 초과하지 않도록 양쪽 보호장치의 특성이 협조되도록 해야 한다.
　ⓑ 케이블 등의 단락전류
　　회로의 임의의 지점에서 발생한 모든 단락전류는 케이블 및 절연도체의 허용 온도를 초과하지 않는 시간 내에 차단되도록 해야 한다. 단락지속시간이 5초 이하인 경우, 통상 사용조건에서의 단락전류에 의해 절연체의 허용온도에 도달하기까지의 시간 t는 식 212.5-1과 같이 계산할 수 있다.

　　$t = (\dfrac{kS}{I})^2$ .... (식 212.5-1)

　　　t : 단락전류 지속시간(초)

S : 도체의 단면적[mm²]

I : 유효 단락전류(A, rms)

k : 도체 재료의 저항률, 온도계수, 열용량, 해당 초기 온도와 최종 온도를 고려한 계수(별도의 표 참고)

⑦ 저압전로 중의 개폐기 및 과전류 차단장치의 시설(212.6)
  ㉠ 저압전로 중의 개폐기의 시설(212.6.1)
    ⓐ 저압전로 중에 개폐기를 시설하는 경우(이 규정에서 개폐기를 시설하도록 정하는 경우에 한 한다)에는 그곳의 각 극에 설치하여야 한다. 다만, 212.6.5(분기회로의 시설)의 "가"의 경우에는 그러하지 아니하다.
    ⓑ 사용전압이 다른 개폐기는 상호 식별이 용이하도록 시설하여야 한다.
  ㉡ 저압 옥내전로 인입구에서의 개폐기의 시설(212.6.2)
    ⓐ 저압 옥내전로(242.5.1 화약류 저장소에서 전기설비의 시설의 1에 규정하는 화약류 저장소에 시설하는 것을 제외한다. 이하 같다)에는 인입구에 가까운 곳으로서 쉽게 개폐할 수 있는 곳에 개폐기(개폐기의 용량이 큰 경우에는 적정 회로로 분할하여 각 회로별로 개폐기를 시설할 수 있다. 이 경우에 각 회로별 개폐기는 집합하여 시설하여야 한다)를 각 극에 시설하여야 한다.
    ⓑ 사용전압이 400[V] 미만인 옥내전로로서 다른 옥내전로(정격전류가 16[A] 이하인 과전류 차단기 또는 정격전류가 16[A]를 초과하고 20[A] 이하인 배선용 차단기로 보호되고 있는 것에 한 한다)에 접속하는 길이 15[m] 이하의 전로에서 전기의 공급을 받는 것은 제1의 규정에 의하지 아니할 수 있다.
    ⓒ 저압 옥내전로에 접속하는 전원측의 전로(그 전로에 가공 부분 또는 옥상 부분이 있는 경우에는 그 가공 부분 또는 옥상 부분보다 부하측에 있는 부분에 한 한다)의 그 저압 옥내전로의 인입구에 가까운 곳에 전용의 개폐기를 쉽게 개폐할 수 있는 곳의 각 극에 시설하는 경우에는 제1의 규정에 의하지 아니할 수 있다.
  ㉢ 저압전로 중의 전동기 보호용 과전류 보호장치의 시설(212.6.4)
    ⓐ 과전류 차단기로 저압전로에 시설하는 과부하 보호장치(전동기가 손상될 우려가 있는 과전류가 발생했을 경우에 자동적으로 이것을 차단하는 것에 한 한다)와 단락보호 전용차단기 또는 과부하 보호장치와 단락보호 전용 퓨즈를 조합한 장치는 전동기에만 연결하는 저압전로에 사용하고 다음 각각에 적합한 것이어

야 한다.
가. 과부하 보호장치, 단락보호전용 차단기 및 단락보호전용 퓨즈는 「전기용품 및 생활용품 안전관리법」에 적용을 받는 것 이외에는 한국산업표준(이하 "KS"라 한다)에 적합하여야 하며, 다음에 따라 시설할 것
　(1) 과부하 보호장치로 전자접촉기를 사용할 경우에는 반드시 과부하 계전기가 부착되어 있을 것
　(2) 단락보호전용 차단기의 단락동작설정 전류값은 전동기의 기동방식에 따른 기동돌입전류를 고려할 것
　(3) 단락보호전용 퓨즈는 아래 표와 같이 용단 특성에 적합한 것일 것

[단락보호전용 퓨즈(aM)의 용단 특성]

정격전류의 배수	불용단 시간	용단 시간
4배	60초 이내	-
6.3배	-	60초 이내
8배	0.5초 이내	-
10배	0.2초 이내	-
12.5배	-	0.5초 이내
19배	-	0.1초 이내

나. 과부하 보호장치와 단락보호 전용 차단기 또는 단락보호 전용 퓨즈를 하나의 전용함 속에 넣어 시설한 것일 것
다. 과부하 보호장치가 단락전류에 의하여 손상되기 전에 그 단락전류를 차단하는 능력을 가진 단락보호 전용 차단기 또는 단락보호 전용 퓨즈를 시설한 것일 것
라. 과부하 보호장치와 단락보호 전용 퓨즈를 조합한 장치는 단락보호 전용 퓨즈의 정격전류가 과부하 보호장치의 설정 전류(setting current)값 이하가 되도록 시설한 것(그 값이 단락보호 전용 퓨즈의 표준 정격에 해당하지 아니하는 경우는 단락보호 전용 퓨즈의 정격전류가 그 값의 바로 상위의 정격이 되도록 시설한 것을 포함한다)일 것
ⓑ 저압 옥내 시설하는 보호장치의 정격전류 또는 전류 설정값은 전동기 등이 접속되는 경우에는 그 전동기의 기동방식에 따른 기동전류와 다른 전기사용기계기

구의 정격전류를 고려하여 선정하여야 한다.
ⓒ 옥내에 시설하는 전동기(정격 출력이 0.2[kW] 이하인 것을 제외한다. 이하 이 조에서 같다)에는 전동기가 손상될 우려가 있는 과전류가 생겼을 때에 자동적으로 이를 저지하거나 이를 경보하는 장치를 하여야 한다. 다만, 다음의 어느 하나에 해당하는 경우에는 그러하지 아니하다.
　가. 전동기를 운전 중 상시 취급자가 감시할 수 있는 위치에 시설하는 경우
　나. 전동기의 구조나 부하의 성질로 보아 전동기가 손상될 수 있는 과전류가 생길 우려가 없는 경우
　다. 단상전동기[KS C 4204(2013)의 표준정격의 것을 말한다]로서 그 전원측 전로에 시설하는 과전류 차단기의 정격전류가 16[A](배선용 차단기는 20[A]) 이하인 경우
ⓓ 분기회로의 시설(212.6.5)
　분기회로는 212.4.2(과부하 보호장치의 설치 위치), 212.4.3(과부하 보호장치의 생략), 212.5.2(단락보호장치의 설치 위치), 212.5.3(단락보호장치의 생략)에 준하여 시설하는 외에 다음과 같이 시설하여야 한다.
　ⓐ 분기 개폐기는 각 극에 시설할 것. 다만, 다음의 도체의 극에는 이를 시설하지 아니할 수 있다.
　　가. 140(접지시스템)의 규정에 의하여 접지공사를 한 저압전로에 접속하는 배선의 중성선 또는 접지측 도체에 접속하는 분기회로의 도체로서 분기회로용 배전반(저압 간선에서 전로를 분기하기 위하여 시설하는 분전반 및 캐비닛을 말한다. 이하 같다)의 내부에 그 배선의 인입구측의 각 극에 개폐기를 시설할 것
　　나. 142.4.1(저압수용가 인입구 접지) 등 140(접지시스템)의 규정에 의하여 접지공사를 한 저압전로(전로에 지락이 생겼을 때에 자동적으로 전로를 차단하는 장치를 시설하지 아니할 경우에는 접지공사의 접지저항값이 3[Ω] 이하인 것에 한 한다)에 접속하는 배선의 중성선 또는 접지측 도체에 접속하는 분기회로의 도체로서 개폐기의 시설 장소에 중성선 또는 접지측 도체에 전기적으로 완전히 접속하고 또한 중성선 또는 접지측 도체로부터 쉽게 분리시킬 수 있는 것
　ⓑ 분기회로의 과전류 차단기에 플러그 퓨즈를 사용하는 등 절연저항의 측정 등을

할 때에 그 저압전로를 개폐할 수 있도록 하는 경우에는 분기 개폐기의 시설을 하지 아니하여도 된다.

ⓒ 분기회로의 과전류 차단기는 각 극(다선식 전로의 중성극 및 "가" 단서의 접지측 도체의 극을 제외한다)에 시설할 것

ⓓ 정격전류가 50[A]를 초과하는 하나의 전기사용기계기구(전동기 등을 제외한다. 이하 같다)에 이르는 저압전로는 다음에 의하여 시설할 것

  가. 저압 옥내 전로에 시설하는 분기회로의 과전류 차단기는 그 정격전류가 그 전기사용기계기구의 정격전류를 1.3배 한 값을 넘지 아니하는 것(그 값이 과전류 차단기의 표준 정격에 해당하지 아니할 때에는 그 값에 가장 가까운 상위의 정격의 것을 포함한다)일 것

  나. 저압전로에 그 전기사용기계기구 이외의 부하를 접속시키지 아니할 것

  다. 저압전로에 시설하는 분기회로의 과전류 차단기의 정격전류와 도체의 허용전류는 212.4.1(저압수용가 인입구 접지)에 따를 것

(4) 누전차단기의 시설(211.2.4)

① 전원의 자동차단에 의한 저압전로의 보호대책으로 누전차단기를 시설해야 할 대상은 다음과 같다. 누전차단기의 정격 동작전류, 정격 동작시간 등은 211.2.6(TT 계통)의 제3 등과 같이 적용대상의 전로, 기기 등에서 요구하는 조건에 따라야 한다.

㉠ 금속제 외함을 가지는 사용전압이 50[V]를 초과하는 저압의 기계 기구로서 사람이 쉽게 접촉할 우려가 있는 곳에 시설하는 것에 전기를 공급하는 전로. 다만, 다음의 어느 하나에 해당하는 경우에는 적용하지 않는다.

  ⓐ 기계기구를 발전소·변전소·개폐소 또는 이에 준하는 곳에 시설하는 경우

  ⓑ 기계기구를 건조한 곳에 시설하는 경우

  ⓒ 대지전압이 150[V] 이하인 기계기구를 물기가 있는 곳 이외의 곳에 시설하는 경우

  ⓓ 「전기용품 및 생활용품 안전관리법」의 적용을 받는 이중 절연구조의 기계기구를 시설하는 경우

  ⓔ 그 전로의 전원측에 절연변압기(2차 전압이 300[V] 이하인 경우에 한 한다)를 시설하고 또한 그 절연 변압기의 부하측의 전로에 접지하지 아니하는 경우

  ⓕ 기계기구가 고무·합성수지 기타 절연물로 피복된 경우

ⓖ 기계기구가 유도전동기의 2차측 전로에 접속되는 것일 경우
ⓗ 기계기구가 131(전로의 절연 원칙)의 8에 규정하는 것일 경우
ⓘ 기계기구 내에 「전기용품 및 생활용품 안전관리법」의 적용을 받는 누전차단기를 설치하고 또한 기계기구의 전원 연결선이 손상을 받을 우려가 없도록 시설하는 경우
ⓛ 주택의 인입구 등 다른 절에서 누전차단기 설치를 요구하는 전로
ⓒ 특고압전로, 고압전로 또는 저압전로와 변압기에 의하여 결합되는 사용전압 400[V] 이상의 저압전로 또는 발전기에서 공급하는 사용전압 400[V] 이상의 저압전로(발전소 및 변전소와 이에 준하는 곳에 있는 부분의 전로를 제외한다).
ⓔ 다음의 전로에는 전기용품안전기준 "K60947-2의 부속서 P"의 적용을 받는 자동복구 기능을 갖는 누전차단기를 시설할 수 있다.
　ⓐ 독립된 무인 통신중계소·기지국
　ⓑ 관련법령에 의해 일반인의 출입을 금지 또는 제한하는 곳
　ⓒ 옥외의 장소에 무인으로 운전하는 통신중계기 또는 단위기기 전용회로. 단, 일반인이 특정한 목적을 위해 지체하는(머물러 있는) 장소로서 버스정류장, 횡단보도 등에는 시설할 수 없다.
② 저압용 비상용 조명장치·비상용 승강기·유도등·철도용 신호장치, 비접지 저압전로, 322.5(전로의 중성점의 접지)의 6에 의한 전로, 기타 그 정지가 공공의 안전 확보에 지장을 줄 우려가 있는 기계기구에 전기를 공급하는 전로의 경우, 그 전로에서 지락이 생겼을 때에 이를 기술원 감시소에 경보하는 장치를 설치한 때에는 제1에서 규정하는 장치를 시설하지 않을 수 있다.
③ IEC 표준을 도입한 누전차단기를 저압전로에 사용하는 경우 일반인이 접촉할 우려가 있는 장소(세대 내 분전반 및 이와 유사한 장소)에는 주택용 누전차단기를 시설하여야 한다.

5. 부하용량 및 분기회로 수 산정

(1) 부하용량 산정

배선 설계를 위한 전등, 소형 전기기계 기구의 부하용량의 산정은 다음과 같다.
　　부하 설비 용량=(표준부하)×(바닥면적)+(부분 표준부하)×(바닥면적)+기타 가산할[VA]

① 건축물의 종류에 대응한 표준부하

건축물의 종류	표준부하([VA/m²])
공장, 공회당, 사원, 교회, 극장, 영화관, 연회장 등	10
기숙사, 여관, 호텔, 병원, 학교, 음식점, 다방, 대중목욕탕	20
사무실, 은행, 상점, 이발소, 미장원	30

참고

Tr 용량(수전용량)≥최대부하=부하설비용량합계×수용률/부등률

② 건축물(주택, 아파트를 제외) 중 별도 계산할 부분 표준부하

건축물의 종류	표준부하([VA/m²])
복도, 계단, 세면장, 창고, 다락	5
강당, 관람석	10

③ 표준부하에 따라 산출한 수식에 가산하여야 할 [VA] 수
  ㉠ 주택, 아파트(1세대마다)에 대하여는 500~1,000[VA]
  ㉡ 상점의 쇼윈도에 대하여는 쇼윈도 폭 1[m]에 대하여 300[VA]
  ㉢ 옥외의 광고등, 전광사인, 네온사인 등의 [VA]수
  ㉣ 극장, 댄스홀 등의 무대조명, 영화관 등의 특수전등부하의 [VA]수

(2) 수용률

수용설비가 동시에 사용되는 정도

① 수용률 = $\dfrac{\text{최대수용용량}}{\text{(총)설비용량}} \times 100[\%]$ = (각 부하의 최대 수요 전력의 합/(총)설비용량)×100

  • 최대 수용 용량 = 공급설비용량(수전설비용량)
                = 최대 수용전력 합계(실제 사용하고 있는 부하)
  • (총)설비용량 = 총부하설비용량(계산값)

각각의 부하가 동시에 동작되는 일이 없기 때문에 수용률을 적용하여 실비를 한다.

② 건물에 따른 수용률

건물의 종류	수용률(%)
주택, 기숙사, 여관, 호텔, 병원 등	50
학교, 사무실, 은행 등	70

③ 부등률

각 수용가에서의 최대 수용전력의 발생 시각은 시간적 차이가 있다.

부등률=(각 수용가의 최대 수용전력의 합[kW]/간선에서 합성 최대 수용전력[kW])

=(각 부하의 최대 수요전력의 합/합성 최대 수용전력(간선))>1

④ 변압기 용량

변압기 용량≥ 합성 최대 전력(간선)

=각 부하의 최대 수요전력의 합/부등률

=(총)설비용량×수용률/부등률

(3) 분기회로수 산정

사용 전압 220[V]의 15[A], 20[A](배선용 차단기)에서 분기회로수는 설비 부하용량을 3300[VA]로 나눈 값으로 결정한다.

[일반 주택의 분기회로수]

주택 넓이[m²]	필요한 회로 수	바람직한 회로 수		
		전등용	콘센트용	계
50(15평) 이하	2	1	2	3
70(20평) 이하	2~3	1	3	4
85(25평) 이하	3	2	4	6
100(30평) 이하	3	2	4	6
130(40평) 이하	3~4	2	6	8
170(50평) 이하	4~5	3	7	10

참고 분기회로수의 계산

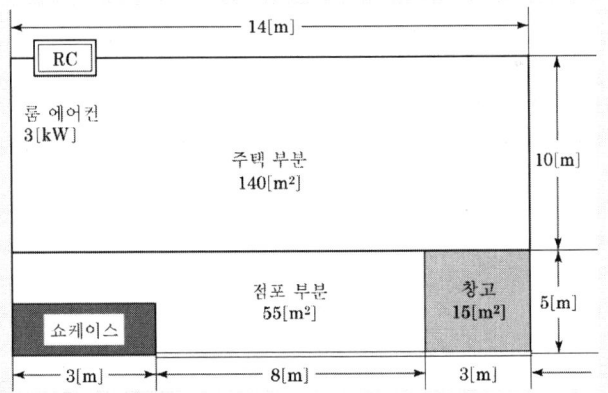

P_1 : (주택부분의 바닥면적) : 140[m²]
P_2 : (점포부분의 바닥면적) : 55[m²]
Q : (창고의 바닥면적) : 15[m²]
A_1 : (주택부분의 표준부하) : 40[VA/m²]
A_2 : (점포부분의 표준부하) : 30[VA/m²]
B : (창고의 표준부하) : 5[VA/m²]
C_1 : (주택에 대한 가산 VA수) : 1,000[VA]
C_2 : (쇼 케이스 폭 3[m]에 대한 가산 VA수) : 900[VA]

① 설비부하용량
   $=(P_1 A_1)+(P_2 A_2)+(QB)+C_1+C_2$
   $=(140\times40)+(55\times30)+(15\times5)+1,000+900$
   $=9,225[VA]$

② 사용전압이 220[V]인 경우
   9,225[VA]÷3,300[VA]=2.795
   단수를 절상하면 3회로가 되고 3[kW]의 룸 에어컨 전용 1회로를 추가하면 4회로가 된다.

③ 사용전압이 110[V]인 경우
   9,225[VA]÷1,650[VA]=5.59회로
   단수를 절상하면 6회로가 되고 3[kW]의 룸 에어컨 전용 1회로를 추가하면 합계 회로수는 7회로가 된다.

예·상·기·출·문·제

01 납 또는 납과 주석의 합금선 또는 판상의 가용체를 구리제의 단자편에 납땜한 퓨즈(fuse)는?
① 실 퓨즈 ② 판형 퓨즈
③ 훅 퓨즈 ④ 플러그 퓨즈

02 전기의 정액 수용가가 계약 용량을 초과하여 사용하면 자동적으로 회로가 차단되는 장치는?
① 전류 제한기 ② 열 계전기
③ 과전류 차단기 ④ 과용량 계전기

03 다음 중 저전압 차단 역할을 하는 보호 기구는?
① 캣치 홀더 ② 개폐기
③ 퓨즈 ④ 마그넷 스위치

04 과전류 차단기로 시설하는 퓨즈 중 고압 전로에 사용하는 비포장 퓨즈는 정격전류의 몇 배의 전류에 의하여 몇 분 이내에 용단되어야 하는가?
① 2배로 2분 ② 1.3배로 5분
③ 1.25배로 2분 ④ 1.1배로 120분

🔑 고압용 비포장 퓨즈는 2배의 전류에 2분 이내에 용단되어야 한다.

05 과전류 차단기로 시설하는 퓨즈 중 고압 전로에 사용하는 포장 퓨즈는 정격전류의 1.3배에 견디고 또한 2배의 전류로 몇 분 이내에 용단되는 것이어야 하는가?
① 10분 ② 30분
③ 60분 ④ 120분

06 통형 퓨즈의 종별기호 'CF6R'에서 'F'는 무엇을 뜻하는가?
① 정격 전압 ② 나이프형 단자
③ 재생형 ④ 통형 단자

07 전압계, 전류계 등의 소손 방지용으로 계기 내에 장치하고 봉입하는 퓨즈는?
① 텅스텐 퓨즈 ② 방출형 퓨즈
③ 플러그 퓨즈 ④ 통형 퓨즈

08 220[V] 전선로에 사용되는 퓨즈가 견디어야 할 전류는 정격전류의 몇 배인가?
① 1.1배 ② 1.2배
③ 1.25배 ④ 1.5배

🔑 저압전로에 사용하는 퓨즈는 수평으로 붙인 경우, 정격전류의 110[%]에 견디어야 한다.

09 과전류 차단기로 시설하는 퓨즈 중 고압전로에 사용하는 포장 퓨즈는 정격전류의 1.3배에 견디고 또한 2배의 전류로 몇 분 이내에 용단되는 것이어야 하는가?
① 10분 ② 30분
③ 60분 ④ 120분

🔓 Answer 1. ③ 2. ① 3. ③ 4. ① 5. ④ 6. ④ 7. ① 8. ① 9. ④

10 정격전류가 100[A]인 고압용 통형 퓨즈에 200[A]의 전류가 통했을 때 몇 분 안에 용단되어야 하나?

① 20　　② 40
③ 60　　④ 120

🔑 **고압용 퓨즈**
정격전류의 1.3배 전류에 견디고 2배 전류로 120분 이내에 용단되어야 한다.

11 전동기용 분기선에 퓨즈를 넣을 경우 정격전류의 몇 배 이내로 하여야 하는가?

① 1배　　② 2배
③ 3배　　④ 6배

🔑 기동전류가 큰 전동기가 있는 경우에는 전동기의 정격전류의 3배

12 과전류 차단기를 시설하는 퓨즈 중 고압 전로에 사용하는 포장 퓨즈는 정격전류의 몇 배의 전류에 견디어야 하는가?

① 1배　　② 1.3배
③ 1.25배　　④ 2배

🔑 1.3배의 전류에 견디고, 2배의 전류에서는 120분 이내에 용단되어야 한다.

13 과전류 차단기를 시설하면 안 되는 경우는?

① 발전기 보호　　② 분기선 보호
③ 접지측 보호　　④ 송배전 보호

🔑 단상 2선식, 3상 4선식 등의 중성선 각종 접지공사에 있어서 접지선

14 분기회로에 사용하는 것으로 개폐기 및 자동차단기의 두 가지 역할을 하는 것은?

① 유입 차단기
② 컷아웃 스위치
③ 노 퓨즈 브레이커
④ 통형 퓨즈

🔑 노 퓨즈 브레이커(no-fuse breaker : NFB)는 개폐기와 과전류차단기의 역할을 한다.

15 과전류 차단기 중에서 전동기의 과부하 보호의 역할을 하지 못하는 것은?

① 통형 퓨즈　　② 마그네트 스위치
③ 온도 퓨즈　　④ 타임러그 퓨즈

🔑 마그네트 스위치=전자접촉기+열동계전기
타임러그 퓨즈=전동기 퓨즈

16 개폐기 중에서 옥내 배선의 분기회로 보호용에 사용되는 배선용 차단기의 약호는 어느 것인가?

① DS　　② MCB
③ ACB　　④ OCB

🔑 DS : 단로기
ACB : 기중차단기
ABB : 공기차단기
OCB : 유입차단기

17 저압 옥내 전로의 퓨즈의 부착 개소가 맞는 것은?

① 3상 3선식의 접지측
② 단상 2선식의 접지측
③ 단상 3선식의 비접지측(전압측)
④ 단상 3선식의 중성선측

🔑 단상 3선식의 중성선측에는 퓨즈를 부착해서는 안 된다.

Answer 10. ④　11. ③　12. ②　13. ③　14. ③　15. ①　16. ②　17. ③

18 과전류 차단기를 시설하여야 하는 장소는?
① 접지공사의 접지선
② 다선식 전로의 중성선
③ 접지공사를 한 저압 가공전로의 접지선
④ 3상 3선식의 저압선측

19 저압단상 3선식 회로의 중성선에서 퓨즈 사용법은?
① 다른 선의 퓨즈와 같은 용량의 퓨즈를 사용한다.
② 퓨즈를 사용하지 않는다.
③ 다른 선 퓨즈의 1/2 용량의 퓨즈를 사용한다.
④ 다른 선 퓨즈의 3배 용량의 퓨즈를 사용한다.

20 배선용 차단기(no fuse breaker)는 원칙적으로 어떻게 사용해야 하는가?
① 부하 전류의 크기보다 작은 전류 차단용량의 것을 사용
② 보호하려는 회로 중 가장 가는 전선의 허용전류치 이하의 것을 사용
③ 보호하려는 회로 중 가장 굵은 전선의 허용전류치 이하의 것을 사용
④ 부하 전류의 크기보다 큰 것을 사용

21 옥내 배선용 차단기의 원리는 다음 중 어느 것인가?
① 부르동관형   ② 정전력용
③ 열동형   ④ 압력형

22 배선용 차단기는 정격전류의 몇 [%]에 확실하게 동작되어야 하는가?
① 115[%]   ② 120[%]
③ 130[%]   ④ 150[%]

23 ELB의 뜻은?
① 유입 차단기   ② 진공 차단기
③ 배전용 차단기   ④ 누전차단기

24 단락전류를 신속히 차단하며 또한 흐르는 단락 전류의 값을 제한하는 성질을 가지는 퓨즈는?
① A종 퓨즈   ② B종 퓨즈
③ C종 퓨즈   ④ 한류 퓨즈

25 A.C.B의 약호는?
① 기중차단기   ② 유입차단기
③ 공기차단기   ④ 단로기

  ACB : 기중차단기   ABB : 공기차단기
  OCB : 유입차단기   VCB : 진공차단기

26 분기회로의 개폐기 및 과전류 차단기는 저압 옥내 간선과의 분기점에서 전선의 길이가 몇 [m] 이하의 곳에 시설하여야 하는가?
① 1.5   ② 3
③ 5   ④ 8

27 등기구 26[mm]인 보통 전구 소켓을 6개, 15[A] 콘센트 3개 및 30[A] 콘센트 1개를 사용하는 주택의 저압 내 선로의 분기회로의 최저수는?

Answer 18. ④ 19. ② 20. ② 21. ③ 22. ③ 23. ④ 24. ④ 25. ① 26. ② 27. ④

① 15[A] 분기회로 3회로
② 30[A] 분기회로 3회로와 15[A] 분기회로 1회로
③ 20[A] 분기회로 2회로
④ 30[A] 분기회로 1회로와 15[A] 분기회로 3회로

28 저압 옥내 간선으로부터 분기하는 곳에 설치하지 않으면 안 될 것은 어느 것인가?
① 자동차단기와 개폐기
② 텀블러 스위치
③ 점멸 스위치
④ 히터 스위치

29 저압 옥내 간선에서 분기하여 전동기에만 이르는 저압 옥내 전용용 전선의 허용전류는 전동기 등의 정격전류의 합계가 50[A] 이하인 경우, 그 합계의 몇 배 이상이어야 하는가?
① 1.1배 ② 1.5배
③ 1.25배 ④ 2배

✍ 50[A] 이하이므로 1.25배

30 전동기의 정격전류가 20[A]이다. 전동기 전용 분기회로에 있어서 전선의 허용전류는?
① 20[A] ② 25[A]
③ 30[A] ④ 50[A]

✍ 20×1.25=25[A]

31 전동기에 공급하는 간선의 설계에서 3개의 분기회로에 각각 10[A], 20[A], 30[A]의 정격전류가 흐르는 전동기가 접속되어 있다. 간선의 허용전류가 최저값으로 가장 적당한 것은?
① 60 ② 70
③ 80 ④ 100

✍ $\Sigma I_M = 10+20+30 = 60[A]$
$I_a = 1.1 \times 60 = 66[A]$

32 정격전류 10[A], 20[A], 40[A], 3상 200[V]용 전동기가 있다. 이에 대한 배선공사 시 간선의 소요 허용전류[A]의 최솟값은 얼마인가?
① 77 ② 89
③ 83 ④ 96

33 전동기의 정격전류가 4[A]이다. 전동기 전용의 분기회로(3[m] 이내)에서 전동기에 이르는 전선의 허용전류는 얼마인가?
① 4[A] ② 5[A]
③ 8[A] ④ 10[A]

34 정격전류가 40[A]의 3상 200[V] 전동기에 직접 접속되는 전선의 허용전류는 몇 [A] 이상이 필요한가?
① 40 ② 44
③ 50 ④ 120

✍ 전선의 허용전류=40×1.25=50[A]

35 과전류 차단기를 시설하는 퓨즈 중 고압 전로에 사용하는 포장 퓨즈는 정격전류의 몇 배의 전류에 견디어야 하는가?

Answer 28. ① 29. ③ 30. ② 31. ② 32. ① 33. ② 34. ③ 35. ②

① 1배　　② 1.3배
③ 1.25배　④ 2배

36 전동기의 정격전류가 60[A]이다. 전선의 허용전류는 얼마인가?
① 60[A]　② 66[A]
③ 69[A]　④ 72[A]

> 50[A]이상이므로 전선의 허용전류는
> 허용전류=60×1.1=66[A]
> ※ 50[A]이하일 때는 1.25배 한다.

37 전동기의 정격전류가 8[A]인 것이 3대 있다. 간선에서 분기하여 전동기에만 이르는 전동기 전용의 분기회로에서 전선의 허용전류는? (단, 3대의 전동기는 1개의 분기회로에 설치한다)
① 10[A]　② 20[A]
③ 30[A]　④ 40[A]

> 50[A] 이하이므로 1.25배한 값이 전선의 허용전류가 된다.
> ∴ 24×1.25=30[A]

38 정격전류 30[A]의 전동기 1대와 정격전류 5[A]의 전열기 2대에 공급하는 저압 옥내간선을 보호할 과전류 차단기의 정격전류의 최댓값은 얼마인가?
① 40　② 60
③ 80　④ 100

> 3×30+10=100

39 동력 배선에서 누름버튼 스위치를 누르고 있는 동안만 전동기가 회전하는 것을 무엇이라 하는가?
① 연동 장치　② 자기 유지
③ 촌동 운전　④ 동작 지연

40 기계기구의 운전과 정지, 과부하 보호를 하며 저전압에 동작하는 스위치는?
① 수은 스위치
② 타임 스위치
③ 마그네트 스위치
④ 부동 스위치

41 다음 중 차단기를 시설해야 되는 곳은?
① 접지공사의 접지선
② 저압 가공전선로의 접지측 전선
③ 다선식 전로의 중성선
④ 고압에서 저압으로 변성하는 변압기 2차측의 전압측 전선

> 변압기 2차측에 캐치홀더 설치

42 옥내 배선의 분기회로를 보호하기 위한 개폐기 및 과전류 차단기에 있어서 무슨 측 전선에는 개폐기 및 과전류 차단기를 생략할 수 있는가?
① 접지측　② 변압기의 1차측
③ 인입구측　④ 분기회로측

43 저압 단상 3선식 회로의 중성선에는?
① 다른 선의 퓨즈와 같은 용량의 퓨즈를 넣는다.
② 다른 선의 퓨즈의 2배 용량의 퓨즈를 넣는다.

Answer　36. ②　37. ③　38. ④　39. ③　40. ③　41. ④　42. ①　43. ④

③ 다른 선의 퓨즈의 1/2배 용량의 퓨즈를 넣는다.
④ 퓨즈를 넣지 않고 직결한다.

🔑 단상 3선식의 중성선에는 퓨즈를 안 넣는다.

44. 단상 3선식 전원의 중성선에는?
① 자동차단기를 꼭 설치해야 한다.
② 자동차단기를 설치해도 되고 안 해도 된다.
③ 자동차단기를 시설하면 안된다.
④ 자동차단기와 퓨즈를 설치한다.

45. 과전류 차단기를 시설하면 절대로 안 되는 장소와 관계가 없는 것은 어느 것인가?
① 각종 접지공사에 있어서 접지선
② 다선식 전로의 중성선
③ 배전용 변압기의 1차측
④ 전로의 일부에 접지공사를 한 저압 가공 전로의 접지측 전선

🔑 배전용 변압기의 1차측에는 변압기를 보호하기 위하여 과전류 차단기를 설치해야 한다.

46. 저압 옥내 간선으로부터 분기하는 곳에 설치하지 않으면 안 되는 것은?
① 자동 차단기
② 개폐기와 자동차단기
③ 전자 개폐기
④ 개폐기

47. 110[V]로 인입하는 어느 주택의 총 부하 설비 용량이 7050[VA]이다. 최소 분기회로 수는 몇 회로로 하여야 하는가? (단, 전등 및 소형 전기기계기구이고, 1650[VA] 이하마다 분기하게 되어 있다.)
① 3 ② 5
③ 6 ④ 8

🔑 최소 분기회로수=7050/1650≒4.3
∴ 5개의 분기회로가 요구된다.

48. 220[V]로 인입하는 어느 주택의 총부하 설비용량이 7050[VA]이다. 최소 분기회로수는 몇 회로로 하여야 하는가? (단, 전등 및 소형 전기기계기구이고, 3300[VA] 이하마다 분기하게 되어 있다.)
① 1 ② 3
③ 5 ④ 8

49. 전자 개폐기에 부착하여 전동기의 소손 방지를 위하여 사용하는 것은?
① 퓨즈
② 열동 계전기
③ 배선용 차단기
④ 비율 차동 계전기

50. 전동기의 과전류를 보호하는 기구는?
① 캣치홀더   ② 개폐기
③ 퓨즈   ④ 마그넷 스위치

🔑 마그넷 스위치=전자접촉기+열동계전기

51. 조명용 백열전등을 호텔 또는 여관 객실의 입구에 설치할 때나 일반 주택 및 아파트 각 실의 현관에 설치할 때에 반드시 시설해야 할 스위치는?

Answer 44. ③ 45. ③ 46. ② 47. ② 48. ② 49. ② 50. ④ 51. ①

① 타임 스위치
② 텀블러 스위치
③ 버튼 스위치
④ 로터리 스위치

🔑 호텔, 여관은 1분, 주택은 3분 안에 점멸

52 회로의 지락 사고의 파급을 방지하기 위하여 지락 사고가 생겼을 때 흐르는 영상 전류를 검출하여 접지 계전기에 의하여 차단기를 동작시켜 사고를 예방하는 기기는?
① ZCT(zero-phase current transformer)
② MOF(metering outfit)
③ CT(current transformer)
④ PT(potential transformer)

53 전기난방기구의 보호용으로 사용되며 주위 온도에 의하여 용단되는 퓨즈는?
① 유리관 퓨즈 ② 플러그 퓨즈
③ 전동기용 퓨즈 ④ 온도 퓨즈

54 주택, 아파트, 사무실, 은행, 상점, 이발소, 미장원에서 사용하는 표준부하[VA/m²]는?
① 5 ② 10
③ 20 ④ 30

55 전자 개폐기의 열동계전기는 전동기 정격전류의 대략 몇 배에 조정하여 사용하는가?
① 1 ② 2
③ 2.5 ④ 3

56 전동기의 정격전류 합계가 50[A]를 넘을 경우 저압 옥내 간선에 사용할 수 있는 전선의 허용전류는 전동기 등의 합계전류의 몇 배 이상인가?
① 1.25 ② 1.5
③ 1.1 ④ 2

🔑 50[A] 이하의 경우 1.25×전동기전류 합계
50[A] 초과인 경우 1.1×전동기전류 합계

57 주택의 옥내에 시설하는 대지전압(　)[V] 초과, (　)[V] 이하의 저압전로 인입구에는 인체감전보호용 누전차단기를 시설하여야 한다. 괄호 속에 가장 알맞은 것은? (단, 특수한 경우는 제외한다.)
① 100, 200 ② 60, 150
③ 150, 300 ④ 110, 150

58 그림과 같이 3상 전원에 접속하여 회전하고 있는 3상 유도 전동기(M)의 회전방향을 반대로 할 경우 전동기 단자(a, b, c)와 전원(A, B, C)과의 접속은?

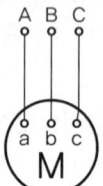

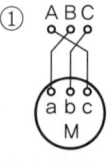 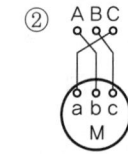

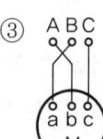 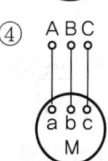

🔓 Answer 52. ① 53. ④ 54. ④ 55. ④ 56. ③ 57. ③ 58. ③

🔑 3상 중에 2상이 바뀌어야 역회전

59 정격전류가 20[A]인 380[V] 3상 유도전동기에 공급하는 간선의 굵기는 몇 [A] 이상이 되어야 하는가?
① 22 ② 25
③ 30 ④ 40

60 사용 전압이 220[V]의 3상 3선식 전선로에서 최대 공급 전류 500[A]의 1선과 대지간에 필요한 절연저항값의 최솟값은 몇 [Ω]인가?
① 770 ② 880
③ 920 ④ 980

🔑 저항=전압/전류×2000
$= \dfrac{220}{500} \times 2000 = 880$

61 전로는 절연하여 사용하는 것이 원칙이나 보안상, 경제상의 이유 또는 구조상 절연할 수 없는 경우에는 전로의 절연 원칙에서 제외하고 있는데 보기 중 틀린 것은?
① 계기용 변성기의 접지점
② 중성점의 접지점
③ 변압기의 1차측 접지점
④ 다중 접지 중성선의 접지점

62 최대사용전압이 220[V]인 3상 유도 전동기가 있다. 이것의 절연내력시험 전압은 몇 [V]로 하여야 하는가?
① 1050 ② 750
③ 500   ④ 330

🔑 회전기기 시험전압은 사용 전압의 1.5배로 하고, 최소 500[V] 이상임

63 고압 및 특별 고압 전로의 절연성을 측정하는 절연 내력시험에서 시험 전압을 몇 분간 가하여 이상 유무를 확인하는가?
① 10 ② 30
③ 40 ④ 60

64 최대 사용전압 22000[V]의 변압기에 있어서 비접지식의 경우 절연내력 시험전압 [V]은?
① 20240 ② 24200
③ 27500 ④ 33000

🔑 7000[V] 초과 비접지식인 경우 1.25배
22000×1.25=27500

65 전등전력용의 접지극 또는 접지선은 피뢰침용의 접지극 또는 접지선에서 몇 [m] 이상 격리하여야 하는가?
① 0.5 ② 1.0
③ 1.5 ④ 2

66 배전 변압기의 2차측을 접지공사를 하는 이유는?
① 전류 변동의 방지
② 전압 변동의 방지
③ 전력 변동의 방지
④ 고저압 혼촉 방지

67 접지공사 방법 중 옳지 않은 것은?

Answer 59. ② 60. ② 61. ③ 62. ③ 63. ① 64. ③ 65. ④ 66. ④ 67. ④

① 접지극은 지하 75[cm] 이상의 깊이에 묻어야 한다.
② 접지선과 수도관의 접속은 접지저항값이 2[Ω] 이하로 되면 어느 곳에서나 접속할 수 있다.
③ 접지선은 저압전로의 중성점에 시설하는 경우 6[mm²] 이상을 사용한다.
④ 접지선은 접지극에서 지표상 2[m]까지의 부분에는 옥내용 절연전선을 사용한다.

🔑 2[m]까지는 합성수지관 또는 몰드로 절연

68 기기의 내부 또는 회로에 지락사고가 생긴 경우 영상전류를 검출하여 차단기를 동작시켜 사고 회로를 개방하든가 경보 신호를 내도록 하는 계전기는?
① 과전류 계전기(OCR)
② 지락 계전기(GR)
③ 과전압 계전기(OVR)
④ 부족전압 계전기(UVR)

69 생산 공장 작업의 자동화에 널리 사용되고, 바이메탈과 조합하여 실내 난방 장치의 자동 온도 조절에 사용되는 것은
① 타임 스위치   ② 수은 스위치
③ 부동 스위치   ④ 압력 스위치

70 학교, 사무실, 은행의 간선의 굵기 선정 시 수용률은 몇 [%]인가?
① 50   ② 60
③ 70   ④ 80

71 접시시스템의 구분 중 기능적 구분에 속하지 않는 것은?
① 계통접지
② 보호접지
③ 피뢰시스템 접지
④ 공통접지

🔑 시설 종류
단독접지, 공통접지, 통합접지

72 접지극은 지표면으로부터 지하 몇 [cm] 이상에 매설하는가?
① 55cm   ② 65cm
③ 75cm   ④ 85cm

73 다음 보기의 ( ) 안에 들어갈 내용이 맞게 짝지어진 것은?

접지도체에 피뢰시스템이 접속되는 경우, 접지도체의 단면적은 구리 (A)[mm²] 또는 철 (B)[mm²] 이상으로 하여야 한다.

① A : 16, B : 50
② A : 16, B : 40
③ A : 14, B : 50
④ A : 14, B : 40

74 저압용 퓨즈의 용단 특성 중 16[A] 이상 63[A] 이하에서의 용단 전류의 정격전류의 배수는 얼마인가?
① 1.25배   ② 1.5배
③ 1.6배   ④ 2.1배

75 부하에 전원을 공급하는 회로 중 과부하

🔓 Answer 68. ② 69. ② 70. ③ 71. ④ 72. ③ 73. ① 74. ③ 75. ④

보호장치를 생략할 수 있는 회로가 아닌 것은?
① 전류변성기의 2차회로
② 소방설비의 전원회로
③ 안전설비의 전원회로
④ 비절연형 전원회로

76 전기용품안전기준 "K60947-2의 부속서 P"의 적용을 받는 자동복구 기능을 갖는 누전차단기를 시설할 수 없는 곳은?
① 독립된 무인 통신중계소·기지국
② 일반인이 특정한 목적을 위해 머물러 있는 장소
③ 일반인의 출입을 금지 또는 제한하는 곳
④ 옥외의 장소에 무인으로 운전하는 통신중계기

Answer 76. ②

7. 배전선로 및 배전반 공사

1. 가공인입선 공사

(1) 가공인입선
① 가공인입선이란 가공전선로의 지지물(전주 등)에서 분기하여 다른 전선로 지지물을 거치지 않고 수용장소의 인입점에 이르는 전선로를 말한다.
② 사용 전선은 절연전선 및 케이블을 사용한다. 단, OW선을 사용할 경우는 사람이 쉽게 접촉할 우려가 없도록 시설해야 한다.
③ 사용 전선의 굵기는 저압 인입선인 경우 2.6[mm] 이상의 인입용 비닐 절연전선을 사용한다. 단, 경간이 15m 이하인 경우는 2.0[mm] 이상 가능하다.
④ 저압 인입선의 설치 높이는 도로를 횡단하는 경우는 5[m] 이상, 철도나 궤도 횡단은 6.5[m] 이상, 횡단 보도교는 3[m] 이상, 기타의 장소는 4.0[m] 이상이어야 한다.
⑤ 고압 인입선의 설치 높이는 도로를 횡단하는 경우에는 6.0[m] 이상, 철도 또는 궤도 횡단은 6.5[m] 이상, 횡단 보도교의 위쪽으로는 3.5[m] 이상, 기타의 장소에는 5.0[m] 이상이어야 한다.

(2) 연접인입선
연접인입선이란 수용 장소의 인입선에서 분기하여 지지물을 거치지 않고 다른 수용장소의 인입구 부분에 이르는 전선을 말한다. 시설방법은 저압인입선 시설방법에 준하여 시설하고 또한 아래와 같은 방법에 의하여 시설해야 한다.
① 인입선에서 분기하는 점으로부터 100[m]가 넘는 지역에 미치지 않아야 한다.
② 폭 5[m]를 넘는 도로를 횡단하지 않아야 한다.
③ 연접인입선은 옥내를 통과할 수 없다.
④ 사용 전선의 굵기는 저압가공인입선 시설과 같다.

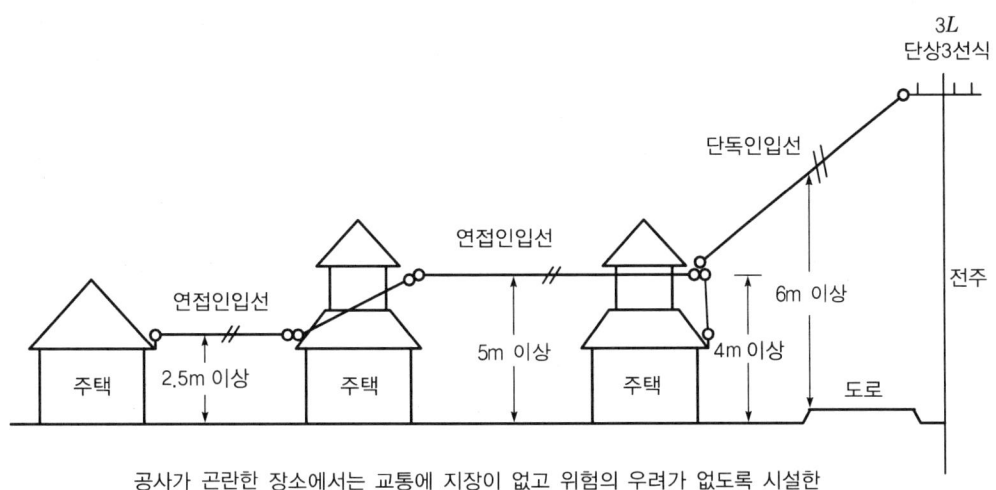

[도로 횡단과 단독 및 연접인입선의 경우]

2. 가공 배전선로 공사

(1) 배전선로의 재료와 기구

① 지지물의 종류로는 목주, 철주(A, B종), 철근 콘크리트주, 철탑이 있다.

② 건주 공사

   지지물을 땅에 세우는 것을 건주라 한다.

③ 지지물의 기초 강도

   가공전선로의 지지물에 하중이 가하여지는 경우에 그 하중을 받는 지지물의 기초의 안전율은 2 이상이어야 한다(이상 시 상정 하중에 대한 철탑의 기초에 대하여는 1.33). 다만, 다음 각 호에 따라 시설하는 경우에는 그러하지 아니하다.

   ㉠ 강관을 주체로 하는 철주(이하 "강관주"라 한다.) 또는 철근 콘크리트주로서 그 전체 길이가 16[m] 이하, 설계하중이 6.8[kN] 이하인 것 또는 목주를 다음에 의하여 시설하는 경우

   ⓐ 전체의 길이가 15[m] 이하인 경우는 땅에 묻히는 깊이를 전체길이의 6분의 1 이상으로 할 것

   ⓑ 전체의 길이가 15[m]을 초과하는 경우는 땅에 묻히는 깊이를 2.5[m] 이상으로 할 것

   ⓒ 논이나 그 밖의 지반이 연약한 곳에서는 견고한 근가를 시설할 것

ⓛ 철근 콘크리트주로서 그 전체의 길이가 16[m] 초과 20[m] 이하이고, 설계하중이 6.8[kN] 이하의 것을 논이나 그 밖의 지반이 연약한 곳 이외에 그 묻히는 깊이를 2.8[m] 이상으로 시설하는 경우

ⓒ 철근 콘크리트주로서 전체의 길이가 14[m] 이상 20[m] 이하이고, 설계하중이 6.8[kN] 초과 9.8[kN] 이하의 것을 논이나 그 밖의 지반이 연약한 곳. 이외에 시설하는 경우 그 묻히는 깊이는 ㉠의 ⓐ 및 ⓑ에 의한 기준보다 30[cm]를 가산하여 시설하는 경우

ⓔ 철근 콘크리트주로서 그 전체의 길이가 14[m] 이상 20[m] 이하이고, 설계하중이 9.81[kN] 초과 14.72[kN] 이하의 것을 논이나 그 밖의 지반이 연약한 곳 이외에 다음과 같이 시설하는 경우

　　ⓐ 전체의 길이가 15[m] 이하인 경우에는 그 묻는 깊이를 ㉠의 ⓐ에 규정한 기준보다 50[cm]를 더한 값 이상으로 할 것

　　ⓑ 전체의 길이가 15[m] 초과 18[m] 이하인 경우에는 그 묻히는 깊이를 3[m] 이상으로 할 것

　　ⓒ 전체의 길이가 18[m]을 초과하는 경우에는 그 묻히는 깊이를 3.2[m] 이상으로 할 것

③ 장주 공사

지지물에 전선과 기구 등을 고정시키기 위해 완금이나 애자 등을 장치하는 것을 장주라 한다.

④ 완목 및 완금

㉠ 지지물에 전선을 고정하기 위하여 완목 또는 완금을 사용한다.

㉡ 완목은 느티나무, 참나무 등으로 만들고, 완금은 아연 도금한 철제 앵글이다.

㉢ 암타이 : 완목 및 완금의 상하 움직이는 것을 방지하기 위하여 사용한다.

㉣ 암타이 밴드 : 암타이를 전주에 고정시킬 때 사용한다.

㉤ 암밴드 : 완금 고정시킬 때 사용한다.

㉥ 지선밴드 : 지선을 붙일 경우에 사용한다.

⑤ 배전용 기구의 설치

㉠ 주상변압기를 지지물에 설치할 때는 행거 밴드를 사용해서 설치한다.

㉡ 변압기의 1차 인하선은 고압 절연전선

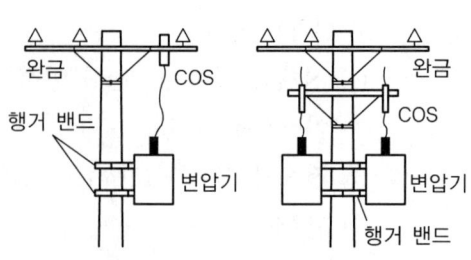

[배전용 기구]

또는 클로로프렌 외장 케이블을 사용하고, 2차측 배선은 옥외용 비닐 절연전선 (OW) 또는 비닐 외장 케이블을 사용한다.

ⓒ 변압기 과부하 보호 및 고장 시 수리를 위하여 1차측에는 애자형 개폐기 또는 프라이머리 컷아웃(PC, COS)을, 2차측에는 캐치 홀더를 설치한다.

> **참고**
>
> 기초 안전율 = $\dfrac{\text{구조재료의 허용인장하중}}{\text{최대사용인장하중}}$
>
> • 이상 시 상정하중 = 전선이 단선되었을 때 지지물에 가해지는 인장하중

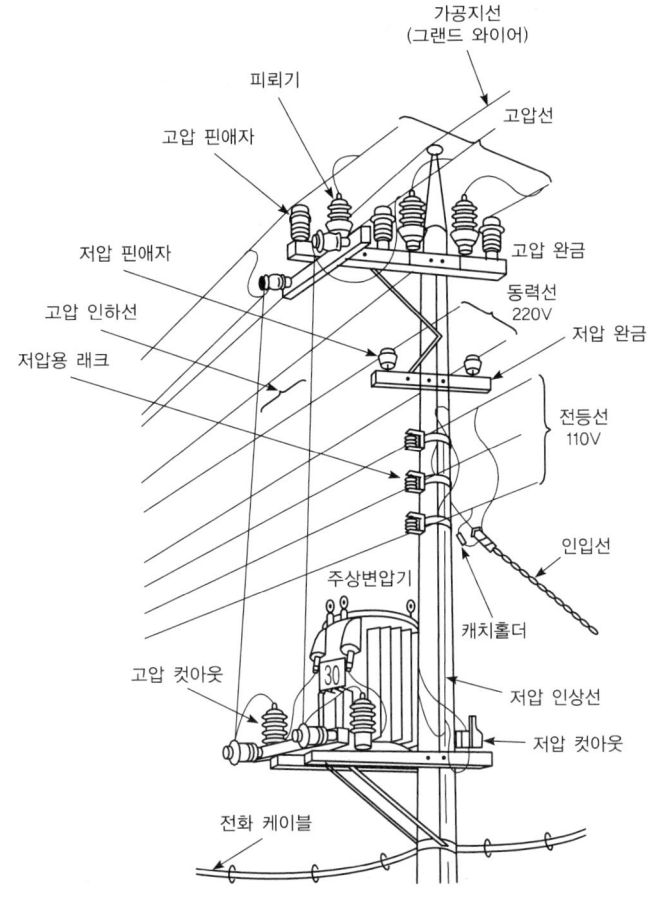

⑥ 애자
  ㉠ 구형 애자(지선애자) : 지선중간에 사용한다.

ⓒ 고압가지 애자 : 전선로의 방향이 바뀌는 곳에 사용한다.
ⓒ 곡핀 애자 : 인입선에 사용한다.
② 다구 애자 : 인입선을 건물 벽면에 시설할 때 사용한다.
⑩ 현수 애자 : 전선로가 분기하거나 선로의 종단 인류하는 곳, 전선의 굵기가 변경되는 지점 등에 사용된다.
ⓑ 끝맺음(인류) 애자 : 전선로의 인류부분에 사용된다.

⑦ 지선공사

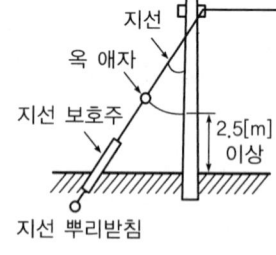
[지선]

㉠ 지선은 지지물의 강도, 전선로의 불평균 장력이 큰 장소에 보강용으로 시설된다.
ⓒ 소선 3가닥 이상의 연선을 사용
ⓒ 소선은 2.6[mm] 금속선 또는 2[mm] 아연도금 강연선 사용
② 지선 끝에는 목주를 사용하는 경우에는 목주 근가를, 철근 콘크리트주를 사용하는 경우에는 앵커에 콘크리트 블록을 사용한다.
⑩ 지선 중간에는 지선 애자(옥 애자, 구형 애자)를 설치한다.
ⓑ 지선의 종류 : 보통 지선, Y 지선, 수평 지선, 궁 지선, 공동 지선 등이 있다.

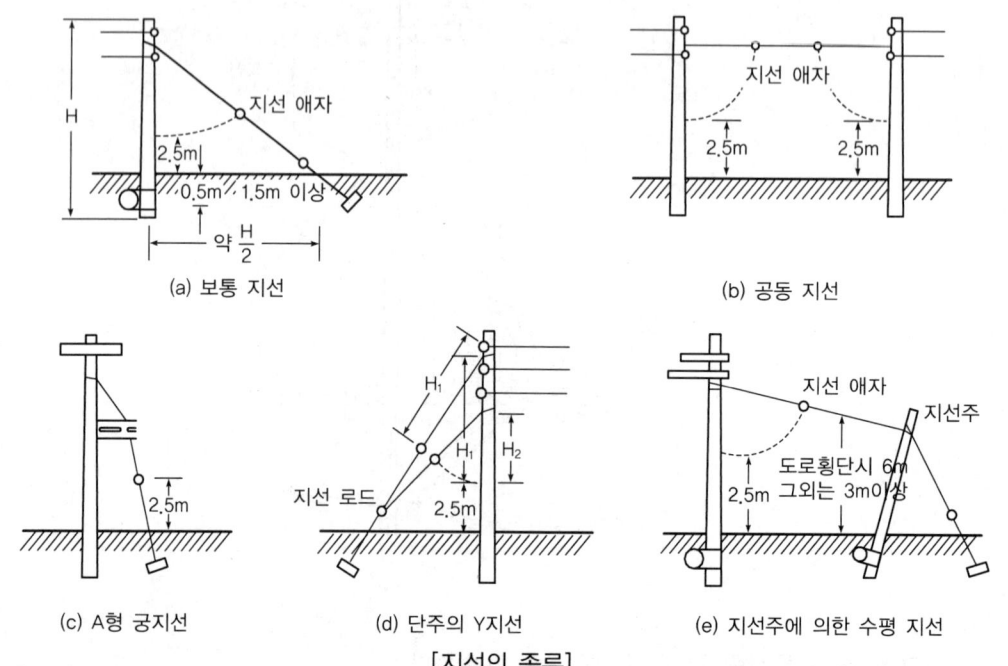
[지선의 종류]

(2) 가공전선로

① 가공전선에는 전압에 따라서 저압가공전선, 고압가공전선, 특별고압 가공전선이 있고 시설 방법도 차이가 있다.

② 가공전선의 굵기와 종류

㉠ 사용전압이 400[V] 미만인 저압 가공전선은 케이블인 경우를 제외하고는 인장강도 3.43[kN] 이상의 것 또는 지름 3.2[mm](절연전선인 경우는 인장강도 2.3[kN] 이상의 것 또는 지름 2.6[mm] 이상의 경동선) 이상의 것이어야 한다.

㉡ 사용전압이 400[V] 이상인 저압 가공전선 또는 고압 가공전선은 케이블인 경우 이외에는 시가지에 시설하는 것은 인장강도 8.01[kN] 이상의 것 또는 지름 5[mm] 이상의 경동선, 시가지 외에 시설하는 것은 인장강도 5.26[kN] 이상의 것 또는 지름 4[mm] 이상의 경동선이어야 한다.

㉢ 사용전압이 400[V] 이상인 저압 가공전선에는 인입용 비닐절연전선을 사용하여서는 안 된다.

③ 저압 및 고압 가공전선의 높이

㉠ 도로 횡단 시 : 6[m] 이상

㉡ 철도 또는 궤도 횡단 시 : 6.5[m] 이상

㉢ 횡단보도교 위로 시설 : 3.5[m] 이상 (단, 저압절연전선, 다심형 전선 또는 케이블인 경우는 3[m] 이상)

㉣ 일반장소 : 5[m] 이상

3. 배전반 공사

배전반에는 보통 높은 전압을 수전하여 낮은 전압으로 변압한 전기를 공급하는 수변전실 내에서 변압기, 차단기, 계기류 등이 시설되어 있다.

(1) 배전반의 종류

① 라이브 프런트식 : 보통 수직형을 사용하고 대리석, 철판 등으로 만들고 저압 간선용으로 많이 사용한다.

② 데드 프런트식 : 고압 수전반이나 고압 전동기 운전반에 사용에 많이 사용되고 앞면은 각종 계기와 개폐기를 설치하고 모든 충전부는 뒷면에 설치한다. 종류에는 수직

형, 포스트형, 벤치형, 조합형이 있다.

③ 폐쇄식 배전반(큐비클형) : 4면을 폐쇄하여 만든 것으로 점유면적이 좁고, 보수 및 운전이 안전하므로 가장 널리 사용된다. 종류에는 조립형과 장갑형이 있다.

(2) 배전반 공사

① 사용 전선은 나선을 사용할 수 있으나 취급자의 안전을 위하여 고압 절연전선을 사용한다.

② 고·저압 모선을 가공으로 시설할 경우에는 높이를 2.5[m] 이상으로 한다.

③ 배전반 앞면은 취급자가 스위치 조작을 용이하게 하기 위하여 앞 벽과의 사이에 1.5[m] 이상의 간격을 두어야 한다.

4. 분전반 공사

간선에서 각 기계·기구로 배선이 분리해 나가는 곳에 주 계폐기, 분기개폐기, 자동개폐기 등 설치하기 위하여 분전반을 설치한다.

(1) 분전반의 종류

① 나이프식 분전반 : 개폐기로 퓨즈가 붙은 나이프 스위치를 시설한 것

② 텀블러식 분전반 : 개폐기로 텀블러 스위치, 자동차단기에는 퓨즈 등을 시설한 것

③ 브레이크식 분전반 : 개폐기로 전자 코일로 만든 차단기(배선용 차단기)를 시설한 것

(2) 분전반의 설치

① 일반적으로 분전반의 철제 캐비닛 안에는 개폐기 및 과전류차단기를 설치한다.

② 분전반 내부 주위에는 배선을 쉽게 하기 위하여 일정 간격의 거터 스페이스를 두어야 한다.

예·상·기·출·문·제

01 저압 가공인입선의 인입구에 사용하는 부속품은?
① 플로어 박스 ② 절연부싱
③ 엔트런스 캡 ④ 노멀벤드

02 해안지방의 송전용 나전선에 적당한 것은?
① 철선 ② 강심 알루미늄선
③ 동선 ④ 알루미늄 합금선
🔑 염분 때문에 철 성분은 녹이 슨다.

03 안개가 많은 장소나 터널 등의 조명에 적당한 것은?
① 백열전구 ② 나트륨등
③ 수은등 ④ 형광 방전등

04 저압 가공인입선이 도로를 횡단할 경우 노면상의 최소 높이[m]는?
① 4 ② 5
③ 5.5 ④ 6
🔑 저압은 5[m], 고압은 6[m] 이상

05 다음 중 가공 전선에 사용되는 전선이 구비해야 할 조건이 아닌 것은?
① 접속하기 쉬울 것
② 기계적 강도가 클 것
③ 전기적으로 도전율이 작을 것
④ 비중이 작을 것
🔑 도전율은 커야 한다.

06 하나의 수용장소의 인입선 접속점에서 분기하여 지지물을 거치지 아니하고 다른 수용장소의 인입선 접속점에 이르는 전선을 무엇이라 하는가?
① 가공인입선 ② 연접인입선
③ 관등회로 ④ 점등회로

07 100[V] 연접인입선은 분기하는 점으로부터 최대 얼마의 거리까지 시설하는가?
① 50[m] ② 75[m]
③ 100[m] ④ 150[m]

08 일반 수용가 A에서 일반 수용가 B에 연접인입선을 설치할 때 가공인입선에서 얼마를 넘지 않아야 하는가?
① 250[m] ② 200[m]
③ 150[m] ④ 100[m]

09 저압 연접인입선이 횡단할 수 있는 도로 폭의 최대 거리는?
① 3[m] ② 4[m]
③ 5[m] ④ 6[m]

10 저압 연접인입선 시설에서 제한 사항이 아닌 것은?
① 인입선의 분기점에서 100[m]를 넘는 지역에 이르지 말 것
② 폭 5[m]를 넘는 도로를 횡단하지 말 것

🔓 Answer 1. ③ 2. ③ 3. ② 4. ② 5. ③ 6. ② 7. ③ 8. ④ 9. ③ 10. ④

③ 다른 수용가의 옥내를 관통하지 말 것
④ 지름 2.0[mm] 이하의 경동선을 사용하지 말 것

11 저압 가공인입선의 전선은 옥외용 비닐 절연전선 이상의 내구성이 있는 전선을 사용해야 하는데, 지지점 사이의 거리가 15[m] 이하인 경우에 한하여 사용할 수 있는 전선의 굵기는 몇 [mm]인가?
① 1.2   ② 1.6
③ 2.0   ④ 2.6

🔑 2.6[mm] 이상의 경동선, 단 15[m] 이하는 2.0 이상 사용 가능

12 연접인입선의 시설에서 잘못된 것은?
① 인입선에서 분기하는 점으로부터 100[m]를 넘는 지역에 미치지 말 것
② 폭 2[m]의 도로를 횡단하지 말 것
③ 옥내를 관통하지 말 것
④ 저압인입선의 시설규정에 준하여 시설할 것

13 가공전선로의 지지물이 아닌 것은?
① 철탑   ② 지선
③ 철주   ④ 철근 콘크리트주

14 A종 철근 콘크리트주의 전장이 15[m]이고 설계하중이 700[kg]인 경우 전주의 표준 근입깊이[m]는?
① 1.4   ② 1.5
③ 2.0   ④ 2.5

15 가공전선로의 지지물을 지선으로 보강하여서는 안 되는 것은?
① 목주
② A종 철근콘크리트주
③ B종 철근콘크리트주
④ 철탑

16 지선의 중간에 넣는 애자의 종류는?
① 저압 핀 애자   ② 구형 애자
③ 인류 애자   ④ 내장 애자

17 지지물에 완금, 완목, 애자 등을 장치하는 것은?
① 건주   ② 가선
③ 장주   ④ 경간

18 철근 콘크리트주에 완금을 붙이고 고정하는 데 필요하지 않은 것은?
① 암타이   ② 행거 밴드
③ U볼트   ④ 암 밴드

🔑 행거 밴드는 변압기를 설치할 때 쓰인다.

19 철근 콘크리트주에 완금을 고정시키려면 어떤 밴드를 사용하는가?
① 암 밴드   ② 지선밴드
③ 래크 밴드   ④ 암타이 밴드

🔑 암타이 고정은 암타이 밴드

20 철근 콘크리트주에 완금을 붙이고 고정하는데 필요하지 않은 것은?
① 암 타이   ② 행거 밴드

Answer 11.③ 12.② 13.② 14.④ 15.④ 16.② 17.③ 18.② 19.① 20.②

③ U볼트 ④ 밴드

21 외선 공사를 할 때 심부름 로프를 주상에서 전주에 묶는 방법으로 가장 적절한 것은?
① 꼬리묶음 ② 이중묶음
③ 고리매기 ④ 풀림묶음

22 철근 콘크리트 전주에 주상변압기를 고정할 때 사용하는 것은?
① 행거 밴드 ② 암밴드
③ 지선 밴드 ④ 암타이 밴드

🔑 완금, 완목은 암밴드로 고정, 암타이는 암타이 밴드로 고정

23 보통 20~30[kVA] 정도의 주상변압기의 장주 방법 중 최근 많이 이용되는 것은?
① 행거 ② 변압기대
③ 앵글 ④ 변압기암

24 철근 콘크리트주의 길이가 9[m]인 지지물을 건주하는 경우에 땅에 묻히는 최소 길이는 몇 [m]인가?
① 1.0 ② 1.2
③ 1.5 ④ 2.5

25 철근 콘크리트주의 길이가 12[m]인 지지물을 건주하는 경우에 땅에 묻히는 최소 길이는 얼마인가?
① 1.5[m] ② 1.2[m]
③ 1.0[m] ④ 2.0[m]

26 전주가 땅에 묻히는 깊이는 전주의 길이 15[m] 이하에서는 얼마나 묻어야 하는가?
① 1/6 이상 ② 1/5 이상
③ 1/4 이상 ④ 1/3 이상

27 전주의 길이가 16[m]인 지지물을 건주하는 경우에 땅에 묻히는 최소 깊이는 몇 [m]인가? (단, 설계하중이 6.8[kN] 이하이다)
① 1.5 ② 2
③ 2.5 ④ 3

28 철근 콘크리트주의 길이가 15[m]인 지지물을 건주하는 경우에 땅에 묻히는 최소 길이는 몇 [m]인가?
① 2.5 ② 2
③ 1.5 ④ 1

29 전주의 길이가 7[m], 땅에 묻히는 길이가 1.2[m]이다. 이때의 근가의 길이[m]는 약 얼마인가?
① 1.2 ② 1.6
③ 1.7 ④ 1.8

🔑 전주가 땅에 묻히는 길이에 따른 근가의 길이
① 1.2~1.4[m]일 때 1.0~1.2[m]
② 1.5~1.0[m]일 때 1.5[m]
③ 2.2[m] 이상일 때 1.8[m]

30 철근 콘크리트주의 길이가 10[m]인 지지물을 건주하는 경우에 땅에 묻히는 최소 길이는 얼마인가?
① 1.2[m] ② 1.5[m]

Answer 21. ① 22. ① 23. ① 24. ③ 25. ④ 26. ① 27. ③ 28. ① 29. ① 30. ③

③ 1.7[m]　　④ 2.0[m]

🔑 전주의 길이에 따른 묻히는 길이
　① 15[m] 이하 : 1/6 이상
　② 15[m] 넘는 것 : 2.5[m] 이상

31 발전소에서 발전된 전력이나 변전소에서 변성된 전력을 지지물을 통해 수용가로 전송하기 위한 전선을 무엇이라 하는가?
① 지선　　　　② 가공지선
③ 가공전선　　④ 연접인입선

32 전주의 길이가 8[m]이고 근가의 길이가 1.0[m]일 때 U-볼트(경×길이)[mm]의 표준은?
① 270×500　　② 320×550
③ 360×590　　④ 400×630

33 저압 연접인입선의 시설에서 틀린 것은?
① 옥내를 통과할 것
② 전선은 절연전선, 다심형 전선 또는 케이블일 것
③ 폭 5[m]를 넘는 도로를 횡단하지 아니할 것
④ 인입선에서 분기하는 점으로부터 100[m]를 넘는 지역에 미치지 아니할 것

34 저압 인입선의 시설에서 잘못 표현된 것은?
① 전선은 절연전선
② 전선은 다심형 전선 또는 케이블
③ 전선이 옥외용 비닐 절연전선인 경우에는 사람이 접촉하여도 무방함
④ 전선은 케이블인 경우 외에는 지름이 2.6[mm]의 경동선 또는 이와 동등 이상의 세기 및 굵기의 것일 것

🔑 전선이 옥외용 비닐 절연전선인 경우에는 사람이 접촉할 우려가 없도록 시설하여야 한다.

35 저압인입선의 식별에서 사용치 않는 색은?
① 흑색　　　② 청색
③ 녹색　　　④ 적색

🔑 적색은 사용하지 않는다.

36 저압구내 가공인입선을 DV 전선으로 시설할 때 긍장이 20[m]인 경우에 몇 [mm] 이상의 DV 전선을 사용하여야 하는가?
① 2.0　　② 2.6
③ 3.2　　④ 5.0

🔑 15[m] 이하는 2.0도 가능

37 굵기가 서로 다른 전선을 접속하거나 동선과 알루미늄선과의 접속을 하는 배전선로의 경우 어느 위치에서 접속하여야 하는가?
① 경간의 중간에서 접속한다.
② Dip이 가장 큰 부분에서
③ 점퍼에서 접속한다.
④ 경간의 $\frac{1}{3}$ 되는 곳에서 접속한다.

38 전선을 다른 방향으로 돌리는 부분에 사용되는 애자는?
① 고압가지 애자　② 구형 애자
③ 옥 애자　　　　④ 저압곡핀 애자

🔒 Answer　31. ③　32. ①　33. ①　34. ③　35. ④　36. ②　37. ③　38. ①

39 그림은 인입선 공사이다. A에 해당하는 것은?

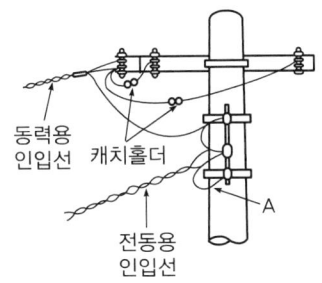

① 저압용 래크   ② 내장 스트랩
③ 인입용 애자   ④ 캐치 홀더

40 콘크리트주에 U볼트나 U밴드로 연결되는 것은?

① 암타이   ② 완금
③ 지선   ④ 발판못

🔑 콘크리트주에 완금을 설치할 때 U볼트가 사용된다.

41 시가지 외에 있어서 배전선로의 경간은?

① 30~40[m]   ② 40~60[m]
③ 60~80[m]   ④ 20~30[m]

🔑 배전선로의 경간
  ① 시가지 : 30~40[m]
  ② 시가지 외 : 40~60[m]

42 토지의 상황이나 기타 사유로 인하여 보통 지선을 시설할 수 없을 때 전주와 전주간에 또는 전주와 지주간에 시설할 수 있는 지선은?

① 보통 지선   ② 수평 지선
③ Y 지선   ④ 궁 지선

🔑 전주와 전주간이나 전주와 지주간에 설치

43 지선의 안전율은 얼마 이상이어야 하는가?

① 2.0   ② 2.2
③ 2.3   ④ 2.5

44 그림에서 A는 무엇인가?

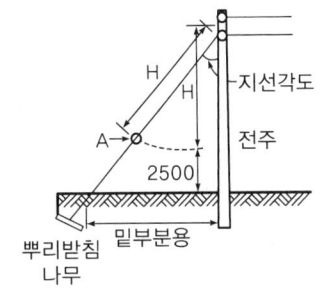

① 지선 로드   ② 지선 밴드
③ 지선 애자   ④ 아이볼트

45 지선이나 지주를 시설할 때에 고려하여야 할 사항으로 옳은 것은?

① 전선의 수평장력의 합성점에 가까운 곳에 시설한다.
② 가능한 한 고압선의 위쪽에 시설한다.
③ 전주와의 각도는 60~70° 정도 되도록 시설한다.
④ 양측 지선은 저압선의 위쪽에 시설한다.

46 전선의 장력이 한쪽에만 받는 경우에 쓰이는 애자는?

① 핀 애자   ② 끝맺음 애자
③ 가지 애자   ④ 지선 애자

🔑 핀 애자 : 직선부분

Answer 39.④ 40.② 41.② 42.② 43.④ 44.③ 45.① 46.②

47 인류하는 곳이나 분기하는 곳에 사용하는 애자는?
① 구형 애자 ② 가지 애자
③ 새클 애자 ④ 현수 애자

48 지선의 중간에 넣는 애자의 명칭은?
① 구형 애자 ② 곡핀 애자
③ 인류 애자 ④ 핀 애자

49 지선설치공사에서 지선의 안전율은 2.5 이상이어야 하고 다만 목주, A종 철주 및 A종 철근 콘크리트주에 시설하는 경우에는 안전율이 몇 이상이어야 하는가?
① 1.5 ② 2.5
③ 3.1 ④ 3.9

50 비교적 장력이 적고 타종류의 지선을 시설할 수 없는 경우에 적용되는 지선은?
① 공동 지선 ② 궁 지선
③ 수평 지선 ④ Y 지선

🔑 궁 지선
전주에 지주를 직접 설치하는 것
① 수평 지선 : 전주나 지주 사이에 연결하는 선
② Y 지선 : 큰 장력이 요구되는 전주에 두 가닥을 양쪽으로 설치하는 것

51 일반적으로 큐비클형(cubicle type)이라 하며 점유면적이 좁고 운전, 보수에 안전하므로 공장, 빌딩 등의 전기실에 많이 사용되며 조립형, 장갑형이 있는 배전반은?
① 폐쇄식 배전반
② 철제 수직형 배전반
③ 데드 프런트식 배전반
④ 라이브 프런트식 배전반

52 다음 중 점유 면적이 좁고 운전 보수에 안전하며 공장, 빌딩 등의 전기실에 많이 사용되는 배전반은?
① 큐비클형
② 라이브 프런트형
③ 데드 프런트형
④ 수직형

53 배전반에서 교류의 상에 따른 기호는?
① 제1상(A), 제2상(B), 제3(C), 중성상(N)
② 제1상(L1), 제2상(L2), 제3(L3), 중성상(N)
③ 제1상(R), 제2상(T), 제3(S), 중성상(G)
④ 제1상(O), 제2상(T), 제3(S), 중성상(G)

54 교류 저압 배전반에서 전류계에 직접 주 회로를 접속할 때 쓰이는 기구는?
① 전류 제한기
② 계기용 변압기
③ 계기용 변류기
④ 전류 절환 스위치

🔑 CT가 변류기이다.

55 고압 삼상 적산 전력계를 설치하고자 할 때 최소한 P.T와 C.T가 각각 몇 개씩 필요한가?
① P.T 2개, C.T 3대
② P.T 2개, C.T 2대
③ P.T 3개, C.T 3대

🔓 Answer 47. ④ 48. ① 49. ① 50. ② 51. ① 52. ① 53. ② 54. ③ 55. ②

④ P.T 3개, C.T 2대

3상이므로 2개씩이면 된다.

56 수전반에 사용되는 지시계기 중 전압계를 나타내는 약호는?
① A   ② V
③ W   ④ F

57 계전기에 관한 기호 중 과전압 계전기의 기호는?
① OV   ② VC
③ S   ④ CL

58 피뢰기의 약호는?
① CT   ② LA
③ DS   ④ CB

59 옥내 배전반 공사에서 배전반에 부착되지 않는 기계 기구는 다음 중 어느 것인가?
① O.C.B   ② C.T
③ P.T   ④ O.S

60 배전반 앞은 스위치를 조작하기 위하여 앞 벽과의 사이를 몇 [m] 이상 띄어서 설치하는 것이 좋은가?
① 0.5   ② 1.0
③ 1.5   ④ 2.0

61 에폭시 수지로 고진공으로 변압기에 침투시켜 절연유를 사용하지 않는 변압기로 최근 빌딩의 지하변전실 배전반에 많이 사용하는 변압기는?
① 건식 변압기   ② 유입 변압기
③ 몰드 변압기   ④ 타이 변압기

62 배전반을 설치하는 곳은 취급자의 안전을 위하여 고압 절연전선을 사용하고, 그 높이를 몇 [m] 이상으로 배선하는가?
① 1.5   ② 2
③ 2.5   ④ 1

63 간선에서 각 기계기구로 배선하는 전선을 분기하는 곳에 주 개폐기, 분기 개폐기 및 자동 차단기를 설치하기 위하여 무엇을 설치하는가?
① 분전반   ② 배전반
③ 운전반   ④ 스위치반

64 분전반에 설치하지 않아도 되는 것은 다음 중 어느 것인가?
① 변성기   ② 주개폐기
③ 분기 개폐기 ④ 자동 차단기

65 전선의 굵기가 100[mm²]일 때의 거터 스페이스는?
① 75[mm]   ② 100[mm]
③ 150[mm]   ④ 200[mm]

66 텀블러식 분전반 유닛의 정격전류의 표준이 아닌 것은?
① 15[A]   ② 30[A]
③ 45[A]   ④ 60[A]

Answer 56. ② 57. ① 58. ② 59. ④ 60. ③ 61. ③ 62. ③ 63. ① 64. ① 65. ② 66. ③

🔑 15, 30, 60[A] 3종류가 있다.

67 분전반의 종류 중 개폐기와 자동 차단기의 두 가지 역할을 하여 분전반 전체가 소형으로 되고, 또 조작이 안전하고 간편하여 누구나 쉽게 취급할 수 있는 분전반은?
① 나이프식 분전반
② 텀블러식 분전반
③ 브레이크식 분전반
④ 거터 스페이스식 분전반

68 브레이크식 분전반 유닛의 정격전류는 최저 몇 [A]로 할 수 있는가?
① 30 ② 500
③ 15 ④ 1000

69 브레이크식 분전반 유닛의 정격전류는 최대 몇까지 할 수 있는가?
① 300 ② 500
③ 800 ④ 1000

70 다음 개폐기 중에서 옥내 배선의 분기회로 보호용에 사용되는 배선용 차단기의 약호는 어느 것인가?
① OCB ② ACB
③ MCCB ④ DS

71 기름을 사용하지 않은 차단기로서 진공에서의 높은 절연내력과 아크 생성물의 진공 중으로의 급속한 확산을 이용해 소호시키는 차단기의 이름은 무엇인가?
① VCB ② MBB
③ OCB ④ ACB
🔑 진공차단기(Vacuum circuit breaker : VCB)

72 ACB는 무엇을 나타낸 것인가?
① 공기차단기 ② 유입차단기
③ 기중차단기 ④ 애자형 유입차단기
🔑 기중차단기(Air Circuit Breaker : ACB)

73 다음은 차단기의 종류이다. 잘못 연결된 것은?
① OCB : 유입차단기
② GCB : 가스차단기
③ VCB : 자기차단기
④ ABB : 공기차단기
🔑 진공차단기, 자기차단기-MBB

74 전선로 또는 기기에 이상 상태가 생겼을 때 회로를 짧은 시간에 자동적으로 차단하는 기구가 아닌 것은?
① ACB ② OCB
③ ACC ④ ABB

75 ELB의 뜻은?
① 유입차단기 ② 진공차단기
③ 배선용차단기 ④ 누전차단기

76 고층 건물의 배전 방식에서 옳지 못한 것은?
① 간선의 수를 되도록 늘린다.
② 간선에 과부하 안 되도록 하고 길게 할 것
③ 간선의 수를 되도록 적게 할 것
④ 각 분전반에 있어서는 공급 전압의 차가

🔒 Answer 67. ③ 68. ③ 69. ④ 70. ③ 71. ① 72. ③ 73. ③ 74. ③ 75. ④ 76. ③

될수록 적게 할 것

🔑 고층 건물이므로 간선수를 늘려서 부하를 분산시켜야 한다.

77 배전반을 차폐방법에 따라 분류한 것은?
① 수직자립형
② 벤치형
③ 원방감시제어반
④ 반폐쇄형

78 특고압이란?
① 7[kV] 넘는 것
② 5[kV] 넘는 것
③ 14[kV] 이상
④ 20[kV] 이상

79 22.9[kV] 3상 4선 다중접지 배전선로에서 수전하는 설비의 피뢰기 정격전압은 몇 [kV]인가?
① 5
② 9
③ 18
④ 24

80 변전소의 정격기기를 시험하기 위하여 회로를 분리하거나 또는 계통의 접속을 바꾸거나 하는 경우에 사용되는 것은?
① 변성기
② 전자 접촉기
③ 단로기
④ 차단기

81 P.T의 2차측 정격 전압은?
① 110[V]
② 220[V]
③ 440[V]
④ 1차측 정격 전압에 따라 변할 수 있다.

🔑 PT의 2차측 전압은 1차측 전압에 관계없이 그 표준전압이 110[V]이다.

82 계전기별 고유번호에서 37A 명칭은?
① 교류 부족 전류계전기
② 직류 부족 전류계전기
③ Fuse 용단계전기
④ 부족 전류계전기

83 계전기별 고유번호에서 89의 명칭은?
① 여자계전기
② 교류차단기
③ 단로기
④ 전류차동계전기

84 수용가의 인입구 부근에 붙여서 무부하 상태의 전로를 개폐하는 역할을 하는 이 심벌의 명칭은 무엇인가?

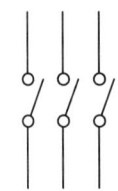

① 피뢰기
② 단로기
③ 차단기
④ 개폐기

85 그림에서 ( ) 안에 알맞는 기호는?

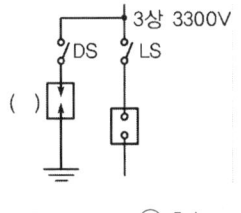

① VS
② LA

Answer 77. ④ 78. ① 79. ③ 80. ③ 81. ① 82. ① 83. ③ 84. ② 85. ②

③ OCB　　　④ OCR

86 전압의 종류에서 정격전압이란?
① 비교할 때 기준이 되는 전압
② 그 어떤 기기나 전기재료 등에 실제로 사용하는 전압
③ 지락이 생겨 있는 전기기구의 금속제 외함 등이 인축에 닿을 때 생체에 가해지는 전압
④ 기계기구에 대하여 제조자가 보증하는 사용한도의 전압으로 사용상 기준이 되는 전압

87 제2차 접근 상태라는 것은 가공전선이 다른 공작물로부터 수평거리를 몇 [m] 미만인 곳에 시설되는 것을 말하는가?
① 1.5　　　② 3
③ 3.5　　　④ 5

🐰 1차 접근상태=지지물의 높이

88 도면에 표기되는 피뢰기의 약호는?
① CT　　　② LA
③ DS　　　④ CB

89 계전기에 관한 기호 중 과전압 계전기의 기호는?
① OV　　　② VC
③ S　　　　④ CL

90 기기의 점검 및 수리를 할 때 전원으로부터 기기를 분리하는 경우 또는 회로의 접속을 변경하는 경우 등에 사용되는 것은?
① 변성기　　② 차단기
③ 단로기　　④ 피뢰기

91 U.L.T.C와 관계가 먼 것은?
① 주변압기　② 전압조정
③ 무정전　　④ C.T.D

🐰 무부하 시 변압기 1차측의 탭 변경 장치, 전압을 일정하게 유지. SVR, IR 등 자동전압 조정장치도 대신 사용

92 아크 방전의 이용이 아닌 것은?
① 크세논등　② 네온사인
③ 용접기　　④ 나트륨등

93 피뢰기의 특성이 아닌 것은?
① 이상 전압의 침입에 대하여 신속하게 방전 특성을 가질 것
② 방전 후 이상 전류 통전시의 단자 전압을 일정 전압 이하로 억제할 것
③ 이상 전압 처리 후 속류를 차단하여 자동 회복하는 능력을 가질 것
④ 반복 동작에 대하여 특성이 변화하여야 할 것

94 발·변전소의 전자 검류기의 2차측 결선은?
① Y-Y　　　② 개방 △
③ Y-△　　　④ △-Y

95 기구(조명)의 시설에서 기구의 부착높이는 하단에서 지표상 4.5[m] 이상으로 하고, 다만 교통에 지장이 없는 경우는 지표상 최소

🔓 Answer　86. ④　87. ②　88. ②　89. ①　90. ③　91. ④　92. ②　93. ④　94. ②　95. ①

몇 [m] 이상으로 하는가?
① 3.0   ② 4.0
③ 4.5   ④ 5.0

96 그림과 같이 전주에 가해지는 수평인장력 660[kg]을 지선으로 지지하려고 한다. 지선에 걸리는 장력은 몇 [kg]인가?

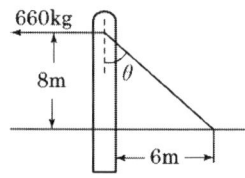

① 980   ② 1100
③ 1260   ④ 1500

장력 $x = \dfrac{660}{\sin\theta}$
$= \dfrac{660}{\frac{6}{10}} = 1100$

97 다음 중 완금이 다단으로 시설된 경우와 H주일 때 적용되는 지선은?
① 공동지선   ② Y지선
③ 궁지선   ④ 완금지선

98 1차가 22.9[kV-Y]의 배전선로이고, 2차가 220/380[V] 부하 공급 시는 변압기 결선을 어떻게 하여야 하는가?
① Δ-Y   ② Y-Δ
③ Y-Y   ④ Δ-Δ

99 교류 고압 배전반에서 전압이 높고 위험하여 전압계를 직접 주 회로에 병렬 연결할 수 없을 때 쓰이는 기기는?

① 전류 제한기
② 계기용 변압기
③ 계기용 변류기
④ 전압계용 절환 개폐기

100 다음 중 동력용 저압 인입선 공사 시 건물 벽면에 시설할 때 사용하는 애자는?
① 핀 애자   ② 노브 애자
③ 평형 애자   ④ 다구 애자

101 에폭시 수지로 고진공으로 변압기에 침투시켜 절연유를 사용하지 않는 변압기로 최근 빌딩의 지하변전실 배전반에 많이 사용하는 변압기는?
① 건식 변압기   ② 유입 변압기
③ 몰드 변압기   ④ 타이 변압기

Answer 96. ② 97. ② 98. ③ 99. ② 100. ④ 101. ③

8. 옥내 배선도

1. 배선도

보통 옥내 전기공사의 설계도를 배선도라 하고 인입구로부터 부하에 이르는 배선이나 접속 관계, 부하 설비의 설치 위치 등을 표시한다.

(1) 배선도의 종류

① 평면 배선도
  건축 평면도에 전등, 스위치, 콘센트, 분전반 등 전기기기의 위치, 종류, 공사 방법을 기호로 표시한 것이다.
② 결선도
  평면도상에 표시하기 어려운 접속관계를 명확히 하기 위해서 작성한다. 분전반 결선도, 수변전설비 결선도 등이 있다.
③ 기기 상세도

(2) 배선도의 용도

① 필요한 자재를 계산하고 공사비를 산정한다.
② 전기공사 시공 시 관리 감독에 사용된다.
③ 화재 발생 시 전기에 의한 원인 여부를 조사할 때 사용된다.
④ 배선의 정기검사나 개보수 공사를 할 때 사용한다.

(3) 배선도 그리는 순서

① 건축도(건축 평면도)를 그린다. 일반적으로 축척은 1/100이다.
② 부하의 종류와 위치를 그려 넣는다. 평면도에 전등, 분전반, 룸에어컨 등을 표시한다.
③ 점멸기구의 위치를 선정하여 기입한다.
④ 배선을 기입한다.
⑤ 결선도 또는 계통도를 그린다.
⑥ 배선 및 전선관의 굵기와 종류, 배선의 가닥수를 기입한다.

(4) 전선의 가닥수 표시

기본회로	단선회로도	복선 회로도
① 1등을 1개소로 점멸		
② 1등을 1개소에서 점멸(콘센트가 부착된 스위치)		
③ 2등을 2개의 스위치에서 각각 점멸		
④ 1등을 2개소에서 점멸(3로 스위치 이용)		
⑤ 1등을 3개소에서 점멸(4로 스위치 이용)		

2. 옥내 배선용 심벌

명 칭	그림기호	적 요

천장 은폐 배선
 	
바닥 은폐 배선
 	
노출 배선
	────────
	
	── ── ──
	
	------------- 	
		(1) 천장 은폐 배선 중 천장 속의 배선을 구별하는 경우는 천장 속의 배선에 ─·─·─ 를 사용하여도 좋다.
		(2) 노출 배선 중 바닥면 노출 배선을 구별하는 경우는 바닥면 노출 배선에 ─··─··─ 를 사용하여도 좋다.
		(3) 전선의 종류를 표시할 필요가 있는 경우는 기호를 기입한다.
		[보기] 660[V] 비닐 절연전선 IV
		      600[V] 2종 비닐 절연전선 HIV
		      가교 폴리에틸렌 절연 비닐 시스 케이블 CV
		      600[V] 비닐 절연 비닐 시스 케이블(평형) VVF
		      내화 케이블 FP
		      내열 전선 HP
		      통신용 PVC 옥내선 TIV
		(4) 절연전선의 굵기 및 전선수는 다음과 같이 기입한다. 단위가 명백한 경우는 단위를 생략하여도 좋다.
		[보기] : ─///─ 1.6 ─//─ 2 ─///─ 8
		      다만 시방서 등에 전선의 굵기 및 전선수가 명백한 경우는 기입하지 않아도 좋다.
		(5) 전선의 접속점은 다음에 따른다.
		      ─●─
		(6) 배관은 다음과 같이 표시한다.
		    ─//─
		   1.6(16) 강제 전선관인 경우
		    ─//─
		   1.6(VE16) 경질 비닐 전선관인 경우
		    ─//─
		   1.6($F_2$17) 2종 금속제 가요전선관인 경우
		    ─//─
		   1.6(PF16) 합성 수지제 가요관인 경우
		    ─C─
		    (19) 전선이 들어 있지 않은 경우
		다만, 시방서 등에 명백한 경우는 기입하지 않아도 좋다.
		(7) 플로어 덕트의 표시는 다음과 같다.
		[보기] : ─(F7)─ ─(FC6)─
		      정크션 박스를 표시하는 경우는 다음과 같다.
		    ─◎─
		(8) 금속 덕트의 표시는 다음과 같다.
		            MD

명 칭	그림기호	적 요
		(9) 접지선의 표시는 다음과 같다. [보기] : —E2.0— (10) 접지선과 배선을 동일관 내에 넣는 경우는 다음과 같다. [보기] : —///₂.₀₍₂₅₎ /E2.0— 다만, 접지선의 표시 E가 명백한 경우는 기입하지 않아도 좋다.
상승 인하 소통	○↗ ○↙ ○↕	(1) 동일층의 상승, 인하는 특별히 표시하지 않는다. (2) 관, 선 등의 굵기를 명기한다. 다만, 명백한 경우는 기입하지 않아도 좋다.
풀 박스 및 접속 상자	⊠	(1) 재료의 종류, 치수를 표시한다. (2) 박스의 대소 및 모양에 따라 표시한다.
VVF용 조인트 박스	⊘	단자붙이임을 표시하는 경우는 t를 방기한다. ⊘ₜ
접지 단자	⏚	의료용인 것은 H를 방기한다.
전동기	Ⓜ	필요에 따라 전기 방식, 전압, 용량을 방기한다. [보기] : Ⓜ
콘덴서	⊥⊤	전동기의 적요를 준용한다.
전열기	Ⓗ	전동기의 적요를 준용한다.
환기팬(선풍기를 포함한다.)	∞	필요에 따라 종류 및 크기를 방기한다.
룸 에어컨	RC	(1) 옥외 유닛에는 0, 옥내 유닛에는 1을 방기한다. RC₀ RC₁ (2) 필요에 따라 전동기, 전열기의 전기방식, 전압, 용량 등을 방기한다.
소형 변압기	Ⓣ	(1) 필요에 따라 용량, 2차 전압을 방기한다. (2) 필요에 따라 벨 변압기는 B, 리모컨 변압기는 R, 네온 변압기는 N, 형광등용 안정기는 F, HID 등(고효율 방전등)용 안정기는 H를 방기한다. Ⓣ_B Ⓣ_R Ⓣ_N Ⓣ_F Ⓣ_H (3) 형광등용 안정기 및 HID등용 안정기로서 기구에 넣는 것은 표시하지 않는다.
정류장치	▶⊢	필요에 따라 종류, 용량, 전압 등을 방기한다.

명 칭	그림기호	적 요
축전지	─┤├─	필요에 따라 종류, 용량, 전압 등을 방기한다.
발전기	Ⓖ	전동기의 적요를 준용한다.
일반용 조명 백열등	◯	(1) 벽붙이는 벽 옆을 칠한다. ◐ (2) 기구 종류를 표시하는 경우는 ◯ 안이나 또는 방기로 글자명, 숫자 등의 문자 기로를 기입하고 도면의 비고 등에 표시한다. (3) 걸림 로제트만 ◯ 펜던트 ⊖ 파이프 펜던트 Ⓟ 실링 직접 부착 ⒸⓁ 체인 펜던트 ⒸⒻ 샹들리에 ⒸⒽ 매입 기구 ⒹⓁ (◎로 하여도 좋다.) (4) 용량을 표시하는 경우는 와트수(W)×램프수로 표시한다. [보기] : 100 200×3 (5) 옥외등은 ⊗로 하여도 좋다. (6) HID등의 종류를 표시하는 경우는 용량 앞에 다음 기호를 붙인다. 　수은등　　　H 　메탈 할라이드등 M 　나트륨등　　　N [보기] : H 400
형광등	⊏◯⊐	(1) 그림 기호 ⊏◯⊐는 ⊂◯⊃로 표시하여도 좋다. (2) 벽붙이는 벽옆을 칠한다. 가로붙이인 경우 : ⊏●⊐ 세로붙이인 경우 : (세로형) (3) 용량을 표시하는 경우는 램프의 크기(형)×램프수로 표시한다. 또, 용량 앞에 F를 붙이다. [보기] : F40,　F40×2

명 칭	그림기호	적 요
형광등		(4) 용량 외에 기구수를 표시하는 경우는 램프의 크기(형)×램프수-기구수로 표시한다. [보기] : F40-2 F40×2-3
비상용 조명 (건축기준법에 따르는 것) 백열등		(1) 일반용 조명 백열등의 적요를 준용한다. 다만, 기구의 종류를 표시하는 경우는 방기한다.
형광등		(1) 일반용 조명 백열등의 적요를 준용한다. 다만, 기구의 종류를 표시하는 경우는 방기한다. (2) 계단에 설치하는 통로 유도등과 겸용인 것은 로 한다.
유도등(소방법에 따르는 것) 백열등		(1) 일반용 조명 백열등의 적요를 준용한다. (2) 객석 유도등인 경우는 필요에 따라 S를 방기한다.
형광등		(1) 일반용 조명 백열등의 적요를 준용한다. (2) 기구의 종류를 표시하는 경우는 방기한다. [보기] : 중 (3) 통로 유도등인 경우는 필요에 따라 화살표를 기입한다. [보기] : (4) 계단에 설치하는 비상용 조명과 겸용인 것은 로 한다.

콘센트		(1) 그림 기호는 벽붙이를 표시하고 벽 옆을 칠한다.
		(2) 그림 기호 는 로 표시하여도 좋다.
		(3) 천장에 부착하는 경우는 다음과 같다.
		(4) 바닥에 부착하는 경우는 다음과 같다.
		(5) 용량의 표시 방법은 다음과 같다.
		  a. 15[A]는 방기하지 않는다.
		  b. 20[A] 이상은 암페어수를 방기한다.
		[보기] : 20A
		(6) 2구 이상인 경우는 구수를 방기한다.
		[보기] : 2

명 칭	그림기호	적 요

		(7) 3극 이상인 것은 극수를 방기한다.
		[보기] : ⊙3P
		(8) 종류를 표시하는 경우는 다음과 같다.
		    접지극붙이 ⊙E
		    접지단자붙이 ⊙ET
		    누전차단기붙이 ⊙EL
		(9) 방수형은 WP를 방기한다.
		    ⊙WP
		(10) 방폭형은 EX를 방기한다.
		    ⊙EX
		(11) 의료용은 H를 방기한다.
		    ⊙H
		(12) 전원 종별을 명확히 하고 싶을 경우는 그 뜻을 방기한다.

비상 콘센트 (소방법에 따르는 것)	⊙⊙	

점멸기	●	(1) 용량의 표시 방법은 다음과 같다.
		  a. 10[A]는 방기하지 않는다.
		  b. 15[A] 이상은 전류치를 방기한다.
		[보기] : ● 15A
		(2) 극수의 표시방법은 다음과 같다.
		  a. 단극은 방기하지 않는다.
		  b. 2극 또는 3로, 4로는 각각 2P 또는 3, 4의 숫자를 방기한다.
		[보기] : ● 2P ● 3
		(3) 파일럿 램프를 내장하는 것은 L을 방기한다.
		    ● L
		(4) 방수형은 WP를 방기한다. ● WP
		(5) 방폭형은 EX를 방기한다. ● EX
		(6) 타이머붙이는 T를 방기한다. ● T
		(7) 옥외등 등에 사용하는 자동 점멸기는 A 및 용량을 방기한다.
		[보기] : ● A(3A)

명 칭	그림기호	적 요
조광기	↗•	용량을 표시하는 경우는 방기한다. [보기] : ↗•15A
리모컨 스위치	•R	(1) 파일럿 램프 붙이는 ○을 병기한다. 　[보기] : ○•R (2) 리모컨 스위치임이 명백한 경우는 R을 생략하도 좋다.
실렉터 스위치	⊗	(1) 점멸 회로수를 방기한다. 　[보기] ⊗9 (2) 파일럿 램프붙이는 L을 방기한다. 　[보기] ⊗9L
개폐기	S	(1) 상자들이인 경우는 상자의 재질 등을 방기한다. (2) 극수, 정격전류, 퓨즈 정격전류 등을 방기한다. 　[보기] : S 2P 30A (3) 전류계 붙이는 ⓢf/15A 를 사용하고 전류계의 정격전류를 방기한다.
전자개폐기	S$	전류계 붙이의 경우에는 ⓢ로 한다.
배선용 차단기	B	(1) 상자들이인 경우는 상자의 재질 등을 방기한다. (2) 극수, 프레임의 크기, 정격전류 등을 방기한다. 　[보기] : B 2P 225AF 150A (3) 모터 브레이커를 표시하는 경우는 Ⓑ를 사용한다. (4) B 를 B MCB로서 표시하여도 좋다.
누전차단기	E	(1) 상자들이인 경우는 상자의 재질 등을 방기한다. (2) 과전류 소자붙이는 극수, 프레임의 크기, 정격전류, 정격 감도 전류 등 과전류, 소자없음은 극수, 정격전류, 정격 감도 전류 등을 방기한다. 　과전류 소자붙이의 보기 : E 2P 30AF 150A 300mA 　과전류 소자없음의 보기 : E 2P 15AF 30mA (3) E 를 S ELB로 표시하여도 좋다.
전자 개폐기용 누름버튼	⊙B	텀블러형 등인 경우도 이것을 사용한다. 파일럿 램프붙이인 경우는 L을 방기한다.

명 칭	그림기호	적 요
압력 스위치	⊙P	
플로트 스위치	⊙F	
플로트리스 스위치 전극	⊙LF	전극수를 방기한다. [보기] : ⊙ LF 3
전력량계	(Wh)	(1) 필요에 따라 전기방식, 전압, 전류 등을 방기한다. (2) 그림 기호 (Wh)는 (WH)로 표시하여도 좋다.
전력량계 (상자들이 또는 후드붙이)	[Wh]	(1) 전력량계의 적요를 준용한다. (2) 집합계기 상자에 넣는 경우는 전력량계의 수를 방기한다. [보기] : [Wh]₁₂
배전반, 분전반 및 제어반	▭	(1) 종류를 구별하는 경우는 다음과 같다. 　배전반(동력용) ⊠ 　분전반(전등용) ◩ 　제어반(전열용) ■

[옥내 배선용 심벌과 실제 모양]

실제모양						
기 호	⊖	◎	◉	CP	P	◐
명 칭	코드 펜던트	링	매입기구	체인 펜던드	파이프 펜던트	벽등

[옥내 배선용 심벌과 실제 모양 : 계속]

실제모양							
기 호	CL	F	CP	E		P	B
명 칭	실링라이트 또는 직부등	형광등(일반)	형광등 (체인펜던트)	접지극이 딸린 콘센트 (벽용)	벽에 붙인 콘센트	풀 스위치	배선용 차단기

예·상·기·출·문·제

01 전기공사에 관한 설계도서 중에서 영구 보존되어야 하는 것은 다음 중 어느 것인가?
① 공사비 내역서 ② 설계도
③ 재료 명세서 ④ 공정표

02 전기배선의 설계에 있어서 제일 먼저 고려하여야 할 사항은 다음 중 어느 것인가?
① 안전 ② 취급 편리
③ 적은 비용 ④ 미관

03 주택을 신축하고 옥내 전기공사를 하려 한다. 어떤 도면이 필요한가?
① 배선도 ② 접속도
③ 계통도 ④ 배치도

04 다음 중 배선도의 용도가 아닌 것은?
① 소요 재료를 계산하고 공사비를 산정한다.
② 화재 등의 사고 시 전기관계의 원인을 규명한다.
③ 전기 공사의 시공 시 기준으로 한다.
④ 회로가 동작하고 있는지의 여부를 빨리 파악한다.

05 옥내 배선도의 작성 목적에 관한 설명 중 틀린 것은?
① 소요 재료를 계산하여 공사비 산출할 수 있어야 한다.
② 누전, 화재의 위험 지역을 표시해야 한다.
③ 전기공사의 시공에 사용될 수 있어야 한다.
④ 배선의 정기 검사 또는 개수 공사에 쓰이도록 한다.

06 배선도의 목적이 아닌 것은?
① 전기 공사의 시공용
② 배선의 정기 검사, 개수 공사의 사용
③ 소요물량 계산 및 공사비 산출용
④ 기기 또는 회로의 동작 상태 여부 확인 시 사용

07 배선도의 용도가 아닌 것은?
① 소요재료의 계산
② 공사비 책정
③ 전기공사의 시공 기준
④ 전기제어의 목적

08 다음은 배선도를 작성하는 순서이다. 이 중에도 일반적으로 가장 먼저 해야 할 일은?
① 점멸기의 위치를 그린다.
② 결선도와 계통도를 그린다.
③ 배선과 전선관의 굵기를 기입한다.
④ 분전반에서 전원측의 간선의 굵기를 결정하여 기입한다.

09 옥내 배선도를 그릴 때 건물의 척도는 얼마가 좋은가?
① 1/50~1/100 ② 1/300~1/500

Answer 1. ② 2. ① 3. ① 4. ④ 5. ② 6. ④ 7. ④ 8. ① 9. ①

③ 1/600~1/1000 ④ 1/2000~1/5000

10 공장, 사무실, 학교, 병원 등에서는 몇 등 이하의 전등군 점멸이 가능토록 시설하여야 하는가?
① 6등
② 7등
③ 8등
④ 9등

11 다음은 배선도를 작성하는 기본 순서이다. 가장 바르게 설명된 것은?

(A) 건물의 평면도를 그리고 심벌을 그려 넣는다.
(B) 점멸기의 위치를 정하여 그려 넣는다.
(C) 배선을 기입한다.
(D) 결선도 또는 계통도를 그린다.
(E) 배선의 굵기와 종류 및 소선수를 기입한다.

① A-C-B-E-D ② A-B-C-E-D
③ A-B-C-D-E ④ A-B-E-D-C

🔑 소선수 기입이 마지막임

12 다음 보기에서 옥내 배선도 작성 순서에 맞게 골라 나열시킨 것은?

A. 건물의 평면도를 준비한다.
B. 점멸기 위치를 평면도에 표시한다.
C. 부하 집계표를 작성 분기회로수를 결정한다.
D. 전기사용 기계도구를 평면도에 위치를 표시한다.
E. 배전반 및 분전반 위치를 선정한다.

① A-D-C-E-B ② A-B-C-D-E

③ A-E-D-C-B ④ A-C-D-B-E

🔑 배분전반 위치표시(E) 다음 점멸기위치 표시(B)

13 전기공사에 관계되는 도면에서 전기기계기구 또는 회로의 상태 중 틀린 것은 어느 것인가?
① 전원을 넣고 운전 중인 상태
② 접점부가 수동적으로 조작되는 경우에는 그 조작부에 손을 떼고 방치한 상태
③ 제어기구 또는 회로가 차단된 상태에서의 정상 상태
④ O.L 또는 FUSE가 복귀된 상태

🔑 전기공사에 관계되는 도면은 전원이 전부 끊어진 상태로 정지하고 있는 정상상태를 나타낸다.

14 전기 배선도에서 가장 중요한 투상도는?
① 평면도
② 입면도
③ 배면도
④ 측면도

15 도면에서 ○ 은 무엇을 의미하는가?

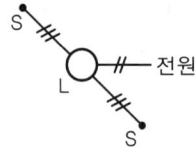

① 벽에 붙이는 백열전등
② 백열전등
③ 상시등
④ 외등

Answer 10. ① 11. ③ 12. ① 13. ① 14. ① 15. ②

16 그림에서 한 개의 전등을 두 곳에서 점멸할 수 있는 것은? (단, S는 전부 3로 스위치이다.)

①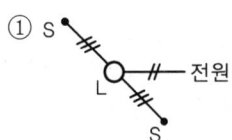

②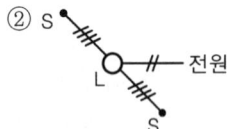

③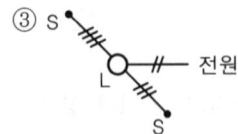

④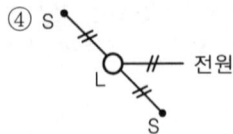

🐝 2개소 점멸은 3로 스위치 2개에 3가닥 배선이다.

17 한 개의 전등을 2개소에서 점멸하는 경우 맞는 배선은?

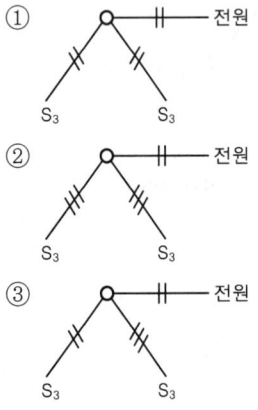

④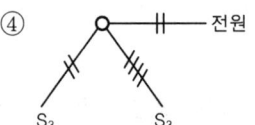

18 도면의 배선도는 어느 경우의 배선도인가?

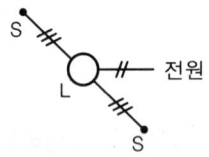

① 전원에 가까운 곳에서 단극 스위치를 2개 사용한 경우
② 전원에서 가까운 곳과 먼 곳에서 각각 단극 스위치를 사용한 경우
③ 3로 스위치를 써서 2개소 점멸을 할 경우
④ 4로 스위치를 써서 2개소 점멸을 할 경우

19 2개의 등을 두 곳에 단극 스위치 2개로 각각 켜고 끌 때의 배선도가 바르게 표시된 것은?

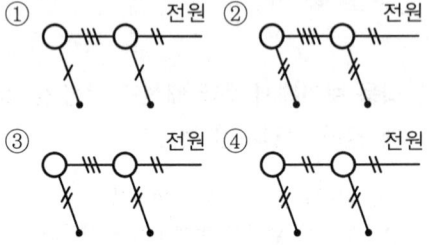

20 옥내 배선 설계에서 인입구의 위치는?
① 옥외 배전선로에서 멀어도 옥내 부하 중심이 되는 곳
② 옥외 배전선로에 가까운 곳이 동시에 옥내 부하 중심이 되는 곳
③ 옥내 부하 중심이 되지 않아도 옥외 배

🔓 Answer 16. ① 17. ② 18. ③ 19. ④ 20. ②

전선로에 가까운 곳
④ 옥외 배전선로는 멀어도 장차 옥내 부하 중심이 되는 곳

🔑 인입구 위치는 배전선로에서 최단거리로 인입선의 길이를 짧게 하여 전압 강하를 최소로 하는 것이 바람직하다.

21 도면은 주택 배선도의 인입구측을 도시한 것이다. $\frac{8.0^{\square}}{C22}$란 무엇을 의미하는가?

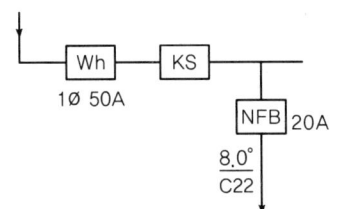

① 22[mm²] 전선관에 8.0[mm²] 전선을 사용한 것
② 22[mm] 전선관에 8.0[mm] 전선을 사용한 것
③ 22[mm²] 전선관에 8.0[mm] 전선을 사용한 것
④ 22[mm] 전선관에 8.0[mm²] 전선을 사용한 것

🔑 전선관은 지름으로 표시하며, 전선 표시에서 "□"는 [mm²]로 단면적을 나타낸다.

22 도면은 주택 배선도의 일부분을 나타낸 것이다. 22C(5.5)란 무엇을 의미하는가?

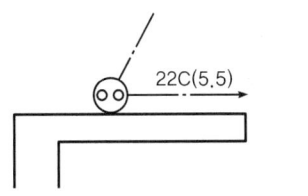

① 5.5[mm²] 전선관에 22가닥의 전선이 들어 있다.
② 22[mm]의 전선관에 5.5[mm] 전선이 들어 있다.
③ 22[mm] 전선관에 5[mm] 전선이 5가닥 들어 있다.
④ 22[mm²] 전선관에 5.5[mm] 전선이 들어 있지 않다.

23 비상등의 배선용 심벌은?

① ○ ② ⊶
③ ● ④ ⊗

🔑 ① 백열등(코드 팬던트)
② 벽등   ④ 유도등

24 다음 중 외등의 심벌은?

① ⊠ ② ⊶
③ ○ ④ ⊖

25 다음 심벌은 무엇을 나타내는가?

① 유도등과 겸용
② 램프 홀더   ●
③ 비상용 조명등과 겸용
④ 외등

26. ⊗ 심벌의 명칭은?

① 전동기   ② 유도등
③ 발전기   ④ 점멸기

Answer 21. ④ 22. ② 23. ③ 24. ① 25. ③ 26. ②

27 한국 공업 규격에서 정한 옥내 배선용 심벌 중에서 체인 펜던트는 어느 것인가?
① ◎　② ⊖
③ ⓒⓟ　④ ⓒⓡ

28 F40W의 의미는?
① 수은등 40W
② 나트륨등 40W
③ 형광등 40W
④ 메탈할라이드 40W
① H
② N
③ F
④ M을 붙인다.

29 형광등 전선을 표시하는 기호는?
① DV　② VVF
③ HF　④ FL

30 ⎣MD⎦ 심벌의 명칭은?
① 금속 덕트
② 버스덕트
③ 피드버스덕트
④ 플러그인 버스덕트

31 🔘 심벌의 명칭은?
① 과전압계전기
② 환풍기
③ 콘센트
④ 룸 에어콘

32 다음 심벌의 의미는?
① 접지극 붙이 콘센트
② 방폭 파일럿 램프 붙이 콘센트　🔘ₑ
③ 방수 콘센트
④ 이동식 콘센트

33 다음 중 3극 콘센트의 심벌은?
① 🔘
② ⋮
③ 🔘₃ₚ
④ ▲

34 방수용 콘센트의 심벌은?
① 🔘
② ⋮
③ ●
④ 🔘_WP

35 다음 콘센트 심벌이 의미하는 것은?
① 20A 이상
② 퓨즈가 있는 것
③ 3극 이상　🔘₂
④ 2개 이상

36 다음 중 단극 스위치의 심벌은?
① ●
② ●₂
③ ●_P

🔓 Answer　27. ③　28. ③　29. ④　30. ①　31. ③　32. ①　33. ③　34. ④　35. ④　36. ①

④ ●WP

37. 압력 스위치의 심벌은?
① ●B
② ●F
③ ●LF
④ ●P

38. 외등 등에 사용하는 자동 스위치의 심벌은?
① ●3
② ●P
③ ●A
④ ●WP

39. 파일롯 램프가 붙어 있는 스위치 심벌은?
① ●A
② ●L
③ ●P
④ ●WP

40. 배분전반 심벌에서 그림과 같은 심벌의 용도는?
① 직류용
② 전력 또는 전열용
③ 동력용
④ 전등용

41. 배분전반 심벌에서 동력용인 것은?
①  ②  ③ 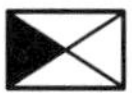 ④

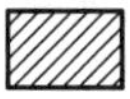

✂ ① 전등용
② 동력용

42. 전열용 배분전반 심벌은?
① 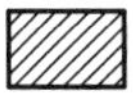 ②  ③ ④

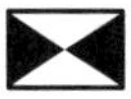

43. 배전반에 필요한 도면이 아닌 것은?
① 외형도 ② 평면도
③ 조립도 ④ 배치도

✂ 배전반에 필요한 도면
외형도, 조립도, 제작도, 접속도, 배치도

44. 전자 개폐기의 심벌은 어느 것인가?
① WH ② 
③  ○ ④ $

✂ ① 전력량계
② 배전반
③ 점검구

45. 전류계가 붙어 있는 전자 개폐기의 심벌(symbol)은 다음 중 어느 것인가?
① $ ② Ⓢ
③ S ④ C

✂ ① 전자개폐기
③ 개폐기
④ 컷 아웃 스위치

Answer 37. ④ 38. ③ 39. ② 40. ④ 41. ② 42. ④ 43. ② 44. ④ 45. ②

46. 컷 아웃 스위치의 심벌은 다음 중 어느 것인가?
① E ② C
③ L ④ S

47. 다음은 전기기기 및 개폐기용 심벌이다. 명칭이 옳은 것은?
a $ b C   c CT
① a : 전자 개폐기, b : 컷 아웃 스위치, c : 변류계
② a : 컷 아웃 스위치, b : 주파수계, c : 변류계
③ a : 전자 개폐기, b : 주파수계, c : 변류계
④ a : 컷 아웃 스위치, b : 전자개폐기, c : 변류계

48. 다음 개폐 장치의 심벌 중에서 개폐 장치와 관계없는 심벌은 어느 것인가?
① C ② D
③ $ ④ S
※ ① : 컷아웃스위치
  ③ : 전자개폐기
  ④ : 전류계 붙이 상자개폐기

49. 전동기를 그림 기호로 표시하면?
① H ② T
③ M ④ ∞

50. ----- 심벌의 명칭은?
① 천장 은폐 배선
② 은폐 배선
③ 노출 배선
④ 바닥면 노출 배선

51. 다음 전선 심벌 중에서 천장은폐 배선의 심벌은?
① ············
② ─────
③ ─··─··─
④ ─·─·─·─

52. 다음 중 바닥 은폐 배선 심벌은 어느 것인가?
① ············
② ─────
③ ─··─··─
④ ----------

53. 전기 배선도의 그림 중 ············은 무슨 배선인가?
① 천장 은폐선
② 노출 배선
③ 지중 매설선
④ 벽면 은폐선
※ 노출 배선

54. 그림은 무엇의 심벌인가?
① 천장 은폐 배선
② 바닥 은폐 배선   ─··─··─
③ 바닥면 노출 배선
④ 지중 매설 배선
※ 지중 매설

Answer 46. ② 47. ① 48. ② 49. ③ 50. ③ 51. ② 52. ④ 53. ② 54. ④

55. 다음 배선 심벌 중 지중 매설 배선은?
① ················
② ─────────
③ ─·─·─·─·─
④ ─ ─ ─ ─ ─

56. 전선수 표시의 심벌은?
① ─────
② ─·─·─·─
③ ─ ─ ─ ─ ─
④ ─//─

57. 일반 배선 심벌에서 소통을 나타내는 것은?
①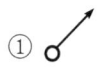
②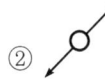
③
④

58. 전선의 철거 심벌은?
① ✕✕⊗✕✕
② ─///─
③ ─3/4─
④ ──────

59. 일반 배선 심벌에서 점검구를 나타내는 것은?
①
②
③
④

60. 옥내 배선도에서 증설선을 표시하는 방법은?
① 가는 선으로 표시한다.
② 일점 쇄선으로 표시한다.
③ 굵은 선으로 표시한다.
④ 이점 쇄선으로 표시한다.

61. 옥내 배선도에서 선을 그을 때의 주의할 점이다. 옳은 것은?
① 증설은 파선, 기설은 가는 선
② 증설은 가는 선, 기설은 굵은 선
③ 증설은 가는 선, 기설은 일점쇄선
④ 증설은 굵은 선, 기설은 가는 선

62. 그림은 어떤 사무실의 배선도이다. 이 중에서 점선과 실선이 있는데 실선은 무엇을 뜻하는가?

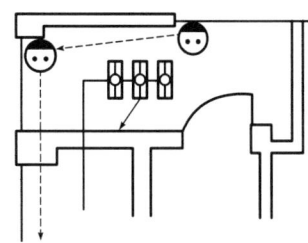

① 노출 배선
② 바닥 은폐 배선
③ 천장 은폐 배선
④ 지중 매입 배선

63. 도면의 심벌은 평면 표시 기호이다. 무엇을 나타내는가?
① 붙박이문
② 붙막이창
③ 망사문
④ 망사창

Answer 55. ③ 56. ④ 57. ② 58. ① 59. ② 60. ③ 61. ④ 62. ③ 63. ①

memo

부록(과년도출제문제) 04

전기기능사 출제기준(2021.1.1.~2023.12.31.)의 변경으로 접지규정이 변경되었습니다. 해당되는 문제는 아미를 문제 전체에 도포해 표시해 두었습니다. 수험생들은 표시된 부분을 참고하여 공부하시기 바랍니다.

2013년 1월 27일 시행 과년도출제문제

01 14[C]의 전기량이 이동해서 560[J]의 일을 했을 때 기전력은 얼마인가?
① 40[V]   ② 140[V]
③ 200[V] ④ 240[V]

$V = \dfrac{W}{Q} = \dfrac{560[J]}{14[C]} = 40[V]$

02 1개의 전자 질량은 약 몇 [kg]인가?
① 1.679×10^{-31} ② 9.109×10^{-31}
③ 1.67×10^{-27} ④ 9.109×10^{-27}

전자 1개의 질량은 9.109×10^{-31}[kg]

03 100[V], 300[W]의 전열선의 저항값은?
① 약 0.33[Ω]   ② 약 3.33[Ω]
③ 약 33.3[Ω]   ④ 약 333[Ω]

전력 $P = VI = V\left(\dfrac{V}{R}\right) = \dfrac{V^2}{R}$ [W]에서

$R = \dfrac{V^2}{P} = \dfrac{100^2}{300} = 33.3[\Omega]$

04 저항과 코일이 직렬 연결된 회로에서 직류 220[V]를 인가하면 20[A]의 전류가 흐르고, 교류 220[V]를 인가하면 10[A]의 전류가 흐른다. 이 코일의 리액턴스[Ω]는?
① 약 19.05[Ω]   ② 약 16.06[Ω]
③ 약 13.06[Ω]   ④ 약 11.04[Ω]

• 직류전원 인가 시 저항만 있는 회로이므로
$R = \dfrac{V}{I} = \dfrac{220[V]}{20[A]} = 11[\Omega]$

• 교류전원 인가 시 저항과 리액턴스의 영향을 받으므로
$Z = \dfrac{V}{I} = \dfrac{220[V]}{10[A]} = 22[\Omega]$이고

$Z^2 = R^2 + X_L^2$ 에서

∴ $X_L = \sqrt{Z^2 - R^2} = \sqrt{22^2 - 11^2} = 19.05$

05 다음 중 자장의 세기에 대한 설명으로 잘못된 것은?
① 자속밀도에 투자율을 곱한 것과 같다.
② 단위자극에 작용하는 힘과 같다.
③ 단위 길이당 기자력과 같다.
④ 수직 단면의 자력선 밀도와 같다.

$B = \mu H$, $H = \dfrac{B}{\mu}$ 에 의해 자장의 세기는 자속밀도를 투자율로 나눈 것과 같다.

06 그림의 회로에서 전압 100[V]의 교류전압을 가했을 때 전력은?

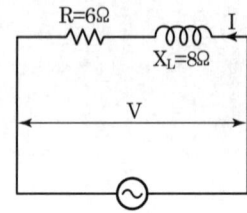

① 10[W]   ② 60[W]
③ 100[W] ④ 600[W]

$Z = \sqrt{R^2 + X_L^2} = \sqrt{6^2 + 8^2} = 10[\Omega]$

$I = \dfrac{V}{Z} = \dfrac{100}{10} = 10[A]$

∴ $P = I^2 R = 10^2 \times 6 = 600[W]$

07 100[V]의 교류 전원에 선풍기를 접속하고

Answer 1.① 2.② 3.③ 4.① 5.① 6.④ 7.②

입력과 전류를 측정하였더니 500[W], 7[A]였다. 이 선풍기의 역률은?

① 0.61 ② 0.71
③ 0.81 ④ 0.91

$P = VI\cos\theta$
$\therefore \cos\theta = \dfrac{P}{VI} = \dfrac{500[W]}{100 \times 7} = 0.71$

08 Y-Y 결선 회로에서 선간 전압이 200[V]일 때 상전압은 약 몇 [V]인가?

① 100[V] ② 115[V]
③ 120[V] ④ 135[V]

Y결선에서는 $V_L = \sqrt{3}\,V_P$
따라서 $V_P = \dfrac{V_L}{\sqrt{3}} = \dfrac{200}{\sqrt{3}} = 115$

09 절연체 중에서 플라스틱, 고무, 종이, 운모 등과 같이 전기적으로 분극 현상이 일어나는 물체를 특히 무엇이라 하는가?

① 도체 ② 유전체
③ 도전체 ④ 반도체

분극현상이 일어나는 물질을 유전체라 한다.

10 다음이 설명하는 것은?

> 금속 A와 B로 만든 열전쌍과 접점 사이에 임의의 금속 C를 연결해도 C의 양 끝의 접점의 온도를 똑같이 유지하면 회로의 열기전력은 변화하지 않는다.

① 제벡 효과
② 톰슨 효과
③ 제3금속의 법칙
④ 펠티에 법칙

열전대를 구성하는 두 금속의 한쪽 접점은 서로 접해 있고, 반대편 접점은 제3의 금속과 연결되어 있을 때 제3금속의 양 끝의 온도가 같다면 회로의 열기전력은 발생하지 않는다.

11 V=200[V], C_1=10[μF], C_2=5[μF]인 2개의 콘덴서가 병렬로 접속되어 있다. 콘덴서 C_1에 축적되는 전하[μC]는?

① 100[μC] ② 200[μC]
③ 1000[μC] ④ 2000[μC]

콘덴서 병렬접속에서 C_1에 축적되는 전하량
$Q_1 = C_1 V = 10 \times 200 = 2000[\mu C]$

12 환상철심의 평균자로길이 l[m], 단면적 A[m^2], 비투자율 μ_s, 권수 N_1, N_2인 두 코일의 상호 인덕턴스는?

① $\dfrac{2\pi\mu_s l N_1 N_2}{A} \times 10^{-7}$[H]

② $\dfrac{A N_1 N_2}{2\pi\mu_s l} \times 10^{-7}$[H]

③ $\dfrac{4\pi\mu_s A N_1 N_2}{l} \times 10^{-7}$[H]

④ $\dfrac{4\pi^2 \mu_s N_1 N_2}{Al} \times 10^{-7}$[H]

환상 철심의 상호 인덕턴스
$M = \dfrac{4\pi \times 10^{-7} \mu_s A N_1 N_2}{l}$[H]

13 1차 전지로 가장 많이 사용되는 것은?

① 니켈-카드뮴 전지
② 연료전지
③ 망간건전지

Answer 8. ② 9. ② 10. ③ 11. ④ 12. ③ 13. ③

④ 납축전지

🔑 1차 전지는 재충전 불가능한 전지이므로 망간건전지가 1차 전지이다.

14 키르히호프의 법칙을 이용하여 방정식을 세우는 방법으로 잘못된 것은?

① 키르히호프의 제1법칙을 회로망의 임의의 한 점에 적용한다.
② 각 폐회로에서 키르히호프의 제2법칙을 적용한다.
③ 각 회로의 전류를 문자로 나타내고 방향을 가정한다.
④ 계산결과 전류가 +로 표시된 것은 처음에 정한 방향과 반대방향임을 나타낸다.

🔑 키르히호프 법칙을 적용하여 계산 결과가 +이면 처음 정한 방향과 일치하고, 계산 결과가 −이면 처음 정한 방향과 반대 방향이다.

15 정전용량이 같은 콘덴서 10개가 있다. 이것을 병렬 접속할 때의 값은 직렬 접속할 때의 값보다 어떻게 되는가?

① $\frac{1}{10}$로 감소한다.
② $\frac{1}{100}$로 감소한다.
③ 10배로 증가한다.
④ 100배로 증가한다.

🔑 병렬 접속 시 전체 정전용량은 10C, 직렬 접속 시 전체 정전용량은 $\frac{C}{10}$이므로

정전용량배율 = $\frac{병렬정전용량}{직렬정전용량} = \frac{10C}{\frac{C}{10}} = 100$

따라서 100배로 증가한다.

16 평등자장 내에 있는 도선에 전류가 흐를 때 자장의 방향과 어떤 각도로 되어 있으면 작용하는 힘이 최대가 되는가?

① 30° ② 45°
③ 60° ④ 90°

🔑 전자력의 크기 $F = BIl\sin\theta$에서 $\sin\theta$가 1일 때가 가장 힘의 크기가 크므로 $\sin 90° = 1$, 즉, $\theta = 90°$일 때 작용하는 힘이 최대가 된다.

17 자석에 대한 성질을 설명한 것으로 옳지 못한 것은?

① 자극은 자석의 양 끝에서 가장 강하다.
② 자극이 가지는 자기량은 항상 N극이 강하다.
③ 자석에는 언제나 두 종류의 극성이 있다.
④ 같은 극성의 자석은 서로 반발하고, 다른 극성은 서로 흡인한다.

🔑 N극과 S극의 자기량은 같다.

18 반도체로 만든 PN 접합은 무슨 작용을 하는가?

① 정류 작용 ② 발진 작용
③ 증폭 작용 ④ 변조 작용

🔑 PN 접합의 대표적인 전자소자는 다이오드이다. 다이오드를 이용하여 정류회로를 만든다.

19 RLC 직렬회로에서 전압과 전류가 동상이 되기 위한 조건은?

① $L = C$ ② $\omega LC = 1$
③ $\omega^2 LC = 1$ ④ $(\omega LC)^2 = 1$

🔑 R-L-C 직렬회로에서 전압과 전류가 동상이 되기 위한 조건은 저항만 있는 회로이어

🔓 Answer 14. ④ 15. ④ 16. ④ 17. ② 18. ① 19. ③

야 한다. 저항만 있는 회로가 되려면 유도 리액턴스=용량 리액턴스(이때를 공진이라 한다.)

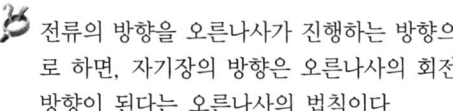

20 전류에 의해 발생되는 자기장에서 자력선의 방향을 간단하게 알아내는 법칙은?
① 오른나사의 법칙
② 플레밍의 왼손법칙
③ 주회적분의 법칙
④ 줄의 법칙

🔑 전류의 방향을 오른나사가 진행하는 방향으로 하면, 자기장의 방향은 오른나사의 회전 방향이 된다는 오른나사의 법칙이다.

21 직류전동기의 전기적 제동법이 아닌 것은?
① 발전 제동
② 회생 제동
③ 역전 제동
④ 저항 제동

🔑 직류전동기 제동법
① 발전 제동 : 전동기를 발전기로 변환하여 전기적인 제동을 한다. 발전된 전기는 열로 소비된다.
② 회생 제동 : 전동기의 단자전압보다 역기전력을 크게 하여 발전기로 변환하는 방식이다. 발전된 전기는 열로 소비되는 것이 아니라 근처 가까운 부하의 전원으로 사용된다.
③ 역상(역전) 제동 : 계자 또는 전기자 전류의 방향을 전환시켜 반대 방향의 토크를 발생시켜 제동하는 방식이다.

22 출력 10[kW], 슬립 4[%]로 운전되고 있는 3상 유도전동기의 2차 동손은 약 몇 [W]인가?
① 250
② 315
③ 417
④ 620

🔑 유도기 2차 동손(P_{c2})
① $P_{c2} = sP_2 = ?$
② $P_2 = \dfrac{P}{1-s} = \dfrac{10 \times 10^3}{1-0.04} = 10417[W]$
③ ∴ $P_{c2} = sP_2 = 0.04 \times 10417 ≒ 417[W]$

23 3상 유도전동기의 1차 입력 60[kW], 1차 손실 1[kW], 슬립 3[%]일 때 기계적 출력[kW]은?
① 62
② 60
③ 59
④ 57

🔑 유도전동기 2차 출력(P)
① $P = (1-s)P_2[W]$
② s=0.03
2차 입력 P_2=1차 입력-1차 손실
$= 60-1 = 59[kW]$
∴ $P = (1-s)P_2 = (1-0.03) \times 59 ≒ 57[kW]$

24 전기기기의 철심 재료로 규소 강판을 많이 사용하는 이유로 가장 적당한 것은?
① 와류손을 줄이기 위해
② 맴돌이 전류를 없애기 위해
③ 히스테리시스손을 줄이기 위해
④ 구리손을 줄이기 위해

🔑 철손(무부하손)방지법
① 와류손 : 철심을 성층
② 히스테리시스손 : 규소 강판 사용

25 부흐홀츠 계전기로 보호되는 기기는?
① 발전기
② 변압기
③ 전동기
④ 회전 변류기

🔑 변압기에 사용되는 계전기이다.

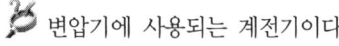

26 동기속도 30[rps]인 교류 발전기 기전력의 주파수가 60[Hz]가 되려면 극수는?

① 2　　② 4
③ 6　　④ 8

🔑 $N_s = \dfrac{120f}{p}$ [rpm]

$N_s = 60 \times 30 \text{[rps]} = 1800 \text{[rpm]}$

∴ $p = \dfrac{120f}{N_s} = \dfrac{120 \times 60}{1800} = 4$

27 ON, OFF를 고속도로 변환할 수 있는 스위치이고 직류 변압기 등에 사용되는 회로는 무엇인가?

① 초퍼회로　　② 인버터회로
③ 컨버터회로　　④ 정류기회로

🔑 **초퍼회로**
직류-직류 전력제어장치로서 강압형 초퍼와 승압형 초퍼가 있다.

28 권선 저항과 온도와의 관계는?

① 온도와는 무관하다.
② 온도가 상승함에 따라 권선 저항은 감소한다.
③ 온도가 상승함에 따라 권선 저항은 증가한다.
④ 온도가 상승함에 따라 권선의 저항은 증가와 감소를 반복한다.

29 직류기에서 전압 변동률이 (-)값으로 표시되는 발전기는?

① 분권 발전기
② 과복권 발전기
③ 타여자 발전기
④ 평복권 발전기

🔑 직류기 전압변동률이 (-)값인 것은 과복권 발전기, 직권발전기가 있다.

30 동기기에서 전기자 전류가 기전력보다 90° 만큼 위상이 앞설 때의 전기자 반작용은?

① 교차 자화 작용
② 감자 작용
③ 편자 작용
④ 증자 작용

🔑 **동기기(발전기) 전기자 반작용**
① 증자작용(자화작용) : C만의 부하(용량성)일 때 나타난다. 즉, 전기자 전류가 기전력보다 90°만큼 위상이 앞설 때 나타난다.
② 감자작용 : L만의 부하(유도성)일 때 나타난다. 즉, 전기자 전류가 기전력보다 90°만큼 위상이 뒤질 때 나타난다.
③ 교차 자화작용 : R만의 부하일 때 나타난다.

31 직류발전기 전기자의 주된 역할은?

① 기전력을 유도한다.
② 자속을 만든다.
③ 정류작용을 한다.
④ 회전자와 외부회로를 접속한다.

🔑 **직류기 3요소**
① 전기자 : 기전력 유도
② 계자 : 자속 발생
③ 정류자 : 정류작용

32 그림은 교류전동기 속도제어 회로이다. 전동기 M의 종류로 알맞은 것은?

🔓 Answer　26. ②　27. ①　28. ③　29. ②　30. ④　31. ①　32. ①

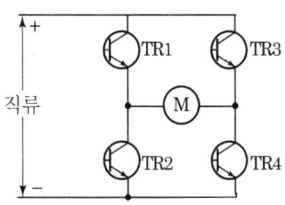

① 단상 유도전동기
② 3상 유도전동기
③ 3상 동기전동기
④ 4상 스텝전동기

33 병렬 운전 중인 동기발전기의 난조를 방지하기 위하여 자극면에 유도전동기의 농형권선과 같은 권선을 설치하는데 이 권선의 명칭은?
① 계자권선　② 제동권선
③ 전기자권선　④ 보상권선

🔑 **제동권선**
계자극면에 매설한 일종의 단락 도체권선으로 기동 토크 발생 및 난조 방지 등 동기기 이상 운전 시 안정도를 높이는 효과가 있다.

34 직류를 교류로 변환하는 장치는?
① 정류기　② 충전기
③ 순변환 장치　④ 역변환 장치

🔑 **인버터 장치**
직류를 교류로 변환하는 장치를 인버터 또는 역변환 장치라고 한다.

35 직류발전기의 전기자 반작용에 의하여 나타나는 현상은?
① 코일이 자극의 중성축에 있을 때도 브러시 사이에 전압을 유기시켜 불꽃을 발생

한다.
② 주자속 분포를 찌그러뜨려 중성축을 고정시킨다.
③ 주자속을 감소시켜 유도 전압을 증가시킨다.
④ 직류 전압이 증가한다.

🔑 **직류발전기 전기자 반작용**
② 주자속 분포를 찌그러뜨려 중성축이 이동된다.
③ 주자속이 감소되어 유도 전압이 저하된다.
④ 유도 전압 저하로 직류 전압도 저하된다.

36 동기발전기의 병렬 운전 중 기전력의 위상차가 생기면 어떤 현상이 나타나는가?
① 무효 순환전류가 흐른다.
② 동기화 전류가 흐른다.
③ 유효 순환전류가 흐른다.
④ 무효 순환전류가 흐른다.

🔑 **동기발전기 병렬 운전 시 기전력의 위상차 발생 시**
동기화 전류(=유효순환 전류), 동기화력 발생

37 복권발전기의 병렬 운전을 안전하게 하기 위해서 두 발전기의 전기자와 직권 권선의 접촉점에 연결하여야 하는 것은?
① 집전환　② 균압선
③ 안정저항　④ 브러시

🔑 **균압선(모선)**
병렬운전을 안정하게 하기 위하여 직권과 복권에만 설치한 선

38 단상 유도전동기 기동장치에 의한 분류가 아닌 것은?

Answer 33. ② 34. ④ 35. ① 36. ②, ③ 37. ② 38. ④

① 분상 기동형 ② 콘덴서 기동형
③ 세이딩 코일형 ④ 회전계자형

 회전계자형은 단상 유도전동기가 아니다. (동기기의 종류)

39 2차 전압 200[V], 2차 권선저항 0.03[Ω], 2차 리액턴스 0.04[Ω]인 유도전동기가 3[%]의 슬립으로 운전 중이라면 2차 전류[A]는?
① 20   ② 100
③ 200 ④ 254

 유도전동기 회전 시 2차 전류(I_2)

$$I_2 = \frac{E_2}{\sqrt{(\frac{r_2}{s})^2 + X_{L2}^2}}$$

$$= \frac{200}{\sqrt{(\frac{0.03}{0.03})^2 + 0.04^2}} = 200[A]$$

40 변압기 기름의 구비 조건이 아닌 것은?
① 절연내력이 클 것
② 인화점과 응고점이 높을 것
③ 냉각 효과가 클 것
④ 산화현상이 없을 것

 변압기유 구비 조건
① 점도가 낮고, 비열이 커서 냉각 효과가 클 것
② 인화점이 높고, 응고점이 낮을 것
③ 절연 내력 및 절연 저항이 클 것

41 아래 그림기호가 나타내는 것은?

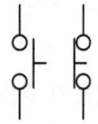

① 한시 계전기 접점
② 전자 접촉기 접점
③ 수동 조작 접점
④ 조작 개폐기 잔류 접점

 왼쪽 그림은 수동조작 a접점, 오른쪽 그림은 수동조작 b접점이다.

42 수·변전 설비의 고압회로에 걸리는 전압을 표시하기 위해 전압계를 시설할 때 고압회로와 전압계 사이에 시설하는 것은?
① 관통형 변압기
② 계기용 변류기
③ 계기용 변압기
④ 권선형 변류기

 고압회로에 전압계를 설치하기 위해 계기용 변압기(PT)를 설치한다.

43 단선의 굵기가 6[mm²] 이하인 전선을 직선 접속할 때 주로 사용하는 접속법은?
① 트위스트 접속
② 브리타니어 접속
③ 쥐꼬리 접속
④ T형 커넥터 접속

 단선의 굵기가 6[mm²] 이하인 전선 접속법은 트위스트 접속, 단선의 굵기가 10[mm²] 이상인 전선 접속법은 브리타니어 접속법을 사용한다.

44 금속관 배선에 대한 설명으로 잘못된 것은?
① 금속관 두께는 콘크리트에 매입하는 경우 1.2[mm] 이상일 것
② 교류회로에서 전선을 병렬로 사용하는

Answer 39. ③ 40. ② 41. ③ 42. ③ 43. ① 44. ③

경우 관내에 전자적 불평형이 생기지 않도록 시설할 것
③ 굵기가 다른 절연전선을 동일 관내에 넣은 경우 피복절연물을 포함한 단면적이 관내 단면적의 48[%] 이하일 것
④ 관의 호칭에서 후강전선관은 짝수, 박강전선관은 홀수로 표시할 것

 서로 다른 굵기의 절연전선을 동일 관내에 넣는 경우 전선의 피복절연물을 포함한 단면적의 총합계가 관내 단면적의 32[%] 이하가 되도록 선정한다.

45 주위온도가 일정 상승률 이상이 되는 경우에 작동하는 것으로서 일정한 장소의 열에 의하여 작동하는 화재 감지기는?
① 차동식 스폿형 감지기
② 차동식 분포형 감지기
③ 광전식 연기 감지기
④ 이온화식 연기 감지기

 **차동식 스폿형 감지기**
온도 상승속도가 한도 이상으로 빠른 경우 동작하며, 2개의 온도센서를 조합하여 두 부분의 온도차로부터 온도상승 속도를 검출하는 감지기

46 폭발성 분진이 존재하는 곳의 금속관 공사에 있어서 관 상호 및 관과 박스 기타의 부속품이나 풀박스 또는 전기기계기구와의 접속은 몇 턱 이상의 나사 조임으로 접속하여야 하는가?
① 2턱
② 3턱
③ 4턱
④ 5턱

47 저압 연접인입선의 시설 방법으로 틀린 것은?
① 인입선에서 분기되는 점에서 150[m]를 넘지 않도록 할 것
② 일반적으로 인입선 접속점에서 인입구 장치까지의 배선은 중도에 접속점을 두지 않도록 할 것
③ 폭 5[m]를 넘는 도로를 횡단하지 않도록 할 것
④ 옥내를 통과하지 않도록 할 것

 인입선에서 분기하는 점으로부터 100[m]가 넘는 지역에 미치지 않도록 해야 한다.

48 금속덕트 배선에 사용하는 금속덕트의 철판 두께는 몇 [mm] 이상이어야 하는가?
① 0.8
② 1.2
③ 1.5
④ 1.8

49 논이나 기타 지반이 약한 곳에 건주 공사 시 전주의 넘어짐을 방지하기 위해 시설하는 것은?
① 완금
② 근가
③ 완목
④ 행거 밴드

 지반이 약한 곳은 전주의 전도를 방지하기 위해 근가를 시설한다.

50 60[cd]의 점광원으로부터 2[m]의 거리에서 그 방향과 직각인 면과 30° 기울어진 평면 위의 조도[lx]는?
① 11
② 13
③ 15
④ 19

 조도 E는
$$E = \frac{I}{r^2}\cos\theta = \frac{60}{2^2}\cos 30° = 12.9 ≒ 13$$

 Answer 45. ① 46. ④ 47. ① 48. ② 49. ② 50. ②

51 합성수지관 공사의 특징 중 옳은 것은?
① 내열성　② 내한성
③ 내부식성　④ 내충격성

🔑 합성수지관의 재질이 PVC이므로 부식에 강하다.

52 절연 전선을 서로 접속할 때 사용하는 방법이 아닌 것은?
① 커플링에 의한 접속
② 와이어 커넥터에 의한 접속
③ 슬리브에 의한 접속
④ 압축 슬리브에 의한 접속

🔑 커플링에 의한 접속은 관 상호간의 접속이다.

53 가공 전선로의 지지물이 아닌 것은?
① 목주
② 지선
③ 철근 콘크리트주
④ 철탑

🔑 지지물의 종류로는 목주, 철주, 철근콘크리트주, 철탑 등이 있다.

54 사용전압이 35[kV] 이하인 특고압 가공전선과 220[V] 가공전선을 병가할 때, 가공선로 간의 이격거리는 몇 [m] 이상이어야 하는가?
① 0.5　② 0.75
③ 1.2　④ 1.5

🔑 판단기준 120조 4항에 의해 35[kV] 이하인 특고압 가공전선과 저압 가공전선을 병가할 때, 가공선로 간의 이격거리는 1.2[m] 이상이어야 한다.

55 애자사용공사에 대한 설명 중 틀린 것은?
① 사용전압이 400[V] 미만이면 전선과 조영재의 간격은 2.5[cm] 이상일 것
② 사용전압이 400[V] 미만이면 전선 상호 간의 간격은 6[cm] 이상일 것
③ 사용전압이 220[V]이면 전선과 조영재의 이격거리는 2.5[cm] 이상일 것
④ 전선을 조영재의 옆면을 따라 붙일 경우 전선 지지점 간의 거리는 3[m] 이하일 것

🔑 전선을 조영재의 옆면을 따라 붙이는 경우 지지점 간의 거리는 2[m] 이하로 한다.

56 합성수지제 가요전선관의 규격이 아닌 것은?
① 14　② 22
③ 36　④ 52

🔑 합성수지제 가요전선관(CD관)의 규격[mm]은 6, 8, 10, 12, 14, 16, 18, 20, 22, 25, 28, 32, 36, 40, 42, 50, 63, 75(18종)이다.

57 간선에 접속하는 전동기의 정격전류의 합계가 50[A] 이하인 경우에는 그 정격전류 합계의 몇 배에 견디는 전선을 선정하여야 하는가?
① 0.8　② 1.1
③ 1.25　④ 3

58 저압전로의 절연성능에서 SELV, PELV에 전로에서 절연저항은 얼마 이상인가?
① 0.1[MΩ]　② 0.3[MΩ]
③ 0.5[MΩ]　④ 1.0[MΩ]

🔓 Answer　51. ③　52. ①　53. ②　54. ③　55. ④　56. ④　57. ③　58. ④

전로의 사용전압(V)	DC 시험 전압(V)	절연저항
SELV 및 PELV	250	0.5[MΩ]
FELV, 500[V] 이하	500	1.0[MΩ]
500[V] 초과	1,000	1.0[MΩ]

59 저압 가공전선로의 지지물이 목주인 경우 풍압하중의 몇 배에 견디는 강도를 가져야 하는가?

① 2.5 ② 2.0
③ 1.5 ④ 1.2

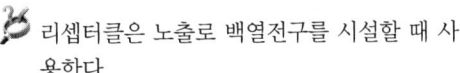 판단기준 74조 1항에 의해 저압 가공전선로의 지지물이 목주인 경우 풍합하중의 1.2배에 견디는 강도를 가져야 한다.

60 220[V] 옥내 배선에서 백열전구를 노출로 설치할 때 사용하는 기구는?

① 리셉터클 ② 테이블 탭
③ 콘센트   ④ 코드 커넥터

리셉터클은 노출로 백열전구를 시설할 때 사용한다.

Answer 59. ④ 60. ①

2013년 4월 14일 시행 과년도출제문제

01 히스테리시스 곡선에서 가로축과 만나는 점과 관계있는 것은?
① 보자력 ② 잔류자기
③ 자속밀도 ④ 기자력

히스테리시스 곡선에서 가로축과 만나는 점은 보자력, 히스테리시스 곡선에서 세로축과 만나는 점은 잔류자기이다.

02 1[Ah]는 몇 [C]인가?
① 1200 ② 2400
③ 3600 ④ 4800

전기량 $Q = I \times t$ [A·sec]이므로
$Q = 1[A] \times 1[H]$
$= 1[A] \times 60분 \times 60[sec]$
$= 3600[A \cdot sec]$

03 [VA]는 무엇의 단위인가?
① 피상전력 ② 무효전력
③ 유효전력 ④ 역률

유효전력의 단위 [W], 무효전력 단위는 [VAR]

04 정전용량이 10[μF]인 콘덴서 2개를 병렬로 했을 때의 합성 정전용량은 직렬로 했을 때의 합성 정전용량보다 어떻게 되는가?
① $\frac{1}{4}$로 줄어든다.
② $\frac{1}{2}$로 줄어든다.
③ 2배로 늘어난다.
④ 4배로 늘어난다.

㉠ 10[μF]의 콘덴서 2개를 병렬로 접속했을 때 합성 정전용량은
$C_P = C_1 + C_2 = 10 + 10 = 20[\mu F]$

㉡ 10[μF]의 콘덴서 2개를 직렬로 접속했을 때의 합성 정전용량은
$C_S = \frac{C_1 \times C_2}{C_1 + C_2} = \frac{10 \times 10}{10 + 10} = \frac{100}{20} = 5[\mu F]$

∴ $\frac{20}{5} = 4$. 즉, 병렬로 접속했을 때가 직렬로 접속했을 때보다 4배로 늘어난다.

05 납축전지의 전해액으로 사용되는 것은?
① H_2SO_4 ② $2H_2O$
③ PbO_2 ④ $PbSO_4$

납축전지의 전해액으로는 황산용액이 사용된다.
※ 묽은황산(H_2SO_4)

06 그림과 같이 공기 중에 놓인 2×10^{-8}[C]의 전하에서 2[m] 떨어진 점 P와 1[m] 떨어진 점 Q와의 전위차는?

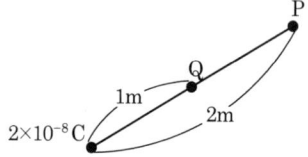

① 80[V] ② 90[V]
③ 100[V] ④ 110[V]

전위차 $V = 9 \times 10^9 \times \frac{Q}{r}$ 에서
$V = 9 \times 10^9 \left(\frac{2 \times 10^{-8}}{1} - \frac{2 \times 10^{-8}}{2} \right) = 90[V]$

Answer 1.① 2.③ 3.① 4.④ 5.① 6.②

07 어떤 사인파 교류전압의 평균값이 191[V]이면 최댓값은?

① 150[V]　　② 250[V]
③ 300[V]　　④ 400[V]

교류의 평균값 V_a는 $V_a = \dfrac{2V_m}{\pi}$

따라서 최댓값 V_m은

$V_m = \dfrac{\pi \times V_a}{2} = \dfrac{3.14 \times 191}{2} = 299.8 ≒ 300[V]$

08 Δ결선 시 V_ℓ(선간전압), V_p(상전압), I_ℓ(선전류), I_p(상전류)의 관계식으로 옳은 것은?

① $V_\ell = \sqrt{3}\,V_p,\ I_\ell = I_p$
② $V_\ell = V_p,\ I_\ell = \sqrt{3}\,I_p$
③ $V_\ell = \dfrac{1}{\sqrt{3}}V_p,\ I_\ell = I_p$
④ $V_\ell = V_p,\ I_\ell = \dfrac{1}{\sqrt{3}}I_p$

Δ결선에서는
선간전압=상전압, 선전류=$\sqrt{3}$×상전류이다.

09 변압기 2대를 V결선했을 때의 이용률은 몇 [%]인가?

① 57.7[%]　　② 70.7[%]
③ 86.6[%]　　④ 100[%]

변압기 2대를 V결선했을 때 이용률은
$\dfrac{\sqrt{3}\,V_P I_P}{2V_P I_P} \times 100[\%] = 0.866[\%]$

10 50회 감은 코일과 쇄교하는 자속이 0.5[sec] 동안 0.1[Wb]에서 0.2[Wb]로 변화하였다면 기전력의 크기는?

① 5[V]　　② 10[V]
③ 12[V]　　④ 15[V]

유도기전력의 크기 V는
$V = \dfrac{N \times \Delta \phi}{\Delta t} = \dfrac{50 \times 0.1}{0.5} = 10[V]$

11 $i_1 = 8\sqrt{2}\sin\omega t$[A], $i_2 = 4\sqrt{2}\sin(\omega t + 180°)$ [A]과의 차에 상당한 전류의 실효값은?

① 4[A]　　② 6[A]
③ 8[A]　　④ 12[A]

순시 전류를 극좌표로 표시하면
$I_1 = 8\angle 0° = 8$[A]
$I_2 = 4\angle 180° = -4$[A]
∴ $I_1 - I_2 = 8 - (-4) = 8 + 4 = 12$[A]

12 제벡 효과에 대한 설명으로 틀린 것은?

① 두 종류의 금속을 접속하여 폐회로를 만들고, 두 접속점에 온도의 차이를 주면 기전력이 발생하여 전류가 흐른다.
② 열기전력의 크기와 방향은 두 금속점의 온도차에 따라서 정해진다.
③ 열전쌍(열전대)은 두 종류의 금속을 조합한 장치이다.
④ 전자 냉동기, 전자 온풍기에 응용된다.

전자냉동기, 전자온풍기에 응용되는 효과는 펠티에 효과이다.

13 그림과 같은 비사인파의 제3고조파 주파수는?(단, V=20[V], T=10[ms]이다.)

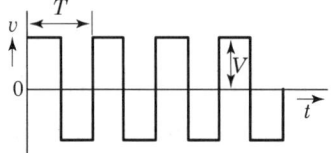

Answer　7. ③　8. ②　9. ③　10. ②　11. ④　12. ④　13. ③

① 100[Hz]　② 200[Hz]
③ 300[Hz]　④ 400[Hz]

그림에서 기본파의 주파수는
$$f = \frac{1}{T} = \frac{1}{10 \times 10^{-3}} = 10^2 = 100[\text{Hz}]$$
제3고조파이므로 $3 \times 100 = 300[\text{Hz}]$

14 Q_1으로 대전된 용량 C_1의 콘덴서에 용량 C_2를 병렬 연결할 경우 C_2가 분배받는 전기량은?

① $\dfrac{C_1 + C_2}{C_2} Q_1$　② $\dfrac{C_1}{C_1 + C_2} Q_1$

③ $\dfrac{C_1 + C_2}{C_1} Q_1$　④ $\dfrac{C_2}{C_1 + C_2} Q_1$

합성 정전용량 $C_p = C_1 + C_2$이고
연결 후의 전위차 $V_0 = \dfrac{Q_1}{C_1 + C_2}$

∴ $Q_2 = C_2 V_0 = \dfrac{C_2}{C_1 + C_2} Q_1$

15 반지름 50[cm], 권수 10회인 원형 코일에 0.1[A]의 전류가 흐를 때, 이 코일 중심의 자계의 세기 H는?

① 1[AT/m]　② 2[AT/m]
③ 3[AT/m]　④ 4[AT/m]

원형 코일 중심의 자장의 세기 H[AT/m]는
$$H = \frac{N \times I}{2r} = \frac{10 \times 0.1}{2 \times 50 \times 10^{-2}}$$
$$= \frac{1}{100 \times 10^{-2}} = 1[\text{AT/m}]$$

16 리액턴스가 10[Ω]인 코일에 직류전압 100[V]를 하였더니 전력 500[W]를 소비하였다. 이 코일의 저항은 얼마인가?

① 5[Ω]　② 10[Ω]
③ 20[Ω]　④ 25[Ω]

소비전력은 저항에서 소모되는 전력이므로
$$P_e = \frac{V^2}{R}$$
∴ $R = \dfrac{V^2}{P_e} = \dfrac{100^2}{500} = \dfrac{10000}{500} = 20[\Omega]$

17 도체가 자기장에서 받는 힘의 관계 중 틀린 것은?

① 자기력선속 밀도에 비례
② 도체의 길이에 반비례
③ 흐르는 전류에 비례
④ 도체가 자기장과 이루는 각도에 비례 (0°~90°)

전자력 크기는 $F = BIl\sin\theta$에서 도체의 길이에 비례한다.

18 자력선의 성질을 설명한 것이다. 옳지 않은 것은?

① 자력선은 서로 교차하지 않는다.
② 자력선은 N극에서 나와 S극으로 향한다.
③ 진공 중에서 나오는 자력선의 수는 m개이다.
④ 한 점의 자력선 밀도는 그 점의 자장의 세기를 나타낸다.

1[Wb]의 자극에서 나오는 자력선 총수는
$$N = \frac{1}{4\pi \times 10^{-7}} = 7.958 \times 10^5 \text{ 개이다.}$$

19 임피던스 $Z_1 = 12 + j16[\Omega]$과 $Z_2 = 8 + j24[\Omega]$이 직렬로 접속된 회로에 전압 V=200[V]를 가할 때 이 회로에 흐르는 전류[A]는?

Answer　14. ④　15. ①　16. ③　17. ②　18. ③　19. ②

① 2.35[A]   ② 4.47[A]
③ 6.02[A]   ④ 10.25[A]

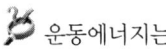 직렬 접속이므로 전체 임피던스는
$Z_S = Z_1 + Z_2 = 20 + j40$
$Z = \sqrt{20^2 + 40^2} = 44.7[\Omega]$ 이므로
$\therefore I = \dfrac{V}{Z} = \dfrac{200}{44.7} = 4.47[A]$

20 100[V]의 전위차로 가속된 전자의 운동 에너지는 몇 [J]인가?

① 1.6×10^{-20}[J]   ② 1.6×10^{-19}[J]
③ 1.6×10^{-18}[J]   ④ 1.6×10^{-17}[J]

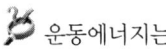 운동에너지는
$W = Q \times V[J] = 1.602 \times 10^{-19} \times 100$
$= 1.602 \times 10^{-17}[J]$

21 동기 전동기를 송전선의 전압 조정 및 역률 개선에 사용한 것을 무엇이라 하는가?

① 동기 이탈   ② 동기 조상기
③ 댐퍼   ④ 제동권선

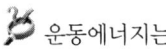 동기 조상기
V곡선에 의해 동기 전동기는 계자전류를 가감하여 역률을 조정할 수 있기 때문에 동기 전동기를 송전선의 전압 조정 및 역률 개선용으로 사용하는 것을 동기 조상기라 한다.

22 변압기의 자속에 관한 설명으로 옳은 것은?

① 전압과 주파수에 반비례한다.
② 전압과 주파수에 비례한다.
③ 전압에 반비례하고 주파수에 비례한다.
④ 전압에 비례하고 주파수에 반비례한다.

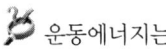 $E = 4.44 f \phi_m N[V]$ 이므로, 자속 $\phi_m \propto E, \dfrac{1}{f}$ 이다.

23 직류전동기 운전 중에 있는 기동 저항기에서 정전이 되거나 전원 전압이 저하되었을 때 핸들을 기동 위치에 두어 전압이 회복될 때 재기동할 수 있도록 역할을 하는 것은?

① 무전압계전기   ② 계자제어기
③ 기동저항기   ④ 과부하개방기

24 직류전동기의 전기자에 가해지는 단자전압을 변화하여 속도를 조정하는 제어법이 아닌 것은?

① 워드 레오나드 방식
② 일그너 방식
③ 직·병렬 제어
④ 계자 제어

 직류전동기 속도제어법 종류
① 전압 제어 : 워드 레오나드, 일그너, 직병렬 제어
② 계자 제어
③ 저항 제어

25 다음 중 거리 계전기의 설명으로 틀린 것은?

① 전압과 전류의 크기 및 위상차를 이용한다.
② 154[kV] 계통 이상의 송전선로 후비 보호를 한다.
③ 345[kV] 변압기의 후비 보호를 한다.
④ 154[kV] 및 345[kV] 모선 보호에 주로 사용한다.

26 전압을 일정하게 유지하기 위해서 이용되는 다이오드는?

① 발광 다이오드
② 포토 다이오드

Answer 20. ④ 21. ② 22. ④ 23. ① 24. ④ 25. ④ 26. ③

③ 제너 다이오드
④ 바리스터 다이오드

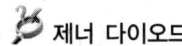 제너 다이오드
전압을 일정하게 유지하기 위한 정전압 회로에 사용된다.

27 동기 임피던스 5[Ω]인 2대의 3상 동기발전기의 유도기전력에 100[V]의 전압 차이가 있다면 무효순환전류[A]는?
① 10   ② 15
③ 20   ④ 25

무효순환전류 $I_c = \dfrac{E_1 - E_2}{2Z_s} = \dfrac{100}{2 \times 5} = 10[A]$

28 3상 66000[kVA], 22900[V] 터빈 발전기의 정격전류는 약 몇 [A]인가?
① 8764   ② 3367
③ 2882   ④ 1664

$I = \dfrac{P}{\sqrt{3}\,V} = \dfrac{66000 \times 10^3}{\sqrt{3} \times 22900} ≒ 1664[A]$

29 변압기의 권선 배치에서 저압 권선을 철심에 가까운 쪽에 배치하는 이유는?
① 전류 용량   ② 절연 문제
③ 냉각 문제   ④ 구조상 편의

30 6극 36슬롯 3상 동기발전기의 매극 매상당 슬롯수는?
① 2   ② 3
③ 4   ④ 5

매극 매상 슬롯수 = $\dfrac{\text{슬롯수}}{\text{극수} \times \text{상수}} = \dfrac{36}{6 \times 3} = 2$

31 동기속도 3600[rpm], 주파수 60[Hz]의 동기발전기의 극수는?
① 2극   ② 4극
③ 6극   ④ 8극

$N_s = \dfrac{120f}{p}$[rpm]이므로
∴ $p = \dfrac{120f}{N_s} = \dfrac{120 \times 60}{3600} = 2$

32 다음 중 2단자 사이리스터가 아닌 것은?
① SCR   ② DIAC
③ SSS   ④ Diode

SCR : 역저지 3단자 사이리스터

33 유도전동기에 기계적 부하를 걸었을 때 출력에 따라 속도, 토크, 효율, 슬립 등이 변화를 나타낸 출력특성곡선에서 슬립을 나타내는 곡선은?

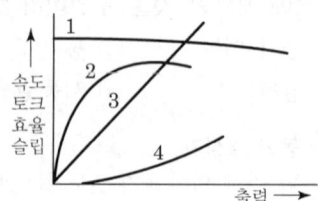

① 1   ② 2
③ 3   ④ 4

34 변압기를 운전하는 경우 특성의 악화, 온도상승에 수반되는 수명의 저하, 기기의 소손 등의 이유 때문에 지켜야 할 정격이 아닌 것은?
① 정격전류   ② 정격전압
③ 정격저항   ④ 정격용량

35 직류 직권전동기의 회전수(N)와 토크(τ)와

Answer 27. ① 28. ④ 29. ② 30. ① 31. ① 32. ① 33. ④ 34. ③ 35. ②

의 관계는?

① $\tau \propto \dfrac{1}{N}$ ② $\tau \propto \dfrac{1}{N^2}$

③ $\tau \propto N$ ④ $\tau \propto N^{\frac{3}{2}}$

36 변압기 절연내력 시험 중 권선의 층간 절연 시험은?

① 충격전압 시험 ② 무부하 시험
③ 가압 시험 ④ 유도 시험

🔑 **변압기 절연내력 시험**
① 유도시험 : 층간 절연 내력시험
② 가압시험 : 충전 부분과 대지, 충전 부분 상호 간의 절연강도 측정 시험
③ 충격 전압시험 : 번개와 같은 충격전압에 대한 절연 내력시험

37 직류발전기에서 전압 정류의 역할을 하는 것은?

① 보극 ② 탄소 브러시
③ 전기자 ④ 리액턴스 코일

🔑 **전압 정류**
보극을 설치하여 리액턴스 전압을 상쇄시킨다.

38 직류 복권발전기의 직권 계자권선은 어디에 설치되어 있는가?

① 주자극 사이에 설치
② 분권 계자권선과 같은 철심에 설치
③ 주자극 표면에 홈을 파고 설치
④ 보극 표면에 홈을 파고 설치

39 가정용 선풍기나 세탁기 등에 많이 사용되는 단상 유도전동기는?

① 분상 기동형
② 콘덴서 기동형
③ 영구 콘덴서 전동기
④ 반발 기동형

🔑 가정용 선풍기나 세탁기는 콘덴서 기동형 전동기보다 구조가 간단한 영구 콘덴서 전동기를 많이 사용하고 있다.

40 변압기 내부고장에 대한 보호용으로 가장 많이 사용되는 것은?

① 과전류 계전기
② 차동 임피던스
③ 비율차동 계전기
④ 임피던스 계전기

41 금속 덕트 공사에 있어서 전광표시장치, 출퇴표시장치 등 제어회로용 배선만을 공사할 때 절연전선의 단면적은 금속 덕트 내 몇 [%] 이하이어야 하는가?

① 80 ② 70
③ 60 ④ 50

🔑 금속 덕트 안의 수용할 수 있는 전선의 양은 그 피복을 포함한 총 단면적이 덕트 내 단면적의 20[%] 이내로 하여야 한다. 단, 부하전류가 적은 제어회로용 배선만 넣는 경우에는 50[%]까지 가능하다.

42 주상 작업을 할 때 안전 허리띠용 로프는 허리 부분보다 위로 약 몇 도 정도 높게 걸어야 가장 안전한가?

① 5~10° ② 10~15°
③ 15~20° ④ 20~30°

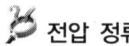 Answer   36. ④ 37. ① 38. ② 39. ③ 40. ③ 41. ④ 42. ②

※ 전주에서 작업 시 안전 허리띠용 로프는 허리부분보다 위로 약 10~15° 정도 높게 걸쳐야 안전하다.

43 저압 가공 인입선의 인입구에 사용하며 금속관 공사에서 끝부분의 빗물 침입을 방지하는 데 적당한 것은?
① 플로어 박스 ② 엔트런스 캡
③ 부싱 ④ 터미널 캡

※ 주상 변압기와 저압 가공 인입선의 높이 차이로 인해 인입구에 빗물이 침투하는 것을 방지하기 위해 엔트런스 캡을 설치한다.

44 옥내 분전반의 설치에 관한 내용 중 틀린 것은?
① 분전반에서 분기회로를 위한 배관의 상승 또는 하강이 용이한 곳에 설치한다.
② 분전반에 넣는 금속제의 함 및 이를 지지하는 구조물은 접지를 하여야 한다.
③ 각 층마다 하나 이상을 설치하나, 회로수가 6 이하인 경우 2개층을 담당할 수 있다.
④ 분전반에서 최종 부하까지의 거리는 40[m] 이내로 하는 것이 좋다.

45 합성수지제 전선관의 호칭은 관 굵기의 무엇으로 표시하는가?
① 홀수인 안지름
② 짝수인 바깥지름
③ 짝수인 안지름
④ 홀수인 바깥지름

※ 합성수지 전선관의 관의 호칭은 근사내경 짝수이다.

46 단면적 6[mm^2]의 가는 단선의 직선 접속 방법은?
① 트위스트 접속
② 종단 접속
③ 종단 겹침용 슬리브 접속
④ 꽂음형 커넥터 접속

※ 6[mm^2] 이하의 가는 단선의 직선접속은 트위스트 접속으로, 10[mm^2] 이상의 굵은 단선의 직선접속은 브리타니어 접속으로 한다.

47 전선 단면적 2.5[mm^2], 접지선 1본을 포함한 전선가닥수 6본을 동일 관내에 넣는 경우의 제2종 가요전선관의 최소 굵기로 적당한 것은?
① 10[mm] ② 15[mm]
③ 17[mm] ④ 24[mm]

※ 2.5[mm^2] 전선 5~8가닥을 넣는 경우 제2종 가요전선관의 굵기는 24[mm]가 적당하다.

48 지선의 시설에서 가공 전선로의 직선부분이란 수평각도 몇 도까지인가?
① 2 ② 3
③ 5 ④ 6

※ 고압 가공전선로 또는 특고압 전선로의 지지물로 사용하는 목주, A종 철주 또는 A종 철근 콘크리트주에는 전선로의 직선 부분(5도 이하의 수평각도를 이루는 곳을 포함한다)에서 그 양쪽의 경간차가 큰 곳에 사용하는 목주 등에는 양쪽의 경간차에 의하여 생기는 불평균 장력에 의한 수평력에 견디는 지선을 그 전선로의 방향으로 양쪽에 시설하여야 한다.

Answer 43. ② 44. ④ 45. ③ 46. ① 47. ④ 48. ③

49 접착력은 떨어지나 절연성, 내온성, 내유성이 좋아 연피 케이블의 접속에 사용되는 테이프는?
① 고무 테이프 ② 리노 테이프
③ 비닐 테이프 ④ 자기 융착 테이프

50 사용전압 415[V]의 3상 3선식 전선로의 1선과 대지 간에 필요한 절연 저항값의 최솟값은?(단, 최대공급전류는 500[A]이다.)
① 2560[Ω] ② 1660[Ω]
③ 3210[Ω] ④ 4512[Ω]

🔑 저압 전선로 중 절연부분의 전선과 대지 사이 및 전선의 심선 상호간의 절연 저항은 사용전압에 대한 누설전류가 최대공급전류의 1/2000을 넘지 않도록 하여야 한다.

누설전류 $I = \dfrac{500}{2000} = 0.25[A]$

$R = \dfrac{V}{I} = \dfrac{415}{0.25} = 1660[Ω]$

51 간선에서 분기하여 분기 과전류차단기를 거쳐서 부하에 이르는 사이의 배선을 무엇이라 하는가?
① 간선 ② 인입선
③ 중성선 ④ 분기회로

52 저압 옥내 간선으로부터 분기하는 곳에 설치하여야 하는 것은?
① 지락 차단기 ② 과전류 차단기
③ 누전 차단기 ④ 과전압 차단기

🔑 저압 옥내 간선으로부터 분기하는 점에서 전선의 길이가 3[m] 이하인 곳에 개폐기 및 과전류 차단기를 시설해야 한다.

53 저압 옥내 간선에 사용되는 전선에 관한 사항이다. 간선에 접속하는 전동기 등의 정격전류의 합계가 50[A]를 초과하는 경우에 그 정격전류의 합계의 몇 배의 허용전류가 있는 전선이어야 하는가?
① 0.8 ② 1.1
③ 1.25 ④ 3.0

54 흥행장의 저압 배선 공사 방법으로 잘못된 것은?
① 전선 보호를 위해 적당한 방호장치를 할 것
② 무대나 영사실 등의 사용전압은 400[V] 미만일 것
③ 무대용 콘센트, 박스의 금속제 외함은 특별 제3종 접지공사를 할 것
④ 전구 등의 온도 상승 우려가 있는 기구류는 무대막, 목조의 마루 등과 접촉하지 않도록 할 것

🔑 법 개정으로 종별 접지규정이 폐지됨

55 전등 1개를 2개소에서 점멸하고자 할 때 필요한 3로 스위치는 최소 몇 개인가?
① 1개 ② 2개
③ 3개 ④ 4개

🔑 3로스위치에 의한 2개소 점멸회로에서는 3로스위치가 2개가 필요하다.

56 그림의 전자계전기 구조는 어떤 형의 계전기인가?

Answer 49. ② 50. ② 51. ④ 52. ② 53. ② 54. 답 없음 55. ② 56. ①

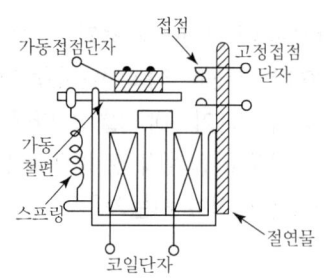

① 힌지형　② 플런저형
③ 가동코일형　④ 스프링형

57 해안지방의 송전용 나전선에 가장 적당한 것은?
① 철선
② 강심알루미늄선
③ 동선
④ 알루미늄합금선

해안지방은 염분 때문에 동선이 적합하다.

58 접지 시스템 시설의 다음 종류에서 해당되지 않는 것은? [개정 접지규정에 따라]
① 단독접지　② 공통접지
③ 보호접지　④ 통합접지

단독접지, 공통접지, 통합접지가 접지규격임

59 배선설계를 위한 전등 및 소형 전기기계기구의 부하용량 산정 시 건축물의 종류에 대응한 표준부하에서 원칙적으로 표준부하를 20[VA/m²]으로 적용하여야 하는 건축물은?
① 교회, 극장
② 학교, 음식점
③ 은행, 상점
④ 아파트, 미용원

부하 산정 시 표준부하
• 공장, 사원, 교회, 극장 : 10[VA/m²]
• 여관, 호텔, 병원, 음식점, 학교 : 20[VA/m²]
• 사무실, 은행 : 30[VA/m²]
• 주택, 아파트 : 40[VA/m²]

60 성냥을 제조하는 공장의 공사방법으로 적당하지 않은 것은?
① 금속관 공사
② 케이블 공사
③ 합성수지관 공사
④ 금속 몰드 공사

셀룰로이드, 성냥, 석유 등 타기 쉬운 위험물질을 제조하거나 저장하는 장소는 합성수지관 공사, 케이블 공사, 금속관 공사로 시설한다.

Answer　57. ③　58. ③　59. ②　60. ④

2013년 7월 21일 시행 과년도출제문제

01 $R=4[\Omega]$, $X_L=15[\Omega]$, $X_C=12[\Omega]$의 RLC 직렬회로에 100[V]의 교류 전압을 가할 때 전류와 전압의 위상차는 약 얼마인가?
① 0° ② 37°
③ 53° ④ 90°

🔑 R-L-C 직렬회로에서 전류와 전압의 위상차 θ는
$$\theta = \tan^{-1}\frac{X_L - X_C}{R} = \tan^{-1}\frac{15-12}{4}$$
$$= \tan^{-1}\frac{3}{4} = 36.869°$$

02 어느 회로의 전류가 다음과 같을 때, 이 회로에 대한 전류의 실효값은?

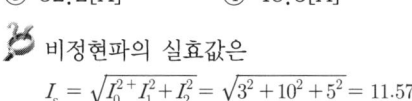

① 11.6[A] ② 23.2[A]
③ 32.2[A] ④ 48.3[A]

🔑 비정현파의 실효값은
$$I_s = \sqrt{I_0^2 + I_1^2 + I_2^2} = \sqrt{3^2 + 10^2 + 5^2} = 11.57$$

03 정전기 발생 방지책으로 틀린 것은?
① 대전 방지제의 사용
② 접지 및 보호구의 착용
③ 배관 내 액체의 흐름 속도 제한
④ 대기의 습도를 30[%] 이하로 하여 건조함을 유지

🔑 상대습도를 70[%] 이상으로 유지하여 건조함을 방지하여야 한다.

04 다음 중 상자성체는 어느 것인가?
① 철 ② 코발트
③ 니켈 ④ 텅스텐

🔑 ① 상자성체 : 알루미늄, 납, 산소, 나트륨, 텅스텐
② 강자성체 : 니켈, 코발트, 망간, 철, 실리콘
③ 반자성체 : 금, 은, 구리, 아연, 비스무트, 수소, 이산화탄소

05 전선에 일정량 이상의 전류가 흘러서 온도가 높아지면 절연물을 열화하여 절연성을 극도로 악화시킨다. 그러므로 도체에는 안전하게 흘릴 수 있는 최대 전류가 있다. 이 전류를 무엇이라 하는가?
① 줄 전류 ② 불평형 전류
③ 평형 전류 ④ 허용 전류

🔑 저항에 전류가 흐르면 열이 발생하는 법칙은 줄(Joule)의 법칙이다.

06 비오-사바르(Biot-Savart)의 법칙과 가장 관계가 깊은 것은?
① 전류가 만드는 자장의 세기
② 전류와 전압의 관계
③ 기전력과 자계의 세기
④ 기전력과 자속의 변화

🔑 I[A]의 전류가 흐르고 있는 도체의 미소부분 Δl의 전류에 의해 이 부분에서 r[m] 떨어진 점의 자기장의 세기 ΔH는

Answer 1. ② 2. ① 3. ④ 4. ④ 5. ④ 6. ①

$$\Delta H = \frac{I\Delta l}{4\pi r}\sin\theta \,[\text{AT/m}]$$

07 2전력계법에 의해 평형 3상 전력을 측정하였더니 전력계가 각각 800[W], 400[W]를 지시하였다면, 이 부하의 전력은 몇 [W]인가?

① 600[W] ② 800[W]
③ 1200[W] ④ 1600[W]

🔑 3상 교류의 2전력계법은 전력
$$P = W_1 + W_2 = 800 + 400 = 1200[\text{W}]$$

08 정전용량 C_1, C_2를 병렬로 접속하였을 때의 합성 정전용량은?

① $C_1 + C_2$ ② $\dfrac{1}{C_1 + C_2}$
③ $\dfrac{1}{C_1} + \dfrac{1}{C_2}$ ④ $\dfrac{C_1 C_2}{C_1 + C_2}$

🔑 정전용량 C_1, C_2를 병렬로 접속 시 합성 정전용량은 $C_P = C_1 + C_2$

09 자속밀도 $B[\text{Wb/m}^2]$되는 균등한 자계 내에 길이 $l[\text{m}]$의 도선을 자계에 수직인 방향으로 운동시킬 때 도선에 $e[\text{V}]$의 기전력이 발생한다면 이 도선의 속도[m/s]는?

① $Ble\sin\theta$ ② $Ble\cos\theta$
③ $\dfrac{Bl\sin\theta}{e}$ ④ $\dfrac{e}{Bl\sin\theta}$

🔑 패러데이 법칙에 의해 유도기전력 $e = Blv\sin\theta$
에서 $v = \dfrac{e}{Bl\sin\theta}$

10 코일이 접속되어 있을 때, 누설 자속이 없는 이상적인 코일 간의 상호 인덕턴스는?

① $M = \sqrt{L_1 + L_2}$ ② $M = \sqrt{L_1 - L_2}$
③ $M = \sqrt{L_1 L_2}$ ④ $M = \sqrt{\dfrac{L_1}{L_2}}$

🔑 상호 인덕턴스 M은 $M = k\sqrt{L_1 L_2}$에서 누설자속이 없으므로 $k = 1$. 따라서 $M = \sqrt{L_1 L_2}$

11 단위 길이당 권수 100회인 무한장 솔레노이드에 10[A]의 전류가 흐를 때 솔레노이드 내부의 자장[AT/m]은?

① 10 ② 100
③ 1000 ④ 10000

🔑 전류 I가 흐를 때 무한장 솔레노이드 내부자장의 세기 H는
$H = N \times I \,[\text{AT/m}]$
$= 100 \times 10 = 1000 [\text{AT/m}]$

12 저항의 병렬접속에서 합성저항을 구하는 설명으로 옳은 것은?

① 연결된 저항을 모두 합하면 된다.
② 각 저항값의 역수에 대한 합을 구하면 된다.
③ 저항값의 역수에 대한 합을 구하고 다시 그 역수를 취하면 된다.
④ 각 저항값을 모두 합하고 저항 숫자로 나누면 된다.

🔑 저항의 병렬 합성저항값은
$$\frac{1}{R_P} = \frac{1}{R_1} + \frac{1}{R_2} + \cdots + \frac{1}{R_n}$$

13 $R[\Omega]$인 저항 3개가 △결선으로 되어 있는 것을 Y결선으로 환산하면 1상의 저항[Ω]은?

① $\dfrac{1}{3}R$ ② $\dfrac{1}{3R}$
③ $3R$ ④ R

🔓 Answer 7. ③ 8. ① 9. ④ 10. ③ 11. ③ 12. ③ 13. ①

✎ △를 Y로 변환하면 $R_Y = \frac{1}{3}R_\triangle$

14 N형 반도체의 주반송자는 어느 것인가?
① 억셉터 ② 전자
③ 도너   ④ 정공

✎ N형 반도체의 주반송자는 전자이고, P형 반도체의 주반송자는 정공이다.

15 (㉠), (㉡)에 들어갈 내용으로 알맞은 것은?

> 2차 전지의 대표적인 것으로 납축전지가 있다. 전해액으로 비중 약 (㉠) 정도의 (㉡)을 사용한다.

① ㉠ 1.15~1.21, ㉡ 묽은 황산
② ㉠ 1.25~1.36, ㉡ 질산
③ ㉠ 1.01~1.15, ㉡ 질산
④ ㉠ 1.23~1.26, ㉡ 묽은 황산

✎ 납축전지의 전해액으로는 묽은 황산이 쓰이고, 비중은 1.23~1.26, 방전종기전압은 1.8[V]

16 20[Ω], 30[Ω], 60[Ω]의 저항 3개를 병렬로 접속하고 여기에 60[V]의 전압을 가했을 때, 이 회로에 흐르는 전체전류는 몇 [A]인가?
① 3[A]   ② 6[A]
③ 30[A] ④ 60[A]

✎ 병렬접속의 합성저항값은
$$\frac{1}{R_P} = \frac{1}{R_1} + \frac{1}{R_2} + \frac{1}{R_3} = \frac{1}{20} + \frac{1}{30} + \frac{1}{60}$$
$$= \frac{3}{60} + \frac{2}{60} + \frac{1}{60} = \frac{6}{60}$$

그러므로 합성저항 $R_P = \frac{60}{6} = 10[\Omega]$

$\therefore I = \frac{V}{R} = \frac{60}{10} = 6[A]$

17 자석의 성질로 옳은 것은?
① 자석은 고온이 되면 자력이 증가한다.
② 자기력선에는 고무줄과 같은 장력이 존재한다.
③ 자력선은 자석 내부에서도 N극에서 S극으로 이동한다.
④ 자력선은 자성체는 투과하고, 비자성체는 투과하지 못한다.

✎ 자력선은 잡아당긴 고무줄과 같이 그 자신이 줄어들려고 하는 장력이 있다.

18 100[V]의 전압계가 있다. 이 전압계를 써서 200[V]의 전압을 측정하려면 최소 몇 [Ω]의 저항을 외부에 접속해야 하는가? (단, 전압계의 내부저항은 5000[Ω]이다.)
① 10000 ② 5000
③ 2500   ④ 1000

✎ 배율기(외부저항)의 저항 R_m, 전압계의 내부저항 R_s이면

배율 $m = 1 + \frac{R_m}{R_s}$

외부저항 $R_m = R_s(m-1)$
$= 5000(\frac{200}{100} - 1) = 5000[\Omega]$

19 2분간에 876000[J]의 일을 하였다. 그 전력은 얼마인가?
① 7.3[kW] ② 29.2[kW]
③ 73[kW]   ④ 438[kW]

✎ $W = P \times t$
$\therefore P = \frac{W}{t} = \frac{876000}{2 \times 60} = 7300[W] = 7.3[kW]$

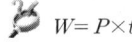
Answer 14. ② 15. ④ 16. ② 17. ② 18. ② 19. ①

20 최댓값이 110[V]인 사인파 교류 전압이 있다. 평균값은 약 몇 [V]인가?
① 30[V]   ② 70[V]
③ 100[V] ④ 110[V]

정현파의 전압의 평균값은
$$V_a = \frac{2V_m}{\pi} = \frac{2 \times 110}{\pi} = 70[V]$$

21 수전단 발전소용 변압기 결선에 주로 사용하고 있으며 한쪽은 중성점을 접지할 수 있고 다른 한쪽은 제3고조파에 의한 영향을 없애 주는 장점을 가지고 있는 3상 결선방식은?
① Y-Y   ② Δ-Δ
③ Y-Δ   ④ V

변압기 결선
 ① Y결선 : 중성점 접지가 가능한 결선 방식이다.
 ② Δ결선 : 중성점 접지를 할 수 없기 때문에 제3고조파에 의한 영향이 없다. 그러므로 수전단 발전소용 변압기에는 Y-Δ 결선 방식을 채택하고 있다.

22 단상 유도전동기에 보조권선을 사용하는 주된 이유는?
① 역률개선을 한다.
② 회전자장을 얻는다.
③ 속도제어를 한다.
④ 기동 전류를 줄인다.

단상 유도전동기는 회전 자장이 발생하지 않아 기동토크가 없기 때문에 보조권선(기동권선)을 삽입하면 회전자계가 형성되어 스스로 기동할 수 있게 되기 때문이다.

23 다음 중 전력제어용 반도체 소자가 아닌 것은?
① LED   ② TRIAC
③ GTO   ④ IGBT

LED(light-emitting diode) : 발광 다이오드

24 그림과 같은 전동기 제어회로에서 전동기 M의 전류 방향으로 올바른 것은?(단, 전동기의 역률은 100[%]이고, 사이리스터의 점호각은 0°라고 본다.)

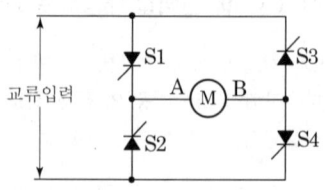

① 항상 "A"에서 "B"의 방향
② 항상 "B"에서 "A"의 방향
③ 입력의 반주기마다 "A"에서 "B"의 방향, "B"에서 "A"의 방향
④ S_1과 S_4, S_2와 S_3의 동작 상태에 따라 "A"에서 "B"의 방향, "B"에서 "A"의 방향

사이리스터 S_1, S_2의 화살표 심벌 방향에 따라 A로 전류가 들어가서 모터 M에서 소비되고 B방향으로 흘러나간다.

25 변압기유가 구비해야 할 조건으로 틀린 것은?
① 점도가 낮을 것
② 인화점이 높을 것
③ 응고점이 높을 것
④ 절연내력이 클 것

변압기유 구비 조건
 ① 점도가 낮고, 비열이 커서 냉각 효과가

Answer 20. ② 21. ③ 22. ② 23. ① 24. ① 25. ③

클 것
② 인화점이 높고, 응고점이 낮을 것
③ 절연 내력 및 절연 저항이 클 것

26 동기발전기의 병렬운전 시 원동기에 필요한 조건으로 구성된 것은?
① 균일한 각속도와 기전력의 파형이 같을 것
② 균일한 각속도와 적당한 속도 조정률을 가질 것
③ 균일한 주파수와 적당한 속도 조정률을 가질 것
④ 균일한 주파수와 적당한 파형이 같을 것

🔑 원동기에 필요한 조건
① 균일한 각속도와 적당한 속도 조정률을 가질 것
② 조속기가 적당한 속도 불감도를 가질 것

27 단락비가 1.2인 동기발전기의 % 동기 임피던스는 약 몇 [%]인가?
① 68   ② 83
③ 100 ④ 120

🔑 단락비 $K = \dfrac{100}{\%Z}$

∴ $\%Z = \dfrac{100}{K} = \dfrac{100}{1.2} ≒ 83$

28 아크 용접용 변압기가 일반전력용 변압기와 다른 점은?
① 권선의 저항이 크다.
② 누설 리액턴스가 크다.
③ 효율이 높다.
④ 역률이 좋다.

🔑 누설변압기
① 누설 리액턴스를 매우 크게 한 변압기이다.
② 네온관등, 방전등, 아크 용접기 전원으로 사용한다.

29 보호를 요하는 회로의 전류가 어떤 일정한 값(정정값) 이상으로 흘렀을 때 동작하는 계전기는?
① 과전류 계전기
② 과전압 계전기
③ 차동 계전기
④ 비율 차동 계전기

🔑 과전류 계전기이다

30 직류 분권발전기의 병렬운전의 조건에 해당되지 않는 것은?
① 극성이 같을 것
② 단자전압이 같을 것
③ 외부특성곡선이 수하특성일 것
④ 균압모선을 접속할 것

🔑 균압모선(균압선)
병렬운전을 안전하게 하기 위하여 직권과 복권에만 설치한 선이다.(분권은 설치 불필요)

31 접지공사의 종류에서 제3종 접지공사의 접지저항값은 몇 [Ω] 이하로 유지하여야 하는가?
① 10   ② 50
③ 100 ④ 150

🔑 접지공사의 접지저항값
① 제1종 접지공사 : 10[Ω]
② 제2종 접지공사 : $\dfrac{150(300, 600)}{1선지락전류}$
③ 제3종 접지공사 : 100[Ω]
④ 특별 제3종 접지공사 : 10[Ω]

🔓 Answer 26. ② 27. ② 28. ② 29. ① 30. ④ 31. ③

32 상전압 300[V]의 3상 반파 정류회로의 직류 전압은 약 몇 [V]인가?

① 520[V] ② 350[V]
③ 260[V] ④ 50[V]

🔑 **3상 반파 정류회로**
$E_d = 1.17 V[V]$
∴ $E_d = 1.17 V = 1.17 \times 300 = 351$

33 용량이 작은 전동기로 직류와 교류를 겸용할 수 있는 전동기는?

① 셰이딩전동기
② 단상 반발전동기
③ 단상 직권 정류자전동기
④ 리니어전동기

🔑 **단상 직권 정류자 전동기(단상 직권전동기)**
① 교류, 직류 겸용으로 사용할 수 있어 만능 전동기라고도 한다.
② 계자권선과 전기자권선을 약계자, 강전기자형으로 하여 역률을 좋게 한다.

34 15[kW], 60[Hz], 4극의 3상 유도전동기가 있다. 전부하가 걸렸을 때의 슬립이 4[%]라면 이때의 2차(회전자)측 동손은 약 몇 [kW]인가?

① 1.2 ② 1.0
③ 0.8 ④ 0.6

🔑 **유도기 2차 동손(P_{c2})**
① $P_{c2} = sP_2 = ?$
② $P_2 = \dfrac{P}{1-s} = \dfrac{15 \times 10^3}{1-0.04} = 15625[W]$
③ ∴ $P_{c2} = sP_2$
   $= 0.04 \times 15625 = 625[W] ≒ 0.6[kW]$

35 P형 반도체의 전기 전도의 주된 역할을 하는 반송자는?

① 전자 ② 정공
③ 가전자 ④ 5가 불순물

🔑

	첨가 불순물	다수 반송자 (주반송자)	소수 반송자
P형	3가 불순물 (Al, B, 인듐, Ga)	부족전자	억셉터=정공(正孔)
N형	5가 불순물 (인, 비소, 안티몬)	과잉전자	도너=공여자=시주

36 직류 전동기에서 무부하가 되면 속도가 대단히 높아져서 위험하기 때문에 무부하운전이나 벨트를 연결한 운전을 해서는 안 되는 전동기는?

① 직권전동기 ② 복권전동기
③ 타여자전동기 ④ 분권전동기

🔑 **직류 직권전동기의 무여자 상태(위험상태)**
벨트를 걸고 운전 시 벨트가 벗겨지면 속도가 가속되기 때문에 위험 상태에 이르게 된다. 그러기 때문에 벨트보다는 기어나 체인으로 운전하여야 한다.

37 권선형 유도전동기 기동 시 회전자측에 저항을 넣는 이유는?

① 기동 전류 증가
② 기동 토크 감소
③ 회전수 감소
④ 기동 전류 억제와 토크 증대

🔑 **권선형 유도전동기 2차 저항**
① 기동 전류의 제한
② 기동 토크의 증가
③ 속도 제어

Answer 32. ② 33. ③ 34. ④ 35. ② 36. ① 37. ④

비례추이 원리에 의해 기동토크증대가 이유

38 동기전동기의 부하각(load angle)은?
① 공급전압 V와 역기전압 E와의 위상각
② 역기전압 E와 부하전류 I와의 위상각
③ 공급전압 V와 부하전류 I와의 위상각
④ 3상 전압의 상전압과 선간 전압과의 위상각

🔑 동기기의 부하각
① 동기기에서 부하가 걸렸을 때 자극이 밀리게 되는데 이 밀린 각을 부하각이라고 한다.
② 발전기에서는 유도기전력과 단자 전압의 위상차이다.
③ 전동기에서는 공급 전압과 역기전력의 위상차이다.

39 전기기기의 냉각 매체로 활용하지 않는 것은?
① 물   ② 수소
③ 공기   ④ 탄소

40 동기전동기의 계자 전류를 가로축에, 전기자 전류를 세로축으로 하여 나타낸 V 곡선에 관한 설명으로 옳지 않은 것은?
① 위상 특성 곡선이라 한다.
② 부하가 클수록 V 곡선은 아래쪽으로 이동한다.
③ 곡선의 최저점은 역률 1에 해당한다.
④ 계자 전류를 조정하여 역률을 조정할 수 있다.

🔑 동기전동기 위상특성곡선(V곡선)
부하가 클수록 V곡선은 위쪽으로 이동한다.

41 설계하중 6.8[kN] 이하인 철근콘크리트 전주의 길이가 7[m]인 지지물을 건주하는 경우 땅에 묻히는 깊이로 가장 옳은 것은?
① 1.2[m]   ② 1.0[m]
③ 0.8[m]   ④ 0.6[m]

🔑 전주의 전체의 길이가 15[m] 이하인 경우 땅에 묻히는 깊이는 전체길이의 6분의 1 이상으로 하고, 전주의 전체길이가 15[m]를 초과하는 경우 땅에 묻히는 깊이는 2.5[m] 이상이다. 그러므로 7[m] 전주가 땅에 묻히는 깊이는 $7 \times \frac{1}{6} = 1.16$[m]이다.

42 옥내 배선에서 주로 사용하는 직선 접속 및 분기 접속방법은 어떤 것을 사용하여 접속하는가?
① 동선압착단자
② 슬리브
③ 와이어 커넥터
④ 꽂음형 커넥터

🔑 옥내 배선에서 주로 사용하는 직선 접속 및 분기접속방법은 슬리브 접속을 이용한다.

43 접지 시스템 시설의 다음 종류에서 해당되지 않는 것은? [개정 접지규정에 따라]
① 단독접지   ② 공통접지
③ 보호접지   ④ 통합접지

🔑 단독접지, 공통접지, 통합접지가 접지규격임

44 단상 2선식 옥내배전반 회로에서 접지측 전선의 색깔로 옳은 것은? [전선의 색상규정 변경]
① 갈색   ② 흑색

Answer 38. ① 39. ④ 40. ② 41. ① 42. ② 43. ③ 44. 규정 변경

③ 회색   ④ 녹색-노란색

🔑 개정 전선의 색상 규정

상문자	색상
L₁	갈색
L₂	흑색
L₃	회색
N	청색
보호도체	녹색-노란색

45 하향광속으로 직접 작업면에 직사하고 상부 방향으로 향한 빛이 천장과 상부의 벽을 부분 반사하여 작업면에 조도를 증가시키는 조명방식은?
① 직접조명   ② 반직접조명
③ 반간접조명   ④ 전반확산조명

46 60[cd]의 점광원으로부터 2[m]의 거리에서 그 방향과 직각인 면과 30° 기울어진 평면 위의 조도[lx]는?
① 7.5   ② 10.8
③ 13.0   ④ 13.8

🔑 $E = \dfrac{I}{r^2}\cos\theta = \dfrac{60}{2^2}\cos 30°$
$= 15 \times \dfrac{\sqrt{3}}{2} = \dfrac{25.9}{2} = 12.99$

47 한 개의 전등을 두 곳에서 점멸할 수 있는 배선으로 옳은 것은?

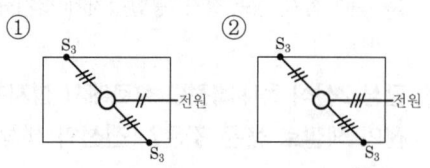

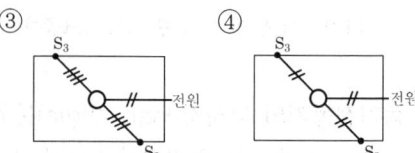

🔑 3로 스위치를 이용하여 2개소 점멸하는 그림은 ①이다.

48 일반적으로 과전류 차단기를 설치하여야 할 곳은?
① 접지공사의 접지선
② 다선식 전로의 중성선
③ 송배전선의 보호용, 인입선 등 분기선을 보호하는 곳
④ 저압 가공 전로의 접지측 전선

🔑 송배전선의 보호용, 인입선 등 분기선을 보호하는 곳은 과전류 차단기를 설치하여야 한다.

49 전선의 공칭단면적에 대한 설명으로 옳지 않은 것은?
① 소선 수와 소선의 지름으로 나타낸다.
② 단위는 [mm²]로 표시한다.
③ 전선의 실제단면적과 같다.
④ 연선의 굵기를 나타내는 것이다.

🔑 공칭단면적은 실제계산면적과 같을 수도 다를 수도 있다.

50 코드 상호간 또는 캡타이어 케이블 상호간을 접속하는 경우 가장 많이 사용되는 기구는?
① T형 접속기   ② 코드 접속기
③ 와이어 커넥터   ④ 박스용 커넥터

🔓 Answer   45. ④   46. ③   47. ①   48. ③   49. ③   50. ②

51 저압 가공인입선이 횡단보도교 위에 시설되는 경우 노면상 몇 [m] 이상의 높이에 설치되어야 하는가?
① 3   ② 4
③ 5   ④ 6

🔑 저압 가공인입선의 설치 높이는 도로를 횡단하는 경우 6[m] 이상, 철도횡단은 6.5[m] 이상, 횡단보도교는 3[m] 이상, 기타 장소는 4[m] 이상이다.

52 금속전선관 공사에서 사용되는 후강전선관의 규격이 아닌 것은?
① 16   ② 28
③ 36   ④ 50

🔑 후강금속전선관 규격
16[mm^2], 22[mm^2], 28[mm^2], 36[mm^2], 42[mm^2], 54[mm^2], 70[mm^2], 82[mm^2], 92[mm^2], 104[mm^2] 등이 있다.

53 다음 중 금속전선관 부속품이 아닌 것은?
① 록너트   ② 노멀 밴드
③ 커플링   ④ 앵글 커넥터

🔑 앵글 박스 커넥터는 가요전선관 부속품이다.

54 저압 옥내전로에서 전동기의 정격전류가 60[A]인 경우 전선의 허용전류[A]는 얼마 이상이 되어야 하는가?
① 66   ② 75
③ 78   ④ 90

🔑 전동기의 정격전류의 합계가 50[A] 이하인 경우, 그 정격전류의 합계의 1.25배의 전선을 선정한다. 전동기의 정격전류의 합계가 50[A]를 초과하는 경우 그 정격전류의 합계의 1.1배의 전선을 선정한다. 따라서 60×1.1=66[A]이다.

55 저압 옥내 분기회로에 개폐기 및 과전류 차단기를 시설하는 경우 원칙적으로 분기점에서 몇 [m] 이하에 시설하여야 하는가?
① 3   ② 5
③ 8   ④ 12

🔑 저압 옥내 분기회로에 개폐기 및 과전류 차단기를 설치하는 경우 분기점에서 전선의 길이가 3[m] 이하인 곳에 개폐기 및 과전류 차단기를 시설하여야 한다.

56 주로 저압 가공전선로 또는 인입선에 사용되는 애자로서 주로 앵글베이스 스트랩과 스트랩볼트 인류바인드선(비닐절연 바인드선)과 함께 사용하는 애자는?
① 고압 핀 애자   ② 저압 인류 애자
③ 저압 핀 애자   ④ 라인포스트 애자

57 다음 [보기] 중 금속관, 애자, 합성수지 및 케이블공사가 모두 가능한 특수장소를 옳게 나열한 것은?

[보기]
① 화약고 등의 위험 장소
② 부식성 가스가 있는 장소
③ 위험물 등이 존재하는 장소
④ 불연성 먼지가 많은 장소
⑤ 습기가 많은 장소

① ①, ②, ③   ② ②, ③, ④
③ ②, ④, ⑤   ④ ①, ④, ⑤

🔓 Answer 51. ① 52. ④ 53. ④ 54. ① 55. ① 56. ② 57. ③

58 가스 차단기에 사용되는 가스인 SF_6의 성질이 아닌 것은?
① 같은 압력에서 공기의 2.5~3.5배의 절연내력이 있다.
② 무색, 무취, 무해 가스이다.
③ 가스 압력 3~4[kgf/cm^2]에서 절연내력은 절연유 이상이다.
④ 소호능력은 공기보다 2.5배 정도 낮다.

🔑 6불화황(SF_6) 가스의 성질 중 소호능력은 공기보다 100~200배 정도 높다.

59 금속관 공사를 노출로 시공할 때 직각으로 구부러지는 곳에는 어떤 배선기구를 사용하는가?
① 유니온 커플링
② 아우트렛 박스
③ 픽스쳐 히키
④ 유니버셜 엘보

60 물체의 두께, 깊이, 안지름 및 바깥지름 등을 모두 측정할 수 있는 공구의 명칭은?
① 버니어 캘리퍼스
② 마이크로미터
③ 다이얼 게이지
④ 와이어 게이지

Answer 58. ④ 59. ④ 60. ①

2013년 10월 12일 시행 과년도출제문제

01 대칭 3상 전압에 △결선으로 부하가 구성되어 있다. 3상 중 한 선이 단선되는 경우, 소비되는 전력은 끊어지기 전과 비교하여 어떻게 되는가?

① $\dfrac{3}{2}$ 으로 증가한다.

② $\dfrac{2}{3}$ 로 줄어든다.

③ $\dfrac{1}{3}$ 로 줄어든다.

④ $\dfrac{1}{2}$ 로 줄어든다.

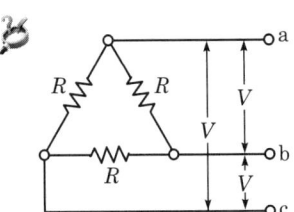

㉠ △결선 중 한 상의 전류 $I_\Delta = \dfrac{V}{R}$,

$P_\Delta = 3I_\Delta^2 R = 3 \times (\dfrac{V}{R})^2 \times R = \dfrac{3V^2}{R}$

㉡ 한 선이 단선되었을 때, a-b 간 전류를 I_{ab}, 전력을 P_{ab}, a-c-b 간 전류를 I_{acb}, 전력을 P_{acb} 라 하면

$P_{ab} = I_{ab}^2 R = (\dfrac{V^2}{R}) \times R = \dfrac{V^2}{R}$,

$P_{acb} = I_{acb}^2 R = (\dfrac{V}{2R})^2 \times R = \dfrac{V^2}{2R}$

단선 후 소비전력

$P = P_{ab} + P_{acb} = \dfrac{V^2}{R} + \dfrac{V^2}{2R} = \dfrac{3V^2}{2R}$

㉢ 그러므로 $\dfrac{P}{P_\Delta} = \dfrac{\frac{3V^2}{2R}}{\frac{3V^2}{R}} = \dfrac{1}{2}$

02 전류계의 측정범위를 확대시키기 위하여 전류계와 병렬로 접속하는 것은?

① 분류기 ② 배율기
③ 검류계 ④ 전위차계

분류기
전류계의 측정 범위를 확대시키기 위하여 전류계와 병렬로 접속하는 외부저항

03 전기장의 세기에 관한 단위는?

① H/m ② F/m
③ AT/m ④ V/m

전기장의 세기 $E = \dfrac{F[N]}{Q[C]}$ 또는

$W = QV$에서 $V = \dfrac{W}{Q} = \dfrac{F \times r}{Q} = E \times r$

$(W = F \cdot r)$

∴ $E = \dfrac{V[V]}{r[m]}$

04 같은 저항 4개를 그림과 같이 연결하여 a-b 간에 일정전압을 가했을 때 소비전력이 가장 큰 것은 어느 것인가?

①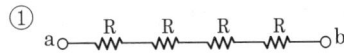

②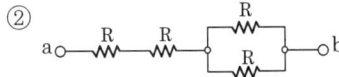

③

④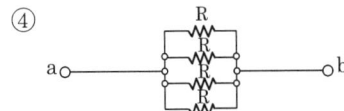

Answer 1. ④ 2. ① 3. ④ 4. ④

📝 $P = \dfrac{V^2}{R}$에서 전압 V는 일정하므로 전력은 저항에 반비례한다.
①은 합성저항 4R
②는 합성저항 2.5R
③은 합성저항 R
④는 합성저항 0.25R이므로
∴ 저항값이 가장 적은 ④가 소비전력이 가장 크다.

05 그림에서 a-b 간의 합성 정전용량은?

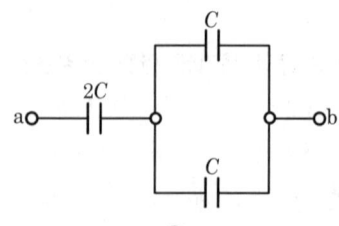

① C
② 2C
③ 3C
④ 4C

📝 병렬 합성저항은 $C_P = C + C = 2C$, 2C와 2C의 직렬접속으로 $\dfrac{C}{n}$에 의해
$C_T = \dfrac{2C}{2} = C$

06 $i = I_m \sin\omega t$(A)인 정현파 교류에서 ωt가 몇 도일 때 순시값과 실효값이 같게 되는가?

① 90°
② 60°
③ 45°
④ 0°

📝 ㉠ I의 실효값은 $\dfrac{I_m}{\sqrt{2}}$,

㉡ 순시값 $i = I_m \sin\omega t$에서 $I_m \sin\omega t = \dfrac{I_m}{\sqrt{2}}$이 므로 $\sin^{-1}\dfrac{1}{\sqrt{2}} = 45°$이다.

07 저항이 9[Ω]이고, 용량 리액턴스가 12[Ω]인 직렬회로의 임피던스[Ω]는?

① 3[Ω]
② 15[Ω]
③ 21[Ω]
④ 108[Ω]

📝 R-L 직렬회로에서 임피던스
$Z = \sqrt{R^2 + X_L^2} = \sqrt{9^2 + 12^2} = 15[\Omega]$

08 10[℃], 5000[g]의 물을 40[℃]로 올리기 위하여 1[kW]의 전열기를 쓰면 몇 분이 걸리게 되는가? (단, 여기서 효율은 80[%]라고 한다.)

① 약 13분
② 약 15분
③ 약 25분
④ 약 50분

📝 ㉠ $Q = Cm(t_2 - t_1)$[cal]에 의하여
$Q = 1 \times 5000 \times (40 - 10) = 150000$[cal]이고
㉡ 전열기 열량 $H = 0.24 Pt \times \eta$[cal]에서
$150,000 = 0.24 \times 1000 \times t \times 0.8$
$\therefore t = \dfrac{150,000}{0.24 \times 1000 \times 0.8} = \dfrac{150,000}{192}$
$\fallingdotseq 781.25$[sec] $= \dfrac{781.25}{60[\text{sec}]} = 13$분

09 발전기의 유도전압의 방향을 나타내는 법칙은?

① 패러데이의 법칙
② 렌츠의 법칙
③ 오른나사의 법칙
④ 플레밍의 오른손법칙

📝 플레밍의 오른손법칙은 발전기의 유도전압의 방향을 나타내고, 플레밍의 왼손법칙은 전동기의 회전방향을 나타낸다.

10 전기력선의 성질 중 맞지 않는 것은?

Answer 5. ① 6. ③ 7. ② 8. ① 9. ④ 10. ④

① 전기력선은 양(+) 전하에서 나와 음(−) 전하에서 끝난다.
② 전기력선의 접선방향이 전장의 방향이다.
③ 전기력선은 도중에 만나거나 끊어지지 않는다.
④ 전기력선은 등전위면과 교차하지 않는다.

🔑 전기력선은 등전위면과 수직으로 교차한다.

11 교류에서 파형률은?

① 파형률 = $\dfrac{최대값}{실효값}$

② 파형률 = $\dfrac{실효값}{평균값}$

③ 파형률 = $\dfrac{평균값}{실효값}$

④ 파형률 = $\dfrac{최대값}{평균값}$

🔑 파형률 = $\dfrac{실효값}{평균값}$, 파고율 = $\dfrac{최대값}{실효값}$

12 묽은 황산(H_2SO_4) 용액에 구리(Cu)와 아연(Zn)판을 넣으면 전지가 된다. 이때 양극(+)에 대한 설명으로 옳은 것은?

① 구리판이며 수소 기체가 발생한다.
② 구리판이며 산소 기체가 발생한다.
③ 아연판이며 산소 기체가 발생한다.
④ 아연판이며 수소 기체가 발생한다.

🔑 볼타 전지로써 양극이 구리, 음극이 아연이고 전해질 용은이 황산이며, 음극에서는 산화반응, 양극에서는 환원반응을 하여 수소가 발생한다.

13 다음 중 가장 무거운 것은?

① 양성자의 질량과 중성자의 질량의 합
② 양성자의 질량과 전자의 질량의 합
③ 원자핵의 질량과 전자의 질량의 합
④ 중성자의 질량과 전자의 질량의 합

🔑 원자핵=양성자+중성자, 따라서 원자핵의 질량과 전자의 질량의 합이 가장 무겁다.

14 $R=15[\Omega]$인 RC 직렬회로에 60[Hz], 100[V]의 전압을 가하니 4[A]의 전류가 흘렀다면 용량 리액턴스[Ω]는?

① 10   ② 15
③ 20   ④ 25

🔑 RC 직렬회로에서

$Z = \dfrac{V}{I} = \dfrac{100}{4}$

$Z = \sqrt{R^2 + X_C^2}$

$\therefore X_c = \sqrt{(\dfrac{100}{4})^2 - 15^2} = 20[\Omega]$

15 Y-Y 평형회로에서 상전압 V_p가 100[V], 부하 $Z=8+j6[\Omega]$이면 선전류 I_l의 크기는 몇 [A]인가?

① 2   ② 5
③ 7   ④ 10

🔑 $Z = \sqrt{8^2+6^2} = 10[\Omega]$

$I_p = \dfrac{V}{Z} = \dfrac{100}{10} = 10[A]$

(Y-Y 결선에서는 선간전류=상전류)

16 반지름 0.2[m], 권수 50회의 원형 코일이 있다. 코일 중심의 자기장의 세기가 850[AT/m]이었다면 코일에 흐르는 전류의 크기는?

① 0.68[A]   ② 6.8[A]

Answer 11. ② 12. ① 13. ③ 14. ③ 15. ④ 16. ②

③ 10[A]   ④ 20[A]

🔑 원형 코일 중심의 자장의 세기 H는
$$H = \frac{N \times I}{2r}$$
$$\therefore I = \frac{2r \times H}{N} = \frac{2 \times 0.2 \times 850}{50} = 6.8[A]$$

17 역률 0.8, 유효전력 4000[kW]인 부하의 역률을 100[%]로 하기 위한 콘덴서의 용량 [kVA]은?

① 3200   ② 3000
③ 2800   ④ 2400

🔑 역률개선을 위한 콘덴서 용량 Q는
$$Q = P(\tan\theta_1 - \tan\theta_2)$$
$$= P\left(\frac{\sin\theta_1}{\cos\theta_1} - \frac{\sin\theta_2}{\cos\theta_2}\right)$$
$$= P\left(\frac{\sqrt{1-\cos^2\theta_1}}{\cos\theta_1} - \frac{\sqrt{1-\cos^2\theta_2}}{\cos\theta_2}\right)$$
$$= 4000\left(\frac{\sqrt{1-(0.8)^2}}{0.8} - \frac{\sqrt{1-(1)^2}}{1}\right)$$
$$= 3000[kVA]$$

여기서, $\cos\theta_1$: 개선 전 역률
            $\cos\theta_2$: 개선 후 역률

18 전선의 길이를 4배로 늘렸을 때, 처음의 저항값을 유지하기 위해서는 도선의 반지름을 어떻게 해야 하는가?

① 1/4로 줄인다.   ② 1/2로 줄인다.
③ 2배로 늘인다.   ④ 4배로 늘인다.

🔑 $R = \rho\frac{l}{A} = \rho\frac{l}{\pi r^2}$ 에서 $R \propto l \propto \frac{1}{r^2}$ 관계이므로
길이 l이 4배 늘어난 도선의 저항값이 처음 값을 유지하려면 반지름 r이 2배 증가하면 된다.

19 자체 인덕턴스 L_1, L_2, 상호 인덕턴스 M인 두 코일을 같은 방향으로 직렬 연결한 경우 합성 인덕턴스는?

① $L_1 + L_2 + M$ ② $L_1 + L_2 - M$
③ $L_1 + L_2 + 2M$ ④ $L_1 + L_2 - 2M$

🔑 두 코일을 같은 방향으로 직렬 연결한 경우는 가동 접속이므로 합성 인덕턴스는
$L_s = L_1 + L_2 + 2M$이다.

20 자기저항의 단위는?

① AT/m   ② Wb/AT
③ AT/Wb   ④ Ω/AT

🔑 자기저항은 기자력 F와 자속 ϕ의 비
$$R_m = \frac{F}{\phi} = \frac{N \times I}{\phi}[AT/Wb]$$

21 직류전동기의 속도 제어에서 자속을 2배로 하면 회전수는?

① 1/2로 줄어든다.
② 변함이 없다.
③ 2배로 증가한다.
④ 4배로 증가한다.

🔑 직류전동기 속도제어
$$N = k\frac{V - I_a R_a}{\phi} \propto \frac{1}{\phi}$$
직류전동기의 회전수 N이 자속 ϕ와 반비례하므로 자속을 2배로 하면 회전수는 1/2로 줄어든다.

22 전기자 저항이 0.2[Ω], 전류 100[A], 전압 120[V]일 때 분권전동기의 발생동력[kW]은?

① 5   ② 10
③ 14   ④ 20

🔒 Answer   17. ②   18. ③   19. ③   20. ③   21. ①   22. ②

> 📌 **분권전동기의 기계 동력**
> $P_m = EI_a = (V - I_a R_a)I_a$ [W]
> $\therefore P_m = (V - I_a R_a)I_a$
> $= (120 - 100 \times 0.2) \times 100$
> $= 10$ [kW]

23 직류발전기 중 무부하 전압과 전부하 전압이 같도록 설계된 직류 발전기는?
① 분권발전기 ② 직권발전기
③ 평복권발전기 ④ 차동복권발전기

> 📌 **평복권발전기**
> 무부하 전압과 전부하 전압이 같아서 전압 변동률이 0이다.

24 다음 중 기동 토크가 가장 큰 전동기는?
① 분상기동형
② 콘덴서 모터형
③ 셰이딩 코일형
④ 반발기동형

> 📌 **단상 유도전동기 기동 토크의 크기 순서**
> 반발기동형 > 반발유도형 > 콘덴서 기동형 > 분상형 > 셰이딩 코일형 순이다.

25 슬립 4[%]인 3상 유도전동기의 2차 동손이 0.4[kW]일 때 회전자 입력[kW]은?
① 6 ② 8
③ 10 ④ 12

> 📌 **회전자 입력(2차 입력 P_2)**
> 2차 동손 $P_{c2} = sP_2$
> $\therefore P_2 = \dfrac{P_{c2}}{s} = \dfrac{0.4}{0.04} = 10$ [kW]

26 3상 유도전동기의 회전방향을 바꾸기 위한 방법으로 가장 옳은 것은?
① Δ-Y 결선으로 결선법을 바꾸어 준다.
② 전원의 전압과 주파수를 바꾸어 준다.
③ 전동기의 1차 권선에 있는 3개의 단자 중 어느 2개의 단자를 서로 바꾸어 준다.
④ 기동보상기를 사용하여 권선을 바꾸어 준다.

27 직류전동기의 제어에 널리 응용되는 직류-직류 전압제어장치는?
① 인버터 ② 컨버터
③ 초퍼 ④ 전파정류

> 📌 초퍼(chopper) : 잘게 자른다는 의미

28 직류발전기의 정류를 개선하는 방법 중 틀린 것은?
① 코일의 자기 인덕턴스가 원인이므로 접촉저항이 작은 브러시를 사용한다.
② 보극을 설치하여 리액턴스 전압을 감소시킨다.
③ 보극 권선은 전기자 권선과 직렬로 접속한다.
④ 브러시를 전기적 중성축을 지나서 회전방향으로 약간 이동시킨다.

> 📌 정류과정에서 정류자에 브러시로 단락된 전류가 흘러 불꽃을 발생하여 정류자 표면과 브러시를 손상시키기 때문에 브러시의 접촉저항이 큰 것을 사용한다.

29 셰이딩 코일형 유도전동기의 특징을 나타낸 것으로 틀린 것은?
① 역률과 효율이 좋고 구조가 간단하여 세

🔓 Answer 23. ③ 24. ④ 25. ③ 26. ③ 27. ③ 28. ① 29. ①

탁기 등 가정용 기기에 많이 쓰인다.
② 회전자는 농형이고 고정자의 성층철심은 몇 개의 돌극으로 되어 있다.
③ 기동 토크가 작고 출력이 수10[W] 이하의 소형 전동기에 주로 사용된다.
④ 운전 중에도 셰이딩 코일에 전류가 흐르고 속도변동률이 크다.

🔑 셰이딩 코일형 전동기
   기동토크가 매우 작고 운전 중에 셰이딩 코일에 전류가 흐르기 때문에 역률과 효율이 낮다.

30 동기발전기의 병렬운전 중에 기전력의 위상차가 생기면?
① 위상이 일치하는 경우보다 출력이 감소한다.
② 부하 분담이 변한다.
③ 무효 순환전류가 흘러 전기자 권선이 과열된다.
④ 동기화력이 생겨 두 기전력의 위상이 동상이 되도록 작용한다.

🔑 동기발전기의 병렬운전 조건
   동기발전기가 병렬운전을 하려면 기전력의 위상이 같아야 하는데 운전 중 위상차가 생기면 동기화 전류(유효 순환 전류 또는 유효 순환 횡류)가 흐르는데, 이 동기화 전류에 의해 위상차를 없애는 힘을 동기화력이라고 한다.

31 동기전동기에 대한 설명으로 옳지 않은 것은?
① 정속도 전동기로 비교적 회전수가 낮고 큰 출력이 요구되는 부하에 이용된다.
② 난조가 발생하기 쉽고 속도제어가 간단하다.
③ 전력계통의 전류세기, 역률 등을 조정할 수 있는 동기 조상기로 사용된다.
④ 가변 주파수에 의해 정밀속도 제어 전동기로 사용된다.

🔑 난조가 발생하기 쉽기 때문에 속도 제어가 곤란하다.

32 변압기에서 철손은 부하전류와 어떤 관계인가?
① 부하전류에 비례한다.
② 부하전류의 자승에 비례한다.
③ 부하전류에 반비례한다.
④ 부하전류와 관계없다.

🔑 철손은 무부하손이기 때문에 부하전류와는 무관하다.

33 6600/220[V]인 변압기의 1차에 2850[V]를 가하면 2차 전압[V]은?
① 90   ② 95
③ 120 ④ 105

🔑 권수비 $a = \dfrac{N_1}{N_2} = \dfrac{V_1}{V_2} = \dfrac{6600}{220} = 30$

∴ $V_2 = \dfrac{V_1}{a} = \dfrac{2850}{30} = 95$

34 3상 변압기의 병렬운전이 불가능한 결선 방식으로 짝지은 것은?
① Δ-Δ와 Y-Y   ② Δ-Y와 Δ-Y
③ Y-Y와 Y-Y   ④ Δ-Δ와 Δ-Y

35 유도전동기의 동기속도 n_s, 회전속도 n일 때 슬립은?

Answer 30. ④ 31. ② 32. ④ 33. ② 34. ④ 35. ③

① $s = \dfrac{n_s - n}{n}$ ② $s = \dfrac{n - n_s}{n}$

③ $s = \dfrac{n_s - n}{n_s}$ ④ $s = \dfrac{n_s + n}{n_s}$

36 다음 중 제동권선에 의한 기동토크를 이용하여 동기전동기를 기동시키는 방법은?
① 저주파 기동법 ② 고주파 기동법
③ 기동 전동기법 ④ 자기 기동법

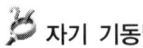 **자기 기동법**
자극면에 설치된 제동(기동)권선을 농형 회전자와 같이 이용하여 기동한다.

37 변압기의 백분율저항강하가 2[%], 백분율리액턴스강하가 3[%]일 때 부하역률이 80[%]인 변압기의 전압변동률[%]은?
① 1.2 ② 2.4
③ 3.4 ④ 3.6

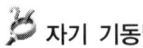 **변압기 전압변동률**
㉠ $\varepsilon = p\cos\theta + q\sin\theta$[%]
㉡ $p=2$, $q=3$, $\cos\theta = 0.8$,
$\sin\theta = \sqrt{1 - \cos\theta^2} = \sqrt{1 - 0.8^2} = 0.6$
∴ $\varepsilon = p\cos\theta + q\sin\theta = 2 \times 0.8 + 0.6 \times 3 = 3.4$

38 동기발전기의 공극이 넓을 때의 설명으로 잘못된 것은?
① 안정도 증대
② 단락비가 크다.
③ 여자전류가 크다.
④ 전압변동이 크다.

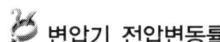 **단락비(K)가 큰 기계(철기계)의 특성**
㉠ 동기 임피던스가 작고 전기자 반작용이 작다.
㉡ 공극이 크고 무겁고 비싸다.
㉢ 전압 변동률이 작다.

39 보호구간에 유입하는 전류와 유출하는 전류의 차에 의해 동작하는 계전기는?
① 비율차동 계전기
② 거리 계전기
③ 방향 계전기
④ 부족전압 계전기

40 $e = \sqrt{2}E\sin\omega t$[V]의 정현파 전압을 가했을 때 **직류 평균값** $E_{do} = 0.45E$[V]인 회로는?
① 단상 반파 정류회로
② 단상 전파 정류회로
③ 3상 반파 정류회로
④ 3상 전파 정류회로

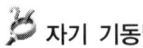 **정류회로 출력**
㉠ 단상 반파 정류회로 : $E_d = 0.45V$[V]
㉡ 단상 전파 정류회로 : $E_d = 0.9V$[V]

41 가로등, 경기장, 공장, 아파트 단지 등의 일반조명을 위하여 시설하는 고압방전등의 효율은 몇 [lm/W] 이상의 것이어야 하는가?
① 30 ② 70
③ 90 ④ 120

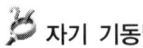 가로등, 경기장, 공장, 아파트 단지 등의 일반조명을 위하여 시설하는 고압방전등은 그 효율이 70[lm/W] 이상의 것이어야 한다.

42 전주의 길이가 16[m]인 지지물을 건주하는 경우에 땅에 묻히는 최소 깊이는 몇 [m]인가? (단, 설계하중이 6.8[kN] 이하이다.)

Answer 36. ④ 37. ③ 38. ④ 39. ① 40. ① 41. ② 42. ③

① 1.5　　② 2.0
③ 2.5　　④ 3.5

🔑 전주의 전체의 길이가 15[m] 이하인 경우 땅에 묻히는 깊이는 전체길이의 6분의 1 이상으로 하고, 전주의 전체의 길이가 15[m]를 초과하는 경우 땅에 묻히는 깊이는 2.5[m] 이상이다.

43 금속몰드 배선시공 시 사용전압은 몇 [V] 미만이어야 하는가?

① 100　　② 200
③ 300　　④ 400

🔑 몰드 공사는 건조하고 전개된 장소나 점검할 수 있는 은폐장소에서 사용전압 400[V] 미만에서 시설 가능하다.

44 단선의 직선접속 방법 중에서 트위스트 직선접속을 할 수 있는 최대 단면적은 몇 [mm²] 이하인가?

① 2.5　　② 4
③ 6　　　④ 10

🔑 6[mm²] 이하의 가는 단선의 직선접속은 트위스트 접속으로, 10[mm²] 이상의 굵은 단선의 직선접속은 브리타니어 접속으로 한다.

45 셀룰러 덕트 공사 시 덕트 상호간을 접속하는 것과 셀룰러 덕트 끝에 접속하는 부속품에 대한 설명으로 적합하지 않은 것은?

① 알루미늄 판으로 특수 제작할 것
② 부속품의 판 두께는 1.6[mm] 이상일 것
③ 덕트 끝과 내면은 전선의 피복이 손상하지 않도록 매끈한 것일 것
④ 덕트의 내면와 외면은 녹을 방지하기 위하여 도금 또는 도장을 한 것일 것

🔑 대형 빌딩 철골조 건축물의 바닥 콘크리트 틀(파형강판)로써 시설한다.

46 석유류를 저장하는 장소의 공사 방법 중 틀린 것은?

① 케이블 공사　　② 애자사용 공사
③ 금속관 공사　　④ 합성수지관 공사

🔑 위험물이 있는 공사, 즉 셀룰로이드, 성냥, 석유 등 기타 타기 쉬운 위험물질을 제조하거나 저장하는 곳의 옥내배선공사 방법은 합성수지관 공사, 금속관 공사, 케이블 공사로 시설한다.

47 DV 전선을 사용하는 저압 구내 가공인입전선으로 전선의 길이가 15[m]를 초과하는 경우 그 전선의 지름은 몇 [mm] 이상을 사용하여야 하는가?

① 1.6　　② 2.0
③ 2.6　　④ 3.2

🔑 전선이 케이블인 경우 이외에는 인장강도 2.30[kN] 이상의 것 또는 지름 2.6[mm] 이상의 인입용 비닐절연전선일 것(다만, 경간이 15[m] 이하인 경우 지름 2[mm] 이상의 인입용 비닐절연전선)

48 다음 중 가요전선관 공사로 적당하지 않은 것은?

① 옥내의 천장 은폐배선으로 8각 박스에서 형광등 기구에 이르는 짧은 부분의 전선관 공사
② 프레스 공작기계 등의 굴곡개소가 많아 금속관 공사가 어려운 부분의 전선관 공사

🔓 Answer　43. ④　44. ③　45. ①　46. ②　47. ③　48. ④

③ 금속관에서 전동기 부하에 이르는 짧은 부분의 전선관 공사

④ 수변전실에서 배전반에 이르는 부분의 전선관 공사

④번은 금속덕트를 많이 사용한다.

49 교통신호등의 제어장치로부터 신호등의 전구까지의 전로에 사용하는 전압은 몇 [V] 이하인가?

① 60 ② 100
③ 300 ④ 440

화약류 저장소, 소세력 회로, 출퇴표시등 회로, 교통신호등 회로의 사용전압은 300[V] 미만이다.

50 접지도체 가운데 중성점 접지로 사용하는 전선의 단면적은 얼마 이상인가?

① 6[mm²] 이상   ② 16[mm²] 이상
③ 10[mm²] 이상 ④ 50[mm²] 이상

• 구리 : 6[mm²] 이상
• 접지도체 : 16[mm²] 이상
• 철 : 50[mm²] 이상

51 무대·무대 밑·오케스트라 박스·영사실 기타 사람이나 무대 도구가 접촉될 우려가 있는 장소에 시설하는 저압 옥내배선·전구선 또는 이동전선은 사용전압이 몇 [V] 미만이어야 하는가?

① 400 ② 500
③ 600 ④ 700

흥행장의 저압 배선공사는 사용전압 400[V] 미만이고, 무대, 무대 마루 밑, 오케스트라 박스, 영사실 등에는 각각의 전용개폐기 및 과전류 차단기를 시설해야 한다.

52 아래 심벌이 나타내는 것은?

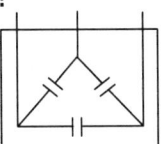

① 저항
② 진상용 콘덴서
③ 유입 개폐기
④ 변압기

53 지중전선로에 사용되는 케이블 중 고압용 케이블은?

① 콤바인덕트(CD) 케이블
② 폴리에틸렌 외장케이블
③ 클로로프렌 외장케이블
④ 비닐 외장케이블

지중전선로에 사용되는 고압용 케이블은 콤바인덕트(CD) 케이블이 사용된다.

54 전압의 구분에서 저압 직류전압은 몇 [V] 이하인가? [전압규정 변경]

① 400 ② 600
③ 1500 ④ 1000

㉠ 저압 : 직류 1500[V] 이하, 교류 1000[V] 이하
㉡ 고압 : 저압을 초과하면서 7000[V] 이하
㉢ 특고압 : 7000[V] 초과

55 금속관 내의 같은 굵기의 전선을 넣을 때는 절연전선의 피복을 포함한 총 단면적이 금속관 내부 단면적의 몇 [%] 이하이어야 하는가?

① 16 ② 24
③ 32 ④ 48

Answer 49. ③ 50. ② 51. ① 52. ② 53. ① 54. ③ 55. ④

🔑 관의 굴곡이 적어 쉽게 전선을 인입 및 교체할 수 있는 경우는 전선의 피복절연물을 포함한 단면적의 총합계가 관의 내부 단면적의 48[%] 이하로 할 수 있다.

56 접지 시스템 시설의 다음 종류에서 해당되지 않는 것은? [개정 접지규정에 따라]
① 단독접지 ② 통합접지
③ 보호접지 ④ 공통접지

🔑 단독접지, 공통접지, 통합접지가 접지규격임

57 16[mm] 합성수지 전선관을 직각 구부리기를 할 경우 구부림 부분의 길이는 약 몇 [mm]인가?(단, 16[mm] 합성수지관의 안지름은 18[mm], 바깥지름은 22[mm]이다.)
① 119 ② 132
③ 187 ④ 220

🔑 ㉠ 곡률 반경의 문제가 아니고 굽힘작업 시 가열부분의 길이에 관한 문제이다.
㉡ 가열부분의 길이는 합성수지관을 직각으로 구부릴 때는 관의 곡률반경을 관 안지름의 6배 이상의 내접하는 원의 원주율의 1/4 길이지만 실제 굽힘에 필요한 길이는 현장성을 고려하여 관 안지름의 10배 정도를 적용하면 16[mm]관은 187[mm] 정도가 된다.

58 다음 중 배전반 및 분전반의 설치 장소로 적합하지 않은 곳은?
① 전기회로를 쉽게 조작할 수 있는 장소
② 개폐기를 쉽게 개폐할 수 있는 장소
③ 노출된 장소
④ 사람이 쉽게 조작할 수 없는 장소

🔑 옥내 시설하는 저압용 배·분전반의 기구 및 전선은 쉽게 점검할 수 있도록 하여야 한다.

59 옥내배선공사 중 금속관 공사에 사용되는 공구의 설명 중 잘못된 것은?
① 전선관의 굽힘 작업에 사용하는 공구는 토치램프나 스프링 벤더를 사용한다.
② 전선관의 나사를 내는 작업에 오스터를 사용한다.
③ 전선관을 절단하는 공구에는 쇠톱 또는 파이프 커터를 사용한다.
④ 아우트렛 박스의 천공작업에 사용되는 공구는 녹아웃 펀치를 사용한다.

🔑 ①번은 합성수지관 공사의 굽힘 작업에 사용한다.

60 부식성 가스 등이 있는 장소에 전기설비를 시설하는 방법으로 적합하지 않은 것은?
① 애자사용배선 시 부식성 가스의 종류에 따라 절연전선인 DV전선을 사용한다.
② 애자사용배선에 의한 경우에는 사람이 쉽게 접촉될 우려가 없는 노출장소에 한한다.
③ 애자사용배선 시 부득이 나전선을 사용하는 경우에는 전선과 조영재와의 거리를 4.5[cm] 이상으로 한다.
④ 애자사용배선 시 전선의 절연물이 상해를 받는 장소는 나전선을 사용할 수 있으며, 이 경우는 바닥 위 2.5[m] 이상 높이에 시설한다.

🔑 애자사용공사 시 OW전선 및 DV전선은 사용할 수 없다.

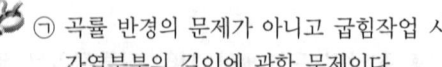
Answer 56. ③ 57. ③ 58. ④ 59. ① 60. ①

2014년 1월 26일 시행 과년도출제문제

01 기전력 1.5[V], 내부저항 0.2[Ω]인 전지 5개를 직렬로 연결하고 이를 단락하였을 때의 단락전류[A]는?
① 1.5　　② 4.5
③ 7.5　　④ 15

㉠ $I = \dfrac{nE}{R+nr}$[A]에서 외부저항 $R=0$
  기전력 1.5[V]를 5개 직렬 연결 시 기전력
  $E = 1.5 \times 5 = 7.5$[V]
㉡ 내부저항 0.2[Ω]을 5개 직렬로 연결 시
  총내부저항 $r = 0.2 \times 5 = 1$[Ω]
∴ $I = \dfrac{E}{r} = \dfrac{7.5}{1} = 7.5$[A]

02 도면과 같이 공기 중에 놓인 2×10^{-8}[C]의 전하에서 2[m] 떨어진 점 P와 1[m] 떨어진 점 Q와의 전위차는 몇 [V]인가?

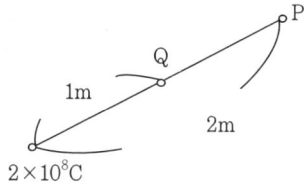

① 80[V]　　② 90[V]
③ 100[V]　　④ 110[V]

㉠ 점 P의 전위
  $V_1 = \dfrac{Q}{4\pi\varepsilon r} = 9 \times 10^9 \dfrac{Q}{r}$
  $= 9 \times 10^9 \times \dfrac{2 \times 10^{-8}}{1} = 180$[V]
㉡ 점 Q의 전위
  $V_2 = 9 \times 10^9 \times \dfrac{2 \times 10^{-8}}{2} = 90$[V]
∴ 전위차 $V = V_1 - V_2 = 180 - 90 = 90$[V]

03 전류의 발열작용과 관계가 있는 것은?
① 줄의 법칙
② 키르히호프의 법칙
③ 옴의 법칙
④ 플레밍의 법칙

전류의 발열작용은 Joul의 법칙
$H = 0.24I^2 Rt$ 이다.

04 $\dfrac{\pi}{6}$[rad]는 몇 도인가?
① 30°　　② 45°
③ 60°　　④ 90°

$\dfrac{\pi}{6}$[rad] $\times \dfrac{180°}{\pi} = 30°$

05 $i = 3\sin\omega t + 4\sin(3\omega t - \theta)$[A]로 표시되는 전류의 등가 사인파 최댓값은?
① 2[A]　　② 3[A]
③ 4[A]　　④ 5[A]

비정현파 실효값은
$I_s = \sqrt{I_0^2 + I_1^2 + \cdots I_n^2}$
∴ $I_s = \sqrt{\left(\dfrac{3}{\sqrt{2}}\right)^2 + \left(\dfrac{4}{\sqrt{2}}\right)^2}$
$= \sqrt{\dfrac{9}{2} + \dfrac{16}{2}} = \sqrt{\dfrac{25}{2}} = \dfrac{5}{\sqrt{2}}$
∴ 최댓값 $I_m = \sqrt{2} I_s$
$= \sqrt{2} \times \dfrac{5}{\sqrt{2}} = 5$[A]

06 전자석의 특징으로 옳지 않은 것은?
① 전류의 방향이 바뀌면 전자석의 극도 바뀐다.

 Answer　1. ③　2. ②　3. ①　4. ①　5. ④　6. ③

② 코일을 감은 횟수가 많을수록 강한 전자석이 된다.
③ 전류를 많이 공급하면 무한정 자력이 강해진다.
④ 같은 전류라도 코일 속에 철심을 넣으면 더 강한 전자석이 된다.

💡 $Hl = NI$에 의해 전류를 많이 공급하면 자력이 강해지나 어느 정도 되면 자기포화에 의해 자장의 세기가 증가되지 않는다.

07 2[F], 4[F], 6[F]의 콘덴서 3개의 C정전용량은 몇 [F]인가? (병렬로 연결 시)
① 1.5 ② 4
③ 8   ④ 12

💡 콘덴서 병렬 연결의 합성 정전용량은
$C_p = C_1 + C_2 + C_3 = 2 + 4 + 6 = 12[F]$

08 출력 P[kVA]의 단상변압기 2대를 V결선한 때의 3상 출력[kVA]은?
① P   ② $\sqrt{3}P$
③ 2P   ④ 3P

💡 변압기 2대의 V결선 3상 출력은
$P = \sqrt{3}VI = \sqrt{3}P[kVA]$

09 그림에서 평형조건이 맞는 식은?

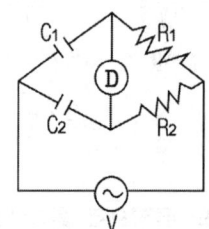

① $C_1R_1 = C_2R_2$ ② $C_1R_2 = C_2R_1$
③ $C_1C_2 = R_1R_2$ ④ $\dfrac{1}{C_1C_2} = R_1R_2$

💡 평형조건은 $\dfrac{1}{\omega C_1} \times R_2 = \dfrac{1}{\omega C_2} \times R_1$
$\omega C_2 \times R_2 = \omega C_1 \times R_1$
∴ $C_2 \times R_2 = C_1 \times R_1$

10 30[μF]과 40[μF]의 콘덴서를 병렬로 접속한 후 100[V]의 전압을 가했을 때 전 전하량은 몇 [C]인가?
① 17×10^{-4} ② 34×10^{-4}
③ 56×10^{-4} ④ 70×10^{-4}

💡 30[μF]과 40[μF]의 콘덴서 2개를 병렬연결 합성 정전용량은
$C_p = 30 + 40 = 70[\mu F]$
전기량 Q는 $Q = CV$에서
$Q = 100 \times 70 \times 10^{-6}$
$= 70 \times 10^{-4}[C]$

11 어떤 저항(R)에 전압(V)를 가하니 전류(I)가 흘렀다. 이 회로의 저항(R)을 20[%] 줄이면 전류(I)는 처음의 몇 배가 되는가?
① 0.8   ② 0.88
③ 1.25   ④ 2.04

💡 $V = IR$ (V 일정)에서는 $I \propto \dfrac{1}{R}$ 관계로
비례식 $I : \dfrac{1}{R} = I' : \dfrac{1}{0.8R}$에서
$I' \times \dfrac{1}{R} = I \times \dfrac{1}{0.8R}$
∴ $\dfrac{I'}{I} = \dfrac{1}{0.8} = 1.25$

12 단상전력계 2대를 사용하여 2전력계법으로 3상 전력을 측정하고자 한다. 두 전력계의

Answer 7. ④ 8. ② 9. ① 10. ④ 11. ③ 12. ④

지시값이 각각 P_1, P_2[W]이었다. 3상 전력 P[W]를 구하는 식으로 옳은 것은?

① $P = \sqrt{3}(P_1 \times P_2)$
② $P = P_1 - P_2$
③ $P = P_1 \times P_2$
④ $P = P_1 + P_2$

🔑 단상전력계 2대를 접속하여 3상 전력을 측정하는 경우
$P = P_1 + P_2 = \sqrt{3} VI\cos\theta$

13 그림과 같이 R_1, R_2, R_3의 저항 3개가 직병렬 접속되었을 때 합성저항은?

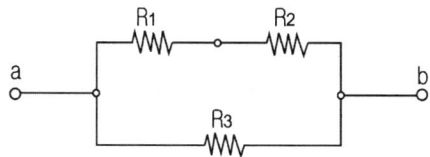

① $R = \dfrac{(R_1+R_2)R_3}{R_1+R_2+R_3}$

② $R = \dfrac{(R_2+R_3)R_1}{R_1+R_2+R_3}$

③ $R = \dfrac{(R_1+R_3)R_2}{R_1+R_2+R_3}$

④ $R = \dfrac{R_1 R_2 R_3}{R_1+R_2+R_3}$

🔑 그림에서
$R_{S1} = R_1 + R_2$
$R_P = \dfrac{R_{S1} \times R_{S2}}{R_{S1} + R_{S2}} = \dfrac{(R_1+R_2) \times R_3}{(R_1+R_2)+R_3}$
$= \dfrac{R_1 R_3 + R_2 R_3}{R_1 + R_2 + R_3}$

14 공기 중에서 $+m$[Wb]의 자극으로부터 나오는 자기력선의 총 수를 나타낸 것은?

① m
② $\dfrac{\mu_0}{m}$
③ $\dfrac{m}{\mu_0}$
④ $\mu_0 m$

🔑 자력선은 $\dfrac{m}{\mu_0}$개, 자속은 m개

15 24[C]의 전기량이 이동해서 144[J]의 일을 했을 때 기전력은?

① 2[V]
② 4[V]
③ 6[V]
④ 8[V]

🔑 $W = Q \times V$
∴ $V = \dfrac{W}{Q} = \dfrac{144}{24} = 6$[V]

16 4×10^{-5}[C]과 6×10^{-5}[C]의 두 전하가 자유공간에 2[m]의 거리에 있을 때 그 사이에 작용하는 힘은?

① 5.4[N], 흡인력이 작용한다.
② 5.4[N], 반발력이 작용한다.
③ $\dfrac{7}{9}$[N], 흡인력이 작용한다.
④ $\dfrac{7}{9}$[N], 반발력이 작용한다.

🔑 쿨롱의 법칙에 의해 각 전하량 사이에 작용하는 힘(F)은
$F = \dfrac{1}{4\pi\varepsilon} \dfrac{Q_1 \times Q_2}{r^2}$
$= 9 \times 10^9 \times \dfrac{4 \times 10^{-5} \times 6 \times 10^{-5}}{2^2}$
$= 5.4$[N]
각각 극성이 +이므로 같은 극끼리는 반발력이 작용한다.

17 다음 중 비유전율이 가장 큰 것은?

🔓 Answer 13. ① 14. ③ 15. ③ 16. ② 17. ④

① 종이　　② 염화비닐
③ 운모　　④ 산화티탄 자기

🐢
- 종이 : 1.2~1.6
- 운모 : 5~9
- 산화티탄 : 83~183
- 염화비닐 : 4.5~5.5

18 코일의 자체 인덕턴스(L)와 권수(N)의 관계로 옳은 것은?

① $L \propto N$　　② $L \propto N^2$
③ $L \propto N^3$　　④ $L \propto \dfrac{1}{N}$

🐢 $L = \dfrac{\mu A N^2}{l}$
∴ $L \propto N^2$

19 200[V], 500[W]의 전열기를 220[V] 전원에 사용하였다면 이때의 전력은?

① 400[W]　　② 500[W]
③ 550[W]　　④ 605[W]

🐢 ㉠ $P = VI = \dfrac{V^2}{R}$ [W]에서
전열기 내부저항을 먼저 구하면
$R = \dfrac{V^2}{P} = \dfrac{200^2}{500} = \dfrac{40000}{500} = 80[\Omega]$
㉡ 전압 변화 후 전력은
$P' = \dfrac{220^2}{80} = 605[W]$

20 자체 인덕턴스가 L_1, L_2인 두 코일을 직렬로 접속하였을 때 합성 인덕턴스를 나타낸 식은? (단, 두 코일 간의 상호 인덕턴스는 M이다.)

① $L_1 + L_2 \pm M$　　② $L_1 - L_2 \pm M$
③ $L_1 + L_2 \pm 2M$　　④ $L_1 - L_2 \pm 2M$

🐢 자기적으로 결합한 자체 인덕턴스의 직렬접속
$L_{ab} = L_1 + L_2 \pm 2M$
여기서, 가동접속은 +, 차동접속은 −

21 직류전동기의 특성에 대한 설명으로 틀린 것은?

① 직권전동기는 가변 속도전동기이다.
② 분권전동기에서는 계자회로에 퓨즈를 사용하지 않는다.
③ 분권전동기는 정속도 전동기이다.
④ 가동 복권전동기는 기동 시 역회전할 염려가 있다.

22 계전기가 설치된 위치에서 고장점까지의 임피던스에 비례하여 동작하는 보호계전기는?

① 방향단락계전기
② 거리계전기
③ 단락회로 선택계전기
④ 과전압계전기

🐢 거리계전기(ZR)
㉠ 계전기가 설치된 위치로부터 고장점까지의 전기적 거리(임피던스 Z)에 비례하여 한시 동작하는 계전기이다.
㉡ 복잡한 계통에서 방향단락 계전기 대신 사용한다.

23 인버터(inverter)란?

① 교류를 직류로 변환
② 직류를 교류로 변환
③ 교류를 교류로 변환
④ 직류를 직류로 변환

🐢 인버터
직류를 교류로 변환하는 장치를 인버터 또는

🔓 **Answer** 18. ②　19. ④　20. ③　21. ④　22. ②　23. ②

역변환장치라고 한다.

24 다음은 3상 유도전동기, 고정자 권선의 결선도를 나타낸 것이다. 맞는 사항을 고르시오.

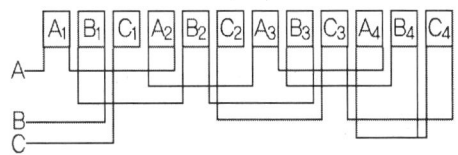

① 3상 2극, Y결선
② 3상 4극, Y결선
③ 3상 2극, △결선
④ 3상 4극, △결선

🔑 고정자 결선도에서 A_1, B_1, $C_1 \sim A_4$, B_4, C_4로 구성되어 있으므로 4극 권선이고, A, B, C 권선 출력측 단자가 공통처리 되어 있으므로 Y결선 권선법이다.

25 다음 중 턴오프(소호)가 가능한 소자는?
① GTO   ② TRJAC
③ SCR   ④ LASCR

🔑 자기 소호(턴오프)가 가능한 소자
GTO, IGBT 등

26 3상 동기발전기에서 전기자 전류가 무부하 유도기전력보다 $\pi/2$[rad] 앞선 경우(X_c만의 부하)의 전기자 반작용은?
① 횡축반작용   ② 증자작용
③ 감자작용   ④ 편자작용

🔑 동기발전기 전기자 반작용 중 증자작용(자화작용)
㉠ C만의 부하(용량성)일 때 나타난다. 즉, 전기자 전류가 유도기전력보다 앞선 경우(진상)에 증자작용이 나타난다.

㉡ 수전단 전압이 상승된다.

27 권수비 30인 변압기의 저압측 전압이 8[V]인 경우 극성시험에서 가극성과 감극성의 전압 차이는 몇 [V]인가?
① 24   ② 16
③ 8   ④ 4

🔑 변압기의 극성($V_2=8$[V], $a=20$일 때)
㉠ 가극성 전압
$$V = V_1 + V_2 = a \cdot V_2 + V_2$$
$$= 20 \times 8 + 8 = 168[V]$$
㉡ 감극성 전압
$$V' = V_1 - V_2 = a \cdot V_2 - V_2$$
$$= 20 \times 8 - 8 = 152[V]$$
$$\therefore V - V' = 168 - 152 = 16[V]$$

28 3상 유도전동기의 회전원리를 설명한 것 중 틀린 것은?
① 회전자의 회전속도가 증가하면 도체를 관통하는 자속수는 감소한다.
② 회전자의 회전속도가 증가하면 슬립도 증가한다.
③ 부하를 회전시키기 위해서는 회전자의 속도는 동기속도 이하로 운전되어야 한다.
④ 3상 교류전압을 고정자에 공급하면 고정자 내부에서 회전 자기장이 발생된다.

🔑 회전속도 N과 슬립 s와의 관계
회전수 $N=(1-s)N_s$이므로
회전수 N과 슬립 s와의 관계는 반비례한다.

29 동기발전기의 난조를 방지하는 가장 유효한 방법은?
① 회전자의 관성을 크게 한다.

Answer   24. ② 25. ① 26. ② 27. ② 28. ② 29. ②

② 제동권선을 자극면에 설치한다.
③ X_s를 작게 하고 동기화력을 크게 한다.
④ 자극수를 적게 한다.

30 대지전압 500[V] 이하인 저압전로의 절연저항[MΩ]값은 얼마 이상인가? [개정규정]
① 0.1 ② 0.2
③ 0.4 ④ 1

 전로의 절연저항

전로의 사용전압(V)	DC 시험 전압(V)	절연저항
SELV 및 PELV	250	0.5[MΩ]
FELV, 500[V] 이하	500	1.0[MΩ]
500[V] 초과	1,000	1.0[MΩ]

31 변압기의 퍼센트 저항강하가 3[%], 퍼센트 리액턴스 강하가 4[%]이고, 역률이 80[%] 지상이다. 이 변압기의 전압변동률[%]은?
① 3.2 ② 4.8
③ 5.0 ④ 5.6

 변압기의 전압변동률
㉠ $\varepsilon = p\cos\theta + q\sin\theta [\%]$ (지상)
㉡ $p=3[\%]$, $q=4[\%]$, $\cos\theta=0.8$일 때
$\sin\theta = \sqrt{1-\cos\theta^2} = \sqrt{1-0.8^2} = 0.6$
∴ $\varepsilon = p\cos\theta + q\sin\theta = 3\times0.8 + 4\times0.6$
$= 4.8[\%]$

32 2극의 직류발전기에서 코일변의 유효길이 l[m], 공극의 평균자속밀도 B[wb/m²], 주변속도 v[m/s]일 때 전기자도체 1개에 유도되는 기전력의 평균값 e[V]은?
① $e = Blv[V]$
② $e = \sin\omega t[V]$
③ $e = 2B\sin\omega t[V]$
④ $e = v^2 Bl[V]$

 직선 도체에 발생하는 기전력
$e = Blv = Blv\sin\theta[V]$

33 3상 동기전동기의 토크에 대한 설명으로 옳은 것은?
① 공급전압 크기에 비례한다.
② 공급전압 크기의 제곱에 비례한다.
③ 부하각 크기에 반비례한다.
④ 부하각 크기의 제곱에 비례한다.

34 직류 분권발전기를 동일 극성의 전압을 단자에 인가하여 전동기로 사용하면?
① 동일 방향으로 회전한다.
② 반대 방향으로 회전한다.
③ 회전하지 않는다.
④ 소손된다.

35 병렬운전 중인 동기 임피던스 5[Ω]인 2대의 3상 동기발전기의 유도기전력에 200[V]의 전압차이가 있다면 무효순환전류[A]는?
① 5   ② 10
③ 20 ④ 40

 동기발전기의 병렬 운전
㉠ 기전력의 크기가 같지 않을 경우 무효 순환 전류 발생
㉡ 무효순환전류
$I_c = \dfrac{E_1 - E_2}{2 \cdot Z_s} = \dfrac{200}{2\times 5} = 20[A]$

36 변압기 절연물의 열화 정도를 파악하는 방법으로서 적절하지 않은 것은?

Answer 30. ④ 31. ② 32. ① 33. ① 34. ① 35. ③ 36. ③

① 유전정접
② 유중가스분석
③ 접지저항측정
④ 흡수전류나 잔류전류 측정

37 송배전계통에 거의 사용되지 않는 변압기 3상 결선방식은?
① Y-Δ
② Y-Y
③ Δ-Y
④ Δ-Δ

38 병렬 운전 중인 두 동기발전기의 유도기전력이 2000[V], 위상차 60°, 동기 리액턴스 100[Ω]이다. 유효순환전류[A]는?
① 5
② 10
③ 15
④ 20

🔑 ㉠ 두 발전기 기전력의 위상이 같지 않을 경우 동기화 전류(유효순환전류)가 발생한다.
㉡ 유효순환전류
$I_s = \dfrac{E_1}{x_s}\sin\dfrac{\delta}{2} = \dfrac{\dot{E_1}-\dot{E_2}}{2jx_s} = -j\dfrac{\dot{V}_{12}}{2x_s}$ [A]
㉢ $I_s = \dfrac{V_{12}}{2x_s} = \dfrac{2000}{2\times 100} = 10$ [A]

39 직류발전기에서 계자의 주된 역할은?
① 기전력을 유도한다.
② 자속을 만든다.
③ 정류작용을 한다.
④ 정류자면에 접촉한다.

40 전압변동률이 작고 자여자이므로 다른 전원이 필요 없으며, 계자저항기를 사용한 전압조정이 가능하므로 전기 화학용, 전지의 충전용 발전기로 가장 적합한 것은?
① 타여자 발전기
② 직류 복권발전기
③ 직류 분권발전기
④ 직류 직권발전기

41 사용전압 15[kV] 이하의 특고압 가공전선로의 중성선의 접지선을 중성선으로부터 분리하였을 경우 1[km]마다의 중성선과 대지 사이의 합성 전기저항값은 몇 [Ω] 이하로 하여야 하는가?
① 30
② 100
③ 150
④ 300

🔑 사용전압 15[kV] 이하인 특고압 가공전선로의 중성선의 다중접지 및 중성선의 시설에서, 각 접지선을 중성선으로부터 분리하였을 경우의 각 접지점의 대지 전기저항값과 1[km]마다의 중성선과 대지 사이의 합성 전기저항값은 다음에서 정한 값 이하일 것

각 접지점의 대지 전기저항값	1[km]마다의 합성 전기저항값
300[Ω]	30[Ω]

42 토지의 상황이나 기타 사유로 인하여 보통지선을 시설할 수 없을 때 전주와 전주 간 또는 전주와 지주 간에 시설할 수 있는 지선은?
① 보통지선
② 수평지선
③ Y지선
④ 궁지선

🔑 전주와 전주 간 또는 전주와 지주 간에 시설하는 지선은 수평지선이다.

43 펜치로 절단하기 힘든 굵은 전선의 절단에 사용되는 공구는?

Answer 37. ② 38. ② 39. ② 40. ③ 41. ① 42. ② 43. ③

① 파이프 렌치   ② 파이프 커터
③ 클리퍼   ④ 와이어 게이지

🐝 펜치로 절단하기 힘든 굵은 전선의 절단은 볼트 클리퍼로 절단한다.

44 옥외용 비닐절연전선의 약호는?
① OW   ② DV
③ NR   ④ FTC

🐝 ① OW : 옥외용 비닐절연전선
② DV : 인입용 비닐절연전선
③ NR : 450/750[V] 일반용 단심 비닐절연전선
④ FTC : 평형 금사 코드

45 교류 차단기에 포함되지 않는 것은?
① GCB   ② HSCB
③ VCB   ④ ABB

🐝 HSCB : 직류 고속도 차단기

46 계기용 변류기의 약호는?
① CT   ② WH
③ CB   ④ DS

🐝 ① CT : 계기용 변류기
② WH : 적산전력계
③ CB : 배선용 차단기
④ DS : 단로기

47 접지도체 가운데 중성점 접지로 사용하는 전선의 단면적은 얼마 이상인가?
① 16[mm^2] 이상
② 6[mm^2] 이상
③ 10[mm^2] 이상
④ 50[mm^2] 이상

🐝 • 구리는 6[mm^2] 이상
• 접지도체 16[mm^2] 이상
• 철 50[mm^2] 이상

48 옥내배선 공사 작업 중 접속함에서 쥐꼬리 접속을 할 때 필요한 것은?
① 커플링   ② 와이어 커넥터
③ 로크너트   ④ 부싱

🐝 전선의 쥐꼬리 접속 후 절연을 위해서는 와이어 커넥터로 마감해야 한다.

49 경질 비닐 전선관 1본의 표준길이[m]는?
① 3   ② 3.6
③ 4   ④ 5.5

🐝 경질 비닐 전선관 1본의 표준길이는 4[m], 금속관 1본의 길이는 3.6[m]

50 애자사용 공사에서 전선의 지지점 간의 거리는 전선을 조영재의 윗면 또는 옆면에 따라 붙이는 경우에는 몇 [m] 이하인가?
① 1   ② 2
③ 2.5   ④ 3

🐝 합성수지관공사는 1.5m 이하, 애자사용공사는 2[m] 이하이다.

51 가공전선로의 지지물에서 다른 지지물을 거치지 아니하고 수용장소의 인입선 접속점에 이르는 가공 전선을 무엇이라 하는가?
① 옥외 전선   ② 연접인입선
③ 가공인입선   ④ 관등회로

🐝 가공인입선이란 가공전선로의 지지물에 분

Answer 44. ① 45. ② 46. ① 47. ① 48. ② 49. ③ 50. ② 51. ③

기하여 다른 전선로 지지물을 거치지 않고 수용장소의 인입점에 이르는 전선로를 말한다.

52 저압 크레인 또는 호이스트 등의 트롤리선을 애자사용 공사에 의하여 옥내의 노출장소에 시설하는 경우 트롤리선의 바닥에서의 최소 높이는 몇 [m] 이상으로 설치하는가?
① 2
② 2.5
③ 3
④ 3.5

🔑 트롤리선의 바닥에서 최소 높이는 3.5[m] 이상으로 하고 사람이 접촉할 우려가 없도록 시설하여야 한다.

53 연선 결정에 있어서 중심 소선을 뺀 층수가 2층이다. 소선의 총수 N은 얼마인가?
① 45
② 39
③ 19
④ 9

🔑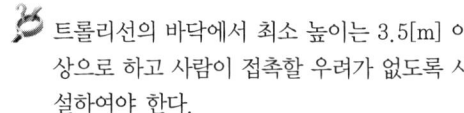
$= 3 \times 2(2+1) + 1 = 6 \times 3 + 1$
∴ 19가닥

54 관을 시설하고 제거하는 것이 자유롭고 점검 가능한 은폐장소에서 가요전선관을 구부리는 경우 곡률 반지름은 2종 가요전선관 안지름의 몇 배 이상으로 하여야 하는가?
① 10
② 9
③ 6
④ 3

🔑 2종 가요전선관의 굽힘 작업은 노출장소 또는 점검이 가능한 은폐장소에서 관을 시설하고 제거하는 것이 자유로운 경우는 안지름의 3배 이상으로 하여야 한다.

55 일반적으로 학교 건물이나 은행 건물 등의 간선의 수용률은 얼마인가?
① 50[%]
② 60[%]
③ 70[%]
④ 80[%]

🔑 • 주택, 기숙사, 여관, 병원의 수용률 : 50[%]
• 학교, 사무실, 은행의 수용률 : 70[%]

56 자가용 전기설비의 보호계전기의 종류가 아닌 것은?
① 과전류계전기
② 과전압계전기
③ 부족전압계전기
④ 부족전류계전기

🔑 부족전류계전기는 측정하고 있는 전류의 크기가 규정값 이하로 되었을 때 동작하는 계전기로 제어용으로 사용하는 경우가 많다.

57 동전선의 직선접속(트위스트 조인트)은 몇 [mm²] 이하의 전선이어야 하는가?
① 2.5
② 6
③ 10
④ 16

🔑 ㉠ 6[mm²] 이하의 전선접속은 트위스트 직선접속
㉡ 10[mm²] 이상의 굵은 단선접속은 브리타니어 직선접속

58 간선에 접속하는 전동기의 정격전류의 합계가 100[A]인 경우에 간선의 허용전류가 몇 [A]인 전선의 굵기를 선정하여야 하는가?
① 100
② 110
③ 125
④ 200

🔑 전동기 등의 정격전류 합계가 50[A]를 초과하는 경우에는 그 정격전류의 합계의 1.1배

Answer 52. ④ 53. ③ 54. ④ 55. ③ 56. ④ 57. ② 58. ②

이상인 간선의 굵기를 선정한다.
50[A]를 초과하므로 100×1.1=110[A]

59 차량, 기타 중량물의 하중을 받을 우려가 있는 장소에 지중전선로를 직접 매설식으로 매설하는 경우 매설 깊이는?

① 60[cm] 미만　② 60[cm] 이상
③ 100[cm] 미만　④ 100[cm] 이상

(개정)지중전선로를 직접 매설식에 의해 시설하는 경우 매설 깊이를 차량, 기타 중량물의 압력을 받을 우려가 있는 장소에는 1.0[m] 이상, 기타 장소에는 60[cm] 이상으로 하고 지중전선은 견고한 트라프 방호물에 넣어 시설한다.

60 불연성 먼지가 많은 장소에 시설할 수 없는 옥내 배선공사 방법은?

① 금속관 공사
② 금속제 가요전선관 공사
③ 두께가 1.2[mm]인 합성수지관 공사
④ 애자 사용 공사

두께 2[mm] 미만의 합성수지관은 제외된다.

Answer　59. ④　60. ③

2014년 4월 6일 시행 과년도출제문제

01 다음 중 자기작용에 관한 설명으로 틀린 것은?

① 기자력의 단위는 AT를 사용한다.
② 자기회로의 자기저항이 작은 경우는 누설 자속이 거의 발생되지 않는다.
③ 자기장 내에 있는 도체에 전류를 흘리면 힘이 작용하는데, 이 힘을 기전력이라 한다.
④ 평행한 두 도체 사이에 전류가 동일한 방향으로 흐르면 흡인력이 작용한다.

🔑 자기장 내에 있는 도체에 전류를 흘리면 힘이 작용하며, 이 힘을 전자력이라 한다.

02 회로에서 a-b 단자 간의 합성저항[Ω]값은?

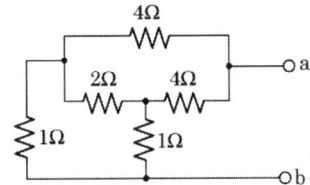

① 1.5　② 2
③ 2.5　④ 4

🔑 2[Ω]은 휘트스톤 브리지 평형조건에 의해 의미가 없다. 따라서 해설 그림과 같이 병렬로 2개 연결된 것과 같다.

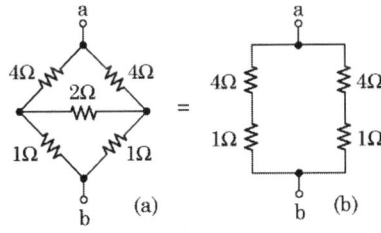

$\therefore R_p = \dfrac{5}{2} = 2.5[\Omega]$

03 그림의 브리지 회로에서 평형이 되었을 때의 C_x는?

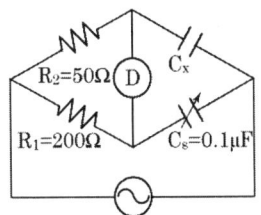

① $0.1[\mu F]$　② $0.2[\mu F]$
③ $0.3[\mu F]$　④ $0.4[\mu F]$

🔑 휘트스톤 브리지 평형조건에 의해

$R_1 \times \dfrac{1}{\omega C_x} = R_2 \times \dfrac{1}{\omega C_s}$

$\therefore R_1 C_s = R_2 C_x$

$\therefore C_x = \dfrac{R_1 C_s}{R_2} = \dfrac{200 \times 0.1}{50} = 0.4[\mu F]$

04 진공 중의 두 점 전하 $Q_1[C]$, $Q_2[C]$가 거리 r[m] 사이에서 작용하는 정전력[N]의 크기를 옳게 나타낸 것은?

① $9 \times 10^9 \times \dfrac{Q_1 Q_2}{r^2}$

② $6.33 \times 10^4 \times \dfrac{Q_1 Q_2}{r^2}$

③ $9 \times 10^9 \times \dfrac{Q_1 Q_2}{r}$

④ $6.33 \times 10^4 \times \dfrac{Q_1 Q_2}{r}$

🔑 쿨롱의 법칙

$F = \dfrac{1}{4\pi\varepsilon} \dfrac{Q_1 \times Q_2}{r^2} = \dfrac{1}{4\pi\varepsilon_o \varepsilon_s} \dfrac{Q_1 \times Q_2}{r^2}$

$= 9 \times 10^9 \times \dfrac{1}{\varepsilon_s} \times \dfrac{Q_1 \times Q_2}{r^2}$

🔓 Answer　1. ③　2. ③　3. ④　4. ①

진공이므로 $\varepsilon_s = 1$

$\therefore F = 9 \times 10^9 \times \dfrac{Q_1 \cdot Q_2}{r^2}$

05 동일 전압의 전지 3개를 접속하여 각각 다른 전압을 얻고자 한다. 접속방법에 따라 몇 가지의 전압을 얻을 수 있는가? (단, 극성은 같은 방향으로 설정한다.)
① 1가지 전압   ② 2가지 전압
③ 3가지 전압   ④ 4가지 전압

 ㉠ 전지를 직렬로 연결
　　㉡ 전지를 병렬로 연결
　　㉢ 전지를 직·병렬로 연결
　　∴ 3가지 전압

06 도체가 운동하여 자속을 끊었을 때 기전력의 방향을 알아내는 데 편리한 법칙은?
① 렌츠의 법칙
② 패러데이의 법칙
③ 플레밍의 왼손법칙
④ 플레밍의 오른손법칙

　도체가 운동하여 자속을 끊었을 때 기전력의 방향을 아는 데 편리한 법칙은 플레밍의 오른손법칙이다.

07 선간전압 210[V], 선전류 10[A]의 Y결선 회로가 있다. 상전압과 상전류는 각각 약 얼마인가?
① 121[V], 5.77[A]
② 121[V], 10[A]
③ 210[V], 5.77[A]
④ 210[V], 10[A]

　Y결선에서

㉠ 선간전압 $V_l = \sqrt{3}\, V_p$ (V_p : 상전압)

$\therefore V_p = \dfrac{V_l}{\sqrt{3}} = \dfrac{210}{\sqrt{3}} = 121[\text{V}]$

㉡ 선간전류 $I_l = I_p$ (I_p : 상전류)

$\therefore I_l = I_p = 10[\text{A}]$

08 그림과 같이 자극 사이에 있는 도체에 전류(I)가 흐를 때 힘은 어느 방향으로 작용하는가?

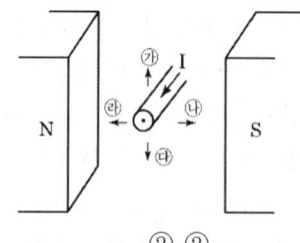

① ㉮   ② ㉯
③ ㉰   ④ ㉱

　플레밍의 왼손법칙에 의해 힘의 방향은 ㉰이다.

09 △결선으로 된 부하에 각 상의 전류가 10[A]이고 각 상의 저항이 4[Ω], 리액턴스가 3[Ω]이라 하면 전체 소비전력은 몇 [W]인가?
① 2000   ② 1800
③ 1500   ④ 1200

　소비전력은 $P = I^2 R$이고 △결선이므로
$I_l = \sqrt{3}\, I_p = \sqrt{3} \times 10 = 10\sqrt{3}\,[\text{A}]$
$\therefore P = I^2 R = (10\sqrt{3})^2 \times 4 = 1200[\text{W}]$

10 그림에서 폐회로에 흐르는 전류는 몇 [A]인가?

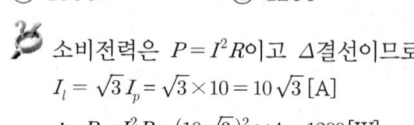

① 1   ② 1.25

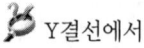 Answer　5. ③　6. ④　7. ②　8. ①　9. ④　10. ②

③ 2　　　　　　④ 2.5

🔑 키르히호프 제2법칙(전압평형의 법칙)에 의해
$$\sum V = \sum RI$$
$$15 - 5 = 5I + 3I = 8I$$
$$\therefore I = \frac{10}{8} = 1.25[A]$$

11 어떤 회로의 소자에 일정한 크기의 전압으로 주파수를 2배로 증가시켰더니 흐르는 전류의 크기가 $\frac{1}{2}$로 되었다. 이 소자의 종류는?

① 저항　　　　② 코일
③ 콘덴서　　　④ 다이오드

🔑 $V = j\omega LI$이므로
$$I = \frac{V}{j\omega L} = \frac{\dot{V}}{j2\pi fL}$$
$$\therefore I \propto \frac{1}{f}$$

12 서로 다른 종류의 안티몬과 비스무트의 두 금속을 접속하여 여기에 전류를 통하면, 그 접점에서 열의 발생 또는 흡수가 일어난다. 줄열과 달리 전류의 방향에 따라 열의 흡수와 발생이 다르게 나타나는 이 현상은?

① 펠티어 효과
② 제벡 효과
③ 제3금속의 법칙
④ 열전 효과

🔑 서로 다른 2종류의 금속의 접속점에 전류를 흘리면 전류의 방향에 따라 줄열 이외의 열의 흡수 또는 발생 현상이 생기는 것은 펠티어 효과이다.

13 비사인파 교류회로의 전력성분과 거리가 먼 것은?

① 맥류성분과 사인파와의 곱
② 직류성분과 사인파와의 곱
③ 직류성분
④ 주파수가 같은 두 사인파의 곱

🔑 비사인파＝직류분＋기본파＋고조파

14 반지름 r[m], 권수 N회의 환상 솔레노이드에 I[A]의 전류가 흐를 때, 그 내부의 자장의 세기 H[AT/m]는 얼마인가?

① $\frac{NI}{r^2}$　　　　② $\frac{NI}{2\pi}$

③ $\frac{NI}{4\pi r^2}$　　　④ $\frac{NI}{2\pi r}$

🔑 앙페르의 주회적분법칙에 의해 $Hl = NI$
자로의 길이 l은 환상 솔레노이드이므로 $l = 2\pi r$
$$\therefore H = \frac{NI}{l} = \frac{NI}{2\pi r}$$

15 정전용량이 같은 콘덴서 10개가 있다. 이것을 직렬 접속할 때의 값은 병렬 접속할 때의 값보다 어떻게 되는가?

① $\frac{1}{10}$로 감소한다.

② $\frac{1}{100}$로 감소한다.

③ 10배로 증가한다.

④ 100배로 증가한다.

🔑 ㉠ 콘덴서 10개를 직렬 접속 시 합성정전용량 $C_s = \frac{C}{n} = \frac{C}{10}$

㉡ 콘덴서 10개를 병렬 접속 시 합성정전용량 $C_p = nC = 10C$

Answer　11. ②　12. ①　13. ①　14. ④　15. ②

$$\therefore \frac{C_s}{C_p} = \frac{\frac{C}{10}}{10C} = \frac{1}{100}$$

즉, $\frac{1}{100}$로 감소된다.

16 교류회로에서 무효전력의 단위는?

① W   ② VA
③ Var   ④ V/m

🔑
- W : 유효전력
- VA : 피상전력
- Var : 무효전력
- V/m : 전장의 세기

17 두 코일의 자체 인덕턴스를 L_1[H], L_2[H]라 하고 상호 인덕턴스를 M이라 할 때, 두 코일을 자속이 동일한 방향과 역방향이 되도록 하여 직렬로 각각 연결하였을 경우, 합성 인덕턴스의 큰 쪽과 작은 쪽의 차는?

① M   ② 2M
③ 4M   ④ 8M

🔑 가동접속($L_{ab} = L_1 + L_2 + 2M$)
  −차동접속($L_{ab} = L_1 + L_2 - 2M$)
  ∴ $4M$

18 어떤 콘덴서에 V[V]의 전압을 가해서 Q[C]의 전하를 충전할 때 저장되는 에너지[J]는?

① $2QV$ ② $2QV^2$
③ $\frac{1}{2}QV$ ④ $\frac{1}{2}QV^2$

🔑 콘덴서에 축적되는 에너지
  $W = \frac{1}{2}QV = \frac{1}{2}CV^2$ [J]

19 진공 중에서 10^{-4}[C]과 10^{-8}[C]의 두 전하가 10[m]의 거리에 놓여 있을 때, 두 전하 사이에 작용하는 힘[N]은?

① 9×10^2 ② 1×10^4
③ 9×10^{-5} ④ 1×10^{-8}

🔑 쿨롱의 법칙에 의해
$$F = 9 \times 10^9 \times \frac{Q_1 \cdot Q_2}{r^2}$$
$$= 9 \times 10^9 \times \frac{10^{-4} \cdot 10^{-8}}{10^2}$$
$$= 9 \times 10^9 \times \frac{10^{-12}}{10^2} = 9 \times 10^9 \times 10^{-14}$$
$$= 9 \times 10^{-5} [N]$$

20 묽은황산(H_2SO_4) 용액에 구리(Cu)와 아연(Zn)판을 넣었을 때 아연판은?

① 수소 기체를 발생한다.
② 음극이 된다.
③ 양극이 된다.
④ 황산아연으로 변한다.

🔑 이온화 경향이 큰 아연판이 음극이 된다.

21 3상 유도전동기의 1차 입력 60[kW], 1차 손실 1[kW], 슬립 3[%]일 때 기계적 출력은 약 몇 [kW]인가?

① 57   ② 75
③ 95   ④ 100

🔑 3상 유도전동기의 2차 출력(기계적 출력)
  ㉠ 기계적 출력 $P = (1-s)P_2$
  ㉡ 2차 입력 P_2 = 1차 입력 − 1차 손실
           = 60 − 1 = 59[kW]
  ㉢ 슬립 $s = 0.03$일 때
    $P = (1-s)P_2 = (1-0.03) \times 59 ≒ 57$[kW]

Answer 16. ③ 17. ③ 18. ③ 19. ③ 20. ② 21. ①

22 유도전동기에서 슬립이 가장 큰 경우는?
① 무부하 운전 시
② 경부하 운전 시
③ 정격부하 운전 시
④ 기동 시

　유도전동기의 슬립(s)
　　㉠ $s=1$이면 전동기가 정지 상태(가동 시)
　　㉡ $s=0$이면 전동기가 동기속도인 상태

23 다음 사이리스터 중 3단자 형식이 아닌 것은?
① SCR　　② GTO
③ DIAC　　④ TRIAC

　DIAC은 2단자 소자이다.

24 3상 동기발전기의 병렬운전 조건이 아닌 것은?
① 전압의 크기가 같을 것
② 회전수가 같을 것
③ 주파수가 같을 것
④ 전압 위상이 같을 것

　동기발전기의 병렬운전 조건
　　㉠ 기전력의 크기가 같을 것
　　㉡ 기전력의 위상이 같을 것
　　㉢ 기전력의 주파수가 같을 것
　　㉣ 기전력의 파형이 같을 것
　　㉤ 상회전 방향이 같을 것

25 그림의 전동기 제어회로에 대한 설명으로 잘못된 것은?

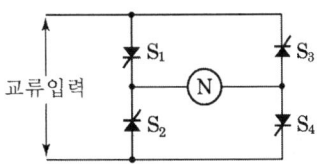

① 교류를 직류로 변환한다.
② 사이리스터 위상제어회로이다.
③ 전파 정류회로이다.
④ 주파수를 변환하는 회로이다.

　사이리스터 S_1, S_2를 통해서 교류입력이 모터에 + 전원이 입력되고, S_3, S_4를 통해서 − 전원이 공급되므로 전파 정류회로이다.
　S_1, S_2, S_3, S_4의 연결방향에 주의해야 한다.

26 3상 100[kVA], 13200/200[V] 변압기의 저압측 선전류의 유효분은 약 몇 [A]인가? (단, 역률은 80[%]이다.)
① 100　　② 173
③ 230　　④ 260

　㉠ 3상 출력 $p = \sqrt{3}\,V_l I_l = 100[\text{kVA}]$
　㉡ $V_1 = 13200[\text{V}]$, $V_2 = 200[\text{V}]$이므로
　　2차측 선전류(유효분)
　　$I_l = \dfrac{p\cos\theta}{V_l} = \dfrac{p \times \cos\theta}{\sqrt{3}\,V_2}$
　　$= \dfrac{100 \times 10^3 \times 0.8}{\sqrt{3} \times 200} ≒ 230[\text{A}]$

27 전기기계의 철심을 규소강판으로 성층하는 이유는?
① 동손 감소　　② 기계손 감소
③ 철손 감소　　④ 제작이 용이

　철손(무부하손) 방지법
　　㉠ 와류손 방지 : 철심 성층

ⓒ 히스테리시스손 방지 : 규소 강판 사용
ⓒ 즉, 규소 강판을 성층한다.

28 변압기의 규약 효율은?
① $\dfrac{출력}{입력}$ ② $\dfrac{출력}{출력+손실}$
③ $\dfrac{출력}{입력+손실}$ ④ $\dfrac{입력-손실}{입력}$

29 동기 검정기로 알 수 있는 것은?
① 전압의 크기 ② 전압의 위상
③ 전류의 크기 ④ 주파수

30 통전 중인 사이리스터를 턴-오프(turn off) 하려면?
① 순방향 Anode 전류를 유지전류 이하로 한다.
② 순방향 Anode 전류를 증가시킨다.
③ 게이트 전압을 0 또는 -로 한다.
④ 역방향 Anode 전류를 통전한다.

🐝 **사이리스터의 턴-온, 턴-오프**
ⓐ 사이리스터를 턴-온시키기 위해 필요한 최소의 순방향 전류를 래칭 전류라고 한다.
ⓑ 도통 중인 사이리스터에 유지 전류 이하가 흐르면 사이리스터는 턴-오프 된다.

31 다음 중 정속도 전동기에 속하는 것은?
① 유도전동기
② 직권전동기
③ 교류 정류자 전동기
④ 분권전동기

32 다음 설명 중 틀린 것은?

① 3상 유도 전압조정기의 회전자 권선은 분로권선이고, Y결선으로 되어 있다.
② 디프 슬롯형 전동기는 냉각효과가 좋아 기동 정지가 빈번한 중·대형 저속기에 적당하다.
③ 누설 변압기가 네온사인이나 용접기의 전원으로 알맞은 이유는 수하 특성 때문이다.
④ 계기용 변압기의 2차 표준은 110/220[V]로 되어 있다.

🐝 계기용 변압기(PT)의 2차 표준은 110[V]로 되어 있다.

33 직류전동기의 출력이 50[kW], 회전수가 1800[rpm]일 때 토크는 약 몇 [kg·m]인가?
① 12 ② 23
③ 27 ④ 31

🐝 ⓐ 토크 $T = \dfrac{P}{\omega} = \dfrac{P}{2\pi\dfrac{N}{60}}$ [N·m]

ⓑ $P=50$[kW], $N=1800$[rpm]이므로
$T = \dfrac{P}{2\pi\dfrac{N}{60}}$
$= \dfrac{50\times 10^3}{2\pi\times\dfrac{1800}{60}} = 265.3$[N·m]

∴ $T = \dfrac{265.3}{9.8} = 27$[kg·m]

34 전동기의 제동에서 전동기가 가지는 운동 에너지를 전기에너지로 변화시키고 이것을 전원에 환원시켜 전력을 회생시킴과 동시에 제동하는 방법은?
① 발전제동(dynamic braking)
② 역전제동(plugging braking)

🔓 Answer 28. ② 29. ② 30. ① 31. ④ 32. ④ 33. ③ 34. ④

③ 맴돌이전류제동(eddy current braking)
④ 회생제동(regenerative braking)

35 보호계전기 시험을 하기 위한 유의사항이 아닌 것은?
① 시험회로 결선 시 교류와 직류 확인
② 시험회로 결선 시 교류의 극성 확인
③ 계전기 시험 장비의 오차 확인
④ 영점의 정확성 확인

🔑 교류는 극성이 없음에 주의

36 복잡한 전기회로를 등가 임피던스를 사용하여 간단히 변화시킨 회로는?
① 유도회로   ② 전개회로
③ 등가회로   ④ 단순회로

37 직류발전기에서 자속을 만드는 부분은 어느 것인가?
① 계자철심   ② 정류자
③ 브러시   ④ 공극

38 직류발전기에서 급전선의 전압강하 보상용으로 사용되는 것은?
① 분권기   ② 직권기
③ 과복권기   ④ 차동복권기

39 동기발전기에서 비돌극기의 출력이 최대가 되는 부하각(power angle)은?
① 0°   ② 45°
③ 90°   ④ 180°

🔑 동기발전기의 출력
㉠ 비철극기(비돌극형)는 부하각(δ) 90°에서 최대 출력이 나온다.
㉡ 철극기(돌극형)는 60° 정도에서 최대 출력이 나온다.

40 변압기 명판에 표시된 정격에 대한 설명으로 틀린 것은?
① 변압기의 정격출력 단위는 kW이다.
② 변압기 정격은 2차측을 기준으로 한다.
③ 변압기의 정격은 용량, 전류, 전압, 주파수 등으로 결정된다.
④ 정격이란 정해진 규정에 적합한 범위 내에서 사용할 수 있는 한도이다.

🔑 변압기의 정격출력 단위는 kVA(피상전력)이다.

41 가공케이블 시설 시 조가용선에 금속테이프 등을 사용하여 케이블 외장을 견고하게 붙여 조가하는 경우 나선형으로 금속테이프를 감는 간격은 몇 [cm] 이하를 확보하여 감아야 하는가?
① 50   ② 30
③ 20   ④ 10

🔑 가공케이블 시설 시 조가용선의 케이블에 접촉시켜 그 위에 쉽게 부식하지 아니하는 금속테이프 등을 20[cm] 이하의 간격을 유지하며 나선상으로 감아야 한다.

42 다음 ( ) 안에 들어갈 내용으로 알맞은 것은?

"사람의 접촉 우려가 있는 합성수지제 몰드는 홈의 폭 및 깊이가 (㉠)cm 이하로 두께는 (㉡)mm 이상의 것이어야 한다."

Answer 35. ② 36. ③ 37. ① 38. ③ 39. ③ 40. ① 41. ③ 42. ③

① ㉠ 3.5, ㉡ 1　　② ㉠ 5, ㉡ 1
③ ㉠ 3.5, ㉡ 2　　④ ㉠ 5, ㉡ 2

🔑 합성수지 몰드는 홈의 폭 및 깊이가 3.5[cm] 이하, 두께는 2[mm] 이상일 것 (단, 사람이 쉽게 접촉할 우려가 없도록 하는 경우는 폭 5[cm] 이하, 두께 1[mm] 이상의 것 사용 가능)

43 전선 접속 시 사용되는 슬리브(Sleeve)의 종류가 아닌 것은?
① D형　　② S형
③ E형　　④ P형

🔑 D형 슬리브는 없다.

44 가공배전선로 시설에는 전선을 지지하고 각종 기기를 설치하기 위한 지지물이 필요하다. 이 지지물 중 가장 많이 사용되는 것은?
① 철주　　② 철탑
③ 강관 전주　　④ 철근콘크리트주

🔑 현재 가장 많이 사용되는 지지물은 철근콘크리트 전주이다.

45 인입 개폐기가 아닌 것은?
① ASS　　② LBS
③ LS　　④ UPS

🔑 UPS는 무정전 전원장치이다.

46 일반적으로 저압 가공 인입선이 도로를 횡단하는 경우 노면상 시설하여야 할 높이는?
① 4[m] 이상　　② 5[m] 이상
③ 6[m] 이상　　④ 6.5[m] 이상

🔑 저압 가공 인입선의 높이는 도로를 횡단하는 경우 노면상 5[m] 이상이다.

47 폭연성 분진이 존재하는 곳의 금속관 공사에 있어서 관 상호 및 관과 박스의 접속은 몇 턱 이상의 죔 나사로 시공하여야 하는가?
① 6턱　　② 5턱
③ 4턱　　④ 3턱

🔑 금속관 공사에 있어서 관 상호 및 관과 박스와의 접속은 5턱 이상의 죔 나사로 시공하여야 한다.

48 저압 옥배내선 시설 시 캡타이어 케이블을 조영재의 아랫면 또는 옆면에 따라 붙이는 경우 전선의 지지점 간의 거리는 몇 [m] 이하로 하여야 하는가?
① 1　　② 1.5
③ 2　　④ 2.5

🔑 케이블을 조영재 아랫면 또는 옆면에 따라 붙이는 경우 전선의 지지점 간의 거리는 2[m] 이하로 한다. (단, 캡타이어 케이블은 1[m] 이하로 한다.)

49 전기배선용 도면을 작성할 때 사용하는 콘센트 도면 기호는?
① ◉　　② ●
③ ○　　④ ▢

🔑 ① 콘센트　② 점멸기
③ 백열등　④ 점검구

50 저압 옥내배선에서 애자사용 공사를 할 때 올바른 것은?
① 전선 상호 간의 간격은 6[cm] 이상
② 440[V] 초과하는 경우 전선과 조영재 사이의 이격거리는 2.5[cm] 미만

🔒 Answer　43. ①　44. ④　45. ④　46. ②　47. ②　48. ①　49. ①　50. ①

③ 전선의 지지점 간의 거리는 조영재의 윗면 또는 옆면에 따라 붙일 경우에는 3[m] 이상
④ 애자사용공사에 사용되는 애자는 절연성, 난연성 및 내수성과 무관

② 400[V] 미만 전선과 조영재 사이의 이격거리는 2.5[cm] 이상이며, 400[V] 초과 전선과 조영재 사이의 이격거리는 4.5[cm] 이상이다.
③ 조영재의 윗면 또는 옆면에 따라 붙일 경우에는 지지점은 2[m] 이하이다.
④ 애자의 재질은 절연성, 난연성 및 내수성이 있어야 한다.

51 조명 설계 시 고려해야 할 사항 중 틀린 것은?
① 적당한 조도일 것
② 휘도 대비가 높을 것
③ 균등한 광속 발산도 분포일 것
④ 적당한 그림자가 있을 것

조명 설계 시 고려해야 할 사항
㉠ 적당한 조도
㉡ 균등한 광속 발산도
㉢ 눈부심이 없어야 한다.
㉣ 적당한 그림자가 있어야 한다.
㉤ 휘도 대비가 높을 경우 불쾌감을 느낄 수 있다.

52 금속전선관의 종류에서 후강 전선관 규격 [mm]이 아닌 것은?
① 16   ② 19
③ 28   ④ 36

후강 전선관의 규격
16, 22, 28, 36, 42, 54, 70, 82, 92, 104[mm]

53 수변전 설비 중에서 동력설비 회로의 역률을 개선할 목적으로 사용되는 것은?
① 전력 퓨즈   ② MOF
③ 지락 계전기   ④ 진상용 콘덴서

역률을 앞서게 하는 진상용 콘덴서를 사용한다.

54 접지저항 저감 대책이 아닌 것은?
① 접지봉의 연결개수를 증가시킨다.
② 접지판의 면적을 감소시킨다.
③ 접지극을 깊게 매설한다.
④ 토양의 고유저항을 화학적으로 저감시킨다.

접지판의 면적을 넓혀야 접지저항이 감소한다.

55 다음 중 금속덕트 공사의 시설방법 중 틀린 것은?
① 덕트 상호간은 견고하고 또한 전기적으로 완전하게 접속할 것
② 덕트 지지점 간의 거리는 3[m] 이하로 할 것
③ 덕트의 끝부분은 열어 둘 것
④ 저압 옥내배선의 사용전압이 400[V] 미만인 경우에는 덕트에 접지공사를 할 것

덕트 끝부분은 먼지의 침입을 막기 위해 폐쇄한다.

56 저압 옥내간선 시설 시 전동기의 정격전류가 20[A]이다. 전동기 전용 분기회로에 있어서 허용전류는 몇 [A] 이상으로 하여야 하는가?
① 20   ② 25
③ 30   ④ 60

Answer 51. ② 52. ② 53. ④ 54. ② 55. ③ 56. ②

🔑 전동기용 간선의 굵기는 전동기 등의 정격전류의 합계가 50[A] 이하인 경우 그 정격전류의 합계의 1.25배로 한다. 즉,
20×1.25=25[A]이다.

57 가공전선로의 지지물에 시설하는 지선은 지표상 몇 [cm]까지의 부분에 내식성이 있는 것 또는 아연도금을 한 철봉을 사용하여야 하는가?

① 15　　② 20
③ 30　　④ 50

🔑 지중부분 및 지표상 30[cm]까지의 부분에는 내식성 또는 아연도금을 한 철봉을 사용하고 쉽게 부식되지 아니하는 근가를 붙일 것

58 제1종 가요전선관을 구부릴 경우의 곡률 반지름은 관 안지름의 몇 배 이상으로 하여야 하는가?

① 3배　　② 4배
③ 6배　　④ 8배

🔑 제1종 가요전선관을 구부릴 경우의 곡률 반지름은 관 안지름의 6배 이상으로 한다.

59 연료전지 접지 설비 기준에 의거하여 시설할 경우 접지 도체의 공칭 단면적은 얼마 이상으로 하여야 하는가? [개정 접지규정]

① 6[mm^2]　　② 16[mm^2]
③ 0.5[mm^2]　　④ 25[mm^2]

🔑 연료전지 접지설비 기준(KEC 542. 2.5)에 따라서 16[mm^2] 이상으로 한다.

60 다음 중 300/500[V] 기기 배선용 유연성 단심 비닐절연전선을 나타내는 약호는?

① NFR　　② NFI
③ NR　　④ NRC

🔑 ② NFI : 기기 배선용 유연성 단심 비닐절연전선
③ NR : 일반용 단심 비닐절연전선

🔓 Answer　57. ③　58. ③　59. ②　60. ②

2014년 7월 20일 시행 과년도출제문제

01 기전력 1.5[V], 내부저항이 0.1[Ω]인 전지 4개를 직렬로 연결하고 이를 단락했을 때의 단락전류[A]는?

① 10   ② 12.5
③ 15   ④ 17.5

기전력 합은 $1.5 \times 4 = 6[V]$
내부저항 합은 $0.1 \times 4 = 0.4[\Omega]$
$\therefore I = \dfrac{V}{r} = \dfrac{1.5 \times 4}{0.1 \times 4} = \dfrac{6}{0.4} = 15[A]$

02 다음 중 도전율을 나타내는 단위는?

① Ω   ② Ω·m
③ ℧·m   ④ ℧/m

도전율의 단위
$\sigma = \dfrac{1}{\rho}$, $R = \rho\dfrac{\ell}{A}$ $\therefore \rho = \dfrac{RA}{\ell}$
$\therefore \sigma = \dfrac{1}{\rho} = \dfrac{\ell}{RA}\left[\dfrac{m}{\Omega \cdot m^2}\right]$
$\therefore$ 도전율 단위는 $\dfrac{1}{\Omega \cdot m}$ 또는 ℧/m

03 $\omega L = 5[\Omega]$, $\dfrac{1}{\omega C} = 25[\Omega]$의 LC 직렬회로에 100[V]의 교류를 가할 때 전류[A]는?

① 3.3[A], 유도성
② 5[A], 유도성
③ 3.3[A], 용량성
④ 5[A], 용량성

$Z = X_L - X_C = \omega L - \dfrac{1}{\omega C} = 5 - 25 = -20[\Omega]$
(X_C값이 크므로 용량성)
$\therefore I = \dfrac{V}{Z} = \dfrac{100}{20} = 5[A]$

04 단면적 5[cm²], 길이 1[m], 비투자율 10^3인 환상철심에 600회의 권선을 감고 이것에 0.5[A]의 전류를 흐르게 한 경우 기자력은?

① 100[AT]   ② 200[AT]
③ 300[AT]   ④ 400[AT]

기자력 $F = N \cdot I = 600 \times 0.5 = 300[AT]$

05 그림에서 $C_1 = 1[\mu F]$, $C_2 = 2[\mu F]$, $C_3 = 2[\mu F]$일 때 합성 정전용량은 몇 [μF]인가?

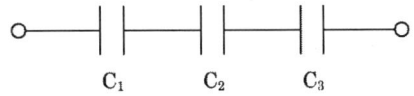

① $\dfrac{1}{2}$ ② $\dfrac{1}{5}$
③ 2   ④ 5

$\dfrac{1}{C_s} = \dfrac{1}{C_1} + \dfrac{1}{C_2} + \dfrac{1}{C_3} = \dfrac{1}{1} + \dfrac{1}{2} + \dfrac{1}{2} = \dfrac{4}{2} = 2$
$\therefore C_s = \dfrac{1}{2}[\mu F]$

06 정전용량이 같은 콘덴서 2개를 병렬로 연결하였을 때의 합성 정전용량은 직렬로 접속하였을 때의 몇 배인가?

① $\dfrac{1}{4}$ ② $\dfrac{1}{2}$
③ 2   ④ 4

직렬연결 시 합성 정전용량 $C_s = \dfrac{C}{n} = \dfrac{C}{2}$
병렬연결 시 합성 정전용량 $C_p = nC = 2C$
$\therefore \dfrac{C_p}{C_s} = \dfrac{2C}{\dfrac{C}{2}} = 4$, 즉 4배이다.

Answer 1. ③ 2. ④ 3. ④ 4. ③ 5. ① 6. ④

07 어떤 물질이 정상 상태보다 전자수가 많아져 전기를 띠게 되는 현상을 무엇이라 하는가?
① 충전　　② 방전
③ 대전　　④ 분극

🔑 전자수가 정상보다 과잉 또는 부족으로 인해 전기를 띠는 현상을 대전이라 한다.

08 Y결선에서 선간전압 V_ℓ과 상전압 V_P의 관계는?
① $V_\ell = V_P$　　② $V_\ell = \frac{1}{3}V_P$
③ $V_\ell = \sqrt{3}\,V_P$　　④ $V_\ell = 3V_P$

🔑 Y결선에서
$I_\ell = I_p$ (I_ℓ : 선전류, I_p : 상전류)
$V_\ell = \sqrt{3}\,V_p$ (V_ℓ : 선간전압, V_p : 상전압)

09 자기회로에 기자력을 주면 자로에 자속이 흐른다. 그러나 기자력에 의해 발생되는 자속 전부가 자기회로 내를 통과하는 것이 아니라, 자로 이외의 부분을 통과하는 자속도 있다. 이와 같이 자기회로 이외 부분을 통과하는 자속을 무엇이라 하는가?
① 종속자속　　② 누설자속
③ 주자속　　④ 반사자속

10 자체 인덕턴스가 100[H]가 되는 코일에 전류를 1초 동안 0.1[A]만큼 변화시켰다면 유도기전력[V]은?
① 1[V]　　② 10[V]
③ 100[V]　　④ 1000[V]

🔑 $e = L\dfrac{\Delta I}{\Delta t} = 100 \times \dfrac{0.1}{1} = 10[V]$

11 전기장 중에 단위 전하를 놓았을 때 그것에 작용하는 힘은 어느 값과 같은가?
① 전장의 세기　　② 전하
③ 전위　　④ 전위차

🔑 전기장 중에 1[C]을 놓았을 때 그것에 작용하는 힘이 전장의 세기이다.

12 정격전압에서 1[kW]의 전력을 소비하는 저항에 정격의 90[%] 전압을 가했을 때, 전력은 몇 [W]가 되는가?
① 630[W]　　② 780[W]
③ 810[W]　　④ 900[W]

🔑 $P = \dfrac{V^2}{R}$에서 90[%] 전압 시
전력 $P' = \dfrac{(0.9V)^2}{R} = 0.81\dfrac{V^2}{R}$
$= 0.81 \times 1000 = 810[W]$

13 R[Ω]인 저항 3개가 △결선으로 되어 있는 것을 Y결선으로 환산하면 1상의 저항[Ω]은?
① $\dfrac{1}{3}R$　　② R
③ $3R$　　④ $\dfrac{1}{R}$

🔑 $\dfrac{R_\Delta}{3} = R_Y$, $R_\Delta = 3R_Y$
즉, 동일저항값 △결선을 Y로 변환할 때 △저항값의 $\dfrac{1}{3}$로 변환한다.

14 공기 중에서 5[cm] 간격을 유지하고 있는 2개의 평행도선에 각각 10[A]의 전류가 동일한 방향으로 흐를 때 도선 1[m]당 발생하는 힘의 크기[N]는?
① 4×10^{-4}　　② 2×10^{-5}

🔓 Answer　7. ③　8. ③　9. ②　10. ②　11. ①　12. ③　13. ①　14. ①

③ 4×10^{-5}　　④ 2×10^{-4}

▶ 평행도선의 전자력 크기

$$F = \frac{2I_1 I_2}{r} \times 10^{-7} = \frac{2 \times 10 \times 10}{5 \times 10^{-2}} \times 10^{-7}$$
$$= 4 \times 10^{-4} [N]$$

15 단상 100[V], 800[W], 역률 80[%]인 회로의 리액턴스는 몇 [Ω]인가?

① 10　　② 8
③ 6　　④ 2

▶ ㉠ 유효전력 $P = VI\cos\theta = \frac{V^2}{Z}\cos\theta[W]$에서

$800 = \frac{100^2}{Z} \times 0.8$ ∴ $Z = 10[\Omega]$

㉡ 리액턴스
$X = Z \times \sin\theta = 10 \times 0.6 = 6[\Omega]$
$(\sin\theta^2 + \cos\theta^2 = 1)$

16 비사인파의 일반적인 구성이 아닌 것은?

① 순시파　　② 고조파
③ 기본파　　④ 직류분

▶ 비사인파=직류분+기본파+고조파

17 다음 물질 중 강자성체로만 짝지어진 것은?

① 철, 니켈, 아연, 망간
② 구리, 비스무트, 코발트, 망간
③ 철, 구리, 니켈, 아연
④ 철, 니켈, 코발트

18 자기력선에 대한 설명으로 옳지 않은 것은?

① 자기장의 모양을 나타낸 선이다.
② 자기력선이 조밀할수록 자기력이 세다.
③ 자석의 N극에서 나와 S극으로 들어간다.
④ 자기력선이 교차된 곳에서 자기력이 세다.

▶ 자력선은 서로 교차하지 않는다.

19 RL 직렬회로에서 임피던스(Z)의 크기를 나타내는 식은?

① $R^2 + X_L^2$　　② $R^2 - X_L^2$
③ $\sqrt{R^2 + X_L^2}$　　④ $\sqrt{R^2 - X_L^2}$

▶ RL 직렬회로의 임피던스 $Z = \sqrt{R^2 + X_L^2}$

20 $e = 200\sin(100\pi t)[V]$의 교류 전압에서 $t = \frac{1}{600}$ 초일 때, 순시값은?

① 100[V]　　② 173[V]
③ 200[V]　　④ 346[V]

▶ $e = 200\sin(100\pi t)$에서 $t = \frac{1}{600}$ 초이므로

$e = 200\sin(100\pi \times \frac{1}{600})$
$= 200\sin\frac{\pi}{6} = 200 \times \frac{1}{2} = 100[V]$

21 전기철도에 사용하는 직류전동기로 가장 적합한 전동기는?

① 분권전동기
② 직권전동기
③ 가동 복권전동기
④ 차동 복권전동기

22 슬립이 0.05이고 전원 주파수가 60[Hz]인 유도전동기의 회전자 회로의 주파수[Hz]는?

① 1　　② 2
③ 3　　④ 4

▶ 유도전동기의 회전 시 주파수

Answer　15. ③　16. ①　17. ④　18. ④　19. ③　20. ①　21. ②　22. ③

$$f_2' = S \cdot f_1 = 0.05 \times 60 = 3[Hz]$$

23 다음 중 유도전동기에서 비례추이를 할 수 있는 것은?
① 출력　　② 2차 동손
③ 효율　　④ 역률

🔑 유도전동기에서 비례추이를 할 수 있는 것 : 역률, 토크, 1차 입력 등

24 변압기 내부고장 시 급격한 유류 또는 gas의 이동이 생기면 동작하는 부흐홀츠 계전기의 설치 위치는?
① 변압기 본체
② 변압기의 고압측 부싱
③ 컨서베이터 내부
④ 변압기 본체와 컨서베이터를 연결하는 파이프

25 변압기의 1차 권회수 80회, 2차 권회수 320회일 때 2차측의 전압이 100[V]이면 1차 전압[V]은?
① 15　　② 25
③ 50　　④ 100

🔑 ㉠ 변압기 권수비 $a = \dfrac{N_1}{N_2} = \dfrac{V_1}{V_2}$ 에서

$$V_1 = V_2 \times \dfrac{N_1}{N_2}$$

㉡ $N_1 = 80$, $N_2 = 320$, $V_2 = 100[V]$일 때

$$V_1 = V_2 \times \dfrac{N_1}{N_2} = 100 \times \dfrac{80}{320} = 25[V]$$

26 전기기계에 있어 와전류손(eddy current loss)을 감소하기 위한 적합한 방법은?
① 규소강판에 성층철심을 사용한다.
② 보상권선을 설치한다.
③ 교류전원을 사용한다.
④ 냉각 압연한다.

🔑 철손 방지법
㉠ 와류손 : 철심 성층
㉡ 히스테리시스손 : 규소 강판 사용

27 직류 발전기에서 전기자 반작용을 없애는 방법으로 옳은 것은?
① 브러시 위치를 전기적 중성점이 아닌 곳으로 이동시킨다.
② 보극과 보상 권선을 설치한다.
③ 브러시의 압력을 조정한다.
④ 보극은 설치하되 보상 권선은 설치하지 않는다.

28 3권선 변압기에 대한 설명으로 옳은 것은?
① 한 개의 전기회로에 3개의 자기회로로 구성되어 있다.
② 3차 권선에 조상기를 접속하여 송전선의 전압조정과 역률개선에 사용된다.
③ 3차 권선에 단권변압기를 접속하여 송전선의 전압조정에 사용된다.
④ 고압배전선의 전압을 10[%] 정도 올리는 승압용이다.

29 동기기에서 사용되는 절연재료로 B종 절연물의 온도 상승 한도는 약 몇 [℃]인가?
(단, 기준온도는 공기 중에서 40[℃]이다.)
① 65　　② 75
③ 90　　④ 120

🔓 **Answer**　23. ④　24. ④　25. ②　26. ①　27. ②　28. ②　29. ③

🔑 B종 절연물의 온도 상승 한도
  ㉠ B종 절연 계급은 130℃이나, 온도 상승 한도는 90℃이다.
  ㉡ 온도 상승 온도=최고 허용온도-주위온도

30 동기전동기의 자기기동법에서 계자권선을 단락하는 이유는?
① 기동이 쉽다.
② 기동권선으로 이용
③ 고전압 유도에 의한 절연파괴 위험 방지
④ 전기자 반작용을 방지한다.

31 어떤 변압기에서 임피던스 강하가 5[%]인 변압기가 운전 중 단락되었을 때 그 단락전류는 정격전류의 몇 배인가?
① 5 ② 20
③ 50 ④ 200

🔑 단락비 $K = \dfrac{\text{단락전류}}{\text{정격전류}} = \dfrac{100}{\%Z} = \dfrac{100}{5} = 20$

32 주상변압기의 고압측에 탭을 여러 개 만든 이유는?
① 역률 개선
② 단자 고장 대비
③ 선로 전류 조정
④ 선로 전압 조정

33 동기발전기를 회전계자형으로 하는 이유가 아닌 것은?
① 고전압에 견딜 수 있게 전기자 권선을 절연하기가 쉽다.
② 전기자 단자에 발생한 고전압을 슬립링 없이 간단하게 외부회로에 인가할 수 있다.
③ 기계적으로 튼튼하게 만드는 데 용이하다.
④ 전기자가 고정되어 있지 않아 제작 비용이 저렴하다.

🔑 동기발전기 회전계자형 구조
전기자는 고정자이고 계자가 회전자인 구조이다.

34 직권발전기의 설명 중 틀린 것은?
① 계자권선과 전기자권선이 직렬로 접속되어 있다.
② 승압기로 사용되며 수전 전압을 일정하게 유지하고자 할 때 사용된다.
③ 단자전압을 V, 유기 기전력을 E, 부하전류를 I, 전기자 저항 및 직권 계자 저항을 각각 r_a, r_s라 할 때 $V=E+I(r_a+r_s)$[V]이다.
④ 부하전류에 의해 여자되므로 무부하 시 자기여자에 의한 전압 확립은 일어나지 않는다.

🔑 발전기의 유도기전력 E와 단자전압 V의 관계식은 $E = V+I(r_a+r_s)$이다.

35 3상 동기전동기의 출력(P)을 부하각으로 나타낸 것은? (단, V는 1상의 단자전압, E는 역기전력, x_s는 동기 리액턴스, δ는 부하각이다.)
① $P = 3VE\sin\delta$[W]
② $P = \dfrac{3VE\sin\delta}{x_s}$[W]
③ $P = \dfrac{3VE\cos\delta}{x_s}$[W]
④ $P = 3VE\cos\delta$[W]

🔓 Answer 30. ③ 31. ② 32. ④ 33. ④ 34. ③ 35. ②

36 동기전동기의 여자전류를 변화시켜도 변하지 않는 것은? (단, 공급전압과 부하는 일정하다.)

① 동기속도　　② 역기전력
③ 역률　　　　④ 전기자 전류

> 동기속도 $N_s = \dfrac{120 \cdot f}{P}$[rpm]이므로 동기속도 N_s는 극수 P와 주파수 f와 관계가 있다.

37 회전수 1728[rpm]인 유도전동기의 슬립[%]은? (단, 동기속도는 1800[rpm]이다.)

① 2　　② 3
③ 4　　④ 5

> 유도전동기의 슬립(s)
> ㉠ $s = \dfrac{N_s - N}{N_s} 100[\%]$
> ㉡ $N = 1728$[rpm], $N_s = 1800$[rpm]일 때
> $s = \dfrac{N_s - N}{N_s} \times 100[\%]$
> $= \dfrac{1800 - 1728}{1800} \times 100$
> $= 4[\%]$

38 다음 그림에 대한 설명으로 틀린 것은?

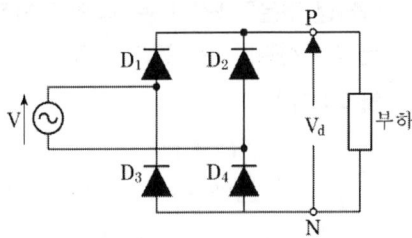

① 브리지(bridge) 회로라고도 한다.
② 실제의 정류기로 널리 사용된다.
③ 반파 정류회로라고도 한다.
④ 전파 정류회로라고도 한다.

> ㉠ 위 그림은 다이오드 4개를 이용한 브리지형 전파 정류회로이다.
> ㉡ 출력 전압 $V_d = 0.9V$[V]

39 50[Hz], 6극인 3상 유도전동기의 전부하에서 회전수가 955[rpm]일 때 슬립[%]은?

① 4　　② 4.5
③ 5　　④ 5.5

> ㉠ 슬립 $s = \dfrac{N_s - N}{N_s} \times 100[\%]$
> ㉡ $f = 50$[Hz], $P = 6$, $N = 955$[rpm]일 때
> 동기속도 $N_s = \dfrac{120f}{P}$
> $= \dfrac{120 \times 50}{6} = 1000$[rpm]
> ㉢ $s = \dfrac{N_s - N}{N_s} \times 100[\%]$
> $= \dfrac{1000 - 955}{1000} \times 100[\%]$
> $= 4.5[\%]$

40 3상 380[V], 60[Hz], 4[P], 슬립 5[%], 55[kW] 유도전동기가 있다. 회전자 속도는 몇 [rpm]인가?

① 1200　　② 1526
③ 1710　　④ 2280

> 유도전동기 회전수(N)
> ㉠ $N = (1-s) \cdot N_s$
> $= (1-s) \times \dfrac{120 \cdot f}{P}$[rpm]
> ㉡ $s = 0.05$, $f = 60$[Hz], $P = 4$일 때
> $N = (1-s) \times \dfrac{120 \cdot f}{P}$
> $= (1-0.05) \times \dfrac{120 \times 60}{4}$
> $= 1710$[rpm]

Answer 36. ①　37. ③　38. ③　39. ②　40. ③

41 전기공사 시공에 필요한 공구사용법 설명 중 잘못된 것은?
① 콘크리트의 구멍을 뚫기 위한 공구로 타격용 임팩트 전기드릴을 사용한다.
② 스위치박스에 전선관용 구멍을 뚫기 위해 녹아웃 펀치를 사용한다.
③ 합성수지 가요전선관의 굽힘 작업을 위해 토치램프를 사용한다.
④ 금속 전선관의 굽힘 작업을 위해 파이프 벤더를 사용한다.

🔑 합성수지 가요전선관은 그 자체로 자유롭게 구부러진다.

42 금속 전선관 작업에서 나사를 낼 때 필요한 공구는 어느 것인가?
① 파이프 벤더　② 볼트 클리퍼
③ 오스터　　　④ 파이프 렌치

43 과전류차단기 A종 퓨즈는 정격전류의 몇 [%]에서 용단되지 않아야 하는가?
① 110　② 120
③ 130　④ 140

44 특고압(22.9kV-Y) 가공전선로의 완금 접지 시 접지선은 어느 곳에 연결하여야 하는가?
① 변압기　② 전주
③ 지선　　④ 중선선

45 단선의 직선접속 시 트위스트 접속을 할 경우 적합하지 않은 전선규격[mm²]은?
① 2.5　② 4.0
③ 6.0　④ 10

🔑 트위스트 접속은 6[mm²] 이하의 가는 단선 직선 접속에 사용한다.

46 접지 시스템 시설의 다음 종류에서 해당되지 않는 것은? [개정 접지규정에 따라]
① 단독접지　② 공통접지
③ 보호접지　④ 통합접지

🔑 단독접지, 공통접지, 통합접지가 접지규격임

47 배전반 및 분전반의 설치 장소로 적합하지 않은 곳은?
① 접근이 어려운 장소
② 전기회로를 쉽게 조작할 수 있는 장소
③ 개폐기를 쉽게 개폐할 수 있는 장소
④ 안정된 장소

48 알루미늄전선과 전기기계기구 단자의 접속 방법으로 틀린 것은?
① 전선을 나사로 고정하는 경우 나사가 진동 등으로 헐거워질 우려가 있는 장소는 2중 너트 등을 사용할 것
② 전선에 터미널러그 등을 부착하는 경우는 도체에 손상을 주지 않도록 피복을 벗길 것
③ 나사 단자에 전선을 접속하는 경우는 전선을 나사의 홈에 가능한 한 밀착하여 3/4바퀴 이상 1바퀴 이하로 감을 것
④ 누름나사단자 등에 전선을 접속하는 경우는 전선을 단자 깊이의 2/3 위치까지만 삽입할 것

🔑 누름나사단자 등에 전선을 접속하는 경우는 충전부가 보이지 않도록 접속한다.

🔓 Answer　41. ③　42. ③　43. ①　44. ④　45. ④　46. ③　47. ①　48. ④

49 사용전압 400[V] 이상, 건조한 장소로 점검할 수 있는 은폐된 곳에 저압 옥내배선 시 공사할 수 있는 방법은?
① 합성수지 몰드공사
② 금속몰드공사
③ 버스덕트공사
④ 라이팅 덕트공사

🔑 400[V] 이상 건조한 장소로 은폐된 장소에 시설할 수 있는 공사
㉠ 애자 사용공사
㉡ 금속덕트공사
㉢ 버스덕트공사

50 저압 연접인입선의 시설과 관련된 설명으로 잘못된 것은?
① 옥내를 통과하지 아니할 것
② 전선의 굵기는 1.5[mm²] 이하일 것
③ 폭 5[m]를 넘는 도로를 횡단하지 아니할 것
④ 인입선에서 분기하는 점으로부터 100[m]를 넘는 지역에 미치지 아니할 것

🔑 전선이 케이블인 경우 이외에는 인장강도 2.3[kN] 이상의 것 또는 지름 2.6[mm] 이상의 인입용 비닐 절연전선일 것

51 라이팅 덕트를 조영재에 따라 부착할 경우 지지점 간의 거리는 몇 [m] 이하로 하여야 하는가?
① 1.0   ② 1.2
③ 1.5   ④ 2.0

🔑 금속덕트, 버스덕트의 지지점 간격은 3[m] 이하이지만 라이팅 덕트의 지지점 간의 거리는 2[m] 이하이다.

52 화약고 등의 위험장소에서 전기설비 시설에 관한 내용으로 옳은 것은?
① 전로의 대지전압은 400[V] 이하일 것
② 전기기계기구는 전폐형을 사용할 것
③ 화약고 내의 전기설비는 화약고 장소에 전용개폐기 및 과전류차단기를 시설할 것
④ 개폐기 및 과전류차단기에서 화약고 인입구까지의 배선은 케이블 배선으로 노출로 시설할 것

🔑 전로의 대지전압은 300[V] 이하이고 개폐기 및 과전류차단기에서 화약고 인입구까지의 배선은 지중케이블로 시설하여야하고 화약류 저장소 이외의 곳에 전용개폐기 및 과전류차단기를 각 극에 취급자 이외의 자가 쉽게 조작할 수 없도록 시설한다.

53 고압전로에 지락사고가 생겼을 때 지락전류를 검출하는 데 사용하는 것은?
① CT   ② ZCT
③ MOF   ④ PT

🔑
• CT : 계기용 변류기
• ZCT : 영상변류기
• MOF : 계기용 변압 변류기
• PT : 계기용 변압기

54 인입용 비닐절연선의 공칭단면적 8[mm²]되는 연선의 구성은 소선의 지름이 1.2[mm]일 때 소선수는 몇 가닥으로 되어 있는가?
① 3   ② 4
③ 6   ④ 7

🔑 $A = a \cdot N$
(A : 연선의 단면적, a : 소선의 단면적)

Answer 49. ③ 50. ② 51. ④ 52. ② 53. ② 54. ④

$$a = \pi \cdot r^2 = \pi \times 0.6^2$$
$$\therefore N = \frac{A}{a} = \frac{8}{\pi \times 0.6^2} = 7$$

55 저압 옥내용 기기에 제3종 접지공사를 하는 주된 목적은?

① 이상 전류에 의한 기기의 손상 방지
② 과전류에 의한 감전 방지
③ 누전에 의한 감전 방지
④ 누전에 의한 기기의 손상 방지

56 무대, 오케스트라박스 등 흥행장의 저압 옥내배선 공사의 사용전압은 몇 [V] 미만인가?

① 200   ② 300
③ 400   ④ 600

57 풍력발전의 접지 설비의 경우 어떤 접지 공사를 하여야 하는가?

① 공통접지   ② 단독접지
③ 중성점접지   ④ 통합접지

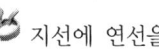 풍력발전 접지설비 기준 (KEC 532. 3.4)에 통합접지 기준으로 한다.

58 고압 가공전선로의 지지물 중 지선을 사용해서는 안 되는 것은?

① 목주
② 철탑
③ A종 철주
④ A종 철근콘크리트주

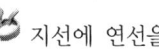 철탑은 콘크리트로 기초를 만들어 세운다.

59 지지물의 지선에 연선을 사용하는 경우 소선 몇 가닥 이상의 연선을 사용하는가?

① 1   ② 2
③ 3   ④ 4

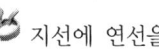 지선에 연선을 사용할 경우에는
  ㉠ 소선 3가닥 이상의 연선일 것
  ㉡ 소선의 지름 2.6[mm] 이상의 금속선을 사용할 것
  ㉢ 지중부분 지표상 30[cm]까지의 부분에는 내식성이 있는 것 또는 인장강도 0.68 [kN/m²] 이상인 것을 사용하는 경우에는 그러하지 아니한다.

60 전선 접속 시 S형 슬리브 사용에 대한 설명으로 틀린 것은?

① 전선의 끝은 슬리브의 끝에서 조금 나오는 것이 바람직하다.
② 슬리브는 전선의 굵기에 적합한 것을 선정한다.
③ 열린 쪽 홈의 측면을 고르게 눌러서 밀착시킨다.
④ 단선은 사용 가능하나 연선접속 시에는 사용 안한다.

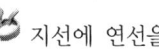 S형 슬리브는 단선, 연선 모두 사용한다.

Answer 55. ③ 56. ③ 57. ④ 58. ② 59. ③ 60. ④

2014년 10월 11일 시행 과년도출제문제

01 △결선에서 선전류가 $10\sqrt{3}$ [A]이면 상전류는?

① 5[A] ② 10[A]
③ $10\sqrt{3}$ [A] ④ 30[A]

🔑 △결선
$V_\ell = V_p$ (V_ℓ : 선간전압, V_p : 상전압)
$I_\ell = \sqrt{3} I_p$ (I_ℓ : 선전류, I_p : 상전류)
$\therefore I_p = \dfrac{I_\ell}{\sqrt{3}} = \dfrac{10\sqrt{3}}{\sqrt{3}} = 10$[A]

02 인덕턴스 0.5[H]에 주파수가 60[Hz]이고 전압이 220[V]인 교류 전압이 가해질 때 흐르는 전류는 약 몇 [A]인가?

① 0.59 ② 0.87
③ 0.97 ④ 1.17

🔑 $I = \dfrac{V}{\omega L} = \dfrac{V}{2\pi f L} = \dfrac{220}{2\pi \times 60 \times 0.5} = 1.167$

03 교류 전력에서 일반적으로 전기기기의 용량을 표시하는 데 쓰이는 전력은?

① 피상전력 ② 유효전력
③ 무효전력 ④ 기전력

🔑 전기기기의 용량 단위 [VA]
피상전력 $P_a = VI$[VA]

04 전류에 의한 자기장의 세기를 구하는 비오-사바르의 법칙을 옳게 나타낸 것은?

① $\Delta H = \dfrac{I\Delta l \sin\theta}{4\pi r^2}$ [AT/m]
② $\Delta H = \dfrac{I\Delta l \sin\theta}{4\pi r}$ [AT/m]
③ $\Delta H = \dfrac{I\Delta l \cos\theta}{4\pi r}$ [AT/m]
④ $\Delta H = \dfrac{I\Delta l \cos\theta}{4\pi r^2}$ [AT/m]

🔑 비오-사바르의 법칙에 의한 자계의 세기 H는
$\Delta H = \dfrac{I\Delta l \sin\theta}{4\pi r^2}$ [AT/m]

05 일반적으로 온도가 높아지게 되면 전도율이 커져서 온도계수가 부(-)의 값을 가지는 것이 아닌 것은?

① 구리 ② 반도체
③ 탄소 ④ 전해액

🔑 구리는 정저항 특성을 가진다. 즉, 온도가 올라가면 온도계수가 +값을 가진다.

06 평행한 두 도선 간의 전자력은?

① 거리 r에 비례한다.
② 거리 r에 반비례한다.
③ 거리 r^2에 비례한다.
④ 거리 r^2에 반비례한다.

🔑 평행한 두 도선 간의 전자력
$F = \dfrac{I_1 \times I_2}{r} \times 10^{-7}$ [N]
$\therefore F \propto \dfrac{1}{r}$
즉, 힘 F는 거리 r에 반비례한다.

07 권선수 100회 감은 코일에 2[A]의 전류가 흘렀을 때 50×10^{-3}[Wb]의 자속이 코일에 쇄교되었다면 자기 인덕턴스는 몇 [H]인가?

🔓 Answer 1.② 2.④ 3.① 4.① 5.① 6.② 7.④

① 1.0 ② 1.5
③ 2.0 ④ 2.5

🔑 $LI = N\phi$ 이므로
$L = \dfrac{N\phi}{I} = \dfrac{100 \times 50 \times 10^{-3}}{2} = 2.5[H]$

08 코일의 성질에 대한 설명으로 틀린 것은?
① 공진하는 성질이 있다.
② 상호유도작용이 있다.
③ 전원 노이즈 차단기능이 있다.
④ 전류의 변화를 확대시키려는 성질이 있다.

🔑 전류의 변화를 축소시키려는 성질이 있다.
(렌츠의 법칙에 의해)

09 200[V]의 교류전원에 선풍기를 접속하고 전력과 전류를 측정하였더니 600[W], 5[A] 이었다. 이 선풍기의 역률은?
① 0.5 ② 0.6
③ 0.7 ④ 0.8

🔑 $P = VI\cos\theta$ 이므로 $\cos\theta = \dfrac{P}{VI} = \dfrac{600}{200 \times 5} = 0.6$

10 임의의 폐회로에서 키르히호프의 제2법칙을 가장 잘 나타낸 것은?
① 기전력의 합=합성 저항의 합
② 기전력의 합=전압 강하의 합
③ 전압 강하의 합=합성 저항의 합
④ 합성 저항의 합=회로 전류의 합

🔑 키르히호프 제2법칙(전압평형의 법칙)
$\sum V = \sum IR$

11 5[Wh]는 몇 [J]인가?

① 720 ② 1800
③ 7200 ④ 18000

🔑 $5[W \cdot h] = 5 \times 60 \times 60[W \cdot \sec] = 18000[J]$

12 자속밀도 0.5[Wb/m²]의 자장 안에 자장과 직각으로 20[cm]의 도체를 놓고 이것에 10[A]의 전류를 흘릴 때 도체가 50[cm] 운동한 경우 한 일은 몇 [J]인가?
① 0.5 ② 1
③ 1.5 ④ 5

🔑 $F = BI\ell\sin\theta = 0.5 \times 10 \times 0.2 \times 1 = 1[N]$
$W = F \times d = 1 \times 0.5 = 0.5[J]$
(d : 움직인 거리[m])

13 일반적으로 절연체를 서로 마찰시키면 이들 물체는 전기를 띠게 된다. 이와 같은 현상은?
① 분극 ② 정전
③ 대전 ④ 코로나

🔑 전자의 과잉 또는 부족으로 인해 전기를 띠는 현상을 대전이라 한다.

14 공기 중에서 m[Wb]의 자극으로부터 나오는 자력선의 총수는 얼마인가? (단, μ는 물체의 투자율이다.)
① m ② μm
③ $\dfrac{m}{\mu}$ ④ $\dfrac{\mu}{m}$

🔑 자력선 총수는 $\dfrac{m}{\mu}$개
자속의 총수는 m개

15 그림에서 단자 A-B 사이의 전압은 몇 [V]인가?

🔓 Answer 8. ④ 9. ② 10. ② 11. ④ 12. ① 13. ③ 14. ③ 15. ②

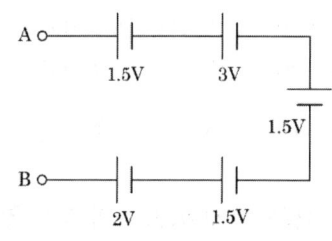

① 1.5   ② 2.5
③ 6.5   ④ 9.5

🖌 A단자를 (+)극으로 가정하여 기전력의 합을 구하면
$+1.5+3+1.5-1.5-2=2.5[V]$

16 전구를 점등하기 전의 저항과 점등한 후의 저항을 비교하면 어떻게 되는가?
① 점등 후의 저항이 크다.
② 점등 전의 저항이 크다.
③ 변동 없다.
④ 경우에 따라 다르다.

🖌 전구의 필라멘트는 정저항 특성을 가지고 있어 온도가 상승하면 저항값도 상승한다.

17 진공 중에서 같은 크기의 두 자극을 1[m] 거리에 놓았을 때 작용하는 힘이 6.33×10^4 [N]이 되는 자극의 단위는?
① 1[N]   ② 1[J]
③ 1[Wb] ④ 1[C]

🖌 $F = \frac{1}{4\pi\mu} \frac{m_1 \cdot m_2}{r^2}[N] = 6.33 \times 10^4 \frac{m_1 \cdot m_2}{r^2}$
$6.33 \times 10^4 = 6.33 \times 10^4 \times \frac{m_1 \cdot m_2}{1^2}$ 이므로
∴ $m_1 \cdot m_2 = 1[Wb]$

18 2개의 저항 R_1, R_2를 병렬 접속하면 합성 저항은?
① $\frac{1}{R_1 + R_2}$ ② $\frac{R_1}{R_1 + R_2}$
③ $\frac{R_1 R_2}{R_1 + R_2}$ ④ $\frac{R_2}{R_1 + R_2}$

🖌 저항의 병렬 접속 시 합성저항값은
$\frac{1}{R_P} = \frac{1}{R_1} + \frac{1}{R_2} \rightarrow R_P = \frac{R_1 \times R_2}{R_1 + R_2}$

19 다음 전압 파형의 주파수는 약 몇 [Hz]인가?

$$e = 100\sin\left(377t - \frac{\pi}{5}\right)[V]$$

① 50   ② 60
③ 80   ④ 100

🖌 각주파수 $\omega = 2\pi f$에서 $377 = 2\pi f$
∴ $f = \frac{377}{2\pi} = 60[Hz]$

20 납축전지가 완전히 방전되면 음극과 양극은 무엇으로 변하는가?
① $PbSO_4$ ② PbO_2
③ H_2SO_4 ④ Pb

🖌 납축전지가 완전 방전되면 두 극 다 황산납($PbSO_4$)으로 변한다.

21 동기기의 전기자 권선법이 아닌 것은?
① 전절권   ② 분포권
③ 2층권   ④ 중권

22 변압기의 정격출력으로 맞는 것은?
① 정격 1차 전압×정격 1차 전류
② 정격 1차 전압×정격 2차 전류

Answer 16. ① 17. ③ 18. ③ 19. ② 20. ① 21. ① 22. ④

③ 정격 2차 전압×정격 1차 전류
④ 정격 2차 전압×정격 2차 전류

변압기의 출력측은 2차측을 의미한다.

23 직류기에서 정류를 좋게 하는 방법 중 전압 정류의 역할은?
① 보극 ② 탄소
③ 보상권선 ④ 리액턴스 전압

전압정류
보극을 설치하여 리액턴스 전압을 상쇄한다.

24 역률이 좋아 가정용 선풍기, 세탁기, 냉장고 등에 주로 사용되는 것은?
① 분상 기동형 ② 콘덴서 기동형
③ 반발 기동형 ④ 셰이딩 코일형

25 기중기, 전기 자동차, 전기 철도와 같은 곳에 가장 많이 사용되는 전동기는?
① 가동 복권 전동기
② 차동 복권 전동기
③ 분권전동기
④ 직권전동기

26 동기전동기의 공급전압이 앞선 전류는 어떤 작용을 하는가?
① 역률작용 ② 교차자화작용
③ 증자작용 ④ 감자작용

동기기의 전기자 반작용 중 감자작용은 발전기에서는 뒤진 전류에서 나타나지만 전동기에서는 앞선 전류에서 나타난다.

27 농형 유도전동기의 기동법이 아닌 것은?
① 전전압 기동
② Δ-Δ 기동
③ 기동보상기에 의한 기동
④ 리액터 기동

농형 유도전동기의 기동법
㉠ 전전압 기동법
㉡ Y-Δ 기동법
㉢ 기동보상기에 의한 기동법
㉣ 리액터 기동법

28 동기조상기를 과여자로 사용하면?
① 리액터로 작용
② 저항손의 보상
③ 일반부하의 뒤진 전류 보상
④ 콘덴서로 작용

동기조상기
㉠ 과여자 시 콘덴서로 작용
㉡ 부족여자 시 인덕터로 작용

29 직류를 교류로 변환하는 기기는?
① 변류기 ② 정류기
③ 초퍼 ④ 인버터

인버터 회로
직류를 교류로 변환하는 장치(역변환 장치)

30 그림의 정류회로에서 다이오드의 전압강하를 무시할 때 콘덴서 양단의 최대전압은 약 몇 [V]까지 충전되는가?

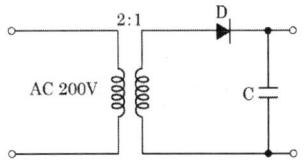

Answer 23. ① 24. ② 25. ④ 26. ④ 27. ② 28. ④ 29. ④ 30. ②

① 70　　　　　② 141
③ 280　　　　　④ 352

🐰 ㉠ 변압기 권수가 2 : 1이므로
$\frac{N_1}{N_2} = \frac{V_1}{V_2}$ 에서
2차 전압
$V_2 = V_1 \times \frac{N_2}{N_1} = 200 \times \frac{1}{2} = 100 [V]$
㉡ 2차측 콘덴서 양단의 최대전압(V_P)는
$V_P = \sqrt{2} V = \sqrt{2} \times 100 = 141 [V]$

31 회전수 540[rpm], 12극, 3상 유도전동기의 슬립[%]은? (단, 주파수는 60[Hz]이다.)
① 1　　　　　② 4
③ 6　　　　　④ 10

🐰 ㉠ 슬립 $s = \frac{N_s - N}{N_s} \times 100 [\%]$
㉡ $N = 540 [rpm]$, $P = 12$, $f = 60 [Hz]$일 때
$N_s = \frac{120 \cdot f}{P} = \frac{120 \times 60}{12} = 600 [rpm]$
㉢ $s = \frac{N_s - N}{N_s} \times 100$
$= \frac{600 - 540}{600} \times 100 [\%] = 10 [\%]$

32 직류 분권전동기의 회전방향을 바꾸기 위해 일반적으로 무엇의 방향을 바꾸어야 하는가?
① 전원　　　　② 주파수
③ 계자저항　　④ 전기자전류

🐰 직류 분권전동기의 회전방향 전환
전기자 전류 또는 계자전류의 방향을 바꾸어야 한다.

33 다음 중 변압기의 원리와 관계있는 것은?
① 전기자 반작용

② 전자유도작용
③ 플레밍의 오른손법칙
④ 플레밍의 왼손법칙

34 동기기 운전 시 안정도 증진법이 아닌 것은?
① 단락비를 크게 한다.
② 회전부의 관성을 크게 한다.
③ 속응여자방식을 채용한다.
④ 역상 및 영상 임피던스를 작게 한다.

🐰 동기기 안정도 증진법
㉠ 단락비를 크게 한다.
㉡ 회전자의 관성을 크게 한다.(플라이휠을 설치)
㉢ 속응여자방식을 채택한다.
㉣ 정상 임피던스는 작고, 역상 및 영상 임피던스는 크게 한다.
㉤ 동기 임피던스는 작게 한다.

35 다음 중 변압기의 1차측이란?
① 고압측　　　② 저압측
③ 전원측　　　④ 부하측

36 3상 유도전동기의 토크는?
① 2차 유도기전력의 2승에 비례한다.
② 2차 유도기전력에 비례한다.
③ 2차 유도기전력과 무관하다.
④ 2차 유도기전력의 0.5승에 비례한다.

37 50[kW]의 농형 유도전동기를 기동하려고 할 때, 다음 중 가장 적당한 기동 방법은?
① 분상기동법
② 기동보상기법
③ 권선형 기동법

🔓 Answer　31. ④　32. ④　33. ②　34. ④　35. ③　36. ①　37. ②

④ 2차 저항 기동법

38 보극이 없는 직류기 운전 중 중성점의 위치가 변하지 않는 경우는?
① 과부하   ② 전부하
③ 중부하   ④ 무부하

39 1차 전압 13200[V], 2차 전압 220[V]인 단상 변압기의 1차에 6000[V]의 전압을 가하면 2차 전압은 몇 [V]인가?
① 100   ② 200
③ 50   ④ 250

🗝 ㉠ 권수비 $a = \dfrac{N_1}{N_2} = \dfrac{V_1}{V_2}$

㉡ $V_1 = 13200[V]$, $V_2 = 220[V]$에서
$a = \dfrac{V_1}{V_2} = \dfrac{13200}{220} = 60$

㉢ $V_1 = 6000$일 때 V_2는
$V_2 = \dfrac{V_1}{a} = \dfrac{6000}{60} = 100[V]$

40 자속밀도 0.8[Wb/m²]인 자계에서 길이 50[cm]인 도체가 30[m/s]로 회전할 때 유기되는 기전력[V]은?
① 8   ② 12
③ 15   ④ 24

🗝 직선도체에 발생하는 기전력
㉠ $e = B\ell v = B\ell v \sin\theta [V]$
㉡ $B = 0.8[Wb/m^2]$, $\ell = 0.5[m]$, $v = 30[m/s]$일 때
∴ $e = B\ell v = 0.8 \times 0.5 \times 30 = 12[V]$

41 수변전 설비의 고압회로에 걸리는 전압을 표시하기 위해 전압계를 시설할 때 고압회로와 전압계 사이에 시설하는 것은?
① 수전용 변압기   ② 계기용 변류기
③ 계기용 변압기   ④ 권선형 변류기

🗝 수·변전 설비의 고압회로의 전압을 표시하기 위해 전압계를 시설할 때 계기용 변압기(PT)가 필요하다.

42 가연성 분진에 전기설비가 발화원이 되어 폭발의 우려가 있는 곳에 시설하는 저압 옥내배선 공사방법이 아닌 것은?
① 금속관 공사   ② 케이블 공사
③ 애자사용 공사 ④ 합성수지관 공사

🗝 가연성 분진이 존재하는 곳의 전기공사는 금속관, 케이블, 합성수지관 공사만 시설 가능하다.

43 전선의 접속이 불완전하여 발생할 수 있는 사고로 볼 수 없는 것은?
① 감전   ② 누전
③ 화재   ④ 절전

🗝 절전은 전기를 절약하기 위함이다. 수용가, 즉 선기를 사용하는 측에서의 문제이다.

44 저압 구내 가공인입선으로 DV전선 사용 시 전선의 길이가 15[m] 이하인 경우 사용할 수 있는 최소 굵기는 몇 [mm] 이상인가?
① 1.5   ② 2.0
③ 2.6   ④ 4.0

🗝 저압 가공인입선은 전선이 케이블인 경우 이외에는 인장강도 2.3[kN] 이상일 것 또는 지름 2.6[mm] 이상의 DV 전선일 것. 다만 경간이 15[m] 이하인 경우는 지름 2[mm] 이상의 DV 전선일 것

🔓 **Answer** 38. ④ 39. ① 40. ② 41. ③ 42. ③ 43. ④ 44. ②

45 나전선 등의 금속선에 속하지 않는 것은?
① 경동선(지름 12[mm] 이하의 것)
② 연동선
③ 동합금선(단면적 35[mm²] 이하의 것)
④ 경알루미늄선
   (단면적 35[mm²] 이하의 것)

🔑 나전선 종류 중 동합금선은 단면적 25[mm²] 이하이다. 그 외에도 아연도 강선, 아연도 철선 등이 있다.

46 배선용 차단기의 심벌은?
① B   ② E
③ BE   ④ S

🔑 ① 배선용 차단기
② 누전 차단기
④ 개폐기

47 아래의 그림 기호가 나타내는 것은?
① 비상 콘센트
② 형광등
③ 점멸기
④ 접지저항 측정용 단자

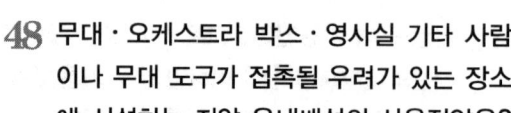

48 무대·오케스트라 박스·영사실 기타 사람이나 무대 도구가 접촉될 우려가 있는 장소에 시설하는 저압 옥내배선의 사용전압은?
① 400[V] 미만   ② 500[V] 이상
③ 600[V] 미만   ④ 700[V] 이상

🔑 무대·무대마루 밑·오케스트라 박스·영사실·기타 사람이나 무대 도구가 접촉할 우려가 있는 곳에 시설하는 저압 옥내배선·전선 또는 이동 전선은 사용전압이 400[V] 미만일 것

49 금속관 공사에 의한 저압 옥내배선에서 잘못된 것은?
① 전선은 절연전선일 것
② 금속관 안에서는 전선의 접속점이 없도록 할 것
③ 알루미늄 전선은 단면적 16[mm²] 초과 시 연선을 사용할 것
④ 옥외용 비닐절연전선을 사용할 것

🔑 전선은 절연전선(옥외용 비닐절연전선 제외)일 것

50 옥내의 건조하고 전개된 장소에서 사용전압이 400[V] 이상인 경우에는 시설할 수 없는 배선공사는?
① 애자사용공사   ② 금속덕트공사
③ 버스덕트공사   ④ 금속몰드공사

🔑 몰드공사는 건조하고 전개된 장소 및 사용전압이 400[V] 이하에서만 시설 가능하다.

51 조명기구를 반간접 조명방식으로 설치하였을 때 위(상방향)로 향하는 광속의 양[%]은?
① 0~10   ② 10~40
③ 40~60   ④ 60~90

🔑 반간접 조명방식의 아래로 향하는 광속은 전광속의 10~40[%]이고, 위로 향하는 광속은 전광속의 60~90[%]이다.

52. 하나의 콘센트에 두 개 이상의 플러그를 꽂아 사용할 수 있는 기구는?
① 코드 접속기   ② 멀티 탭
③ 테이블 탭   ④ 아이언 플러그

🔒 Answer 45. ③ 46. ① 47. ① 48. ① 49. ④ 50. ④ 51. ④ 52. ②

53 접지 시스템 시설의 다음 종류에서 해당되지 않는 것은? [개정 접지규정]
① 단독접지　② 공통접지
③ 보호접지　④ 통합접지

🔑 단독접지, 공통접지, 통합접지가 접지규격임

54 다음 ( ) 안에 알맞은 내용은?

> 고압 및 특고압용 기계기구의 시설에 있어 고압은 지표상 (㉠) 이상(시가지에 시설하는 경우), 특고압은 지표상 (㉡) 이상의 높이에 설치하고 사람이 접촉될 우려가 없도록 시설하여야 한다.

① ㉠ 3.5[m], ㉡ 4[m]
② ㉠ 4.5[m], ㉡ 5[m]
③ ㉠ 5.5[m], ㉡ 6[m]
④ ㉠ 5.5[m], ㉡ 7[m]

🔑 고압 및 특고압 기계기구의 시설
　고압은 지표상 4.5[m] 이상(시가지에 시설하는 경우), 특고압은 지표상 5[m] 이상의 높이에 설치한다.

55 전주의 길이가 16[m]이고, 설계하중이 6.8[kN] 이하의 철근콘크리트주를 시설할 때 땅에 묻히는 깊이는 몇 [m] 이상이어야 하는가?
① 1.2　② 1.4
③ 2.0　④ 2.5

🔑 전주의 전체 길이가 15[m] 이하인 경우 전장의 1/6 이상을 묻히고, 전장이 15[m]를 초과하는 경우 2.5[m] 이상 땅에 묻어야 한다.

56 알루미늄 전선의 접속방법으로 적합하지 않은 것은?
① 직선 접속　② 분기 접속
③ 종단 접속　④ 트위스트 접속

🔑 트위스트 접속은 연동선 접속방법이다.

57 배전반 및 분전반과 연결된 배관을 변경하거나 이미 설치되어 있는 캐비닛에 구멍을 뚫을 때 필요한 공구는?
① 오스터　② 클리퍼
③ 토치 램프　④ 녹아웃 펀치

🔑 캐비닛에 구멍을 뚫을 때 필요한 공구는 녹아웃 펀치 또는 홀소(Hall Saw)이다.

58 전선을 접속하는 경우 전선의 강도는 몇 [%] 이상 감소시키지 않아야 하는가?
① 10　② 20
③ 40　④ 80

🔑 전선 접속 후 인장강도는 80[%]를 유지하여야 한다. 즉, 20[%] 이상 감소시키면 안 된다.

59 저압 인입선 공사 시 저압 가공인입선이 철도 또는 궤도를 횡단하는 경우 레일면상에서 몇 [m] 이상 시설하여야 하는가?
① 3　② 4
③ 5.5　④ 6.5

🔑 저압 인입선 공사
　㉠ 철도 또는 궤도를 횡단하는 경우 6.5[m] 이상
　㉡ 기타의 경우 4[m] 이상
　㉢ 횡단 보도교의 위에 시설하는 경우 노면상 3[m] 이상

Answer 53. ③　54. ②　55. ④　56. ④　57. ④　58. ②　59. ④

60 150[kW]의 수전설비에서 역률을 80[%]에서 95[%]로 개선하려고 한다. 이때 전력용 콘덴서의 용량은 약 몇 [kVA]인가?

① 63.2 ② 126.4
③ 133.5 ④ 157.6

🔖 콘덴서 용량

$Q = P(\tan\theta_1 - \tan\theta_2)$

$= P\left(\dfrac{\sin\theta_1}{\cos\theta_1} - \dfrac{\sin\theta_2}{\cos\theta_2}\right)$ [kVA]

여기서, $\cos\theta_1$: 개선 전 역률

$\cos\theta_2$: 개선 후 역률

$= P\left(\dfrac{\sqrt{1-\cos^2\theta_1}}{\cos\theta_1} - \dfrac{\sqrt{1-\cos^2\theta_2}}{\cos\theta_2}\right)$ [kVA]

$(\sin\theta^2 + \cos\theta^2 = 1)$

$\therefore P = 150\left(\dfrac{\sqrt{1-0.8^2}}{0.8} - \dfrac{\sqrt{1-0.95^2}}{0.95}\right)$

$= 63.19$ [kVA]

Answer 60. ①

2015년 1월 25일 시행 과년도출제문제

01 그림의 단자 1-2에서 본 노튼 등가회로의 개방단 컨덕턴스는 몇 [℧]인가?

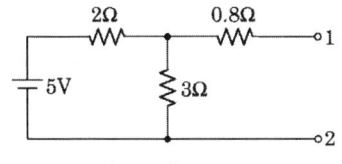

① 0.5　　② 1
③ 2　　　④ 5.8

🔑 ㉠ 전압원은 단락, 전류원은 개방하여 단자 1, 2에서 바라본 합성저항 R_{12}는

$$R_{12} = \frac{2\times 3}{2+3} + 0.8 = 2[\Omega]$$

$$G_{12} = \frac{1}{R_{12}} = \frac{1}{2}[\mho] = 0.5[\mho]$$

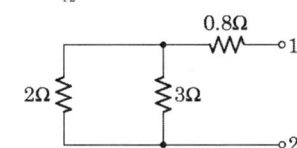

02. $e = 100\sin(314t - \frac{\pi}{6})$ [V]인 파형의 주파수는 약 몇 [Hz]인가?

① 40　　② 50
③ 60　　④ 80

🔑 교류전압 순시값식에서 각속도 $\omega = 2\pi f = 314$ 이므로

$$\therefore f = \frac{314}{2\pi} = 50[Hz]$$

03 비정현파의 실효값을 나타낸 것은?
① 최대파의 실효값
② 각 고조파의 실효값의 합
③ 각 고조파의 실효값의 합의 제곱근
④ 각 고조파의 실효값의 제곱의 합의 제곱근

🔑 비정현파의 실효값은 직류성분 및 고조파의 실효값의 제곱의 합에 평방근과 같다.

$$V_{rms} = \sqrt{V_0^2 + V_1^2 + \cdots + V_n^2}$$

04 평균 반지름이 r[m]이고, 감은 횟수가 N인 환상 솔레노이드에 전류 I[A]가 흐를 때 내부의 자기장의 세기 H[AT/m]는?

① $H = \frac{NI}{2\pi r}$　　② $H = \frac{NI}{2r}$

③ $H = \frac{2\pi r}{NI}$　　④ $H = \frac{2r}{NI}$

🔑 권수가 N, 평균 반지름이 r[n], 환상 솔레노이드에 전류 I[A]가 흐를 때 내부 자기장의 세기

$$H = \frac{NI}{2\pi r}[AT/n]$$

05 어떤 도체의 길이를 2배로 하고 단면적을 $\frac{1}{3}$로 했을 때의 저항은 원래 저항의 몇 배가 되는가?

① 3배　　② 4배
③ 6배　　④ 9배

🔑 $R = \rho\frac{l}{A}$ 에서

길이와 면적이 변한 저항을 R' 할 때

$$R' = \rho\frac{2l}{\frac{1}{3}A} = 6\rho\frac{l}{A} = 6R$$

∴ 원래 저항의 6배가 된다.

06 기전력이 $V_o[V]$, 내부저항이 $r[\Omega]$인 n개

Answer　1.①　2.②　3.④　4.①　5.③　6.②

의 전지를 직렬 연결하였다. 전체 내부저항을 옳게 나타낸 것은?

① $\dfrac{r}{n}$ ② nr

③ $\dfrac{r}{n^2}$ ④ nr^2

🔑 내부저항 $r[\Omega]$을 n개 직렬로 연결하면 nr

07 공기 중에서 자속밀도 3[Wb/m²]의 평등 자장 속에 길이 10[cm]의 직선 도선을 자장의 방향과 직각으로 놓고 여기에 4[A]의 전류를 흐르게 하면 이 도선이 받는 힘은 몇 [N]인가?

① 0.5 ② 1.2
③ 2.8 ④ 4.2

🔑 $F = BIl\sin\theta$
$= 3 \times 4 \times 0.1 \times \sin 90° = 1.2[N]$

08 정전용량 C[μF]의 콘덴서에 충전된 전하가 $q = \sqrt{2}\,Q\sin\omega t$[C]와 같이 변화하도록 하였다면 이때 콘덴서에 흘러들어가는 전류의 값은?

① $i = \sqrt{2}\,Q\sin\omega t$
② $i = \sqrt{2}\,Q\cos\omega t$
③ $i = \sqrt{2}\,Q\sin(\omega t - 60°)$
④ $i = \sqrt{2}\,Q\cos(\omega t - 60°)$

🔑 $I = \dfrac{\Delta Q}{\Delta t} = \dfrac{dq}{dt} = \dfrac{\sqrt{2}\,Q\sin\omega t}{dt}$
$= \sqrt{2}\,Q\cos\omega t$

09 4[F]와 6[F]의 콘덴서를 병렬접속하고 10[V]의 전압을 가했을 때 축적되는 전하량 Q[C]는?

① 19 ② 50
③ 80 ④ 100

🔑 $C_p = C_1 + C_2 = 4 + 6 = 10[F]$
$Q = C_p \cdot V = 10 \times 10 = 100[C]$

10 회로망의 임의의 접속점에 유입되는 전류는 $\Sigma I = 0$라는 법칙은?

① 쿨롱의 법칙
② 패러데이의 법칙
③ 키르히호프의 제1법칙
④ 키르히호프의 제2법칙

🔑 '회로망의 한 접속점에서 유입한 전류의 총합과 유출한 전류의 대수합은 0이다.'라는 법칙은 키르히호프 제1법칙이다.

11 자체 인덕턴스가 각각 160[mH], 250[mH]의 두 코일이 있다. 두 코일 사이의 상호 인덕턴스가 150[mH]이면 결합계수는?

① 0.5 ② 0.62
③ 0.75 ④ 0.86

🔑 $M = k\sqrt{L_1 L_2}$
$\therefore k = \dfrac{M}{\sqrt{L_1 L_2}} = \dfrac{150}{\sqrt{160 \times 250}} = 0.75$

12 저항이 10[Ω]인 도체에 1[A]의 전류를 10분간 흘렸다면 발생하는 열량은 몇 [kcal]인가?

① 0.62 ② 1.44
③ 4.46 ④ 6.24

🔑 $H = 0.24 I^2 Rt$[cal]
$= 0.24 \times I^2 \times 10 \times 10 \times 60$
$= 1440$[cal] $= 1.44$[kcal]

🔓 Answer 7. ② 8. ② 9. ④ 10. ③ 11. ③ 12. ②

13 히스테리시스손은 최대 자속밀도 및 주파수의 각각 몇 승에 비례하는가?

① 최대자속밀도 : 1.6, 주파수 : 1.0
② 최대자속밀도 : 1.0, 주파수 : 1.6
③ 최대자속밀도 : 1.0, 주파수 : 1.0
④ 최대자속밀도 : 1.6, 주파수 : 1.6

🔑 히스테리시스손 P_h는 $P_h = \eta f B_m^{1.6}$이므로 최대 자속밀도의 1.6, 주파수의 1.0에 비례

14 유효전력의 식으로 옳은 것은? (단, E는 전압, I는 전류, θ는 위상각이다.)

① $EI\cos\theta$ ② $EI\sin\theta$
③ $EI\tan\theta$ ④ EI

🔑 ① 유효전력   ② 무효전력
④ 피상전력

15 전원과 부하가 다같이 $\triangle$ 결선된 3상 평형회로가 있다. 상전압이 200[V], 부하 임피던스가 $Z = 6 + j8[\Omega]$인 경우 선전류는 몇 [A]인가?

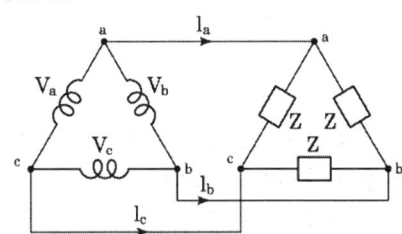

① 20   ② $\dfrac{20}{\sqrt{3}}$
③ $20\sqrt{3}$ ④ $10\sqrt{3}$

🔑 상전류 $I_p = \dfrac{V}{Z} = \dfrac{200}{6+j8} = \dfrac{200}{10} = 20[A]$

∴ $I_l = 20\sqrt{3}$
($\triangle$ 결선 시 $I_l = \sqrt{3} I_p$)

16 다음 회로의 합성 정전용량[μF]은?

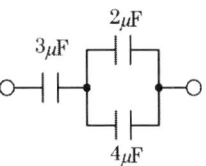

① 5   ② 4
③ 3   ④ 2

🔑 병렬합성 정전용량 $C_p = 2 + 4 = 6[\mu F]$
직렬합성 정전용량 $C_s = \dfrac{6 \times 3}{6 + 3} = \dfrac{18}{9} = 2[\mu F]$

17 물질에 따라 자석에 반발하는 물체를 무엇이라 하는가?

① 비자성체   ② 상자성체
③ 반자성체   ④ 가역성체

🔑 같은 극으로 자화되는 물질을 반자성체라 한다. 따라서 자석에 반발한다.
$\mu_s < 1$인 물체이다.

18 그림의 병렬 공진회로에서 공진 주파수 f_0[Hz]는?

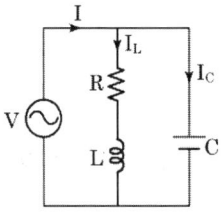

① $f_0 = \dfrac{1}{2\pi} \sqrt{\dfrac{R}{L} - \dfrac{1}{LC}}$

② $f_0 = \dfrac{1}{2\pi} \sqrt{\dfrac{L^2}{R^2} - \dfrac{1}{LC}}$

③ $f_0 = \dfrac{1}{2\pi} \sqrt{\dfrac{1}{LC} - \dfrac{L}{R}}$

Answer   13. ①   14. ①   15. ③   16. ④   17. ③   18. ④

④ $f_0 = \dfrac{1}{2\pi}\sqrt{\dfrac{1}{LC} - \dfrac{R^2}{L^2}}$

🔑 ㉠ $I_C = j\omega CV$ ⋯ ①

$I_L = \dfrac{V}{R+j\omega L}$ ⋯ ②

전체 전류 $I = I_L + I_C = \dfrac{V}{R+j\omega L} + j\omega CV$

㉡ 어드미턴스로 표현하면

$YV = \left(\dfrac{1}{R+j\omega L} + j\omega C\right)V$

$\therefore Y = \dfrac{1}{R+j\omega L} + j\omega C$

$= \dfrac{R}{R^2+(\omega L)^2} - j\dfrac{\omega L}{R^2+(\omega L)^2} + j\omega C$

$= \dfrac{R}{R^2+(\omega L)^2} + j\omega\left(C - \dfrac{L}{R^2+(\omega L)^2}\right)$

$= G + jB$

㉢ 공진조건으로

서셉턴스 $B = 0 \rightarrow C = \dfrac{L}{R^2+(\omega L)^2}$

$R^2+(\omega L)^2 = \dfrac{L}{C}$

$\omega L = \sqrt{\dfrac{L}{C} - R^2}$

$\omega = \sqrt{\dfrac{1}{LC} - \left(\dfrac{R}{L}\right)^2}$

$2\pi f_o = \sqrt{\dfrac{1}{LC} - \left(\dfrac{R}{L}\right)^2}$

$\therefore f_o = \dfrac{1}{2\pi}\sqrt{\dfrac{1}{LC} - \left(\dfrac{R}{L}\right)^2}$

19 전기장의 세기 단위로 옳은 것은?

① H/m　　② F/m
③ AT/m　　④ V/m

🔑 $E = \dfrac{F}{Q}$ [V/m], [N/C]

20 전기 전도도가 좋은 순서대로 도체를 나열한 것은?

① 은 → 구리 → 금 → 알루미늄
② 구리 → 금 → 은 → 알루미늄
③ 금 → 구리 → 알루미늄 → 은
④ 알루미늄 → 금 → 은 → 구리

🔑
종류	도전율[%]	저항율[MΩ], [m]
은	106	1.62
연동	100	1.7241
금	71.8	2.4
알루미늄	62.7	2.75

※ 구리를 도전율 100으로 보았을 때 도전율

21 3상 농형 유도전동기의 Y-Δ 기동 시의 기동전류를 전전압 기동 시와 비교하면?

① 전전압 기동전류의 1/3로 된다.
② 전전압 기동전류의 $\sqrt{3}$ 배로 된다.
③ 전전압 기동전류의 3배로 된다.
④ 전전압 기동전류의 9배로 된다.

🔑 • Y-Δ 기동(농형 유도전동기) 시의 기동전류는 전전압 기동전류의 1/3로 된다(2/3가 저감).
• 3상 유도전동기 기동법에서 차단기 보호를 함

22 선풍기, 가정용 펌프, 헤어 드라이기 등에 주로 사용되는 전동기는?

① 단상 유도전동기
② 권선형 유도전동기
③ 동기전동기
④ 직류 직권전동기

🔑 선풍기, 가정용 펌프, 헤어 드라이기 사용 전원이 단상 교류를 사용하기 때문에 단상 유도전동기가 사용된다.

Answer 19. ④　20. ①　21. ①　22. ①

23 3상 전파 정류회로에서 전원 250[V]일 때 부하에 나타나는 전압[V]의 최댓값은?
① 약 177 ② 약 292
③ 약 337 ④ 약 433

🔑 3상 전파 정류회로의 전압
$E_d = 1.35$
$V = 1.35 \times 250 ≒ 337[V]$

24 3단자 사이리스터가 아닌 것은?
① SCS ② SCR
③ TRIAC ④ GTO

🔑 SCS는 역저지 4단자 사이리스터이다.

25 직류 직권전동기의 특징에 대한 설명으로 틀린 것은?
① 부하전류가 증가하면 속도가 크게 감소된다.
② 기동 토크가 작다.
③ 무부하 운전이나 벨트를 연결한 운전은 위험하다.
④ 계자권선과 전기자권선이 직렬로 접속되어 있다.

🔑 직류 직권전동기는 기동 토크가 매우 큰 특징을 가지고 있다.(전기자 전류의 자승에 비례)

26 3상 유도전동기의 회전 방향을 바꾸려면?
① 전원의 극수를 바꾼다.
② 전원의 주파수를 바꾼다.
③ 3상 전원 3선 중 두 선의 접속을 바꾼다.
④ 기동 보상기를 이용한다.

🔑 ①, ②는 속도제어 방법이고 ④는 기동법이다.

27 동기전동기의 직류 여자전류가 증가될 때의 현상으로 옳은 것은?
① 진상 역률을 만든다.
② 지상 역률을 만든다.
③ 동상 역률을 만든다.
④ 진상·지상 역률을 만든다.

🔑 동기전동기 V특성 곡선
여자 전류가 증가하면 과여자 증가로
㉠ 진상 역률을 만든다.
㉡ 콘덴서로 작용한다.

28 슬립이 4[%]인 유도전동기에서 동기속도가 1200[rpm]일 때 전동기의 회전속도[rpm]는?
① 697 ② 1051
③ 1152 ④ 1321

🔑 $N = N_s(1-s)$
$= 1200 \times (1-0.04)$
$= 1200 \times 0.96 = 1152[rpm]$

29 부흐홀츠 계전기로 보호되는 기기는?
① 변압기 ② 유도전동기
③ 직류발전기 ④ 교류발전기

🔑 부흐홀츠 계전기
변압기의 기계적 보호장치로서 일종의 플로트 계전기를 조합한 것으로 과열 등으로 절연유가 분해되어 가스가 되어 유면이 내려가면 그 유면의 수위차를 감지하는 계전기이다.

30 34극 60[MVA], 역률 0.8, 60[Hz], 22.9[kV] 수차발전기의 전부하 손실이 1600[kW]이면 전부하 효율[%]은?
① 90 ② 95

③ 97　　　　　④ 99

💡 **전부하 효율**

$$\eta = \frac{출력}{입력} = \frac{입력-손실}{입력}$$

$$= \frac{60-1.6}{60} \times 100 = 97[\%]$$

31 주상변압기의 고압측에 여러 개의 탭을 설치하는 이유는?
① 선로 고장 대비
② 선로 전압 조정
③ 선로 역률 개선
④ 선로 과부하 방지

32 낮은 전압을 높은 전압으로 승압할 때 일반적으로 사용되는 변압기의 3상 결선방식은?
① Δ-Δ　　　② Δ-Y
③ Y-Y　　　④ Y-Δ

💡 Δ-Y 결선은 승압용, Y-Δ 결선 방식은 강압용이다.

33 정류자와 접촉하여 전기자 권선과 외부회로를 연결하는 역할을 하는 것은?
① 계자　　　② 전기자
③ 브러시　　④ 계자철심

34 사용 중인 변류기의 2차를 개방하면?
① 1차 전류가 감소한다.
② 2차 권선에 110[V]가 걸린다.
③ 개방단의 전압은 불변하고 안전하다.
④ 2차 권선에 고압이 유도된다.

💡 회로 내에서 사용 중인 변류기의 2차를 개방해서는 안 되는 이유
㉠ 철심 중의 자속밀도가 높아져 2차 권선에 고전압이 유도되고
㉡ 철손이 증가하고 온도 상승이 일어나 2차 권선의 과열 및 절연 파괴현상이 발생한다.

35 변압기유의 구비 조건으로 옳은 것은?
① 절연 내력이 클 것
② 인화점이 낮을 것
③ 응고점이 높을 것
④ 비열이 작을 것

💡 **변압기유 구비 조건**
㉠ 점도가 작아 유동성이 크고, 절연 내력이 커야 한다.
㉡ 비열이 커서 냉각 효과가 커야 한다.
㉢ 화학작용 및 산화작용이 없어야 한다.
㉣ 인화점이 높고 응고점이 낮아야 한다.

36 동기기에 제동권선을 설치하는 이유로 옳은 것은?
① 역률 개선　　② 출력 증가
③ 전압 조정　　④ 난조 방지

37 동기전동기에 관한 내용으로 틀린 것은?
① 기동토크가 작다.
② 역률을 조정할 수 없다.
③ 난조가 발생하기 쉽다.
④ 여자기가 필요하다.

💡 동기전동기는 역률을 조정할 수 있기 때문에 동기조상기로 사용된다.

38 유도전동기의 무부하 시 슬립은?
① 4　　　　② 3
③ 1　　　　④ 0

🔓 Answer　31. ②　32. ②　33. ③　34. ④　35. ①　36. ④　37. ②　38. ④

유도전동기는 손실이 없다고 가정할 때, 무부하 시 동기속도로 회전을 한다.
즉, 슬립 s=0이다.

39 직류발전기의 정격전압 100[V], 무부하 전압 109[V]이다. 이 발전기의 전압 변동률 ε[%]은?

① 1 ② 3
③ 6 ④ 9

전압 변동률
$$\varepsilon = \frac{\text{무부하 정격전압} - \text{정격전압}}{\text{정격전압}} \times 100[\%]$$
$$= \frac{109-100}{100} \times 100[\%] = 9[\%]$$

40 직류 스테핑 모터(DC stepping motor)의 특징이다. 다음 중 가장 옳은 것은?

① 교류 동기 서보 모터에 비하여 효율이 나쁘고 토크 발생도 작다.
② 입력되는 전기신호에 따라 계속하여 회전한다.
③ 일반적인 공작기계에 많이 사용된다.
④ 출력을 이용하여 특수기계의 속도, 거리, 방향 등을 정확하게 제어할 수 있다.

직류 스테핑 모터는 1스텝씩 회전하기 때문에 펄스로 여자하여 동작하기 때문에 위치결정의 제어용 정밀한 모터이다.

41 S형 슬리브를 사용하여 전선을 접속하는 경우의 유의사항이 아닌 것은?

① 전선은 연선만 사용이 가능하다.
② 전선의 끝은 슬리브의 끝에서 조금 나오는 것이 좋다.
③ 슬리브는 전선의 굵기에 적합한 것을 사용한다.
④ 도체는 샌드페이퍼 등으로 닦아서 사용한다.

S형 슬리브는 단선도 사용이 가능하다.

42 가공전선의 지지물에 승탑 또는 승강용으로 사용하는 발판 볼트 등은 지표상 몇 [m] 미만에 시설하여서는 안 되는가?

① 1.2 ② 1.5
③ 1.6 ④ 1.8

콘크리트 전주 등의 발판 볼트는 지표상 1.8[m] 이상에서 설치한다.

43 조명기구를 배광에 따라 분류하는 경우 특정한 장소만을 고조도로 하기 위한 조명기구는?

① 직접 조명기구
② 전반확산 조명기구
③ 광천장 조명기구
④ 반직접 조명기구

특정한 장소만을 고조도로 하기 위한 조명은 직접 조명이다.

44 과전류 차단기로 저압전로에 사용하는 정격전류 50[A] 퓨즈를 수평으로 붙인 경우 퓨즈는 정격전류의 몇 배의 전류에 견디어야 하는가?

① 2.0 ② 1.6
③ 1.1 ④ 1.25

(개정)

Answer 39. ④ 40. ④ 41. ① 42. ④ 43. ① 44. ④

정격전류의 구분	시간	정격전류의 배수	
		불용단 전류	용단 전류
4[A] 이하	60분	1.5배	2.1배
4[A] 초과 16[A] 미만	60분	1.5배	1.9배
16[A] 초과 63[A] 미만	60분	1.25배	1.6배
63[A] 초과 160[A] 미만	120분	1.25배	1.6배
160[A] 초과 400[A] 미만	180분	1.25배	1.6배
400[A] 이하	240분	1.25배	1.6배

[저압용 퓨즈의 용단 특성]

16[A] 초과 63[A] 미만 특성으로 1.25배 전류에 견디고 1.6배의 전류에 60분 내에 용단되어야 한다.

45 고압 이상에서 기기의 점검, 수리 시 무전압, 무전류 상태로 전로에서 단독으로 전로의 접속 또는 분리하는 것을 주목적으로 사용되는 수·변전기기는?
① 기중부하 개폐기
② 단로기
③ 전력퓨즈
④ 컷아웃 스위치

☞ 고압 및 특고압 선로에서 기기의 점검 및 수리 시 무부하 상태에서 전로의 접속 및 분리하는 것을 주목적으로 하는 것은 단로기이다.

46 지중전선로 시설 방식이 아닌 것은?
① 직접 매설식   ② 관로식
③ 트라이식   ④ 암거식

☞ 지중전선로 시설 방식
직접 매설식, 관로식, 암거식

47 화약류의 분말이 전기설비가 발화원이 되어 폭발할 우려가 있는 곳에 시설하는 저압 옥내배선의 공사 방법으로 가장 알맞은 것은?
① 금속관 공사
② 애자 사용 공사
③ 버스덕트 공사
④ 합성수지몰드 공사

☞ 폭연성 분진, 화약류 분말이 존재하는 곳은 금속관공사, 케이블공사(캡타이어케이블 제외)만 시행할 수 있다.

48 금속관을 절단할 때 사용되는 공구는?
① 오스터   ② 녹 아웃 펀치
③ 파이프 커터   ④ 파이프 렌치

☞ • 파이프 커터기 : 금속관 절단
• 오스터 : 금속관 나사 내기
• 녹 아웃 펀치 : 금속 구멍 뚫기

49 합성수지 몰드 공사에서 틀린 것은?
① 전선은 절연 전선일 것
② 합성수지 몰드 안에는 접속점이 없도록 할 것
③ 합성수지 몰드는 홈의 폭 및 깊이가 6.5[cm] 이하일 것
④ 합성수지 몰드와 박스 기타의 부속품과는 전선이 노출되지 않도록 할 것

☞ 합성수지 몰드는 베이스의 홈의 폭과 깊이는 3.5[cm] 이하이고 두께는 2[mm] 이상을 사용해야 한다.

50 배전반 및 분전반을 넣은 강판제로 만든 함의 두께는 몇 [mm] 이상인가? (단, 가로, 세로의 길이가 30[cm] 초과한 경우이다.)
① 0.8   ② 1.2
③ 1.5   ④ 2.0

🔒 Answer   45. ② 46. ③ 47. ① 48. ③ 49. ③ 50. ②

🔑 배전반 및 분전반이 강판재의 것은 두께 1.2[mm] 이상이어야 한다.

🔑 애자사용 공사 시 전선 상호간의 간격은 6[cm] 이상

51 실링·직접 부착 등을 시설하고자 한다. 배선도에 표기할 그림 기호로 옳은 것은?

① ─⊣N⟩   ② ⊗
③ Ⓒ Ⓛ   ④ Ⓡ

🔑 ② 외등
   ③ 실링 직접 부착

52 저압 가공전선이 철도 또는 궤도를 횡단하는 경우에는 레일면상 몇 [m] 이상이어야 하는가?

① 3.5   ② 4.5
③ 5.5   ④ 6.5

🔑 저압 및 고압 가공전선 높이
• 도로횡단 시 : 6[m] 이상
• 철도 또는 궤도 횡단 시 : 6.5[m] 이상
• 횡단보도교 위로 시설 : 3.5[m] 이상
• 일반장소 : 5[m] 이상

53 인입용 비닐절연전선을 나타내는 약호는?

① OW   ② EV
③ DV   ④ NV

🔑 • OW : 옥외용 비닐절연전선
• EV : 폴리에틸렌 절연비닐외장전선
• DV : 인입용 비닐절연전선

54 애자사용 공사에서 전선 상호간의 간격은 몇 [cm] 이상이어야 하는가?

① 4   ② 5
③ 6   ④ 8

55 옥내배선의 접속함이나 박스 내에서 접속할 때 주로 사용하는 접속법은?

① 슬리브 접속
② 쥐꼬리 접속
③ 트위스트 접속
④ 브리타니아 접속

🔑 옥내배선의 접속함이나 박스 내의 접속방법은 쥐꼬리 접속을 한다.

56 위험물 등이 있는 곳에서의 저압 옥내배선 공사 방법이 아닌 것은?

① 케이블 공사   ② 합성수지관 공사
③ 금속관 공사   ④ 애자사용 공사

🔑 위험물이 있는 공사는 케이블공사, 합성수지관공사, 금속관공사만은 시설가능하다.

57 금속몰드의 지지점 간의 거리는 몇 [m] 이하로 하는 것이 가장 바람직한가?

① 1   ② 1.5
③ 2   ④ 3

🔑 금속몰드 지지점 간의 거리
1.5[m] 이하

58 접지 시스템 시설의 다음 종류에서 해당되지 않는 것은? [개정 접지규정]

① 단독접지   ② 통합접지
③ 공통접지   ④ 보호접지

🔑 단독접지, 공통접지, 통합접지가 접지시설임

🔓 Answer   51. ③ 52. ④ 53. ③ 54. ③ 55. ② 56. ④ 57. ② 58. ④

59 정격전압 3상 24[kV], 정격차단전류 300[A]인 수전설비의 차단용량은 몇 [MVA]인가?

① 17.26 ② 28.34
③ 12.47 ④ 24.94

$P = \sqrt{3}\,VI$
$P = \sqrt{3} \times 24000 \times 300 = 12.47 [MVA]$

60 합성수지관 상호 및 관과 박스는 접속 시에 삽입하는 깊이를 관 바깥지름의 몇 배 이상으로 하여야 하는가? (단, 접착제를 사용하지 않은 경우이다.)

① 0.2 ② 0.5
③ 1   ④ 1.2

합성수지관 상호 및 관과 박스 접속 시 삽입하는 깊이를 관 바깥지름의 1.2배 이상으로 한다. 단, 접착제를 사용하는 경우 관 바깥지름의 0.8배 이상으로 한다.

Answer 59. ③ 60. ④

2015년 4월 4일 시행 과년도출제문제

01 다음 ( ) 안에 들어갈 알맞은 내용은?

"자기 인덕턴스 1[H]는 전류의 변화율이 1[A/s]일 때, ( )가(이) 발생할 때의 값이다."

① 1[N]의 힘
② 1[J]의 에너지
③ 1[V]의 기전력
④ 1[Hz]의 주파수

🔑 $e = L\dfrac{\Delta I}{\Delta t}$

즉, 자기 인덕턴스 L의 1[H]는 전류의 변화율이 1[A/sec]일 때 1[V]의 기전력이 발생할 때 값이다.

02 Q[C]의 전기량이 도체를 이동하면서 한 일을 W[J]이라 했을 때 전위차 V[V]를 나타내는 관계식으로 옳은 것은?

① $V = QW$
② $V = \dfrac{W}{Q}$
③ $V = \dfrac{Q}{W}$
④ $V = \dfrac{1}{QW}$

🔑 $W = Q \cdot V$[J]
∴ $V = \dfrac{W}{Q}$[V]

03 단면적 A[m²], 자로의 길이 ℓ[m], 투자율 μ, 권수 N회인 환상 철심의 자체 인덕턴스 [H]는?

① $\dfrac{\mu A N^2}{\ell}$
② $\dfrac{A \ell N^2}{4\pi \mu}$
③ $\dfrac{4\pi A N^2}{\ell}$
④ $\dfrac{\mu \ell N^2}{A}$

🔑 환상 철심의 자체 인덕턴스 L은

$L = \dfrac{\mu A N^2}{\ell}$

04 자기회로에 강자성체를 사용하는 이유는?

① 자기저항을 감소시키기 위하여
② 자기저항을 증가시키기 위하여
③ 공극을 크게 하기 위하여
④ 주자속을 감소시키기 위하여

🔑 강자성체는 비투자율 $M_S \gg 1$이므로
$R_m = \dfrac{\ell}{\mu A}$ 에 의해 자기저항이 적어진다.

05 4[Ω]의 저항에 200[V]의 전압을 인가할 때 소비되는 전력은?

① 20[W]
② 400[W]
③ 2.5[kW]
④ 10[kW]

🔑 $P = I^2 R = \dfrac{V^2}{R}$[W]에서

$P = \dfrac{200^2}{4}$[W] = 10[kW]

06 6[Ω]의 저항과, 8[Ω]의 용량성 리액턴스의 병렬회로가 있다. 이 병렬회로의 임피던스는 몇 [Ω]인가?

① 1.5
② 2.6
③ 3.8
④ 4.8

🔑 RC 병렬회로의 합성 임피던스는

$Z = \dfrac{1}{\sqrt{(\dfrac{1}{R})^2 + (\dfrac{1}{X_C})^2}} = \dfrac{1}{\sqrt{(\dfrac{1}{6})^2 + (\dfrac{1}{8})^2}}$

$= 4.8$[Ω]

🔓 Answer 1. ③ 2. ② 3. ① 4. ① 5. ④ 6. ④

07 평형 3상 교류회로에서 Δ부하의 한 상의 임피던스가 Z_Δ일 때, 등가 변환한 Y부하의 한 상의 임피던스 Z_Y는 얼마인가?

① $Z_Y = \sqrt{3}\, Z_\Delta$
② $Z_Y = 3 Z_\Delta$
③ $Z_Y = \dfrac{1}{\sqrt{3}} Z_\Delta$
④ $Z_Y = \dfrac{1}{3} Z_\Delta$

🔑 평형 3상 교류의 Δ결선과 Y결선의 치환식은
$Z_Y = \dfrac{1}{3} Z_\Delta$

08 다음 중 전동기의 원리에 적용되는 법칙은?
① 렌츠의 법칙
② 플레밍의 오른손법칙
③ 플레밍의 왼손법칙
④ 옴의 법칙

🔑 • 플레밍의 오른손법칙은 발전기 원리에 적용
• 플레밍의 왼손법칙은 전동기 원리에 적용

09 1[eV]는 몇 [J]인가?
① 1
② 1×10^{-10}
③ 1.16×10^4
④ 1.602×10^{-19}

🔑 1[eV](전자볼트)는 전자에 1[V]의 전위차를 가했을 때 전자에 주어진 에너지의 단위

10 평행한 왕복 도체에 흐르는 전류에 의한 작용력은?
① 흡인력
② 반발력
③ 회전력
④ 작용력이 없다.

🔑 평행한 왕복 도체의 전류 방향은 반대이므로 반발력이 작용

11 저항 50[Ω]인 전구에 $e = 100\sqrt{2} \sin \omega t$ [V] 의 전압을 가할 때 순시전류[A]값은?
① $\sqrt{2} \sin \omega t$
② $2\sqrt{2} \sin \omega t$
③ $5\sqrt{2} \sin \omega t$
④ $10\sqrt{2} \sin \omega t$

🔑 $i = I_m \sin \omega t = \dfrac{V_m}{R} \sin \omega t$
$= \dfrac{100\sqrt{2}}{50} \sin \omega t = 2\sqrt{2} \sin \omega t$ [A]

12 진공 중에서 같은 크기의 두 자극을 1[m] 거리에 놓았을 때, 그 작용하는 힘이 6.33×10^4[N]이 되는 자극 세기의 단위는?
① 1[Wb]
② 1[C]
③ 1[A]
④ 1[W]

🔑 쿨롱의 법칙
$F = \dfrac{1}{4\pi\mu} \dfrac{m_1 \times m_2}{r^2}$ [N]
$= 6.33 \times 10^4 \dfrac{m_1 m_2}{r^2}$ [N]에서
$6.33 \times 10^4 = 6.33 \times 10^4 \dfrac{m_1 \times m_2}{1^2}$
$m_1 \cdot m_2 = 1$[Wb], $m_2 = 1$[Wb]
$\therefore\ m = 1$[Wb]

13 사인파 교류전압을 표시한 것으로 잘못된 것은? (단, θ는 회전각이며, ω는 각속도이다.)
① $v = V_m \sin \theta$
② $v = V_m \sin \omega t$
③ $v = V_m \sin 2\pi t$
④ $v = V_m \sin \dfrac{2\pi}{T} t$

🔑 교류전압의 순시값
$v = V_m \sin \theta = V_m \sin \omega t = V_m \sin 2\pi f t$
$= V_m \sin \dfrac{2\pi}{T} t$ (여기서, $f = \dfrac{1}{T}$)

14 공기 중 자장의 세기가 20[AT/m]인 곳에 8×10^{-3}[Wb]의 자극을 놓으면 작용하는

🔒 Answer 7. ④ 8. ③ 9. ④ 10. ② 11. ② 12. ① 13. ③ 14. ①

힘[N]은?

① 0.16　　② 0.32
③ 0.43　　④ 0.56

$F = mH$
$= 8 \times 10^{-3} \times 20$
$= 0.16 [N]$

15 평등자계 $B[\text{Wb/m}^2]$ 속을 $V[\text{m/s}]$의 속도를 가진 전자가 움직일 때 받는 힘[N]은?

① $B^2 eV$　　② $\dfrac{eV}{B}$
③ BeV　　④ $\dfrac{BV}{e}$

로렌츠의 힘 정의에 의해 F=BeV[N]

16 R=8[Ω], L=19.1[mH]의 직렬회로에 5[A]가 흐르고 있을 때 인덕턴스(L)에 걸리는 단자 전압의 크기는 약 몇 [V]인가? (단, 주파수는 60[Hz]이다.)

① 12　　② 25
③ 29　　④ 36

$X_L = \omega L = 2\pi f L$
$= 2\pi \times 60 \times 19.1 \times 10^{-3}$
$= 7.2 [\Omega]$
$\therefore V_L = X_L \cdot I = 7.2 \times 5 = 36[V]$

17 무효전력에 대한 설명으로 틀린 것은?

① $P = VI\cos\theta$로 계산된다.
② 부하에서 소모되지 않는다.
③ 단위로는 Var를 사용한다.
④ 전원과 부하 사이를 왕복하기만 하고 부하에 유효하게 사용되지 않는 에너지이다.

$P = VI\cos\theta$는 유효전력이고, $P = VI\sin\theta$가 무효전력이다.

18 두 금속을 접속하여 여기에 전류를 흘리면, 줄열 외에 그 접점에서 열의 발생 또는 흡수가 일어나는 현상은?

① 줄 효과　　② 홀 효과
③ 제벡 효과　　④ 펠티에 효과

㉠ 제벡 효과 : 서로 다른 두 종류의 금속을 접속하여 폐회로를 만들고, 온도 차이를 주면 기전력이 발생하여 전류가 흐른다.
㉡ 펠티에 효과 : 서로 다른 두 종류의 금속의 접속점에 전류를 흘리면 줄열 이외의 열이 흡수 또는 발생하는 현상

19 전지의 전압강하 원인으로 틀린 것은?

① 국부작용　　② 산화작용
③ 성극작용　　④ 자기방전

전지의 전압강하 원인으로는 국부작용, 성극작용, 자기방전 등이 있다.

20 실효값 5[A], 주파수 $f[\text{Hz}]$, 위상 60°인 전류의 순시값 $i[A]$를 수식으로 옳게 표현한 것은?

① $i = 5\sqrt{2} \sin(2\pi ft + \dfrac{\pi}{2})$
② $i = 5\sqrt{2} \sin(2\pi ft + \dfrac{\pi}{3})$
③ $i = 5\sin(2\pi ft + \dfrac{\pi}{2})$
④ $i = 5\sin(2\pi ft + \dfrac{\pi}{3})$

$i = I_m \sin(\omega t + \theta) = I_m \sin(2\pi ft + \theta)$
최댓값 $I_m = \sqrt{2} \times I = 5\sqrt{2}$

Answer 15. ③　16. ④　17. ①　18. ④　19. ②　20. ②

$$\therefore i = 5\sqrt{2}\sin\left(2\pi ft + \frac{\pi}{3}\right)$$

21 직류전동기의 규약 효율을 표시하는 식은?

① $\dfrac{출력}{출력+손실} \times 100[\%]$

② $\dfrac{출력}{입력} \times 100[\%]$

③ $\dfrac{입력-손실}{입력} \times 100[\%]$

④ $\dfrac{입력}{출력+손실} \times 100[\%]$

22 부하의 변동에 대하여 단자전압의 변화가 가장 적은 직류발전기는?

① 직권 ② 분권
③ 평복권 ④ 과복권

※ 직류발전기의 외부 특성곡선-평복권발전기가 전압변동률이 제일 작다.

23 부하의 저항을 어느 정도 감소시켜도 전류는 일정하게 되는 수하특성을 이용하여 정전류를 만드는 곳이나 아크용접 등에 사용되는 직류발전기는?

① 직권발전기
② 분권발전기
③ 가동복권발전기
④ 차동복권발전기

24 변압기유가 구비해야 할 조건 중 맞는 것은?

① 절연 내력이 작고 산화하지 않을 것
② 비열이 작아서 냉각 효과가 클 것
③ 인화점이 높고 응고점이 낮을 것
④ 절연재료나 금속에 접촉할 때 화학작용을 일으킬 것

※ 변압기유 구비 조건
㉠ 점도가 작아 유동성이 크고, 절연 내력이 커야 한다.
㉡ 비열이 커서 냉각효과가 커야 한다.
㉢ 화학작용 및 산화작용이 없어야 한다.
㉣ 인화점이 높고 응고점이 낮아야 한다.

25 다음 단상 유도전동기 중 기동 토크가 큰 것부터 옳게 나열한 것은?

㉠ 반발 기동형 ㉡ 콘덴서 기동형
㉢ 분상 기동형 ㉣ 셰이딩 코일형

① ㉠ > ㉡ > ㉢ > ㉣
② ㉠ > ㉣ > ㉡ > ㉢
③ ㉠ > ㉢ > ㉣ > ㉡
④ ㉠ > ㉡ > ㉣ > ㉢

26 유도전동기의 제동법이 아닌 것은?

① 3상제동 ② 발전제동
③ 회생제동 ④ 역상제동

※ 유도전동기 제동법에는 발전, 회생, 역상제동의 3가지가 있다.

27 변압기, 동기기 등의 층간 단락 등의 내부 고장보호에 사용되는 계전기는?

① 차동계전기 ② 접지계전기
③ 과전압계전기 ④ 역상계전기

28 단상 전파 정류회로에서 전원이 220[V]이면 부하에 나타나는 전압의 평균값은 약 몇 [V]인가?

① 99 ② 198

Answer 21. ③ 22. ③ 23. ④ 24. ③ 25. ① 26. ① 27. ① 28. ②

③ 257.4   ④ 297

🔑 **단상 전파 정류 전압**
$$E_d = 0.9V = 0.9 \times 220 ≒ 198[V]$$

29 PN 접합 정류소자의 설명 중 틀린 것은? (단, 실리콘 정류소자인 경우이다.)
① 온도가 높아지면 순방향 및 역방향 전류가 모두 감소한다.
② 순방향 전압은 P형에 (+), N형에 (−) 전압을 가함을 말한다.
③ 정류비가 클수록 정류특성은 좋다.
④ 역방향 전압에서는 극히 작은 전류만이 흐른다.

30 회전자 입력 10[kW], 슬립 3[%]인 3상 유도전동기의 2차 동손 [W]은?
① 300   ② 400
③ 500   ④ 700

🔑 **2차 동손**
$$P_{c2} = sP_2 = 0.03 \times 10 \times 10^3 = 300[W]$$

31 변압기의 효율이 가장 좋을 때의 조건은?
① 철손=동손   ② 철손=1/2동손
③ 동손=1/2철손   ④ 동손=2철손

32 동기발전기의 전기자 권선을 단절권으로 하면?
① 고조파를 제거한다.
② 절연이 잘 된다.
③ 역률이 좋아진다.
④ 기전력을 높인다.

🔑 **단절권의 특징**
㉠ 고조파를 제거하여 기전력의 파형 개선
㉡ 코일 끝 부분이 단축되어 기계적으로 축소되고 동(구리)양이 적게 든다.
㉢ 단, 전절권에 비하여 유도기전력은 감소된다.

33 전력계통에 접속되어 있는 변압기나 장거리 송전 시 정전용량으로 인한 충전특성 등을 보상하기 위한 기기는?
① 유도전동기   ② 동기발전기
③ 유도발전기   ④ 동기조상기

🔑 **동기조상기**
송전선의 전압 조정 및 역률개선용으로 사용된다.

34 전력 변환 기기가 아닌 것은?
① 변압기   ② 정류기
③ 유도전동기   ④ 인버터

35 직류전동기의 속도제어법이 아닌 것은?
① 전압 제어법   ② 계자 제어법
③ 저항 제어법   ④ 주파수 제어법

🔑 주파수 제어법은 유도전동기 속도제어법이다.

36 동기발전기의 병렬운전에서 기전력의 크기가 다를 경우 나타나는 현상은?
① 주파수가 변한다.
② 동기화 전류가 흐른다.
③ 난조 현상이 발생한다.
④ 무효순환 전류가 흐른다.

Answer   29. ①   30. ①   31. ①   32. ①   33. ④   34. ③   35. ④   36. ④

37 변압기에서 2차측이란?
① 부하측   ② 고압측
③ 전원측   ④ 저압측

38 8극 파권 직류발전기의 전기자 권선의 병렬 회로수 a는 얼마로 하고 있는가?
① 1   ② 2
③ 6   ④ 8

🐰 직류발전기 파권 방식의 병렬회로수는 a=2이다.

39 변압기의 절연내력 시험법이 아닌 것은?
① 유도시험   ② 가압시험
③ 단락시험   ④ 충격전압시험

🐰 변압기의 절연내력 시험법에는 가압시험, 유도시험, 충격전압시험의 3가지가 있다.

40 동기전동기 중 안정도 증진법으로 틀린 것은?
① 전기자 저항 감소
② 관성 효과 증대
③ 동기 임피던스 증대
④ 속응 여자 채용

🐰 동기기 안정도 증진법
㉠ 정상 임피던스는 작게 하고 역상, 영상 임피던스는 크게 한다.
㉡ 회전자에 플라이 휠을 설치하여 관성 효과를 증대시킨다.
㉢ 동기 임피던스는 작게 한다.
㉣ 속응 여자 방식을 채택한다.
㉤ 단락비를 크게 한다.
㉥ 동기 탈조계전기를 사용한다.

41 금속관을 구부릴 때 금속관의 단면이 심하게 변형되지 아니하도록 구부려야 하며, 그 안쪽의 반지름은 관 안지름의 몇 배 이상이 되어야 하는가?
① 6   ② 8
③ 10   ④ 12

🐰 금속관을 구부릴 때 단면이 심하게 변형되지 않도록 구부려야 하고, 구부러지는 관의 안쪽 반지름은 관 내경의 6배 이상으로 하여야 한다.

42 금속관 배관공사를 할 때 금속관을 구부리는 데 사용하는 공구는?
① 히키(hickey)
② 파이프 렌치(pipe wrench)
③ 오스터(oster)
④ 파이프 커터(pipe cutter)

🐰 ① 히키 : 금속관을 구부리는 데 사용
② 파이프 렌치 : 금속관을 커플링으로 접속할 때 금속관과 커플링을 물고 조이는 데 사용
③ 오스터 : 금속관 나사 내는 데 사용
④ 파이프 커터 : 파이프 자르는 데 사용

43 접지저항값에 가장 큰 영향을 주는 것은?
① 접지선 굵기   ② 접지전극 크기
③ 온도   ④ 대지저항

🐰 접지저항값에 가장 큰 영향을 주는 요인은 대지저항값이다.

44. 다음 접지 시스템에서 주접지 단자에 접속해서는 안 되는 설비는? [개정 접지규정]
① 접지도체
② 등전위본딩 도체

🔓 Answer 37. ① 38. ② 39. ③ 40. ③ 41. ① 42. ① 43. ④ 44. ④

③ 보호도체
④ 보조 보호등전위본딩 도체

- 개정 접지규정의 주접지단자 접속도체 [KEC 142. 3.7]에는 등전위본딩 도체, 접지도체, 보호도체, 관련이 있는 경우 기능성 접지도체 등이다.
- 보조 보호등전위본딩 시설은 감전 보호방식에서 자동차단시간이 고장 시 계통별 최대 차단시간을 초과하고 2.5[m] 이내에 설치된 고정기기의 노출도전부와 계통 외 도전부에 시설한다.

45 금속관 공사에서 노크아웃의 지름이 금속관의 지름보다 큰 경우에 사용하는 재료는?
① 로크너트   ② 부싱
③ 커넥터   ④ 링 리듀서

금속관 공사에 리듀서 녹아웃 지름이 금속관의 지름보다 큰 경우 링 리듀서를 사용하여 접속한다.

46 애자 사용 배선공사 시 사용할 수 없는 전선은?
① 고무 절연전선
② 폴리에틸렌 절연전선
③ 플루오르 수지 절연전선
④ 인입용 비닐절연전선

애자 사용 배선에 사용하는 전선은 절연전선 (DV전선은 제외)을 사용한다.
※ DV전선 : 인입용 비닐절연전선

47 전선의 재료로서 구비해야 할 조건이 아닌 것은?
① 기계적 강도가 클 것
② 가요성이 풍부할 것
③ 고유저항이 클 것
④ 비중이 작을 것

고유저항이 작아야 도전성이 좋다.

48 다음 접지 시스템의 구분이 아닌 것은? [개정 접지규정]
① 계통접지   ② 보호접지
③ 단독접지   ④ 피뢰시스템접지

계통접지, 보호접지, 피뢰시스템접지, 변압기 중성점 접지 등이다. [KEC 141]
※ 단독접지는 시설의 종류이다.

49 화재 시 소방대가 조명 기구나 파괴용 기구, 배연기 등 소화 활동 및 인명 구조 활동에 필요한 전원으로 사용하기 위해 설치하는 것은?
① 상용전원장치   ② 유도등
③ 비상용 콘센트   ④ 비상등

화재 시 소방대가 조명 기구나 파괴용 기구, 배연기 등의 소화 활동 및 인명 구조 활동에 필요한 전원은 비상용 콘센트이다.

50 가공 전선 지지물의 기초 강도는 주체(主體)에 가하여지는 곡하중(曲荷重)에 대하여 안전율은 얼마 이상으로 하여야 하는가?
① 1.0   ② 1.5
③ 1.8   ④ 2.0

가공 전선로의 지지물에 하중이 가하여지는 경우에 그 하중을 받는 지지물의 기초의 안전율은 2 이상이어야 한다.

51 전선의 접속에 대한 설명으로 틀린 것은?
① 접속 부분의 전기저항을 20[%] 이상 증

Answer 45. ④ 46. ④ 47. ③ 48. ③ 49. ③ 50. ④ 51. ①

가되도록 한다.
② 접속 부분의 인장강도를 80[%] 이상 유지되도록 한다.
③ 접속 부분에 전선 접속 기구를 사용한다.
④ 알루미늄전선과 구리선의 접속 시 전기적인 부식이 생기지 않도록 한다.

🐝 접속 부분의 전기저항을 증가시키면 안 된다.

52 전주 외등 설치 시 백열전등 및 형광등의 조명기구를 전주에 부착하는 경우 부착한 점으로부터 돌출되는 수평거리는 몇 [m] 이내로 하여야 하는가?
① 0.5   ② 0.8
③ 1.0   ④ 1.2

🐝 전주 외등 설치 시 백열전등 및 형광등에 있어서는 기구를 전주에 부착하는 점으로부터 돌출되는 수평거리를 1[m] 이내로 할 것

53 간선에 접속하는 전동기의 정격전류의 합계가 50[A]를 초과하는 경우에는 그 정격전류 합계의 몇 배에 견디는 전선을 선정하여야 하는가?
① 0.8   ② 1.1
③ 1.25 ④ 3

🐝 전동기 등의 정격전류의 합계가 50[A]를 초과하는 경우에는 그 정격전류의 1.1배에 견디는 전선을 선정한다.

54 전선 약호가 VV인 케이블의 종류로 옳은 것은?
① 0.6/1[kV] 비닐절연 비닐시스 케이블
② 0.6/1[kV] EP 고무절연 클로로프렌시스 케이블
③ 0.6/1[kV] EP 고무절연 비닐시스 케이블
④ 0.6/1[kV] 비닐절연 비닐캡타이어 케이블

🐝 VV 케이블은 비닐절연 비닐외장 케이블이다.

55 저압 2조의 전선을 설치 시, 크로스 완금의 표준길이[mm]는?
① 900   ② 1400
③ 1800   ④ 2400

🐝

전선 조수	특고압 [mm]	고압 [mm]	저압 [mm]
2	1800	1400	900
3	2400	1800	1400

56 전등 1개를 2개소에서 점멸하고자 할 때 3로 스위치는 최소 몇 개 필요한가?
① 4개   ② 3개
③ 2개   ④ 1개

🐝 2개소 점멸 시 3로 스위치는 2개가 필요하다.

57 수변전설비 구성기기의 계기용 변압기(PT) 설명으로 맞는 것은?
① 높은 전압을 낮은 전압으로 변성하는 기기이다.
② 높은 전류를 낮은 전류로 변성하는 기기이다.
③ 회로에 병렬로 접속하여 사용하는 기기이다.
④ 부족전압 트립코일의 전원으로 사용된다.

🐝 PT는 높은 전압을 낮은 전압으로 변성하여 전압을 표시하기 위한 기기이다.

Answer 52. ③ 53. ② 54. ① 55. ① 56. ③ 57. ①

58 폭연성 분진이 존재하는 곳의 저압 옥내배선 공사 시 공사 방법으로 짝지어진 것은?

① 금속관 공사, MI 케이블 공사, 개장된 케이블 공사
② CD 케이블 공사, MI 케이블 공사, 금속관 공사
③ CD 케이블 공사, MI 케이블 공사, 제1종 캡타이어 케이블 공사
④ 개장된 케이블 공사, CD 케이블 공사, 제1종 캡타이어 케이블 공사

폭연성 분진이 존재하는 곳의 공사 방법은 금속관 공사, 케이블 공사(캡타이어 케이블은 제외)만 시설할 수 있다.

59 22.9[kV]-y 가공전선의 굵기는 단면적이 몇 [mm²] 이상이어야 하는가? (단, 동선의 경우이다.)

① 22 ② 32
③ 40 ④ 50

특고압(22.9[kV]-y) 가공전선의 최소 굵기는 동선인 경우 22[mm²] 이상이어야 하고, ACSR의 경우는 32[mm²] 이상이어야 한다.

60 화약고의 배선공사 시 개폐기 및 과전류차단기에서 화약고 인입구까지는 어떤 배선공사에 의하여 시설하여야 하는가?

① 합성수지관공사로 지중선로
② 금속관공사로 지중선로
③ 합성수지몰드 지중선로
④ 케이블 사용 지중선로

화약류 저장소의 전기기계기구는 전폐형으로 시설하고 화약류 저장소의 인입구까지는 케이블을 사용하여 지중선로로 하여야 한다.

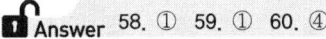 Answer 58. ① 59. ① 60. ④

2015년 7월 19일 시행 과년도출제문제

01 콘덴서의 정전용량에 대한 설명으로 틀린 것은?
① 전압에 반비례한다.
② 이동 전하량에 비례한다.
③ 극판의 넓이에 비례한다.
④ 극판의 간격에 비례한다.

$C = \dfrac{Q}{V}$, $C = \varepsilon \dfrac{A}{l}$

- 정전용량 C는 전압에 반비례
- 정전용량 C는 전하량 Q에 비례
- 극판 넓이 A에 비례
- 극판 간격 l에 반비례

02 정전에너지 W[J]를 구하는 식으로 옳은 것은? (단, C는 콘덴서용량[μF], V는 공급전압[V]이다.)
① $W = \dfrac{1}{2}CV^2$ ② $W = \dfrac{1}{2}CV$
③ $W = \dfrac{1}{2}C^2V$ ④ $W = 2CV^2$

정전에너지
$W = \dfrac{1}{2}QV = \dfrac{1}{2}CV^2 = \dfrac{Q^2}{2C}$ [J]

03 등전위면과 전기력선의 교차 관계는?
① 직각으로 교차한다.
② 30°로 교차한다.
③ 45°로 교차한다.
④ 교차하지 않는다.

등전위면과 전기력선은 수직으로 교차한다.

04 전기분해를 통하여 석출된 물질의 양은 통과한 전기량 및 화학당량과 어떤 관계인가?
① 전기량과 화학당량에 비례한다.
② 전기량과 화학당량에 반비례한다.
③ 전기량에 비례하고 화학당량에 반비례한다.
④ 전기량에 반비례하고 화학당량에 비례한다.

석출량 W[g]은
$W = kQ = kIt$ (g)
  여기서, k : 화학당량

05 평형 3상 교류회로에서 Y결선할 때 선간전압(V_l)과 상전압(V_p)의 관계는?
① $V_l = V_p$ ② $V_l = \sqrt{2}\, V_p$
③ $V_l = \sqrt{3}\, V_p$ ④ $V_l = \dfrac{1}{\sqrt{3}} V_p$

평형 3상 Y결선에서 상전압과 선간전압 관계는
$V_l = \sqrt{3}\, V_p$
  (Line : 선간전압, Phase : 상전압)

06 2전력계법으로 3상 전력을 측정할 때 지시값이 P_1=200[W], P_2=200[W]일 때 부하전력[W]은?
① 200   ② 400
③ 600   ④ 800

$P = P_1 + P_2 = 200 + 200 = 400$[W]

07 20분간에 876000[J]의 일을 할 때 전력은 몇 [kW]인가?
① 0.73   ② 7.3

Answer 1.④ 2.① 3.① 4.① 5.③ 6.② 7.①

③ 73   ④ 730

🔑 $W = P \cdot t$ [J]이므로
$876000 = P \times 20 \times 60$ [sec]
∴ $P = \dfrac{876,000}{20 \times 60} = 730$ [W] $= 0.73$ [kW]

08 전류에 의해 만들어지는 자기장의 자기력선 방향을 간단하게 알아내는 방법은?
① 플레밍의 왼손법칙
② 렌츠의 자기유도법칙
③ 앙페르의 오른나사법칙
④ 패러데이의 전자유도법칙

🔑 전류에 의해 만들어지는 자장의 방향을 간단하게 알아내는 법칙은 앙페르의 오른나사법칙이다.

09 $R = 5$ [Ω], $L = 30$ [mH]의 RL 직렬회로에 $V = 200$ [V], $f = 60$ [Hz]의 교류전압을 가할 때 전류의 크기는 약 몇 [A]인가?
① 8.67   ② 11.42
③ 16.17 ④ 21.25

🔑 RL 직렬회로
㉠ 유도성 리액턴스
$X_L = \omega L = 2\pi f L$
$= 2\pi \times 60 \times 30 \times 10^{-3} = 11.3$ [Ω]
∴ $Z = \sqrt{R^2 + X_L^2}$
$= \sqrt{5^2 + 11.3^2} = 12.35$ [Ω]
㉡ $I = \dfrac{V}{Z} = \dfrac{200}{12.35} ≒ 16.19$ [A]

10 1[cm]당 권선수가 10인 무한 길이 솔레노이드에 1[A]의 전류가 흐르고 있을 때 솔레노이드 외부자계의 세기[AT/m]는?
① 0   ② 5

③ 10   ④ 20

🔑 무한장 솔레노이드의 외부자계의 세기는 0이다.

11 그림과 같은 RL 병렬회로에서 $R = 25$ [Ω], $\omega L = \dfrac{100}{3}$ [Ω]일 때, 200[V]의 전압을 가하면 코일에 흐르는 전류 I_L [A]은?

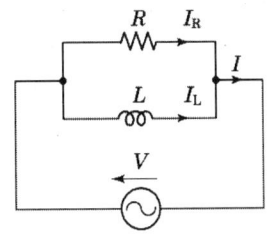

① 3.0   ② 4.8
③ 6.0   ④ 8.2

🔑 RL 병렬회로
$I_L = \dfrac{V}{X_L} = \dfrac{V}{\omega L} = \dfrac{200}{\dfrac{100}{3}} = 6$ [A]

12 다음 중 1[V]와 같은 값을 갖는 것은?
① 1[J/C]   ② 1[Wb/m]
③ 1[Ω/m] ④ 1[A·sec]

🔑 $W = Q \cdot V$ [J]이므로 $V = \dfrac{W}{Q}$ [J/C]

13 그림과 같은 회로의 저항값이 $R_1 > R_2 > R_3 > R_4$ 일 때 전류가 최소로 흐르는 저항은?

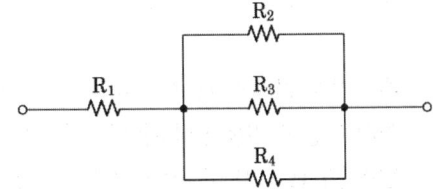

🔓 Answer 8. ③ 9. ③ 10. ① 11. ③ 12. ① 13. ②

① R_1 ② R_2
③ R_3 ④ R_4

🔑 $I = \dfrac{V}{R}$, 즉 I는 R에 반비례하므로 병렬회로에서는 저항값이 가장 큰 R_2에 흐르는 전류가 최소가 된다.

14 원자핵의 구속력을 벗어나서 물질 내에서 자유로이 이동할 수 있는 것은?
① 중성자 ② 양자
③ 분자   ④ 자유전자

🔑 원자핵의 구속력을 벗어나서 물질 내에서 자유로이 이동할 수 있는 것은 자유전자이다.

15 권수가 150인 코일에서 2초간에 1[Wb]의 자속이 변화한다면, 코일에 발생되는 유도기전력의 크기는 몇 [V]인가?
① 50   ② 75
③ 100   ④ 150

🔑 $e = N\dfrac{\Delta\phi}{\Delta t} = 150 \times \dfrac{1}{2} = 75[V]$

16 복소수에 대한 설명으로 틀린 것은?
① 실수부와 허수부로 구성된다.
② 허수를 제곱하면 음수가 된다.
③ 복소수는 A=a+jb의 형태로 표시한다.
④ 거리와 방향을 나타내는 스칼라양으로 표시한다.

🔑 거리와 방향을 나타내는 벡터양으로 표시된다.

17 자기 인덕턴스가 각각 L_1과 L_2인 2개의 코일이 직렬로 가동 접속되었을 때, 합성 인덕턴스는? (단, 자기력선에 의한 영향을 서로 받는 경우이다.)
① $L = L_1 + L_2 - M$ ② $L = L_1 + L_2 - 2M$
③ $L = L_1 + L_2 + M$ ④ $L = L_1 + L_2 + 2M$

🔑 가동 접속 $L_{ab} = L_1 + L_2 + 2M$
   차동 접속 $L_{ab} = L_1 + L_2 - 2M$

18 저항이 있는 도선에 전류가 흐르면 열이 발생한다. 이와 같이 전류의 열작용과 가장 관계가 깊은 법칙은?
① 패러데이의 법칙
② 키르히호프의 법칙
③ 줄의 법칙
④ 옴의 법칙

🔑 전류의 열작용은 줄의 법칙이다.

19 RL 직렬회로에 교류전압 $v = V_m \sin\theta$[V]를 가했을 때 회로의 위상각 θ를 나타낸 것은?
① $\theta = \tan^{-1}\dfrac{R}{\omega L}$
② $\theta = \tan^{-1}\dfrac{\omega L}{R}$
③ $\theta = \tan^{-1}\dfrac{1}{R\omega L}$
④ $\theta = \tan^{-1}\dfrac{R}{\sqrt{R^2 + (\omega L)^2}}$

🔑 RL 직렬회로의 위상각 θ는
$\theta = \tan^{-1}\dfrac{\omega L}{R}$

20 그림에서 a-b 간의 합성저항은 c-d 간의 합성저항보다 몇 배인가?

🔓 Answer 14. ④ 15. ② 16. ④ 17. ④ 18. ③ 19. ② 20. ②

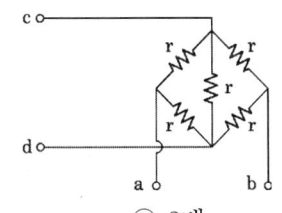

① 1배 ② 2배
③ 3배 ④ 4배

㉠ a, b 단자에서의 합성저항

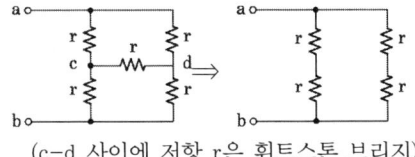

(c-d 사이에 저항 r은 휘트스톤 브리지)

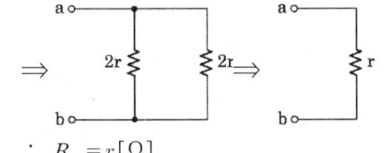

∴ $R_{ab} = r [\Omega]$

㉡ c, d 단자에서의 합성저항

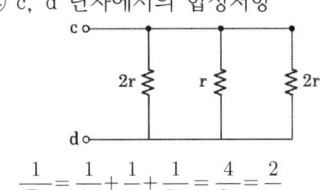

$\dfrac{1}{R_{cd}} = \dfrac{1}{2r} + \dfrac{1}{r} + \dfrac{1}{2r} = \dfrac{4}{2r} = \dfrac{2}{r}$

∴ $R_{cd} = \dfrac{r}{2} [\Omega]$

㉢ $\dfrac{R_{cd}}{R_{ab}} = \dfrac{r}{r/2} = 2$배

21 변압기의 임피던스 전압이란?
① 정격전류가 흐를 때의 변압기 내의 전압 강하
② 여자전류가 흐를 때의 2차측 단자 전압
③ 정격전류가 흐를 때의 2차측 단자 전압
④ 2차 단락전류가 흐를 때의 변압기 내의 전압 강하

임피던스 전압
변압기 내에 정격전류가 흐를 때의 내부전압 강하

22 그림은 전력제어 소자를 이용한 위상제어회로이다. 전동기의 속도를 제어하기 위해서 '가' 부분에 사용되는 소자는?

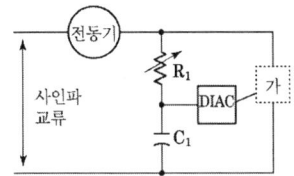

① 전력용 트랜지스터
② 제너 다이오드
③ 트라이액
④ 레귤레이터 78XX 시리즈

교류전동기 제어이기 때문에 교류 전력제어용 소자인 사이리스터 소자가 적합하다.

23 정격이 10000[V], 500[A], 역률 90[%]의 3상 동기발전기의 단락전류 I_s[A]는? (단, 단락비는 1.3으로 하고, 전기자 저항은 무시한다.)
① 450 ② 550
③ 650 ④ 750

단락전류 $I_s = K \times I_n = 1.3 \times 500 = 650 [A]$

24. 2대의 동기발전기 A, B가 병렬 운전하고 있을 때 A기의 여자 전류를 증가시키면 어떻게 되는가?
① A기의 역률은 낮아지고 B기의 역률은 높아진다.
② A기의 역률은 높아지고 B기의 역률은 낮

Answer 21. ① 22. ③ 23. ③ 24. ①

아진다.
③ A, B 양 발전기의 역률이 높아진다.
④ A, B 양 발전기의 역률이 낮아진다.

25 다음의 정류곡선 중 브러시의 후단에서 불꽃이 발생하기 쉬운 것은?
① 직선정류   ② 정현파정류
③ 과정류   ④ 부족정류

🔑 **직류기 정류 특성**
㉠ 부족정류 : 브러시의 후단에서 불꽃이 발생한다.
㉡ 과정류 : 브러시의 앞단에서 불꽃이 발생한다.

26 슬립이 일정한 경우 유도전동기의 공급 전압이 1/2로 감소되면 토크는 처음에 비해 어떻게 되는가?
① 2배가 된다
② 1배가 된다.
③ 1/2로 줄어든다.
④ 1/4로 줄어든다.

🔑 유도전동기의 토크는 공급전압의 자승에 반비례한다.

27 권선형에서 비례추이를 이용한 기동법은?
① 리액터 기동법   ② 기동 보상기법
③ 2차 저항기동법   ④ Y-Δ 기동법

28 동기발전기에서 역률각이 90도 늦을 때의 전기자 반작용은?
① 증자 작용   ② 편자 작용
③ 교차 작용   ④ 감자 작용

🔑 동기발전기에서 감자 작용은 유도성 부하일 때 나타난다.(역률각이 90도 뒤짐)

29 유도전동기가 회전하고 있을 때 생기는 손실 중에서 구리손이란?
① 브러시의 마찰손
② 베어링의 마찰손
③ 표유 부하손
④ 1차, 2차 권선의 저항손

30 그림에서와 같이 ①, ②의 약 자극 사이에 정류자를 가진 코일을 두고, ③, ④에 직류를 공급하여 X, X'를 축으로 하여 코일을 시계 방향으로 회전시키고자 한다. ①, ②의 자극극성과 ③, ④의 전원극성을 어떻게 해야 되는가?

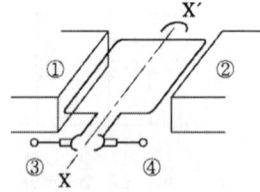

① ① N, ② S, ③ +, ④ −
② ① N, ② S, ③ −, ④ +
③ ① S, ② N, ③ +, ④ −
④ ① S, ② N, ③ ④ 극성에 무관

31 그림과 같은 분상기동형 단상 유도전동기를 역회전시키기 위한 방법이 아닌 것은?

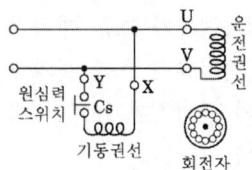

Answer 25. ④ 26. ④ 27. ③ 28. ④ 29. ④ 30. ② 31. ①

① 원심력 스위치를 개로 또는 폐로한다.
② 기동권선이나 운전권선의 어느 한 권선의 단자접속을 반대로 한다.
③ 기동권선의 단자접속을 반대로 한다.
④ 운전권선의 단자접속을 반대로 한다.

🔑 단상 유도전동기의 역회전은 원심력 스위치와 무관하다.

32 다음 그림은 단상 변압기 결선도이다. 1, 2차는 각각 어떤 결선인가?

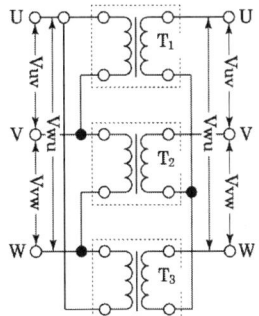

① Y-Y 결선   ② △-Y 결선
③ △-△ 결선   ④ Y-△ 결선

33 다음 그림의 직류전동기는 어떤 전동기인가?

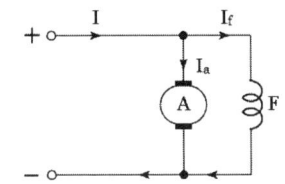

① 직권전동기   ② 타여자전동기
③ 분권전동기   ④ 복권전동기

34 전력용 변압기의 내부 고장 보호용 계전 방식은?

① 역상 계전기   ② 차동 계전기
③ 접지 계전기   ④ 과전류 계전기

35 다음 중 병렬운전 시 균압선을 설치해야 하는 직류발전기는?

① 분권   ② 차동복권
③ 평복권   ④ 부족복권

🔑 직류발전기에서 병렬운전을 안전하게 하기 위해서 직권계자 권선이 있는 발전기(직권, 복권)에만 설치를 한다.

36 다음의 변압기 극성에 관한 설명에서 틀린 것은?

① 우리나라는 감극성이 표준이다.
② 1차와 2차 권선에 유기되는 전압의 극성이 서로 반대이면 감극성이다.
③ 3상 결선 시 극성을 고려해야 한다.
④ 병렬 운전 시 극성을 고려해야 한다.

🔑 1차와 2차 권선에 유기되는 전압의 극성이 서로 같으면 감극성이다.

37 애벌런치 항복 전압은 온도 증가에 따라 어떻게 변화하는가?

① 감소한다.
② 증가한다.
③ 증가했다 감소한다.
④ 무관하다.

38 용량이 작은 유도전동기의 경우 전부하에서의 슬립[%]은?

① 1~2.5   ② 2.5~4
③ 5~10   ④ 10~20

Answer 32. ② 33. ③ 34. ② 35. ③ 36. ② 37. ② 38. ③

📌 슬립의 범위
㉠ 중대형은 2.5~5[%]
㉡ 소형은 5~10[%]

39 60[Hz], 20000[kVA]의 발전기의 회전수가 1200[rpm]이라면 이 발전기의 극수는 얼마인가?
① 6극　② 8극
③ 12극　④ 14극

📌 $p = \dfrac{120 \cdot f}{N_s} = \dfrac{120 \times 60}{1200} = 6$

40 변압기를 △-Y로 연결할 때 1, 2차 간의 위상차는?
① 30°　② 45°
③ 60°　④ 90°

📌 변압기를 △-Y로 연결할 때 1, 2차 간의 선간전압 위상차는 30°이다.

41 저압 연접 인입선의 시설 규정으로 적합한 것은?
① 분기점으로부터 90[m] 지점에 시설
② 6[m] 도로를 횡단하여 시설
③ 수용가 옥내를 관통하여 시설
④ 지름 1.5[mm] 인입용 비닐절연전선을 사용

📌 • 인입선에서 분기하는 점으로부터 100[m]가 넘는 지역에 미치지 않아야 한다.
• 폭 5[m]를 넘는 도로를 횡단하지 않아야 한다.
• 연접인입선은 옥내를 통과할 수 없다.
• 저압인입선은 2.6[mm] 이상의 인입용 비닐절연전선을 사용한다.

42 사람이 쉽게 접촉하는 장소에 설치하는 누전차단기의 사용전압 기준은 몇 [V] 초과인가?
① 60　② 110
③ 150　④ 220

📌 사람이 쉽게 접촉될 우려가 있는 장소에 시설하는 사용전압 60[V]를 초과하는 전로에 지락이 발생했을 때 자동으로 차단하는 누전차단기를 설치하여야 한다.

43 전선을 접속할 경우의 설명으로 틀린 것은?
① 접속 부분의 전기 저항이 증가되지 않아야 한다.
② 전선의 세기를 80[%] 이상 감소시키지 않아야 한다.
③ 접속 부분은 접속 기구를 사용하거나 납땜을 하여야 한다.
④ 알루미늄 전선과 동선을 접속하는 경우, 전기적 부식이 생기지 않도록 해야 한다.

📌 전선 접속점의 인장강도는 80[%]를 유지해야 한다. 즉 20[%] 이상 감소시키지 말 것

44 다음 접지 시스템의 구분이 아닌 것은? [개정 접지규정]
① 단독접지　② 보호접지
③ 계통접지　④ 피뢰시스템접지

📌 계통접지, 보호접지, 피뢰시스템접지, 변압기 중성점 접지 등이다. [KEC 141] 단독접지는 시설의 종류이다.

45 화약류 저장소에서 백열전등이나 형광등 또는 이들에 전기를 공급하기 위한 전기설비를 시설하는 경우 전로의 대지전압[V]은?

🔓 Answer　39. ①　40. ①　41. ①　42. ①　43. ②　44. ①　45. ④

① 100[V] 이하   ② 150[V] 이하
③ 220[V] 이하   ④ 300[V] 이하

🔧 화약류 저장소의 전로의 대지전압은 300[V] 이하로 한다.

46 연피없는 케이블을 배선할 때 직각 구부리기(L형)는 대략 굴곡 반지름을 케이블의 바깥지름의 몇 배 이상으로 하는가?

① 3   ② 4
③ 6   ④ 10

🔧 연피가 없는 케이블 굴곡부의 곡률반경은 케이블 외경의 6배 이상으로 한다.(단심은 8배 이상)

47 정격전류 20[A]인 전동기 1대와 정격전류 5[A]인 전열기 3대가 연결된 분기회로에 시설하는 과전류차단기의 정격전류는?

① 35   ② 50
③ 75   ④ 100

🔧 $I_s = 3\sum I_m + \sum I_h$
$I_s = 3 \times 20 + 5 \times 3 = 75[A]$

48 접지저항 측정방법으로 가장 적당한 것은?

① 절연 저항계
② 전력계
③ 교류의 전압, 전류계
④ 콜라우시 브리지

🔧 가장 적합한 접지저항 측정은 콜라우시 브리지 방법이다.

49 큰 건물의 공사에서 콘크리트에 구멍을 뚫어 드라이브 핀을 경제적으로 고정하는 공구는?

① 스패너
② 드라이브이트 툴
③ 오스터
④ 록 아웃 펀치

🔧 콘크리트에 구멍을 뚫어 드라이브 핀을 쉽게 고정시키는 공구는 드라이브이트 툴이다.

50 전자접촉기 2개를 이용하여 유도전동기 1대를 정·역운전하고 있는 시설에서 전자접촉기 2개가 동시에 여자되어 상 간 단락되는 것을 방지하기 위하여 구성하는 회로는?

① 자기유지회로
② 순차제어회로
③ Y-Δ 기동회로
④ 인터록회로

🔧 정회전과 역회전 전자접촉기 2개가 동시에 동작하면 상 간 단락이 발생함으로 동시동작 방지장치인 인터록회로를 구성한다.

51 다음 접지 시스템에서 주접지 단자에 접속해서는 안 되는 설비는? [개정 접지규정]

① 보조 보호등전위본딩 도체
② 등전위본딩 도체
③ 접지도체
④ 보호도체

🔧 개정 접지규정의 주접지단자 접속도체 [KEC 142. 3.7]에는 등전위본딩 도체, 접지도체, 보호도체, 관련이 있는 경우 기능성 접지도체 등이다. 보조 보호등전위본딩 시설은 감전 보호방식에서 자동차단시간 고장 시 계통별 최대 차단시간을 초과하고 2.5[m] 이내에 설치된 고정기기의 노출도전부와 계통

Answer   46. ③   47. ③   48. ④   49. ②   50. ④   51. ①

외 도전부에 시설한다.

52 다음 중 버스 덕트가 아닌 것은?
① 플로어 버스 덕트
② 피더 버스 덕트
③ 트롤리 버스 덕트
④ 플러그인 버스 덕트

🔑 버스 덕트의 종류
① 트롤리 버스 덕트
② 피더 버스 덕트
③ 플러그인 버스 덕트

53 과전류차단기로서 저압전로에 사용되는 배선용 차단기에 있어서 정격전류가 25[A]인 회로에 40[A]의 전류가 흘렀을 때 몇 분 이내에 자동적으로 동작하여야 하는가?
① 30분
② 60분
③ 120분
④ 150분

🔑 (개정) 과전류차단기로 저압전로에 사용되는 퓨즈가 16[A] 초과~63[A] 미만에서는 정격전류의 1.6배의 전류가 흘렀을 때 60분 안에 용단되어야 한다. 즉, 25×1.6=40[A]로 25[A] 퓨즈에 1.6배의 전류가 흘렀기 때문에 60분 내에 용단되어야 한다.

정격전류의 구분	시간	정격전류의 배수	
		불용단 전류	용단 전류
4[A] 이하	60분	1.5배	2.1배
4[A] 초과 16[A] 미만	60분	1.5배	1.9배
16[A] 초과 63[A] 미만	60분	1.25배	1.6배
63[A] 초과 160[A] 미만	120분	1.25배	1.6배
160[A] 초과 400[A] 미만	180분	1.25배	1.6배
400[A] 이하	240분	1.25배	1.6배

[저압용 퓨즈의 용단 특성]

54 가공전선로의 지지물에서 다른 지지물을 거치지 아니하고 수용장소의 인입선 접속점에 이르는 가공전선을 무엇이라 하는가?
① 연접인입선
② 가공인입선
③ 구내전선로
④ 구내인입선

🔑 가공전선로의 지지물에서 다른 지지물을 거치지 않고 수용장소의 인입선 접속점에 이르는 가공전선을 가공인입선이라 한다.

55 합성수지관 공사의 설명 중 틀린 것은?
① 관의 지지점 간의 거리는 1.5[m] 이하로 할 것
② 합성수지관 안에는 전선에 접속점이 없도록 할 것
③ 전선은 절연전선(옥외용 비닐절연전선을 제외한다.)일 것
④ 관 상호 간 및 박스와는 관을 삽입하는 깊이를 관의 바깥지름의 1.5배 이상으로 할 것

🔑 관 상호 및 관과 박스와는 관의 삽입 깊이를 관 바깥지름의 1.2배 이상으로 할 것

56 배선설계를 위한 전등 및 소형 전기기계기구의 부하용량 산정 시 건축물의 종류에 대응한 표준부하에서 원칙적으로 표준부하를 20 $[VA/m^2]$으로 적용하여야 하는 건축물은?
① 교회, 극장
② 호텔, 병원
③ 은행, 상점
④ 아파트, 미용원

🔑 • 교회, 극장 : 10$[VA/m^2]$
• 호텔, 병원 : 20$[VA/m^2]$

Answer 52. ① 53. ② 54. ② 55. ④ 56. ②

- 은행, 상점, 미용원 : 30[VA/m²]
- 주택, 아파트 : 40[VA/m²]-(개정)

57 지중전선로를 직접매설식에 의하여 시설하는 경우 차량, 기타 중량물의 압력을 받을 우려가 있는 장소의 매설 깊이[m]는?

① 0.6m 이상   ② 1.0m 이상
③ 1.5m 이상   ④ 2.0m 이상

🔑 (개정) 지중전선로를 직접매설식에 의하여 시설하는 경우 중량물의 압력을 받을 우려가 있는 장소는 1.0[m] 이상 매설하여야 한다.

58 동전선의 직선접속에서 단선 및 연선에 적용되는 접속 방법은?

① 직선맞대기용 슬리브에 의한 압착접속
② 가는 단선(2.6[mm] 이상)의 분기접속
③ S형 슬리브에 의한 분기접속
④ 터미널 러그에 의한 접속

🔑 구리선의 직선접속에 적용되는 접속 방식은 직선맞대기용 슬리브에 의한 압착접속 방법에 의한다.

59 접지도체 가운데 중성점 접지로 사용하는 전선의 단면적은 얼마 이상인가?

① 6[mm²] 이상   ② 10[mm²] 이상
③ 16[mm²] 이상   ④ 50[mm²] 이상

🔑
- 구리 : 6[mm²] 이상
- 접지도체 : 16[mm²] 이상
- 철 : 50[mm²] 이상

60 전기난방기구인 전기담요나 전기장판의 보호용으로 사용되는 퓨즈는?

① 플러그 퓨즈   ② 온도 퓨즈
③ 절연 퓨즈   ④ 유리관 퓨즈

🔑 전기담요나 전기장판의 보호용으로 온도에 의해 용단되는 온도 퓨즈를 사용한다.

Answer 57. ②   58. ①   59. ③   60. ②

2015년 10월 10일 시행 과년도출제문제

01 3[kW]의 전열기를 정격 상태에서 20분간 사용하였을 때의 열량은 몇 [kcal]인가?
① 430 ② 520
③ 610 ④ 860

H=0.24Pt[cal]
=0.24×3000×20×60[sec]
=864,000=864[kcal]

02 가정용 전등 전압이 200[V]이다. 이 교류의 최댓값은 몇 [V]인가?
① 70.7 ② 86.7
③ 141.4 ④ 282.8

- 최대전압=$\sqrt{2}$×실효전압
- 최댓값 $V_m = \sqrt{2} \times V = \sqrt{2} \times 200 = 282.8$[V]

03 Y결선의 전원에서 각 상전압이 100[V]일 때 선간전압은 약 몇 [V]인가?
① 100 ② 150
③ 173 ④ 195

Y결선에서는
$V_l = \sqrt{3} V_p = 100\sqrt{3} = 173$[V]

04 전류의 방향과 자장의 방향은 각각 나사의 진행 방향과 회전 방향에 일치한다와 관계가 있는 법칙은?
① 플레밍의 왼손법칙
② 앙페르의 오른나사법칙
③ 플레밍의 오른손법칙
④ 키르히호프의 법칙

전류의 방향과 자장의 방향은 각각 나사의 진행 방향과 회전 방향에 일치한다는 법칙은 앙페르의 오른나사법칙이다.

05 $I = 8 + j6$[A]로 표시되는 전류의 크기 I는 몇 [A]인가?
① 6 ② 8
③ 10 ④ 12

$I = \sqrt{8^2 + 6^2} = 10$[A]

06 삼각파 전압의 최댓값이 V_m일 때 실효값은?
① V_m ② $\dfrac{V_m}{\sqrt{2}}$
③ $\dfrac{2V_m}{\pi}$ ④ $\dfrac{V_m}{\sqrt{3}}$

파형	정현파	정현반파	삼각파	구형파
실효값	$\dfrac{V_m}{\sqrt{2}}$	$\dfrac{V_m}{2}$	$\dfrac{V_m}{\sqrt{3}}$	V_m
평균값	$\dfrac{2V_m}{\pi}$	$\dfrac{V_m}{\pi}$	$\dfrac{V_m}{2}$	V_m

07 L_1, L_2 두 코일이 접속되어 있을 때, 누설 자속이 없는 이상적인 코일 간의 상호 인덕턴스는?
① $M = \sqrt{L_1 + L_2}$ ② $M = \sqrt{L_1 - L_2}$
③ $M = \sqrt{L_1 L_2}$ ④ $M = \sqrt{\dfrac{L_1}{L_2}}$

상호 인덕턴스 $M = k\sqrt{L_1 L_2}$
누설자속이 없으면 $k = 1$
∴ $M = \sqrt{L_1 L_2}$

Answer 1. ④ 2. ④ 3. ③ 4. ② 5. ③ 6. ④ 7. ③

08 10[Ω]의 저항과 R[Ω]의 저항이 병렬로 접속되고 10[Ω]의 전류가 5[A], R[Ω]의 전류가 2[A]이면 저항 R[Ω]은?

① 10 ② 20
③ 25 ④ 30

🔑 두 개의 저항 병렬회로에서
$$I_2 = \frac{R_1}{R_1 + R_2} \times I[A]$$
전체전류 $I = I_1 + I_2 = 5 + 2 = 7$[A]이므로
R[Ω]에 흐르는 전류 I_2는
$$I_2 = \frac{10}{R+10} \times 7 = 2[A]$$
→ $7 \times 10 = 2(R+10) = 2R + 20$
$70 = 2R + 20$ → $2R = 50$
∴ $R = 25$[Ω]

09 비유전율이 큰 산화티탄 등을 유전체로 사용한 것으로 극성이 없으며 가격에 비해 성능이 우수하여 널리 사용되고 있는 콘덴서의 종류는?

① 전해 콘덴서   ② 세라믹 콘덴서
③ 마일러 콘덴서 ④ 마이카 콘덴서

🔑 세라믹 콘덴서는 자기 콘덴서라고도 하며 소형으로 할 수 있는 특징을 가지고 있다. 산화티탄을 유전체로 사용하며 극성이 없다.

10 저항 8[Ω]과 코일이 직렬로 접속된 회로에 200[V]의 교류 전압을 가하면 20[A]의 전류가 흐른다. 코일의 리액턴스는 몇 [Ω]인가?

① 2 ② 4
③ 6 ④ 8

🔑 ㉠ $Z = \frac{V}{I} = \frac{200}{20} = 10$[Ω]
㉡ $Z = \sqrt{R^2 + X_L^2}$, $10 = \sqrt{8^2 + X_L^2}$
$10^2 = 8^2 + X_L^2$
∴ $X_L = 6$[Ω]

11 쿨롱의 법칙에서 2개의 점전하 사이에 작용하는 정전력의 크기는?

① 두 전하의 곱에 비례하고 거리에 반비례한다.
② 두 전하의 곱에 반비례하고 거리에 비례한다.
③ 두 전하의 곱에 비례하고 거리의 제곱에 비례한다.
④ 두 전하의 곱에 비례하고 거리의 제곱에 반비례한다.

🔑 $F = \frac{1}{4\pi\varepsilon} \frac{Q_1 \cdot Q_2}{r^2}$

12 대칭 3상 Δ결선에서 선전류와 상전류와의 위상관계는?

① 상전류가 $\frac{\pi}{3}$[rad] 앞선다.
② 상전류가 $\frac{\pi}{3}$[rad] 뒤진다.
③ 상전류가 $\frac{\pi}{6}$[rad] 앞선다.
④ 상전류가 $\frac{\pi}{6}$[rad] 뒤진다.

🔑 대칭 3상 Δ결선에서
$I_l = \sqrt{3} I_p \angle -\frac{\pi}{6}$ 이므로
상전류가 선전류보다 $\frac{\pi}{6}$[rad] 앞선다.

13 $m_1 = 4 \times 10^{-5}$[Wb], $m_2 = 6 \times 10^{-3}$[Wb], $r = 10$[cm]이면, 두 자극 m_1, m_2 사이에 작용하는 힘은 약 몇 [N]인가?

🔓 Answer 8. ③ 9. ② 10. ③ 11. ④ 12. ③ 13. ①

① 1.52 ② 2.4
③ 24   ④ 152

$F = \dfrac{1}{4\pi\mu}\dfrac{m_1 \cdot m_2}{r^2}$

$= 6.33 \times 10^4 \times \dfrac{4 \times 10^{-5} \times 6 \times 10^{-3}}{0.1^2}$

$= 1.519[N]$

14 다음 중 큰 값일수록 좋은 것은?
① 접지저항   ② 절연저항
③ 도체저항   ④ 접촉저항

절연저항값은 클수록 절연 효과가 좋다.

15 $R=6[\Omega]$, $X_c=8[\Omega]$일 때 임피던스 $Z=6-j8[\Omega]$으로 표시되는 것은 일반적으로 어떤 회로인가?
① RC 직렬회로   ② RL 직렬회로
③ RC 병렬회로   ④ RL 병렬회로

리액턴스가 저항보다 90° 뒤지는 회로는 RC 직렬회로이다.

16 다음 설명 중에서 틀린 것은?
① 리액턴스는 주파수의 함수이다.
② 콘덴서는 직렬로 연결할수록 용량이 커진다.
③ 저항은 병렬로 연결할수록 저항값이 작아진다.
④ 코일은 직렬로 연결할수록 인덕턴스가 커진다.

콘덴서는 병렬로 연결할수록 용량이 커진다.

17 자체 인덕턴스 40[mH]의 코일에 10[A]의 전류가 흐를 때 저장되는 에너지는 몇 [J]인가?
① 2   ② 3
③ 4   ④ 8

$w = \dfrac{1}{2}LI^2 = \dfrac{1}{2} \times 40 \times 10^{-3} \times 10^2 = 2[J]$

18 RLC 병렬 공진회로에서 공진주파수는?
① $\dfrac{1}{\pi\sqrt{LC}}$ ② $\dfrac{1}{\sqrt{LC}}$
③ $\dfrac{2\pi}{\sqrt{LC}}$ ④ $\dfrac{1}{2\pi\sqrt{LC}}$

RLC 병렬공진회로

$Y = \dfrac{1}{R} + j\left(\omega C - \dfrac{1}{\omega L}\right)$

공진 조건 $\omega_o C = \dfrac{1}{\omega_o L}$ 이므로

$\omega_o^2 = \dfrac{1}{LC}$, $2\pi f_o = \sqrt{\dfrac{1}{LC}}$

$\therefore f_o = \dfrac{1}{2\pi\sqrt{LC}}$

19 $i = I_m \sin \omega t$[A]인 사인파 교류에서 ωt가 몇 도일 때 순시값과 실효값이 같게 되는가?
① 30°   ② 45°
③ 60°   ④ 90°

순시값 $i = I_m \sin \omega t = \dfrac{I_m}{\sqrt{2}}$ 에서

$\sin \omega t = \dfrac{1}{\sqrt{2}}$ 이므로

$\therefore \omega t = \sin^{-1}\dfrac{1}{\sqrt{2}} = 45°$

20 전기분해를 하면 석출되는 물질의 양은 통과한 전기량에 관계가 있다. 이것을 나타낸 법칙은?
① 옴의 법칙

Answer 14. ② 15. ① 16. ② 17. ① 18. ④ 19. ② 20. ④

② 쿨롱의 법칙
③ 앙페르의 법칙
④ 패러데이의 법칙

🔑 전기분해 시 석출량 W(g)=kIt(g)은 패러데이 법칙이다.

21 3상 유도전동기의 2차 저항을 2배로 하면 그 값이 2배로 되는 것은?
① 슬립   ② 토크
③ 전류   ④ 역률

🔑 비례추이
권선형 유도전동기에서 2차 회로에 외부 저항을 삽입하여 2차 저항을 증가시키면 슬립도 비례해서 증가된다. 즉, 2차 저항이 2배가 되면 슬립도 2배가 된다.

22 다음 제동 방법 중 급정지하는 데 가장 좋은 제동방법은?
① 발전제동   ② 회생제동
③ 역상제동   ④ 단상제동

🔑 역상제동이 가장 효과적이다.

23 슬립 $s=5[\%]$, 2차 저항 $r_2=0.1[\Omega]$인 유도전동기의 등가 저항 $R[\Omega]$은 얼마인가?
① 0.4   ② 0.5
③ 1.9   ④ 2.0

🔑 최대 토크 기동 시$(s_2=1)$ 외부저항 저항값

㉠ 비례추이 $\dfrac{r_2}{s_1}=\dfrac{r_2+R}{s_2}$ 에서 $s_2=1$이면

$\dfrac{r_2}{s_1}=\dfrac{r_2+R}{1}$

㉡ $R=r_2\left(\dfrac{1-s_1}{s_1}\right)$

$=0.1\times\dfrac{1-0.05}{0.05}=1.9[\Omega]$

24 동기전동기의 장점이 아닌 것은?
① 직류 여자가 필요하다.
② 전부하 효율이 양호하다.
③ 역률 1로 운전할 수 있다.
④ 동기 속도를 얻을 수 있다.

🔑 직류 여자기가 필요하지만 장점은 아니다.

25 부흐홀츠 계전기의 설치 위치는?
① 콘서베이터 내부
② 변압기 주탱크 내부
③ 변압기의 고압측 부싱
④ 변압기 본체와 콘서베이터 사이

26 고압전동기 철심의 강판 홈(slot)의 모양은?
① 반폐형   ② 개방형
③ 반구형   ④ 밀폐형

27 다음 그림은 직류발전기의 분류 중 어느 것에 해당되는가?

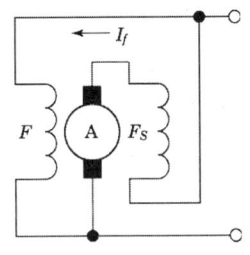

① 분권발전기   ② 직권발전기
③ 자석발전기   ④ 복권발전기

🔑 직권 계자권선과 분권 계자권선이 전기자와 직·병렬로 연결되어 있으므로 복권발전기이다.

🔓 Answer 21. ① 22. ③ 23. ③ 24. ① 25. ④ 26. ② 27. ④

28 100[V], 10[A], 전기자저항 1[Ω], 회전수 1800[rpm]인 전동기의 역기전력은 몇 [V]인가?
① 90   ② 100
③ 110   ④ 186

🔑 직류전동기(타여자, 분권)의 역기전력
$E = V - I_a R_a = 100 - 10 \times 1 = 90[V]$

29 유도전동기가 많이 사용되는 이유가 아닌 것은?
① 값이 저렴
② 취급이 어려움
③ 전원을 쉽게 얻음
④ 구조가 간단하고 튼튼함

30 정격속도로 운전하는 무부하 분권발전기의 계자 저항이 60[Ω], 계자 전류가 1[A], 전기자 저항이 0.5[Ω]라 하면 유도기전력은 약 몇 [V]인가?
① 30.5   ② 50.5
③ 60.5   ④ 80.5

🔑 분권발전기의 유도기전력
㉠ $R_f = 60[A]$, $I_f = 1[A]$, $R_a = 0.5[\Omega]$일 때, 무부하 조건에서 $I_a = I_f = 1[A]$이고 분권조건에서 $V = I_f R_f [V]$이므로
㉡ $E = V + I_a R_a = I_f R_f + I_a R_a$
$= 1 \times 60 + 1 \times 0.5$
$= 60.5[V]$

31 변압기의 2차측을 개방하였을 경우 1차측에 흐르는 전류는 무엇에 의하여 결정되는가?
① 저항
② 임피던스
③ 누설 리액턴스
④ 여자 어드미턴스

32 입력으로 펄스신호를 가해주고 속도를 입력 펄스의 주파수에 의해 조절하는 전동기는?
① 전기동력계
② 서보전동기
③ 스테핑전동기
④ 권선형 유도전동기

🔑 스테핑 모터는 1스텝씩 회전하기 때문에 펄스로 여자하여 동작하기 때문에 위치 결정의 제어용 정밀한 모터이다.

33 농형 유도전동기의 기동법이 아닌 것은?
① 2차 저항기법
② Y-Δ 기동법
③ 전전압 기동법
④ 기동보상기에 의한 기동법

🔑 2차 저항기법은 권선형 유도전동기의 기동법이다.

34 변압기 V결선의 특징으로 틀린 것은?
① 고장 시 응급처치 방법으로도 쓰인다.
② 단상변압기 2대로 3상 전력을 공급한다.
③ 부하증가가 예상되는 지역에 시설한다.
④ V결선 시 출력은 Δ결선 시 출력과 그 크기가 같다.

🔑 V결선 시 출력은 Δ결선 시 출력의 56.6[%]이다.

35 직류 분권전동기에서 운전 중 계자권선의 저항을 증가하면 회전속도의 값은?

Answer 28. ① 29. ② 30. ③ 31. ④ 32. ③ 33. ① 34. ④ 35. ②

① 감소한다.　② 증가한다.
③ 일정하다.　④ 관계없다.

🔑 **직류전동기 속도 제어**
$N \propto \dfrac{1}{\phi} \propto \dfrac{1}{I_f} \propto R_f$ 이므로 회전속도[N]는 계자 저항(R_f)에 비례하므로 증가한다.

36 직류발전기 전기자 반작용의 영향에 대한 설명으로 틀린 것은?
① 브러시 사이에 불꽃을 발생시킨다.
② 주 자속이 찌그러지거나 감소된다.
③ 전기자 전류에 의한 자속이 주 자속에 영향을 준다.
④ 회전방향과 반대방향으로 자기적 중성축이 이동된다.

🔑 직류기 전기자 반작용에 의한 중성축의 이동은 직류발전기는 회전방향으로, 전동기는 회전 반대방향으로 이동된다.

37 반도체 사이리스터에 의한 전동기의 속도 제어 중 주파수 제어는?
① 초퍼 제어　② 인버터 제어
③ 컨버터 제어　④ 브리지 정류 제어

🔑 스위칭의 변환 원리에 따라 주파수 변환에 의해 속도를 제어한다.

38 변압기의 용도가 아닌 것은?
① 교류 전압의 변환
② 주파수의 변환
③ 임피던스의 변환
④ 교류 전류의 변환

🔑 변압기의 1, 2차측 전압의 주파수는 동일하다.(주파수의 변환은 없다.)

39 변압기에 대한 설명 중 틀린 것은?
① 전압을 변성한다.
② 전력을 발생하지 않는다.
③ 정격출력은 1차측 단자를 기준으로 한다.
④ 변압기의 정격용량은 피상전력으로 표시한다.

🔑 변압기의 정격출력은 2차측 단자를 기준으로 한다.

40 동기발전기의 병렬 운전 중 주파수가 틀리면 어떤 현상이 나타나는가?
① 무효 전력이 생긴다.
② 무효 순환전류가 흐른다.
③ 유효 순환전류가 흐른다.
④ 출력이 요동치고 권선이 가열된다.

🔑 동기발전기 병렬 운전 중 주파수가 다르면 난조가 발생한다.

41 연피케이블을 직접 매설식에 의하여 차량 기타 중량물의 압력을 받을 우려가 있는 장소에 시설하는 경우 매설 깊이는 몇 [m] 이상이어야 하는가?
① 0.6　② 0.8
③ 1.0　④ 1.6

🔑 (개정) 지중전선로를 직접 매설식에 의하여 시설하는 경우에는 매설 깊이를 차량 기타 중량물의 압력을 받을 우려가 있는 장소에는 1.0[m] 이상, 기타 장소에는 60[cm] 이상으로 매설하여야 한다.

🔓 **Answer** 36. ④　37. ②　38. ②　39. ③　40. ④　41. ③

42 하나의 콘센트에 둘 또는 세 가지의 기계기구를 끼워서 사용할 때 사용되는 것은?
① 노출형 콘센트 ② 키리스 소켓
③ 멀티 탭   ④ 아이언 플러그

🔑 하나의 콘센트에 둘 또는 세 가지의 기계기구를 끼워서 사용하는 것은 멀티 탭이다.

43 다음 중 특별고압은?
① 1000[V] 이하
② 1500[V] 이하
③ 1000[V] 초과, 7000[V] 이하
④ 7000[V] 초과

🔑 ㉠ 저압
　　직류 750[V] 이하, 교류 600[V] 이하
㉡ 고압
　　ⓐ 직류 750[V] 초과, 7000[V] 이하
　　ⓑ 교류 600[V] 초과, 7000[V] 이하
㉢ 특별고압
　　직류 및 교류 모두 7000[V] 초과

44 배전반 및 분전반의 설치 장소로 적합하지 않은 곳은?
① 안정된 장소
② 밀폐된 장소
③ 개폐기를 쉽게 개폐할 수 있는 장소
④ 전기회로를 쉽게 조작할 수 있는 장소

🔑 배전반 및 분전반 설치 장소
• 전기회로를 쉽게 조작할 수 있는 장소
• 개폐기를 쉽게 개폐할 수 있는 장소
• 안정된 장소

45 주상 변압기의 1차측 보호장치로 사용하는 것은?

① 컷아웃 스위치 ② 자동구분개폐기
③ 캐치 홀더   ④ 리클로저

🔑 주상 변압기의 1차측 보호장치로 사용하는 것은 COS(컷아웃 스위치)이다.

46 화약류 저장장소의 배선공사에서 전용 개폐기에서 화약류 저장소의 인입구까지는 어떤 공사를 하여야 하는가?
① 케이블을 사용한 옥측 전선로
② 금속관을 사용한 지중전선로
③ 케이블을 사용한 지중전선로
④ 금속관을 사용한 옥측 전선로

🔑 화약류 저장소의 배선공사는 전용 개폐기에서 화약류 저장소 인입구까지 케이블을 사용한 지중전선로 공사를 하여야 한다.

47 일반적으로 정크션 박스 내에서 사용되는 전선 접속방식은?
① 슬리브   ② 코드너트
③ 코드파스너   ④ 와이어 커넥터

🔑 접속함 및 정크션 박스 내에서 전선 접속은 쥐꼬리 접속을 하여 와이어 커넥터로 절연한다.

48 합성수지관 배선에서 경질비닐전선관의 굵기에 해당되지 않는 것은? (단, 관의 호칭을 말한다.)
① 14   ② 16
③ 18   ④ 22

🔑 경질비닐전선관의 굵기 호칭은 안지름에 가까운 짝수로 호칭하고 14[mm], 16[mm], 22[mm], 28[mm], … 82[mm] 등이 있다.

🔓 Answer 42. ③ 43. ④ 44. ② 45. ① 46. ③ 47. ④ 48. ③

49 저압 옥내 간선으로부터 분기하는 곳에 설치하여야 하는 것은?
① 과전압 차단기
② 과전류 차단기
③ 누전 차단기
④ 지락 차단기

🔑 간선의 분기점이나 분기점에 과전류 차단기를 시설하여야 한다.

50 전주를 건주할 경우에 A종 철근콘크리트주의 길이가 10[m]이면 땅에 묻는 표준 깊이는 최저 약 몇 [m]인가? (단, 설계하중이 6.8[kN] 이하이다.)
① 2.5
② 3.0
③ 1.7
④ 2.4

🔑 전주 길이가 15[m] 이하인 경우는 땅에 묻히는 깊이를 전체 길이의 1/6 이상으로 할 것
$10[m] \times \frac{1}{6} = 1.66 ≒ 1.7[m]$

51 전로에 지락이 생겼을 경우에 부하 기기, 금속제 외함 등에 발행하는 고장전압 또는 지락전류를 검출하는 부분과 차단기 부분을 조합하여 자동적으로 전로를 차단하는 장치는?
① 누전차단장치
② 과전류차단기
③ 누전경보장치
④ 배선용 차단기

🔑 전로에 지락이 발생했을 경우 지락전류를 검출하여 차단하는 장치가 누전차단장치이다.

52 소맥분, 전분 기타 가연성의 분진이 존재하는 곳의 저압 옥내 배선 공사 방법에 해당되는 것으로 짝지어진 것은?

① 케이블 공사, 애자 사용 공사
② 금속관 공사, 콤바인 덕트관, 애자 사용 공사
③ 케이블 공사, 금속관 공사, 애자 사용 공사
④ 케이블 공사, 금속관 공사, 합성수지관 공사

🔑 가연성 분진이 존재하는 곳
금속관 공사, 합성수지관 공사(CD관 공사, 2[mm] 미만 제외), 케이블 공사만 시설이 가능하다.

53 가로 20[m], 세로 18[m], 천정의 높이 3.85[m], 작업면의 높이 0.85[m], 간접조명 방식인 호텔 연회장의 실지수는 약 얼마인가?
① 1.16
② 2.16
③ 3.16
④ 4.16

🔑 ㉠ 실지수 = $\frac{X \cdot Y}{H(X+Y)}$
　H : 작업면으로부터 광원의 높이
　X : 방의 폭
　Y : 방의 길이
㉡ H = 천장 높이 - 작업면 높이
　　= 3.85 - 0.85 = 3[m]
∴ 실지수 = $\frac{20 \times 18}{3(20+18)} = 3.157 ≒ 3.16$

54 전선의 도체 단면적이 2.5[mm²]인 전선 3본을 동일 관내에 넣는 경우의 2종 가요전선관의 최소 굵기[mm]는?
① 10
② 15
③ 17
④ 24

🔑 내선 규정 2235-4의 표에서 2.5[mm²] 전선 3본을 넣을 수 있는 적당한 가요전선관은 15[mm]이다.

Answer 49. ② 50. ③ 51. ① 52. ④ 53. ③ 54. ②

55 굵은 전선이나 케이블을 절단할 때 사용되는 공구는?
① 클리퍼 ② 펜치
③ 나이프 ④ 플라이어

굵은 전선이나 케이블 절단 시 사용하는 공구는 볼트 클리퍼이다.

56 ACSR 약호의 품명은?
① 경동연선
② 중공연선
③ 알루미늄선
④ 강심 알루미늄 연선

ACSR(Aluminium Cable Steel Reinforced) 강심 알루미늄 연선

57 물탱크의 물의 양에 따라 동작하는 자동스위치는?
① 부동스위치 ② 압력스위치
③ 타임스위치 ④ 3로스위치

물탱크의 수위조절은 부동스위치(Floatless switch)로 한다.

58 후강 전선관의 관 호칭은 (㉠) 크기로 정하여 (㉡)로 표시하는데, ㉠과 ㉡에 들어갈 내용으로 옳은 것은?
① ㉠ 안지름, ㉡ 홀수
② ㉠ 안지름, ㉡ 짝수
③ ㉠ 바깥지름, ㉡ 홀수
④ ㉠ 바깥지름, ㉡ 짝수

후강 전선관의 호칭은 관 안지름 크기에 가까운 짝수로 호칭한다.

59 노출장소 또는 점검 가능한 은폐장소에서 제2종 가요전선관을 시설하고 제거하는 것이 부자유하거나 점검 불가능한 경우의 곡률 반지름은 안지름의 몇 배 이상으로 하여야 하는가?
① 2 ② 3
③ 5 ④ 6

2종 가요전선관 굽힘 작업은 노출장소 또는 점검이 가능한 은폐장소에 시설하고 제거하는 것이 자유로운 경우는 안지름의 3배 이상(단, 관을 시설하고 제거하는 것이 부자유하거나 점검이 불가능한 경우는 안지름의 6배 이상)이다.

60 저고압 가공전선이 철도 또는 궤도를 횡단하는 경우 높이는 궤조면상 몇 [m] 이상이어야 하는가?
① 10 ② 8.5
③ 7.5 ④ 6.5

저고압 가공전선의 높이
• 도로 횡단 시 : 6[m] 이상
• 철도 또는 궤도 횡단 시 : 6.5[m] 이상
• 기타 : 5[m] 이상
• 횡단보도교 위로 시설 : 3.5[m] 이상

Answer 55. ① 56. ④ 57. ① 58. ② 59. ④ 60. ④

2016년 1월 24일 시행 과년도출제문제

01 동일한 저항 4개를 접속하여 얻을 수 있는 최대 저항값은 최소 저항값의 몇 배인가?
① 2   ② 4
③ 8   ④ 16

㉠ 최대 저항값은 직렬접속으로 합성저항값
$$R_S = NR = 4R$$
㉡ 최소 저항값은 병렬접속으로 합성저항값
$$R_P = \frac{R}{N} = \frac{R}{4}$$
$$\therefore \frac{R_S}{R_P} = \frac{4R}{\frac{R}{4}} = 16배$$

02 200[V], 2[kW]의 전열선 2개를 같은 전압에서 직렬로 접속한 경우의 전력은 병렬로 접속한 경우의 전력보다 어떻게 되는가?
① $\frac{1}{2}$로 줄어든다.
② $\frac{1}{4}$로 줄어든다.
③ 2배로 증가된다.
④ 4배로 증가된다.

㉠ 200[V], 2[kW] 부하의 내부 저항값을 구하면 R은 $R = \frac{V^2}{P} = \frac{200^2}{2000} = 20[\Omega]$
㉡ 직렬 2개 접속 시 합산저항은 40[Ω], 소비전력은 $P_S = \frac{V^2}{40}$[kW]
㉢ 병렬 2개 접속 시 합산저항은 10[Ω], 소비전력은 $P_P = \frac{V^2}{10}$[kW]
$$\therefore \frac{P_S}{P_P} = \frac{\frac{V^2}{40}}{\frac{V^2}{10}} = \frac{1}{4}$$

03 권수 300회의 코일에 6[A]의 전류가 흘러서 0.05[Wb]의 자속이 코일을 지난다고 하면, 이 코일의 자체 인덕턴스는 몇 [H]인가?
① 0.25   ② 0.35
③ 2.5   ④ 3.5

$LI = N\phi$이므로
$$L = \frac{N\phi}{I} = \frac{300 \times 0.05}{6} = 2.5[H]$$

04 황산구리($CuSO_4$) 전해액에 2개의 구리판을 넣고 전원을 연결하였을 때 음극에서 나타나는 현상으로 옳은 것은?
① 변화가 없다.
② 구리판이 두터워진다.
③ 구리판이 얇아진다.
④ 수소 가스가 발생한다.

양극에서는 전자를 잃는 산화반응이 일어나고, 음극에서는 전자를 얻는 환원반응으로 구리판이 두터워진다.

05 그림과 같은 회로에서 저항 R_1에 흐르는 전류는?

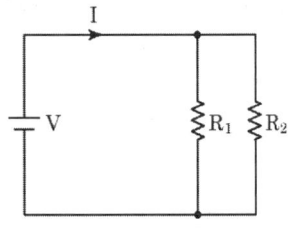

① $(R_1 + R_2)I$ ② $\frac{R_2}{R_1 + R_2}I$

Answer 1. ④ 2. ② 3. ③ 4. ② 5. ②

③ $\dfrac{R_1}{R_1+R_2}I$ ④ $\dfrac{R_1R_2}{R_1+R_2}I$

🔑 전류 분배 법칙에 의해 R_1에 흐르는 전류 I_1
$$I_1 = \dfrac{R_2}{R_1+R_2} \times I$$

06 자체 인덕턴스가 1[H]인 코일에 200[V], 60[Hz]의 사인파 교류 전압을 가했을 때 전류와 전압의 위상차는? (단, 저항성분은 무시한다.)

① 전류는 전압보다 위상이 $\dfrac{\pi}{2}$[rad]만큼 뒤진다.

② 전류는 전압보다 위상이 π[rad]만큼 뒤진다.

③ 전류는 전압보다 위상이 $\dfrac{\pi}{2}$[rad]만큼 앞선다.

④ 전류는 전압보다 위상이 π[rad]만큼 앞선다.

🔑 **인덕턴스 작용(L만의 회로)**
L(인덕턴스)만의 회로에서는 전류가 전압보다 위상이 $\dfrac{\pi}{2}$[rad]만큼 뒤진다.

07 자극 가까이에 물체를 두었을 때 자화되는 물체와 자석이 그림과 같은 방향으로 자화되는 자성체는?

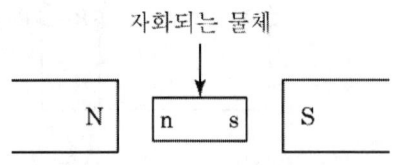

① 상자성체 ② 반자성체
③ 강자성체 ④ 비자성체

🔑 자극을 가까이에 두었을 때 같은 극성으로 자화되는 물질은 반자성체이다.

08 RL 직렬회로에서 서셉턴스는?

① $\dfrac{R}{R^2+X_L^2}$ ② $\dfrac{X_L}{R^2+X_L^2}$

③ $\dfrac{-R}{R^2+X_L^2}$ ④ $\dfrac{-X_L}{R^2+X_L^2}$

🔑 RL 직렬회로에서 어드미턴스는
$$Y = \dfrac{1}{Z} = \dfrac{1}{R+j\omega L} = \dfrac{1}{R+j\omega L} \times \dfrac{R-j\omega L}{R-j\omega L}$$
$$= \dfrac{R-j\omega L}{R^2+(j\omega L)^2} = \dfrac{R}{R^2+X_L^2} - j\dfrac{X_L}{R^2+X_L^2}$$
$Y = \dfrac{1}{Z} = G+jB$(컨덕턴스 G, 서셉턴스 B)
$\therefore B = -\dfrac{X_L}{R^2+X_L^2}$

09 전류에 의한 자기장과 직접적으로 관련이 없는 것은?

① 줄의 법칙
② 플레밍의 왼손법칙
③ 비오-사바르의 법칙
④ 앙페르의 오른나사의 법칙

🔑 줄의 법칙은 전류에 의한 발열작용과 관계가 있다.

10 다이오드의 정특성이란 무엇을 말하는가?

① PN 접합면에서의 반송자 이동 특성
② 소신호로 동작할 때의 전압과 전류의 관계
③ 다이오드를 움직이지 않고 저항률을 측정한 것
④ 직류전압을 걸었을 때 다이오드에 걸리는 전압과 전류의 관계

🔓 Answer 6. ① 7. ② 8. ④ 9. ① 10. ④

🔑 다이오드의 정특성이란 다이오드에 직류전압을 가했을 때 다이오드에 걸리는 전압과 전류의 관계를 말한다.

11 파고율, 파형률이 모두 1인 파형은?
① 사인파 ② 고조파
③ 구형파 ④ 삼각파

🔑 파형률 = $\frac{실효값}{평균값}$, 파고율 = $\frac{최대값}{실효값}$

파형	정현파	정현반파	삼각파	구형반파	구형파
실효값	$\frac{V_m}{\sqrt{2}}$	$\frac{V_m}{2}$	$\frac{V_m}{\sqrt{3}}$	$\frac{V_m}{\sqrt{2}}$	V_m
평균값	$\frac{2V_m}{\pi}$	$\frac{V_m}{\pi}$	$\frac{V_m}{2}$	$\frac{V_m}{2}$	V_m

따라서, 구형파는 파형율, 파고율 모두 1이다.

12 1[Ω·m]는 몇 [Ω·cm]인가?
① 10^2 ② 10^{-2}
③ 10^6 ④ 10^{-6}

🔑 [Ω·m] = Ω·100cm = Ω·10^2cm

13 공기 중에 10[μC]과 20[μC]를 1[m] 간격으로 놓을 때 발생되는 정전력[N]은?
① 1.8 ② 2.2
③ 4.4 ④ 6.3

🔑 두 전하 사이에 작용하는 정전력 F[N]은
$F = \frac{1}{4\pi\varepsilon} \frac{Q_1 \cdot Q_2}{r^2}$
$= 9 \times 10^9 \times \frac{10 \times 10^{-6} \times 20 \times 10^{-6}}{1^2}$
$= 9 \times 2 \times 10^{-1} = 1.8[N]$

14 "회로의 접속점에서 볼 때, 접속점에 흘러 들어오는 전류의 합은 흘러 나가는 전류의 합과 같다."라고 정의되는 법칙은?
① 키르히호프의 제1법칙
② 키르히호프의 제2법칙
③ 플레밍의 오른손법칙
④ 앙페르의 오른나사법칙

🔑 회로망 중 임의의 접속점에 유입하는 전류와 유출하는 전류의 총합은 같다는 키르히호프 제1법칙이다.

15 $C_1 = 5[\mu F]$, $C_2 = 10[\mu F]$의 콘덴서를 직렬로 접속하고 직류 30[V]를 가했을 때 C_1의 양단의 전압[V]은?
① 5 ② 10
③ 20 ④ 30

🔑 콘덴서 직렬접속의 전압분배법칙에 의해
$V_1 = \frac{C_2}{C_1 + C_2} \cdot V = \frac{10}{5+10} \times 30$
$= \frac{300}{15} = 20[V]$

16 두 종류의 금속 접합부에 전류를 흘리면 전류의 방향에 따라 줄열 이외의 열의 흡수 또는 발생 현상이 생긴다. 이러한 현상을 무엇이라 하는가?
① 제벡 효과 ② 페란티 효과
③ 펠티어 효과 ④ 초전도 효과

🔑 두 종류의 금속 접합부에 전류를 흘리면 전류의 방향에 따라 줄열 이외의 열의 흡수 또는 발생 현상이 생기는 현상은 펠티어 효과이다.

17 알칼리 축전지의 대표적인 축전지로 널리 사용되고 있는 2차 전지는?

Answer 11. ③ 12. ① 13. ① 14. ① 15. ③ 16. ③ 17. ④

① 망간 전지
② 산화은 전지
③ 페이퍼 전지
④ 니켈 카드뮴 전지

🔑 양극에 니켈의 수산화물을, 음극에 카드뮴을 사용한 대표적인 알칼리 축전지는 니켈 카드뮴 전지이다.

18 기전력 120[V], 내부저항[r]이 15[Ω]인 전원이 있다. 여기에 부하저항[R]을 연결하여 얻을 수 있는 최대 전력[W]은? (단, 최대전력전달조건은 $r = R$이다.)
① 100
② 140
③ 200
④ 240

🔑 최대전력전달조건
$R_S = R_L$
$P_m = \dfrac{V^2}{4R_S} = \dfrac{V^2}{4R_L} = \dfrac{120^2}{4 \times 15} = 240[W]$

19 3상 교류회로의 선간전압이 13200[V], 선전류가 800[A], 역률 80[%] 부하의 소비전력은 약 몇 [MW]인가?
① 4.88
② 8.45
③ 14.63
④ 25.34

🔑 소비전력은 곧 유효전력이므로
$P_e = \sqrt{3}\, VI\cos\theta[W]$
$= \sqrt{3} \times 13200 \times 800 \times 0.8$
$= 14.632 \times 10^6[W] = 14.632[MW]$

20 자기 인덕턴스에 축적되는 에너지에 대한 설명으로 가장 옳은 것은?
① 자기 인덕턴스 및 전류에 비례한다.
② 자기 인덕턴스 및 전류에 반비례한다.
③ 자기 인덕턴스와 전류의 제곱에 반비례한다.
④ 자기 인덕턴스에 비례하고 전류의 제곱에 비례한다.

🔑 자기 인덕턴스에 축적되는 에너지 W[J]은 $W = \dfrac{1}{2}LI^2[J]$이므로 자기 인덕턴스 L에 비례하고, 전류 I의 제곱에 비례한다.

21 전동기에 접지공사를 하는 주된 이유는?
① 보안상
② 미관상
③ 역률 증가
④ 감전사고 방지

🔑 누전 발생 시 감전사고 방지

22 퍼센트 저항 강하 3[%], 리액턴스 강하 4[%]인 변압기의 최대 전압변동률[%]은?
① 1
② 5
③ 7
④ 12

🔑 ㉠ 변압기의 최대 전압 변동률
$\varepsilon_{\max} = \sqrt{p^2 + q^2}$
㉡ $p = 3$, $q = 4$일 때
$\varepsilon_{\max} = \sqrt{p^2 + q^2} = \sqrt{3^2 + 4^2} = 5[\%]$

23 직류 전압을 직접 제어하는 것은?
① 브리지형 인버터
② 단상 인버터
③ 3상 인버터
④ 초퍼형 인버터

🔑 초퍼형은 직류-직류 제어장치이다.

24 직류발전기의 병렬 운전 중 한쪽 발전기의 여자를 늘리면 그 발전기는?

🔓 Answer 18. ④ 19. ③ 20. ④ 21. ④ 22. ② 23. ④ 24. ③

① 부하 전류는 불변, 전압은 증가
② 부하 전류는 줄고, 전압은 증가
③ 부하 전류는 늘고, 전압은 증가
④ 부하 전류는 늘고, 전압은 불변

🔑 직류발전기의 한쪽 발전기의 여자를 늘리면, 유도기전력이 상승하여 부하분담 전류가 늘어난다.

25 반파 정류회로에서 변압기 2차 전압의 실효치를 E[V]라 하면 직류 전류 평균치는? (단, 정류기의 전압강하는 무시한다.)

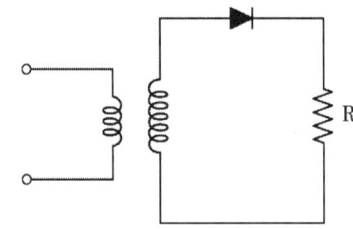

① $\dfrac{E}{R}$ ② $\dfrac{1}{2} \cdot \dfrac{E}{R}$

③ $\dfrac{2\sqrt{2}}{\pi} \cdot \dfrac{E}{R}$ ④ $\dfrac{\sqrt{2}}{\pi} \cdot \dfrac{E}{R}$

26 변압기의 규약 효율은?

① $\dfrac{출력}{입력}$ ② $\dfrac{출력}{입력-손실}$

③ $\dfrac{출력}{출력+손실}$ ④ $\dfrac{입력+손실}{입력}$

27 역률과 효율이 좋아서 가정용 선풍기, 전기세탁기, 냉장고 등에 주로 사용되는 것은?
① 분상 기동형 전동기
② 반발 기동형 전동기
③ 콘덴서 기동형 전동기
④ 셰이딩 코일형 전동기

28 다음 중 ( ) 속에 들어갈 내용은?

유입변압기에 많이 사용되는 목면, 명주, 종이 등의 절연재료는 내열등급 ( )으로 분류되고, 장시간 지속하여 최고 허용온도 ( )[℃]를 넘어서는 안 된다.

① Y종 - 90 ② A종 - 105
③ E종 - 120 ④ B종 - 130

🔑 A종 절연
목면, 견사, 크라프트지 또는 유사한 유기질 재료로 구성되어 니스류로 함침하거나 상시 기름 안에 잠겨 있도록 한 것으로서 표준 유입변압기에는 이 절연방식이 사용된다.

29 3상 교류발전기의 기전력에 대하여 90° 늦은 전류가 통할 때의 반작용 기자력은?
① 자극축과 일치하고 감자작용
② 자극축보다 90° 빠른 증자작용
③ 자극축보다 90° 늦은 감자작용
④ 자극축과 직교하는 교차자화작용

🔑 3상 교류발전기의 기전력에 대하여 90° 늦은 전류가 흐르는 전기자 도체는 자극과 90°의 전기적인 위상차가 있는 위치에 있으므로 도체 코일의 중심축과 자극의 중심축과 일치하고, 뒤진 전류에 의해 발생되는 자속은 주자극 자속의 방향과 반대이므로 감자작용이 일어난다.

30 60[Hz], 4극 유도전동기가 1700[rpm]으로 회전하고 있다. 이 전동기의 슬립은 약 얼마인가?
① 3.42[%] ② 4.56[%]
③ 5.56[%] ④ 6.64[%]

Answer 25. ④ 26. ③ 27. ③ 28. ② 29. ① 30. ③

🔑 슬립 $s = \dfrac{N_s - N}{N_s} \times 100[\%]$ 에서

$N = 1700[\text{rpm}]$, $P = 4$, $f = 60[\text{Hz}]$일 때

$N_s = \dfrac{120 \cdot f}{P} = \dfrac{120 \times 60}{4} = 1800[\text{rpm}]$

$\therefore s = \dfrac{N_s - N}{N_s} \times 100 = \dfrac{1800 - 1700}{1800} \times 100[\%]$

$\fallingdotseq 5.56[\%]$

31 다음 중 자기소호 기능이 가장 좋은 소자는?
① SCR   ② GTO
③ TRIAC ④ LASCR

🔑 자기소호 기능이 있는 사이리스터
GTO, IGBT 등

32 3상 동기발전기의 상간 접속을 Y결선으로 하는 이유 중 틀린 것은?
① 중성점을 이용할 수 있다.
② 선간전압이 상전압의 $\sqrt{3}$ 배가 된다.
③ 선간전압에 제3고조파가 나타나지 않는다.
④ 같은 선간전압의 결선에 비하여 절연이 어렵다.

🔑 중성점 접지로 제3고조파에 의한 통신 유도 장애가 발생하지만 선간 전압에는 제3고조파가 나타나지 않는다.
같은 선간전압의 결선에 비하여 절연이 용이하다.(상전압 절연)

33 발전기 권선의 층간단락보호에 가장 적합한 계전기는?
① 차동 계전기   ② 방향 계전기
③ 온도 계전기   ④ 접지 계전기

34 3상 유도전동기의 속도제어 방법 중 인버터(inverter)를 이용한 속도 제어법은?
① 극수 변환법   ② 전압 제어법
③ 초퍼 제어법   ④ 주파수 제어법

🔑 반도체 스위칭 소자를 이용한 주파수 변환을 실시한다.

35 동기기를 병렬운전할 때 순환전류가 흐르는 원인은?
① 기전력의 저항이 다른 경우
② 기전력의 위상이 다른 경우
③ 기전력의 전류가 다른 경우
④ 기전력의 역률이 다른 경우

🔑 동기기 병렬운전 시 순환전류 발생 원인
㉠ 기전력의 크기가 같지 않을 경우 무효순환전류가 발생
㉡ 기전력의 위상이 같지 않을 경우 유효순환전류(동기화 전류)가 발생

36 동기전동기를 송전선의 전압 조정 및 역률 개선에 사용한 것을 무엇이라 하는가?
① 댐퍼   ② 동기이탈
③ 제동권선   ④ 동기조상기

🔑 동기조상기
V곡선에 동기전동기는 계자전류를 가감하여 역률을 조정할 수 있기 때문에 무부하의 동기전동기를 송전선의 전압 조정 및 역률 개선용으로 사용하는 것을 말한다.

37 동기기의 손실에서 고정손에 해당되는 것은?
① 계자철심의 철손
② 브러시의 전기손
③ 계자권선의 저항손

🔓 Answer 31. ② 32. ④ 33. ① 34. ④ 35. ② 36. ④ 37. ①

④ 전기자 권선의 저항손

🔑 고정손(무부하손)의 대표적인 손실은 철손이다.

38 다음 중 권선저항 측정 방법은?
① 메거
② 전압 전류계법
③ 켈빈 더블 브리지법
④ 휘트스톤 브리지법

🔑 일반적으로 권선의 저항을 측정하는 방법에는 전압강하법(전압 전류계법), 포텐셔 메터법, 브리지법 등이 있다. 주어진 문제의 물음에서 명확한 조건이 주어지지 않았기에 ②, ③, ④의 3가지 정답을 인정한다. 메거는 절연저항계로써 절연 재료의 고유 저항이나 전선, 전기기기, 옥내배선 등의 절연저항을 측정하는 계측기이므로 정답에서 제외되었다.

39 1차 전압 6300[V], 2차 전압 210[V], 주파수 60[Hz]의 변압기가 있다. 이 변압기의 권수비는?
① 30 ② 40
③ 50 ④ 60

🔑 권수비 $a = \dfrac{N_1}{N_2} = \dfrac{V_1}{V_2} = \dfrac{6300}{210} = 30$

40 회전 변류기의 직류측 전압을 조정하려는 방법이 아닌 것은?
① 직렬 리액턴스에 의한 방법
② 여자 전류를 조정하는 방법
③ 동기 승압기를 사용하는 방법
④ 부하 시 전압 조정 변압기를 사용하는 방법

41 합성수지관 상호 접속 시에 관을 삽입하는 깊이는 관 바깥지름의 몇 배 이상으로 하여야 하는가?
① 0.6 ② 0.8
③ 1.0 ④ 1.2

🔑 합성수지관을 가공해서 관과 관을 접속할 때는 커플링에 들어가는 관의 깊이는 관 바깥지름의 1.2배 이상으로 한다.(단, 접착제를 사용하는 경우 0.8배 이상)

42 금속관 공사를 할 경우 케이블 손상방지용으로 사용하는 부품은?
① 부싱 ② 엘보
③ 커플링 ④ 로크너트

🔑 금속관 공사 시 전선 피복손상 방지를 위해 부싱을 끼운다.

43 전선을 종단겹침용 슬리브에 의해 종단 접속할 경우 소정의 압축공구를 사용하여 보통 몇 개소를 압착하는가?
① 1 ② 2
③ 3 ④ 4

🔑 종단겹침용 슬리브 종단접속 시 압착공구를 이용하여 보통 2개소를 압착한다.

44 사람이 상시 통행하는 터널 내 배선의 사용전압이 저압일 때 배선 방법으로 틀린 것은?
① 금속관 배선
② 금속덕트 배선
③ 합성수지관 배선
④ 금속제 가요전선관 배선

🔑 사람이 상시 통행하는 터널 안의 전선로 공사

🔓 **Answer** 38. ②, ③, ④ 39. ① 40. ② 41. ④ 42. ① 43. ② 44. ②

방법은 금속관 공사, 합성수지관 공사, 케이블 공사, 가요전선관 공사로 할 수 있다.

45 어느 가정집이 40[W] LED등 10개, 1[kW] 전자레인지 1개, 100[W] 컴퓨터 세트 2대, 1[kW] 세탁기 1대를 사용하고, 하루 평균 사용 시간이 LED등은 5시간, 전자레인지 30분, 컴퓨터 5시간, 세탁기 1시간이라면 1개월(30일)간의 사용전력량[kWh]은?

① 115 ② 135
③ 155 ④ 175

🐰 각 기기의 하루 평균사용량은
㉠ LED등 : 40[W]×10개=400[W]
400×사용시간 5시간=2,000[Wh]
㉡ 전자레인지 : 1000[W]×1개=1000[W]
1000×0.5시간(30분)=500[Wh]
㉢ 컴퓨터 : 100[W]×2대=200[W]
200×사용시간 5시간=1,000[Wh]
㉣ 세탁기 1대 : 1,000[W]
1000×사용시간 1시간=1000[Wh]
∴ 30일간 사용량은
(2000+500+1000+1000)×30일
=135,000[Wh]=135[kWh]

46 동전선의 종단접속 방법이 아닌 것은?
① 동선압착단자에 의한 접속
② 종단겹침용 슬리브에 의한 접속
③ C형 전선접속기 등에 의한 접속
④ 비틀어 꽂는 형의 전선접속기에 의한 접속

🐰 C형 접속기에 의한 접속은 굵은 알루미늄전선을 박스 안에서 접속하는 방법이다.

47 3상 4선식 380/220[V] 전로에서 전원의 중성극에 접속된 전선을 무엇이라 하는가?

① 접지선   ② 중성선
③ 전원선   ④ 접지측선

🐰 3상 4선식 Y결선의 중성점 접속부분을 접속하여 접지하는 것을 중성선이라 한다.

48 고압 가공전선로의 지지물로 철탑을 사용하는 경우 경간은 몇 [m] 이하로 제한하는가?
① 150   ② 300
③ 500   ④ 600

🐰 고압 가공전선로 경간의 제한

지지물의 종류	경간
목주 · A종 철주 또는 A종 철근 콘크리트주	150[m]
B종 철주 또는 B종 철근 콘크리트주	250[m]
철탑	600[m]

49 다음 접지 시스템에서 주접지 단자에 접속해서는 안되는 설비는? [개정 접지규정]
① 등전위본딩 도체
② 보조 보호등전위본딩 도체
③ 접지도체
④ 보호도체

🐰 (개정) 접지규정의 주접지단자 접속도체(KEC 142. 3.7)에는 등전위본딩 도체, 접지도체, 보호도체, 관련이 있는 경우 기능성 접지도체 등이다. 보조 보호등전위본딩 시설은 감전 보호방식에서 자동차단시간 고장 시 계통별 최대 차단시간을 초과하고 2.5[m] 이내에 설치된 고정기기의 노출도전부와 계통외 도전부에 시설한다.

50 플로어 덕트 배선의 사용전압은 몇 [V] 미

Answer 45. ② 46. ③ 47. ② 48. ④ 49. ② 50. ②

만으로 제한되어지는가?

① 220 ② 400
③ 600 ④ 700

🔑 플로어 덕트 배선의 사용전압은 400[V] 미만이다.

51 접지도체 가운데 중성점 접지로 사용하는 전선의 단면적은 얼마 이상인가?

① 6[mm²] 이상 ② 10[mm²] 이상
③ 50[mm²] 이상 ④ 16[mm²] 이상

🔑
- 구리 : 6[mm²] 이상
- 접지도체 : 16[mm²] 이상
- 철 : 50[mm²] 이상

52 셀룰로이드, 성냥, 석유류 등 기타 가연성 위험물질을 제조 또는 저장하는 장소의 배선으로 틀린 것은?

① 금속관 배선
② 케이블 배선
③ 플로어 덕트 배선
④ 합성수지관(CD관 제외) 배선

🔑 셀룰로이드, 성냥, 석유류 등 기타 가연성 위험물질을 제조 또는 저장 장소의 배선은 금속관공사, 케이블공사, 합성수지관(CD관 제외) 방법으로 할 수 있다.

53 자동화재탐지설비의 구성 요소가 아닌 것은?

① 비상콘센트 ② 발신기
③ 수신기 ④ 감지기

🔑 자동화재탐지설비의 구성 요소는 발신기, 수신기, 감지기 등이다.

54 부하의 역률이 규정값 이하인 경우 역률 개선을 위하여 설치하는 것은?

① 저항 ② 리액터
③ 컨덕턴스 ④ 진상용 콘덴서

🔑 역률 개선용으로 설치하는 것은 위상을 앞서게 하는 진상용 콘덴서이다.

55 금속관 구부리기에 있어서 관의 굴곡이 3개소가 넘거나 관의 길이가 30[m]를 초과하는 경우 적용하는 것은?

① 커플링 ② 풀박스
③ 로크너트 ④ 링 리듀서

🔑 금속관 공사 시 굴곡이 3개소를 넘는 경우 풀박스를 설치한다.

56 연선 결정에 있어서 중심 소선을 뺀 층수가 3층이다. 전체 소선수는?

① 91 ② 61
③ 37 ④ 19

🔑 전체 소선수
$N = 3n(n+1) + 1 = 3 \times 3(3+1) + 1 = 37$가닥

57 접지전극의 매설 깊이는 몇 [m] 이상인가?

① 0.6 ② 0.65
③ 0.7 ④ 0.75

🔑 접지전극의 매설 깊이는 지표에서 75[cm] 이상이다.

58 옥내배선공사할 때 연동선을 사용할 경우 전선의 최소 굵기[mm²]는?

① 1.5 ② 2.5
③ 4 ④ 6

Answer 51. ④ 52. ③ 53. ① 54. ④ 55. ② 56. ③ 57. ④ 58. ②

🔑 옥내배선공사의 사용할 수 있는 최소 규격의 전선은 2.5[mm²] 이상이다.

59 합성수지관을 새들 등으로 지지하는 경우 지지점 간의 거리는 몇 [m] 이하인가?
① 1.5   ② 2.0
③ 2.5   ④ 3.0

🔑 합성수지관 공사의 새들과 새들의 지지점 간의 거리는 1.5[m] 이상이다.

60 금속관 절단구에 대한 다듬기에 쓰이는 공구는?
① 리머   ② 홀소우
③ 프레셔 툴   ④ 파이프 렌치

🔑 금속관 절단부분의 단면은 전선 입선 시 전선의 손상을 방지하기 위해 리머로 다듬질하여야 한다.

Answer 59. ① 60. ①

2016년 4월 2일 시행 과년도출제문제

01 다음 ( ) 안의 알맞은 내용으로 옳은 것은?

> 회로에 흐르는 전류의 크기는 저항에 (①) 하고, 가해진 전압에 (②)한다.

① ① 비례, ② 비례
② ① 비례, ② 반비례
③ ① 반비례, ② 비례
④ ① 반비례, ② 반비례

🔑 옴의 법칙의 $I = \dfrac{V}{R}$에 의해 전류 I는 전압 V에 비례하고 저항 R에 반비례한다.

02 초산은($AgNO_3$) 용액에 1[A]의 전류를 2시간 동안 흘렸다. 이때 은의 석출량[g]은? (단, 은의 전기 화학당량은 1.1×10^{-3}[g/C]이다.)

① 5.44 ② 6.08
③ 7.92 ④ 9.84

🔑 패러데이 법칙에 의해 석출량 W[g]은
$W = KIt$ [g]
(K는 화학당량, I는 전류, t는 단위시간[sec])
따라서
$W = KIt$
$= 1.1 \times 10^{-3}$[g/C] $\times 1$[A] $\times 2$시간$\times 60$분
$\times 60$초
$= 7.92$[g] (화학당량=원자량/원자가)

03 평균 반지름이 10[cm]이고 감은 횟수 10회의 원형 코일에 5[A]의 전류를 흐르게 하면 코일중심의 자장의 세기[AT/m]는?

① 250 ② 500
③ 750 ④ 1000

🔑 원형 코일 중심 자장의 세기 H는
$H = \dfrac{N \times I}{2r}$ [AT/m]
$= \dfrac{10 \times 5}{2 \times 0.1} = 250$ [AT/m]

04 3[V]의 기전력으로 300[C]의 전기량이 이동할 때 몇 [J]의 일을 하게 되는가?

① 1200 ② 900
③ 600   ④ 100

🔑 이동한 전기량 Q는
$W = Q \times V = 300$[C]$\times 3$[V]$= 900$[J]

05 충전된 대전체를 대지(大地)에 연결하면 대전체는 어떻게 되는가?

① 방전한다.
② 반발한다.
③ 충전이 계속된다.
④ 반발과 흡인을 반복한다.

🔑 충전된 대전체는 대지에 접지하면 방전된다.

06 반자성체 물질의 특색을 나타낸 것은? (단, μ_s는 비투자율이다.)

① $\mu_s > 1$ ② $\mu_s \gg 1$
③ $\mu_s = 1$ ④ $\mu_s < 1$

🔑 ①은 상자성체, ②는 강자성체, ③은 진공, ④는 반자성체이다.

07 비사인파 교류회로의 전력에 대한 설명으로 옳은 것은?

Answer 1. ③ 2. ③ 3. ① 4. ② 5. ① 6. ④ 7. ①

① 전압의 제3고조파와 전류의 제3고조파 성분 사이에서 소비전력이 발생한다.
② 전압의 제2고조파와 전류의 제3고조파 성분 사이에서 소비전력이 발생한다.
③ 전압의 제3고조파와 전류의 제5고조파 성분 사이에서 소비전력이 발생한다.
④ 전압의 제5고조파와 전류의 제7고조파 성분 사이에서 소비전력이 발생한다.

주파수가 다른 전압과 전류의 평균전력은 0이므로 제3고조파 전압과 제3고조파 전류 사이의 소비전력이 주파수가 같으므로 소비전력이 발생한다.

08 2[μF], 3[μF], 5[μF]인 3개의 콘덴서가 병렬접속되었을 때의 합성 정전용량[μF]은?
① 0.97 ② 3
③ 5   ④ 10

콘덴서 병렬접속의 합성 정전용량은
$C_P = C_1 + C_2 + C_3 = 2 + 3 + 5 = 10[\mu F]$

09 PN 접합 다이오드의 대표적인 작용으로 옳은 것은?
① 정류작용 ② 변조작용
③ 증폭작용 ④ 발진작용

PN 접합 다이오드는 정류작용을 한다.

10 R=2[Ω], L=10[mH], C=4[μF]으로 구성되는 직렬 공진회로의 L과 C에서의 전압 확대율은?
① 3   ② 6
③ 16 ④ 25

RLC 직렬 공진회로의 전압확대율 Q는

$Q = \dfrac{1}{R}\sqrt{\dfrac{L}{C}} = \dfrac{1}{2} \times \sqrt{\dfrac{10 \times 10^{-3}}{4 \times 10^{-6}}} = 25$

11 최대눈금 1[A], 내부저항 10[Ω]의 전류계로 최대 101[A]까지 측정하려면 몇 [Ω]의 분류기가 필요한가?
① 0.01 ② 0.02
③ 0.05 ④ 0.1

분류기

배율 $m = \dfrac{I}{I_a} = \dfrac{r_a + R_S}{R_S} = \dfrac{r_a}{R_S} + 1$

I : 확대된 최대전류, I_a : 전류계 최대눈금,
r_a : 전류계 내부저항, R_S : 분류기 저항

$m = \dfrac{101}{1} = \dfrac{10}{R_S} + 1$

$\therefore R_S = \dfrac{10}{100} = 0.1[\Omega]$

12 전력과 전력량에 관한 설명으로 틀린 것은?
① 전력은 전력량과 다르다.
② 전력량은 와트로 환산된다.
③ 전력량은 칼로리 단위로 환산된다.
④ 전력은 칼로리 단위로 환산할 수 없다.

전력량의 단위는 [W·sec]이다.

13 전자냉동기는 어떤 효과를 응용한 것인가?
① 제벡 효과   ② 톰슨 효과
③ 펠티어 효과 ④ 줄 효과

두 종류의 금속 접합부에 전류를 흘리면 전류의 방향에 따라 줄열 이외의 열의 흡수 또는 발생현상이 생기는 현상은 펠티어 효과이다. 따라서 전자냉동기에 응용되는 효과는 펠티어 효과이다.

Answer 8. ④ 9. ① 10. ④ 11. ④ 12. ② 13. ③

14 자속밀도가 2[Wb/m²]인 평등 자기장 중에 자기장과 30°의 방향으로 길이 0.5[m]인 도체에 8[A]의 전류가 흐르는 경우 전자력[N]은?

① 8   ② 4
③ 2   ④ 1

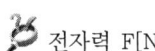 전자력 F[N]은
$F = BIl\sin\theta = 2 \times 8 \times 0.5 \times \sin 30° = 4[N]$

15 어떤 3상 회로에서 선간전압이 200[V], 선전류 25[A], 3상 전력이 7[kW]이었다. 이때의 역률은 약 얼마인가?

① 0.65   ② 0.73
③ 0.81   ④ 0.97

3상 전력 P는 $P = \sqrt{3}\, VI\cos\theta$
$\therefore \cos\theta = \dfrac{7000[W]}{\sqrt{3} \times 200 \times 25} = 0.81$

16 3상 220[V], Δ결선에서 1상의 부하가 $Z = 8 + j6[\Omega]$이면 선전류[A]는?

① 11   ② $22\sqrt{3}$
③ 22   ④ $\dfrac{22}{\sqrt{3}}$

Δ결선
㉠ $Z = \sqrt{8^2 + 6^2} = 10[\Omega]$
옴의 법칙으로 상전류를 먼저 구하면
$I_p = \dfrac{V_p(상전압)}{Z} = \dfrac{220}{10} = 22[A]$
$(V_l = V_p)$
㉡ 선간전류 $I_l = \sqrt{3}\, I_p = \sqrt{3} \times 22[A]$

17 환상 솔레노이드에 감겨진 코일의 권횟수를 3배로 늘리면 자체 인덕턴스는 몇 배로 되는가?

① 3   ② 9
③ $\dfrac{1}{3}$ ④ $\dfrac{1}{9}$

환상 솔레노이드 자체 인덕턴스는
$L = \dfrac{N\phi}{I} = 4\pi \times 10^{-7} \times \dfrac{A}{l} \times N^2$
따라서 코일권수 N을 3배로 늘리면 자체 인덕턴스 L은 9배가 된다.

18 $+Q_1$[C]과 $-Q_2$[C]의 전하가 진공 중에서 r[m]의 거리에 있을 때 이들 사이에 작용하는 정전기력 F[N]는?

① $F = 9 \times 10^{-7} \times \dfrac{Q_1 Q_2}{r^2}$
② $F = 9 \times 10^{-9} \times \dfrac{Q_1 Q_2}{r^2}$
③ $F = 9 \times 10^{9} \times \dfrac{Q_1 Q_2}{r^2}$
④ $F = 9 \times 10^{10} \times \dfrac{Q_1 Q_2}{r^2}$

두 전하 사이에 작용하는 힘 F[N]은 쿨롱의 법칙에 의해
$F = 9 \times 10^9 \times \dfrac{Q_1 \times Q_2}{r^2}[N]$

19 다음에서 나타내는 법칙은?

> 유도기전력은 자신이 발생 원인이 되는 자속의 변화를 방해하려는 방향으로 발생한다.

① 줄의 법칙
② 렌츠의 법칙
③ 플레밍의 법칙
④ 패러데이의 법칙

Answer 14. ② 15. ③ 16. ② 17. ② 18. ③ 19. ②

> "전자유도에 의하여 생긴 기전력의 방향은 그 유도전류가 만드는 자속이 항상 원래의 자속의 증가 또는 감소를 방해하는 방향이다"는 렌츠의 법칙이다.

20 임피던스 $Z = 6 + j8[\Omega]$에서 서셉턴스[℧]는?

① 0.06   ② 0.08
③ 0.6   ④ 0.8

> 어드미턴스
> $$Y = \frac{1}{Z} = \frac{1}{6+j8} = \frac{(6-j8)}{(6+j8)(6-j8)}$$
> $$= \frac{6-j8}{100} = 0.06 - j0.08$$
> $\therefore Y = \frac{1}{Z} = G - jB[\text{℧}]$에서
> 서셉턴스 $B = 0.08$

21 3상 유도전동기의 회전방향을 바꾸기 위한 방법으로 옳은 것은?

① 전원의 전압과 주파수를 바꾸어 준다.
② Δ-Y 결선법을 바꾸어 준다.
③ 기동보상기를 사용하여 권선을 바꾸어 준다.
④ 전동기의 1차 권선에 있는 3개의 단자 중 어느 2개의 단자를 서로 바꾸어 준다.

22 발전기를 정격전압 220[V]로 전부하 운전하다가 무부하로 운전하였더니 단자전압이 242[V]가 되었다. 이 발전기의 전압변동률[%]은?

① 10   ② 14
③ 20   ④ 25

> 전압변동률
> $$\varepsilon = \frac{무부하정격전압 - 정격전압}{정격전압} \times 100[\%]$$
> $$= \frac{242 - 220}{220} \times 100[\%] = 10[\%]$$

23 6극 직렬권 발전기의 전기자 도체 수 300, 매극 자속 0.02[Wb], 회전수 900[rpm]일 때 유도기전력[V]은?

① 90   ② 110
③ 220   ④ 270

> 유도기전력
> $$E = p\phi \frac{N}{60} \frac{Z}{a} = 6 \times 0.02 \times \frac{900}{60} \times \frac{300}{2}$$
> $$= 270[V]$$
> (직렬권 : $a = 2$)

24 동기조상기의 계자를 부족여자로 하여 운전하면?

① 콘덴서로 작용
② 뒤진 역률 보상
③ 리액터로 작용
④ 저항손의 보상

> 동기조상기의 계자를 부족여자로 하면 리액터로 작용하여 앞선 역률을 보상한다.

25 3상 교류발전기의 기전력에 대하여 $\frac{\pi}{2}$[rad] 뒤진 전기자 전류가 흐르면 전기자 반작용은?

① 횡축 반작용으로 기전력을 증가시킨다.
② 증자 작용을 하여 기전력을 증가시킨다.
③ 감자 작용을 하여 기전력을 감소시킨다.
④ 교차 자화작용으로 기전력을 감소시킨다.

26 전기기기의 철심 재료로 규소 강판을 많이

Answer 20. ② 21. ④ 22. ① 23. ④ 24. ③ 25. ③ 26. ④

사용하는 이유로 가장 적당한 것은?
① 와류손을 줄이기 위해
② 구리손을 줄이기 위해
③ 맴돌이 전류를 없애기 위해
④ 히스테리시스손을 줄이기 위해

🔑 규소 강판을 사용하는 목적은 철손 중 히스테리시스손을 저감하기 위함이다.

27 역병렬 결합의 SCR의 특성과 같은 반도체 소자는?
① PUT   ② UJT
③ Diac   ④ Triac

🔑 TRIAC 소자
2개의 SCR을 역병렬 접속한 것과 같다.

28 전기기계의 효율 중 발전기의 규약 효율 η_G는 몇 [%]인가? (단, P는 입력, Q는 출력, L은 손실이다.)
① $\eta_G = \dfrac{P-L}{P} \times 100$
② $\eta_G = \dfrac{P-L}{P+L} \times 100$
③ $\eta_G = \dfrac{Q}{P} \times 100$
④ $\eta_G = \dfrac{Q}{Q+L} \times 100$

29 20[kVA]의 단상 변압기 2대를 사용하여 V-V 결선으로 하고 3상 전원을 얻고자 한다. 이때 여기에 접속시킬 수 있는 3상 부하의 용량은 약 몇 [kVA]인가?
① 34.6   ② 44.6
③ 54.6   ④ 66.6

🔑 V-V 결선 용량
$P_v = \sqrt{3}K = \sqrt{3} \times 20 \fallingdotseq 34.6[\text{kVA}]$

30 동기발전기의 병렬운전 조건이 아닌 것은?
① 유도기전력의 크기가 같을 것
② 동기발전기의 용량이 같을 것
③ 유도기전력의 위상이 같을 것
④ 유도기전력의 주파수가 같을 것

31 직류 분권전동기의 기동방법 중 가장 적당한 것은?
① 기동 토크를 작게 한다.
② 계자저항기의 저항값을 크게 한다.
③ 계자저항기의 저항값을 0으로 한다.
④ 기동저항기를 전기자와 병렬접속한다.

🔑 직류 분권전동기의 기동 시 계자저항기는 최소(기동 토크 증대), 기동저항기는 최대(기동전류 저감)로 한다.

32 극수 10, 동기속도 600[rpm]인 동기발전기에서 나오는 전압의 주파수는 몇 [Hz]인가?
① 50   ② 60
③ 80   ④ 120

🔑 $f = \dfrac{N_s \times p}{120} = \dfrac{600 \times 10}{120} = 50[\text{Hz}]$

33 변압기유의 구비 조건으로 틀린 것은?
① 냉각효과가 클 것
② 응고점이 높을 것
③ 절연내력이 클 것
④ 고온에서 화학반응이 없을 것

🔓 Answer 27. ④ 28. ④ 29. ① 30. ② 31. ③ 32. ① 33. ②

34 동기기 손실 중 무부하손(no load loss)이 아닌 것은?
① 풍손 ② 와류손
③ 전기자 동손 ④ 베어링 마찰손

🔓 동손은 부하손(가변손)이다.

35 직류전동기의 제어에 널리 응용되는 직류-직류 전압제어장치는?
① 초퍼
② 인버터
③ 전파정류회로
④ 사이클로 컨버터

🔓 초퍼회로
직류-직류 전력제어장치로서 강압형 초퍼와 승압형 초퍼가 있다.

36 동기 와트 P_2, 출력 P_0, 슬립 s, 동기속도 N_s, 회전속도 N, 2차 동손 P_{2c}일 때 2차 효율 표기로 틀린 것은?
① $1-s$ ② P_{2c}/P_2
③ P_0/P_2 ④ N/N_s

🔓 유도전동기의 2차 효율의 표현
$$\eta_2 = (1-s) \times 100[\%]$$
$$= \frac{P_0}{P_2} \times 100[\%] = \frac{N}{N_s} \times 100[\%]$$
$$= \frac{\omega}{\omega_s} \times 100[\%]$$

37 변압기의 결선에서 제3고조파를 발생시켜 통신선에 유도장해를 일으키는 3상 결선은?
① Y-Y ② Δ-Δ
③ Y-Δ ④ Δ-Y

🔓 Y결선은 3고조파 발생, D결선은 내부순환전류에 의해 3고조파가 없음

38 부흐홀츠 계전기의 설치 위치로 가장 적당한 곳은?
① 콘서베이터 내부
② 변압기 고압측 부싱
③ 변압기 주 탱크 내부
④ 변압기 주 탱크와 콘서베이터 사이

🔓 주탱크와 콘서베이터 사이에 배치

39 3상 유도전동기의 운전 중 급속 정지가 필요할 때 사용하는 제동방식은?
① 단상 제동 ② 회생 제동
③ 발전 제동 ④ 역상 제동

40 슬립 4[%]인 유도전동기의 등가 부하 저항은 2차 저항의 몇 배인가?
① 5 ② 19
③ 20 ④ 24

🔓 유도전동기 비례추이
㉠ 비례추이 $\frac{r_2}{s_1} = \frac{r_2+R}{s_2}$ 에서 $s_2 = 1$이면
$$\frac{r_2}{s_1} = \frac{r_2+R}{1}$$
㉡ $R = r_2\left(\frac{1-s_1}{s_1}\right) = r_2 \times \frac{1-0.04}{0.04}$
$= 24r_2[\Omega]$

41 역률 개선의 효과로 볼 수 없는 것은?
① 전력손실 감소
② 전압강하 감소
③ 감전사고 감소

🔓 Answer 34. ③ 35. ① 36. ② 37. ① 38. ④ 39. ④ 40. ④ 41. ③

④ 설비 용량의 이용률 증가

🔖 역률을 개선을 위한 병렬 콘덴서 설치로 콘덴서에 축적된 전하에 의해 감전사고가 발생할 수 있다.

42 옥내배선공사에서 절연전선의 피복을 벗길 때 사용하면 편리한 공구는?
① 드라이버
② 플라이어
③ 압착펜치
④ 와이어 스트리퍼

🔖 전선의 피복을 제거할 때 사용하는 공구는 와이어 스트리퍼이다.

43 애자사용 공사를 건조한 장소에 시설하고자 한다. 사용 전압이 400[V] 미만인 경우 전선과 조영재 사이의 이격거리는 최소 몇 [cm] 이상이어야 하는가?
① 2.5
② 4.5
③ 6.0
④ 12

🔖 전선과 조영재 사이의 이격거리는 사용전압이 400[V] 미만인 경우에는 2.5[cm] 이상이다.

44 전선 접속 방법 중 트위스트 직선 접속의 설명으로 옳은 것은?
① 연선의 직선 접속에 적용된다.
② 연선의 분기 접속에 적용된다.
③ 6[mm²] 이하의 가는 단선인 경우에 적용된다.
④ 6[mm²] 초과의 굵은 단선인 경우에 적용된다.

🔖 트위스트 직선 접속은 6[mm²] 이하의 가는 단선인 경우에 적용되고, 10[mm²] 이상의 굵은 단선 직선 접속은 브리타니어 접속방법

을 적용한다.

45 건축물에 고정되는 본체부와 제거할 수 있거나 개폐할 수 있는 커버로 이루어지며 절연전선, 케이블 및 코드를 완전하게 수용할 수 있는 구조의 배선설비의 명칭은?
① 케이블 래더
② 케이블 트레이
③ 케이블 트렁킹
④ 케이블 브래킷

🔖 케이블 트렁킹 시스템
건축물에 고정된 본체부와 벗겨내기가 가능한 덮개로 이루어진 것으로 절연전선, 케이블 또는 코드를 완전히 수용할 수 있는 크기의 것을 말한다.

46 금속전선관 공사에서 금속관에 나사를 내기 위해 사용하는 공구는?
① 리머
② 오스터
③ 프레서 툴
④ 파이프 벤더

🔖 ① 리머 : 금속관을 절단한 날카로운 면을 다듬질할 때 사용
② 오스터 : 금속관 끝면의 나사를 내는 공구
③ 프레서 툴 : 커넥터 또는 터미널을 압착하는데 사용
④ 파이프 벤더 : 관을 구부리는 공구

47 성냥을 제조하는 공장의 공사 방법으로 틀린 것은?
① 금속관 공사
② 케이블 공사
③ 금속 몰드 공사
④ 합성수지관 공사(두께 2[mm] 미만 및 난

Answer 42. ④ 43. ① 44. ③ 45. ③ 46. ② 47. ③

연성이 없는 것은 제외)

🔖 **위험물이 있는 곳의 공사**
가연성분진이 존재하는 곳과 같이 금속관 공사, 케이블 공사, 합성수지관 공사만 시행할 수 있다.

48 콘크리트 조영재에 볼트를 시설할 때 필요한 공구는?
① 파이프 렌치 ② 볼트 클리퍼
③ 노크아웃 펀치 ④ 드라이브 이트

🔖 **드라이브 이트**
드라이브 핀을 콘크리트 조영재에 볼트를 고정할 때 화약의 폭발력을 이용하여 쉽게 시설할 수 있다.

49 실내 면적 100[m^2]인 교실에 전광속이 2500[lm]인 40[W] 형광등을 설치하여 평균조도를 150[lx]로 하려면 몇 개의 등을 설치하면 되겠는가? (단, 조명률은 50[%], 감광 보상률은 1.25로 한다.)
① 15개 ② 20개
③ 25개 ④ 30개

🔖 $FUN = EAD$
F : 광속[lm]   U : 조명률[%]
E : 조도[lx]   N : 조명기구 개수
A : 면적[m^2] D : 감광 보상률
∴ $N = \dfrac{EAD}{FU} = \dfrac{150 \times 100 \times 1.25}{2500 \times 0.5} = 15$개

50 교류 배전반에서 전류가 많이 흘러 전류계를 직접 주 회로에 연결할 수 없을 때 사용하는 기기는?
① 전류 제한기

② 계기용 변압기
③ 계기용 변류기
④ 전류계용 절환 개폐기

🔖 **계기용 변류기(CT)**
대전류를 소전류로 변환하여 배전반의 전류계 및 트립 코일의 전원으로 사용된다.

51 다음 접지 시스템의 구분이 아닌 것은? [개정 접지규정]
① 단독접지
② 보호접지
③ 계통접지
④ 피뢰시스템접지

🔖 계통접지, 보호접지, 피뢰시스템접지, 변압기 중성점 접지 등이다[KEC 141].
※ 단독접지는 시설의 종류이다.

52 진동이 심한 전기 기계·기구의 단자에 전선을 접속할 때 사용되는 것은?
① 커플링 ② 압착단자
③ 링 슬리브 ④ 스프링 와셔

🔖 진동이 심한 전기 기계·기구의 단자에 전선을 접속할 때는 진동을 완화시켜주는 스프링 와셔를 사용한다.

53 가공전선에 케이블을 사용하는 경우 케이블은 조가용선에 행거로 시설하여야 한다. 이 경우 사용전압이 고압인 때에는 그 행거의 간격은 몇 [cm] 이하로 시설하여야 하는가?
① 50 ② 60
③ 70 ④ 80

🔖 가공케이블을 시설할 때 케이블은 조가용선

🔓 **Answer** 48. ④ 49. ① 50. ③ 51. ② 52. ④ 53. ①

에 행거로 시설할 것. 이 경우에는 사용전압이 고압인 때에는 그 행거의 간격을 50[cm] 이하로 시설하여야 한다.

54 라이팅 덕트 공사에 의한 저압 옥내배선의 시설 기준으로 틀린 것은?

① 덕트의 끝부분은 막을 것
② 덕트는 조영재에 견고하게 붙일 것
③ 덕트의 개구부는 위로 향하여 시설할 것
④ 덕트는 조영재를 관통하여 시설하지 아니할 것

🔧 라이팅 덕트 공사에 의한 저압 옥내배선공사
- 덕트 상호간 및 전선 상호간은 견고하게 또한 전기적으로 완전히 접속할 것
- 덕트는 조영재에 견고하게 붙일 것
- 덕트의 지지점 간의 거리는 2[m] 이하로 할 것
- 덕트의 끝부분은 막을 것
- 덕트의 개구부는 아래로 향하여 시설할 것
- 덕트는 조영재를 관통하여 시설하지 아니할 것

55 고압 가공전선로 철탑의 경간은 몇 [m] 이하로 제한하고 있는가?

① 150
② 250
③ 500
④ 600

🔧

지지물의 종류	경간
목주·A종 철주 또는 A종 철근 콘크리트주	150[m]
B종 철주 또는 B종 철근콘크리트주	250[m]
철탑	600[m]

56 A종 철근 콘크리트주의 길이가 9[m]이고, 설계 하중이 6.8[kN]인 경우 땅에 묻히는 깊이는 최소 몇 [m] 이상이어야 하는가?

① 1.2
② 1.5
③ 1.8
④ 2.0

🔧 철근콘크리트주 길이가 15[m] 이하인 경우 전체길이의 1/6배 이상 묻어야 함으로
$$\therefore 9 \times \frac{1}{6} = 1.5[m]$$

57 전선의 접속법에서 두 개 이상의 전선을 병렬로 사용하는 경우의 시설기준으로 틀린 것은?

① 각 전선의 굵기는 구리인 경우 $50[mm^2]$ 이상이어야 한다.
② 각 전선의 굵기는 알루미늄인 경우 $70[mm^2]$ 이상이어야 한다.
③ 병렬로 사용하는 전선은 각각에 퓨즈를 설치할 것
④ 동극의 각 전선은 동일한 터미널 러그에 완전히 접속할 것

🔧 병렬로 사용하는 전선에는 각각에 퓨즈를 설치하지 말아야 한다.

58 정격전류가 50[A]인 저압전로의 과전류차단기를 배선용 차단기(산업용)로 사용하는 경우 정격전류의 1.3배의 전류가 통과하였을 경우 몇 분 이내에 자동적으로 동작하여야 하는가?

① 30분
② 60분
③ 120분
④ 150분

🔧 (개정) 산업용 과전류차단기는 정격전류의 1.3배의 전류를 통한 경우에 표에서 정한 시간 내에 용단될 것

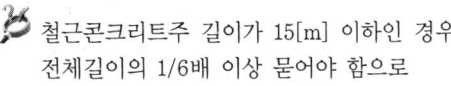
Answer 54. ③ 55. ④ 56. ② 57. ③ 58. ②

정격전류의 구분	시간	정격전류의 배수 (모든 극에 통전)	
		부동작 전류	동작 전류
63[A] 이하	60분	1.05배	1.3배
63[A] 초과	120분	1.05배	1.3배

[과전류 트립 동작시간 및 특성(산업용 배선 차단기)]

59 서로 다른 굵기의 절연전선을 동일 관내에 넣는 경우 금속관의 굵기는 전선의 피복절연물을 포함한 단면적의 총합계가 관의 내단면적의 몇 [%] 이하가 되도록 선정하여야 하는가?

① 32　　② 38
③ 45　　④ 48

서로 다른 굵기의 절연전선을 동일 관내에 넣는 경우는 금속관의 굵기는 전선의 피복절연물을 포함한 단면적의 총합계가 관의 내단면적의 32[%] 이하가 되도록 선정한다.

60 저압기기 외함 접지공사를 시설하는 주된 목적은?

① 기기의 효율을 좋게 한다.
② 기기의 절연을 좋게 한다.
③ 기기의 누전에 의한 감전을 방지한다.
④ 기기의 누전에 의한 역률을 좋게 한다.

접지공사의 목적
- 기기 절연물 손상으로 생긴 누설전류로 인한 감전 방지
- 고저압 혼촉 시 고압전류에 의한 감전 방지
- 뇌해 방지
- 지락사고 발생 시 보호계전기를 신속하게 동작
- 전로에 이상 고전압 발생 시 대지전압 상승 억제

Answer　59. ①　60. ③

과년도출제문제

2016년 7월 10일 시행

01 $R_1[\Omega]$, $R_2[\Omega]$, $R_3[\Omega]$의 저항 3개를 직렬 접속했을 때의 합성저항[Ω]은?

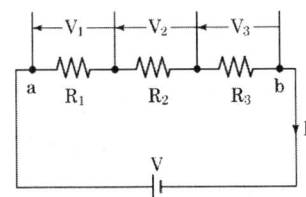

① $R = \dfrac{R_1 \cdot R_2 \cdot R_3}{R_1 + R_2 + R_3}$

② $R = \dfrac{R_1 + R_2 + R_3}{R_1 \cdot R_2 \cdot R_3}$

③ $R = R_1 \cdot R_2 \cdot R_3$

④ $R = R_1 + R_2 + R_3$

🔑 직렬 접속 합성저항 $R = R_1 + R_2 + R_3$

02 정상상태에서의 원자를 설명한 것으로 틀린 것은?

① 양성자와 전자의 극성은 같다.
② 원자는 전체적으로 보면 전기적으로 중성이다.
③ 원자를 이루고 있는 양성자의 수는 전자의 수와 같다.
④ 양성자 1개가 지니는 전기량은 전자 1개가 지니는 전기량과 크기가 같다.

🔑 정상상태에서 양성자는 +전기를, 전자는 −전기를 띤다.

03 2전력계법으로 3상 전력을 측정할 때 지시값이 $P_1=200$[W], $P_2=200$[W]이었다. 부하 전력[W]은?

① 600
② 500
③ 400
④ 300

🔑 2전력계법에 의한 3상 전력 측정
$P = P_1 + P_2 = 200 + 200 = 400$[W]

04 0.2[℧]의 컨덕턴스 2개를 직렬로 접속하여 3[A]의 전류를 흘리려면 몇 [V]의 전압을 공급하면 되는가?

① 12
② 15
③ 30
④ 45

🔑 ㉠ 직렬 합성저항은
$R_1 = \dfrac{1}{G} = \dfrac{1}{0.2}$, $R_2 = \dfrac{1}{G} = \dfrac{1}{0.2}$

$R_T = R_1 + R_2 = \dfrac{1}{0.2} + \dfrac{1}{0.2} = 10[\Omega]$

㉡ $V = IR = 3 \times 10 = 30$[V]

05 어떤 교류회로의 순시값이 $v = \sqrt{2}\,V\sin\omega t$ [V]인 전압에서 $\omega t = \dfrac{\pi}{6}$[rad]일 때 $100\sqrt{2}$ [V]이면 이 전압의 실효값[V]은?

① 100
② 200
③ $100\sqrt{2}$
④ $200\sqrt{2}$

🔑 ㉠ $v = \sqrt{2}\,V\sin(\dfrac{\pi}{6}) = 100\sqrt{2}$

$\rightarrow \sqrt{2}\,V \times \dfrac{1}{2} = 100\sqrt{2}$

∴ $V = 200$[V] (최댓값)

㉡ 실효값 V_{rms}

$V_{rms} = \dfrac{200}{\sqrt{2}} = \dfrac{200 \times \sqrt{2}}{\sqrt{2} \times \sqrt{2}}$

$= \dfrac{200\sqrt{2}}{2} = 100\sqrt{2}$ [V]

🔓 Answer 1.④ 2.① 3.③ 4.③ 5.③

06 다음은 어떤 법칙을 설명한 것인가?

> 전류가 흐르려고 하면 코일은 전류의 흐름을 방해한다. 또, 전류가 감소하면 이를 계속 유지하려고 하는 성질이 있다.

① 쿨롱의 법칙
② 렌츠의 법칙
③ 패러데이의 법칙
④ 플레밍의 왼손법칙

🔑 렌츠의 법칙은 전자유도에 의하여 생긴 기전력의 방향은 그 유도전류가 만드는 자속이 항상 원래의 자속의 증가 또는 감소를 방해하는 방향이다.

07 그림과 같은 RC 병렬회로의 위상각 θ는?

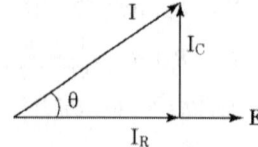

① $\tan^{-1}\dfrac{\omega C}{R}$
② $\tan^{-1}\omega CR$
③ $\tan^{-1}\dfrac{R}{\omega C}$
④ $\tan^{-1}\dfrac{1}{\omega CR}$

 RC 병렬회로의 위상각 θ는
$$\tan\theta = \dfrac{I_C}{I_R} = \dfrac{\omega CV}{\dfrac{V}{R}} = \omega CR$$
$$\therefore \theta = \tan^{-1}\omega CR$$

08 진공 중에 10[μC]과 20[μC]의 점전하를 1[m]의 거리로 놓았을 때 작용하는 힘[N]은?

① 18×10^{-1}
② 2×10^{-2}
③ 9.8×10^{-9}
④ 98×10^{-9}

🔑 대전된 두 점전하 사이에 작용하는 힘 F는

$$F = 9 \times 10^9 \dfrac{Q_1 \times Q_2}{r^2}$$
$$= 9 \times 10^9 \times \dfrac{10 \times 10^{-6} \times 20 \times 10^{-6}}{1^2}$$
$$= 18 \times 10^{-1}$$

09 그림과 같은 회로에서 a-b 간에 E[V]의 전압을 가하여 일정하게 하고, 스위치 S를 닫았을 때의 전전류 I[A]가 닫기 전 전류의 3배가 되었다면 저항 R_x의 값은 약 몇 [Ω]인가?

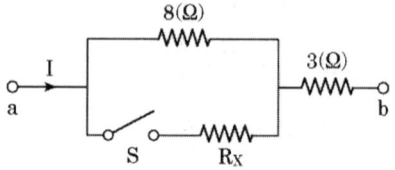

① 0.73
② 1.44
③ 2.16
④ 2.88

🔑 스위치를 닫기 전 합성저항은 11[Ω], 스위치를 닫은 후는 전류가 3배 증가 → 합성저항은 $\dfrac{11}{3}$[Ω]

직·병렬회로의 합성저항은
$$\dfrac{11}{3} = \dfrac{8 \times R_x}{8 + R_x} + 3 \rightarrow \dfrac{2}{3} = \dfrac{8R_x}{8 + R_x}$$
$$\rightarrow 2(8 + R_x) = 24R_x$$
$$\therefore R_x = \dfrac{16}{22} = 0.73$$

10 공기 중에서 m[Wb]의 자극으로부터 나오는 자속수는?

① m
② $\mu_0 m$
③ $\dfrac{1}{m}$
④ $\dfrac{m}{\mu_o}$

🔑 공기 중에서 m[Wb]의 자극으로부터 나오는

Answer 6. ② 7. ② 8. ① 9. ① 10. ①

자속수는 m개이고, 자력선 총수는 가우스 법칙에 의해 $\frac{m}{\mu_0}$개이다.

11 평형 3상회로에서 1상의 소비전력이 P[W]라면, 3상회로 전체 소비전력[W]은?

① $2P$ ② $\sqrt{2}\,P$
③ $3P$ ④ $\sqrt{3}\,P$

🔑 평형 3상회로에서 1상의 소비전력이 P[W]이면, 3상회로의 소비전력은 $3P$[W]이다.

12 영구자석의 재료로서 적당한 것은?

① 잔류자기가 작고 보자력이 큰 것
② 잔류자기와 보자력이 모두 큰 것
③ 잔류자기와 보자력이 모두 작은 것
④ 잔류자기가 크고 보자력이 작은 것

🔑 영구자석의 재료는 잔류자기와 보자력이 모두 큰 것을 사용한다.

13 1차 전지로 가장 많이 사용되는 것은?

① 니켈·카드뮴전지
② 연료전지
③ 망간건전지
④ 납축전지

🔑 1차 전지는 재충전이 불가능한 전지로서 일반적으로 가장 많이 사용되는 전지는 망간건전지이다.

14 플레밍의 왼손법칙에서 전류의 방향을 나타내는 손가락은?

① 엄지   ② 검지
③ 중지   ④ 약지

🔑 플레밍의 왼손법칙은 전동기에 적용하는 법칙이며, 엄지는 힘의 방향, 검지는 자속방향, 중지는 전류방향이다.

15 3[kW]의 전열기를 1시간 동안 사용할 때 발생하는 열량[kcal]은?

① 3   ② 180
③ 860   ④ 2580

🔑 1[kWh]=860[kcal]
∴ 3[kWh]=3×860=2580[kcal]

16 어느 회로의 전류가 다음과 같을 때, 이 회로에 대한 전류의 실효값[A]은?

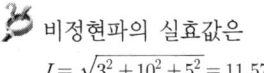

① 11.6   ② 23.2
③ 32.2   ④ 48.3

🔑 비정현파의 실효값은
$I = \sqrt{3^2 + 10^2 + 5^2} = 11.57$

17 다음 설명 중 틀린 것은?

① 같은 부호의 전하끼리는 반발력이 생긴다.
② 정전유도에 의하여 작용하는 힘은 반발력이다.
③ 정전용량이란 콘덴서가 전하를 축적하는 능력을 말한다.
④ 콘덴서에 전압을 가하는 순간은 콘덴서는 단락상태가 된다.

🔑 정전유도는 가까운 곳에는 다른 극으로, 먼 곳은 같은 극으로 대전되는 현상이므로 흡인력

Answer 11. ③   12. ②   13. ③   14. ③   15. ④   16. ①   17. ②

이 작용한다.

18 비유전율 2.5의 유전체 내부의 전속밀도가 $2 \times 10^{-6} [C/m^2]$되는 점의 전기장의 세기는 약 몇 [V/m]인가?

① 18×10^4 ② 9×10^4
③ 6×10^4 ④ 3.6×10^4

전속밀도 $D = \varepsilon E = \varepsilon_0 \varepsilon_s E$
∴ 전장의 세기 E
$$E = \frac{D}{\varepsilon_0 \varepsilon_s} = \frac{2 \times 10^{-6}}{8.855 \times 10^{-12} \times 2.5}$$
$$= 90,344 ≒ 9 \times 10^4 [V/m]$$

19 전력량 1[Wh]와 그 의미가 같은 것은?

① 1[C] ② 1[J]
③ 3600[C] ④ 3600[J]

전력량 W는 $W = P \times t [W \cdot sec]$이므로
1[Wh]는 $1 \times 60분 \times 60초 = 3600 [W \cdot sec]$
$= 3600 [J]$

20 전기력선에 대한 설명으로 틀린 것은?

① 같은 전기력선은 흡입한다.
② 전기력선은 서로 교차하지 않는다.
③ 전기력선은 도체의 표면에 수직으로 출입한다.
④ 전기력선은 양전하의 표면에서 나와서 음전하의 표면에서 끝난다.

① 같은 전기력선은 반발한다.

21 3상 유도전동기의 정격전압을 V_n[V], 출력을 P[kW], 1차 전류를 I_1[A], 역률을 $\cos\theta$라 하면 효율을 나타내는 식?

① $\dfrac{P \times 10^3}{3 V_n I_1 \cos\theta} \times 100 [\%]$

② $\dfrac{3 V_n I_1 \cos\theta}{P \times 10^3} \times 100 [\%]$

③ $\dfrac{P \times 10^3}{\sqrt{3} V_n I_1 \cos\theta} \times 100 [\%]$

④ $\dfrac{\sqrt{3} V_n I_1 \cos\theta}{P \times 10^3} \times 100 [\%]$

22 6극 36슬롯 3상 동기발전기의 매극 매상당 슬롯수는?

① 2 ② 3
③ 4 ④ 5

매극 매상당 슬롯수
$= \dfrac{슬롯수}{극수 \times 상수} = \dfrac{36}{6 \times 3} = 2$

23 주파수 60[Hz]의 회로에 접속되어 슬립 3[%], 회전수 1164[rpm]으로 회전하고 있는 유도전동기의 극수는?

① 4 ② 6
③ 8 ④ 10

㉠ $p = \dfrac{120 \cdot f}{N_s}$

㉡ $s = \dfrac{N_s - N}{N_s}$

$N_s = \dfrac{N}{1-s} = \dfrac{1164}{1-0.03} = 1200 [rpm]$

∴ $p = \dfrac{120 \cdot f}{N_s} = \dfrac{120 \times 60}{1200} = 6$

24 그림은 트랜지스터의 스위칭 작용에 의한 직류 전동기의 속도제어 회로이다. 전동기의 속도가 $N = K \dfrac{V - I_a R_a}{\phi}$ [rpm]이라고 할 때, 이

Answer 18. ② 19. ④ 20. ① 21. ③ 22. ① 23. ② 24. ①

회로에서 사용한 전동기의 속도제어법은?

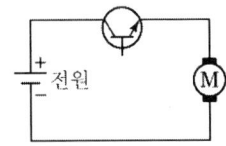

① 전압제어법 ② 계자제어법
③ 저항제어법 ④ 주파수제어법

25 직류전동기의 최저 절연저항값[MΩ]은?
① $\dfrac{정격전압(V)}{1000+정격출력(kW)}$
② $\dfrac{정격출력(kW)}{1000+정격입력(kW)}$
③ $\dfrac{정격입력(kW)}{1000+정격출력(kW)}$
④ $\dfrac{정격전압(V)}{1000+정격입력(kW)}$

26 동기발전기의 병렬 운전 중 기전력의 크기가 다를 경우 나타나는 현상이 아닌 것은?
① 권선이 가열된다.
② 동기화 전력이 생긴다.
③ 무효 순환 전류가 흐른다.
④ 고압측에 감자작용이 생긴다.

🔑 동기화 전력은 병렬 운전 중 위상차가 발생했을 때 나타나는 현상이다.

27 전압을 일정하게 유지하기 위해서 이용되는 다이오드는?
① 발광 다이오드
② 포토 다이오드
③ 제너 다이오드
④ 바리스터 다이오드

🔑 Zenor 다이오드로 제너전압이 있다.

28 변압기의 무부하 시험, 단락 시험에서 구할 수 없는 것은?
① 동손   ② 철손
③ 절연 내력 ④ 전압 변동률

29 대전류·고전압의 전기량을 제어할 수 있는 자기소호형 소자는?
① FET   ② Diode
③ Triac   ④ IGBT

🔑 자기소호 능력이 있는 사이리스터는 IGBT, GTO 등이 있다.

30 1차 권수 6000, 2차 권수 200인 변압기의 전압비는?
① 10   ② 30
③ 60   ④ 90

31 주파수 60[Hz]를 내는 발전용 원동기인 터빈 발전기의 최고 속도[rpm]는?
① 1800 ② 2400
③ 3600 ④ 4800

🔑 $N_s = \dfrac{120f}{p}$[rpm]에서 최소극 $p=2$이므로
최고 속도 $N_s = \dfrac{120 \times 60}{2} = 3600$[rpm]

32 변압기의 권수비가 60일 때 2차측 저항이 0.1[Ω]이다. 이것을 1차로 환산하면 몇 [Ω]인가?
① 310   ② 360
③ 390   ④ 410

🔑 2차를 1차로 환산 임피던스 $Z_{21} = a^2 Z$
∴ $r_{21} = a^2 r_2 = 60^2 \times 0.1 = 360[\Omega]$

Answer 25. ① 26. ② 27. ③ 28. ③ 29. ④ 30. ② 31. ③ 32. ②

33 직류기의 파권에서 극수에 관계없이 병렬 회로수 a는 얼마인가?
① 1 ② 2
③ 4 ④ 6

🔑 직류발전기 파권 방식의 병렬 회로수는 a=2이다.

34 단락비가 큰 동기발전기에 대한 설명으로 틀린 것은?
① 단락 전류가 크다.
② 동기 임피던스가 작다.
③ 전기자 반작용이 크다.
④ 공극이 크고 전압 변동률이 작다.

🔑 단락비(K)가 큰 기계
㉠ 동기 임피던스가 작고 전기자 반작용이 작다.
㉡ 전압 변동률이 작다.
㉢ 공극이 크고 무겁고 비싸다.
㉣ 단락전류가 크다.

35 변압기의 철심에서 실제 철의 단면적과 철심의 유효면적과의 비를 무엇이라고 하는가?
① 권수비 ② 변류비
③ 변동률 ④ 점적률

36 교류전동기를 기동할 때 그림과 같은 기동 특성을 가지는 전동기는? (단, 곡선 (1)~(5)는 기동 단계에 대한 토크 특성 곡선이다.)

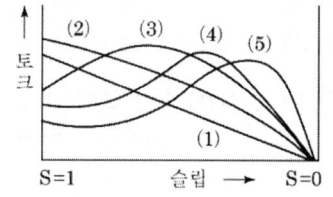

① 반발 유도전동기
② 2중 농형 유도전동기
③ 3상 분권 정류자 전동기
④ 3상 권선형 유도전동기

🔑 기동 시에 토크가 증대되는 그래프는 권선형 유도전동기의 비례추이 특성이다.

37 고장 시의 불평형 차전류가 평형 전류의 어떤 비율 이상으로 되었을 때 동작하는 계전기는?
① 과전압계전기
② 과전류계전기
③ 전압 차동계전기
④ 비율 차동계전기

38 단상 유도전동기의 기동 방법 중 기동 토크가 가장 큰 것은?
① 반발 기동형 ② 분상 기동형
③ 반발 유도형 ④ 콘덴서 기동형

39 전압변동률 ε의 식은? (단, 정격 전압 V_n[V], 무부하 전압 V_0[V]이다.)
① $\varepsilon = \dfrac{V_0 - V_n}{V_n} \times 100[\%]$
② $\varepsilon = \dfrac{V_n - V_0}{V_n} \times 100[\%]$
③ $\varepsilon = \dfrac{V_n - V_0}{V_0} \times 100[\%]$
④ $\varepsilon = \dfrac{V_0 - V_n}{V_0} \times 100[\%]$

🔓 Answer 33. ② 34. ③ 35. ④ 36. ④ 37. ④ 38. ① 39. ①

40 계자권선이 전기자와 접속되어 있지 않은 직류기는?

① 직권기 ② 분권기
③ 복권기 ④ 타여자기

41 450/750[V] 일반용 단심 비닐절연전선의 약호는?

① NRI ② NF
③ NFI ④ NR

🔑 450/750[V] 일반용 단심 비닐절연전선의 약호는 NR이다.
㉠ NF : 450/750[V] 일반용 유연성 단심 비닐절연전선
㉡ NRI : 300/500[V] 기기 배선용 단심 비닐절연전선
㉢ NFI : 300/500[V] 기기 배선용 유연성 단심 비닐절연전선

42 최대 사용전압이 220[V]인 3상 유도전동기가 있다. 이것의 절연 내력 시험 전압은 몇 [V]로 하여야 하는가?

① 330 ② 500
③ 750 ④ 1050

🔑 회전기기 절연내력시험

종류	시험전압	최저시험전압	시험방법
발전기, 전동기 (회전기)	7000[V] 이하	1.5배	500[V]	전선과 대지 간
	7000[V] 초과	1.25배	10,500[V]	

종류	시험전압	최저시험전압	시험방법
수은 정류기	2배 (직류)	500[V]	주양극과 외함
	1배 (직류)	500[V]	음극 및 외함과 대지 간
회전 변류기	1배	500[V]	권선과 대지 간
기타 정류기	1배	500[V]	충전부분과 외함

∴ 220×1.5배 $= 330[V]$이지만 최저시험전압은 500[V]이다.

43 금속전선관 공사에서 사용되는 후강전선관의 규격이 아닌 것은?

① 16 ② 28
③ 36 ④ 50

🔑 금속전선관 공사의 후강전선관의 규격은 안지름에 가까운 짝수로서 호칭하며, 50[mm]는 생산이 안 되며, 54[mm]가 생산된다.

44 금속관을 구부릴 때 그 안쪽의 반지름은 관 안지름의 최소 몇 배 이상이 되어야 하는가?

① 4 ② 6
③ 8 ④ 10

🔑 금속관을 구부릴 때 단면이 심하게 변형되지 않도록 구부려야 하고, 구부러지는 관의 안쪽 반지름은 관 내경의 6배 이상으로 하여야 한다.

45 피뢰기의 약호는?

① LA ② PF
③ SA ④ COS

🔑 ① LA(Lighting Arrester) : 피뢰기

🔓 Answer 40. ④ 41. ④ 42. ② 43. ④ 44. ② 45. ①

② PF(Power Fuse) : 전력용 퓨즈
③ SA(Surge absorber) : 서지 흡수기
④ COS(Cut Out Switch) : 컷 아웃 스위치

46 차단기 문자 기호 중 "OCB"는?
① 진공차단기 ② 기중차단기
③ 자기차단기 ④ 유입차단기

- OCB(Oil Circuit Breaker) : 유입차단기
- VCB(Vacuum Circuit Breaker) : 진공차단기
- ACB(Air Circuit Breaker) : 기중차단기
- MBB(Magnetic Blow out Circuit Breaker) : 자기차단기

47 교통신호등 회로의 사용전압이 몇 [V]를 초과하는 경우에는 지락 발생 시 자동적으로 전로를 차단하는 장치를 시설하여야 하는가?
① 50   ② 100
③ 150 ④ 200

교통신호등 회로의 사용전압이 150[V]를 넘는 경우는 전로에 지락이 생겼을 때 자동적으로 차단하는 누전차단기를 시설하여야 한다.

48 케이블 공사에서 비닐 외장 케이블을 조영재의 옆면에 따라 붙이는 경우 전선의 지지점 간의 거리는 최대 몇 [m]인가?
① 1.0   ② 1.5
③ 2.0   ④ 2.5

케이블을 조영재의 옆면 또는 아랫면에 따라 시설하는 경우의 지지점 간의 거리는 2[m] 이하로 하여야 한다.

49 누전차단기의 설치 목적은 무엇인가?
① 단락   ② 단선
③ 지락   ④ 과부하

누전차단기의 설치 목적은 지락사고로부터 감전 보호이다.

50 금속 덕트를 조영재에 붙이는 경우에는 지지점 간의 거리는 최대 몇 [m] 이하로 하여야 하는가?
① 1.5   ② 2.0
③ 3.0   ④ 3.5

금속 덕트는 천장 또는 벽에 3[m] 이하마다 견고하게 지지한다.

51 절연물 중에서 가교폴리에틸렌(XLPE)과 에틸렌 프로필렌 고무혼합물(EPR)의 허용온도[℃]는?
① 70(전선)   ② 90(전선)
③ 95(전선)   ④ 105(전선)

가교폴리에틸렌과 에틸렌 프로필렌 고무혼합물의 허용온도는 90[℃]이다.

52 완전 확산면은 어느 방향에서 보아도 무엇이 동일한가?
① 광속   ② 휘도
③ 조도   ④ 광도

완전 확산면이란 어느 면에서 보아도 휘도가 같은 표면을 말한다.

53 합성수지 전선관 공사에서 관 상호간 접속에 필요한 부속품은?
① 커플링   ② 커넥터
③ 리이머   ④ 노멀 벤드

Answer 46. ④ 47. ③ 48. ③ 49. ③ 50. ③ 51. ② 52. ② 53. ①

※ 합성수지 전선관의 관 상호간 접속에 필요한 자재는 커플링이다.

54 배전반을 나타내는 그림 기호는?
① ◣ ② ☒
③ ◤◢ ④ ⬜ S

※ ①은 분전반, ②는 배전반, ③은 제어반, ④는 개폐기이다.

55 조명공학에서 사용되는 칸델라(cd)는 무엇의 단위인가?
① 광도 ② 조도
③ 광속 ④ 휘도

※ ㉠ 광도 단위 : 칸델라(cd)
㉡ 조도 단위 : 럭스(lx)
㉢ 광속 단위 : 루멘(lm)
㉣ 휘도 단위 : 니트(nit)

56 옥내 배선을 합성수지관 공사에 의하여 실시할 때 사용할 수 있는 단선의 최대 굵기 [mm^2]는?
① 4 ② 6
③ 10 ④ 16

※ 관이 짧은 것과 절연선이 10[mm^2] 이하의 것을 제외하고는 연선을 사용해야 한다. 즉, 단선은 10[mm^2] 이하 것을 사용해야 된다.

57 다음 중 배선기구가 아닌 것은?
① 배전반 ② 개폐기
③ 접속기 ④ 배선용 차단기

※ 배선기구란 전기회로의 일부분으로 전력을 연결하거나 차단해 주는 스위치, 콘센트, 코드접속기, 소켓, 탭 등을 의미한다.

58 가공전선로의 지지물에 하중이 가하여지는 경우에 그 하중을 받는 지지물의 기초의 안전율은 얼마 이상인가?
① 0.5 ② 1
③ 1.5 ④ 2

※ 가공전선로 지지물의 기초의 안전율은 2 이상이다.

59 흥행장의 저압 옥내배선, 전구선 또는 이동전선의 사용전압은 최대 몇 [V] 미만인가?
① 400 ② 440
③ 450 ④ 750

※ 흥행장의 저압 배선공사의 사용전압은 400[V] 미만이다.

60 구리 전선과 전기 기계기구 단자를 접속하는 경우에 진동 등으로 인하여 헐거워질 염려가 있는 곳에는 어떤 것을 사용하여 접속하여야 하는가?
① 정 슬리브를 끼운다.
② 평와셔 2개를 끼운다.
③ 코드 패스너를 끼운다.
④ 스프링 와셔를 끼운다.

※ 진동 등으로 헐거워질 염려가 있을 경우에 스프링 와셔를 끼운다.

🔒 Answer 54. ② 55. ① 56. ③ 57. ① 58. ④ 59. ① 60. ④

memo

부록(CBT 기출 복원문제) 05

2023년 제1회 시행 과년도출제문제

01 평균 반지름 r[m]의 환상 솔레노이드의 I[A]의 전류가 흐를 때, 내부 자계가 [AT/m]이었다. 이때 권수 N은?

① $\dfrac{HI}{2\pi r}$
② $\dfrac{2\pi r}{HI}$
③ $\dfrac{2\pi rH}{I}$
④ $\dfrac{I}{2\pi rH}$

🔑 환상 솔레노이드의 자계의 세기 $H=\dfrac{NI}{2\pi r}$ [AT/m]이다. 이때 $N=\dfrac{2\pi rH}{I}$ 이 된다.

02 비투자율이 가장 작은 물질은?

① 강철　　② 니켈
③ 코발트　④ 구리

🔑 물질에 따른 비투자율

자성체	비투자율 $[\mu_S]$	자성체	비투자율 $[\mu_S]$
구리	0.9999	코발트	250
비스무트	0.99998	니켈	600
진공	1	철	6,000~200,000
알루미늄	1	슈퍼 멀로이	1,000,000

03 자체 인덕턴스 2[H]의 코일에 25[J]의 에너지가 저장되어 있다. 이때 코일에 흐르는 전류는 몇 [A]인가?

① 2　② 3
③ 4　④ 5

🔑 $W=\dfrac{1}{2}LI^2$[J]에서 전류
$I=\sqrt{\dfrac{2W}{L}}=\sqrt{\dfrac{2\times 25}{2}}=5$[A]

04 다음 ㉠과 ㉡에 들어갈 내용으로 알맞은 것은?

> 배율기는 (㉠)의 측정 범위를 넓히기 위한 목적으로 사용하는 것으로써 (㉡)로 접속하는 저항기를 말한다.

① ㉠ 전압계, ㉡ 병렬
② ㉠ 전류계, ㉡ 병렬
③ ㉠ 전압계, ㉡ 직렬
④ ㉠ 전류계, ㉡ 직렬

🔑 배율기
전압계 측정 범위를 확대시키는 저항으로 전압계에 직렬로 접속하는 전압계의 내부저항보다 큰 저항기를 말한다.

05 다음 중 화학당량을 구하는 계산식은?

① $\dfrac{원자량}{원자가}$
② $\dfrac{원자량}{분자가}$
③ $\dfrac{원자가}{원자량}$
④ $\dfrac{분자가}{분자량}$

🔑 화학당량=$\dfrac{원자량}{원자가}$

06 3×10^{-5}[C]과 8×10^{-5}[C]의 두 전하가 자유공간에 2[m]의 거리에 있을 때 그 사이에 작용하는 힘은?

① 4.4[N]　② 5.4[N]
③ 6.4[N]　④ 7.4[N]

🔑 $F=\dfrac{1}{4\pi\varepsilon}\times\dfrac{Q_1Q_2}{r^2}=9\times 10^9\times\dfrac{Q_1Q_2}{r^2}$
$=9\times 10^9\dfrac{(3\times 10^{-5}\times 8\times 10^{-5})}{2^2}=5.4$[N]

• Q_1, Q_2가 같은 극성이므로 서로 반발력이

🔓 Answer　1. ③　2. ④　3. ④　4. ③　5. ①　6. ②

작용한다.

07 비유전율 5의 유전체 내부의 전속밀도가 2×10^{-6}[C/m²]되는 점의 전기장의 세기는 약 몇 [V/m]인가?

① 0.79×10^5 ② 1.11×10^5
③ 1.13×10^5 ④ 1.43×10^5

전속밀도 $D=\varepsilon E$[C/m²]이므로 전기장의 세기는 다음과 같다.
$$E=\frac{D}{\varepsilon_0\varepsilon_S}=\frac{5\times 10^{-6}}{8.855\times 10^{-12}\times 5}$$
$$\fallingdotseq 1.13\times 10^5 [\text{V/m}]$$
(진공의 유전율 $\varepsilon_0=8.855\times 10^{-12}$[F/m])

08 자체 인덕턴스 2[H]의 코일에 저장된 에너지가 25[J]이 되기 위해서는 전류를 몇 [A]를 흘려줘야 하는가?

① 3 ② 4
③ 5 ④ 6

코일 에너지 $W=\frac{1}{2}LI^2$에서 전류로 정리하면
$I=\sqrt{\frac{W\times 2}{L}}=\sqrt{\frac{25\times 2}{2}}=5$[A]가 된다.

09 평균 반지름이 r[m]이고, 감은 횟수가 N인 환상 솔레노이드에 전류 I[A]가 흐를 때 내부의 자기장의 세기 H[AT/m]는?

① $H=\frac{NI}{2\pi r}$ ② $H=\frac{NI}{2r}$
③ $H=\frac{2\pi r}{NI}$ ④ $H=\frac{2r}{NI}$

환상 솔레노이드 내부의 자기장의 세기
$H=\frac{NI}{2\pi r}=\frac{NI}{l}$[AT/m]

10 $e=100(314t-\frac{\pi}{6})$[V]인 파형의 주파수는 약 몇 [Hz]인가?

① 40 ② 50
③ 60 ④ 80

$e=V_m\sin\omega t$[V], 각 주파수 $\omega=2\pi f$에서
주파수 $f=\frac{\omega}{2\pi}=\frac{314}{2\pi}=50$[Hz]가 된다.

11 패러데이의 전기분해 법칙은?

① $W=\frac{KI}{t}$ ② $W=\frac{t}{KI}$
③ $W=\frac{Kt}{I}$ ④ $W=KIt$

패러데이의 전기분해 법칙
석출량 $W=KQ=KIt$[g]이다.

12 최댓값이 200[V]인 사인파 교류의 평균값은?

① 약 70.7[V] ② 약 100[V]
③ 약 127.3[V] ④ 약 141.4[V]

교류(정현파)의 평균값
$V_{av}=\frac{2}{\pi}\times V_m=\frac{2}{\pi}\times 200=127.32$[V]

13 환상 솔레노이드에서 코일의 권수를 N이라 하면 자체 인덕턴스 L은?

① N에 비례한다.
② $\frac{1}{N}$에 비례한다.
③ N^2에 비례한다.
④ $\frac{1}{N^2}$에 비례한다.

$L=\frac{\mu AN^2}{l}$[H]이므로 권수 N^2에 비례한다.

Answer 7. ③ 8. ③ 9. ① 10. ② 11. ④ 12. ③ 13. ③

14 자기회로에 기자력을 주면 자로에 자속이 흐른다. 그러나 기자력에 의해 발생되는 자속 전부가 자기회로 내를 통과하는 것이 아니라, 자로 이외의 부분을 통과하는 자속도 있다. 이와 같이 자기회로 이외 부분을 통과하는 자속을 무엇이라 하는가?

① 종속자속 ② 누설자속
③ 주자속   ④ 반사자속

🔑 **누설자속**
자성체의 표면에서 누설되어 자로 이외의 곳을 통과하는 자속

15 L_1, L_2 두 코일이 접속되어 있을 때 누설자속이 없는 이상적인 코일 간의 상호 인덕턴스는?

① $M = \sqrt{L_1 + L_2}$ ② $M = \sqrt{L_1 - L_2}$
③ $M = \sqrt{L_1 L_2}$ ④ $M = \sqrt{\dfrac{L_1}{L_2}}$

🔑 $M = k\sqrt{L_1 L_2}$ 에서 누설자속이 없으면 $k=1$이므로 $M = \sqrt{L_1 L_2}$ 가 된다.

16 피상전력 60[kV], 무효전력 36[kVA]일 때, 이때 유효전력[kW]은 얼마인가?

① 24   ② 34
③ 48   ④ 60

🔑 피상전력 $P_a = \sqrt{유효전력^2 + 무효전력^2} = \sqrt{P^2 + q^2}$ 이므로
∴ 유효전력
$P = \sqrt{P_a^2 - q^2} = \sqrt{60^2 - 36^2} = 48[\text{kW}]$

17 다음 중 자석의 일반적인 성질에 대한 설명으로 틀린 것은?

① N극과 S극이 있다.
② 자기력선은 N극에서 나와 S극으로 향한다.
③ 자력이 강할수록 자기력선의 수는 많다.
④ 자석은 고온이 되면 자력이 증가한다.

🔑 **자석의 성질**
• 자석에는 N극과 S극이 있다.
• 자석의 같은 극끼리는 서로 반발하고 다른 극끼리는 끌어당긴다.
• 자력선은 N극에서 나와 S극으로 향한다.
• 자력이 강할수록 자기력선의 수가 많다.
• 자기력선에는 고무줄과 같은 장력이 존재한다.
• 자석은 고온이 되면 자력이 감소되고, 저온이 되면 자력이 증가된다.

18 자속밀도 1[Wb/m²]은 몇 [gauss]인가?

① $4\pi \times 10^{-7}$ ② 10^{-6}
③ 10^4 ④ $\dfrac{4\pi}{10}$

🔑 **자속밀도 환산**
1[gauss] = 10^4[Wb/m²]이므로
$1[\text{Wb/m}^2] = \dfrac{10^8 [\text{Max}]}{10^4 [\text{cm}^2]} = 10^4 \left[\dfrac{\text{Max}}{\text{cm}^2}\right]$
$= 10^4 [\text{gauss}]$

19 두 평행도선 사이의 거리가 1[m]인 왕복 도선 사이에 단위길이당 작용하는 힘(흡인력 또는 반발력)의 세기가 2×10^{-7}[N]일 경우 전류의 세기[A]는?

① 1   ② 2
③ 3   ④ 4

🔑 **평행도선 사이에 작용하는 힘의 세기**
$F = \dfrac{2I_1 I_2}{r} \times 10^{-7}$[N/m]로

Answer 14. ② 15. ③ 16. ③ 17. ④ 18. ③ 19. ①

$$F = \frac{2I_1}{1} \times 10^{-7} = 2 \times 10^{-7} [\text{N/m}]$$
$$\therefore I^2 = 1 \text{이므로 } I = 1[\text{A}]$$

20 R_1, R_2, R_3의 저항 3개를 직렬 접속했을 때의 합성저항값은?

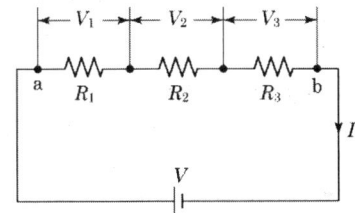

① $R_0 = R_1 + R_2 \times R_3$
② $R_0 = R_1 \times R_2 + R_3$
③ $R_0 = R_1 \times R_2 \times R_3$
④ $R_0 = R_1 + R_2 + R_3$

🔑 저항의 직렬 연결에서 합성저항값은 $R_0 = R_1 + R_2 + R_3$이 된다.

21 직류발전기에서 계자의 주된 역할은?
① 기전력을 유도한다.
② 자속을 만든다.
③ 정류작용을 한다.
④ 정류자면에 접촉한다.

🔑 • 계자 : 철심에 권선을 감고 전류를 흘려 자속을 만드는 것
• 전기자 : 계자에서 발생된 자속을 끊어 기전력을 유기시키는 것
• 정류자 : 교류를 직류로 바꾸어 주는 것
• 브러시 : 정류자에 접촉하여 직류기전력을 외부로 인출하는 것

22 직류발전기의 정류를 개선하는 방법 중 틀린 것은?

① 코일의 자기 인덕턴스가 원인이므로 접촉 저항이 작은 브러시를 사용한다.
② 보극을 설치하여 리액턴스 전압을 감소시킨다.
③ 보극 권선은 전기자 권선과 직렬로 접속한다.
④ 브러시를 전기적 중성축을 지나서 회전 방향으로 약간 이동시킨다.

🔑 브러시의 접촉 저항을 크게 할 것(탄소 브러시를 설치할 것)

23 발전기를 정격전압 220[V]로 운전하다가 무부하로 운전했더니, 단자 전압이 253[V]가 되었다. 이 발전기의 전압변동률은 몇 [%]인가?
① 15 ② 25
③ 35 ④ 45

🔑 $\varepsilon = \frac{V_0 - V_n}{V_n} \times 100 [\%]$
$= \frac{253 - 220}{220} \times 100 = 15[\%]$

24 다음 중 정속도 전동기에 속하는 것은?
① 유도전동기
② 직권전동기
③ 교류 정류자 전동기
④ 분권전동기

🔑 분권전동기는 계자저항을 이용하여 기동 시 계자저항을 최소(0)로 하여 기동한다. 기동 시 기동 토크를 상승시키고, 기동이 끝나면 이 저항을 이용하여 속도를 조정하여 정속도 운전을 하게 한다.

Answer 20. ④ 21. ② 22. ① 23. ① 24. ④

25 직류 직권전동기에서 벨트를 걸고 운전하면 안 되는 이유는?

① 벨트가 벗어지면 위험 속도에 도달하므로
② 손실이 많아지므로
③ 직결하지 않으면 속도 제어가 곤란하므로
④ 벨트의 마멸 보수가 곤란하므로

🔑 **직권전동기 속도**

$N = k\dfrac{V - I_a(R_a + R_f)}{\phi}$ [rpm]에서 운전 중 벨트가 이탈되면 전동기는 무부하 상태로 변화하고, 또한 자속 ϕ는 부하 전류 I에 비례하는 특성을 가지므로

- 벨트 이탈에 의한 무부하 상태
  $I = 0 \rightarrow \phi = 0 \rightarrow$ 속도 $N = \infty$(위험상태)
- 무부하가 되어 부하 전류가 0이 되면 자속이 발생할 수 없으므로 전동기는 갑자기 속도가 상승하여 위험 상태가 발생하므로 체인 운전 등을 실시한다.

26 직류전동기의 속도제어방법이 아닌 것은?

① 전압 제어   ② 계자 제어
③ 저항 제어   ④ 플러깅 제어

🔑 **직류전동기의 속도제어방법**

$N = k\dfrac{V - I_a R_a}{\phi}$ [rpm]

㉠ 전압 제어(정토크 제어)
㉡ 계자 제어(정출력 제어)
㉢ 저항 제어
※ 플러깅 제어는 제동방식의 일종이다.

27 단락비가 1.2인 동기발전기의 %동기 임피던스는 약 몇 [%]인가?

① 68   ② 83
③ 100   ④ 120

🔑 단락비 $K_S = \dfrac{I_S}{I_n} = \dfrac{100}{\%Z_S}$

∴ $\%Z_S = \dfrac{100}{K_S} = \dfrac{100}{1.2} = 83[\%]$

28 워드 레오나드 속도 제어는?

① 저항 제어   ② 계자 제어
③ 전압 제어   ④ 직·병렬 제어

🔑 **전압 제어의 종류**

- 워드 레오나드 방식 : 직류 전압을 제어하여 속도 조정을 한다.
- 일그너 방식 : 교류 전압을 제어하여 속도를 조정한다(고속 엘리베이터, 제철소 등).
- 직·병렬 제어 : 전기철도에서 직권전동기를 직·병렬로 접속하여 속도 조정을 한다.

29 3상 4극 60[MVA], 역률 0.8, 60[Hz], 22.9[kVA] 수차발전기의 전부하 손실이 1600[kW]이면 전부하 효율[%]은?

① 90   ② 96
③ 97   ④ 98

🔑 **전부하 시 규약 효율**

$\eta = \dfrac{출력}{출력 + 전체 손실(철손 + 동손)} \times 100[\%]$

$\eta = \dfrac{60 \times 10^6 \times 0.8}{60 \times 10^6 \times 0.8 + 1600} \times 100 ≒ 97[\%]$

30 병렬 운전 중인 동기 임피던스 5[Ω]인 2대의 3상 동기발전기의 유도기전력에 200[V]의 전압 차이가 있다면 무효 순환 전류[A]는?

① 10   ② 15
③ 20   ④ 25

🔑 **무효 순환 전류**

$I_C = \dfrac{\acute{E}_a - \acute{E}_b}{2Z_S} = \dfrac{200}{2 \times 5} = 20[A]$

Answer 25. ① 26. ④ 27. ② 28. ③ 29. ③ 30. ③

31 3상 변압기의 병렬 운전 시 병렬 운전이 불가능한 결선 조합은?

① Δ-Δ와 Y-Y ② Δ-Δ와 Δ-Y
③ Δ-Y와 Δ-Y ④ Δ-Δ와 Δ-Δ

병렬 운전 가능 결선	병렬 운전 불가능 결선
Δ-Δ와 Δ-Δ	Δ-Δ와 Δ-Y
Y-Y와 Y-Y	Y-Y와 Y-Δ
Y-Δ와 Y-Δ	
Δ-Y와 Y-Δ	
Δ-Δ와 Y-Y	
V-V와 V-V	

32 변압기에서 V결선의 이용률은?

① 0.577 ② 0.707
③ 0.866 ④ 0.977

▶ 변압기 V결선 특성
- $P_V = \sqrt{3}P_1 [kVA]$
  (변압기 1대 용량의 $\sqrt{3}$ 배 만큼 부하를 걸 수 있다.)
- 변압기 이용률 : $\dfrac{\sqrt{3}VI}{2VI} = 0.866$ 배
- 변압기 출력비 : $\dfrac{\sqrt{3}VI}{3VI} = 0.577$ 배

33 3상 유도전동기의 1차 입력 60[kW], 1차 손실 1[kW], 슬립 3[%]일 때 기계적 출력 [kW]은?

① 57 ② 75
③ 95 ④ 100

▶ 2차 출력
$P_0 = (1-s)P_2$
$= (1-0.03) \times (60-1) = 57[kW]$

34 유도전동기의 동기 속도가 1200[rpm]이고, 회전수가 1176[rpm]일 때 슬립은?

① 0.06 ② 0.04
③ 0.02 ④ 0.01

▶ 유도전동기의 슬립
$s = \dfrac{N_s - N}{N_s} = \dfrac{1200-1176}{1200} = 0.02$

35 유도전동기의 2차 효율 η_2이 아닌 것은?

① $\dfrac{P_0}{P_2}$ ② $\dfrac{P_{C2}}{P_2}$
③ $1-s$ ④ $\dfrac{N}{N_s}$

▶ 2차 효율
$\eta_2 = \dfrac{P_0}{P_2} = \dfrac{(1-s)P_2}{P_2} = 1-s = \dfrac{N}{N_s} \times 100$

36 정류기에 대한 설명으로 알맞은 것은?

① 교류를 직류로 변환
② 교류를 교류로 변환
③ 직류를 직류로 변환
④ 직류를 교류로 변환

▶ 전력 변환 장치의 종류
- 정류기(컨버터) : AC → DC 변환
- 인버터(역변환기) : DC → AC 변환
- 사이클로 컨버터 : AC → AC 변환(주파수)
- 초퍼 : 고정 DC → 가변 DC 변환

37 상전압 300[V]의 3상 반파 정류회로의 직류 전압은 약 몇 [V]인가?

① 520 ② 350
③ 260 ④ 50

▶ 3상 반파 정류회로의 직류 전압

Answer 31. ② 32. ③ 33. ① 34. ③ 35. ② 36. ① 37. ②

$$E_d = 1.17 \times E = 1.17 \times 300 = 350[V]$$

38 다음 사이리스터 중 3단자 형식이 아닌 것은?
① SCR ② GTO
③ SCS ④ TRIAC

🔑 **사이리스터의 특성**
- SCR : 다이오드에 게이트를 내장한 3단자 단방향성 사이리스터
- GTO : 게이트 신호로 턴오프할 수 있는 3단자 단일 방향성 사이리스터로 도통 중에 반대방향의 펄스 전류를 게이트에 흘려 도통을 멈출 수 있는 자기 소호 제어용 소자
- SCS : 2개의 게이트를 갖고 있는 4단자 단방향성 사이리스터
- TRIAC : 교류에서도 사용할 수 있는 3단자 사이리스터쌍방향성 3단자)

39 속도를 광범위하게 조정할 수 있으므로 압연기나 엘리베이터 등에 사용되는 직류전동기는?
① 직권전동기   ② 분권전동기
③ 타여자 전동기 ④ 가동 복권전동기

🔑 **직류전동기의 속도 제어**
$$N = k\frac{V - I_a R_a}{\phi}[rpm]$$
㉠ 전압 제어(정토크 제어)

구분	종류	특징
타여자 전동기	워드레오나드 방식	광범위한 정밀제어
	일그너 방식	광범위한 제어(고속 엘리베이터·압연기 등)
직권전동기	직·병렬 제어 방식	전기철도 등

㉡ 계자 제어(정출력 제어)

㉢ 저항 제어

40 Y-Y 결선 방식의 특징 중 틀린 것은?
① 중성점을 접지할 수 없다.
② 보호계전기가 확실히 동작한다.
③ 이상전압이 억제된다.
④ 절연이 쉽다.

🔑 **Y-Y 결선 방식의 특징**
- 중성점을 접지할 수 있다.
- 1선 지락 사고 시 보호계전기가 확실히 동작한다.
- 이상전압이 억제된다.
- 절연이 쉽다.

41 선택지락계전기(selective ground relay)의 용도는?
① 다회선에서 지락고장 회선의 선택
② 단일회선에서 지락전류 방향의 선택
③ 단일회선에서 지락사고 지속시간의 선택
④ 단일회선에서 지락전류의 대소의 선택

🔑 선택지락계전기(SGR)의 경우 다회선에서 지락고장 회선을 선택한다.

42 OW의 약호(기호)는 무슨 뜻인가?
① 비닐절연 비닐시스 케이블
② 인입용 비닐절연전선
③ 일반용 단심 비닐절연전선
④ 옥외용 비닐절연전선

🔑
- VV : 비닐절연 비닐시스 케이블
- DV : 인입용 비닐절연전선
- NR : 일반용 단심 비닐절연전선
- OW : 옥외용 비닐절연전선

🔓 **Answer** 38. ③ 39. ③ 40. ① 41. ① 42. ④

43 교통 신호등의 제어장치로부터 신호등의 전구까지의 전로에 사용하는 전압은 몇 [V] 이하인가?
① 60　　② 100
③ 300　　④ 440

🔧 교통 신호등의 시설
전로의 사용 전압은 300[V] 이하일 것

44 금속관에 나사를 내기 위한 공구는?
① 오스터　　② 토치램프
③ 펜치　　　④ 유압식 벤더

명칭	용도	비고
오스터	금속관 끝에 나사를 내는 공구	
토치 램프	고온으로 가열할 때 사용하는 공구	
펜치	손에 쥐고 철사를 끊거나 구부리는데 사용하는 공구	
유압식 벤더	전선파이프를 구부리는데 사용하는 공구	

45 티탄을 제조하는 공장으로 먼지가 쌓여진 상태에서 착화된 때에 폭발할 우려가 있는 곳에 저압 옥내 배선을 설치하고자 한다. 알맞은 공사 방법은?
① 합성수지 몰드 공사
② 라이팅 덕트 공사
③ 금속 몰드 공사
④ 금속관 공사

🔧 폭연성 분진, 화약류 분말 있는 장소의 공사
• 금속관 공사, 케이블 공사, MI케이블 공사
• 관 상호 간, 관과 박스 접속 시 5턱 이상 나사 조임으로 할 것

46 수전 전력 500[kW] 이상인 고압 수전 설비의 인입구에 낙뢰나 혼촉 사고에 의한 이상전압으로부터 선로와 기기를 보호할 목적으로 시설하는 것은?
① 단로기　　② 배선용 차단기
③ 피뢰기　　④ 누전차단기

🔧 피뢰기(LA)는 낙뢰 또는 회로의 개폐 등에 기인하는 과전압의 파고치가 어떤 값을 초과할 경우 방전에 의해 과전압을 제한하여 전기 시설의 절연을 보호할 목적으로 설치한다.

47 한 개 수용가의 사고가 다른 수용가에 피해를 최소화하기 위한 방안으로 대용량 수용가에 한하여 설치하는 개폐기는 무엇인가?
① LS　　② LBS
③ IS　　④ ASS

🔧 개폐기 종류

장치	약호	기능
선로 개폐기	LS	책임분계점에서 보수 점검 시 전로를 구분하기 위한 개폐기로 시설하고 반드시 무부하 상태로 개방하여야 한다.
부하 개폐기	LBS	수·변전설비의 인입구 개폐기로 많이 사용하고 있으며 전력퓨즈 용단 시 결상을 방지하는 목적으로 사용한다.
기중 부하 개폐기	IS	수전용량 300[kVA] 이하에서 인입 개폐기로 사용한다.

🔓 Answer　43. ③　44. ①　45. ④　46. ③　47. ④

장치	약호	기능
자동고장 구분개폐기	ASS	한 개 수용가의 사고가 다른 수용가에 피해를 최소화하기 위한 방안으로 대용량 수용가에 한하여 설치하는 개폐기이다.

48 고압 보안공사 시 고압 가공전선로의 경간은 철탑의 경우 얼마 이하이어야 하는가?
① 100[m]　② 150[m]
③ 400[m]　④ 600[m]

🔑 가공전선로의 경간

지지물의 종류	표준경간	저·고압 보안공사
목주·A종 철주 또는 A종 철근 콘크리트주	150[m]	100
B종 철주 또는 B종 철근 콘크리트주	250[m]	150
철탑	600[m]	400

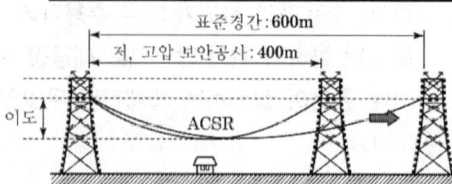

49 다음 중 지중전선로의 매설 방법이 아닌 것은?
① 관로식　② 암거식
③ 직접 매설식　④ 행거식

🔑 지중전선로의 매설 방식 종류

종류	특징	비고
직접 매설식	외장케이블에 간단한 보호시설을 한 다음 직접 땅속에 묻어 주는 방식이다.	(도로면, 흙, 1.2m 또는 0.6m 이상, 트러프, 케이블, 모래)
관로식	100~300[m] 간격으로 맨홀을 설치하고 맨홀 내에서 케이블의 인입 및 접속하는 방식이다.	(관로식, 특별규정 없음, 관로)
암거식	대규모 전력 시설을 설치하여 사용하여 전력구식이라고도 한다.	(암거식, 자동소화장치)

50 일반적으로 저압 가공인입선이 도로를 횡단하는 경우 노면상 설치 높이는 몇 [m] 이상이어야 하는가?
① 3　② 4
③ 5　④ 5

🔑 저·고압 인입선 높이

구분	저압 인입선[m]	고압 인입선[m]
도로횡단	5	6
철도 궤도 횡단	6.5	6.5
횡단보도교 위	3	3.5
기타	4	5

51 변압기 고압측 전로의 1선 지락전류가 5[A]일 때 접지저항의 최댓값은? (단, 혼촉에 의한 대지 전압은 150[V]이다.)
① 25[Ω]　② 30[Ω]
③ 35[Ω]　④ 40[Ω]

🔑 중성점 접지저항값
일반적으로 변압기의 고압·특고압측 전로

Answer　48. ③　49. ④　50. ③　51. ②

1선 지락전류로 150을 나눈 값과 같은 저항 값 이하(전로의 1선 지락전류는 실측값에 의한다.)

$$R = \frac{150}{I_g} = \frac{150}{5} = 30[\Omega]$$

52 저압 옥내 분기회로에 개폐기 및 과전류 차단기를 시설하는 경우 원칙적으로 분기점에서 몇 [m] 이하에 시설하여야 하는가?

① 3 ② 5
③ 8 ④ 12

🔑 **개폐기 및 과전류 차단기 시설**
간선과의 분기점에서 전선의 길이 3[m] 이하의 장소에 개폐기 및 과전류 차단기를 시설하여야 한다.

53 다음 중 금속덕트공사의 시설 방법으로 틀린 것은?

① 덕트 상호 간의 견고하고 또한 전기적으로 완전하게 접속할 것
② 덕트 지지점 간의 거리는 3[m] 이하로 할 것
③ 덕트의 커버를 사용할 것
④ 덕트의 끝부분을 막는다.

🔑 금속덕트공사는 본체와 커버 구분없이 하나로 구성되어 있어서 덕트 커버를 사용할 필요가 없다.

54 통신선로 혹은 전력선로용 전선을 바닥에 배선하는 경우 바닥에 포설되는 관로로써 600[mm] 간격마다 인출구를 갖는 강판제의 덕트 공사를 무슨 공사 방법이라 하는가?

① 금속몰드 공사
② 케이블 공사
③ 플로어 덕트 공사
④ 합성수지몰드 공사

🔑 **플로어 덕트 공사**
사무실, 상가, 백화점 등 바닥에서 간단히 전선을 인출하여 사용할 수 있도록 하는 배선 공사방법으로 전기설비기술기준에서 그 기준으로 정하고 있다.

55 금속 몰드 배선의 사용 전압은 몇 [V] 이하이어야 하는가?

① 150 ② 220
③ 400 ④ 600

🔑 금속 몰드 배선의 사용 전압은 400[V] 이하이고, 전선은 절연전선일 것(옥외용 비닐절연전선은 제외한다.)

56 접착제를 사용하여 합성수지관을 삽입해 접속할 경우 관의 깊이는 합성수지관 외경의 최소 몇 배인가?

① 0.8배 ② 1.2배
③ 1.5배 ④ 1.8배

🔑 **합성수지관 관 상호 접속 방법**
• 커플링에 들어가는 관의 길이는 관 바깥지름의 1.2배 이상으로 한다.
• 접착제를 사용하는 경우에는 0.8배 이상으로 한다.

Answer 52. ① 53. ③ 54. ③ 55. ③ 56. ①

57 슬리브 접속 시 몇 회 정도 비틀어 꼬아서 접속하여야 하는가?
① 2회　　　② 3회
③ 4회　　　④ 5회

🐍 슬리브란 전선 또는 부품을 씌우는 절연용 관을 말하며 최소 2회 정도 비틀어 꼬아서 접속한다.

58 큰 건물의 공사에서 콘크리트에 구멍을 뚫어 드라이브 핀을 경제적으로 고정하는 공구는?
① 스패너　　　② 드라이브이트 툴
③ 오스터　　　④ 녹아웃 펀치

🐍 공구의 종류별 기능

공구	기능
스패너	볼트, 너트, 나사 등을 죄거나 푸는 공구
드라이브이트 툴	큰 건물의 공사에서 콘크리트에 구멍을 뚫어 드라이브 핀을 경제적으로 고정하는 공구
오스터	금속관 끝에 나사를 내는 공구
녹아웃 펀치	배전반, 분전반 등의 배관을 변경하거나, 이미 설치되어 있는 캐비넷에 구멍을 뚫을 때 필요한 공구

59 한국전기설비규정에서 과전류 차단기로서 저압전로에 사용되는 가정용 배선용 차단기에 있어서 정격전류가 30[A]인 회로에 39[A] 전류가 흘렀을 때 몇 분 이내에 자동적을 동작하여야 하는가?
① 60분　　　② 2분
③ 4분　　　④ 120분

🐍 과전류 트립 동작시간 및 특성(산업용 배선 차단기)

정격전류의 구분	시간	정격전류의 배수 (모든 극에 통전)	
		부동작 전류	동작 전류
63[A] 이하	60분	1.05배	1.3배
63[A] 초과	120분	1.05배	1.3배

60 옥내의 건조하고 전개된 장소에서 사용 전압이 400[V]를 초과하는 경우에는 시설할 수 없는 배선공사는?
① 애자사용공사　　② 금속덕트공사
③ 버스덕트공사　　④ 금속몰드공사

🐍 금속몰드공사는 사용전압 400[V] 이하인 경우에 시설하여야 한다.

🔓 **Answer** 57. ①　58. ②　59. ①　60. ④

2023년 제2회 시행 과년도출제문제

01 2[Ω]과 3[Ω]을 직렬로 접속했을 때 합성 컨덕턴스[℧]는?
① 0.2 ② 1.5
③ 5   ④ 6

합성저항 $R_0 = R_1 + R_2 = 2+3 = 5[\Omega]$
∴ 컨덕턴스 $G = \dfrac{1}{R_0} = \dfrac{1}{5} = 0.2[\mho]$

02 두 금속을 접합하여 여기에 전류를 흘리면, 줄열 외에 그 접합점에서의 열의 발생 및 흡수가 일어나는 현상은?
① 제3금속의 법칙
② 제베크 효과
③ 홀 효과
④ 펠티에 효과

전자냉동기나 전자온풍기는 서로 다른 두 금속을 접합한 후 여기에 전류를 흘리면, 그 접합점에서 열의 발생 및 흡수가 일어나는 현상인 펠티에 효과를 이용한다.

03 기전력 V_v[V], 내부저항 r[Ω]인 n개의 전지를 직렬 연결하였다. 전체 내부저항은 얼마인가?
① $\dfrac{r}{n}$ ② nr
③ $\dfrac{r}{n^2}$ ④ nr^2

전지 n개 직렬접속 시 기전력과 내부저항은 n배로 증가한다.

04 납축전지 화학 반응식에서 양극은 무엇인가?
① $PbSO_4$ ② PbO_2
③ H_2SO_4 ④ Pb

납축전지의 방전 시 전기분해식

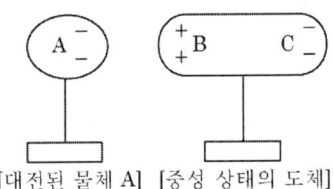

05 중성 상태의 도체에 (-)로 대전된 물체를 가까이 갖다 대면 그림과 같이 음과 양으로 전하가 분리되는 현상을 무엇이라 하는가?

① 자기 차폐   ② 정전 유도
③ 홀효과   ④ 분극현상

정전 유도 현상
전기적으로 중성 상태인 도체에 음(-)으로 대전된 물체 A를 가까이 대면 A에 가까운 부분에는 양(+)의 전하가 나타나고, 그 반대쪽 C부분에는 음(-)의 전하가 나타나는 현상을 말한다.

06 다음 중 전기력선의 성질로 틀린 것은?
① 전기력선은 양전하에서 나와 음전하로 끝난다.
② 전기력선의 접선 방향이 그 점의 전장의 방향이다.

Answer 1.① 2.④ 3.② 4.② 5.② 6.④

③ 전기력선의 밀도는 전기장의 크기를 나타낸다.
④ 전기력선은 서로 교차한다.

🔑 전기력이 작용하는 공간(=전계·전기력선)의 성질
- 전기력선은 양(+)전하에서 나와 음(-)전하 표면에서 끝난다.
- 전기력선은 같은 극끼리는 반발한다.
- 전기력선은 서로 교차하지 않는다.
- 전기력선은 도체표면(등전위면)과 직각교차 한다.
- 전기력선은 도체 내부에 존재하지 않는다.
- 전기력선은 당기고 있는 고무줄 같이 언제나 수축하려 한다.

07 전위의 단위로 맞지 않는 것은?
① [V] ② [J/C]
③ [N·m/C] ④ [V/m]

🔑
- 전위의 단위 : $V = \frac{W}{Q}$ [V=J/C=N·m/C]
- 전계의 단위 : $E = \frac{V}{\ell}$ [V/m]

08 정전흡인력은 인가한 전압의 몇 제곱에 비례하는가?
① 2 ② +
③ $\frac{1}{2}$ ④ 3

🔑 정전흡인력 $Q = \frac{1}{2}CV^2$ [N]이므로 전압의 제곱에 비례한다.

09 다음 중 강자성체 성질로만 이루어진 것은?
① 백금, Al, 텅스텐
② 철, 니켈, 안티몬

③ 은, 구리, 금
④ 철, 니켈, 코발트

🔑 자성체 성질

구분	자화 방향	자화 세기	비투자율(μ_s)	종류
상(약)자성체	외부 자계에 대해 반대극으로 자화됨	약함	$\mu_s > 1$	백금, Al, 텅스텐
강자성체	외부 자계에 대해 반대극으로 자화됨	강함	$\mu_s \gg 1$	철(쇠), 니켈, 코발트(망간)
반자성체	외부 자계에 대해 같은 극으로 자화됨	반대로 자화	$\mu_s < 1$	은, 구리, 금, Al, 안티몬, 비스무트

10 물질에 따라 자석에 반발하는 물체를 무엇이라 하는가?
① 상자성체 ② 반자성체
③ 강자성체 ④ 비자성체

🔑 자성체의 극성이 외부 자계와 같은 극으로 유도되는 자성체는 반자성체이다.
- 반자성체 : 물질에 따라 자석에 반발한다.
- 상자성체 : 물질에 따라 자석에 약하게 자화된다.
- 강자성체 : 물질에 따라 자석에 강하게 자화된다.

11 1[cm]당 권선수가 10인 무한 길이 솔레노이드에 1[A]의 전류가 흐르고 있을 때 솔레노이드 외부 자계의 세기[AT/m]?
① 0 ② 10
③ 100 ④ 1000

🔑 솔레노이드의 외부 자계의 세기는 0이다.

12 길이 1[cm]당 5회 감은 무한장 솔레노이드가 있다. 이것에 전류를 흘렸을 때 솔레노이

Answer 7. ④ 8. ① 9. ④ 10. ② 11. ① 12. ③

드 내부 자장의 세기가 100[AT/m]이었다. 이때 솔레노이드에 흐르는 전류[A]는?

① 0.25
② 0.5
③ 0.2
④ 0.3

🔑 1[cm]당 5회이면 1[m]당 권수 $n_0 = 500$회이므로
$I = \dfrac{H}{n_0} = \dfrac{100}{500} = 0.2$[A]

13 다음 중 비오-사바르 법칙인 것은?

① $\Delta H = \dfrac{I^2 \Delta l \sin\theta}{4\pi r^2}$
② $\Delta H = \dfrac{I \Delta l^2 \sin\theta}{4\pi r}$
③ $\Delta H = \dfrac{I^2 \Delta l \sin\theta}{4\pi r}$
④ $\Delta H = \dfrac{I \Delta l \sin\theta}{4\pi r^2}$

🔑 비오-사바르의 법칙에 의한 미소 자기장의 세기

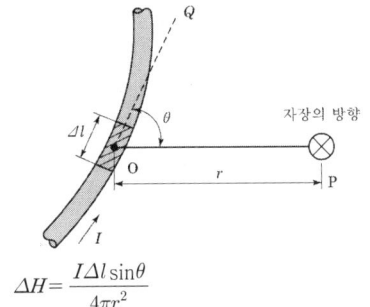

$\Delta H = \dfrac{I \Delta l \sin\theta}{4\pi r^2}$

14 자기 인덕턴스에 축적되는 에너지에 대한 설명으로 가장 옳은 것은?

① 자기 인덕턴스 및 전류에 비례한다.
② 자기 인덕턴스 및 전류에 반비례한다.
③ 자기 인덕턴스에 비례하고 전류의 제곱에 비례한다.
④ 자기 인덕턴스에 반비례하고 전류의 제곱에 반비례한다.

🔑 코일에 축적되는 자기에너지는 $W = \dfrac{1}{2}LI^2$[J] 이므로 자기 인덕턴스와 전류의 제곱에 비례한다.

15 자기회로와 전기회로의 대응 관계가 잘못된 것은?

① 기자력 - 기전력
② 자기저항 - 전기저항
③ 자속 - 전계
④ 투자율 - 도전율

🔑 자속은 전류와 대응된다.

16 다음 중 전동기의 원리에 적용되는 법칙은?

① 렌츠의 법칙
② 패러데이의 법칙
③ 플레밍의 오른손법칙
④ 플레밍의 왼손법칙

🔑 전동기는 전자력에 의해 회전이 발생하는 기기이며 전자력의 방향을 알기 쉽게 정의한 플레밍의 왼손법칙이다.

17 RLC 직렬 공진회로에서 최대가 되는 것은?

① 저항값
② 임피던스값
③ 전류값
④ 전압값

🔑 직렬 공진회로
$\dot{Z} = R + j(X_L - X_C)$[Ω]에서
$X_L = X_C$이므로
$Z = R$ (최소), $I = \dfrac{V}{Z}$ (전류 최대)

RLC 직렬 공진 시 리액턴스 성분은 0이고, 임피던스 성분은 저항만 존재하는 R만의 회로가 되기 때문에 임피던스 $Z = R$[Ω]으로 최소가 되어 회로에 흐르는 전류 $I = \dfrac{V}{R}$[A]

는 최대가 된다.

18 자체 인덕턴스가 0.01[H]인 코일에 100[V], 60[Hz]의 사인파 전압을 가할 때 유도 리액턴스는 약 몇 [Ω]인가?
① 3.77　　② 6.28
③ 12.28　　④ 37.68

🔑 유도 리액턴스
$X_L = \omega L = 2\pi f L = 2 \times \pi \times 60 \times 0.01 ≒ 3.77[\Omega]$

19 피상전력 60[kV], 무효전력 36[kVA]일 때, 이때 부하전력[kW]은 얼마인가?
① 24　　② 34
③ 48　　④ 60

🔑 피상전력 P_a
$P_a = \sqrt{유효전력^2 + 무효전력^2} = \sqrt{P^2 + q^2}$
∴ 부하(유효)전력
$P = \sqrt{P_a^2 - q^2} = \sqrt{60^2 - 36^2} = 48[kW]$

20 다음은 중첩의 원리이다. 가로 속에 들어갈 알맞은 말을 고르시오?

> 중첩의 원리는 여러 개의 전원을 갖는 임의의 선형 수동회로에서 임의의 저항에 인가되는 전압과 흐르는 전류는 각 독립된 전원에 의한 전압과 전류의 대수적인 합과 같다. 이때 해당 전원을 제외한 나머지 독립된 전압원인 경우에는 (㉠) 회로로 대체되고, 전류원인 경우에는 (㉡) 회로로 가정하고, 새로운 등가회로로 해석하는 방법이다.

① ㉠ 단락, ㉡ 개방
② ㉠ 개방, ㉡ 단락
③ ㉠ 전압, ㉡ 전류
④ ㉠ 전류, ㉡ 전압

🔑 중첩의 원리는 여러 개의 전원을 갖는 임의의 선형 수동회로에서 임의의 저항에 인가되는 전압과 흐르는 전류는 각 독립된 전원에 의한 전압과 전류의 대수적인 합과 같다. 이때 해당 전원을 제외한 나머지 독립된 전압원인 경우에는 (단락) 회로로 대체되고, 전류원인 경우에는 (개방) 회로로 가정하고, 새로운 등가회로로 해석하는 방법이다.

21 직류발전기에서 계자의 주된 역할은?
① 기전력을 유도한다.
② 자속을 만든다.
③ 정류작용을 한다.
④ 정류자면에 접촉한다.

🔑 계자
철심에 권선을 감고 전류를 흘려 자속을 만드는 것
※ 전기자 : 계자에서 발생된 자속을 끊어 기전력을 유기시키는 것
※ 정류자 : 교류를 직류로 바꾸어 주는 것
※ 브러시 : 정류자에 접촉하여 직류 기전력을 외부로 인출하는 것

22 직류발전기에서 저항정류의 역할을 하는 것은?
① 보극　　② 탄소 브러시
③ 전기자　　④ 리액턴스 코일

🔑 양호한 정류 개선 대책
• 보극 설치(전압정류) : 평균 리액턴스 전압을 작게 할 것
• 탄소 브러시(저항정류) : 탄소 브러시를 사용하여 접촉저항을 크게 할 것

🔓 Answer　18. ①　19. ③　20. ①　21. ②　22. ②

23 발전기를 정격전압 220[V]로 운전하다가 무부하로 운전하였더니, 단자전압이 253[V]가 되었다. 이 발전기의 전압변동률은 몇 [%]인가?

① 15 ② 25
③ 35 ④ 45

$$\varepsilon = \frac{V_0 - V_n}{V_n} \times 100[\%]$$
$$= \frac{253 - 220}{220} \times 100 = 15[\%]$$

24 다음 중 정속도 전동기에 속하는 것은?

① 유도전동기
② 직권전동기
③ 교류 정류자 전동기
④ 분권전동기

분권전동기는 계자 저항을 이용하여 속도를 조정해 정속도 특성을 갖는다.

25 직류전동기의 속도제어방법이 아닌 것은?

① 전압 제어 ② 계자 제어
③ 저항 제어 ④ 플러깅 제어

직류전동기의 속도제어방법
- 전압 제어 : 정토크 제어
- 계자 제어 : 정출력 제어
- 저항 제어

$$N = k\frac{V - I_a R_a}{\phi} [\text{rpm}]$$

V : 단자전압 I_a : 전기자전류
R_a : 전기자저항 ϕ : 계자

26 워드-레오나드 방식으로 속도를 광범위하게 조정할 수 있는 직류전동기는 어떤 전동기인가?

① 직권전동기
② 분권전동기
③ 타여자 전동기
④ 가동 복권전동기

타여자 전동기
- 워드-레오나드 방식(직류전압제어) : 광범위한 속도 조정 및 정밀 제어가 가능하다.
- 일그너 방식(교류전압제어) : 광범위한 속도 조정 및 고속 엘리베이터 및 제철소 등에 사용한다.

27 유도전동기가 회전하고 있을 때 생기는 손실 중에서 구리손이란?

① 브러시의 마찰손
② 베어링의 마찰손
③ 표유부하손
④ 1차, 2차 권선의 저항손

유도전동기는 2차에 코일을 감지 않은 농형 유도전동기는 2차 회전자에 코일을 감지 않으므로 회전 시 구리손(동손·저항손) 밖에 없다.
※ 구리손 : 저항을 갖는 재료에 전류가 흘렀을 때 발생하는 손실

28 3상 4극 60[MVA], 역률 0.8, 60[Hz], 22.9[kVA] 수차 발전기의 전부하 손실이 1600[kW]이면 전부하 효율[%]은?

① 90 ② 96
③ 97 ④ 98

전부하 시 규약 효율
$$\eta = \frac{\text{출력}}{\text{출력} + \text{전체 손실(철손+동손)}} \times 100[\%]$$
$$\eta = \frac{60 \times 10^6 \times 0.8}{60 \times 10^6 \times 0.8 + 1600} \times 100 \fallingdotseq 97[\%]$$

Answer 23. ① 24. ④ 25. ④ 26. ③ 27. ④ 28. ③

29 병렬 운전 중인 동기 임피던스 5[Ω]인 2대의 3상 동기발전기의 유도기전력에 200[V]의 전압 차이가 있다면 무효 순환 전류[A]는?

① 10 ② 15
③ 20 ④ 25

🔑 무효 순환 전류
$$I_C = \frac{\dot{E}_a - \dot{E}_b}{2Z_S} = \frac{200}{2 \times 5} = 20[A]$$

30 단락비가 큰 동기발전기를 설명하는 말 중 틀린 것은?

① 동기 임피던스가 작다.
② 단락 전류가 크다.
③ 전기자 반작용이 크다.
④ 공극이 크고 전압변동률이 작다.

🔑 단락비가 큰 동기발전기
수차 발전기(단락비(K_s)=0.9~1.2)
• 동기 임피던스가 작다.
• 전기자 반작용이 작다.
• 전압변동률이 작다.
• 안정도가 향상된다.

31 동기전동기의 자기 기동에서 계자권선을 단락하는 이유는?

① 기동이 쉽다.
② 기동 권선으로 이용한다.
③ 고전압 유도에 의한 절연 파괴의 위험을 방지한다.
④ 전기자 반작용을 방지한다.

🔑 동기전동기 기동 시 계자회로를 개방한 상태에서 고정자에 전압을 가하면 권수가 높은 계자권선이 고정자에서 발생한 회전 자계를 끊으므로 계자회로에 고전압이 유기되어 권선이 소손될 우려가 있기 때문에 계자권선을 단락하여야 한다.

32 3상 변압기의 병렬 운전 시 병렬 운전이 불가능한 결선 조합은?

① Δ-Δ와 Y-Y ② Δ-Δ와 Δ-Y
③ Δ-Y와 Δ-Y ④ Δ-Δ와 Δ-Δ

🔑
병렬 운전 가능 결선	병렬 운전 불가능 결선
Δ-Δ와 Δ-Δ	Δ-Δ와 Δ-Y
Y-Y와 Y-Y	Y-Y와 Y-Δ
Y-Δ와 Y-Δ	
Δ-Y와 Y-Δ	
Δ-Δ와 Y-Y	
V-V와 V-V	

∴ Δ-Δ와 Δ-Y 결선에서 30° 위상차가 발생하여 병렬 운전이 불가능하다.

33 Y-Y 결선 방식의 특징 중 틀린 사항은?

① 1선 지락 시 보호계전기 동작이 확실하다.
② 이상 전압이 억제된다.
③ 절연이 쉽다.
④ V결선이 가능하다.

🔑
Y-Y 결선 방식의 특징	Δ-Δ 결선 방식의 특징
• 중성점 접지가 가능하다. • 1선 지락 시 보호계전기 동작이 확실하다. • 이상 전압이 억제 된다. • 절연이 쉽다. • 1선지락 사고 시 역V결선이 가능하다.	• 제3고조파가 발생하지 않는다. • 1선지락 사고 시 V결선이 가능하다.

34 Δ결선 변압기의 한 대가 고장으로 제거되어 V결선으로 공급할 때 공급할 수 있는 전

🔓 Answer 29. ③ 30. ③ 31. ③ 32. ② 33. ④ 34. ①

력은 고장 전 전력에 대하여 약 몇 [%]인가?

① 57.7   ② 66.7
③ 70.5   ④ 86.6

🔑 **변압기 V결선 특성**
- $P_V = \sqrt{3}\,P_1$ [kVA]
  변압기 1대 용량의 $\sqrt{3}$ 배 만큼 부하를 걸 수 있다.
- 변압기 이용률 : $\dfrac{\sqrt{3}\,VI}{2\,VI} = 0.866$배
- 변압기 출력비 : $\dfrac{\sqrt{3}\,VI}{3\,VI} = 0.577$배

35 변압기유로 쓰이는 절연유에 요구되는 성질이 아닌 것은?

① 점도가 클 것
② 비열이 커 냉각 효과가 클 것
③ 화학작용을 일으키지 않을 것
④ 인화점이 높고 응고점이 낮을 것

🔑 **변압기 절연유의 구비 조건**
- 절연 내력이 클 것
- 인화점이 높을 것
- 비열이 커 냉각 효과가 클 것
- 응고점이 낮을 것
- 점도가 낮을 것

36 유도전동기의 동기 속도가 1200[rpm]이고, 회전수가 1176[rpm]일 때 슬립은?

① 0.06   ② 0.04
③ 0.02   ④ 0.01

🔑 **유도전동기 슬립**
$s = \dfrac{N_s - N}{N_s} = \dfrac{1200 - 1176}{1200} = 0.02$

37 3상 유도전동기의 1차 입력 60[kW], 1차 손실 1[kW], 슬립 3[%]일 때 기계적 출력 [kW]은?

① 57   ② 75
③ 95   ④ 100

🔑 **2차 출력**
$P_0 = (1-s)P_2$
$= (1 - 0.03) \times (60 - 1) = 57$ [kW]

38 유도전동기의 2차 효율 η_2은?

① $\dfrac{P_{C2}}{P_2}$ ② $\dfrac{P_0}{P_2}$

③ $1-s$ ④ $\dfrac{P_2}{s}$

🔑 **2차 효율**
$\eta_2 = \dfrac{P_0}{P_2} = \dfrac{(1-s)P_2}{P_2} = 1-s = \dfrac{N}{N_s} \times 100$

39 다음 사이리스터 중 3단자 형식이 아닌 것은?

① SCR   ② GTO
③ SCS   ④ TRIAC

🔑 SCS(Silicon Controlled Switch)는 역저지 4단자 형식의 사이리스터이다.

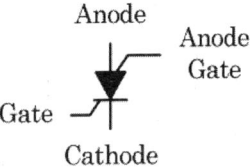

40 제어 정류기의 용도는?

① 교류-교류 변환
② 직류-교류 변환
③ 교류-직류 변환
④ 직류-직류 변환

Answer 35. ① 36. ③ 37. ① 38. ② 39. ③ 40. ③

🔑 정류기는 한쪽은 전류를 잘 흐르게 하고 반대 방향은 전류를 잘 흐르지 못하게 하여 교류를 직류로 변환한다.

41 저압 옥내 전로에 사용하는 비닐 절연 비닐 외장 케이블의 약칭으로 맞는 것은?
① VV   ② EV
③ EE   ④ CV

🔑 케이블은 먼저 절연물을 호칭하고 이어서 외장을 호칭한다.
① VV : 비닐 절연 비닐 외장 케이블
② EV : 폴리에틸렌 절연 비닐 외장 케이블
③ EE : 폴리에틸렌 절연 폴리에틸렌 외장 케이블
④ CV : 가교 폴리에틸렌 절연 비닐 외장 케이블
※ 케이블 호칭 : ○○ 절연 ○○ 외장 케이블
N : 네온 전선, V : 비닐, E : 폴리에틸렌, R : 고무, C : 클로로프렌, B : 부틸고무

42 합성수지관 공사에 대한 설명 중 옳지 않은 것은?
① 습기가 많은 장소 또는 물기가 있는 장소에 시설하는 경우에는 방습장치를 한다.
② 관 상호 간 및 박스와의 접속 시 관을 삽입하는 깊이를 관의 바깥지름의 1.2배 이상으로 한다.
③ 관의 지지점 간의 거리는 3[m] 이상으로 한다.
④ 합성수지관 안에는 전선에 접속점이 없도록 한다.

🔑 합성수지관의 접속 및 지지
• 관 삽입 깊이 외경의 1.2배 이상(단, 접착제 사용의 경우 0.8배)
• 관 지지점 간 거리는 1.5[m] 이하(새들 이용)

43 배선용 차단기의 심벌은?
① ⬜B   ② ⬜E
③ ⬜BE ④ ⬜S

🔑 개폐기의 심벌
⬜B : 배선용 차단기
⬜E : 누전 차단기
⬜BE : 과전류 소자붙이 누전 차단기
⬜S : 개폐기

44 과전류 차단기로 저압전로에 사용하는 100[A] 이하의 퓨즈는 수평으로 붙일 경우 정격전류의 1.6배의 전류를 통한 경우에 몇 분 안에 용단되어야 하는가?
① 30분   ② 60분
③ 120분 ④ 180분

🔑 퓨즈의 용단 특성

정격전류의 구분	시간	정격전류의 배수 불용단 전류	용단 전류
4[A] 이하	60분	1.5배	2.1배
4[A] 초과 16[A] 미만	60분	1.5배	1.9배
16[A] 초과 63[A] 미만	60분	1.25배	1.6배
63[A] 초과 160[A] 미만	120분	1.25배	1.6배
160[A] 초과 400[A] 미만	180분	1.25배	1.6배
400[A] 이하	240분	1.25배	1.6배

45 분기회로 설계에서 주택 및 아파트는 표준 부하를 얼마로 하는가?
① 10[VA/m²]   ② 20[VA/m²]
③ 30[VA/m²]   ④ 40[VA/m²]

🔒 Answer 41. ① 42. ③ 43. ① 44. ③ 45. ④

부하 상정 시 표준 부하
- 공장, 사원, 교회, 극장 : 10[VA/m²]
- 여관, 호텔, 병원, 음식점, 학교 : 20[VA/m²]
- 사무실, 은행 : 30[VA/m²]
- 주택, 아파트 : 40[VA/m²]

46 다음 중 접지의 목적으로 알맞지 않은 것은?
① 감전의 방지
② 전로의 대지 전압 상승
③ 보호계전기의 동작 확보
④ 이상전압의 억제

접지의 목적
- 감전의 방지
- 전로의 대지 전압 상승 억제
- 보호계전기의 동작 확보
- 이상전압의 억제

47 16[mm] 합성수지 전선관을 직각 구부리기를 할 경우 구부림 부분의 길이는 약 몇 [mm]인가? (단, 합성수지관의 안지름은 18[mm], 바깥지름은 22[mm]이다.)
① 119
② 132
③ 187
④ 220

합성수지 전선관의 직각 구부리기
전선관의 안지름 d, 바깥지름이 D일 경우
- 곡률 반지름
$r = 6d + \dfrac{D}{2} = 6 \times 18 + \dfrac{22}{2} = 119[mm]$
- 구부림 길이(직각 구부림은 원주의 $\dfrac{1}{4}$)
$L = 2\pi r \times \dfrac{1}{4} = 2 \times 3.14 \times 119 \times \dfrac{1}{4} = 187[mm]$

48 전환 스위치의 종류로 1개의 전등으로 2곳에서 전등을 자유롭게 점멸할 때 3로 스위치는 몇 개가 필요한가?
① 1개
② 2개
③ 3개
④ 4개

1개의 전등을 서로 다른 2곳에서 자유롭게 점멸할 수 있는 스위치는 3로 스위치이다. 아래 그림에서 보듯 2곳에서 1개의 전등을 자유롭게 점멸하려면 3로 스위치는 2개가 필요하다.

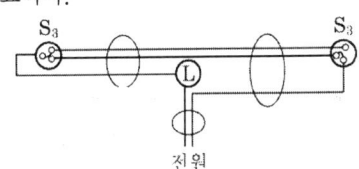

49 금속 전선관 공사에서 사용되는 후강 전선관의 규격이 아닌 것은?
① 16
② 28
③ 36
④ 50

후강 전선관
- 두께 : 2.3[mm] 이상
- 크기 : 관 안지름 짝수
- 종류 : 16, 22, 28, 36, 42, 54, 70, 82, 92, 104[mm]

50 다음 중 과전류 차단기를 설치해야 되는 곳은?
① 접지공사의 접지선
② 인입선
③ 다선식 전로의 중성선
④ 저압 가공전선로의 접지측 전선

과전류 차단기의 시설 제한
- 접지공사의 접지도체
- 다선식 전로의 중성선
- 접지공사를 한 저압 가공전선의 접지측 전선

Answer 46. ② 47. ③ 48. ② 49. ④ 50. ②

51 전주의 길이가 15[m] 이하인 경우 땅에 묻히는 깊이는 전장의 얼마인가?

① 1/8 이상 ② 1/6 이상
③ 1/4 이상 ④ 1/3 이상

🔑 ㉠ 목주 및 A종 지지물의 건주 공사 시 매설 깊이
- 길이 15[m] 이하 : 길이 $\times \frac{1}{6}$[m] 이상 매설
- 길이 15[m] 초과 : 2.5[m] 이상 매설

㉡ 길이 14[m] 이상 20[m] 이하, 설계 하중 6.8[kN] 초과 9.8[kN] 이하의 철근 콘크리트주 건주 공사 시 매설 깊이
- 전체 길이 15[m] 이하인 경우 : 길이 $\times \frac{1}{6}$[m]+0.3[m] 이상 매설
- 전체 길이 15[m] 초과하는 경우 : 2.5+0.3[m] 이상 매설

52 인입 개폐기가 아닌 것은?

① ASS ② LBS
③ LS   ④ UPS

🔑 개폐기 종류
- ASS : 자동 고장 구분 개폐기
- LBS : 부하 개폐기
- LS : 선로 개폐기
- ※ UPS(Uninterruptible Power Supply)는 정전압 정주파수 전원장치(CVCF)에 축전지를 결합한 장치로 정전 시나 입력 전원의 이상 상태 발생 시 정상적인 전원을 부하측에 공급하기 위한 무정전 전원 공급장치이다.

53 가연성 분진(소맥분, 전분, 유황 기타 가연성 먼지 등)으로 인하여 폭발할 우려가 있는 저압 옥내 설비 공사로 적절한 것은?

① 케이블 공사, 애자공사
② 금속관 공사, 콤바인 덕트관, 애자공사
③ 케이블 공사, 금속관 공사, 애자공사
④ 케이블 공사, 금속관 공사, 합성수지관 공사

🔑 가연성 분진으로 인하여 폭발할 우려가 있는 저압 옥내 설비 공사는 금속관 공사, 케이블 공사, 두께 2[mm] 이상의 합성수지관 공사 등에 의하여 시설한다.

54 화약고 등의 위험 장소의 배선공사에서 전로의 대지 전압은 몇 [V] 이하로 하도록 되어 있는가?

① 300 ② 400
③ 500 ④ 600

🔑 화약고 같은 위험 장소의 배선공사
- 금속관 공사 케이블 공사
- 대지 전압 : 300[V] 이하
- 사용 전압 : 400[V] 이하
- 개폐기, 과전류 차단기에서 화약고 인입구까지 케이블 사용, 지중에 시설할 것

55 다음 중 단선의 직선 접속 방법으로 옳은 것은?

① 단권 직선 접속
② 트위스트 직선 접속
③ 복권 직선 접속
④ 권선 직선 접속

🔑 직선 접속의 종류
- 단선의 직선 접속 : 트위스트 직선 접속, 브리타니어 직선 접속
- 연선의 직선 접속 : 단권 직선 접속, 복권 직선 접속, 권선 직선 접속

🔓 Answer 51. ② 52. ④ 53. ④ 54. ① 55. ②

56 표준 연동의 고유 저항값[Ω·mm²/m]은?

① $\dfrac{1}{55}$ ② $\dfrac{1}{35}$

③ $\dfrac{1}{57}$ ④ $\dfrac{1}{58}$

- 경동선의 고유 저항 : $\dfrac{1}{55}[\Omega \cdot mm^2/m]$
- 연동선의 고유 저항 : $\dfrac{1}{58}[\Omega \cdot mm^2/m]$
- Al(알루미늄)선의 고유 저항 : $\dfrac{1}{35}[\Omega \cdot mm^2/m]$

57 후강 전선관의 최소 굵기[mm]는?

① 12   ② 15
③ 16   ④ 18

- 후강 전선관의 안지름의 크기를 짝수로 표현하면 16, 22, 28, 36, 42, 54, 70, 82, 92, 104[mm]의 10종이 있다.
- 박강 전선관의 바깥지름의 크기를 홀수로 표현하면 15, 25, 31, 39, 51, 63, 75[mm]의 7종이 있다.

58 금속관을 조영재에 따라서 시설하는 경우 새들 또는 행거 등으로 견고하게 지지하고 그 간격을 몇 [m] 이하로 하는 것이 가장 바람직한가?

① 2   ② 3
③ 4   ④ 5

 관 공사 지지점 간 거리(새들 이용해 지지)
- 금속관 : 2[m] 이하
- 합성수지관 : 1.5[m] 이하

59 절연전선의 피복 절연물을 벗기는 자동공구의 명칭은?

① 와이어 스트리퍼
② 전공 칼
③ 파이어 포트
④ 클리퍼

- 와이어 스트리퍼 : 전선 피복을 벗기는 공구
- 클리퍼 : 펜치로 절단하기 힘든 25[mm²] 이상의 케이블 등과 같은 굵은 전선이나 철선, 볼트 등을 절단하기 위한 공구이다.

[와이어 스트리퍼]   [클리퍼]

60 욕실 및 화장실의 누전차단기 설치 규정이 아닌 것은?

① 정격 감도 전류 15[mA] 이하, 동작시간 0.03초 이하일 것
② 전압 동작형일 것
③ 인체 감전 보호용 누전차단기일 것
④ 절연변압기로 보호된 전로에 접속할 것

욕실 및 화장실의 누전차단기 설치 규정
- 정격 감도 전류 15[mA] 이하, 동작시간 0.03초 이하일 것
- 전류 동작형일 것
- 인체 감전 보호용 누전차단기일 것
- 절연변압기로 보호된 전로에 접속할 것

Answer 56. ④ 57. ③ 58. ① 59. ① 60. ②

2023년 제3회 시행 과년도출제문제

01 가해지는 전압에 따라 저항이 변하는 가변 저항기로 외부에서 들어오는 과전압, 서지 보호 등을 제거하여 내부 부품을 보호하기 위해 사용되는 내부 부품은?
① 서미스터   ② 바리스터
③ 터널 다이오드   ④ 제너 다이오드

바리스터
가해지는 전압에 따라 저항이 변하는 가변저항기로 외부에서 들어오는 과전압, 서지보호 등을 제거하여 내부 부품을 보호하기 위해 사용한다.

02 저항이 있는 도선에 전류가 흐르면 열이 발생한다. 이와 같이 전류의 열작용과 가장 관계가 있는 법칙은?
① 옴의 법칙
② 키르히호프의 법칙
③ 줄의 법칙
④ 플레밍의 법칙

줄의 법칙
① 전류의 발열 작용
② 열량=0.24×전력[cal]
③ 1[J]≒0.24[cal]
④ 발열량 $H = 0.24I^2Rt$[cal]

03 4[℃]의 물 1[g]을 1[℃]만큼 올리는 데 필요한 열량을 무엇이라 하는가?
① 1[cal]   ② 1[J]
③ 1[J/sec]   ④ 1[cal/sec]

1[cal] : 4[℃]의 물 1[g]을 1[℃]만큼 올리는 데 필요한 열량

04 기전력 1.5[V], 내부저항 0.15[Ω]의 전지 10개를 직렬로 연결한 전원에 4.5[Ω]의 전구를 접속하면 전구에 흐르는 전류는 몇 [A]가 되겠는가?
① 0.25   ② 2.5
③ 5   ④ 7.5

전기 n개를 직렬접속 시 기전력과 내부저항은 n배로 증가한다.
전체 합성 저항
$R_0 = nr + R = 0.15 \times 10 + 4.5 = 6[\Omega]$이므로
$\therefore I = \dfrac{nE}{R_0} = \dfrac{10 \times 1.5}{6} = 2.5[A]$

05 유전율의 단위는?
① [F/m]   ② [V/m]
③ [C/m²]   ④ [H/m]

유전율의 단위는 [F/m]이다.

06 비유전율이 9인 물질의 유전율은 약 얼마인가?
① 80×10^{-12}[F/m]
② 80×10^{-6}[F/m]
③ 1×10^{-12}[F/m]
④ 1×10^{-6}[F/m]

유전율
$\varepsilon = \varepsilon_0 \varepsilon_S = 8.855 \times 10^{-12} \times 9$
$= 80 \times 10^{-12}$[F/m]

07 도면과 같이 공기 중에 놓인 2×10^{-8}[C]의 전하에서 2[m] 떨어진 점 P와 1[m] 떨어진

Answer 1. ② 2. ③ 3. ① 4. ② 5. ① 6. ① 7. ②

점 Q와의 전위차는 몇 [V]인가?

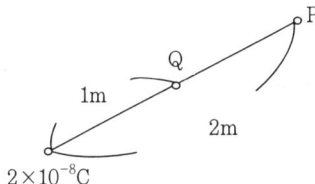

① 80[V] ② 90[V]
③ 100[V] ④ 110[V]

🔑 전위의 세기

$V = \dfrac{Q}{4\pi\varepsilon_0 r} = 9\times 10^9 \times \dfrac{Q}{r}$

$V_P = \dfrac{Q}{4\pi\varepsilon_0 r} = 9\times 10^9 \times \dfrac{2\times 10^{-8}}{2} = 90[V]$

$V_Q = \dfrac{Q}{4\pi\varepsilon_0 r} = 9\times 10^9 \times \dfrac{2\times 10^{-8}}{1} = 180[V]$

∴ 두 점 사이의 전위차 $V = 180 - 90 = 90[V]$

08 다음 중 콘덴서 접속법에 대한 설명으로 알맞은 것은?

① 직렬로 접속하면 용량이 많아진다.
② 병렬로 접속하면 용량이 적어진다.
③ 콘덴서는 직렬로 접속만 가능하다.
④ 직렬로 접속하면 용량이 적어진다.

🔑 콘덴서의 접속은 저항의 접속과 반대로 계산한다. 정전용량이 1[F]라고 가정을 하면
  • 병렬접속 합성 정전용량 $C_병 = 10[F]$
  • 직렬접속 합성 정전용량 $C_직 = \dfrac{1}{10}[F]$
  ∴ 병렬접속 시 정전용량값은 직렬접속 시보다 $10^2 = 100$배가 되므로 직렬로 접속하면 용량이 적어진다.

09 다음 중 전기력선의 성질로 틀린 것은?

① 전기력선은 음전하에서 나와 양전하로 끝난다.
② 전기력선의 접선 방향이 그 점의 전장의 방향이다.
③ 전기력선의 밀도는 전기장의 크기를 나타낸다.
④ 전기력선은 서로 교차하지 않는다.

🔑 전기력선은 양(+)전하에서 나와 음(-)전하로 끝난다.

10 비유전율이 큰 산화티탄 등을 유전체로 사용한 것으로, 극성이 없으며 가격에 비해 성능이 우수하여 널리 사용되고 있는 콘덴서의 종류는?

① 마일러 콘덴서 ② 마이카 콘덴서
③ 세라믹 콘덴서 ④ 전해 콘덴서

🔑 콘덴서의 종류별 특성
  ㉠ 마일러 콘덴서 : 필름 콘덴서의 한 종류로 극성이 없어 직·교류 모두 사용 가능한 콘덴서이다.
  ㉡ 필름 콘덴서 : 폴리에스테르 수지, 폴리프로필렌 등의 필름 양쪽에 전극을 두고 원통형으로 감은 콘덴서이다.
  ㉢ 마이카 콘덴서 : 전기용량을 크게 하기 위하여 금속판 사이에 운모를 끼운 축전기이다.
  ㉣ 세라믹 콘덴서 : 비유전율이 큰 산화티탄 등을 유전체로 사용한 것으로, 극성이 없으며 성능이 우수하여 널리 사용되는 콘덴서이다.
  ㉤ 전해 콘덴서 : 전기분해하여 금속의 표면에 산화피막을 만들어 이것을 유전체를 이용한 것으로 전자회로용 전원의 평활회로나 바이어스를 가할 때에 직류 전압에 남아 있는 맥류(脈流)를 제거하기 위해 사용되는 소형 대용량의 콘덴서로 양극과

Answer 8. ④ 9. ① 10. ③

음극의 극성을 가지고 있으므로 직류 전원만 사용 가능한 콘덴서이다.

11 다음 중 반자성체는?
① 구리 ② 알루미늄
③ 코발트 ④ 니켈

반자성체($\mu_s < 1$) : 아연, 납, 구리, 안티몬, 비스무트

12 진공 중에서 같은 크기의 두 자극을 1[m]의 거리에 놓았을 때 그 작용하는 힘이 6.33×10^4[N]이 되는 자극 세기의 단위는?
① 1[Wb] ② 1[C]
③ 1[A] ④ 1[W]

$F = \dfrac{1}{4\pi\mu_0} \times \dfrac{m_1 \times m_2}{r^2} = 6.33 \times 10^4 \times \dfrac{m_1 m_2}{r^2}$ [N]
$= 6.33 \times 10^4 \times \dfrac{m^2}{1^2} = 6.33 \times 10^4$ [N]
$\therefore m = 1$ [Wb]

13 단면적 5[cm²], 길이 1[m], 비투자율 103인 환상 철심에 600회의 권선을 감고 이것에 0.5[A]의 전류를 흐르게 한 경우의 기자력 [AT]은?
① 100 ② 200
③ 300 ④ 400

$F = NI = 600 \times 0.5 = 300$[AT]

14 권수 200회의 코일에 5[A]의 전류가 흘러서 0.025[Wb]의 자속이 코일을 지난다고 하면, 이 코일의 자체 인덕턴스는 몇 [H]인가?
① 1 ② 2
③ 0.5 ④ 0.1

$L = \dfrac{N\phi}{I} = \dfrac{200 \times 0.025}{5} = 1$[H]

15 최댓값이 200[V]인 사인파 교류의 평균값 [V]은?
① 약 70.7 ② 약 100
③ 약 127.3 ④ 약 141.4

평균값
$V_{av} = \dfrac{2}{\pi} V_m = 0.637 V_m$ [V]
$= 0.637 \times 200 = 127.3$[V]

16 RL 직렬회로에서 교류 전압 $v = V_m \sin \omega t$ [V]를 가했을 때 회로의 위상차 θ를 나타낸 것은?
① $\theta = \tan^{-1} \dfrac{R}{\omega L}$
② $\theta = \tan^{-1} \dfrac{\omega L}{R}$
③ $\theta = \tan^{-1} \dfrac{1}{R\omega L}$
④ $\theta = \tan^{-1} \dfrac{R}{\sqrt{R^2 + (\omega L)^2}}$

임피던스 $\dot{Z} = R + j\omega L$[Ω]이므로 다음과 같은 임피던스 삼각형에서

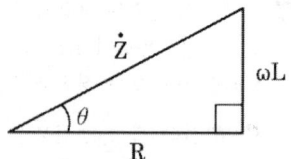

위상차 $\theta = \tan^{-1} \dfrac{\omega L}{R}$

17 $R = 4$[Ω], $X_L = 8$[Ω], $X_C = 5$[Ω] 직렬로 연결된 회로에 100[V]의 교류를 가했을 때 흐르는 ㉠ 전류와 ㉡ 임피던스는?

Answer 11. ① 12. ① 13. ③ 14. ① 15. ③ 16. ② 17. ④

① ㉠ 5.9[A], ㉡ 용량성
② ㉠ 5.9[A], ㉡ 유도성
③ ㉠ 20[A], ㉡ 용량성
④ ㉠ 20[A], ㉡ 유도성

 ㉠ 전류의 크기

$I = \dfrac{V}{Z} = \dfrac{V}{\sqrt{R^2+(X_L-X_C)^2}}$

$= \dfrac{100}{\sqrt{4^2+(8-5)^2}} = 20[A]$

㉡ $X_L > X_C$이므로 전류가 전압보다 뒤진 유도성이 된다.

18 그림의 회로에서 전압 200[V]의 교류 전압을 가했을 때 전력[W]은?

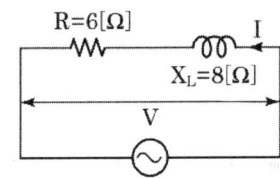

① 1000 ② 2400
③ 2000 ④ 3200

$I = \dfrac{V}{Z} = \dfrac{V}{\sqrt{R^2+(\omega L)^2}}$

$= \dfrac{200}{\sqrt{6^2+8^2}} = 20[A]$

∴ $P = I^2 R = 20^2 \times 6 = 2400[W]$

19 저항 4[Ω], 유도 리액턴스 8[Ω], 용량 리액턴스 5[Ω]이 직렬로 된 회로에서의 역률은 얼마인가?

① 0.8 ② 0.7
③ 0.6 ④ 0.5

$\cos\theta = \dfrac{R}{Z} = \dfrac{R}{\sqrt{R^2+(X_L-X_C)^2}}$

$= \dfrac{4}{\sqrt{4^2+(8-5)^2}} = \dfrac{4}{5} = 0.8$

20 다음 전압 파형의 주파수는 약 몇 [Hz]인가?

$$e = 100\sin\left(314t-\dfrac{\pi}{6}\right)[V]$$

① 50 ② 60
③ 80 ④ 100

교류의 순시값

$e = 100\sin\left(314t-\dfrac{\pi}{6}\right)[V]$에서

$\omega = 2\pi f = 314[rad/sec]$이므로

∴ 주파수 $f = \dfrac{314}{2\pi} = 50[Hz]$

21 자속을 전기자에 골고루 뿌려주는 것은?

① 정류자 ② 공극
③ 회전자 ④ 전기자

① 정류자 : 교류를 직류로 바꾸어 주는 것
② 공극 : 공극에는 자기장이 존재하는데, 자기장은 고정자에서 발생하고, 회전자에 전달된다. 자기장의 전달되면 회전자가 움직이거나 회전을 한다.
③ 회전자 : 발전기나 전동기 등 회전 동작과 관련된 장치에서 회전하는 부분
④ 전기자 : 계자에서 발생된 자속을 끊어 기전력을 유기시키는 것

22 무부하에서 109[V]되는 분권발전기의 전압 변동률이 9[%]이다. 정격 부하의 전압은 약 몇[V]인가?

① 100 ② 110
③ 120 ④ 130

정격 전압

$V_n = \dfrac{V_0}{\left(1+\dfrac{\varepsilon}{100}\right)} = \dfrac{109}{\left(1+\dfrac{9}{100}\right)} = 100[V]$

Answer 18. ② 19. ① 20. ② 21. ② 22. ①

23 직류기에서 보극을 두는 가장 주된 목적은?
① 기동 특성을 좋게 한다.
② 전기자 반작용을 크게 한다.
③ 정류 작용을 돕고 전기자 반자용을 약화 시킨다.
④ 전기자 자속을 증가시킨다.

🐝 보극은 주자극 사이에 설치하는 소자석으로 전기자 부근에서 발생하는 평균 리액턴스 전압과 반대 극성의 전압을 유도시켜 평균 리액턴스 전압을 제거, 감소시키고 정류를 개선하기 때문에 전압 정류라 하며 전기자 반작용을 감소시켜 준다.

24 전기 기계에 있어 와전류손(eddy current loss)을 감소시키기 위한 적합한 방법은?
① 규소강판에 성층 철심을 사용한다.
② 보상 권선을 설치한다.
③ 교류 전원을 사용한다.
④ 냉각 압연한다.

🐝 와류(맴돌이)손 $P_e = B^2 \cdot f^2 \cdot t^2$ [W]
※ 대책 : 성층 철심을 사용

25 직류 직권전동기에서 벨트를 걸고 운전하면 안 되는 이유는?
① 벨트가 벗어지면 위험 속도에 도달하므로
② 손실이 많아지므로
③ 직결하지 않으면 속도 제어가 곤란하므로
④ 벨트의 마멸 보수가 곤란하므로

🐝 직권전동기 속도
$N = k\dfrac{V - I_a(R_a + R_f)}{\phi}$ [rpm]에서 운전 중 벨트가 이탈되면 전동기는 무부하 상태로 변화하고, 또한 자속 ϕ는 부하 전류 I에 비례하는 특성을 가지므로

• 벨트 이탈에 의한 무부하 상태
$I = 0 \to \phi = 0 \to$ 속도 $N = \infty$(위험상태)
• 무부하가 되어 부하 전류가 0이 되면 자속이 발생할 수 없으므로 전동기는 갑자기 속도가 상승하여 위험 상태가 발생하므로 체인 운전 등을 실시한다.

26 다음 중 정속도 전동기에 속하는 것은?
① 유도전동기
② 직권전동기
③ 교류 정류자 전동기
④ 분권전동기

🐝 분권전동기 속도
$N = k\dfrac{V - I_a R_a}{\phi}$ [rpm]에서 운전 중 계자 저항이 상승하면 계자 자속이 감소하고 속도가 상승하여 정속도 특성을 한다.

27 동기발전기의 전기자 권선을 단절권으로 하면?
① 역률이 좋아진다.
② 절연이 잘 된다.
③ 고조파를 제거한다.
④ 기전력을 높인다.

🐝 단절권
• 고조파 제거에 의한 기전력 파형의 개선
• 권선의 절약

28 동기전동기의 특징이 아닌 것은?
① 직류 여자가 필요 없어 가격이 저렴하다.
② 전부하 효율이 양호하다.
③ 역률 1로 운전할 수 있다.
④ 동기 속도를 얻을 수 있다.

🐝 동기전동기는 기동 시 직류 여자가 필요하여

🔓 Answer 23. ③ 24. ① 25. ① 26. ④ 27. ③ 28. ①

직류 여자기가 반드시 필요하다. 따라서 구조가 복잡하고 설비비가 많이 들어간다.

29 1차 권수 3000, 2차 권수 100인 변압기에서 이 변압기의 전압비는 얼마인가?

① 20   ② 30
③ 40   ④ 50

🔑 $a = \dfrac{V_1}{V_2} = \dfrac{N_1}{N_2} = \dfrac{I_2}{I_1} = \sqrt{\dfrac{Z_1}{Z_2}}$

∴ $a = \dfrac{N_1}{N_2} = \dfrac{3000}{100} = 30$

30 다음 중 변압기 무부하손을 대부분 차지하는 것은?

① 표유부하손   ② 동손
③ 철손   ④ 저항손

🔑 **무부하손(무부하시험)**
변압기 2차 권선을 개방하고 1차 단자에 정격 전압을 걸었을 때 변압기에서 발생하는 손실로 그 대부분은 철손이라 할 수 있다.

31 변압기의 여자 전류가 일그러지는 이유는 무엇 때문인가?

① 와류(맴돌이 전류) 때문에
② 자기 포화와 히스테리시스 현상 때문에
③ 누설 리액턴스 때문에
④ 선간의 정전 용량 때문에

🔑 변압기의 1차 권선에 사인파 교류 전압을 가해 주면 여자 전류가 흐르고, 철심 내에는 사인파 교번 자속이 발생한다. 그러나 실제 변압기에서는 철심의 자기 포화와 히스테리시스 현상이 있기 때문에 1차 권선에 공급 전원이 사인파이더라도 권선에 흐르는 전류는 비사인파 전류가 흐른다.

32 용량이 20[kVA]인 단상 변압기 2대를 V결선으로 운전 중 1대를 증설하여 △결선으로 운전하는 경우 출력은 약 몇 [kVA]인가?

① 34.2   ② 40
③ 100   ④ 52

🔑 **변압기 출력비**
$\dfrac{3VI}{\sqrt{3}\,VI} = \sqrt{3}\,VI = \sqrt{3}\,P_\Delta$
$= \sqrt{3} \times 20 = 34.2\,[\text{kVA}]$

33 변압기 내부 고장에 대한 보호용으로 가장 많이 사용되는 것은?

① 과전류 계전기
② 차동 임피던스
③ 비율 차동 계전기
④ 임피던스 계전기

🔑 **변압기 내부 고장 검출 계전기**
전류 차동 계전기, 비율 차동 계전기, 부흐홀츠 계전기

34 부흐홀츠 계전기의 설치 위치로 가장 적당한 곳은?

① 변압기 주탱크 내부
② 콘서베이터 내부
③ 변압기 고압측 부싱
④ 변압기 주탱크와 콘서베이터 사이

🔑 **부흐홀츠 계전기**
㉠ 변압기 내부 고장 검출(유증기 검출)
㉡ 주탱크와 콘서베이터 간에 설치

Answer 29. ② 30. ③ 31. ② 32. ① 33. ③ 34. ④

35 출력 10[kW], 슬립이 4[%]라면 이때의 2차(회전자)측 동손은 약 몇 [W]인가?

① 250 ② 315
③ 417 ④ 620

$P_{C2} : s = P_0 : 1-s$

$\therefore P_{C2} = \dfrac{P_0 \times s}{1-s} = \dfrac{10 \times 10^3 \times 0.04}{1-0.04} = 417[W]$

36 200[V], 50[Hz], 8극, 15[kW]의 3상 유도전동기에서 전부하 회전수가 720[rpm]이면, 이 전동기의 2차 효율은 몇 [%]인가?

① 86 ② 96
③ 98 ④ 100

2차 효율

$\eta_2 = \dfrac{P_0}{P_2} = \dfrac{(1-s)P_2}{P_2} = 1-s = \dfrac{N}{N_S} \times 100$ 에서

$\therefore \eta_2 = \dfrac{N}{N_S} \times 100 = \dfrac{N}{\dfrac{120 \times f}{P}}$

$= \dfrac{720}{\dfrac{120 \times 50}{8}} = \dfrac{720}{750} \times 100 = 96[\%]$

37 3상 유도전동기의 정격 전압 200[V], 출력 10[kW], 1차 전류 I_1[A], 역률 0.85, 효율 0.85일 때 1차 전류 I_1[A]은?

① 30 ② 40
③ 50 ④ 60

3상 유도전동기 출력

$P = \sqrt{3} \, VI\cos\theta\eta$

$I_1 = \dfrac{P \times 10^3}{\sqrt{3} \, V_n \cos\theta\eta}$

$= \dfrac{10 \times 10^3}{\sqrt{3} \times 200 \times 0.85 \times 0.85} \fallingdotseq 40[A]$

38 비례 추이를 이용하여 기동하는 전동기는?

① 반발 유도전동기
② 2중 농형 유도전동기
③ 3상 분권 정류자전동기
④ 3상 권선형 유도전동기

비례 추이(권선형 전동기)

• 원리 : 회전자 저항을 2배, 3배로 증가시키면 슬립도 2배, 3배로 비례하여 증가함

• 기동 토크 $T = \dfrac{r_2 + R}{s}$

  (r_2 : 2차 저항, R : 기동 저항, s : 슬립)

• 기동 전류 및 속도 감소, 기동 토크 및 역률 증가, 최대 토크 불변

39 상전압 300[V]의 3상 반파 정류회로의 직류 전압은 약 몇 [V]인가?

① 520 ② 350
③ 260 ④ 50

3상 반파 정류회로의 직류 전압

$E_d = 1.17 \times E = 1.17 \times 300 = 351[V]$

40 다이오드를 사용한 정류회로에서 다이오드를 여러 개 직렬로 연결하여 사용하는 경우의 설명으로 가장 옳은 것은?

① 다이오드를 과전류로부터 보호할 수 있다.
② 다이오드를 과전압으로부터 보호할 수 있다.
③ 부하 출력의 맥동률을 감소시킬 수 있다.
④ 낮은 전압 전류에 적합하다.

다이오드의 접속

• 직렬접속 : 과전압 보호
• 병렬접속 : 과전류 보호

Answer 35. ③ 36. ② 37. ② 38. ④ 39. ② 40. ②

41 애자 사용 공사를 건조한 장소에 시설하고자 한다. 사용 전압이 400[V] 미만인 경우 전선과 조영재 사이의 이격 거리는 최소 몇 [cm] 이상이어야 하는가?

① 2.5[cm] 이상　② 4.5[cm] 이상
③ 6[cm] 이상　　④ 12[cm] 이상

🔑 조영재 사이의 이격 거리
- 400[V] 미만 : 2.5[cm] 이상
- 400[V] 이상 : 4.5[cm] 이상(단, 건조한 장소는 2.5[cm] 이상)

42 합성수지제 가요 전선관의 규격이 아닌 것은?

① 14　② 22
③ 36　④ 52

🔑 합성수지관 규격
- 두께 : 2[mm] 이상
- 표준 길이 : 4[m]
- 종류 : 관 안지름 짝수로 14, 16, 22, 28, 36, 42, 54, 70, 82, 104[mm]

43 합성수지관 상호 간을 연결하는 접속재가 아닌 것은?

① 로그 너트
② TS 커플링
③ 콤비네이션 커플링
④ 2호 커넥터

🔑 합성수지관 접속재 종류
- 관 상호 간 : 1호, 2호, 3호, 4호(TS 커플링), 콤비네이션 커플링, 슬리브 접속법
- 관과 접속함 : 1호 커플링, 슬리브 접속, 2호 커넥터

※ 로크 너트 : 박스에 금속관을 고정시킬 때 사용하는 부속품

44 금속관을 조영재에 따라서 시설하는 경우 새들 또는 행거 등으로 견고하게 지지하고 그 간격을 몇 [m] 이하로 하는 것이 가장 바람직한가?

① 2　② 3
③ 4　④ 5

🔑 관 공사 지지점 간 거리(새들 이용해 지지)
- 금속관 : 2[m] 이하
- 합성수지관 : 1.5[m] 이하

45 한국전기설비규정(KSC) 전선의 접속에서 두 개 이상의 전선을 병렬로 사용하는 경우에 해당되지 않는 사항은?

① 동(구리) 전선의 병렬 사용 시 50[mm^2] 이상의 전선을 사용할 것
② 알루미늄(Al) 전선을 병렬 사용 시에는 70[mm^2] 이상의 전선을 사용할 것
③ 같은 도체(재료), 같은 길이, 같은 굵기로 사용할 것
④ 병렬 연결 시에는 각각에 퓨즈(Fuse)를 설치할 것

🔑 한국전기설비규정(KSC) 전선의 접속에서 두 개 이상의 전선을 병렬로 사용하는 경우 다음에 의하여 시설할 것
　㉠ 동(구리) 전선의 병렬 사용 시에는 50[mm^2] 이상의 전선을 사용할 것
　㉡ 알루미늄(Al) 전선을 병렬로 사용 시에는 70[mm^2] 이상의 전선을 사용할 것
　㉢ 같은 도체(재료), 같은 길이, 같은 굵기로 사용할 것 – 길이, 재질, 굵기에 따라 저항이 달라지게 되므로 저항을 같게 해줘야 허용전류도 같기 때문이다.
　㉣ 동일한 터미널 러그에 접속할 것
　㉤ 병렬로 연결 시에는 각각에 퓨즈(Fuse)

Answer 41. ①　42. ④　43. ①　44. ①　45. ④

를 설치하지 말 것 - 병렬 연결이므로 각각에 퓨즈를 설치하면 고장 시 회로를 끊어줘서 기기를 보호해야 하는 퓨즈의 기능을 제대로 하지 못하기 때문이다.

46 수전 설비의 저압 배전반은 배전반 앞에서 계측기를 판독하기 위하여 앞면과 최소 몇 [m] 이상 유지하는 것을 원칙으로 하고 있는가?
① 0.6   ② 1.2
③ 1.5   ④ 1.7

🔑 배전반 앞면 이격 거리
  ㉠ 저·고압 : 1.5[m] 이상
  ㉡ 특고압 : 1.7[m] 이상

47 분전반에 대한 설명으로 틀린 것은?
① 배선과 기구는 모두 전면에 배치하였다.
② 두께 1.5[mm] 이상의 난연성 합성수지로 제작하였다.
③ 강판제의 분전함은 두께 1.2[mm] 이상의 강판으로 제작하였다.
④ 배선은 모두 분전반 이면으로 하였다.

🔑 분전반 시설 원칙
• 두께 : 1.5[mm] 이상 난연성 합성수지, 1.2[mm] 이상 강판 제작일 것
• 분전반 이면에는 배선 및 기구 배치 불가
• 사용 전압 다른 분기 회로 : 차단기 등에 전압 표시 명판을 붙여 놓을 것

48 티탄을 제조하는 공장으로 먼지가 쌓여진 상태에서 착화된 때에 폭발할 우려가 있는 곳에 저압 옥내 배선을 설치하고자 한다. 알 맞은 공사 방법은?
① 합성수지 몰드 공사
② 라이팅 덕트 공사
③ 금속 몰드 공사
④ 금속관 공사

🔑 폭연성 분진, 화약류 분말 있는 장소의 공사
• 금속관 공사, 케이블 공사, MI케이블 공사
• 관 상호 간, 관과 박스 접속 시 5턱 이상 나사 조임으로 할 것

49 화약고 등의 위험 장소의 배선 공사에서 전로의 대지 전압은 몇 [V] 이하로 하도록 되어 있는가?
① 300   ② 400
③ 500   ④ 600

🔑 화약고 같은 위험 장소의 배선 공사
• 금속관 공사, 케이블 공사
• 대지 전압 : 300[V] 이하
• 사용 전압 : 400[V] 이하
• 개폐기, 과전류 차단기에서 화약고 인입구까지 케이블 사용, 지중에 시설할 것

50 엘리베이터 장치를 시설할 때 승강기 내에서 사용하는 전등 및 전기 기계 기구에 사용할 수 있는 최대 전압은?
① 110[V] 미만   ② 220[V] 미만
③ 400[V] 미만   ④ 440[V] 미만

🔑 승강기 내 배선 사용 전압
 : 최대 400[V] 미만

51 계통접지공사의 저항값을 결정하는 가장 큰 요인은?
① 변압기의 용량
② 고압 가공전선로의 전선 연장
③ 변압기 1차측에 넣는 퓨즈 용량

🔓 Answer 46. ③ 47. ④ 48. ④ 49. ① 50. ③ 51. ④

④ 변압기 고압 또는 특고압측 전로의 1선 지락 전류의 암페어 수

🔑 계통접지공사
$$E_2 = \frac{150(300, 600)}{1선\ 지락\ 전류(I_g)} [\Omega]$$

52 접지공사에서 접지극으로 사용되는 금속제 수도관의 접지 저항의 최댓값은 몇 [Ω]인가?

① 2　　② 3
③ 4　　④ 5

🔑 지중에 매설되어 있고 대지와의 전기 저항치가 3[Ω] 이하의 값을 유지하고 있는 금속제 수도관은 접지공사의 접지극으로 사용할 수 있다.

53 과전류 차단기를 시설하면 절대로 안 되는 장소와 관계가 없는 것은 어느 것인가?

① 각종 접지공사에 있어서 접지선
② 다선식 전로의 중성선
③ 배전용 변압기의 1차측
④ 전로의 일부에 접지공사를 한 저압 가공전선로의 접지측 전선

🔑 **과전류 차단기의 시설 제한**
- 접지공사의 접지선
- 접지공사를 한 저압 가공전선로의 접지측 전선
- 다선식 선로의 중성선

54 대지전압 220[V]의 옥내전선로에서 분기회로의 절연저항은 최저 몇 [MΩ] 이상이어야 하는가?

① 0.1[MΩ]　　② 0.2[MΩ]
③ 0.4[MΩ]　　④ 1[MΩ]

🔑

전로의 사용전압	DC시험전압 [V]	절연저항값 [MΩ]
SELV 및 PELV	250	0.5
PELV, 500[V] 이하	500	1.0
500[V] 초과	1,000	1.0

※ 특별저압(Extra Low Voltage : 2차 전압이 AC 50[V], DC 120[V] 이하)으로 SELV(비접지회로 구성) 및 PELV(접지회로 구성)은 1차와 2차가 전기적으로 절연된 회로, PELV는 1차와 2차가 전기적으로 절연되지 않은 회로

55 저압 단상 3선식 회로의 중성선에는 어떻게 하는가?

① 다른 선의 퓨즈와 같은 용량의 퓨즈를 넣는다.
② 다른 선의 퓨즈의 2배 용량의 퓨즈를 넣는다.
③ 다른 선의 퓨즈의 $\frac{1}{2}$ 배 용량의 퓨즈를 넣는다.
④ 퓨즈를 넣지 않고 직결한다.

🔑 단상 3선식이나 3상 4선식 같은 다선식 전로 중성선에는 과전류 차단기(퓨즈)를 설치하지 않고 직결한다.

56 저압 옥내 간선으로부터 분기하는 곳에 설치하여야 하는 것은?

① 지락 차단기　　② 과전류 차단기
③ 누전 차단기　　④ 과전압 차단기

🔑 분기회로에는 포기 희로 보호용 개폐기 및 과전류 차단기를 설치한다.

Answer 52. ② 53. ③ 54. ④ 55. ④ 56. ②

57 고압 가공전선로의 전선의 조수가 3조일 때 완금의 길이[mm]는?

① 1200   ② 1400
③ 1800   ④ 2400

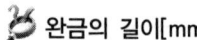 완금의 길이[mm]

구분	저압	고압	특고압
2조	900	1400	1800
3조	1400	1800	2400

58 점착성은 없으나 절연성, 내온성 및 내유성이 있어 연피 케이블 접속에 사용되는 테이프는?

① 고무 테이프
② 리노 테이프
③ 비닐 테이프
④ 자기 융착 테이프

🔑 리노 테이프
• 절연 내력이 우수
• 연피 케이블 접속 시 사용

59 전선 접속에 관한 설명으로 틀린 것은?

① 접속 부분의 전기저항을 증가시켜서는 안 된다.
② 전선의 세기를 20[%] 이상 유지해야 한다.
③ 접속 부분은 납땜을 한다.
④ 절연을 원래의 절연 효력이 있는 테이프로 충분히 한다.

🔑 전선 접속 시 전선의 세기는 80[%] 이상 유지하도록 하여야 한다.

60 저압 가공 인입선의 인입구에 설치하여 관 내로 빗물이 침입하는 것을 방지하는 역할을 하는 것은?

① 터미널 캡   ② 링 리듀서
③ 엔트런스 캡   ④ 유니버설 엘보

🔑 앤트런스 캡
옥외 공사의 금속관 인입구에 설치하여 빗물의 침입을 막는 곳에 사용한다.

Answer 57. ③ 58. ② 59. ② 60. ③

전기기능사 필기

1판 1쇄 발행   2024. 1. 25

지은이 원규식, 정원택, 이대우
펴낸이 김 주 성
펴낸곳 도서출판 엔플북스
주 소 경기도 구리시 체육관로 113번길 45. 114-204(교문동, 두산)
전 화 (031)554-9334
FAX (031)554-9335

등 록 2009. 6. 16   제398-2009-000006호

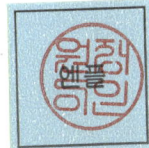

정가 26,000원
ISBN 978 - 89 - 6813 - 409 - 8   13560

※ 파손된 책은 교환하여 드립니다.
　 본 도서의 내용 문의 및 궁금한 점은 저희 카페에 오셔서 글을 남겨주시면 성의껏 답변해 드리겠습니다.
　 http://cafe.daum.net/enplebooks